Katharina Voss

ME

Myalgische Enzephalomyelitis vs. Chronic Fatigue Syndrom

Fakten Hintergründe Forschung

MV WISSENSCHAFT

Der berufliche Werdegang der Autorin ließ nicht unbedingt darauf schließen, dass sie eines Tages ein Buch über die Myalgische Enzephalomyelitis veröffentlichen würde. Katharina Voss, geboren in Hamburg, studierte Kunstgeschichte und Theaterwissenschaften in Berlin, Hamburg und München. Während des Studiums sammelte sie erste Erfahrungen als Schauspielerin bei "Freies Theater München", einer experimentellen Bühne mit internationalem Ruf. Das anschließende Schauspielstudium an der Universität für Musik und darstellende Kunst Wien (Max Reinhardt Seminar) absolvierte sie mit summa cum laude und bekam zusätzlich den Würdigungspreis des österreichischen Staates überreicht. Parallel zum Schauspielstudium ließ sie sich in speziellen Bewegungstechniken und Tanz ausbilden. Es folgten zahlreiche Engagements, u.a. am Burgtheater Wien, am Tanztheater Bremen, Nationaltheater Mannheim, Theater Dortmund, Schauspiel Frankfurt und bei den Ruhrfestspielen. Gastspielreisen führten sie durch ganz Deutschland sowie nach Wien, Zürich, Verona, St. Petersburg und Stockholm. 1998 musste sie aus familiären Gründen ihre Bühnenkarriere beenden. Fast eineinhalb Jahrzehnte arbeitete sie erfolgreich als Sprechtechnik- und Auftrittscoach für Firmen, Institutionen und Privatkunden. Mitte 2011 musste sie auch diese Tätigkeit aufgeben, weil ihre mittlerweile schwer an Myalgischer Enzephalomyelitis erkrankten Töchter voll pflegebedürftig wurden. Seither setzt sie sich für Aufklärung und Information über die Krankheit ein und engagiert sich als Patientenfürsprecherin.

Katharina Voss, »Wissenschaft«
© 2015 der vorliegenden Ausgabe:
Verlagshaus Monsenstein und Vannerdat OHG Münster
www.mv-wissenschaft.com

Satz: K. Voss
Umschlag: Claudia Knupfer
Foto: K. Voss
Druck und Bindung: MV-Verlag

978-3-95902-100-5 (Paperback)

Disclaimer:

Die Lektüre dieses Buchs ist kein Ersatz für eine professionelle medizinische Beratung. Sie ersetzt nicht den Arztbesuch. Dieses Buch dient nicht der Diagnosestellung. Wenn Sie den Verdacht haben, Sie seien an Myalgischer Enzephalomyelitis oder am „Chronic Fatigue Syndrome" erkrankt, wenden Sie sich bitte an einen Arzt. Die Autorin ist keine Medizinerin. Die Autorin ist nicht verantwortlich für etwaige Schäden oder Ansprüche, die durch die Lektüre dieses Buchs entstehen könnten. Dieses Buch dient reinen Informationszwecken. Es verfolgt keine kommerziellen Interessen und dient lediglich der Information mit dem Ziel, die Krankheit in möglichst vielen Aspekten darzustellen und internationale Forschungsergebnisse zur Myalgischen Enzephalomyelitis und dem Chronic Fatigue Syndrom zur Verfügung zu stellen und zu diskutieren. Die Autorin übernimmt keinerlei Gewähr für die Aktualität, Korrektheit, Vollständigkeit oder Qualität der bereitgestellten Informationen. Haftungsansprüche gegen die Autorin, welche sich auf Schäden materieller oder ideeller Art beziehen, die durch die Nutzung oder Nichtnutzung der dargebotenen Informationen bzw. durch die Nutzung fehlerhafter und unvollständiger Informationen verursacht wurden, sind grundsätzlich ausgeschlossen. Für die Inhalte der in den Fußnoten verlinkten Seiten inkl. aller Unterseiten wird keine Verantwortung übernommen, da auf ihre Gestaltung und ihre Inhalte kein Einfluss genommen werden kann. Diese Erklärung gilt für alle in diesem Buch ausgebrachten Links und für alle Inhalte der Seiten, zu denen Links führen. Die Autorin erklärt hiermit ausdrücklich, dass zum Zeitpunkt der Linksetzung keine illegalen Inhalte auf den zu verlinkenden Seiten erkennbar waren. Auf die aktuelle und zukünftige Gestaltung, die Inhalte oder die Urheberschaft der gelinkten/verknüpften Seiten hat die Autorin keinerlei Einfluss. Deshalb distanziert die Autorin sich hiermit ausdrücklich von allen Inhalten aller gelinkten/verknüpften Seiten, die nach der Linksetzung verändert wurden. Diese Feststellung gilt für alle im Buch gesetzten Links und Verweise.

ME

Myalgische Enzephalomyelitis vs. Chronic Fatigue Syndrom

Fakten Hintergründe Forschung

Hell is empty and all the devils are here.

William Shakespeare, "The Tempest"

Für Pauline und Adele

Inhalt

Teil I Die Fakten

Teil II Die Hintergründe

Teil III Die Forschung

Abkürzungen

AIDS = Acquired Immune Deficiency Syndrome (AIDS, das „erworbene Immundefizienzsyndrom“, ist eine Schwäche des körpereigenen Abwehrsystems, die durch den immunschwächenden HI-Virus – HIV= Human Immunodeficiency Virus – verursacht wird. Bei den AIDS-Kranken kommt es zu lebensbedrohlichen opportunistischen Infektionen und Tumoren, weil ihr geschwächtes Immunsystem nicht mehr mit der unkontrollierten Vermehrung von Viren, Bakterien und Pilzen fertig wird.)

AWMF = Arbeitsgemeinschaft der Wissenschaftlichen Medizinischen Fachgesellschaften e.V. (Die AWMF ist ein gemeinnütziger Verein, der gegründet wurde, um gemeinsame Interessen besser gegenüber staatlichen Institutionen und Körperschaften der ärztlichen Selbstverwaltung vertreten zu können. Sie erarbeitet u.a. Leitlinien und Empfehlungen und vertritt diese gegenüber den damit befassten politischen Institutionen.)

BMG = Bundesministerium für Gesundheit

CDC = Centers for Disease Control and Prevention (Die CDC sind eine Behörde der Vereinigten Staaten. Sie sind dem Ministerium für Gesundheitspflege und Soziale Dienste der Vereinigten Staaten – United States Department of Health and Human Services – unterstellt.)

CBT = Cognitive behavioral therapy (Englischer Begriff für Kognitive Verhaltenstherapie. CBT behandelt eine Vielzahl von Störungen im psychischen und psychosomatischen Bereich. Psychische Störungen und Krankheit bedeuten aus verhaltenstherapeutischer Sicht gestörtes Verhalten, das in Kindheit und Jugend erlernt wurde und zu Verhaltensmustern führte, die im späteren Leben unangemessen sind und zu psychischen Konflikten oder sogar psychosomatischen Erkrankungen führen. Verhaltenstherapeuten gehen davon aus, dass diese Verhaltensmuster wieder verlernbar und damit veränderbar sind. CBT will durch Verhaltensänderung die psychischen Störungen beseitigen und appelliert an die Einsichtsfähigkeit der Patienten. Hinderliche Einstellungen und unangemessene Verhaltensmuster als Ursache der Probleme sollen mit Hilfe von CBT erkannt und verändert werden. Bei ME-Patienten wird CBT meist, anstatt sinnvollerweise Coping- und Pacing-Strategien zu entwickeln, dazu missbraucht, den Patienten von seinen angeblich falschen Krankheitsüberzeugungen zu „kurieren“.[1])

CF = Chronic Fatigue (Im Unterschied zum „Chronic Fatigue Syndrom“ ist die Chronic Fatigue lediglich eine Begleiterscheinung bei z.B. einer Depression oder anderen Erkrankungen.)

CFS = Chronic Fatigue Syndrom (Die „CFS“-Patienten leiden im Unterschied zu CF-Patienten an einer „Central Fatigue“. Das ist eine pathologische Erschöpfung, die mit Müdigkeit nichts zu tun hat, die in keinem Verhältnis zur vorangegangenen Aktivität steht und sich auch durch Ruhe oder Schlaf nicht bessert. „CFS"-Patienten sind nicht zwangsläufig an einer ME erkrankt. Viele „CFS"-diagnostizierte Patienten leiden an einer anderen, nicht diagnostizierten Krankheit. In Deutschland und vielen anderen Ländern wird jedoch auch eine ME-Erkrankung von den meisten Ärzten als „CFS" bezeichnet, das ebenso wie ME als neurologische Krankheit unter G93.3 im ICD verschlüsselt ist.)

DEGAM = Deutsche Gesellschaft für Allgemeinmedizin und Familienmedizin (Die von der DEGAM herausgegebenen Leitlinien instruieren Hausärzte und Allgemeinmediziner bezüglich Diagnostik und Therapie diverser Krankheitsbilder mit dem Ziel der Verbesserung der Versorgungsqualität und der Erhöhung der Nutzen-Aufwands-Relation hausärztlicher Versorgung.)

DIMDI = Deutsches Institut für Medizinische Dokumentation und Information (Das DIMDI ist eine nachgeordnete Behörde des Bundesministeriums für Gesundheit. Es ist Herausgeber der deutschsprachigen Fassungen medizinischer Klassifikationen wie z.B. dem ICD-10.)

DRV = Deutsche Rentenversicherung

DSM = Diagnostic and Statistical Manual of Mental Disorders (Das DSM, das Diagnostische und Statistische Manual Psychischer Störungen, ist das Handbuch der Psychiatrie. Es ist ein Klassifikationssystem der American Psychiatric Association [Amerikanische Psychiater-Vereinigung]. Das DSM nimmt erheblichen Einfluss auf die Weiterentwicklung des ICD. Kritiker des DSM monieren, es sei unwissenschaftlich, lediglich symptomorientiert und vernachlässige Umweltfaktoren. Es fehle an Transparenz, jeder Form von demokratischer und wissenschaftlicher Kontrolle und an Kritik. Die Autoren des DSM lassen sich von der Pharmaindustrie honorieren. Deshalb muss man bei ihnen ein ökonomisches Interesse an der Psychopathologisierung organischer Krankheiten und menschlicher Regungen vermuten, was durch die Fehlentwicklungen des DSM-V bestätigt wird.)

DWP = Department for Work and Pensions (Das DWP ist das britische Ministerium für Arbeit und Renten.)

FMS = Fibromyalgiesyndrom (Das FMS. auch Faser-Muskel-Schmerz genannt, codiert im ICD mit M79.7, ist eine schwere chronische, nicht entzündliche und unheilbare Erkrankung, die durch weit verbreitete Schmerzen mit wechselnder Lokalisation charakterisiert ist. Betroffen sind Muskulatur, Gelenke, Rücken. Dazu kommen Druckschmerzempfindlichkeit sowie Begleitsymptome wie z.B. Müdigkeit, Schlafstörungen, Morgensteifigkeit, Konzentrations- und Antriebsschwäche, Wetterfühligkeit, Schwellungen von Händen, Füßen und Gesicht und viele weitere. FMS ist häufig eine Begleiterkrankung bei ME. Die Ursache dieser organischen Erkrankung ist bislang nicht erschöpfend geklärt, jedoch gibt es vielversprechende biomedizinische Forschungsansätze.)

GET = Graded exercise therapy (GET ist ein ansteigendes körperliches Training. Die Verordnung von GET für ME/"CFS"-Patienten beruht auf der irrigen Annahme, die Krankheit sei eine Folge von Dekonditionierung. GET ist für ME-Kranke in aller Regel schädlich und kann zu schweren Zustandsverschlechterungen, zu dauerhafter Bettlägerigkeit und sogar zum Tod durch Herzversagen führen.)

HHS = United States Department of Health and Human Services (Ministerium für Gesundheitspflege und Soziale Dienste, Gesundheitsministerium der USA)

HIV = human immunodeficiency virus (HIV, das menschliche Immunschwäche- bzw. Immundefizienz-Virus, ist ein Retrovirus, das zur Gattung der Lentiviren gehört. Eine HIV-Infektion führt unbehandelt nach einer unterschiedlich langen, meist mehrjährigen symptomfreien Latenzphase in aller Regel zum Vollbild einer tödlich verlaufenden AIDS-Erkrankung.)

IBS = Irritable Bowel Syndrom (IBS oder auch Reizdarmsyndrom, im ICD codiert mit K58, ist eine chronische Darmerkrankung mit hoher Prävalenz und bislang ungeklärter Ätiologie. Symptomatisch sind u.a. Unterbauchschmerzen, Durchfall und/oder Verstopfung, Blähungen, gestörte Stuhlentleerung. IBS kann einer ME bereits vorangehen und/oder Begleiterkrankung werden. Es kann inzwischen mithilfe von zwei einfachen Bluttests diagnostiziert werden.[2])

ICD = International Statistical Classification of Diseases and Related Health Problems (Die Internationale statistische Klassifikation der Krankheiten und verwandter Gesundheitsprobleme, kurz ICD, ist das wichtigste, weltweit anerkannte Diagnoseklassifikationssystem der Medizin. Es wird von der Weltgesundheitsorganisation [WHO] herausgegeben. In Deutschland sind die an der vertragsärztlichen Versorgung teilnehmenden Ärzte und ärztlich geleiteten Einrichtungen laut § 295 Absatz 1 Satz 2 des Sozialgesetzbuch V [Abrechnung ärztlicher Leistungen] verpflichtet, Diagnosen nach ICD-10 German Modification [GM] zu verschlüsseln. Verbindlich für die Verschlüsselung in Deutschland ist die vom Deutschen Institut für Medizinische Dokumentation und Information [DIMDI] herausgegebene ICD-10-GM Version 2014.)

IOM = Institute of Medicine (Das US-amerikanische Institut bezeichnet sich selbst als unabhängige Nonprofit-Organisation, die außerhalb der Regierung arbeitet, um die Entscheidungsträger und die Öffentlichkeit mit unparteiischem und wegweisendem Rat zu unterstützen.)

KVT = Kognitive Verhaltenstherapie (KVT behandelt eine Vielzahl von Störungen im psychischen und psychosomatischen Bereich. Psychische Störungen und Krankheit bedeuten aus verhaltenstherapeutischer Sicht gestörtes Verhalten, das in Kindheit und Jugend erlernt wurde und zu Verhaltensmustern führte, die im späteren Leben unangemessen sind und zu psychischen Konflikten oder sogar psychosomatischen Erkrankungen führen. Verhaltenstherapeuten gehen davon aus, dass diese Verhaltensmuster wieder verlernbar und damit veränderbar sind. KVT will durch Verhaltensänderung die psychischen Störungen beseitigen und appelliert an die Einsichtsfähigkeit der Patienten. Hinderliche Einstellungen und unangemessene Verhaltensmuster als Ursache der Probleme sollen mit Hilfe von KVT erkannt und verändert werden. Bei ME-Patienten wird KVT meist, anstatt sinnvollerweise Coping- und Pacing-Strategien zu entwickeln, dazu missbraucht, den Patienten von seinen angeblich falschen Krankheitsüberzeugungen zu „kurieren".[3])

MBPS = Münchhausen-by-proxy-Syndrom (Mütter mit dem Münchhausen-Stellvertreter-Syndrom täuschen bei ihren Kindern Krankheiten vor oder provozieren Krankheiten durch Medikamente oder Misshandlungen, die in manchen Fällen auch zum Tod führen. MBPS ist ein umstrittenes Krankheitsbild. Es hat keinen ICD-10 Schlüssel, d.h. es handelt sich nicht um eine abgrenzbare, eigenständige Krankheit. MBPS wurde auch nicht in das psychiatrische Klassifikationssystem DSM IV-TR aufgenommen, da befürchtet wurde, dass durch die Aufnahme die Misshandler auf Grund ihrer psychiatrischen Diagnose juristisch entlastet werden könnten. Im DSM V erscheint MBPS als Factitious Disorder imposed on Another als eine Variante der artifiziellen Störungen.)

ME = Myalgische Enzephalomyelitis (Die im ICD unter den neurologischen Krankheiten mit G93.3 verschlüsselte ME wird fälschlich überwiegend als „CFS" bezeichnet, und zwar weltweit, obwohl „CFS" ein anderes Krankheitsbild darstellt als ME.)

„ME/CFS" = „Myalgische Enzephalomyelitis / Chronic Fatigue Syndrom" (Der Begriff „ME/CFS" ist ein Hybrid, das jeglicher wissenschaftlichen Definition entbehrt. Die Bezeichnungen ME und „CFS" werden hierbei irrigerweise und unzutreffend synonym gebraucht, obwohl sie nach ihren jeweiligen Definitionen voneinander unterschiedene Krankheitsbilder darstellen. Weil dieses Buch sich explizit auf Krankheitsdefinitionen bezieht, die das Krankheitsbild einer ME beschreiben, werden „CFS" und das Hybrid „ME/CFS" hier stets in Anführungszeichen gesetzt. Leider diagnostizieren die meisten Ärzte weltweit auch eine ME-Erkrankung als „CFS". Deshalb gilt auch für einen Teil der „CFS"-Patienten die Krankheitsdefinition einer ME.)

MLV = murine leukemia virus (Das Murine Leukämievirus oder Maus-Leukämie-Virus ist ein Virus aus der Gattung der Gammaretroviren.[4] Es gibt u.a. xenotrope und polytrope Stämme. Bei einigen Stämmen handelt es sich um endogene Retroviren. Xenotrope MLV infizieren nicht die Labormäuse selbst, aber sie können sowohl Zelllinien von einer Reihe anderer Arten einschließlich des Menschen infizieren als auch – wie neuere Forschung zeigt – die von allen Stämmen der Wildmaus. Polytrope MLV können sowohl humane Zellen als auch Zellen von

Labor- und einer Wildmausart infizieren, aber nicht alle Arten von Wildmäusen.[5] Entgegen früherer Annahmen haben xenotrope MLV ein breiteres Wirtsspektrum als polytrope MLV.)

MS = Multiple Sklerose (Die MS, auch als Encephalomyelitis disseminata bezeichnet, ist eine chronisch-entzündliche Krankheit des Nervensystems. Die Ursache der MS ist trotz großer Forschungsanstrengungen noch nicht geklärt. Sie ist eine der häufigsten neurologischen Krankheiten bei jungen Erwachsenen. MS ist bislang nicht heilbar. Ihr Verlauf kann durch verschiedene Behandlungen oftmals günstig beeinflusst werden. Die MS führt nicht zwangsläufig zu schweren Behinderungen.)

NEM = Nahrungsergänzungsmittel

NIH = National Institutes of Health (Die NIH sind eine Behörde des Ministeriums für Gesundheitspflege und Soziale Dienste der Vereinigten Staaten. Sie sind die wichtigste Behörde für biomedizinische Forschung in den USA.)

NICE = National Institute for Health and Care Excellence (NICE ist eine nicht-öffentliche Einrichtung des Department of Health in Großbritannien. NICE veröffentlicht u.a. Leitlinien für die angemessene Behandlung und Pflege von Menschen mit bestimmten Krankheiten. Die Evaluation der Behandlungen und Verfahren erfolgt dabei in erster Linie auf Auswertungen ihrer Wirksamkeit und Wirtschaftlichkeit.)

PACE = Pacing, graded Activity and Cognitive behaviour therapy: a randomised Evaluation (Eine britische Studie mit dem Titel "Comparison of adaptive pacing therapy, cognitive behaviour therapy, graded exercise therapy, and specialist medical care for chronic fatigue syndrome [PACE]: a randomised trial", The Lancet: 10.1016/S0140-6736(11)60096-2)

PAWS = Pervasive Arousal Withdrawal Syndrome (PAWS, das Durchgängige Erregungs-Rückzugssyndrom, ist eine kinderpsychiatrische Diagnose, die weder im ICD noch im DSM erscheint. ME-kranke Kinder, Jugendliche und sogar junge Erwachsene werden, wenn medizinische und/oder psychiatrische Behandlungen keine Besserung bringen, desöfteren mit PAWS umdiagnostiziert. Es wird dann so getan, als habe sich das ME „zurückgebildet" und stattdessen sei das Kind nun psychiatrisch erkrankt.)

PEM = post-exertional malaise (PEM bedeutet Unwohlsein nach Belastung. Doch der Begriff „malaise", „ein leichtes oder allgemeines Gefühl, nicht gesund oder glücklich zu sein",[6] (Ü.d.A.) ist keine angemessene Bezeichnung für die pathologisch niedrige Belastungsgrenze und die mit so vielen, teils schweren Krankheitssymptomen und Schmerzen verbundene Zustandsverschlechterung der ME-Kranken nach bereits geringer Aktivität. Außerdem ist PEM auch bei anderen Krankheiten bekannt; z.B. erfährt ein kleiner Teil der Multiple Sklerose-Patienten ebenfalls PEM nach körperlicher Belastung, weshalb PEM kein Symptom mit Alleinstellungsmerkmal für ME darstellt. PEM kann nicht durch medizinische Tests objektiviert werden.)

PENE = post-exertional neuro immune exhaustion (PENE, die neuroimmune Entkräftung nach Belastung, ist das Kardinalsymptom der ME. Sie bezeichnet das pathologische Unvermögen, ausreichend Energie nach Bedarf zu produzieren. PENE ist Teil der umfassenden Schutzreaktion des Körpers. PENE ist ein Symptom mit Alleinstellungsmerkmal. Die Bezeichnung weist darauf hin, dass die maßgebenden Symptome nach nur geringer körperlicher oder geistiger Anstrengung, z.B. Alltagsverrichtungen, primär in den neuroimmunologischen Bereichen auftreten, ein Phänomen, das von keiner anderen Krankheit bekannt ist. PENE ist im Gegensatz zur PEM objektiv messbar und kann bislang am besten mit einem zweitägigen kardiopulmonalen Exercise-Test oder mit einem Genexpressionstest nach einmaliger Belastung objektiviert werden. PENE kann zu einer langanhaltenden oder dauerhaften Behinderung führen.)

pMLV = polytropic murine leukemia virus (Das polytrope Murine Leukämievirus oder polytrope Maus-Leukämie-Virus ist ein Virus aus der Gattung der Gammaretroviren. Polytrope MLV können sowohl humane Zellen als auch Zellen von Labormäusen und einer Wildmausart infizieren, aber nicht die von allen Wildmausarten.[7])

SEID = systemic exertion intolerance disease (Die vom Institute of Medicine im Auftrag des amerikanischen Gesundheitsministeriums vorgeschlagene Umbenennung von „ME/CFS" in „systemische Anstrengungsunverträglichkeits-Krankheit" ist – nach der 1988 erfolgten Umbenennung von ME in „CFS" – ein weiterer Versuch, die historischen Wurzeln der Krankheit ME zu kappen und auf diese Weise ihren infektiösen Charakter in Vergessenheit zu bringen.)

SIV = Simianes Immundefizienz-Virus (Das Simiane Immundefizienz-Virus ist ein in vielen Affenarten zu findendes Retrovirus und gilt als Ursprungsvirus für das menschliche Immunschwächevirus HIV.)

SFFV-Test = Spleen Focus-Forming Virus-Test (Das Spleen Focus-Forming Virus ist ein replikationsdefektes Mäuseretrovirus, das bei Mäusen Erythroleukämie verursacht. Alle bislang bekannten polytropen und xenotropen Gammaretroviren können mit dem SFFV-Test – Antikörpern gegen das Hüllprotein des Spleen Focus-Forming Virus, die vom gereinigten 7C10 monoklonalen Antikörper[8] erkannt werden – aufgespürt werden. Ein positives Ergebnis bedeutet aber nicht notwendigerweise das Vorhandensein eines replikationskompetenten Retrovirus. Es kann auch die Kreuzreaktivität mit einem anderen Virus anzeigen oder aber auch bedeutungslos sein. Letzteres scheint eher unwahrscheinlich, weil die Immunanomalien ME-Kranker mit positivem Testergebnis denen von ME-Patienten entsprechen, bei denen humane retrovirale Infektionen nachgewiesen wurden. Judy Mikovits et al. schlagen diesen positiven Antikörper-Test als Biomarker für eine Untergruppe ME-Kranker vor, die möglicherweise gut auf eine antiretrovirale oder auf eine immunmodulierende Therapie wie Ampligen reagieren.[9])

SV-40 = Simian-Virus 40 (SV-40 ist ein Affenvirus aus der Gattung der Polyomaviren. Bis zu 30% der Impfchargen des Salk-Polio-Vakzins und der Sabin-Polio-Schluckimpfung, die unter Verwendung von Affennierenzellen hergestellt wurden, waren mindestens bis 1963 mit SV-40 verseucht. SV-40 ist sowohl im Tierversuch als auch in humanen Zellkulturen onkogen und steht weiterhin in Verdacht, beim Menschen ebenfalls Tumoren und persistierende Infektionen auszulösen.)

TLC = tender loving care (Rücksichtsvolle und anteilnehmende Pflege, speziell im Fall, dass keine andere Behandlungsmöglichkeit von Nutzen ist.)

WHO = World Health Organization (Die WHO ist im Rahmen der Vereinten Nationen für die öffentliche Gesundheit zuständig.)

XMRV = Xenotropic murine leukemia virus-related virus (XMRV gehört zur Familie der Retroviren. Es ist ein Gammaretrovirus, nah verwandt mit dem Murinen Leukämievirus oder Mausleukämie-Virus. XMRV ist ein potentiell humanpathogenes Laborartefakt, entstanden durch Xenotransplantation in einer Labormaus: Bei der Passage menschlicher Krebszellen in einer Nacktmaus ist XMRV aus der Rekombination zweier endogener Mausretroviren hervorgegangen, nämlich aus den Proviren PreXMRV-1 und PreXMRV-2. Experimente haben gezeigt, dass XMRV durch die Luft übertragbar ist.)

Vorwort

Ein Buch über die Myalgische Enzephalomyelitis, die auch irrtümlich als „Chronic Fatigue Syndrom" oder als „ME/CFS" und neuerdings auch als „Systemic exertion intolerance disease" oder kurz „SEID" bezeichnet wird.

Ein Buch über die häufigste und verheerendste Krankheit, von der Ihr Arzt noch nie gehört hat.[10]

Ein Buch über eine Krankheit, die es nach Meinung eines Großteils der Ärzteschaft gar nicht gibt und die nach Auffassung vieler Ärzte, Psychiater und Psychosomatiker nur in den Köpfen der Patienten existiert – obwohl sie bereits vor über 40 Jahren von der WHO als neurologische Krankheit klassifiziert wurde!

Leider scheint es noch immer vor allem Sache der Betroffenen zu sein, über diese unsichtbare Pandemie zu informieren und die Hintergründe dieses weitgehend unbekannten medizinischen Skandals aufzudecken. Nach Jahrzehnten der Missachtung und der Vernachlässigung vonseiten der medizinischen Profession und des Abwürgens der biomedizinischen Forschung seitens der politisch Verantwortlichen sind die Patienten zutiefst enttäuscht. Schwere körperliche und geistige Einschränkungen richten grausames Leid bei den Betroffenen an. Viele von ihnen müssen Jahre oder Jahrzehnte eine Lebensqualität erdulden, die der von AIDS- und Krebspatienten im Endstadium vergleichbar ist – ohne dass sie medizinisch adäquat versorgt werden. Ungezählte starben vorzeitig an der Krankheit oder deren Folgen, Unzählige legten aus Verzweiflung und wegen unerträglicher Schmerzen Hand an sich.

Mehr als 80 Jahre sind seit dem ersten Ausbruch der Krankheit verstrichen. In den ersten dreieinhalb Jahrzehnten wurden der organische Charakter, die Schwere und die Übertragbarkeit der Krankheit kaum in Frage gestellt, und die meisten Patienten wurden mit größter Umsicht in Hospitälern behandelt. Doch mit ihrer zunehmenden Ausbreitung fand ein Paradigmenwechsel statt. Die Verfechter einer unwissenschaftlichen psychogenen Verursachungstheorie – die einflussreichsten unter ihnen Handlanger der Versicherungsindustrie und der Regierenden – gewannen die Oberhand. Statt der Krankheit bekämpft unser Gesundheitssystem heute die Kranken.

Im ersten Teil des Buchs wird umfassend über die historischen und medizinischen Fakten zur Myalgischen Enzephalomyelitis und die teils gravierenden Missstände im Umgang mit den Kranken und in der Behandlung informiert. Im zweiten Teil werden anhand gut belegter Tatsachen die Hintergründe erläutert, die dazu geführt haben, dass diese Krankheit zum Stiefkind unseres Gesundheitssystems wurde und heute bagatellisiert, psychopathologisiert oder sogar auch verleugnet wird. Im dritten Teil wird eine Auswahl aufsehenerregender Ergebnisse der neueren biomedizinischen ME/"CFS"-Forschung vorgestellt. Auch der umfangreiche Endnotenapparat lädt zum Studieren ein und dürfte nicht nur für medizinhistorisch Wissbegierige und forschungsaffine Leser, sondern ebenso für den interessierten Patienten aufschlussreich sein. Und man muss auch keineswegs mit allen hier im Buch vorgestellten Forschungshypothesen und manchen hypothetischen Gedankenspielereien der Autorin einverstanden sein, um von dieser Fundgrube Gebrauch machen zu können.

Bislang hat ein Großteil der Ärzteschaft es an Neugierde missen lassen, die Mediziner eigentlich besitzen sollten, wenn es sich um Krankheiten handelt, die wir (noch) nicht verstehen, wie der norwegische Onkologe Olav Mella, der in Studien bemerkenswerte Erfolge in der Behandlung mit Rituximab bei ME-Patienten erzielt hat, enttäuscht konstatierte.[11] Es ist zu hoffen, dass dieses Buch einen Beitrag dazu leisten kann, dass sie ihre Vorurteile über Bord werfen und neugierig auf diese Krankheit werden.

Doch das Buch richtet sich nicht nur an Mediziner und alle in der medizinischen Versorgung Beschäftigten, sondern auch an die Patienten, ihre Angehörigen und an die vielen Erkrankten, die bislang nicht oder aber falsch diagnostiziert wurden. Ihnen soll das nötige Rüstzeug an die Hand gegeben werden, um sich gegen Fehldiagnosen und Falschbehandlungen zur Wehr setzen zu können. Ebenso ihren Anwälten und Rechtsvertretern, damit sie sich ein Bild des aktuellen Forschungsstands machen können.

Darüber hinaus wäre es wünschenswert, mit diesem Buch auch unsere gewählten Vertreter in der Politik erreichen zu können. Und nicht zu vergessen die Vertreter unseres Gesundheitssystems sowie alle politisch und medizinisch Interessierten, die nicht mehr hinnehmen wollen, dass ausschließlich ökonomisch orientierte Interessengruppen wie Pharmabranche und Versicherungen wachsenden politischen Einfluss nehmen[12] und an einem der Grundpfeiler unserer Gesellschaft sägen, nämlich der solidargemeinschaftlichen medizinischen Versorgung. Denn das betrifft uns alle – auch die heute (noch) Gesunden!

Teil I

Die Fakten

Diese Krankheit ist genauso bedeutsam wie jede andere schwere Krankheit, ob das Krebs, Herzversagen oder AIDS ist. Wir stehen vor einer nationalen Katastrophe und wir müssen uns dieser Tatsache stellen. Die Krankheit ist heruntergespielt worden – durch Täuschung, Ignoranz der Ärzteschaft und durch Abwürgen der biomedizinischen Forschung. Derweil sind Tausende von Patienten schwer erkrankt. Man zweifelt an ihnen und erklärt sie für selbst schuld, und so leiden viele an ärztlicher Vernachlässigung und Misshandlung.

Prof. Leonard A. Jason (Ph.D., DePaul University, Center for Community Research) in dem Film "Voices from the Shadows"

I Einführung

Es gibt uns nicht. Wir sind schon vergangen.

Wolfgang Herrndorf, „Arbeit und Struktur"

Ich glaube, dass wir bislang nicht in genügendem Maße für die Menschen mit ME/CFS gesorgt haben. Ich denke, es ist angebracht zu sagen, dass wir keine angemessene Gesundheitsversorgung für diese Menschen geboten haben, und es tut mir leid.

Bjørn Guldvog, Generaldirektor Direktion Gesundheit Norwegen

Es ist wirklich ein Skandal. Die Patienten waren mit einem Mangel an Respekt konfrontiert, weil es uns an Wissen fehlte. Das Schlimmste ist, dass wir nicht sehr hart daran gearbeitet haben, dieses Wissen zu erlangen.

Erna Solberg, norwegische Ministerpräsidentin

1 Something is rotten …

- ***„Theorien darüber, dass die Krankheit durch Geisteszustände verursacht und durch Willenskraft geheilt werden könne, sind stets ein Indiz dafür, in welchem Maße man sich über das physische Terrain einer Krankheit im unklaren ist.“*** (H.d.A.)

Bald 40 Jahre sind es her, dass die US-amerikanische Publizistin und Schriftstellerin Susan Sontag diese Zeilen niederschrieb. Und doch hat dieses Zitat aus ihrem vielbeachteten Essay „Illness as Metaphor“ nichts an Aktualität eingebüßt.[13] Im Gegenteil erscheint es heute aktueller denn je. Denn wie ein Flächenbrand hat die Psychopathologisierung von organischen Krankheiten um sich gegriffen und unser Denken beeinflusst. Das gilt vor allem für chronische Krankheiten, insbesondere aber für Krankheiten wie die Myalgische Enzephalomyelitis bzw. das "Chronic Fatigue Syndrom“, deren Symptomatik als rätselhaft und bizarr gilt, deren Ursache ungeklärt ist und für die es bislang keine allgemein anerkannten diagnostischen Marker und keine Heilbehandlung gibt. Es ist noch gar nicht allzu lange her, dass z. B. Menschen mit Tuberkulose, Asthma, Magengeschwür oder Multipler Sklerose auf die gleiche Weise psychopathologisiert wurden wie heute die ME-Kranken, bevor über die Entdeckung eines Erregers oder die Entwicklung effektiver Therapeutika der organpathologische Charakter ihrer Krankheiten nicht mehr geleugnet werden konnte.

Doch weshalb werden diese organischen chronischen Krankheiten unbekannter Ursache stets so lange, bis die Fakten der biomedizinischen Forschung nicht mehr von der Hand zu weisen sind, psychopathologisiert? Ärzte, konfrontiert mit einer ihnen weitgehend unbekannten Krankheit wie der ME mit erschreckend gravierender Symptomatik, einer Krankheit, die sie nicht erkennen und diagnostizieren können, greifen oftmals, wenn die Routinediagnostik keine Auffälligkeiten zeigt, behelfsweise zu psychischen Diagnosen. Sie ziehen die unzulässige Schlussfolgerung, dass, wenn sich nichts finden lässt, es etwas Psychisches sein muss. Nur wenige Ärzte ringen sich dazu durch, dem Patienten zu gestehen, dass sie schlicht nicht wissen, was ihm fehlt.

So landen viele dieser Patienten beim Psychiater oder Psychologen. Doch vielen Psychiatern und Psychologen genügt allein die Tatsache, dass der Patient eine Körpersymptomatik beklagt ohne erkennbare korrelierende biomedizinische diagnostische Marker, um dem Patienten eine psychische Diagnose zu verpassen. Selbst wenn der Patient keinerlei psychische oder Verhaltensauffälligkeiten zeigt und von keinem psychischen Trauma zu berichten weiß, beharren sie oftmals auf ihrer Diagnose einer Depression, einer Verhaltensauffälligkeit, einer somatoformen Störung oder gar einer Posttraumatischen Belastungsstörung. Behandelt werden solche psychiatrischen Krankheiten meist mit Antidepressiva, Kognitiver Verhaltenstherapie (KVT) und vor allem auch mit körperlicher Aktivierung – allesamt Behandlungen, die Patienten mit einer organischen Krankheit wie der Myalgischen Enzephalomyelitis mehr schaden (häufig sogar extrem schaden!) als nutzen. Die Verordnung psychiatrischer Behandlungen verdankt sich dabei der Auffassung vieler Behandler, der Patient leide in Wirklichkeit an einer Depression – deshalb die Gabe von Antidepressiva – oder aber der Patient hege irrtümlich die Überzeugung, an einer organischen Krankheit zu leiden, weshalb man ihn durch KVT von seinen „falschen Krankheitsüberzeugungen" abbringen müsse. Man geht in diesem Fall davon aus, dass der Patient beispielsweise nach einem Infekt eine Schonhaltung eingenommen hat oder sogar generell von Haus aus bewegungsscheu ist. Folglich wird seine Entkräftung und permanente Erschöpfung und die schnelle Erschöpfbarkeit als Dekonditionierung missdeutet, weshalb man ihm dann meist auch gleich eine Aktivierungstherapie verschreibt.

Gerade jedoch diese bei der ME kontraindizierten Behandlungen wie Verhaltenstherapie und körperliche Aktivierung treffen auf eine breite gesellschaftliche Akzeptanz, vor allem auf die der Nichtbetroffenen, der Gesunden. Es kommt nicht selten vor, dass Gesunde – ohne jegliche medizinische Vorkenntnisse – diese therapeutischen Maßnahmen ihren erkrankten Bekannten, Freunden oder Angehörigen mit Nachdruck empfehlen. Warum aber, so fragt man sich, glauben die Nichtbetroffenen, eine organische Krankheit könne mit einer Verhaltenstherapie kuriert werden, die dem Patienten seine angeblich „falschen Krankheitsüberzeugungen" ausreden will? Warum sind sie nicht willens, den Erkrankten Gehör zu schenken, wenn diese doch glaubhaft versichern, dass körperliche Aktivierung ihre Symptome verschlimmert? Warum geben sie überhaupt unfachmännische Gesundheitstipps?

Da ihnen die Krankheitserfahrung fehlt, gehen viele Gesunde häufig von falschen Voraussetzungen aus. Sie nehmen sich selbst als Norm, ohne zu bedenken, dass ihre Normen nicht auf Kranke anwendbar sind. Oder wie es Ruth Klüger in ihrem autobiographischen Buch „weiter leben" viel besser formuliert: *„Wir muten einander ungefähr das zu, was wir uns selbst zumuten, und damit fahren wir meistens richtig. Doch zwischen Kranken und Gesunden verschiebt sich das Verhältnis, da ist eine Kluft, keine*

Partnerschaft unter Gleichgestellten. Ein Gesunder kann beim besten Willen nicht immer das Verhalten des Patienten richtig einschätzen, weil er sich selbst nicht als Norm nehmen kann."[14] Ein eingeschränktes Wahrnehmungsvermögen verleitet Gesunde dazu, die breite Kluft, die Gesunde von Kranken trennt, mit Gesundheitstipps, die ***ihrer*** Norm, nicht aber der der Kranken entsprechen, einfach zu überspringen. Sie tun so, als sei da keine Kluft, und weil ihnen die Krankheitserfahrung fehlt, muten sie uns das zu, was sie auch sich selbst abverlangen würden, z.B. sich mehr zu bewegen oder Sport zu treiben.

Der österreichische Schriftsteller Thomas Bernhardt, der jahrzehntelang mit Lungenkrankheiten zu kämpfen hatte, hält die Kluft zwischen Gesunden und Kranken sogar für nahezu unüberbrückbar. *„Die Kranken verstehen die Gesunden nicht, wie umgekehrt die Gesunden nicht die Kranken"*, schreibt er in seinem autobiographischen Buch „Wittgensteins Neffe",[15] und dieser Konflikt sei *„sehr oft ein tödlicher"*. Er glaubt, die Gesunden hätten *„meistens auch gar nicht den Willen, dem Kranken zu helfen"* und sie heuchelten *„fortwährend ein Samaritertum"*, das dem Kranken letztlich nur schade. Auf solche *„zur Schau getragene*[n] *Bereitwilligkeiten"* verzichte der Kranke am besten, denn der Kranke sei *„tatsächlich immer allein und die Hilfe, die ihm von außen zuteil wird, stellt sich beinahe immer nur als ein Hindernis oder eine Störung heraus[…]"*. Das unfachmännische Erteilen von gesundheitlichen Rat-schlägen gehört dabei genau zu der Art von „Hilfestellung" – oder mit Bernhardts Worten *„Störung"* – wie sie Kranke nicht gebrauchen können. Denn die Kranken brauchen *„die unmerklichste aller Hilfen"*, wie Bernhardt schreibt, doch stattdessen helfen *„die Helfenden"* dem Kranken nur allzuoft nicht, *„sondern sie belästigen ihn."* Doch der Kranke *„kann sich keinerlei Belästigung leisten."*

Weil die Gesunden *„noch nie mit den Kranken Geduld gehabt"* haben, versuchen sie, sich die lästigen Probleme des Kranken mit ihren Gesundheitstipps vom Leib zu halten. In Wahrheit, so Bernhardt, will der Gesunde *„mit dem Kranken nichts zu tun haben, er will nicht an Krankheit und dadurch naturgemäß und folgerichtig an den Tod erinnert sein."*

Diese Gesundheitstipps scheinen also nicht allein der beschränkten Wahrnehmungsfähigkeit und der aggressiven Abwehr von Hilfsbedürftigen geschuldet, sondern auch der eigenen Angstabwehr. Denn mit dem stetigen Anstieg und der unaufhaltsamen Verbreitung chronischer Krankheiten ist auch die Angst der Menschen gewachsen, eines Tages selbst Opfer zu werden. Diese Angst führt zur verstärkten Angstabwehr und erzeugt darüber hinaus naturgemäß den Wunsch, sich gegenüber diesem Schicksal mit einer gesunden Lebensweise zu wappnen. Sport, ausgewogene Ernährung und Wellness vermitteln körperliches und seelisches Wohlbefinden und damit einhergehend das Gefühl, körperliche und seelische Prozesse kontrollieren zu können und im Griff zu haben. Werbebilder in den Broschüren der Krankenversicherer von glücklichen, schlanken, aktiven und gesunden Menschen suggerieren, mit Bewegung und gesunder Ernährung wäre man gegen Krankheiten aller Art gewappnet. Allzu Gesundheitsbewusste, die ihre Lebensweise vollständig in den Dienst der Angstabwehr gestellt haben, wiegen sich denn auch in aller Regel in einem Gefühl trügerischer Sicherheit. Viele von ihnen sind der Auffassung, dass ihnen nichts passieren kann, wenn sie sich nur genügend anstrengen und disziplinieren. Sie glauben, ihr gesundheitliches Schicksal selbst in der Hand zu haben. Sie sind der festen Überzeugung, beispielsweise gegen chronische Erkrankungen oder Krebs gefeit zu sein, weil sie doch alles tun, was als Präventivmaßnahme von den Ärzten und Versicherungen gepriesen wird. Deshalb – so folgern sie – werden ihnen all diese schrecklichen Krankheitsschicksale erspart bleiben, und sie werden für ihre sportlichen Mühen und ihren Verzicht auf Genuss schließlich im Alter belohnt werden. Jedenfalls hoffen sie das. Doch Krankheit, Sterben und der Tod gehören zum unabweisbaren Schicksal des Menschen. Die verbissene Fixierung auf prophylaktische Maßnahmen wie Fitness, Wellness und Ernährung dient nur allzu oft als Vehikel, diese Tatsache zu leugnen.

Dabei gibt es selbstverständlich gute Gründe anzunehmen, dass ein Leben mit ausreichend Bewegung und gesunder Ernährung einen ausgezeichneten Schutz vor vielen Krankheiten bietet. Und es ist nur zu begrüßen, wenn möglichst weite Teile der Bevölkerung einen selbstverantwortlichen Lebensstil pflegen, der Bewegung, Entspannung und gesunde Ernährung als integrale Bestandteile einschließt. Eine gemäßigte Lebensweise ist gewissermaßen eine ***adäquate*** Form der Angstabwehr.

Doch was, wenn ein gesundheitsbewusster Lebensstil keinen 100%-igen Schutz bietet? Was, wenn einen trotz einer gesunden Lebensführung eine schwere chronische Erkrankung ereilt? Hat dann die Psyche versagt? Hat der Kranke es an ausreichend Willenskraft missen lassen, um sich der Krankheit entgegen zu stemmen? Schlimmer noch – verhindert seine mangelnde Willenskraft ihre Heilung? Das glauben vor allem viele Gesunde, eben diejenigen, die sich gewappnet fühlen. Aber auch diejenigen, denen es zwar an Disziplin für eine gesunde Lebensweise fehlt, nicht aber an Selbstüberschätzung.

Schützenhilfe erhalten die so argumentierenden (noch) Gesunden durch die Heerscharen der professionellen Verfechter des sogenannten „bio-psycho-sozialen" Krankheitsmodells. Das sind neben den Krankenversicherern vor allem Psychologen, Psychiater und Psychosomatiker sowie Mediziner, die mit meist diffusen und wenig durchdachten Allgemeinplätzen über die Unteilbarkeit von Körper und Psyche die Abwehrmechanismen der Gesunden teilen. Dass die Aufhebung des Konzepts eines Körper-Seele-Dualismus vor allem der Kostenentlastung unserer Gesundheitssysteme dient, wird dabei von den meisten medizinischen Laien, aber auch von den Professionellen übersehen, sofern sie nicht gerade als Gesundheitsfunktionäre die Strippen im System ziehen. Denn das bio-psycho-soziale Modell, das einmal erdacht wurde, um die in der Medizin seinerzeit vorherrschende strikte Trennung von Körper und Psyche zu überwinden und eine ganzheitliche Betrachtungsweise zu etablieren, welche Wechselwirkungen von Körper, Seele, Umwelt und Lebenserfahrungen miteinbezieht, ist aus vielen, noch in Teil II zu erläuternden Gründen auf ein rein psychiatrisches Modell zusammengeschrumpft, das mit möglichst kostengünstigen psychiatrischen Therapien der Flut chronischer organischer Krankheiten ungeklärter Ursache Herr zu werden versucht.

Die untrennbare Verquickung von Körper und Seele birgt jedoch eine große Gefahr: die Gefahr der ungerechtfertigten Schuldzuweisung. Im Bestreben eine Krankheitsverursachung dingfest zu machen, die es erlaubt, die eigene Angstabwehr aufrechtzuerhalten, heißt es dann gern mal über den Erkrankten: „Ja, der hat ja auch keinen Sport gemacht!“ oder „Die hatte ja immer psychische Probleme, kein Wunder, dass sie krank geworden ist!“ (Noch) Gesunde, die ihre Angst auf diese Weise rationalisieren und damit erfolgreich abwehren, halten sich dabei zugute, dass sie auf der moralisch ***richtigen*** Seite stehen und nach den jeweils geltenden gesellschaftlichen Maßstäben ***gesund*** leben und/oder ***keine*** gravierenden Probleme schultern müssen, weshalb sie sich bester psychischer Gesundheit erfreuen dürfen und aus all diesen Gründen auch nicht fürchten müssen, körperlich zu erkranken. Tief verankerte gesellschaftliche Moralvorstellungen und eine zu schlichte Vorstellung in Bezug auf das Zusammenspiel von Körper und Seele machen sie glauben, dass neben psychischen Problemen vor allem auch Charakterschwäche und Disziplinlosigkeit die eigentlichen Ursachen der chronischen körperlichen Krankheit sind, und darüber hinaus fehlende Willensanstrengung bei der Überwindung psychischer Probleme und etwaiger Untugenden ihre Aufrechterhaltung bewirkt.

Denn viele Menschen hängen der irrtümlichen Vorstellung an, die Seele sei so etwas wie ein willentlich beherrschbarer Geist. Deshalb gelten ihnen seelische Probleme als mit Willensanstrengung überwindbar, obwohl sie genau das nicht sind, und zwar ebenso wenig wie körperliche Krankheiten. Viele psychologische Laien – und befremdlicherweise auch etliche Behandler – glauben, der chronisch Kranke müsse nur seinen „inneren Schweinehund“ überwinden, um wieder auf die Beine zu kommen. Sie projizieren dabei womöglich eigene charakterliche Defizite, die bei Gesunden und Kranken gleichermaßen zu finden sind, auf den Kranken. Weil sich gravierende gesundheitliche Probleme ihrem Erfahrungsbereich entziehen, werfen sie dem chronisch kranken Patienten das vor, was sie in Momenten innerer Einkehr vielleicht sich selbst schon das ein oder andere Mal vorgeworfen haben, nämlich mangelnde Willenskraft. Sie kritisieren seine – in ihren Augen – mangelnde

Anstrengung, gesund zu werden und seinen prämorbiden Lebensstil, den sie für die Entstehung der körperlichen Krankheit verantwortlich machen. Sie wechseln dabei – meist ohne es zu merken – von der medizinischen auf die moralische Ebene. Ihre Schuldvorwürfe sind rein moralischer Art und vor allem deshalb so völlig unangebracht, weil sie auch Patienten treffen, die sich gar nichts haben „zuschulden" kommen lassen, weil sie schon vor ihrer Erkrankung einen maßvollen Lebensstil gepflegt haben. Das Gros der chronischen Krankheiten kommt nämlich wie aus heiterem Himmel, aus Gründen, die von der medizinischen Forschung bislang meist noch nicht eindeutig geklärt werden konnten.

Doch das wollen viele Gesunde oft nicht wahrhaben. Aus Gründen der Angstabwehr ist es ihnen lieber, wenn der Kranke die Schuld an seiner Erkrankung trägt. Auf diese Weise erscheint ihnen das Risiko selbst zu erkranken geringer. Deshalb brechen sie die schwerwiegenden Probleme eines psychisch oder körperlich Kranken auf die im Vergleich belanglosen eines Gesunden herunter, der vielleicht manchmal oder sogar auch grundsätzlich Schwierigkeiten hat, sich zu diesem oder jenem aufzuraffen, z.B. dazu mehr Sport zu treiben. Die vielen unlösbaren Probleme eines chronisch Kranken müssen zu lösbaren verkleinert werden, wie sie der Erfahrungswelt der Gesunden entsprechen, und auf diese Weise handhabbar gemacht werden, damit sie als Gesunde keine Verantwortung für den Kranken übernehmen und ihm keine wirkliche, echte Hilfe anbieten müssen, die nach Thomas Bernhardt *„die unmerklichste aller Hilfen"* wäre. Diese Art der aggressiven Abwehr von etwaigen Ansprüchen verweist jedoch den Kranken komplett zurück auf sich selbst. Um es mit den provokanten und überspitzten Worten Bernhardts zusammenzufassen: *„Der Gesunde will unter sich und unter seinesgleichen sein, er duldet im Grunde den Kranken nicht."*[16]

Wenn die Ausgrenzung der Kranken dann auch noch politisch gewollt und unterstützt wird, wandelt sich unser Medizinsystem zu einem Instrument institutioneller Abwehr. Der Begriff der „institutionellen Abwehr" wurde von dem Neurologen, Psychiater und Psychoanalytiker Stavros Mentzos geprägt. Konkret bedeutet das in diesem Fall, dass die Vertreter unseres Gesundheitssystems sich *„unter dem Einfluß sachbezogener Notwendigkeiten sowie politisch-ökonomischer Interessen"* die Abwehrmechanismen des Einzelnen zunutze machen.[17] Sie übernehmen dabei auf institutioneller Ebene psychosoziale Abwehr-Aufgaben und entlasten auf diese Weise Teile der Gesellschaft, hier die Gesunden. Die institutionelle Abwehr ist *„sicher nicht aus der Sorge der Gesellschaft um die individuelle neurotische Abwehr des einzelnen"* entstanden, sondern speist sich aus ökonomischen Interessen und Notwendigkeiten. Sie bedient sich lediglich individueller Bedürfnisse und befriedigt damit auch sekundär das Abwehrbedürfnis von Individuen.[18] Die Abwehr des Einzelnen von Ansprüchen Kranker erfährt auf diese Weise amtliche Billigung durch die Institutionen unseres Gesundheitssystems. Den Gesunden wird von institutionellen Autoritäten sozusagen Absolution in Bezug auf ihren abwehrenden Umgang mit den Kranken erteilt. Das nimmt Schuldgefühle und schützt vor der Angst auslösenden Auseinandersetzung mit der Fragilität des Lebens und der eigenen Endlichkeit.

Was Stavros Mentzos in seinem Buch „Interpersonale und institutionalisierte Abwehr" ganz allgemein für ein Sozialsystem beschreibt, – *„insbesondere* [für] *eine Institution mit einer primär ganz anderen Hauptfunktion"* –, das *„sich allmählich in eine Abwehrkonstellation verwandelt"*, passt erschreckend gut auf unser heutiges Gesundheitssystem.[19] Einst geschaffen, um den Kranken zu helfen und sie eben ***nicht*** durch das medizinische und soziale Raster fallen zu lassen, dient es, seitdem dem bio-psycho-sozialen Krankheitsmodell eine Favoritenstellung in unserem Gesundheitssystem eingeräumt wurde, mehr und mehr dazu, die Gesunden zu belohnen und vor allem die chronisch Kranken zu bestrafen. Insbesondere was die Versicherer angeht, kann man mit Stavros Mentzos sagen, dass in diesem Bereich *„sogar der Abwehraspekt innerhalb der Institution* ***primär*** *im Vordergrund"* steht.[20] (H.d.A. Auf welche Weise die Versicherer die Ansprüche von chronisch Kranken und Patienten mit Krankheiten ungeklärter Ätiopathogenese abwehren, wird in Teil II/Kap. III/3 u. 10 aufgezeigt.) Bonuspunktesysteme haben die Versicherer bereits eingeführt. Sollte aber die Gesellschaft immer weiter auseinanderdriften, ist die Einführung von Bestrafungssystemen für diejenigen, die man für nicht ausreichend „gesundheitsmotiviert" hält bzw. die schlicht und einfach krank oder kränker als andere Menschen sind, nur eine Frage der Zeit. Man wird sie mittels mehr Eigenbeteiligung bei den Kosten aufwendigerer Untersuchungen und Behandlungen, bei häufigeren Arztbesuchen oder gleich generell mit höheren Beiträgen für die Krankenversicherung bestrafen – eine Idee, die längst diskutiert wird, die auf breite öffentliche Resonanz stößt und von einigen privaten Krankenversicherern bereits praktiziert wird. Damit ist die Aufkündigung der Solidargemeinschaft nicht mehr weit.

Bemerkenswerterweise scheint der Graben zwischen biomedizinischer Wissenschaft auf der einen Seite und den Verfechtern des biopsychosozialen Modells auf der anderen Seite immer tiefer zu werden. Während die Biomedizin organische Krankheiten immer besser behandelbar macht und zunehmend organische Ursachen für bislang als psychogen erachtete Leiden entdeckt, psychopathologisieren die Vertreter der anderen Seite immer weitere organische Krankheiten (und darüber hinaus sogar den Alltag der Menschen!). Selbst bei Krankheiten, deren organische Verursachung längst nachgewiesen ist, verschließen sie die Augen vor den biomedizinischen Anomalien und rekurrieren auf ein Krankheitsverständnis, das ***vor*** der Entdeckung der biologischen Grundlagen der Krankheit Geltung besaß – ***gerade so, als hätten sie die organischen Grundlagen der Krankheit nicht***

verstanden. Oder als weigerten sie sich bewusst, diese zur Kenntnis zu nehmen. (Beispiele: Prof. Nix, Prof. Junginger, siehe Teil II/Kap. III/14, Prof. Wessely, Prof. Sharpe, Prof. Rief, Prof. Nater siehe Teil II/Kap. III 1-14)[21]

Ihr monistisches Verständnis trifft dabei auf ein in weiten Teilen der Bevölkerung verankertes allgemeines Sittlichkeitsgefühl, ein zum „gesunden Menschenverstand" hochstilisiertes Gefühl, das keineswegs auf belegbaren wissenschaftlichen Tatsachen gründet, sondern sich allen rationalen Überlegungen und objektivierenden Kategorien entzieht und allein der Angstabwehr dient. Dieses Sittlichkeitsgefühl – oder auch diese Moralvorstellung – ist vor allem geprägt von der ***„Vorstellung, daß eine Krankheit eine besonders geeignete und gerechte Bestrafung sein könne".***[22] (H.d.A.) Der Patient hat seine Krankheit dementsprechend selbst zu verantworten. Das entlastet sowohl die (noch) Gesunden als auch die Gesundheitskassen. Doch der zum Schuldigen abgestempelte Kranke hat auf diese Weise außer der Last seines körperlichen Leids auch noch die Bürde der Schuld zu tragen. *„Die Tendenz, Opfern unfairerweise die Schuld an ihrem Schicksal zuzuschreiben, ist ein Mittel, um die Vorstellung von Gerechtigkeit zu erhalten"*, wie in einem sozialpsychologischen Lehrbuch im Zusammenhang mit Forschungsarbeiten über Gerechtigkeit zu lesen ist.[23] Psychologische Erklärungen von Laien und psychologische Krankheitstheorien von Medizinern und Psychiatern dienen dann keineswegs – wie man es eigentlich erwarten können sollte – dazu, sich den kranken Menschen mit Empathie und Wohlwollen anzunähern und sie zu verstehen, sondern sie werden als Instrumentarium der Schuldzuweisung missbraucht. Sie pervertieren zu ***„machtvolle***[n] ***Instrumente***[n]***, um die Schande auf die Kranken abzuwälzen"*** und man lässt die Kranken ***„fühlen"***, dass sie ihre Krankheit ***„verdient haben."***[24] (H.d.A.)

Die Kranken werden dabei von vielen psychologischen Laien nur mit jenem flüchtigen Blick bedacht, mit dem man im Vorübergehen laut vor sich hinredende Passanten streift, die man sofort in die Kategorie „verrückt" einordnet – ***bevor*** man bei näherem Hinsehen realisiert, dass sie, mit einem Knopf im Ohr, bloß telefonieren. Doch Psychiater und Psychologen, die organische Krankheiten psychopathologisieren, tun so, als seien In-Ear Headsets noch gar nicht erfunden und betrachten den Passanten nur von ferne. Sie blenden den Knopf im Ohr komplett aus und ***verleugnen*** diese Erfindung, die einen „Geistesgestörten" von einem Telefonierenden unterscheidet, der sich bester mentaler Gesundheit erfreut.

Das also, wogegen Susan Sontag – selbst an Krebs erkrankt – vor beinahe vier Jahrzehnten anschrieb, nämlich die diskriminierende Psychopathologisierung organischer Krankheiten unbekannter Ätiologie, feiert Hochkonjunktur, und zwar ***obwohl*** die Medizingeschichte genau das Gegenteil dokumentiert, nämlich die Entdeckung immer weiterer Krankheitserreger und biomedizinischer Anomalien, die krankheitsverursachend sind.

So ist es kein Wunder, dass auch und gerade ein Krankheitsbild wie die Myalgische Enzephalomyelitis, deren Ursache noch im Dunkeln liegt und für die bislang keine ***allgemein anerkannten*** Biomarker existieren, psychopathologisiert wird. Höchste Zeit für einen Paradigmenwechsel!

2 Die Myalgische Enzephalomyelitis

2.1 Frühe Einordnung und Paradigmenwechsel

- ***Die Myalgische Enzephalomyelitis (ME) ist eine schwere chronische und behindernde neuroimmunologische Multisystemerkrankung. Sie tritt sowohl sporadisch als auch in Epidemien auf.***[25] ***Seit 1969 ist ME von der WHO im ICD unter dem Abschnitt G „Krankheiten des Nervensystems" klassifiziert und wird mit G93.3 codiert.***[26]

Obwohl die Myalgische Enzephalomyelitis seit über 40 Jahren unter den neurologischen Krankheiten eingeordnet ist, ist sie vielen Ärzten nahezu unbekannt. Doch das scheint nicht immer so gewesen zu sein: Schon vor ihrer Einordnung im ICD hat es wohl Ärzte in Deutschland gegeben, die sich offenbar gründlich mit dieser Krankheit auskannten. Dr. Melvin Ramsay, Spezialist für Infektionskrankheiten und einer der Pioniere der ME-Forschung, berichtete 1965 im „British Medical Journal", einem dieser versierten Ärzte, Dr. Frisch aus Freiburg, auf einem Kongress in Österreich begegnet zu sein. Dr. Frisch konnte ihn mit Abbildungen beeindrucken, die schwere neurologische Schäden bei seinen Patienten zeigten.[27]

In "The Lancet", einer der ältesten und führenden medizinischen Fachzeitschriften der Welt, wurde 1956 sogar über einen Cluster-Ausbruch in Deutschland – in Berlin – berichtet, wo zwei Jahre zuvor sieben britische Soldaten, zuvor fitte junge Männer, innerhalb von acht Tagen nacheinander erkrankten.[28] Sechs von ihnen lebten gemeinsam in einer Militärbaracke, der siebte versorgte und pflegte die Kranken, bevor auch ihn diese Krankheit ereilte, deren Charakteristika nahezu deckungsgleich mit dem heutigen klinischen Bild einer ME waren.

Auch in unseren unmittelbar angrenzenden Nachbarländern wie der Schweiz (1937 in Erstfeld und im Frohburg Hospital, St. Gallen, und 1939 in Degersheim,

St. Gallen) und Dänemark (1953 in Kopenhagen und 1952-54 in Jütland) gab es einige Ausbrüche epidemischen Ausmaßes mit z.T. über 100 Betroffenen.[29] Abgesehen von geringfügigen regionalen Unterschieden war das klinische Bild bereits aller frühen Epidemien – ebenso wie die der zahlreichen weiteren in Europa und Übersee – stets nahezu gleich: eine Multisystemerkrankung in unterschiedlich schwerer Ausprägung (von milden systemischen Störungen bis hin zu schweren neurologischen Komplikationen) mit Kernsymptomen wie verlängerte Erholungszeit mit Rückfällen, deutliche und generalisierte Erschöpfbarkeit der Muskulatur oftmals schon nach geringer Anstrengung, der schädliche Effekt von körperlichem Training, Muskelschmerzen, sensorische, autonome und kognitive Störungen – so beschrieb Gordon Parish, ein weiterer Forschungspionier dieser Krankheit, das Krankheitsbild der frühen Ausbrüche.[30] Parish, ein britischer Arzt in Newcastle upon Tyne, wurde dortselbst übrigens ebenfalls Opfer der Epidemie des Jahres 1959 und blieb auch krank.

Diese Epidemien und Cluster-Ausbrüche einer seinerzeit relativ neuen und noch ziemlich seltenen Krankheit werden auch deutsche Mediziner der damaligen Zeit wahrgenommen haben. Insofern ist es nicht verwunderlich, wenn zumindest einige von ihnen mit diesem Krankheitsbild wohlvertraut waren. Doch irgendwann muss dieses Wissen verloren gegangen sein – möglicherweise mit der flächendeckenden Immunisierung gegen die Poliomyelitis (Kinderlähmung)?

Denn die ME wurde damals oft noch über ihre Ähnlichkeit zur Poliomyelitis definiert. Da sie mehrmals parallel zu einer Polio-Epidemie auftrat, wurde sie sogar häufig zunächst mit der nichtparalytischen Poliomyelitis verwechselt, weil die beiden Krankheiten einige Ähnlichkeiten aufweisen. ME-Patienten beklagen z.B. meist einen schmerzenden steifen Nacken zu Beginn ihrer Erkrankung ebenso wie Polio-Kranke, doch fehlt den ME-Kranken die wirkliche Nackensteife und das Kernig-Zeichen ist negativ.[31] Weitere Unterscheidungsmerkmale zur Poliomyelitis sind die wandernden Muskelschmerzen bei der ME, sensorische Manifestationen, eher flüchtige Lähmungen und selbst bei fortgeschrittener Paralyse gewöhnlich kein Verlust der Reflexe, die normale Gehirn-Rückenmark-Flüssigkeit, die Tendenz zur Teilremission und wieder anschließende Verschlimmerung und das angesichts der allenfalls subfebrilen Temperaturen disproportionale schwere Krankheitsgefühl mit Schwäche und Erschöpfung.[32]

Doch die Ähnlichkeit der beiden Krankheiten bewahrte die an Myalgischer Enzephalomyelitis Erkrankten immerhin gut drei Jahrzehnte vor Psychopathologisierung. Ein Patient mit einem steifen, schmerzenden Nacken ließ seinerzeit alle Alarmglocken bei den Ärzten schrillen, weil Verdacht auf Poliomyelitis bestand. Deshalb wurden diese Patienten auch umgehend ins Hospital eingewiesen, wo sie in aller Regel sehr sorgfältig examiniert und ihrem Zustand entsprechend rücksichtsvoll behandelt wurden. Man zweifelte nicht daran, dass sie organisch erkrankt waren, selbst dann nicht, wenn sich der Verdacht auf Poliomyelitis nicht bestätigen ließ. Weil die ME damals zudem überwiegend epidemisch auftrat, ging man darüber hinaus ganz selbstverständlich von einer infektiösen Krankheit aus, obwohl der auslösende Erreger nicht gefunden wurde.

Ein Patient, der heute mit steifem schmerzenden Nacken und einigen weiteren Symptomen, die auf einen grippalen Infekt hindeuten, zum Arzt geht, wird – sofern das Kernig-Zeichen negativ ausfällt und somit der Verdacht auf eine Meningitis ausgeräumt wurde – mit ein paar warmen Worten und der Empfehlung sich auszukurieren wieder nach Hause geschickt. Kein Arzt käme auf die Idee, diese Symptomatik könnte auf eine ernsthafte Erkrankung wie die ME hindeuten, selbst dann nicht, wenn der Patient zwei Wochen später mit persistierender Symptomatik und einer neu hinzugekommenen Muskelerschöpfbarkeit und Muskelschmerzen, genereller Schwäche sowie kognitiven Problemen wieder vorstellig wird. Der Patient wird meist den Rat bekommen, seine Schonhaltung aufzugeben, sich allmä-lich wieder mehr zu belasten und künftig mehr Sport zu treiben, um einer verspannten Nackenmuskulatur vorzubeugen. Denn da die Poliomyelitis in unseren Breitengraden keine Rolle mehr spielt, wird schmerzhafte Nackensteife eher als orthopädisches Problem infolge einer sitzenden Lebensweise wahrgenommen, denn als alarmierendes Zeichen einer neurologisch-entzündlichen Erkrankung. Egal ob der Patient dem ärztlichen Rat folgt und seine Symptomatik sich dadurch verschlechtert oder aber ob er auf seine Körpersignale hört und versucht, sich in Ruhe zu kurieren – spätestens wenn er einige Wochen später mit anhaltenden Beschwerden erneut den Arzt konsultiert, wird er mit einem psychopathologisierenden Befund rechnen müssen. Denn mit dem Verschwinden der Poliomyelitis ist auch die ihr so ähnliche Myalgische Enzephalomyelitis aus dem Blickfeld der Ärzte geraten und eine Körpersymptomatik, die nicht mit Routineuntersuchungen und Routinelabordiagnostik erklärbar ist, wird heute ganz unhinterfragt zu einer psychischen Problematik erklärt, ohne dass ein differenzierter Nachweis einer pychogenen Verursachung geführt werden muss.

Die weitgehende Ausrottung der Poliomyelitis dürfte aber nicht der einzige Grund gewesen sein, weshalb das Wissen um die Myalgische Enzephalomyelitis verloren gegangen ist. Hauptgrund ist vermutlich ein Paradigmenwechsel, der überraschenderweise gar nicht lange nach der Verschlüsselung der ME im ICD als neurologische Krankheit vollzogen wurde.

Angeschoben wurde dieser Wechsel, als zwei britische Psychiater 1970 einen Artikel veröffentlichten, in dem sie den Cluster-Ausbruch am Royal Free Hospital 1955 in London nachträglich als eine Massenhysterie verunglimpften,[33] und zwar ohne jemals mit einem der betroffenen Patienten gesprochen[34] und ohne die biomedizinischen Forschungsarbeiten der Zeitzeugen berücksichtigt zu haben. Dieser Artikel beeinflusste maßgeblich die Ärzteschaft und die nachfolgende Forschung und Lehre. Seither besitzt die Krankheit ME, die zuvor weltweit als organische Krankheit sehr ernst genommen wurde, ein Glaubwürdigkeitsproblem.

Man darf wohl mit Fug und Recht behaupten, dass es sich hier, wie der Soziologe und Psychoanalytiker Reimut Reiche es in Bezug auf soziologische Zeitdiagnosen formulierte, um einen Akt des *„aggressiven Vernichten*[s] *von Wissen"* handelte.[35]

Dieser Akt geschah zu einem Zeitpunkt, als die Krankheit trotz epidemischer Ausbrüche noch nicht annähernd so verbreitet war wie heute, und die ME-Forschung noch weitgehend in den Kinderschuhen steckte. Die bereits bekannten Fakten, die sich in der Hauptsache auf eine ziemlich genaue Beschreibung des klinischen Bildes beschränkten (mit Ausnahme einiger hochinteressanter organpathologischer Details, die noch zu erörtern sind), hatten bis dato allem Anschein nach noch keinen Eingang in die Lehre gefunden – übrigens bis heute nicht!

Vermutlich aus diesem Grund standen die 1984 noch sehr jungen Ärzte Daniel Peterson und Paul Cheney aus Incline Village in Nevada vor einem medizinischen Rätsel in ihrer Praxis, als seinerzeit am Lake Tahoe eine ihnen völlig unbekannte Krankheit epidemischen Ausmaßes um sich griff. Wie Hillary Johnson in ihrem aufregenden Buch „Osler's Web: Inside the Labyrinth of the Chronic Fatigue Syndrome Epidemic" berichtet, konnte Cheney sich schlicht nicht vorstellen, dass diese Krankheit schon einmal irgendwo aufgetreten sein könnte, denn, so argumentierte er, wie hätte die gesamte medizinische Profession eine so schwerwiegende Krankheit mit verheerenden Folgen jahre- oder jahrzehntelang übersehen können?[36]

Doch eine Handvoll älterer Forscher, die eine überschaubare Anzahl von Forschungsarbeiten zwischen den 30er- und 70er-Jahren publiziert hatten, hätten die Parallelen zu den frühen Epidemien erkennen können. Zu ihnen zählten u.a. – neben dem bereits erwähnten Melvin Ramsay und Gordon Parish – der Augenzeuge des allerersten dokumentierten epidemischen Ausbruchs der Krankheit überhaupt A.G. Gilliam sowie Zeugen weiterer Ausbrüche wie Donald Henderson, Alexis Shelokov, David Poskanzer und E.D. Acheson. Obwohl auch sie nicht in der Lage gewesen waren, für die jeweiligen Epidemien einen Erreger ausfindig zu machen, ließen ihre mit großer Sorgfalt durchgeführten Untersuchungen und Beobachtungen keinen Zweifel daran, dass es sich bei dieser Krankheit nicht um eine Massenhysterie, sondern um eine übertragbare, im Frühstadium sogar ansteckende Krankheit handelte. (In Bezug auf die Epidemie mit 150 Betroffenen 1956 in Punta Gorda, Florida, sagte ihr Erforscher Donald Henderson, der sie als Chef des "Epidemic Intelligenc Service" des U.S. Public Health Service (später CDC) untersuchte, es habe kaum den Hauch einer Besorgnis unter den Bewohnern der Stadt gegeben, es sei das genaue Gegenteil einer Panikreaktion gewesen.)[37] Das Muster einer Epidemie, das offensichtliche Fehlen auch nur irgendeines gemeinsamen Belastungsfaktors und die große Verbreitung unter medizinischem und Krankenhauspersonal waren nur mit einer Infektionskrankheit vereinbar, die sich von Mensch zu Mensch überträgt, wie David Poskanzer, Untersuchungsbeamter des Punta Gorda-Ausbruchs, einem Reporter des „New Yorker" berichtete.[38] Auch A.G. Gilliam war der Meinung, dass es sich bei dem ersten dokumentierten und von ihm gründlich untersuchten Ausbruch der Krankheit am L.A. County Hospital 1934 keinesfalls um eine Hysterie, sondern um eine infektiöse Krankheit gehandelt habe.[39]

1959 verfassten Donald Henderson und Alexis Shelokov gemeinsam einen Artikel im „New England Journal of Medicine", in dem sie ihre Meinung bekräftigten, dass es sich bei der beeindruckenden Anzahl dieser aus aller Welt berichteten bizarren gleichartigen Krankheitsausbrüche um dasselbe Syndrom handeln dürfte.[40] Die beschriebenen Fälle teilten die wechselnde Symptomatik inklusive der Hauptsymptome, signifikante und konsistente körperliche Befunde, die wenigen abnormalen Laborbefunde und unerklärliche anhaltende und schwächende Krankheitsverläufe mit häufigen Verschlechterungen. Frauen waren, ebenso wie heute, häufiger und oft schwerer betroffen und die meisten Erkrankten waren, genauso wie heute, junge Erwachsene und Erwachsene im mittleren Alter. Darüber hinaus fiel den beiden Autoren die hohe Erkrankungsrate zwischen 6 und 7 Prozent innerhalb der betroffenen Populationen ins Auge, die sich auf dem Niveau anderer epidemischer Krankheiten bewegte. Sie mutmaßten, dass diese Rate auf ein verursachendes Pathogen zurückzuführen sei, von dem die jeweiligen Gemeinden bislang verschont geblieben waren, so dass kein Immunschutz bestanden habe. Ein überzeugender Beleg für die Übertragbarkeit von Mensch zu Mensch war auch die Tatsache, dass Krankenschwestern und Ärzte überhäufig betroffen waren.[41]

Ein gewichtiger Grund dafür, weshalb die jungen Ärzte Peterson und Cheney aus Incline Village keine Parallelen zu diesen früheren Epidemien ziehen konnten, war wohl – neben dem beklagenswerten Faktum, dass die Krankheit keinen Eingang in die Lehre gefunden hatte – der Umstand, dass viele dieser Krankheitsausbrüche in Ermangelung einer allgemein verbreiteten gebräuchlichen Bezeichnung Ortsnamen verpasst bekommen hatten, was die Recherche in noch weitestgehend vordigitaler Zeit erheblich erschwerte.

Aus Sicht der National Institutes of Health (NIH), der wichtigsten Behörde für biomedizinische Forschung in den USA, stellte sich der Ausbruch am Lake Tahoe jedoch in einem ganz anderen Lichte dar, obwohl die Forscher der NIH, die mit Sicherheit Zugang zu der bis dato existierenden ME-Literatur hatten, es hätten besser wissen müssen. Über ihren Leiter der Abteilung Virologie Stephen Straus ließen die NIH 1987 kurzerhand verlautbaren, bei der „neuen“ Krankheit handele sich in Wirklichkeit um eine altbekannte, die lediglich durch Presseberichte ins Rampenlicht gezerrt worden sei, nämlich um die Neurasthenie, ein psychiatrisches Krankheitsbild, das der amerikanische Neurologe George Miller Beard 1869 in seinem Buch „American Nervousness“ erstmalig beschrieben hatte.[42] (Zur differentialdiagnostischen Abgrenzung von ME und Neurasthenie siehe Teil I, Kap. III/ 8.2. Im ICD ist die Myalgische Enzephalomyelitis explizit von der Diagnose „Neurasthenie“ ausgeschlossen,[43] eine Umklassifizierung somit unzulässig, denn die korrekte Lesart des ICD verbietet die Vermischung von ME/“CFS“ G93.3 mit der F48.0-Diagnose einer Neurasthenie.) Gerade die bei schwerer ME auftretenden neurologischen Symptome, die Uninformierte oft mit einer psychiatrischen Symptomatik verwechseln, und die eine ältere Generation von Epidemiologen wie z.B. Gilliam, Shelokov und Henderson noch so eindrücklich beschrieben hatten, wollten die Untersuchungsbeamten der Regierung nicht mit einer organischen Krankheit verküpfen, obwohl eine solche Symptomatik bei entzündlichen Prozessen des Gehirns auf der Hand liegt.[44] (Zu den neurologischen Symptomen, die mit psychiatrischen häufig verwechselt werden, siehe Teil I/Kap. VI/14) Dabei hatte Stephen Straus – auch schon vor der Lake Tahoe-Epidemie – zunächst selbst intensive Anstrengungen unternommen, einen übertragbaren auslösenden Erreger für diese Krankheit zu finden, von der aus allen Ecken der Welt immer mehr Einzelberichte auftauchten.[45] Doch seine Versuche, die Erkrankung mit einer chronischen Epstein-Barr-Virusinfektion oder mit einem unbekannten Erreger zu verknüpfen, scheiterten. Offenbar zutiefst gedemütigt und frustriert von seinen vergeblichen Bemühungen machte er einen radikalen Sinneswandel durch, ohne valide Belege für seine psychiatrische Verursachungstheorie zu liefern.[46] Eine lächerliche Anzahl von nur 28 „CFS“-diagnostizierten Patienten musste einen psychiatrischen Fragebogen ausfüllen, der nicht für die psychologische oder psychiatrische Untersuchung von Menschen mit einer unheilbaren organischen Krankheit konzipiert war. Auf eine Kontrollgruppe wurde gleich ganz verzichtet.[47] Doch diese pseudowissenschaftliche Studie, deren Verfasser höchste staatliche Autorität besaßen, stellte auf Jahrzehnte die Weichen. Sie beeinflusste die Ärzteschaft nachhaltig, schreckte die meisten Ärzte von dieser Krankheit und ihren Opfern ab und beruhigte und entlastete die Öffentlichkeit. Denn nun hatte man es schwarz auf weiß, dass die Krankheit nicht ansteckend war und keine bedeutsamen Summen an Steuergeldern zu ihrer Erforschung verdiente.[48] Es ist eben kurzfristig billiger und einfacher, die Patienten zu psychopathologisieren, als nach einem seltenen oder bislang unentdeckten Virus zu forschen.

Aus all diesen Gründen gab es auch Stimmen, die weniger persönliche als in erster Linie politische Motive für Straus` Sinneswandel vermuteten, denn als Angestellter der NIH arbeitete er im Auftrag der Regierung.[49]

Da man darüber hinaus annehmen darf, dass Stephen Straus – zumal in einer Zeit, als das Internet noch unausgereift war – bessere Recherchemöglichkeiten als zwei junge Kleinstadtärzte und somit auch genaue Kenntnis der frühen Epidemien besaß, muss man davon ausgehen, dass er ***vorsätzlich Desinformation*** betrieb. Gestützt wird die Annahme, dass er nicht vor Manipulation zurückscheute, durch einen Brief, den Straus seinerzeit an Keiji Fukuda, seinen Mitautor der sogenannten Fukuda-Krankheitsdefinition (zur Fukuda-Definition siehe Teil I/Kap. II/6) kurz vor deren Veröffentlichung im Jahr 1994 schrieb.[50] Darin sprach er von dem *„Verdunsten"* einer eigenständigen Krankheit zugunsten einer chronischen Müdigkeit, die dann, nach seiner Vorausschau, entweder als idiopathische Müdigkeit (also Müdigkeit ohne erkennbare Ursache) oder als sekundäre Begleiterscheinung einer anderen identifizierbaren medizinischen oder psychiatrischen Störung angesehen werden würde. (Wie recht er hatte mit dieser Vorhersage, bekommen die ME-Patienten noch heute leidvoll zu spüren!) Eine solche Entwicklung bezeichnete Straus als *„wünschenswertes Ergebnis"*.

Es handelte sich also sowohl bei Straus` Einordnung der ME-Epidemie am Lake Tahoe als Neurasthenie als auch bei der späteren Abfassung der Fukuda-Kriterien mit ihrer bewusst irreführenden Fokussierung auf die Fatigue-Problematik um eine hochmanipulative Steuerung von Wissenschaft und Gesundheitspolitik. Was nichts anderes als vorsätzliche Desinformation ist und womit wir wieder bei dem von Reimut Reiche beschriebenen Akt des *„aggressiven Vernichten*[s] *von Wissen"* angelangt wären.[51]

Zurück zu den Ereignissen am Lake Tahoe: Peterson und Cheney riefen in ihrer Not schließlich die CDC (Centers for Disease Control and Prevention, eine dem Gesundheitsministerium der Vereinigten Staaten unterstellte Behörde) zu Hilfe, die zwei junge, unerfahrene Epidemiologen nach Incline Village schickte. Jon Kaplan und Gary Holmes ließen sich allerdings mehr von dem faszinierenden Landschaftspanorama und den vielfältigen Freizeitmöglichkeiten am Lake Tahoe beeindrucken als von der alarmierenden „neuen" Epidemie.[52] Statt die Patienten sorgfältig zu examinieren, gingen sie lieber spazieren, bergsteigen und Skilaufen und studierten allenfalls Patientenakten. Wie Sauerbier mussten Peterson und Cheney den unmotivierten und skeptischen Epidemiologen, die offenbar auch noch nie von den früheren ME-Epidemien gehört hatten,[53] ihre Kranken zur Untersuchung anbieten. Vergeblich versuchten sie, ihnen Verständnis für das Ausmaß des Elends ihrer Patienten zu vermitteln. Doch Kaplan und Holmes zeigten sich auch von den Schicksalen der zehn nur flüchtig und unsystematisch examinierten Patienten ungerührt und gingen ihrer Arbeit mit der Trägheit und Bequemlichkeit uninspirierter Bürokraten nach. Zudem fühlten sich beide unbehaglich angesichts des unübersehbaren Reichtums in dieser Region, was möglicherweise zu ihrem unzutreffenden Eindruck beitrug, dass die meisten der Patienten gar nicht so krank seien wie sie behaupteten. Mit dem gleichen Misstrauen begegneten sie Peterson und Cheney, die sie wohl für eine Art gescheiterter Existenzen hielten, die sich in ihren Augen wichtig machten und nun über die Epidemie zu profilieren suchten.[54] In dem Film "I Remember Me" fasst Dan Peterson die Arbeit der beiden so zusammen: *„Ich hatte bei der Gesundheitsbehörde den Eindruck, dass es nur um Schadensbegrenzung ging. Ich bin davon überzeugt, dass sie eher eine Schadensbegrenzungsbehörde sind als eine Behörde, die sich um Forschung oder Hilfe bemüht."*[55]

Nach der frustrierenden Erfahrung mit den CDC-Beamten, schickten Peterson und Cheney Gehirnbiopsien an die NIH. Sie bekamen einen Brief zurück, in dem ihnen mitgeteilt wurde, die NIH hätten weder die Ressourcen noch das Interesse daran, dies weiterzuverfolgen.[56] Da wurde den beiden jungen Ärzten endgültig klar, dass sie von der Regierung keine Hilfe zu erwarten hätten.

Jahrelange systematische Untersuchungen von 259 Erkrankten der Lake Tahoe-Epidemie bestätigten schließlich schwerwiegende organische Befunde. Die neurologischen Symptome, die entsprechenden MRT-Befunde (Magnetresonanztomographie) und Lymphozyten-Phänotypisierungs-Studien deuteten darauf hin, dass die Patienten an einem chronischen, immunologisch vermittelten Entzündungsprozess des zentralen Nervensystems litten.[57]

Und dennoch: Einziges Ergebnis des Besuchs der CDC-Beamten Kaplan und Holmes war die völlige Verleugnung der Tatsache, dass es sich bei der Epidemie am Lake Tahoe nicht etwa um ein neues Syndrom, sondern um eine seit 1934 bekannte und bereits seit mehr als drei Jahrzehnten mit dem Namen Myalgische Enzephalomyelitis bezeichnete Krankheit handelte, die schon 1969 von der WHO unter den neurologischen Krankheiten eingeordnet worden war. Aus dieser Verleugnung resultierte eine verharmlosende Krankheits- oder besser Syndromdefinition, die sogenannte Holmes-Definition im Jahr 1988.[58] (Zur Definition siehe Teil I/Kap. II/2) Es war die erste „CFS"-Definition und entsprechend lag der Fokus auf der Fatigue, der Müdigkeit – ein Symptom, das gar nicht zwangsläufig mit ME verbunden sein muss.

Der bagatellisierende Name „Chronic Fatigue Syndrom" markierte die erfolgreiche Vollziehung des seit 1970 eingeläuteten Paradigmenwechsels und sorgte für die bis heute andauernde weltweite Diskriminierung und Psychopathologisierung der Erkrankten.

Der Erfolg dieses Paradigmenwechsels war wohl – neben der Unterdrückung von Informationen und wissenschaftlicher Artikel über frühere Epidemien und neben der ökonomischen Relevanz, die in Teil II noch ausführlich behandelt wird – den beiden Tatsachen zuzuschreiben, dass die Krankheit auch Mitte der 80er trotz etlicher epidemischer Ausbrüche noch nicht so verbreitet war wie heute und nicht nur keine allgemein anerkannten, sondern überhaupt keine Biomarker existierten. Bevor also harte biomedizinische Fakten geschaffen worden waren, benutzten NIH und CDC den Mangel derselben, um das alte Gespenst der Neurasthenie wiederzubeleben. Die „neue" Beschreibung eines klinischen Bildes und die „neue" Erkenntnis von einer epidemischen Ausbreitung reichten als wissenschaftliche Fakten nicht aus, um das einem kollektiven Gedächtnisverlust zum Opfer gebrachte ursprüngliche Paradigma einer organischen Krankheit gegen politische und ökonomische Interessen durchzusetzen. Denn wie der US-amerikanische Wissenschaftsphilosoph und Wissenschaftshistoriker Thomas S. Kuhn in seinem Buch „Die Struktur wissenschaftlicher Revolutionen" schrieb: *„Das Assimilieren eines neuen Faktums verlangt mehr als eine additive Anpassung der Theorie, und solange diese Anpassung nicht abgeschlossen ist, die Wissenschaftler also nicht gelernt haben, die Natur anders zu sehen, ist die neue Tatsache kein richtiges wissenschaftliches Faktum."*[59]

Diese Anpassung ist bis heute nicht abgeschlossen und ein Großteil der Wissenschaftler – vor allem der Nicht-Biomediziner – hat bis heute nicht gelernt, die Krankheit ME anders als psychiatrisch oder psychosomatisch zu sehen und die Ergebnisse der biomedizinischen Forschungen als wissenschaftliche Fakten zu akzeptieren.

- ***Doch dieser Lernprozess erscheint heute nötiger als je zuvor. Denn aus einer „auf nationaler Ebene zahlenmäßig nicht wichtig" erscheinenden Krankheit, wie Donald Henderson noch im Jahre 1959 Grund hatte anzunehmen,***[60] ***wurde vermutlich eine der „häufigste***[n] ***chronische***[n] ***Krankheit***[en] ***junger und mittelalter Erwachsener" westlicher Industrienationen.***[61] (Ü.d.A.)

2.2 Bagatellisierung

Heute soll es allein in Deutschland nach Schätzungen des Bundesministeriums für Gesundheit etwa 300.000 „CFS"-Kranke geben,[62] und das sind weitaus mehr als an

Multipler Sklerose oder HIV Erkrankte. Weltweit geht man von etwa 17 Millionen Erkrankten aus.[63] Hierzulande kann man wohl bei einer mittleren geschätzten Prävalenzrate von knapp 200.000 Betroffenen ausgehen.[64] Selbst nach vorsichtigeren Schätzungen, die mit einer Prävalenzrate von 0,11% operieren,[65] wären immerhin noch knapp 89.000 Menschen betroffen.

Doch die ME ist nicht nur weitgehend unbekannt, sie wird darüber hinaus in vielen Ländern der Welt bagatellisiert. Ärzte und Vertreter der Gesundheitssysteme sprechen dann von „chronischer Müdigkeit" oder „chronischer Erschöpfung" und suggerieren damit, es handle sich um ein alltägliches Phänomen, das mehr oder weniger alle stressgeplagten Menschen in unserer schnelllebigen Zeit erleiden müssen. Wenn aber die sogenannte Schnelllebigkeit der Zeit oder auch deren „Beschleunigung" als Krankheitsursache herhalten muss, handelt es sich nicht um eine medizinische Diagnose, sondern um eine sozialpathologische. Und wenn hier schon einem Kategorienfehler durch die Vorgaben unseres Gesundheitssystems Vorschub geleistet wird – denn soziale Diagnosen fallen in den Referenzbereich der Soziologie und nicht in den der Medizin –, dann sollten jene Ärzte, die sich zu Erfüllungsgehilfen solcher Politik machen und sich auf das dünne Eis eines fachfremden Terrains begeben, tunlichst ihrer differentialdiagnostischen Pflicht als Mediziner nachkommen und Entstehung, Ursache und Diagnose einer Erkrankung aus der Ätiopathogenese ***jedes einzelnen Patienten***. ableiten. Denn es ist mehr als fahrlässig, sozusagen über den Daumen gepeilt gerade angesagte Zeitdiagnosen, die Ausdruck eines sozialpathologischen Massenphänomens sind und keine im eigentlichen Sinne medizinische Diagnosen darstellen, im Gießkannenprinzip unter den Patienten zu verteilen, ohne gewissenhaft den ***Einzelfall*** zu prüfen.[66]

2.3 Psychopathologisierung und Verleugnung

Parallel zur Bagatellisierung wird die Psychopathologisierung der Krankheit von Vertretern der Gesundheitssysteme betrieben, aber auch von einem Großteil der Ärzte, Psychiater und Psychosomatiker. Weil Routineuntersuchungen keine medizinischen Anomalien bei ihren Patienten zutage fördern, sind sie der festen Überzeugung, dann müsse eine psychische Ursache hinter den Beschwerden stecken. Häufig wird sogar eine posttraumatische Belastung vermutet, ohne dass der Patient von einem Trauma außergewöhnlichen oder katastrophalen Ausmaßes wie etwa Gewalt, Missbrauch, Vergewaltigung, Folter oder Kriegserlebnissen berichten kann. Auch ist eine posttraumatische Belastungsstörung überwiegend durch eine psychische Symptomatik gekennzeichnet, wohingegen ME-Patienten fast ausschließlich körperliche Symptome beklagen. Ebenso erfreut es sich unter Ärzten und Psychiatern großer Beliebtheit, eine erhöhte Stressbelastung ursächlich verantwortlich für die Erkrankung zu machen – oftmals egal, ob der Patient tatsächlich außergewöhnlichem Stress ausgesetzt war oder nicht. Verunsicherte Patienten sind leicht geneigt, sich dieser Auffassung anzuschließen, weil sie der Krankheit eine Ursache zu geben und einen „Sinn" zu verleihen scheint und suggeriert, man müsse nur seinen Stress reduzieren, um wieder gesund zu werden. Doch wenn die Krankheitstheorien von der posttraumatischen Belastung oder der erhöhten Stressbelastung als Ursache der ME auch nur einen Funken Wahrscheinlichkeit besäßen, hätte dann nicht nach dem Zweiten Weltkrieg ein signifikant hoher Anteil der europäischen Bevölkerung an einer ME erkrankt sein und, anstatt sich tatkräftig am Wiederaufbau zu beteiligen, flachliegen müssen?

Da von der Psychopathologisierung dieser organischen Krankheit viele Interessengruppen profitieren, schreitet sie immer weiter voran. Es profitieren die überforderten und überlasteten Ärzte gleichermaßen wie die Psychiater, Psychosomatiker und Psychologen, außerdem die Psychopharmakahersteller sowie die Kranken- und Rentenversicherer. Denn auf diese Weise kann man die Patienten mit kostengünstigen, aber meist nutzlosen, oft sogar schädlichen Therapien und Psychopharmaka abspeisen.

Nicht eben selten wird ME sogar schlicht verleugnet. So entlasten Mitmenschen und jene Ärzte und Behandler, die schlicht nicht wahrhaben wollen, wie entsetzlich und beängstigend krank ME-Patienten sein können, weil sie sich dann ihre eigene Macht- und Hilflosigkeit eingestehen müssten, ihr Gewissen. Denn das, was der Sozialpsychologieprofessor Klaus Ottomeyer für unseren Umgang mit Flüchtlingen und Verfolgten formulierte, passt durchaus auch für den mit der Gruppe schwerkranker ME-Patienten: *„Wenn aber die Opfer unseren Wohnstuben und unserem Nahraum zu nahe kommen, droht der Einbruch des mit verschiedenen Techniken auf Distanz gehaltenen Wahnsinns in die geschützte Welt."*[67]

Doch es wäre viel zu kurzsichtig, die Verleugnung dieser Krankheit allein psychischen Abwehrmechanismen anzulasten. Bei einer Prävalenz von dieser Dimension spielt der ökonomische Aspekt im Umgang mit den Patienten, die an einer Krankheit unbekannter Ursache leiden, immer eine Schlüsselrolle. Denn die Verleugnung von ME spart Forschungsgelder ein und entlässt Sozialsysteme und Berufsunfähigkeitsversicherer aus ihrer Pflicht.

- ***Es ist aber keineswegs so, dass das Fehlen wissenschaftlicher Beweise zu Unkenntnis, Bagatellisierung, Psychopathologisierung oder Verleugnung der Krankheit geführt haben. Es ist vielmehr so, dass die mannigfaltig existierenden wissenschaftlichen Beweise kontinuierlich von den-***

jenigen ignoriert werden, die ihre Interessen durch die Anerkennung von ME als einer organischen Krankheit mit verheerenden Folgen gefährdet sehen.

Dass auch die politisch Verantwortlichen die medizinische, finanzielle und soziale Ausgrenzung der ME-Patienten zumindest billigend in Kauf nehmen, zeigt sich immer dann, wenn das Bundesministerium für Gesundheit die Verantwortung auf die Gremien der Gemeinsamen Selbstverwaltung abwälzt und die hilfe- und ratsuchenden Patienten an das von ihm beauftragte Institut für Qualität und Wirtschaftlichkeit im Gesundheitswesen (IQWIG) verweist.[68] Das IQWiG empfahl bis vor kurzem noch Behandlungen, die allesamt psychiatrischer Art waren und damit dem organischen Charakter der Krankheit in keiner Weise Rechnung trugen. Inzwischen hat das IQWiG sämtliche Informationen zu diesem Krankheitsbild auf seiner Website gesundheitsinformation.de gelöscht, gerade so, als existiere diese Krankheit nicht![69]

Gleichzeitig verweist die Bundesregierung die Erkrankten aber an die Patientenorganisationen, die sämtlich die Anerkennung der Krankheit als organische und medizinische Behandlungen für sie einfordern.[70]

Doch die Patientenorganisationen werden besonders von offizieller Seite missbilligt. Die Autoren der Deutschen Gesellschaft für Allgemeinmedizin (DEGAM)[71] beispielsweise, die eine ärztliche Leitlinie „Müdigkeit" verfasst haben, in der auch das Krankheitsbild des „Chronischen Müdigkeitssyndroms" abgehandelt wird, würdigen sie mit der Bezeichnung „Selbsthilfegruppen" herab.[72] Die Verfechter einer psychogenen Verursachungstheorie halten die Patientenorganisationen vor allem für einen Risikofaktor, schwerer zu erkranken und nicht zu genesen, und zwar weil dort angeblich „falsche Krankheitsüberzeugungen" gepflegt würden. Sie berufen sich dabei auf Studien, die z.T. vom britischen Arbeits- und Rentenministerium finanziert wurden und deren Autoren die zweifelhaftesten Krankheitsdefinitionen zur Auswahl der Patientenkohorten benutzten und ebenso zweifelhafte Schlüsse gezogen haben.[73]

Die politisch Verantwortlichen – Bundesregierung und Gremien der Selbstverwaltung – lassen die Erkrankten also gleich mehrfach im Stich. Sie verweigern ihnen die notwendige Grundversorgung und medizinische Behandlungen und schieben sie zu den Patientenorganisationen ab. Gleichzeitig stützen sie sich auf jene, deren psychiatrische Behandlungsangebote als effektiv für diese Krankheit gelten und die die Patientenorganisationen als Brutstätten „falscher Krankheitsüberzeugungen" diffamieren, deren Interesse allein davon bestimmt sei, Rentenansprüche und finanzielle Unterstützung für die Erkrankten durchzusetzen. Doch die Patientenorganisationen, deren Mitglieder alle selbst erkrankt sind, behindern mit ihren Aufklärungsbemühungen weder die Genesung, noch können sie den Patienten helfen, medizinisch versorgt und finanziell unterstützt zu werden. Es sind vielmehr die politisch Verantwortlichen, die die Erforschung der Ursachen und die Entwicklung von adäquaten medizinischen Therapien verhindern, weil sie Institutionen zur Erarbeitung von Leitlinien oder Empfehlungen zur Behandlung beauftragen, welche diese Krankheit wider die Bestimmungen der WHO bagatellisieren, psychiatrisieren oder gleich ganz verleugnen. Solche Politik allerdings sorgt dafür, dass die Kranken noch kränker werden und auch in Zukunft keine Chance auf Genesung bekommen.

Mit welchem Zynismus ME-Patienten von verantwortlicher Seite begegnet wird, lässt sich eindrucksvoll mit einer Randnotiz belegen, die im Entwurf vom Paten der DEGAM-Leitlinie „Müdigkeit“,[74] dem Soziologen Martin Beyer[75] verfasst wurde. Er schrieb bezugnehmend auf die Einwände von Vertretern von Patientenorganisationen,[76] die mit Hinweis auf die belgische Studie von Maes/Twisk[77] auf die Schädlichkeit der psychiatrischen Aktivierungstherapie aufmerksam machten, und die von ihm sarkastisch als *„Freunde“* tituliert werden: *„Twisk et al. ist ja offenbar die Kernmunition unserer Freunde – hier muß noch etwas sauberer argumentiert werden. Ich kenne die Arbeit nicht, aber angeblich wird im Kern ja nur gemault, dass irgendwelche belgischen Müden, die auf Gutschein zur Exercise geschickt worden waren, das gar nicht lustig fanden. Gibt es tatsächlich Belege dafür, dass eine Überlastung schon einmal jemandem ernsthaft geschadet hat, ihn in den Rollstuhl und sogar ins Grab gebracht hat?“*[78]

Doch der Zynismus, die Verachtung und Ignoranz, von denen diese Zeilen zeugen, sind bedauerlicherweise keine zu vernachlässigende Entgleisung eines Einzelnen, sondern sie spiegeln eine gesamtgesellschaftliche Haltung gegenüber den an ME Erkrankten, speziell die der medizinischen, psychiatrischen und psychosomatischen Profession wider. Sie gelten zudem nicht nur den Erkrankten, sondern gleichermaßen all jenen wissenschaftlichen Forschern, die ihre Karrieren aufs Spiel gesetzt haben, um die biomedizinischen Anomalien dieser gesellschaftlich so geächteten neuroimmunologischen Krankheit zu verstehen und zukünftig behandelbar zu machen.

Politisch gewollte und systematisch geförderte Unkenntnis, Verharmlosung, Psychopathologisierung und Verleugnung haben zur Folge, dass die Erkrankten zusätzlich zu ihrer massiven Krankheitssymptomatik noch unter medizinischer Unterversorgung, sozialer Ausgrenzung und Verelendung zu leiden haben.

2.4 Eine heimtückische Krankheit

Doch es gibt inzwischen auch Länder, die rühmliche Ausnahmen darstellen. In Norwegen beispielsweise wurde in den letzten Jahren die biomedizinische Forschung weit vorangetrieben. Der norwegische Gesundheitsminister hat die spektakulären Forschungsergebnisse, von denen noch zu sprechen sein wird, zum Anlass genommen, sich bei den ME-Patienten für die jahrelange Fehlbehandlung zu entschuldigen.[79] Auch die norwegische Ministerpräsidentin Erna Solberg hat anlässlich einer Ausstellungseröffnung am ME Awareness Day 2015 gesagt, es sei wirklich ein Skandal, wie die ME-Patienten bislang behandelt worden seien. Den Patienten sei mangels Fachkenntnissen kein Respekt entgegengebracht worden, doch das Schlimmste sei, dass man sich um dieses Wissen auch nicht sonderlich bemüht habe. Das nationale Gesundheitswesen müsse nun der Forschung zu ME Priorität einräumen.[80]

Intensivierung der biomedizinischen Forschung und die Entschuldigungen von Gesundheitsminister und Ministerpräsidentin haben viel dazu beigetragen, die Krankheit in den Fokus der norwegischen Öffentlichkeit zu rücken, ihr das Stigma zu nehmen und ihre gesellschaftliche Anerkennung als schwere organische Krankheit voranzutreiben. Auf diese Weise wurden die ME-Patienten wenigstens formell aus ihrem sozialen Abseits geholt, in das sie seit Jahrzehnten gedrängt werden. Und das tut bitter not.

Denn die bislang unheilbare ME dürfte zu den heimtückischsten Krankheiten überhaupt gehören, weil die Betroffenen gleich mehrfach behindert sind. Nicht nur ihre körperliche, sondern auch ihre sensorische und kognitive Leistungsfähigkeit ist stark beeinträchtigt. Darüber hinaus zwingt die Symptomatik sie, ein sozial und emotional sehr eingeschränktes Leben zu führen.[81] Die meisten ME-Patienten sind aufgrund ihrer speziellen neurologischen Symptomatik von der sogenannten „gesellschaftlichen Teilhabe", auf die Behinderte einen gesetzlichen Anspruch haben, weitgehend ausgeschlossen.

Die zunächst augenfälligste Manifestation der Krankheit – keineswegs gleichzusetzen mit dem Kardinalsymptom! – ist eine pathologische Erschöpfung. Wegen ihres pathologischen Charakters darf ME nicht mit „Chronischer Erschöpfung" oder Burnout verwechselt werden. Zudem stellt die Erschöpfung nur ***ein*** Symptom der ME-Erkrankung dar.

Die pathologische Erschöpfung ist im Unterschied zu anderen Erschöpfungszuständen auf eine überwältigende Weise entkräftend. Sie steht in keinem Verhältnis zu einer vorangegangenen Aktivität, lässt sich nicht durch normale Erholungsmechanismen beheben und selbst Schlaf bringt keine Regeneration. Erschöpfung,

Schwäche, allgemeines Krankheitsgefühl, kognitive Einbußen, Benommenheit und Schmerzen können zu einer substantiellen Beeinträchtigung der Lebensqualität führen, die vergleichbar ist mit der von Krebs- oder HIV-Patienten im Endstadium.[82]

Vor allem die immer wieder kolportierte Behauptung, das primäre Symptom einer ME sei Müdigkeit, ist schlicht falsch.

- ***Denn das primäre Symptom ist die pathologisch rasche Erschöpfbarkeit der Muskulatur bei Belastung,***[83] ***und zwar aufgrund einer pathologischen Unfähigkeit, genügend Energie nach Bedarf zu produzieren, was nach bereits geringfügigen Belastungen zu Symptomverschlimmerungen führt.***[84]

Doch das ist bei weitem nicht das einzige Symptom. ME erzeugt ein sehr breites Spektrum von Symptomen, die sämtliche Körpersysteme betreffen. Mild und moderat Erkrankten ist die Krankheit trotz erheblicher Beschwerden für gewöhnlich nicht anzusehen, weshalb sie leicht in den Verdacht geraten zu simulieren. Selbst viele Ärzte halten sie für gesund – in Ermangelung eines ***allgemein anerkannten*** Biomarkers, in Unkenntnis des ME-typischen Symptommusters und der klinischen Kriterien sowie der bereits vorhandenen diagnostischen Marker, die auf eine ME hinweisen. Eine Studie mit mild und moderat erkrankten ME-Patienten, die in der Lage waren einen Herz-Kreislauf-Belastungstest auf einem Laufband zu absolvieren, offenbarte jedoch bei den Probanden eine so schlechte Sauerstoffaufnahme (VO2 max), dass fast die Hälfte von ihnen nach den Leitlinien der American Medical Association als moderat bis schwerbehindert gelten würde.[85]

Schwer Erkrankte – und das sind immerhin 25%! –[86] vegetieren oft Jahre oder Jahrzehnte vor sich hin, ohne adäquate medizinische Versorgung, von hilflosen, überforderten und uninformierten Ärzten aufgegeben, von Gutachtern beargwöhnt oder verhöhnt, von den Sozialsystemen häufig ausgeschlossen und nicht selten sogar von Freunden und Verwandten im Stich gelassen. Oft zu krank, um das Haus oder Bett zu verlassen, Besuch zu empfangen oder sogar zu telefonieren, vereinsamen diese Menschen und verschwinden allmählich von der Bildfläche.

Nehmen wir die niedrigste aller geschätzten Prävalenzzahlen von 0,11%,[87] leben statistisch gesehen in jeder deutschen Kleinstadt mit 30.000 Einwohnern 33 ME-Kranke insgesamt, davon 25% Schwerkranke, also etwa 8 Menschen, die mehr oder weniger „unsichtbar" sind. Eine Zahl, die man fast nicht glauben kann, weil kaum jemand bei uns diese Krankheit kennt! Doch es handelt sich bei diesen in den meisten Fällen gar nicht oder aber falsch psychiatrisch diagnostizierten Kranken teilweise womöglich auch um Menschen, die wegen ihrer nicht erkannten Krankheit bereits aus dem sozialen Rahmen gefallen sind und nun auf der Straße oder in Obdachlosenheimen leben[88], und um Menschen, die in betreuten Einrichtungen oder Psychiatrien leben. Aber auch um unsere „unsichtbaren" Nachbarn, von denen man nichts sieht und nichts hört und die einem irgendwie unheimlich sind, weil ihr reduziertes Dasein (von Leben mag man angesichts ihrer Einschränkungen kaum sprechen) aus Krankheitsgründen hinter zugezogenen Vorhängen im Verborgenen stattfinden muss. Welches Leid sich hinter ihren Wohnungstüren abspielt, ist der Öffentlichkeit weitgehend unbekannt. Umso notwendiger ist es, ein breites Publikum über diese Krankheit, ihre Folgen und die mit ihr verbundenen politischen und gesellschaftlichen Hintergründe aufzuklären.

3 Die Geburtsstunde einer neuen Krankheit?

Zum ersten Mal registriert wurde diese Krankheit während eines großen Poliomyelitis-Ausbruchs 1934 in Los Angeles.[89] Gleichzeitig herrschte am L.A. County General Hospital eine Epidemie unter den Mitarbeitern, die zunächst mit der Poliomyelitis verwechselt wurde.[90] Doch die extrem hohe Krankheitsrate sowie der höchst ungewöhnliche Umstand, dass ausschließlich Erwachsene betroffen waren, wohingegen an Poliomyelitis überwiegend Kleinkinder und Kinder erkranken, ließen Epidemiologen an der Richtigkeit der Diagnose zweifeln.[91]

Auch der Epidemiologe A.G. „Sandy" Gilliam, der von der NIH[92] nach Los Angeles geschickt wurde, um diese Epidemie zu untersuchen, gelangte zu der Überzeugung, dass die Betroffenen Symptome zeigten, die man *„**niemals** zuvor bei **irgendeiner** beschriebenen Krankheit gesehen habe."* Es sei ein *„noch nie dagewesener Ausbruch, der Medizin unbekannt."*[93] (Ü.d.A.) Zudem fehlte bei fast allen Betroffenen die selbst für die nichtparalytische Poliomyelitis so charakteristische lymphozytäre Pleozytose (Zellvermehrung) im Liquor (Gehirn-Rückenmark-Flüssigkeit). Die sensorischen Störungen, die deutlicher ausgeprägt waren als Störungen des Bewegungsapparates und das behinderndste Charakteristikum der Krankheit darstellten, hielten viel länger an als gewöhnlich bei einer Poliomyelitis. Rückfälle waren üblich und meist mit einer verstärkten Krankheitssymptomatik verbunden im Vergleich zu den frühen Krankheitszeichen. Der klinische Charakter der Krankheit und die Fülle der für eine Poliomyelitis ungewöhnlichen Symptome erlaubten keine nutzbringende Klassifikation nach Ivar Wickman[94] oder anderen seinerzeit gebräuchlichen Klassifikationen. Denn die vielfältigen und breitgestreuten Symptome, die Gilliam beschrieb, zeigten nur wenig Übereinstimmung mit sämtlichen Formen der Poliomyelitis. Dafür ist die weitgehende Übereinstimmung mit dem klinischen Bild einer ME, wie es heute von den Kanadischen oder den Internationalen Konsenskriterien dargestellt wird, viel offensichtlicher. Bei etwa zwei Drittel der Patienten gab es einen akuten Beginn mit Symptomen wie Schmerzen im Nacken-, Schulter- und Lendenbereich, Muskel- und Gelenkschmerzen, auch von Tag zu Tag wandernde Schmerzen, Druckschmerzhaftigkeit der Muskulatur, Rückenschmerzen, schmerzhafte Muskelkrämpfe, Wadenschmerzen nach Belastung, Muskelschwäche, Muskelzucken, leichte oder auch fürchterliche Kopf-schmerzen, ein etwas steifer Nacken und/oder steifer Rücken, Schwächegefühl, Schwindel, Appetitverlust, Übelkeit mit oder ohne Erbrechen, Darmträgheit oder Durchfall, Bauchkrämpfe, Schluckschwierigkeiten, Schmerzen oder Schwierigkeiten beim Wasserlassen, häufiges Urinieren, Blasenentzündung, Menstruationsstörungen, entzündeter Hals, Halsschmerzen, subfebrile oder normale Temperatur, Schüttelfrost, Schweißausbrüche, Nachtschweiß, Schnupfen, Husten, ein hyperreagibles Bronchialsystem,[95] respiratorische Probleme, Augenschmerzen, Doppelsehen, Lichtempfindlichkeit, Geräuschempfindlichkeit, Schlafstörungen, Druck auf der Brust, Berührungsempfindlichkeit, Parästhesien (Taubheit, Kribbeln, Juckreiz, Brennen etc.), Benommenheit, Gedächtnis- und Konzentrationsstörungen, Nervosität und Gereiztheit, Gangauffälligkeiten, Verlust der Tiefensensibilität, Rückfälle bzw. erneutes Auftreten der Symptomatik ***und vor allem das Kardinalsymptom einer ME: rasche Erschöpfung nach geringfügiger Belastung und verstärkte Schmerzen nach Bewegung.***[96]

Noch ein weiteres Phänomen erinnert ebenfalls an ME: Etliche Patienten versuchten mehrfach, kaum dass sie sich etwas besser fühlten, wieder ihre Arbeit aufzunehmen, erlitten dann jedoch Rückfälle; der letzte von Gilliam gesichtete Akteneintrag des Hospitals sechs Monate nach dem Gipfel der Epidemie vermerkte 104 Krankmeldungen (55%) und es ist anzunehmen, dass auch ein Großteil derjenigen, die gerade wieder ihre Arbeit aufgenommen hatten, wegen Rückfällen auf Dauer nicht voll arbeitsfähig waren.[97] Auch der leitende Oberarzt der Abteilung für ansteckende Krankheiten des L.A. County Hospitals Bower berichtete von der konstanten Bedrohung für die Patienten, einen Rückfall zu erleiden. Das Wiederaufflackern ihrer Symptome deutete für ihn auf eine Reinfektion oder auf eine Aktivierung des Krankheitsherdes hin.[98]

Die Häufigkeit, mit der Krankenschwestern und Ärzte erkrankten, wurde allgemein als einzigartig betrachtet.[99] Die Inzidenz für das gesamte County Hospital betrug 4,5%, die für Ärzte 6,2% und für Krankenschwestern sogar 11,4%.[100]

Doch Hospitalmitarbeiter, die an dieser *„der Medizin unbekannt*[en]" Krankheit litten, steckten offenbar auch ihre Haushaltskontakte an. Die von Gilliam ermittelte Inzidenz von Sekundärfällen – 5,45% Verdachtsfälle und 2,42% diagnostizierte Fälle – entspricht in etwa der von Rosemary Underhill im Jahr 2006 ermittelten Prävalenzrate für den Nachwuchs in einem gemeinsamen Haushalt, nämlich 5,1%, und der für Ehe- bzw. Lebenspartner von 3,2%. (Zur heutigen Prävalenz in Familien siehe auch Teil I/Kap. I/9)[101] Gilliam erachtete die Inzidenz als ungewöhnlich für eine Poliomyelitis, nicht nur im Hinblick auf die Häufigkeit, mit der Familienangehörige angesteckt wurden, sondern auch in Bezug auf das Alter der Infizierten: Von 9 Verdachtsfällen waren 4 älter als 20 Jahre alt, unter 14 Jahren gab es keinen diagnostizierten Fall, zwischen 15 und 19 Jahren einen dia-gnostizierten Fall und bei den über Zwanzigjährigen 5 diagnostizierte Fälle, von denen zwei ebenfalls im Hospital arbeiteten.[102]

„Sandy" Gilliam, der diese neu aufgetretene Krankheit als „atypische Poliomyelitis" bezeichnete, verfasste einen ausführlichen Untersuchungsbericht und seiner Gewissenhaftigkeit, seinem Scharfsinn und seiner Qualifikation ist es zu verdanken, dass der erste Ausbruch dieser Krankheit, die L.A.-County-General-Hospital-Epidemie, der am besten dokumentierte ist.[103]

Doch wie der Polioexperte Alexis Shelokov, Epidemiologe der NIH in den 50er-Jahren, Jahrzehnte später berichtete, wurde Gilliams Untersuchungsbericht fast vier Jahre lang von seinen Vorgesetzten unterdrückt. Sie hielten daran fest, dass es sich um eine Form einer atypischen Polioerkrankung handelte und nicht um eine ganz neue Krankheit.[104] Es war nicht die einzige „Unregelmäßigkeit" im Zusammenhang mit dem ersten Auftreten dieser Krankheit. Der kanadische Arzt und ME-Forscher Dr. Byron Marshall Hyde hatte 1988 die Gelegenheit, einige der seinerzeit erkrankten Ärzte des L.A. County Hospitals zu treffen. Er erfuhr, dass die 198 betroffenen Opfer dieser Epidemie das Hospital verklagt hatten. Sie wurden 1939 schließlich mit der damals horrenden Summe von sechs Millionen Dollar abgefunden – eine Summe, die es jedem einzelnen möglich gemacht hätte, drei Häuser in der besten Gegend von Los Angeles zu kaufen. Bedingung dieses Vergleichs war allerdings, wie Hyde guten Grund hatte anzunehmen, die Epidemie und ihre Folgen nicht öffentlich zu machen.[105]

Deshalb fanden offenbar lange Zeit keine weiteren Nachuntersuchungen der Opfer statt und ihre Schicksale wurden nicht weiterverfolgt. Erst fast zehn Jahre später (zwischen 1948 und 1952) wurden 21 der betroffenen Patienten wieder untersucht.[106] Alle 21 Frauen litten immer noch unter Muskelschmerzen, Erschöpfung und kognitiven Problemen und zeigten bei der Messung der elektischen Muskelaktivität Anzeichen einer Radikulopathie.[107] Insgesamt hatte die Krankheit der

Frauen eine Entwicklung genommen, die sich sehr von der jener Patienten, die zur selben Zeit an Poliomyelitis erkrankt waren, unterschied.

Doch weshalb wurden keine größeren Anstrengungen unternommen, die Ursache dieser *„der Medizin unbekannt*[en]*"* Krankheit zu erforschen? Warum wird im „Annual Report" von 1934 der Rockefeller Foundation, der wichtigsten und größten Gesundheitsorganisation weltweit vor Gründung der WHO, kein Wort über den großen Polio-Ausbruch in Los Angeles mit 3333 registrierten Betroffenen, von denen 110 verstarben,[108] und keins über die parallele „atypische" Epidemie unter den Mitarbeitern der Klinik verloren?[109] Und weshalb wurden die 198 Opfer dieser Epidemie so hoch abgefunden? Was hatte das Hospital (bzw. die Rockefeller Foundation) zu verantworten und zu verbergen, dass es sich zu diesem Vergleich genötigt sah?

So ausführlich Gilliams Untersuchungsbericht auch ausgefallen ist – er lässt ein paar wichtige Details missen, z.B. die Frage nach der Ursache dieser so außergewöhnlichen und bislang völlig unbekannten Epidemie.[110] Er notierte zwar, dass von den 198 Erkrankten 100 berichteten, ein „prophylaktisches Serum" erhalten zu haben, doch er lässt die Tatsache unter den Tisch fallen, dass es sich dabei allem Anschein nach nicht nur um ein humanes Immunserum Genesener gehandelt hatte, sondern zusätzlich um eine Polio-Impfung. Die frühen Impfexperimente waren meist mit einer gleichzeitigen oder vorangehenden Gabe von Immunsera verknüpft, um das Immunsystem des Geimpften zu stärken und zu verhindern, dass die Impfung sein Immunsystem überwältigte.[111] Auch Maurice Brodie, Entwickler dieses allerersten Polio-Vakzins,[112] das die Mitarbeiter des L.A. County Hospitals erhielten, schwor nach seinen Affen-Experimenten im Jahr 1930 auf die Kombination von Vakzin und Humanserum: *„Eine Kombination aus Poliomyelitisviren und spezifischem Humanserum ist für die Erzeugung von aktiver Immunität effektiv."*[113] (Ü.d.A.) Da er die Erkenntnis gewonnen hatte, dass eine gleichzeitige oder direkt der Impfung vorangehende Injektion von gepooltem Humanserum Genesener am wirksamsten wäre, kann man vermuten, dass den Hospitalmitarbeitern beides zusammen verabreicht wurde.[114]

Finanziert wurden Brodies Impfexperimente u.a. übrigens von der Rockefeller Foundation.[115] Der Stiftungs-Report aus dem Jahr 1934 weist 6.100 US-Dollar für Poliomyelitis-Forschung unter der Leitung der „Infantile Paralysis Commission" aus.[116] Die von Präsident Franklin D. Roosevelt ins Leben gerufene „President's Birthday Commission for Infantile Paralysis Research" finanzierte in den Jahren von 1934 bis 1937 Forscher, die versuchten, eine effektive Impfung gegen Poliomyelitis zu entdecken.[117] Zu Beginn der Epidemie in Kalifornien empfahlen die staatlichen und lokalen Gesundheitsbehörden die *„extensive Verwendung"* von prophylaktischem Serum *„sowohl für therapeutische als auch für prophylaktische Zwecke"*.[118] (Ü.d.A.) Brodie entwickelte sein Polio-Vakzin in den Laboren des New York Department of Health und erhielt zusätzlich direkt von Roosevelts Warm Spring Foundation Zuwendungen für seine Experimente.[119]

Doch die 6.100 US-Dollar, welche die Rockefeller Foundation 1934 in die Polio-Forschung gesteckt hatte, waren die möglicherweise ganz konkret für Maurice Brodies Impfexperiment am L.A. County Hospital bestimmt? Musste die Rockefeller Foundation deshalb womöglich auch die finanzielle Verantwortung für die Opfer dieser Impfung übernehmen? Kent Heckenlively und Judy Mikovits haben in ihrem erhellenden Buch „Plague: One Scientist's Intrepid Search for the Truth about Human Retroviruses and Chronic Fatigue Syndrome, Autism, and Other Diseases" die Bilanzen der Rockefeller Foundation näher geprüft und festgestellt, dass in den Jahren 1936 bis 1939 insgesamt 7.800.000 Dollar auf ein Bereitstellungskonto transferiert wurden, so dass das Grundkapital der Stiftung mit Ende des Geschäftsjahres 1939 um 7.650000 von 1.53650000 auf 1.46000000 US-Dollar schrumpfte.[120]

Wurde das Geld von diesem Bereitstellungskonto also dafür verwendet, die Hospitalmitarbeiter, die geklagt hatten, abzufinden? Es spricht einiges dafür …

Auch die Klinik versuchte die Dimension des Impfdesasters herunterzuspielen. John F. Kessel, Leiter des Klinklabors des L.A. County Hospitals, sprach davon, dass *„ein bestimmter Prozentsatz"* der mit dem *„prophylaktischen Serum"* behandelten Mitarbeiter *„Poliomyelitis"* entwickelt habe. (Ü.d.A.) (Kessel unterschied in seinem Vortrag vor der amerikanischen Behörde für öffentliche Gesundheit nicht zwischen der lokalen Epidemie und der „atypischen" unter den Mitarbeitern.)[121] *„Ein bestimmter Prozentsatz"* – das klingt mehr als beschönigend angesichts der Tatsache, dass fast ein Drittel der Geimpften erkrankte.

Doch obwohl auch A.G. Gilliam nichts von dieser Impfung berichtet (da er ohnehin schon größte Schwierigkeiten hatte, seinen Untersuchungsbericht überhaupt zu veröffentlichen, musste er wohl oder übel diesen Kompromiss eingehen), ist diese Impfung aktenkundig: Insgesamt waren mehr als 300 Mitarbeiter des Hospitals mit diesem ganz neu entwickelten Vakzin geimpft worden, wie sein Entwickler Maurice Brodie schrieb,[122] von denen 100 erkrankten. Dass 81% derjenigen Hospitalmitarbeiter, die das „prophylaktische Serum" bekommen hatten, erst ***nach*** seiner Verabreichung erkrankten, kommentierte A.G. Gilliam ebenfalls mit keinem Wort.[123]

Die Erkrankungsrate unter denjenigen, die das “Serum” erhalten hatten, war höher als die derer, die keines bekommen hatten.[124] Und diese Patienten zählten im Schnitt zu den mit Abstand am schwersten Betroffenen.[125]

Dr. Byron Hyde wirft in seinem Buch “The Clinical and Scientific Basis of Myalgic Encephalomyelitis/Chronic Fatigue Syndrome” die Frage auf, ob diese Epidemie nicht einzig auf die Impfung der Hospitalmitarbeiter zurückzuführen sei. (In Teil III/Kap. III wird näher auf die Herstellung dieses Vakzin und seine möglichen Folgen eingegangen.) Wie er weiter schreibt, berichtete Gilliam Jahrzehnte später Dr. Alexis Shelokov, dass er von seinen Vorgesetzten daran gehindert worden sei, in seinem Untersuchungsbericht *„die ganze Geschichte“* zu erzählen.[126] (Ü.d.A.) Im Originaldokument soll Gilliam die Ursache der Epidemie mit der Impfung in Zusammenhang gebracht haben, wie Hyde den Autoren von „Plague: One Scientist's Intrepid Search for the Truth about Human Retroviruses and Chronic Fatigue Syndrome, Autism, and Other Diseases” berichtete.[127]

Sollte also die Geburtsstunde einer ***neuen ansteckenden*** Krankheit (man denke an die Sekundärfälle unter den Haushaltskontakten, die 2,42% diagnostizierten und 5,45% vermuteten Fälle!) vertuscht und aus fast allen Unterlagen – bis auf Brodies und einen Zeitungsartikel –[128] getilgt worden sein? Das Aufkommen einer Krankheit, die mutmaßlich durch ein unzureichend getestetes Vakzin entstanden war, das von den staatlichen Gesundheitsbehörden empfohlen, von der Rockefeller Foundation gesponsert und von der Klinik unter den Mitarbeitern verteilt worden war? Das L.A. County General Hospital, die Rockefeller Foundation, sämtliche Gesundheitsbehörden und Untersuchungskommissionäre (sowie die dem Hörensagen nach korrumpierten und zu Stillschweigen verurteilten Opfer) taten jedenfalls so, als habe es diese Impfung und ihre schwerwiegenden Folgen nie gegeben. Womöglich um zu erwartende Schadensersatzansprüche weiterer Generationen von Erkrankten, die im Laufe der Jahrzehnte bei Epidemien wie im County Hospital mit einer Inzidenz von 4,5%[129] und bei einer familiären Inzidenz irgendwo zwischen 2,42 und 7,87% schwindelerregende Höhen erreicht hätten, im Keim zu ersticken?

Auch der Polioexperte Shelokov wurde fast zwei Jahrzehnte später zum ersten Mal mit einem epidemischen Ausbruch dieser Krankheit konfrontiert und erkannte schnell, dass die betroffenen Schwestern und Schwesternschülerinnen eines privaten psychiatrischen Hospitals in der Nähe von Washington nicht an Poliomyelitis erkrankt waren.[130] Auch er äußerte, *„niemals irgendetwas wie dieses* ***gesehen,*** *niemals irgendetwas wie dieses* ***gehört****“* zu haben.[131] (Ü.d.A.) Doch er durchforschte sogleich die Literatur und studierte in Bibliotheken alle früheren Polioepidemien, die atypisch verlaufen waren. Dabei stieß er als erstes auf die Epidemie am L.A. County General Hospital. Obgleich er bei den früheren Ausbrüchen ein paar regionale Unterschiede im klinischen und epidemiologischen Bild feststellte, teilten sie doch gewisse gemeinsame Merkmale und genügend, um ein und dasselbe Krankheitsbild zu charakterisieren.[132]

4 Eine Krankheit – viele Namen

Es herrscht eine verwirrende Namensvielfalt bei dieser Krankheit.[133] In den Jahren zwischen dem ersten Ausbruch der Krankheit 1934 und Shelokovs Bericht über die Epidemie, deren Augenzeuge er gewesen war, wurde A.G. „Sandy" Gilliams Bezeichnung *„atypische Poliomyelitis"*[134] auch für viele der nachfolgenden Epidemien gebraucht – im Wechsel mit *„abortiver Poliomyelitis"* oder einer *„Krankheit, die Poliomyelitis simuliert"* oder einer *„an Poliomyelitis erinnernde Krankheit"*. Obwohl die Krankheit oft noch mit der Poliomyelitis verwechselt wurde, setzte sich die Ansicht, dass es sich jeweils nicht um einen Poliomyelitisausbruch, sondern um den Ausbruch einer verwandten oder ähnlichen Krankheit handelte, offenbar mehr und mehr durch. Und demzufolge tauchten früh schon, bereits 1936 während eines Cluster-Ausbruchs in Wisconsin, daneben auch Bezeichnungen wie *„Enzephalitis"* auf (eine meist infektiös bedingte Entzündung des Gehirns) sowie 1939, bei einem Ausbruch in einem Sanatorium in Middlesex, *„persistierende Myalgie* (Muskelschmerz, Anm.d.A.) *in Folge einer Halsentzündung"* und 1945, bei einem Ausbruch im University Hospital of Pennsylvania, *„Pleurodynie*[135] *mit markanten neurologischen Symptomen und ohne nachweislichen Grund"*.

Zwei der am meisten öffentlich wahrgenommenen Epidemien grassierten zwischen 1946-1949 in Island. Beim ersten Ausbruch wurde die Krankheit, die meist immer noch über ihre Ähnlichkeit zur Poliomyelitis definiert wurde, nach einer isländischen Stadt *„Akureyri-Krankheit"* genannt, der zweite verpasste ihr schlicht den Namen *„Iceland"*.

Vielerorts verfuhr man bei der Namensgebung der Krankheit auf die gleiche Weise. Der Ausbruch am Royal Free Hospital 1955 in London beispielsweise wurde lange Zeit nur als *„Royal Free disease"* bezeichnet, der in Florida 1956 als *„Punta Gorda fever"*, der in Newcastle upon Tyne 1959 in England als *„Newcastle`s disease"*. Dass man Orts- oder sogar Institutionsnamen für die Krankheit ersann, hemmte ihre Erforschung erheblich, denn auf diese Weise war es in Vor-Internetzeiten noch schwieriger zu erkennen, dasss es sich um ein und dieselbe Krankheit handelte, die sich weltweit ausbreitete.

Während sich in den USA etwa ab Anfang der 50er-Jahre immer mehr die Bezeichnung *„epidemische Neuromyasthenie"* durchsetzte, die bis in die frühen 70er-Jahre benutzt wurde, ging man in Großbritannien dazu über, den Namen *„Benigne Myalgische Enzephalomyelitis"* zu verwenden. 1956 taucht dieser Name im Leitartikel des Lancet unter der Überschrift *„A new clinical entity?"* auf.[136] Dieser nicht namentlich gekennzeichnete Artikel wurde E.D. Acheson zugeschrieben, der damit als Urheber dieser Bezeichnung gilt. Doch die Schwere des Krankheitsbildes und das damit verbundene extreme Leiden bewogen schließlich einen der Pioniere der ME-Forschung, Dr. Melvin Ramsay, der 1955 Zeuge des Cluster-Ausbruchs am Royal Free Hospital in London war, den Zusatz „benign" als Erster fallen zu lassen.[137]

Zerlegen wir die Bezeichnung „Myalgische Enzephalomyelitis" in ihre Grundmorpheme, so bedeutet „Myalgie" „Muskelschmerz" (griechisch: „mys" = „Muskel", „àlgos" = „Schmerz"), „enképhalos" heißt „Gehirn", „myelon" ist mit „Mark" (gemeint ist das Rückenmark) zu übersetzen und die griechische Wortendung „itis" (griech. „ítida") mit „Entzündung".

- ***Der Name Myalgische Enzephalomyelitis ist eine grobe Beschreibung der Pathophysiologie der ME: eine mit „Muskelschmerzen" verbundene „Entzündung" des „Gehirns" und des „Rückenmarks".***

Dieser Name erweist sowohl der Kernpathologie – der durch was auch immer ausgelösten Entzündung von Gehirn und Rückenmark – als auch der Kernsymptomatik Reverenz, denn Muskelschmerzen aufgrund von krankhaft rascher Muskelerschöpfbarkeit und neurologische Symptome wie die Beeinträchtigung des Gedächtnisses, Konzentrationsstörungen, Informationsverarbeitungsschwierigkeiten, Wortfindungsschwierigkeiten, Hyperakusie usw. sind zentrale Symptome der Krankheit.[138] Neben diesem wohl treffendsten, die Organpathophysiologie und vor allem die umfassenden Entzündungsreaktionen aufzeigenden Namen[139] existieren allerdings noch zahlreiche weitere für diese Krankheit. In Norwegen beispielsweise spricht man im Allgemeinen von einer „Myalgischen Enzephalopathie" (griech. „pátheia" = „Leiden").

Gleichwohl unterschlägt diese Bezeichnung die in Untersuchungen nachgewiesenen entzündlichen Prozesse in Gehirn und Rückenmark.[140] [141] Erst kürzlich hat eine Studie Belege für Neuroinflammation (Entzündung des Nervengewebes) in ausgedehnten Hirnarealen ME-Kranker gefunden, die auch mit der Schwere der neurologischen Symptome verknüpft war.[142] Ebenfalls in 2014 hat eine Studie an der Stanford University gleich drei Gehirnanomalien bei ME/"CFS"-Patienten ausfindig gemacht. Die im Vergleich zu gesunden Kontrollen deutlich reduzierte weiße Substanz im Gehirn der Erkrankten weist auf eine chronische Entzündungsreaktion hin, so Erstautor Michael Zeineh. Weiter konnten die Forscher über einen deformierten Nervenstrang in der rechten Hirnhälfte der Patienten berichten, wobei der Grad der Abnormität offensichtlich mit der Stärke der Symptome zusammenhing: je schwerer das klinische Bild des Betroffenen, desto deformierter war sein Nervenstrang. Der dritte Befund bezieht sich auf die graue Hirnsubstanz, die bei den erkrankten Probanden an zwei Stellen in der Nähe des Nervenstrangs auffällig verdickt war.[143] 2011 fand eine Studie eine Schädigung des Mittelhirns bei ME/"CFS"-Patienten, welche die Gehirntätigkeit unterdrückt.[144] Die gleiche Forschergruppe veröffentlichte Anfang 2015 eine Studie, die sowohl mit letzterer als auch mit der Studie, die Belege für Neuroinflammation fand, in Einklang steht. Laut Studienresultat sind die Veränderungen des Mittelhirns offenbar mit einer eingeschränkten Mittelhirnnervenleitung verbunden.[145] Auch eine von der australischen ME-Forscherin Sonya Marshall-Gradisnik Anfang 2015 veröffentlichte Studie gibt einen dezenten Hinweis auf Neuroinflammation und bestätigt indirekt die Berechtigung des Namensbestandteils ***Enzephalomyelitis***. Die bei den Probanden entdeckte Reduktion von Interleukin 10 in der Gehirn-Rückenmark-Flüssigkeit könnte die Entzündung im Zentralnervensystem verstärken, denn normalerweise spielt IL-10 eine antiinflammatorische Rolle im ZNS.[146]

Bei Autopsien wurden darüber hinaus virale Infektionen im Gehirn gefunden.[147] Bei einer britischen Patientin, die nach fünf Jahren Erkrankung Suizid beging, wurden bei der Autopsie enterovirale[148] Sequenzen[149] in Proben von Muskeln, Herz, Hypothalamus und Hirnstamm gefunden, die in keinem der Kontrollgewebe zu finden waren.[150]

All diese organpathologischen Befunde verschaffen der Bezeichnung „Myalgische Enzephalomyelitis" Legitimation.

Neben Myalgischer Enzephalomyeltis und Myalgischer Enzephalopathie kursieren aber noch weitere Namen in vor allem nicht-wissenschaftlichen Publikationen: „chronische Epstein-Barr-Infektion", „Non-HIV AIDS" und sogar die völlig irreführende und diskriminierende Bezeichnung „Yuppie-Grippe". Die aktuellste Namenskreation stammt vom Institute of Medicine (IOM): „systemic exertion intolerance disease" (SEID). Von diesen Begriffen ist „Non-HIV AIDS" für das Krankheitsbild der ME am zutreffendsten, da es sich um eine Art erworbener Immunschwäche handelt.[151]

Doch am häufigsten ist die stigmatisierende Bezeichnung „Chronic Fatigue Syndrom" oder „CFS" gebräuchlich[152] – stigmatisierend deshalb, weil der Name die Nähe zu psychiatrischen Erkrankungen suggeriert und damit eine Verwechslung mit der „Chronic Fatigue" vorprogrammiert ist. „Chronic Fatigue" kann beispielsweise bei Depressionen eine symptomatische Begleiterscheinung sein.[153] Beim „Chronic Fatigue Syndrom" handelt es sich jedoch um eine „Central Fatigue", eine pathologische Erschöpfung, die in keinem Verhältnis zur vorangegangenen Aktivität steht und sich auch durch Ruhe oder Schlaf nicht bessert.[154]

Aber damit nicht genug: Es ist nicht die chronische Fatigue, die ME-Patienten arbeitsunfähig oder unfähig, um den Block zu gehen macht, sie ans Haus oder sogar ans Bett fesselt. Es ist die (teils extreme) Verschlimmerung aller typischen ME-Symptome – wie Schmerzen, Erschöpfung, kognitive und neurologische Beschwerden, Grippesymptomatik, Schlafstörungen usw. – nach nur geringer körperlicher und/oder geistiger Anstrengung. Es ist die PEM (post-exertional malaise = Unwohlsein nach Belastung, gemeint ist eine Zustandsverschlechterung nach B-elastung), genauer und besser definiert und bezeichnet als ***PENE*** (post-exertional neuro immune exhaustion = neuroimmune Entkräftung nach Belastung), die bei den Patienten furchtbares und anhaltendes Unheil anrichten kann.[155]

Doch da die PEM oder PENE kein zwingendes Diagnosekriterium des „Chronic Fatigue Syndroms", wohl aber der Myalgischen Enzephalomyelitis ist, andererseits Fatigue – besonders im Sinne von Müdigkeit gebraucht – nur ein Diagnosekriterium des „CFS", nicht aber der ME ist, werden diese beiden Bezeichnungen fälschlich synonym gebraucht.[156] Tatsächlich definieren die Diagnosekriterien für „CFS", nämlich die Fukuda-Kriterien,[157] und die Diagnosekriterien der ME, nämlich die Kanadischen Konsenskriterien bzw. die Internationalen Konsenskriterien,[158] verschiedene Erkrankungen.[159] Der Begriff „Chronic Fatigue Syndrom" hat eine Menge Verwirrung gestiftet. Gerade auch die wissenschaftliche Forschung ist von dieser Verwirrung betroffen. Denn wenn die untersuchte Patientenkohorte aus „CFS"-Patienten gemäß der dazugehörigen Fukuda-Definition besteht, ***können*** sich darunter zwar auch tatsächlich an ME Erkrankte befinden, die das Kardinalsymptom der Krankheit, nämlich die PENE haben, ***müssen*** aber nicht. Gemäß den Kriterien des „CFS" diagnostizierte Patienten, deren Haupsymptom eine chronische Fatigue ist, ein sehr subjektives und nicht messbares Symptom, haben also nicht einmal zwangsläufig eine organische Erkrankung (und schon gar nicht zwangsläufig eine ME-Erkrankung). Wohl aber die ME-Patienten, denn die PENE geht einher mit zahlreichen objektiv messbaren biomedizinischen Anomalien. Und während „CFS"-Patienten nach den dazugehörigen Fukuda-Kriterien an einer ***medizinisch unerklärten Fatigue*** leiden, ist die als temporäres Begleitsymptom mögliche, aber nicht notwendig vorhandene Fatigue von ME-Patienten

nicht medizinisch unerklärter als die von Multiple Sklerose- oder Krebspatienten erlebte Fatigue. Nicht die Fatigue der „CFS“-Patienten, sondern die PENE der ME-Patienten ist ein biologisches Alarmsignal des Körpers, das auf einen zugrundeliegenden organischen Krankheitsprozess hinweist.

Wegen dieser signifikanten Unterschiede der „CFS“- und der ME-Definition (der Fukuda-Definition und der Kanadischen bzw. der Internationalen Konsenskriterien) ist es genau genommen nicht möglich, dass ein Patient die Kriterien beider Definitionen erfüllt. Von daher ist es auch unzweckmäßig von „ME/CFS“ zu sprechen.[160]

Es kommt nun ganz auf den Standpunkt der Forscher an, nach welchen Kriterien sie ihre Patientenkohorte aussuchen. Vermuten sie eher eine psychogene Ursache der Krankheit, werden sie überwiegend mild erkrankte, belastbarere Patienten, die nur an einer „Chronic Fatigue“ leiden und (mutmaßlich) nicht organisch erkrankt sind, in ihre Studie aufnehmen. Vermuten sie eine organische Verursachung, werden sie die Patienten nach den Diagnosekriterien der ME, also Patienten, die eine neuroimmune Entkräftung mit ihrer ganz spezifischen Symptomatik nach körperlicher und geistiger Belastung erleben, rekrutieren. Doch leider sind auch die meisten biomedizinischen Studien mit Patienten gemacht worden, die nach der Fukuda-Definition ausgesucht wurden, so dass auch hier immer wieder depressive Patienten ohne organische Erkrankung in die Auswertung der Ergebnisse miteinbezogen wurden. Solche heterogenen Patientenkohorten haben nicht eben selten zu uneinheitlichen oder gar einander widersprechenden Studienergebnissen geführt – was einen Teil der wissenschaftlichen Forschung schlicht unbrauchbar macht.

- ***Nur etwa 30-50% der „CFS“-Patienten erfüllen auch die strengeren, enggefassten Kriterien einer ME-Erkrankung.***[161] ***Weltweit diagnostiziert ein Großteil der Ärzte aber nicht nur den „CFS“-Patienten, sondern auch den ME-Patienten ein „CFS“, einfach weil dieser Name politisch durchgesetzt worden ist und deshalb unreflektiert übernommen wird.***

Doch die Bezeichnung „Chronic Fatigue Syndrom“ ist für ME-Kranke unzutreffend und mehr als unglücklich gewählt. Gegenwärtig schließt eine „CFS“-Diagnose sowohl Patienten mit ME als auch solche ohne ME ein. Das kann gefährlich für ME-Patienten werden. Denn „CFS“ ist definitionsgemäß eine Fehldiagnose für ME-Patienten. Eine solche Fehldiagnose birgt immer die Gefahr ärztlicher Falschbehandlung, z.B. die Verordnung von Aktivierung bei Patienten, die wegen ihrer PENE jedoch massiven Schaden durch solche Therapien erleiden könnten.[162]

Für die 1988 erfolgte bagatellisierende „Umbenennung" der ME in „CFS" ist die CDC (Centers for Disease Control and Prevention, eine dem Gesundheitsministerium der Vereinigten Staaten unterstellte Behörde) verantwortlich, die mit ihrer Namensgebung den Grundstein für die weltweite Diskriminierung der Erkrankten legte.[163]

In Deutschland wird „Chronic Fatigue Syndrom" meist verharmlosend mit „Chronisches Erschöpfungssyndrom" oder noch verharmlosender mit „Chronisches Müdigkeitssyndrom" übersetzt, was viele uninformierte Ärzte dazu verleitet, die Krankheit nicht ernst zu nehmen. Darüber hinaus tragen diese Bennennungen dazu bei, dass „CFS" immer wieder mit Burnout verwechselt oder mit Hypochondrie und sogar Simulantentum gleichgesetzt wird.

Bezeichnungen wie „CFIDS" („Chronic Fatigue and Immune Dysfunction Syndrome"), „PIFS" („Postinfektiöses Fatigue Syndrom") und „PVFS" („Postvirales Fatigue Syndrom") tragen dem organpathologischen Charakter der Krankheit da schon etwas mehr Rechnung, obwohl sie keine korrekten Bezeichnungen für die Myalgische Enzephalomyelitis sind und tatsächlich andere Krankheitsbilder bezeichnen, wie in Teil I, Kapitel III/7 erläutert werden wird.

5 Ätiologie

- ***Die Ursache der organischen Krankheit ME ist bislang ungeklärt.***[164] ***Meist geht der ME ein viraler Infekt voran, was eine virale Beteiligung nahe legt. Eine Dysfunktion der Reaktion des Körpers auf Infektionen scheint eine wichtige Rolle zu spielen.***[165]

Zu den mit einer ME in Verbindung gebrachten infektiösen Erregern zählen u.a. das Epstein-Barr-Virus, das Humane Herpes 6 und 7-Virus, der Parvovirus B 19, Enteroviren, Cytomegalievirus und bakterielle Infektionen mit Chlamydien und Coxiella burnetii.[166] Dabei ist bislang nicht klar, ob diese Erreger als das verursachende Agens für den Ausbruch einer ME angesehen werden müssen oder ob es sich bei ihnen um opportunistische Infektionen[167] handelt,[168] denen lediglich eine Triggerfunktion zukommt.

Aber auch die Begegnung mit neuen infektiösen Erregern, z.B. auf Reisen, kontaminiertes Wasser oder auch die von der Aircondition umgewälzte Luft auf

Flügen können eine Gefährdung darstellen und den Ausbruch einer ME begünstigen. Ebenso werden Impfungen,[169] Narkosen, körperliche Traumata wie das posttraumatische Halswirbelsäulen-Syndrom (z.B. durch ein Schleudertrauma verursacht) und Giftstoffe wie Ciguatoxin (mit dem Speisefische des Pazifischen und Indischen Ozeans sowie der Karibik belastet sein können) mit dem Beginn der ME-Erkrankung in Verbindung gebracht. Häufig wird von einer Exposition gegenüber Umweltgiften berichtet, die einer ME-Erkrankung vorausgingen. Zu diesen Umweltgiften gehören beispielsweise die in Pflanzenschutz- und Schädlingsbekämpfungsmitteln enthaltenen Organophosphat- und Organochlorpestizide sowie Chemikalien, die in Holzschutzmitteln, Leder, Klebstoffen, Farben und Lacken zu finden sind, oder auch Lindan, Herbizide, Dioxine, Formaldehyd, PCP, PCB und Pyreothroide.[170] Ebenso kann der ME eine Schwermetallbelastung vorausgehen, eine Kohlenmonoxidvergiftung, Schimmelpilzbelastung sowie eine Bluttransfusion oder Organtransplantation.[171]

Wenn mehr als ein Familienmitglied betroffen ist, was gar nicht so selten vorkommt, muss eine genetische Prädisposition in Betracht gezogen werden.[172] (Bislang werden vor allem Sequenzvariationen von Genen aus dem Bereich des Serotoninstoffwechsels, des Catecholaminstoffwechsels und des Corticoidstoffwechsels mit der Krankheit in Verbindung gebracht. Neun betroffene Gene, welche die gesamte Hypothalamus-Hypophysen-Nebennierenrindenachse repräsentieren, bilden nach heutigen Erkenntnissen quasi den genetischen Fingerabdruck dieser Krankheit. Dazu zählen auch Gene, die normalerweise an der Detoxifikation von Fremdstoffen beteiligt sind. Sequenzveränderungen dieser Gene führen folglich zu Entgiftungsstörungen und erhöhtem oxidativen Stress, weshalb ME-Kranke besonders sensibel auf Umweltgifte oder Arzneimittel reagieren. Bei einem Großteil der Patienten ist ein COMT-Polymorphismus – Genvarianten des Catechol-O-Methyltransferase-Gens, das für den Abbau der Neurohormone Adrenalin, Noradrenalin und Dopamin wichtig ist – feststellbar. Deshalb ist bei vielen Patienten die HHN-Achse gestört, was durch die Messung der Neurotransmitterwerte im Labor bestätigt werden kann.)[173]

Denkbar ist auch, dass ein multifaktorielles Geschehen die Krankheit auslöst. Obwohl die zahlreichen Trigger schon seit vielen Jahren bekannt sind, bleibt die eigentliche Ursache weiterhin im Dunkeln. Deshalb dürfte man – wissenschaftlich korrekt – im Grunde nur von einem „klinischen Syndrom“ und nicht von einer „Krankheit“ sprechen,[174] ungeachtet der Tatsache, dass die WHO der ME durch ihre Einordnung unter die neurologischen Krankheiten eine eigenständige Krankheitsentität zugebilligt hat![175]

Doch die Ätiologie vieler Krebserkrankungen ist ebenso ungeklärt und Krebs gilt zweifelsohne als Krankheit und nicht als Syndrom. Und trotz des mangelnden Wissens um die Ursachen der Krebsentstehung hat allein die Evidenz maligner Tumore ausgereicht, intensive Forschungsanstrengungen zu unternehmen, um Krebserkrankungen im frühen und mittleren Stadium besser behandelbar zu machen. Dahingegen hat eine Krankheit wie ME mit ihrer auf den ersten Blick meist nicht sichtbaren Symptomatik oft ein Glaubwürdigkeitsproblem, solange die Krankheitsursache nicht zweifelsfrei feststeht. Dieses Glaubwürdigkeitsproblem wird sich erst dann einigermaßen erledigt haben, wenn zumindest effektive Therapien zur Verfügung stehen. Eine die ersten positiven Ergebnisse bestätigende Phase-III-Studie[176] mit dem Krebsmedikament Rituximab, das in norwegischen Studien bereits signifikante Behandlungserfolge bei ME-Patienten erzielt hat, würde hier zur Lösung dieses Problems erheblich beitragen. Darüber hinaus würden weitergehende Forschungen bezüglich des Wirkmechanismus dieses Medikaments Aufschluss über die Krankheitsursache geben können.

- ***Denn die Rituximab-Studien lassen wegen des verzögerten Wirkmechanismus des Medikaments darauf schließen, dass es sich bei ME um eine Autoimmunerkrankung handeln könnte.***[177]

Eine Studie der Charité unter der Leitung von Professor Carmen Scheibenbogen kommt zu ähnlichen Ergebnissen. Der hier erstmals belegte massive Mangel in der Epstein-Barr-Virus-spezifischen Antwort der Gedächtnis-B- und T-Zellen bei ME/"CFS"-Patienten (also eine gestörte EBV-Abwehr, die zu Reaktivierungen des EBV führt) ähnele dem Mangel an EBV-Gedächtnis-Antworten, der bei Autoimmunkrankheiten und HIV-Infektionen beschrieben wird, heißt es in der Studie.[178]

Doch wodurch wird die Autoimmunität ausgelöst, was könnte die Ursache dafür sein? Zahlreiche Hinweise sprechen dafür, dass ME durch neuropathische Viren verursacht wird, die neurologische und Immunzellen infizieren mit der Folge einer diffusen Hirnschädigung. Diese ursprüngliche Infektion könnte eine Fehlregulation der Immunantwort entfachen, die chronisch wird oder Autoimmunität bewirkt, sogar wenn der Level des infektiösen Agens vermindert, womöglich sogar unter der Nachweisgrenze ist. Das wäre eine zumindest denkbare ätiologische Prozessbeschreibung.[179]

Die ganz frische bahnbrechende Entdeckung, dass das Gehirn – entgegen der jahrzehntelangen Lehrmeinung – direkt mit dem Imunsystem durch Lymphgefäße verbunden ist, von denen man bislang annahm, dass sie gar nicht existieren, wirft – wie die Entdecker schreiben – ein ganz neues Licht auf die Ätiologie neuroinflammatorischer und neurodegenerativer Krankheiten, die mit einer Fehlfunktion des Immunsystems assoziiert sind.[180] Die Anatomielehrbücher müssen also umgeschrieben werden und die Entdeckung der Lymphbahnen, die mit den Lymphknoten im Hals verbunden sind und die Immunsystem und zentrales Nervensystem verbinden, macht z.B. die Hypothese wahrscheinlicher, dass bei ME-Erkrankten Viren über die lymphatischen Gefäße ins Gehirn gelangen und dort (auch ganz geringgradige) Entzündungen hervorrufen könnten, die anhaltendes Unheil anrichten, was sich dann wiederum auf sämtliche Körpersysteme auswirken würde.

6 Krankheitsverlauf

Der Beginn der Krankheit ist meist akut, manchmal aber auch schleichend.[181] Man könnte noch „schubweise" hinzusetzen. Das beschreibt den besonders auch bei Kindern oft berichteten Krankheitsbeginn: eine Infekthäufung mit jeweils verlängerter Rekonvaleszenz bis zu dem einen „finalen" Infekt, nach dem sich keine allmähliche Erholung mehr einstellt, sondern die Erholung ganz ausbleibt, die Infektsymptomatik (zumindest als PENE-Erscheinung) weiter bestehen bleibt und das Vollbild einer ME-Erkrankung mit vielen neu hinzukommenden Symptomen, vor allem auch neurologischen, nach und nach zutage tritt. Der britische Pädiater und ME-Spezialist Dr. Nigel Speight bezeichnet die dem endgültigen Ausbruch der Erkrankung vorangegangene Infekthäufung mit anschließender wochenlanger Erholungszeit als milde Form einer ME-Erkrankung.[182]

Die Inkubationszeit bei ME beträgt oft nur wenige Tage bis zu einer Woche.[183] Schon A.G. Gilliam stellte fest, dass die Inkubationszeit möglicherweise gerade mal nur vier Tage betragen könnte; doch gleichzeitig notierte er auch Fälle, bei denen die Inkubationsperiode sich über mehr als einen Monat hinzuziehen schien oder aber wiederholter Kontakt mit Infizierten nötig war, um die Krankheit bei diesen Personen hervorzurufen.[184]

Die akute Phase, in der sich – statt der üblicherweise nach einem Infekt allmählich einsetzenden Erholung – der Zustand des Patienten verschlechtert und das typische Muster einer ME-Erkrankung sich peu à peu abzuzeichnen beginnt, dauert etwa 6 Monate. In der anschließenden chronischen Phase werden die Symptome stabiler; einige Patienten erleben eine Verbesserung in der chronischen Phase, andere einen fortschreitenden Verfall ihrer Gesundheit.

Eine sichere Prognose kann i.d.R. nicht abgegeben werden.

Der amerikanische ME-Experte Dr. Byron Marshall Hyde stellt die Prognose mithilfe eines dezidierten SPECT scans[185] des Gehirns: Patienten, bei denen nur eine Seite der Hirnrinde betroffen ist, haben die besten Aussichten auf eine Spontanheilung; Patienten, bei denen beide Seiten in Mitleidenschaft gezogen sind, haben die schlechtesten Aussichten auf Genesung, und ME-Kranke, bei denen der gesamte Kortex und zusätzlich noch andere Regionen, wie z.B. der Hirnstamm beschädigt sind, zählen zu den Schwerstkranken mit einem progressiven Krankheitsverlauf, die kaum oder gar keine Chancen auch nur auf Verbesserungen haben.[186] [187]

Der Krankheitsverlauf kann mild, moderat, schwer oder sehr schwer oder sogar lebensbedrohlich sein.[188] Bei nicht so schwer Betroffenen ist die Aktivität um ca. 50% reduziert. Sie können i.d.R. noch (meist reduziert) arbeiten, zur Schule oder studieren gehen, jedoch nicht an Freizeitaktivitäten teilnehmen. Ihre Freizeit bleibt nahezu ausschließlich der Regeneration vorbehalten. Diese Patienten haben krankheitsbedingt i.d.R. viele Fehlzeiten und werden oftmals von zahlreichen Infektionen heimgesucht. Moderat Betroffene müssen ihren Beruf meist aufgeben, sind in ihrer Mobilität stark eingeschränkt und benötigen bei der Bewältigung ihres Alltags viele Ruhepausen. Schwer Betroffene, etwa 10% - 25% der Erkrankten, sind nur selten in der Lage das Haus zu verlassen; sie benötigen für längere Wege einen Rollstuhl und haben massive kognitive Probleme.[189] Schwerstkranke, ca. 1-2%, sind bettlägerig und unfähig zu den einfachsten persönlichen Hygienemaßnahmen.[190] Extrem schwere Formen der Krankheit können zu Anfällen, Lähmungen, Spastiken, Inkontinenz und lebensbedrohlichen Komplikationen führen.

Das Risiko, eine schwere Form von ME zu entwickeln, steigt signifikant mit einer familiären Vorgeschichte von ME-Fällen – häufig eine an ME erkrankte Mutter – an. Darüber hinaus sind überwiegend weibliche Patientinnen von schwerem ME betroffen. Auch das frühe Management der Krankheit scheint eine entscheidende Determinante für das Ausmaß der Symptomatik darzustellen, z.B. ob der Patient psychiatrische Fehlbehandlungen erleiden musste. Dahingegen ist der Persönlichkeitstyp kein konstituierender Faktor, schweres ME zu bekommen.[191]

Was die milden und moderaten Fälle angeht, sollte man sich von Zuschreibungen wie „mild“ oder „moderat“ nicht dazu verleiten lassen, die Krankheit der Patienten als nicht ernsthaft und schwerwiegend anzusehen. Fast alle moderat Betroffenen sind schlicht arbeitsunfähig, können meist nicht länger als eine halbe Stunde (und das auch nicht täglich) das Haus für Besorgungen verlassen, leiden Tag und Nacht permanent Schmerzen und müssen viele Stunden des Tages liegend verbringen. Ihre Lebensqualität liegt weit unter der älterer Patienten mit chronischer Herzinsuffizienz und der Lungentransplantierter, und gäbe es nicht so viele ME-

Patienten, die noch sehr viel schlechter dran sind, müsste man auch bei den moderat Betroffenen genau genommen von schwerkranken Menschen sprechen.

Die Krankheitsdauer beträgt Jahre und nicht selten Jahrzehnte. Es kann aber auch zu einer Spontanremission kommen. Manche Patienten erholen sich nahezu vollständig. Bei Verbesserungen oder gar einer kompletten Remission unter Behandlung bleibt häufig ungeklärt, ob diese auf die Behandlung zurückzuführen sind. Die Rückfallrate ist sehr hoch, besonders nach banalen Infekten, physischem oder starkem psychischen Stress. Ein ME-Kranker, der sich wieder erholt hat, muss lebenslang mit seinen Energieressourcen haushalten, um einen Rückfall zu vermeiden. Denn auch Jahre nach einer Remission können noch Rückfälle auf-treten.[192]

- ***Fünf von sechs Studien geben eine Remissionsrate von 0 bis 6% an, d. h. 0 bis 6% der Patienten erlangen wieder das Funktionsniveau, das sie vor ihrer Erkrankung hatten. Die sechste Studie gibt die Rate mit 12% an.***[193]

Vielfach nimmt die Krankheit einen zyklischen oder auch einen schubweisen und bei einem Teil der Betroffenen sogar einen progredienten Verlauf.

ME kann auch einen tödlichen Verlauf nehmen.[194] Ein prominentes Beispiel ist der ME-kranke britische Parlamentsabgeordnete Brynmor John, der am 13. Dezember 1988 plötzlich zusammenbrach und starb, als er das Fitnessstudio des britischen Unterhauses verließ, nachdem man ihm Körpertraining angeraten hatte, um wieder in Form zu kommen.[195]

Todesursache ist meist eine progressive Degeneration der Endorgane, insbesondere Herzversagen, Versagen der Bauchspeicheldrüse oder Nierenversagen.[196] Auch tödliche Krebserkrankungen treten auffallend gehäuft bei ME-Patienten auf.[197] Das Sterbealter krebserkrankter ME-Patienten liegt mehr als 20 Jahre unter dem durchschnittlichen Sterbealter der übrigen Krebskranken. Bei Herzversagen liegt das durchschnittliche Sterbealter ME-Kranker sogar fast 25 Jahre darunter. Die Suizidrate ist wie bei allen schweren chronischen Krankheiten ebenfalls erhöht. Nach einer Studie von Prof. Leonard Jason, der die Todesursachen verstorbener ME-Patienten analysierte, stehen Suizid mit 20%, Herzversagen mit ebenfalls 20%, Krebs mit 19% und Komplikationen durch ME (wie z.B. lebensgefährliche Infektionen, Medikamentenunverträglichkeiten etc.) mit immerhin noch 11% an der Spitze der Todesursachen.[198]

- ***Das durchschnittliche Sterbealter ME-Kranker liegt beträchtlich unter dem der Allgemeinbevölkerung.***[199]

7 Prävalenz

Die Arbeitsgruppe „CFS“ des Bundesministeriums für Gesundheit gab in einem 1994 erschienenen Artikel die Prävalenz in Deutschland mit 1% der erwachsenen Bevölkerung an.[200] Das wären schon damals mehr als 800.000 Erkrankte gewesen – eine viel zu hoch gegriffene Zahl, die Patienten mit allen möglichen Arten einer unspezifischen Fatigue bzw. chronischer Erschöpfung einschließt. International wird heute eine realistische Prävalenzrate mit 0,11 – 0,42% angegeben. Die amerikanische gemeindebasierte epidemiologische Studie von Leonard Jason et al. aus dem Jahre 1999 kommt auf eine Prävalenzrate von 0,42%,[201] eine Studie von Reyes et al. aus dem Jahre 2003 auf 0,24%[202] und die britische Studie von Nacul et al. auf nur 0,11%.[203] Bei Jasons Studie wurden weitergefasste Krankheitskriterien, die sogenannten Fukuda-Kriterien, bei der Probandenauswahl zugrundegelegt, so dass mutmaßlich auch Patienten miterfasst worden sind, die nur an „Chronischer Erschöpfung“ leiden, z.B. infolge einer Depression.[204]

Das Bundesministerium für Gesundheit schätzte 2002 die Zahl der „CFS“-Kranken in Deutschland auf 300.000.[205] Das entspräche bei 80,8 Millionen Einwohnern einer Prävalenzrate von 0,37%.

- ***Auch wenn man die Zahl der ME-Kranken in Deutschland auf nur 200.000 schätzt, was einer Prävalenzrate von ca. 0,25% entspricht, übertrifft sie bei weitem die der Menschen mit HIV, ca. 80.000, und die der MS-Kranken, ca. 122.000.[206] Selbst bei einer Prävalenzrate von 0,11% zählen wir immerhin noch knapp 89.000 ME-Kranke in unserem Land.***

Es gibt offenbar Hinweise darauf, dass die Prävalenzrate kontinuierlich ansteigt. Ob die Steigerung auf einem tatsächlichen Anstieg der Erkrankungszahlen oder aber auf einem zunehmenden Bekanntheitsgrad der Krankheit beruht, der dazu geführt haben könnte, dass sie häufiger als zuvor diagnostiziert wurde, müsste noch untersucht werden. Gesicherte Diagnosedaten einer großen deutschen Krankenversicherung zeigen für die ambulante Versorgung im Jahre 2008 eine Prävalenz für den Diagnoseschlüssel G93.3 von 0,10%, mit einer kontinuierlichen Steigerung bis zum Jahre 2011 auf 0,13%.[207] (Für die nachfolgenden Jahre liegen keine Daten vor.) Im stationären Bereich ist laut dem Statistischen Bundesamt Wiesbaden ebenfalls eine deutliche Zunahme der Behandlungsfälle von 219 im Jahr 2000 auf 740 im Jahr 2010 zu verzeichnen. Qualitätsberichte zweier Universitätskliniken aus dem Jahre 2010 haben allerdings sehr viel höhere Fallzahlen ermittelt. In der Universitätsklinik Köln machten die mit G93.3 diagnostizierten Patienten in der Fachabteilung Neurologie 1,38% aller vollstationären Behandlungsfälle aus (was einem Anteil von 0,10% aller Behandlungsfälle der gesamten Uniklinik Köln entspricht), in der Neurologie der Charité Berlin 1,82% (was einem Anteil von 0.09% aller stationären Behandlungen an der Charité entspricht).[208] (Fehldiagnosen, die diese ermittelten Prävalenzraten bzw. die Behandlungsfallzahlen absinken ließen, sind bei diesen Daten selbstverständlich nicht berücksichtigt, ebensowenig wie psychiatrische Falschdiagnosen, welche die Prävalenzrate bzw. die Behandlungsfallzahlen deutlich nach oben korrigieren würden.)

Die Prävalenzrate bei Frauen ist höher als bei Männern. Als Gründe dafür werden deren geringeres Blutvolumen und eine verminderte Masse an Blutzellen diskutiert, Faktoren, die das Entstehen einer ME zu begünstigen scheinen.[209]

Das weibliche Sexualhormon Östrogen schwächt zudem den Teil des Immunsystems, der entscheidend die sogenannten intrazellulären Bakterien, Parasiten und Viren kontrolliert, wie z.B. die Herpes-Viren, die stets im Körper vorhanden sind.[210] Diese Th1-Immunität wird durch die Östrogene geschwächt, so dass die Typ2-T-Helferzellen schließlich bedeutend aktiver werden. Auch außerhalb der ME-Forschung ist bekannt, dass Th1-Mangel Krankheiten wie z.B. Krebs, TBC, Allergien, Leaky Gut Syndrom, AIDS und natürlich ME begünstigt. Bis zum Eintritt der Pubertät sind die Erkrankungsraten von Jungen und Mädchen gleich; ab dem Alter zwischen 12 und 13 Jahren verschiebt sich das Verhältnis mehr und mehr zu ungunsten weiblicher Patientinnen.

Am häufigsten erkranken Menschen im Alter zwischen 20 und 45 Jahren an ME.[211] Eine große norwegische Studie aus dem Jahr 2014 hat zwei Gipfel bei der Inzidenzrate ausgemacht. Demnach erkranken am häufigsten Menschen der Altersklassen zwischen 10 und 19 Jahren und zwischen 30 und 39 Jahren.[212]

- ***Alle ethnischen Gruppen und Menschen aller sozioökonomischen Schichten sind von der Krankheit betroffen, ebenso alle Altersgruppen, einschließlich Kindern.***[213]

Wie bereits in Kap. I/2 erwähnt, hat sich die Myalgische Enzephalomyelitis aus einer im Jahr 1959 *„auf nationaler Ebene zahlenmäßig nicht wichtig*[en]*"* Krankheit[214] zu einer der *„häufigste*[n] *chronische*[n] *Krankheit*[en] *junger und mittelalter Erwachsener"* westlicher Industrienationen entwickelt.[215] (Ü.d.A.) Und auch unter Kindern und Jugendlichen hat sich die Krankheit rasant ausgebreitet. Immerhin 51% der Schüler mit langen Fehlzeiten leiden – laut einer britischen Studie aus dem Jahr 1997 – an ME.[216]

„Wir haben wahrscheinlich mit einem Syndrom zu tun, das ziemlich häufig ist", äußerte Mark Loveless, Spezialist für Infektionskrankheiten schon im Jahr 1987.[217] (Ü.d.A.)

8 Diagnose

Tatsächlich ist die Myalgische Enzephalomyelitis wohl die häufigste und verheerendste Krankheit, von der Ihr Arzt noch nie gehört hat.[218] Deshalb wird es in aller Regel lange dauern, manchmal bis zu Jahren!, bis man einen Arzt findet, der die Diagnose stellen kann. Dass die Routinelaborparameter meistens unauffällig sind, macht die Suche nach der richtigen Diagnose nicht leichter. Der Umstand, dass die meisten Erkrankten, die noch in der Lage sind, einen Arzt aufzusuchen, nicht krank aussehen, kommt außerdem erschwerend hinzu. Ein Großteil der ME-Patienten ist zwar auffallend blass, doch das erklären sich die meisten Ärzte damit, dass der Patient die Sonne meidet und kaum an die Luft kommt. Eine große Schwierigkeit besteht auch darin, die Symptomatik glaubwürdig zu schildern. Viele Ärzte werden skeptisch, wenn der Patient von extremen Konzentrationsstörungen, Gedächtnisproblemen und Wortfindungsschwierigkeiten berichtet, in der Untersuchungssituation aber flüssig reden kann. Sie zweifeln an der Glaubwürdigkeit des Patienten, wenn dieser von außerordentlicher Schwäche und Erschöpfung berichtet, jedoch ohne Schwierigkeiten – zumindest ohne sichtbare – den Oberkörper freimacht. Der Arzt weiß nicht, dass der Patient all seine Kraft und Konzentration zusammennehmen muss, um den Termin durchzustehen. Er weiß auch nicht, dass viele der ME-Patienten die Zähne zusammenbeißen, weil sie so patent wirken möchten wie vor ihrer Erkrankung. Er ahnt nicht, dass viele von ihnen sich für ihre zahlreichen Behinderungen schämen und nicht als Jammerlappen dastehen möchten. Er ahnt auch nicht, dass Patienten, die bereits mit der diagnostischen Vorannahme in die Sprechstunde kommen, sie könnten an ME/"CFS" erkrankt sein und deshalb um das Stigma dieser Krankheit wissen, sich so munter und aufgeräumt wie möglich präsentieren, um keine Depression oder eine andere psychiatrische Diagnose angehängt zu bekommen. Und schließlich: Der Arzt sieht auch nicht, wie der Patient anschließend, nach ein paar Stunden oder auch mit einer zeitlichen Verzögerung von bis zu 72 Stunden, zuhause zusammenklappt, eine plötzliche und starke Verschlimmerung seiner Symptome erlebt und sich erst einmal ein paar Tage oder sogar ein paar Wochen von dieser Anstrengung erholen muss.

Und der unerfahrene Patient auf der anderen Seite weiß nicht, dass er Opfer eines Adrenalinstoßes geworden ist, der es ihm überhaupt erst möglich gemacht hat, den Termin wahrzunehmen. (Zum Problem der vermehrten Adrenalinausschüttung bei ME siehe Teil I, Kap. VI/2) Er wundert sich oft selbst darüber, weshalb er auf einmal schnell, klar und flüssig und ohne Wortverwechslungen sprechen kann, obwohl es ihm im Alltag so schwerfällt. Er fühlt sich schuldig und beschämt, wenn der Arzt ihm mitteilt: „Man merkt Ihnen aber gar nichts an und Sie sehen auch gar nicht krank aus." Der Patient fragt sich sogar möglicherweise anschließend – wenn der Untersuchungstermin vorbei ist, der Adrenalinkick aber noch eine Weile anhält –, ob er nicht vielleicht ein bisschen übertrieben hat und ob er sich die ganzen Symptome nicht vielleicht doch nur einbildet. Denn das erhöhte Adrenalin bewirkt, dass er sich sehr viel besser konzentrieren kann, die Schmerzen deutlich abnehmen und er sich insgesamt viel kraftvoller und tatkräftiger und auf dem direkten Wege der Besserung fühlt. Doch das ist nur eine Scheinverbesserung, denn wenn der Adrenalinspiegel wieder abgesunken ist, geht es dem Patienten umso schlechter und er erlebt eine nicht selten krasse Zustandsverschlechterung, weil er sich bei dem Termin völlig übernommen und verausgabt hat.

Das Gleiche, was für die Patenteren unter den Patienten formuliert wurde, gilt natürlich auch für diejenigen Patienten, die im Arztgespräch ohne Scham ausführlich und detailliert ihre Körpersymptomatik ausbreiten, also dem Arzt quasi „die Ohren volljammern". In einem solchen Fall ist die Skepsis und Abwehr des Arztes sogar möglicherweise noch stärker. Er sitzt einem Patienten gegenüber, der weitschweifig und ohne Pause über Schwäche, Erschöpfung, kognitive, immunologische, gastrointestinale, autonome und neurologische Störungen lamentiert, dabei aber keinerlei Anzeichen der beklagten Beschwerden erkennen lässt. Doch auch diese Patienten sind unwissentlich Opfer eines Adrenalinrausches und haben alle Kräfte gebündelt, um diesen Arzttermin durchzustehen und dabei alles loszuwerden, was sie ängstigt und bedrückt an bizarrer Symptomatik. Weil sie dabei ihre körperlichen und kognitiven Grenzen massiv überschreiten, erleben sie im Anschluss die gleiche Verschlimmerung ihrer Symptome wie Patienten, die nicht so viel Aufhebens um ihre Person machen.

Unkenntnis und Sachunkunde ärztlicherseits und Unerfahrenheit des Patienten, was die Schwankungen seiner Verfassung und Fluktuation seiner Symptome betrifft, erschweren also die Diagnosefindung in erheblichem Maße und nehmen dementsprechend häufig einen ungünstigen Einfluss auf das Diagnoseergebnis des konsultierten Arztes.

Eine weitere erhebliche Schwierigkeit besteht darin, dass zwischen der akuten und der chronischen Phase der Krankheit unterschieden werden muss. Während Patienten in der akuten Phase häufig über Müdigkeit und Hypersomnie klagen, spielen diese Symptome in der chronischen Phase meist nur eine sehr untergeordnete Rolle. Auch die Schmerzsymptomatik tritt oft erst später zutage. Das Gleiche gilt für die Muskelerschöpfbarkeit, besonders dann, wenn es sich um sportlich Aktive handelt. Ebenso treten neurologische und neurokognitive Probleme oft erst in der chronischen Phase auf oder werden dann erst vom Patienten als krankheitsrelevante Einschränkungen erkannt.

Die größte Schwierigkeit besteht jedoch für viele frisch erkrankte Patienten darin, einen Zusammenhang zwischen körperlicher Anstrengung und einer Zustandsverschlechterung, der PENE, zu erkennen. Weil die Zustandsverschlechterung meist mit einer Verzögerung von mitunter bis zu drei Tagen eintritt, dauert es manchmal fast eine Ewigkeit, bis der Patient überhaupt einen Zusammenhang erkennen kann. Lange Zeit kann es dem Erkrankten so erscheinen, als ob sich sein Befinden aus heiterem Himmel verschlechtern würde und Symptome plötzlich und ohne erkennbaren Grund auftreten oder sich verstärken würden.

Vielen Symptomen misst der uninformierte Patient auch zunächst keinen Krankheitswert bei, v.a. neurokognitiven Symptomen wie Kurzzeitgedächtnisproblemen, Wortverwechselungen und Wortfindungsschwierigkeiten, Konzentrationsstörungen, Ungeschicklichkeit, Gleichgewichtsproblemen usw. Der Patient glaubt dann, nur etwas schusselig geworden zu sein oder macht seinen (normalen) Alltagsstress für die Symptome verantwortlich. Das gilt auch z.B. für Symptome, die zunächst nur als „kosmetisches" Problem wahrgenommen werden, wie z.B. extreme Blässe, Haarausfall, Hautentzündungen, marmorierte Haut, kalte Extremitäten, schlechte Wundheilung, Pilzinfektionen der Haut, Aphten etc. Diese „kosmetischen" Probleme werden dann fälschlich dem natürlichen Alterungsprozess zugeschrieben und/oder einer Disposition.

All diese geschilderten Probleme, die bei einer Erstvorstellung auftreten können (aber nicht müssen!), erfordern eine sorgfältige Abklärung sowohl von Seiten des Arztes als auch vom Patienten. Arzt und Patient sind hier aufgefordert, gemeinsam herauszufinden, ob der Patient das typische Symptommuster einer ME erfüllt oder aber vielleicht doch an einer anderen Krankheit leidet. Ein präziser Fragenkatalog, der zwischen möglichen Symptomen der akuten und möglichen der chronischen Phase unterscheidet, muss ebenso präzise beantwortet werden. U.U. muss der Arzt dem Patienten auftragen, erst einmal selbst herauszufinden, ob er einen Zusammenhang zwischen körperlicher Belastung und dem Auftreten einer PENE feststellen kann. Und der Arzt andererseits muss direkt ganz bestimmte Symptome abfragen, die der Patient womöglich gar nicht mit seinem Erschöpfungszustand in Verbindung gebracht hat, weil er sie zwar als behindernd empfunden, aber nicht als krankheitsrelevant eingestuft hat, sondern irrigerweise als ein unangenehmes und lästiges Persönlichkeitsmerkmal.

Solange es keinen eindeutigen und allgemein anerkannten Biomarker für diese Krankheit gibt, hängt die Diagnosestellung immer auch noch weitgehend von der korrekten und umfassenden Schilderung der Symptomatik ab. Ein Patient, der nur von einem vorangegangenen Infekt mit anschließender Müdigkeit, Erschöpfung, Kopfschmerzen, Nackenschmerzen und –steifigkeit und womöglich außerdem noch von Antriebslosigkeit zu berichten weiß, wird schwerlich als ME-Patient zu identifizieren sein. Genau hier müssten aber die Fragen des Arztes ansetzen, um herauszufinden, ob der Patient noch weitere ME-typische Symptome hat und ob er tatsächlich unter Antriebslosigkeit leidet bzw. Motivationsprobleme hat (was dann für eine Depression sprechen würde) oder ob er das Kardinalsymptom der ME, nämlich die pathologische Muskelerschöpfbarkeit nicht besser und präziser zu beschreiben weiß. Sprachliche Ungenauigkeiten und Begriffsverwechselungen auf beiden Seiten und eine Unfähigkeit, körperliche Symtomatiken treffend zu schildern und richtig einzuordnen, tragen zu einer möglichen Fehldiagnose nicht unwesentlich bei.

- ***Sprachliche Genauigkeit und begriffliche Verständigung zwischen Patient und Arzt könnten hier jedoch entscheidend zur Diagnosefindung beitragen. Eine solchermaßen nuancierte und differenzierende Anamneseerhebung ist folglich zeitintensiv.***

- ***Doch es gibt noch andere Gründe dafür, dass nur ein geringer Prozentsatz der Erkrankten richtig diagnostiziert ist.***

Nach Schätzungen der amerikanischen Gesundheitsbehörde im Jahre 2006 waren in den USA weniger als 20% der ME-Kranken diagnostiziert.[219] Der Prozentsatz in Deutschland dürfte um einiges darunter liegen, da es hierzulande keine öffentliche Aufmerksamkeit für die Krankheit gibt. Die meisten Patienten, die mit Beschwerden, die auf diese Krankheit hindeuten, zum Arzt gehen, bekommen eine psychische oder psychiatrische Falschdiagnose verpasst. Ihre ME wird entweder mit einer Depression, einer somatoformen Störung, Burnout, Neurasthenie, einer Posttraumatischen Belastungsstörung, Simulation, einer Verhaltensauffälligkeit oder mit Dekonditionierung verwechselt und fehldiagnostiziert. Das geschieht in den meisten Fällen aus Unkenntnis und Unsicherheit, aber es spielen auch Abwehrmechanismen eine Rolle bei diesen Diagnosevergaben.

Doch eine nicht zu unterschätzende Anzahl dieser Fehldiagnosen wird bewusst und in voller Absicht vergeben, nämlich von denjenigen Behandlern, die die Existenz dieser Krankheit komplett verleugnen und sie kurzerhand zu einer psychischen oder Verhaltenstörung umdeklarieren – und zwar entgegen den rechtsverbindlichen Vorgaben der Internationalen Klassifikation der Krankheiten, des ICD. Damit handeln sie gegen die Bestimmungen der WHO und des Sozialgesetzbuchs V, das eine Klassifikation nach ICD verlangt und damit auch die Vergabe von Doppeldiagnosen für ein und dieselbe Krankheit explizit ausschließt.[220]

Besonders raffiniert gehen diejenigen Behandler vor, die dem hilfesuchenden Patienten, der sich in seiner Not möglicherweise schon selbst auf die Suche nach einer Diagnose gemacht hat und aufgrund seiner Recherchen vermutet, an einem „CFS" erkrankt zu sein oder aber von anderen Ärzten bereits die Diagnose gestellt bekommen hat, zunächst volles Verständnis bekunden und zum Schein auf den Patienten eingehen – nur um ihm im Befundbericht dann ausschließlich F-Diagnosen (Psychische und Verhaltensstörungen) zu attestieren.

Eine durchaus gängige Praxis in Deutschland, die von führenden Psychosomatikern wie Martin Sack in einem zertifizierten Fortbildungstext für Ärzte empfohlen wird, um die „widerspenstigen" „CFS"-Patienten, die nach Meinung vieler Psychosomatiker und Psychiater an „falschen Krankheitsüberzeugungen" leiden, zu beschwichtigen. Sack schreibt, es sei *„nicht sinnvoll, bereits beim Erstkontakt den diagnostischen Vorannahmen der Patienten zu widersprechen und Diagnosen, die von Vorbehandlern gestellt wurden, für falsch zu erklären."* Und damit die Patienten dem Behandler nicht davonlaufen, rät er zu folgender Vorgehensweise: *„Ein behutsames und die persönliche Sichtweise respektierendes Vorgehen ist gerade dann besonders wichtig, wenn Patienten sehr skeptisch gegenüber einer Mitbeteiligung von psychischen Faktoren an ihrem Beschwerdebild sind. Eine sorgfältige Exploration des subjektiven Krankheitsmodells und der medizinischen Vorgeschichte der Erkrankung, ohne bereits auf Veränderung von Einstellungen oder Überzeugungen zu drängen, hat sich bei diesen Patienten in der Praxis sehr bewährt."* Nichtsdestotrotz solle die Diagnose dann schlussendlich folgendermaßen aus-sehen: *„Ein CFS ist als Neurasthenie (ICD-10: F48.0) bzw. als Somatisierungsstörung (F45.0) oder undifferenzierte Somatisierungsstörung (F45.1) zu klassifizieren."*[221] Und das, obwohl unter F48.0 das „Chronische Erschöpfungssyndrom" explizit ausgeschlossen wird im ICD!

Dieses Vorgehen ist auch deshalb perfide, weil durch solche Praxis der Patient entmündigt wird – obgleich seit Jahren ein Hohelied auf den „mündigen Patienten" gesungen wird: *„Das Gesundheitssystem braucht den und die aufgeklärten, eigenverantwortlichen und mündigen Patienten und Patientinnen. Deshalb ist die Stärkung ihrer Rechte und*

Einflussmöglichkeiten ein zentrales Anliegen der Gesundheitspolitik." Der ehemalige Bundesgesundheitsminister Daniel Bahr erklärte: „*Unser Leitbild ist der mündige Patient. Patientenorientierung und Patientenautonomie sind erklärte Ziele unserer Gesundheitspolitik.*"[222]

Doch Martin Sack ist leider bei weitem nicht der einzige, der eine entmündigende Vorgehensweise empfiehlt. Er beruft sich bei seinen Empfehlungen auf den Psychosomatiker Professor Peter Henningsen. Dieser hielt 2005 auf der Jahrestagung der „Arbeitsgemeinschaft Neurologische Begutachtung" in Würzburg einen Vortrag mit dem Titel „Alter Wein in neuen Schläuchen? Erklärungsmodelle bei MCS, CFS und FMS".[223] Seine Empfehlungen den Umgang mit diesen Patienten betreffend sehen so aus: „*Empfohlenes Vorgehen 1: Haltung "Ja, aber nicht so"; Beschwerden und Beeinträchtigung ernstnehmen; Erklärungsmodell entgegennehmen, ohne Contra zu geben; Iatrogene* (durch ärztliche Einwirkung entstanden, Anm.d.A.) */soziokulturelle Komponente berücksichtigen; So nah an der somatischen Medizin wie möglich, z.B. in der Neurologie, diagnostizieren und behandeln; Sowohl-als-auch statt Entweder-Oder; Aufgabe Sekundärprävention berücksichtigen; ggf. Doppeldiagnosen vergeben, nicht von sich aus Bezeichnungen wie MCS oder CFS "in die Welt setzen"*". Im Klartext heißt das, der Arzt soll von vornherein „CFS" nicht im Sinne einer neurologischen Krankheit in Betracht ziehen und diesen Begriff generell vermeiden, damit der Patient gar nicht erst auf die Idee kommt, an einer organischen Krankheit zu leiden. Falls der Patient jedoch mit diagnostischen Vorannahmen zu ihm kommt, soll er sich nicht mit dem Patienten auf eine Diskussion einlassen, ob die Erkrankung organisch oder psychogen ist, sondern die Erklärungsversuche des Patienten widerspruchslos entgegennehmen und ihm dennoch schlussendlich eine psychische Diagnose verpassen.

Ein solches Täuschungsmanöver des Arztes ist allerdings diametral zum Ruf der Politik nach dem aufgeklärten, eigenverantwortlichen und mündigen Patienten. Zudem ruft Henningsen dazu auf, gegen die Bestimmungen der WHO und des Sozialgesetzbuchs V zu verstoßen, wenn er die Vergabe von Doppeldiagnosen für ein und dieselbe Krankheit propagiert.

Diese deutschen Psychosomatiker teilen ihre Ansichten mit denen international einflussreicher Psychiater, die die Krankheit ebenfalls psychopathologisieren und seit langem daran arbeiten, sie umzuklassifizieren. Der britische Psychiater Professor Simon Wessely ist einer, wenn nicht der wichtigste von denen, die ebenso der Auffassung sind, der Arzt solle spezielle Krankheitsüberzeugungen des Patienten, wie etwa an ME erkrankt zu sein, nicht in Frage stellen, selbst wenn es keine untermauernden medizinischen Beweise gebe. Man solle die Erkrankung des Patienten nicht mit ihm diskutieren und ihm nicht ins Gesicht sagen, dass diese Krankheit nicht existiere, weil es unzweckmäßig und unmöglich sei, den Patienten davon zu überzeugen, er leide an einer psychischen Krankheit statt an einer somatischen.[224] Diese Aussagen trifft er im vollen Bewusstsein, dass es sich in

Wirklichkeit um eine organpathologische Krankheit handelt, wie Dokumente, die bis 2071 unter Verschluss gehalten werden, belegen. Einer Anfrage nach dem Informationsfreiheitsgesetz (FOIA) ist es jedoch zu verdanken, dass diese (redigierten) Papiere bereits offengelegt werden mussten.[225] (In Teil II/Kap. III/5 wird näher auf den Inhalt des Dokuments eingegangen.)

Wir müssen also unterscheiden zwischen den Medizinern, die ME/"CFS" nicht diagnostizieren ***können*** und denjenigen, die aus noch zu erläuternden Gründen diese Krankheit nicht diagnostizieren ***wollen***.

Dabei gewähren das eindeutige und unverwechselbare Symptommuster dieser Krankheit, welches detailliert in Kapitel III vorgestellt wird, in Verbindung mit etlichen Laborparametern und diagnostischen Tests außerhalb der Routinediagnostik bereits heute eine gesicherte Diagnosestellung.

- ***Ein definitiver diagnostischer Test für ME fehlt zwar bislang. Doch neben der erforderlichen Ausschlussdiagnostik geben etliche Laborparameter und viele Tests Hinweise auf ME-typische Anomalien.***

Eine Auswahl an aussagekräftigen Laboruntersuchungen:

Eine umfassende ***Virusdiagnostik*** offenbart nahezu regelhaft ***vermehrt virale Antikörper***. Die IgG-Titer eines oder mehrerer Viren sind häufig signifikant erhöht.[226]

Der Gastrointestinaltrakt scheint ein wichtiges Infektionsreservoir für potentiell krankmachende Viren darzustellen. Ein Forscherteam um Kenny de Meirleir entdeckte ***in Gastrointestinal-Biopsien Parvovirus B 19 DNA*** bei 40% der ME-Patienten, aber nur bei weniger als 15% der gesunden Kontrollen.[227]

Der amerikanische Infektiologe Dr. John Chia konnte bei 82% der untersuchten ME-Kranken ***in Magenbiopsien Enterovirenbefall*** nachweisen.[228]

Im Rahmen einer retrospektiven Analyse wurde bei ca. 22% der ME-Patienten, die sich in der Immundefektambulanz der Charité vorgestellt hatten, ein ***EBNA-IgG-Mangel*** festgestellt, was möglicherweise auf eine chronische Epstein-Barr-Virus-Reaktivierung hindeutet.[229]

Unter Federführung von Professor Carmen Scheibenbogen wurde ebenfalls an der Charité eine Studie durchgeführt, die belegt, dass eine Mehrheit dieser untersuchten ME/"CFS"-Patienten eine ***mangelhafte EBV-spezifische Gedächtnis-B- und T-Zell-Antwort*** aufweisen. Das bedeutet, dass die spezifische Abwehr gegen das Epstein-Barr-Virus gestört ist, so dass sich das EBV reaktivieren kann, ohne dass sich ein entsprechender Befund in den derzeit gebräuchlichen Tests niederschlägt. Diese herabgesetzte EBV-Antwort eignet sich möglicherweise als diagnostischer Marker für ME/"CFS". Doch um diese spezifische Abwehr aufzuspüren, muss ein neuer, ganz spezieller Test entwickelt werden. An einer entsprechenden Testentwicklung wird derzeit in der Charité noch gearbeitet.[230]

Auf eine ***durchlässige Blut-Hirn-Schranke*** – mit der Folge, dass toxische Stoffe ins Gehirn gelangen und den für ME-Kranke typischen „Brain Fog" verursachen – weisen erhöhte Werte der Hirnschrankenproteine hin. Die Tumormarker S 100 B und die Neuronenspezifische Enolase (NSE) liegen oft weit über dem Referenzbereich.[231]

Immunglobulinmangel inklusive der Subklassen weist bei ca. 30% der an der Immundefektambulanz der Charité untersuchten ME-Patienten auf einen ***zusätzlichen Immundefekt*** hin.[232]

In den ersten drei Jahren der Erkrankung werden erhöhte Werte bestimmter Zytokine gefunden, vor allem ***erhöhtes Interferon-gamma***.[233]

Eine ***vermehrte Sekretion proinflammatorischer Zytokine*** wie Interleukin 6 (IL-6) und TNF-alpha wird gefunden.[234] Das Interferon-gamma und nicht selten auch IL-10 sind erhöht, ebenso IL-1ß.[235]

Eine ***erhöhte Produktion des immunregulatorischen Zytokins IL-2*** ohne zelluläre T-Zell-Aktivierung fand sich bei 18% der in der Charité untersuchten ME/"CFS"-Patienten.[236]

Bei manchen Patienten findet sich eine ***chronische T-Zellaktivierung*** (CD8/CD38-Zellen) und ***verminderte NK-Zellzytotoxizität***.[237]

Viele ME-Patienten zeigen einen Defekt des antiviralen Enzyms RNase L. Als Reaktion auf virale Infekte kann bei ihnen eine ***Hochregulation des antiviralen Enzyms 2-5A Synthetase L-Rnase*** festgestellt werden.[238]

Eine ***erhöhte MCHC*** im Blutbild ließ sich bei 25% der ME/"CFS"-Kranken, die in der Immundefektambulanz der Charité untersucht wurden, nachweisen. Die erhöhte MCHC korrelierte ***stark positiv mit IL-5*** und ***stark negativ mit IL-10***. MCHC wird als Parameter für oxidativen und/oder nitosativen Stress diskutiert.[239]

Eine ***Leukopenie*** fand sich bei 15% der Patienten, eine ***Lymphopenie*** bei 25%.[240]

Hypocortisolismus (Cortisol-Speicheltest, Tagesprofil), ***Serotoninmangel***, und in der Folge Melatoninmangel, ***Adrenalin- und Noradrenalinabfall*** und ***Dopaminmangel*** können festgestellt werden.[241]

Erworbene mitochondriale Dysfunktionen,[242] die sich bei sehr vielen ME-Patienten nachweisen lassen, schlagen sich in ***vermindertem Adenosintriphosphat (ATP)*** nieder, besonders bei körperlicher Erschöpfung.[243]

Viele ME-Patienten haben zu ***niedrige Vitamin D-Spiegel***.[244]

Eine Auswahl weiterer Untersuchungsmethoden[245]:

Zur Diagnose einer orthostatischen Intoleranz empfiehlt sich ein ***Kipptisch-Test*** oder die Überwachung von Puls und Blutdruck im Stehen.

Ein ***24-Stunden-EKG*** kann ME-typische wiederholt schwankende T-Wellenumkehrungen und/oder T-Wellenabflachungen aufweisen.

Ein ***positiver Rombergtest*** kann auf eine Störung der Tiefensensibilität hinweisen, eine der möglichen Beeinträchtigungen des neurologischen Symptomkomplexes.

SPECT-Aufnahmen können einen auffällig herabgesetzten kortikalen/zerebellären regionalen zerebralen Blutfluss in Frontal-, Parietal-, Temporal- und Okzipitalregion sowie in Hirnstamm und in der gesamten Großhirnrinde belegen.

PET-Aufnahmen zeigen u.U. eine erhebliche Minderdurchblutung und Stoffwechselreduktion im Hirnstamm sowie einen herabgesetzten Glucosestoffwechsel im rechten mediofrontalen Kortex.

MRT-Aufnahmen machen bei ME-Kranken häufig, insbesondere in den Frontallappen und subkortikalen Bereichen, eine erhöhte Anzahl punktförmiger Läsionen sichtbar. Sie lassen auf eine Demyelinisierung oder auf Ödeme schließen.

Bei einem ***quantitativen EEG*** können bei kognitiver Verarbeitung verbaler Anforderungen herabgesetzte elektrische Quellen in der rechten Hemisphäre (Beta-Wellen) festgestellt werden. Außerdem können erhöhte Delta- und Beta-Frequenzen sowie erhöhte intrazerebrale elektrische Quellen in der linken Frontalregion sichtbar werden, wobei diese bei geschlossenen Augen besonders erhöht sind.

Eine ***Augenuntersuchung*** zeigt bei ME-Patienten häufig eine Verlangsamung und deutliche Zuckungen der ruckartigen Augenbewegungen. Zudem haben sie Schwierigkeiten mit der visuellen Fixierung, eine verlangsamte Veränderung der visuellen Fixierung, ein eingeschränktes Sehfeld, eine niedrige Lidschlagrate und einen unvollständigen Lidschlag sowie verkleinerte Pupillen.[246] Die Patienten leiden unter Lichtempfindlichkeit, einer Anomalie des Tränenfilms und einer niedrigen Tränenaufreißzeit, einer unzureichenden Produktion des Öl- oder Schleimfilms der Tränen, einer Bengalrotfärbung der Hornhaut und einer Verschiebung der optischen Achse.

Die Belastungs- bzw. Trainingsintoleranz der ME-Patienten ist Folge einer mangelhaften Stoffwechselanpassung an ansteigende körperliche Belastung, wie eine Studie von Vermeulen et al. schlussfolgert.[247] Der ***kardiopulmonale Exercise-Test (CPET) in Verbindung mit einer kontinuierlichen nicht-invasiven Messung der Herzleistung durch Nexfin***[248] zeigt die niedrige Sauerstoffaufnahme durch die Muskelzellen bei ME-Patienten. Der hohe Anstieg der Herzleistung relativ zum Anstieg der Sauerstoffaufnahme entkräftet dabei die These, Dekonditionierung sei Ursache der körperlichen Beeinträchtigung.

Ein ***an zwei aufeinanderfolgenden Tagen durchgeführter kardiopulmonaler Exercise-Test (CPET)*** – entwickelt von dem Sportmediziner Professor Christopher Snell et al.,[249] um das Kardinalsymptom der ME, die neuroimmune Entkräftung nach Belastung, zu objektivieren – zeigt, dass ME-Patienten im Vergleich zu gesunden Kontrollen am zweiten Testtag bei Höchstbelastung signifikant niedrigere Werte den Sauerstoffverbrauch, das Arbeitspensum und die anaerobe Schwelle betreffend aufweisen. Dieser Test eignet sich möglicherweise auch als Biomarker für mild bis moderat Erkrankte,[250] denn es ist nicht möglich, dabei zu simulieren. Eine Leistungsschwäche als Folge einer Dekonditionierung kann ebenfalls ausgeschlossen werden, da die gesunden Kontrollpersonen mit sitzender Lebensweise am zweiten Tag bessere Werte aufweisen, wohingegen die Werte der ME-Patienten im Vergleich zum Vortag einen dramatischen Abfall zeigen. Dieser Test quantifiziert demnach die Zustandsverschlechterung nach Belastung. Aus diesem Grund eignet er sich auch als Gradmesser der Behinderung und könnte zur Objektivierung bei der Beurteilung der Arbeitsfähigkeit herangezogen und zur Begutachtung des Ausmaßes der körperlichen Einschränkungen bei Renten- und Gerichtsverfahren eingesetzt werden.[251] Der starke Leistungsabfall bei ME-Patienten am zweiten Testtag ist einzigartig und unterscheidet die Erkrankten damit auch signifikant von Patienten mit anderen chronischen Krankheiten, die mit Erschöpfung assoziiert sind. Denn bei ihnen ist die Leistungschwankung zwischen erstem und zweitem Testtag im Vergleich zu der ME-Kranker minimal. Somit ist dieser Test, zusätzlich zu anderen Untersuchungen, auch zur differentialdiagnostischen Abklärung geeignet,[252] allerdings mit der Einschränkung, dass er allenfalls für mild und moderat Erkrankte praktikabel ist. Aber auch die müssen mit einer anschließenden deutlichen Verschlechterung der Symptomatik rechnen, und man kann immer nur hoffen, dass diese vorübergehender Natur ist.

Der zweitägige kardiopulmonale Exercise-Test präsentiert derzeit vermutlich am zuverlässigsten messbare ME-typische Abweichungen. Alle anderen vorgenannten Untersuchungen zeigen nicht durchgängig und gleichermaßen bei allen Patienten die messbaren Auffälligkeiten, doch bei der überwiegenden Mehrzahl der ME-Patienten lassen sich immer wieder einige, mehrere oder sogar viele dieser vom Referenzbereich abweichenden Befunde feststellen.

- ***Die Kosten der speziellen Laborleistungen werden i.a.R. nicht von den Krankenkassen erstattet, da sie nicht im Katalog der Routinediagnostik enthalten sind.***

Bislang sind nur sehr wenige Spezialisten in Deutschland in der Lage, eine ME zu diagnostizieren. Üblicherweise praktizieren sie in Privatpraxen. Der Patientenansturm ist beträchtlich, die Wartezeit auf einen Termin entsprechend lang.

- ***Bevor ein ME/"CFS"-Spezialist aufgesucht wird, sollte eine gründliche Ausschlussdiagnostik erfolgt sein.***

Einige wenige engagierte Allgemein- sowie Umweltmediziner haben sich auf dem Sektor der Multisystemerkrankungen weitergebildet und können ME-Patienten ebenfalls adäquat medizinisch versorgen.

- ***Die ME-Patienten in Deutschland sind medizinisch chronisch unterversorgt, sowohl was die Diagnostik als auch was die Behandlung betrifft.***

9 Ist ME ansteckend?

Seit dem ersten Auftreten der Krankheit im Jahre 1934 am Los Angeles County General Hospital wurde ME fast zwei Jahrzehnte lang offenbar ausschließlich als eine Krankheit epidemischen Charakters wahrgenommen. Der erste offizielle Bericht über einen sporadischen Fall stammt aus dem Jahr 1955.[253] Die Patientin erkrankte im Oktober 1953.

Heute wird ME überwiegend als sporadisch auftretende Krankheit angesehen. Über epidemische Ausbrüche nach 1990 ist wenig bekannt; eine Ausnahme ist die Epidemie im Jahre 2004 in Norwegen, wo das Trinkwasser der Stadt Bergen mit Giardia intestinales (ein infektiöser, humanpathogener Endoparasit aus der Gattung der Giardien) kontaminiert war, was bei 46% der an Giardiasis Erkrankten – trotz erfolgreicher Ausrottung des Parasiten durch eine medikamentöse Behandlung – zu einer anhaltenden Symptomatik mit Reizdarmsyndrom und chronischer Fatigue führte und bei mindestens 5% zu einer ME/"CFS"-Erkrankung.[254]

Die frühen Epidemien erreichten, laut den Forschungspionieren Donald Henderson und Alexis Shelokov, eine Erkrankungsrate von 6 bis 7 Prozent innerhalb der betroffenen Populationen. Das ist eine Rate, die sich auf dem Niveau anderer epidemischer Krankheiten bewegt.[255] Henderson und Shelokov führten diese Rate auf ein ursächliches Pathogen zurück, für das in bislang verschont gebliebenen Gemeinden kein Immunschutz bestanden habe. Auf den Verlauf der Lake Tahoe-Epidemie, so wie er in „Osler`s Web" geschildert wird, könnte diese Hypothese zutreffen. Dieser Legende nach war die Frau eines Ölmagnaten aus Houston, die nur ihre Sommer am Lake Tahoe verbrachte, die allererste Patientin mit diesen rätselhaften Symptomen, die Dan Petersons und Paul Cheneys Praxis in Incline Village aufsuchte.[256] Hatte diese Dame womöglich ein in dieser abgelegenen Bergregion noch nicht verbreitetes „neues" Virus eingeschleppt? Auch die von Dr. Dan Peterson selbst in dem Film „I Remember Me" erzählte Version, in der der erste Patient jemand gewesen sein soll, der gerade von einer Reise aus China zurückgekehrt war und sich dort eigener Aussage nach die „chinesische Grippe" eingefangen hatte, würde diese Hypothese bestätigen.[257]

Könnte Hendersons und Shelokovs Hypothese also möglicherweise der Grund dafür sein, dass es nicht mehr zu Epidemien kommt? Könnte es sein, dass die Durchseuchungsrate inzwischen in aller Welt so hoch ist, dass auch die Menschen in entlegeneren Regionen einen Immunschutz aufbauen konnten, weshalb es überwiegend nur noch zu sporadischen Erkrankungen, allenfalls Cluster-Ausbrüchen kommt? Und zwar bei Menschen, die noch keinen Kontakt mit diesem Pathogen gehabt und deshalb keinen Immunschutz haben, und die darüber hinaus möglicherweise auch besonders empfänglich für dieses Pathogen sind oder aber eine gestörte Immunantwort besitzen? Ist das Pathogen möglicherweise durch millionenfache Mensch-zu-Mensch-Übertragung inzwischen so abgeschwächt,[258] dass nurmehr Menschen mit einer angeborenen oder erworbenen Immundefizienz oder unter bestimmten Umwelteinflüssen, etwa dem Kontakt mit Toxinen, erkranken?

Denn statt über epidemische Ausbrüche wird heutzutage häufiger über Cluster-Ausbrüche berichtet, vor allem in Familien und überall dort, wo Menschen auf engem Raum zusammenarbeiten. Beispielsweise konnte eine britische Studie,[259] die Daten von über 1000 Schulen auswertete, 36 Cluster-Ausbrüche zwischen den Jahren 1991-1995 ausmachen.[260]

- ***Zahlreiche Epidemien sind gut dokumentiert. In den Jahren 1934 bis 1990 sind allein 63 Epidemien und größere Cluster-Ausbrüche gezählt worden.***[261]

Man kann vermuten, dass die Dunkelziffer um einiges höher ist, weil mit sehr hoher Wahrscheinlichkeit vor allem etliche Cluster-Ausbrüche nicht als solche erkannt werden. Bemerkenswert ist, dass die Epidemien und Cluster-Ausbrüche meist in Schulen, Wohnheimen, Schwesternheimen, Hospitälern, Militärbaracken und bei im Gesundheitswesen Tätigen ihren Anfang nahmen.[262] Dass auch Krankenschwestern und Ärzte so auffällig häufig betroffen waren, galt den Epidemiologen Donald Henderson und Alexis Shelokov schon früh als überzeugender Hinweis auf die Übertragbarkeit von Mensch zu Mensch.[263] Tatsächlich stützen die Epi-demien und Cluster-Ausbrüche eine infektiöse Verursachungshypothese.[264] Sie werfen die Frage auf, ob ME ansteckend oder zumindest übertragbar ist, z.B. durch andauernden, familiären Kontakt. Bislang gibt es aber weder für eine Ansteckung noch für eine Übertragung von Mensch zu Mensch handfeste Belege in Form eines eindeutig identifizierten pathogenen Erregers. Nachdenklich stimmt jedenfalls die Auswertung der Daten von 752 ME-Patienten der Fatigue-Klinik der Vrije Universiteit Brussel. Bei 34 (4,5%) von ihnen brach wenige Tage bis zu einer Woche nach einer Bluttransfusion eine grippeähnliche Erkrankung aus, die den Beginn ihrer ME-Erkrankung markierte. Die temporäre Verknüpfung der Krankheit mit einer Bluttransfusion spricht zumindest für die Übertragung eines pathogenen Erregers via Blutkonserve.[265]

Wie jedoch Studien belegen, fallen auch genetische Faktoren ins Gewicht, was die gehäuften Krankheitsfälle in manchen Familien erklären könnte.[266] Eine Zwillingsstudie mit eineiigen Zwillingen in Seattle von Dr. D. Buchwald stellte sogar eine 51%ige Vererbbarkeit fest.[267]

Eine Zwillingsstudie aus dem Jahr 2005 legt wiederum nahe, dass Umweltfaktoren eine größere Rolle als genetische Faktoren zu spielen scheinen.[268] Allerdings wurde bei der Datenerhebung auf eine scharf umrissene Krankheitsdefinition verzichtet, weshalb Personen mit unspezifischen Erschöpfungszuständen in die Auswertung der Ergebnisse miteinbezogen wurden.

Eine amerikanische Studie aus dem Jahr 2006 lässt vermuten, dass nicht nur genetische Verwandtschaft mit einem ME-Patienten das Risiko erhöht, an ME zu erkranken, sondern auch enger Kontakt durch das Zusammenleben in einem gemeinsamen Haushalt.[269] Gegenüber der in gemeindebasierten Studien ermittelten Prävalenz von 0,24-0,42% ist die familiäre Prävalenz für den Nachwuchs am größten (5,1%) und – bemerkenswerterweise – für Ehe- bzw. Lebenspartner mit 3,2% am zweitgrößten, wohingegen die Prävalenz für Eltern und Geschwister eines ME-Kranken mit 1,1% deutlich geringer ausfällt.[270]

- ***Die Autoren der Studie folgerten, dass die höhere Erkrankungsrate bei dem Nachwuchs gegenüber der niedrigeren von Eltern und Geschwistern darauf hinweisen könnte, dass der enge Kontakt in einem gemeinsamen Haushalt größeren Einfluss als die genetische Komponente auf die Krankheitsentwicklung haben könnte.[271] Dafür spricht vor allem auch, dass Lebenspartner häufiger zu erkranken scheinen als nahe Verwandte wie Eltern und Geschwister, die nicht mit im Haushalt leben.***

Viele Spezialisten nehmen dennoch bislang an, dass nur die der Krankheit vorangegangenen Virusinfektionen, wie z.B. das Epstein-Barr-Virus, ansteckend sind und sich nur bei entsprechender genetischer Prädisposition eine ME entwickeln kann.

Interessant sind in diesem Zusammenhang auch die Untersuchungen von Seymour Grufferman und Paul Levine, die u.a. einen Cluster-Ausbruch in einem Orchester untersucht hatten. Von 67 Musikern waren 8 an ME erkrankt, wobei die nahen Kontakte der Erkrankten ähnliche oder gleiche Muster von Laborauffälligkeiten zeigten wie die Erkrankten selbst. Die Autoren folgerten deshalb, dass für diesen Cluster-Ausbruch die Übertragung eines infektiösen Erregers oder aber der Kontakt mit einer gemeinsamen Quelle eines nichtinfektiösen Erregers verantwortlich gewesen sei, der die gleichen Laborabnormalitäten bei symptomatischen und asymptomatischen Personen verursacht.[272]

Es könnte sich also womöglich auch um ein multifaktorielles Geschehen handeln. U.U. treffen virales Geschehen und Exposition gegenüber einem Umweltgiftstoff zusammen, wobei zusätzlich noch die genetische Prädisposition ins Gewicht fallen könnte. Denkbar wäre in dem Zusammenhang, dass Umweltgiftstoffe die epigenetischen Modifikationen und Fehlsteuerungen bewirken und damit eine Prädisposition für ME schaffen. In der Folge kann das Immunsystem nicht mehr mit banalen Virusinfektionen fertig werden und es finden Autoimmunreaktionen statt.

Unter Umweltgiftstoffen sind dabei nicht nur z.B. der Einsatz von giftigen Holzschutzmitteln in Innenräumen oder der großflächige Einsatz von Pestiziden in der Landwirtschaft zu verstehen, sondern auch z.B. Impfstoffe, die häufig Quecksilber (Thiomersal), Formaldehyd oder Aluminium-Hilfsstoffe[273] enthalten. Dass ein Zusammenhang zwischen Impfungen und dem Ausbruch einer ME-ähnlichen Erkrankung oder sogar ME besteht, kann nach der Reportage des dänischen Fernsehens TV2 kaum noch bezweifelt werden.[274] Die Dokumentation zeigt junge Mädchen und Frauen, die nach der HPV-Impfung, der Impfung gegen Humane Papillom Viren, welche das Risiko an Gebärmutterhalskrebs zu erkranken senken soll, schwer und chronisch erkrankten und mit welchen Schwierigkeiten sie zu kämpfen haben, überhaupt Gehör für ihre Situation zu finden. (Die Erforschung eines möglichen Zusammenhangs zwischen Impfungen und ME-Erkrankung ist bislang systematisch verhindert worden. Dokumente, die die Verhinderung einer solchen Forschung belegen, werden bis 2071 unter Verschluss gehalten. Einer Anfrage nach dem Freedom of Information Act – FOIA, Informationsfreiheitsgesetz – ist es zu verdanken, dass diese Dokumente dennoch eingesehen werden können.)[275]

Dort, wo viele Epidemien ihren Anfang nahmen, sind Massen- und Vielfachimpfungen üblich. Medizinisches und militärisches Personal sowie Lehrer und Schüler in Internaten und Wohnheimen sind in aller Regel gut durchgeimpft. Auch dem ersten Cluster-Ausbruch von ME, dem ausschließlich 198 Mitarbeiter des medizinischen Personals am L.A. County Hospital im Jahre 1934 zum Opfer fielen, ging, wie bereits erwähnt, eine Impfung voran: die erste Polio-Impfung.[276]

- ***Die Beteiligung von Umweltfaktoren erscheint möglicherweise zum Zeitpunkt des aktuellen Forschungsstands geeignet, zumindest die Cluster-Ausbrüche der Krankheit zu begründen. Eine enterovirale Verursachungstheorie, die von einigen Experten vermutet wird, würde ebenfalls Cluster-Ausbrüche und familiäre Häufung erklären.***[277] ***Ebenso***

die Verbindung mit einem bislang nicht identifizierten humanen Retrovirus.[278]

Schon 1986 schlug Michael Holmes eine Retrovirusätiologie für die ME vor. Er hielt es für wahrscheinlich, dass dieses Retrovirus lymphotrop sei, also – ebenso wie HIV – die Lymphozyten infiziere, und eine Reihe okkulter (maskierter o. versteckter) Infektionen verursache. Bei 4 von 6 neuseeländischen Patienten, die an der „Tapanui Flu", wie ME/"CFS" seinerzeit in Neuseeland genannt wurde,[279] erkrankt waren, fand sich nach 6 Tagen ***Reverse-Transkriptase-Aktivität***[280] in T-Zellkulturen der Erkrankten, ein Zeichen für retrovirale Aktivität.[281] Die Patienten waren Schaffarmer, deren Schafe ohne erkennbare Krankheitsanzeichen nur noch Fehlgeburten hatten. Parallel zu der rätselhaften Erkrankung der Tiere breitete sich die „Tapanui Flu" unter den Farmern aus.[282] Das war möglicherweise kein Zufall; es ist durchaus denkbar, dass die Farmer sich bei ihren Schafen mit Tierretroviren infiziert hatten, die sich im Menschen zu einem neuen humanen Retrovirus rekombiniert haben könnten.

Als folgerichtig für eine Retrovirusätiologie betrachtete Holmes auch die Tatsache, dass es sowohl begrenzte epidemische Ausbrüche als auch beständig hinzukommende sporadische Fälle gebe. Die genetische Instabilität des Virus sorge dabei für eine Begrenzung der Ausbrüche, so Holmes, während jedoch – außer bei HIV – die Mehrheit retroviraler Infektionen okkulte Infektionen seien, was wiederum mit dem Auftreten sporadischer Erkrankungen kompatibel sei, weil versteckte Infektionen zeitweilig oder dauerhaft nicht übertragbar sind.[283]

1989 isolierte Sidney Grossberg im Blut einer ME-Patientin ***Sequenzen des JHK-Virus***, ein Typ C Retrovirus, der der Familie der Maus-Leukämie-Viren (murine leukemia virus=MLV) zugerechnet wird.[284] Es sollte nicht die einzige ME-Patientin bleiben, bei der sich dieses Retrovirus nachweisen ließ, wie Grossberg 1994 enthüllte.[285] Der Autor schrieb, seine Daten würden es zwar nicht beweisen, aber doch stark auf einen Zusammenhang zwischen der Infektion mit JHKV und „CFS" hindeuten. 2013 wies Grossberg nun mittels Elektronenmikroskopie wiederholt in unkultivierten Lymphozyten der Indexpatientin Retrovirionen[286] und IgG-Antikörper nach, die eine ***Infektion durch JHKV*** belegten, wohingegen die neun gesunden Kontrollen nicht infiziert waren.[287]

1990 entdeckten Elaine DeFreitas et al. dann im Blut von ME-Patienten ***retrovirale Sequenzen eines HTLV-II ähnlichen Virus***,[288] das im Blut von nahen Kontaktpersonen (kein sexueller Kontakt!) ebenfalls zu finden war, wenn auch in geringerem Ausmaß, jedoch nicht in dem gesunder Kontrollen, die keinen Kontakt mit den Kranken gehabt hatten.[289] Die Autoren der Studie waren vorsichtig genug, keine Schlüsse, was die Übertragbarkeit angeht, zu ziehen, verwiesen jedoch auf die horizontale Übertragung in den bekannten Epidemien. Letztlich konnten sie nicht klären, welche Rolle dieses Virus im Krankheitsprozess spielt. Sie spekulierten, es stelle möglicherweise eher eine sekundäre Infektion, für die immunologisch beeinträchtigte Patienten empfänglich seien, als ein ätiologisches Agens dar. Alternativ schlugen sie vor, dass es eines von zwei Viren sein könne, welches, wenn es dieselben blutbildenden Zellen koinfiziere, zu einer Immundysfunktion führen könne. DeFreitas` Ergebnisse konnten von der CDC nicht repliziert werden, weil die Retrovirologen der CDC sich weigerten, DeFreitas` Methoden und ihrem Untersuchungsprotokoll zu folgen.[290]

Im Jahr 2009 geriet ein Gammaretrovirus in Zusammenhang mit ME in den Fokus. Doch das ***XMRV*** (Xenotropic murine leukemia virus-related virus, ein naher Verwandter des Maus-Leukämie-Virus, kurz MLV) – von Joseph de Risi und Robert Silverman entdeckt, die es fälschlich mit der Entstehung von Prostata-Krebs in Zusammenhang brachten – stellte sich als Artefakt, als künstlich im Labor erzeugtes Virus heraus.[291] Die XMRV-Studie von Vincent Lombardi und Judy Mikovits et al., die bei 67% ihrer an ME erkrankten Probanden XMRV-gag-Sequenzen im Blut gefunden hatten, musste schließlich zurückgezogen werden, weil ihre Laborproben – durch Fehlverhalten von Lombardi, der sich Mikovits Anweisungen hinter ihrem Rücken und ohne ihr Wissen widersetzt hatte –[292] im Laufe der Studie von Robert Silvermans XMRV-Laborartefakt kontaminiert wurden und damit die Ergebnisse zum großen Teil verfälscht worden waren.[293] Doch Dr. Judy Mikovits, ehemals Forschungsdirektorin des Whittemore-Peterson-Instituts und leitende Autorin der XMRV-Studie von 2009, hatte bereits ***vor*** dem „Silverman-XMRV" (der Laborkontamination XMRV VP62) verwandte, jedoch ***nicht kontaminierte XMRV-gag-Sequenzen und andere retrovirale Sequenzen*** gefunden, die sie mittels des SFFV-Tests aufgespürt hatte (Nachweis von Antikörpern gegen das Hüllprotein eines Mäuseretrovirus, des Spleen Focus-Forming Virus, die vom gereinigten 7C10 monoklonalen Antikörper erkannt werden).[294]

2010 konnten Shyh-Ching Lo und Harvey Alter bei 86,5% ihrer Proben von ME-Patienten und bei 6,8% der gesunden Kontrollen ***eine Gruppe MLV-verwandter Viren*** (MLV=murine leukemia virus, Maus-Leukämie-Virus) von genetischer Vielfalt identifizieren.[295] Diese MLV wiesen eine größere verwandtschaftliche Nähe zu polytropen endogenen Mausretroviren auf als zu XMRV. Obwohl es in diesem Fall keinen Hinweis auf eine Laborkontamination gab, zogen Lo/Alter ihre Studie mit fragwürdigen Begründungen schließlich zurück.[296]

2011 entdeckte Maureen Hanson – wie Lo/Alter zuvor – ***MLV-ähnliche gag-Sequenzen mit infektiösem Potential*** in einer ME-Patientenkohorte aus dem Bundesstaat New York.[297]

2012 berichtete Dr. Wilfried P. Bieger davon, bei seinen ME-kranken Probanden ***MLV-Varianten*** gefunden zu haben, die allerdings wiederum dem XMRV sehr nahe kämen.[298]

2013 berichtete Dr. Ian Lipkin, der Entdecker des SARS-Virus, dass 85% der von ihm untersuchten Proben einer ME-Patientengruppe ***Hinweise auf Retroviren*** zeigten. Er vermochte nicht zu sagen, ob dieser Fund von klinischer Bedeutung sei und ob es einen Zusammenhang zur Krankheit gäbe, doch er gehe davon aus, dass diese retroviralen Sequenzen in keiner Verbindung zu ME stünden.[299]

Die Rolle der bislang im Zusammenhang mit ME gefundenen Retroviren bleibt also weiterhin im Dunkeln, und ob nun tatsächlich Ansteckungs- oder Übertragungsgefahr besteht, ist derzeit weder be- noch widerlegt. (Mehr zum Thema Retroviren und ME siehe Teil III/Kap. III.)

Während einer ME-Epidemie (damalige Bezeichnung dieses Ausbruchs: *„eine an Poliomyelitis erinnernde Krankheit"*) in Adelaide in den Jahren 1949-1951, bei der mehr als 800 Menschen erkrankten, hatten australische Forscher Material zweier Patienten wiederholt Affen übertragen, die daraufhin erkrankten. Offenbar war das Material infektiös und ein Erreger hatte die Krankheit ausgelöst. Eine Obduktion der Affen zeigte winzige rote Punkte entlang dem Verlauf der Ischiasnerven. Die roten Punkte enthielten inflammatorische Zellen, die auch den Bereich infiltriert hatten, wo die Nervenwurzeln aus dem Rückenmark herauskommen. Die rote Farbe der Punkte war dem Aussickern roter Blutkörperchen geschuldet.[300] Die Nervenfasern zeigten denn auch Beschädigungen der Myelinscheiden[301] und waren geschwollen.[302] Ein ganz ähnlicher Befund ergab sich bei der Übertragung eines Erregers auf Affen, der von einem an Poliomyelitis erkrankten Kind stammte.[303] Die Obduktion einer britischen Patientin, die während eines Cluster-Ausbruchs im Jahre 1955 in Nordengland erkrankte, zeigte ein ähnliches Bild. Man fand zahlreiche kleine Blutungen um die Blutgefäße der Großhirnrinde, die den Tod der Patientin verursacht hatten.[304]

- ***Es zeigten sich nach Infektion also gleiche oder ähnliche vaskuläre Anomalien bei Mensch und Affe und ebenso wie Poliomyelitis im Experiment vom Menschen auf den Affen übertragbar war, waren ein oder mehrere Erreger der ME auf Affen übertragbar und krankheitsauslösend.***

Eine Pionierin der ME-Forschung, Dr. Elizabeth Dowsett, hat ihre Meinung zur Übertragbarkeit der Krankheit unmissverständlich kundgetan. Sie sagte, das Problem sei, dass trotz der überwältigenden epidemiologischen und fachlichen Hinweise, dass es sich um eine infektiöse Krankheit handele, die Wahrheit von der Regierung und den offiziellen ME-Wohltätigkeitsorganisationen unterdrückt würde, weil sie zu angsteinflößend für die breite Öffentlichkeit sei.[305]

Ein Großteil der Ärzteschaft geht demzufolge weiterhin davon aus, es handele sich nicht um eine ansteckende oder übertragbare Krankheit.[306]

- ***Aber die Furcht vor einer möglichen Kontamination der Blutvorräte hat Kanada, Australien, Neuseeland, Malta und Großbritannien bewogen, ein Blutspendeverbot für ME-Patienten zu verhängen.***

Die Gesundheitsbehörden der USA geben bemerkenswerterweise einander widersprechende Stellungnahmen zur Frage der Infektiösität ab. Die CDC lässt offiziell verlautbaren, dass keine einzelne Infektion und kein Pathogen „CFS" verursache, vielmehr wahrscheinlich eine Vielzahl von Erkrankungen.[307] Die Tatsache, dass „CFS" in Familien zuweilen gehäuft auftrete, weise nicht daraufhin, dass die Krankheit übertragbar sei.[308] Doch in einem Brief aus dem Jahr 1992 von William Reeves, der seinerzeit Leiter des National Center for Infectious Diseases der CDC war, klingt das ganz anders: Es sei vernünftig, kein Blut zu spenden, weil die laufende Forschung darauf hinweise, dass ein infektiöses Agens in einigen „CFS"-Fällen involviert sei.[309] Ein weiterer Brief aus demselben Jahr, geschrieben von George W. Rutherford, dem Leiter der Abteilung für infektiöse Krankheiten in der kalifornischen Gesundheitsbehörde, kommt zum gleichen Schluss.[310] Entsprechend der internen Politik der amerikanischen Gesundheitsbehörden empfiehlt die American Association of Blood Banks, dessen Empfehlungen sich auch das American Red Cross anschließt, Patienten mit „CFS" von Blutspenden abzuhalten.[311] (Doch die Etablierung von CERUS-Technologie, mit deren Hilfe auch Gammaretroviren in den Blutspenden inaktiviert werden können, wird diese Empfehlung bald flächendeckend überflüssig machen.)[312]

Im alltäglichen Umgang muss man sich aber höchstwahrscheinlich nicht vor einer Ansteckung fürchten. Da ME-Patienten immundefizient sind, ist für sie der Umgang mit immunkompetenten Gesunden, die den täglichen Kontakt mit zahlosen Viren und Bakterien mühelos bewältigen, vermutlich sehr viel riskanter als umgekehrt die Gefahr für Gesunde, sich bei ME-Kranken anzustecken.

- ***Es besteht Grund anzunehmen, dass die Patienten nur in einem sehr frühen Stadium der Krankheit ansteckend sind und, sobald die ersten Symptome auftreten, aufhören das***

Virus auszuscheiden oder weiterzugeben, so wie es bei vielen viralen Krankheiten der Fall ist.

Das zumindest ist die Meinung eines der frühen Experten, Donald Henderson, der 1956 als Chef des "Epidemic Intelligenc Service" des U.S. Public Health Service (später CDC) die Epidemie mit über 100 Betroffenen in Punta Gorda, Florida, untersuchte.[313] Erforscher der Epidemie am Royal Free Hospital diskutierten sogar die Möglichkeit, dass die Virusträger nur für ein paar Stunden lang infektiös sein könnten. Es gab auch Überlegungen, dass die Virusträger individuell unterschiedlich infektiös sein könnten, oder dass die Krankenhausumgebung Faktoren enthielte, die im häuslichen Bereich fehlten, und die zur Verbreitung der Krankheit beitrügen.[314] Ob Ansteckungsgefahr von Patienten mit einem schweren Rückfall, der im Verlauf der Krankheit immer wieder plötzlich vor allem nach körperlichen und/oder kognitiven Belastungen auftreten kann, oder aber auch von Patienten mit einer akuten opportunistischen Infektion ausgeht, ist weiterhin völlig ungeklärt.

10 Biomedizinische Anomalien

Der komplexen Krankheit liegen eine tiefgreifende Dysregulation des zentralen Nervensystems und des Immunsystems, eine Dysfunktion des zellulären Energiestoffwechsels und Ionentransports sowie kardiovaskuläre Anomalien zugrunde. Die Anomalien der physischen und kognitiven Funktionen sind messbar.[315]

Die biomedizinischen Anomalien sind vielfältig. Der britische Biochemiker Malcolm Hooper, emeritierter Professor für medizinische Chemie der Universität Sunderland, hat die wichtigsten aufgelistet und einen Überblick über die biomedizinische Forschungsliteratur der Jahre 1955 bis 2006 gegeben. Ein Zitat aus seinem Summary[316]:

„***Immunsystem, beispielsweise:*** Chronische Aktivierung und Dysfunktion des Immunsystems (24,30-32), Hinweise auf persistierende virale Infektionen (33) (enterovirale [34-41], EBV [42-47] und HHV-6/7 [43,45-50]), Aktivierung des 2-5A-antiviralen Pfades (47, 51-56), niedrige Zahl und Zytotoxizität der Natürlichen Killerzellen (33, 47, 54, 57-63), Anomalien der T-Zellen (59, 61-62, 64-66), erhöhte Zelltod-Rate (73-74) sowie Allergien (54, 75-77)

Anomalien der Genexpression im Bereich der Immunfunktionen (61, 66, 78-81)

Gehirn/Zentrales Nervensystem, beispielsweise: Objektive Messergebnisse verschiedener Dysfunktionen (54,82-86) – Defizite beim Arbeitsgedächtnis, bei der Konzentration, der Informationsverarbeitung (87-95) und den autonomen Funktionen einschließlich neural vermitteltem niedrigen Blutdruck und orthostatischer Intoleranz (96-98).

Anomalien – regionale Minderdurchblutung des Gehirns, zu sehen im SPECT (99-106), Anomalien in der weißen und grauen Gehirnsubstanz, festzustellen durch MRT (106-112), Entzündungsprozesse (66, 106-107, 113-114), Hypomyelinisierung (83, 113-114), Dysfunktionen der Neurotransmitter (115-116, 119) und metabolische Dysfunktionen (117-121), zu sehen im MRT/PET sowie Anomalien der Proteine in der Rückenmarksflüssigkeit (122-123)

Anomalien in der Genexpression im neurologischen Bereich (115)

Endokrines System: Hypothalamus – Beeinträchtigung in der Aktivierung der Hypothalamus-Hypophysen-Nebennierenrinde-Achse (HPA-Achse) (124-131) und Anomalien der Genexpression im neuroendokrinen Bereich (78)

Herz-Kreislauf-System: Minderdurchblutung (54, 83, 99-106, 132-136), Beeinträchtigung der Gefäßspannung (27, 134-137), einschließlich einer abnormalen Reaktion auf Acetylcholin, geringes Blutvolumen (134-135), Vaskulitis (136-137), d.h. entzündliche Erkrankungen der Blutgefäße, wozu auch erhöhter oxidativer Stress, Entzündungen und arterielle Gefäßsteifigkeit (138-139) sowie Funktionsstörungen des Herzens (132, 135, 140-141) gehören.

Muskuläre Störungen: strukturelle und biochemische Anomalien (38, 68, 89, 142-148) einschließlich einer gestörten Erholung der Muskeln nach körperlicher Belastung (149-154), wobei die Genexpression in der Reaktion auf Belastung abnormal ist und es zu einer Zustandsverschlechterung nach Belastung kommt (155).

Weitere Störungen: Gastrointestinale Störungen (156-158) einschließlich Nahrungsmittelunverträglichkeiten (159-160) und Reizdarmsyndrom IBS (156, 161), Dysfunktion der Mitochondrien (38, 82, 125, 162-163) einschließlich Anomalien der Genexpression im Bereich der Mitochondrien (164) und des Ionentransports und Funktionsstörungen der Ionenkanäle (155, 165-166)“[317]

Nicht bei jedem ME-Patienten lassen sich auch alle dieser Anomalien feststellen. Das hängt zum einen wohl damit zusammen, dass es wahrscheinlich – je nach Auslöser, nach Art der opportunistischen Infektionen, nach genetischer Prädisposition und geografischer Herkunft – verschiedene Untergruppen in der Patientenpopulation gibt. Zum anderen vermutlich damit, dass die Anomalien nicht in jedem Stadium der Krankheit bestehen, d.h. jemand, der länger erkrankt ist, weist u.U. andere Anomalien auf als ein frisch Erkrankter, ebenso wie jemand, der schwer erkrankt ist, mutmaßlich nicht die gleichen Anomalien zeigt wie ein mild Erkrankter.

Doch dass trotz all dieser feststellbaren Anomalien ME weiterhin psychopathologisiert wird, ist von einem biomedizinischen Standpunkt her nicht vertretbar. Dafür können nur politisch-ökonomische Gründe verantwortlich sein. (Siehe dazu Teil II)

11 Die wichtigsten Studien im Überblick

Diese Überschrift muss sogleich relativiert werden. Denn welche Studien als wichtig angesehen werden können, liegt beim derzeitigen Forschungsstand noch sehr im Auge des Betrachters und wird sicher ganz unterschiedlich beurteilt werden. Studien zur Ätiologie, die in dieser Aufzählung nicht vorkommen, wie z.B. die zu Viren und Retroviren, werden eines Tages möglicherweise eine viel größere Bedeutung erlangen als Studien, die bestimmte Organpathologien der Myalgischen Enzephalomyelitis nachweisen. Dennoch soll auf eine Auflistung wichtiger Studien, die dazu beitragen könnten, Ärzte, Gutachter, Richter usw. zu überzeugen, dass es sich bei ME um eine organpathologische Krankheit und nicht etwa um eine psychiatrische Störung handelt, nicht verzichtet werden. Der Übersichtlichkeit und Vollständigkeit halber werden hier auch Studien genannt, die in anderen Kapiteln bereits vorgestellt wurden.

Artikel zur Zustandsverschlechterung nach körperlicher Belastung

A review on Cognitive Behavorial Therapy (CBT) and Graded Exercise Therapy (GET) in Myalgic Encephalomyelitis (ME)/Chronic Fatigue Syndrome (CFS): CBT/GET is not only ineffective and not evidence-based, but also potentially harmful for many patients with ME/CFS. Twisk FNM, Maes M., Neuro Endocrinol Lett. 2009, http://emerge.org.au/wp-content/uploads/2014/09/Twisk-F.-N.-M.-and-M.-Maes-2009.-A-review-on-CBT-andGET-Neuro-Endocrinol-Lett-303-284-299.pdf

Dieser Übersichtsartikel stellt Studien vor, die demonstrieren, dass durch ansteigende körperliche Belastung die vorbestehenden pathophysiologischen Anomalien ME/"CFS"-Kranker verstärkt werden, wie Inflammation, Immundysfunktion, oxidativer und nitrosativer Stress, die Ionenkanalfunk-

tionsstörung, die mangelhaften Stress-Antwort-Mechanismen, die Unterfunktion der Hypothalamus-Hypophysen-Nebennieren-Achse.

Studien, die eine Zustandsverschlechterung nach Belastung objektivieren

a) *Postexertional malaise in women with chronic fatigue syndrome.* Snell CR et al., Journal of Women`s Health (Larchmt). 2010 Feb; 19(2):239-44, http://www.ncbi.nlm.nih.gov/pubmed/20095909

Diese Studie belegt, dass körperliche Belastung verantwortlich für die neuroimmune Entkräftung nach Belastung ist. Die Zustandsverschlechterung geht u.a. mit folgenden Symptomen einher: Kopfschmerzen, Hals- und Drüsenschmerzen, Übelkeit, Zittern, Instabilität, Schlaflosigkeit und Benommenheit.

b) *Diminished Cardiopulmonary Capacity During Post- Exertional Malaise.* VanNess, Mark, Snell, Christopher, Stevens, Staci, Journal of Chronic Fatigue Syndrome. 2008,
http://www.researchgate.net/publication/249887130_Diminished_Cardiopulmonary_Capacity_During_Post-Exertional_Malaise

Die Zustandsverschlechterung nach Belastung geht einher mit einer herabgesetzten körperlichen Leistungsfähigkeit und aeroben Kapazität.

c) *Can exercise limits prevent post-exertional malaise in chronic fatigue syndrome? An uncontrolled clinical trial.* Nijs J, Almond F, De Becker P, Truijen S, Paul L., Clin Rehabil. 2008, http://www.ncbi.nlm.nih.gov/pubmed/18441039

Die Zustandsverschlechterung nach Belastung geht einher mit verstärkten Schmerzen des Bewegungsapparates. Darüber hinaus zeigt die Studie, dass das Einhalten der eigenen Belastbarkeitsgrenzen helfen kann, schwerwiegenden Verschlechterungen vorzubeugen, aber keine kurzfristigen Symptomverstärkungen verhindern kann.

d) *Influence of exhaustive treadmill exercise on cognitive functioning in chronic fatigue syndrome.* LaManca, JJ, Natelson BH. et al., American Journal of Medicine 1998, http://www.ncbi.nlm.nih.gov/pubmed/9790484

Die Zustandsverschlechterung nach Belastung geht einher mit neurokognitiven Beeinträchtigungen.

e) *Metabolic and neurocognitive responses to an exercise challenge in chronic fatigue syndrome/(CFS)*, VanNess JM, Snell CR, Stevens SR, Stiles TL, Medicine & Science in Sports & Exercise: Volume 39(5) 2007, http://www.cfs-info.com/joomla/index.php?option=com_content&task=view&id=636&Itemid=91

Die Zustandsverschlechterung nach Belastung geht einher mit einer herabgesetzten kognitiven Leistungsfähigkeit und Reaktionszeit sowie mit Störungen im Stoffwechsel.

f) *Moderate exercise increases expression for sensory, adrenergic, and immune genes in chronic fatigue syndrome patients but not in normal subjects.* Light AR, White AT, Hughen RW, Light KC, Journal of Pain. 2009 Oct, http://www.ncbi.nlm.nih.gov/pmc/articles/PMC2757484/

Bereits moderate körperliche Belastung führt zu einer veränderten Genexpression.

g) *Discriminative Validity of Metabolic and Workload Measurements to Identify Individuals With Chronic Fatigue Syndrome*, Christopher R. Snell, Staci R. Stevens, Todd E. Davenport and J. Mark Van Ness, Physical Therapy 2013, http://ptjournal.apta.org/content/early/2013/06/26/ptj.20110368.abstract

Ein an zwei aufeinanderfolgenden Tagen durchgeführter kardiopulmonaler Exercise-Test (CPET), der von dem Sportmediziner Professor Christopher Snell entwickelt wurde, um das Kardinalsymptom der ME/"CFS", die neuroimmune Entkräftung nach Belastung zu objektivieren, zeigt, dass ME/"CFS"-Patienten im Vergleich zu gesunden Kontrollen am zweiten Testtag bei Höchstbelastung signifikant niedrigere Werte den Sauerstoffverbrauch, das Arbeitspensum und die anaerobe Schwelle betreffend aufweisen. Dieser Test eignet sich auch als Biomarker für mild bis moderat Erkrankte, denn es ist nicht möglich, dabei zu simulieren. Eine Leistungsschwäche als Folge einer Dekonditionierung kann ebenfalls ausgeschlossen werden, da die gesunden Kontrollpersonen mit sitzender Lebensweise am zweiten Tag bessere Werte aufweisen, wohingegen die Werte der ME/"CFS"-Patienten im Vergleich zum Vortag einen dramatischen Abfall

zeigen. Dieser Test quantifiziert demnach die Zustandsverschlechterung nach Belastung. Aus diesem Grund eignet er sich auch als Gradmesser der Behinderung und könnte zur Objektivierung bei der Beurteilung der Arbeitsfähigkeit herangezogen und zur Begutachtung des Ausmaßes der körperlichen Einschränkungen bei Renten- und Gerichtsverfahren eingesetzt werden. Der starke Leistungsabfall bei ME/"CFS"-Patienten am zweiten Testtag ist einzigartig und unterscheidet ME/"CFS" damit auch signifikant von anderen Patienten mit chronischen Krankheiten, die mit Erschöpfung assoziiert sind. Denn bei ihnen ist die Leistungschwankung zwischen erstem und zweitem Testtag im Vergleich zu der ME/"CFS"-Kranker minimal. Somit ist dieser Test, zusätzlich zu anderen Untersuchungen, auch zur differentialdiagnostischen Abklärung geeignet.

h) *Inability of myalgic encephalomyelitis / chronic fatigue syndrome patients to reproduce VO2peak indicates functional impairment*, Betsy A Keller, John Luke Pryor and Ludovic Giloteaux, Journal of Translational Medicine 2014, http://www.translational-medicine.com/content/12/1/104/abstract

Eine Bestätigung der vorgenannten Studie mit gleichen Ergebnissen.

i) *Decreased oxygen extraction during cardiopulmonary exercise test in patients with chronic fatigue syndrome*, Ruud CW Vermeulen*and Ineke WG Vermeulen van Eck, Journal of Translationa Medicine 2014,
http://www.translational-medicine.com/content/12/1/20/abstract

Die Belastungs- bzw. Trainingsintoleranz der ME/"CFS"-Patienten ist Folge einer mangelhaften Stoffwechselanpassung an ansteigende körperliche Belastung, wie diese Studie von Vermeulen et al. schlussfolgert. Der kardiopulmonale Exercise-Test (CPET) in Verbindung mit einer kontinuierlichen nicht-invasiven Messung der Herzleistung durch Nexfin zeigt die niedrige Sauerstoffaufnahme durch die Muskelzellen bei ME/"CFS"-Patienten. Der hohe Anstieg der Herzleistung relativ zum Anstieg der Sauerstoffaufnahme entkräftet dabei die These, Dekonditionierung sei Ursache der körperlichen Beeinträchtigung.

j) *Severity of symptom flare after moderate exercise is linked to cytokine activity in chronic fatigue syndrome.* White AT, Light AR, Hughen RW et al., Psychophysiology 2010, http://www.ncbi.nlm.nih.gov/pubmed/20230500

Moderate körperliche Belastung führt zu Erschöpfung und Schwäche. Der jeweilige Schweregrad der Zustandsverschlechterung nach moderater körperlicher Belastung ist mit dem Anstieg bzw. Abfall verschiedener Zytokine (Entzündungsmarker) verbunden und messbar.

k) *In silico analysis of exercise intolerance in myalgic encephalomyelitis/chronic fatigue syndrome* Nicor Lengert, Barbara Drossel, Biophysical Chemestry, March 2015, http://www.ncbi.nlm.nih.gov/pubmed/25899994

Diese deutsche Computerexperimentstudie aus dem Jahr 2015 demonstriert, dass die reduzierte mitochondriale ATP-Synthese der ME/"CFS"-Patienten bei körperlichem Training auf kritisch niedrige Werte absinkt und die Versäuerung des Muskelgewebes im Vergleich zu Kontrollsimulationen stark ansteigt. Der Hauptunterschied zwischen der Simulation für gesunde Kontrollen und der für ME/"CFS"-Patienten ist der minimale ATP-Level Letzterer während dem Training, der unter 50% der ATP-Konzentration in Ruhe abfällt. Eine derartige Reduktion des ATP-Levels erhöht die Wahrscheinlichkeit für Zelltod immens und der pathologische Zelluntergang (Nekrose) könnte die Symptome der Zustandsverschlechterung nach Belastung verstärken und die Erholungszeit verzögern, wie die Autoren schlussfolgern. Darüberhinaus zeigen die ME/"CFS"-Simulationen gesteigerte Azidose (Störung des Säure-Basen-Haushaltes, die ein Absinken des ph-Wertes im Blut verursacht) und Laktatakkumulationen. Laut Simulationsmodell dauert es für ME/"CFS"-Erkrankte nach 30 Minuten moderatem Training 49 Stunden und nach 30 Sekunden intensivem Training 32 Stunden bis die ATP-Level in den Muskeln wieder ein normales Niveau erreicht haben. Wiederholtes Training und weitere Trainingseinheiten bevor normale ATP-Level wieder erreicht sind, verschlechtern die Situation beträchtlich, schreiben die Autoren.

Studie zur Muskeldysfunktion bei ME/"CFS"

Abnormalities of AMPK Activation and Glucose Uptake in Cultured Skeletal Muscle Cells from Individuals with Chronic Fatigue Syndrome, Audrey E. Brown, David E. Jones, Mark Walker, Julia L. Newton, PLoS ONE 2015, http://journals.plos.org/plosone/article?id=10.1371%2Fjournal.pone.0122982

Die in dieser Studie gefundenen Muskelzellanomalien der Patienten erklären die krankhafte Muskelerschöpfbarkeit, die Melvin Ramsay und viele

andere ME-Forscher als Kernsymptom der ME betrachten, auf der organpathologischen Ebene. Die Schlussfolgerung der Autoren, dass bevor Bewegung als Therapie verschrieben wird, erst einmal überprüft werden sollte, ob eine solche Therapie überhaupt für den Patienten in Frage kommt und ob sie nicht möglicherweise seine Symptome wegen dieser Muskelzellanomalien verschlimmert, ist ein starkes Argument gegen die frisierten Ergebnisse der sogenannten PACE Trial, die Graded Exercise Therapy als effektive Behandlung anpreist und die in Teil II näher beleuchtet wird.

Artikel zu Mitochondriendysfunktionen bei ME/"CFS"

a) *Mitochondrial dysfunctions in Myalgic Encephalomyelitis/chronic fatigue syndrome explained by activated immuno-inflammatory, oxidative and nitrosative stress pathways*, Gerwyn Morris, Michael Maes, Metabolic Brain Disease September 2013, http://link.springer.com/article/10.1007%2Fs11011-013-9435-x

Übersichtsartikel zur Mitochondriendysfunktion bei ME/"CFS".

b) *Association of mitochondrial dysfunction and fatigue: A review of the literature*, Kristin Filler et al., BBA Clinical Volume 1 2014 June, http://www.sciencedirect.com/science/article/pii/S221464741400004X

Übersichtsartikel zur Mitochondriendysfunktion bei ME/"CFS".

Studien zu Immundysfunktionen:

a) *Distinct plasma immune signatures in ME/CFS are present early in the course of illness*, Mady Hornig, José Montoya, Ian Lipkin et al. Science Advances 2015, http://advances.sciencemag.org/content/1/1/e1400121

Diese Anfang 2015 unter großer Medienanteilnahme veröffentlichte Studie erbrachte eindeutige Nachweise für die immunologische Fehlfunktion bei den ME/"CFS"-Patienten. Patienten, die weniger als drei Jahre erkrankt sind, weisen deutlich veränderte Zytokin-Muster auf, insbesondere sind das Interferon-gamma, TNF-alpha sowie zahlreiche weitere proinflammatorische Interleukine und pro- und antiinflammatorische Zytokine erhöht. Die Assoziation mit Interferon-gamma in der Frühphase der Erkrankung spricht für einen viralen Trigger. Die Entdeckung dieser speziellen Immunsignatur könnte den Rang eines Biomarkers für frisch Erkrankte einneh-

men und liefert außerdem wieder einmal den Beleg dafür, dass die Krankheit biomedizinische Ursachen hat und nicht psychogen ist. Die spezielle, von der Dauer der Erkrankung abhängige Immunsignatur kann darüber hinaus auch helfen, das Krankheitsstadium des Patienten zu identifizieren.

b) *Analysis of the Relationship between Immune Dysfunction and Symptom Severity in Patients with Chronic Fatigue Syndrome/Myalgic Encephalomyelitis (CFS/ME)*, Sonya Marshall-Gradisnik et al., J Clin Cell Immunol 2014, http://omicsonline.org/open-access/analysis-relationship-immune-dysfunction-symptom-severity-patients-chronic-fatigue-2155-9899.1000190.php?aid=22894

In dieser 2014 publizierten Studie haben australische Autoimmunforscher zahlreiche Immunzellen untersucht (Neutrophile, Monozyten, dendritische Zellen, invariante NK-T-Zellen, regulatorische T-Zellen γδ und CD8+ T Zellen, B-Zellen, die zytotoxische Aktivität der Natürlichen Killerzellen sowie deren Rezeptoren) und zwar an bettlägerigen ME/"CFS"-Patienten, moderat Erkrankten und gesunden Kontrollen. Man fand bei allen untersuchten Zelltypen des angeborenen wie des erworbenen Immunsystems signifikante Veränderungen, sowohl bei den moderat als auch bei den schwer Erkrankten, mit der Tendenz größerer Abweichungen bei den schwer erkrankten ME/"CFS"-Patienten.

c) *Deficient EBV-Specific B- and T-Cell Response in Patients with Chronic Fatigue Syndrome*, Carmen Scheibenbogen et al., PLoS ONE 2014, http://www.plosone.org/article/info:doi/10.1371/journal.pone.0085387

Unter Federführung von Professor Carmen Scheibenbogen wurde an der Charité eine Studie durchgeführt, die belegt, dass die Mehrheit der ME/-"CFS"-Patienten eine mangelhafte EBV-spezifische Gedächtnis-B- und T-Zell-Antwort aufweisen. Die herabgesetzte EBV-Antwort eignet sich möglicherweise als diagnostischer Marker für ME/"CFS". An einer entsprechenden Testentwicklung wird derzeit in der Charité noch gearbeitet. (Stand März 2015)

d) *Benefit from B-lymphocyte depletion using the anti-CD20 antibody rituximab in chronic fatigue syndrome. A double-blind and placebo-controlled study.* PLoS ONE 2011, http://journals.plos.org/plosone/article?id=10.1371/journal.pone.0026358

Die Entdeckung der norwegischen Forscher Öystein Fluge und Olav Mella, dass das Krebsmedikament Rituximab bei 67% der damit behandelten ME/"CFS"-Kranken alle Symptome zum Verschwinden bringt, markierte einen Meilenstein in der ME/"CFS"-Forschung. Hier wurde noch einmal auf beeindruckende Weise belegt, dass ME/"CFS" eine organische und keine psychiatrische Erkrankung ist.

Dass ME keine Erkrankung psychischer Ursache ist, zeigt sich auch daran, wie schnell die erfolgreich mit Rituximab Behandelten wieder an ihr vorheriges aktives Leben anknüpfen konnten. (Siehe auch den Vortrag von Prof. Carmen Scheibenbogen auf einer Tagung in Dortmund, nachzulesen auf http://www.cfs-aktuell.de/november12_1.htm)

Studie zu Gehirnanomalien und Neuroinflammation

a) *Neuroinflammation in Patients with Chronic Fatigue Syndrome/Myalgic Encephalomyelitis: An 11C-(R)-PK11195 PET Study*, Watanabe Y et al., J Nucl Med. 2014. http://www.ncbi.nlm.nih.gov/pubmed/24665088

Diese Studie liefert Belege für Neuroinflammation (entzündliche Prozesse im Gehirn) in ausgedehnten Hirnarealen ME-Kranker, die auch mit der Schwere der neurologischen Symptome verknüpft war. Weil so große Hirnareale der untersuchten ME-Patienten von Entzündungen betroffen waren, hat sich wieder einmal bestätigt, dass der Name Myalgische Enzephalomyelitis seine Berechtigung hat. Die Beurteilung der Neuroinflammation mittels einer PET, durchgeführt nach genau diesem Studienprotokoll (was derzeit in Routineuntersuchungen hierzulande wahrscheinlich noch gar nicht möglich ist)***, ist nicht nur essentiell für das Verständnis der Kernpathologie der Erkrankung, sondern könnte darüber hinaus zur Entwicklung objektiver diagnostischer Kriterien und einer medikamentösen Therapie beitragen.***

b) *Right Arcuate Fasciculus Abnormality in Chronic Fatigue Syndrome*, Zeineh, Michael M., Montoya, Jose G. et al., Radiology 2015 February, http://pubs.rsna.org/doi/abs/10.1148/radiol.14141079

Eine Studie der Stanford University hat gleich drei Gehirnanomalien bei ME/"CFS"-Patienten identifiziert. Die deutlich reduzierte weiße Substanz im Gehirn der Erkrankten weist auf eine chronische Entzündungsreaktion hin. Weitere Befunde sind ein deformierter Nervenstrang in der rechten Hirnhälfte und die auffällig verdickte graue Hirnsubstanz an zwei Stellen in

der Nähe des Nervenstrangs. Je deformierter der Nervenstrang, desto schwerer das klinische Bild des Patienten.

c) *Brain positron emission tomography (PET) in chronic fatigue syndrome: preliminary data.* Tirelli U et al. American Journal of Medicine. 1998 August, http://www.ncbi.nlm.nih.gov/pubmed/9790483

Der in der Studie nachgewiesene verminderte Stoffwechsel im Stammhirn ME/"CFS"-Kranker eignet sich nach Ansicht der Autoren als differentialdiagnostischer Marker für diese Patienten.

d) *Brainstem perfusion is impaired in chronic fatigue syndrome.* Costa DC, Tannock C, Brostoff J., QJM. Volume 88 1995 November, http://www.ncbi.nlm.nih.gov/pubmed/8542261

Bei ME/"CFS"-Patienten zeigt sich eine generalisierte Reduktion der Gehirndurchblutung, wobei im Stammhirn ein besonderes Muster der Minderdurchblutung erkennbar ist.

e) *Patients with chronic fatigue syndrome have reduced absolute cortical blood flow.* Yoshiuchi K, Farkas J, Natelson BH., Clin Physiol Funct Imaging 2006, http://www.ncbi.nlm.nih.gov/pubmed/16494597

ME/"CFS"-Patienten ohne psychopathologische Begleiterkrankungen wiesen die stärkste Reduktion des kortikalen (die Hirnrinde betreffend) Blutflusses auf und sind damit am stärksten dem Risiko ausgesetzt, Symptome zu entwickeln, die auf eine Gehirndysfunktion hindeuten.

f) *NeuroSPECT Findings in Children with Chronic Fatigue Syndrome*, Michael J. Goldberg, Ismael Mena, and Jacques Darcourt, Journal of Chronic Fatigue Syndrome Volume 3, No. 1, pages 61-67, 1997, http://informahealthcare.com/doi/abs/10.1300/J092v03n01_05

Diese Studie zeigt die generalisierte Minderdurchblutung des Gehirns bei Kindern, die – nach den Ergebnissen der Autoren – als Marker geeignet erscheint, diese als ME/"CFS"-Patienten zu identifizieren.

Studie zum Thema Verwechslung mit psychiatrischer Erkrankung

Valacyclovir treatment of chronic fatigue in adolescents. Henderson TA, Ad-vances in Mind-Body Medicine. 2014 Winter, http://www.ncbi.nlm.nih.gov/pubmed/24445302

In dieser Studie erlebten 93% der Jugendlichen, die zuvor als depressiv bzw. als affektiv gestört diagnostiziert worden waren, deren psychiatrische Behandlung aber erfolglos geblieben war, signifikante Verbesserungen durch die Einnahme des antiviralen Medikaments Valacyclovir. Der Autor der Studie schlussfolgert, dass seine Daten die Hypothese stützen, ein Teil der falsch diagnostizierten, behandlungsresistenten Depressiven seien in Wirklichkeit an einer nichtdiagnostizierten ME/"CFS" oder einer anderen chronischen viralen Infektion erkrankt.

II Krankheitsdefinitionen

Klare und präzise Krankheitsdefinitionen und Benennungen, die den wahren Krankheitscharakter beschreiben, sind von größerer Konsequenz, als gemeinhin angenommen wird. Unrichtige und unvollständige Definitionen verursachen falsche Vorstellungen, und falschen Vorstellungen folgt eine fehlerhafte Behandlung.

Percival Pott (1713-1788), britischer Chirurg

Zur Diagnose einer Krankheit unbekannter Ätiologie ist eine präzise Krankheitsdefinition unabdingbar. Es ist selbstverständlich medizinischer Konsens, dass eine Krankheit unbekannter Ursache wie z.B. die Multiple Sklerose ausschließlich nach einheitlichen Diagnosekriterien, in diesem Fall den revidierten McDonald-Kriterien, diagnostiziert wird. Das gilt leider offensichtlich nicht für die Myalgische Enzephalomyelitis. Denn hier existieren diverse Krankheitsdefinitionen nebeneinander, von denen einige mit der ursprünglichen Bezeichnung „Myalgische Enzephalomyelitis", andere mit dem Begriff „Chronic Fatigue Syndrom" operieren.[318]

Die Komplexität des Krankheitsbildes und die Versuche von Psychiatrie und Psychosomatik, Anspruch auf Zuständigkeit durchzusetzen, erschwerte die Einigung auf eine einheitliche Krankheitsdefinition ganz erheblich – sehr zum Schaden der Patienten und der Erforschung der Krankheit. Dabei ist eine enggefasste und genau umrissene Definition unentbehrlich (zumal solange keine allgemein anerkannten Biomarker existieren), um zum einen die Krankheit diagnostizieren und gegen andere abgrenzen zu können, und zum anderen die ME-Patienten für wissenschaftliche Studien zu identifizieren. Solange vermischte Patienten-Kohorten untersucht werden, wie es bei so vielen Studien leider der Fall ist, sind die Ergebnisse verfälscht und für ME-Patienten nicht relevant. Wer die Begriffe „Chronic Fatigue" und „Chronic Fatigue Syndrom" und „Myalgische Enzephalomyelitis" synonym benutzt und z.B. Depressive und Angsterkrankte, die eine Fatigue-Problematik haben, mit ME-Patienten in einer Patienten-Kohorte zusammenfasst, dessen Studienergebnisse sind mit größter Skepsis zu betrachten. Denn sie liefern ***keine*** belastbaren Resultate für ME-Patienten.

Im Nachstehenden werden nun die bekanntesten Definitionen in ihrer chronologischen Reihenfolge vorgestellt.

1 Ramsay-Definition

Bereits die erste Definition aus dem Jahre 1986 von Dr. Melvin Ramsay, dem bereits erwähnten Pionier der ME-Forschung und Zeugen des Cluster-Ausbruchs am Royal Free Hospital 1955 in London, lieferte durchaus praxis- und forschungstaugliche Kriterien.[319] Ramsay beschrieb ME als primär neurologische Multisystemerkrankung, ausgelöst durch eine Virusinfektion der Atemwege oder des Gastrointestinaltraktes, mit kardialer, endokriner, lymphoider und/oder Leber-Beteiligung sowie muskulärer Dysfunktion, Kopfschmerzen, Erschöpfung und Schwindel bzw. orthostatischer Intoleranz. Auch das besondere neuroendokrine Profil, welches ME-Kranke von Depressiven unterscheidet, nämlich die mangelhafte Stress-Antwort der Hypothalamus-Hypophysen-Nebennieren-Achse, ist in dieser Definition festgehalten. Ebenso die Dysfunktionen des autonomen und sensorischen Nervensystems und die kognitiven Probleme. Bemerkenswert ist vor allem, dass auch die mittlerweile als Kardinalsymptom der ME definierte Zustandsverschlechterung nach Belastung als zentralnervös bedingte Erschöpfung, die typischerweise kognitiver oder physischer Anstrengung folgt, bereits Eingang in die Ramsay-Definition gefunden hat.

2 Holmes-Definition

Die Holmes-Definition von 1988 operierte schon mit dem diskriminierenden und Verwirrung stiftenden Namen „Chronic Fatigue Syndrom".[320] Unter Missachtung älterer Literatur zu ME und ihren dokumentierten Ausbrüchen, beschäftigte man sich schwerpunktmäßig mit der Frage, ob eine chronische Epstein-Barr-Infektion ursächlich für die Krankheit verantwortlich zu machen sei. Da diese Verbindung nicht in allen Fällen zu belegen war und ebenso andere Virusinfektionen mit dem Ausbruch der Krankheit verknüpft waren, demzufolge kein eindeutiger diagnostischer Test zur Verfügung stand, einigte man sich auf die Beschreibung von Krankheitszeichen und Symptomen und erfand den Namen „Chronic Fatigue Syndrom". Es ist die erste „CFS"-Definition und entsprechend liegt der Fokus auf der Fatigue, der Müdigkeit oder Erschöpfung (je nach „Interpretationswille") – doch Erschöpfung als Folge von geringfügiger kognitiver oder physischer Belastung ist in dieser Definition keineswegs zur Diagnosestellung zwingend erforderlich. Hauptkriterium ist der neue Beginn einer schubförmigen, schwächenden Müdigkeit oder Erschöpfung, welche die tägliche Aktivität um mindestens 50% reduziert und sich auch durch Bettruhe nicht bessert. Zweites Hauptkriterium ist der Ausschluss diverser Krankheiten, die ähnliche Symptome produzieren können. Hierin liegt ein weiteres Problem, denn ME-Patienten sind häufig sehr kranke Menschen, die parallel zusätzlich an diversen der hier aufgezählten Ausschlussdiagnosen wie z.B. Hypothyreose, Pilzinfektionen, Lyme-Borreliose, Parasiten, Autoimmunkrankheiten wie Sicca-Syndrom oder Vitiligo leiden. Doch trotz aller Mängel dieser Definition mussten nach den Holmes-Kriterien diagnostizierte „CFS"-Patienten zusätzlich zu den Hauptkriterien immerhin 2 von 3 körperlichen Kriterien (subfebrile

Temperatur bis niedriges Fieber, Rachenentzündung, tastbare oder empfindliche Lymphknoten) sowie 6 von 11 Nebenkriterien oder aber die Hauptkriterien plus 8 der 11 Nebenkriterien erfüllen.

3 Ramsay/Dowsett-Definition

In der überarbeiteten Ramsay-Definition, der Ramsay/Dowsett-Definition von 1990, steht allgemeine Erschöpfung als Symptom nicht so sehr im Mittelpunkt wie in der von 1986, sondern speziell die Erschöpfung der Muskulatur und die verlängerte Regenerierung nach nur minimaler Anstrengung. Doch in gewisser Hinsicht bedeutete diese neue Definition auch einen Rückschritt gegenüber der ersten. Denn waren die neurologischen Störungen und der schubförmige Charakter der Krankheit zuvor noch als typische Folge vorangegangener Anstrengung oder Belastung dargestellt worden, so fehlte diese Verknüpfung bedauerlicherweise in der Version von 1990.[321]

4 Australische Definition

Die „Australische Definition" von Lloyd et al. aus dem Jahre 1990 verlangt zur Diagnosestellung keinerlei somatische Begleitsymptomatik. Lediglich eine „signifikante Störung" der gewohnten Aktivität und der strikte Ausschluss aller andersartig diagnostizierten Fälle sind erforderlich; als Nebenkriterien werden neuropsychiatrische Symptome genannt.[322] Es liegt auf der Hand, dass derart weitgefasste Definitionen weder für die Praxis noch für die Forschung taugen.

5 Oxford Definition

Doch es kam noch schlimmer. Im Jahre 1990 versammelten sich britische Psychiater (Simon Wessely, Michael Sharpe, Peter White et al.) in Oxford, um eine weitere Definition zu kreieren.[323] Die Hauptautoren – Mitglieder der sogenannten „Wessely-School", die Anhänger einer höchst unwissenschaftlichen Krankheitsverursachungstheorie aus dem 19. Jahrhundert sind (siehe Teil II) – vertreten die Auffassung, ME sei ein psychiatrisches Leiden.[324] In einem Brief aus dem Jahr 1993 an Dr. Mansel Aylward – damaliger „Chief Medical Officer" des zu jenem Zeitpunkt unter einem anderen Namen operierenden Ministeriums für Arbeit und Renten (DWP) – schrieb Professor Simon Wessely: *„Der wesentliche Unterschied zwischen CFS und den schweren psychiatrischen Störungen ist weder ätiologisch noch symptomatisch, sondern die Existenz einer mächtigen Lobbygruppe, die jede Verbindung mit der Psychiatrie nicht mag."*[325] (Ü.d.A.)

Entsprechend dieser Auffassung erlaubt die Oxford-Definition keine typischen klinischen Hinweise auf eine körperliche Erkrankung.[326] Patienten mit nachgewiesenen organischen Hirnerkrankungen sind ebenfalls ausgeschlossen,[327] obwohl in bildgebenden Verfahren immer wieder charakteristische Veränderungen des Gehirns bei ME-Kranken gefunden wurden.[328] Auch ME-Patienten mit neurologischen Symptomen sind ausgeschlossen;[329] allenfalls ME-Patienten mit unauffälliger oder nicht bekannter neurologischer Symptomatik – eventuell Patienten mit einer sehr milden Form der Krankheit – erfüllen die Kriterien. Das Hauptsymptom ist in dieser Definition demzufolge denn auch allein eine schwere und entkräftende Fatigue mit definiertem Beginn. Darüber hinaus sind affektive Störungen wie eine majore Depression und Angsterkrankungen keine Ausschlusskriterien,[330] und deshalb werden unter dieser Definition vor allem auch Depressive mit einer „Chronic Fatigue" (CF) subsumiert, d.h. es werden verschiedene Patientenkohorten – solche mit organischer und solche mit psychischer Erkrankung – miteinander vermischt. Man darf also mit Fug und Recht von dem unethischen, aber leider sehr erfolgreichen Versuch dieser Psychiater sprechen, das „CFS" zu kapern und es in eine „CF" umzudeuten[331] – mit verheerenden Folgen für die an „CFS" bzw. an ME Erkrankten. Die Verfasser der Oxford-Kriterien erlangten großen politischen Einfluss, und diese wurden nur allzu oft in psychiatrischen Studien angewendet mit dem Ergebnis, dass die biomedizinische ME-Forschung jahrelang stagnierte und ME-Patienten sich auch heute noch mit – im Vergleich zu medizinischen Behandlungen – kostengünstigen psychiatrischen Behandlungen abspeisen lassen müssen, die ihnen Schaden zufügen und ihre Krankheitssymptomatik verschärfen. (Zum

Kostenvergleich einer psychiatrischen und einer medizinischen Behandlung siehe Teil II/Kap. III/6. Zur schädlichen psychiatrischen Aktivierungsbehandlung GET siehe Teil I/Kap. VI/1).

6 Fukuda-Definition

Im Jahre 1994 wurde die Fukuda-Definition[332] publiziert, im Auftrag der CDC (der Centers for Disease Control and Prevention, Atlanta). Doch die britischen Psychiater, die Autoren der Oxford-Definition und Mitglieder der „Wessely-School", waren – mutmaßlich durch ihre Verbindungen zu Versicherungsindustrie und Militär (siehe Teil II/Kap. III/11) – bereits so einflussreich, dass sie einen Fuß in die amerikanische Tür bekamen: Co-Autor ist Michael Sharpe, Simon Wessely gehörte zu den Beratern, Peter White wurde Berater des Reports der CDC.[333] Außerdem war Stephen Straus mit von der Partie, der die ME-Epidemie am Lake Tahoe kurzerhand zu einem Massenausbruch von Neurasthenie erklärt hatte.

Obwohl die Fukuda-Definition besser als die Oxford-Definition ist und i.d.R. für Studien benutzt wurde, die eine biomedizinische und keine psychiatrische Verursachung der Krankheit belegen,[334] fehlt ihr doch das Kardinalsymptom der ME als zwingend notwendiges Kriterium: die neuroimmune Entkräftung nach Belastung. Außerdem: kein Ausschluss von Depressionen, Somatisierungsstörungen und Angsterkrankungen![335] Hier wird Stephen Straus` politischer Wille und der Einfluss der Briten deutlich, die bis zum heutigen Tag emsig daran arbeiten, verschiedene Krankheitsbilder – z.B. Depression und ME – in einen Topf zu werfen, um ihre psychogene Verursachungstheorie weiterhin aufrechterhalten zu können.

Man muss also wohl davon ausgehen, dass sich allzu viele Depressive und z.B. Angsterkrankte in den Patientenkohorten biomedizinischer Studien tummeln, die sich auf die Fukuda-Kriterien stützen, und etliche Ergebnisse dadurch unscharf oder sogar verfälscht wurden.

Fatal ist jedoch die bewusst irreführende Fokussierung der Autoren auf eine „ungeklärte chronische Fatigue". Das "Fatigue"-Etikett klebt spätestens seit der Fukuda-Definition unlösbar fest an den ME-Patienten, obwohl Fatigue überhaupt kein definierendes Krankheitssymptom der ME ist. Es ***kann*** zeitweise ein Begleitsymptom sein, ***muss*** aber keineswegs eins sein, ebenso wie Krebspatienten oder Multiple-Sklerose-Patienten zeitweise unter Fatigue leiden ***können***, aber nicht ***müssen***. Es ist schon gar nicht das Kardinalsymptom, ja, nicht einmal ein Hauptsymptom. Sehr viele ME-Patienten leiden überhaupt nicht unter Fatigue, wohl aber unter PENE, der neuroimmunen Entkräftung nach Belastung, die im Gegensatz zur Fatigue kein rein subjektives Gefühl ist, sondern mit ***objektiv messbaren biomedizinischen Anomalien*** einhergeht. Während Fatigue also ein medizinisch ungeklärtes Kriterium darstellt, ist die PENE ein medizinisch erklärbares biologisches Alarmsignal des Körpers, ausgelöst durch objektivierbare organische Krankheitsprozesse.

Die Verknüpfung von ME mit Fatigue in der Fukuda-Definition war jedoch ein ganz bewusster politischer Schachzug, um auch in Zukunft die Hintertür zu einer genuin psychiatrischen Erkrankung offen zu lassen.[336]

7 London Criteria for M.E.

Die im Jahre 1994 von Dowsett et al. publizierten „London Criteria for M.E."[337] versuchten ein deutliches Gegenwicht zu den „CFS"-Definitionen zu schaffen, die immer wieder nur die Fatigue-Problematik, losgelöst von kognitiver und physischer Belastung, in den Vordergrund rückten. Drei Symptome sind nach den „London Criteria" zwingend erforderlich, die seit 6 Monaten bestehen und weiterhin andauern müssen: eine durch geringe physische oder kognitive Anstrengung ausgelöste Erschöpfung (wobei die Belastungstoleranz erheblich vermindert sein muss gegenüber der vor Erkrankungsbeginn), neurologische Probleme wie Konzentrationsschwierigkeiten, Verschlechterung des Kurzzeitgedächtnisses, veränderte Schlafmuster usw. sowie die Fluktuation von Symptomen – gewöhnlich ausgelöst durch physische oder kognitive Anstrengung.

Als Auslöser gelten nunmehr neben Infektionen auch Impfungen, Chemikalien, Lebenstraumen und für eine Minderheit der Patienten, deren Krankheit nicht plötzlich sondern schrittweise einsetzte, wird angenommen, dass es überhaupt keinen speziellen Trigger gab.

Die Autoren der „London Criteria" präsentierten zum ersten Mal eine lange Liste von Krankheiten, die leicht mit ME verwechselt werden können – insbesondere legten sie Wert darauf, ME-Patienten von Depressiven zu unterscheiden und diese von ME-Forschungsprojekten auszuschließen.[338]

Doch unglücklicherweise blieb die biomedizinische Forschung im Wesentlichen auf die Fukuda-Kriterien fokussiert.[339]

8 Kanadische Definition

Mit dem 2003 veröffentlichten Kanadischen Konsensdokument von Carruthers et al.[340] wurde endlich eine brauchbare Definition für Forschung und Praxis geschaffen – dank der differenzierten Darstellung des Krankheitsbildes, der Einarbeitung biomedizinischer Forschungsergebnisse und der Abgrenzung zu psychischen und psychiatrischen Erkrankungen.

Der amerikanische Psychiater Dr. Leonard Jason[341] untersuchte in einer Studie, welche der beiden Krankheitsdefinitionen – die Fukuda- oder die Kanadische Definition – eher geeignet sei, Patienten mit psychischen Erkrankungen auszuschließen.[342] Seine Studie verglich *„Patienten, die die Kanadischen Klinischen Kriterien und die Fukuda-Kriterien für ME/CFS erfüllten, mit einer Kontrollgruppe von Patienten, die an chronischer Erschöpfung infolge einer Depression litten. Patienten, die die Kanadischen Kriterien erfüllten, litten unter stärkeren Einschränkungen ihrer körperlichen Funktionsfähigkeit, unter stärkerer Erschöpfung/Schwäche, unter mehr neurokognitiven, neurologischen und kardiopulmonalen Anomalien und hatten mehr Beeinträchtigungen, die sie deutlicher von der psychiatrisch erkrankten Vergleichsgruppe unterschied als dies bei Patienten der Fall war, die Fukuda-Kriterien erfüllten.“*[343]

Die Kanadischen Kriterien (CCC) und die 2011 erschienenen „International Consensus Criteria“ (ICC), ebenfalls von Carruthers et al., unterscheiden sich im Kern nicht voneinander. Doch besonders in einem Punkt werden die CCC von den ICC übertroffen: Wird im Dokument von 2003 noch allgemein von der PEM – der post-exertional malaise, der Zustandsverschlechterung nach Belastung – gesprochen, wird diese im ICC als PENE, als post-exertional neuroimmune exhaustion – neuroimmune Entkräftung nach Belastung – definiert. Denn PEM ist kein einzigartiges Kriterium: Auch z.B. ein Teil der Multiple-Sklerose-Patienten erlebt eine Zustandsverschlechterung nach Belastung.[344] Obwohl Studien zufolge ein Großteil der Multiple-Sklerose-Patienten therapeutischen Nutzen aus körperlichem Training ziehen kann, erfährt eine Minderheit Multiple-Sklerose-Erkrankter ebenfalls die PEM nach körperlicher Aktivität.[345] Die PENE bei ME-Kranken ist jedoch ein Symptom mit Alleinstellungsmerkmal, denn diese Bezeichnung weist darauf hin, dass die maßgebenden Symptome nach Anstrengung primär in den neuroimmunologischen Bereichen (siehe Teil I/Kap. III/1-3) auftreten[346] – und dieses Phänomen ist wohl von keiner anderen Krankheit bekannt.

Zudem ist „malaise“, *„ein leichtes oder allgemeines Gefühl, nicht gesund oder glücklich zu sein“*,[347] schlicht eine völlig unangemessene Bezeichnung für die pathologisch niedrige Belastungsgrenze und die Zustandsverschlechterung nach Belastung, die mit so vielen, teils schweren Krankheitssymptomen und bei einem Großteil der Patienten auch mit Schmerzen verbunden ist. Der Begriff „exhaustion" hingegen weist auf die komplette Entkräftung und tiefgreifende Erschöpfung hin, die ME-Patienten oft schon nach nur trivialer Aktivität (und keineswegs nur nach sportlicher Betätigung) erfahren.

Während PEM also einen rein subjektiv empfundenen Zustand charakterisiert, ist PENE ein objektiv messbares Kriterium und verweist auf die zahlreichen tiefgreifenden Dysfunktionen in den neurologischen, immunologischen, kardio-vaskulären und Energie produzierenden Systemen des Körpers, die schon nach nur geringfügiger Belastung auftreten und zu einer langanhaltenden oder auch dauerhaften Behinderung führen können.

Aus den vorgenannten Gründen werden in Teil I, Kapitel III die Diagnosekriterien für ME und die Symptome anhand der ICC präsentiert.[348]

9 Empirische Definition

Ungeachtet der Tatsache, dass bereits 2003 mit den Kanadischen Kriterien eine qualifizierte Definition entwickelt wurde, kamen William Reeves et al. 2005 auf die aberwitzige Idee, die Fukuda-Kriterien zu „operationalisieren" – im Klartext: sie zu verwässern. Diese sogenannte „empirische Definition"[349] – die laut Einschätzung der amerikanischen ME-Aktivistin Mary Schweitzer auf wissenschaftlichem Betrug basiert –[350] erlaubt, Menschen, die nicht in ihrer physischen Funktion, sondern lediglich in ihrer gesellschaftlichen Funktionsfähigkeit oder in ihrer Emotionalität beeinträchtigt sind, als an „CFS" erkrankt einzustufen.[351] Diese Definition ist so weit gefasst, dass es beispielshalber möglich wäre, einen arbeitsunwilligen, sozial inkompetenten und kontaktarmen Marathonläufer, der morgens schlecht aus dem Bett kommt, als ME-Kranken zu diagnostizieren. Es liegt auf der Hand, dass unter diesem „CFS"-Label überwiegend Menschen mit psychischen Erkrankungen erfasst werden, und es ist fast überflüssig zu erwähnen, dass Depressionen, Angsterkrankungen und somatoforme Störungen nicht ausgeschlossen sind.[352] Nichtsdestotrotz frohlocken die Autoren, dass nun endlich viel mehr Patienten die „CFS"-Kriterien erfüllen![353] Doch sogar „Wessely-School"-Mitglied Peter White, Reviewer dieser Studie, kritisiert die „Empirische Definition", wenn er schreibt, *„[...] dass es möglich wäre, das Erschöpfungskriterium zu erfüllen ohne bedeutende Erschöpfung, d.h. nur mit verminderter Aktivität alleine. Das ist nicht vereinbar mit den internationalen Studienkriterien für CFS."*[354]

10 Nightingale Definition

Eine Sonderstellung nimmt die Definition von Dr. Byron Marshall Hyde aus dem Jahre 2007 ein,[355] die nach Florence Nightingale, der Begründerin der modernen Krankenpflege und Reformerin des britischen Gesundheitswesens, benannt ist.[356] (Nightingale kehrte aus dem Krim-Krieg mit einer chronischen Erkrankung zurück, die sie für den Rest ihres Lebens weitgehend an Haus und Bett fesselte und deren Symptomatik der einer ME ähnelte, wobei umstritten ist, ob es sich nicht möglicherweise eher um eine chronische Brucellose handelte.[357]) Die Nightingale Definition stützt sich vor allem auf zwei Säulen, die in dieser Kombination nicht in den anderen Definitionen zu finden sind: die Erforschung der verschiedenen ME-Epidemien und die Anwendung moderner wissenschaftlicher Testmethoden. Demzufolge betont sie vor allem den epidemischen und endemischen (sporadischen) Charakter der ME und stellt sie als eine infektiöse, neurologische Krankheit mit einem akuten Beginn dar. Im Gegensatz zu anderen Definitionen ist der akute Beginn obligatorisch.

Bei der Mehrheit der Patienten ist die ME Folge einer Enterovirusinfektion nach Auffassung von Byron Hyde, die von etlichen Forschern wie z.B. Ramsay und Dowsett, Chia und Kerr geteilt wird. Die Fokussierung auf eine Virengruppe als alleinigen Krankheitsverursacher ist ebenfalls eine Besonderheit dieser Definition.

Im Gegensatz zu den anderen Definitionen klammert diese das mögliche, aber nicht definierende und nicht zwingend für eine ME erforderliche Symptom der Fatigue aus – allerdings ebenso die Zustandsverschlechterung nach Belastung, und zwar mit der Begründung, dass diese Symptome auch anderen Erkrankungen zugeordnet werden könnten und sich zudem objektiven Messmethoden entzögen. (Auf die Fatigue trifft das zu, jedoch eine Zustandsverschlechterung nach Belastung im Sinne der PENE ist einzigartig und lässt sich z.B. mit dem zweitägigen kardiopulmonalen Exercise-Test inzwischen objektivieren.)

Kernpathologie ist nach Auffassung von Hyde eine messbare Beschädigung des Gefäßsystems des zentralen Nervensystems. Die Diagnose ME steht und fällt für Dr. Hyde mit dem SPECT: ohne abnormale SPECT, die Dysfunktionen des Gehirns wie eine Minderduchblutung scannt, keine ME-Diagnose![358]
Auch in diesem Punkt zeigt sich die Besonderheit zu anderen Definitionen: Byron Hyde unterscheidet zwischen ME und „CFS“. ME ist für ihn – im Gegensatz zu „CFS“ – zwingend mit einem akuten Beginn verknüpft. Hyde vertritt die Ansicht, dass bei der Mehrzahl der Patienten mit einem allmählichen Erkrankungsbeginn ei-

ne andere, nicht diagnostizierte Krankheit Grund für die „CFS"-Symptomatik sei. Diese Patienten würden jede statistische und wissenschaftliche Auswertung verzerren.[359] Der Name „CFS" und die Redefinition seien extra dafür geschaffen worden, um den Anstieg der ME-Epidemien in den späten 70er- und 80er-Jahren zu verschleiern, indem ein klar definiertes Krankheitsbild verwässert, die fatalen Auswirkungen der Krankheit heruntergespielt und ihr zur Entlastung der Versicherungsgesellschaften ein psychisches Label aufgedrückt worden sei.[360] „CFS" – so Hyde – sei per definitionem immer nur ein Syndrom gewesen, doch bei ME handele es sich um einen klar definierten Krankheitsprozess.[361]

Die Nightingale Definition hat viele positive Aspekte: die Unterscheidung zwischen ME und "CFS", die Konzentration auf die neurologische Organpathologie inklusive ihrer Diagnostik mit modernster Technologie, die Ausklammerung der Fatigue-Problematik, die bei den meisten anderen Definitionen in die Irre führte, die Anerkennung des infektiösen Charakters der Krankheit und die Auseinandersetzung mit den frühen Epidemien, von denen viel zu lernen ist. Dennoch: das Kardinalsymptom der ME, die PENE, wird sträflich vernachlässigt und die einseitige Konzentration auf Enteroviren als Krankheitsverursacher scheint doch etwas kurzgegriffen. Zumal selbst ME-Forscher wie Melvin Ramsay und Elizabeth Dowsett, die die gleiche Theorie vertraten und auf die sich Hyde u.a. ausdrücklich bezieht, in einer Untersuchung nur bei etwa einem Drittel ihrer getesteten ME-Patienten Anzeichen einer frisch durchgemachten enteroviralen Infektion gefunden hatten – was möglicherweise eher dafür spricht, dass es sich dabei um opportunistische Infektionen[362] gehandelt haben könnte.[363] (Ramsay räumte selber ein, dass Enteroviren nicht die einzigen Auslöser der ME seien, und dass der mikrobielle Auslöser seiner Meinung nach nicht der entscheidende Faktor für den Ausbruch der Krankheit sei, sondern statt seiner vielmehr die anormale Immunantwort des Patienten.)[364]

Doch hierzulande wäre schon sehr viel gewonnen für die ME-Patienten, wenn sie, statt nach den verwässernden Fukuda- oder Oxford-Kriterien, nach der Nightingale Definition oder der Ramsay- oder aber der Ramsay/Dowsett-Definition oder auch den sehr viel geläufigeren Kanadischen Konsenskriterien diagnostiziert würden. Eine der besten Definitionen – wenn nicht derzeit die beste – sind wohl die Internationalen Konsenskriterien (ICC), weshalb die ausführliche Beschreibung von Symptomatik und Diagnosekriterien der ME im folgenden Kapitel nach den ICC erfolgt.

11 IOM Definition

Anfang 2015 wurden die neuen Diagnosekriterien des Institute of Medicine (IOM) veröffentlicht. (Mehr dazu in Teil III/Kap. V) Die Diagnosekriterien sind so weitgefasst, dass die Gefahr besteht, dass Patienten, die eigentlich an einer anderen organischen oder auch an einer primär psychiatrischen Krankheit leiden, fehldiagnostiziert werden.[365] Denn diese Definition verlangt ***keinerlei*** Ausschlussdiagnose. Doch sogar die so außerordentlich weitgefasste „Empirische Definition" sowie die „Oxford Definition" verzichten nicht auf den Ausschluss bestimmter psychiatrischer und organischer Erkrankungen. Und selbst für eine Krankheit wie die Multiple Sklerose, bei der zur Diagnosestellung die Erfüllung der McDonald-Kriterien verlangt wird, die neben dem entsprechenden klinischen Bild auch ***eindeutige allgemein anerkannte bildgebende Befunde*** (MRT) beinhalten, darf die Diagnose nur dann gestellt werden, wenn die pathologischen Befunde nicht durch eine andere Krankheit besser erklärt werden könnten. D. h., es genügt zur Diagnosestellung der MS nicht allein, die Einschlusskriterien zu erfüllen, sondern es müssen auch die Ausschlusskriterien erfüllt ein. Um wieviel wichtiger wäre eine gleichermaßen streng gefasste Krankheitsdefinition für eine Krankheit wie die Myalgische Enzephalomyelitis, für die bislang ***keine allgemein anerkannten Biomarker*** existieren!

Die Diagnosekriterien für die IOM-Neudefinition wurden der Rede nach u.a. deswegen so vereinfacht, damit auch Allgemeinärzte problemlos die Patienten identifizieren können. Doch das kann bei einer so komplexen Krankheit sicher nicht die richtige Vorgehensweise sein. Man käme nicht auf die Idee, Diagnose und Therapie ähnlich komplexer Krankheiten wie z.B. Multiple Sklerose oder AIDS allein dem Hausarzt zu überlassen.

Drei Kernsymptome müssen zur Diagnosestellung vorhanden sein: erstens eine von Fatigue begleitete substantielle Reduktion des prämorbiden Niveaus seit mehr als sechs Monaten, die nicht das Resultat exzessiver Verausgabung sein darf und nicht wesentlich durch Ruhe verbessert werden kann, zweitens PEM (post-exertional Malaise) und drittens nicht erholsamer Schlaf. Zusätzlich zu diesen drei Symptomen ist eine der folgenden Manifestationen erforderlich: Kognitive Beeinträchtigungen oder/und Orthostatische Intoleranz. Dass bei der großen Mehrheit der Patienten (ca. 80%) der Beginn der Erkrankung viral ausgelöst wird, findet bemerkenswerterweise keinen Eingang in die Diagnosekriterien, ebensowenig wie die grippeähnliche Symptomatik, die im Krankheitsverlauf typischerweise immer wieder aufflammt und jede PENE begleitet. Der infektiöse Charakter der Krankheit sollte anscheinend unter den Teppich gekehrt werden.

Weil bei dieser Definition fast ausschließlich nicht objektivierbare Symptome und vor allem auch die Fatigue wieder die entscheidende Rolle spielen und darüber hinaus keine psychiatrische Ausschlussdiagnose gefordert wird, werden die Prävalenzraten sprunghaft ansteigen. Der Psychiater Dr. Leonard Jason zeigte, dass die Fukuda-Prävalenzrate von 0,42% um das 2,8-fache mit den neuen IOM-Kriterien ansteigt. Eine solche Vermischung von Patientenpopulation ist für die Forschung ein Desaster – außer für diejenigen unter den Forschern, die eine psychogene Verursachung favorisieren.[366]

Gleichzeitig mit der Erstellung neuer Diagnosekriterien wurde die Krankheit in „SEID" (systemic exertion intolerance disease) umbenannt. Das bedeutet auf deutsch soviel wie „systemische Anstrengungsunverträglichkeit" [sic!],[367] abgekürzt „SAU" [sic!]. Doch „SEID" klingt fast noch lächerlicher als „CFS". Ist „CFS" vor allem mit Müdigkeit assoziiert, wird „SEID" vor allem mit Faulheit verknüpft werden. Mit dem neuen Namen hat man dem Ansehen der Patienten keinen Gefallen getan – ganz im Gegenteil.

Unter dem Vorwand, das Hybrid „ME/CFS" – ein Konstrukt, das es definitionsgemäß gar nicht geben kann – zu redefinieren, hat man im Grunde nur noch eine weitere, noch laxere „CFS"-Definition geschaffen, um die Erinnerung an die epidemische Krankheit ME endgültig auszulöschen. Es ist darüber hinaus eine Definition, bei der – wegen der schwammigen Auswahlkriterien – ärztliche Kunstfehler bereits systematisch vorprogrammiert sind.

III Diagnosekriterien und Symptome nach den International Consensus Criteria (ICC)

Wenn wir Krebspatienten haben, die so krank sind wie viele dieser Patienten sind, dann haben sie nur noch eine sehr kurze Lebenserwartung. Das sagt eine Menge aus über die Lebensqualität vieler der (ME/CFS-)Patienten.

Øystein Fluge und Olav Mella, Onkologen, im Norwegischen Fernsehen (TV 2)

Der typische ME-Patient weist eine breite Palette von Symptomen auf. Schwerkranke leiden oft unter weit mehr als 50 Symptomen. Die im Juli 2011 veröffentlichten „International Consensus Criteria“ (ICC), publiziert im Journal of INTERNAL MEDICINE, arbeiten die wichtigsten, unverwechselbaren und charakteristischen Symptomkonstellationen heraus.[368] Der auf den ICC basierende und im Jahr 2012 herausgegebene „International Consensus Primer for Medical Practitioners" hilft darüber hinaus dem Hausarzt, ME-Patienten in seiner Praxis zu identifizieren.[369]

1 PENE – Zustandsverschlechterung nach Belastung

- ***Das Kardinalsymptom der ME ist die „PENE“ (Post-Exertional Neuroimmune Exhaustion), die „neuroimmune Entkräftung nach Belastung“ oder auch „neuroimmune Zustandsverschlechterung nach Belastung“.[370] Für eine korrekte Diagnosestellung ist dieses Symptom unverzichtbar.***

ME-Patienten haben eine pathologisch niedrige Belastungsgrenze. Nach geringer oder auch geringster körperlicher Belastung erleiden sie eine Zustandsverschlechterung. Für Schwerstkranke kann es schon die Grenze des Zumutbaren überschreiten, die Zähne geputzt zu bekommen oder für ein paar Minuten im Bett aufzusitzen, für moderat Erkrankte einkaufen zu gehen oder sich für eine Stunde mit Freunden im Café zu treffen. Die Zustandsverschlechterung kann aber ebenso nach einer kognitiven Belastung auftreten, selbst wenn diese mit keiner physischen Anstrengung verknüpft ist.[371] Hier sind die Grenzen der Belastbarkeit für Schwerkranke ebenso eng gesteckt wie bei körperlicher Aktivität. Schon die Beantwortung einer einfachen Frage kann den Schwerkranken überlasten. Aber auch nur der Gedanke an ein Vorhaben, das in der Zukunft liegt, kann für den Patienten eine kognitive Überlastung bedeuten mit einer entsprechenden Zustandsverschlechterung, beispielshalber wenn ein Hausarztbesuch ansteht oder wenn die Pflegekraft mit dem Patienten vereinbart, ihn am nächsten Tag zu waschen. Moderat Erkrankte sind oftmals bereits nach einem Telefongespräch, einer Unterhaltung oder einer simplen Additionsaufgabe überlastet und vollkommen erschöpft. Die Zustandsverschlechterung kann sofort an die Aktivität anschließend, aber ebenso auch zeitverzögert eintreten. Die Zeitspanne reicht dabei von Stunden bis zu mehreren Tagen. Die Verschlechterung drückt sich in extremer Erschöpfung und Schwäche, einer Verstärkung des schweren Krankheitsgefühls, verstärkter Grippesymptomatik, die sehr häufig mit Halsschmerzen und schmerzempfindlichen Lymphknoten einhergeht, Kopfschmerzen und/oder Muskel- und Gelenkschmerzen, Hautbrennen, Kribbeln und/oder in zahlreichen weiteren Symptomatiken aus. Die Symptomverschlimmerung tritt charakteristischerweise nicht nur nach weniger angenehmen Beschäftigungen wie z.B. Arztbesuchen, Einkaufen, Hausarbeit oder bürokratischen Erledigungen auf, sondern ebenso stark nach angenehmen wie etwa favorisierten geistig-intellektuellen Beschäftigungen, gern ausgeübten handwerklichen Tätigkeiten, angenehmen Sozialkontakten, Freizeitvergnügen jeder Art oder festlichen Ereignissen.

Diese Zustandsverschlechterung sollte der ME-Patient als Alarmsignal seines Körpers werten. Denn ***PENE* – *„das pathologische Unvermögen, ausreichend Energie nach Bedarf zu produzieren“*** – ist ***„Teil der globalen Schutzantwort des Körpers“***.[372] (H.d.A., Ü.d.A.) Eine permanente Überschreitung der individuell unterschiedlichen Belastungsgrenze führt zu einer dauerhaften Verschlechterung des Zustandes und zu möglicherweise irreversiblen organischen Schäden, z.B. zu einer Herzmuskelentzündung mit der Folge einer Herzinsuffizienz, Herzinfarkt oder anderen Komplikationen.[373]

Die Regenerationszeit nach Belastung ist verlängert und nimmt üblicherweise 24 Stunden oder auch mehr in Anspruch. Ein Rückfall kann sich über Tage und Wochen erstrecken; manch ein Patient erholt sich gar nicht mehr.

- ***Zur Diagnosestellung ist es erforderlich, dass das Aktivitätsniveau des Patienten im Vergleich mit dem vor seiner Erkrankung um mindestens 50% reduziert ist. ME-Patienten mit einer 50%igen Reduktion gelten als mild erkrankt, moderat erkrankt sind überwiegend ans Haus gebundene Patienten, schwer erkrankt überwiegend ans Bett Gefesselte und sehr schwer erkrankt sind Patienten, die ausschließlich bettlägerig und auf Hilfe bei grundlegenden Tätigkeiten, wie z.B. Hygienemaßnahmen angewiesen sind.***

2 Neurologische Beeinträchtigungen

2.1

- ***Schlafstörungen sind ein sehr wichtiges, eigentlich unverzichtbares Symptom.***

Im akuten Krankheitsstadium besteht häufig ein übermäßiges Schlafbedürfnis. In der chronischen Phase überwiegen Ein- und/oder Durchschlafstörungen, Störungen des Tag-Nacht-Rhythmus bis hin zur Tag-Nacht-Umkehr. Darüber hinaus ist der Schlaf nicht erholsam, egal wie viele Stunden der Patient geschlafen hat. Einige Patienten haben auch in der chronischen Phase immer mal wieder Perioden mit einem ausgeprägten Schlafbedürfnis. Das ist bei einer neurologischen Krankheit nicht weiter verwunderlich. Patienten mit z.B. Multipler Sklerose oder Schädelhirntraumapatienten machen ebenfalls Phasen mit profunder Müdigkeit durch, ohne dass ihre Krankheit über diese selbstberichtete, subjektive Begleiterscheinung definiert wird. Da Müdigkeit bei ME nicht regelhaft auftritt, Schlafstörungen jedoch zur Diagnosestellung zwingend erforderlich sind, eignen sich diese sehr viel besser zur differentialdiagnostischen Abklärung.

Viele Patienten berichten über ein außergewöhnlich lebhaftes Traumgeschehen und sehr häufige Albträume im Vergleich zu der Zeit vor Erkrankungsbeginn.[374]

2.2

- ***Schmerzen, vor allem Muskelschmerzen (Myalgien), Gelenkschmerzen (Arthralgien) ohne klinische Belege für eine entzündliche Reaktion mit Schwellungen oder Rötung, und/oder Kopfschmerzen eines neuen Typs oder Schweregrades, vielfach auch migräneartige Kopfschmerzen, stellen ein weiteres wichtiges Diagnosemerkmal dar.***

Die Muskel- und Gelenkschmerzen treten verstärkt selbst nach geringer körperlicher Belastung auf, aber nicht selten auch in Ruhe. Obwohl ME-Patienten meist eine Muskelschwäche in Armen und Beinen verspüren, fühlen sich bei vielen die Muskeln trotz mangelnden Trainings verblüffend fest an, was gegen die von uninformierten Ärzten vielfach vorgebrachte These spricht, die Muskelschwäche sei Folge einer Dekonditionierung und Inaktivität ein krankheitsunterhaltender Faktor.[375] [376] Selbst schwersterkrankte Patienten, die sich kaum bewegen können, haben nur äußerst selten eine Muskelatrophie und diese Tatsache steht in keiner Relation zu ihrer Schwäche und ihrer Bewegungsarmut.[377] Das ist womöglich auf die mitochondrialen Dysfunktionen zurückzuführen, die, wegen des aneroben Stoffwechsels ME-Kranker, eine intermittierende oder gar chronische Laktatazidose zur Folge haben – selbst nach geringfügiger muskulärer Anstrengung.[378] Muskel-MRT-Studien zeigten, dass ME/"CFS"-Patienten große Mengen an Säure in ihren Muskeln akkumulieren und Schwierigkeiten haben, diese Säure nach Bewegung wieder loszuwerden, wie die Dekanin für klinische Medizin der Newcastle University Professor Julia Newton erklärte.[379] Auch die ungenügende Bildung von ATP, die vielfach bei ME-Patienten nachgewiesen wird, könnte mitverantwortlich für die so erstaunlich festen Muskeln sein, denn ATP hat eine „Weichmacherfunktion" inne und ohne ausreichend ATP können Muskeln nicht erschlaffen.[380]

Viele Patienten haben neben den Muskelschmerzen auch Muskelkrämpfe und/ oder Muskelzuckungen, Schwerkranke auch Spasmen und Lähmungen.

2.3

- ***ME-Kranke leiden unter zahlreichen neurokognitiven Einschränkungen.***

Konzentrationsfähigkeit und Aufmerksamkeitsleistung sind eingeschränkt, Lesestörungen können periodisch auftreten, die Patienten haben Wortfindungsschwierigkeiten und Informationsverarbeitungsschwierigkeiten. Viele Patienten haben Schwierigkeiten, das richtige Wort zu sagen *„und sind sich der Tatsache bewusst, dass sie fortfahren, das Falsche zu sagen, zum Beispiel `kalt`, wenn sie meinen `heiß`. Andere beobachten, dass sie einen Satz anfangen, aber nicht vollenden können, während manch andere Schwierigkeiten haben, das geschriebene oder gesprochene Wort zu begreifen.“*[381] (Ü.d.A.) Sie leiden unter Desorientierung und Verwirrung, kognitiver Überlastung, Denken und Sprache sind oft verlangsamt und sie haben Schwierigkeiten, Entscheidungen zu treffen. (Bei Schwerstkranken kann die Sprache auch schwer verständlich sein, weil sie verwaschen ist.) Die Bewältigung von Simultan-Aufgaben führt i.d.R. zu Überlastungsphänomenen wie – neben den vorgenannten und den noch folgenden – auch zu z.B. erhöhter Reizbarkeit.

Ausfälle des Kurzzeitgedächtnisses sind an der Tagesordnung; z.B. erinnern ME-Kranke oft nicht mehr, was sie gerade gesagt haben oder sagen wollten, sie können keine Informationen behalten und das Arbeitsgedächtnis ist eingeschränkt.

2.4

- ***Es kann zu neurosensorischen, perzeptuellen und motorischen Beeinträchtigungen kommen.***

Die Patienten können eine Licht-, Geräusch-, Lärm-, Geruchs-, Geschmacks-, Vibrations- und Berührungsempfindlichkeit entwickeln. Viele reagieren überempfindlich auf Schmerzen. Die Tiefensensibilität kann gestört sein, manche Patienten sind unfähig den Blick zu fokussieren. Abnorme Akkomodationsreaktionen der Pupillen sind häufig.

Muskelschwäche und Bewegungskoordinationsstörungen, Ataxien, Gangunsicherheiten und Muskelzuckungen werden beobachtet.

- ***Mindestens drei der neurologischen Symptome aus den Symptomkategorien 2.1 bis 2.4 sind zwingend zur Diagnosestellung erforderlich.***

3 Immunologische, Gastrointestinale und Urogenitale Beeinträchtigungen

3.1

Immunologische Manifestationen sind rezidivierende oder chronische grippeähnliche Symptome, die typischerweise bei Belastung aktiviert werden oder sich verstärken. Dazu gehören druck- und/oder schmerzempfindliche Lymphknoten mit oder ohne Schwellung, wiederkehrende Halsschmerzen (vor allem auch nach dem Erwachen), Sinusitis und ein allgemeines Krankheitsgefühl.

3.2

Bei den meisten ME-Patienten ist eine Anfälligkeit für virale Infekte mit verlängerter Regenerationsphase zu beobachten.

3.3

Zu den gastrointestinalen Beschwerden gehören das Reizdarmsyndrom (Irritable-Bowel-Syndrome), Übelkeit, Bauchschmerzen, Bauchkrämpfe, Blähungen, Durchfall und Verstopfung, häufig im Wechsel.

3.4

Als urogenitale Beeinträchtigungen können u.a. häufiges Wasserlassen, schmerzhaftes Wasserlassen, plötzlicher Harndrang und nächtliches Wasserlassen auftreten.

3.5

Die fünfte Symptomkategorie umfasst die Entwicklung bisher noch nicht aufgetretener Allergien oder Veränderungen bereits vorhandener Allergien, sowie eine Überempfindlichkeit gegenüber Nahrungsmitteln, Medikamenten, Gerüchen und Chemikalien.

- ***Bei den immunologischen, gastrointestinalen und urogenitalen Beeinträchtigungen muss zur verlässlichen Diagnosestellung mindestens je ein Symptom aus drei von fünf Symptomkategorien erfüllt sein.***

4 Beeinträchtigungen in Energieproduktion und –transport

4.1

Eine der bei ME-Patienten häufig diagnostizierten kardiovaskulären Störungen ist die Orthostatische Intoleranz, die auf eine Minderung des zentralen Blutvolumens im Gehirn bei aufrechter Körperlage zurückzuführen ist. Dieser Effekt verstärkt sich im Stehen und wird z.B. beim Stehen in einer Warteschlange oder in einem öffentlichen Verkehrsmittel wahrgenommen. Patienten mit orthostatischer Intoleranz weisen oft marmorierte Extremitäten, extreme Blässe und das Raynaud-Syndrom (Weißfingerkrankheit) auf. In der chronischen Phase der ME-Erkrankung ziehen sich bei vielen Patienten, die unter Orthostatischer Intoleranz leiden, die Nagelmonde zurück.

Weitere kardiovaskuläre Probleme sind das posturale orthostatische Tachykardie-Syndrom (POTS = Herzrasen in der aufrechten Position), neural vermittelte Hypotension (NMH), Schwindel und/oder Be-nommenheit, Herzklopfen mit oder ohne Herzrhythmusstörungen, vasomotorische Instabilität (Instabilität des Gefäßtonus).

4.2

Zu den respiratorischen Störungen zählen Symptome wie Kurzatmigkeit, mühsame Atmung und Erschöpfung der Thoraxmuskulatur. Viele Patienten leiden unter Hyperventilation, deren Ursache bislang ungeklärt ist.

4.3

Eine Intoleranz gegenüber Temperaturextremen kann auftreten, d.h. die Erkrankten vertragen weder Hitze noch Kälte und auch keine starken Temperaturschwankungen.

4.4

Ebenso kann der Verlust der thermostatischen Stabilität eintreten. Dieser zeigt sich in subnormaler Körpertemperatur oder rezidivierendem Fiebergefühl mit oder ohne erhöhter Temperatur, Schweißausbrüchen, Frösteln und kalten Extremitäten. ME-Patienten leiden unter massiven Durchblutungsstörungen und zeigen, insbesondere bei Überanstrengung, eine geisterhaft weiße Gesichtsfarbe.[382]

- ***Für die zuverlässige Diagnose einer ME ist mindestens ein Symptom der Symptomkategorien 4.1 – 4.4 erforderlich.***

5 Pädiatrische Aspekte

Besonders selten wird die Diagnose ME bei Kindern gestellt, obwohl sich gleichzeitig offenbar eine Tendenz zur Zunahme an ME-Erkrankungen unter Kindern abzeichnet.[383] Dass ME bei Kindern so selten diagnostiziert wird, ist auch deshalb verwunderlich, weil die Diagnose bei ihnen einfacher zu stellen ist als bei Erwachsenen. Denn es gibt im Kindesalter nur wenige Krankheiten mit einer verwechselbaren Symptomatik, laut dem britischen Pädiater und ME-Spezialisten Dr. Nigel Speight.[384] Wenn ein vitales und aufgewecktes Kind plötzlich, wie aus heiterem Himmel, das einzigartige Symptommuster einer ME zeigt, sollte die Diagnose eigentlich ganz selbstverständlich in Betracht gezogen werden.

- ***Doch leider wird ME-kranken Kindern und Jugendlichen sowie ihren Eltern am wenigsten Glauben geschenkt, und vor allem die Schwerkranken unter ihnen werden am häufigsten von den Vertretern des medizinischen Systems misshandelt und für medizinische und psychiatrische Experimente missbraucht.***[385]

Es gibt viele Gründe, weshalb das so ist, wobei die Tatsache, dass die Prävalenzrate bei Kindern und Jugendlichen etwas unter der von Erwachsenen liegt, die geringste Rolle spielt.[386] Einige dieser Gründe werden in Teil I, Kapitel IV und in Teil II des Buches behandelt. An dieser Stelle zunächst nur soviel dazu:

Kinder passen sich an ihre Lebensumstände i.d.R. an. Weil ihnen die Erinnerung an die Zeit, als sie noch gesund und vital waren, oft fehlt, erleben sie sich häufig nicht als krank, auch wenn sie viel weniger leistungsfähig als andere Kinder sind.

- ***Vor allem nach längerer Krankheitsdauer können Kinder sich ihrer prämorbiden Funktionsfähigkeit nicht mehr erinnern.***

Kleinere Kinder können zudem ihre Beschwerden noch nicht adäquat artikulieren. Ältere Kinder passen sich an die Symptomatik an und werden manchmal erst dadurch auffällig, dass sie sich ihren Aufgaben und Pflichten entziehen, ihre Sozialkontakte einschränken und sich nach dem Schulunterricht lange ausruhen müssen.

- ***ME-kranke Kinder gelten schnell zu Unrecht als faul, träge, depressiv und/oder Schulverweigerer.***

In den Phasen verstärkter Erschöpfung können sie sehr reizbar erscheinen, wenn ihnen die Erledigung kognitiver Aufgaben oder häuslicher Pflichten abverlangt wird.

- ***Eine erhöhte Reizbarkeit kann als Verhaltensauffälligkeit fehlinterpretiert werden.***

Das Verhalten von ME-kranken Jugendlichen wird darüber hinaus oft mit pubertärem Verweigerungsverhalten verwechselt. Besonders häufig müssen sich jugendliche ME-Patienten Sprüche von Eltern und Ärzten wie „Nun reiß dich doch mal zusammen!" anhören. Doch der häufige Rat, sich zusammenzureißen, *„ist völlig deplaziert und falsch"*[387] und hat regelhaft *„einen Zustand konstanter Erschöpfung zur Folge."*[388]

Wenn ME-kranke Kinder und Jugendliche nicht mehr „funktionieren" und Leistungseinbußen haben, sind psychiatrische Fehldiagnosen vorprogrammiert.

- ***Besonders ME-kranke Kinder und Jugendliche werden schnell Opfer psychiatrischer Fehldiagnosen.***

Im Alter unter 10 Jahren tritt ME nur selten auf. Möglicherweise wird ME bei kleineren Kindern aber auch nur so selten diagnostiziert, weil sie z.B. mit Schul- oder Kindergartenphobie oder Trennungsängstlichkeit verwechselt wird. Der amerikanische Pädiater und ME-Spezialist David Bell berichtet von ME-Fällen bei Kindern unter 5 Jahren.[389] Nigel Speight berichtet sogar von zwei Fällen, die im Alter von weniger als zwei Jahren erkrankten.[390] Doch oft kann die Diagnose nur retrospektiv gestellt werden, wenn das Kind älter ist, da jüngere Kinder ihre Symptome noch nicht als abnormal wahrnehmen können. Häufige Infekte mit lang anhaltender Erschöpfung, die oft vor allem auch bei Kindern ein Hinweis auf eine milde Form der ME sind,[391] werden von Kinder- und Hausärzten meist als belanglos fehlinterpretiert. Gerne wird von ratlosen Ärzten auch mal die Empfehlung gegeben, sein Kind „nicht in Watte zu packen". Solche und ähnliche unqualifizierte Bemerkungen halten die Eltern dann oftmals leider davon ab, auf weitere Diagnostik zu dringen. Doch wenn eine ME-Erkrankung nicht rechtzeitig erkannt wird und somit eine sofortige Therapie ausbleibt, ist die Wahrscheinlichkeit, dass das Kind eines Tages eine schwere Form der Krankheit mit Bettlägerigkeit entwickelt, signifikant erhöht. Das zeitige Beheben von Mangelzuständen und die Einhaltung dringend notwendiger Ruhephasen, um Symptomverschlimmerungen vorzubeugen, kann entscheidenden Einfluss auf die Krankheitsentwicklung nehmen.

- ***Anders als bei Erwachsenen sind die Erkrankungsraten von Mädchen und Jungen gleich.***

- ***Nach der klinischen Definition kann die Diagnose bei Kindern bereits nach drei Monaten anhaltender Symptomatik gestellt werden.***[392]

Die Symptomatik kann den gleichen Schweregrad wie bei Erwachsenen haben, d.h. Kinder können sehr stark betroffen sein.[393] Die Stärke der Symptome und welche der Symptome am prägnantesten sind, schwankt bei vielen ME-kranken Kindern jedoch sehr viel stärker. Die starken Symptomschwankungen und die oftmals von Stunde zu Stunde wechselnde Befindlichkeit[394] verleitet Außenstehende häufig dazu, die Krankheit anzuzweifeln, wenn sie dem erkrankten Kind in einem seiner guten Momente begegnen. Für Außenstehende ist es kaum nachzuvollziehen, dass es dem Kind keine Stunde später so schlecht gehen kann, dass es sich mit geschlossenen Augen in einem dunklen, stillen Raum ausruhen muss.[395]

- ***Viele ME-kranke Kinder sind extrem infektanfällig und leiden unter Bauch- und Gliederschmerzen, besonders nach körperlicher Aktivität. Die Schmerzen können schnell wandern. Häufig findet sich eine Hypermobilität der Gelenke.***

- ***Die hervorstechendsten Symptome, neben der unabdingbaren PENE (neuroimmune Entkräftung nach Belastung), sind meist überwiegend neurologischer Natur: Kopfschmerzen und Migräne, kognitive Störungen und Schlafstörungen.***

Die kognitiven Leistungseinbußen betreffen vor allem das analytische Denken. Die Bewältigung von kognitiven Aufgaben in hektischer, geräuschvoller Umgebung, wie sie der normale Schulalltag mit sich bringt, wird unmöglich. Kinder verlieren zudem ihre Multitaskingfähigkeit. Sie haben auch Probleme mit der Aufmerksamkeit, was nachteilige Auswirkungen auf das verbale Gedächtnis haben kann.[396]

Nicht selten treten Schwierigkeiten beim Fokussieren der Augen und beim Lesen auf.[397] ME-kranke Kinder werden häufig dyslektisch, d.h. sie können Wörter und Texte nicht mehr lesen und verstehen. Dieses Symptom tritt oftmals nur während einer Zustandsverschlechterung nach Belastung auf. Schwerkranke Kinder können u.a. aufgrund ihrer mangelnden Konzentrationsfähigkeit meist gar nicht mehr lesen.

Kinder und Jugendliche mit ME leiden unter z.T. extremen Schlafstörungen.[398] Nicht wenige erleben eine völlige Umkehr des Tag-Nacht-Rhythmus, die auch durch sogenannte Schlafhygienemaßnahmen nicht zu beheben ist. Dieses Symptom entspricht den biomedizinischen Anomalien, wie eine Studie an 12-18-jährigen Patienten belegt. Eine nächtlich signifikant erhöhte Herzschlagrate und erhöhter Blutdruck hindern die jungen Patienten am Schlafen.[399]

Viele dieser Kinder und Jugendlichen haben Schwierigkeiten oder sind sogar komplett unfähig, das gesamte Schulprogramm zu absolvieren.[400] Zu einer gesicherten Diagnose gehört es, eine „primäre" Schulphobie auszuschließen. Der Ausschluss ist simpel, denn im Unterschied zu Schulphobikern müssen ME-kranke Kinder und Jugendliche ihre Freizeit überwiegend damit verbringen sich auszuruhen.

- ***Im Unterschied zu Kindern und Jugendlichen mit einer Schulphobie bleibt die Symptomatik der ME-Kranken auch in Freizeit und Schulferien bestehen.***

Bei manchen ME-kranken Kindern und Jugendlichen, die zeitweise noch die Schule besuchen können, kann aber auch eine „sekundäre" Schulphobie (genauer gesagt: Schulangst, da es sich in dem Fall nicht um ein intrapsychisches Geschehen handelt) entstehen, wenn sie von Mitschülern wegen ihrer vielen Fehlzeiten gehänselt oder aus der Klassengemeinschaft ausgeschlossen werden. Es kommt nicht selten vor, dass Lehrer für das Fehlverhalten der Mitschüler ursächlich verantwortlich sind, weil sie wegen der Fehlzeiten herabsetzende Anspielungen über den Erkrankten vor der Klasse machen.

- ***ME bei Kindern und Jugendlichen ist der häufigste Grund für lange Fehlzeiten in der Schule.***

Laut einer britischen Studie litten 51% der britischen Schüler mit langen Fehlzeiten an ME.[401]

Erkrankte Kinder sollten nicht zum Schulbesuch gezwungen werden, nur weil eine allgemeine Schulpflicht besteht oder weil man sich Sorgen um ihren Kontakt zu Gleichaltrigen macht.[402] Wenn ME-kranke Kinder sich stabil genug fühlen, ist der Kontakt mit Gleichaltrigen in einer ruhigen, stressfreien Umgebung auch außerschulisch zu organisieren. Aber wenn ein Kind auch zu krank für Sozialkontakte ist, muss man diese Tatsache einfach akzeptieren. Das Kind profitiert nicht von einem Treffen mit Freunden, wenn es anschließend eine Zustandsverschlechterung erleiden muss, die es weit zurückwirft. Die meisten erkrankten Kinder ***wollen*** dann auch gar keinen Besuch empfangen, weil sie intuitiv spüren, dass er sie überfordern und ihnen nicht gut tun würde. (Das bedeutet nicht, dass diese Kinder nicht grundsätzlich über den Verlust an Sozialkontakten trauern!)

Das Gleiche gilt für schulische Aktivitäten. Ob und inwieweit Kinder und Jugendliche mit ME in der Lage sind, ein wie auch immer geartetes Schulprogramm zu absolvieren, sei es, dass sie die Schule nur tage- oder stundenweise besuchen, seien es Hausunterricht oder Internetbeschulung, muss sorgfältig exploriert werden.[403] Es muss immer mitbedacht werden, dass kognitive Anforderungen bei vielen Patienten zu einer manchmal nur vorübergehenden, manchmal aber auch dauerhaften Zustandsverschlechterung führen können.[404] Erkrankte Schüler, die noch genügend Konzentration aufbringen können, um sich Lernstoff anzueignen, brauchen jedoch möglicherweise eine stressfreiere Umgebung als die, welche Schulen gewöhnlich bieten. Licht-, Geräusch- und Geruchsempfindlichkeit, eine Umkehr des Tag-Nacht-Rhythmus, Darm- und Blasenprobleme, Orthostatische Intoleranz und eine eingeschränkte körperliche Leistungsfähigkeit, die z.B. nicht ausreicht, um den Schulweg und das Schleppen einer schweren Schultasche zu bewältigen, führen häufig dazu, dass das Kind oder der Jugendliche zuhause beschult werden muss.[405] Viele ME-kranke Kinder und Jugendliche leiden am Posturalen orthostatischen Tachykardiesyndrom (POTS)[406]. Das bedeutet, dass sie eine aufrechte Position schlecht tolerieren. Sie verursacht ihnen Schwindel, Herzrasen, Übelkeit und Schwäche bis hin zur Bewusstlosigkeit. Studien haben nachgewiesen, dass die aufrechte Position bei jungen ME-Patienten mit POTS zu neurokognitiven Beeinträchtigungen und kognitiven Einbußen führen. Das Einnehmen einer liegenden Position kann die geistige Eintrübung jedoch wieder beseitigen.[407] Deshalb sollten diese Kinder und Jugendlichen am besten im Liegen ihre Schulaufgaben erledigen.

Doch bevor überhaupt an Hausunterricht gedacht werden kann, muss das Kind erst wieder in der Lage sein, sich länger konzentrieren zu können ohne eine nachfolgende Symptomverschlimmerung. Man sollte seinen Status quo nicht gefährden und damit eine mögliche Spontanremission aufs Spiel setzen, nur um das Kind mit kognitiven Aufgaben zu traktieren, die weit unter seinem eigentlichen, prämorbiden intellektuellen Niveau liegen. Es sollte dabei auch unbedingt bedacht werden, dass Kinder, die früher vielleicht gute oder sogar sehr gute Schüler waren und nun an Rechenaufgaben im ein- oder zweistelligen Bereich scheitern, zutiefst beschämt werden. Zur Entlastung aller Eltern, Pädagogen, Ärzte und Schulbehördenvertreter sei gesagt: Kinder mit ME, die das Glück haben, wieder zu gesunden, sind in aller Regel sehr motiviert und holen ihre Schulabschlüsse problemlos nach.[408] Dafür gibt es viele Beispiele.

- ***Dem körperlichen, geistigen und seelischen Wohl des erkrankten Kindes ist oberste Priorität einzuräumen, und es unethisch, eine Verschlechterung seines Zustandes zu riskieren, nur um der allgemeinen Schulpflicht Genüge zu leisten.***

Kinder mit einer nicht so ausgeprägt schweren Symptomatik haben größere Chancen auf eine Remission als Erwachsene, besonders dann, wenn sie so schonend und umsichtig wie nur möglich behandelt werden.[409]

Es bleibt anzumerken, dass etliche der dokumentierten ME-Epidemien unter Kindern und Jugendlichen ihren Anfang nahmen, so z.B. die Akureyri Disease Ende 1940 in einem Schulwohnheim in Island, die Encephalomyelitis of Unknown Origin 1955 in einem Internat in Cumberland, die Lyndonville Epidemie im Bundesstaat New York, als 1985 – zunächst nur – acht Kinder nach dem Schlittenfahren erkrankten, der Ausbruch in der Elkgrove High School in Kalifornien 1990 und viele andere mehr.[410] Eine britische Studie,[411] die Daten von 1098 Schulen mit insgesamt 333024 Schülern und 27327 Lehrern auswertete, konnte allein im Zeitraum von 1991-1995 immerhin 36 ME-Clusterausbrüche feststellen.[412] 39% der mit ME Diagnostizierten waren Opfer eines Cluster-Ausbruchs mit drei oder mehr Erkrankten.

6 Komorbiditäten

Migräne und Irritable-Bowel-Syndrom (IBS oder Reizdarmsyndrom, einhergehend mit Blähungen, Bauchschmerzen, veränderten Stuhlgewohnheiten) gehen einer ME zeitlich nicht selten voraus und werden nach Ausbruch der ME zu Begleiterkrankungen. Zu den weiteren Komorbiditäten zählen Fibromyalgie (Faser-Muskel-Schmerz), die teilweise mit ME überlappt, sowie das myofasziale Schmerzsyndrom (Erkrankung, die lokal begrenzte Schmerzen im Bewegungsapparat verursacht), kraniomandibuläre Dysfunktion (schmerzhafte Fehlregulation der Muskel- oder Gelenkfunktion der Kiefergelenke), interstitielle Zystitis (chronische, abakterielle Blasenentzündung), Raynaud-Syndrom (Weißfingerkrankheit), Mitralklappenprolaps (meist angeborene Fehlbildung des Mitralklappenapparates des Herzens), Allergien, multiple Chemikaliensensitivität (chronische Multisystemerkrankung mit der Folge einer Unverträglichkeit flüchtiger Chemikalien wie z.B. Duftstoffe, Abgase, Lösungsmittel, Rauch etc.), Hashimoto-Thyreoiditis (Autoimmunerkrankung, die zu einer chronischen Entzündung der Schilddrüse führt; häufigste Ursache einer primären Schilddrüsenunterfunktion), Sicca-Syndrom (Mundtrockenheit, Augentrockenheit; auch andere Schleimhäute können betroffen sein) und reaktive Depression.

7 Ausschlussdiagnostik

- ***Da bislang kein allgemein anerkannter, spezifischer ME-Marker existiert, macht es derzeit noch keinen Sinn, einen ME/"CFS"-Spezialisten aufzusuchen, ohne zuvor eine möglichst gründliche Ausschlussdiagnostik durchlaufen zu haben.***

Im Gegensatz zur klinischen Definition, den 2003 veröffentlichten sogenannten „Kanadischen Kriterien", verlangen die 2011 veröffentlichten „International Consensus Criteria" jedoch keine sechs Monate währende Wartezeit bis zur Diagnosestellung.[413] Denn auch bei keiner anderen Krankheit ist es Usus, einen Patienten mit massiven Beschwerden sechs Monate lang unbehandelt zu lassen.

In der Praxis aber wird es einige Monate dauern, bis ein ME-Patient realisiert, dass er nicht an den Folgen eines gewöhnlichen grippalen Infekts laboriert und ebenso lange, bis er die gesamte erforderliche Ausschlussdiagnostik absolviert hat, die für die Diagnosestellung einer ME unentbehrlich ist, solange ein definitiver diagnostischer Test fehlt.

Zur Differentialdiagnostik gehören vor allem Untersuchungen auf Krankheiten, die mit einer Fatigue einhergehen. Dazu gehören endokrinologische, rheumatologische, hämatologische/onkologische, infektiologische und andere neurologische Krankheiten. Vor allem primäre psychiatrische Erkrankungen, somatoforme Störungen, Depressionen, Angststörungen, das Schlafapnoe-Syndrom, Drogen- und Medikamentenmissbrauch müssen ausgeschlossen werden.

Selbstverständlich können auch mehrere Erkrankungen nebeneinander bestehen. Es ist durchaus möglich, an einer endokrinologischen oder onkologischen Krankheit, einer Depression oder rheumatologischen Krankheit und ***gleichzeitig*** an ME zu leiden. Dabei ist zu beachten, dass jede einzelne Krankheit identifiziert und therapiert werden muss.

- ***Wie bei allen anderen Krankheiten auch, kann der Patient Läuse UND Flöhe haben.***

Auch andere neurologische Krankheiten können ***zusätzlich*** zu einer ME auftreten, z.B. eine Multiple Sklerose. Da die MS bemerkenswerte Ähnlichkeiten in Erscheinungsbild und neuroimmunen Charakteristiken zu ME zeigt, wird hier die Differentialdiagnostik nicht immer ganz einfach sein.[414] Eine kleine australische Studie hat in 2014 Ähnlichkeiten in den Zytokin-Profilen MS- und ME-Kranker festgestellt, die durchaus Parallelen in der neuroimmunen Pathologie von MS und ME belegen, jedoch mit einigen signifikanten Abweichungen.[415] Doch vor allem im klinischen Bild unterscheidet sich der ***Beginn*** einer ME – meist ein viraler Infekt mit deutlich grippaler Symptomatik – von dem einer MS, der am häufigsten mit Gefühlsstörungen, Sehstörungen oder Schwindel einhergeht.[416]

Besonderes Augenmerk soll auf die Unterscheidung der ME von dem Postviralen Fatiguesyndrom, z.B. nach einer Epstein-Barr-Mononukleose, einer Grippe oder anderen fieberhaften Erkrankungen, gelenkt werden. Jeder, der einmal eine Grippe durchgemacht hat, weiß wie man sich danach fühlt: schwach, klapprig, erschöpft und müde, was zu einem erhöhten Schlafbedürfnis führt. Der Patient, der an einer Postviralen Fatigue leidet, macht jedoch mit jedem weiteren Tag einen kleinen Fortschritt, auch wenn es sehr lange dauern kann, bis er wieder vollständig bei Kräften ist. Nicht so bei der ME: Hier führt der schrittweise, allmähliche Belastungsanstieg nicht zu einer Rehabilitation, sondern eher zu einer Verschlechterung der Symptomatik. (Ausnahme: der Patient befindet sich ohnehin auf dem Weg in die Remission. Doch die Steigerung der Aktivitäten wirkt sich in dem Fall nicht rehabilitativ aus, sie hat also keinen therapeutischen Effekt, sondern sie ist einfach eine Folge davon, dass der Patient spürt, dass er sich vorsichtig wieder mehr belasten kann.)

Aber bedauerlicherweise wird das Postvirale Fatiguesyndrom ebenfalls unter G93.3 verschlüsselt, was viele Ärzte dazu verleitet, es für dieselbe Krankheit wie ME/“CFS“ zu halten. Und wieder einmal führt die Bezeichnung „Chronic ***Fatigue*** Syndrom“ oder „Chronisches ***Müdigkeits***syndrom“ in die Irre! Die gleiche Verwirrung bestand bei den frühen ME-Epidemien in Bezug auf die nicht-paralytische Poliomyelitis. Damals erkannten viele Ärzte trotz markanter Unterscheidungsmerkmale nicht das einzigartige epidemiologische Muster der ME und verwechselten sie mit jener Form von Polio.

Vieles spricht dafür, dass es sich mit der Verwechslung von ME und dem Postviralen Fatiguesyndrom ähnlich verhält, wie der ME-Forscher Melvin Ramsay einleuchtend aufzeigt. Im Unterschied zu ME fehle dem Postviralen Fatiguesyndrom aber die drastische Wirkung von Bewegung auf die Muskelfunktion, die Multisystembeteiligung, die Tagesvariabilität der Symptome und der prolongierte, rezidivierende Verlauf der Erkrankung. Dass die ME und das Postvirale Fatiguesyndrom nicht dasselbe sind, bedeutet aber nicht, dass der Ausbruch der ME nicht durch einen Virus ausgelöst wurde und ihr möglicherweise ein bislang unbekannter Erreger ursächlich zugrundeliegt. Und nichtsdestotrotz können eine chronische Epstein-Barr-Infektion oder andere Infektionen gelegentlich mit der ME koexistieren und Rückfälle auslösen oder den Krankheitsverlauf verschlechtern.[417]

Doch bei vielen ME-Patienten lassen sich solche Infektionen eben genau ***nicht*** nachweisen, weshalb sachunkundige Ärzte dann irrigerweise denken, dem Patienten könne doch nichts fehlen. Auf der Verwechslung von ME/"CFS" mit dem Postviralen Fatiguesyndrom beruht möglicherweise auch das Missverständnis vieler Ärzte – und leider auch mancher ME/"CFS"-Experten –, einem Teil ihrer ME-Patienten (die Angaben schwanken etwa zwischen ¼ und 1/3) würde langsam ansteigendes körperliches Trainung zur Genesung verhelfen. Denn Patienten mit postviraler Fatigue erleben im Unterschied zu ME-Kranken eben nicht die rasche Erschöpfbarkeit der Muskulatur nach nur geringer körperlicher Belastung und die damit verbundenen, teils gravierenden Symptomverschlechterungen und Krankheitsrückfälle.[418]

- ***Um falsche Therapieempfehlungen zu vermeiden, sollten Mediziner sich vor allem anderen die genaue Kenntnis des einzigartigen Symptommusters der ME aneignen und insbesondere das Kardinalsymptom der ME, nämlich die pathologisch rasche Erschöpfbarkeit der Muskulatur nach geringer körperlicher Anstrengung verbunden mit einer neuroimmunen Entkräftung nach Belastung (PENE = Post-Exertional Neuroimmune Exhaustion), gleich bei der Erstanamnese abfragen.***

8 Die Unterschiede zwischen ME und psychiatrischen Erkrankungen

ME wird häufig mit psychiatrischen Erkrankungen verwechselt. In einer Studie erlebten 93% der teilnehmenden Jugendlichen, die zuvor als depressiv bzw. als affektiv gestört diagnostiziert worden waren, deren psychiatrische Behandlung dennoch aber erfolglos geblieben war, signifikante Verbesserungen durch die Einnahme des antiviralen Medikaments Valacyclovir. Der Autor schlussfolgert, dass seine Daten die Hypothese stützen, ein Teil der falschdiagnostizierten, behandlungsresistenten Depressiven seien in Wirklichkeit an einer nichtdiagnostizierten ME/“CFS“ oder einer anderen chronischen viralen Infektion erkrankt.[419]

Gleichwohl soll nicht unerwähnt bleiben, dass ein Teil der ME-Patienten an einer sekundären Depression erkrankt.[420] Wenn man an einer beängstigenden, unbekannten Krankheit leidet, auf deren rätselhafte Symptome sich keiner der konsultierten Ärzte einen Reim machen kann, die nicht verstanden und nicht behandelt wird und die offenbar auch nicht weichen will, kann man durchaus depressiv werden. Diese Depression wird dann von den Ärzten erkannt und fälschlich für die Ursache aller Beschwerden gehalten. Doch das ist natürlich nicht wahr, wie Dr. Erich Ryll, einer der Pioniere unter den ME-Ärzten, ausführte, denn die Depression ist ein Resultat dieser Krankheit, nicht aber ihr Verursacher.[421]

Man sollte auch nicht verhehlen, dass einige Patienten mit einer psychiatrischen oder psychischen Erkrankung lieber unter der Flagge einer organischen segeln – selbst wenn diese so wenig Anerkennung erfährt wie die ME. Diese Trittbrettfahrer kämpfen darum, das Stigma ihrer psychiatrischen Diagnose loszuwerden und als organisch erkrankt anerkannt zu werden. Sie arbeiten damit (unwissentlich) direkt denjenigen in die Hände, die die Krankheitsdefinition verwässern, um die organische Krankheit ME als eine psychogenen Ursprungs umdeklarieren zu können. Es ist also keiner Seite damit gedient, wenn Patienten mit einer genuin psychiatrischen Erkrankung unter den Schirm einer zu weit gefassten Definition zu schlüpfen versuchen – auch im Hinblick darauf, dass ihnen Behandlungen, die bei einer organischen Krankheit angezeigt sind, gar nicht nützlich sind. Vielmehr müsste auf der einen Seite dafür gestritten werden, dass psychiatrische Krankheiten ihr Stigma verlieren und nicht als selbstverschuldet und durch reine Willensanstrengung überwindbar gelten, und darüber hinaus, dass auch diese Patienten mit Respekt und Einfühlung behandelt werden. Und auf der anderen Seite muss darum gekämpft werden, dass Patienten mit einer organischen Krankheit nicht psychopathologisiert werden.

Dass psychiatrische Krankheiten überhaupt stigmatisiert werden, liegt vor allem an der psychiatrischen Profession selbst, die sich immer wieder autoritären Systemen angedient hat und in deren Auftrag arbeitete. Die Psychiatrie hat es leider bis heute versäumt, nachhaltig und konsequent ihre Geschichte (und auch krasse Fehlentwickungen) aufzuarbeiten, z.B. das nationalsozialistische Euthanasie-Programm, das nur mit Billigung der Psychiatrie damals durchgeführt werden konnte, und den Umgang mit Dissidenten in den ehemals sozialistischen Staaten. ***Heutzutage*** steht es leider keineswegs besser um den Ruf der Psychiatrie. Nur allzu offensichtlich dienen sich ihre einflussreichsten Vertreter den Regierungen und Gesundheitssystemen an und arbeiten gemeinsam mit der Versicherungsindustrie daran, psychisch erkrankten Menschen die finanzielle Unterstützung zu versagen und ihnen damit die Existenzgrundlagen zu entziehen, und lassen sich dabei noch zusätzlich von den Psychopharmakaherstellern sponsern. (Siehe z.B. Teil II, Kap. III/11) Hat die Psychiatrie sich also früher in den Dienst von Diktaturen gestellt, so arbeiten heute ihre einflussreichsten Repräsentanten (und somit zwangsläufig auch ein Großteil ihres „Fußvolkes“) ganz direkt und manchmal auch ohne Umweg über die Politik im Dienste des Kapitals. Deshalb werden die psychisch kranken Menschen auch in absehbarer Zeit ihr Stigma nicht loswerden.

Viele Ärzte beklagen, ein ME/“CFS“ sei differentialdiagnostisch so schwer von einer psychiatrischen Krankheit abzugrenzen. Doch trotz ihres Einwands lassen sich schon in der Anamneseerhebung ganz eindeutige Unterscheidungsmerkmale feststellen. Bei den Unterscheidungsmerkmalen zu Depressionen kann man sich verlässlich auf die klinischen Leitlinien für Psychiater der kanadischen Psychiaterin und Psychotherapeutin Eleanor Stein beziehen.[422]

8.1 Unterscheidungsmerkmale zu Depression, Angststörungen und anderen psychiatrischen Krankheiten

In einer Studie mit 632 Teilnehmern konnten mithilfe einer EEG-Spektralanalyse ME/“CFS“-Patienen von Depressiven, gesunden Kontrollen und Fatigue-Patienten unterschieden werden. Dabei wurde keine einzige depressive Person mit ME/“CFS“ fehlidentifiziert. Diese Studie erbrachte den Nachweis, dass ME-Kranke eine veränderte Physiolgie des Gehirns aufweisen, die nicht bei Depressiven, Gesunden und Fatigue-Patienten beobachtet wird.[423] Auch eine Gehirnstudie, die Anfang 2015 publiziert wurde, kommt zu dem Ergebnis, dass – obwohl Depressive, Angsterkrankte und ME/“CFS“-Patienten manche biologischen Ähnlichkeiten oder Gemeinsamkeiten teilen mögen – die Hirnanomalien ME-Kranker belegen, dass ME eine von Depressionen und Angsterkrankungen eindeutig abgrenzbare Krankheit ist.[424]

Oft lässt sich schon bei der Anamneseerhebung mit wenigen gezielten Fragen feststellen, ob der Patient tatsächlich an einer Depression leidet oder möglicherweise doch an ME. Bei der Unterscheidung ME-Kranker und Depressiver ist vor allem auch die Reaktion auf körperliche Belastung hilfreich.

ME-Patienten reagieren auf körperliche Belastung mit einer Verschlimmerung ihrer Symptome und Verstärkung der Erschöpfung, während körperliche Betätigung bei Depressiven meist stimmungsaufhellend wirkt und die Erschöpfungssymptomatik verbessert, also von hohem therapeutischen Nutzen sein kann.

Das Hauptsymptom ME-Kranker ist die neuroimmune Zustandsverschlechterung nach Belastung (PENE) verbunden mit einer schweren Erschöpfungssymptomatik (v.a. pathologische Muskelerschöpfbarkeit), für Depressive hingegen die Veränderung der Stimmungslage. Freud- und Lustlosigkeit, Interessenverlust, Aktivitätsmangel oder übermäßige Betriebsamkeit (agitierte Depression) stehen bei ihnen im Vordergrund.

Wenn man den ME-Patienten fragt, was er Lust hätte zu unternehmen, wenn es ihm besser ginge, fallen ihm zahlreiche Aktivitäten ein, während einem Depressiven kaum eine Antwort auf diese Frage einfallen wird.

Die Erschöpfung ME-Kranker ist vollkommen entkräftend und behindernd und vor allem auf die Muskulatur bezogen, während die Erschöpfung Depressiver nur leicht bis mittelschwer und nicht entkräftend und vor allem nur auf Motivation und Gefühle bezogen ist.

ME-Patienten ergreifen die Initiative bei der Suche nach einer wirksamen Behandlung. Sie wollen unbedingt wieder gesund werden und sind, zumindest in den ersten Jahren, hoffnungsvoll. Depressive sind hoffnungs- und hilflos, verfügen über ein geringes Selbstwirksamkeitsgefühl, leiden unter übermäßigen Schuldgefühlen, Suizidgedanken und unter einer geringen Selbstachtung.

In mehr als 80% der Fälle ist der Beginn einer ME durch eine Infektion bedingt. Eine Depression beginnt nur selten mit einer Infektion.

ME-Kranke klagen über grippeähnliche Symptome, Depressive nur selten.

ME-Patienten haben v.a. Muskel- und Gelenk- sowie Kopfschmerzen, während eine Depression gewöhnlich nicht mit einer Schmerzsymptomatik einhergeht.

ME-Kranke leiden unter nicht erholsamem Schlaf, Ein- u. Durchschlafstörungen, Schlafapnoen, nächtlichen Zuckungen und sie haben Schwierig-

keiten aufzustehen, wohingegen für Depressive Hypersomnie oder vorzeitiges Erwachen symptomatisch ist.

Während ME-Patienten häufig den Verlust der thermostatischen Stabilität beklagen, ist eine Depression nicht mit diesem Verlust verknüpft.

Bei ME auftretende autonome Dysfunktionen, wie beispielsweise Orthostatische Intoleranz oder Tachykardien, sind ebenfalls nicht mit einer Depression verknüpft.

Bei ME-Patienten ist die Hypothalamus-Hypophysen-Nebennieren-Achse unterdrückt. Bei Depressiven ist die Hypothalamus-Hypophysen-Nebennieren-Achse aktiviert.

Bei ME-Patienten wird häufig Hypocortisolismus festgestellt, bei Depressiven Hypercortisolismus.[425]

ME-Kranke haben eine signifikant schlechtere Hirnstammdurchblutung als depressive Patienten.[426]

Bei ME-Patienten lassen sich objektive Beeinträchtigungen in Aufmerksamkeits- und Gedächtnisleistung bei gleichzeitig guter Motivation und ohne übertriebene Beeinflussbarkeit sowie kein Zusammenhang mit Müdigkeit feststellen, wohingegen die kognitiven Beeinträchtigungen von Patienten mit einer Major Depression stark mit Depression und subjektiv empfundener Müdigkeit assoziiert sind.[427]

Untersuchungen der Gehirn-Rückenmark-Flüssigkeit haben außerdem ergeben, dass ME-Kranke um fast 300% erhöhte ventrikuläre Laktatkonzentrationen aufwiesen im Vergleich zu Patienten, die an generalisierten Angststörungen litten.[428]

ME-Patienten zeigen eine absolute Reduktion der kortikalen Durchblutung in ziemlich ausgedehnten Arealen, verglichen mit Patienten mit einer psychiatrischen Erkrankung, deren kortikaler Blutfluss nur im Bereich der linken mittleren zerebralen Arterie vermindert ist.[429]

8.2 Abgrenzung zur Neurasthenie

Nicht wenige Ärzte und vor allem Gutachter deklarieren eine ME kurzerhand zu einer „Neurasthenie“ um. Doch im ICD-10 ist die Myalgische Enzephalomyelitis explizit von der Diagnose „Neurasthenie“ ausgeschlossen.[430] Eine solche Umklassifizierung ist also unzulässig, denn die korrekte Lesart des ICD-10 verbietet die Vermischung von ME bzw. “CFS“ G93.3 mit der F48.0-Diagnose einer Neurasthenie. Und jedes Land, das die WHO-Bestimmungen für die Bezeichnungen der Krankheiten akzeptiert, ist verpflichtet, die Klassifikation des ICD zu beachten.

Neurasthenie ist die einzige psychiatrische Diagnose, deren Symptombeschreibungen sich teilweise mit denen der ME zu überlappen scheinen, zumindest die eine Hauptform der Neurasthenie, die mit *„Gefühlen körperlicher Schwäche und Erschöpfung nach nur geringer Anstrengung, begleitet von muskulären und anderen Schmerzen und der Unfähigkeit, sich zu entspannen"* einhergeht. Doch ein zweitägiger kardiopulmonaler Exercise-Test würde schnell klären, ob es sich bei diesen Symptomen nur um *„**Gefühle**(n) körperlicher Schwäche und Erschöpfung nach nur geringer Anstrengung"* handelt, oder ob handfeste biomedizinische Anomalien der Schwäche und Erschöpfung zugrundeliegen. (H.d.A.) Auch ein Genexpressionstest nach körperlicher Belastung, wie ihn Alan Light et al. entwickelt haben, könnte abklären, ob organische Anomalien vorliegen. Dieser Test ist ressourcenschonender und die Gefahr eines schweren Rückfalls ist nicht so groß wie bei dem zweitägigen Test.[431]

Die zweite Hauptform, bei der das *„Hauptcharakteristikum die Klage über vermehrte Müdigkeit nach geistigen Anstrengungen"* ist, und die *„typischerweise als unangenehmes Eindringen ablenkender Assoziationen oder Erinnerungen beschrieben"* wird, *„als Konzentrationsschwäche und allgemein ineffektives Denken"*, lässt sich überhaupt nicht mit den Symptomen einer ME in Einklang bringen. (Vgl. Teil I/Kap. III/2, insb. 2.3. und 2.4)

Zudem ist die Neurasthenie eine Diagnose, die zumindest die meisten Psychotherapeuten und Psychoanalytiker inzwischen als obsolet betrachten und die heutzutage fast nur noch von Psychiatern und Psychosomatikern gestellt wird. Der amerikanische Neurologe George Miller Beard führte 1869 in seinem Buch „American Nervousness" den Begriff „Neurasthenie" ein. In diesem Buch warnte Beard unter anderem davor, Mädchen eine naturwissenschaftliche Bildung angedeihen zu lassen. Die amerikanische Rasse geriete in Gefahr, denn naturwissenschaftlich gebildeten Mädchen schrumpfe der Uterus und ihre Fortpflanzungsfähigkeit würde beeinträchtigt. Angesichts solcher „wissenschaftlicher" Überlegungen erhebt sich fast 1 ½ Jahrhunderte nach Erscheinen des Buches mit Fug und Recht die Frage, ob es sich bei der Diagnose „Neurasthenie" nicht um ein historisch überholtes Krankheitsbild handelt, für das hinreichende Belege fehlen. Oder handelt es sich möglicherweise bei der „Neurasthenie" um das Burnout-Syndrom? Welche berühmten Persönlichkeiten seinerzeit an Neurasthenie litten, ist auf sehr unterhaltsame Weise von Florian Illies in seinem Buch „1913" beschrieben worden.[432] Bei der Lektüre wird deutlich, dass die seinerzeit so Diagnostizierten wie z. B. Franz Kafka und Robert Musil jedenfalls nicht an einer ME gelitten haben dürften. Allein ihr Arbeitspensum und ihr teils rastloser, teils sportlicher Lebensstil wären mit der Symtomatik einer ME nicht kompatibel gewesen. Der Schweizer Psychiater und Begründer der analytischen Psychologie C.G. Jung übrigens, aufgefordert über Neurasthenie zu schreiben, lehnte ab, weil, wie er schrieb, *„ich zu wenig davon verstehe und auch gar nicht daran glaube"*.[433]

8.3 Abgrenzung zu den Somatoformen Störungen

Nur allzu oft wird ME als eine somatoforme Störung oder auch als ein sogenanntes funktionelles somatisches Syndrom dargestellt. Diesem Denkmodell liegt die Auffassung zugrunde, dass es unangemessen sei, die schweren physischen und kognitiven Beeinträchtigungen der ME-Patienten auf eine ernsthafte Erkrankung zurückzuführen. Doch eine Studie enthüllte, dass die selbstberichteten Funktionseinschränkungen der untersuchten ME-Probanden signifikant mit organischen Abnormalitäten des Gehirns und der Schwere der Symptomatik korrelierten.[434]

Aber was versteht man eigentlich unter einer somatoformen Störung? Und: Gibt es überhaupt so etwas wie somatoforme Störungen, also körperliche Symptome mit Krankheitswert, denen keine organische Ursache oder aber keine ihrem krankmachenden Ausmaß entsprechende organische Ursache zugrundeliegt? Körperliche Symptome, die medizinisch unerklärbar sind und auch bleiben, selbst wenn man immer weiter hartnäckig nach ihrer Verursachung forscht? Oder handelt es sich bei den sogenannten somatoformen Störungen nicht vielmehr in aller Regel um nicht untersuchte bzw. nicht diagnostizierte oder gar ***noch*** nicht diagnostizierbare Krankheiten, viele davon mit unbekannter Ätiologie?

Wenn man die Definition somatoformer Störungen im ICD nachliest, ergeben sich schon auf den ersten Blick ein paar „Haken“: *„Das Charakteristikum ist die wiederholte Darbietung körperlicher Symptome in Verbindung mit hartnäckigen Forderungen nach medizinischen Untersuchungen trotz wiederholter negativer Ergebnisse und Versicherung der Ärzte, dass die Symptome nicht körperlich begründbar sind. Wenn somatische Störungen vorhanden sind, erklären sie nicht die Art und das Ausmaß der Symptome, das Leiden und die innerliche Beteiligung des Patienten.“* Hier werden ***die Ärzte*** als eine objektive, objektivierende und geschlossene Gruppe dargestellt, welche die somatischen Erkrankungen problemlos identifizieren kann. Das ist aber keineswegs der Fall, wenn man bedenkt, dass Ärzte immer nur die Krankheiten identifizieren können, die sie auch kennen und mit denen sie sich auch auskennen. Nicht umsonst gibt es ***Fach-***ärzte.

Die Ärzte sind also keineswegs eine geschlossene Gruppe. Sie sind auch weder objektiv noch objektivierend. Jeder kennt die Redensart „Zwei Ärzte, drei Meinungen“. Was der eine Arzt als eine organpathologische Erkrankung identifiziert, hält der andere für eine somatoforme Störung und der dritte für Einbildung. Berichtet man dem Internisten beispielshalber von Schwindel, wird man mit größerer Wahrscheinlichkeit eine Stoffwechselstörung oder eine Herz-Kreislaufstörung attestiert bekommen, als wenn man zum Zahnarzt geht, der bei gleichem Beschwerdebild möglicherweise eine Entfernung der Amalgam-Füllungen oder eine Zahnsanierung vorschlagen wird. Sucht man mit gleicher Symptomatik den Psychologen auf, bekommt man aller Wahrscheinlichkeit nach eine psychische Diagnose verpasst, während der Orthopäde am ehesten eine Fehlstellung der Halswirbelsäule als Ursache des Schwindels ausfindig machen wird. Nach Schätzungen des AOK-Krankenhausreports passieren allein in den Kliniken alljährlich 190.000 Fehlbehandlungen mit schädlichen Folgen, an denen 19.000 Patienten versterben.[435]

Schon allein deshalb macht es wenig Sinn, ***die Ärzte*** auf eine einhellige Meinung, nicht voneinander abweichende Untersuchungsergebnisse und gleiche Behandlungsempfehlungen zu reduzieren. Denn was der eine Arzt verkennt, kann ein anderer möglicherweise durchaus richtig identifizieren und behandeln.

Man darf also nicht die extrem hohe Anzahl von Fehldiagnosen außer Acht lassen[436] sowie die Tatsache, dass Standarduntersuchungen i.d.R. nur Standardkrankheiten aufdecken, und dass es nicht ohne Grund mittlerweile einige Zentren für seltene Krankheiten gibt, die eben genau nicht von ***den Ärzten*** mit ihren im Vergleich bescheidenen Untersuchungsmethoden erkannt werden können. Es gibt tatsächlich Fachleute wie den amerikanischen forensischen Psychologen Dr. Bruce Leckart, der in 28 Jahren keine einzige somatoforme Störung diagnostizieren konnte, und zwar mit der Begründung, dass es nahezu unmöglich sei zu beweisen, dass der Patient ***keine*** zugrundeliegende organische Krankheit habe, die seine körperliche Symptomatik hervorrufe. Es sei so gut wie unmöglich zu belegen, dass diese körperliche Symptomatik lediglich auf psychischen Faktoren beruhe, denn allein die Tatsache, dass der Arzt oder auch Facharzt nichts finde, beweise noch lange nicht, dass auch wirklich keine organische Ursache existiere.[437] Oder, wie es der philosophische Essayist und mathematische Wahrscheinlichkeitsforscher Nassim Nicholas Taleb in seinem Buch „Der Schwarze Schwan – Die Macht höchst unwahrscheinlicher Ereignisse“ schreibt: Es gibt zwar das Akronym NED in der medizinischen Literatur für No Evidence of Disease (keine Beweise für eine Krankheit), jedoch so etwas wie END (Evidence of No Disease), also Beweise für ***keine*** Krankheit gibt es nicht.[438]

Die also nahezu ausgeschlossene Möglichkeit, den untrüglichen Beweis antreten zu können, dass den Beschwerden ***tatsächlich keine*** organische Ursache zugrundeliegt, lässt selbstverständlich auch keineswegs den Umkehrschluss zu, dass diese Beschwerden dann psychischer Natur sein müssen. Denn es müssten ja beim Patienten eindeutig Konflikte oder psychische Traumata nachgewiesen werden, die auch wirklich das Potential besitzen, schwerwiegende krankmachende körperliche Symptome auszulösen. Es müsste darüber hinaus nachgewiesen werden, dass diese psychischen Probleme sich nicht – wie naturgemäß zu erwarten – im Gewand einer psychischen Störung zeigen, sondern in dem einer physischen Störung präsentieren, und darüber hinaus müsste auch begründet werden, ***warum*** sie sich als physische Störung maskieren.

Diese Nachweise bleiben aber diejenigen, die regelhaft die Diagnose einer somatoformen Störung stellen, wenn der Patient eine körperliche Symptomatik präsentiert, die kein durch die Routinediagnostik erkennbares medizinisches Äquivalent aufweist, meist schuldig. Sie gründen ihre Diagnose einer somatoformen Störung einzig und allein auf den unzulässigen Umkehrschluss, wenn nichts Organisches gefunden werden kann, muss es sich wohl um etwas Psychisches handeln. Doch diese eingefahrene Denkweise ist weder logisch, noch psychologisch und schon gar nicht wissenschaftlich.

Die Medizingeschichte zeigt darüber hinaus, dass unabhängig von objektivierenden diagnostischen Markern auch der gesellschaftliche Konsens darüber bestimmt, ob eine Krankheit als organischen oder psychischen Ursprungs gilt, und dass ein Paradigmenwechsel nicht zwangsläufig mit einem biomedizinischen Durchbruch verknüpft sein muss. Die Multiple Sklerose beispielsweise erfuhr einen solchen Paradigmenwechsel, noch ***bevor*** bildgebende Verfahren erste handfeste Beweise für die Organpathologie der Erkrankung lieferten. Der Umschwung wurde 1950 durch das erste MS-Symposium in New York eingeleitet, wo das bislang bekannte neurologische Wissen zusammengetragen und mit dem Vorurteil aufgeräumt wurde, es handele sich um eine Geisteskrankheit. Heute gibt es zwar immer noch kein Heilmittel für die MS, die – ganz ähnlich wie die ME – sich als „Krankheit mit den 1000 Gesichtern" präsentiert, doch gelten inzwischen diejenigen, die weiterhin an einer Psychopathologisierung dieser Krankheit des Zentralen Nervensystems festhalten, als abseitige Esoteriker. Neben wissenschaftlichen Durchbrüchen in der Biomedizin sind es also auch gesellschaftliche Verständigungsprozesse, die darüber entscheiden, ob eine Krankheit als organisch oder somatoform angesehen wird.

- ***Das, was als organisch oder psychisch bzw. somatoform gilt, unterliegt immer auch einem historischen Prozess. Dabei erwiesen sich die Verfechter einer psychogenen Verursachungstheorie organischer Krankheiten bislang stets als die Rückständigen. Denn naturwissenschaftliche und biomedizinische Erkenntnisse haben regelhaft diese historischen Irrtümer korrigiert.***

Doch da in der Allgemein- und Kinderarztpraxis ein Beschwerdebild wie ME, das zunächst kein biomedizinisches Äquivalent zeigt, einen ärgerlichen „Störfall" darstellt, der Zeit kostet, aber wenig Geld bringt, dient die Diagnose der „Somatoformen Störung" als Entsorgungskategorie für die Praxisentlastung. Und zur diagnostischen Erleichterung des überlasteten und gestressten Arztes und vor allem zur großen Befriedigung gesellschaftlicher Interessensgruppen wie der Versicherungsindustrie und ihren Steigbügelhaltern, die den organischen Charakter der ME mithilfe von verwässerten Konsenskriterien verschleiern wollen, um die Behauptung aufrechterhalten zu können, es handele sich um eine somatoforme Störung psychogenen Ursprungs, zeigen einige Symptome der ME – allerdings nur scheinbar! – Überschneidungen mit den bei einer somatoformen Störung beschriebenen.

- ***Doch die ME weist im Gegensatz zur somatoformen Störung ein typisches Symptommuster auf und ihr Kardinalsymptom, die PENE (die neuroimmune Entkräftung nach Belastung), ist einzigartig und bei keiner anderen Krankheit bekannt.***

Die meisten ME-Kranken leiden unter chronischen, oft wandernden Schmerzen. Am häufigsten sind Muskel-, Rücken-, Nacken-, Gelenk-, Kopf-, Hals- und Nervenschmerzen. Um die Diagnose einer „Anhaltenden somatoformen Schmerzstörung" (F45.40) stellen zu dürfen, müssten diese Schmerzen allerdings *„in Verbindung mit emotionalen Konflikten oder psychosozialen Belastungen auf(*treten*),* ***denen die Hauptrolle für Beginn, Schweregrad, Exazerbation oder Aufrechterhaltung der Schmerzen zukommt."*** (H.d.A.) Doch bei ME-Kranken treten Schmerzen völlig unabhängig von emotionalen und psychischen Befindlichkeiten oder sozialen Belastungen auf und diese spielen gar keine Rolle für deren Beginn, den Schweregrad, ihre Verschlimmerung oder gar „Aufrechterhaltung". ***Allein körperliche oder kognitive und sensorische Überlastungen sind bei ME-Patienten schmerzauslösend.*** (Aber auch im Ruhezustand – unabhängig von Bewegung und sensorischen Belastungen oder kognitiven Anforderungen – können anhaltende Schmerzen auftreten.) Wenn ein Behandler oder Gutachter dennoch die Diagnose F45.40 stellt – ohne dass der Patient von einer Verbindung seiner Schmerzen mit belastenden psychischen Konflikten etc. berichten kann – steht diese Diagnose auf tönernen Füßen und man kann dem Patienten nur anraten, sie umgehend anzufechten oder aber, wenn möglich, den Arzt zu wechseln bzw. ein Gegengutachten erstellen zu lassen oder einzufordern.

Auch ein F45.41, eine „Chronische Schmerzstörung mit somatischen und psychischen Faktoren" kommt als Diagnose für ME-Patienten nicht in Frage, auch wenn die *„Schmerzen in einer oder mehreren anatomischen Regionen, […] ihren Ausgangspunkt in einem physiologischen Prozess oder einer körperlichen Störung haben"*. Denn auch bei dieser Diagnose wird ***„Psychischen Faktoren […] eine wichtige Rolle für***

Schweregrad, Exazerbation oder Aufrechterhaltung der Schmerzen beigemessen", wenn auch *„nicht die ursächliche Rolle für deren Beginn"*. (H.d.A.)

Das Gleiche gilt für F45.8 („Sonstige somatoforme Störungen"). Diese Beschwerden sind *„auf spezifische Teile oder Systeme des Körpers begrenzt"* und stehen *„mit belastenden Ereignissen oder Problemen eng in Verbindung"*. Die subsumierten Störungen sind u.a. Dysmenorrhoe (eine mit krampfartigen und langandauernden Schmerzzuständen einhergehende Menstruation), Dysphagie (Schluckstörung) und Pruritus (Juckreiz). Das sind alles Symptome, die bei einer ME auftreten ***können***, aber nicht ***müssen***. Sie sind jedoch weder mit psychischen Problemen in Verbindung zu bringen, noch treten sie als isolierte Symptome auf, sondern sie stellen lediglich einen kleinen Teil eines sehr viel umfassenderen Symptomenkomplexes dar.

Ebenso unpassend ist die Diagnose einer „Somatoformen autonomen Funktionsstörung" (F45.3) für ME-Kranke. Denn bei dieser Störung werden die *„Symptome […] vom Patienten so geschildert, als beruhten sie auf der körperlichen Krankheit* ***eines*** *Systems oder* ***eines*** *Organs"*. (H.d.A.) Es finden sich bei ME-Patienten aber immer Symptome aus ***vielen*** Systemen, nämlich des neurologischen, kardiovaskulären, gastrointestinalen, immunologischen, respiratorischen und des urogenitalen Systems.

Um die Diagnose einer somatoformen Störung stellen zu dürfen, war es nach dem DSM IV unabdingbar erforderlich, dass die Symptome nicht durch einen medizinischen Krankheitsfaktor erklärt werden konnten.[439]

- ***Die zahlreichen biophysiologischen Befunde und die abweichenden Laborparameter eines ME-diagnostizierten Patienten ließen nach dem DSM IV die Diagnose einer somatoformen Störung nicht zu.***

Das DSM V, das die vierte Auflage des DSM im Mai 2013 abgelöst hat, benannte die „Somatoform Disorders" in „Somatic Symptom Disorder" (SSD) um, und während die Diagnose der Somatoformen Störungen sich auf medizinisch nicht erklärbare Symptome stützte, verlangt die SSD nicht mehr, dass die Symptome medizinisch unerklärt sein müssen. Die Symptome ***können*** also auch durchaus mit einer organischen Krankheit assoziiert sein, ***müssen*** es aber nicht.[440] Damit ist den Verfechtern einer psychogenen Verursachungstheorie natürlich Tür und Tor bei der Diagnosestellung geöffnet.

Doch dieser weitere Beleg für den Psychopathologisierungswahn des aktuellen DSM[441] wird diejenigen, die sich unkritisch nach ihm richten, in keinem seriösen Licht dastehen lassen. Ein verantwortungsvoller Arzt, Psychiater oder Psychosomatiker wird sich hüten, eine zugrundeliegende organische Krankheit zu übergehen und falsche Behandlungen zu verordnen – denn bei Fehldiagnosen und Falschbehandlung mit einschneidenden Folgen kann er vom Patienten auf Schadenersatz verklagt werden. Zudem muss in Deutschland die Diagnose nach dem ICD verschlüsselt werden. Und nach den für das ICD maßgeblichen taxonomischen Prinzipien (den Klassifikationsschemata) ist es ***„nicht gestattet […], ein und dieselbe Krankheit unter mehr als einer Rubrik einzuordnen, da dies bedeuten würde, dass die einzelnen Kategorien und Unterkate-gorien sich nicht mehr gegenseitig ausschließen"***, wie André l'Hours vom Hauptsitz der WHO im Januar 2004 schriftlich klarstellte.[442]

Auch die Verordnung zur Änderung der Versorgungsmedizin-Verordnung aus dem Jahr 2010, die sich *„gemäß dem aktuellen Stand der Wissenschaft fortentwickelt"*, hat *„die Wörter „Die Fibromyalgie und ähnliche Somatisierungssyndrome (zum Beispiel CFS/MCS)" durch die Wörter „Die Fibromyalgie, das Chronische Fatigue Syndrom (CFS), die Multiple Chemical Sensitivity (MCS) und ähnliche Syndrome" ersetzt."*[443]

Es gibt einige wenige erste Gerichtsurteile, die ein „CFS" als Grund für eine Berufsunfähigkeit anerkannten und den Versicherer zur Zahlung einer Berufsunfähigkeitsrente verpflichteten. In einer Begründung wird vor allem auf das Fehlen einer Heilbehandlung für die Krankheit verwiesen: *„Schließlich und entscheidend kommt hinzu, dass es derzeit keine wirksamen Behandlungsmöglichkeiten für die Erkrankung CFS gibt."*[444] Diese Anerkenntnisurteile finden hier Erwähnung in Zusammenhang mit den Versuchen, ME/"CFS" zu einer somatoformen Störung umzudeklarieren, denn die meisten Renten- und Berufsunfähigkeitsversicherer tun genau das. (In Teil II/Kap. 10 wird näher auf dieses Thema eingegangen.) Sie tun es vor allem deshalb, um die Zahlung von Renten und Berufsunfähigkeitsrenten abzuwehren. Insofern leisten solche Urteile den ME-Patienten Schützenhilfe, wenn sie sich gegen die Versuche einer Umklassifizierung zur Wehr setzen müssen. Denn es wird immer Ärzte, Psychiater und Psychosomatiker geben, die ein „CFS" als eine somatoforme Störung diagnostizieren – viele mangels gründlicher Kenntnisse ***beider*** Diagnosen, etliche aber auch – und zwar u.a. diejenigen, die Honorare von Versicherern beziehen – aus Gewissenlosigkeit.

8.3 Abgrenzung von einer Posttraumatischen Belastungsstörung

Mitunter wird ME auch mit einer Posttraumatischen Belastungsstörung (PTBS) verwechselt. Oder die Ursache der ME wird fälschlicherweise in einer solchen vermutet, obwohl tatsächlich kein posttraumatisch belastendes Ereignis stattgefunden hat. Das geschieht in den meisten Fällen aus der Unkenntnis heraus, dass die PTBS nur *„als eine verzögerte oder protrahierte Reaktion auf ein belastendes Ereignis oder eine Situation kürzerer oder längerer Dauer,* ***mit außergewöhnlicher Bedrohung oder katastrophenartigem Ausmaß****, die bei fast jedem eine tiefe Verzweiflung hervorrufen würde"* entstehen kann. (H.d.A.) Solche Ereignisse sind beispielsweise schwere körperliche Misshandlung in der Kindheit, sexueller Missbrauch, Vergewaltigung, gewalttätige Angriffe auf die eigene Person, Entführung, Geiselnahme, Terroranschlag, Krieg, Kriegsgefangenschaft, politische Haft, Folterung, Gefangenschaft in einem Konzentrationslager, Naturkatastrophen oder von Menschen verursachte Katastrophen, Unfälle oder die Diagnose einer lebensbedrohlichen Krankheit, die an der eigenen Person, aber auch an fremden Personen erlebt werden können. (Vgl. Leitlinie Posttraumatische Belastungsstörung der AWMF.)[445] Scheidung der Eltern, Trennungen, Mobbing oder Tod eines Angehörigen gehören allerdings definitiv ***nicht*** dazu. Zudem sind die Auswirkungen einer PTBS überwiegend psychischer Art, wohingegen die Symptome einer ME vor allem körperlicher Art sind.

8.4 Abgrenzung von Dissoziativen Störungen (Konversionsstörungen)

Bei schwerstkranken ME-Patienten können Lähmungen, Taubheit oder Blindheit auftreten. Dieser Funktionsverlust wird von uninformierten Ärzten häufig mit einer sogenannten Konversionsstörung (F44.-), auch dissoziative Störung genannt, verwechselt. Konversionsstörungen gehören zu einer Gruppe neurotischer Störungen, deren typische Symptome als Verlust der normalen Integration der Erinnerung an die Vergangenheit, Verlust des Identitätsbewusstseins, der Wahrnehmung unmittelbarer Empfindungen sowie der Kontrolle von Körperbewegungen beschrieben werden. Patienten zeigen neurologische Symptome wie Taub- oder Blindheit, Lähmungen, ungewollte Muskelkontraktionen oder Anfälle, für die keine neurologische Ursache zu finden ist. Die Symptomatik wird als Reaktion auf ungelöste Konflikte im Leben des Patienten verstanden. Die dissoziativen Störungen oder Konversionsstörungen werden *„als ursächlich psychogen angesehen, in enger zeitlicher Verbindung mit traumatisierenden Ereignissen, unlösbaren oder unerträglichen Konflikten oder gestörten Beziehungen"*. Sie sind *„offensichtlich Ausdruck emotionaler Konflikte oder Bedürfnisse"* und die *„Symptome können sich in enger Beziehung zu psychischer Belastung entwickeln und erscheinen oft plötzlich"*.

Doch ME-Experten wissen, dass die Lähmungen sowie Taub- und Blindheit bei ME neurologische Ursachen haben und keinesfalls psychogener Natur sind. Wer eine Konversionsstörung diagnostiziert, müsste auch den Nachweis einer Verbindung dieser Funktionsstörungen mit traumatisierenden Ereignissen etc. erbringen. Es müsste ein psychodynamischer Konflikt benannt werden, der sich aus dem biographischen Zusammenhang des Patienten ergibt, bevor eine dissoziative Störung diagnostiziert werden kann.

8.5 Unterschied zu Anorexia nervosa

ME-Patienten können zeitweise rasant an Gewicht verlieren oder aber rasant zunehmen. Diese Symptome gehören zu den neuroendokrinen Manifestationen der ME. Mediziner, die einen untergewichtigen ME-Patienten zum ersten Mal sehen, könnten sein Krankheitsbild irrtümlich für eine Anorexia nervosa (F50.0) oder eine atypische Anorexia nervosa (F50.1) halten. Doch die Anorexia nervosa ist durch einen ***absichtlich selbst herbeigeführten oder aufrechterhaltenen*** Gewichtsverlust charakterisiert, wobei die Angst zu dick zu sein oder „schwabbelig" auszusehen im Vordergrund steht. Zu den Symptomen einer Anorexia gehören eingeschränkte Nahrungsauswahl, übertriebene körperliche Aktivitäten, ***selbstinduziertes*** Erbrechen und Abführen und der Gebrauch von Appetitzüglern und Diuretika – eine Symptomatik, die sich wahrlich nicht mit dem Verhalten von schwer erkrankten ME-Patienten in Einklang bringen lässt. (Mit Ausnahme einer möglicherweise eingeschränkten Nahrungsauswahl, die sich allerdings nicht auf die Kalorienzahl, sondern auf die Verträglichkeit bezieht.)

Bei einer atypischen Anorexia können das Schlüsselmotiv, die überwertige Angst zu dick zu sein, und Symptome wie das Ausbleiben der Monatsblutung zwar fehlen, aber dennoch ist diese Diagnose nicht mit einer ME-Erkrankung kompatibel, weil auch bei der atypischen Anorexia das gewichtsreduzierende Verhalten eine entscheidende Rolle spielt. Außerdem: Die *„Diagnose ist bei einer bekannten körperlichen Krankheit mit Gewichtsverlust nicht zu stellen."* Da jedoch **„deutliche Gewichtsveränderungen - Anorexie oder anormaler Appetit"** häufige Symptome bei ME, somit also „bekannt" als Symptome sind und zu den neuroendokrinen Manifestationen einer ME zählen, darf hier nicht leichtfertig oder gar fahrlässig eine F-Diagnose gestellt werden.[446]

8.6 Unterschied zu Burnout

Vermutlich nicht eben selten wird der ME-Patient fälschlicherweise mit der Diagnose „Burnout" belegt. Doch im Gegensatz zum Burnout bessern sich die Symptome eines ME-Patienten durch Ruhe und die üblichen Rehabilitationsmaßnahmen, die bei Burnout angeboten werden, nicht. Für die differentialdiagnostische Abgrenzung zum Burnout liefert die Vorgeschichte des Erkrankten zudem wichtige Hinweise. Es muss geklärt werden, ob der Patient unter einer extremen Stressbelastung gestanden hat oder chronisch überfordert war, was zu einem Burnout führen kann, oder möglicherweise nur ein hohes Aktivitätslevel besessen hat wie viele andere Gesunde auch, die in der Folge nicht erkranken. Ein hohes Aktivitätslevel ist nicht mit einer extremen Stressbelastung zu verwechseln, und es muss bei der Anamnese sorgfältig abgeklärt werden, ob der Patient vor seiner Erkrankung unter besonderem Stress gestanden hat, weil er tatsächlich nicht zu verkraftenden Belastungen ausgesetzt war, oder ob er bereits gesundheitlich angeschlagen gewesen ist (z.B. durch Symptome, die bei einer milden Form von ME auftreten, wie rezidivierende Infekte, anhaltende Halsschmerzen oder auch ein allgemeines Schwächegefühl) und deshalb seine Aktivitäten ab einem gewissen Zeitpunkt – nämlich dem Beginn seiner ME-Erkrankung – als anstrengend empfunden hat. Etlichen ME-Patienten erscheint ihr Leben vor der Erkrankung auch erst im Nachhinein als stressbelastet, da sie sich solche Aktivitäten krankheitsbedingt nicht mehr vorstellen können und sich nur bei dem bloßen Gedanken daran schon gestresst und überfordert fühlen.

Stress für alle möglichen Krankheiten verantwortlich zu machen, entspricht dem Zeitgeist. Doch man sollte dabei nicht vergessen, dass Stress normal ist und zum Leben dazu gehört. Die Menschen waren immer und zu allen Zeiten Stress ausgesetzt, wenn auch die Art der Belastung sich geändert haben mag. ***„Everybody`s got stress. Stress is normal"***, ließ der an ME erkrankte amerikanische Filmregisseur Blake Edwards seinen Protagonisten Jack Lemmon in dem Film „That`s Life" sagen.

Man darf auch nicht den Umstand aus dem Auge verlieren, dass viele ME-Patienten ihr prämorbides Aktivitätniveau bei einer Erstvorstellung oftmals maßlos übertreiben, nur um nicht für Simulanten oder Drückeberger gehalten zu werden. Denn die Krankheit hat ein denkbar schlechtes Image. Um diesem Vorwurf, dem der Patient u.U. schon länger, nämlich mit Beginn der Chronifizierung ausgesetzt war, zuvorzukommen, stellt er sein Vorleben gerne als hyperaktiv dar. Auch das muss bei der Anamneseerhebung bedacht werden.

Ein Hang zum Perfektionismus oder ausgeprägter Ehrgeiz sind keine konstituierenden Faktoren einer ME, auch wenn es manchen Ärzten (und auch den Patienten, die ihrem Schicksalsschlag einen Sinn verleihen möchten) so vorkommen mag. Immer wieder versuchen die Anhänger einer psychogenen Verursachungstheorie das Streben nach Perfektionismus mit ME/"CFS" in Verbindung zu bringen. So auch z.B. eine pseudowissenschaftlich anmutende Studie aus dem Jahr 2014. Mitglieder der britischen „Wessely-School" wollen hier bei 24 an „CFS" erkrankten Jugendlichen mit Hypocortisolismus einen Zusammenhang mit ihrem ***selbstberichteten*** Streben nach Perfektion und prosozialen Verhalten gefunden haben. Nach einem halben Jahr angeleiteter Behandlung (Kognitive Verhaltenstherapie im Rahmen der Selbsthilfe) hätten sich die Cortisollevel wieder auf normalem, gesundem Niveau eingependelt, so das Abstract der Studie.[447] Doch bei diesen Jugendlichen wird es sich wohl überwiegend nicht bzw. gar nicht um ME-Kranke, sondern nur um Patienten mit einer Chronic Fatigue gehandelt haben (gemäß den verwässerten Definitionskriterien der „Wessely-School", die für die Patientenrekrutierung bei solchen Studien auch gerne mal die extrem weitgefasste empirische Definition der CDC benutzt, die, wie im Kapitel „Krankheitsdefinitionen" dargelegt, erlaubt, einen arbeitsunwilligen, sozial inkompetenten und kontaktarmen Marathonläufer, der morgens schlecht aus dem Bett kommt, als ME-Kranken zu diagnostizieren)[448]. Darüber hinaus ist der angestrengte Versuch, den selbstberichteten Perfektionismus und das selbstberichtete prosoziale Verhalten als krankheitsauslösend und –erhaltend zu etablieren, geradezu lächerlich. (Es wäre ja auch zu schön, um wahr zu sein, wenn ME/"CFS"-Kranke allein durch die Einsicht, nicht immer alles so genau nehmen zu müssen, geheilt werden könnten! So naiv können die „Wessely-School"-Mitglieder doch eigentlich gar nicht sein. Ob es sich hier wieder einmal um das bewusste Streuen einer Desinformation handelt?) Denn was sollen Jugendliche, die an einer stigmatisierten Krankheit leiden und die mit großer Wahrscheinlichkeit nur allzu oft als faul, unmotiviert und dissozial beschimpft wurden, auf Fragen, ob sie sich eher als sehr motiviert oder eher unmotiviert einschätzen würden, antworten? Etwa: Ja, ich habe gerne mal Fünfe gerade sein lassen? Ganz gewiss nicht! Sie werden schon aus Gründen der Schamabwehr betonen, dass sie im Grunde ihres Herzens Perfektionisten sind und sich auf jeden Fall prosozial verhalten.

Bei diesem Studiendesign wird wieder einmal deutlich, wie sehr Selbstberichtetes narrativen Verzerrungen unterliegen kann, zumal wenn den Studienteilnehmern nur allzu offensichtliche Kausalzusammenhänge angeboten werden, und insbesondere dann, wenn es sich um die Zuschreibung allgemein eher positiv besetzter Eigenschaften handelt. Denn der Mensch ist stets bestrebt, einen Kausalzusammenhang herzustellen. Wenn ihm außerdem noch suggeriert wird, er sei nicht etwa krank geworden, weil er ein Taugenichts und Faulpelz, sondern im Gegenteil ein besonders nützliches Mitglied der Gesellschaft gewesen sei, kommt das einem Ritterschlag gleich. Bei Jugendlichen, die sich aufgrund ihrer Krankheit tagtäglich als defizitär und als nicht vollwertige Mitglieder der Gesellschaft erleben müssen, und denen ein positiv besetzter Kausalzusammmenhang bezüglich der Krankheitsursache per Fragebogentechnik nahegelegt wird, ist es dann keine große Überraschung, dass sie ein Angebot, das ihnen erlaubt, sich als in Wirklichkeit ganz besonders tüchtig und engagiert darzustellen, dankbar aufgreifen.

Doch das Studiendesign birgt noch weitere Fallstricke. Statt chronisch Kranke mit anderen chronisch Kranken zu vergleichen, wurden hier Gesunde mit chronisch Kranken verglichen. Das ist als würde man Äpfel mit Birnen vergleichen.

Chronisch Kranke sind nämlich oftmals schon aus Krankheitsgründen zu einem besonders disziplinierten Lebensstil und besonderen sozialen Kompetenzleistungen gezwungen, um ihre Krankheit unter Kontrolle halten und ihre sozialen Bindungen aufrecht erhalten zu können. Selbst wenn es tatsächlich eine Korrelation bei „CFS"-kranken Jugendlichen zwischen Perfektionismus und Hypocortisolismus gäbe, darf man daraus noch keine Kausalität ableiten. Man hätte also im Prinzip die Gegenprobe machen, nämlich untersuchen müssen, ob der Cortisolspiegel bei den gesunden Kontrollen nach einem halben Jahr KVT-Selbstbehandlung mit dem Lernziel, sich mehr Sorgfalt, Akkuratesse und soziales Verantwortungsgefühl anzueignen, abgefallen wäre. Doch interessanterweise hat man offenbar nicht nur auf eine gleichwertige Behandlung der Kontrollen verzichtet, sondern auch darauf, deren Cortisolwerte nach einem halben Jahr ebenfalls zu messen. Eigentlich hätte man noch eine dritte Gruppe Jugendlicher vergleichend untersuchen müssen, nämlich dissoziale, verwahrloste Jugendliche, die dann wohl wahrscheinlich, wenn man die Studienhypothese konsequent weiterdenkt, stark erhöhte Cortisolspiegel aufweisen müssten. Man erfährt im Übrigen auch nichts darüber, ob die Jugendlichen mit „CFS" über die Besserung der Cortisolwerte hinaus eine Besserung ihres Gesundheitszustandes durch die Behandlung erfahren haben. Denn was nützt ein angehobener Cortisolspiegel, wenn es dem Patienten noch genauso schlecht wie vorher geht?

Das Studiendesign insgesamt war also von vornherein nach dem Muster „Der-Klapperstorch-bringt-die-Babys" gestrickt, und die Autoren haben die Daten einfach nach ihrer Lieblingshypothese in Beziehung zueinander gesetzt. Man fragt sich mit Besorgnis, weshalb für derart unsolide Studien überhaupt Mittel bereitgestellt werden. Denn hier geht es doch nur allzu offensichtlich um den Versuch, eine Ideologie pseudowissenschaftlich statistisch untermauern und der Ärzteschaft und der Allgemeinheit Sand in die Augen streuen zu wollen.

Andere Studien mit einem Studiendesign, das wissenschaftlichen Ansprüchen Genüge leistet, kommen denn auch zu einem ganz anderen Ergebnis: Die Verknüpfung einer bestimmten Persönlichkeitsstruktur mit der Entstehung einer ME ist wissenschaftlich nicht belastbar.[449]

- ***Die Abklärung, ob tatsächlich eine chronische Überforderung oder eine Stressbelastung Auslöser für die Krankheit sind, gewinnt vor allem deshalb zentrale Bedeutung, weil diese – sogar nach den Fukuda-Kriterien und der IOM-Definition! – ausdrücklich ein Ausschlusskriterium für eine ME-Erkrankung darstellen.***[450]

8.7 Münchhausen-Syndrom

Verschiedentlich berichteten ME-Patienten darüber, dass sie von Ärzten fälschlich des Münchhausen-Syndroms (im DSM V „Factitious Disorder Imposed on Self" genannt) beschuldigt wurden. Das Münchhausen-Syndrom ist eine artifizielle Störung (im ICD codiert mit F68.1), d.h. die Betroffenen täuschen absichtlich körperliche oder psychische Symptome oder Behinderungen vor oder erzeugen diese sogar selbst bei sich. Als Motiv für dieses selbstschädigende Verhalten wird der Wunsch des Patienten, die Krankenrolle einnehmen zu können, vermutet. Unter dem Schlüssel F68.1 wird auch das Hospital-hopper-Syndrom subsumiert.

Da ME-Kranke, besonders die schwerer erkrankten, auf der Suche nach einer Diagnose häufig in verschiedenen Kliniken landen, ohne dass die Ärzte dort Anhaltspunkte für eine organpathologische Diagnose finden können, weil sie die Krankheit bedauerlicherweise nicht kennen, kann es häufiger mal vorkommen, dass die Patienten für Hospital-hopper gehalten werden, die gerne krank spielen. Eine ME-Patientin wurde in diesem Zusammenhang z.B. verdächtigt, mit rhythmischen Bewegungen des Schließmuskels absichtlich die Anzeige auf dem Fieberthermometer nach oben getrieben zu haben, um die Ärzte glauben zu machen, sie habe Fieber. Tatsächlich litt sie zusätzlich an einer unentdeckten, akuten Blinddarmentzündung, die sie aufgrund der Ignoranz der Ärzte und deren Vorurteile gegenüber ihrer ME-Erkrankung leicht das Leben hätte kosten können. Man diagnostizierte fälschlicherweise eine larvierte Depression und schickte sie mit einem Psychopharmakon gegen Wahnvorstellungen nach Hause. Ein anderer Einzelbericht gibt Auskunft über einen Grundschüler mit ME, der wegen einer EBV-Reaktivierung unter einem quälenden trockenen Reizhusten litt. Die sachunkundige Ärztin sprach von einem Husten-Tic und stellte die Verdachtsdiagnose Münchhausen-Syndrom.

Auch hier zeigt sich wieder, dass mangelndes Wissen über ME zu Falschdiagnosen mit für den Patienten fatalen Folgen führen kann. Die von solchen sachunkundigen Medizinern gestellte psychiatrische Verdachtsdiagnose ist ihnen meistens ebenfalls nur unzureichend geläufig. Denn das Münchhausen-Syndrom ist eine Störung, die laut ICD oft mit deutlichen Persönlichkeits- und Beziehungsstörungen kombiniert ist, die bei ME-Patienten in aller Regel gar nicht feststellbar sind.

8.8 Münchhausen-by-Proxy-Syndrom

Die Beschwerden ME-kranker Kinder werden von Ärzten und Sozialbehörden überhäufig als Folge einer von der Mutter angedichteten oder sogar absichtlich und künstlich erzeugten Krankheit fehlinterpretiert. Da das Thema sehr komplex ist, soll ihm im Folgenden ein ganzes Kapitel gewidmet werden.[451]

IV Unterschiede zwischen Müttern ME-kranker Kinder und Müttern mit dem Münchhausen-by-Proxy-Syndrom

Krankheiten, von denen man annimmt, dass sie durch viele Faktoren verursacht seien, haben die breiteste Anwendungsmöglichkeit, um Metaphern für das zu werden, was als sozial oder moralisch falsch angesehen wird.

Susan Sontag, „Illness as Metaphor

1 Einführung Münchhausen-by-Proxy-Syndrom

Ganz besonderes Augenmerk soll auf die Unterscheidungsmerkmale zwischen Müttern ME-kranker Kinder und Müttern mit dem Münchhausen-by-Proxy-Syndrom gerichtet werden. Denn immer wieder werden Mütter ME-kranker Kinder (und selbst Mütter ME-kranker junger Erwachsener!) von unverständigen Kinderärzten oder Psychiatern, sachunkundigen Schul- bzw. Amtsärzten und übereifrigen Jugendamtmitarbeitern mit einer im Grenzbereich zwischen Pädiatrie und Psychiatrie angesiedelten Diagnose belegt: dem sogenannten Münchhausen-Stellvertreter-Syndrom (im Folgenden „Münchhausen-by-proxy-Syndrom" oder „MBPS", häufig auch als „fabricated or induced illness", FII, bezeichnet oder als „Factitious Disorder by Proxy"; im DSM V erscheint MBPS als „Factitious Disorder imposed on Another" als eine Variante der artifiziellen Störungen).[452] Der Name Münchhausen-by-proxy-Syndrom orientiert sich an dem Münchhausen-Syndrom, einer psychischen Störung, die im ICD-10 unter F68.- („Andere Per-sönlichkeits- und Verhaltensstörungen") als eine von drei „Artifiziellen Störungen" („absichtliches Erzeugen oder Vortäuschen von körperlichen oder psychischen Symptomen oder Behinderungen") verschlüsselt ist (F68.1).

- ***Das Münchhausen-by-proxy-Syndrom hat indes keinen ICD-10-Schlüssel, d.h. es handelt sich nicht um eine abgrenzbare, eigenständige Krankheit.***

Während Betroffene des Münchhausen-Syndroms (F68.1) bei sich selbst absichtlich körperliche oder psychische Symptome oder Behinderungen erzeugen oder vortäuschen, täuschen bei dem Münchhausen-by-proxy-Syndrom Mütter gewissermaßen „stellvertretend" bei ihren Kindern Krankheiten vor oder provozieren diese sogar, z.B. mit der Gabe von Medikamenten oder durch Misshandlungen, die in manchen Fällen auch zum Tod führen wie etwa das Herbeiführen von Atemstillständen.

- ***Kinder, die nachweislich gesundheitlichen Schaden durch die Manipulationen ihrer Mütter erleiden, (und leider manchmal auch Kinder, deren Müttern fälschlicherweise diese Diagnose gestellt wird, Anm.d.A.), werden i. d. R. aus der Familie herausgenommen, den Müttern das Sorgerecht entzogen.***[453]

Zahlen zur Prävalenz dieses Syndroms, das als äußerst selten vorkommendes gilt, existieren nicht, laut Auskunft des Leipziger Rechtsmediziniers und MBPS-Experten Professor Werner Kleemann.[454]

Als Motiv für das Andichten oder Provozieren von Krankheiten wird den MBPS-Müttern das Streben nach Aufmerksamkeit und Anerkennung nachgesagt. Oft wurden sie in ihrer Kindheit ebenfalls misshandelt oder missbraucht.

Bevor das Verhalten von MBPS-Müttern und das von Müttern mit ME-kranken Kindern miteinander verglichen und die Diagnose MBPS einer kritischen Analyse unterzogen wird, seien vorab einige Anmerkungen allgemeiner Natur zur Diskriminierung von Frauen erlaubt. Die Ungleichbehandlung, die Frauen erfahren, manifestiert sich nicht nur in den sozialen, politischen und ökonomischen Bereichen des Lebens, sondern verblüffenderweise auch in einem Bereich, der durch die gesellschaftlich zugeschriebene Geschlechterrolle bis heute als Domäne der Frau gilt, nämlich die Erziehung der Kinder. Obwohl Mütter also immer noch – neben einer Reihe von neu hinzugekommenen Aufgaben – die Hauptlast der Erziehung zu tragen haben, werden sie in unserer Gesellschaft mit ihren noch weitgehend unangetasteten patriarchalen Strukturen überhäufig zur Projektionsfläche von Schuldzuweisungen, wenn bei der Entwicklung des Kindes etwas schiefläuft. Dabei ist die Bedeutsamkeit eines großen Erziehungsengagements von Vätern für den Aufbau einer stabilen Persönlichkeit längst erwiesen, und die Vernachlässigung von Erziehungsaufgaben oder das gänzliche Fehlen einer Vaterfigur oftmals mit starken emotionalen Beeinträchtigungen oder auch teils erst später auftretenden schwerwiegenden psychischen Störungen verknüpft.

Und dennoch wird das Geschlechterklischee vom emotional unterversorgenden Vater sehr viel seltener von Ärzten und Psychologen bemüht, um eine Fehlentwicklung oder eine organische Erkrankung unbekannter Genese eines Kindes zu begründen, als das Klischee von der überbehütenden Mutter. Dieser Umstand sorgt schon per se für eine Verzerrung der Realität.

Bei MBPS nun handelt es sich um eine genderspezifische Diagnose, die fast ausschließlich Frauen attestiert wird. Obwohl der Anteil gewalttätiger Väter sehr viel höher liegt und ein MBPS nur extrem selten als gesichert gelten kann, werden Mütter ganz unverhältnismäßig oft des MBPSs verdächtigt. Dabei werden regelhaft Horrorszenarien heraufbeschworen, um zahllose Frauen, von denen nur ein verschwindend geringer Prozentsatz tatsächlich die eigenen Kinder medizinisch manipuliert und misshandelt, während die meisten von ihnen Opfer von Falschbeschuldigungen sind, verfolgen zu können wie dereinst als Hexen gebrandmarkte Frauen. Diese Diagnose rekurriert auf mittelalterliche Rollenbilder, wobei eine perverse Lust an der Aufdeckung eines vermeintlichen Verbrechens vielerorts der brodelnden Gerüchteküche in Jugend- und Schulämtern, Schulkonferenzen, Arztpraxen, Kliniken und in der Nachbarschaft kräftig Vorschub leistet. Da wird geraunt, Kinder und Jugendliche würden von ihren Müttern hinter herabgelassenen Rollläden in dunklen, kalten Zimmern gefangengehalten, von der Außenwelt abgeschottet und am Schulbesuch gehindert. Der eigentliche Horror, der nämlich darin liegt, dass es bislang unbehandelbare neurologische Krankheiten gibt, welche die Patienten zu diesem zurückgezogenen Leben zwingen, wird als Hirngespinst abgetan. Zum einen vermutlich deshalb, weil ein so eingeschränktes Lebensszenario die Vorstellungskraft der meisten Menschen sprengt, zum anderen aus Gründen der Angstabwehr. Denn wenn man die Realität dieser Krankheiten und der Lebensumstände dieser Erkrankten anerkennen würde, müsste man sich schließlich damit auseinandersetzen, jederzeit selbst Opfer einer so schrecklichen Krankheit werden zu können. Und das erzeugt große Angst. Deshalb wird die Möglichkeit, dass Dunkelheit, Stille und Isolation einer Krankheitssymptomatik geschuldet sind, als gänzlich unglaubwürdig verworfen. (Dabei müsste man sich nur auf das eigene Ruhe-und Erholungsbedürfnis besinnen, das man bei einer schweren Grippe mit hohem Fieber verspürt!) Stattdessen wird die Betreuungsperson, die im Falle von Kindern meist die Mutter ist, für die Abschottung verantwortlich gemacht. ***Sie*** (und nicht etwa die Krankheit) soll schuld daran sein, dass das arme Kind so isoliert leben muss. ***Sie*** (und nicht etwa die Krankheit) muss diejenige sein, die das Kind ***krankmacht***, indem sie ihm Symptome ***andichtet***, es ***krank guckt***, ***zu Tode schont*** und mit ihrer ***negativen Einflussnahme*** die Krankheit des Kindes ***aufrecht erhält*** und ***seinen Tod herbeiführt***.

Allein das in diesen Fällen von Laien und Professionellen gleichermaßen benutzte Vokabular ist unmittelbar Märchenerzählungen entlehnt und zeugt von mittelalterlichem Hexenglauben. Die bestürzende Geschichtslosigkeit, die wie ein Flash-Over um sich greift, wenn das vermeintlich krankmachende Verhalten der zu Unrecht verdächtigten Mütter beschrieben wird, erweckt den Eindruck, dass es nur vordergründig darum zu gehen scheint, Straftäterinnen dingfest und ihnen den Prozess zu machen oder Kinder vor ihren psychisch schwerkranken Müttern zu schützen.

Ganz offensichtlich geht es auch und vor allem darum, diese Mütter, ***die es wagen, den Ärzten und Behördenvertretern zu widersprechen***, indem sie sich wiegern, deren vorgefasste Meinung und Sachunkunde zu akzeptieren, als Frauen insgesamt zu verdammen. Eine Mutter, die sich weigert, ihrem organisch kranken Kind eine psychische Krankheit, Simulantentum oder Schulverweigerung attestieren zu lassen, wird infolge ihrer Weigerung als eigentliche Verursacherin dieser Krankheit verunglimpft und als Frau mit einer gescheiterten Sozialisation, die angeblich „nichts mit sich anzufangen weiß“ und „es nicht ertragen würde, wenn ihr

Kind unabhängig werde". Ihr „rebellisches" Verhalten dient gewissermaßen als Beleg dafür, dass diese Frau mit besonderen Kräften, mit magischen „Hexenkräften" ausgestattet sein muss, die es ihr ermöglichen, das Kind krank zu machen, seine Krankheit aufrechtzuerhalten und ihm womöglich den Tod zu bringen. ***Sie wird für ihr „rebellisches" Verhalten von Ärzten und Behördenvertretern mit einer MBPS-Diagnose abgestraft, die es erlaubt, diese Frau mit aller Härte zu verfolgen und zu bekämpfen.***

Eine tief verwurzelte und nur mühsam kaschierte Frauenverachtung- und feindlichkeit, insbesondere gegenüber Frauen, die zu widersprechen wagen und ihren „eigenen Kopf" haben, bricht sich in solchen Fällen hemmungslos Bahn und führt zu deren unnachgiebigen Maßregelung. (Doch leider teilen viele Frauen diese männlichen Ressentiments: Es sind ebenso häufig Ärztinnen und Behördenvertreterinnen, die diesen Müttern ein MBPS attestieren. Ein von früh auf antrainiertes Konkurrenzverhalten bestätigt sie in dem festen Glauben, eine bessere Mutter zu sein, da ihre eigenen Kinder gesund sind, oder aber es lässt sie phantasieren, eine bessere Mutter abzugeben, wenn sie einmal Kinder bekommen sollten oder welche gehabt hätten.)

Wie fest das Misstrauen gegenüber selbständig denkenden Frauen verankert ist, und welche einschneidenden Konsequenzen das in der Praxis für Mütter hat, deren Kinder an Krankheiten unbekannter Ursache leiden, soll exemplarisch am Beispiel eines Arztbesuchs veranschaulicht werden: In all den Fällen, wo die Verdachtsdiagnose MBPS in der Luft liegt oder sogar explizit ausgesprochen wird, ***können es die Mütter solcher Kinder nicht wagen, allein, ohne den Kindsvater, zum Arzt zu gehen***, weil die Abwesenheit des Vaters den Verdacht erhärtet bzw. die Anwesenheit des Kindsvaters vor einer allzu voreiligen Diagnosestellung schützt. Das ist die niederschmetternde Erfahrung unzähliger Eltern von Kindern mit Krankheiten unbekannter Ätiologie. (Im Rahmen ihres Engagements als Patientenfürsprecherin erhält die Verfasserin seit Jahren entsprechende Berichte von Müttern, unter ihnen nicht wenige Akademikerinnen und andere unabhängige Frauen, die seit Jahren erfolgreich im Berufsleben stehen oder standen, bevor sie selbst erkrankten.) Als Konsequenz aus solchen Erfahrungen ist den Eltern von Kindern mit Krankheiten unbekannter Ursache zu empfehlen, zur Erstvorstellung bei einem Arzt ***stets gemeinsam*** zu erscheinen – egal, ob die Eltern getrennt leben oder nicht. (Selbstverständlich nur dann, wenn die Eltern bezüglich der Krankheit des Kindes dieselbe Meinung vertreten!) Das Gleiche gilt für den Besuch von Jugendämtern und bei Schulärzten.

Auch wenn man sich als Mutter der demütigenden Tatsache beugt, ohne den Kindsvater als Schutzschild bei solchen Terminen möglicherweise auf verlorenem Posten zu stehen, bedeutet das keineswegs, dass sich man zu irgendeiner Form von Kooperation mit uneinsichtigen Ärzten oder Behördenvertretern nötigen lassen sollte. Ganz im Gegenteil: Hier zeigt die Erfahrung, dass das Beharren auf der eigenen Sichtweise offenbar eher von Erfolg gekrönt zu sein scheint als vor ihren Forderungen einzuknicken und Kompromisse zu schließen. Jedes Zugehen auf solche Ärzte und Behördenvertreter gilt ihnen offenbar als Eingeständnis der – in ihren Augen – „dysfunktionalen" Eltern, das Kind falsch erzogen oder behandelt zu haben, und erweitert den Spielraum der Macht dieser Leute. In der Folge haben sie leichtes Spiel und die Familie das Nachsehen, weil sie in die Position kommt, sich immerzu rechtfertigen zu müssen.

Das, was mit dazu betragen kann, dass überhaupt eine MBPS-Diagnose vermutet wird, nämlich der ***Mut zum kompromisslosen Widerstand*** gegen eine psychiatrische Diagnose, gereicht Mutter bzw. Eltern nämlich im auf dem Fuße folgenden Kampf mit den Behörden zum ***überlebenswichtigen Vorteil***, um diese in Schach zu halten und das Sorgerecht für ihr Kind zu behalten.

Doch es kann fraglos nur als Skandal bezeichnet werden, dass im 21. Jahrhundert eine Mutter mit ihrem kranken Kind nicht arglos und selbständig zum Arzt gehen oder eine Behörde aufsuchen kann, sondern befürchten muss, als dysfunktionale Person oder sogar als psychisch Kranke abgestempelt zu werden, die ihrem Kind die Symptome entweder andichtet oder aber gar „anhext".

Diese von einem Mann – Sir Roy Meadow – erfundene Diagnose MBPS hat sich zu einem neuzeitlichen Instrument der „Hexenverfolgung" entwickelt und damit auch dem heutigen Frauen- und Mutterbild insgesamt unabsehbaren Schaden zugefügt.

Der perversen frauenverachtenden Logik derjenigen Behandler und derjenigen Behördenvertreter, die inflationär mit MBPS-Diagnosen um sich werfen (auch wenn diese wohlweislich und mit Bedacht nicht immer explizit als MBPS benannt werden und nur selten in Akteneinträgen auftauchen, um keine Angriffsfläche zu bieten), kann man bei der Analyse dieser Diagnose kaum entkommen. Denn stets ist da nur von Müttern als Misshandlerinnen die Rede. Der Leser sollte von daher in den folgenden Abschnitten die Absehensleistung erbringen, dass hier zwar fast ausschließlich von Frauen die Rede ist, jedoch auf Seiten der Männer das deutlich größere Gewaltpotential liegt, auch und gerade im Hinblick auf die an Kindern verübte Gewalt – und zwar bereits seit Jahrtausenden.

2 Gemeinsamkeiten und Unterscheidungsmerkmale

Für MBPS-Mütter sind einige charakteristische Verhaltensweisen beschrieben worden. Sie wechseln häufig den Arzt, fordern riskante und schmerzhafte Untersuchungen sowie Krankenhausaufenthalte ein, verfügen oft über ein erstaunliches medizinisches Wissen, lassen ihre Kinder ungern mit Arzt und Pflegepersonal allein und halten besonders engen Kontakt zum medizinischen Team. Darüber hinaus werden diese Mütter als sehr engagiert und sozial beschrieben sowie als überdurchschnittlich intelligent. Sie kümmern sich in der Öffentlichkeit mit liebevoller und aufopferungsvoller Hingabe um ihre Kinder.

- ***MBPS-Mütter legen ein Verhalten an den Tag, das dem der Mütter ME/"CFS"-kranker Kinder zu gleichen scheint, allerdings nur auf den ersten Blick.***

Was aber haben Mütter, denen ein Münchhausen-by-proxy-Syndrom diagnostiziert wird und Mütter von ME/"CFS"-kranken Kindern tatsächlich gemeinsam und was unterscheidet sie ganz fundamental?

- ***Die augenfälligste Gemeinsamkeit sind die anhaltenden oder wiederkehrenden Erkrankungssymptome des Kindes, ohne dass die Ärzte eine Krankheitsursache feststellen können. Denn da immer noch nur sehr wenige Ärzte ME zu diagnostizieren vermögen bzw. viele die Existenz der Krankheit verleugnen, können die Beschwerden des Kindes oft nicht richtig gedeutet werden. So kann es schnell passieren, dass entweder das Kind oder die Mutter oder beide vom sachunkundigen Arzt psychopathologisiert werden.***

Vor allem auch das sogenannte „doctor shopping" bzw. „Ärzte-Hopping" und das oftmals detaillierte medizinische Fachwissen dieser Mütter gelten als Verdachtsmomente.

- ***Im Unterschied zu einer Mutter, die eine Krankheit ihres Kindes vortäuscht oder gar provoziert, sucht die Mutter eines ME/"CFS"-kranken Kindes aber nur so lange wechselnde Ärzte auf, bis sie endlich eine Diagnose für das Kind***

erhält und einen Arzt gefunden hat, der dem Kind eine sinnvolle Therapie anbieten kann.

- ***Oftmals sind es auch gar nicht die Eltern ME-kranker Kinder, die immer neue Gutachten einfordern, sondern die Behörden.***

Da werden häufig strapaziöse und meist nicht indizierte Untersuchungen wie eine MRT des Kopfes, eine Lumbalpunktion oder eine kindergynäkologische Untersuchung eingefordert. Doch eine MRT ist schon wegen der Lautstärke eine Tortur für ME-Kranke und bleibt i.d.R. ergebnislos. (Allenfalls eine funktionelle MRT könnte die ME-typischen Abweichungen wie z.B. eine Minderdurchblutung des Kortex aufzeigen. Diese Untersuchung wird jedoch meistens nicht durchgeführt.) Auch eine Lumbalpunktion hat häufig weder diagnostische noch therapeutische Konsequenzen, ist zudem eine sehr belastende Untersuchung und trägt nicht selten zu einer gravierenden Verstärkung der Symptomatik bei, speziell der bei Kindern sehr häufig auftretenden Kopfschmerzen. Insbesondere bei den ME-kranken Kindern mit Lähmungserscheinungen bestehen Amtsärzte und Gerichte in Sorgerechtsverfahren öfters darauf, diese meist überflüssige, schmerzhafte und riskante Untersuchung durchführen zu lassen. Dies geschieht überwiegend aus der Unkenntnis heraus, dass schwere Formen der Krankheit zu Anfällen, Lähmungen und Spastiken führen können, und es wird immer wieder übersehen, dass es sich bei ME um eine neurologische Krankheit mit entsprechend neurologischer Symptomatik handelt.

Eine kindergynäkologische Untersuchung ist ebenfalls ein massiver und vor allem seelisch belastender Eingriff, der ohne einen stichhaltig begründeten Anfangsverdacht auf sexuellen Missbrauch nicht indiziert ist und das Kindeswohl in erheblichem Maße gefährden kann.

Auch Krankenhausaufenthalte werden von Eltern ME/“CFS“-kranker Kinder gemieden, sobald ihr Kind richtig diagnostiziert ist und sich in fachärztlicher Behandlung befindet. Denn Eltern, die über die Krankheit gut informiert und aufgeklärt sind, wissen, dass es in Deutschland keine einzige Klinik gibt, die auf die besonderen Bedürfnisse von ME-Kranken eingerichtet ist. Sie wissen, dass ein Krankenhausaufenthalt in der Regel größeren Schaden anrichtet als Nutzen verspricht.

- ***Eltern ME/“CFS“-kranker Kinder reagieren oft ablehnend, wenn ihnen die stationäre Unterbringung ihres Kindes an-***

geraten wird, was sie deutlich von Münchhausen-by-proxy-Müttern unterscheidet.

Das detaillierte medizinische Fachwissen vieler Mütter mit ME-kranken Kindern, welches ebenfalls als Verdachtsmoment für das Münchhausen-by-proxy-Syndrom herhalten muss, ergibt sich aus der leidigen Tatsache, dass nur wenige Mediziner in Deutschland die Diagose ME/"CFS" zu stellen vermögen bzw. viele die Krankheit verleugnen.

- ***Bis das Kind endlich diagnostiziert ist, was ein oder gar mehrere Jahre dauern kann, haben besorgte Eltern sich notgedrungen bereits einiges an medizinischer Literatur zum Thema angelesen.***

Eltern mit schwerkranken Kindern werden – ein gewisses intellektuelles Leistungsvermögen vorausgesetzt – nicht untätig abwarten, bis sie endlich einen Arzt gefunden haben, der ihrem Kind die richtige Diagnose stellt. Sie werden versuchen, sich zu informieren, Literatur zu studieren, im Internet zu recherchieren, Kontakt zu Patientenorganisationen aufzunehmen. Die häufigen psychischen bzw. psychiatrischen Fehldiagnosen, meist von psychologisch unbedarften Ärzten oder schlecht ausgebildeten Psychologen gestellt, tragen ein Übriges dazu bei, sich mit entsprechender Fachliteratur gegen diese „Zumutungen" zu wappnen. Denn die meisten Eltern spüren, ob ihr Kind körperlich krank oder psychisch angeschlagen ist.

- ***Vor allem auch wegen laienhaft anmutender psychologischer Diagnosen, die zusätzlichen Schaden beim Kind anrichten, lassen Mütter oder Eltern von ME/-"CFS"-Patienten ihre Kinder mit Ärzten oder medizinischem Fachpersonal nicht gerne allein.***

Wer erleben musste, dass sein schwerkrankes, geschwächtes Kind, das sich mit letzter Kraft zum Untersuchungstermin geschleppt hat, wahlweise und ohne stichhaltigen Grund des Simulantentums, der Hypochondrie, der Schulphobie oder – völlig aus der Luft gegriffen – als sexuell von einem Elternteil missbraucht bezichtigt wurde, möchte sein Kind vor solchen Anwürfen künftig schützen. Wer erleben musste, dass in seiner Abwesenheit das Kind vom Pflegepersonal gezwungen wurde, zur Toilette zu gehen, obwohl es zu schwach zum Laufen war, und dass ein völlig ungeübter Psychiater! die Magensonde beim Kind legte, weil es durch die

Fehlbehandlung und den Stress im Krankenhausbetrieb lebensbedrohlich abmagerte und zu schwach zum Schlucken wurde, wird es nicht ein weiteres Mal diesen Situationen aussetzen wollen. Auch Berichte von Eltern, deren Kinder, kaum dass die Eltern den Raum verlassen hatten, vom Klinikpersonal zu Aktivitäten angehalten wurden, die ihre Kräfte weit überstiegen und zu einem schweren Rückfall führten, tragen nicht zur Vertrauensbildung bei. Wer in einer Universitätsklinik erleben musste, dass seinem Kind jegliche Hilfestellung beim Essen vom Klinikpersonal verweigert wurde, so dass der 1,80 m große Sohn auf 40 kg abmagerte, und wer nur unter Androhung von rechtlichen Schritten das Legen einer PEG-Sonde durchsetzen konnte, hat jegliches Vertrauen zu solchen Institutionen verloren. (All diese Berichte sind der Verfasserin von verzweifelten Eltern zugetragen worden.) Deshalb haben Mütter ME-kranker Kinder auch das mit den Müttern, denen ein Münchhausen-by-proxy-Syndrom diagnostiziert wird, gemein: Sie lassen ihre Kinder mit Ärzten oder Pflegepersonal nicht gern allein. Allerdings aus anderen und berechtigten Gründen und sie würden – anders als jene psychisch kranken oder kriminellen Mütter – nicht zögern, ihre Kinder mit jedem Arzt, der die Krankheit ernst nimmt und adäquat behandelt, allein zu lassen.

Dass Eltern oder Mütter ME-kranker Kinder oftmals besonders engen Kontakt zu Ärzten und Pflegepersonal suchen, ist in jeder Phase dieser Krankheit nachvollziehbar und berechtigt ebenfalls nicht zu falschen Verdächtigungen. Vorderhand haben die Mütter die Sorge, dass die zunächst rätselhaft erscheinenden Beschwerden des Kindes von den konsultierten Ärzten überhaupt ernstgenommen werden. In dieser Phase werden sie von skeptischen Ärzten häufig voreilig in die Rolle einer überbesorgten und überfürsorglichen Mutter gedrängt, weil sie den Arzt von der realen Existenz der Symptome und den damit verbundenen Einschränkungen überzeugen müssen. Denn da dem Kind im Frühstadium i.d.R. die Krankheit nicht anzusehen ist, die Routinelaborwerte zudem unauffällig sind, bleibt der Mutter nichts anderes übrig, als beharrlich auf die vorhandene Symptomatik zu verweisen und die innere Gewissheit nach außen zu vertreten, dass den Beschwerden eine organische Krankheit zugrundeliegt. Ist das Kind dann endlich richtig diagnostiziert, muss die Mutter auch in der folgenden Phase engen Kontakt zum behandelnden Arzt pflegen. Sie steht in der Pflicht zu beobachten, ob sich durch die Therapie die Symptomatik verbessert oder gar verschlechtert, ob die verordneten NEM und Medikamente vertragen werden, ob neue Symptome auftreten. Da es viele unterschiedliche, aber leider noch nicht wirklich ausgereifte Therapiekonzepte gibt, die dem behandelnden Arzt nicht immer geläufig sein können, ist es manchmal sogar von Vorteil, dem Arzt einen neuen Therapieansatz vorzuschlagen und mit ihm die Vor- und Nachteile der Behandlung zu diskutieren.

- ***In jedem Fall – und das ist wohl bei allen Krankheiten unklarer Ätiologie so – wird das Verhältnis zum Arzt bestenfalls unorthodoxer Natur sein, denn auch die Ärzte sind hier dringend auf die Erfahrungen der Patienten und ihrer Angehörigen angewiesen, um Entscheidungen treffen zu können.***

Wie schon der Augenzeuge der Tahoe-Epidemie und spätere ME-Spezialist Paul Cheney sagte, bleibt die Krankheit immer noch sehr patientenorientiert; wenn man nicht patientenorientiert sei, käme man nirgendwohin. Man lerne nichts, *„außer von den Patienten.“*[455]

Auch das im Umgang mit ME-Kranken ungeübte Pflegepersonal muss über die speziellen Umstände der Krankheit informiert werden. Pfleger/innen müssen über die Zustandsverschlechterung nach Belastung, die Infektneigung, über Licht-, Geräusch-, Geruchs-, Berührungs- und Schmerzempfindlichkeit der Patienten aufgeklärt werden, über Muskelschwäche, Muskelkrämpfe, Informationsverarbeitungs- und Konzentrationsschwierigkeiten, kurz über alle Symptome, die eine besondere Rücksichtnahme bei den Pflegemaßnahmen erfordern.

- ***Solange es in Deutschland keine Schulungen für die Pflege ME-Kranker gibt, obliegt die Aufgabe, das Personal zu informieren, notgedrungen den Eltern.***

Zwei weitere scheinbare Übereinstimmungen mit Münchhausen-by-proxy-Syndrom-Müttern, nämlich ein engagiertes, soziales Verhalten und ein liebevolles Verhältnis zum Kind, sollte man eigentlich nicht kommentieren müssen. Hier sollten Kinderärzte und Psychiater ihre Verdachtskriterien einer kritischen Überprüfung unterziehen. Diesen Kriterien zufolge müssten alle Eltern, die ein krankes Kind haben und sich entsprechend verhalten, unter Generalverdacht gestellt werden.

Die von den Diagnostikern als charakteristisch beschriebene nahezu symbiotische Beziehung von MBPS-Mutter und Kind[456] ist bei Müttern mit ME-kranken Kindern nicht häufiger anzutreffen als im statistischen Durchschnitt. Gleichwohl wird das Verhältnis zwischen Mutter und hilfs- und pflegebedürftigem Kind enger sein als mit einem gesunden Kind, sind sie doch rund um die Uhr zusammen. Dieses enge, den Krankheitsumständen geschuldete Verhältnis wird von vielen psychologisch ungeschulten Ärzten mit einer symbiotischen Beziehung verwechselt.

3 Eine kritische Analyse des MBPS

Und damit zu der sehr umstrittenen Diagnose an sich. Der britische Professor für Pädiatrie Sir Roy Meadow berichtete 1977 im Lancet[457] als Erster über diese Art der Kindesmisshandlung. Wegen seiner wissenschaftlichen Reputation war Meadow bald ein vielbeschäftigter Gerichtsgutachter. 258 Mütter und Väter wurden aufgrund seiner Gutachten wegen Kindstötung verurteilt.[458]

Dass ein Experte für MBPS als Gutachter für Kindstötung und Experte für den Plötzlichen Kindstod herangezogen wurde, wirft jedoch einige Fragen bezüglich des Krankheitsbildes auf. Wie eingangs erwähnt, wird der MBPS-Mutter als Motiv das Streben nach Aufmerksamkeit und Anerkennung unterstellt. Kommt das Kind bei einer Misshandlung aber zu Tode, verliert die Mutter ihr Objekt, mithilfe dessen sie ihren Wunsch, im Mittelpunkt von Aufmerksamkeit und Anerkennung zu stehen, verwirklichen kann. Um die Psychodynamik aufrechterhalten zu können und einen „Gewinn“ aus ihren Manipulationen zu ziehen, kann sie folglich kein Interesse daran haben, dass ihr Kind stirbt. Mithin kann es sich also nur um ein „Versehen“ oder einen „Unfall“ handeln, wenn das Kind eine Misshandlung nicht überlebt.

Je nach Studie liegt die Todesrate beim MBPS jedoch zwischen 5-35%[459] oder 9-31%.[460] Bei einer so hohen Rate fällt es schwer zu glauben, es habe sich um ein „Versehen“ oder einen „Unfall“ gehandelt. Deshalb lässt allein die hohe Todesrate die These von der Motivation solcher Mütter erheblich ins Wanken geraten. Diese Todesfälle werden auch nicht in Bezug auf die Psychodynamik interpretiert. Auf eine differenzierte Untersuchung des psychischen Zusammenhangs scheint es den Verfechtern dieser Krankheitstheorie aber auch nicht anzukommen. Denn bei genauerer Betrachtung müssten sie einräumen, dass diese „Krankheit“ möglicherweise nicht dem psychiatrischen Klassifikationssystem zuzuordnen ist. Eine Mutter, die ihr Kind tötet, ist in erster Linie ein Fall für den Staatsanwalt und nicht für den Psychiater. Ebenso eine Mutter, die ihrem Kind so lange Verletzungen zufügt, bis es an den Folgen verstirbt. Mord und Körperverletzung mit Todesfolge entziehen sich jedoch psychiatrischen Kategorien. Sie sind Straftatbestände und unterliegen somit juristischen Kategorien.

- ***Straftatbeständen ein medizinwissenschaftliches Etikett aufzukleben, indem man sie einer psychiatrischen Kategorie zuordnet und ihnen eine nosologische Entität verpasst, ist wissenschaftlich äußerst fragwürdig.***

Die Gründe, die dazu führen, dass eine Mutter ihr Kind umbringt oder so schwer verletzt, dass es nicht überlebt, stehen dabei auf einem ganz anderen Blatt. Auch eine schwere psychische Erkrankung der Mutter kann durchaus zu einer solchen justiziablen Handlung führen. Doch ein MBPS mit einer derartig hohen Todesrate, wie es die Verfechter dieser Krankheitstheorie beschreiben, kann nicht die einer solchen Tat zugrundeliegende psychische Erkrankung der Mutter sein, weil Mord oder Körperverletzung mit Todesfolge nicht mit dem unterstellten Motiv, nämlich Aufmerksamkeit und Anerkennung zu bekommen, und dem daraus resultierenden „Gewinn“ vereinbar sind, welchen die Mutter der Hypothese gemäß aus ihrem Verhalten ziehen soll.

Wegen der offensichtlichen Ungereimtheiten dieser Krankheitstheorie drängt sich der Gedanke auf, dass diese Todesfälle offenbar vor allem zur Untermauerung der These dienen sollen, dass MBPS-Mütter besonders grausam vorgehen und um die nosologische Entität von MBPS plausibel zu machen, obwohl sie bei eingehender Betrachtung genau dazu nicht als Belege taugen, wie dargelegt. Man könnte fast den Eindruck gewinnen, es ginge den Verfechtern dieser Krankheitstheorie vor allem um eine „Verteufelung“ dieser – in der Tat wohl nicht eben selten psychisch kranken – Mütter, wobei dieser religiöse Kontext bewusst gewählt wird.

Eine Verbindung vom MBPS zum Plötzlichen Kindstod aber, der gegen eine Kindstötung abgeklärt werden muss, könnte es konsequenterweise nur dann geben, wenn die Sterbefälle bei MBPS keine „Unfälle“ sind, sondern Mord und diese Mordabsicht Teil des psychodynamischen Geschehens wäre. Doch – wie soeben schon auseinandergesetzt – entzieht sich Mord psychiatrischer Klassifizierung bzw. einer nosologischen Zuordnung.

Wenn die Mordabsicht allerdings nicht Teil des psychodynamischen Geschehens darstellt – nämlich weil dann der psychische Gewinn aus den Manipulationen entfiele –, kann der MBPS-Experte nicht gleichzeitig Experte für die Unterscheidung zwischen Plötzlichem Kindstod und Mord sein. Im Grunde könnte ein MBPS-Experte per definitionem weder Experte für den Plötzlichen Kindstod noch für Mord sein.

4 Sir Roy Meadow und seine Thesen

Dennoch wurde Sir Roy Meadow als MBPS-Experte mit der Begutachtung von Fällen beauftragt, bei denen abzuklären war, ob Plötzlicher Kindstod oder Mord vorlag. Dementsprechend unwissenschaftlich fielen seine Gutachten aus. Viele Angeklagte wurden zu Unrecht verurteilt. Teils ohne je mit ihnen gesprochen zu haben, erklärte Meadow sie für schuldig am Tod ihrer Kinder.

- ***Meadows Gutachten fußten oftmals lediglich auf seiner lapidaren These: "Ein Kindstod in der Familie ist eine Tragödie, zwei Kindstode sind verdächtig, drei sind Mord."***[461]

Die Richter vertrauten dem Fachmann. 2003 wurde schließlich ein Verfahren gegen Meadow eingeleitet, nachdem der Schuldspruch gegen eine Londoner Anwältin, die ihre beiden Kinder durch plötzlichen Kindstod verloren hatte, in einen Freispruch umgewandelt worden war. Meadow hatte 1999 im Prozess die Wahrscheinlichkeit, dass Plötzlicher Kindstod die Todesursache gewesen sein könnte, mit 1:72,25 Millionen angesetzt. Die Royal Statistical Society und viele Kindstod-Experten hegten erhebliche Zweifel an dieser Zahl. Meadow unterliefen bei seinen Berechnungen zwei gravierende Fehler. Er ignorierte genetische Faktoren und Umwelteinflüsse und nahm an, dass wiederholte Fälle von Plötzlichem Kindstod innerhalb einer Familie statistisch unabhängig voneinander seien. Folglich multiplizierte er zwei Einzelwahrscheinlichkeiten und hielt die Summe für die Wahrscheinlichkeit der Unschuld der Mutter, d.h. er hielt es für äußerst unwahrscheinlich, dass sie ihre Kinder nicht umgebracht hatte. Mit dieser Annahme machte er den zweiten, noch gravierenderen Fehler. Er versäumte, die Wahrscheinlichkeit für die Schuld der Mutter gegenzurechnen, denn eine Mutter, die zwei ihrer Kinder umbringt, ist statistisch gesehen ebenfalls extrem selten anzutreffen. Die ungefähre Wahrscheinlichkeit für die Unschuld der Mutter ergibt sich also erst aus dem Verhältnis der beiden Wahrscheinlichkeiten und liegt bei 78%, wie der Statistiker Professor Torben Schubert vorrechnet.[462]

Sir Roy Meadow wurde denn auch für seine Gutachtertätigkeit bei dem Mordprozess verurteilt. Die oberste Schiedsstelle bei Konflikten zwischen Ärzten und Patienten, der General Medical Council warf ihm „schweres berufliches Fehlverhalten" vor. Meadow wurde von der Liste medizinischer Experten der Gerichte gestrichen. Auch andere Mütter wurden nachträglich freigesprochen und Urteile, die sich auf Meadows These stützten, neu verhandelt. Doch die Wissenschaftlichkeit seiner Untersuchungen zu MBPS blieb unhinterfragt.

5 Fundierte Diagnose oder Hypothese?

Solange Kinderärzte und Psychiater sich aber bei der Beurteilung von Befunden auf Hypothesen verlassen, denen es an Plausibilität und wissenschaftlicher Konsistenz mangelt, an Hypothesen, deren Gültigkeit nicht an der Wirklichkeit überprüft wurde, sondern die der Wirklichkeit übergestülpt wurden, ist eine hohe Zahl von Fehldiagnosen vorprogrammiert.

- ***Zur Überprüfung der Gültigkeit an der Realität gehört die selbstreflexive Vergewisserung, wie das jeweilige wissenschaftliche Setting und die darin eingehenden Grundannahmen die Ergebnisse und auch die wissenschaftlichen Erkenntnisse beeinflussen. Außerdem gehört die Rezeption neuer wissenschaftlicher Erkenntnisse dazu, auch und vor allem, wenn diese die eigene Position in Frage stellen oder sogar angreifen.***

Besonders im Fall des Plötzliches Kindstodes ist es schwierig abzuklären, ob das Baby aufgrund einer natürlichen Todesursache oder wegen eines von der Mutter herbeigeführten Atemstillstands verstorben ist.

- ***Bei allen anderen MBPS-Symptomatiken erscheint die Klärung der Krankheitsursache allerdings sehr viel einfacher, als sie von vielen Ärzten in Ermangelung von Kenntnissen die Pathogenese des MBPS betreffend erstaunlicherweise gerne dargestellt wird.***

6 Stimmt die Krankheitssymptomatik von MBPS und ME überein?

Wenden wir uns also der Frage zu, welche Krankheitssymptome denn nun von einer Münchhausen-by-proxy-Mutter erzeugt werden können.

Nach Donna Rosenberg nehmen Blutungen, ausgelöst durch Medikamentenvergiftungen, Manipulation von Stuhl oder Urin mit Farbstoffen, Ausbluten des Kindes und Blutverschmierungen an Körperöffnungen mit 44% den ersten Platz ein.[463] Zerebrale Krampfanfälle, verursacht durch Medikamente oder Ersticken stehen mit 42% auf dem zweiten Platz. Apathie- oder Komazustände, mit 19% vertreten, werden durch Drogen oder Ersticken provoziert, Atemstillstände (Apnoen), die bei 15% der Fälle beobachtet wurden, werden durch Ersticken oder Vergiftung hervorgerufen.[464] Wiederkehrende Durchfälle (11%) bzw. Erbrechen (10%) werden durch Brechmittel, Medikamente oder Salzvergiftungen erzeugt. Fieber ungeklärter Ursache tritt in 10% der Fälle auf und wird durch Verfälschen der Temperatur oder der Fieberkurve manipuliert. Das Schlusslicht bilden die Hautausschläge mit 9%, die durch Vergiftung, Zerkratzen oder Säure entstehen. Aber auch Knochenbrüche werden von MBPS-Müttern künstlich herbeigeführt.[465]

Die Laborbefunde dieser Kinder sind häufig entsprechend physiologisch unplausibel.[466] Es werden z.B. unübliche Substanzen in Blut, Urin, Stuhl oder Magen gefunden. Oder auch eine unübliche Kombination von Mikroorganismen in Blutkulturen. Untersuchungsbefunde und anamnestische Angaben der Mutter passen zudem meist nicht zusammen.[467] Bei erfundenen Krankheiten passen sowohl Laborbefunde als auch der gesunde Eindruck, den das Kind auf die Ärzte macht, nicht zu den dramatisierenden Schilderungen der Mutter.[468] Zudem ist die Symptomatik atypisch.[469] [470] Kliniker kommentieren diese Fälle oft mit der Bemerkung, dass sie mit einem solchen Fall noch nie konfrontiert worden sind.[471]

- ***Bei näherer Betrachtung stellt man fest, dass kaum eines der in der MBPS-Literatur beschriebenen Beschwerdebilder mit denen der ME/“CFS“ übereinstimmt.***

Zwar treten bei schwerem ME bei einigen Patienten auch Krampfanfälle auf; aufgrund des Reizdarmsyndroms, unter dem viele ME-Patienten leiden, auch hin und wieder Durchfall. Und viele ME-Patienten leiden unter subfebrilen Temperaturen, aber die meisten von ihnen beklagen, seit langem kein Fieber mehr entwickelt zu haben, was für ein gesundes Immunsystem sprechen würde und die Entzündungsprozesse eindämmen könnte.

- ***Die Symptomatik bei ME/"CFS" ist auch keineswegs atypisch. Es gibt ein typisches Symptommuster und vor allem ein spezifisches Symptom, nämlich die pathologische Muskelerschöpfbarkeit mit der Folge neuroimmuner Zustandsverschlechterung nach körperlicher Belastung.***

Des weiteren eine ganze Palette typischer allerdings nicht unbedingt spezifischer Symptome, wie z.B. neurologische Störungen, Muskelschmerzen, Schlafstörungen, gastrointestinale Störungen, schwere Erschöpfung und Schwäche sowie viele andere. Und darüber hinaus einige typische, von der Norm abweichende Laborparameter, die allerdings durch die Routinelabordiagnostik nicht erfasst werden.

Insgesamt scheint es also evident, dass die Symptome eines ME-Patienten sich deutlich von den durch die Misshandlung einer Münchhausen-by-proxy-Syndrom-Mutter provozierten unterscheiden.

- ***Vor allem die bei ME-Kranken in der Regel unauffälligen Routinelaborbefunde machen deutlich, dass hier keine Manipulationen seitens der Mutter erfolgt sein können. Die Frage bleibt auch, welches ME/"CFS"-Symptom denn überhaupt durch Arzneien oder andere Manipulationen zu provozieren wäre und welche Medikamente nicht durch einen Blut- oder Urintest nachweisbar wären. Durch eine simple Blut- und Urinuntersuchung ist der Verdacht eines Münchhausen-by-proxy-Syndroms ganz einfach aus dem Weg zu räumen.***

Darüber hinaus sind die Opfer manipulierender Mütter in der überwiegenden Mehrzahl Säuglinge oder Kleinkinder,[472] [473] nach Sheridan,[474] Pasqualone et al.[475] und McClure, Meadow et al.[476] in aller Regel unter 4 bzw. 5 Jahren, im Durchschnitt 20 Monate alt.

- ***Dahingegen sind Kinder, die an ME/"CFS" erkranken, nur äußerst selten jünger als 5 Jahre alt,[477] die meisten älter.***

Ältere Kinder von Münchhausen-by-Proxy-Syndrom-Müttern stellen sich im Gegensatz zu den Symptomschilderungen ihrer Mütter als relativ beschwerdefrei dar,[478] anders als die an ME erkrankten Kinder, deren Schilderungen nicht von denen ihrer Mütter abweichen.

7 MBPS wird oft fahrlässig und inflationär diagnostiziert

Der Kinderarzt Dr. David Bell, Mitte der Achtziger Jahre Zeuge eines Clusters in Lyndonville, bei dem rund 60 Kinder an schwerem ME/"CFS" erkrankten, stellte in seiner Rede vor dem CFS-Beratungsgremium der US-Regierung[479] ausführlich das Krankheitsbild des Münchhausen-by-proxy-Syndroms vor, welches aber anhand des klinischen Bildes ganz einfach von ME/"CFS" zu unterscheiden sei. Kinderärzte, die in ihrer Ausbildung gelernt hätten, dysfunktionale Familien zu diagnostizieren, sollten diese beiden Krankheitsbilder eigentlich nicht ver-wechseln können. Da die gängigen Vorurteile über ME/"CFS" allerdings so weit verbreitet seien, säßen selbst Ärzte ihnen auf. In der Folge sähen Ärzte, Psychiater, Richter und Sozialbehörden gar nicht richtig hin und verleugneten die Existenz des ME/-"CFS".

- ***Offenbar in gänzlicher Unkenntnis des Pathomechanismus des MBP-Syndroms heben so viele Ärzte auf diese Diagnose ab.***

Insbesondere Jugendämter gefallen sich in wilden Neudefinitionen: Da genügt schon der Eindruck eines Jugendamtmitarbeiters, eine Überbesorgtheit bei der Mutter oder eine symbiotische Beziehung zwischen Mutter und krankem Kind wahrgenommen zu haben, um den Verdacht eines MBPSs auszusprechen. Oder da stützt man sich auf zwischen Tür und Angel zugeraunte Ferndiagnosen inkompetenter Mediziner, die das Kind noch nicht einmal in Augenschein genommen haben und behaupten, die Mutter würde ihr 12-jähriges! Kind *„liebevoll misshandeln"* oder gar *„zu Tode schonen"* – eine geradezu abenteuerliche und wohl einmalige Falldefinition des MBPSs. Selbst wenn die Mutter überbesorgt sein sollte, erlaubt sich hier keinesfalls eine derartige Diagnosestellung.

- ***Denn nach Noeker/Keller „[...] sind genuin pädiatrische Grunderkrankungen und v. a. Varianten inadäquaten Krankheitsverhaltens und exzessiven medizinischen Inan-***

spruchnahmeverhaltens durch die Mutter (Überbesorgtheit, somatoform-hypochondrisches, simulierendes Verhalten) unbedingt auszuschließen, um keinen falschen Verdacht mit ebenso fatalen Konsequenzen zu verfolgen.“[480]

Und schließlich: Wer bestimmt, wo Überbesorgnis anfängt? Sind Eltern, die ihr Grundschulkind über verkehrsreiche Straßen auf seinem Schulweg begleiten, überbesorgt? Diese Frage werden viele Eltern und Pädagogen mit einem Ja und ebenso viele mit einem Nein beantworten. Und Verkehrsexperten werden auch eine Meinung dazu haben.

Ist nun eine Mutter mit einem ME-kranken Kind tatsächlich überbesorgt, wenn sie um Rücksichtnahme bittet, weil ihr Kind geräusch-, licht-, schmerz- und berührungsempfindlich ist? Oder weil sie eine Zustandsverschlechterung als Folge einer strapaziösen Untersuchung befürchtet? Oder weil sie eine von einem Arzt vorgeschlagene Behandlung mit der Begründung, es gäbe Studien, die belegten, dass diese Behandlung sich schädlich auf den Krankheitsverlauf auswirken könnte, ablehnt?

Und ist von einer symbiotischen Beziehung auszugehen, wenn die Mutter stellvertretend für ihr schwer erkranktes Kind spricht, weil Sprechen und Kommunizieren das Kind krankheitsbedingt massiv überfordern würde, oder wenn sie nachts im gleichen Zimmer schläft, weil das Kind rund um die Uhr versorgt werden muss oder sich schlicht und einfach entsetzlich einsam mit seiner Krankheit fühlt, vor allem nachts, wenn es nicht schlafen kann?

Hier soll noch einmal die Frage aufgeworfen werden, ob es nicht doch in aller Regel vielmehr abhängig vom eigenen subjektiven Standpunkt ist, was man als überbesorgt oder überbehütend oder als symbiotisch definiert? Nur allzu häufig werden lediglich scheinobjektive Kriterien zur Beurteilung von Eltern-Kind-Beziehungen herangezogen, die wenig oder gar nichts über die Realität der Beziehung aussagen.

- ***Scheinobjektive Kriterien wie Überbesorgtheit, Überbehütung und Symbiose taugen jedoch nicht als diagnostische Konzepte, sondern spiegeln nichts als kontrovers diskutierte pädagogische Einschätzungen über die Sinnhaftigkeit verschiedener Erziehungsstile wider.***

Der Anteil überbesorgter Eltern, deren Überbesorgnis auch objektiven Kriterien auf der Basis eines gesamtgesellschaftlichen Konsens standhält, ist bei an ME erkrankten Kindern nicht größer als beim Rest der Bevölkerung. Überbehütete ME-kranke Kinder werden auch keinesfalls wieder gesund oder schneller gesund, wenn man sie von ihren Eltern trennt – ganz im Gegenteil.

Die Mehrheit der Eltern ME-kranker Kinder ist nicht überbesorgt. ***Besorgt*** werden sie allerdings immer sein, haben sie doch schwerkranke Kinder mit gänzlich ungewisser Prognose zu versorgen. Man sollte erwarten dürfen, dass Ärzte, Behördenvertreter und Familienrichter in der Lage sind, zwischen Besorgnis und objektiv festgestellter Überbehütung, die nicht zu verwechseln ist mit unterschiedlichen Erziehungsansichten, zu unterscheiden.

- ***Darüber hinaus sollten Familienrichter sich in ihrem Urteil nicht auf eigene fehlende Sachkenntnis berufen, wenn sie sich auf rein hypothetische Gutachten stützen. Ungenügend begründete Gutachten sachunkundiger Ärzte und Jugendämter, die z.B. lediglich auf eine überbesorgte Mutter abheben oder auf eine bloß behauptete symbiotische Mutter-Kind-Beziehung, können selbst medizinische Laien einer kritischen Überprüfung unterziehen – was leider viel zu selten geschieht. Mit oftmals fatalen Folgen, wenn ein Kind dann per Gerichtsbeschluss aus seiner Familie herausgenommen wird.***

Und gehört Überbesorgtheit überhaupt zu den verdächtigen Charakteristika einer MBPS-Mutter? Auch wenn eine Minderzahl dieser Mütter in akuter Krisensituation sehr agitiert wirken kann, reagiert die Mehrzahl doch auffällig gelassen in der Krise[481] und wirkt kaum beunruhigt,[482] – ganz im Gegensatz zu den besorgten Eltern eines Kindes mit schwerem ME.

- ***Drückt sich eine eventuell vorhandene Überbesorgnis von Müttern ME-kranker Kinder eher darin aus, dem Kind medizinische Strapazen ersparen zu wollen, so fordern MBPS-Mütter ohne jegliche Rücksichtnahme auf das Kind gefährliche, belastende und schmerzhafte medizinische Maßnahmen ein***[483] ***und bestehen auf invasiven Prozeduren.***[484]

Dieser Unterschied zeigt noch einmal deutlich, dass Überbesorgtheit eben kein Verdachtsmoment des Münchhausen-by-proxy-Syndroms darstellt, obwohl sie immer wieder als solches herhalten muss, wenn Jugendämter davon berichten, dass die Mutter ihr Kind *„zu Tode schont"* oder es *„krank guckt"* oder *„eine liebevolle Miss-*

handlung" vorläge und ähnlich schwammige Formulierungen, die sich allen medizinischen und sozialpsychologischen Kategorien entziehen.

- ***Es ist aber eben genau nicht Überbesorgtheit, die eine MBPS-Mutter kennzeichnet, sondern ganz im Gegenteil mangelnde Besorgnis bei gleichzeitig dramatisierender anamnestischer Schilderung.***

Es bleibt die Frage, wer die auch unter vielen Experten umstrittene Diagnose Münchhausen-by-proxy-Syndrom überhaupt stellen darf? Ist es der Kinderarzt, der Psychiater, der Schul- oder Amtsarzt oder gar das Jugendamt, wie es mancherorts bereits geschehen ist?

- ***Jugendamtmitarbeiter dürfen keine medizinischen Diagnosen, also auch keine Verdachtsdiagnosen stellen. Sie dürfen sich lediglich auf ärztliche Gutachten beziehen.***

- ***Schul- bzw. Amtsärzte scheiden ebenfalls als Diagnostiker aus. Sie haben lediglich darüber zu befinden, ob das vorgestellte Kind aufgrund seiner Erkrankung, die von den vorgelegten Befundberichten und Gutachten gut dokumentiert sein sollte, schultauglich ist.***

Kommen also noch der Kinderarzt und der Psychiater in Frage. Sind die aber auch mit den Verdachtskriterien und den entsprechenden Untersuchungen, die den Verdacht erhärten oder aus dem Weg räumen könnten, wirklich vertraut?

Daran könnten berechtigte Zweifel aufkommen. Der Leiter der Abteilung für Forensische Psychiatrie der Universitätsklinik Würzburg Martin Krupinski ließ in einem Pilotprojekt bundesweit Fallzahlen ermitteln.[485] Etwa die Hälfte von 379 Kinderkliniken beteiligte sich an der Datenerhebung. Sie berichteten von 91 gesicherten und 99 ernsthaften Verdachtsfällen von MBPS. Krupinski schließt daraus, dass *„es deutlich häufiger vor(*kommt*) als bislang angenommen"*.

In Kenntnis zahlreicher Fälle, in denen fälschlich und ohne wohlbegründete Verdachtsmomente die Diagnose Münchhausen-by-proxy-Syndrom gestellt wurde, fragt man sich unwillkürlich, wie viele dieser Kinder wohl an ME erkrankt oder Impfopfer waren oder aber an anderen, nicht erkannten Krankheiten litten. Und hier liegt auch die besondere Gefahr für die erkrankten Kinder, nämlich dass ihre Krankheiten fälschlich als Kindesmissbrauch diagnostiziert werden und ihre wahren medizinischen Belange von den Ärzten vernachnachlässigt werden.[486]

V Fallbeispiele

I wake up every morning, thinking that this can't really be happening. What parallel universe have I entered?

Mary Dimmock, Mutter eines ME-kranken Sohnes, in ihrer Rede vor dem Chronic Fatigue Syndrome Advisory Committee (CFSAC) des U.S. Department of Health & Human Services

Wir haben alles wohl anders geträumt mit unsern Büchern hinter der Mauer unsers Gartens, zwischen unsern Myrten und Oleandern.

Georg Büchner, „Leonce und Lena"

- ***„Das Schlimmste daran, ME zu haben, ist nicht nur, dass Du Deines alten Lebens beraubt bist und die meiste Zeit Deines Lebens zu Hause leben und von Deinen Eltern versorgt werden musst. Ich glaube tatsächlich, dass es noch schlimmer ist, wenn wir erleben, dass man uns nicht glaubt, wenn wir erzählen, dass wir krank sind und es in unserem Körper fühlen."*** (Ü.d.A)

Dieses Zitat aus dem Brief eines norwegischen Jungen an seinen König belegt, dass es selbst in einem so fortschrittlichen Land wie Norwegen ein ungeheures Misstrauen seitens der medizinischen Profession gegenüber den wehrlosen, an ME erkrankten Kindern gibt.[487] Die Fälle ME-kranker Kinder, Jugendlicher und junger Erwachsener, die von Medizinern, Psychiatern und Psychosomatikern misshandelt und für ihre psychiatrischen Behandlungsexperimente missbraucht werden (und in der Folge dann von Jugendamtmitarbeitern und Schulbehördenvertretern), und deren Mütter von ihnen verdächtigt werden, dem Kind die Krankheit eingeredet zu haben, ähneln sich weltweit auf verblüffende Weise. Sie rufen regelmäßig ungläubiges Entsetzen bei denjenigen hervor, die sich nicht vorstellen können, wie kränkend es für viele Mediziner und Psychiater sein kann, keine Therapieerfolge verzeichnen zu können. Das Nichteingeständnis dieser Kränkung und das Nichteingeständnis von Unkenntnis, Unerfahrenheit und Hilflosigkeit setzt in der Folge dann ein enormes Ausmaß an Arroganz, Ignoranz und Sadismus bei diesen Behandlern frei. Den Misserfolg ihrer Behandlung lasten sie den Patienten und – im Falle von Kindern – vor allem den Müttern an. Nicht die Behandlung war falsch oder unangemessen, sondern der Patient war nicht ausreichend motiviert oder die Mutter hat mit ihrem „negativen Einfluss" die Genesung verhindert. Folglich müssen die Patienten und deren Mütter „bestraft" werden, was sich am einfachsten dadurch bewerkstelligen lässt, dass man der Mutter das Sorgerecht entzieht und die Kinder in die Psychiatrie steckt. Immer wieder werden der Verfasserin Berichte von Müttern ME-kranker Kinder gleich welchen Alters zugetragen, dass Ärzte, Psychologen, Psychosomatiker, Psychiater, Jugendamtmitarbeiter und Schulbehördenvertreter dafür plädieren, ihnen eine Kontaktsperre aufzuerlegen mit der Begründung, das Kind könne sonst nicht genesen.

- ***Doch es grenzt geradezu an mittelalterlichen Irrglauben, zu denken, Mütter könnten ihren Kindern diese schwere Krankheitssymptomatik einer ME „anhexen".***

Mütter bzw. Eltern, die sich mit dem Vorwurf solcher Manipulationen konfrontiert sehen, berichten regelmäßig von dem Gefühl, von einem Tag auf den anderen in ein „Paralleluniversum" geschleudert worden zu sein, ein Universum, von dem sie bis zu diesem Zeitpunkt nicht einmal geahnt haben, dass es existiert. Wer einmal auf diese Weise durch die Löcher unseres freiheitlich-demokratischen und sozialen Rechtsstaats geseiht wurde, ist zutiefst erschüttert in seinen Grundfesten. Denn die Abgründe, die sich unter dem dünnen Firnis zivilisatorischer und rechtsstaatlicher Errungenschaften auftun, erscheinen bodenlos. Zuvor gänzlich unbescholtene Eltern werden gemeinsam mit ihren ME-kranken Kindern aus ihrem bislang von ihnen – wie von jedem anderen Individuum in unserem Staat auch – als ge- und beschützt wahrgenommenem Reich in einen offenkundig rechtsfreien Raum hinauskatapultiert, wie an den geschilderten Fällen deutlich wird. Den betroffenen Familien kommt es vor, als seien sie aus dem Paradies verstoßen worden, denn ihr vorheriges Leben mit all den normalen Sorgen, die Familien für gewöhnlich so haben, erscheint ihnen im Nachhinein als geradezu paradiesisch im Vergleich mit den Problemen, die sie fortan zu bewältigen haben.

An dieser Stelle soll auch das Interview mit Dr. Nigel Speight empfohlen werden, der Auskunft zu Fällen gibt, die denen, die im Folgenden vorgestellt werden, ähneln, und der einleuchtend die Mechanismen erklärt, die zu dieser iatrogenen Misshandlung führen.[488] Außerdem der Artikel "False Allegations of Child Abuse in Cases of Childhood Myalgic Encephalomyelitis (ME)" von Jane Colby, Direktorin des "Tymes Trust", der britischen Patientenorganisation für Kinder und Jugendliche und ihre Familien.[489]

8.1 Lukas[490]

Lukas Geschichte ist exemplarisch für die zahlreichen Fälle, wo die von einigen Ärzten und Behördenvertretern vermutete Diagnose, nämlich Münchhausen-by-Proxy-Syndrom, nicht offen ausgesprochen wird, jedoch vielen Anschuldigungen, Unterstellungen, Behandlungsvorschlägen und Maßnahmen erkennbar zugrunde liegt. Der im Alter von 11 Jahren schwer erkrankte Junge, ein bis dahin fröhliches, aktives Kind und ein sehr guter Schüler, wurde schon bald nach Erkrankungsbeginn vom ratlosen Kinderarzt gedrängt, einen Psychologen aufzusuchen, weil er bei ihm ein schweres Burnout-Syndrom vermutete. Der nächste von Mutter und Kind aufgesuchte Arzt ordnete zwar wichtige Untersuchungen an, machte jedoch unmissverständlich klar, dass wenn diese ohne Ergebnis blieben, die Mutter endlich akzeptieren solle, dass dem Jungen nichts fehle und er trotz Migräne wieder in die Schule gehen müsse. Gegen Migräne gäbe es schließlich Tabletten. Der kurz darauf konsultierte Kinderendokrinologe befand, die extreme Erschöpfung, die Schmerzen, Schwindel und Übelkeit, die auffallende Blässe und rapide Gewichtszunahme hätten nur damit zu tun, dass der Junge den ganzen Tag auf dem Sofa liege. Den sich ständig verschlechternden Schilddrüsenwerten maß er keinen pathologischen Wert bei.

Ein Kinderpsychiater äußerte den dringenden Verdacht auf eine somatoforme Schmerzstörung und Depression und drängte zu einer stationären Aufnahme in der Kinder- und Jugendpsychiatrie. Dort sollte der Junge wieder beschult und zunehmend aktiviert werden, bei gleichzeitig fortgesetzter psychiatrischer Diagnostik und Therapie. Entscheidender Bestandteil dieser Maßnahme sollte sein, den mutmaßlich schädlichen Einfluß der Eltern auf ihr Kind zu minimieren. Sie sollten ihren Sohn nur einmal wöchtlich besuchen dürfen. Später sollten auch Wochenenden zu Hause erlaubt sein, die v.a. der Erprobung neu erlernter Verhaltens- und Interaktionsmuster dienen sollten. Doch die Eltern lehnten eine Einweisung ab.

Die zunächst geduldige Schulleitung reagierte nach dreimonatiger Krankschreibung plötzlich aggressiv und behauptete, der Junge wolle sich vor der Schule drücken und manipuliere seine Mutter, die das offenbar nicht erkenne. Erst als Lukas die Diagnose ME/“CFS“ von einem Facharzt erhielt – ein Jahr nach Erkrankungsbeginn – ließ der von außen auf die Familie ausgeübte Druck nach. Die Diagnose schützte sie immerhin für einige Zeit vor den Behörden, und das Schulamt genehmigte anstandslos Hausunterricht.

Doch eine Routineuntersuchung bei einer Amtsärztin brachte schließlich alles ins Kippen. Denn diese ignorierte die vorgelegten Befunde und Atteste, unterstellte dem Jungen *„Ängste“* und *„Depressionen“* und behauptete, „CFS“ bei Kindern werde durch *„psychische Probleme der Mutter“* oder *„Stress in der Familie“* begünstigt bzw. mitverursacht. In ihrem Gutachten vertrat sie die Ansicht, dass die Mutter den Heilungsprozess verhindere, weil sie die soziale Isolation des Jungen aufrechterhalte. Sie schloss sich der früheren Empfehlung des Kinderpsychiaters an, den Jungen in die Kinderpsychiatrie einzuweisen und endlich wieder sozial zu integrieren, da ansonsten Kindeswohlgefährdung drohe. Dieser Einschätzung folgte das bis dahin so verständnisvolle Schulamt, setzte eine Frist zur Einweisung in die Psychiatrie und machte trotz Einschaltung eines Anwalts eine Meldung wegen Kindeswohlgefährdung.

Weder von der Amtsärztin noch von einem der anderen Ärzte, vom Schulamt oder der Schulleitung wurde die vermutete Diagnose MBPS offen ausgesprochen. Sie war jedoch allgegenwärtig in den ungeheuerlichen Vorwürfen und Anschuldigungen, denen Mutter und Sohn – von Beginn an und bevor überhaupt auch nur die nötigsten Untersuchungen angesichts seiner massiven Beschwerden erfolgt waren – ausgesetzt waren: Burnout, Schulphobie, Ängste und Depressionen, Schulunlust, Faulheit, Manipulation der Mutter, Unterstützung der Verweigerungshaltung durch die Mutter, psychische Probleme der Mutter als Auslöser der Krankheit sowie als Ursache dafür, dass dem Kind soziale Kontakte „verweigert“ werden, Stress im Elternhaus usw.

Lukas Fallgeschichte ist ein typisches Beispiel dafür, dass, sobald eine Diagnose vorliegt, in seltenen Fällen die Behörden zunächst kooperieren, indem sie z.B. Hausunterricht gewähren und keinen weiteren Druck ausüben, doch im Verlauf der Krankheit ihr Wohlwollen schwinden kann, weil Dauer und Schwere der Erkrankung die Geduld der Behördenvertreter überstapaziert und sie misstrauisch werden.[491] Grund dafür ist Uninformiertheit und die Weigerung, sich mit der Realität der Krankheit auseinanderzusetzen und diese zu akzeptieren.

8.2 Emma[492]

Emma, ein sehr sportliches, interessiertes und charmantes Mädchen mit einem einnehmenden Wesen, erkrankte im Alter von 10 Jahren schwer und komplett schulunfähig an ME. Ihre Eltern wurden von einer begutachtenden Amtsärztin des Münchhausen-by-Proxy-Syndroms verdächtigt, ohne dass diese bei ihrer Untersuchung auch nur einen einzigen Anhaltspunkt für ihre Mutmaßungen genannt hätte. Wie der Gesundheitsamtsakte zu entnehmen ist, unterstellte die Ärztin, die Eltern hätten dem Kind diese Krankheit (ME/"CFS") *„angedichtet"*. Sie ließ über den Schuldirektor eine pädiatrische und eine kindergynäkologische Untersuchung sowie eine neurologische und eine psychiatrische Untersuchung einfordern, obwohl die Eltern bereits einen pädiatrischen Befundbericht mit zahlreichen Ausschlussdiagnosen und ein Spezialistengutachten mit gesicherter Diagnose vorgelegt hatten. Gleichzeitig machte sie beim Jugendamt eine Meldung wegen Kindeswohlgefährdung. Es hatte ganz den Anschein, als wäre sie der festen Überzeugung, die Eltern hätten dem Kind die Krankheit *„angedichtet"*, um eine Misshandlung und einen sexuellen Missbrauch zu vertuschen. Diese Amtsärztin hatte nach eigener Auskunft zwar schon mal von „CFS" gehört, aber noch nie davon, dass auch Kinder daran erkranken können. Informationsmaterial zur Krankheit, das die Eltern zum Vorstellungstermin mitgebracht hatten, nahm sie mit einer abschätzigen Bemerkung und einem deutlichen Ausdruck des Widerwillens entgegen. Es wurde dementsprechend ebenso wenig wie das fachärztliche Gutachten und die Befunde der Ausschlussdiagnostik in ihrer Begutachtung berücksichtigt, sondern die Ärztin verließ sich lieber weiterhin auf ihre eingefleischten Vorurteile zu der Krankheit. Bei ihrer Einschätzung des zum Untersuchungszeitpunkt 11 Jahre alten Kindes orientierte sie sich an den Richtlinien der Rentenversicherung. Infolgedessen verwechselte sie auch die Begrifflichkeiten und beschrieb das für sein Alter sehr reife Mädchen als *„vorgealtert"*. (Frühreife ist im Übrigen nicht eben selten bei chronisch kranken Kindern anzutreffen!) Darüber hinaus verletzte sie ihre Schweigepflicht, gab die Diagnosen und die von ihr angeforderten weiteren Untersuchungen per Brief an die Schule weiter, ohne einen speziellen Adressaten anzugeben und ohne einen Vertraulichkeitsvermerk, und telefonierte munter über den Fall mit dem

Schuldirektor, der sie zum *„kämpfen"* aufforderte laut ihren handschriftlichen Notizen.

Die Familie schaltete umgehend einen Medizinrechtler ein, der Akteneinsicht in die Schul- und in die Gesundheitsamtsakte forderte. Mehr als vier Monate nach seinem Antrag und nur auf Druck eines zweiten Anwalts, eines Schulrechtlers, erhielt die Familie die Schulakte. Der neu hinzugezogene Anwalt trug gegenüber dem Schulamt vor, dass die Datenschutzbestimmungen verletzt worden seien. Die Amtsärztin hätte der Schule lediglich das Ergebnis ihrer Untersuchung mitteilen dürfen, also „schultauglich" oder „schulunfähig", keinesfalls aber die Diagnose und sonstige Meinungsäußerungen. Die medizinischen Gutachten hätten in einem verschlossenen Umschlag der Schülerakte beigeheftet sein und jede Einsichtnahme auf diesem Umschlag vermerkt werden müssen. Auch gegen diese Vorschrift war verstoßen worden. Die Mitteilung des Direktors an die Familie, vier weitere fachärztliche Untersuchungen durchführen zu lassen, die er nach Anweisung der Amtsärztin detailliert aufgelistet hatte, entbehrte jeder rechtlichen Grundlage. Zudem fehlte eine erforderliche Begründung. Darüber hinaus rügte der Anwalt die fehlende Zuständigkeit der Amtsärztin, die für den Fachdienst „Gesundheit und Gefahrenabwehr" tätig ist, nicht aber für den schulärztlichen Dienst. Sie hätte lediglich über Emmas Schultauglichkeit entscheiden und nicht die von den Gutachtern attestierte Diagnose anzweifeln dürfen. Sie hätte eine Entscheidung zu treffen gehabt und keine weiteren Untersuchungen fordern dürfen, denn derartige Meinungsäußerungen sind nach dem Schulgesetz zu unterlassen. Auch die Zusammensetzung der Klassenkonferenz nahm der Rechtsanwalt aufs Korn. Seiner Rechtsauffassung nach hätten Schulelternbeirätin und Schülervertreter nur mit Einwilligung seiner Mandantin Emma an dieser Konferenz teilnehmen dürfen, da dort ihre gesundheitliche Situation erörtert wurde. Zu dem Konferenzbeschluss merkte er an, die erforderliche gesetzliche Grundlage sei weder genannt noch ersichtlich. Das Protokoll einer zweiten eigens einberufenen Klassenkonferenz enthüllte, dass man auf der Konferenz die medizinischen Gutachten von Emma verlesen hatte, obwohl die Eltern keine Schweigepflichtentbindung gegeben hatten und Schulelternbeirätin sowie Schülervertreter darüber hinaus nicht der beamtenrechtlichen Verschwiegenheitspflicht unterliegen. Im Protokoll war zu lesen, dass nach Einschätzung der Konferenzteilnehmer in absehbarer Zeit nicht von einer Genesung auszugehen sei. Somit zielte die Konferenz mit ihrem Beschluss darauf, in Zweifel zu ziehen, dass Diagnosen und Behandlungen der Ärzte und das Verhalten der Eltern dem Kindeswohl entsprachen. Verdeutlicht wurden diese Zweifel durch die Ausführung in der Niederschrift, man habe erörtert *„ob im Interesse der Schülerin"* eine amtsärztlich attestierte Schulunfähigkeit geboten sei. Das Abheben aus Wohl des Kindes erwies aber im Umkehrschluss die Annahme einer Kindeswohlgefährdung durch die behandelnden Ärzte und die Eltern. Dabei lieferten weder das erste noch das zweite Klassenkonferenzprotokoll auch nur einen einzigen

Anhaltspunkt dafür, worauf sich die Annahme einer Kindeswohlgefährdung durch Ärzte und Eltern stützen könnte – außer auf das Bauchgefühl der Schulelternbeirätin, die in der ersten Klassenkonferenz laut Protokoll zu dem Schluss gekommen war, *„dass an der Geschichte etwas nicht stimme"*. Dabei war den Teilnehmern der Konferenz bereits der Jugendamtbericht bekannt, aus dem der Direktor in der ersten Versammlung zitiert und welcher unzweifelhaft klargestellt hatte, dass keine Kindeswohlgefährdung vorläge. Man setzte sich also auch mit kaum zu überbietender Dreistigkeit über den Bericht des Jugendamtes hinweg, ganz zu schweigen von den fachärztlichen gutachterlichen Stellungnahmen.

Weil die Amtsärztin keine Entscheidung über die Schulfähigkeit von Emma getroffen hatte, reichten die Eltern weiterhin privatärztliche Atteste bei der Schule ein, die der Schuldirektor jedoch nicht akzeptierte. Er teilte den Eltern mit, er bereite ein Ordnungswidrigkeitsverfahren gegen sie vor und wies sie darauf hin, dass es einen Straftatbestand darstelle, sein Kind der Schulpflicht zu entziehen. Man hatte der Familie auf der Klassenkonferenz zwar einerseits vorgeworfen sich abzuschotten (die Familie war nicht eingeladen worden, um Stellung nehmen zu können!), wollte andererseits aber nicht akzeptieren, wenn Emma sich einmal mit einem Kind traf, was ohnehin in vier Krankheitsjahren nicht mehr als insgesamt ca. zehnmal möglich war. Der Direktor versuchte, eine mit Emma befreundete Schülerin zu Spitzeldiensten anzuhalten: Emma war mit ihr zusammen im Park „gesehen" worden und ihre Freundin sollte eine Beweisnotiz zu diesem Treffen anfertigen.

An Emmas Fall wird deutlich, wie bestimmend für den weiteren behördlichen Verlauf die perverse Lust an der Aufdeckung eines vermeintlichen Verbrechens insbesondere in einem kleinstädtischen oder provinziellen Milieu werden kann. Man verließ sich hier lieber auf die Mutmaßungen und wilden Spekulationen eines in seiner Eitelkeit gekränkten Direktors, dem die Eltern Paroli geboten hatten, indem sie die mediale Öffentlichkeit über sein gesetzwidriges Vorgehen informiert hatten. (Ohne die Einschaltung der Medien hätte Emmas Fall jedoch einen noch weit schlimmeren Verlauf genommen, da der Direktor von Anbeginn zum Äußersten entschlossen war. Die Veröffentlichung des Falls bedeutete einen gewissen Schutz für die Familie über Emmas kritische schulpflichtige Jahre hinweg.) Gemeinsam mit der von den Eltern ursprünglich zu Hilfe und Unterstützung gerufenen Schulelternbeirätin, die sich lieber dem Direktor andiente als ihrer eigentlichen Aufgabe nachzukommen, nämlich die Interessen der Eltern zu vertreten, heizte er die brodelnde Gerüchteküche in den Klassenkonferenzen und beim Schul- und Gesundheitsamt an. Unter völliger Missachtung der zahlreichen bekannten medizinischen Fakten, Gutachten und sogar des Jugendamtberichts wurde – nach Art des Vigilantismus – ein Verbrechensszenario von gefangen gehaltenen, von der Außenwelt abgeschotteten und am Schulbesuch gehinderten Kindern heraufbeschworen.

Statt sich mit der Realität der Krankheit und ihren Auswirkungen zu befassen, die als hohen Tribut Dunkelheit, Stille und Isolation für den schwerkranken Patienten fordern, suhlte man sich mit wohligem Schauer im Reich der Mythen.

Nachdem der Widerspruch der Eltern gegen die Aufforderung, ein amtsärztliches Attest beizubringen vom Schulamt erwartungsgemäß zurückgewiesen worden war, entschlossen sie sich, Klage gegen selbiges einzureichen.

Erst als der Rechtsanwalt eine Dienstaufsichtsbeschwerde gegen die Amtsärztin einreichte, bekam die Familie – mehr als ein Jahr nach dem ersten Antrag auf Akteneinsicht! – in Aussicht gestellt, Einsicht in Emmas Gesundheitsamtsakte nehmen zu dürfen. Am Schluss des Schreibens ein Satz exculpatorischen Charakters: *„Sollte es durch die Übermittlung von gesundheitsbezogenen Informationen an die Schule zu Irritationen Ihrer Mandantschaft gekommen sein, so bitten wir dies in aller gebotenen Form zu entschuldigen."* Aus der Gesundheitsamtsakte erfuhren die Eltern dann auch erst explizit, was zuvor nur als Vorwurf in der Luft gelegen hatte, nämlich dass die Amtsärztin der Meinung gewesen war, sie hätten ihrer Tochter die Krankheit *„angedichtet"*.

In dreieinhalb Krankheitsjahren wurde Emma auf Veranlassung des Schulamts viermal zu (verschiedenen) Amtsärzten einbestellt, ganz so als müsse man befürchten, ihre Eltern hätten insgesamt ***zwölf*** Fachärzte bestochen, die alle ***nicht*** an ihrer schweren Krankheit zweifelten, und von denen allein vier ME/"CFS"-Experten waren.

Beim letzten Amtsarzttermin im Juni 2014 war auch ein junger Schulpsychologe anwesend, weil die Eltern über ihren Anwalt Antrag auf Ruhen der Schulpflicht gestellt hatten, um dem schwerkranken Kind die nervenaufreibenden und sinnlosen Amtsarzttermine künftig zu ersparen. Der Schulpsychologe hatte ebenfalls die zahlreichen Experten- und Ausschlussgutachten vorliegen, darunter ein kinderpsychiatrisches Gutachten eines renommierten Kinder-u. Jugendpsychiaters, stellvertretender Vorsitzender des wichtigsten Berufsverbands für Kinder- und Jugendpsychiatrie, und einer Kinderpsychologin mit fast 40 Jahren Berufserfahrung, Landesvorsitzende der Deutschen Psychotherapeutenvereinigung. Beide Experten hatten sorgfältig exploriert, dass Emma zu keiner konzentrativen Arbeit in der Lage ist. Dennoch verlieh der Schulpsychologe seinen Zweifeln an der Schwere und Symptomatik der Krankheit des Mädchens deutlich Ausdruck. Nach Schilderung der Eltern von der unbelehrbaren Sorte, die selbst Magengeschwüre noch für psychosomatisch hält, „gab" er den Psychologen mit monotoner Sprechweise und sichtlich bemüht, sich einen aggressionsfreien und emotionslosen Anstrich zu geben, der seine Professionalität beglaubigen sollte. Dabei wiederholte er stereotyp sein „Angebot", Emma per Hausunterricht beschulen zu lassen, was das Land eine Stange Geld koste. Auf den Einwand der Eltern, dass er sein „Angebot" als tolles Geschenk präsentiere, obwohl es doch die ***Pflicht*** des Schulamtes sei, kranken

Kindern, sofern sie denn beschulbar seien, Hausunterricht anzubieten, wiederholte er gebetsmühlenartig sein „Angebot“ und die Floskel, dass er seine Aufgabe sehr ernstnehme und nichts absegne, wovon er sich keinen eigenen Eindruck verschafft habe. Bis dahin hatte er noch kein einziges Mal Kontakt mit Emma aufgenommen. Emma hatte mit starkem schmerzhaften Herzklopfen und nach dem Eindruck der Eltern sichtlich angestrengt die Debatte verfolgt, und als ***sie*** sich nun an ihn wandte und fragte, was er denn für einen Eindruck von ihr habe, erwiderte er kaltschnäuzig, er habe den Eindruck, dass sie dem Gespräch durchaus ganz gut folgen könne. Als Emma den Versuch unternahm, ihm zu erklären, wie teuer sie anschließend für ihre Konzentrationsanstrengung bezahlen müsse, schenkte er ihr keinen Glauben. Emma fing daraufhin an zu zittern und zu weinen, doch der Schulpsychologe würdigte sie keines weiteren Wortes und Blickes. Spätestens an dieser Stelle des Gesprächs wurde den Eltern klar, dass es ihm gar nicht um Emma und ihr Recht auf Beschulung ging, sondern darum, seine vorgefasste Meinung und die Vorgaben der Schulbehörde, in Gestalt der Schulamtsjuristin, durchzusetzen. Die Eltern versuchten, ihm das Kardinalsymptom der Krankheit, die neuroimmune Zustandsverschlechterung nach bereits geringfügiger Belastung zu erläutern, stießen aber ebenso wie Emma zuvor auf taube Ohren. Der Schulpsychologe behauptete zwar, seine Aufgabe ernst zu nehmen, dabei hatte er sich noch nicht einmal adäquat über die Krankheit informiert und schien auch nicht willens, sich von Kompetenteren informieren zu lassen. (Eine klassische Form von Lernbehinderung!) Als der Vater des Mädchens schließlich sagte, er habe offenkundig keine Ahnung von ME, drohte der Schulpsychologe, das Gespräch vorzeitig zu beenden. Der Vater schwenkte um und behandelte den Psychologen von da ab wie jemanden, der ein bisschen schwer von Begriff ist.

Glücklicherweise hatte die Amtsärztin sich zum Thema gründlich informiert und aufgrund ihrer ärztlichen Empfehlung blieb dem Schulamt nichts anderes übrig, als zu beschließen, Emmas Schulpflicht für ein Jahr ruhen zu lassen. (Immerhin ein gewisser Fortschritt, denn 2013 hatte das Schulamt noch vorgeschlagen, Emma in einem Schulheim für psychisch kranke Kinder unterzubringen, das 70 km von ihrem Elternhaus entfernt liegt. Ohne die Einschaltung eines sehr versierten und engagierten Anwalts und ohne die Klageeinreichung, hätte die Familie mit dem Schlimmsten rechnen müssen, da die Entscheidungsträger im Schulamt offenbar weder willens noch fähig waren, sich mit dem Sachverhalt – der Art, den Besonderheiten und der Schwere der Erkrankung – zu beschäftigen.)

Ein schulpsychologisches Gutachten wurde trotz der ca. einstündigen Begutachtung und der zahlreichen vorgelegten Gutachten bis dato (Juni 2015) nicht erstellt. Für die Entscheidung über das letzte schulpflichtige Jahr wurde ein fünfter amtsärztlicher Termin im 2. Quartal 2015 anberaumt.

Auch der Richter konnte sich zu keiner Entscheidung durchringen: Drei Jahre nach Klageeinreichung und zwei Jahre nach der Verhandlung lag immer noch kein

Urteil vor. Fürchtete er, einen Präzedenzfall zu schaffen? Einen Präzedenzfall, der so dringend benötigt wird für all die chronisch kranken Kinder mit ME, die aufgrund des Kernsymptoms, der neuroimmunen Zustandsverschlechterung nach geringer oder gar geringfügiger Belastung, nicht in der Lage sind, sich beschulen zu lassen? Denn hier klafft eine Gesetzeslücke; das Schulgesetz hat für diese erkrankten Kinder und Jugendliche bislang keine Regelung getroffen.

8.3 Pia[493]

Pias Geschichte ist eine der grausamsten, die im Zusammenhang mit dieser Krankheit je notiert wurden. Das aufgeweckte, sportliche, tierliebe und musikalische Mädchen erkrankte im Alter von 10 Jahren nach einer EBV-Infektion. Eine gravierende Fehlbehandlung in einer Klinik führte dazu, dass sie stark an Gewicht verlor, weil sie zu schwach zum Schlucken wurde und in der Folge vorübergehend sondenernährt werden musste. Darüber hinaus verlor Pia dauerhaft die Fähigkeit zu stehen und zu laufen. Durch Verweigerung von Hilfestellung und Misshandlung beim Toilettengang trug sie weiteren Schaden, nämlich eine doppelte Inkontinenz davon. Nach dem Klinikaufenthalt setzte zuhause eine allmähliche, schrittweise Erholung ein. Das Kind konnte wieder essen, blieb jedoch weiterhin gelähmt und inkontinent. Aber immerhin konnte es mit seiner Familie noch reisen und einmal in der Woche sogar Reittherapie machen. Doch leider geriet die Mutter durch eine Kindeswohlgefährdungsanzeige ins Visier besonders ignoranter Jugendamtmitarbeiter, die felsenfest davon überzeugt waren, die Mutter „mache" ihr Kind krank. Vor dem Familiengericht kämpfte das Jugendamt um den Sorgerechtsentzug. Es berief sich bei seiner Einschätzung überwiegend auf „Telefondiagnosen" von Ärzten, die das Kind noch nie, schon lange nicht mehr oder auch nur ein einziges Mal gesehen hatten, und die von falschen Annahmen, Verdächtigungen und Mutmaßungen nur so strotzten. Bei eben dieser Mutter war die Rede von *„liebevoller Misshandlung"* und davon, dass sie ihre damals 12-jährige Tochter *„zu Tode schone"*. Die Verfahrensbeiständin des Kindes war die längste Zeit auf die Linie des Jugendamts eingeschworen und ebenso davon überzeugt, die Mutter „mache" ihre Tochter krank, bis sie den Film „In engen Grenzen – Leben mit CFS"[494] sah. Erst da revidierte sie ihre Meinung und auch der Richter schlug sich auf die Seite der Eltern.

Doch bedauerlicherweise machte – ein Jahr nachdem die Familie den Sorgerechtsstreit gewonnen hatte – eine Nachbarin erneut Meldung auf Kindeswohlgefährdung. Seit dieser Anzeige triumphierte das Jugendamt und wollte der Familie zunächst einen Erziehungsbeistand aufzwingen, da das Kind sich doch in einer so wichtigen Lebensphase befände und dabei unterstützt werden müsste. Dass es um sein Überleben rang und andere Probleme hatte, als in der Pubertät gut über die Runden zu kommen, schien den Sozialarbeitern entgangen zu sein. Die Mutter erntete Hohngelächter, als sie einer Jugendamtmitarbeiterin erzählte, ihre Tochter sei so lärmempfindlich, dass man bei den Nachbarn schon einige Male um Ruhe nachgesucht habe.

Es zeugt von beispielloser, doch wohl leider nur allzu häufig anzutreffender Ignoranz und Rechthaberei, dass dieses Jugendamt auch nach mehr als zwei Jahren Kontakt mit einem ME-kranken Kind nicht bereit war, die zahlreich vorhandenen ärztlichen Befunde und Stellungnahmen, welche die Diagnose bestätigten, zur Kenntnis zu nehmen, zu akzeptieren und darüber hinaus sich mit der Symptomatik und den massiven Auswirkungen dieser Krankheit zu befassen.

Auch die zuständige Amtsärztin ignorierte (zumindest während der Untersuchung) die Gutachten und die schwere Krankheitssymptomatik. Für sie stand ebenfalls der Kontakt mit Gleichaltrigen und die Beziehung der Mutter zum Kindsvater im Mittelpunkt ihres Interesses, obwohl sie lediglich die Schulfähigkeit des Kindes zu beurteilen gehabt hätte. In ihrem amtsärztlichen Gutachten forderte sie dann weitere invasive Diagnostik wie z.B. eine Lumbalpunktion, insgesamt Maßnahmen, die ein extrem geschwächtes Kind in akute Gefahr bringen könnten. Aufgrund dieses Gutachtens wurde der Mutter in einem Eilverfahren vorübergehend das Sorgerecht die Gesundheitssorge betreffend abgenommen. In den folgenden zwei Wochen wurde die Familie nahezu täglich von Jugendamtmitarbeitern und Verfahrensbeiständin regelrecht „belagert", und die Mutter wurde stundenlang davon abgehalten, ihre lebensbedrohlich erkrankte Tochter zu versorgen, weil man sie zum Gespräch nötigte. Beim Familiengerichtstermin schließlich stellte der Richter die Eltern vor die Wahl, entweder die Gesundheitssorge abgenommen zu bekommen oder sich mit den Behandlungsvorschlägen des vom Jugendamt eingeschalteten Gutachters und einer Einweisung in dessen neuropädiatrische Klinik einverstanden zu erklären. Schon am nächsten Tag wurde das Kind dorthin verbracht, wo man es bereits am folgenden einer Immunglobulinbehandlung unterzog, obwohl es in einem miserablen Allgemein- und Ernährungszustand war. Denn schon seit Monaten hatte das Kind wieder Schluckschwierigkeiten, verursacht durch eine Zustandsverschlechterung, die durch eine geringfügige Überlastung und eine EBV-Reaktivierung ausgelöst worden war. Doch die Mutter hatte keinen Arzt und Pflegedienst gefunden, die bereit gewesen wären, ihm eine Sonde zu legen. Schließlich erbarmte sich doch noch ein Pflegedienst. Mittlerweile konnte das Kind aber nur noch sehr kleine Mengen verkraften, von denen es das meiste auch wieder erbrach. Bei Klinikeinweisung wog die 13-jährige deshalb nur noch 25kg und der behandelnde Arzt unterstellte ihr fälschlich eine Magersucht. Er behauptete, sie könne aufgrund ihres Untergewichts nicht mehr klar denken, und wenn sich ihr Ernährungszustand gebessert habe, würde sie auch die zahlreichen therapeutischen Maßnahmen, die man mit ihr veranstaltete, begreifen und gutheißen. Dieser Arzt verordnete zunächst eine Ergotherapie, weil er der Auffassung war, dass „CFS" mit

Aktivierung zu heilen ist. Stiftete er möglicherweise auch eine der Schwestern an, das Mädchen beim Windeln zu „untersuchen"? Oder beschäftigt man an dieser neuropädiatrischen Klinik perverse Schwestern? Die Schwester jedenfalls zerrte die Schamlippen des Mädchens auseinander, bohrte ihren Finger in dessen Scheide, wobei offenbar das Hymen verletzt wurde, denn das Mädchen litt noch Tage später Schmerzen und blutete. Vielleicht vermutete man einen sexuellen Missbrauch als Krankheitsursache und wollte prüfen, ob es noch Jungfrau sei. Doch das Vorgehen dieser Schwester stellt einen Strafttatbestand im Sinne einer Körperverletzung dar und kommt einer Vergewaltigung gleich. Einige Tage später spreizte die Schwester wieder die Schamlippen des Kindes, und als die Mutter protestierte, erwiderte sie, sie müsse nach Pilzbefall gucken. Wollte die Schwester sich damit im Nachhinein rechtfertigen und die wahren Beweggründe für ihre Handlungsweise vertuschen?

Der Mutter gegenüber benahm man sich insgesamt reserviert; der Großteil des Pflegepersonals und sämtliche Ärzte behandelten sie wahlweise wie jemanden, der sein Kind „krankmacht" oder wie eine hysterische und überbesorgte Person. Ihre Hinweise auf eine Zustandsverschlechterung ihrer Tochter wurden nicht ernstgenommen. Dem Kind ging es so schlecht wie nie zuvor. Es bekam von der Immunglobulintherapie taube Hände und Füße, starke Kopfschmerzen, Stiche im Kopf, eine verschwommene Sicht, es konnte seinen Blick zeitweise nicht mehr fixieren, für Augenblicke verlor es sein Bewusstsein und die Hände krampften und blieben steif, wenn es aufgefordert wurde, sie zu bewegen. Der vielfach ausgelöste Alarm für Apnoe, Kammerflimmern und ventrikuläre Tachykardie wurde von den Schwestern als Messfehler uminterpretiert. Wenn das Kind einen Ruhepuls von 170 hatte, wurde das Gerät einfach abgestellt. Einige Male war sein Blutdruck so niedrig, dass es Infusionen brauchte. Später wurde das Kind dann einfach vor dem Blutdruckmessen erschreckt, um das Ergebnis zu manipulieren.

Obwohl sein Zustand sich ganz offensichtlich verschlechterte, es nicht mehr ausreichend mit Sauerstoff versorgt war, weil das Herz geschwächt war, es immer wieder unter Herzschmerzen und –krämpfen litt und unter der zu reichlichen Nahrungszufuhr, die der geschwächte Körper Mühe hatte zu verdauen, wurden Mutter und Kind unentwegt beschwichtigt und man betonte, dass es ihm doch schon viel besser gehe. Einer der behandelnden Ärzte sagte zu dem Mädchen, es müsse sich erst einmal an seinen *„neuen Zustand"* (meinte er vielleicht die Gewichtszunahme von den zu diesem Zeitpunkt 3kg?) gewöhnen und das emotional verarbeiten, und es dürfe dem, was es fühle, nicht zuviel Bedeutung beimessen. Als Pias Beine krampfartig zu zucken begannen, interpretierte er das als Fortschritt: endlich könne sie ihre Beine wieder bewegen! Im Gespräch mit der Mutter äußerte er, Verhaltenstherapie sei nützlich bei dieser Krankheit, aber nur, wenn auch die Mutter mitziehe. Sämtliche Ärzte der Klinik glaubten, durch die Mutter initiiertes „falsches Krankheitsverhalten" und „falsche Krankheitsüberzeugungen" hätten den lebensbedrohlichen Zustand des Kindes verursacht. Wollten sie sich damit entlasten, nachdem die Immunglobulintherapie ganz offensichtlich fehlgeschlagen war und den Zustand des Mädchens noch erheblich verschlechtert hatte? Wie weit Inkompetenz und Ignoranz gingen, zeigte sich, als eine Oberärztin das völlig entkräftete, apathische und transnasal sondenernährte Kind fragte, ob es denn schon am Tisch mitgegessen habe.

Das Jugendamt ließ die Mutter auch während des Klinikaufenthaltes nicht in Ruhe. Ihre Kompetenzen überschreitend, „diagnostizierte" die Fachbereichsleiterin in einem Schreiben an den Richter: *„Eine ausgeprägte, noch nicht umfassend beschreibbare, Psychodynamik erscheint der Unterzeichnerin gesichert."* (Originalzitat) Eine nahezu sinnfreie Feststellung, welche die psychologische Inkompetenz der Unterzeichnerin enthüllt.

Der Klinikdirektor Professor Weber[495] arbeitete hinter dem Rücken der Mutter mit dem Jugendamt zusammen, obwohl keine Schweigepflichtentbindung von ihr eingeholt worden war. Im Vieraugengespräch mit dem Mädchen versuchte er, einen Keil zwischen Mutter und Kind zu treiben. Es solle nicht darauf hören, was seine Mutter sage, denn das stimme nicht; wenn die Mutter sich gegen die Behandlungen stelle, könne es nicht gesund werden; die Mutter denke, Nahrung sei keine Energie, und das Kind solle sich ruhig überanstrengen, denn davon ginge es ihm nicht schlechter. Schließlich gelangten Ärzte und Jugendamt zu der Einschätzung, die fortgesetzte Anwesenheit der Mutter am Krankenbett verhindere die Genesung des Kindes. Pia wurde vom Jugendamt in Obhut genommen, weil eine *„erhebliche Gefahr für das körperliche, geistige und seelische Wohl des Kindes"* bestünde, wenn die gegenüber den Aktivierungsmaßnahmen und verhaltenstherapeutischen Interventionen kritisch eingestellte Mutter, die darüber hinaus *„die positiven Entwicklungsschritte bei der Genesung"* negiere, weiter bei ihm verweile. Auf 30 Minuten wurde die Besuchszeit der Mutter beschränkt. Kaum dass sie aus dem Weg geräumt war, begann man das Kind mit Licht, Lärm und Alltagsgeräuschen zu quälen. Der Mülleimer wurde direkt neben das Bett gestellt und mehrmals täglich geleert, Clowns spielten direkt vor Pias Tür Akkordeon, die Schwestern sangen laut, wenn sie die Sondennahrung aufhängten und da sie den Klingelknopf häufig absichtlich außer Reichweite des Mädchens deponierten, war es dem Dauergepiepse des Sondomaten hilflos ausgeliefert. Durch ein Überwachungsfenster schien die ganze Nacht grelles Licht, die Gardinen wurden tagsüber weit aufgezogen und es war immer taghell im Zimmer; es wurde andauernd gelüftet, obwohl Pia den Straßen- und Baustellenlärm nicht vertrug, weshalb die Mutter nur nachts hatte lüften können. Wenn das Kind nach dem Lüften über Hals- und Ohrenschmerzen klagte, ignorierte man seine Beschwerden.

Nach Verbannung der Mutter vom Krankenbett wurde das Mädchen täglich von Kopf bis Fuß gewaschen, anschließend auf den Schoß einer Schwester gesetzt, während sein Bett frisch bezogen wurde. Man brachte es in ein Therapiezimmer, legte es dort auf ein Wasserbett und überließ es sich selbst. Wenn es Krämpfe in Händen und Füßen bekam, sagten die Schwestern, es solle sich nicht so anstellen. Man stellte das Kopfteil des Bettes hoch und überließ Pia sich selbst, obwohl die Sitzposition ihr starken Schwindel verursachte. Wenn sie von den Anstrengungen schweißgebadet war und anschließend über Schüttelfrost klagte, wurde sie von den Schwestern ausgelacht. Auch die Ärzte machten sich über sie lustig, weil sie Kuscheltiere im Bett hatte.

Offenbar wurden die Schwestern von den Ärzten instruiert, Pias Symptome zu ignorieren und ihr so wenig wie möglich Hilfestellung zu gewähren, auch beim Windelwechsel. Als sie Durchfall hatte und saubergemacht wurde, sollte sie sich selber festhalten, wozu sie viel zu schwach war und deshalb in ihre Exkremente zurückfiel.

Man setzte ihr eine Psychologin ins Zimmer, die sie stundenlang beobachtete und auf sie einredete. Ein Teil des „Therapiekonzepts" bestand darin, Pia Schimpfwörter beizubringen. Außerdem sagte sie zu dem Kind, man müsse ihm die Haare abschneiden, das sei eine medizinische Maßnahme, und mit seinen Zähnen sehe es wie Dracula aus, deshalb müsse man ihm eine Zahnspange verpassen. Wenn das Kind zu schwach war zu antworten, notierte die Psychologin, es habe keine Lust gehabt, mit ihr zu reden. In einem aufgezeichneten Gespräch verglich Pia die Psychologin mit der Schlange von Adam und Eva.

Auch Ärzte und Schwestern unterstellten Pia mangelnden Willen und warfen ihr vor, dass sie sich gar nichts mehr zutraue. Man unterstellte ihr sogar, sie simuliere nur, stehe nachts aber heimlich auf, nasche und lese Zeitschriften, höre Musik und verwüste den Raum. Mehrfach wurde eine Razzia in Pias Krankenzimmer veranstaltet, um nach irgendwelchen obskuren Beweisen für ihr angebliches nächtliches Treiben zu suchen. Als man ein Handy fand, das die Mutter für Notfälle dagelassen und für Pia in Reichweite und sicher im Kopfkissenbezug deponiert hatte, nahm man es mit großer Befriedigung in Beschlag und „untersuchte" es.

Um Beweise für Pias Fortschritte zu demonstrieren, stopfte man ihr einen Waschlappen bzw. eine Zahnbürste in die Faust und führte ihr die Hand mit dem Lappen über das Gesicht bzw. mit der Zahnbürste in den Mund und behauptete anschließend, sie könne sich schon wieder selber waschen und die Zähne putzen. Man setzte einen Hund auf ihr Bett, legte Pias Arm um das Tier und knipste ein Foto, um den „Therapieerfolg" zu dokumentieren.

Wenn das Mädchen bei der Ergotherapie versagte, drohte die Therapeutin ihm mit Gesang. Sie setzte das Kind an die Bettkante, ohne es zu halten, woraufhin es dauernd zur Seite kippte und vor Schmerzen aufschrie. Anstatt die Behandlung abzubrechen, fuhr die Ergotherapeutin fort und schnauzte Pia an, sie solle sich doch mit den Händen abstützen und wenn sie das nicht mache, sei sie selber schuld und außerdem sei sie so schwer geworden (Sie wog zu dem Zeitpunkt

33kg). In einer Aufzeichnung bezeichnete Pia die Ergotherapeutin als *„Giftschlange"* und als *„gemein"*.

Man fing an, das schwerstkranke Mädchen zu beschulen. Die Lehrerin quälte sie mit Rechenaufgaben auf Erstklässlerniveau. Die vor ihrer Erkrankung sehr gute Schülerin war zutiefst beschämt, als sie es nur mit großer Anstrengung schaffte, 9 + 1 zu addieren.

Man unternahm täglich „Ausflüge" über die Krankenhausflure. Anschließend wurde das schweißgebadete und völlig erschöpfte Mädchen von den Schwestern gelobt: *„Toll hast du das gemacht, Pia!"* So sah offenbar die positive Verstärkung aus, die man bei der Kindsmutter vermisste.

Das Mädchen kam kaum noch zum Schlafen. Die letzte Nahrung wurde um Mitternacht aufgehängt und lief eineinhalb Stunden. Erst danach kam Pia ein wenig zur Ruhe, bis sie um fünf Uhr morgens wieder aufwachte. Die zwei Stunden bis zur Weckzeit verbrachte sie damit, ungestört weinen zu dürfen – ohne dass man ihr gleich die Psychologin aufs Zimmer schickte.

Eine häufig unsachgemäße, zu schnelle oder aber pausenlose Nahrungszufuhr führte dazu, dass Pia die Sondennahrung wieder hochkam und sie erbrechen musste. Daraufhin drohte der Chefarzt Professor Weber ihr, eine PEG zu legen. Er unterstellte ihr absichtliches Erbrechen. Vor lauter Angst schluckte Pia tagelang ihr Hochgewürgtes wieder herunter, bis Weber, von der einzigen dem Kind noch wohlgesonnenen Schwester beherzt darauf angesprochen, sich bei Pia entschuldigte, es sei ein *„Missverständnis"* gewesen.

Als Pia von den zahlreichen inadäquaten Aktivierungsmaßnahmen immer größere kognitive Probleme bekam und vergesslich wurde, bezichtigten die Schwestern sie der Lüge, wenn sie Fragen versehentlich falsch beantwortete.

Der Überwachungsmonitor wurde abgestellt. Am Tag, als endlich das von der Mutter schon lange erbetene Langzeit-EKG gemacht wurde, durfte das Mädchen sich endlich einmal ausruhen – leider, wie man vermuten muss, nur aus dem Grund, um Ergebnisse im Normbereich zu erhalten.

Einerseits also ignorierten Jugendamt und Ärzte die dramatische Symptomatik und ernsthaften Beschwerden der Patientin gänzlich. In einem Schreiben der Jugendamtsleiterin an den Anwalt der Mutter heißt es dazu: *„Frau […] suggeriert ihrer Tochter beständig und nachdrücklich, dass sie an diversen Symptomen leide,* ***die objektiv nicht festgestellt werden können bzw. nicht vorhanden sind****."* (H.d.A.) Andererseits behaupteten Jugendamt und Ärzte, die Mutter stelle eine potentiell tödliche Gefahr für ihr Kind dar. Das wird in der Begründung der Inobhutnahme deutlich: *„Die Inobhutnahme Ihrer Tochter ist erforderlich, weil davon auszugehen ist, dass sich Ihr Verhalten sowohl hinsichtlich der Einsichtsfähigkeit zur medizinischen Bewertung als auch Ihre Einflussnahme auf Ihre Tochter in absehbarer Zeit nicht ändern werden. Damit ist eine erhebliche Gefährdung des Wohles Ihrer Tochter gegeben, weil aufgrund dieser Situation zu* *gewärtigen ist, dass der Ihr Verhalten in seiner Gesamtheit zu einer Gesundheitsbeeinträchtigung Ihrer Tochter führen,* ***die nach ärztlicher Einschätzung eine erhebliche Verschlechterung des Gesundheitszustandes oder den Tod Ihrer Tochter zur Folge haben wird.*** *"* (Originalzitat m.F., H.d.A.) Die offenkundige Widersprüchlichkeit beider Aussagen – auf der einen Seite: die Symptome des Kindes seien weder feststellbar noch vorhanden, auf der anderen Seite: die Anwesenheit der Mutter mache das Kind krank und führe zu seinem Tod – schien jedoch weder dem Jugendamt noch den Ärzten aufgefallen zu sein. Nimmt man beide Aussagen ernst, schlussfolgerten Jugendamt und Ärzte letztendlich, dieses Kind könne, wenn es nicht sofort in Obhut genommen werde, an „Nicht-Symptomen" bzw. an einer „Nicht-Krankheit" sterben.

Darüber hinaus bauten die Ärzte im Falle, dass es unter der Behandlung verstürbe, mit ihrer ärztlichen Einschätzung vor, indem sie bereits vorab der Mutter die Schuld am Gesundheitszustand ihrer Tochter in die Schuhe schoben.

Gegen großen Widerstand der behandelnden Ärzte konnte die Mutter schließlich durchsetzen, dass sie eine Zweitmeinung einholen durfte. Der englische Kinderarzt und ME-Spezialist Dr. Nigel Speight reiste an und untersuchte Pia. Nach seinem Besuch fragte Pia ihre Mutter, warum nicht alle Ärzte so seien wie Dr. Speight, ob er nicht dableiben könne, und ob man nicht an seiner statt den Professor Weber zurück nach England schicken könne.

Vom Gericht allerdings wurde Nigel Speights Gutachten, ebenso wie ein Brief, der von zahlreichen ME-Experten aus aller Welt unterzeichnet worden war, völlig ignoriert. Die Mutter verlor das Sorgerecht in den Teilbereichen Aufenthaltsbestimmungsrecht und Gesundheitsfürsorge. Sie wurden allein auf den Vater übertragen, der mit dem Jugendamt und den Ärzten paktierte, sich jedoch nie um die Pflege und Versorgung des kranken Kindes gekümmert hatte.

Als Pias Zustand sich nach der Inobhutnahme nicht besserte, sondern im Gegenteil verschlechterte, schrie ein Arzt das Kind an, wenn es nicht bald mitmache bei den Aktivierungstherapien, dürfe es seine Mutter gar nicht mehr sehen. Dass es nicht mitmachte, weil es nicht mitmachen ***konnte***, sahen Ärzte und Pflegepersonal nicht – zu groß ihr eingefleischtes Vorurteil gegenüber der Krankheit! Offenbar dachten sie, es fehle Pia nur am Willen gesund zu werden, und es sei ihrem Willen unterworfen, sich zu bewegen. Mit dieser Meinung bewiesen sie ihre völlige medizinische Unkenntnis und Unerfahrenheit. Gleichzeitig weigerten sie sich, die von Dr. Nigel Speight unermüdlich offerierten Expertenempfehlungen zur Kenntnis zu nehmen, und das, obwohl sie noch nie einen Fall von schwerem ME gesehen, geschweige denn behandelt hatten.

Ihr Unvermögen wurde in einer von der Klinik initiierten Gesprächrunde bestätigt, an der ein Psychiater der Klinik, ein behandelnder Arzt, die Mutter und der von ihr zur Unterstützung bestellte fachmännische Beistand (ein niedergelassener analytischer Kinder- und Jugendlichenpsychotherapeut) teilnahmen. Auf Nachfrage des Fachmanns erklärten Psychiater und Arzt, es handele sich bei Pia um ein *„CFS mit psychischer Überlagerung"*. Auf die anschließende Frage, nach welchen (im Falle einer Krankheit ohne allgemein anerkannte Biomarker und unbekannter Ätiologie ***unabdingbaren***, Anm.d.A.) Konsenskriterien sie Pias Krankheit einordnen würden, konnten beide keine qualifizierten Angaben machen. Der Psychiater sagte, er habe *„davon gehört"*, der behandelnde Arzt beschwerte sich, er fühle sich *„wie in einem Verhör."* Bei der nächsten Nachfrage des analytischen Psychotherapeuten, nämlich der nach der *„psychischen Überlagerung"*, wiederholte der Arzt seine Beschwerde und ergänzte, das sei ja so, wie es mit Dr. Speight gewesen sei. Beide, Arzt und Psychiater, erklärten, die psychische Komponente sei noch nicht in klare diagnostische Kategorien zu fassen, das sei am Anfang von Therapien häufig so, oft sei man sich ja erst am Ende von Therapien über die Diagnose im Klaren. Eine Verdachtsdiagnose wollte der Arzt nicht nennen, weil diese doch nur wieder zu Kontroversen führen würde. (Offenbar wollten sie ihre Verdachtsdiagnose, über die sie abzurechnen verpflichtet sind, nicht nennen, aus Furcht, der von der Mutter engagierte Fachmann würde ihnen die Unvereinbarkeit ihrer psychischen Diagnose mit einem „CFS G93.3" und/oder mit der von den Ärzten bei der Patientin vermuteten Simulation vor Augen führen.)

Dieses Gespräch mit einem neutralen, außenstehenden Fachmann führte keineswegs zu größerer Besonnenheit bei den behandelnden Ärzten. Pias Aktivierung wurde mit immer schärferen Maßnahmen vorangetrieben, z.B. wurde sie mit einem Liegerollstuhl in die Sonne und in die Küche geschoben, wo Patienteneltern gemeinsam Kuchen backten. Auch die gefährlich unbedarfte Psychologin durfte das Kind weiterhin nach Gutdünken traktieren. Sie sagte Pia, sie sei krank, weil sie sich einbilde, keine Energie zu haben. Im Unterbewusstsein würde sie denken (sic!), dass ihre Energie nicht ausreichen würde, und damit solle sie endlich aufhören und sich überwinden, mutig und stark zu werden und alles mit Freude zu machen, und nicht mehr auf ihren Körper, der immer nur Ruhe wolle, hören. Mit diesen Ansichten legte sie nur weiteres Armutszeugnis von ihrer offenbar vollkommen mangelnden fachlichen Kompetenz ab: Seit wann kann man mit dem Unterbewusstsein denken, seit wann sein Unterbewusstes überwinden, und was soll man davon halten, wenn sie ein „CFS", das definitionsgemäß mit einem Mangel an Energie einhergeht, für reine Einbildung hält? In Anbetracht dieses Gestümpers müsste man herzhaft lachen, wenn die Angelegenheit nicht so entsetzlich traurig wäre. Denn dem armen Kind fügte sie massiven weiteren Schaden zu: Es weinte ununterbrochen drei lange Stunden nach dieser geradezu bösartigen „therapeutischen" Attacke.

Man bekam den Eindruck, je schlechter es dem Kind ging, desto mehr verloren Ärzte und Therapeuten die Nerven und versteiften sich auf ihre irrige Ansicht, dass Pia mehr könne, als sie zugeben wolle. Ihr wurde z.B. ein Esstraining verordnet, weil man wohl davon ausging, sie habe das Kauen und Schlucken verlernt. Zwei Therapeutinnen feuerten dabei jedes Mal das Kind in Cheerleadermanier an und skandierten: *„Go, Pia, go, Pia, go in den Magen!“* Doch Pia hatte schlicht nicht genug Kraft zu kauen und zu schlucken. Die Nahrung, die man ihr in den Mund stopfte, lief ihr als Speisebrei wieder heraus. Der zusätzliche Stress ließ sie auch die Sondennahrung wieder häufiger erbrechen. Anstatt dem Mädchen Glauben zu schenken und das sinnlose Training aufzugeben, schrie Chefarzt Weber Pia an, sie bliebe so lange in der Klinik, bis sie wieder essen würde und ***wenn es drei Jahre dauern würde***.

Je schlechter es dem Kind ging, um so mehr wurde das Training verschärft. Es bekam pausenlos Therapien, erst Physiotherapie, anschließend kam die Psychologin, die von der Lehrerin abgelöst wurde, danach wurde das Kind 1 ½ Stunden in einen Spezialstuhl gesetzt, hinterher bekam es eine halbe Stunde Esstraining, dann wurden ihm Beinschienen angezogen, um den Spitzfuß zu korrigieren, und nachher bekam es noch ein Training mit der Rüttelplatte. Dazu wurde es an einen Kipptisch geschnallt, der Kopf notdürftig mit einer Halskrause fixiert und die Füße auf die Rüttelplatte gestellt. Kein Arzt überwachte das Kind während oder nach dieser Therapie. Dabei kann ein Rüttelplattentraining sogar bei untrainierten Gesunden Schäden an Organen und Knorpeln verursachen.[496] Als die Mutter nachmittags zu Besuch kam, war Pia kaum ansprechbar. Sie zitterte, verdrehte die Augen, schielte, schüttelte sich alle paar Minuten, war klitschnass geschwitzt, hatte Herzkrämpfe, Augendruck und rasende Kopfschmerzen, der Ruhepuls war konstant über 120 und sie erbrach permanent Flüssignahrung. Sie war so erschöpft, dass sie unter größter Anstrengung nur noch flüsternd die Therapien aufzählen konnte und die restlichen 3 Stunden Besuchszeit, die der Mutter von einer Richterin inzwischen zugestanden worden waren, schwieg. Niemand hatte nach dieser Tortur nach ihr geschaut. Am nächsten Tag ging das forcierte Programm wieder von vorne los. Wenn Pia versuchte, eine Therapie zu verweigern, fragte man sie, ob sie wieder gesund werden wolle, und wenn sie bejahte, sagte man ihr, diese Therapie wäre der Weg für sie zu Gesundheit.

Als Pia sich bei der Visite beklagte, ihr wäre schrecklich schwindlig von der Rüttelplatte, lachte der Chefarzt sie aus und versicherte ihr, sie käme nicht eher aus der Klinik bis sie wieder laufen und essen könne. Das Training mit der Rüttelplatte würde ihre Muskeln aufbauen und wenn sie danach immer noch nicht laufen könne, wäre ja der Beweis erbracht, dass sie eine psychische Blockade hätte.

Nur zwei Tage später bekam Pia unter Vollnarkose eine MRT und eine Lumbalpunktion, gegen ihren schriftlich erklärten Willen. (Dass man beabsichtigte, ihr trotz der starken Skoliose auch eine Lumbalpunktion zu verpassen, hatte man ihr vorsorglich erst gar nicht erzählt!) Sie erwachte zwar nach zwei Stunden aus der Vollnarkose, schlief jedoch danach fast durchgehend. Wenn sie mal die Augen zwischendurch aufschlug, verdrehten sie sich. Sie konnte kaum mehr sprechen, nur noch ein paar Worte flüstern. Die Nahrung lief ihr ununterbrochen aus dem Mund, und sie fühlte sich ständig wie kurz vor einer Ohnmacht. Dennoch wurde sie tagsüber meistens nicht überwacht. Wenn sie über Kopfschmerzen klagte, die sich seit der Lumbalpunktion erheblich verstärkt hatten, lachte Chefarzt Professor Weber sich kaputt. Dass sie nun andauernd Sondennahrung erbrach, wurde als psychische Blockade gedeutet und Weber wiederholte seine Drohung, dass Pia in der Klinik bliebe bis sie wieder in der Lage wäre, eigenhändig zu essen, und es liege an ihr, ob das drei Monate oder drei Jahre dauere, ihm sei das egal. Weil das Mädchen sich weigerte, die Theorie von einer psychischen Blockade zu akzeptieren, hielt die Psychologin Pia offenbar für dumm und setzte sie ihr wieder und wieder in Babysprache auseinander. Sie entblödete sich dabei nicht, vor der Vierzehnjährigen Ausdrücke wie *„Aa“* und *„Lulu“* zu gebrauchen.

Pias Weigerung, sich eine psychische Blockade aufschwatzen zu lassen, die schuld daran sein sollte, dass sie nicht essen und nicht laufen konnte, wurde ihr fortwährend als Uneinsichtigkeit ausgelegt, weshalb man sie für nicht einwilligungsfähig erklärte.

Als man eine neue Magensonde legte und diese versehentlich in die Luftröhre einführte, wurde Pias Protest kein Glauben geschenkt und statt der vorgeschriebenen Lagekontrolle machte man einen Test mit Wasser. Das verzweifelte Mädchen kam auf die brillante Idee, dabei auszuatmen und konnte nur so verhindern, dass sie Wasser in die Lungen bekam.

Obwohl Pia nach den invasiven Untersuchungen häufig einen weggetretenen Eindruck machte, wurden die „Therapien“, vor allem die sensorische, fortgesetzt. Man schickte ihr Clowns aufs Zimmer, schob sie im Liegerollstuhl durch die lärmigen Krankenhausflure und nach draußen in die schon sommerliche Hitze. Man ließ nicht ab, sie zu „motivieren“ und „anzufeuern“, nannte sie *„Mehlsack“* beim Frischmachen, wenn das Bett nass geworden war, brüllte sie nach Belieben an und eine Schwester schrie sogar: *„Jetzt beweg Dich endlich mal, Du fauler Sack!“*

Eine Woche nach MRT und Lumbalpunktion räumte eine Schwester das Krankenzimmer auf und desinfizierte jeden einzelnen Gegenstand im Raum. Dabei plapperte sie unaufhörlich auf Pia ein, die währenddessen im Bett aufrecht sitzen musste. Ihre Herzschlagrate ging hoch auf bis zu 162 und sie fühlte sich sehr schwindlig, doch die Schwester ignorierte ihre Beschwerden und sagte, das hätte sie ja öfter mal. Schließlich bekam Pia schmerzhafte Krämpfe in Händen und Füßen und begann zu hyperventilieren. Die Hände waren in Pfötchenstellung und sie hatte starke Schmerzen. Der herbeigerufene Arzt behandelte den Hyperventilationsanfall mit Diazepam und wertete dieses Ereignis wieder nur psychologisch, obwohl Hyperventilation typischerweise bei schwerem ME auftritt.

Am selben Tag deutete die Psychologin gegenüber Pia an, dass sie verlegt werden würde. Pia ahnte wohin: auf die psychosomatische Station. Als nachmittags die Mutter zu Besuch kam, sagte Pia, sie hätte nur deshalb gekämpft, weil sie ihre

Mutter noch einmal wiedersehen wollte. Innerlich war die Vierzehnjährige längst mit ihrem Tod beschäftigt. Nach dem zweiten Tag Rüttelplattentherapie hatte sie sich bereits von ihrer Mutter mit den Worten: *„Vergiss mich nicht!"* verabschiedet.

Fotos und Videos von Pia in diesem Krankheitsstadium zeigen ein schwerstkrankes Mädchen, das so schwach war, dass es nur noch manchmal flüstern konnte. Und dennoch wurde Pia von einem ganzen Krankenhausteam, mit Ausnahme einer einzigen Schwester, die allerdings zu diesem Zeitpunkt schon (typischerweise!) längst krankgeschrieben war und nach ihrer Rückkehr nicht mehr bei Pia eingesetzt wurde, wahlweise für eine Simulantin oder psychisch Kranke gehalten, wobei dem Personal offenbar nicht einmal der Unterschied bewusst war. Oder ist es etwa Usus, psychisch Kranken eine zugewandte und die Menschenwürde respektierende Behandlung zu versagen und sie stattdessen auszulachen, anzubrüllen, zu demütigen, zu beleidigen, zu misshandeln, für medizinische Experimente zu missbrauchen und ihnen zu drohen, wie es bei Pia geschah?

Doch die Videos von Pia dokumentieren auch, dass sie keineswegs psychisch krank war. Selbst in ihrer verzweifelten Lage hatte sie sich noch einen gewissen Sinn für Humor bewahrt und man sah mitunter ein spitzbübisches Lächeln über ihr Gesicht huschen, wenn sie z.B. von den neuesten „Erkenntnissen" der Psychologin berichtete.

Auf richterlichen Beschluss musste die Mutter sich weiterhin vom Jugendamt zu Terminen einbestellen lassen. Die Sozialarbeiter forderten die Mutter auf zu erzählen, was sie mit ihrer Tochter während ihrer dreistündigen Besuchszeit mache. *„Zuhören, Verstehen, Trösten, Ermutigen und ihre Hand halten"*, erwiderte die Mutter wahrheitsgemäß. Doch das schien den Jugendamtmitarbeitern nicht genug. Weil die Mutter sich weigerte, den Entertainer am Bett ihrer unheilbar erkranken Tochter zu spielen, hielten sie ihr vor, weiterhin negativen Einfluss auf diese zu nehmen. Welche fachliche Qualifikation die Sozialarbeiter allerdings dazu befähigen sollte, das Ausmaß des vorgeblich negativen Einfluss der Mutter auf die Psyche und den Gesundheitszustand des Kindes zu beurteilen, bleibt weiterhin rätselhaft.

Doch weder die Klinik noch die Station wurden Pia „los". Die psychosomatische Station lehnte es ab, sie aufzunehmen, ebenso wie andere Krankenhäuser. Offensichtlich war allen die Pflege des Mädchens zu aufwendig und keiner wollte anscheinend die Verantwortung für einen so komplizierten Fall übernehmen.

Man ging auf der Station nun dazu über, Pia Tag und Nacht zu überwachen. Die Scheibe des Beobachtungsfensters wurde gegen eine einseitig verspiegelte ausgetauscht, allabendlich um halb acht wurde ein Gerät (eine Kamera?) in den Nebenraum transportiert und morgens um halb acht wieder herausgeholt. Nachts wurde Pia am Schlafen gehindert, weil bei der geringsten Bewegung ihrer Finger, manchmal sogar nur bei einem tiefen Atemzug, ein rotes Licht hinter der Scheibe aufglomm. Es sah ganz so aus, als ob ein Bewegungsmelder für das Einschalten einer Kamera sorgte. Tagsüber drängelten sich Schwestern (und vermutlich auch Ärzte) im Nebenzimmer vor dem Beobachtungsfenster. Pia konnte ihr Flüstern und Geraschel hören. Gleichzeitig wurden die im Krankenzimmer anwesenden Schwestern immer nervös, weil auch sie sich beobachtet wussten. Sie stellten sich ungeschickt an und ließen Dinge fallen, weil ihre Bewegungen unter der Beobachtungssituation hektisch und unsicher wurden. Die Mutter des Kindes entdeckte irgendwann das Mikrofon hinter dem Monitor, wagte jedoch nicht, sich gegen die widerrechtliche Überwachung zur Wehr zu setzen. Sie hatte Angst, man würde ihr ihren ohnehin beschränkten Zutritt zu ihrer Tochter ganz verwehren. Mehrmals klebte sie in einer Anwandlung hilflosen Protestes ein Plakat über das Fenster, das jedoch regelmäßig wieder vom Personal entfernt wurde. Auch Chefarzt Weber riss wutentbrannt das Plakat ab. Gegenüber Pia gab er die Überwachung zu und erklärte, sie geschähe zu ihrem Wohl.

Doch was wollte man eigentlich herausbekommen? Glaubte man etwa immer noch, man habe es hier mit einer besonders raffinierten und ausgebufften Simulantin zu tun, die das Personal eines ganzen Krankenhauses hereinlegte? Die tagsüber so tat, als sei sie gelähmt und könne nicht schlucken, Stuhl und Wasser nicht halten, nachts jedoch die Puppen tanzen ließe? Der Chefarzt der neuropädiatrischen Station Professor Weber (und mit ihm sein Stationspersonal) hatte sich hier ein schwerkrankes, völlig hilfloses Kind zu seinem erbitterten Feind auserkoren, den es auf ganzer Linie zu bekämpfen galt. Seine blinde affektive Verstrickung in den Fall führte dazu, dass Pia in seiner Wahrnehmung offenbar zu wahrer Monstergröße angewachsen war. Er traute ihr allem Anschein nach geradezu übermenschliche Fähigkeiten zu, nämlich sich ein dreiviertel Jahr lang lückenlos verstellt und ihn und seine komplette Mannschaft hereingelegt zu haben, oder auch perfekt verborgene kriminelle Energien zu besitzen, die es dieser „Delinquentin" unbedingt nachzuweisen galt. Wie ein trotziges Kleinkind hatte sich Weber in einen Konflikt mit einer total von seinem Wohlwollen abhängigen jungen Patientin gestürzt und suchte verbissen zu beweisen, dass dieses Mädchen tatsächlich genau das Monster sei, welches offenbar mittlerweile der Protagonist seines nicht enden wollenden Albtraums geworden war.

Doch nach den Worten des Ethnopsychoanalytikers Georges Devereux ist es vor allem genau diese *„affektive Verstrickung des Menschen mit dem Phänomen, das er untersucht"*, welche ihn *„oft an einer objektiven Einstellung hindert"*.[497]

Und eben das scheint hier passiert zu sein: der Verlust jeglicher Objektivität aufgrund einer affektiven Verstrickung. Wut und Kränkung darüber, weder durch medikamentöse Behandlung noch durch psychiatrische Aktivierungsmaßnahmen das Mädchen wieder auf die Beine bekommen zu haben, dazu eine Unfähigkeit einzugestehen, sich möglicherweise geirrt zu haben und damit Mutter und Kind und all den internationalen Experten recht geben zu müssen, vernebelten allen beteiligten Behandlern offenbar den Blick. Man kann darüber hinaus vermuten, dass die Tatsache, dass mit ihren Behandlungen dieser Krankheit nicht beizukommen war, Angst bei den Behandlern erregte. Und dieses Angst erregende Phänomen, führte womöglich dazu, dass die Behandler dieser neuropädiatrischen Klinik quasi „den Verstand verloren" – man kann es nicht anders beschreiben! Denn, wie Devereux sagt: *„Je mehr Angst ein Phänomen erregt, desto weniger scheint der Mensch in der Lage, es genau zu beobachten, objektiv über es nachzudenken und angemessene Methoden zu seiner Beschreibung, seinem Verständnis, seiner Kontrolle und Vorhersage zu entwickeln."*[498]

Auch die von der Mutter angerufene Ethikkommission des Krankenhauses ließ sich von der – von außen betrachtet – schon fast krankhaft anmutenden Verstrickung des Chefarztes infizieren. Bevor die Herrschaften – ein pensionierter schwerhöriger Richter, ein Psychiater und eine Krankenschwester – Pias Krankenzimmer betraten, wurden sie von ihm gründlich „eingeseift", so dass das arme Mädchen nach dieser seiner Unterweisung anschließend statt drei unvoreingenommenen Personen gleich drei Webers an ihrem Bett stehen hatte, wie es sich später beklagte. Von Objektivität und dem Zugeständnis einer Patientenautonomie keine Spur! Man hörte Pia nicht zu, ließ sie kaum zu Wort kommen und machte sich keine Notizen, wenn sie etwas sagte, konterte all ihre Argumente und palaverte stattdessen über Pferdekinofilme und ob Pia nicht mal fernsehen oder Besuch von anderen Kindern haben wolle. Dabei hatte Pia zwei Nächte zuvor vor Aufregung kaum geschlafen und all ihre restliche Kraft zusammengenommen, um sich vor dem Komitee zu erklären. Doch sie wurde auf ganzer Linie enttäuscht: Die Ethikkommission pries ausdrücklich die Aktivierungsbehandlung, stellte fest, sie hätte ja in der Klinik 15 kg zugenommen und befände sich auf dem Wege der Besserung, und es sei nur zu ihrem Besten, wenn sie im Krankenhaus bliebe, auch falls die Behandlung noch drei Jahre dauern sollte, wenn sie doch in der Klinik die Chance auf Genesung hätte. Und ob ihre Mutter sie etwa instruiert hätte bezüglich ihrer ablehnenden Haltung gegenüber Aktivierung?!

Die Ethikkommisssion war also ihrer eigentlichen Aufgabe, nämlich die ***ethische*** Frage abzuklären, ob Pias schriftlich und mündlich abgegebene Willensbekundungen bezüglich medizinischer Eingriffe, Behandlungen und Aufenthaltsort zu berücksichtigen seien, mitnichten nachgekommen. Statt sich mit Pias Willensäußerungen zu befassen, wurden diese geflissentlich überhört und die Kommissionsmitglieder ergingen sich hauptsächlich in Lobhudeleien betreffs der Therapiemaßnahmen von Chefarzt Professor Weber.

Das mit einer starken, bildhaften Sprache begabte Mädchen äußerte anschließend tief enttäuscht gegenüber ihrer Mutter, sie hätten mit ihrem immerhin dreieinhalb Monate andauernden Bemühen, den Ethikrath der Klinik zu einem Besuch bei Pia zu bewegen, *„den Samen auf Stein gesät"*, denn die Ethikkomiteemitglieder seien der *„Weber-Narkose"* erlegen. Bei anderer Gelegenheit machte sie zur Voreingenommenheit der Kommission folgende ironische Bemerkung: *„Eine häufige Komplikation bei einer Weber-Narkose ist die Tatsache, dass man nicht mehr aus dieser Weber-Narkose aufwacht!"* Allein diese Bemerkung zeigt, wie klarsichtig und intelligent das

Mädchen ist, und dennoch erklärte man sie kurzerhand für nicht entscheidungsfähig – ein Unding bei einer fast 15-Jährigen mit einer chronischen Krankheit.

Und als ob es für ein Mädchen diesen Alters nicht schon demütigend genug wäre, sich windeln lassen zu müssen, windelte man Pia nun nur noch „nach Plan". Man machte die Drohung der Psychologin wahr und schnitt Pia gegen ihren ausdrücklichen Willen die Haare ab, man nahm ihr die Ohrenstopfen weg mit der fadenscheinigen Begründung, diese würden ihr nur Schwindel und Kopfschmerzen bereiten und ihr Ohrenschmalz könne nicht richtig abfließen. Man verpasste ihr ein Korsett, weil die Physiotherapeutin sich beklagte, sie säße zu krumm an der Bettkante und fiele immer in sich zusammen. Dabei war schon das Hochstellen des Kopfendes vom Bett für sie eine Folter. Stundenlang ließ man sie aufrecht sitzen, obwohl es ihr extremen Schwindel verursachte, sie klitschnass geschwitzt war, dicke Schweißtropfen heruntertropften und sie ihre Extremitäten nicht mehr spürte. Im Stillen nannte Pia die Krankenschwestern und Therapeuten nur noch die *„Angestellten des Teufels"*. Je schlechter es ihr ging, um so grausamer ging man mit ihr um.

Immer noch sann man nach Mitteln und Wegen, die Mutter endgültig loszuwerden. Man hielt sie weiterhin für schuld am Zustand ihrer Tochter und glaubte, sie wolle nicht, dass ihr Kind in dieser Klinik wieder gesund würde. Dabei hatte sie vier Jahre lang weder Kosten noch Mühen gescheut, um Pia von Experten behandeln zu lassen, und sie wäre überglücklich gewesen, wenn ihrem Kind in der neuropädiatrischen Klinik geholfen worden wäre. Doch nach fast eineinhalb Jahren „Behandlung" war Pia immer noch doppelt inkontinent, konnte nicht schlucken und nicht laufen und war geschwächter denn je, und alle Beschönigungsversuche der Behandelnden und der Ethikkommissionsmitglieder klangen wie Hohn in ihren Ohren. Man fragt sich, wie es dazu kommen konnte, dass der Ethikrat bei seinem Besuch dem ***sichtbar*** schwerstkranken Mädchen und ihren herzzerreißenden auf Video aufgezeichneten Willensbekundungen kein Gehör schenken konnte: Offenbar ist die *„Weber-Narkose"* tatsächlich irreversibel.

Aufgefordert durch einen Zwischenbericht Professor Webers an das Jugendamt, stellte dieses im März 2015 sogleich Antrag auf eine einstweilige Anordnung bei Gericht, der Mutter ***jeglichen*** Kontakt zu ihrem Kind (auch telefonischen oder SMS-Kontakt etc) zu verbieten bis zu einer rechtskräftigen Entscheidung im Hauptsacheverfahren, und zwar unter Androhung eines Ordnungsgeldes von bis zu 25.000 Euro, wahlweise Ordnungshaft bis zu sechs Monaten.

Der Zwischenbericht Webers an das Jugendamt ist ein anschauliches Dokument seiner spärlichen Kenntnisse zu ME/"CFS", dass er wahlweise *„Chronic-fatigue-Syndrome"* oder aber *„myalgische Encephalitis"* nennt. Nach Weber besage *„die internationale Lehrmeinung, [...], dass die besagte Krankheit in der Regel ausheilt."* Das ist wahrhaftig eine abenteuerliche Interpretation der internationalen Lehrmeinung. Denn selbst wenn man die internationale ***biomedizinische*** Lehrmeinung mal außer acht lässt, die genau das Gegenteil zum gegenwärtigen medizinischen Forschungsstand besagt, trauen sich nicht einmal die Vertreter der „Wessely-School", eine derart präpotente Behauptung aufzustellen. Doch es kommt noch schlimmer: das von Professor Weber verordnete und von ihm wiederholt falsch geschriebene *„Gradet* (sic!) *Exercise programm"* (GET) kann er nicht einmal akkurat bescheiben. Er verwechselt GET ausgerechnet mit Pacing, wenn er schreibt: *„Dies „gradet* (sic!) *exercise" beruht auf der Annahme, dass im Rahmen des Chronic-fatigue-Syndroms nur eine geringe Menge an Energie zur Verfügung steht. Diese Energie sollte über den Tag verteilt für regelmäßige Aktionen und Verrichtungen auch eingesetzt werden."* (Dass ME-Patienten ihre Energie auch einsetzen – dazu muss man sie nicht extra auffordern. Man muss sie eher daran gewöhnen, ihre Grenzen auf keinen Fall zu überschreiten und ihre Energiereserven nicht voll auszuschöpfen, denn nur so ist eine Besserung überhaupt möglich.)

Wenn Professor Weber doch nur das, was er für Graded Exercise Therapie hält, auch umsetzen würde, nämlich eine Anleitung zu Pacing! Stattdessen quälte er das Mädchen mit Stehbrett und Bettfahrrad etc. Und diesen „Spezialisten" lässt man auf ein schwerstkrankes Mädchen los, dessen Leben am seidenen Faden hängt?

Pia lag bis Mitte Juli 2015, insgesamt 20 Monate, auf der neuropädiatrischen Station dieser Klinik. Sie wurde bis zum Schluss forciert misshandelt. Das Klinikpersonal war durchgehend bemüht, ihr Simulation nachzuweisen; so ließ man beispielsweise ihre Beine fallen, um zu erreichen, dass Pia den Sturz willentlich abfinge – eine aussichtslose und für das Mädchen äußerst schmerzhafte Prüfung. Dem Antrag von Jugendamt und Vater auf eine einstweilige Anordnung, der Mutter jeglichen Kontakt zu ihrem Kind bis zu einer rechtskräftigen Entscheidung im Hauptsacheverfahren zu verbieten, wurde vom Gericht zum Glück nicht stattgegeben. Im Verlauf der Verhandlung stellte sich bei der Befragung der Oberärztin nebenbei heraus, dass man inzwischen ein „Pervasive Refusal Syndrome" (Durchgängiges Verweigerungssyndrom) bei Pia vermutete, eine kinderpsychiatrische Diagnose, die weder im ICD noch im DSM zu finden ist. (Offensichtlich hatten sich Pias Behandler der Methoden der sogenannten „Wessely-School" bedient und ihr „CFS" kurzerhand durch eine psychiatrische Diagnose ersetzt. Da die Diagnose nicht verschlüsselbar ist, wollte man Pias Symptome – diejenigen, die ihr als Verweigerung ausgelegt werden – einzeln verschlüsseln. Ob das tatsächlich statthaft ist, mag bezweifelt werden, und es ist fraglich, ob eine Krankenkasse diese Vorgehensweise auch tatsächlich akzeptieren würde.) In einer Stellungnahme führte Professor Weber aus, man habe keinen Anhalt mehr für ein „CFS", stattdessen beobachte man bei Pia ein typisches Symptom des „Pervasive Refusal Syndroms", nämlich *„active and angry resistance to acts of help and encouragement"*. Als Beispiel führte er Pias Reaktion auf das Abschneiden ihrer Haare an. Doch wie kann ein 15-jähriges Mädchen, dem gegen seinen erklärten Willen die Haare abgeschnitten werden, anders als „aktiv und zornig“ auf diesen Akt der „Hilfe und Unterstützung“ reagieren? Webers Begründung war nur ein weiterer Beleg für seinen kompletten Mangel an Einfühlungsvermögen.

Es erschien zu diesem Zeitpunkt ganz unwahrscheinlich, dass die Mutter die elterliche Sorge für das Aufenthaltsbestimmungsrecht und die Gesundheitsfürsorge, die ihr entzogen worden war, im Hauptsacheverfahren je zurückbekommen würde. Überdies musste sie sich auch einem Erziehungsfähigkeitsgutachten unterziehen, das mehr einem Verhör glich als einem Gespräch oder gar einer psychologischen Begutachtung, wie man sie hätte erwarten dürfen. Der Gutachter – ein Psychologe wohlgemerkt, kein Mediziner! – hielt ME/“CFS“ für eine somatoforme Störung bzw. für eine dissoziative Störung. Dass auch Pias Erkrankung somatoformen Charakter habe, machte er an folgender Beobachtung fest: Er habe ihr eine etwas schwierigere Frage gestellt, sie habe dann lange überlegt und schließlich geantwortet, sie sei zu erschöpft. Beim nächsten Besuchstermin habe Pia seine Frage aber beantwortet. Das sei ein Beleg für eine somatoforme Störung, denn beim ersten Mal habe sie einfach gesagt, sie sei zu erschöpft, weil sie nicht gewusst habe, was sie antworten solle. (Unfassbar, was für „Experten“ auf das arme Kind losgelassen wurden!) Der Erziehungsfähigkeitsgutachter überraschte die Mutter auch erstmals mit der Eröffnung, dass Professor Weber nunmehr die Ansicht vertrete, Pia fehle inzwischen nichts mehr auf der organischen Ebene, alles sei nur noch rein psychosomatisch. Leider haben solche „Experten“ wie dieser stümperhafte Psychologe, der anscheinend nicht mal sein eigenes Handwerk beherrschte, und Professor Weber, der mit Pia seine allererste ME-Patientin überhaupt behandelte und mit seinem Statement sein Nichtwissen und seine völlige Unerfahrenheit offenbarte, die Macht, über das Leben von Müttern und Kindern zu bestimmen. Und bedauerlicherweise hatte Pias Mutter nicht den Mut (in ihrer furchtbaren und schon so lang anhaltenden Situation durchaus verständlich und nachvollziehbar!), diesen Gutachter, der nach eigenem Gutdünken Diagnosenschlüssel verteilte und sich nicht nach dem ICD richtete, als befangen abzulehnen. Man musste befürchten, dass mit diesem Gutachten Pias weiteres Schicksal besiegelt sein würde, denn es war kaum anzunehmen, dass der Richter gegen die Begutachtungen von Erziehungsfähigkeitsgutachter, behandelnden Ärzten und Jugendamt entscheiden würde.

Doch genau das tat er. Im Hauptsacheverfahren entschied dieser mutige Richter, dem Vater die Teilbereiche der elterlichen Sorge Aufenthaltsbestimmungsrecht sowie Gesundheitsfürsorge zu entziehen und allein auf die Mutter zu übertragen, und darüber hinaus das Kind – unter entsprechenden Auflagen wie z.B. Pflegedienst mit 24-Stunden Rufbereitschaft und wöchentliche Hausarztbesuche – in den Haushalt der Mutter zurückkehren zu lassen. So nahm dieser Fall doch noch eine gute Wendung und es bleibt nur zu hoffen, dass Pia die Folgen der Falschbehandlung und Misshandlung so gut wie möglich verkraften wird und Mutter und Tochter sich von den Strapazen der letzten 20 Monate einigermaßen erholen können.

An Pias Fall wird deutlich, dass die Situation mit einem schwer an ME erkrankten Kind umso schwieriger wird, wenn die Eltern sich über die Ursache der Krankheit nicht einig sind bzw. ein Elternteil die missliche Lage ausnutzt, um sich am Partner oder Ex-Partner aus welchen Gründen auch immer zu rächen.

Es wird aber auch deutlich, dass der naive Glaube, voreingenommene Ärzte und Behördenvertreter mit wissenschaftlichen Argumenten überzeugen oder durch Kooperation umstimmen zu können, bitter von eben jenen Ärzten und Behördenvertretern „bestraft" wird. In Fällen wie diesem kann nur ***ein von Beginn an*** unerbittliches und nicht nachlassendes juristisches Vorgehen gegen Ärzteschaft und Amtspersonen zielführend sein. Jeder Kompromiss, jeder Verzicht auf Gegenwehr, jede juristische Lücke, die Ärzten und Jugendamt gelassen wird, führt zu einer desaströsen Kettenreaktion.

8.4 David

Ein weiterer Fall betrifft einen Jungen, der im Alter von 15 ½ Jahren an ME erkrankte. David war zuvor ein äußerst gewissenhafter Schüler gewesen, der sehr naturverbunden war und sich mit großer Begeisterung für alles interessierte, was mit Flora und Fauna zusammenhing. Er hielt Vögel und sorgte für einen eigenen Garten.

Ein Aufenthalt in einer Kinderklinik, wo er auf orthopädische und rheumatische Krankheiten untersucht wurde, brachte keinerlei Resultat, wohl aber Sprüche wie *„Es ist kein Wunder, dass Du Dich schlecht fühlst, wenn Du Dich gar nicht bewegst"* und *„Das ist alles nur in Deinem Kopf."*

Nach eineinhalb Jahren progressiv verlaufender Krankheit nahm David sich mit gerade mal 17 Jahren im März 2013 das Leben.[499] In den letzten zwei Tagen seines Lebens versuchte man vergeblich seine Hirnblutungen zu stillen, was nicht gelang, weil er unter einer – für die ME typischen – Störung der Blutgerinnung litt.[500] Keiner der David zuletzt behandelnden Notfallmediziner und des gesamten medizinischen Personals hatte jemals zuvor von einer Krankheit namens „ME/CFS" gehört.

Maßgeblich trug ein 2 ½-wöchiger Aufenthalt in der Psychiatrie zu Davids Suizid bei. Obwohl man dort nicht wusste, was dem Jungen fehlte und nur feststellen konnte, dass er ***nicht*** an einer primären Depression oder an einer Psychose litt, verordnete man ihm eine Aktivierungsbehandlung. Dringend benötigte medizinische Untersuchungen wurden ihm verwehrt, damit er nicht in seinen „falschen Krankheitsüberzeugungen" bestärkt würde. Ohne Wissen seiner Eltern verlegte man David auf die geschlossene Abteilung. Jegliche Hilfestellung wurde dem Schwerkranken verweigert. Durch die Krankheit hatte er schon zuvor dramatisch an Gewicht verloren und nahm nun noch rascher weiter ab, weil er zu kraftlos war, sich sein Essen selbst herzurichten. Nach den Schilderungen seiner Mutter dehydrierte er außerdem, weil er zu geschwächt war, sich selbst einzuschenken. Man drohte ihm damit, dass seinen Eltern die Besuchserlaubnis und das Sorgerecht entzogen werden würden, wenn er sich nicht auf die – ohne Diagnose! – verordnete Aktivierungs-Behandlung einließe.

Die Verknüpfung „Verweigerung der Behandlung = Sorgerechtsentzug“ lässt darauf schließen, dass auch in diesem Fall die behandelnden Ärzte und Psychiater das Gespenst vom Münchhausen-by-Proxy-Syndrom beschworen und dem elterlichen Einfluss ein Gewicht beimaßen, das bei nüchterner Betrachtungsweise völlig übertrieben erscheint. Offenbar glaubte man, den Jungen nur dem Einflussbereich seiner Eltern entziehen zu müssen, damit er durch diese Maßnahme seine angeblich „falschen Krankheitsüberzeugungen“ verlöre und mit einem Schlag wieder gesund wäre. Aber selbst überbesorgte und übervorsichtige Eltern könnten keine derart schwere Krankheitssymptomatik bei ihrem immerhin 17-jährigen Sohn erzeugen – auch dann nicht, wenn sie ihr Kind noch so sehr zu Schonung seiner Kräfte anhielten.

8.5 Lynn

Selbst bei einer so entsetzlich schwer erkrankten ME-Patientin wie der Britin Lynn Gilderdale, deren körperliches Leiden mit einer BCG-Impfung begann und jedes Vorstellungsvermögen sprengt, glaubten etliche der behandelnden Ärzte, die angeblich überbehütende Mutter sei an der Erkrankung schuld. Andere bezichtigten den Vater des sexuellen Missbrauchs, wieder andere beschuldigten gleich das Kind selbst, seine Symptome nur vorzugaukeln. Man führte in sogenannten „ME-Kliniken“ und in der Psychiatrie psychologische Experimente an Lynn durch, indem man sie von der Außenwelt abschottete, ihr die Uhr abnahm und sie in einen fensterlosen Raum steckte, wo das gelähmte Mädchen von anderen Kindern mit Gegenständen beworfen wurde. Man nahm ihr das Bett ab, legte sie auf eine Matratze am Boden und verweigerte ihr eine Bettpfanne, was eine irreversible Inkontinenz zur Folge hatte. Ihr wurde gesagt, ihre Eltern würden sie nicht mehr bei sich zu Hause haben wollen. Nach diesem Psychiatrie-Aufenthalt verlor Lynn für die letzten 16 Jahre ihres Lebens die Fähigkeit zu sprechen.

Zahlreiche ärztliche Kunstfehler verschlechterten zudem ihren ohnehin schon furchtbaren Zustand dramatisch. Selbst als Lynn nach einer missglückten Lungenpunktion kaum noch Luft bekam, weil sich in ihren Lungen literweise Blut angesammelt hatte, ignorierte man ihren Zustand und die verzweifelten Aufforderungen der Mutter, etwas zu unternehmen. Man behandelte die Mutter wie eine überbesorgte, neurotische Person und entschuldigte sich auch nicht für dieses gänzlich inadäquate Verhalten, nachdem mehr als eine Woche nach dem Auftreten der lebensbedrohlichen Komplikation ein beherzter Arzt den Ernst der Lage erkannte und dafür sorgte, dass Lynn an die Herz-Lungen-Maschine angeschlossen wurde, um sie künstlich am Leben zu halten.

Über Lynns 17 Jahre währendes Martyrium legte ihre Mutter Kay Gilderdale ein schockierendes und zutiefst verstörendes Zeugnis mit ihrem Buch „One Last Goodbye" ab.[501]

8.6 Ean

Auch dem im Alter von 11 Jahren schwer an ME erkrankten Ean Proctor wurde von mehreren britischen Ärzten (u.a. Simon Wessely[502]) bescheinigt, nicht an ME, sondern an Schulphobie und unter einer überbesorgten Mutter zu leiden, wie seine Mutter Barbara Procter 1989 berichtete.[503] Der immobile Junge, der krankheitsbedingt zeitweise auch die Fähigkeit zu sprechen verloren hatte, wurde von einer Krankenschwester geschüttelt, die ihn beschuldigte, es fehle ihm nichts; man nahm dem extrem Lichtempfindlichen die Sonnenbrille ab; man brachte ihn nicht zur Toilette, so dass er im Rollstuhl einnässte; man ließ ihn absichtlich stundenlang allein und unbeaufsichtigt in einer abgelegenen Krankenstation in seinem Rollstuhl sitzen, ohne Möglichkeit zu kommunizieren oder zu klingeln, um ihn zu zwingen, selbst auf die Toilette zu gehen; während einer Lumbalpunktion wurde er von Schwestern festgehalten, die ihm einschärften, sich nicht zu bewegen und dass es nicht ihr Fehler sein würde, falls irgendetwas schief liefe; Physiotherapeuten schrien ihn an, sich nicht wie ein Baby aufzuführen, als der Junge nach der Lumbalpunktion vor Schmerzen weinte; der Mutter wurde verboten, ihren Sohn zu füttern, obwohl er zu schwach war, einen Löffel zu halten. Der Junge wurde gezwungen, selbst zu essen, was ewig dauerte. Man forderte ihn auf, sich zu beeilen, ansonsten dürfe er seine Eltern beim nächsten Besuch nicht sehen. Die Eltern wurden von einer Schwester angewiesen, Ean nicht nach seinem Befinden zu fragen, seine Klagen zu ignorieren und gegebenfalls das Thema zu wechseln. Der Mutter wurde vorgehalten, sie wüsste nichts mit sich anzufangen, wenn es Ean besser ginge und er von ihr unabhängig würde, so als ob sie die Krankheit ihres Sohnes absichtlich aufrechterhalte. Als die Eltern eine psychiatrische Behandlung ablehnten, wurde Ean kurzerhand ohne Vorwarnung und gegen den Willen seiner Eltern von zwei Sozialarbeitern und einem Polizisten gewaltsam aus seinem Zuhause entfernt und in das örtliche Hospital eingeliefert, wo er von einem Pädiater behandelt wurde, der von einem Psychiater instruiert wurde. Dem Jungen wurde erzählt, man hätte ihn aus seinem Elternhaus herausgenommen, weil er im Begriff gewesen wäre zu sterben. Der Psychiater behauptete, es fehle ihm aber nichts und drohte, wenn er nicht bald anfinge zu sprechen, wäre er besser in einer Nervenheilanstalt aufgehoben. Ean nässte ein vor Angst. Die Oberschwester drohte, wenn er nicht sprechen und laufen würde, würde er alt werden in seinem Rollstuhl, das Hospital nicht mehr verlassen und nie mehr nach zuhause zurückkehren können.

Zu jener Zeit war es in Großbritannien üblich, ME-kranke Kinder einer „Ablenkungs-Therapie“ zu unterziehen, die beweisen sollte, dass diese Kinder ihre Symptome simulierten. Eine dieser „Ablenkungen“, mit der man Ean folterte, war eine Geisterbahnfahrt. Man setzte den Jungen in einen Geisterzug in der Erwartung, er würde vor Angst aufschreien.[504] Eine andere „Ablenkung“ waren die jeden Freitag stattfindenden „Schwimm-Sessions“, vor denen der gelähmte Ean sich nicht nur deswegen entsetzlich fürchtete, weil sie seinen Zustand immer weiter verschlechterten. Denn einmal hatten ihn die Physiotherapeuten – um ihn zu zwingen, seine Arme zu gebrauchen – ohne Schwimmhilfen in den Pool geschubst, mit der Folge, dass Ean wie ein Stein auf den Grund sank und gerettet werden musste. Auch das Pflegepersonal war mit dieser „Therapie“-Form betraut. Ein Pfleger rannte mit Ean den Flur auf und ab, stoppte abrupt und ohne Vorwarnung, um zu erzwingen, dass der Junge sich instinktiv an den Armlehnen festklammerte, doch er kippte jedes Mal vornüber und knallte auf den Fußboden, wobei er einmal sogar eine Rückenverletzung davontrug.

Fast ein halbes Jahr lang musste Ean diese staatliche „Fürsorge“ ertragen, bevor seine Eltern ihn nach einem langwierigen Gerichtsverfahren aus den Fängen von Psychiatrie und Pädiatrie befreien konnten.

8.7 Sophia

Dass MBPS auch Müttern junger Erwachsener per Mutmaßung oder gar per Ferndiagnose bescheinigt wird, lässt diese Diagnose keineswegs in seriöserem Licht dastehen. Es verstärkt zudem die Zweifel an dem Sachverstand solcher „Diagnostiker“, die z.B. Criona Wilson, der Mutter der 2005 im Alter von 32 Jahren an ME verstorbenen Sophia Mirza, unterstellten, sie würde die Krankheit ihrer Tochter aufrechterhalten und Sophia könne nicht genesen, solange sie unter ihrer Obhut stünde und von ihr gepflegt würde.[505] Wie absurd diese Unterstellung war, lässt sich allein anhand von Sophia Mirzas Biographie demonstrieren. Schon in ganz jungen Jahren hatte Sophia sich „Woodcraft“ angeschlossen und war in der britischen „Öko-Bewegung“ aktiv. Im Alter von 19 Jahren hatte sie bereits Afrika bereist und dort gearbeitet. Später absolvierte sie ein Kunststudium. Ihr gesamtes Leben als junge Erwachsene vor dem Beginn ihrer Erkrankung legte Zeugnis ab von ihrer Unabhängigkeit – und doch behaupteten etliche ihrer Behandler, sie sei Opfer einer Mutter, die ihre Genesung zu verhindern suche.

Weil Sophia sich weigerte, sich in eine neurologische Klinik einweisen zu lassen, wo man die Patienten mit Aktivierung therapierte, wurde sie eines Tages abgeholt. Die Polizei schlug die Tür ein und verbrachte sie in die örtliche Nervenheilanstalt, wo man sie in das Zimmer einer geschlossenen Abteilung einsperrte. Man verweigerte der schwerstkranken Bettlägerigen grundlegende Krankenpflegemaßnahmen und Hygieneassistenz. Sie wurde nicht gewaschen, ihr Bett nicht gemacht, ihre

Druckstellen wurden nicht versorgt und weder Zimmer noch Badezimmer gereinigt. Obwohl Sophia sämtliche Versorgungsmaßnahmen versagt wurden, gingen die Krankenschwestern ununterbrochen bei ihr ein und aus. Als Folge dieses Zwangsaufenthaltes in der Psychiatrie verschlechterte sich Sophias Zustand so massiv, dass sie schließlich an ME verstarb.[506]

- ***Man kann sich oftmals nicht des Eindrucks erwehren, gerade die schwerstkranken Patienten würden zum Zankapfel derjenigen gemacht, die mit Macht danach streben, diese Krankheit zu psychopathologisieren.***

8.8 Karina

Ein prominentes Beispiel ist dafür Karina Hansen, eine schwerstkranke dänische Patientin, die – damals 24 Jahre alt – im Februar 2013 gewaltsam aus ihrem Elternhaus abtransportiert und in das Hammel Neurocenter, eine neurologische Klinik, zwangseingewiesen wurde.[507] Die behandelnden Ärzte dort werden von der „Research Clinic for Functional Disorders and Psychosomatics" der Universitätsklinik Aarhus instruiert, speziell von dem Psychiater Niels Balle Christensen. Dessen Kollege, Klinikdirektor Per Fink, arbeitet eifrig daran, das „Bodily Distress Syndrome"(BDS) – seine neue Diagnosenkreation, der er neben anderen organischen Krankheiten auch ME/"CFS" zuordnet – in der nächsten Version der WHO-Krankheitsklassifikationen, dem ICD-11, unter der Kategorie „Psychische und Verhaltensstörungen" zu verankern.[508] Mit der Zwangseinweisung von Karina Hansen wollte man offenbar den eigenen Worten, ME sei eine mentale Erkrankung und aus diesem Grund eine psychiatrische Behandlung angezeigt, Taten folgen lassen. In der jungen Patientin sah man nun wohl „leichte Beute", denn Niels Balle Christensen hatte der Familie im Jahr zuvor schon mehrere Besuche abgestattet. Er schlug damals vor, einen Behandlungsplan zu erstellen und bot an, Karina in ein Krankenhaus einliefern zu lassen. Doch da er seine Behandlungsvorschläge nicht konkretisierte und zudem nicht bereit war, mit dem Anwalt der Familie zu kooperieren, misstraute die Familie ihm und brach den Kontakt ab. Kein halbes Jahr später wurde die Mutter der Patientin plötzlich der *„Vernachlässigung"* bezichtigt,[509] obwohl Christensen ihr – vor Zeugen – bei einem Besuch bescheinigt hatte, *„einen guten Job zu machen"*.[510] Und die junge Frau Hansen wurde kurzerhand entmündigt, womit ihre Zwangseinweisung im Nachhinein als „gerechtfertigt" erscheinen sollte. Mittlerweile wird die Zwangseinweisung von den Verantwortlichen geleugnet und mit der Behauptung verschleiert, es habe sich um einen Akt der *„Force majeure"* gehandelt, da Karinas Leben zuhause in Gefahr gewesen sei. Die Eltern durften sie jedenfalls seit ihrer Zwangseinweisung nicht mehr sehen, mit der Begründung, dass sie ihre erwachsene Tochter bezüglich deren psychiatrischer Zwangsbehandlung negativ beeinflussen könnten.[511] Bei genauerer Betrachtung ist es jedoch fast irrsinnig, zu glauben, elterliche Autorität könne ein solches Maß an Einfluss auf eine junge Erwachsene haben, dass diese in der Folge eine derart schwere Krankheitssymptomatik entwickelt – zumal der Patientin im Laufe ihrer Krankheit von diversen Ärzten, u.a. auch vom Amtsarzt, volle geistige Gesundheit und Entscheidungsfähigkeit (ausdrücklich auch die Wahl der Behandlung betreffend!) attestiert wurde.

Karinas Zustand hat sich unter der psychiatrischen Behandlung nicht verbessert, sondern verschlechtert.[512] Trotz der vollmundigen Versicherungen der Psychiater, Karina die adäquate Behandlung angedeihen zu lassen, kann sie nach zwei Jahren (Stand Februar 2015) psychiatrischer Zwangstherapie mit Aktivierung und Antidepressiva immer noch nicht laufen. *„Ihr bringt mich um"*, hat sie, die so krank ist, dass sie meist nur mit ja und nein kommunizieren kann, während der Aktivierungsbehandlung mehrfach zu den Krankenschwestern gesagt.[513] Auch die Tatsache, dass die extrem lichtempfindliche Patientin täglich mit ihrem Bett nach draußen geschoben wird, wo sie genötigt ist, sich die Decke über den Kopf zu ziehen, um ihre Augen vor dem Tageslicht zu schützen, zeigt auf erschreckende Weise, dass sich in der psychiatrischen Behandlung von ME seit der Misshandlung von Ean Proctor im Jahre 1988 bis heute nichts geändert hat.

Der behandelnde Arzt im Hammel Neurocenter, der von Christensen und Per Fink instruiert wird, hält ME für eine *„Erfindung der Phantasie"* und Ärzte, die an die Existenz dieser Krankheit glauben für *„Schwachköpfe"*.[514]

Das Angebot von ME-Experten, Karina im Hammel Neurocenter zu besuchen, wurde von Christensen abgelehnt.[515] Auch den Vorschlag, Karinas Blut im Ausland untersuchen zu lassen, schmetterte er ab. Allein diese „Vorsichtsmaßnahmen" dokumentieren, wie ängstlich darauf bedacht die Verantwortlichen sind, ihre mentale Verursachungstheorie gegen die Evidenz biomedizinischer Anomalien abzusichern.

Statt Expertenrat einzuholen einigte sich Niels Balle Christensen gemeinsam mit einigen anderen Psychiatern (unter ihnen Peter White, Mitglied der englischen „Wessely-School) auf die Sprachregelung, Karina könne durchaus ME gehabt haben, doch mittlerweile leide sie an einer anderen, einer psychiatrischen Erkrankung.[516] Es handele sich nunmehr um das sogenannte „Pervasive Arousal Withdrawal Syndrome" (PAWS), was man annähernd mit „Durchgängiges Erregungs-Rückzugssyndrom" übersetzen könnte, eine kinderpsychiatrische Diagnose die bislang weder Eingang in das ICD noch ins DSM gefunden hat.[517] (In Pias Fall noch veraltet als „Pervasive Refusal Syndrome" bezeichnet. Es handelt sich jedoch um die gleiche Diagnose.) Es bleibt dabei das Geheimnis dieser Psychiater, wieso sie einer Mittzwanzigerin eine kinderpsychiatrische Diagnose stellen und wie der plötzliche Wechsel von einer organischen zu einer psychiatrischen Erkrankung zu erklären ist. Das ist in etwa so, als ob man einem MS-Patienten nach einem Schub, der ihn endgültig zum Pflegefall macht, erklärt, seine MS sei nun, Gott sei dank, überwunden, doch leider habe ihn jetzt eine psychiatrische Krankheit niedergestreckt!

Wissenschaftlich betrachtet mutet das Verhalten und die Vorgehensweise dieser Psychiater geradezu lachhaft an. Doch leider wird ihnen die Macht eingeräumt, ihre Doktrin durchzusetzen und damit den Patienten nicht wiedergutzumachenden Schaden zuzufügen.

Inzwischen wurde Karina Hansen in eine Einrichtung für Menschen mit einer erworbenen Hirnschädigung abgeschoben, wo die Patienten auch vom Stab des Hammel Neurocenters betreut werden. Nicht auszudenken, wenn die psychiatrische Falschbehandlung bleibende Schäden gesetzt haben sollte – was unter diesen Umständen anzunehmen ist.[518] Und leider sieht es ganz danach aus: Letzten Berichten zufolge (Februar 2015) sitzt Karina jetzt dünn und blass im Rollstuhl, unfähig einen Satz zu sprechen oder gar zu Konversation, schneidet Gesichtsgrimassen und murmelt mit sich selbst. Per Fink ließ sich offenbar auf einem Symposium im Mai 2014 für dieses medizinische „Wunder" feiern – nun ja, in einer Hinsicht hat er Erfolg gehabt, denn den Kampf mit ihren Misshandlern hat Karina aufgegeben, doch sicherlich nicht freiwillig![519]

Mit Karina Hansen sollte augenscheinlich ein Exempel statuiert werden. Man machte sich die Wehrlosigkeit der Patientin zunutze, um eine Umklassifizierung und psychiatrische Behandlungsrichtlinien für ME konsensfähig zu machen und durchzusetzen. Und wenn man um Per Finks finanzielle Abhängigkeit von einem Versicherungskonzern und einem Psychopharmakahersteller weiß (Näheres dazu siehe Teil II/Kap. III/11), wird klar, warum er so lange und so unerbittlich an einer Patientin wie Karina Hansen festgehalten hat.

- ***Auch hier wird wieder mehr als deutlich, dass das Münchhausen-by-Proxy-Syndrom nur allzu gern als Diagnose strapaziert wird, um die Existenz einer organischen Krankheit wie ME verleugnen zu können.***

- ***In all diesen vorgenannten Fällen (und einer Unzahl weiterer Fälle) sind es nicht die Eltern und pflegenden Angehörigen, sondern Ärzte, Psychiater und Behördenvertreter, die schwerstkranke, hilflose Menschen medizinisch missbrauchen.***

Wenn man von all diesen Fällen – und noch zahllosen weiteren, nicht hier erwähnten – hört oder liest, beginnt man sich wie Ingeborg Bachmann in ihrem eindrücklichen Romanfragment „Der Fall Franza" zu fragen, ob *„die Sadisten nicht nur auf psychiatrischen Abteilungen und in den Gerichtssälen zu finden sind, sondern unter uns sind, mit blütenweißen Hemden und Professorentitel, mit den Folterwerkzeugen der Intelligenz*'?![520]

Was diese ME-kranken Kinder, Jugendlichen und jungen Erwachsenen an Misshandlungen durch Ärzte und Psychiater erfahren haben, ist ein Wirklichkeit gewordener Albtraum, der ihr Vertrauen in die Welt zutiefst erschüttert hat – sofern sie diesen Albtraum überhaupt überlebt haben. Die Verleugnungsleistung, die ihre professionellen Misshandler an den Tag legten und legen, kommt der Verleugnungsleistung der bundesrepublikanischen psychiatrischen Gutachter der 50er- und 60er-Jahre gleich, die ehemalige, auf Wiedergutmachungszahlungen klagende KZ-Häftlinge mit verfolgungsbedingten körperlichen und psychischen Spätfolgen als „Rentenneurotiker" und Simulanten abstempelten. Wie der in die USA emigrierte Psychoanalytiker mit österreichischen Wurzeln Kurt Eissler in seinem erschütternden Aufsatz „Die Ermordung von wie vielen seiner Kinder muss ein Mensch symptomfrei ertragen können, um eine normale Konstitution zu haben" es in Bezug auf jene damaligen Psychiater schreibt, muss man auch im Hinblick auf die Misshandler von heute sagen, dass es *„vorderhand ein Rätsel* (bleibt*), wieso es zu einer so schweren Störung des Einfühlungsvermögens bei gebildeten Intellektuellen kommen kann.*'[521]

VI Therapie

Die Behandlung der heutigen ME/CFS-Patienten ist vergleichbar mit der von Menschen, die man vor Jahrzehnten einer Lobotomie unterzog. Wenn eines Tages die vollständige Geschichte des ME/CFS geschrieben ist, dann werden wir uns alle schämen.

Prof. Dr. Ola Didrik Saugstadt, Professor für Kinderheilkunde in Norwegen und Berater der WHO in tv 2, no

- ***„Patienten mit ME, auch diejenigen mit der besten Versicherung und der besten sozialen Unterstützung, leben in einer Welt, die das medizinische Äquivalent zu den schmutzigsten Slums der ärmsten Bezirke der Erde ist.“***

Das sind die Worte Mary Dimmocks, einer amerikanischen Patientenfürsprecherin und Mutter eines an ME erkrankten Sohnes. Wie recht sie mit dieser Feststellung hat, zeigt sich an der Tatsache, dass es ***keinerlei validierte Behandlung*** für ME gibt, obwohl die Krankheit nunmehr seit mehr als acht Jahrzehnten bekannt ist. Es existiert derzeit ***kein Heilmittel für ME.*** Doch es gibt außerordentlich viele und vielfältige Behandlungsmöglichkeiten zur Symptomlinderung, die jeweils einigen wenigen Patienten zumindest vorübergehend Abhilfe verschafft haben, jedoch allerdings mehr oder weniger experimentellen Charakters sind. Aufgrund der Fülle der symptomatischen Behandlungen ist es nicht möglich, sämtliche Optionen zu berücksichtigen. Deshalb werden hier nur die gängigsten Behandlungen vorgestellt.

1 Kognitive Verhaltenstherapie und Graded Exercise Therapy

ME/“CFS“ ist eine organische und ***keine*** psychiatrische Krankheit. Infolgedessen sind die Behandlungsmethoden der Psychologen, Psychosomatiker und Psychiater zum Scheitern verurteilt.

Dennoch wird in vielen Ländern, allen voran Deutschland, die Krankheit fälschlich psychopathologisiert, auch von Allgemeinmedizinern, und es werden den Patienten dementsprechend nutzlose und vor allem schädliche Behandlungsempfehlungen gegeben. Wer hierzulande (aber auch sonst fast überall auf der Welt) mit den Symptomen einer ME-Erkrankung den Arzt aufsucht, wird in aller Regel mit der Empfehlung, sich einen Psychotherapeuten zu suchen und sein Aktivitätsniveau anzuheben aus der Sprechstunde herauskommen. Das ist absurd, denn der Patient hat die Sprechstunde ja aufgesucht, ***weil er seinen Aktivitäten krankheitsbedingt eben nicht mehr nachgehen kann***. Folgerichtig zählen die Kognitive Verhaltenstherapie (KVT), die den Patienten von „falschen Krankheitsüberzeugungen“ heilen soll,[522] und langsam ansteigendes körperliches Training, das auch Graded Exercise Therapy (GET) genannt wird, zu den für ME-Kranke schädlichen Behandlungen. Das wussten bereits die Pioniere unter den ME-Forschern wie beispielsweise Melvin Ramsay, der schrieb, dass *„bei jenen Patienten, deren dynamisches oder gewissenhaftes Naturell sie trotz tiefgreifender Unpässlichkeit drängt, mit Anstrengungen fortzufahren, oder bei jenen, die, aufgrund der Falschannahme einer `Neurose`, ermahnt wurden, sich zusammenzureißen und `reichlich Bewegung` zu machen, die Krankheit am Ende zu einem Zustand ständiger Erschöpfung führt.“*[523] (Ü.d.A.)

Eine Reihe von Studien beweist auch auf biomedizinischer Ebene, dass insbesondere GET die Krankheitsmechanismen anheizt und die Symptomatik des Patienten dramatisch verschlechtern kann.[524] Körperliche Anstrengungen sind verantwortlich für die neuroimmune Entkräftung nach Belastung (PENE),[525] die einhergeht mit einer herabgesetzten körperlichen Leistungsfähigkeit und aeroben Kapazität,[526] verstärkten Schmerzen des Bewegungsapparates,[527] Kopf-, Hals- und Drüsenschmerzen, Übelkeit, Zittern, Instabilität, Schlaflosigkeit und Benommenheit,[528] neurokognitiven Beeinträchtigungen,[529] einer herabgesetzten kognitiven Leistungsfähigkeit und Reaktionszeit,[530] Erschöpfung und Schwäche[531] und einer langanhaltenden „Erholungszeit“ (die Zeitspanne unmittelbar nach der Belastung bis zu dem Zeitpunkt, wenn das vor der Belastung bestehende, meist ohnehin schon niedrige Niveau wieder stabil erreicht wird – falls es überhaupt wieder erreicht wird!). Die schlechte Reaktion auf körperliche Belastung lässt sich mit diversen Forschungsergebnissen erklären. Studien haben gezeigt, dass durch körperliche Anstrengung die vorbestehenden pathophysiologischen Anomalien ME-Kranker verstärkt werden wie Inflammation, Immundysfunktion, oxidativer und nitrosativer Stress, die Ionenkanalfunktionsstörung, die mangelhaften Stress-Antwort-Mechanismen, die Unterfunktion der Hypothalamus-Hypophysen-Nebennieren-Achse.[532] Körperliche Belastung bewirkt bei den ME-Kranken Störungen im Stoffwechsel,[533] eine veränderte Genexpression[534] und eine erhöhte Zytokin-Aktivität.[535]

Die in den Studien belegten und von vielen Patientenorganisationen gut dokumentierten negativen Auswirkungen ansteigenden körperlichen Trainings lassen es unethisch erscheinen, die ME-Patienten mit im besten Falle ineffektiven, überwiegend jedoch schädlichen Therapien wie GET zu behandeln.[536]

Die Kognitive Verhaltenstherapie (KVT oder CBT) ist als Behandlungsmethode selbst für psychische Erkrankungen in die Kritik geraten, weil sie einen Langzeiteffekt vermissen lässt. Psychisch Kranke verspüren zwar oftmals einen Kurzzeiteffekt nach abgeschlossener KVT-Behandlung, weil jedoch die Ursache der psychischen Erkrankung in der Therapie nicht bearbeitet wurde, hält die positive Wirkung nicht lange an.[537]

Für organisch Erkrankte wie ME-Patienten ist die Kognitive Verhaltenstherapie, sofern sie nicht dazu dient, Pacing- und Coping-Strategien zu vermitteln, potentiell schädlich: nämlich dann, wenn dem Patienten „ausgeredet" wird, dass er an einer organischen Krankheit leidet. Denn solcherart „Kurierte" könnten in der Überzeugung, nicht physisch krank zu sein, sich leicht übernehmen und damit einen schweren Rückfall riskieren.

2 Pacing

Bedauerlicherweise stehen immer noch keine standardisierten Behandlungsverfahren für ME zur Verfügung. Derzeit gibt es kein Heilmittel.[538] Bislang ist einzig „Pacing" eine für die Mehrzahl der Patienten einigermaßen verlässliche Verhaltensstrategie, den ohnehin oft schon miserablen Zustand nicht noch weiter zu verschlechtern.[539] Der ME-Patient muss lernen, unempfänglich für unerbetene und sachunkundige Ratschläge von Ärzten, Verwandten und Freunden zu werden, die von ihm verlangen sich zusammenzureißen und gegen seine angebliche Dekonditionierung anzukämpfen. Denn *„adäquate Ruheperioden sind der einzige Weg, wie ein gewisses Maß an Verbesserung gewährleistet werden kann."*[540] (Ü.d.A.) Schon ME-Pionier Melvin Ramsay schrieb, dass *„das dominierende klinische Merkmal profunder Erschöpfung direkt mit der Länge der Zeit zusammenhängt, die der Patient nach ihrem Ausbruch in körperlicher Anstrengung verbleibt, anders ausgedrückt, diejenigen Patienten, die von Beginn an eine Zeitspanne erzwungener Ruhe bekommen, haben die beste Prognose."*[541] (Ü.d.A.) Ramsay machte diese Beobachtung u.a. an drei Patienten fest, die ohnmächtig ins Hospital eingeliefert wurden und deshalb über längere Zeit zwangspausieren mussten: alle drei sollen sich, nach Ramsay, vollständig erholt haben.[542]

Doch ein solches Szenario ist heutzutage leider nicht mehr denkbar, da die Symptomatik von den meisten Ärzten nicht ernst genommen wird und die bei so vielen Patienten vor allem zu Beginn auftretenden Nackenschmerzen und die Nackensteife nicht als Alarmsignal, sondern als Zeichen einer bewegungsarmen Lebensweise fehlgedeutet werden. Deshalb wird die Krankheit allenfalls erst dann erkannt, wenn sie schon chronifiziert ist. Und erst dann wird der Patient, falls er überhaupt an einen informierten Arzt geraten ist, nicht mehr mit Gewalt gegen seine Krankheit ankämpfen, erst dann wird er seine Aktivitäten herunterfahren und seinen Lebensstil an die einschränkenden Bedingungen der Krankheit anpassen.

Pacing bedeutet nun, die richtige Balance zwischen Aktivität und Ruhe herauszufinden. Dazu muss der Patient seine Energiegrenzen genau kennen. Bevor er diese erreicht hat, sollte er seine Aktivitäten stets abbrechen und eine Ruhepause einlegen. Die Pacing-Strategie schließt u.a. nicht nur Erholungspausen, sondern auch vorbeugende Ruhepausen mit ein sowie die Begrenzung von sensorischen Einflüssen. Arbeiten, bei denen man üblicherweise steht, sollten im Sitzen durchgeführt werden, Stresssituationen – auch emotionale – so weit als möglich vermieden werden. Pacing erfordert ein Leben nach Plan und folglich eine starke Disziplin. Viele Patienten können Pacing aufgrund ihrer Lebensumstände, etwa weil sie Kinder zu versorgen haben oder keine finanziellen und praktischen Hilfen erhalten, nicht durchgängig anwenden. Einige wenige Patienten erfahren dank Pacing sogar eine Verbesserung ihrer Symptomatik.

Um Missverständnissen vorzubeugen: ME-Patienten sollen nicht vor lauter Angst, sich zu übernehmen, in „Schockstarre" verfallen. Das muss man allerdings auch bei den wenigsten von ihnen befürchten, denn ME-Kranke neigen eher dazu, sich zu stark zu belasten, um ihre Angelegenheiten regeln und nur ein klein wenig am Leben teilhaben zu können. Doch sie sollten immer unbedingt ihre körperlichen und geistigen Belastungsgrenzen, die bei Schwerkranken sehr eng gesteckt sein können, respektieren, um Rückfälle zu vermeiden.

Gefährlich ist ein akuter Adrenalinanstieg, wie ihn besonders die schwerer erkrankten Patienten nicht selten erleben. Ein „Adrenalinrausch", der Stunden, Tage oder Wochen anhalten kann, ist oftmals für eine schwere, manchmal sogar dauerhafte Zustandsverschlechterung verantwortlich. Er richtet in zweifacher Hinsicht Schaden an, einmal durch den physiologischen Stress, der mit einer erhöhten Ausschüttung dieses Hormons verbunden ist, zum anderen dadurch, dass die Patienten, „beflügelt" durch das Adrenalin und dem damit verbundenen Energiezuwachs, sich massiv überlasten. In der Folge, wenn der Adrenalinspiegel wieder abfällt, bleiben die Patienten umso kränker zurück.

Man erkennt einen akuten Adrenalinanstieg daran, dass der Patient sehr schnell und ununterbrochen redet. Meist spricht er sehr laut, weil er nicht mehr in der Lage ist, seine Lautstärke zu kontrollieren und anzupassen. Seine Rede ist häufig begleitet von schnellen, nervösen Bewegungen. Der Patient wirkt euphorisch, übererregbar und unbedacht, verströmt wilden Optimismus und sitzt und steht länger als gewöhnlich oder macht sich an Unternehmungen, für die er normalerweise zu krank ist, wie z.B. Aufräumen und Putzen.

Weil die Patienten dann sehr aufgekratzt sind, fühlen sie sich nicht müde und es fällt ihnen schwer, auszuruhen oder zu schlafen. Das Einschlafen kann sich um Stunden verzögern, oder der Patient kann sogar die ganze Nacht nicht schlafen. Manchmal schlafen die Patienten auch nur eine oder zwei Stunden am Stück und wachen dann wieder auf, oder aber ihr Schlaf ist sehr leicht und sie werden vom leisesten Geräusch wach.

Erhöhte Adrenalinausschüttungen können den Patienten ohne erkennbaren Grund ereilen. Sie können jedoch auch beispielsweise durch einen Arztbesuch, einen anderen Termin, der Kraft und Konzentration erfordert und/oder mit beunruhigenden existenziellen Weichenstellungen verbunden ist, durch anregenden Besuch oder Gespräche, einen Gedanken oder einen Geistesblitz oder aber eine interessante Lektüre ausgelöst werden. Selbst erfahrene ME-Patienten können auf einen Adrenalinrausch „hereinfallen" und ihn fälschlich für eine Besserung halten. Denn sie sind ihres einsamen und isolierten Lebens voller Schmerzen und z.T. extremster Einschränkungen häufig so überdrüssig, dass sie sich auch an einen falschen Hoffnungsschimmer klammern. Die Enttäuschung aber, dass es sich doch nicht um eine spontane Besserung gehandelt hat, kann anschließend sehr groß sein.

Wenn das Adrenalin wieder abgenommen hat und der Patient endlich zur Ruhe gekommen ist, darf man ihn nicht stören. Manche Patienten müssen nach dieser Überlastung mehr als 16 Stunden schlafen; Schwerstkranke sind dann sogar oft nicht in der Lage, für mehr als ein paar wenige Stunden des Tages bei Bewusstsein zu bleiben, bis sie sich wieder einigermaßen von der Strapaze erholt haben. Man sollte darauf achten, nur das Allernotwendigste mit dem Patienten in dieser Phase zu kommunizieren und auch nur dann, wenn dieser dazu deutlich erkennbar in der Lage ist. Stressauslösende und die Wiederholung von Fragen sollten unbedingt vermieden werden. Die pflegende Person muss Geduld aufbringen und warten, bis die verzögerte Informationsverarbeitung des Kranken abgeschlossen und dieser in der Lage ist, zu antworten. Man sollte leise, ruhig und sanft mit dem Patienten sprechen und für diesen Fall zuvor Handzeichen verabreden oder sich mit Zetteln verständigen. Denn jeder sensorische Reiz, wie z.B. Geräusche, können die allmähliche Erholung des überlasteten Patienten wieder hinfällig machen. Das Vermeiden von Stress hat oberste Priorität. Dazu gehört auch, dass gewöhnlich erforderliche Pflege- und Hygienemaßnahmen u.U. hintangestellt werden müssen, bis es dem Patienten wieder besser geht.

Angehörige oder Pfleger/innen, die bei dem Kranken erste Anzeichen eines Adrenalinschubs bemerken, sollten den Patienten dazu anhalten, sich zu bremsen, sein Tempo und seine Lautstärke zu drosseln und gegebenenfalls begonnene Aktivitäten abzubrechen und solange einzustellen, bis der Patient wieder auf seinem gewohnten, langsamen und kräfteschonenden Aktivitäts- bzw. Sprechlevel ist. Auch auf eine geisterhafte Blässe des Gesichts oder aber ein weißes Mund-Nasen-Dreieck sollten Angehörige achtgeben, denn auch das sind Anzeichen einer Überanstrengung des Erkrankten.[543] Eine strikte Ruhe von mindestens drei Tagen ist einzuhalten und je nachdem, wie lange der Adrenalinkick angehalten hat, auch eine längere Auszeit. ME-Kranke müssen eine eiserne Disziplin aufbringen, die der von Hochleistungssportlern in nichts nachsteht, um dauerhafte Zustandsverschlechterungen zu vermeiden.[544]

3 Reduktion der Schadstoffbelastung

Eine schadstoffarme Umgebung, der Verzicht auf Kosmetika, Parfums, aggressive Reinigungsmittel und der Verzehr von pestizidarmen Nahrungsmitteln aus biologisch kontrolliertem Anbau sind ebenfalls wichtig für ME-Patienten, weil die meisten von ihnen eine Entgiftungsstörung haben und deshalb die Toxinbelastung möglichst gering halten sollten. Tabak und Tabakrauch, nitrat- und nitrithaltige Lebensmittel sollten gemieden werden, ebenso die Nahrungsmittelzusätze Glutamat und Aspartat.[545]

Einige wenige Patienten berichten von einer Besserung durch eine streng eingehaltene Low-Carb-Diät (kohlenhydratarme Ernährung).[546] Andere schwören auf die Paleo-Diät,[547] die laut Studien auch das Risiko von Herz-Kreislauf-Erkrankungen und Diabetes mindern soll.[548] Viele ME-Patienten ernähren sich glutenfrei und erleben dadurch eine Verbesserung ihrer gastro-intestinalen Beschwerden.[549] Es ist nicht verwunderlich, dass solche Diäten einem Teil der Patienten Linderung verschaffen, leiden doch viele von ihnen unter einem Reizdarmsyndrom,[550] Nahrungsmittelintoleranzen, Kohlehydratverwertungsstörungen, Malabsorptionen,[551] einem Leaky Gut Syndrom[552] und unter einer Fehlbesiedlung des Darms.[553] Da eine gestörte Darmbesiedelung Immun-und Nervensystem angreift,[554] ist es sicher einen Versuch wert, mit einer Ernährungsumstellung die Darmflora zu regenerieren und auf diese Weise auch Immun- und Nervensystem zu stärken.

4 Supplementierung

4.1 Vitamine, Mineralstoffe, Spurenelemente

Da viele ME-Patienten Mangel an Vitaminen, Mineralstoffen, Spurenelementen, Fett- und Aminosäuren leiden, ist eine Supplementierung angezeigt.[555] Diese kann vorübergehend oder in Intervallen auch als Infusionstherapie durchgeführt werden. An Vitaminen werden vor allem Vitamin D (oft hochdosiert bis zu 5000 I.E./Tag),[556] Vitamin B1, B2, B3, B5, B6, B12 (B12 am besten als Hydroxycobalamin, hochdosiert, subkutan injiziert und Methylcobalamin sublingual)[557] und Vitamin C verabreicht.[558]

Außerdem Mineralstoffe wie Magnesium[559] und Kalium.[560]

Zusätzlich gibt man Spurenelemente wie etwa Zink in Verbindung mit Kupfer,[561] Selen und Mangan.

Diese Vitamine, Mineralstoffe und Spurenelemente können besonders in Verbindung mit Eicosapentaensäure, enthalten in Omega-3-Kapseln, unterstützend wirken.[562]

4.2 Antioxidantien

Antioxidantien wie Acetylcystein, reduziertes Glutathion und Klinoptilolith-Zeolith dämmen die Entzündungsprozesse ein, tragen zur Entgiftung des Körpers bei und erhöhen die Zufuhr und Bioverfügbarkeit von Vitaminen, Mineralstoffen und Aminosäuren.[563]

Zur Verbesserung der Mitochondrien-Funktion[564] ist das Coenzym Alpha-Liponsäure angezeigt, ein Radikalfänger und starkes Antioxidans.[565]

Ubichinon 10 – oder auch Coenzym Q 10 genannt – ist ein weiteres wichtiges mitochondriales Antioxidans, vor allem auch in flüssiger Form als Ubichinol.[566]

Taurin ist ebenfalls ein starkes Antioxidans mit entzündungshemmender Wirkung.[567]

Auch Curcumin, das in natürlicher Form in der Gelbwurz, einem Ingwergewächs, und als Kurkuma-Gewürz in Curry enthalten ist, besitzt antientzündliche und antivirale Eigenschaften.[568]

4.3 Verbesserung der Mitochondrienfunktion

D-Ribose kann eine Zunahme der kardialen Energie befördern. Es kann zur Bildung der bei vielen ME-Patienten pathologisch erniedrigten ATP-Werte, die Zeichen einer mitochondrialen Dysfunktion sind,[569] beitragen.[570]

NADH, eine reduzierte Form des Nicotinsäureamid-Adenin-Dinukleotid, kann als energieliefernde Coenzym ebenfalls ATP generieren.[571]

Omega-3 Fettsäuren können Herz- und Hirnfunktion positiv beeinflussen.[572] Neuester Forschung zufolge helfen sie bei der Regeneration beschädigter peripherer Nerven.[573]

Auch L-Carnitin, eine Verbindung aus zwei Aminosäuren, spielt – neben seiner Funktion als mutmaßlicher Fat-Carrier und mitochondrialer Entgifter – eine wichtige Rolle im Energiestoffwechsel.[574] Herzfunktion und Immunstatus können mit L-Carnitin bzw. mit dem leichter absorbierbaren Acetyl L-Carnitin verbessert werden.[575]

Da die Magnesium-Spiegel ME-Kranker häufig niedrig sind, andererseits Magnesium für eine normale Funktion der Mitochondrien unerlässlich ist, kann hier ebenfalls eine Supplementierierung vonnöten sein.[576]

Auch das Coenzym Alpha-Liponsäure ist geeignet, zur Verbesserung der Mitochondrien-Funktion beizutragen.[577]

Vitamin B 12 hochdosiert, sublingual oder als Injektion verabreicht, und Ubichinon oder das besser verfügbare Ubichinol gehören ebenfalls zum Behandlungsprotokoll einer erworbenen mitochondrialen Dysfunktion.[578] Vitamin B12 kann außerdem hilfreich gegen „Brain Fog“, Denkstörungen, bei einem schlechten Kurzzeitgedächtnis und Problemen mit Multitasking sein.

4.4 Verbesserung des Wohlbefindens und der Schlafqualität

L-Tryptophan gehört zu den essentiellen Aminosäuren und wirkt stimmungsaufhellend. Diese Eigenschaft ist der Tatsache zu verdanken, dass dieses natürliche Antidepressivum den Serotonin-Spiegel anhebt, der bei einem Teil der ME-Patienten pathologisch erniedrigt ist.[579] Es reduziert darüber hinaus die Schmerzempfindlichkeit.[580]

L-5-Hydroxytryptophan (5-HTP) wirkt ebenfalls antidepressiv.[581] Der therapeutische Effekt unterscheidet sich nicht von dem eines herkömmlichen Antidepressivums.[582]

S-Adenosylmethionin, als Nahrungsergänzung unter dem Namen SAM-e bekannt, kann positiv auf körperliches Wohlbefinden und Stimmung einwirken.[583]

Melatonin, ein Metabolit des Tryptophan-Stoffwechsels, kann helfen, die Schlafqualität zu verbessern.[584] Dieses Hormon wird aus Serotonin produziert, doch wegen des zu niedrigen Serotoninspiegels der Patienten reicht seine Produktion nicht aus, um den Tag-Nacht-Rhythmus zu steuern. Einer Studie zufolge soll es 2/3 der Probanden (Kinder) geholfen haben, Migräneanfällen und Spannungskopfschmerz vorzubeugen.[585] Da viele ME-kranke Kinder unter Migräne und Kopfschmerzen leiden, dürfte Melatonin hier bei der Behandlung ein besonderes Gewicht zukommen.

4.5 Nebennierenrindenschwäche

Etliche ME-Patienten leiden unter einer Nebennierenrindenschwäche. Ihre DHEAS-Spiegel sind entsprechend niedrig. Die Einnahme von DHEA (Dehydroepiandrosteron), eine Vorstufe der Sexualhormone, das in Deutschland als zulassungspflichtiges Arzneimittel, in anderen Ländern jedoch als Nahrungsergänzungsmittel eingestuft wird, kann die Stresstoleranz erhöhen, die Gedächtnisleistung verbessern, das Immunsystem stärken und den Cholesterinspiegel senken. DHEA sollte jedoch auf keinen Fall ohne vorherige ärztliche Konsultation und nur bei klinischer Indikation verordnet werden.[586]

- ***Die hier vorgestellten Nahrungsergänzungsmittel sind nur die gängigsten. Es gibt noch zahllose weitere NEM, die ME-Kranken Nutzen bringen können.***

- ***Nur ein Teil der ME-Patienten erfährt eine Verbesserung der Symptomatik durch die Einnahme möglichst qualitativ hochwertiger, reiner und entsprechend teurer Nahrungsergänzungsmittel und Antioxidantien.***[587]

Viele Patienten können zwar Mangelzustände beheben, ihre Speicher auffüllen und einige ihrer Blutwerte durch die Einnahme verbessern, erfahren jedoch keine Linderung. Das mag u.a. damit zusammenhängen, dass diese Mittel wegen diverser Fehlregulationen im Stoffwechsel nicht in ausreichendem Maße dort ankommen, wo sie ankommen sollten, nämlich z.B. in den Zellen. Zudem sind sie oft nicht potent genug, die Viruslast entscheidend abzusenken. Vor allem aber ist dieser Behandlungsansatz nur ergänzend und erfasst nicht die Krankheitsursache(n).

- ***Doch eine gute Nährstoffversorgung kann manchmal dazu beitragen, das bei ME-Patienten erhöhte Risiko möglicher***

Folgeerkrankungen wie etwa Krebs, Stoffwechselerkrankungen, Autoimmunerkrankungen oder Herz- Kreislauferkrankungen zu mindern.[588]

Langzeitpatienten versorgen sich häufig eigenständig mit Nahrungsergänzungsmitteln und Antioxidantien, ohne ihre Blutwerte überprüfen zu lassen, was ME-Spezialisten zu Recht kritisieren. Denn die Einnahme verlangt eine regelmäßige Kontrolle der Werte, um eine u. U. schädliche Überdosierung zu vermeiden. Doch nach einigen Jahren Krankheit sind bei den meisten Patienten die finanziellen Ressourcen restlos aufgebraucht, so dass die nötigen Mittel für teure Labortest jenseits der Routinediagnostik fehlen. Und die Furcht vor möglichen Folgeschäden durch Mangelzustände ist verständlicherweise größer als die vor einer eventuellen Überdosierung. Ein wenig Orientierung, was mögliche Gefahren und die Dosierung von NEM angeht, sollten sich die Patienten jedoch beim Bundesinstitut für Risikobewertung holen.[589]

- ***Orthomolekulare Supplementierung und antioxidative Behandlungen verschaffen zwar manchem Patienten Symptomlinderung – einige wenige erlangen sogar wieder nahezu ihr prämorbides Funktionsniveau, wobei nicht ausreichend belegt ist, ob das auf einen Behandlungserfolg oder eine Spontanremission zurückzuführen ist – bringen jedoch keine Heilung. Das ist mehr als unbefriedigend.***

5 GcMAF

GcMAF ist ein immunstimulierender Faktor. Subkutan injiziertes GcMAF, bereits erfolgreich in der alternativen Krebstherapie eingesetzt, kann dazu beitragen, Viren oder Retroviren abzuschwächen oder zu eliminieren. Der belgische ME-Forscher Kenny de Meirleir hatte bei 68 von 101 Patienten eine deutliche Zustandsverbesserung beobachtet.[590] Auch Dr. Wilfried P. Bieger berichtet über Therapieerfolge mit GcMAF.[591]

6 Oxymatrine

Dr. John Chia, amerikanischer Infektiologe und ME-Spezialist, der bei Magenbiopsien zahlreicher ME-Kranker Enterovirenbefall nachweisen konnte,[592] berichtet von guten Behandlungserfolgen mit dem pflanzlichen Immunmodulator Oxymatrine, dem Alkaloid-Derivat der chinesischen Sophora-Pflanze. Die Sorge um die Reinheit chinesischer Produkte veranlasste Dr. Chia, eine reine und wirksamere Zubereitung von Oxymatrine herzustellen. Dieses Produkt, genannt Equilibrant, hat auch wesentlich zur Genesung seines eigenen Sohnes beigetragen.[593]

7 Low Dose Naltrexone (LDN)

Einige wenige Patienten berichten darüber hinaus über Erfolge mit Low Dose Naltrexone. Naltrexon, ein Opioid-Antagonist, wird hochdosiert ab 50 mg bei Suchtkranken, Opioid- und Alkoholabhängigen zur medikamentösen Unterstützung der Entwöhnung eingesetzt. Extrem niedrig dosiert (zwischen 0,25mg – 4,5mg), kommt es als Behandlungsmöglichkeit für chronische Schmerzen in Frage.[594] Das antiinflammatorische Medikament kann bei ME, Fibromyalgie, Multipler Sklerose, Morbus Crohn und dem Komplexen regionalen Schmerzsyndrom im off-label-use verordnet werden.[595]

8 Hydrocortison und Fludrocortison

Patienten mit einer diagnostizierten Unterfunktion der Cortisolachse können mit sehr niedrig dosiertem Hydrocortison (5-10mg) oder mit Fludrocortison (0,1-0,2mg) eine moderate Verbesserung erfahren, vor allem was den Tag-Nacht-Rhythmus angeht, aber auch zur Behandlung der orthostatischen Hypotension.[596]

9 Immunglobuline

Einige ME-Patienten, vor allem aber solche mit einem diagnostizierten Immunglobulinmangel, erfahren Verbesserung durch eine Behandlung mit Immunglobulinen.[597]

In einer kleinen Studie von Kerr et al. wurden Patienten, deren ME-Erkrankung eine Parvovirus B 19-Infektion voranging, ebenfalls erfolgreich mit Immunglobulinen behandelt.[598] Dr. Nigel Speight berichtet desgleichen über Behandlungserfolge mit Immunglobulinen bei Kindern.[599]

Zur Herstellung von Immunglobulinen wird das Blutplasma (der flüssige, zellfreie Teil des Blutes) von über 1000 Spendern gleichzeitig verarbeitet. Das gewährleistet eine große Vielfalt an Antikörpern und das daraus gewonnene Immunglobulinpräparat enthält somit viele verschiedene Antikörper gegen eine sehr große Anzahl von Krankheitserregern. Doch könnte es vielleicht sein, dass genau diese Vielfalt an Antikörpern zu unspezifisch für viele ME-Patienten ist? Könnte es sein, dass der Einsatz von Immunglobulinen bei ME der Wirkung von Schrotkugeln vergleichbar ist: Die meisten Antikörper verfehlen das Ziel, mit viel Glück treffen einige, doch wenn man Pech hat, können sie auch „ins Auge gehen", also den Zustand des Patienten sogar verschlechtern?[600]

Denn wenn man einmal von der Hypothese ausgeht, dass es möglicherweise einen noch unbekannten spezifischen Erreger für ME gibt, wäre es dann nicht vielleicht sinnvoller, den Erkrankten das Blutplasma von ME-Patienten, deren Krankheit spontan ausheilte (oder die in Remission sind) und die auf diese Weise eine natürliche Immunität erlangt haben, zu verabreichen? Könnte eine solche Bluttransfusion eventuell wie eine passive Impfung wirken, ähnlich wie bei dem Transfusionsexperiment während der Ebola-Epidemie 1995 im Kongo, als sieben von acht Patienten nach einer solchen Blutspende von Überlebenden der Epidemie wieder gesund wurden, während 80% der unbehandelten Erkrankten damals starben? Oder wie bei dem amerikanischen Arzt Kent Brantly, der sich während der Ebola-Epidemie 2014 infizierte, sich das Blutplasma eines seiner Patienten, eines 14-jährigen Überlebenden spritzen ließ und ebenfalls überlebte?[601]

Auch beim ersten dokumentierten Ausbruch einer ME-Epidemie am L.A. County Hospital im Jahre 1934 experimentierte man mit Transfusionen (immunotransfusion), wobei 55 der 60 so behandelten Schwestern und Ärzte innerhalb von 24 Stunden eine Verbesserung erfahren haben sollen, und 5 (8,3%) eine Verschlechterung. (Leider macht der Artikel keine Angaben dazu, von welchen Spendern die verabreichten Präparate stammten, ob von Spendern, die eine Poliomyelitis überstanden hatten oder von Rekonvaleszenten der „neuen" Krankheit – ME.) Ob der Gesundheitszustand durch die Transfusionen ***dauerhaft*** verbessert wurde, ist ebenfalls nicht dokumentiert.[602]

10 Ampligen

Die Zulassung von Ampligen, einem antiviralen, immunmodulatorischen Medikament aus den USA, das in Studien einem Teil der ME-Patienten signifikante Verbesserungen der allgemeinen körperlichen Leistungsfähigkeit und der Kognition gebracht hat, einigen sogar vollständige Regeneration, ist erst kürzlich von der FDA (Food and Drug Administration, USA) abgeschmettert worden, obwohl Ampligen bereits seit zwei Jahrzehnten FDA-Studien durchgemacht hat, darunter zwei Phase-III-Studien.[603] Begründung: Es existieren keine (anerkannten) Biomarker für ME/"CFS". Doch das Fehlen von Biomarkern hat die FDA nicht daran gehindert, z.B. Medikamente gegen MS zuzulassen.[604]

11 Therapeutische Apherese

Die therapeutische Apherese gehört zur Gruppe der immunmodulatorischen Therapien. Umgangssprachlich könnte man von einer Blutwäsche bzw. einem Blutreinigungsverfahren sprechen. Mittels eines Plasmapheresegeräts wird das Blutplasma des Patienten extrakorporal gereinigt. Dabei werden krankmachende Proteine, proinflammatorische Proteine, proteingebundene pathogene Substanzen und pathogene Zellen des Blutes eliminiert. Anschließend wird das von Antikörpern, Autoantikörpern, Molekülen aus Schwermetallen, Lösemitteln, Nanopartikeln, Viruspartikeln u.a.m. gereinigte Blutplasma ohne wesentlichen Volumenverlust reinfundiert. Eine Substitution von Eiweißen und Elektrolyten ist dabei nicht erforderlich.

Die therapeutische Apherese ist ein schonendes Verfahren, das auch für schwerkranke Patienten geeignet ist. Bis auf einen leichten Blutdruckabfall und Nachblutungen aus dem Punktionskanal sind keine Nebenwirkungen bekannt, allergische Reaktionen so selten, dass das Verfahren auch für Allergiker geeignet ist. Es wird vor allem zur Behandlung einer therapieresistenten Rheumatoiden Arthrits und therapieresistenten Fettstoffwechselstörungen eingesetzt. Doch da es ein effektives Detoxikationsverfahren ist, wird das Verfahren u.a. auch bei umweltassoziierten Erkrankungen, neuroimmunologischen Krankheiten wie z. B. MS und ME und diversen Autoimmunerkrankungen wie z.B. Lupus und Myasthenia Gravis durchgeführt.

Die Kosten einer therapeutischen Apherese sind mit ca. 1500-2000 Euro pro Behandlung, die mehrfach wiederholt werden muss, sehr hoch. Durchschnittlich sind 6-12, bei schweren Krankheitsbildern jedoch bis zu 50 Apheresen für eine Regeneration notwendig. Es darf bezweifelt werden, dass Krankenkassen – außer einigen Privatkassen – die Kosten für eine solche Behandlung übernehmen. In Japan, weltweit führend auf dem Gebiet der Therapeutischen Apherese sowohl was die Technologie als auch was die Anzahl der Indikationen betrifft, wird die Viruselimination mittels Apherese bereits von den Kassen bezahlt. Auch bei uns gibt es vielversprechende Einzelberichte zu Behandlungserfolgen, so dass es für manchen Erkrankten sinnvoll sein könnte, sich die Erstattung der Kosten auf dem Weg der Klage zu erstreiten. Wünschenswert wäre weitere fundierte Forschung zu dieser schonenden und nebenwirkungsarmen Behandlungsmethode![605]

12 Antivirale Therapien

Virustatika wie z.B. Valganciclovir und Valaciclovir, die bei ME-Patienten mit nachgewiesener Herpesinfektion wirksam sind,[606] sind in Deutschland für die Behandlung der ME noch nicht zugelassen. Einige Patienten erhalten Virustatika im off-label-use.

13 Rituximab

Das gleiche gilt für ein bislang vielversprechendes Medikament, das Krebsmedikament Rituximab, welches in norwegischen Studien bei ca. 2/3 der ME-Patienten die Symptome zum Verschwinden gebracht hat.[607] Doch derzeit ist es nur für maligne B-Zell-Erkrankungen, Lymphome, und für Rheumatoide Arthritis zugelassen.

Das immunmodulatorische Medikament Rituximab wird aus umprogrammierten Mauszellen gewonnen, die einen Antikörper gegen ein bestimmtes Reifestadium von B-Zellen produzieren. Innerhalb von zwei bis drei Wochen werden die B-Zellen auf sehr niedrige Werte heruntergedrückt – der eigentliche Wirkungseintritt des Medikaments erfolgt allerdings erst bis zu acht Monate später.

Die norwegischen Onkologen Øystein Fluge und Olav Mella haben einen Behandlungszyklus entwickelt, der die Patienten dauerhaft vor Rückfällen schützen soll. Nach zwei im Abstand von zwei Wochen verabreichten Infusionen, erhalten die Patienten nach drei, sechs, zehn und fünfzehn Monaten eine Erhaltungsdosis.

Die reinen Medikamentenkosten eines solchen Behandlungszyklus belaufen sich auf ca. 16.000-20.000 Euro.[608] Neben der Tatsache, dass diese Kosten nicht von den Kassen ersetzt werden, fehlen Klinikstrukturen und Ärzte mit Kenntnissen in der Therapie ME-Kranker. Hier wären Onkologen und Rheumatologen, die bereits Erfahrung in der Rituximab-Therapie besitzen, aufgerufen, sich mit dem Krankheitsbild ME vertraut zu machen.

Darüber hinaus ist noch unklar, wie lange ein Behandlungszyklus wirksam ist, und ob zumindest ein Teil der Patienten diese Infusionen eventuell sogar lebenslang wiederholen muss. Auch über mögliche Nebenwirkungen bei Langzeitgabe – wie etwa eine erhöhte Infektanfälligkeit – ist noch zu wenig bekannt.[609] Schwerkranke Patienten sollten vor der Behandlung eine Plasmapherese erhalten, um das Risiko von unerwünschten Nebenwirkungen zu minimieren.[610] Ob eine Verschreibung von Rituximab angezeigt ist, wird in jedem einzelnen Fall sorgfältig exploriert werden müssen. Immunsuppressiva wie Rituximab, die eine B-Zell-Depletion zur Folge haben, bergen das Risiko schwerwiegender Nebenwirkungen, wie z. B. die Entwicklung einer progressiven multifokalen Leukoenzephalopathie (PML) durch Reaktivierung des JC-Virus.[611] Die Untergruppe ME/"CFS"-Kranker ***ohne*** eine Erhöhung der CD20+ B-Zellen ist z.B. ***nicht geeignet*** für eine Rituximab-Behandlung, wie die ME-Forscherin Judy Mikovits warnt. Ein differenziertes Immunprofil könnte Aufschluss darüber geben, ob ein Patient ein möglicher Responder ist und bei der Nutzen-/Risikoabwägung hilfreich sein.[612] Auch zu einer niedrigeren Dosierung als bislang in den Studien erprobt und einer sehr langsamen, schonenden Infundierung unterbreitet Judy Mikovits interessante Vorschläge, die in einer Videoaufzeichnung festgehalten sind.[613]

Doch die Entdeckung der norwegischen Forscher Øystein Fluge und Olav Mella, dass Rituximab bei 67% der damit behandelten ME-Kranken alle Symptome zum Verschwinden bringt, markierte einen Meilenstein in der ME-Forschung und ist von großer politischer Bedeutung.[614] Denn es wurde noch einmal auf beeindruckende Weise belegt, dass ME eine organische und keine psychiatrische Krankheit ist.

14 Die Behandlung Schwerkranker

- ***„Die Gruppe schwerkranker ME-Patienten ist eine sehr verlassene Gruppe von Menschen. Und bei fast jeder anderen Krankheit gilt, je schwerer die Krankheit, desto mehr klinische Aufmerksamkeit, um so mehr Untersuchungen und Zuwendung von Experten bekommen Sie. Bei ME ist es ganz im Gegenteil. Je schlimmer die Krankheit, desto größer die Isolation."***

Das waren die bitteren Worte des australischen ME-Experten Dr. Don Staines auf der 8. Internationalen „Invest in ME"-Konferenz (IIMEC8) in London 2013. Wie wahr seine Worte sind, bekommen diese Patienten in aller Welt jeden Tag am eigenen Leib zu spüren.

In Deutschland gibt es für die Behandlung schwerkranker ME-Patienten nicht einmal ärztliche Richtlinien. Dabei sind etwa ein Viertel der ME-Kranken ans Haus gebunden, auf den Rollstuhl angewiesen, müssen viele Stunden des Tages liegend verbringen oder sind komplett bettlägerig.[615] Diese Patienten kommen in der DEGAM-Leitlinie „Müdigkeit",[616] die auch die Behandlungsrichtlinien für „CFS"-Kranke enthält, schlicht nicht vor. Denn die Verfasser halten die Myalgische Enzephalomyelitis oder das „Chronische Müdigkeitssyndrom", wie sie es nennen, für eine Befindlichkeits- oder Verhaltensstörung – so geht es jedenfalls aus ihren Behandlungsempfehlungen, den sogenannten „Patientenbriefen" hervor.[617] Entsprechend den DEGAM-Leitlinien, wo Schwerkranke nicht vorkommen, sind viele Ärzte schockiert, wenn sie zum ersten Mal mit einem solchen Fall konfrontiert werden. Sie können es oft nicht glauben, dass diese Krankheit, die laut Leitlinie doch nur eine Befindlichkeits- und Verhaltensstörung sein soll, derart gravierende Folgen haben kann. Wenn ihnen diese schrecklichen Schicksale plötzlich so nahe kommen, droht ihnen das Gleiche wie es der Sozialpsychologieprofessor Klaus Ottomeyer für unsere Konfrontation mit den Schicksalen von Flüchtlingen und Verfolgten beschreibt, nämlich *„der Einbruch des […] auf Distanz gehaltenen Wahnsinns in die geschützte Welt"*. ***„Und weil die Abwehr des Schreckens nach jeder Art von Rückenwind sucht",*** **erhält ihnen der** ***„Glaube an die Mitschuld oder den Simulantenstatus der Opfer […] paradoxerweise das Vertrauen in die Welt"*** **und erhält und festigt ihren Glauben an eine gerechte Welt, der** ***„bei voller Wahrnehmung der traumatischen Realität zerbrechen könnte."***[618]

(H.d.A.) Wenn dann außerdem das Blutbild der schwerkranken Patienten nicht mit dem Beschwerdebild korreliert und entgegen ärztlicher Erwartung keine entsprechenden Auffälligkeiten zeigt, werden solche Ärzte oft misstrauisch. Denn sie wissen nicht, dass der klinische Schweregrad der neurologischen Störungen nicht zwangsläufig mit Veränderungen der Routinelaborparameter korreliert. (Es sind also nicht notwendig die Patienten mit den meisten von der Norm abweichenden Parametern am schwersten erkrankt. Im Gegenteil kann ein stiller Infektionsmechanismus oder auch eine nicht auffällige schwelende Infektion bei ME anscheinend mit dem klinischen Schweregrad korrelieren.)[619]

Manche Ärzte halten den Patienten dann für einen Simulanten. Oder sie verdächtigen die Betreuungsperson, dem Patienten die Krankheit einzureden oder ihn sogar krank zu machen. Oder aber sie fangen an, am guten Willen des Patienten zu zweifeln, wenn ihre Maßnahmen keine Besserung bringen.

- ***Doch dass es nicht dem Willen des schwerkranken ME-Patienten unterworfen ist, zu laufen, selbständig zu essen, am Leben teilzuhaben oder gar zu gesunden, wird dabei von solchen Ärzten – bewusst oder unbewusst – übersehen.***

Sie sehen ihre ärztliche Potenz in Frage gestellt und in ihrer Furcht zu versagen, lassen sie sich zu sadistischen Drohungen und Wutausbrüchen gegenüber den Patienten hinreißen. Die Tatsache, dass die schwerkranken ME-Patienten – aus der jahrelangen Not heraus, keinen informierten Arzt für ihre Krankheit gefunden zu haben – meistens über sehr viel mehr medizinisches Know-how ihre Krankheit betreffend verfügen als der unerfahrene und sachunkundige Mediziner, verstärkt oft dessen aggressive Grundhaltung gegenüber dem Patienten. Wenn Laien sich medizinisch bilden, werten viele Ärzte das als Beleg für eine psychische Erkrankung. Die Aneignung von medizinischem Wissen gilt ihnen gewissermaßen als Symptom der vermuteten psychischen Krankheit.

- ***Gerade die Schwerkranken sind eine besonders stark vernachlässigte und gedemütigte Patientengruppe.***

Ärzte zweifeln an den selbstberichteten Auslösern der Krankheit, schenken den Patienten ihren Zustand betreffend keinen Glauben und stellen die Schwere der Symptomatik in Frage. Auch die Verordnung eines dringend benötigten Rollstuhls oder Pflegebetts wird häufig verweigert. Junge Frauen mit ME bekommen nicht selten die Empfehlung von Medizinern, sie sollten sich einen Partner suchen, denn regelmäßiger Sex würde sie schon kurieren.[620] Oftmals weigern sich Ärzte auch, den Patienten zu behandeln, bevor er nicht selbst aktiv geworden ist, z.B. eine Psychotherapie gemacht oder Sport getrieben hat, oder sie lehnen eine Behandlung sogar ganz grundsätzlich ab.

- ***Zahlreiche ME-Kranke in unserem Land werden medizinisch überhaupt nicht versorgt, weil sich in vielen Regionen kein Hausarzt finden lässt, der bereit wäre, ihnen Hausbesuche abzustatten.***

Besonders kritisch wird die Situation dann, wenn eine Krankenhauseinweisung für einen ME-Patienten unumgänglich wird. Meist geschieht dies wegen schwerwiegender Begleit- oder Folgeerkrankungen. In diesem Fall ist das Klinikpersonal gezwungen, sich mit der Krankheitsproblematik auseinanderzusetzen. Aber nur allzu oft haben weder Ärzte noch Pfleger jemals zuvor von dieser Krankheit gehört. Es mangelt ihnen in aller Regel sogar auch an Basiswissen und von der Behandlung Schwerkranker haben sie erst recht keine Ahnung, geschweige denn Erfahrung damit.

Ein weiteres Problem bei einer Krankenhauseinweisung ist der Umstand, dass die Behandler und das Pflegepersonal den Patienten erst in diesem fortgeschrittenen Krankheitsstadium kennenlernen. Denn sehr schwer Erkrankte legen oftmals ein Verhalten an den Tag, das Menschen mit einer Persönlichkeitsstörung oder einer Psychose ähnelt. Bei einer Besserung des Gesundheitszustandes verschwinden diese Anzeichen aber sofort wieder, wie Dr. Barbara Baumgarten-Austrheim, ehemals Leiterin des „ME/CFS“-Zentrums der Universitätsklinik Oslo versichert.[621]

Dr. Erich Ryll, einer der Pioniere auf dem Gebiet der ME, sagte, die Patienten könnten schlimme Panikattacken erleiden aufgrund der Schwere ihrer Vielzahl an erschreckenden Symptomen und deren ungewöhnlichen Besonderheiten. Schwerkranke könnten psychotisch werden und Halluzinationen bekommen. Aber anders als beispielsweise beim Alzheimer-Syndrom, bei dem die Patienten kein Bewusstsein für ihren wahren Zustand hätten, wüssten ME-Patienten, dass ihre Halluzinationen nicht real seien und deshalb handele es sich in der Regel nicht um eine echte Psychose.[622]

All diese und andere bizarre Auffälligkeiten wie z.B. Verwirrung, Gedächtnisverlust, extremer Brain Fog oder aber ein auf Hochtouren laufendes Gehirn und rasende Gedanken, Spasmen, Anfälle, Lähmungen, Taubheitsgefühle, seltsame Nervenempfindungen, neuropathische Schmerzen und bewusst erlebte Schlafparalyse[623] oder mit lauten Schreien verbundene furchtbare Albträume sind durch das Ausmaß neuropathologischer Prozesse bei den schwerkranken Patienten bedingt. Diese Patienten können die Fülle von Außenreizen nicht verarbeiten, was zu einer Menge neurologischer Symptome führt, die Uninformierte häufig fälschlich als psychiatrische Symptome interpretieren. Oftmals zeigen die Patienten auch ein Zwangshandlungen ähnelndes Verhalten. Aber im Gegensatz zu psychisch kranken Menschen verhalten sie sich krankheitsadäquat, denn sie passen sich ihren neurologischen Einschränkungen an und sorgen mit ihrem Verhalten dafür, dass ihr Zustand sich nicht noch weiter verschlechtert. Zudem sind sie sich der Absonderlichkeiten ihres Zustands und ihres Verhaltens stets bewusst. Wenn diese schwerkranken ME-Patienten geschont und mit größter Rücksichtnahme behandelt werden, sind all diese Symptome vorübergehender Natur. ***Sie verschwinden, sobald der Patient sich gesundheitlich stabilisiert hat.***

Um es noch einmal ganz klar zu sagen: Die neurologische Symptomatik, die einer psychiatrischen manchmal zum Verwechseln ähnlich erscheint, ist genuin neurologischer und nicht etwa genuin psychiatrischer Natur. Das zeigt sich neben der Tatsache, dass diese Symptome sofort nachlassen, wenn der ME-Kranke sich erholt, auch daran, dass psychiatrische Behandlungsmethoden gleich welcher Art bei dieser Symptomatik zum Scheitern verurteilt sind. Ganz im Gegenteil richten psychiatrische Behandlungen bei diesen Patienten den größtmöglichen Schaden an. Die mit einer solchen schwerwiegenden neurologischen Symptomatik verbundenen „Persönlichkeitsstörungen" sind nicht die Ursache der Erkrankung, sondern die Folge einer schweren ME-Erkrankung. Deshalb darf man die Patienten nicht mit einer psychiatrischen Krankheit fehldiagnostizieren, auch wenn sie u.U. Symptome zeigen können, die sich als psychiatrische maskieren. Denn die Symptomatik ist nicht das Ergebnis psychischer Konflikte oder Traumata, sondern organpathologischer Veränderungen. Diese Erkenntnis gehörte bereits zum Basiswissen der frühen ME-Forscher.[624]

Organpathologische Ursachen für dieses Verhalten und diese Zustände sind eine gestörte Filterfunktion des Gehirnstamms und eine verminderte Schwelle für Neuronen loszufeuern. Das ermöglicht es externen Reizen wie Bewegung, Licht, Geräuschen, Berührung und zuweilen sogar unangenehmen Gedanken eine ausgedehnte neuronale Aktivierung zu erzeugen, die zu einer excitotoxischen Schädigung dieser Zellen führt.[625] Wie es zu diesem Krankheitsmechanismus kommt, ist noch nicht geklärt, wie der Immunologe Dr. Amolak Bansal in einem Kommentar nach der 8. Londoner „Invest in ME"-Konferenz schrieb, doch entsprechende Mechanismen seien von Autoimmunkrankheiten und viralen Infektionen des Nervensystems bekannt.[626] Bansal erläutert, dass selbst wenn Routineblutuntersuchungen normale Werte anzeigen, was, wie bereits erwähnt, auch bei schwerkranken ME-Patienten häufig der Fall ist, durch Reizüberflutung und Fehlbehandlungen bei diesen schwerkranken Patienten irreversible Schäden gesetzt werden, die zu einer insgesamt geschädigten Aktivität des Gehirns, insbesondere des Hypothalamus und des präfrontalen Kortex führen. Die Symptome einer solchen Schädigung manifestieren sich als Erschöpfung, gestörter Schlaf, Gedächtnisstörungen, Aufmerksamkeitsstörungen, Mattigkeit, Herzrasen, gestörte Atmung, Temperaturdysregulation, Immobilität, verstärkte Schmerzen und Spasmen.

- ***Diese Erkenntnisse führen noch einmal vor Augen, welche Gefahren eine laute und hektische Umgebung für die Kranken birgt, und wie schädigend sich Aktivierungsmaßnahmen und Fehlbehandlungen mit sensorischen Reizen insbesondere auf die Schwerkranken auswirken.***

Deshalb sollte gerade die Behandlung und Pflege Schwerkranker von größtmöglicher Rücksichtnahme auf deren vielfältige Symptomatik bestimmt sein. Doch wenn die Krankheit den Ärzten so gut wie unbekannt ist und die Krankheitsmechanismen von den Behandlern nicht verstanden werden, wie sollen sie dann – ausgerechnet konfrontiert mit einem Schwerkranken – zwischen einer schweren organischen Krankheit und einer Persönlichkeitsstörung unterscheiden? Das ist kaum möglich und führt leider auch in vielen Fällen zu einer Fehldiagnose mit den entsprechenden psychiatrischen Falschbehandlungen. Weil die Patienten so immens viele und häufig so außerordentlich bizarre Beschwerden haben, lehnen viele Ärzte diese als real ab und halten sie für Einbildung. Doch Dr. Erich Ryll bekennt freimütig: *„Aber ich lernte, dass Ihr Patienten immer Recht hattet und ich immer falsch lag. Beim Studium dieser Krankheit muss man immer einen offenen Geist besitzen. Diese Krankheit lehrt die Ärzte bescheiden zu sein."*[627] (Ü.d.A.)

In gänzlicher Ermangelung deutscher Behandlungsrichtlinien für schwerkranke ME/"CFS"-Patienten greifen dann einige Ärzte hierzulande – sofern sie die Diagnose des einweisenden Arztes überhaupt akzeptieren – auf die britische Leitlinie, die sogenannte „NICE clinical guideline 53 – Chronic fatigue syndrome/ myalgic encephalomyelitis (or encephalopathy): diagnosis and management of CFS/ME in adults and children"[628] zurück. Doch ob diese Ärzte tatsächlich so sorgfältig die Guideline lesen, wie es erforderlich wäre, darf man bezweifeln. Denn etliche von ihnen pochen auf die für mild und moderat Erkrankte empfohlenen Behandlungen wie ansteigendes körperliches Training und Kognitive Verhaltenstherapie, ohne den Abschnitt zu den Schwerkranken zur Kenntnis zu nehmen.

- ***Hier soll mitnichten eine Lanze für die NICE Guideline 53 gebrochen werden. Sie ist insgesamt betrachtet schlicht inakzeptabel und hat bei vielen britischen ME-Patienten zu***

entsetzlichem Leid geführt. Doch so indiskutabel die NICE Guideline 53 auch sein mag, in Bezug auf Schwerkranke und Kinder mit ME gibt sie einiges an Brauchbarem für den klinischen und den Praxisalltag her.

Gleich in einem der Einleitungskapitel wird von den Verfassern der Guideline generell vom medizinischen Personal gefordert, dass es die Realität und die Auswirkungen der Krankheit anerkennen sollte.[629]

- ***Wenn also ME-Patienten auf Ärzte treffen sollten, die die Existenz der Krankheit leugnen oder die Symptome bagatellisieren, so können sie auf die britische NICE Guideline verweisen und die Anerkennung der Krankheit einfordern.***

Es sollten gemeinsame Entscheidungsfindungen zwischen Erkranktem und medizinischem Personal während der Diagnose und in allen Phasen der Betreuung stattfinden.[630]

- ***Das medizinische Personal sollte sich bewusst sein, dass Patienten mit ME, wie alle anderen Patienten auch, das Recht haben, jegliche Komponente ihres Behandlungsplanes zu verweigern oder ihre Zustimmung zurückzuziehen, ohne dass dies Auswirkungen auf andere Aspekte ihrer Versorgung oder zukünftige Auswahlmöglichkeiten einer Versorgung haben darf.***[631]

Um ein effektives Krankheitsmanagement zu ermöglichen, muss das medizinische Personal bestrebt sein, eine unterstützende und kollaborative Beziehung zwischen ME-Patient und Pflegern zu schaffen.

- ***Die Bindung zur Familie ist vor allem wichtig für Kinder und junge Leute sowie für Patienten mit schwerer ME.***[632]

Das bedeutet, die gar nicht so seltene klinische Praxis, ME-kranke Kinder und Jugendliche und junge schwerkranke Erwachsene von ihren pflegenden Eltern zu trennen, um sie ihrem vorgeblich „negativen Einfluss“ zu entziehen, der die Patienten angeblich daran hindern soll zu gesunden, ist laut NICE Guideline 53 ausdrücklich kontraindiziert.

Da das Krankheitsmanagement bei schwerer ME schwierig und hochkomplex ist, wird darauf verwiesen, dass für Planung und Sicherung der Versorgung in jedem Fall die Expertise von Spezialisten notwendig ist.[633] Das gleiche gilt für Diagnose, Untersuchungen, Behandlungsplanung und Nachbehandlung schwer Erkrankter.[634]

- ***Im Klartext bedeutet das: Sollten praktizierende Ärzte oder Klinikärzte die Hinzuziehung eines ME/"CFS"-Spezialisten verweigern, kann der schwerkranke ME-Patient sich auf diesen Punkt der NICE Guideline berufen und einen Experten verlangen.***

Die meisten Patienten mit ME, auch die mit schwerer ME, brauchen keine Krankenhauseinweisung. Sollten bestimmte Krankheitsumstände jedoch eine Einweisung unumgänglich machen, sollte diese Entscheidung gemeinsam mit dem Kranken und seiner Familie getroffen werden. Dabei sollten die zu erwartenden Vor- und Nachteile sachkundig gegeneinander abgewogen werden.[635]

- ***Es darf also nicht über den Kopf des Erkrankten hinweg eine Krankenhauseinweisung erfolgen.***

Ebenso fehl am Platz sind unrealistische Heilsversprechen des einweisenden Arztes. Denn jeder Krankenhausaufenthalt – so positiv er sich auch auf die Behandlung einer komorbiden Erkrankung oder einer im Rahmen der ME aufgetretenen Komplikation auswirken mag – und der zwangsläufig damit verbundene Klinikalltagsstress wird den Zustand eines ME-Kranken verschlechtern, speziell in Bezug auf die neurologische und neurosensorische Symptomatik.

Menschen mit schwerer ME können von Zeit zu Zeit die Unterstützung sozialer Dienste benötigen, wie Krankenpflege, Kurzzeitpflege, Ergotherapie, Diätberatung, Physiotherapie und psychologische Unterstützung. Die verschiedenen Dienste sollten von einem eigens benannten Fachmann koordiniert werden.[636]

- ***Grundsätzlich soll der ME-Patient – und nicht etwa das medizinische Personal! – über die Ziele des Behandlungsprogramms bestimmen. Das Programm, seine Bestandteile und das Fortschreiten im Programm sollten im beiderseitigen Einverständnis festgelegt werden.[637] Das gilt natürlich auch für mild und moderat Erkrankte.***

In der NICE Guideline 53 ist ausdrücklich vermerkt, dass Kognitive Verhaltenstherapie (KVT oder CBT) und ansteigendes körperliches Training (GET) nur ***mild oder moderat Erkrankten*** offeriert und auch nur denjenigen angeboten werden soll, ***die diesen Behandlungsansatz wählen.***[638]

- ***Auch wenn sich einige deutsche Ärzte, Psychosomatiker und Psychiater bei ihren Aktivierungsbehandlungen selbst schwerkranker ME-Patienten immer wieder auf die evidenzbasierte NICE Guideline berufen: Fakt ist, ansteigendes körperliches Training und Kognitive Verhaltenstherapie sind für die Patientengruppe der Schwerkranken gar nicht vorgesehen.***

Experten-und Patientenkonsens ist, dass die Schwerkranken ***in jeder Beziehung*** mit größter Vorsicht, Umsicht und Rücksichtnahme behandelt werden müssen.[639] Da sie häufig sogar auf im Allgemeinen sehr gut verträgliche Medikamente und Nahrungsergänzungsmittel Unverträglichkeitsreaktionen zeigen, sollte auch mit der Dosierung stets äußerst behutsam verfahren werden, um unerwünschte und paradoxe Wirkungen zu vermeiden.[640]

- ***Der Nutzen von Interventionsstrategien, die für leichte bis moderate Fälle empfohlen werden, sollte laut NICE Guideline 53 nicht auf die Behandlung von Schwerkranken und Kindern hochgerechnet werden, da bei diesen beiden großen Patientengruppen keine Belege für die Wirksamkeit solcher Strategien existiere und Erfahrungen von Patienten darauf schließen ließen, dass sie schädlich oder unwirksam seien.***[641]

- ***Für sehr viele schwerkranke ME-Patienten gibt es keine Behandlung im klassischen Sinne. Statt in blinden Aktionismus zu verfallen, der oft das Gegenteil bewirkt und den Patienten noch kränker macht, sollte man sich um ein vernünftiges Krankheitsmangement bemühen, wobei vor allem zu beachten ist, dass sich der Zustand des Patienten nicht noch weiter verschlechtert. Tender loving care (TLC) ist bei ihnen oberstes Gebot.***[642]

15 Die Behandlung von Kindern

Die Behandlung ME-kranker Kinder unterscheidet sich im Grundsatz nicht von der Erwachsener. Alles, was die NICE Guideline 53 an Behandlungsgrundsätzen für Erwachsene fordert, wie eben geschildert, gilt auch für Kinder und Jugendliche. Oberstes Prinzip muss sein, ihre Symptome und Nöte ernst zu nehmen, ihren Zustand nicht durch aggressive, schädliche und nutzlose, kraftraubende Therapien zu verschlimmern, sie zu unterstützen und vor allem sie zu beschützen.

- ***Es ist essenziell wichtig, dass Ärzte und medizinisches Personal sich der Tatsache bewusst sind, dass es noch kein Heilmittel für ME gibt.***

Die Behandlung kann sich derzeit nur auf die Linderung der Symptome beschränken. Der Kinderarzt und ME-Spezialist Dr. Nigel Speight berichtet davon, bei einigen seiner schwerkranken jungen Patienten erfolgreich Immunglobuline eingesetzt zu haben.[643] Die Studienlage dazu ist jedoch sehr dünn. Einige Studien stützen Speights Ergebnisse.[644] Doch die Verabreichung von Immunglobulinen ist nicht immer nebenwirkungsfrei und kann durchaus riskant sein. Deshalb sollten hier sorgfältig Nutzen und Risiken abgewogen werden. In vielen Fällen wird man eine nicht ausreichend validierte Behandlung wie diese nicht in Erwägung ziehen.

- ***Wegen des Fehlens einer kurativen Therapie sollten wir auch bei der Behandlung von Kindern besser von Krankheitsmanagement sprechen. Auch bei ihnen ist Tender loving care (TLC) oberstes Gebot.***[645]

- ***Die Erwartungen auf Seiten der Behandler dürfen nicht allzu hochgeschraubt sein und sowohl Eltern als auch Patienten sollten keine unrealistischen Heilsversprechen gegeben werden. Je schonender und umsichtiger das Krankheitsmanagement, umso größer stehen die Chancen auf eine Spontanheilung.***

Dr. Nigel Speight empfiehlt seinen Patienten, stets erst zwei Schritte zurück zu gehen, um dann einen vorwärts gehen zu können.[646] Denn vor allem in den frühen Stadien der Krankheit gebe es immer eine Tendenz, zuviel zu machen. Deshalb müssen Kinder nicht nur vor Anforderungen und Druck von außen, sondern auch vor ihrem eigenen, natürlichen Unternehmungsgeist und Bewegungsdrang geschützt werden, vor allem dann, wenn Kinder ihre Kräfte selbst nicht gut einschätzen können.[647] Ein Großteil der erkrankten Kinder weiß meist intuitiv genau, wieviel sie sich abfordern und zumuten können und wann sie Ruhe brauchen. Doch wenn ein Kind sich unsicher ist, sollte man ihm die Entscheidung abnehmen und es davon abhalten, zuviel zu tun, ohne ihm jedoch alle Lebensqualität zu nehmen.[648] D.h. es sollte sorgfältig abgewogen werden, ob eine Lebensfreude spendende Aktivität, die der Seele guttut, eine kleine, kurzfristige Zustandsverschlechterung „lohnt". Die Gesichtsfarbe des Kindes ist oftmals ein guter Indikator dafür, ob es an seine Grenzen gekommen ist. Sehr viele ME-Patienten bekommen plötzlich ein leichenblasses Gesicht oder ein weißes Mund-Nasen-Dreieck, wenn sie überanstrengt sind. Dann sollte die Aktivität spätestens abgebrochen werden, denn es wird keine halbe Stunde mehr dauern, bis der Patient sich zunehmend kränker fühlt und eine Palette von Symptomen beklagt.[649] Größere Rückfälle durch Überanstrengung gilt es auf jeden Fall zu vermeiden. Allerdings kann es trotz aller Sorgfalt dennoch zu Rückfällen kommen, nicht nur durch Vergnügungen, sondern z.B. auch durch einen notwendigen Arztbesuch. Doch manchmal kommen sie auch wie aus heiterem Himmel und ohne direkten Zusammenhang zu vorangegangenen Belastungen.

- ***Mit die größte Gefahr für einen schweren Rückfall birgt der von außen auf das Kind und die Familie ausgeübte Druck.***

Dieser kann von einem an der Krankheit zweifelnden getrennt lebenden Elternteil oder von Verwandten und Freunden der Familie ausgehen. Vor allem aber auch von Ärzten, Amtsärzten, Schul- und Sozialbehörden, die die Krankheit verleugnen und das Kind unter Androhung eines Sorgerechtsentzuges in die Schule zwingen wollen.

- ***Hier kommt den behandelnden Ärzten die besondere Aufgabe zu, über die Krankheit und ihre Auswirkungen zu informieren, aufklärende Gespräche anzubieten, ausführliche ärztliche Stellungnahmen abzugeben und eventuell auch mal einen Brief an die Schulbehörde zu schreiben.***

Da die Bindung zur Familie laut NICE Guideline 53 besonders wichtig für Kinder und junge Leute ist,[650] soll auch an dieser Stelle noch einmal betont werden, dass die gar nicht so seltene klinische Praxis, ME-kranke Kinder und Jugendliche von ihren Eltern zu trennen, um sie deren vermeintlich „negativem Einfluss" zu entreißen, welcher die Patienten angeblich an ihrer Regeneration hindern soll, absolut kontraindiziert ist.

- ***Eine Trennung von Eltern und Kind führt in aller Regel zu einem schweren Rückfall und zu lebenslanger Traumatisierung.***[651]

- ***Die Verordnung von Aktivierung bzw. Graded Exercise Therapy (GET) und Kognitiver Verhaltenstherapie (KVT oder CBT) ist gleichermaßen Hauptursache für schwere Rückfalle.***[652]

Diese Behandlungen sind ebenso fehl am Platz wie bei den erwachsenen Patienten. Es existieren keine validierten Studien mit nachgewiesenermaßen an ME erkrankten Kindern, die einen therapeutischen Nutzen dieser Behandlungen belegen und gleichzeitig einen möglichen Behandlungsschaden auschließen können. Zur GET gibt es, soweit der Verfasserin bekannt, keine einzige Studie mit Kindern. Die wenigen Artikel bzw. Studien zu KVT mit Kindern gehen von Prävalenzraten von bis zu 2,4% bzw. bis zu 1,4% aus und geben Heilungsraten von bis zu 70% an.[653] Schon an der viel zu hohen Prävalenzrate kann man erkennen, dass hier überwiegend Patienten mit idiopathischer Fatigue oder gar Jugendliche, die chronisch übermüdet sind, weil sie abends nicht ins Bett finden, teilgenommen haben. Die Vermischung von Patientenkohorten zeichnet nicht nur ein völlig falsches und wirklichkeitsfernes Bild von der Krankheit und ihren Therapiemöglichkeiten, sondern ist darüber hinaus fahrlässig, weil sich die meisten Ärzte aus Mangel an Zeit (und manchmal auch aus Mangel an tiefergehendem Interesse) vor allem an den Heilungsraten orientieren. So kommt es dazu, dass sie überzogene Erwartungen an den Patienten stellen, falsche Hoffnungen bei ihm wecken und seinen Zustand möglicherweise durch Falschbehandlungen sogar noch verschlechtern.

Wenn sich der Zustand des Patienten unter der Behandlung verschlechtert oder auch nur nicht verbessert, denken manche Ärzte, die nicht wissen oder nicht wahrhaben wollen, dass es für ME noch keine kurative Therapie gibt, dass es sich wohl doch um eine andere Krankheit handeln muss. Denn sie glauben das, was ihnen in den Studien der Psychiater vorgegaukelt wird, nämlich dass stufenweise Aktivierung und Kognitive Verhaltenstherapie ***die*** evidenzbasierten Therapieformen für die ME-Patienten seien, die zu einem garantierten Behandlungserfolg führen. Schlägt eine solche Behandlung jedoch fehl, sind diese Ärzte irritiert und nehmen fälschlicherweise an, es könne sich wohl doch nicht um ME/"CFS", sondern müsse sich um ein psychogenes Leiden handeln, z.B. um ein Münchhausen-by-

Proxy-Syndrom oder das „Pervasive Arousal Withdrawal Syndrome" („Durchgängiges Erregungs-Rückzugssyndrom"), die bereits mehrfach erwähnte kinderpsychiatrische Diagnose, welche bislang weder Eingang in das ICD noch ins DSM gefunden hat.[654]

Nicht selten wird von Ärzten auch übersehen, dass sie verpflichtet sind, ihre minderjährigen Patienten über die Behandlung aufzuklären und deren Einwilligung einzuholen. Als einwilligungsfähig gelten Kinder, wenn sie in der Lage sind, eine eigenständige Nutzen-Risiko-Abwägung vornehmen zu können, in aller Regel ab 14 Jahren. Jeder ärztliche Heileingriff, selbst die Gabe eines Medikaments, gilt als Eingriff in die körperliche Unversehrtheit. Deshalb ist ein Arzt erst dann zu diesem Eingriff befugt, wenn er das Kind oder den Jugendlichen gründlich aufgeklärt und seine Einwilligung eingeholt hat. Behandelt er, ohne seiner Aufklärungspflicht nachgekommen und ohne die Einwilligung des Patienten eingeholt zu haben, kann er juristisch belangt werden.[655]

Da sämtliche Behandlungen bei ME/"CFS" mehr oder weniger experimentellen Charakter haben, soll hier auch noch auf „§ 40 Allgemeine Voraussetzungen der klinischen Prüfung" des Bundesministeriums der Justiz und für Verbraucherschutz hingewiesen werden.[656]

- ***Generell gilt für den Umgang mit und die Behandlung von ME-kranken Kindern für Eltern und Ärzte gleichermaßen: Hören Sie dem Kind zu und nehmen Sie seine Beschwerden ernst! Das ME-kranke Kind kennt seine Möglichkeiten und Grenzen oft selbst am besten.***

Teil II

Die Hintergründe

Labeling M.E. a psychiatric disorder is a political act, a form of social violence.

Hillary Johnson in ihrem Vortrag "The Why" auf der "Invest in ME Conference" in London, im Mai 2009

Die psychiatrischen Ärzte sind die tatsächlichen Teufel unserer Zeit. Sie betreiben ihr abgeschirmtes Geschäft im wahrsten Sinne des Wortes auf die unverschämteste Weise unangreifbar, gesetz- und gewissenlos.

Thomas Bernhardt, „Wittgensteins Neffe"

I ME-kranke Kinder in Deutschland

Meine Lieblingsgeschichte ist die von einem australischen 14-jährigen Jungen, Sohn eines Arztes, der ME bekam und ein ganzes Jahr lang durch ganz Australien reiste und all die Experten aufsuchte, und als ihn jemand fragte: „Du musst ja eine Menge herausgefunden haben in diesem Jahr, wo Du all diese schlauen Ärzte aufgesucht hast", antwortete er: „Nicht viel, sie verstehen überhaupt nichts davon. Es gibt aber eins, was ich beobachtet habe: es ist eine Krankheit, die bei den Ärzten, die mit ihr konfrontiert werden, eine akute psychische Störung hervorruft!"

Dr. Nigel Speight, Pädiater und ME-Experte, in seiner Rede in Bristol im Februar 2014

ME bei Kindern ist eines der überzeugendsten Argumente dafür, dass organische Prozesse die Krankheit auslösen, nach Ansicht des britischen Pädiaters und ME-Spezialisten Dr. Nigel Speight.[657] Man sähe glückliche, gesunde Kinder aus einer netten Familie, die aus heiterem Himmel von dieser Krankheit geschlagen würden. Auch die Differentialdiagnose sei vergleichsweise einfach, da es nur wenige Krankheiten bei Kindern gebe, die mit ME verwechselt werden könnten.

- ***Und dennoch werden ME-kranke Kinder am häufigsten fehldiagnostiziert, ärztlich und psychiatrisch misshandelt und für psychiatrische und medizinische Experimente unerfahrener und inkompetenter Mediziner und Psychiater missbraucht.***

Doch wie kommt es überhaupt dazu?

Die Myalgische Enzephalomyelitis wird, wie Jane Colby, Direktorin des "Tymes Trust", der britischen Patientenorganisation für Kinder und Jugendliche und ihre Familien, ausführt, *„nicht selten als Schulphobie, Magersucht, Vernachlässigung, Kindesmisshandlung, Münchhausen-by-Proxy-Syndrom (erfundene oder erzeugte Krankheit) oder als durchgängiges Verweigerungssyndrom missverstanden.“*[658]

Es sind vor allem drei Falschannahmen der professionellen Helfer, die zu diesem Missverständnis führen und dazu, dass Kinder von ihnen misshandelt, missbraucht und stigmatisiert werden: allen voran die Falschauffassung, ME sei keine körperliche, sondern eine psychische Krankheit; desweiteren die Falschannahme, GET und CBT seien nicht schädlich und führten in jedem Fall zu einer substantiellen Besserung oder sogar Heilung und schließlich die Falschannahme, es handele sich nicht um eine lang anhaltende, chronische und schwere Krankheit.[659] Dass ausgerechnet diejenigen, die ME als „***Chronic*** Fatigue Sydrom“, „***Chronisches*** Erschöpfungssyndrom“ oder noch schlimmer „***Chronisches*** Müdigkeitssyndrom“ bezeichnen, nicht wahrhaben wollen, dass es sich bei dieser Krankheit namensgemäß um eine ***langanhaltende*** mit ungewisser Dauer und Prognose handelt, ist eigentlich ein schlechter Witz. Doch eben genau die Dauer der Krankheit gilt jenen Behandlern, Schulärzten, Schulbehörden- und Jugendamtsvertretern als besonderes Verdachtsmoment. Es reißt ihnen gewissermaßen der Geduldsfaden und sie schwenken auf eine andere Diagnose um mit der widersinnigen Begründung, eine Krankheit, die so lange dauere, könne kein „CFS“ sein. Das „CFS“ müsse sich längst verflüchtigt und eine psychiatrische Krankheit von dem Kind Besitz ergriffen haben, z.B. ein Durchgängiges Verweigerungssyndrom. Oder aber es simuliere bloß, um nicht in die Schule gehen zu müssen und Ähnliches.

Meistens wird zunächst aber die Mutter beschuldigt, das Kind zu vernachlässigen oder zu misshandeln, dem Kind Symptome einzureden oder aber sie aufrechtzuerhalten, um es nicht loslassen zu müssen und immer bei sich behalten zu können. Mütter werden ohne stichhaltige Belege des Münchhausen-by-Proxy-Syndroms verdächtigt und Väter mit völlig aus der Luft gegriffenen Anschuldigungen konfrontiert, das Kind sexuell missbraucht zu haben, weshalb es so krank geworden sei. (Oftmals werden solche Mutmaßungen gar nicht offen ausgesprochen, und die Familien sind dann schockiert, wenn sie durch die von ihrem Anwalt angeforderten Gesundheitsakten davon erfahren.) Der einmal angenommene Verdacht wird von den Ärzten nicht mehr hinterfragt, und wenn es dann für sie feststeht, dass etwas anderes als eine körperliche Krankheit und Behinderung hinter der Symptomatik steckt, sind sie davon nicht mehr abzubringen. Bringt die Trennung von Eltern und Kind keine Besserung, wird die Ursache des Problems in der Psyche des Kindes vermutet, ganz egal, ob das Kind auf den unvoreingenommenen Betrachter einen psychisch stabilen Eindruck macht. Wenn das Kind aber unter den psychiatrischen Behandlungen keine Besserung zeigt oder sich ihnen sogar verweigert, weil es spürt, dass sie seinen Zustand sukzessive verschlechtern, dann begegnen diese Behandler und das Pflegepersonal dem Kind oftmals mit einem beispiellosen Sadismus. Anstatt die eigene Position kritisch in Frage zu stellen, die (falschen) Vorannahmen noch einmal zu überdenken und zu über-prüfen und den eingeschlagenen Behandlungskurs zu ändern, lassen sie ihre ganze Frustration an dem wehrlosen jungen Patienten ab und verschärfen die Behandlungsmaßnahmen, obwohl es dem Kind sichtbar immer schlechter geht. Einem Kind, das es wagt, sich zu verweigern, droht man, es auf der geschlossenen Abteilung unterzubringen und seine Eltern nicht mehr sehen zu dürfen.

Erwachsenen Patienten wird immerhin das Recht zugestanden, Behandlungen, die sie für nicht hilfreich oder sogar schädlich halten, abzulehnen. Kindern wird dieses Recht nicht zugestanden, i.a.R. erst Jugendlichen ab 14 Jahren und auch nur dann, wenn man ihnen die Einwilligungsfähigkeit nicht abspricht. Grundsätzlich ist für die Behandlung von Kindern zwar die elterliche Einwilligung erforderlich.[660] Doch im Falle einer umstrittenen Krankheit wie ME wird – wie zahlreiche Fälle dokumentieren – offenbar weder Eltern noch Kindern bzw. Jugendlichen das Recht zugestanden, Behandlungen, insbesondere psychiatrische, abzulehnen. Denn bei Nichtbefolgen ärztlicher Empfehlungen greift nur allzu rasch der Staat ein, in Gestalt von Kinderschutz- und Sozialbehörden. Wenn die Eltern nicht in die vorgeschlagenen Behandlungen einwilligen, droht man ihnen mit Entzug des Sorgerechts oder zerrt sie direkt vor das Familiengericht. So werden sie gezwungen, ohnmächtig mitansehen zu müssen, wie sich der Zustand des eigenen Kindes unter dem rücksichtslosen psychiatrischen Behandlungsregime immer weiter verschlechtert.

Über die Schicksale ME-kranker Kinder und Jugendlicher in unserem Land ist bislang offiziell nur sehr wenig bekannt. In Großbritannien hingegen ist dank einiger engagierter Ärzte und der sehr aktiven Patientenorganisationen häufiger über junge, schulunfähige Patienten berichtet worden, die in den Fokus behördlicher Ermittlungen gerieten.[661] Der britische Pädiater und ME-Spezialist Dr. Nigel Speight berichtete 2001 in Sydney auf der „Third International Clinical and Scientific Conference on Myalgic Encephalopathy/Chronic Fatigue Syndrome“[662] von 14 ihm bekannten Fällen schwer an ME erkrankter Kinder. Die Mütter dieser Kinder wurden des Münchhausen-by-Proxy-Syndroms verdächtigt, vier von ihnen unterstellte man, wegen eigener gesundheitlicher Probleme die Kinder zu Hause behalten zu haben, um sich von ihnen versorgen zu lassen. Zwei Mütter zerbrachen an diesen Falschbeschuldigungen und begingen Suizid. In einigen Fällen wurde die Diagnose ME einfach zu der bereits erwähnten, im ICD und DSM nicht verschlüsselten Verhaltensstörung, dem „Pervasive Refusal Syndrome“ bzw. „Pervasive Arousal Withdrawal Syndrome“ umdeklariert, was man in etwa als „Durchgängiges Verweigerungssyndrom“ bzw. als „Durchgängiges Erregungs-Rückzugssyndrom“ übersetzen könnte.[663] Drei Kinder wurden von der Polizei und Sozialbehörden aus ihren Familien genommen.

Diese Fälle sind lediglich die bis zum Jahre 2001 bekannt gewordenen Fälle in Großbritannien. Bekannt deshalb, weil durch die Intervention von Dr. Nigel Speight in 13 dieser 14 Fälle eine Wende herbeigeführt werden konnte.[664] In 8 Fällen zogen die Sozialbehörden ihre Falschanschuldigungen zurück, in 5 Fällen sorgten Gerichtsurteile dafür. Mittlerweile wurde Dr. Speight bereits mit 35 solcher Fälle, u.a. auch einem in Deutschland, betraut und es ist kein Ende abzusehen.[665] Die britische ME-Kinderorganisation Tymes Trust spricht sogar von 121 Familien, die bis heute unterstützt werden mussten. Diese Familien waren *„den verschiedensten Verdächtigungen ausgesetzt […], darunter auch Ermittlungen wegen Kindeswohlgefährdung. Sie waren mit Schikanen und staatlicher Unterdrückung konfrontiert wie etwa der Drohung, die Kinder aus der Familie zu nehmen und sie zwangsweise einer Rehabilitationsbehandlung (üblicherweise in einer psychiatrischen Abteilung) zu unterziehen oder absolut an den Rand gebracht zu werden, wobei ihre Kinder in ein Risikoregister („At Risk register“) aufgenommen wurden.“*[666] Man kann vermuten, dass sehr viel mehr solcher Fälle von Falschbeschuldigungen durch Behördenvertreter existieren als bekannt wird, und die Eltern dieser kranken Kinder aus Scham schweigen.

Wie Dr. Nigel Speight in dem Interview „What Nigel thinks“[667] beschreibt, halten Behörden und uninformierte Ärzte eine Weile still, manchmal ein Jahr oder auch zwei. Aber wenn es dann dem Kind noch immer so schlecht oder sogar schlechter geht, werden sie aus ihrem Konzept gebracht. Sie können einfach nicht glauben, dass ME einen so schweren Verlauf nehmen kann, weil sie noch nie zuvor einen schweren ME-Fall gesehen haben. Sie beginnen an der Diagnose zu zweifeln, selbst wenn sie zuvor an sie geglaubt haben.[668] Es sei bizarr, so Speight, die Fachleute könnten die Krankheit nicht tolerieren, während das Kind und die Familie ihr Bestes gäben, sie zu ertragen.[669]

Zudem scheint es Risikofaktoren zu geben, die Familien dafür prädestinieren, in die Mühlen der Sozialbehörden und der Justiz zu geraten.[670] Laut Speight ist das gewöhnlich eine Kombination zweier oder mehrerer Faktoren wie

- ***die Tatsache, dass die Mutter alleinerziehend ist***
- ***ein an der Krankheit zweifelnder und gewöhnlich abwesender Vater***
- ***weitere entmutigende medizinische Probleme wie z.B. Allergien***
- ***Berichte, dass die Familie von Ärzten verlangt hat, eine Zweitmeinung einzuholen***
- ***das Fehlen einer offiziellen ME-Diagnose***
- ***ein weiteres, oftmals „inoffiziell" an ME erkranktes Familienmitglied***
- ***ein besonders schwerer Krankheitsverlauf oder eine Verschlechterung oder eine fehlgeschlagene Behandlung***
- ***eine Abneigung der Familie gegen die Kinderpsychiatrie***
- ***Ärzte, die den Fall nur vom Hörensagen kennen oder die Patienten nicht behandelt haben und deshalb anfällig für Misstrauen und Zweifel sind (wie z.B. Amts- oder Schulärzte, die vor allem mit Schulschwänzern und –verweigerern zu tun haben und selten nur mit kranken Kindern)***
- ***die Unfähigkeit oder das Scheitern von Ärzten oder Sozialarbeitern, mit dem Kind oder Jugendlichen wirklich ins Gespräch zu kommen***
- ***der unerschütterliche Glaube von Ärzten an die Effektivität ihrer Behandlung, was sie bei einem Misslingen oftmals dazu verführt, der Mutter oder dem jungen Patienten die Schuld daran zu geben***
- ***eine häufige Tendenz, das Gespenst des Münchhausen-by-Proxy-Syndroms heraufzubeschwören***
- ***eine besorgniserregende Selbstgerechtigkeit der involvierten Fachleute und ihr Widerwillen, den Gedanken zuzulassen, möglicherweise den Familien schweres Unrecht zuzufügen, wobei dieser Faktor schon beinahe sadistischen Charakters ist.***

Trifft das, was Dr. Nigel Speight aus Großbritannien berichtet denn auch auf deutsche Verhältnisse zu? Offizielle Berichte darüber sind rar. Doch immer wieder berichten auch in Deutschland Eltern ME-kranker Kinder – wie in den Fallgeschichten nachzulesen – über krasse Fehlbehandlungen von Psychiatern und Ärzten und Misshandlungen durch Klinikpersonal mit schwerwiegenden Folgen für Kind und Familie.

- ***Da in Deutschland die Krankheit – vor allem bei Kindern – nahezu unbekannt ist und keine öffentliche Aufmerksamkeit erfährt sowie darüber hinaus fälschlicherweise meist eine psychiatrische Diagnose gestellt wird, landen viele dieser Kinder und Jugendlichen mutmaßlich in der Psychiatrie, im Internat für Kranke oder in Pflegefamilien.***

Denn viele uninformierte Eltern werden den Ärzten und Psychologen, die ihrem Kind ein Schulvermeidungsverhalten, eine Depression, eine Neurasthenie oder eine Verhaltensauffälligkeit attestieren, Glauben schenken. Sie werden möglicherweise aus ihrer Unwissenheit heraus die Einweisung in eine Psychiatrie oder in eine psychosomatische Klinik sogar unterstützen, weil sie sich Heilung davon versprechen. Das ist ihnen nicht vorzuwerfen.

Doch es gibt auch Eltern, die – oft ohne zu wissen, was ihrem Kind fehlt – felsenfest davon überzeugt sind, dass es sich um eine körperliche Erkrankung handelt. Von dem, was diesen Familien und denen, deren Kind bereits eine ME-Diagnose erhalten hat, widerfährt, können wir Rückschlüsse ziehen auf die Familien, die sich auf die Fehldiagnosen verlassen.

Das Problem beginnt oftmals an dem Punkt, wo die Schule sich nicht mehr kooperativ verhält, ärztliche Atteste nicht mehr akzeptiert und sodann einen Beschluss herbeiführt, dass das Kind dem Amtsarzt vorgestellt werden muss. Ein anderer sehr häufiger und neuralgischer Punkt ist die Diagnose. Wird dem Kind von Beginn an von den konsultierten Ärzten eine psychische Falschdiagnose angehängt, ist es sehr schwer, diese Diagnosen wieder „loszuwerden“.

Da ist z.B. der Fall eines Kindes, das 9 Monate zuvor am Pfeifferschen Drüsenfieber erkrankte. 10 Wochen nach Beginn der Erkrankung ging das Kind wieder zwei Wochen lang in den Unterricht, bevor es endgültig schlappmachte. Ein Kinderinternist diagnostizierte immerhin „CFS“, was schon eher außergewöhnlich ist, weil die meisten Ärzte in Deutschland diese Krankheit entweder nicht kennen oder aber verleugnen. Aber welche Konsequenz zog er aus seiner Diagnose? Weder eine Therapie noch die Überweisung zu einem ME/“CFS“-Spezialisten bot der Kinderinternist an. Stattdessen schickte er das Kind mit seiner Mutter zum Psychologen.

- ***Das ist nicht anders, als würde der Zahnarzt den Patienten bei Zahnschmerzen zur Psychotherapie schicken. Oder der***

Gynäkologe eine Frau mit Brustkrebs zur Verhaltenstherapie.

Der von Mutter und Kind konsultierte Psychologe diagnostizierte – offenbar „frei assoziativ" – eine Schulphobie, für die er die häuslichen Umstände verantwortlich machte. Dabei hatte das Kind gar keine Angst vor der Schule, es ging sogar sehr gerne in die Schule und seine größte Sorge war es, das Klassenziel zu verfehlen.

- ***Der unseriöse Psychologe drängte die Mutter, eine Schweigepflichtentbindung zu unterschreiben, um Kontakt mit der Schule aufnehmen zu dürfen.***

Mit der Schule vereinbarte die Mutter, ihr Kind täglich für zwei Stunden zu den Hauptfächern zu schicken. Nach drei Wochen mussten Mutter und Kind das Vorhaben aufgeben. Dem Kind ging es so schlecht, dass in diesem Zeitraum überhaupt nur an zwei Tagen ein Schulbesuch möglich war.

Darauf fragte die Mutter bei der Schulleitung nach Hausunterricht an. Grundsätzlich gibt es nämlich nicht nur eine Schulpflicht, sondern auch ein Recht auf Schule und Bildung. Für Kinder, die zu krank sind, um in die Schule zu gehen, kann man Hausunterricht beantragen. Aber die Schule wies das Ansinnen der Mutter mit Hinweis auf die Diagnose des Psychologen kühl zurück. Ihr Kind habe schließlich keinen Krebs, es könne ja zur Schule gehen, wolle aber offensichtlich nicht. (An der Reaktion der Schule wird überdies deutlich, welch geringen Stellenwert eine psychische Diagnose in unserer Gesellschaft hat. Es wird fälschlicherweise allgemein oft angenommen, die Psyche sei unserem Willen unterworfen und man müsste sich nur zusammenreißen, um wieder zu „funktionieren".)

- ***Spätestens jetzt wäre es an der Zeit, dass die Mutter mit ihrem Kind einen Kinderpsychologen oder besser noch einen Kinderpsychiater findet, der ME/"CFS" kennt, als organische Krankheit anerkennt und die Diagnose des ersten Psychologen mit einem gut fundierten Gutachten entkräftet. Und sie bräuchte einen Arzt, der sich auf diese Multisystemerkrankung spezialisiert hat, eine präzisierte Diagnose stellen sowie dem Kind eine vernünftige Therapie anbieten kann. Außerdem werden eine Reihe ausschlussdiagnostischer Untersuchungen benötigt, um die Diagnose ME/"CFS" abzusichern. Die Ärzteodyssee beginnt...***

Aber die Ärzteodyssee – die nun einzig verbliebene Möglichkeit, die Diagnose Schulphobie, diese verheerende Fehldiagnose auszuhebeln und damit das Stigma einer Verhaltensstörung[671] wieder loszuwerden und Falschbehandlungen zu vermeiden – kann nur dann beginnen, wenn die Familie über ausreichend finanzielle Mittel verfügt. Es müssen ME/"CFS"-Experten aufgesucht werden, die in Deutschland in der Regel als Privatärzte tätig sind. Nur selten übernimmt die Krankenkasse die Rechnungen von Privatärzten. Die derzeit verfügbaren Therapien wie die Gabe von Antioxidantien und Nahrungsergänzungsmitteln sind sehr kostspielig. Vor allem aber auch schlagen die Kosten der speziellen Laboruntersuchungen, die eine ME-Diagnose untermauern und die Therapierichtung vorgeben, immens zu Buche. Zudem müssen oftmals weite Wege in Kauf genommen werden, um einen Spezialisten und einen Psychiater aufzusuchen, der ME/"CFS" differentialdiagnostisch abgrenzen kann. Auch das kostet Geld und vor allem Zeit, die viele Eltern nicht haben, weil sie berufstätig sind und sich, wenn sie ihren Job nicht verlieren wollen, kaum Fehltage wegen der Krankheit ihres Kindes leisten können. (Ganz abgesehen von der Frage, ob der Zustand des Kindes eine weite Reise überhaupt zulässt.)

Was passiert also, wenn das finanzielle Polster nicht ausreicht, um Experten aufzusuchen und einen Psychiater zu finden, der ein Gegengutachten erstellt? Dann muss das Kind sich in die Schule schleppen, bis es zusammenbricht. Mögliche Folgen: Es wird dauerhaft zum Pflegefall (denn symptomatisch für ME ist die neuroimmune Zustandsverschlechterung nach Belastung) oder es trägt einen anderen gravierenden Schaden davon, z.B. eine Herzmuskelentzündung, wie in einem der Verfasserin bekannten Fall.

- ***Kommen die Eltern jedoch nicht der Aufforderung nach, ihr Kind in die Schule zu schicken, wird die Schulleitung, sofern sie sich nicht kooperativ verhält, das Kind zum Schularzt schicken, um dessen Schultauglichkeit überprüfen zu lassen.***

- ***Man darf nicht erwarten, dass ein deutscher Schul- oder Amtsarzt, der für den schulärztlichen Dienst zuständig ist, die Krankheit ME/"CFS" kennt, anerkennt oder sich sogar damit auskennt.***

Viele von ihnen ordnen diese neurologisch klassifizierte Krankheit als eine „F-Störung" ein (F = Psychische und Verhaltensstörungen), gern auch als Neurasthenie, klassifiziert mit F48.0. Die Diagnose Neurasthenie schließt allerdings die Klassifikation für ME/"CFS", nämlich den ICD-Schlüssel G93.3 (das G steht für neurologische Krankheiten) ausdrücklich aus. Das schert diese Amtsärzte aber nicht, und obwohl es nicht erlaubt ist, ein und dieselbe Krankheit mit zwei verschiedenen Schlüsseln zu versehen, eine falsche Klassifikation zudem widerrechtlich ist und gegen das Sozialgesetzbuch V[672] und gegen die verbindliche Klassifikation der WHO verstößt, gebietet keine übergeordnete Stelle in Deutschland diesem Treiben Einhalt.

Doch selbst wenn von amtsärztlicher Seite kein Zweifel an der Diagnose besteht und die von den behandelnden Ärzten gestellte Diagnose „CFS“ G93.3 akzeptiert wird, folgern vielerorts Amtsärzte, ***eben genau wegen dieser Diagnose müsse das Kind psychiatrisch behandelt werden.*** Sie ziehen also die gleiche falsche Schlussfolgerung wie der eingangs erwähnte Kinderinternist, der zwar richtig diagnostizierte, das Kind aber zum Psychologen schickte statt zu einem ME/“CFS“-Spezialisten.

Der zusätzliche Befundbericht eines Psychologen, der schon im Vorfeld des Besuchs beim Amtsarzt eine Schulphobie für die vermeintliche Krankheit des Kindes verantwortlich gemacht hat, ist somit natürlich Wasser auf die Mühlen des Krankheitsverständnisses der Gesundheitsbehörde. In der Folge ist zu erwarten, dass ein Schularzt erst recht die Beschwerden des Kindes ignoriert, sein „CFS“ als eine psychische Erkrankung ansieht und ihm „Schultauglichkeit“ attestiert, obwohl es schwer krank ist.

Zu krank, um in die Schule gehen zu können. Ein Kind, das zu schwach ist, den Schulweg mit Schultasche oder -rucksack zurückzulegen, das vielleicht sogar oft zu schwach zum Duschen und Anziehen ist, das keinen Funken Konzentration aufbringt und permanent Schmerzen leidet, kann und sollte nicht die Schule besuchen. Weil es aber als schultauglich gilt, wird den Eltern Zwangsgeld angedroht, wenn sie es dennoch zu Hause behalten. Schicken die Eltern das Kind weiterhin nicht in die Schule, erwartet sie eine saftige Ordnungsstrafe. Irgendwann steht möglicherweise die Polizei vor der Tür und das Jugendamt wird informiert. Die Familie muss dort vorstellig werden und wird von Jugendamtmitarbeitern zu Hause besucht.

Da die Jugendamtmitarbeiter keine Medizinkenntnisse besitzen, verlassen sie sich auf die vorliegenden Untersuchungsberichte. Liegen – wie im beschriebenen Fall – nur die Berichte eines Kinderinternisten und eines Psychologen sowie eines Schularztes vor, die allesamt eine psychische oder Verhaltensstörung attestieren bzw. „CFS“ gemäß den katastrophalen „Leitlinien Müdigkeit“ der DEGAM[673] als somatoforme Störung einschätzen, werden sie die Eltern dazu bewegen wollen, ihr Kind gemäß den ärztlichen Empfehlungen in eine psychiatrische Einrichtung zu geben, um es „kurieren“ zu lassen. Weigern sich die Eltern und geben dem Drängen nicht nach, werden die Jugendamtmitarbeiter auf Gefährdung des Kindeswohls erkennen und die Sache geht zur Anhörung vor das Familiengericht.

- ***Auf diese Weise ist weltweit nicht wenigen Eltern ME-kranker Kinder das Sorgerecht entzogen und die Kinder sind per Gerichtsbeschluss in eine Psychiatrie eingewiesen worden.***

Auch in Deutschland scheint es derzeit weitaus problematischer zu sein, ein ME-krankes Kind zu haben als ein extrem verhaltensauffälliges, das als nicht beschulbar gilt. In so einem Fall wird die Familie von den Behörden weitgehend in Ruhe gelassen. Die Schulen lehnen es ab, solche Kinder zu beschulen, weil sie nicht anpassungsfähig sind, Betreuungseinrichtungen nehmen diese Kinder nicht auf, weil sie nicht in der Lage sind, sich an Regeln zu halten. (Immer wieder hört man von Eltern verhaltensauffälliger Kinder, die sogar vor Gericht darum kämpfen müssen, dass ihrem Kind der Schulbesuch gestattet wird!) Auch Jugendämter machen nur allzu oft einen Bogen um dysfunktionale Familien, weil sie dort von den Eltern beschimpft, bedroht und von scharfgemachten Hunden verbellt werden. So leben nicht wenige solcher Familien unbehelligt weiter, während Familien mit schwerkranken Kindern, die an einer – entgegen den gesetzlichen Bestimmungen – nicht von den Behörden anerkannten Krankheit leiden, regelrecht verfolgt werden.

- ***Für eine Familie mit einem an ME erkrankten Kind reicht es nicht etwa, zahlreiche kostenintensive ärztliche und psychiatrische Gutachten einzuholen. Es empfiehlt sich darüber hinaus auch ganz dringend, einen versierten Anwalt einzuschalten – zumal wenn das Kind zu krank ist, um Hausunterricht in Anspruch nehmen zu können.***

Ohne Geldreserven ist der Kampf gegen die Mühlen der Behörden beinahe aussichtslos. Denn neben der Zwei-Klassen-Medizin gibt es leider auch ein Zwei-Klassen-Recht in Deutschland.

II Psychologie als Waffe

The fool doth think he is wise, but the wise man knows himself to be a fool.

William Shakespeare, 1564-1616, „As you like it“

So, so, Herr Doktor.
So, Herr Enemy.

Sylvia Plath, "Lady Lazarus"

Psychologen, Psychotherapeuten und Psychiater, in deren Hände sich hilfesuchende Menschen begeben, tragen eine große Verantwortung. Es gibt großartige ihrer Zunft, die sich ihrer Verantwortung bewusst sind und ihr gerecht werden. Sie helfen vielen Menschen, die in seelischer Not sind, und können mit ihnen in aussichtslos erscheinenden Situationen wieder eine Perspektive erarbeiten.

Leider gibt es aber auch etliche schwarze Schafe, die Psychologie als Waffe gegen den Patienten einsetzen. Häufig sind das Psychologen oder Therapeuten, die nicht über ausreichend Selbsterfahrung verfügen. Verkürzt gesagt: Je mehr Selbsterfahrungsstunden, so die Regel, desto geringer die Wahrscheinlichkeit, seine eigenen Aggressionen, Ängste und Gefühle auf den Patienten zu projizieren.

Was aber ist zu tun, wenn man als Patient in die Hände eines schwarzen Schafes gerät, das Psychologie als Waffe einsetzt? Und was heißt das eigentlich: Psychologie als Waffe?

Nehmen wir den Fall der Mutter mit dem an Pfeifferschem Drüsenfieber erkrankten Kind. Auf ärztlichen Rat des überweisenden Kinderinternisten sucht sie mit ihrem Kind den empfohlenen Psychologen auf. Im Gespräch mit dem Psychologen stellt sich beispielshalber heraus, dass die Mutter alleinerziehend ist und das Kind unter der Trennung der Eltern gelitten hat – ein Problem, das jede fünfte Familie in Deutschland betrifft. Weil die Mutter berufstätig ist, ist das Kind viel sich selbst überlassen. Außerdem ist es mitten in der Pubertät und es gibt häufiger Streit zwischen Mutter und Kind – ein Problem, das in ***jeder*** Familie mit pubertierenden Kindern auftaucht.

Eigentlich sind die beiden in die Sprechstunde gekommen, weil das Kind massive körperliche Probleme hat, seit bald einem dreiviertel Jahr krank und deshalb nicht mehr in der Lage ist, seinen gewohnten Alltag zu leben. Und plötzlich befinden Mutter und Kind sich mit dem Psychologen in einem Gespräch über familiäre Probleme, die nicht anders gelagert und nicht schwerwiegender sind, als die anderer Familien, in denen das Kind bei nur einem Elternteil aufwächst.

- ***Mit dem Unterschied, dass der Psychologe behauptet, diese Probleme seien die Ursache für die Erkrankung des Kindes. Es handelt sich dabei um eine reine Behauptung. Jeder Einwand, den Mutter und Kind vorbringen, dient dem Psychologen als weiterer Beleg für seine These. Ja, gerade die Abwehr von Mutter und Kind bestärken den Psychologen darin, dass er richtig liegt. Denn würden sie erkennen, dass die häuslichen Verhältnisse schuld an der Erkrankung sind, wäre das Kind schließlich gar nicht erst***

krank geworden nach der simplen Denkweise des Psychologen.

Der Patient zieht dabei stets den Kürzeren. Seine wirklichen Probleme werden nicht wahrgenommen, Scheinprobleme, die ursächlich mit der Erkrankung nicht das Geringste zu tun haben, werden aufgebauscht.

Das ist zunächst einmal ein schlimmer Vertrauensmissbrauch. Hätten Mutter und Kind gewusst, dass alles, was sie dem Psychologen freimütig berichtet haben, gegen sie verwandt wird, hätten sie sicher manches für sich behalten und nicht mehr als das Notwendige mitgeteilt.

Es ist darüber hinaus eine hinterhältige Falle, geeignet ein Gedankenkarussell in Gang zu setzen, von dem man in einer ohnehin schwierigen Situation nicht so leicht abspringen kann. Fast jede Mutter, die ein schwerkrankes Kind hat, macht sich Vorwürfe, Vorwürfe, die zwar jeder Berechtigung entbehren, weil die Krankheit ME organischer Natur ist, aber dennoch die Mutter quälen. Die Mütter fragen sich, ob sie ihrem Kind psychisch und körperlich zu viel zugemutet haben oder gar zu wenig, ob sie es lang genug oder zu lange gestillt haben, ob sie zuviel gearbeitet haben und nicht genügend anwesend waren oder ob sie früher wieder ins Berufsleben hätten einsteigen sollen: Wie sie es auch gemacht haben – es erscheint ihnen im Nachhinein immer irgendwie falsch. Statt aber die Mutter von solch unsinnigen Selbstvorwürfen zu entlasten, verstärkt der Psychologe sie und stürzt Mutter und Kind damit in einen Strudel unlösbarer Konflikte.

Entlasten will sich in diesem Fall nur der Psychologe selbst. Ein organisches Korrelat hat der Kinderinternist mit seinen beschränkten Untersuchungsmethoden nicht gefunden. Deshalb ist das Kind in der psychologischen Sprechstunde gelandet.

- ***Findet der Psychologe auch nichts, was die Krankheitsursache erklären könnte, müsste er sich zu der Erkenntnis durchringen, nicht zu wissen, was dem Kind fehlt.***

Das Eingeständnis des Nichtwissens fällt vielen Behandlern jedoch schwer. Etliche von ihnen, allen voran die unzureichend Ausgebildeten, haben es in ihrer Praxis oft genug erlebt, nicht zu wissen, was ihren Patienten fehlt. Also müssen sie Diagnosen behaupten und greifen nach dem Naheliegenden, nämlich den Fakten, die ihnen die Patienten und ihre Angehörigen im Vertrauen servieren.

- ***Das jedoch ist die Vorgehensweise von Laien, die glauben, zu Fachgebieten Relevantes beizutragen zu haben.***

Dass man, um beispielsweise ein Flugzeug zu konstruieren, Spezialkenntnisse braucht, ist jedem Laien einsichtig. Doch auf erfahrungswissenschaftlichem Gebiet, dem die Psychologie weitgehend angehört, fühlt sich heutzutage fast jeder berufen. In jeder Zeitschrift ist nachzulesen, dass man sich nicht über Rückenschmerzen wundern muss, wenn man sich „zu viel aufgeladen" hat oder „ein Problem schultern" muss, oder gar „etwas nicht mehr packt". Auch nicht über Halsschmerzen, wenn man „so einen Hals" hat, oder über einen Schnupfen, wenn „man die Nase voll" von etwas hat. Die Verbindung von Psyche und Körper scheint heute – mannigfachen Illustrierten und Ratgebern sei Dank – so offensichtlich und transparent wie nie zuvor.

- ***Einfache und wohlfeile Sinndeutungen – für jedermann gemacht und in jeder Situation anwendbar – ersetzen den Experten, um komplexe Zusammenhänge zu erklären.***

Nicht anders verfahren viele Behandler, Psychologen, Psychotherapeuten und Psychiater, aber auch viele Allgemein- und Fachärzte, die mit ihrem Latein am Ende sind oder – häufig genug – erst gar nicht mit den ihnen zur Verfügung stehenden Mitteln untersuchen wollen. Ärzte, die – finden sie keine abweichenden Parameter – der festen Überzeugung sind, dann müsse es sich wohl um etwas Psychisches handeln, obwohl sie keinen blassen Schimmer von psychischen Prozessen und deren eventuellen Auswirkungen auf den Körper haben. Ärzte, deren „Wissenschaftlichkeit" sich im besten Falle in der Anwendung ihrer Apparatemedizin erschöpft und die nicht in der Lage sind, über den Tellerrand ihres Fachgebietes hinauszuschauen. Ärzte, die das Eingeständnis, nicht zu wissen, was dem Patienten fehlt, als persönliche Niederlage begreifen und nicht als Chance, ihren Horizont zu erweitern.

Wie wappnet man sich aber gegen Ärzte und Psychologen, die alle Regeln ärztlicher Kunst verletzen, indem sie den „störrischen" Patienten mittels Küchenpsychologie zur Raison bringen wollen?

Solche Ärzte und Psychologen gänzlich meiden zu können ist für Eltern mit schulpflichtigen Kindern, die im Falle der Schulunfähigkeit die ganze Behördenmühle zu durchlaufen haben ebenso wie für Patienten, die Rente beantragen müssen, weil sie nicht mehr arbeitsfähig sind, unrealistisch.

Sollte der Schularzt, der Schulpsychologe oder Amtsarzt aber auf ein psychologisches Problem abstellen, kann es sinnvoll sein, sich auf die metakommunitative Ebene zu begeben, die der Arzt oder Psychologe mit seinen Suggestivfragen ohnehin schon betreten hat.

Wenn der Schularzt das Kind beispielsweise fragt, ob es denn gerne zur Schule gegangen sei und was denn in der Schule vorgefallen sei, weshalb es nicht mehr in die Schule gehen wolle, wird sofort evident, dass er sich nicht auf die vorgelegten medizinischen Gutachten und nicht auf die beklagte Körpersymptomatik bezieht, sondern auf eigene Mutmaßungen. Hinter der auf den ersten Blick harmlos wirkenden Frage sucht er notdürftig seinen Verdacht zu verbergen; letztlich zielt er aber darauf ab, das Kind einer Schulphobie zu „überführen". Das Kind wird vermutlich antworten, dass nichts Besonderes in der Schule vorgefallen sei, dass es krank geworden ist und deshalb nicht mehr die Schule besuchen kann. Obwohl diese Antwort völlig korrekt ist und vom gesunden Selbstbewusstsein des Kindes zeugt, wird es in der Folge nicht in der Lage sein, sich gegen das Misstrauen und die unterschwelligen Verdächtigungen des Arztes zu wehren. Das wäre eine heillose Überforderung, denn dazu ist kaum ein Erwachsener in der Lage. Es wird, weil es selbstredend die versteckte Feindseligkeit des Arztes, der ihm eine Schulphobie, ein Mobbingproblem oder eine Verhaltensauffälligkeit anhängen will, fein erspürt, im Laufe der Befragung dichtmachen. Mangelnde Offenheit des Kindes führt dann wiederum dazu, dass der Verdacht des Arztes, mit dem Kind stimme etwas nicht, sich erhärtet.

Bevor das Kind sich also auf die Ebene der Suggestivfragen des Arztes einlassen muss, sollte man als Eltern intervenieren und bereits an dieser Stelle ins Gespräch eingreifen – selbst auf die Gefahr hin, Überfürsorglichkeit attestiert zu bekommen.

Doch auch wenn einem die Hutschnur zu platzen droht, bekundet man dem Arzt am besten zunächst Verständnis dafür, sich nicht mit allen Krankheiten auskennen zu können, zumal es sich bei ME/“CFS“ um eine zwar häufige, aber doch selten diagnostizierte Krankheit handelt. Ruhig, aber bestimmt sollte man jedoch auf die zuvor eingereichten medizinischen Gutachten verweisen, die dem Kind eine ME/“CFS“-Erkrankung bescheinigen, und auf diese Weise den Schularzt höflich an seine Aufgabe erinnern, auf die gesicherte Diagnose einer organischen Krankheit Bezug zu nehmen. Denn genau das ist sein Job und nicht etwa ein laienhaft geführtes psychologisches „Verhör".

- ***Darüber hinaus muss man dem Arzt das Dilemma deutlich machen, in dem sich der ME-Patient befindet: Er ist schwer krank, aber die Krankheit ist den meisten Erkrankten auf den ersten Blick nicht anzusehen. Uninformierte Ärzte oder Psychologen müssen darüber aufgeklärt werden, dass der Patient alle seine Kräfte mobilisiert, um diesen Gutachtertermin durchzustehen und sich stunden- oder auch tagelang davon wird erholen müssen.***

Auch auf eventuell vorliegende psychiatrische Ausschlussgutachten sollte man verweisen, die dem Kind (das Gleiche gilt für erwachsene Patienten) bescheinigen, nicht an einer psychischen Erkrankung zu leiden. Der Hinweis auf die Klassifikation ist bei hartnäckigen Leugnern der Krankheit ebenfalls angebracht. Seit über 40 Jahren (seit 1969) ist die ME von der WHO verbindlich als G93.3, also unter den neurologischen Krankheiten klassifiziert und diese Klassifikation gilt auch in Deutschland. Wer die gesicherte Diagnose einer ME/"CFS" anders codiert, z.B. mit einer F-Diagnose für „Psychische und Verhaltensstörungen" oder mit R53 für „Unwohlsein und Ermüdung", verstößt gegen die WHO-Richtlinien und das Sozialgesetzbuch V, welches die Codierung ein und derselben Krankheit mit zwei verschiedenen Schlüsseln verbietet.

Auch wenn der Arzt verstimmt ist, weil Eltern oder Patient Gegenwind machen, so wird manch einer doch eventuell vorsichtiger, wenn ihm bewusst gemacht wird, dass er mit seinen Ansichten gegen geltende Regelungen verstößt.

- ***Für die Erkrankung ist es darüber hinaus ursächlich völlig gleichgültig, ob das Kind ein guter oder schlechter Schüler war, ob es gerne zur Schule gegangen ist, ob die Eltern geschieden und alleinerziehend sind oder ob die Oma gerade gestorben ist, und das sollte man dem Arzt auch deutlich machen. ME/"CFS" ist und bleibt eine organische Krankheit, die nach Meinung führender Forscher auf diesem Gebiet im Zusammenhang mit einer viralen Infektion auftritt.***

Schulzeugnisse mit passablen Noten und guten „Kopfnoten"[674] sind ein weiteres Indiz dafür, dass das Kind vor seiner Erkrankung nicht verhaltensauffällig und meist auch hinreichend psychisch stabil war. Urkunden von sportlichen Wettbewerben oder anderen Hobbies, denen das Kind vor seiner Erkrankung nachgegangen ist, legen ebenso Zeugnis von seinen Interessen und seiner psychischen Gesundheit ab.

Schriftliche Berichte von Klassenlehrer/innen oder ehemaligen Kindergärtner/innen sowie von Kinder- oder Hausarzt – sofern diese Personen bereit sind, die Familie zu unterstützen – können hilfreich sein für den begutachtenden Arzt, wenn sie dokumentieren, dass Erzieher oder Arzt die Familie seit langem kennen und begleiten und sich für die psychische Gesundheit des kranken Kindes und einen liebevollen Umgang der Eltern mit ihm verbürgen.

Auch selbstverfasste Berichte, die detailliert die Symptome, den Tagesablauf vor und nach Krankheitsbeginn und die Einschränkungen des Patienten schildern, sind überaus nützlich, um dem Gutachter das Ausmaß der Behinderungen ganz konkret vor Augen zu führen.[675] Diese selbstverfassten Berichte sind vor allem auch deshalb unverzichtbar, weil Diagnose und ärztliche Befundberichte ***allein*** für den Gutachter noch nicht die Einschränkungen und Behinderungen im Alltag deutlich werden lassen. Und letztlich sind es genau diese Einschränkungen, die Auskunft darüber geben können, ob jemand schul- oder arbeitsfähig ist!

Bleibt der Arzt oder Psychologe stur, kann man ihn nach Literatur fragen, die belegt, dass einer von ihm vermuteten psychischen oder Verhaltensstörung regelhaft eine Infektion vorangeht. Nach Literatur, die belegt, dass immunologische Manifestationen wie subfebrile Temperatur und andere Grippesymptome wie Halsschmerzen, geschwollene oder schmerzempfindliche Lymphknoten, autonome Dysfunktionen wie Orthostatische Intoleranz, Tachykardien, Herzstolpern, der Verlust der thermostatischen Stabilität, Intoleranz gegenüber Temperaturextremen, eine neuroimmune Entkräftung und Zustandsverschlechterung nach geringer körperlicher und/oder geistiger Belastung, Muskel-, Gelenk und Kopfschmerzen mit einer psychischen oder Verhaltensstörung einhergehen.

Der Arzt oder Psychologe wird keine Literatur dazu benennen können, weil ein solches Symptommuster keiner psychischen Störung zuzuordnen ist.

- ***Wenn der Arzt oder Psychologe dann immer noch nicht von seinem Vorurteil abzurücken bereit ist, sollte man für den Notfall notariell beglaubigte, rechtsverbindliche Patientenverfügungen für sich und das Kind vorlegen, die psychiatrische (Fehl-) Diagnosen explizit ausschließen.***[676] [677]

Es ist darüber hinaus auch nicht Aufgabe des Schularztes, bestimmte Therapien oder Klinkaufenthalte einzufordern, wie es vielerorts leider übliche Praxis ist. Gegebenfalls sollte man den Schularzt darauf hinweisen.

- ***Die Aufgabe des Schularztes besteht darin, der Schulbehörde eine Empfehlung bezüglich der Schultauglichkeit des Patienten abzugeben. Gewissenhafte Amtsärzte beschränken sich auf diese Aufgabe.***

Erklärt der Amts- bzw. Schularzt das Kind trotz Vorlage aussagekräftiger medizinischer Gutachten für schultauglich und entscheidet die Schulbehörde daraufhin, dass das Kind zur Schule gehen muss, können die Eltern Widerspruch einlegen.

Grundlage für eine knifflige Gesprächsführung bei einem Schularzt- und auch bei einem Schulpsychologentermin ist vor allem die Selbstgewissheit, ein stichhaltiges Gutachten eines ME/"CFS"-Spezialisten sowie möglichst viele der notwendigen Ausschlussdiagnosen in der Hand zu haben. Auf keinen Fall sollte man sich von dem Arzt oder auch dem Schulpsychologen, der bei einem Antrag auf Ruhen der Schulpflicht hinzugezogen wird, verunsichern lassen. Patienten oder Eltern erkrankter Kinder, die selbst keinen Zweifel an der Diagnose hegen sowie über ein gewisses Durchhaltevermögen verfügen, können u.U. sogar Ärzte dazu bewegen, ihren Standpunkt zu überdenken.

Obwohl Patienten und ihre Angehörigen sich ermutigt fühlen sollen, für eine korrekt klassifizierte Diagnose mit den entsprechend darauf zugeschnittenen Therapieempfehlungen zu kämpfen, muss eingeräumt werden, dass nur die wenigsten Ärzte für eine neue Sichtweise offen sind. Zumal wenn diese Informationen nicht von Fachkollegen sondern vom Patienten kommen. Die meisten Mediziner und Psychologen werden von ihrer vorgefassten Meinung nicht abrücken und werden das Auftreten und Verhalten des Patienten stets als Bestätigung derselben werten.

Doch dieser Kampf lohnt sich auch für die wenigen Ärzte und Psychologen, die bereit sind dazuzulernen. Denn einem Schneeballsystem gleich werden allmählich immer mehr Mediziner und Psychologen ME/"CFS" als organische Krankheit anerkennen und die biomedizinischen Forschungsbemühungen werden ein Übriges tun.

Vorerst aber müssen ME-Kranke und ihre Angehörigen damit leben, dass ihnen von allen Seiten Skepsis entgegengebracht wird, Vorbehalte gegenüber ihrer Gemütsverfassung und was die Einordnung der Krankheit als organische angeht.

- ***Was es nun für den ME-Patienten heißt, wenn Psychologie als Waffe eingesetzt wird, hat niemand treffender ausgedrückt als ein deutscher Kinderpsychiater, der im Gespräch mit der Verfasserin sagte, die Situation des „CFS"-Kranken sei pervers, denn egal wie der „CFS"-Patient auftrete, ob bedrückt und leidend oder frohgemut und zuversichtlich, es würde ihm immer zum Nachteil ausgelegt. Demjenigen, der leidend auf den Gutachter wirke, würde eine Depression oder somatoforme Störung angehängt, und demjenigen, der aufgeräumt wirke, würde unterstellt, er wolle doch nur unser Sozialsystem schröpfen. Besser***

kann man die Zwickmühle, in die der ME/"CFS"-Patient unweigerlich beim Arztbesuch gerät, nicht beschreiben.

III Psychologie als Verlegenheitsdiagnose?

Aus der verheerenden Tradition der Schulmedizin, alles, was sie zu einem gegebenen Zeitpunkt organisch/körperlich nicht erklären konnte, der Psychiatrie als psychiatrische Erkrankung zuzuweisen, und damit die Psychiatrie zum Mülleimer der somatischen Medizin zu machen, - in grandioser Verachtung des Geistig-Seelischen -, erheben sich nun so genannte Psychosomatiker und Psychotherapeuten und tragen umgekehrt Geist und Psyche in den Himmel der Allmächtigkeit.

Detlev Kranz, „Schwarze Psychosomatik" aus „Gestaltkritik" (Zeitschrift für Gestalttherapie), Heft 1/2004

1 Hypothesen statt Fakten

Die weitaus häufigste Verlegenheitsdiagnose bei Krankheiten unklarer Ätiologie und Pathogenese ist eine psychologische. Diese Diagnosen sind meist auf dem Niveau von Horoskopen oder dem mittelalterlicher Erklärungen angesiedelt, die religiöse Gründe, eine Prüfung oder gar eine Strafe Gottes ursächlich für die Krankheit verantwortlich machten.

Die Häufigkeit, mit der heutzutage psychische oder psychiatrische Diagnosen bemüht werden, hat Dimensionen angenommen, die den Rahmen jeglicher Vernunft und Wissenschaftlichkeit sprengen. Es liegt nahe, dass Verlegenheit nicht alleiniges Motiv sein kann, weshalb solche Diagnosen so breite Anwendung finden.

Die Multiple Sklerose beispielsweise, eine chronische Entzündungserkrankung des Zentralnervensystems, galt zu Zeiten des französischen Neurologen Jean-Martin Charcot (1825 – 1893) noch als „hysterische Paralyse". Charcot machte Kummer, Ärger und Lebenskrisen für die bei einer MS auftretenden Lähmungserscheinungen verantwortlich.

Aber obwohl mit Liquor- und bildgebender Diagnostik längst der Nachweis erbracht ist, dass es sich bei MS um eine organpathologische Krankheit handelt, deren Ursache allerdings weiterhin ungeklärt ist, geistern immer wieder vereinfachende psychosomatische Erklärungsmodelle durch die Literatur.[678] Das geht bis zu der diskreditierenden Behauptung, an Multipler Sklerose Erkrankte (als Sklerose wird die Verhärtung von Organen oder Gewebe durch Vermehrung des Bindegewebes bezeichnet, im Falle von MS ist die Vernarbung des entzündeten Nervengewebes gemeint) seien Menschen mit einer „verhärteten Persönlichkeitsstruktur".[679]

Ein jüngeres Beispiel ist das Magen- und Zwölffingerdarmgeschwür, welches viele Jahre zu den „holy seven" der psychosomatischen Krankheiten zählte, bis der Erreger Helicobacter pylori in den 80er-Jahren des vergangenen Jahrhunderts entdeckt wurde. Obwohl die Ätiologie damit zweifelsfrei geklärt wurde und die Gabe von Antibiotika und Protonenpumpenhemmer bei mehr als 90% der Patienten zu einer Keimeliminierung und Heilung der Krankheit führt, lassen viele Psychosomatiker und psychosomatische Kliniken nicht davon ab zu behaupten, dass psychische Faktoren eine wesentliche Rolle bei ihrer Entstehung spielen und stellen entsprechend ihre Behandlungen darauf ab.

Auch bei ME/"CFS" setzen sich skrupellose Ärzte und psychiatrische Gutachter über die seit 1969 bestehende Klassifikation als neurologische Krankheit hinweg.

Doch manche Ärzte scheuen sich, ME/"CFS" als rein psychischer oder psychosomatischer Genese abzutun. Deshalb gibt es nicht eben selten die erstaunlichsten Vermischungen in ärztlichen Befundberichten, die einer objektiven Überprüfung, wie sie z.B. die Kanadischen Konsenskriterien (CCC) oder die Internationalen Konsenskriterien (ICC) bieten, nicht standhalten würden. Oft halten sie nicht einmal den Codierstandards des ICDs stand.

In solchen Befundberichten wird zwar ein „CFS", codiert mit G93.3, diagnostiziert, doch sogleich ohne nähere Begründung auf eine angebliche „psychische Überlagerung" oder einen „deutlich psychogenen Anteil" bei dieser Krankheit verwiesen. Dieser psychogene Anteil wird dann aber nicht näher erläutert und es wird kein Kausalzusammenhang mit einem psychischen Konflikt oder einem traumatischen Ereignis hergestellt. Was in Ermangelung eines solchen Ereignisses oder Konfliktes auch nicht weiter verwunderlich ist. Und so bleibt die Behauptung des Arztes, es bestehe ein psychogener Anteil bei dieser körperlichen Krankheit, eine gänzlich unwissenschaftliche und durch keine Fakten belegte Privatmeinung – mit oft gravierenden Folgen für den Patienten, der sich daraufhin häufig einer Reihe von Fehlbehandlungen unterziehen lassen muss, die seinen Zustand erheblich verschlechtern können.

Auch bei dieser Krankheit dient *„die internistische Rede von der „psychischen Überlagerung""* vielen Behandlern als ein reiner ***„Lückenfüller"***, wie es der Psychoanalytiker und Soziologe Reimut Reiche für *„diese(r) oder jene(r) Darmerkrankung"* formuliert hat.[680]

Dieser Lückenfüller hat dabei die Funktion, die Hilflosigkeit des Behandlers zu kaschieren und verweist darauf, dass er sich eigentlich nicht zuständig fühlt oder zumindest nicht für alle Aspekte der Krankheit und deshalb auch nicht die Verantwortung für den Patienten übernehmen kann. Weil er sich nicht kundig oder heilmächtig fühlt, seine diesbezügliche Ohnmacht (oder Insuffizienz) sich und anderen aber nicht eingestehen kann, versucht er, den Patienten mit einer billigen und unbegründeten Psychologisierung loszuwerden.

Die unglückselige Tatsache, dass „CFS" bzw. ME als umstrittene Krankheit gilt, obwohl es eindeutig als organische Krankheit im ICD verschlüsselt ist, verleitet bedauerlicherweise viele sachunkundige Ärzte dazu, diese Diagnose nach eigenem Gutdünken zu strapazieren, gerade so, wie es ihrem dürftigen Kenntnisstand und ihren Vorurteilen zu diesem Krankheitsbild entspricht. Statt sich die Fakten zu erarbeiten und sich an sie zu halten, nämlich das unverwechselbare Symptommuster plus die bereits in Speziallaboren diagnostizierbaren krankheitstypischen Abweichungen, ist dann bei ihnen eben von einem „CFS mit psychischer Überlagerung" die Rede, auch insbesondere wenn keine Therapie bei dem Patienten anschlägt. Damit geben sie die Verantwortung ab und schieben dem Patienten die Verantwortung für die Entstehung und Aufrechterhaltung der Krankheit zu. Dass die Krankheit bislang unheilbar ist, wird dabei vollkommen ausgeklammert. Doch kein

Arzt, der nicht als Scharlatan gelten will, würde sich die Blöße geben, von „Krebs mit psychischer Überlagerung" oder von „Tuberkulose mit psychischer Überlagerung" oder auch von „Windpocken mit psychischer Überlagerung" zu sprechen. Selbst dann nicht, wenn er der durch keine Wissenschaft fundierten Meinung anhängt, jede organische Krankheit habe „irgendwie" auch psychische Ursachen.

Viele Ärzte halten auch irrtümlich die Auswirkungen der Krankheit für ihre Ursache und ziehen speziell bei erkrankten Kindern hanebüchene Begründungen an den Haaren herbei, um ihren psychologischen Befund zu legitimieren: Mutter und Kind litten unter Trennungsängsten oder das Kind habe eine Schulphobie oder die Mutter sei generell überängstlich und übertrage diese Ängste auf ihr Kind oder die Familie schotte sich von der Welt ab usw.

Nehmen wir doch das Beispiel Schulphobie. Die differentialdiagnostische Abgrenzung zu ME ist ein Kinderspiel. Kindern mit Schulphobie geht es zuhause oder in den Ferien deutlich besser, sie können ohne Probleme Freizeitaktivitäten nachgehen und Freunde treffen. All das bleibt Kindern mit ME verwehrt. Sie sind auch in den Ferien krank, können keine Hobbys mehr pflegen und sich nicht nach Lust und Laune mit Freunden treffen.

Nehmen wir ein weiteres Beispiel, die Trennungsangst. Wenn eine Mutter Trennungsangst empfindet, weil ihr dreijähriges Kind sich von ihrer Hand losreißt und auf die Straße rennt, muss man die Angst der Mutter, ihre Trennungsangst, als wohlbegründete Realangst interpretieren. Das gleiche gilt für die Mutter eines ME-kranken Kindes, wenn sie es mit dem Krankenhauspersonal nicht alleine lassen möchte, weil sie weiß, dass den meisten Ärzten und Pflegern die Zustandsverschlechterung nach Belastung als Kardinalsymptom der ME nicht bekannt ist. Es handelt sich also nicht um eine Trennungsängstlichkeit im klinischen Sinne, sondern um eine Realangst vor unfachmännischer Behandlung des Patienten.

Doch diese Trennungsängstlichkeit der Mutter wird allzu oft nicht als Realangst gedeutet. Sie wird vom Arzt als krankheitsverursachend fehlinterpretiert, wobei es rätselhaft bleibt, wie die schwere Symptomatik einer ME-Erkrankung allein durch Trennungsängstlichkeit hervorgerufen werden könnte.

- ***Die fatalen Auswirkungen dieser Krankheit werden allzu oft nicht als ihre Folge, sondern als ihr Auslöser angesehen. Ursache und Wirkung werden verwechselt.***

Nicht nur die Symptomatik der ME-Erkrankung an sich und ihre unmittelbaren sozialen Auswirkungen, sondern darüber hinaus auch sekundäre Depressionen, ausgelöst durch die soziale Isolation und Ächtung, die finanzielle Misere, die medizinische Unterversorgung und die geringe Hoffnung auf Heilungschancen, werden von vielen Ärzten nicht etwa als mögliche Folge dieser chronischen Krankheit gesehen, sondern sie werden für den Auslöser der ME–Erkrankung gehalten.

Auch die Vorgeschichte der ME-Kranken wird von ratlosen Behandlern aller Art, die der Ursache der Krankheit einen greifbaren Grund geben möchten und hoffen, mit dessen Eliminierung Besserung oder gar Heilung zu erreichen, nur allzu häufig fehlinterpretiert. Da ist gerne mal die Rede von „mangelnder Motivation" oder gar „depressiven Tendenzen", wenn der Patient vor der Erkrankung ein eher ruhiges, beschauliches Leben geführt und sich vielleicht nicht eben durch ein übermäßiges Engagement hervorgetan hat. Oder andersherum sprechen die hilflosen Therapeuten bei Patienten, die zuvor ein hohes Aktivitätsniveau hatten, undifferenziert und übereilt von „chronischer Überforderung", „extremer Stressbelastung", einem „überzogenen Leistungsdenken" und sogar von einer „perfektionistischen Persönlichkeitsstruktur", obwohl der Erkrankte sich nur wünscht, wieder an seinem erfüllten und ausgefüllten Vorleben anknüpfen zu können, dem er sich als Gesunder erfreuen durfte. Diese Begriffe fallen sogar dann, wenn der Patient seine Ansprüche an ein normales Leben bereits weitgehend zurückgeschraubt hat und sich vielleicht nichts weiter wünscht, als wieder einmal einen Ausflug oder auch nur einen Spaziergang machen zu können, sich selbst duschen oder auch mal die Haare waschen zu können.

In solcherart schwammigen Befundberichten, die zwar ein G93.3 attestieren, aber gleichzeitig durchsetzt sind von aus dem Werkzeugkasten des Psychologen entlehnten Begrifflichkeiten, bleiben mögliche organpathologische Veränderungen häufig im Nebulösen. Abweichende Laborparameter werden, da sie sich den Interpretationsmöglichkeiten des uninformierten Arztes entziehen, vernachlässigt oder bleiben meist unentdeckt, diagnostische Merkmale der Krankheit werden übersehen bzw. gar nicht erst untersucht. Doch selbst dann, wenn biomedizinische Auffälligkeiten registriert werden, dienen sie leider oft nur zur Untermauerung der hypothetischen Annahmen des Behandlers, der in erster Linie entweder „mangelnde Motivation" oder „chronische Überforderung" für die Entstehung der Krankheit verantwortlich macht. Auf diese Weise werden dem Patienten (häufig zusätzlich auch den Angehörigen!) eine Fülle psychischer Absonderlichkeiten und negativ besetzter Persönlichkeitsmerkmale angedichtet. (Und bedauerlicherweise wissen sich viele Patienten nicht gegen die „küchenpsychologischen" Deutungen ihrer Behandler zu wehren, lassen sich diese sogar in ihrer Hilflosigkeit dankbar aufschwätzen, weil sie sich von solchen „Erkenntnissen" und „Einsichten" Besserung erhoffen.)

Ärzte, die auf diese Weise diagnostizieren – unter ihnen leider auch Ärzte, die sich auf diese Krankheit fokussiert haben und sich selbst als Experten bezeichnen würden – fallen wissenschaftlich gesehen in eine Zeit zurück, als es noch keine strikte Trennung von körperlichen und seelischen Krankheiten gab, also etwa in die zweite Hälfte des 19. Jahrhunderts. Auch Charcot deutete die Lähmungserscheinungen bei der Multiplen Sklerose, die seinerzeit als „hysterische Lähmungen" bezeichnet wurden, als eine „funktionelle" Störung, die von seelischen Erschütterungen ausgelöst wird. Sie hätte sogar Schädigungen der Hirnrinde zur Folge, die allerdings nicht sichtbar seien. Ähnlich antiquiert mutet der Mischmasch vieler heutiger Befundberichte und Gutachten zu ME/"CFS" an.

Britische Psychiater, die bereits ewähnte sogenannte "Wessely-School", der auch zahlreiche deutsche Psychiater anhängen, preisen denn auch ganz ungeniert diesen Rückfall ins 19. Jahrhundert als einen dringend notwendigen Paradigmenwechsel in der Behandlung *„unerklärlicher somatischer Symptome"* an, wozu sie selbstverständlich Krankheiten wie ME/"CFS" zählen: *„Die Zusammenarbeit von Spezialisten der Psychiatrie und gesundheitspsychologischen Diensten muss eine wichtige Rolle spielen. Allerdings repräsentieren sie wohl nur eine Übergangsphase in dem Schritt in Richtung auf ein hochentwickeltes psychologisches Gesundheitssystem zu, in dem psychologische Begutachtung und Intervention voll in die medizinische Versorgung (re)integriert sind* ***wie es vor 100 Jahren war."***[681] (Ü.d.A., H.d.A.)

Es soll hier nicht in Abrede gestellt werden, dass Wechselwirkungen von Körper und Seele eine wichtige Rolle bei Krankheitsprozessen, insbesondere bei der Genesung, spielen ***können***. Insofern ist die allzu strikte Trennung von körperlichen und seelischen Krankheiten heutzutage ebenfalls Medizingeschichte. Doch solange die Anamneseerhebung nicht differenziert abklärt, ob der Patient tatsächlich extremen Stressoren ausgesetzt war, die zu seiner Erkrankung führten, oder ob er zuvor ausreichend leistungsfähig war, um ein aktives Leben wie viele andere gesunde Menschen auch zu führen, solange nicht nachgewiesen wird, dass „mangelnde Motivation" oder „depressive Tendenzen" tatsächlich der Grund für die Erkrankung sind, bleibt ein „Mischmaschbefund" den Beleg schuldig.

- ***Solange es sich um Behauptungen, Mutmaßungen, Verdächtigungen und nicht um wissenschaftlich überprüfbare und gesicherte Erkenntnisse handelt – auch was die psychische Komponente betrifft, setzen sich Ärzte, die ihre Befundberichte auf Hypothesen statt auf Fakten gründen, dem Verdacht der Pseudowissenschaftlichkeit aus.***

2 Die Klassifikation im ICD

Was sagt das Deutsche Institut für Medizinische Dokumentation und Information (DIMDI), das im Auftrag des Bundesministeriums für Gesundheit tätig ist, zu der Zuordnung von „CFS"? Aus einem Brief von Frau Dr. Ursula Küppers, Arbeitsgruppe Medizinische Klassifikationen, vom 4. September 2008:

- ***„[…] CFS (Chronic Fatigue Syndrom) wird klassifiziert unter: G93.3 […] Chronisches Müdigkeitssyndrom; Kapitel 6 (Krankheiten des Nervensystems), Abschnitt G90-G99 (Sonstige Krankheiten des Nervensystems) […] Eine Zuordnung der o.g. Krankheiten zum Kapitel 5 (Psychische und Verhaltensstörungen) ist seitens der ICD-10-GM nicht vorgesehen. […] Die ICD-10-GM ist die nach dem Sozialgesetzbuch V in der Bundesrepublik Deutschland vorgeschriebene Diagnosenklassifikation. […]"***[682]

Nicht anders wird die Einordnung der Krankheiten durch die WHO beurteilt, wenn Dr. B. Saraceno von der WHO am 16. Oktober 2001 klarstellt[683]:

- ***„Ich möchte die Situation bezüglich der Klassifikation von Neurasthenie, Fatigue Syndrome, Postviralem Fatigue Syndrom und Benigner Myalgischer Enzephalomyelitis klarstellen. Lassen Sie mich klar und deutlich feststellen, dass die Weltgesundheitsorganisation (WHO) ihre Position in Bezug auf diese Krankheiten seit der Veröffentlichung der 10. Ausgabe der Internationalen Klassifikation der Krankheiten im Jahr 1992 und in der Version in den Folgejahren nicht geändert hat."***
- ***„Das Postvirale Fatigue Syndrom bleibt in der Kategorie der Krankheiten des Nervensystems als G93.3. Die Benigne Myalgische Enzephalomyelitis ist in dieser Kategorie miteingeschlossen."***
- ***„Die Neurasthenie bleibt unter den Kategorien der psychischen und Verhaltensstörungen als F48.0 und das Fatigue Syndrom (man beachte: NICHT DAS CHRONIC FATIGUE SYNDROM) gehört zu dieser Kategorie. Jedoch ist das Postvirale Fatigue Syndrom aus F48.0 explizit ausgeschlossen."***

André l'Hours vom Hauptsitz der WHO lieferte am 23. Januar 2004 eine weitere schriftliche Klarstellung[684]:

- ***„Hiermit wird bestätigt, dass nach den taxonomischen Prinzipien (den Klassifikationsschemata, d.Ü.), die für die Zehnte Revision der Internationalen Statistischen Klassifikation der Krankheiten und darauf bezogener Gesundheitsprobleme (ICD-10) der Weltgesundheitsorganisation maßgeblich sind, es nicht gestattet ist, ein und dieselbe Krankheit unter mehr als einer Rubrik einzuordnen, da dies bedeuten würde, dass die einzelnen Kategorien und Unterkategorien sich nicht mehr gegenseitig ausschließen."***

3 Warum das Regelwerk des ICD verletzt wird

Die Frage bleibt, warum Ärzte, Gutachter, Psychologen und Psychiater, die nur wenig oder gar nichts über ME/"CFS" wissen, Befundberichte oder Gutachten schreiben, die das Regelwerk der Verschlüsselung, das ICD, verletzen. Für den vielleicht wichtigsten Grund dieser Fehlbeurteilungen sollte man Susan Sontag sprechen lassen, die in ihrem erhellenden Essay „Illness as Metaphor" geschrieben hat:

- ***„Die Phantasie, dass ein glückliches Gemüt Krankheit fernhalten würde, blühte wahrscheinlich in bezug auf alle infektiösen Krankheiten, ehe die Natur der Infektion verstanden wurde. Theorien darüber, dass die Krankheit durch Geisteszustände verursacht und durch Willenskraft geheilt werden könne, sind stets ein Indiz dafür, in welchem Maße man sich über das physische Terrain einer Krankheit im unklaren ist. [...] Die Auffassung, dass eine Krankheit nur durch eine Vielzahl von Ursachen erklärbar sei, ist ganz charakteristisch für die Ansichten über Krankheiten, deren Verursachung nicht verstanden wird."***[685]

Und weiter:

- ***„Und es sind die Krankheiten, die als vielfach determiniert (.d.h. mysteriös) gelten, die als Metaphern für das, was als gesellschaftlich oder moralisch falsch empfunden wird, die größten Möglichkeiten haben."***[686]

Ein weiterer nicht zu vernachlässigender Grund, weshalb das Regelwerk des ICD verletzt wird, ist der, dass der hilflose und überforderte Arzt nur allzu gern dem Patienten die Verantwortung für seine Gesundung in die Schuhe schiebt. Die falsche Vorstellung etlicher Mediziner gleich welcher Fachrichtung, die psychische Faktoren für die Entstehung einer somatischen Erkrankung verantwortlich oder mitverantwortlich machen und glauben, diese psychischen Faktoren lägen in der Verantwortung des Patienten und es sei allein seinem Willen und seiner Disziplin unterworfen, sich seiner psychischen Probleme zu entledigen, zeugt von gravierendem Mangel an psychologischer und psychoanalytischer Sachkenntnis. Denn der Ursprung vieler psychischer Probleme liegt meist in der frühen Kindheit, z.B. in mangelnder Zuwendung. Auch Schicksalsschläge oder traumatisierende Ereignisse können psychische Probleme verursachen und natürlich kann man diese Dinge bis zu einem gewissen Grad aufarbeiten, aber sie lassen sich eben nicht ungeschehen machen. Und so profitieren die Patienten nur insofern von einer Therapie, dass sie bestenfalls lernen, besser mit ihren psychischen Problemen fertig zu werden, eventuell noch, mit sich selbst und anderen rücksichtsvoller umzugehen. Im Erfolgsfall wird der Patient psychisch stabiler, aber von der psychischen Gesundheit nicht neurotischer oder nicht depressiver oder nicht posttraumatisch Belasteter wird er Zeit seines Lebens weit entfernt bleiben.

Gerade der ME/“CFS“-Patient wird nicht der Spirale psychischer Kränkungen, die durch seine verheerende soziale Situation erzeugt werden, entkommen. Wenn er sich in unterstützende psychotherapeutische Behandlung begibt, wird er vielleicht lernen, besser mit diesen Kränkungen zurechtzukommen und wird eine sekundäre psychische Problematik, etwa eine Depression, auf diese Weise in Schach halten können. Jedoch eine konfrontative Psychotherapie oder eine Verhaltenstherapie, die dem Patienten im Sinne des biopsychosozialen Modells, das noch näher erklärt wird, die Heilungskompetenz überantwortet, wird die psychischen Probleme des ME/“CFS“-Patienten und damit dann auch in der Folge seine körperlichen Pro-bleme verschärfen, da ihm nun auch noch die Schuld für seinen schlechten Ge-sundheitszustand angelastet wird.

Und damit kommen wir zum dritten gewichtigen Grund, weshalb so viele Ärzte und vor allem auch Gutachter auf psychiatrische Diagnosen abheben. Wenn der Patient schuld ist an seinem Gesundheitszustand, darf er auch in Haftung genommen werden. Unsere Sozialversicherungsträger wie Rentenkassen, Krankenkassen etc. arbeiten so wirtschaftlich wie nur möglich. Eine Erkrankung unklarer Ätiologie und Pathogenese bietet dabei das größtmögliche Einsparpotential. Solange der Gemeinsame Bundesausschuss[687] eine Leistung wie z.B. eine Laborleistung oder eine Behandlungsmethode nicht anerkannt hat, wird sie von den gesetzlichen Krankenkassen nicht finanziert. Entsprechen Leistungen und Behandlungsmethoden nicht dem „allgemein anerkannten Stand der medizinischen Kenntnisse" werden die Kosten dafür dem Patienten aufgebürdet. Weigert der ME/"CFS"-Patient sich, an bestimmten Rehabilitationsmaßnahmen teilzunehmen, wie etwa stufenweise gesteigertes Aktivitätstraining (GET), das zwar nach den derzeitigen Maßstäben der Qualitätssicherung therapeutischen Nutzen verspricht, in Wirklichkeit aber dem Patienten schadet wie zahlreiche neuere Studien belegen,[688] kann ihm die Berentung verwehrt oder Sozialleistungen gekürzt oder sogar entzogen werden. Nur wenn der Patient an einem GET-Programm teilnimmt und durch die Falschbehandlung eine dauerhafte Zustandsverschlechterung nach Belastung erleidet, also *„nach Ausschöpfung aller rehabilitativen Optionen"*, darf er, weil sich *„eine Frühberentung im Einzelfall möglicherweise nicht vermeiden"* ließ,[689] mit einer Berentung rechnen. Lässt der zu einer Kognitiven Verhaltenstherapie (KVT oder CBT) verdonnerte ME/"CFS"-Patient nicht von seinen „falschen Krankheitsüberzeugungen" ab und behauptet weiterhin, an einer organischen Krankheit zu leiden, wird er nicht selten des Therapieboykotts bezichtigt und verwirkt u.U. sein Recht auf Inanspruchnahme von Sozialleistungen oder Rente. Seine „falschen Krankheitsüberzeugungen" gelten als „dysfunktionale Kognition" und damit als Symptom einer somatoformen Störung. Damit wird die Diagnose des „CFS" vom Verhaltenstherapeuten als eine somatoforme Störung umgedeutet und zementiert.

So wird eine Diagnose, die vielleicht tatsächlich einmal als reine Verlegenheitsdiagnose ihren Anfang nahm, zur Waffe in der Hand eines medizinischen Systems, das sie aus Gründen der Wirtschaftlichkeit gegen den „aufmüpfigen" Patienten richtet, der sich gegen eine Psychopathologisierung seiner organischen Krankheit zur Wehr setzt.

4 Das biopsychosoziale Krankheitsmodell

Der Gedanke der Wirtschaftlichkeit im Gesundheitswesen hat einer Spezies von Ärzten wieder Auftrieb gegeben, die sich nicht dem hippokratischen Eid verpflichtet fühlt, sondern dem Profit von Leistungsträgern. Ihre menschenverachtenden Thesen knüpfen dabei unmittelbar am Gedankengut der Eugenik an.

Diese Ärzte huldigen dem sogenannten biopsychosozialen Krankheitsmodell, ein Begriff, der Ende der 70er-Jahre von dem amerikanischen Medizintheoretiker namens G.L. Engel geprägt wurde und eines der zahlreichen Konzepte der Psychosomatischen Medizin darstellt. Dieses Modell bezieht biologische, psychologische und soziale Faktoren in ihrer Wechselwirkung bei der Entstehung und „Aufrechterhaltung" von Krankheiten ein. Die dichotome Betrachtungsweise eines rein biomedizinischen Krankheitsverständnisses erscheint den Anhängern dieses Krankheitsmodells überholt. Insbesondere chronische Erkrankungen halten sie nicht für entweder somatogener oder psychogener Natur und ebenso wenig für die Summe somatischer und psychischer Faktoren.[690]

Auf den ersten Blick hat dieses Krankheitsmodell etwas bestechend Einleuchtendes. Wenn man einmal davon absieht, dass diese Denkweise einen Rückfall ins 19. Jahrhundert markiert, als es in der Medizin noch keine strikte Trennung von körperlichen und seelischen Krankheiten gab, so kann doch jeder für sich nachvollziehen, dass man in Zeiten, in denen man starkem Stress ausgesetzt ist, krankheitsanfälliger zu sein scheint. Egal ob dieser Stress beruflicher oder finanzieller Art ist, ob Beziehungskonflikte, ein Todesfall, Probleme mit Kindern oder dementen Eltern, ob Probleme beim Hausbau, mit den Nachbarn, oder welche Probleme auch immer uns plagen, Tatsache ist, dass der Körper uns in solchen Situationen eher im Stich lässt als in vergleichsweise stressfreien Zeiten.

Ohne Zweifel stellte die psychosomatische Medizin einen Denkfortschritt in der Medizingeschichte dar, vor allem in den 70er- und 80er-Jahren des vergangenen Jahrhunderts, als sie ein allzu biologistisches Verständnis mit neuen Fragestellungen konfrontierte. Bevor sie Fuß fasste, kam es nicht es selten vor, dass Patienten mit unklaren Beschwerden mehr als hundert Arztkontakte und oftmals zahlreiche sinnlose Operationen hinter sich hatten, bevor sie zur Psychotherapie geschickt wurden.

Bestrebungen des namhaftesten Begründers der psychosomatischen Medizin Thure von Uexküll, einem physikalisch-mechanistischen Körpermodell ein nichtdeterministisches Konzept entgegenzusetzen, das dem Menschen, und zwar sowohl dem Arzt als auch dem Patienten, Macht und Einfluss auf Gesundheit und Befinden einräumt, münden heute in eine Einbahnstraße: Allein der Patient soll nun die Verantwortung für seine Gesundheit übernehmen. Die ursprüngliche, durchaus sozialkritische Neuerung, krankmachende Sozialstrukturen und individuelle Konflikte in das Krankheitsverständnis und die Behandlung mit einzubeziehen, hat sich in ihr Gegenteil verkehrt, wenn die Psychosomatiker heutzutage das biopsychosoziale Krankheitsmodell dazu benutzen, um dem Patienten die Schuld an seiner Krankheit zuzuschreiben, biomedizinische Forschung zu verhindern und sich den Sozialsystemen anzudienen. Forderungen von Uexkülls, der Arbeit des Arztes mit dem Patienten müsse immer die Arbeit des Arztes an sich selbst vorangehen, denn er sei *„das am häufigsten verwendete Medikament"* und solle deshalb über seine eigene Wirkung, aber auch über Risiken und Nebenwirkungen der eigenen Handlungen im Gespräch Bescheid wissen,[691], sind dabei vollkommen aus dem Fokus geraten. Auch der metakritische Blick auf die Bedingungen der eigenen Tätigkeit, die Frage, was der Arzt mit den Methoden, die er anwendet, erkennen kann und wie er damit umgeht, wenn er mit seinen Methoden nicht weiterkommt, ist den meisten Psychosomatikern, Psychiatern und Medizinern abhanden gekommen. Fehlende Selbstreflexion und mangelndes selbstkritisches Infragestellen der eigenen Methodik aber bereiten den Boden für Fehldiagnostik und iatrogene Pathogenisierung. Denn eine bloße Schuldzuschreibung und Stigmatisierung traumatisiert den Patienten zusätzlich zu seiner vorhandenen organpathologischen Krankheit.

Zudem problematisch wird der psychosomatische Ansatz da, wo er auf ein Medizinsystem trifft, das nach dem Kausalitätsprinzip jeder Krankheit eine Ursache zuzuordnen bestrebt ist. So kommt es in der Folge dazu, dass selbst Mediziner den Begriff „psychosomatisch" mit „psychogen" gleichsetzen, obwohl sich diese Gleichsetzung nach den Lehrbüchern der psychosomatischen Medizin verbietet.[692] Die Gleichsetzung beider Begriffe führt in der Praxis dann dazu, dass Patienten mit somatischen Beschwerden sich nicht ernstgenommen fühlen und als Hypochonder oder Simulanten stigmatisiert werden.

Insbesondere bei den Anhängern des biopsychosozialen Krankheitsmodells scheint es Usus, „psychosomatisch" und „psychogen" gleichzusetzen. Und bei vielen scheint es eine stillschweigende Übereinkunft darüber zu geben, dass „psychogen" mit „ursächlich selbstverantwortet" oder gar „schuldhaft bedingt" gleichzusetzen ist.

Und so ist es nur konsequent, wenn einer der glühendsten Verfechter des biopsychosozialen Krankheitsmodells im deutschsprachigen Raum Prof. Dr. Josef W. Egger von der Universität Graz[693] die Heilungskompetenz nicht etwa dem behandelnden Arzt oder Psychologen, sondern dem Patienten überantwortet.[694] Auch wenn Egger – gemäß dem Leitsatz des Paracelsus – dem Patienten neben dem *„Wort"* die *„Arznei"* und das *„Messer"* nicht vorenthalten will, so besitzt doch die Überantwortung der Heilungskompetenz auf der psychologischen Behandlungsebene iatrogenes Pathogenisierungspotential. Denn wenn der Therapeut lediglich die Position eines *„Katalysators"* übernehmen soll,[695] seine Rolle auf *„Hilfe zur Selbsthilfe"* reduziert wird,[696] obliegt die Verantwortung für die Gesundung vor allem der *„Eigen- und Mitverantwortung"* des Patienten.[697] Wo aber die *„Änderung individuellen Erlebens und Verhaltens"* angestrebt wird[698] (die Zielvorgaben der Kognitiven Verhaltenstherapie!) werden dem an einer ***organischen*** Krankheit leidenden Patient zusätzlich noch Schuld und Schuldgefühle aufgebürdet.

Was jedoch von den Verfechtern des biopsychosozialen Krankheitsmodells beharrlich übersehen wird: Probleme und der mit ihnen verbundene Stress gehören zum Leben dazu. Lebensumstände lassen sich leider in vielen Fällen nicht ändern, Schicksalsschläge nicht rückgängig machen und Konflikte nicht immer aus der

Welt schaffen. Selbstverständlich kann es in Krisenzeiten hilfreich sein, ausreichend Gesundheitskompetenz zu besitzen, um ein diszipliniertes Leben aufrechtzuerhalten und einen unterstützenden Therapeuten aufzusuchen. An der bestehenden Problematik ändert das aber i.d.R. nichts. Es gibt zwar die unbestreitbar seriösen Untersuchungen, dass Menschen, die eine Psychotherapie machen, seltener krank werden. Das heißt aber nicht im Umkehrschluss, dass der Kranke es versäumt hat, eine Psychotherapie zu machen und mangels derselben erkrankt ist. Und es bedeutet schon gar nicht, dass man eine organische Krankheit ursächlich mit Psychotherapie oder Verhaltenstherapie heilen könnte.

Genau das aber behaupten die Fürsprecher des biopsychosozialen Krankheitsmodells, wenn sie die Verantwortung für die Gesundheit in die Hände des Patienten legen. Denn im Umkehrschluss bedeutet das, dass ein Kranker selbst schuld ist an seiner Erkrankung, weil es ihm an dem nötigen *„Gesundheitswissen"*, an *„Gesundheitsmotivation"* und *„Gesundheitsverhalten"* mangelt und der entsprechenden inneren *„Erlebnisperspektive"*, die *„Vitalität"*, *„Wohlbefinden"* und *„Gesundsein"* positiv besetzt.[699]

Was zunächst so überzeugend klingt, die Einbeziehung von den Wechselwirkungen biologischer, psychologischer und sozialer Faktoren bei Ätiologie und Pathogenese einer Krankheit, mithin ein Versuch, ganzheitliches Denken in der Medizin zu verankern, entpuppt sich in der Praxis als ein Instrumentarium der Schuldzuschreibung.

Der Begriff „biopsychosozial" wird denn auch fast ausschließlich in Bezug auf psychosomatische Erkrankungen oder auf solche, die als psychosomatisch erachtet werden, angewendet. Onkologen oder Kardiologen beispielweise kämen nicht auf die Idee, statt einer medikamentösen und/oder chirurgischen Therapie lediglich Hilfe zur Selbsthilfe anzubieten und damit die Verantwortung für die Genesung dem Patienten in die Hände zu legen. In der Onkologie und der Kardiologie ist es ganz selbstverständlich, vor allem auch in der Nachsorge biopsychosoziale Faktoren zu berücksichtigen und die Lebensumstände und -gewohnheiten sowie die psychische Verfassung des Patienten in die Therapie einzubeziehen, indem der Patient mit geeigneten Empfehlungen, z.B. Ernährung und Lebensweise betreffend, unterstützt wird und gegebenenfalls begleitende Psychotherapie verschrieben bekommt, um mit den Folgen der Krankheit besser zurechtzukommen.

Aber im Unterschied zu den Verfechtern des biopsychosozialen Krankheitsmodells würden Onkologen und Kardiologen sich mit Schuldzuweisungen zurückhalten, zumindest solange der Zusammenhang zwischen Lebensgewohnheiten und Krankheit, zwischen Ursache und Wirkung nicht zweifelsfrei nachgewiesen wäre – ganz wie es sich für Naturwissenschaftler geziemt. Und sie würden selbstverständlich auch nicht daran zweifeln, dass der Patient an einer organischen Krankheit leidet, die in erster Linie medikamentös und/oder chirurgisch behandelt werden muss – durch welche Summe von Faktoren sie auch immer ausgelöst worden sein mag.

Die sogenannte „Krebspersönlichkeit", ein Postulat der Psychoonkologie aus den 1980er-Jahren, ist denn auch mittlerweile Geschichte. Die Vorstellung, überangepasste, gefühlsgehemmte, defensive Menschen trügen ein höheres Risiko eine Krebserkrankung zu entwickeln, musste in Ermangelung fundierter wissenschaftlicher Belege fallengelassen werden. Dennoch erfreut sie immer noch großer Beliebtheit – bieten die Charakterzuschreibungen doch dem Gesunden die Möglichkeit zur Abgrenzung und Eindämmung etwaiger „Krebsängste". Wer sich als nicht überangepasst, nicht defensiv, nicht gefühlsgehemmt erlebt, muss sich demzufolge nicht vor einer Krebserkrankung fürchten. Wohingegen die „Krebspersönlichkeit" selbst Schuld an ihrer Erkrankung ist, denn hätte sie nur beizeiten ihre Hemmungen therapeutisch bearbeitet und überwunden, wäre sie schließlich nicht erkrankt nach der Logik vieler Gesunder.

Ähnlicher Motivation, nämlich der erfolgreichen Abwehr, verdankt sich auch die Gleichsetzung der Anhänger des biopsychosozialen Modells von „psychosomatisch" mit „psychogen" mit „ursächlich selbstverantwortet" oder gar „schuldhaft bedingt". Ist ME psychogener Natur, muss der Gesunde nur für seine psychische Hygiene sorgen, um sicherzugehen, nicht daran zu erkranken – so die Denkweise nicht nur von Laien, sondern leider auch von vielen Medizinern.

Man kann in diesem Zusammenhang von Sündenbockpsychologie und institutioneller Abwehr sprechen.[700] Denn ein gewissenhafter Psychosomatiker, der meint, sowohl psychische als auch körperliche Prozesse seien Teilaspekte von ME, würde dem Patienten nicht die Schuld an seiner Krankheit geben und kein Interesse an seiner Stigmatisierung haben. Er wäre bemüht, dem Patienten zu helfen und nicht ihn zu verfolgen, wie es so zahlreiche Vertreter insbesondere der englischen „Wessely-School" und ihre Adepten tun, indem sie an ME erkrankte Patienten ***„als unvermeidliche, unbehandelbare und unattraktive Last"*** (Wessely), als ***„Patienten am schlimmen Ende des Spektrums"*** (Wessely), als ***„ein nutzloses, schädliches Element der Gesellschaft; reine Verrückte"*** (Wessely) bezeichnen, die ***„in diesem Sinne eine Behandlung nicht verdienen"*** (Sharpe).[701]

Bemerkenswert ist in diesem Zusammenhang auch die gängige Praxis vieler Psychosomatiker und Psychiater, psychiatrische Diagnosen zu stellen ohne entsprechende psychische Symptomatik beim Patienten, und ohne dass auslösende traumatische Ereignisse oder psychische Konflikte benannt werden können. Viele Psychiater und Psychosomatiker stützen ihre Diagnose allein auf beklagte Körpersymptomatik bei fehlendem Laborbefund. Was für die Organmedizin von Psychiatern und Psychosomatikern postuliert wird, nämlich die Nichtanerkennung einer organischen Erkrankung, wenn Labor und Apparatemedizin keine der Symptomatik entsprechenden Befunde erbringen, scheint für die eigene Fachrichtung nicht zu gelten: In der Psychiatrie und Psychosomatik darf die psychiatrische Diagnose ohne vorhandenen Positivbefund gestellt werden. Allein das fehlende medizinische Korrelat reicht den Vertretern dieser Disziplinen aus, einen psychiatrischen Befund zu behaupten. Unwissenschaftlicher lässt sich kaum praktizieren!

5 Der Etikettenschwindel

Im Grunde ist schon das Wort „bio-psycho-sozial“ ein Etikettenschwindel, denn das Wort „bio“ kommt so gut wie nicht vor in der praktischen Anwendung dieses Krankheitsmodells. Auch wenn das ein oder andere Mal einem ME-Patienten eingeräumt wird, seiner „Erkrankung“ sei ein viraler Infekt vorangegangen, so wird doch behauptet, das Krankheitsgeschehen werde lediglich durch psychosoziale Faktoren aufrechterhalten und habe keinerlei organpathologischen Charakter. Meist aber wird das Kürzel „bio“ nur als Beweis dafür herangezogen, dass psychische Störungen nachgewiesenermaßen auch organische Korrelate zur Folge haben können, was unbestritten der Fall ist.

Dass biomedizinische Anomalien bei der Behandlung zu vernachlässigen sind, ist auch aus der Hochburg des biopsychosozialen Krankheitsmodells, der „Wessely-School“ zu vernehmen. Der englische Psychiater Simon Wessely spricht das auch unumwunden in Bezug auf ME/“CFS“ aus: ***„Die Möglichkeit, dass Anomalien der Immunfunktion eine Rolle in der Pathogenese des CFS spielen, hat eine beträchtliche Aufmerksamkeit auf sich gezogen. […] Solche Anomalien sollten den Arzt nicht von dem nachstehend befürworteten biopsychosozialen Ansatz ablenken*** (der dann als ein rein psychiatrischer Ansatz beschrieben wird, Anm.d.A.) ***und sollten die Aufmerksamkeit nicht auf die Suche nach einer ‚organischen' Ursache konzentrieren.“***[702] (Ü.d.A.) Hier wird „biopsychosozial” ganz ungeniert mit “psychiatrisch” gleichgesetzt. Obwohl eingeräumt wird, dass Anomalien der Immunfunktion krankheitsrelevant sein könnten, wird eine organische Ursache verleugnet und durch die auf dem Fuße folgende Handlungsanweisung wird den behandelnden Ärzten eingeschärft, diese Erkrankung sei psychogener Natur. Dass Wessely die Auffassung vertritt, „CFS/ ME“ unterscheide sich nicht von psychiatrischen Krankheiten wurde bereits im ersten Teil des Buchs mit diesem Wessely-Zitat deutlich: *„Der wesentliche Unterschied zwischen CFS und den schweren psychiatrischen Störungen ist weder ätiologisch noch symptomatisch, sondern die Existenz einer mächtigen Lobbygruppe, die jede Verbindung mit der Psychiatrie nicht mag.“*[703] Doch es gibt gleichzeitig auch, wie schon in Teil I/Kapitel I/8 angedeutet, glasklare Belege, dass Simon Wessely schon sehr früh wusste, dass es sich bei „CFS“, wie er es nennt, um eine organpathologische Krankheit handelt.

Auf dem CIBA Foundation Symposium im Mai 1992 war es nämlich ausgerechnet Wessely, der anhand neuroendokrinologischer Studien, die eine Fehlsteuerung des Hypothalamus nahelegen, die eindrucksvollste Evidenz für eine organpathologische Beeinträchtigung des zentralen Nervensystems lieferte. Dokumentiert ist Wesselys Beitrag durch Papiere, die bis 2071 unter Verschluss gehalten werden, wegen einer Anfrage nach dem Informationsfreiheitsgesetz (FOIA) jedoch – redigiert – bereits offengelegt werden mussten.[704] Es ist also ganz offensichtlich, dass Wessely et al. sehr wohl um die Organpathologie der ME/"CFS" wissen, dennoch aber nach außen hin die Meinung vertreten, es handele sich um eine psychische und Verhaltensstörung.

Die Verleugnung der Tatsache, dass es sich bei ME um eine organische Krankheit mit bestimmten biomedizinischen Anomalien handelt, führt jedoch in der Konsequenz zur Umetikettierung einer ursächlich organischen Krankheit zu einer mit bloß behaupteter psychogener Ätiologie. Auch wenn psychische Störungen ein organisches Korrelat aufweisen und umgekehrt organische Krankheiten psychische Veränderungen nach sich ziehen können, muss die Behandlung der ursächlichen Erkrankung voneinander unterschieden sein. Es liegt auf der Hand, psychische und somatoforme Störungen mit Psychotherapie oder Verhaltenstherapie zu behandeln, aber eine Krebserkrankung etwa kann – und das ist medizinischer Konsens – nicht ursächlich mit Psychotherapie geheilt werden. Wohl aber kann in der Rehabilitationsphase Psychotherapie den Heilungsprozess bei Krebskranken unterstützen. Ebenso wenig werden ME-Kranke durch Psychotherapie oder Kognitive Verhaltenstherapie geheilt. Aber eine begleitende Psychotherapie kann einigen ME-Kranken vielleicht helfen, besser mit den psychischen und sozialen Folgen der Krankheit zurecht zu kommen – allerdings nur unter der Bedingung, dass ihnen von den Psychotherapeuten Glauben geschenkt und die organische Pathogenese ihrer Krankheit nicht in Abrede gestellt wird.

6 Die Vorteile einer Umetikettierung

Obwohl das biopsychosoziale Modell beansprucht, ein umfassendes Modell zu sein, weil es biologische, psychische und soziale Faktoren in ihrer Bedeutung für Genese und Fortdauern von Krankheitssymptomen einbezieht, nehmen die Verfechter dieses Modells, Wessely und seine Anhängerschar, die neueren Forschungen, die eine biologische Ursache von ME mehr als nahelegen, wie z.B. die Rituximab-Studien, nicht nur nicht zur Kenntnis, sondern bekämpfen sie mit einer Unerbittlichkeit, die nur andere als wissenschaftliche Gründe haben kann.

Auch Per Fink, der bereits erwähnte Klinikdirektor der „Research Clinic for Functional Disorders and Psychosomatics" der Universitätsklinik Aarhus, weigert sich ganz offenkundig, die biomedizinischen Forschungen anzuerkennen. Er arbeitet ihnen ebenso unerbittlich wie seine britischen Kollegen entgegen, nicht zuletzt mit seinem Vorschlag, ME/"CFS" umzuklassifizieren und als „Bodily Distress Syndrome" (BDS) in der voraussichtlich 2018 erscheinenden Version der WHO-Krankheitsklassifikationen, dem ICD-11, unter der Kategorie „Psychische und Verhaltensstörungen" einzuordnen.[705]

Neu ist dieser Vorstoß nicht, denn seit vielen Jahrzehnten schon bemühen sich Psychiater auf der ganzen Welt, ME zu psychiatrisieren.

Pauline Ovenden, ehemals Krankenschwester und Betroffene des Cluster-Ausbruchs im Jahre 1955 am Royal Free Hospital in London, legt Zeugnis ab von einem der skrupellosesten Versuche, ME den psychiatrischen Erkrankungen zuzuschlagen.[706] Sie berichtet, wie Dr. Melvin Ramsay, Facharzt der Infektionsabteilung am Royal Free Hospital zur Zeit des Cluster-Ausbruchs, bei dem 292 Menschen, überwiegend Krankenschwestern, aber auch Ärzte und sonstiges Personal und deren Angehörige und Freunde erkrankten, Ende der Sechziger-Jahre von zwei Psychiatern der psychologischen Abteilung des Middlesex-Hospitals um Einsichtnahme in die Krankenakten der betroffenen Patienten gebeten wurde. Ramsay, der all die Patienten, die nicht wieder gesundeten, jahrelang gründlich untersucht, das Krankheitsbild genau beschrieben und diese „Grippe" „Myalgische Enzephalomyelitis" (ME) genannt hat, sah keinen Grund, den Psychiatern die Akten nicht herauszugeben. Das sollte er bald bitter und bis an sein Lebensende bereuen. Denn die Psychiater McEvedy und Beard veröffentlichten 1970 einen Artikel, in dem sie – ohne jemals mit einem der betroffenen Patienten gesprochen zu haben[707] und ohne die Forschungsarbeiten von Dr. Ramsay zu berücksichtigen – den Cluster-Ausbruch zu einer Massenhysterie herabwürdigten.[708] Dieser Artikel beeinflusste einen Großteil der Ärzteschaft und seither besitzt die Krankheit ME, die zuvor weltweit als eine organische Krankheit sehr ernst genommen wurde, ein Glaubwürdigkeitsproblem. (1988 besuchte der amerikanische ME-Experte Dr. Byron Hyde McEvedy und fragte ihn, warum er aus der „Royal Free Disease" eine Massenhysterie gemacht hätte, ohne sorgfältige Erforschung der Grundlagen seiner Doktorarbeit, worauf McEvedy antwortete: *„Es war leicht, damit zu promovieren, warum also nicht?"*)[709] (Ü.d.A.)

Dr. Ramsay hatte zu Beginn des Ausbruchs auch selbst die Diagnose einer Hysterie in Erwägung gezogen, doch Symptome wie Fieber bzw. subfebrile Temperatur, Lymphknotenschwellungen sowie bei 43% der Patienten auch Augenmuskellähmungen und bei 19% Gesichtsnervenlähmungen, die verschwanden, sobald die

Patienten in Remission waren oder gesundeten, machten diese Diagnose hinfällig.[710]

Aber obwohl Melvin Ramsay immer wieder detailliert die neurologischen Symptome auflistete und das klinische Bild beschrieb (*„Der klinische Eindruck war der einer Krankheit, die eine diffuse Störung des Nervensystems in Kombination mit Irritations- und Lähmungserscheinungen hervorruft, die häufig vorübergehend waren. Der wichtigste Beleg für den generalisierten Infektionsprozess konnte in der Beteiligung anderer Körpersysteme gefunden wer-den.“*),[711] setzten sich McEvedy und Beard über seine Ausführungen gewissenlos hinweg und drückten ME ihren psychiatrischen Stempel auf – nicht anders, als es die Mehrheit der heutigen Ärzteschaft tut.

Auch Simon Wessely arbeitete emsig daran, die WHO davon zu überzeugen, ME als psychiatrische Erkrankung zu klassifizieren – sogar ohne öffentliche Ankündigung und hinter dem Rücken der Patientenorganisationen. Prof. Malcolm Hooper, einer der führenden internationalen ME-Forscher schreibt in seinem Kommentar zur „York-Studie“ 2006[712]: *„Indessen machten die Patienten im August des vorigen Jahres eine unliebsame Entdeckung. Professor Wesselys Institut hatte versucht, die WHO davon zu überzeugen, CFS/ME neu einzuordnen als psychiatrische Krankheit. Typischerweise wurde das auf klammheimliche Art gemacht, ohne öffentliche Ankündigung oder Absprache mit Patientengruppen – die es erst hinterher herausfanden. Es war nicht leicht, Professor Wessely zu stoppen. Es hat mehr als zwei Jahre Lobbyarbeit seitens der Patienten bei DSS und WHO gebraucht, bis der Reklassifizierungsversuch aufgegeben wurde. Wenn Professor Wessely beabsichtigt hatte, ein neues freundschaftliches Bündnis zwischen Patienten und Psychiatern herzustellen, wie er angekündigt hatte, so hatte er einen befremdlichen Weg gewählt, dafür zu werben. Seine WHO-Initiative, kurz nach der vorgeschlagenen Aussöhnung in die Wege geleitet, wurde als Verrat empfunden, der das bestehende Misstrauen verstärkte.“* (Ü.d.A.)

Was aber sind nun die Vorteile einer Umetikettierung?

Einmal geht es ganz offensichtlich um die Sicherung von Pfründen. Denn bei einer ME-Prävalenzrate von 0,11 bis 0,42% lässt sich doch ein ansehnlicher Patientenstamm dazugewinnen. (Noch deutlicher wird es bei dem Fibromyalgie-Syndrom mit seinem Anteil von 2-3% der Bevölkerung in den Industrienationen.)[713]

In ihrem Aufsatz „Somatoform disorders - new approaches to classification, conceptualization and treatment”[714] sinnieren der Marburger Psychologieprofessor Winfried Rief und der englische Psychiater Michael Sharpe, ein Vertreter der „Wessely-School“, gemeinsam darüber, dass die „Abschaffung” somatoformer Krankheiten sowohl die Medizin als auch die Psychiatrie bedrohen würde.[715] Sie halten die sogenannten Somatoformen Störungen für einen Grundpfeiler sowohl der Medizin als auch der Psychiatrie.[716] Sie schlussfolgern daraus aber, *„dass die bestehende krankheitsfixierte Einstellung zu Erkrankungen* (illness/Erkrankung bedeutet bei den Psychiatern der „Wessely-School“ Verhalten oder Unwohlsein oder gesundheitliche Auswirkung,[717] Anm.d.A.), *wie sie von der modernen westlichen Medizin praktiziert wird, nur so lange überleben kann, wie die große Anzahl der Patienten, deren somatische Symptome sich nicht durch Krankheit „erklären" lassen, auf bequeme Weise beseitigt werden.* "[718] (Ü.d.A.)

Auf die Spitze treibt es der Psychiater Simon Wessely, wenn er formuliert: ***„Wenn das Chronic Fatigue Syndrome nicht existieren würde, könnte uns unser gegenwärtiges Medizin- und Sozialsystem zwingen, ein solches zu erfinden."***[719] (H.d.A.)

Die Aussagen von Rief/Sharpe und Wessely scheinen einander zu widersprechen. Aber letztlich zielen beide auf das Gleiche ab: Patienten mit sogenannten „Somatoformen Störungen" oder auch „Funktionellen Syndromen", zu denen sie auch das „Chronic Fatigue Syndrome" zählen, dem biomedizinischen Sektor zu entziehen und dem psychiatrischen zuzuschlagen. Und um sich Liebkind bei den Regierenden zu machen und sich Forschungsgelder zu sichern, geben sie zudem noch ihre Absicht kund, die Sozialkassen entlasten zu wollen.

Abgesehen von solchen entlarvenden Formulierungen, auf deren Sinngehalt noch später näher eingegangen wird, geht es bei Rief/Sharpe[720] dann in der Folge darum, wie Patienten mit sogenannten Somatoformen Störungen, wozu – und das muss man immer wieder betonen – sie u.a. die ME/"CFS"-Patienten sowie Fibromyalgie-[721] und Irritable-Bowel-Syndrome-Patienten zählen, am effektivsten zu behandeln seien. Und da zeigt sich nun ganz offensichtlich, wie die Psychiater darum kämpfen, diese Patientenkohorte unter ihre Fittiche zu bekommen. Denn sämtliche als erfolgversprechend gepriesenen Maßnahmen entstammen den Werkzeugkästen des Psychiaters und des Verhaltenstherapeuten: Da wird Kognitive Verhaltenstherapie (KVT oder CBT) empfohlen, die Gabe von Antidepressiva und das Psychopharmakon Opipramol sowie die Unterweisung von Allgemeinärzten in Techniken der Kognitiven Verhaltenstherapie. Wobei letztere Empfehlung als keine befriedigende Lösung angesehen wird.

Stattdessen wird die Zusammenarbeit von Psychiatern und Psychologischen Gesundheitsdiensten propagiert.[722] Von Biomedizin – keine Spur!

War zunächst noch die Rede davon, dass die sogenannten Somatoformen Störungen einen Grundpfeiler sowohl der Medizin als auch der Psychiatrie darstellen, wird nun evident, dass Psychiater und Psychologen bzw. Verhaltenstherapeuten diese Patienten ganz auf ihre Seite ziehen wollen. Wenn, wie im Artikel behauptet, bei 20% der Arztbesuche Patienten mit somatischen Beschwerden vorstellig werden, die nicht mit den üblichen Krankheiten erklärbar sind,[723] stellen diese Störungen einen mächtigen Wirtschaftsfaktor dar.

Einsparpotential zudem birgt die Auffassung der Vertreter des biopsychosozialen Modells, der Behandler müsse nicht Experte auf allen drei Gebieten sein. Es sei dem Therapeuten nicht zuzumuten, sowohl medizinisch als auch psychologisch als auch auf den sozialen Aspekt spezialisiert zu sein.[724]

Sollte sich dieser Standpunkt allerdings flächendeckend im Gesundheitswesen durchsetzen und an der Ausbildung von Behandlern gespart werden mit der Folge, dass sie keine Experten mehr sind und mit ihrem gefährlichen Halbwissen auf hilfesuchende Patienten losgelassen werden, dann sind verhängnisvolle „Kunstfehler" vorprogrammiert. Ebenso gut könnte der Patient jeden x-beliebigen „Heiler" aufsuchen, der vorgibt helfen zu können.

Ein weiterer Vorteil der Umetikettierung einer organischen Krankheit zu einer psychogenen liegt darin, dass Leistungsansprüche abgewehrt werden können. Der britische Journalist Jonathan Rutherford schreibt: ***„Ein Wechsel der Klassifikation würde der Industrie Millionen Dollar sparen."***[725] Vor allem Versicherungen und Gesundheitskassen profitieren von der Nicht- oder auch Falschbehandlung ME-Kranker. Denn es ist – allerdings nur auf den ersten Blick! – wesentlich kostengünstiger, ME mit Kognitiver Verhaltenstherapie (KVT/CBT) und Graded Exercise Therapy (GET = ansteigende körperliche Belastung) zu therapieren als mit medizinischen Therapien, die dieser schweren neuroimmunologischen Krankheit gerecht würden. Rituximab, das auch bei ME hochwirksame Krebsmedikament, kostet pro 500mg laut Roter Liste 2068 Euro.[726] In der ersten Studie von Fluge und Mella hatten die Patienten pro Infusion 1000mg bekommen. Nach dem Stand der im September 2011 veröffentlichten Studie zu urteilen, müssen manche ME-Patienten diese Infusionen möglicherweise dauerhaft verabreicht bekommen, um ein Rezidiv zu vermeiden. (Ein üblicher Behandlungszyklus nach Fluge/Mella beläuft sich auf reine Medikamentenkosten von ca. 16.000 – 20.000 Euro pro Patient.)[727]

Zum Vergleich: Laut der „Swiss Re" (Schweizerische Rückversicherungs-Gesellschaft) kostet die Behandlung eines „CFS"-Patienten mit CBT und GET in Großbritannien nur um die 2000 brit. Pfund (ca. 2300 Euro).[728]

Bei genauerer Betrachtung ist der volkswirtschaftliche Schaden jedoch immens, wenn ME-Patienten nicht adäquat medizinisch behandelt werden. Eine Umfrage unter ME-Patienten der CDC[729], eine dem Gesundheitsministerium der Vereinigten Staaten unterstellte Behörde, errechnete die jährlichen Gesamtkosten durch Produktivitätsverluste, ohne die Kosten für medizinische Behandlung mit einzurechnen, auf 9,1 Milliarden Dollar.[730] Zu der Zeit, als die Studie durchgeführt wurde, war das mehr als der Endgewinn Walmarts, des seinerzeit größten Unternehmens der Welt.[731] Eine Studie von Jason et al., die direkte und indirekte Kosten einberechnete, kommt auf die schwindelerregende Summe von fast 24 Milliarden Dollar, die ME/"CFS" die amerikanische Gesellschaft pro Jahr kostet.[732] Geheilte ME-Patienten, die in den Produktionsprozess reintegriert wären, würden innerhalb kürzester Zeit die Kosten für medizinische Forschung und Behandlung wieder „einfahren" und könnten deutlich zur Steigerung des Bruttosozialproduktes beitragen.

Mit den von den Psychiatern und Psychosomatikern empfohlenen Therapien aber werden Krankenkassen, Rentenversicherungen und Sozialsysteme aus der Pflicht entlassen. Patienten, die CBT oder GET und Kuren in psychosomatischen Kliniken abbrechen oder gar nicht erst antreten, weil sie keine oder eine schädliche Wirkung auf ihre gesundheitliche Verfassung befürchten, gelten als therapieresistent oder Boykotteure, weshalb ihnen dann die entsprechenden Ansprüche gestrichen bzw. gar nicht erst gewährt werden.

Dass die Umetikettierung der Entlastung des Gesundheitswesens dienen soll, verdeutlicht auch die Aussage Michael Sharpes, die er anlässlich einer Vorlesung an der University of Strathclyde getroffen hat: ***„Diejenigen, die nicht in ein Schema objektiver körperlicher Erkrankung hineinpassen und es dennoch ablehnen, der Kategorie psychiatrischer Krankheit zugeordnet zu werden und dieses Stigma zu akzeptieren, bleiben die unverdienten Kranken unserer Gesellschaft und unseres Gesundheitswesens.“***[733] (H.d.A.)

7 ME und die Eugenik

Womit wir beim Thema Eugenik wären. Wer von den „unverdienten Kranken“ spricht, ist gedanklich nicht sehr weit entfernt von den Eugenikern des Dritten Reiches, die von „lebensunwertem“ Leben sprachen. Es geht Michael Sharpe und seinen Gesinnungsgenossen vor allem um die Ausgrenzung einer Patientengruppe und darum, ihr den Zutritt zum Gesundheitssystem (und in der Folge auch zu den Sozialsystemen) zu verwehren. Vordenker wie die Psychiater der „Wessely-School“ und ihre deutschen Adepten arbeiten mit ihren Äußerungen und Veröffentlichungen fleißig daran, dass diesen „unverdienten“ Kranken die Existenzgrundlagen entzogen werden.

Es geht hier um den Begriff der Eugenik, der *„[...] eine gesellschaftliche sowie politische Einstellung insbesondere Menschen mit Behinderung, aber auch solchen mit sozial abweichendem Verhalten gegenüber“* bezeichnet.[734]

Immer wieder wird den ME-Patienten unterstellt, sie fürchteten vor allem das Stigma einer psychiatrischen Diagnose und bestünden deshalb darauf, eine organische Krankheit zu haben. Simon Wessely schreibt: *„Die Zuschreibung von ungeklärten Symptomen zu einem ‚Virus`, wie das bei den meisten Patienten mit dem Etikett ME der Fall ist, bewahrt die Selbstachtung und schützt gegen das Stigma einer psychiatrischen Erkrankung.“*[735]

Würde jedoch den ME-Patienten eine psychiatrische oder verhaltenstherapeutische Behandlung helfen, wären die meisten von ihnen sicherlich bereit, die Stigmatisierung zu akzeptieren. Würden ihnen die anempfohlenen Therapien auch nur die geringste gesundheitliche Verbesserung bringen, wäre es diesen Patienten völlig egal, welche Art von Behandlern sie therapieren und welchem Fachgebiet man ihre Krankheit zuordnen würde. Sie müssten sich nicht um eine korrekte Diagnose, um die Einhaltung der Klassifikation des ICD, um die Anerkennung ihrer Krankheit bemühen, sie könnten sich endlich ohne jegliches Misstrauen in die Hände ihrer Behandler begeben und sich ganz ihrer Genesung widmen, ohne sich tagtäglich im Kampf mit Behörden, Krankenkassen, Rentenversicherungen, Ärzten, Psychiatern usw. aufreiben zu müssen.

Aber weil psychiatrische und verhaltenstherapeutische Maßnahmen bei ME nun einmal das Krankheitsgeschehen anheizen – ganz entgegen den vollmundigen Heilsversprechen der Ideologen des biopsychosozialen Modells – werden die betroffenen Patienten nachgerade gezwungen, sich so vehement gegen die Vereinnahmung dieses Krankheitsbildes durch die Psychiatrie zu wehren. Es ist also nicht so sehr die Stigmatisierung, sondern vor allem die Ausgrenzung aus den Versorgungssystemen, die den ME-Patienten zu schaffen macht und gegen die sie ankämpfen.

Dieser Kampfgeist vieler, selbst schwerkranker ME-Patienten und ihrer Angehörigen ruft bei den Adepten der biopsychosozialen Schule den allergrößten Unwillen hervor. Dass es darum geht, Patienten, die nicht willens sind, sich einer psychiatrischen Diagnose unterwerfen, zu ächten und aus allen zivilisatorischen Systemen „rauszuschmeißen", belegt das folgende Wessely-Zitat: *„Patienten mit unerklärlichen körperlichen Symptomen zeigen gewöhnlich einen starken Widerstand gegen jegliche psychologische Deutung und werden allgemein als unvermeidliche, unbehandelbare und unattraktive Last angesehen."*[736]

Und mit welcher Emphase Wessely sich den Kostenträgern an den Hals schmeißt, ist geradezu unerträglich: *„Patienten am schlimmen Ende des Spektrums stellen eine unverhältnismäßig große und vermeidbare finanzielle Last für die Gesundheits- und Sozialdienste dar."*[737]

Ins gleiche Horn bläst Wessely, wenn er schreibt: *„Patienten mit Somatisierungsstörungen verbrauchen riesige Mengen an finanziellen Mitteln des Gesundheitssystems ohne jeden Nutzen."*[738]

Und Michael Sharpe bekräftigt noch einmal: *„Kostenträger und Gesundheitsdienste mit knappen Haushalten zögern verständlicherweise, Geld für Patienten auszugeben, die nicht sterben werden und bei denen umstritten ist, ob ihre Krankheit ‚real' ist (und die) in diesem Sinne eine Behandlung nicht verdienen."*[739]

Hier wird ganz offensichtlich eugenisches Gedankengut propagiert, um sich den Kostenträgern anzudienen.

Den Vogel schießt allerdings der Psychiater Simon Wessely ab. 1991 zitierte er ärztliche Kommentare aus den Jahren 1880 und 1908 über Patienten mit Neurasthenie und schlussfolgerte, dass solche Beschreibungen ebenso gut auf die heutigen ME-Patienten zuträfen[740]: ***„immer kränkelnd, selten krank; ein nutzloses, schädliches Element der Gesellschaft; reine Verrückte; Faulheit, geistige Schwäche und Überempfindlichkeit ist für alle charakteristisch; der Schrecken des vielbeschäftigten Arztes.“*** (H.d.A.)

Spätestens bei diesem Statement müssten bei jedem, der auch nur das geringste historische Bewusstsein und ein Minimum an humaner Orientierung besitzt, die Alarmglocken schrillen.

8 Die „Wessely-School“ und das deutsche Gesundheitswesen

Nun kann man fragen: Was gehen uns ein paar durchgeknallte britische Psychiater an, denen es ganz offensichtlich an historischem Denken mangelt? Was hat das mit deutschen Verhältnissen zu tun?

Alles, muss man da leider antworten. Denn die Zusammenarbeit und Verflechtung dieser englischen Psychiater der „Wessely-School“ mit vielen deutschen Psychiatern ist durch zahlreiche Veröffentlichungen belegt.[741] Aber was noch viel schwerer wiegt: Selbst das Bundesministerium für Gesundheit (BMG) beruft sich indirekt auf die Studienergebnisse der „Wessely-School“, indem es auf das IQWiG verweist, das „Institut für Qualitätssicherung und Wirtschaftlichkeit im Gesundheitswesen“.[742]

Das IQWiG arbeitet im Auftrag des BMG und des G-BA.[743] Das IQWiG erstellt laut Eigenauskunft *„ausführliche Berichte und Rapid Reports* (Schnellberichte, Anm.d.A.) *zur Nutzenbewertung oder zur Bewertung von Kosten-Nutzen-Verhältnissen“* sowie *„Gesundheitsinformationen: Allgemein verständliche Informationen für Bürgerinnen und Bürger, die informierte Entscheidungen zur eigenen Gesundheit erleichtern sollen.“*

Auf Nachfrage schrieb das BMG: *„Da es Medizinern und Wissenschaftlern bis heute nicht gelungen ist, ein allgemein anerkanntes schlüssiges Erklärungskonzept für das CFS zu formulieren, sind die Behandlungsangebote für Menschen mit CFS vielgestaltig und nur zum Teil evaluiert. Das Institut für Qualität und Wirtschaftlichkeit im Gesundheitswesen (IQWIG) hat daher die Studienlage zu CFS gesichtet und darauf basierend eine Gesundheitsinformation zu diesem Thema veröffentlicht. Sie enthält Hinweise auf Behandlungsansätze, die nach der gegenwärtig verfügbaren wissenschaftlichen Evidenz die Symptome des CFS bei Erwachsenen und Kindern lindern können. [...]“*[744]

Was aber sind das für Behandlungsangebote, die uns auf der Website des IQWiG angeraten werden und auf welchen Studien basieren sie?

Es sind die uns bereits wohlbekannten Angebote aus dem Werkzeugkasten des Psychiaters und Verhaltenstherapeuten der Ideologen des biospychosozialen Krankheitsmodells: Graded Exercise Therapie (langsam ansteigende körperliche Belastung), um den *„Teufelskreis"*[745] zu durchbrechen, *„wenn immer geringere Aktivitäten immer stärkere Müdigkeit auslösen und die Menschen noch mehr Ruhephasen benötigen"*[746] und die Kognitive Verhaltenstherapie, denn: *„Mithilfe einer kognitiven Verhaltenstherapie können Menschen lernen, ihre gedanklichen Muster und ihr Verhalten zu ändern."*[747]

Abgesehen von der Ignoranz, die schwere pathologische Erschöpfung ME-Kranker mit Müdigkeit gleichzusetzen, eine „Central Fatigue" verharmlosend mit „Müdigkeit" zu übersetzen, will man den Kranken schädliche, symptomverstärkende Therapien oder aber nutzlose bis fahrlässige Therapien angedeihen lassen. Sämtliche zahlreich vorhandenen Studien, welche die Schädlichkeit körperlicher Aktivierung belegen, bleiben unerwähnt. Das Krankheitsbild wird verharmlosend dargestellt, so als seien ME-Kranke antriebsschwach und unmotiviert und müssten lediglich aus ihrem „Teufelskreis" herausgeholt werden, um wieder aktiv am Leben teilnehmen zu können. Hier wird die Verwechslung zweier unterschiedlicher Krankheitsbilder mehr als deutlich, nämlich der sogenannten „Chronic Fatigue" depressiver Patienten und dem „Chronic Fatigue Syndrom" (ME), welches eine organische Krankheit ist und meist in der Folge eines Virusinfektes auftritt. (Inzwischen ist der Text zu diesem Krankheitsbild auf der Website „gesundheitsinformation.de" des IQWiG gelöscht, da er, wie die Verfasserin auf Nachfrage erfuhr, *„seine Aktualisierungsfälligkeit erreicht hatte."* Eine Aktualisierung sei vorerst nicht geplant, da angeblich *„der Text kaum wahrgenommen wurde."* Eine seltsame Entscheidung, wenn man bedenkt, wie viele hilflose Patienten auf der Suche nach einer Diagnose für ihre rätselhafte Symptomatik durchs Internet surfen! Das IQWiG tut offenbar lieber so, als gäbe es diese Krankheit gar nicht. Und wieder einmal wird die Existenz von ME verleugnet. Stattdessen wird ausführlich über Burnout berichtet, das im ICD lediglich eine Z-Verschlüsselung[748] hat.[749])

Die Empfehlung von Kognitiver Verhaltenstherapie unterstellt, der Patient leide an einer „falschen Krankheitsüberzeugung", er bilde sich seine Krankheit lediglich ein. Mit Hilfe von KVT (engl. CBT) will man den Patienten von seinen „dysfunktionalen Krankheitsüberzeugungen" kurieren.

Der Psychiater Michael Sharpe ging sogar soweit zu behaupten: ***„Die Vehemenz, mit der viele Patienten darauf bestehen, dass ihre Erkrankung körperlicher statt psychiatrischer Natur ist, wurde eines der Hauptcharakteristika der Erkrankung."***[750] (H.d.A.)

Sein Kollege Simon Wessely geht noch einen Schritt weiter, wenn er sagt: ***„Ich behaupte, dass ME einfach nur eine Überzeugung ist, die Überzeugung, dass man eine Krankheit namens ME hat."***[751] (H.d.A.)

Und so tauchen Simon Wessely und seine Mitstreiter denn auch folgerichtig in der Quellenangabe des IQWiG auf.[752] Ebenso die Mitarbeiter des „Centre for

Reviews and Dissemination“ mit ihrer sogenannten „York-Studie“,[753] welche der Behandlungsstrategie der „Wessely-School“ – Graded Exercise Therapie (GET) und Cognitive Behaviour Therapie (CBT) – Schützenhilfe leistet.

Insgesamt 70 Studien hat die „York-Studie“ ausgewertet, davon 10 CBT-Studien und 5 GET-Studien. Von den 10 CBT-Studien stammen vier aus den 90ziger-Jahren, die älteste von 1993. Ein Follow-Up wurde im Jahr 2002 durchgeführt und die restlichen fünf Studien in den Jahren von 2000 bis 2004, d.h. selbst die jüngste Studie ist bereits mehr als 10 Jahre alt.[754] Von den 5 GET-Studien ist die jüngste aus dem Jahre 2005, zwei Studien aus den 90er-Jahren.

Von diesen 15 Studien sind allein 7 von der „Wessely-School“ und ihren Anhängern durchgeführt worden.[755] Alle diese in Endnote aufgeführten Namen gehören zur „Wessely-School“ oder stehen ihr sehr nahe.[756]

Bleibt die Frage, warum das IQWiG seine Behandlungsempfehlungen ungeachtet der Tatsache, dass ME/“CFS“ eine organische Krankheit ist, auf Studienergebnisse von Psychiatern stützte!

9 Wie kommen solche Studienergebnisse zustande?

Warum aber leisten GET und CBT den Kriterien der evidenzbasierten Medizin offenbar Genüge, obwohl sie nachweislich schädlich sind für ME-Kranke, wohingegen Studien, die untersuchen, ob Nahrungsergänzungsmittel hilfreich sind, diesen Kriterien nicht standhalten können?

Hier lohnt sich ein Blick auf die Studienkohorte. Will man Depressive und Menschen mit anderen psychischen Erkrankungen ausschließen, so muss man strenge Kriterien wie die Kanadischen oder die Internationalen Konsensuskriterien anlegen. An den GET- und CBT-Studien, welche in der „York-Studie“ evaluiert wurden, nahmen Patienten teil, die lediglich nach den weitgefassten Oxford-, Holmes- oder Fukuda-Kriterien als „CFS“-Patienten diagnostiziert worden waren. Selbst bei den Fukuda-Kriterien[757] ist es aber nicht zwingend erforderlich an der für ME charakteristischen neuroimmunen Zustandsverschlechterung nach körperlicher und geistiger Belastung zu leiden. Auch die Erschöpfbarkeit der Muskulatur, gewissermaßen das Hauptsymptom einer ME,[758] ist kein zwingendes Symptom für diese Kriterien. Ebenso bleiben die häufig auftretenden autonomen und endokrinen Symptome unberücksichtigt.[759] Wenn aber nur eine länger als 6 Monate anhaltende Erschöpfung als zwingend erforderliches Symptom notwendig ist, wird es evident, dass vor allem „chronisch Erschöpfte“, mithin vor allem depressive und psychisch kranke Patienten, nicht aber am „Chronischen Erschöpfungs***syndrom***“ Erkrankte die Studienkohorten bildeten. Denn ME-Patienten haben gar nicht die Kraft, an körperlichen Trainingsprogrammen teilzunehmen oder würden schnell aus dem Programm aussteigen, weil ihr Zustand sich nach den Belastungen verschlechtern würde. Selbst ein CBT-Programm stellt für einen nur mittelschwer an ME Erkrankten eine große Hürde dar, wenn man an An- und Abfahrt denkt und an die Anforderung, mindestens eine Stunde lang sitzen und sich konzentrieren zu können und das meist auch noch in einer Gruppe.[760]

Solange es aber keine einheitliche Studienkohorte gibt, sind die Ergebnisse solcher Studien naturgemäß verfälscht. Wer wie Simon Wessely und seine Anhänger die Begriffe ***„Fatigue"***, ***„Chronic Fatigue"***, ***„Chronic Fatigue Syndrome"*** und ***„Myalgische Enzephalomyelitis"*** wahlweise benutzt und damit ganz unterschiedliche Krankheitsbilder in einen Topf wirft, wird keine für ME-Patienten relevanten Studienergebnisse bekommen.[761] Mit den GET- und CBT-Studien wird also lediglich deren Evidenz für „chronisch Erschöpfte", also überwiegend Depressive und psychisch Kranke und Menschen mit nicht identifizierten Krankheiten, nachgewiesen.

Das gleiche gilt für Studien, die Nahrungsergänzungsmittel betreffen. Es kann kein vielversprechendes Resultat zustande kommen, wenn die Ausschlusskriterien nicht streng gefasst sind, denn z.B. Depressiven werden Nahrungsergänzungsmittel nicht sehr viel weiterhelfen. Außerdem müssten Studien mit Nahrungsergänzungsmitteln mindestens über einen Zeitraum von zwei Jahren laufen, da sich eine Verbesserung oft erst nach längerer Einnahme einstellt. (Oder die „Verbesserung" sogar nur in der Verhinderung von ernsten Mangelsyndromen oder Folgekrankheiten besteht.) Das macht deutlich, weshalb die in der „York"-Studie aufgeführten Studien mit Nahrungsergänzungsmitteln nicht den Kriterien der evidenzbasierten Medizin standhalten können.

Doch nicht nur das IQWiG beruft sich auf Studienergebnisse der „Wessely-School" mit seinen uneinheitlichen Studienkohorten. Die DEGAM-Leitlinie „Müdigkeit"[762] stellt mit ihren potentiell schädlichen Behandlungsempfehlungen für ME/"CFS"-Patienten ebenfalls auf diese Studien ab, wie schon in Teil I erwähnt. Patientenorganisationen hatten bei der Erstellung der Leitlinie auf die Vermischung von Patientenpopulationen aufmerksam gemacht, die in den weitgefassten Ausschlusskriterien begründet ist.[763] Zu deren Einwänden schrieb der Soziologe und Pate der Leitlinie „Müdigkeit" Martin Beyer[764] folgende Randnotiz im Entwurf[765]: ***„Hier ist mir auch die Stoßrichtung der Adepten nicht klar: die reiten auf diesem `positiven Inhalt` deswegen herum, um Studien, die ihnen nicht passen als mit Psychopathen und nicht echten CFSlern gemacht, diskreditieren zu können. Andererseits bringen sie sich bei gewissenhafter Anwendung um einen ganzen Teil möglicher Anhängerschaft. Sektiererisch***

wird das zudem, wenn sie sich auch noch von den `gewöhnlichen`FMSlern (FMS = Fibromyalgie-Syndrom, Anm.d.A.) ***abgrenzen wollen.“*** (H.d.A.)

Diese Randnotiz entlarvt, mit welchem Zynismus den ME/“CFS“-Patienten begegnet wird. Man sollte doch meinen, Anhänger evidenzbasierter Medizin wie Martin Beyer[766] wüssten um die Notwendigkeit einheitlicher Krankheitsdefinitionen, damit überhaupt aussagekräftige Studienergebnisse zustande kommen können. Die Patientenorganisationen sind aus diesem Grund selbstverständlich gar nicht bestrebt, eine möglichst breite Anhängerschaft zu gewinnen, sondern vor allem um eine korrekte Abgrenzung zu Erkrankungen mit teilweise überschneidender Symptomatik.

In der DEGAM-Leitlinie wird auch auf eine der größten und kostspieligsten Studien (mehr als 5 Mill. Britische Pfund), die sogenannte PACE Trial[767] verwiesen, publiziert im März 2011 in „The Lancet“.[768]

Die Studie, geleitet von dem britischen Psychiater Peter White, einem Anhänger der „Wessely-School“, kommt ebenfalls zu dem Ergebnis, CBT und GET seien ***die*** erfolgversprechenden Therapien zur Behandlung der ME/“CFS“. Doch wenn man einen Blick auf den Abschnitt „Interessenskonflikte“ wirft, darf man schon stutzig werden, wie viele der Autoren für die Versicherungsindustrie oder die Regierung arbeiten.[769] Dass das britische Ministerium für Arbeit und Renten (Department for Work and Pensions, DWP) diese Studie mitfinanziert hat – die einzige, die es (bis dahin) jemals mitfinanziert hat! – ,[770] dürfte ebenfalls kein Zufall sein.[771]

Fragwürdig erscheint außerdem die Tatsache, dass die Autoren der Studie die biomedizinische Literatur zu ME/“CFS“ ignorieren und sie nicht als neurologische Krankheit – wie in der WHO-Klassifikation verschlüsselt – anerkennen, sondern als Verhaltensstörung betrachten, bei der „dysfunktionale Krankheitsüberzeugungen“ und Dekonditionierung die Symptomatik aufrechterhalten. Darüber hinaus ist es unethisch, den Teilnehmern der Studie zu verschweigen, dass die Studienleiter ME/“CFS“ nicht als körperliche Krankheit betrachten. Um ihr Einverständnis erklären zu können, müssen die Teilnehmer einer klinischen Studie ***stets offen und ehrlich und vollständig*** informiert werden – was in diesem Fall unterblieben ist.[772]

Unethisch ist es auch, den Probanden der CBT-Gruppe einzureden, sie litten lediglich an falschen Krankheitsüberzeugungen, obwohl sie doch an einer organischen Krankheit leiden.

Wenn man die PACE Trial auseinandernimmt, ist schnell zu erkennen, dass sie mit sehr vielen methodischen Fehlern behaftet ist, und man muss sich wundern, wie diese Studie das System der Expertenkontrolle (Peer Review) passieren und dem kritischen Augenmerk der Wissenschaftsjournalisten entgehen konnte.[773]

Da sind zunächst einmal die Auswahlkriterien zu nennen. Die Probanden waren lediglich nach den viel zu weitgefassten Oxford-Kriterien diagnostiziert, da man ansonsten nicht genügend Patienten zusammenbekommen hätte.[774] D.h. es wurden vor allem auch Menschen mit einem psychischen oder psychiatrischen Krankheitsbild aufgenommen, nicht aber ME-Patienten. Selbst der Leiter der Studie, Peter White, schreibt in einem undatierten Brief an „The Lancet“: *„Die PACE-Studien-Veröffentlichung bezieht sich auf Chronic Fatigue Syndrom (CFS), das operationell definiert ist; sie gibt nicht vor, CFS/ME zu untersuchen.“* Und weiter: *„CFS, das lediglich als grundsätzliche Beschwerde über Erschöpfung definiert und entkräftend ist, seit sechs Monaten andauert, ohne alternative medizinische Erklärung (Oxford-Kriterien).“*[775] (Ü.d.A.)

Es mutet schon mehr als seltsam an, dass Kriterien zugrunde gelegt wurden, die bereits 1997 von einem der PACE-Studienleiter, Michael Sharpe, als vom internationalen Konsens abgelöst angesehen wurden.[776]

Dass auch Chefstudienleiter Peter White sich des Unterschiedes zwischen ME/“CFS“ und anderen Fatigue-Erkrankungen psychischer Natur bewusst war, zeigen seine Veröffentlichungen aus früheren Jahren, in denen er dazu aufruft, die Oxford-Kriterien mit Vorsicht anzuwenden, da sie den Einschluss von Befindlichkeitsstörungen erlaubten, generell zu weit gefasst seien und die physische Symptomatik einer ME nicht mit der einer psychisch bedingten Chronic Fatigue übereinstimme.[777]

Doch all diese früheren Einsichten hinderten Professor Peter White, führender Berater des DWP,[778] nicht daran, sie für die PACE Trial kurzerhand über Bord zu werfen und heterogene Patientenkohorten zu einer nur scheinbar homogenen zu verschmelzen.

Mit der WHO-Klassifikation von ME/“CFS“ hatte diese Studienkohorte denn auch nichts zu tun, da Personen mit neurologischen Symptomen von vornherein ausgeschlossen waren.[779] Auch das Kardinalsymptom einer ME, die neuroimmune Zustandsverschlechterung nach Belastung oder PENE, war nicht zwingend erforderlich, um an der PACE Trial teilnehmen zu können. Ebenso wurden nur mild bis allenfalls moderat Erkrankte in die Studie aufgenommen. Das geben die Autoren auch unumwunden zu, wenn sie schreiben: *„Unsere Studie hatte Grenzen. Wir schlossen Patienten aus, die außerstande waren ein Krankenhaus zu besuchen.“*[780] (Ü.d.A.)

Würden die Ergebnisse der PACE Trial nicht als Argumentationshilfe für die Wirksamkeit der Behandlung ME-Kranker herhalten müssen, obwohl die Studie – zumindest informell – laut Studienleiter erklärtermaßen diese Patienten gar nicht untersucht hat, bräuchten wir das fehlerhafte Studiendesign nicht weiter zu analysieren. Doch da sie die Kernmunition der GET- und CBT-Befürworter darstellt, müssen wir uns die Mühe machen, sie auf weitere Mängel zu untersuchen.

Da ist z.B. das Zugangsniveau für diese Studie, welches 11 Monate nach Studienbeginn von ursprünglich 60 auf 65 von 100 möglichen Punkten angehoben wurde.[781] (Der SF-36-Fragebogen enthält 10 Fragen zu körperlichen Aktivitäten, „keine Einschränkung“ wird mit 10 Punkten, „leichte Einschränkung“ mit 5 und „starke Einschränkung“ mit 0 Punkten bewertet.) Eine gesunde Person könnte also 100 Punkte (Durchschnittswert gesunder Erwachsener: 95+) erreichen. Um aber das von den Autoren der Studie angestrebte Ergebnis, nämlich eine messbare Verbesserung des Energieniveaus zu erreichen, wurde eine „normale" Funktionsfähigkeit ab einem Wert von 75 Punkten festgelegt,[782] Genesung bereits ab 85 Punkten.[783] (Menschen mit Chronischer Herzinsuffizienz erreichen im Mittel 79 Punkte!) Die Autoren erwarteten, dass 60% der CBT-Gruppe und 50% der GET-Gruppe am Ende der Studie ein Leistungsniveau von 75 Punkten erreichen würden.[784] Doch während die Studie bereits lief, wurde das ursprüngliche Ziel von 75 Punkten fallengelassen und auf 60 Punkte abgesenkt – d.h. die Zielpunktzahl, die als „Verbesserung" bewertet wurde und damit als Behandlungserfolg galt, wurde unter den Wert des Zugangsniveaus der Studienteilnehmer abgesenkt.[785] Mit diesem Trick wurden Patienten, die bereits vor Behandlungsbeginn einen Wert von 60 oder mehr Punkten erreichten, zu den mit Erfolg Therapierten gerechnet, ***obwohl sich ihr Zustand möglicherweise überhaupt nicht geändert oder sogar verschlechtert hatte.***[786]

Außerdem hatten sich die Autoren der PACE Trial gegen eine Kontrollgruppe entschieden, die beispielsweise mit Entspannungstechniken behandelt worden wäre. So kann man annehmen, dass die Studienteilnehmer hinsichtlich Besserung und Krankheitswahrnehmung einen Placebo-Effekt hatten oder sogar von ihren CBT- und GET-Therapeuten manipuliert wurden, was sich beim Ausfüllen der Fragebögen niedergeschlagen haben könnte. Dieser Verzerrungseffekt durch eine mangelhafte Versuchsanordnung wäre mit einer Kontrollgruppe vermieden worden.

Auch die andere Möglichkeit, die subjektiven Angaben in den Fragebögen objektiven Messmethoden gegenüberzustellen, wurde wieder verworfen. Die für die Studie bereits bewilligten Aktometer (Aktivitätsmesser), Schrittzähler, hätten Aufschluss über das tatsächliche Aktivitätsniveau der Patienten gegeben. Unverständlich, weshalb auch diese Veränderung des Studiendesigns im Peer-Review-Prozess nicht kommentiert wurde.[787]

Im Abschnitt „Diskussion" finden sich darüber hinaus einige bemerkenswerte Sätze, welche die Anwendbarkeit der Ergebnisse auf ME-Patienten doch erheblich einschränken. Da ist davon die Rede, dass die Forschungsergebnisse für Patienten, die auch alternative diagnostische Kriterien für „CFS" und ME erfüllen, verallgemeinert werden können, *„aber nur, wenn Müdigkeit ihr Hauptsymptom ist."*[788] Doch ME-Patienten leiden nicht unter Müdigkeit, sondern unter der pathologisch raschen Erschöpfbarkeit der Muskulatur nach bereits geringer Belastung,[789] was zu Muskelschmerzen und einer neuroimmunen Zustandsverschlechterung mit einer Reihe von neurologischen und anderen Problemen führt.

Die Feststellung der Autoren, dass die untersuchten Behandlungen nur mäßig wirksam waren und es nahe liegt, dass die Erforschung wirksamerer Behandlungen erforderlich ist, klingt fast wie das Eingeständnis einer Schlappe und lässt die Ergebnisse in einem ganz anderen Licht erscheinen.[790] Die GET-Patienten konnten im Vergleich zu den SMC-Patienten, die nur medizinische Behandlungen eines Spezialisten erhalten hatten, nach 52 Wochen „Lauftraining" gerade mal 35 Meter mehr in 6 Minuten gehen, insgesamt durchschnittlich 379 Meter,[791] eine Marke, die weit unter dem Leistungsvermögen eines Gesunden liegt. (Zum Vergleich: Gesunde 40-80-Jährige laufen in 6 Min. durchschnittlich 571m, gesunde 55-75-Jährige in 6 Min. durchschnittlich 659m.)[792] Selbst Lungentransplantierte und ältere Patienten mit chronischer Herzinsuffizienz überholen die „erfolgreich" mit GET Therapierten.[793] Die Werte im SF-36 Fragebogen die körperliche Funktionsfähigkeit betreffend, lagen bei der CBT-Gruppe nach 14 Therapiestunden mal gerade bei 58 von 100 Punkten,[794] was weit unterhalb eines gesunden Funktionsniveaus angesiedelt ist. Man darf also davon ausgehen, dass die Patienten auch nach ihren Behandlungen weder rehabilitiert noch arbeitsfähig waren.

Darüber hinaus gehen die Autoren keinesfalls, wie etwa die DEGAM-Autoren der Leitlinie „Müdigkeit", davon aus, dass GET und CBT ***allein*** diese mäßigen Effekte bewirken können, wenn sie konstatieren: *„Wir behaupten, dass diese Ergebnisse zeigen, dass entweder CBT oder GET,* ***wenn sie einer medizinischen Spezialisten-Behandlung hinzugefügt werden****, eine wirksame Behandlung des Chronic Fatigue Syndroms ist, und dass die Größe dieses Effekts* ***mäßig*** *ist."*[795] (H.d.A., Ü.d.A.) D. h. sie propagieren nicht wie die DEGAM-Autoren, CBT und GET ***anstelle*** sondern ***zusätzlich*** zu einer medizinischen Behandlung anzubieten.

Die PACE-Autoren ermuntern auch nicht dazu, den Patienten undifferenzierte Empfehlungen wie *„Schwimmen, Radfahren, Tanzen, Ballspiele"* etc. mit auf den Weg zu geben, wie es die DEGAM-Autoren mit ihren Patientenbriefen[796] tun, sondern weisen ausdrücklich auf die Notwendigkeit hin, diese Behandlungen – wie in den Studienbedingungen – von in gleicher Weise qualifizierten und geschulten Ärzten durchführen und überwachen zu lassen, um die Sicherheit der Patienten nicht zu gefährden.[797] Somit wären die Behandlungsempfehlungen der Autoren zumindest hierzulande gar nicht praktikabel, da es an entsprechend qualifiziertem Personal mangelt, um die große Zahl deutscher ME-Kranker zu behandeln. (Damit kein Missverständnis aufkommt: GET ist, ***egal ob angeleitet oder nicht***, definitiv ***keine*** Behandlungsoption für ME-Patienten, da GET bei ihnen zu einer neuroimmunen Zustandsverschlechterung nach Belastung führt. Diese Zustandsverschlechterung kann zu dauerhafter Bettlägerigkeit und Pflegebedürftigkeit führen und zu schweren neurologischen und kardiologischen Schäden. Lediglich diejenigen ME-Patienten, die sich ***unzweifelhaft*** auf dem Weg in eine Remission befinden, dürfen sich langsam und achtsam aktivieren. Aber Vorsicht: ein paar symptomärmere Tage bedeuten keinesfalls, dass eine Remission bevorsteht!)

Auch die Feststellung der Autoren, dass die Effektivität von Verhaltenstherapie nicht impliziere, dass die Krankheit psychologischer Natur sei,[798] scheinen die DEGAM-Autoren überlesen zu haben. Allein die „Verbesserungsrate" von

30%,[799] eine Mogelpackung, u.a. weil die Zielpunktzahl auf 60, also 5 Punkte unter das Zugangsniveau, abgesenkt wurde, lässt das Studienergebnis aber als Erfolg dastehen.

Durch dieses Ergebnis der PACE Trial wird den praktizierenden Ärzten und dem Gesundheitspersonal, die gar nicht die Zeit haben, sich mit der Studie näher zu befassen, einmal mehr suggeriert, mit Kognitiver Verhaltenstherapie und ansteigender körperlicher Aktivierung ließen sich ME-Patienten erfolgreich behandeln und heilen.

Jonathan Edwards, emeritierter Professor für Bindegewebsmedizin, weltweit bekannt für seine Arbeiten in B-Zell-Immunologie und führender Forscher bei den klinischen Studien zu Rituximab für Patienten mit Rheumatoider Arthritis,[800] ließ jedoch kein gutes Haar an einer Präsentation der PACE Trial: *„Ich denke, ich kann Dr. Whites Präsentation nur als fehl am Platze beschreiben. Er präsentierte eine einzige Folie mit Ergebnissen der PACE-Studie und behauptete, dass sie deutlich zeigte, dass zwei Behandlungen anschlagen. Anschließend verbrachte er den Rest seiner Rede damit zu sagen, wie uneinsichtig es war, dass die Patienten nicht dankbar diese Schlussfolgerung akzeptierten, was darauf hinweise, dass dies ein Angriff auf die Wissenschaft war (wenn ich mich recht erinnere). Ich habe die PACE-Studie nicht genau im Detail überprüft, aber mein Verständnis ist, dass es eine nicht verblindete Studie war, und dass sie freilich für solche Behandlungen nur unverblindet sein konnte. Was Dr. White nicht zu verstehen schien, dass es einen einfachen Grund für die Nicht-Akzeptanz der Schlussfolgerung gibt, (*nämlich*) dass eine unverblindete Studie in einer Situation, wo die Endpunkte subjektiv sind, wertlos ist.“*[801] (Ü.d.A.)

Trotz ihrer mageren und wissenschaftlich mehr als zweifelhaften Ergebnisse haben die PACE-Autoren noch einmal nachgelegt, finanziert vom UK Medical Research Council, vom britischen Gesundheitsministerium, vom DWP und weiteren staatlichen Institutionen. In ihrer neuen Studie brandmarken sie die Furcht der Patienten vor CBT und GET und die daraus resultierende Vermeidung dieser Behandlungsmethoden als entscheidende Faktoren, die Krankheit und Behinderung der Patienten angeblich aufrechterhalten sollen.[802] Wieder einmal werden die ME/“CFS“-Patienten also für selbst schuld an ihrer Misere erklärt, und wenn sie nur ihre nach Meinung der Autoren unbegründeten Ängste, ihre falschen Überzeugungen und ihr Vermeidungsverhalten aufgeben würden, wären CBT und GET die geeigneten Heilmethoden für sie. Dass die meisten Patienten bereits schlechte Erfahrungen mit einer Aktivierungsbehandlung gemacht haben, darauf wird gar nicht erst eingegangen. Dass sich unter den Patienten viele ehemalige Sportler, Tänzer und andere ehemals aktive Menschen mit körperlich anstrengenden Berufen finden, von denen niemand unter einer „Exercise-Phobie“ leidet und die sich alle nichts lieber wünschen, als ihre Berufe wieder aufnehmen zu können, wird unter den Teppich gekehrt. Und dass die durch Aktivierung verursachten Symptomverschlimmerungen der Patienten, die durch das charakteristische Kernsymptom der

Krankheit ausgelöst werden, die PENE, die neuroimmune Zustandsverschlechterung nach Belastung mit ihren objektiv messbaren biomedizinischen Anomalien, explizit ***gegen*** eine Aktivierungstherapie und ***gegen*** ein Überbordwerfen vorgeblich „falscher Krankheitsüberzeugungen" sprechen, wird komplett ignoriert. Einige ME-Forscher und Patientenorganisationen haben denn auch umgehend auf diesen neuerlichen Versuch, die ME/"CFS"-Patienten zu psychopathologisieren reagiert und betont, dass die Patienten völlig zu Recht Furcht vor GET und CBT haben und wegen ihrer erworbenen Anomalien diese psychiatrischen Behandlungen unbedingt vermeiden müssen.[803]

Interessant im Zusammenhang mit dieser neuen Studie, an der PACE-Studienleiter Peter White als Mitautor beteiligt war, dürfte Peter Whites Studie aus dem Jahr 2005 sein, in der genau das Gegenteil proklamiert wurde, nämlich dass „CFS"-Patienten ohne komorbide psychiatrische Störungen ***eben keine „Exercise-Phobie" haben***![804] Warum also einmal „hü" und einmal „hott"?

Wie dem Protokoll für die PACE Trial zu entnehmen ist, begann man bereits im März 2005 Patienten für die Studie zu rekrutieren.[805] Man bemühte sich also, die Patienten zu einer Teilnahme zu ermuntern, man umwarb sie und vermied solche Negativberichte wie den über eine angebliche „Exercise-Phobie", der Patienten von einer Teilnahme nur abgeschreckt hätte. Ganz anders sah die Lage natürlich ***nach*** Veröffentlichung der PACE Trial 2011 aus, weil seither Patienten und Patientenorganisationen weltweit Sturm gegen die durch Manipulation und Trickserei erzielten Resultate laufen. Jetzt, da die Patienten die Ergebnisse der PACE Trial ablehnen, unterstellt man ihnen eben kurzerhand „Exercise-Phobie", um die Ergebnisse der Studie weiterhin rechtfertigen und aufrecht erhalten zu können. Diese Vorgangsweise ist in jeder Hinsicht unethisch, um nicht zu sagen betrügerisch, und es ist nicht verwunderlich, dass solche allein einem Utilitarismus und reiner Zweckdienlichkeit huldigende psychiatrische und psychologische „Forschung" zunehmend bei den Bürgern in Misskredit gerät und den Ruf der gesamten Fachrichtung beschädigt.[806]

Es wundert jedoch auch niemanden, dass die Ergebnisse der PACE Trial weltweit von den Regierungen und den Vertretern der Gesundheitssysteme freudig aufgegriffen worden sind, versprechen sie doch zunächst eine „preisgünstige" Lösung der Probleme. Und kaum war die Nachfolgestudie der PACE Trial veröffentlicht, setzte der „Healthfinder" der amerikanischen Regierung ihre Ergebnisse auf seine Website.[807] So treiben die britische und die amerikanische Regierung gemeinsam die Stigmatisierung der ME-Patienten weiter voran und drücken ihnen zusätzlich noch den „Phobiker"-Stempel auf.

Dabei ist es nicht ohne Ironie, dass das britische Gesundheitsministerium und der nationale Blutspendedienst Großbritanniens Menschen mit ME/"CFS" auf Dauer von Blutspenden ausschließen – ***„mit dem Argument, dass ME/CFS***

eine Krankheit ist, bei der es zu Rückfällen kommen kann und dass man dieses Verbot erlassen muss, um die Gesundheit der Patienten zu schützen.“[808] (H.d.A.)

10 Noch einmal: Welche Vorteile bringt die Psychopathologisierung dieser organischen Krankheit?

Wem Studien wie die PACE Trial nutzen, wird deutlich, wenn man liest, dass Studienleiter Peter White, bezahlter Berater der „Swiss Re“ (Schweizerische Rückversicherungs-Gesellschaft), in einer von der „Swiss Re“ initiierten webbasierten Diskussionsgruppe die „Erfolgsergebnisse“ seiner PACE Trial anpreist.[809] Die „Swiss Re“ jubelte anschließend die 30%-Erfolgsquote[810] zu einer 60%-Erfolgsquote[811] hoch und verkaufte die Verbesserungen nicht etwa als „moderat“ – wie im Text der Studie zu lesen –, sondern als „klinisch signifikante Verbesserung“.[812]

Doch die DEGAM-Leitlinie „Müdigkeit“[813] birgt noch weit höheres Einsparpersonal – auch für den Allgemeinmediziner. Denn statt sein Budget mit der Rezeptierung teurer Medikamente und Laboruntersuchungen belasten zu müssen, soll er dem Patienten eine allgemeine Patienteninformation[814] und einen anamnestischen Fragebogen in die Hand drücken,[815] einen Dokumentationsbogen und einen Patientenbrief zur Schlafhygiene.[816] Außerdem noch ein Merkblatt mit dem Titel „Müdigkeit im Teufelskreis der Unterforderung“,[817] das dem Patienten die Entstehung seiner Krankheit „erklärt“ und mit Aktivierungsempfehlungen wie *„Radfahren, Schwimmen, Ballspiele, Tanzen“* etc. gespickt ist, sowie einen Patientenbrief mit Entspannungsempfehlungen zum Thema „Ermüdung durch zu hohe Belastung, Überforderung“.[818] (Sogar die britische NICE-Guideline 53 warnt davor, dem Patienten unstrukturierte Ratschläge wie „Gehen Sie ins Fitnessstudio“ oder „Trainieren Sie mehr“ zu geben, weil derartige nicht überwachte Aktivitäten die Symptome verschlechtern können.[819] Zur NICE-Guideline 53 siehe auch Teil I/Kap. VI/13 u. 14)

Anstelle eines ausführlichen Patientengespräches, einer sorgfältigen Anamnese und einer gründlichen körperlichen Untersuchung inklusive spezifischer Laborparameter soll der Patient vor allem mit Zetteln abgespeist werden, die ihm vorgeblich den Weg zur Genesung weisen, ohne dass der Arzt in diesen naturgemäß zeit- und kostenintensiven Patienten investieren muss. Obwohl der Patient die hausärztliche Praxis wegen einer Körpersymptomatik aufsucht, wird die naheliegende Vorgehensweise, den Patienten zunächst körperlich zu untersuchen, in der Kurzversion der Leitlinie als Fehler gebrandmarkt.[820] Der Arzt solle zunächst den psychosozialen Bereich abklären. Doch in aller Regel mangelt es den Allgemeinmedizinern an qualifizierten Zusatzausbildungen, die ihn befähigen würden, den psychosozialen Bereich differentialdiagnostisch abzuklären. Das ist auch nicht seine Aufgabe als Facharzt für Allgemeinmedizin. Zudem begünstigen die Abrechnungsmodalitäten für Hausärzte nur kurze Gespräche, die für die differentialdiagnostische Abgrenzung von psychischen Konflikten gänzlich ungeeignet sind.

Findet sich im kurzen Patientengespräch kein Anhaltspunkt für etwaige psychische und/oder soziale Konflikte, „darf" der Arzt seine evidenzbasierte Routinediagnostik durchführen, die in aller Regel bei ME/"CFS"-Patienten keine Auffälligkeiten zutage fördert. Weitere Untersuchungen sind zu unterlassen, um den Patienten nicht somatisch zu fixieren. In der DEGAM-Leitlinie werden die nach dem Kanadischen Konsensusdokument empfohlenen Zusatzuntersuchungen gar als ***„ein an Körperverletzung grenzendes iatrogenes Pathogenisierungspotential"***[821] (H.d.A.) bezeichnet – zynischer Beitrag des bereits erwähnten Leitliniepaten Martin Beyer.[822]

Dieser Vorgehensweise leistet das Abrechnungssystem Vorschub, denn auch Laboruntersuchungen sind budgetiert. Um einen Anreiz für Ärzte zu schaffen, dieses Budget nicht zu überschreiten, wird darüber hinaus ein Wirtschaftlichkeitsbonus vergütet. Auf jeden Fall erhält der Arzt eine Laborgrundgebühr, doch bei Überschreiten des Laborbudgets werden die über das Budget hinaus abgerechneten Leistungen vom Wirtschaftlichkeitsbonus abgezogen.[823] So wird nachvollziehbar, dass aufwendige Laboruntersuchungen, wie sie bei ME-Patienten angezeigt sind, für den Allgemeinmediziner nicht wirtschaftlich sind.

Da die Routinediagnostik keinen pathologischen Befund erkennen lässt und ein Großteil der Ärzteschaft nicht selten dem Selbstmissverständnis unterliegt, ein szientistisches Wissenschaftsverständnis zu pflegen (wobei sich die Naturwissenschaftlichkeit des Allgemeinmediziners in aller Regel auf die Interpretation des großen Blutbilds beschränkt), greift man schnell auf eine Psycho-Diagnose zurück. Die „psychologische" Erklärung der Krankheit wird somit zum Abschiebebahnhof für die von unerklärlichen Krankheitszusammenhängen überlastete Praxis.

- ***Die Psycho-Diagnose befreit den Arzt von einer eingehenderen Beschäftigung mit dem Patienten und erhält die kosteneffiziente Durchlaufgeschwindigkeit von Patient pro Zeiteinheit.***

Ganz unverblümt drückte es die Ärztekammer Nordrhein 1993 in einem Brief ihrer damaligen Assessorin Frau Brölz-Voit an einen Internisten aus, wie sie gedenkt, sich der kostenintensiven ME/"CFS"-Patienten zu entledigen[824]:

- ***„[…] Die Ärztekammer Nordrhein ist bemüht, Gutachter zu finden, die die neue Krankheit „Chronisches Müdigkeitssyndrom“ wissenschaftlich entkräften und die äußerst teuren Diagnose- und Behandlungsmethoden widerlegen können. Dieses Unterfangen hat sich als äußerst problematisch herausgestellt. Wir möchten Ihnen jedoch versichern, daß wir zusammen mit anderen zuständigen Behörden und Gesellschaften versuchen werden, dieses „Problem“ in den Griff zu bekommen. […]“***

Deutlicher kann man nicht werden. Aber nicht nur der medizinische Sektor profitiert von der Psychopathologisierung der ME/“CFS“, sondern auch die Rentenversicherungen. Nach dem Gesetz gilt das Prinzip „Reha vor Rente“.[825] Wenn dem ME-kranken Rentenantragsteller eine Rehabilitation verordnet wird, muss er wegen seiner Mitwirkungspflicht[826] antreten und die Reha auf Gedeih und Verderb durchziehen, auch wenn die Maßnahmen ihm gesundheitlich schaden. Ansonsten hat er seinen Anspruch auf Berentung verwirkt. Tritt er die Reha nicht an oder bricht sie ab, weil die Behandlung mit GET und CBT in zumeist psychosomatischen Kliniken kontraindiziert ist, muss er sich die Rente auf dem Weg der Klage erstreiten – wobei der Ausgang des Verfahrens offen ist. Ist der ME-Patient in der Lage, einen ausführlichen schriftlichen Bericht über seine gesundheitlichen Einschränkungen anzufertigen und überzeugend darzustellen, weshalb die verordnete Reha ihm schadet – was viele schwerkranke Patienten nicht können –, ist er auf die Kulanz seines Gutachters angewiesen.

Die Haltung der Deutschen Rentenversicherung zur Beurteilung von ME/“CFS“, Reha und Rente wird deutlich in deren „Leitlinien für die sozialmedizinische Beurteilung von Menschen mit psychischen Störungen“.[827] Nur aufgrund der Tatsache, dass teilweise eine ähnliche Symptomatik wie bei der Neurasthenie besteht, ordnet die DRV ME/“CFS“ unter den psychiatrischen Erkrankungen ein.[828]

Demzufolge werden ME/“CFS“-Patienten denn auch bei der DRV von Psychiatern begutachtet – und das, obwohl sie an einer neuroimmunologischen Krankheit leiden, von deren biomedizinischen Anomalien die meisten Psychiater nicht das Geringste verstehen und leider meist auch nicht verstehen wollen. (Psychiatern, die im Gegensatz zu Psychologen ein Medizinstudium absolviert haben, sollte es jedoch eigentlich keine Schwierigkeiten bereiten, die biomedizinischen Grundlagen der Krankheit zu begreifen.)

Die DRV versteigt sich sogar in ihrer Leitlinie zu der Lüge, das ICD-10 ginge bei „CFS“ nicht von einer eigenständigen Krankheitsentität aus, und „CFS“ hätte *„keinen Eingang in die international gängigen Diagnose-klassifikationssysteme gefunden“*,[829] obwohl ME bereits seit 1969 als neurologische Krankheit im ICD klassifiziert ist.[830] Das hört sich auch in den überarbeiteten Leitlinien vom August 2012 nicht besser an, wenn die DRV im Kapitel „8.4.1.6 Somatoforme Störungen (F45)" schreibt[831]: *„Für verschiedene, in jüngerer Zeit häufiger beschriebene Beschwerdekonstellationen mit unspezifischer körperlicher und psychischer Symptomatik – beispielsweise das „Chronische Müdigkeitssyndrom" (CFS), das „Multiple Chemical Sensitivity-Syndrom" (MCS) oder das „Sick Building-Syndrom" (SBS) – liegt zwar aufgrund verschiedener Anhaltspunkte ebenfalls eine Zuordnung zu den somatoformen Störungen nahe, jedoch ist bislang eine klare diagnostische Klassifikation unterblieben, siehe 8.4.1.8."* Und in Kapitel 8.4.1.8 lesen wir: *„Ob es sich bei dem CFS um eine abgrenzbare, eigenständige Krankheit handelt, ist durchaus umstritten."*[832] Und das serviert uns die DRV ungeachtet der Tatsache, dass ME seit über 40 Jahren (der Name „CFS" wurde ja erst 1988 kreiert, wurde und wird jedoch als Synonym benutzt und unter derselben Verschlüsselung aufgeführt) unter den Neurologischen Krankheiten klassifiziert ist![833]

Im Kapitel *„8.4.4.8 Spezielle Syndrome von Relevanz für die psychiatrisch-psychotherapeutische Begutachtung"* wird neben den Umwelterkrankungen auch das „Chronic Fatigue-Syndrom" aufgezählt.[834] Im Abschnitt „Medizinische Rehabilitation" ist zu lesen[835]: *„Sofern aufgrund der Ausprägung und Chronifizierung der psychosozialen Beeinträchtigungen Rehabilitationsbedürftigkeit besteht, sollte bei der Zuweisung vor dem Hintergrund eines biopsychosozialen Krankheitsmodells eine psychosomatisch-psychotherapeutische Rehabilitationseinrichtung bevorzugt werden. Die dort angebotenen multimodalen Konzepte einschließlich verhaltenstherapeutischer Angebote sind unter anderem darauf ausgerichtet, Verstärkungs- und Vermeidungsreaktionen überwinden zu helfen, soziale Fertigkeiten zu trainieren und den Abbau dysfunktionaler Kognitionen und „belief systems" einzuüben. Im Einzelfall wird sich nach Ausschöpfung aller rehabilitativen Möglichkeiten allerdings auch bei Versicherten mit MCS, IEI, SBS, CFS und ähnlichen Beschwerdebildern eine Berentung wegen Erwerbsminderung möglicherweise nicht vermeiden lassen."*

Was aber lässt die DRV so hartnäckig an psychosomatischer Rehabilitation festhalten, wenn doch die Praxis zeigt, dass ME-Patienten i.d.R. noch kränker aus diesen Einrichtungen entlassen werden?

Müssen die ca. 16.000 Betten[836] in psychosomatischen Fachabteilungen deutscher Rehakliniken gefüllt werden? Wohl eher nicht, betragen die Wartezeiten für eine Reha doch mehrere Wochen bis Monate. Doch für diesen Sektor sind Versorgungskapazitäten bereits reichlich vorhanden und es werden gute Geschäfte mit psychisch Kranken gemacht, wohingegen es keinen einzigen adäquaten Therapieplatz für ME-Kranke in Deutschland gibt. D.h. in die Rehabilitation ME-Kranker müssten die Versicherer, die Einrichtungen betreiben, erst einmal sehr viel Geld investieren. Zudem wären Therapieplätze für ME-Patienten besonders kostenintensiv, wenn man an die besonderen Bedingungen denkt, die eine solche Einrichtung erfordern würde (Einzelzimmer/rücksichtsvolle, individuell der Symptomatik angepasste Behandlung und zeitintensive Pflege etc.).

Fakt ist außerdem: Viele Berufsunfähigkeitsversicherungen enthalten eine sogenannte „Psycho-Klausel", nach welcher der Versicherer bei psychischen Erkrankungen des Versicherten keine Leistungen erbringen muss, oder – wie in den USA – nach zwei Jahren Schluss mit Leistungen ist, gerade so als ob sich jede psychische Erkrankung nach zwei Jahren erledigt haben müsste. Die „Swiss Re" (Schweizerische Rückversicherungs-Gesellschaft) macht sich die Verwirrung um die Begriffe „Chronic Fatigue" und „Chronic Fatigue Syndrom" zunutze und rät unumwunden, nicht von ME, sondern von „CFS" zu sprechen, damit es alternativ als Neurasthenie diagnostiziert und den psychischen Krankheiten zugeordnet werden kann.[837] So wird evident, dass die Versicherungen ökonomischen Nutzen daraus ziehen, wenn ME/"CFS" und Umweltkrankheiten fälschlich als psychische Erkrankungen deklariert werden.

Dass die Rentenversicherung den Antrag auf Rente ablehnen kann, wenn der Antragsteller nicht aktiv mitgewirkt hat, um wieder gesund zu werden – im Klartext: Rehabilitationsmaßnahmen abgelehnt oder abgebrochen hat – wurde schon erwähnt.[838] In diesem Falle dient die psychiatrische Diagnose dazu, dem ME-Kranken Simulantentum zu unterstellen. So werden sowohl die Kosten für die Reha als auch für die Rente eingespart.

(Das gleiche gilt für Arbeitsämter: Weigert sich der Leistungen beziehende Patient aus gesundheitlichen Gründen, 1-Euro-Jobs zu übernehmen, wird aber gleichzeitig vom Ärztlichen Dienst der Arbeitsagentur als Simulant abgestempelt, so werden ihm die Bezüge des ALG II um mindestens 30% gekürzt, Personen unter 25 Jahren verlieren sogar ganz ihren Anspruch.)[839]

Interessanterweise dürfte ME/"CFS" eine der wenigen Krankheiten – wenn nicht die einzige – sein, bei der den Patienten anstelle einer medizinischen Behandlung Rehabilitation angeboten wird. In der Regel muss einer Reha ganz selbstverständlich eine medizinische Therapie vorangehen.[840] Genau die wird den ME-Patienten aber von unserem Gesundheitssystem vorenthalten.

Und obwohl für die Durchführung einer Reha-Maßnahme durch die gesetzliche Rentenversicherung bestimmte Grundvoraussetzungen erfüllt sein müssen, z.B. ein nicht mehr akut behandlungsbedürftiges Störungsbild,[841] das Sinnverständnis der Maßnahme und ihre Bejahung des Versicherten,[842] ausreichende Belastbarkeit und hinreichende Erfolgsaussichten im Sinne der Rentenversicherung,[843] Voraussetzungen, die der ME/"CFS"-Patient in aller Regel nicht erfüllt, wird er dennoch unter Androhung des Entzugs seiner Existenzgrundlage zur Rehabilitation gezwungen.

11 Verbindungen der „Wessely-School“ und von Per Fink zu Versicherungen, Arbeits- und Rentenministerium, Pharmaindustrie und Militär

Vor allem die englische „Wessely-School“, auf die sich unser deutsches Gesundheitssystem beruft, hat die Psychopathologisierung von ME betrieben. Und so verwundert es nicht, wenn man liest, dass Simon Wessely – inzwischen Sir Simon Wessely! – nachweislich mit großen Versicherungskonzernen, dem britischen Ministerium für Arbeit und Renten (Department for Work and Pensions = DWP) sowie dem britischen Militär (Ministry of Defense) zusammengearbeitet hat.

Die Zusammenarbeit von Wessely, Sharpe und White mit der Versicherungsindustrie wirkt sich dann beispielsweise so für den ME-kranken Anspruchsteller aus: Wenn er sich damit einverstanden erklärt, sich ausschließlich von Michael Sharpe begutachten zu lassen, verspricht man ihm, sich an dessen Begutachtung zu binden.[844]

Diese Vorgehensweise geschieht im Wissen, dass Michael Sharpe in seinen Vorträgen vor Versicherern, Arbeitgebern und Business Schools mehr oder weniger direkt empfiehlt, in ihre Policen eine Ausschlussklausel für ME/“CFS“-Kranke aufzunehmen.[845]

Während Peter White – wie schon erwähnt – die „Swiss Re“ berät,[846] sind Michael Sharpe und Simon Wessely der UNUM,[847] einem der größten Berufsunfähigkeitsversicherer, verbunden. Auf einem von UNUM gesponserten Symposion im Mai 1995 waren die beiden Psychiater die Hauptredner. Sie berieten Arbeitgeber, wie mit ME/“CFS“-Kranken zu verfahren sei, die krankheitsbedingt lange Zeit ihrem Arbeitsplatz fernblieben. Auf diesem Symposium wurde ME als ***„the malingerer`s charter“*** bezeichnet, als ***„Freibrief für Simulanten“***.[848] (H.d.A., Ü.d.A.)

In einem Papier der UNUM, dem “Chronic Fatigue Syndrome Management Plan”, wird ME/“CFS“ als ***„Neurosis with a new banner“***, als eine ***„Neurose unter neuer Flagge“***, gebrandmarkt.[849] (H.d.A., Ü.d.A.)

Im selben Papier findet sich der aufschlussreiche Satz: ***„UNUM steht im Begriff, Millionen zu verlieren, wenn wir uns nicht beeilen, uns mit diesem zunehmenden Problem zu befassen.“***[850] (H.d.A., Ü.d.A.)

Im November 2001 fand in Woodstock bei Oxford eine Konferenz mit dem Thema „Malingering and Illness Deception“[851] statt. Teilnehmer der Konferenz waren Simon Wessely und Michael Sharpe[852] sowie Malcolm Wicks, parlamentarischer Unterstaatssekretär des Arbeitsministeriums, und Mansel Aylward, sein „Chief Medical Officer“ des Ministeriums für Arbeit und Renten (DWP). Was viele der Konferenzteilnehmer miteinander teilten, inklusive Aylward, war ihre

Verbindung zu UNUM.[853] [854] Nach seinem Ausscheiden aus dem DWP wurde Aylward zum Direktor des 2004 eröffneten „UnumProvident Centre for Psychosocial and Disability Research at Cardiff University" berufen.[855] Gemeinsam mit Gordon Waddell verfasste er 2005 eine Monographie, „The Scientific and Conceptual Basis of Incapacitiy Benefits" betitelt, herausgegeben vom DWP.[856] Doch sie „vergaßen" ihren Interessenkonflikt, nämlich ihre Verbindung mit UnumProvident zu erwähnen.[857] Dabei bietet diese Monographie gewissermaßen den *„intellektuellen Rahmen für die Welfare Reform Bill"* aus dem Jahr 2006, und die Methode, die Waddell und Aylward benutzten, sei die gleiche, die auch die Arbeit von UnumProvident durchdringe, wie der britische Journalist Jonathan Rutherford schreibt.[858] Es geht vor allem auch um die Kultur des Umgangs mit Krankheit in diesem Werk und seine Autoren kommen laut Rutherford zu folgendem Schluss: ***„Die Lösung besteht nicht darin, die Kranken zu heilen, sondern die Kultur der Wohlfahrt zu transformieren und `persönliche und soziale/berufliche Faktoren in Angriff zu nehmen, [die] die* (Erwerbs-) *Unfähigkeit verschlimmern und aufrechterhalten`. Die Annahme dieses Modells wird zu einem 'grundlegenden Wandel in der Art und Weise, wie die Gesellschaft mit Krankheit und Behinderung umgeht` führen (p123). Das Ziel und Ergebnis einer Behandlung ist die Arbeit: `Arbeit selbst ist therapeutisch, fördert die Regeneration und ist die beste Form der Rehabilitation`. [...] (p17)."***[859] (H.d.A., Ü.d.A.)

In dem UNUM-Versicherungsreport mit dem Titel „Trends in Health and Disability 2002" empfiehlt Michael Sharpe, eine psychiatrische Klassifikation des „CFS" biete eine Alternative mit entsprechenden Folgen für die Behandlung. Er verweist auf PRISMA, die multinationale kommerzielle Gesundheitspflege-Gesellschaft mit Hauptgeschäftssitz in Essen, die „CFS"-Kranke mit CBT behandelt. Wer aber sitzt im Vorstand von PRISMA? Es ist Michael Sharpes Kollege und Mitstreiter Simon Wessely.[860]

Den Empfehlungen ihrer psychiatrischen Berater der "Wessely-School" folgend, verleugnen Regierungsministerien wie das DWP die biomedizinische Natur der ME und behaupten weiterhin, es handele sich um eine Verhaltensstörung, um sich auf diese Weise möglichst vieler Bezieher von staatlichen Leistungen zu entledigen.[861]

Das DWP-Handbuch zu „CFS/ME", welches von begutachtenden Ärzten, DWP-Entscheidungsträgern und Sozialgerichten benutzt wird, wurde übrigens unter der Leitung von Professor Peter White, dem führenden Berater der DWP, verfasst.[862] Die britische „ME Association" hielt es für denkbar ungeeignet zum Gebrauch.[863] (Zur Erinnerung: Das DWP hat die PACE Trial, die von Peter White geleitet wurde, mitfinanziert.)

Externe Gutachter des nationalen Positionspapiers des britischen Gesundheitsministeriums „Occupational Aspects of the Management of Chronic Fatigue Syndrome: a National Guideline", Vorentwurf der in 2007 veröffentlichten NICE-

Guideline, waren Peter White und Michael Sharpe.[864] Whites und Sharpes Einfluss spiegelte wider, was der Sprecher des schottischen Parlaments Alex Fergusson im gleichen Jahr bei der Eröffnung der MERUK-Konferenz ***„als den kalten Griff der Psychiatrie“*** bezeichnete.[865] (H.d.A., Ü.d.A.)

Simon Wessely spielte eine führende Rolle bei der Anfrage des Chief Medical Officers zu ME/“CFS“ in den Jahren 1998 bis 2002.[866] Der abschließende Bericht empfahl, dass mehr Mittel zur Erforschung der Krankheit zur Verfügung gestellt werden sollten. Das Geld für weitere Forschung wurde ordnungsgemäß dem Medical Research Council, einer Forschungsorganisation im Vereinigten Königreich, zugesprochen, aber anschließend komplett für Wesselys Kollegen abgezweigt. Es diente dazu, die berüchtigten, weil betrügerischen PACE Trials zu finanzieren, mit denen „bewiesen“ wurde, psychiatrische Behandlungsmethoden wie GET und CBT seien am erfolgreichsten in der Behandlung der ME.[867]

Simon Wessely hatte darüberhinaus seit 1989 Verbindung zu „HealthWatch“, einer Organisation, die von der Pharma- und Versicherungsindustrie mitfinanziert wurde. Kurz nach Einführung in der Presse war Wessely als einer ihrer maßgeblichen Aktivisten verzeichnet. Eines der erklärten Ziele von „HealthWatch“ ist es, unnötige Behandlungen für „nicht-existente“ Krankheiten zu verhindern. Und wie allgemein bekannt, hält Wessely ME lediglich für eine Überzeugung, für eine „nicht-existente“ Krankheit.[868]

Das IOP (Institut of Psychiatry) des “Guy`s, King`s and St. Thomas` School of Medicine” (GKT), dessen Vize Dekan Simon Wessely ist, wurde u.a. gesponsert von Unilever, SmithKline Beecham und Pfizer, Novartis, NPS Pharmaceuticals, Lilly Industries Ltd (Hersteller des Antidepressivums Prozac!), Hoechst Marion Roussel, GlaxoSmithKline (Antidepressivum Seroxat!), Bristol Myers Squibb, Bayer, Zeneca und Wyeth.[869]

Wessely arbeitete für das bzw. wurde staatlich unterstützt sowohl vom British Ministry of Defense als auch vom US Defense Department. Er hat mitgewirkt bei Seminaren und Treffen der NATO. Seine engen Verbindungen zum Militär lassen seine Forschungsbemühungen hinsichtlich des der Symptomatik der ME ähnlichen „Golfkriegs-Syndroms“ suspekt erscheinen, in jedem Fall in einem anderen Licht als die unabhängiger Forscher.[870]

Wessely, ein Leugner des Golfkriegssyndrom, der behauptete, es gäbe einen Zusammenhang zwischen dem „Glauben“, einem chemischen Angriff ausgesetzt zu sein, und dem sogenannten Golfkriegssyndrom, aber man habe keine spezifische Erkrankung bei den Golfkriegsveteranen gefunden,[871] sagte im Jahre 2012, den ihm verliehenen John-Maddox-Preis würdigend, es könne sein, dass es keine eindeutige Krankheit sei. Und weiter: ***„Golfkriegssyndrom ist eine falsche Bezeichnung. Es ist eher eine Erkrankung oder eine gesundheitliche Auswirkung“***.[872] (H.d.A., Ü.d.A.) Wobei der Begriff ***„Erkrankung”*** (illness) von Wessely und seinen Adepten als ***„Verhalten”*** (und auch als subjektives Gefühl, sich unwohl zu fühlen) uminterpretiert und Legitimität erst durch ***„Krankheit“*** , engl.: disease, erlangt wird.[873]

Bei seiner Studie von Golfkriegsveteranen hat Wessely eingestandenermaßen keine klinische Untersuchungen oder Laboruntersuchungen durchgeführt. Seine Studienergebnisse kamen lediglich auf der Basis eines Fragebogens mit Selbstauskünften zustande.[874]

Kein Jahr nach der Veröffentlichung von Wessely et al. im Lancet wurde am 20. Oktober 1999 im BBC World Service bekannt gegeben, *„dass das Pentagon als Folge der Golomb-Studie*[875] *eine Stellungnahme herausgegeben hat, die bestätigt, dass sie ihre Politik jetzt geändert hätten und jetzt zugestehen würden, dass es einen Zusammenhang zwischen dem Golfkriegssyndrom und dem Einsatz von Anti-Nervengastabletten mit Pyridostigminbromid (PB) geben könne, die die Truppen Großbritanniens gezwungen wurden, während des Golfkriegskonflikts einzunehmen. Das warf beträchtliche Zweifel auf hinsichtlich der Vertrauenswürdigkeit der Ergebnisse von Wessely.“*[876]

Der Bericht des „Research Advisory Committee on Gulf War Veterans’ Illness“ von 2008 hat die Ergebnisse von Dr. Beatrice Golomb bestätigt. Die Einnahme von PB und gleichzeitige Exposition gegenüber Organophosphatpestiziden sind ursächlich mit dem Golfkriegssyndrom in Zusammenhang gebracht worden. 25-30% aller Veteranen sind erkrankt, in den USA 230.000 Veteranen, und 9000 vor ihrer Stationierung gesunde Männer sind allein in den USA gestorben.[877]

Wesselys „Studienergebnisse“, die belegen sollten, das Golfkriegssyndrom sei nichts als Einbildung, haben den Regierungen der am Golfkrieg beteiligten Länder über Jahre wahrscheinlich Milliarden an Renten- und Entschädigungszahlungen eingespart.

2011 zog sich Wessely angeblich aus der ME/“CFS“-Forschung zurück und ging in den Irak und nach Afghanistan, wo er sich laut eigener Auskunft *„sicherer“* fühlt.[878] (ME-Patienten scheinen ein höheres Gewaltpotenzial zu besitzen als die Taliban!) Er hat sich auf die Probleme von Kriegsveteranen spezialisiert.

Fachleute des Golfkriegssyndroms wie Professor Robert Haley[879] scheinen von „Wissenschaftlern“ vom Schlage eines Wessely allerdings nicht viel zu halten. In seiner Zeugenaussage bei der öffentlichen Anhörung zum Golfkriegssyndrom im Palace of Westminster im Jahre 2004 sagte Haley über Wessely et al.: ***„Das wichtigste Beispiel des unproduktiven Gebrauchs einer unspezifischen zusammengeschusterten Falldefinition war die Reihe von Studien der Gruppe vom Kings College in London.“***[880] (H.d.A.)

Auch Per Fink, dänischer „Architekt“ einer Umdefinition von ME und anderen organischen Krankheiten mit angeblich medizinisch unerklärten Symptomen zum sogenannten „Bodily Distress Syndrome“ (BDS) oder den „Bodily Distress Disorders“ (BDD), lässt sich seine „Forschung“ vom zweitgrößten skandinavischen Versicherer „Tryg“[881] und vom dänischen Pharmazieunternehmen „Lundbeck“

sponsern.[882] Kernprodukte von Lundbeck sind Serotonin-Wiederaufnahmehemmer (SSRI), mit anderen Worten: Antidepressiva.[883] Cipralex/Lexapro von Lundbeck ist das meistverschriebene Antidepressivum in Europa und den USA und mehr als 160 Millionen Menschen weltweit sind bereits damit behandelt worden, laut Jahresreport 2008 von Lundbeck.[884] Allein in 2013 erhielt Fink (zusammen mit Jørgen Torbensen vom Research Center for Prevention and Health) für seine Forschung zu den sogenannten „Funktionellen Somatischen Syndromen" (und den damit verbundenen Bestrebungen, organische Krankheiten wie z.B. ME/"CFS" umzuklassifizieren), 11,5 Millionen DKK (umgerechnet ca. 1,5 Millionen Euro) von der Lundbeck Foundation.[885] Von TrygFonden bekamen Fink et al. im Jahr 2011 allein 3.155.480 DKK (mehr als 400.000 Euro)[886] und eine weitere Zuwendung von 700.000 DKK (fast 100.000. Euro).[887]

Im Jahr 2012 waren es 3.336.458 DKK (ca. 450.000 Euro)[888] und noch einmal 357.000 DKK (fast 50.000 Euro).[889] Im Jahr 2013 sponserte TrygFonden Per Finks Forschungsgruppe mit 2.400.000 DKK (mehr als 300.000 Euro)[890] und noch einmal mit 968.544 DKK (ca.130.000 Euro).[891] Für eine dänische Multicenterstudie mit 10.000 Patienten, die an sogenannten funktionellen Störungen leiden, spendiert der TrygFonden insgesamt 10 Millionen Dollar (fast 8 Millionen Euro). An dieser Studie ist wieder Per Fink maßgeblich beteiligt.[892] Bereits in 2008 investierte TrygFonden 20 Millionen DKK (annähernd 2,7 Millionen Euro) und 2010 nochmal 28 Millionen DKK (mehr als 3,7 Millionen Euro) in die Erforschung der „funktionellen Syndrome", an der federführend Per Finks Research Clinic for Functional Disorders and Psychosomatics in Aarhus beteiligt ist.[893] Die Liste von Zuwendungen ließe sich fortsetzen; doch es ist wohl bereits deutlich genug geworden, dass eine Forschung wie die Per Finks, die finanziell in so erheblichem Maße von Zuwendungen eines Versicherers und eines Psychopharmakaherstellers abhängig ist, nicht objektiv und neutral und frei von Interessenkonflikten sein kann. Notwendigerweise werden so mächtige Sponsoren auf das Ergebnis der Forschungsarbeiten Einfluss nehmen – und wenn auch nur in der Weise, dass die Geldgeber sich diejenigen Forscher aussuchen, die ihnen die ***passenden Ergebnisse*** für ihren ökonomischen Vorteil liefern. Auf dem Hintergrund seiner finanziellen Abhängigkeit wird auch noch einmal deutlich, weshalb Per Fink eine Patientengeisel wie die schwerkranke Karina Hansen ***nicht freigeben kann***, denn schließlich wäre mit ihrer Herausgabe das Eingeständnis verbunden, auf der ganzen Linie mit einem psychiatrischen Behandlungsregime gescheitert zu sein.[894] Deshalb muss Karina Hansen rund um die Uhr bewacht werden und deshalb wird auch niemand zu ihr vorgelassen – immens wäre nämlich der finanzielle Schaden für Finks Forschung, Versicherer und Psychopharmakahersteller, wenn bekannt würde, dass Karinas Zustand sich unter der Behandlung nicht verbessert, sondern erheblich verschlechtert hat, und man daraus schließen könnte, dass es sich eben ***nicht*** um eine psychiatrische, sondern um eine organische Krankheit handelt.

12 Das bio-psycho-soziale Modell – ein Krankheitsmodell für Gesunde!

Kennen Sie die Geschichte von dem Truthahn? Der jeden Tag gefüttert wird und dessen Überzeugung mit jedem weiteren Tag, den er gefüttert wird, wächst, der ihn fütternde Mensch sei ihm wohlgesonnen, bis es am Nachmittag des Mittwochs vor dem Erntedankfest zu einem fürchterlichen „Erwachen" kommt und das gänzlich unerwartete Ereignis eintritt?[895]

Wie aber wird es den Verfechtern des bio-psycho-sozialen Modells ergehen, wenn sie selbst erkranken? Denjenigen, die sich Jahre und jahrzehntelang in der falschen Sicherheit wiegen, *„Gesundheitsmotivation"*, *„Gesundheitsverhalten"* und die entsprechende innere *„Erlebnisperspektive"*, die *„Vitalität"*, *„Wohlbefinden"* und *„Gesundsein"* positiv besetzt (Josef W. Eggers Forderungen!), würde sie vor Krankheit bewahren?

Würde sie das gänzlich unerwartete Ereignis aus ihrer ideologischen Bahn werfen? Kämen sie ins Grübeln durch die Erfahrung, dass Krankheit jeden schicksalhaft ereilen kann, ohne dass man an diesem Zustand schuldhaft beteiligt ist?

Man würde es all den Patienten mit sogenannten unerklärlichen Symptomen und den Vertretern des biopsychosozialen Modells wünschen. Man würde sich darüber hinaus wünschen, dass sie ihre Ideologie öffentlich revidieren und sich bei all den Kranken entschuldigen, die sie durch ihre Schuldzuweisungen zusätzlich traumatisiert und damit noch kränker gemacht haben. Aber das wird Wunschdenken bleiben. Diese Ideologen werden schon passende Rationalisierungen für sich finden, weshalb ***sie*** schuldlos krank geworden sind, wohingegen sie weiter daran festhalten werden, dass die meisten ihrer Patienten schuldhaft erkrankt sind.

Doch untergründig wird die schwere Kränkung, aller „gesundheitspolitischen Korrektheit" zum Trotz krank geworden zu sein, an ihnen nagen. Denn in einer Gesellschaft, in der Krankheit kein integraler Bestandteil des Lebens mehr ist, sondern als Verfehlung gesehen und ausgegrenzt wird, muss Krankheit zwangsläufig als „schwere Kränkung" erfahren werden. Ohnehin ist es für den Kranken stets zusätzlich kränkend, sich als schwach und hilfsbedürftig erleben zu müssen. Um wie viel stärker muss sich dieses Gefühl der Hilflosigkeit und Unzulänglichkeit auf diejenigen niederschlagen, die sich bis zu Erkrankungsbeginn als besonders vital und gegen Krankheiten gefeit erlebt haben!

In diesem Zusammenhang ist auch die Analyse unserer Krankheitsrhetorik aufschlussreich, denn sie strotzt von Begriffen, die der Sprache des Militärs entlehnt sind. Da ist z. B. die Rede von den glorreichen Patienten, die ihren Krebs „besiegt" haben. Ja, und was ist mit all den anderen Krebspatienten, die nicht weniger gern am Leben geblieben wären, doch ihren „Kampf gegen den Krebs verloren haben"? Sind das alles Schlappschwänze, die nicht „tapfer" und „heldenhaft" genug gewesen sind, um ihrer Krankheit „die Stirn zu bieten"?

All das ist ideologisch verbrämter Unsinn, der uns die trügerische Hoffnung weismachen soll, unser Schicksal in die Hand und doch noch Einfluss auf den Krankheitsverlauf nehmen zu können. Eine verständliche Hoffnung – doch von Behandlern sollte man eine nüchterne Betrachtungsweise, eine wissenschaftliche Denkungsart erwarten können. Behandler, die sich der aggressiven, militaristischen Sprache bedienen, machen den Patienten glauben, seine Genesung hänge im Wesentlichen von seinem Kampfgeist ab. Sie suggerieren Kontrollierbarkeit, wo keine gegeben ist, weil organische Prozesse außer Kontrolle geraten sind, die nicht dem Willen unterworfen sind. Damit bürden sie dem Patienten zusätzlich Verantwortung auf. Nimmt er die „Herausforderung" nur energisch genug an, geht er als erfolgreicher „Sieger" aus dieser „Schlacht" hervor. Wenn nicht, verliert er „auf der ganzen Linie", denn in diesem Fall hat nicht nur der Körper des Patienten versagt, sondern auch seine Psyche. Konsequenz: Er wird für sein Komplettversagen mit schwerer Behinderung oder gar mit dem Tod „bestraft".

Diese Art von Krankheitsrhetorik gleicht in ihrer Primitivität der von religiösen Sekten, die dem Glauben an einen strafenden Gott anhängen. An dieser Stelle sei eine kleine private Anekdote gestattet: Vor Jahren hatte die Verfasserin im Anschluss an den Kindergeburtstag einer ihrer Töchter den beruflich erfolgreichen, bildschönen, vor Kraft und Vitalität strotzenden Vater einer Kindergartenfreundin zu Gast. Das von ihr offerierte Glas Wein lehnte er mit Hinweis auf seine Zugehörigkeit zu einer Sekte ab und nahm ihre Geste zum Anlass, die von seiner Religion verfemten Sünden aufzuzählen, welche allesamt stante pede von Gott bestraft würden. Gottes Strafen seien vielgestaltig: Verlust des Arbeitsplatzes oder des Partners, aber vor allem auch Krankheit zähle zu den gerechten Strafen für Verfehlungen im Leben. Die Eltern, die gekommen waren, um ihre Kinder abzuholen und sich angelegentlich bei einem Glas Wein in der Küche drängelten, zeigten sich durchweg befremdet von seinem fanatischen Auftreten. Mit pädagogischer Sanftmut vorgetragene Einwände, seine Auffassungen bürdeten dem armen, geplagten Kranken zusätzlich auch noch die Schuld für seinen bedauerlichen Zustand auf, fruchteten selbstredend nicht. Kein Jahr später erlitt dieser Mann aus heiterem Himmel einen schweren Schlaganfall. Es ist ein medizinisches Wunder, dass er ihn überlebt hat. Seither humpelt er an einem Stock durch die Stadt, mit einer Miene, die von Missmut und Freudlosigkeit und nach Jahren immer noch von der Fassungslosigkeit gezeichnet ist, dass ausgerechnet ihn, der sich doch immer so rechtschaffen verhalten hat, diese „Strafe Gottes" ereilt hat. Hätte er nicht in religiöser Verblendung gelebt, könnte er sich heute vielleicht darüber freuen, überlebt zu haben, mobil zu sein, sprechen zu können, seine prachtvollen Kinder aufwachsen zu sehen. So aber zwingt ihn seine Religion, permanent über seine „Sünden“ nachzudenken, anstatt seine – in der Tat – missliche Lage annehmen und das Beste daraus machen zu können. Womit keinesfalls Fürsprache gehalten werden soll für jene, die meinen, man müsse lernen, in jeder Krankheit etwas „Positives“ zu erkennen.

Krankheit ist und bleibt ein Desaster. Sie ist, wie Susan Sontag schrieb, *„die Nachtseite des Lebens, eine lästige Staatsbürgerschaft.‘*[896] Eine Erfahrung, auf die man liebend gern verzichten kann, schon aufgrund der Tatsache, dass vor allem schwere, chronische Krankheiten viele andere wichtige Erfahrungen im Leben verhindern – insbesondere bei Kindern, Jugendlichen und jungen Erwachsenen. Wenn Patienten dennoch solchen Krankheiten etwas Gutes abgewinnen möchten, mögen sie das tun, es aber nicht von anderen Patienten verlangen. Vor allem Behandler, ganz gleich welcher Fachrichtung, sollten dem Patienten auch diesen ideologischen Quark ersparen. Denn, wie Sontag schrieb, ***„die ehrlichste Weise, sich mit ihr*** [Krankheit, Anm. d. A.] ***auseinanderzusetzen – und die gesündeste Weise, krank zu sein – […]“*** bestehe darin, ***„sich so weit wie möglich von metaphorischem Denken zu lösen, ihm größtmöglichen Widerstand entgegenzusetzen.‘***[897] (H.d.A.)

Krankheit, und zwar sowohl organische als auch psychische, wird nicht durch den Patienten schuldhaft verursacht und darüber hinaus bringt sie dem Patienten in aller Regel keinen sekundären Gewinn bzw. ein eventueller sekundärer Krankheitsgewinn nimmt sich doch meist recht bescheiden aus im Vergleich mit dem Gewinn an Lebensenergie als gesunder oder geheilter Mensch und dessen Möglichkeiten sein Leben zu gestalten.

Insofern ist auch die ständige Rede der Psychiater und Psychosomatiker, die das biopsychosoziale Krankheitsmodell verfechten, von der „Aufrechterhaltung“ insbesondere chronischer Krankheiten ein dürftiges Konstrukt, geschaffen, um der eigenen Profession Bedeutungszuwachs zu verleihen und Unabkömmlichkeit zu suggerieren. Wenn aber über einen eventuellen psychischen (primären) Krankheitsgewinn hinaus den Patienten vor allem materielle Absichten bei der „Aufrechterhaltung“ ihrer Krankheit unterstellt werden, grenzt das an üble Verleumdung und zeugt von einem irrationalen Hass auf die eigenen Patienten. Statements von Wessely et al. wie *„Viele Patienten erhalten Sozialleistungen und sonstige Zahlungen, die einen Beitrag dazu darstellen können, dass es ihnen weiterhin schlecht geht. Eine allmähliche Erholung kann deshalb eine Drohung für finanzielle Verluste darstellen.‘*[898] bilden allenfalls die Realität sensationsheischender Boulevardblätter ab, die bei Nachrichtenflaute ihren ganzen Apparat in Gang setzen, um irgendwo mal wieder einen armseligen „Sozialbetrüger” aufzuspüren. Denn die meisten Patienten würden nicht nur finanziell sehr viel besser dastehen, wenn sie gesund wären, arbeiten gehen könnten und nicht von magerer Sozialhilfe leben müssten.

13 Wenn Psychologie als Instrumentarium zur Legitimierung von Gewalt und Überwältigung missbraucht wird

Es sieht wieder einmal so aus, als ob eine große Anzahl von Psychiatern, Psychologen und Psychosomatikern sich einem Gesundheitssystem andienen bzw. es aktiv und vehement sogar voranbringen, welches auf den Grundpfeilern eugenischen Gedankenguts basiert. Um zu begreifen, dass die Geschichte der Psychiatrie auch und vor allem eine Geschichte der Gewalt ist, muss man nicht erst auf die unrühmliche Rolle der Psychiatrie in der Zeit des Nationalsozialismus zu sprechen kommen, auf das mörderische nationalsozialistische Euthanasieprogramm, dem mehr als 100.000 für psychisch krank erklärte Menschen[899] mit Billigung von Psychiatern und psychiatrischen Kliniken zum Opfer fielen.

Um der Entwicklung dieser Fachrichtung kritisches Augenmerk zu schenken – wenn nicht gar mit gesundem Misstrauen zu begegnen –, muss man nicht erst betonen, dass es mehr als fünf Jahrzehnte gedauert hat (bis zum 26. November 2010!), bis sich die psychiatrische Fachgesellschaft DGPPN in Gestalt ihres damaligen Vorsitzenden bei den Opfern und ihren Angehörigen für das erlittene Unrecht und Leid entschuldigt hat.

Immer wieder setzte die Psychiatrie grausame, foltergleiche Methoden ein, um an Menschen herumzuexperimentieren oder rebellische Patienten zu disziplinieren. Denken wir nur an die schwere medizinische Komplikationen verursachende Insulinschocktherapie, an die hirnschädigende Elektroschocktherapie, an persönlichkeitsverändernde Eingriffe wie die Lobotomie, eine neurochirurgische Operation, der es an empirischen Belegen für ihre Wirksamkeit mangelt, weil keine kontrollierten Studien durchgeführt worden waren.

Auch in der Psychologie und der Psychoanalyse führten gänzlich unwissenschaftliche Hypothesen zu krassen Fehlentwicklungen und verursachten großes Leid bei den Betroffenen und ihren Angehörigen. Entsinnen wir uns nur der abstrusen Theorie von der „Kühlschrankmutter" des Psychoanalytikers und Kinderpsychologen Bruno Bettelheim, der eine gestörte Mutter-Kind-Beziehung für den Autismus bei Kindern verantwortlich machte und mit seiner heute längst widerlegten Theorie zahlreiche Mütter in den Suizid trieb.

Und man darf jetzt schon annehmen, dass die (noch nicht veröffentlichte) Studie des Marburger Psychologieprofessors Urs Nater et al. zu ähnlich katastrophalen Folgen führen wird, wenn er seine Hypothese, dass „CFS" überwiegend durch frühe Traumata wie sexuellen Missbrauch und Misshandlung ausgelöst wird, aufgrund des fehlerhaften Studiendesigns bestätigt sieht.

Schon der Titel dieser Studie führt in die Irre: „Biologische Marker des Chronischen Erschöpfungssyndroms".[900] Unter Außerachtlassung bereits vorhandener biomedizinischer Forschungsergebnisse, die bei ME-Kranken Anomalien des Gehirns, Anomalien bei körperlicher Belastung, im Immunsystem, im Energiestoffwechsel, Anomalien in Genetik und Genexpression sowie diverse Infektionen mit pathogenen Erregern nachgewiesen haben, sollen in der Nater-Studie vor allem auch biologische Marker der Stressachse untersucht werden. Vor und nach dem Stresstest werden Cortison, Alpha-Amylase, Zytokin IL6, CRP und TNF-alpha gemessen. Diese Marker sollen unter körperlicher Beanspruchung gemessen werden, wie der Studienflyer Auskunft erteilt. Doch bei diesem *„Stresstest"* handelt es sich nach Auskunft einer der Studienleiterinnen in Wahrheit um *„eine Art Schultest"*.[901] Aber allein ein körperlicher Belastungstest könnte Auskunft geben über biomedizinische Anomalien, denn die neuroimmune Entkräftung bei pathologisch niedriger Belastungsgrenze sowie die Symptomverschlimmerung nach geringer körperlicher Belastung ist das Kardinalsymptom der ME.

Darüber hinaus wird die Auswahl der Studienkohorte das Ergebnis verfälschen. Denn für die Krankheitsdefinition finden nicht etwa die enggefassten Kanadischen Kriterien[902] oder wenigstens die Fukuda-Kriterien Anwendung, sondern die „empirische" Definition,[903] welche Patienten mit Depressionen, psychiatrischen Erkrankungen und unspezifischen Erschöpfungszuständen einschließt.[904] Diesen Patienten fehlt aber das Kardinalsymptom der ME. Schon die Teilnahmebedingungen sind für ME-Kranke kaum zu erfüllen[905]: zweimalige Anreise nach Marburg, Blutabnahmen, Untersuchungen, Fragebögen[906] ausfüllen, Stresstest. Moderat und schwer Erkrankte sind von vornherein ausgeschlossen. Aber auch leicht Erkrankte werden sich mehr als zweimal überlegen, für ihren mit 50 Euro honorierten Einsatz eine PENE (Post-Exertional Neuroimmune Exhaustion/neuroimmune Entkräftung nach Belastung) zu riskieren.

Außerdem dürfen nur Frauen zwischen 18 und 45 Jahren an der Studie teilnehmen.[907] Und spätestens an dieser Stelle muss man stutzig werden. Denn auch Männer leiden an ME. Warum werden sie also von dieser Studie ausgeschlossen?

Schauen wir uns die Studienhypothese an.

Im März 2012 referierte Urs Nater gemeinsam mit seinen Mitarbeiterinnen Susanne Fischer und Jana Strahler auf dem 27. Kongress der Deutschen Gesellschaft für Verhaltenstherapie. Thema des Symposions: „Somatoforme Störungen und chronische Körperbeschwerden – Aktuelle Ansätze der Entstehung und Behandlung". Thema seines Referats: „Die Rolle von Stress beim chronischen Erschöpfungssyndrom". Die Zusammenfassung verrät uns Naters Studienhypothese:

„In diesem Beitrag soll ein möglicher Erklärungsansatz für das Entstehen von chronischer Erschöpfung vorgestellt werden. Dieser geht von der Beobachtung aus, dass die endokrine Stress-

achse bei traumatischen Erfahrungen zu einem frühen Zeitpunkt im Leben eines Menschen nachhaltig in ihrer Funktionstüchtigkeit eingeschränkt werden kann. Es finden sich bei PatientInnen mit dem chronischen Erschöpfungssyndrom (chronic fatigue syndrome, CFS) signifikant mehr Berichte über traumatische Erfahrungen in der Kindheit, wie z.B. sexuellen Kindesmissbrauch, als bei gesunden Kontrollen. In einem so kritischen und vulnerablen Stadium der Entwicklung des biologischen Stresssystems kann die Sensitivität des Systems im Erwachsenenalter dergestalt eingeschränkt sein, dass eine adäquate Reaktion auf neuartige Stressoren nicht mehr oder nur noch mit Mühe möglich ist.

Es ist leicht vorstellbar, dass als Konsequenz dieser Entwicklungen eine nachhaltige Dysregulation auf endokriner und immunologischer Ebene stattfinden und entsprechend die Ausbildung von chronischer Erschöpfung begünstigt werden kann. In diesem Beitrag werden aktuelle Befunde zu diesen Zusammenhängen anhand eigener Daten vorgestellt und diskutiert."[908]

Die Vorläuferstudie, die Urs Nater u.a. mit Christine Heim und William Reeves – Autoren der „empirischen Definition"! – durchgeführt hat, trägt denn auch den Titel „Kindheitstrauma und Risiko für Chronic Fatigue Syndrom – Assoziation mit neuroendokriner Dysfunktion."[909] (Ü.d.A.) Ergebnis dieser im Jahre 2009 veröffentlichten Studie: ***„Personen mit CFS berichteten über signifikant höhere Raten an Kindheitstraumen und psychopathologischen Symptomen als Kontrollgruppen. Einem Kindheitstrauma ausgesetzt zu sein war verbunden mit einem 6-fach erhöhten Risiko für CFS. Sexueller Missbrauch, emotionaler Missbrauch und emotionale Vernachlässigung waren am effektivsten bei der Unterscheidung der CFS-Fälle von Kontrollen."***[910] (H.d.A., Ü.d.A.)

Doch bereits 2002 hatten Taylor und Jason zu diesem Thema geforscht.[911] Sie fanden heraus, dass die Prävalenzraten von sexuellem Missbrauch und Misshandlung bei Menschen mit „CFS" vergleichbar sind mit denen, die man bei Individuen mit anderen Krankheiten findet: ***„Im Vergleich zu denen mit CFS, die über solche frühkindlichen Erfahrungen berichten, berichten die meisten Menschen mit CFS nicht über einen solchen Missbrauch."***[912] (H.d.A., Ü.d.A.) Im Klartext:

- ***Der Prozentsatz ME- oder „CFS"-Kranker, die in ihrer Kindheit sexuell missbraucht oder misshandelt wurde, ist nicht größer als der z.B. Krebs- oder Herzkranker, und die meisten ME-Kranken sind nicht sexuell missbraucht oder misshandelt worden.***

Taylors und Jasons Ergebnisse werden von anderen Studien gestützt. Auch Viner und Hotopf beispielsweise konnten keinen Zusammenhang zwischen psychischen Belastungen, welcher Art auch immer, von Mutter oder Kind und einem erhöhten Risiko, ME/"CFS" zu entwickeln, identifizieren.[913]

Die frühere Studie von Urs Nater et al., auf der die neue allem Anschein nach aufbauen soll, wertete nur selbstberichtete Kindheitserfahrungen aus.[914] Auch in der neuen Studie sind Fragebögen auszufüllen. Man darf vermuten, dass auch hier wieder nach traumatischen Kindheitserlebnissen gefragt wird. Denn mit der aktuellen Studie soll die Studienhypothese, dass Missbrauchs- und Misshandlungserfahrungen in der Kindheit signifikant das Risiko erhöhen, an ME/"CFS" zu erkranken, mit psychologischen Testverfahren und biologischen Stressmarkern objektiviert werden. Und weil die Zahl sexuell missbrauchter Mädchen (zwischen 18–25%,[915] je nachdem ob sexueller Missbrauch ohne Körperkontakt und Missbrauchshandlungen wie etwa sexualisierte Küsse miteinbezogen werden) bei weitem die von Jungen, deren Angabe zwischen 4-8%[916] schwankt, übertrifft, werden Männer von vornherein ausgeschlossen. Denn man möchte möglichst viele Probanden mit üblen Kindheitserfahrungen gewinnen, um die Hypothese zu bestätigen. Geht man davon aus, dass allein 18-25% der Frauen in der Allgemeinbevölkerung von Missbrauchserfahrungen berichten können, so ist dieser Prozentsatz sicher um ein Vielfaches höher bei den Teilnehmerinnen dieser Studie, deren Löwenanteil nicht etwa aus ME-Patienten, sondern hauptsächlich aus Patienten mit psychischen Störungen bestehen wird. So wird mit dieser Studie lediglich bewiesen werden, dass ein Teil der chronisch erschöpften Patientinnen (z.B. Depressive), aber keinesfalls am „Chronischen Erschöpfungs***syndrom***" bzw. an ME Erkrankte biologische Auffälligkeiten der endokrinen Stressachse zeigen. Und ob tatsächlich negative Kindheitserfahrungen oder aber ganz andere, nämlich organpathologische Faktoren ursächlich für die Abweichungen bei diesen Patientinnen sind, sei ebenfalls dahingestellt.

Was aber bedeutet es für die gesellschaftliche Akzeptanz von ME, wenn diese Studie veröffentlicht wird, die „chronische Erschöpfung" als z.B. Begleitsymptomatik psychischer Krankheiten und das „Chronische Erschöpfungssyndrom", eine organische Erkrankung, in einen Topf wirft? Die Veröffentlichung wird dazu beitragen, dass alle bestehenden Vorurteile gegen ME/"CFS"-Kranke zementiert werden. Sie werden weiterhin als psychisch gestört oder verhaltensauffällig gebrandmarkt werden. Die falsche Schlussfolgerung, „CFS" würde durch kindliche Traumata ausgelöst, wird dazu führen, ME-Patienten psychische Probleme zu unterstellen, die sie gar nicht haben. Eltern ME-kranker Kinder werden unter Generalverdacht geraten und des Missbrauchs, der Misshandlung und Vernachlässigung bezichtigt werden. All das Grauen bis hin zum Sorgerechtsentzug und der Kontaktsperre, verursacht durch falsche Annahmen und Befunde inkompetenter Amtsärzte, Psychologen, Psychiater, Gutachter und Mediziner, wird sich in Zukunft noch potenzieren. Bereits jetzt schon berufen sich völlig unbedarfte Allgemeinmediziner ohne jegliche psychologische Zusatzausbildung auf diese abstrusen und weit hergeholten Theorien und unterstellen Eltern ME-kranker Kinder aus dem hohlen Bauch heraus und ohne konkret ein Traumata benennen zu können, sie würden ihre Kinder traumatisieren, wie die Verfasserin immer wieder von verzweifelten Eltern erfährt.

Laut Infobroschüre wollen die Autoren um Urs Nater mit dieser Studie *„zur Verbesserung der Erkennung und Behandlung dieser Erkrankung beitragen."* Das Gegenteil ist der Fall – sie werden dazu beitragen, dass ME in Deutschland weiterhin verleugnet und bagatellisiert wird, und die Eltern ME-kranker Kinder sogar kriminalisiert werden. Perfiderweise werden die Psychologen ihr Unsinnsresultat mit biomedizinischen Markern, die nichts als Augenwischerei sind, untermauern. Augenwischerei deshalb, weil die Marker, die ME/“CFS“-Patienten von z.B. Depressiven unterscheiden, nämlich Auffälligkeiten in der Viren-Serologie, immunologische Abweichungen und solche, die nur durch bildgebende Verfahren entdeckt werden können wie z.B. Gehirnanomalien und entzündliche Prozesse im Gehirn, eben genau nicht untersucht werden sollen. Dieses Unterfangen, kindliche Traumata als Auslöser von ME/“CFS“ mit Laborparametern zu objektivieren, ist noch menschenverachtender als das höhnische und herabwürdigende Gewäsch der Psychiater der englischen „Wessely-School“. Es wirkt wie der heimtückische Versuch, die ME-Kranken hinterrücks doch noch mit einer dem ersten Anschein nach wissenschaftlich objektivierten psychogenen Verursachungstheorie zu überwältigen. Kurz: Diese Studie wird verheerende Auswirkungen für die ME-Patienten haben!

Nachdem eine Patientenorganisation an ihre Mitglieder die Studieninformationen verschickt hatte, machten aufmerksame Patienten auf die möglichen Gefahren der Folgen einer solchen unwissenschaftlichen Studie aufmerksam. Deshalb sind für diese Studie möglicherweise bislang nicht genug Probandinnen zusammengekommen, denn es wird seit nunmehr zwei Jahren auf der Website der Marburger Universität dafür geworben. Doch man darf sich keine falschen Hoffnungen machen: Es wird nicht nur nach „CFS“-Patienten gesucht. Im Rahmen des Lichtenberg-Projekts an der Universität Marburg werden Patienten mit diversen „funktionellen somatischen Syndromen“, wie Nater et al. all diese Krankheiten organischen Ursprungs psychopathologisieren, gesucht. Und man darf vermuten, dass die Untersuchungsergebnisse all dieser verschiedenen Patientenkohorten in eine gemeinsame Studie einfließen werden mit dem Titel „How Stress gets in the Body – A Psychobiological Approach to the Pathophysiology of Chronic Fatigue“, eine Studie, die mit einem Millionenbetrag von der Volkswagenstiftung gesponsert wird. Und folgerichtig werden auch Frauen für eine Studie gesucht, die einfach nur erschöpft sind, also unter einer „Chronic Fatigue“ leiden. Nater et al. möchten hier *„biologische Prozesse des Zusammenhangs von Stress und Erschöpfung auf[zu]decken“.*[917]

Auch eine Reizdarmstudie mit ähnlichem Studiendesign und dem vorgeblichen Ziel, „biologische Prozesse bei Reizdarm zu untersuchen“, um dadurch *„zur Verbesserung der Erkennung und Behandlung dieser Krankheit bei*[zu]*tragen“*, ist unterwegs.[918]

Ganz nach dem Motto „Bei uns ist für jeden was dabei" werden auch zwei Studien mit Fibromyalgie-Patientinnen durchgeführt. Der Flyer zur Studienteilnahme für eine der beiden hing in Allgemeinarztpraxen aus, „Stress, Bewegung und Schmerzen bei Frauen mit Fibromyalgie – eine Untersuchung im Alltag". Auch hier dürfen wieder nur Frauen teilnehmen (18 – 65 J.). Sechs mal am Tag werden ihnen mittels eines iPods Fragen zum „aktuellen Erleben und Empfinden" gestellt und sechs mal am Tag sammeln die Teilnehmerinnen selbständig Speichelproben.[919] Es werden nur Stresshormone und Enzyme getestet und es soll ganz offensichtlich – ähnlich wie bei der Studie mit den „CFS"-Patientinnen – in Verbindung mit den entsprechenden Fragen die Studienhypothese, dass psychischer Stress ursächlich für biomedizinische Abweichungen ist und zu Schmerzen und Erschöpfung führt, bestätigt werden. Denn obwohl es in jüngerer Vergangenheit einen großen Durchbruch in der biomedizinischen Erforschung der Fibromyalgie gab und nicht von der Hand zu weisende organische Ursachen für die Schmerzen gefunden wurden,[920] halten Urs Nater und seine Kolleginnen weiterhin daran fest, dass es sich um eine somatoforme Störung handelt, für deren Hauptursache sie Traumatisierungen in der Kindheit und Stress verantwortlich machen.[921]

Das Ziel der anderen geplanten Fibromyalgie-Studie ist, *„biologische Prozesse bei Fibromyalgie zu untersuchen"* und damit zur *„Verbesserung der Erkennung und Behandlung dieser Erkrankung beizutragen."*[922]

Ein Vergleich aller Flyertexte zeigt, dass regelrecht Bauernfängerei betrieben wurde. Bei der Abfassung der Texte wurde dem wachsenden Widerstand von „CFS"-, Reizdarmsyndrom- und Fibromyalgiepatienten, sich psychopathologisieren zu lassen, Rechnung getragen. Die Teilnehmerinnen dieser Studien werden auf eine falsche Fährte gelockt: Die Flyertexte vermitteln den Eindruck, der Fokus der Studien liege auf der Erkenntnisgewinnung zum biologischen Verständnis der Krankheiten. Das eigentliche Ziel der Studien, nämlich die Beschwerden auf mangelnde ***psychische*** Stressbewältigungsmechanismen zurückzuführen, die nach Ansicht von Nater et al. das Resultat frühkindlicher Traumata sind, wird jedoch verschwiegen. Man will die Patienten offenbar für dumm verkaufen.

Doch warum sollten ausgerechnet Psychologen ***biologische*** Parameter untersuchen wollen, wenn sie die nicht in Beziehung zu ***psychologischen*** Faktoren setzen wollten? Genau dieses Vorhaben wird aber in diesen Flyern wohlweislich nicht erwähnt. (Einzig der Flyertext zur Studie mit „Chronic Fatigue"-Patientinnen ist eine Ausnahme. Hier kann man offenbar darauf bauen, dass sich deren Krankheitsverständnis mit dem ihrer Untersucher halbwegs deckt, weshalb ganz am Ende des Textes der dezente Hinweis angebracht ist, dass potentielle Probandinnen *„einen wichtigen Beitrag"* dazu leisten, *„um das Verständnis darüber zu erweitern, wie Stress zu Erschöpfung führt."*)

Leider greifen viele chronisch kranke Menschen, die nirgendwo medizinische Hilfe finden, nach jedem Strohhalm, wobei ihre krankheitsbedingten kognitiven

Einschränkungen bedauerlicherweise verhindern, dass sie die Tricks der Studienleiter durchschauen. Im guten Glauben, die biomedizinische Forschung voranzutreiben, stellen sie sich dann als Probanden für Studien zur Verfügung, die sich nur als biomedizinische tarnen.

Der Versuch, kindliche Traumata mit Laborparametern zu „objektivieren" und so mit dem späteren Ausbruch einer Krankheit zu verknüpfen, ist typisch für ***„Verhaltenswissenschaftler, die die Tatsache stört, daß ihre Disziplin hinter der Naturwissenschaft zurückbleibt"***, (H.d.A.) wie der Ethnopsychoanalytiker Georges Devereux in seinem Buch „Angst und Methode in den Verhaltenswissenschaften" schreibt. Deshalb versuchen sie, diesen Mangel ***„durch die Nachahmung physikalischer Verfahrensweisen wettzumachen"***.[923] (H.d.A.) Doch bei der Erhebung ihrer Daten ignorieren sie meist alles, was sich mit ihren (beschränkten) Methoden nicht quantifizieren lässt, selbst wenn die ignorierten Daten ***„von schlagender Bedeutung sind"***.[924] (H.d.A.) Genau so verfahren Nater und seine Kollegen: Sie messen hauptsächlich Stressmarker und kehren alle Daten, die das gewünschte Ergebnis in Frage stellen könnten, unter den Teppich.

Die mechanische Übertragung von Techniken der Naturwissenschaft auf andere Wissenschaften kann, nach Devereux, *„zu dem „logischen Trugschluss führen, daß reines Quantifizieren ein Datum wissenschaftlich* ***mache***.*"*[925] Doch meist verwechseln diese Wissenschaftler das Feld ihrer Forschung. Während sie glauben, auf dem Feld der Psychiatrie oder Psychosomatik zu forschen, betreiben sie in Wirklichkeit bloß Meinungsforschung. „CFS"-Patienten, die wie in Naters Studie „Kindheitstrauma und Risiko für Chronic Fatigue Syndrom – Assoziation mit neuroendokriner Dysfunktion"[926] (Ü.d.A.) in Fragebögen (oder auch bei einer Befragung) ***„über signifikant höhere Raten an Kindheitstraumen und psychopathologischen Symptomen als Kontrollgruppen"*** (H.d.A., Ü.d.A.) berichten, geben allenfalls ihre Meinung kund, nicht aber eine psychiatrische Diagnose. Denn es dürfte schwer sein, sich selbst eine psychiatrische Diagnose auszustellen. Rein statistisch gesehen scheint diese Studie zu beweisen, dass das Risiko, einem Kindheitstrauma ausgesetzt zu sein, verbunden war *„mit einem 6-fach erhöhten Risiko für CFS"*. Doch trotz der Tatsache, dass die Statistik diese Zahl zu stützen scheint, ist das keine wissenschaftliche Feststellung. Nater et al. glauben zwar eine wissenschaftliche Aussage gemacht zu haben, aber in Wirklichkeit haben sie nur berichtet, dass Patienten mit „CFS" 6-fach häufiger von Kindheitstraumen und psychopathologischen Problemen wie Depression, Angst und Posttraumatischer Belastungsstörung ***selbst berichtet*** haben, weil sie ***sagten*** oder ***glaubten***, Kindheitstraumen erlitten zu haben und an psychopathologischen Symptomen zu leiden. Doch da niemand eine gültige psychiatrische ***Selbstdiagnose*** stellen kann, handelt es sich hier nicht um eine tatsächliche psychiatrische Diagnose, sondern um eine ***reine Meinungsäußerung*** der Probanden.[927] Das, was Nater et al. eigentlich untersuchen wollten, nämlich ob Kindheitstraumen tatsächlich ursächlich mit der Entwicklung eines „CFS“ in Verbindung zu bringen sind, haben sie also in Wirklichkeit gar nicht untersucht. Stattdessen haben sie eine Meinungsumfrage unter gesunden Kontrollen und (fraglichen) „CFS“-Patienten gemacht, von denen viele sich durch die Fragen des Fragebogens eingeladen oder aufgefordert fühlten, über Schreckliches aus ihrer Kindheit mit weitreichenden psychischen Folgen bis in die Gegenwart zu berichten. Ungeklärt bleibt dabei, ob sie diese Dinge wirklich erlebt haben und nachhaltig traumatisiert wurden, oder ob sich Ereignisse in der Rückschau mit Bedeutung aufgeladen haben, die in der Kindheit nicht traumatisierend waren und nun dem Patienten als sinnstiftende Erklärung für den schicksalhaften Ausbruch der Erkrankung dienen, oder ob sie tatsächlich nur die nicht zu übersehende Erwartungshaltung der Studiendesigner, die sich bereits aus den Fragestellungen des verwendeten Fragebogens ergibt, zu erfüllen bemüht waren. Womöglich haben sie ihren artig ausgefüllten Fragebogen auch mit der mehr oder weniger unbewussten Erwartungshaltung abgegeben, Hilfe und eine Heilbehandlung für ihre körperlichen Probleme zu bekommen.

Devereux hat übrigens diesen *„logischen Trugschluss […], daß reines Quantifizieren ein Datum wissenschaftlich* ***mache***“, was hier gerade – in Nachahmung seines Beispiels – mit der Naterstudie durchexerziert wurde, sehr schön am dritten „Kinsey“-Report demonstriert.[928]

14 Die fatale Tendenz zur Psychopathologisierung

Es ist der vielzitierte „Pannwitz-Blick“,[929] der selektierende und abwertende Blick von Ärzten, Psychiatern und Psychologen, der die Patienten berechtigterweise Forscher fürchten lässt, die nur ihre dürren, auf Falschannahmen und falschen Voraussetzungen beruhenden Hypothesen bestätigt sehen wollen, Gutachter, die statt Wissen überwiegend Vorurteile abgespeichert haben, und Behandler, die ihre Unsicherheit und ihr Nichtwissen mit Herrschaftsgebaren kompensieren.

In dem berüchtigten Pannwitzblick offenbart sich genau jenes Macht- und Herrschaftsverhältnis, dem auch der Patient mit den angeblich „unerklärlichen“ Symtomen ausgeliefert ist, dem „bestenfalls“ noch psychische Probleme attestiert werden, oder der andernfalls gleich des Simulantentums verdächtigt und vorverurteilt wird. Anstatt ihre Unwissenheit und Unsicherheit einzugestehen, treten Behandler und Gutachter als allwissend auf und ziehen Befriedigung aus dem Umstand, mittels ihrer auf subjektiver Einschätzung beruhenden Interpretation des Krankheitsgeschehens, die sie nicht etwa als rein spekulativ kennzeichnen, sondern als Fakt in den Raum stellen, sich als mächtig gegenüber dem Patienten erleben zu können.

Doch wer es als Behandler gleich welcher Fachrichtung versäumt, seine eigene Rolle im Verhältnis Behandler-Patient kritisch zu hinterfragen und seine Machtposition gegenüber dem Patienten ausspielt, mithin seine Macht missbraucht, um sich selbst als mächtig erleben zu können, würdigt den Patienten herab und pathologisiert ihn auf eine diffamierende Weise, die bar jeder objektiven Erkenntnis bleibt und nur von subjektiven Zuschreibungen gekennzeichnet ist.

In diesem Zusammenhang soll nicht versäumt werden, auch auf den französischen Philosophen, Psychologen, Historiker und Soziologen Michel Foucault zu verweisen, der psychiatrischen Diagnosen die Objektivität absprach und der Psychiatrie die Rolle einer gesellschaftlichen Kontrollinstanz zuschrieb, einer normstiftenden Machtinstanz, deren subjektive Beurteilungen sich gesellschaftlich und politisch auswirken.

Wissenschaftliche Arroganz und Ignoranz – oder besser Arroganz und Ignoranz, die sich einen wissenschaftlichen Anstrich gibt – hat im Laufe der Medizingeschichte meist zu Fehlentwicklungen oder sogar fatalen Folgen geführt. Nassim Nicholas Taleb benennt in seinem Buch „Der schwarze Schwan - Die Macht höchst unwahrscheinlicher Ereignisse" u.a. als Beispiel dazu die Arroganz der Ärzte in den 1960er-Jahren in Bezug auf die Muttermilch. Die meisten Ärzte jener Zeit betrachteten das Stillen als etwas Primitives und *„kamen gar nicht auf die Idee, dass die Muttermilch nützliche Bestandteile enthalten könnte, die sich ihrem wissenschaftlichen Verstehen entziehen könnten – […]"*. Sie verwechselten das ***„Fehlen(s) von Beweisen** für die Vorteile der Muttermilch mit **Beweisen für das Fehlen** der Vorteile […]"*.[930]

Leidtragende dieser krassen Fehleinschätzung, geboren aus Arroganz und Ignoranz und jeglichem wissenschaftlichen Denken widersprechend, war eine ganze Generation ungestillter Kinder mit erhöhter Anfälligkeit für diverse gesundheitliche Probleme. Wie schwer ein Paradigma wieder rückgängig zu machen ist, zeigt sich gerade auch an diesem Beispiel. Denn noch heute könnnen viele Mütter trotz der Fülle an Beweisen für die Vorteile von Muttermilch sich nicht dazu durchringen, ihre Kinder zu stillen und schenken oft aus Gründen der Bequemlichkeit lieber den Werbeversprechen der Milchnahrungshersteller Glauben.

Mit ebensolchen Fehleinschätzungen, die auf nichts als ärztlicher Arroganz und Ignoranz beruhen, haben ME-Patienten in aller Welt es tagtäglich zu tun. Denn auch bei dieser Krankheit verwechselt ein Großteil der Ärzteschaft, insbesondere die psychiatrisch/psychosomatische Fachrichtung, das Fehlen von Beweisen für eine Organpathologie der Krankheit mit Beweisen für das Fehlen einer Organpathologie der Krankheit. Wobei im Falle von ME – im Unterschied zum tatsächlichen Fehlen von wissenschaftlichen Beweisen für die Vorteile von Muttermilch in den 1960er-Jahren – die organpathologischen Beweise bereits in Hülle und Fülle vorliegen und eben nur nicht zur Kenntnis genommen werden, weil man sie teils nicht zur Kenntnis nehmen will, teils unfähig ist, sie mit den beschränkten Untersuchungsmethoden zur Kenntnis nehmen zu können.

(Für alle sich allwissend gebenden Behandler ist die im Frühjahr 2015 publizierte Entdeckung, dass das Gehirn offenbar doch direkt mit dem Lymphsystem verbunden ist und die verbindenden Lymphgefäße jahrzehntelang unentdeckt geblieben sind und für nicht existent gehalten wurden, weil sie sehr klein sind und gut versteckt liegen, eine Ohrfeige.[931] Denn arrogante und ignorante Behandler, die z.B. die Existenz einer Krankheit wie ME verleugnen, behaupten auch gerne immer wieder, die Biologie des Menschen sei vollkommen entziffert und es gebe nichts mehr Neues zu entdecken – was ganz offensichtlich nicht stimmt.)

Als nachhaltig irritierendes Beispiel für die zur Schau getragene Arroganz und Ignoranz, die – noch im besten Falle! – der Verschleierung von Sachunkunde und schlichtem Nichtwissen dient, wird hier ein Vortrag des Neurologen und Psychiaters Prof. Dr. Wilfried Nix angeführt. Die Haltung des Direktors der „Akademie für Ärztliche Fortbildung" Rheinland-Pfalz und sogar langjährigen Leiters der „Arbeitsgruppe CFS" des Bundesministeriums für Gesundheit ist symptomatisch für das fehlgeschlagene oder sogar bewusst verweigerte *„Assimilieren eines neuen Faktums"*. Sie ist beispielhaft für einen, dem – nach Thomas S. Kuhn – *„die neue Tatsache gar kein richtiges wissenschaftliches Faktum"* ist.[932] Nix erscheint wie ein hartnäckiger Verweigerer eines neuen Lernprozesses (oder wie jemand mit einer Lernstörung?), wenn er ganz unterschiedliche Krankheitsbilder wie Burnout, „CFS", Fibromyalgie, Sick-Building-Syndrom, Neurasthenie, Golfkriegs-Syndrom, Effort-Syndrom (Cardiophobie), EBV, chronische Brucellose, Hypoglykämie etc. flapsig unter ***„Null-Bock"*** subsumiert.[933] Grundsätzlich spricht er im Zusammenhang mit „CFS" fast ausschließlich von „Müdigkeit" und „Erschöpflichkeit". Cluster-Ausbrüche beschreibt er als Massenhysterien, ohne dieses Wort konkret in den Mund zu nehmen. Die Pressemeldungen über den Cluster-Ausbruch von Incline Village am Lake Tahoe macht er für die Ausbreitung von „CFS" verantwortlich. Jeder, der von den Symptomen lese, schaue in sich hinein und sage sich: *„Das habe ich aber auch!"* Die Rituximab-Studie scheint er weder gelesen, noch verstanden zu haben, wenn er Äußerungen von sich gibt wie die, auf „SPIEGEL-Online" sei zu lesen gewesen, man habe in Blutproben „CFS"-Kranker einen Retrovirus nachgewiesen, und „CFS" habe als mysteriöse Erkrankung gegolten, bis norwegische Forscher in Studien erfolgreich mit Rituximab behandelten. Nachher habe sich herausgestellt, dass diese Retroviren Laborkontaminationen waren, und ***dennoch würde der Frage nachgegangen, ob man mit so aggressiven Mitteln behandeln solle***.[934]

Wiederholt wird dieser Nonsens im Ärzteblatt Rheinland-Pfalz,[935] wo der Vorstand der Medizinischen Gesellschaft Mainz Prof. Dr. med. Theodor Junginger tatsächlich schreibt: *„Die Virusätiologie bekam weiteren Auftrieb, als in Norwegen bei Patienten mit Erschöpfung Fragmente von Retroviren im Blut nachgewiesen wurden, was zur Verabreichung von Krebsmedikamenten führte, bis sich herausstellte, dass die Virusbefunde Laborverunreinigungen waren.“* Das ist eine geradezu abenteuerliche Verknüpfung von Fakten. Denn die norwegischen Rituximab-Studien hatten auch nicht im Entferntesten mit dem Nachweis eines Retrovirus, des XMRV, zu tun, das sich später als Laborkontamination erwiesen hatte.[936] Dieser Vortrag zeigt, wie Arroganz und Ignoranz verhindern, sich mit den Ergebnissen der biomedizinischen Forschung auseinanderzusetzen. Oder wird hier etwa absichtlich eine Politik der Desinformation betrieben, ganz im Bewusstsein des *„aggressiven Vernichten*[s] *von Wissen“*, wie es der bereits zitierte Soziologe und Psychoanalytiker Reimut Reiche formulierte?[937]

An dieser Stelle sollen ausdrücklich all die Psychoanalytiker, Psychotherapeuten, Psychiater und Psychologen nicht unerwähnt bleiben, die sorgfältig und genau arbeiten, verantwortungsbewusst und dem Patienten zugewandt sind und so zahlreichen Menschen bei der Lösung und Bewältigung zentraler Konflikte helfen können. Diese Behandler sind unverzichtbar in unserem Gesundheitssystem.

Doch man könnte oftmals den Eindruck gewinnen, dass es nicht gerade die Besten ihrer Zunft sind, die entscheidenden Einfluss auf unser Gesundheitssystem nehmen und die Strippen ziehen. Ohnehin scheint es – die Psychoanalyse einmal ausgenommen, da die Ausbildung zum Psychoanalytiker eine sehr gründliche und langwierige ist – offenbar ein Leichtes zu sein, im psychologischen und psychiatrischen Bereich Fachkunde vorzutäuschen. Es soll in diesem Zusammenhang auch an den Hochstapler Gert Postel erinnert werden, den Postboten, der ohne jegliche Fachausbildung mehrere Anstellungen als Arzt, u.a. als stellvertretender Amtsarzt und schließlich als Leitender Oberarzt in der Psychiatrie innehatte, psychiatrische Gutachten schrieb und Vorträge vor Medizinern hielt. Er wurde zweimal enttarnt, nicht etwa, weil er durch mangelnde Fachkenntnis Verdacht erregt hätte, sondern durch dumme Zufälle.[938]

Im Zuge ihrer Recherchen bekam die Verfasserin Befundberichte von Psychiatern zu lesen, die von einem solch unbeschreiblichen Dilettantismus zeugen, dass man die Hände über dem Kopf zusammenschlagen und fragen muss, wie solche Behandler überhaupt in renommierten Kliniken Anstellungen bekommen können.

Hier ein Beispiel einer kinder- und jugendpsychiatrischen Verlaufsdokumentation über eine Patientin (ein 11-jähriges, schwerst an ME erkranktes Mädchen), verfasst von einem Psychiater einer überregional bekannten und angesehenen Klinik im Westen Deutschlands (Originalzitat mit Fehlern)[939]:

„psychsomatisches Konsil:

Erstes Gespräch** mit **Mutter allein:

Unter klarer Vorgabe und versicherung der Abwesenheitszeit ist es Möglich für […] und ihre Mutter, dass […] für 3 x 15 Minuten allein im Zimmer bleibt.

Mit der mutter wird die Symptomatik unter dem Blickwinkel eines Fatigue-sysndroms (Erschöpfung und Depression nachVirusinfekt) erörtert.

Unbedenklichkeit bezüglich der Physischen- und Lebenskräfteorganisation aus ärztlicher Sicht.

kein zugriff mehr auf willen und handlungsfähigkeit von Empfindungs- und Geistiger Organisation beim Mädchen sichtbar.

Aus der Verunsicherung nach Virusinfekt nicht mehr so gut zu sein wie vorher + vorherigem Gefühl überall bestleistungen erbringenzu können, führte zu verunsicherung und kränkung der letzgenannten leiber.

Mutter kann diesem Gedankengang folgen und findet ihn Stimmig für den Zustand ihrer Tochter.

→aus diesen überlegungen ergibt sich, dass [...] auf der Seelischen ebene wieder zutrauen zu sich selbst – dass sie etwas leisten und aushalten kann – bekommen muss.

*Eine Erste Zu-**mut**-ung ist dass gerade erreichte Allein sein im Zimmer!! Dies kann sie auch ohne Körperliche kräfte aushalten.ohne das die Mutter körperlicherseits bedenken hätte.*

die Idee 4 x tgl. Abwesenheiten der mutter zu erüben wird entwickelt.

Im gemeinsamen Gespräch mit [...] auf dem Krankenzimmer Beschreibt sich ... in kleinkindlicher Stimmlage als früher (vor einem jahr) vielleicht „Elefanten mit Mäuseschwanz (viele Tiere - denn ich konnte soviel!)"

Für ihren jetzigen Zustand fällt ihr nichts ein:

die Vorschläge Bär oder Murmeltier im Winterschlaf findet sie passen.

Über dieses bidl wird vorgeschlagen neben dem notwendigen essen nach dem Winterschlaf – um wieder zu kräfdten zu kommen – etwas zur Stärkung des Herzens fü das murmeltier zu tun.

-->ein Tagesplan mit 4 abwesenheitszeiten der Mutter über je 15 min wird skizziert. Bei Besprechung der 3. Abwesenheitszeit der Mutter beginnt [...] zu weinen. Als sie sich nicht beruhigt, kommt die Mutter auf Anregung des Therapeuten mit aus dem zimmer. [...] Weinen steigert sich zu empörtem Schreien.

Die Mutter nimmt (auf Nachfrage) selber war:

-das ist vor allem Wut, weniger Angst.

In der Abwägung der pesönlichen und stationären Ressourcen entschließt sich die Mutter es mit 2 Abewesenheitszeiten am Tag ab heute abend zu probieren, Steigerung ggf. in 2-3 tagen."

(Der Zustand des Mädchens verschlechterte sich unter dem Behandlungsregime dieser Klinik übrigens exorbitant und die „Abwesenheitszeiten" der Mutter hatten – wie zu vermuten – naturgemäß überhaupt keinen therapeutischen Effekt. Nach jeder „Abwesenheitszeit" pflegte das Kind seine Mutter mit einem ironischen Kommentar zu begrüßen: *„Und? Geht's mir jetzt etwa besser? Nein, natürlich nicht!"*)

Und hier ein weiteres Beispiel einer ärztlichen Stellungnahme in einem Rentenverfahren.[940] Die Neurologin und Psychiaterin der Deutschen Rentenversicherung, die die Patientin, eine junge und hochmotivierte, in Lehre und Forschung tätige Wissenschaftlerin, die während ihrer Promotion schwer an ME erkrankte, nie gesehen und untersucht hatte, entschied Folgendes nach Aktenlage:

*„**Nerven-Ärztliche Stellungnahme***
Ich weiß zwar nicht, ob wir hier in Zukunft erfolgreich durch die Instanzen kommen werden, jedoch sehe ich ebenso wie der nervenärztliche Sachverständige und die jetzt zuletzt tätig gewordene internistische Sachverständige ein eher vollschichtiges Leistungsvermögen. Nach meinem Verständnis liegt hier ohne Frage (und lag auch schon von Anbeginn an) eine Konversionsneurose vor, wobei doch auch ein erheblicher Anteil bewusstseinsnahes Verhalten mit Begehrensvorstellung mit der konversionsneurotischen Haltung einherging."[941]

Mit der gleichen Zähigkeit, mit der sich die Verfasser solch hanebüchener Krankenberichte, die schwerkranke Menschen behandeln bzw. begutachten dürfen, trotz mangelnder Fachkenntnisse im medizinischen System durchsetzen, klammern sie sich auch an psychiatrischen Pathologisierungen und psychologischen Deutungen von Krankheiten fest, die längst als organpathologischen Ursprungs erkannt worden sind. Die Unwissenschaftlichkeit ihrer Aussagen lässt einem die Haare zu Berge stehen. Und bei diesen Behandlern handelt es sich keineswegs um Einzelfälle.

Schauen wir uns die Homepage eines beliebigen Klinikums an, z.B. die Abteilung „Pädiatrische Psychosomatik und Psychotherapie" des Kasseler Klinikums.[942] Da steht als erster Satz: *„Psychosomatische und psychosoziale Störungen werden in der Kinderheilkunde bei bis zu 21% der Patienten festgestellt."* ***21%***: Das hört sich eindrucksvoll an! Diese Prozentzahl scheint die Aussage auf den ersten Blick zu objektivieren und wissenschaftlich zu fundieren. Und wenn man diese Zahl liest, muss man eigentlich erst einmal bei fast jeder gesundheitlichen Störung die Möglichkeit einer psychosomatischen Ursache in Betracht ziehen. Bei näherem Hinsehen allerdings, sichert sich diese Aussage gegen Falsifizierung selbst ab: ***bis zu 21%***, steht da geschrieben! Denn auch wenn die Zahl der psychosomatischen und psychosozialen Störungen beispielsweise nur 0,5% betragen würde, wäre sie in der behaupteten Größenordnung noch enthalten. Da zu der Zahl keine Quellenangabe gemacht wird, bleibt sie also fiktiv. Zudem werden verschiedene Störungsbilder zusammengemixt und unter einer Prozentzahl subsumiert. Man fragt sich darüber hinaus, welche Störungen über die aufgelisteten hinaus als psychosomatisch angesehen werden: TBC jedenfalls nicht mehr, ein Magengeschwür aber vielleicht schon noch und die Wahrscheinlichkeit, dass ein Reizdarmsyndrom und ein „CFS" dazugehören, ist sogar relativ hoch. Aber das ist nur eine Mutmaßung und leider wird uns darüber keine genauere Auskunft erteilt, zumindest nicht auf der Homepage. Auch darüber, auf welche Patientenpopulation sich diese Behauptung bezieht, erfahren wir nichts. Da ist allgemein von „Kinderheilkunde" die Rede, doch welche ist damit gemeint? Die gesamte Kinderheilkunde Westeuropas? Deutschlands? Hessens? Oder gar nur die des Kasseler Klinikums? Man erfährt es nicht. ***Was*** man aber erfährt bei kritischer Lektüre: Hier wird eine durch und durch suggestive Zahl publiziert, die ***nichts*** darüber auszusagen vermag, ob sie auch wirklich den Gegebenheiten entspricht. Ihre Publikation trotz mangelnder handfester Belege verrät jedoch sehr viel über die verantwortlichen Verfasser dieser Homepage und über deren Einstellung zu wissenschaftlicher Genauigkeit und Sorgfalt sowie über ihren schludrigen Umgang mit Behauptungen und Fakten. Vertrauen in die Fähigkeiten dieser Behandler schafft die Veröffentlichung solcher unüberprüfbarer Behauptungen jedenfalls nicht.

Begeben wir uns raus aus der Provinz in die Großstadt, stimmt das Ergebnis unserer Recherche keineswegs froher. Auch das Universitätsklinikum Hamburg-Eppendorf, Abteilung „Institut und Poliklinik für Psychosomatische Medizin und Psychotherapie", gibt sich überaus präpotent: *„Jede/r Dritte in Deutschland leidet unter andauernden psychischen/psychosomatischen Beschwerden."*[943] Die Liste von Kliniken mit ähnlich hohen, jedoch stets unbelegten Zahlen, ließe sich fortsetzen. Dass eine F-Diagnose[944] durch diese horrenden Zahlen völlig entwertet und ihrer Bedeutsamkeit beraubt wird, scheint den Verfassern solcher Hompages und den Behandlern solcher Kliniken nicht in den Sinn zu kommen. Wenn jeder Dritte psychisch krank sein soll: So what? Dann ist es eben „normal", psychisch krank zu sein! Ein so hoher Prozentsatz lässt jede Behandlung überflüssig erscheinen, denn wenn ein Drittel der Bevölkerung psychisch krank ist, andererseits die überwiegende Mehrheit der Menschen aber doch irgendwie im Leben zurechtzukommen und nicht allzu eingeschränkt von der von den Psychiatern und Psychosomatikern vermuteten psychischen Störung zu sein scheint, dann sind die meisten psychischen Störungen offenbar nicht behandlungsbedürftig und besitzen einen weitaus geringeren Stellenwert als bislang angenommen.

Über die gängige Praxis hinaus, dass etliche somatische Krankheiten offensichtlich von vielen Behandlern umstandslos somatoformen oder psychischen Störungen zugeschlagen werden, werden auch noch immer weitere Seelenleiden hinzuerfunden. Mit jeder DSM-Ausgabe[945] wächst die Anzahl dieser Krankheiten, von 106 auf nunmehr 297.[946] Das DSM-V erklärt Millionen bzw. Milliarden Menschen, die sich bisher einer robusten psychischen Gesundheit erfreuten, zu psychisch Kranken.[947] Die Trauer um einen geliebten Menschen wird nun bereits nach zwei Wochen pathologisch und als „Major Depression" diagnostiziert und darf mit Antidepressiva behandelt werden. Die Tage vor der Regel werden zur „prämenstruellen dysphorischen Störung", Völlerei oder gelegentliche Heißhungerattacken zur „Fressgelage-Störung", Schusseligkeit zur „leichten kognitiven Störung" und Charaktereigenschaften wie Jähzornigkeit zur „disruptiven Launenfehlregulationsstörung". Beinahe unnötig zu erwähnen, dass 70% der Autoren dieser fünften Ausgabe der Psychiater-„Bibel" als Berater für pharmazeutische Unternehmen arbeiten und von diesen honoriert werden!

Allein Millionen Menschen in Deutschland werden die Kriterien für eine Geisteskrankheit erfüllen, nämlich die der „Primären Insomnie". All die Menschen, die in Einflugschneisen, an Hauptverkehrsadern und Bahntrassen wohnen und deshalb unter Schlafstörungen leiden, werden mit diesem Machwerk psychopathologisiert. Fast ausschließlich symptomorientiert ist das DSM; soziale oder Umweltbedingungen wie z.B. Lärmbelästigung fallen im DSM unter den Tisch. Es enthält keine Diagnose, die auf einem allgemein anerkannten biomedizinischen Testverfahren basiert und den Kriterien naturwissenschaftlicher Forschung standhalten könnte.

Es sieht ein wenig danach aus, als sähen vor allem Psychiater und Psychosomatiker ihre Felle davonschwimmen. Und es ist auch tatsächlich die Frage, wie lange eine Fachrichtung wie die Psychiatrie, die so offensichtlich einen *„Mangel an auch nur irgendeiner Annäherung an einen angemessenen intellektuellen Rahmen"* leidet, wie der Psychiater McLaren konstatiert, noch wissenschaftlich ernst genommen werden wird.[948] *„Wenn die Psychiatrie als eine wissenschaftliche Disziplin angesehen werden soll, dann müssen, wie in allen anderen Wissenschaften, Erklärungen für die beobachteten Phänome beigebracht werden"*, wie der Psychoanalytiker Kurt Eissler schon vor mehr als 50 Jahren forderte.[949] Und zwar müssen das überzeugende Erklärungen sein, solche, die Hand und Fuß haben. Sie dürfen nicht bloß auf Mutmaßungen und Unterstellungen oder Manipulation von Daten beruhen, unter Verzicht auf scharf umrissene Krankheitsdefinitionen und/oder unter der Verleugnung biomedizinischer wissenschaftlicher Forschung zustande kommen.

Erst kürzlich, Mitte 2014, wurde die größte Studie der ***biologischen*** Psychiatrie publiziert: Insgesamt 108 Genorte wurden identifiziert, die mit Schizophrenie assoziiert sind.[950] Wie Marcella Rietschel, Mitautorin dieser Studie, sagte, zeige sie ganz deutlich, *„dass psychiatrische Störungen einen somatischen Ursprung haben"*, was nicht hieße, dass die Umwelt keine Rolle spiele.[951] Je größer also die Fortschritte in der biomedizinischen Forschung, u.a. in Genetik, Neurobiologie, Neurochemie, Infektiologie, Umweltmedizin und nicht zuletzt in Immunologie und Virologie, desto mehr verlieren Psychiatrie und Psychosomatik an Bedeutung. *„Die wissenschaftlichen Resultate sind oft genug die Liquidation älterer Forschungsleistungen"*, wie der Schweizer Germanist und Schriftsteller Peter von Matt in seiner Dankesrede für den Goethepreis der Stadt Frankfurt sagte, *„und ganze Wissenschaftszweige können aussterben wie die Dinosaurier."*[952]

Vielleicht ist die Angst, dass „Dinosaurier"-Disziplinen wie Psychiatrie und Psychosomatik vom Aussterben bedroht sind, einer der wesentlichen Gründe dafür, weshalb die DSM-Autoren und so viele Vertreter dieser Fachrichtungen im Verbund mit der Pharmaindustrie aggressiv und vehement – und leider auch erfolgreich – um ihre Existenzberechtigung kämpfen.

Würden sie mit fairen Mitteln kämpfen, mit sauberen Studien, die auch naturwissenschaftlichen Standards Genüge leisten, ließe sich nichts dagegen einwenden. Doch immer wieder ziehen sie eine falsch fundierte empirische Evidenz zur Untermauerung ihrer Hypothesen heran. Da werden Äpfel und Birnen in einen Topf geworfen (siehe Nater-Studie, PACE Trials, York-Studien etc.), zusammen eingekocht und das Resultat wird uns als Birnenmus verkauft, obwohl der Apfelanteil deutlich herauszuschmecken ist.

Auch die Studien-Methoden sind oft mehr als fragwürdig, z. B. die Fragebogentechnik, die retrospektiv gewonnene Erkenntnisse auswertet. Längst ist bekannt, wie sehr Selbstberichtetes von Studienteilnehmern einer narrativen Verzerrung unterliegt. Kranke versuchen – wie alle anderen Menschen auch – einen Sinn in dem zu finden, was ihnen schicksalhaft zugestoßen ist, und so werden in der Rückschau Ereignisse mit Bedeutung aufgeladen und als belastend beschrieben, die in der Vergangenheit keinerlei traumatisches Potenzial für den später erkrankten Patienten besaßen. Aufschlussreich ist hierzu eine amerikanische prospektive Studie mit 676 dokumentierten Fällen von Missbrauch, Misshandlung und Vernachlässigung in der Kindheit und einer Vergleichsguppe von 520 demographisch übereinstimmenden Kontrollen. Untersucht wurde, ob ein Zusammenhang zwischen Viktimisierung in der frühen Kindheit und der Entwicklung einer Schmerzsymptomatik im Erwachsenenalter existiere. ***Es gab keinen Zusammenhang; jedoch war eine Schmerzsymptomatik signifikant assoziiert mit einem retrospektiv selbstberichteten Missbrauch, Misshandlung oder einer Vernachlässigung. Deshalb schlussfolgerten die Autoren, dass die allgemeine Annahme, medizinisch unerklärliche Schmerzen seien psychischen Ursprungs, in Frage zu stellen sei.***[953]

Ausgerechnet Psychosomatiker und Psychiater halten so starrsinnig an ihren „wissenschaftlichen" Erkenntnissen fest, obwohl die Geschichte dieser Disziplinen vor allem auch eine Geschichte der Irrtümer ist, wenn wir – abgesehen von den schon geschilderten Irrtümern wie MS, Magengeschwür etc. – z. B. an die Infektionskrankheit TBC denken, an der in vorantibiotischer Zeit vorgeblich Menschen mit schizoider Neurosenstruktur oder auch präödipaler narzisstischer Störung erkrankten. Der Durchbruch in der medizinischen Forschung zeigte jedoch, dass diese Krankheit mit einer Antibiotikakombinationstherapie vollkommen ausgeheilt werden kann. Dennoch halten viele Psychosomatiker daran fest, dass Menschen mit einem bestimmten Persönlichkeitsbild und einer psychosozialen Belastungssituation an TBC erkranken.

Ein weiterer grausamer Irrtum in der Geschichte der Psychiatrie: die psychiatrische Pathologisierung von Homosexualität. Erst im Jahre 1992 wurde Homosexualität aus dem ICD gestrichen. Und obwohl die American Psychoanalytic Association sich für die Pathologisierung der Homosexualität 1991 entschuldigte, wird in Artikeln und Büchern zahlreicher Psychiater und Psychosomatiker Homosexualität weiterhin psychopathologisiert.

Auch Transsexualismus gilt heute immer noch als „psychische Krankheit", es ist als Geschlechtsidentitätsstörung im ICD unter F64.0 (F = Psychische und Verhaltensstörungen) zu finden. Es wird vermutlich in absehbarer Zeit aus dem Katalog gestrichen werden, die Entschuldigung irgendeiner Vereinigung wird folgen und dennoch wird fortgesetzt Literatur publiziert werden, die Transsexualität psychopathologisieren wird. Das gleiche gilt für Tranvestitismus, der unter F64.1 psychopathologisiert wird.

Die fatale Tendenz, biomedizinische Forschungsergebnisse nachträglich, wenn die medizinwissenschaftlichen Belege nicht mehr von der Hand zu weisen sind, in die psychogene Verursachungshypothese zu integrieren, hat nun auch die Adepten der „Wessely-School" erreicht. Mit dem anscheinend auf Dauer unvermeidlichen „Sowohl/Als-Auch"-Kompromiss versucht man die Patientenkohorte auch weiterhin für die eigene Zunft zu beanspruchen. Ein weiteres Machwerk von Peter White legt Zeugnis ab von diesen Bemühungen: eine Studie, die belegen soll, dass 63% der für medizinische Behörden arbeitenden Ärzte und Psychiater ME für eine ***sowohl*** körperliche ***als auch*** psychische Krankheit halten – im Gegensatz zu den uneinsichtigen Patientenorganisationen, die Verhaltenstherapie ablehnen und zu 89% von einer rein körperlichen Krankheitsursache ausgehen. Das Ergebnis seiner Studie kommentiert White mit folgenden Worten: *„[...], diese Studie zeigte die unterschiedlichen Meinungen auf, die verschiedene Gruppen bezüglich der Natur des CFS/ME behaupten. CFS/ME ist noch ein weiteres Leiden, das die Wichtigkeit illustriert, das biopsychosoziale Modell unserer Denkweise anzueignen. Körper und Geist sind unteilbar und das eine kann das andere sehr stark beeinflussen. Die Ursache von CFS/ME mag komplex sein; jedoch das Sprungbrett zu Fortschritt und Einigkeit dürfte darin liegen, das Konzept des Körper-Geist-Dualismus durch eine mehr monistische Auffassung zu ersetzen."*[954] (Ü.d.A.)

Ein zynisches Lippenbekenntnis, wenn aus der zähneknirschenden Anerkenntnis biomedizinischer Anomalien als einzige Konsequenz wieder einmal nur die Werkzeugkiste des Psychiaters ausgepackt wird. Denn was die Wessely-Adepten unter der Anwendung ihres biopsychosozialen Modells verstehen, wissen wir ja bereits.

Peter White findet man folgerichtig auch im Leitungsgremium der neu gegründeten UK CFS/ME Research Collaborative (CMRC) wieder, ebenso wie Esther Crawley, die ME-kranke britische Kinder mit dem sogenannten „Lightning Process" traktiert,[955] einer höchst unseriösen Mischung aus Gehirnwäsche und kognitiver Verhaltenstherapie auf primitivstem Niveau, erfunden von dem windigen britischen Geschäftemacher Phil Parker, der auch bei Crawleys Studie mit von der Partie ist.[956] (Diese „Therapie" hat vielen ME-Patienten bereits geschadet und der behauptete Nutzen ist wissenschaftlich nicht belegt.)[957] Ziel der CMRC ist es, Forscher (sowohl Biomediziner als auch Psychiater), nationale Behörden (wie z.B. das Medical Research Council und das National Institute of Health Research) und die britischen ME/"CFS"-Wohltätigkeitsorganisationen bzw. Patientenorganisationen zusammenzubringen, um die Erforschung der Erkrankung voranzubringen.[958]

Doch ob die Zusammenarbeit von Biomedizin und Psychiatrie tatsächlich die für eine wirksame medizinische Therapie ME-Kranker so dringend benötigten Forschungsergebnisse liefern wird, darf jetzt schon bezweifelt werden. Gerade erst hat Esther Crawley im Rahmen dieser Kollaboration vom National Institute for Health Research mehr als 800.000 britische Pfund erhalten für eine 5-jährige Graded-Exercise-Therapy-Studie mit Kindern.[959] Hier wird die in Durchführung und Resultat wissenschaftlich unsaubere PACE-Trial also noch einmal neu aufgelegt – diesmal mit Patienten die noch wehrloser sind als die der Originalstudie.[960]

Und wieder einmal werden in der CMRC Patientenkohorten vermischt: Es wird zwischen ME/"CFS" und CF (Chronic Fatigue) nicht differenziert, so dass Depressive und andere an einer Chronic Fatigue Leidende in die Studien miteinbezogen sind. Doch das ist nicht der einzige Haken an dieser Kollaboration. Denn die teilnehmenden Patientenorganisationen mussten ein Abkommen unterzeichnen, das sie dazu verpflichtet, die Resultate der Forschungsbemühungen anzuerkennen und sich öffentlicher Kritik zu enthalten. Doch trotz dieser „Maulkorb"-Klausel haben leider nur zwei britische Patientenorganisationen der Verlockung widerstanden, an einer so großen und finanziell potenten Initiative partizipieren zu können: „Invest in ME" und der „Tymes Trust", die Organisation für ME-kranke Kinder und junge Menschen.[961] Respekt für den Mut, sich nicht von der Mehrheitsmeinung beirren zu lassen und den eingeschlagenen Weg konsequent weiter zu verfolgen!

15 Die Tücken der Empirie

Abschließend noch ein paar grundsätzliche Gedanken zur Empirischen Wissenschaft, auf der immer noch die meisten psychologischen Studien gründen.

Mit welchen Tücken diese konfrontiert ist, zeigt uns Nassim Nicolas Talebs Beispiel vom schwarzen Schwan.[962] Vor der Entdeckung Australiens war man der festen Meinung, alle Schwäne seien weiß. Was für eine Überraschung, als bei der Erkundung des fünften Kontinents der erste schwarze Schwan gesichtet wurde! So hat eine einzige Beobachtung eine seit Jahrtausenden gültige und scheinbar unumstößliche Tatsachenbehauptung zunichte gemacht.

Wer empirische Wissenschaft betreibt, sollte nie aus dem Auge verlieren, dass die empirische Realität nie die ***ganze*** Wirklichkeit abbildet.

Fundierte Kritik daran, wie verhaltenswissenschaftliche Methodologie in aller Regel praktiziert wird, übt auch Georges Devereux, der Ethnologe und Psychoanalytiker und einer der Pioniere der Ethnopsychoanalyse. Die Daten der Verhaltenswissenschaft seien unter drei Gesichtspunkten zu betrachten, und zwar dem *„Verhalten des Objekts"*, den *„"Störungen", die duch die Existenz und Tätigkeit des Beobachters hervorgerufen werden"* und schließlich dem *„Verhalten des Beobachters: seine Ängste, seine Abwehrmanöver, seine Forschungsstrategien, seine „Entscheidungen"(d.h. die Bedeutung, die er seinen Beobachtungen zuschreibt)."* Nicht etwa die Untersuchung des Objektes, sondern die Untersuchung des Beobachters eröffne uns einen *„Zugang zum* ***Wesen*** *der Beobachtungs****situation"***, laut Devereux.[963] Das bedeutet, dass es bei gleichzeitiger Verleugnung des subjektiven Einflusses des Forschers auf seine Forschungen schlechterdings unmöglich ist, zu objektiver Erkenntnis zu gelangen. Denn die erhobenen Daten werden durch die Subjektivität des Forschers stets verzerrt, wenn er seine Person und Position nicht selbstreflexiv in seine Untersuchungen miteinbezieht, sich und seine Wirkung auf das untersuchte Objekt bei den Untersuchungen sozusagen außen vor lässt, so als existiere nur das untersuchte Objekt. Laut Devereux ist es vor allem die *„affektive Verstrickung des Menschen mit dem Phänomen, das er untersucht"*, welche ihn *„oft an einer objektiven Einstellung hindert"*.[964]

Wie zutreffend diese Erkenntnis ist, können wir mit aller Deutlichkeit den Äußerungen der Vertreter der „Wessely-School" entnehmen, die keinen Hehl aus ihrer Verachtung für die ME-Kranken machen. Bei ihren Studien wird die Methode ganz offensichtlich zum Mittel der eigenen Abwehr und Angstbewältigung.

Wer also seine erhobenen Daten nicht in einen selbstreflexiven und kritischen Gesamtkontext stellt, wird stets die falschen Schlussfolgerungen ziehen. Es ergeht ihm wie dem empirischen Forscher, der Versuche mit einem Floh anstellte.[965] Der Forscher riss dem Floh ein Bein aus und befahl ihm zu springen, worauf der Floh sprang. Er riss ihm das zweite Bein aus, befahl ihm zu springen und der Floh sprang abermals. Diese Prozedur wiederholte sich ein drittes und ein viertes Mal, doch nachdem der Forscher dem Floh das fünfte Bein ausgerissen und ihm zu springen befohlen hatte, reagierte dieser nicht mehr auf seinen Zuruf. Als Ergebnis seines Experiments notierte der Empiriker, dass der Floh im fünften Bein sein Gehör besitzt.

Teil III

Die Forschung

Somewhere,
something incredible is waiting to be known.

Carl Sagan

I Die Forschungssituation in Deutschland

Die ägyptische Finsternis,
das muß einer ihr lassen, ist vollkommen.

Ingeborg Bachmann, „Der Fall Franza"

Wenn man den Kopf in den Sand steckt,
bleibt doch der Hintern zu sehen.

Japanisches Sprichwort

- ***In Deutschland werden die biomedizinischen Anomalien der Krankheit überwiegend verleugnet, die organische Ursache der Krankheit in Frage gestellt und ME/"CFS" vielfach entgegen der rechtsverbindlichen Klassifikation der WHO und des 5. Sozialgesetzbuches[966] psychopathologisiert.***

Die hohen Kosten, die mit der Erforschung der Krankheit und der Entwicklung einer effektiven Behandlung verbunden wären, mögen mit ein Grund dafür sein, dass unser deutsches Gesundheitssystem die Krankheit bagatellisiert und zu einer psychischen Krankheit umdeklariert. Doch der volkwirtschaftliche Schaden einer ineffektiven oder schädlichen oder auch einer Nicht-Behandlung ist immens.

Ärztliche Leitlinien, die Leitlinien der Rentenversicherungen, Stellungnahmen von Ärztekammern und Krankenversicherern dokumentieren, dass Deutschland den internationalen Forschungsstandards ME betreffend um Jahrzehnte hinterherhinkt.

- ***Darüber hinaus werden die Ergebnisse der internationalen ME-Forschung in unserem Land kaum zur Kenntnis genommen und fließen nicht in die ärztliche Aus- und Fortbildung ein.***

Erste Ansätze dieses Thema im Lehrplan zu verankern, sind der Initiative unserer deutschen ME/"CFS"-Forscherin Professor Dr. med. Carmen Scheibenbogen, namentlich Fachärztin für Hämatologie und Onkologie und stellvertretende Leiterin des Instituts für Medizinische Immunologie der Charité, zu verdanken.

Öffentliche Mittel wurden bislang hierzulande für die Erforschung der ME nicht zur Verfügung gestellt. 2013 förderte die Investitionsbank Berlin ein Forschungsvorhaben von Professor Scheibenbogen und ihrem Team mit 750.000 Euro. In Zusammenarbeit mit einer Biotechnologiefirma will Professor Scheibenbogen einen Test zur Marktreife entwickeln, der die bei ME-Patienten häufig gestörte Immunantwort und eine mögliche Reaktivierung des Epstein-Barr-Virus sichtbar machen soll und damit den Rang eines differentialdiagnostischen Markers für ME einnehmen könnte. Als Zwischenergebnis dieser Testentwicklung präsentierten Scheibenbogen et al. den Nachweis, dass bei „CFS" und MS unterschiedliche Muster von Antikörperreaktionen beobachtet werden können.[967]

Man darf wohl davon ausgehen, dass ein entsprechender Test nicht nur eine ME, sondern auch eine MS wird identifizieren können.

Weitere Forschungsbemühungen wie die Dr. Wilfried Biegers Anfang 2011, als er versuchte, die später, nämlich im Dezember 2011, von Science zurückgezogene XMRV-Studie von Mikovits et al. zu replizieren,[968] gründen auf rein privatärztlicher Initiative. Doch öffentliche Fördermittel erhalten solche Studien nicht.

Da darüber hinaus nichts über andere Forschungsinitiativen in Deutschland öffentlich bekannt gemacht worden ist, wenden wir uns nun der internationalen Forschung zu.

II Die internationale Forschung

Der größte Feind der Wahrheit und der Freiheit,
das ist die geschlossene Mehrheit.

Henrik Ibsen, „Ein Volksfeind“

Without deviation from the norm,
progress is not possible.

Frank Zappa

In anderen Ländern ist die Situation der ME-Kranken meist nicht sehr viel besser als in Deutschland.

- ***Doch namentlich in Norwegen wurden internationale Forschungsergebnisse dazu genutzt, den Patienten bessere Versorgungsstrukturen anzubieten. Seit 2008 besitzt Oslo ein an eine Klinik angeschlossenes interdisziplinäres ME-Spezialzentrum mit einem zusätzlichen Ambulanzteam, das die nicht mehr transportfähigen ME-Patienen zuhause aufsucht.***[969]

Auch die Rituximab-Studien der norwegischen Forscher Øystein Fluge und Olav Mella, die belegen, dass ME/"CFS" eine organische und keine psychiatrische Krankheit ist, sind nicht nur von großer politischer Bedeutung in Bezug auf die Zukunft der Einordnung und einer veränderten öffentlichen Wahrnehmung der Krankheit, sondern zeigen darüber hinaus eine echte Behandlungsperspektive für viele Patienten auf. Die Erfolge am Haukeland Universitätshospital in Bergen haben eine Reihe weiterer Forschungssprojekte in Gang gesetzt, wie Olav Mella auf der 10. „Invest in ME"-Konferenz am 29. Mai 2015 in London verkündete. So wird u.a. eine weitere Behandlungsstudie mit dem im Vergleich zu Rituximab günstigeren Krebsmedikament Cyclophosphamid durchgeführt, an der übrigens auch sehr schwer erkrankte Patienten teilnehmen.[970] In dieser Studie mit 40 Teilnehmern sind auch Patienten inkludiert, bei denen eine Rituximab-Behandlung nicht angeschlagen hat. Ein Behandlungsversuch mit drei solcher Non-Responder vorab, führte bei zweien zu positiven Ergebnissen.

In Norwegen arbeitet man also vor allem patientenorientiert und so verwunderte es nicht, dass Olav Mella sich am Schluss seines Vortrags auf der Konferenz bei den Patienten bedankte, denn die meisten Ideen würden ihm und seinem Kollegen Fluge beim Zuhören kommen, wenn die Patienten ihnen von sich erzählen würden.

Im Gegensatz zu vielen anderen Ländern konzentriert man sich in Norwegen vor allem auf Behandlungsstudien – möglicherweise eine klügere Idee, als sich zum x-ten Male biomedizinischer Anomalien zu versichern, die schon seit Ende der 80er-, Anfang der 90er-Jahre bekannt sind, die aber immer wieder als brandneue Erkenntnisse ausgegeben werden. Die ME/"CFS"-Forschung dreht sich leider nur allzu häufig im Kreis und man beschäftigt sich mehr damit, die Krankheitsmechanismen zu untersuchen als die Ursachen herauszufinden. Das hat viel damit zu tun, dass aus politischen und ökonomischen Gründen eine kompromisslose Ursachenforschung verhindert wird. Offenbar fürchtet die Politik, zur Verantwortung gezogen zu werden und die Forscher müssen infolgedessen, wenn sie sich nicht an die Vorgaben der Politik halten, um ihre Forschungsgelder fürchten.

So ist es vergleichsweise als Fortschritt zu betrachten, wenn man sich in Norwegen direkt um das Wohl der Patienten kümmert und mit Therapiestudien versucht, die Situation der ME-Patienten zu verbessern – auch wenn man dort ebenfalls keine ernstzunehmende Ursachenforschung betreibt.

Die biomedizinische Forschung zu ME leidet global unter einer extremen Unterfinanzierung.[971] Der weltweit größte Finanzierer medizinischer Forschung, die NIH (National Institutes of Health, USA) stellte im Jahr 2013 ganze 5 Millionen Dollar für die ME/"CFS"-Forschung zur Verfügung.[972] Das macht 5 Dollar pro ME-Patient in den USA. Zum Vergleich: Multiple Sklerose, eine Krankheit mit einer nur halb so großen Prävalenzrate wie ME erhielt 112$, die Amyotrophe Lateralsklerose, die zu den seltenen Erkrankungen zählt, immerhin noch 39$. Krankheiten, die häufig durch eine undisziplinierte Lebensweise mitverschuldet werden wie z.B. Alkoholismus bekamen 437$ an Forschungsgeldern zugesprochen, Tabaksucht 322$ und Adipositas bzw. Fettsucht gar 812$.

Lächerliche ***fünf*** Millionen Dollar für ME (geschätzte Zahlen für 2014 und 2015 liegen bei ebenfalls 5 Millionen Dollar!) und das, obwohl die NIH sich bei der Vergabe vorgeblich an der Prävalenzrate, der Schwere der Erkrankung und den gesellschaftlichen Kosten, welche neben den Gesundheitskosten auch den Produktivitätsverlust beinhalten, orientieren.

Aber es gibt auch Hoffnungsvolles zu berichten. 2009 wurde in den USA das Open Medicine Institute (OMI) gegründet.[973] Die MERIT-Initiative (ME Roundtable on Immunology and Treatment) des Open Medicine Institutes, geleitet vom Gründer des OMI Andreas Kogelnik, ist eine strategische Initiative, um Daten, Proben und Fachwissen von Forschern aus aller Welt in Bio- und Datenbanken zu sammeln, zu koordinieren und mit Hilfe von modernen Bio- und Computertechnologien auszuwerten. Dadurch soll eine internationale, koordinierte Erforschung der verschiedenen Aspekte der ME und anderer Krankheiten wie Multiple Sklerose, Autismus und Krebs gefördert sowie zudem Behandlungsstudien durchgeführt werden.

- ***Die MERIT-Initiative wird wesentlich dazu beitragen, die komplexen Wechselwirkungen von Genetik, Epigenetik, Umweltfaktoren und Infektionen bei verschiedenen Multisystemerkrankungen, vor allem der ME zu verstehen.***

Zu den Projekten von MERIT gehören Studien zur Genetik, ein internationales Neuroregister und eine Biobank, Explorationsstudien zu immunologischen Biomarkern, Behandlungsstudien (Rituximab, Valgancyclovir), Mono- und Pilotstudien mit Kombinationstherapien (Ampligen, Etanercept, Rifaxamin, Isentress, Famcyclovir und mögliche andere), Massenspektroskopie/Umweltmessungen, eine umfassende Virustestung und ein Protein-Panel bei behandelten und unbehandelten Patienten (Proteomik).[974]

Professor Carmen Scheibenbogen von der Charité sitzt übrigens als einzige deutsche Forscherin mit am Runden Tisch der MERIT-Initiative.

Doch das ist nicht die einzige Forschungsinitiative. Die im Jahre 2012 gegründete Simmaron Research Foundation in Incline Village (Lake Tahoe, Nevada) kann sich der umfangreichen und einzigartigen Biodatenbank Dr. Daniel Petersons bedienen. Dr. Peterson, der in Teil I bereits erwähnte Arzt, Zeuge des Cluster-Ausbruchs am Lake Tahoe 1984, sammelte über Jahre die Untersuchungsproben seiner Patienten, die nun Jahrzehnte später mit neuester Technologie und von Spitzenforschern wie z.B. Ian Lipkin, Mady Hornig und José Montoya auf Pathogene, speziell auf 18 verschiedene Viren, Bakterien und Protozoen, die bereits mit ME assoziiert werden konnten, überprüft werden. Sollte die Überprüfung zu keinem Erfolg führen, werden die Blutproben auf weitere bekannte und unbekannte Viren untersucht. Es sollen Tests für jedes neue Pathogen, welches gefunden wird, entwickelt werden, nach einzigartigen Protein-Signaturen gesucht und 50 Marker für Immunaktivierung, Inflammation und oxidativen Stress analysiert werden.

Ende Mai 2013 konnte Mady Hornig in London auf der achten internationalen „Invest in ME"-Konferenz von mehreren vielversprechenden Pathogenen berichten, die sie bereits identifiziert hat.[975]

Am 10. September 2013 verkündete Dr. Ian Lipkin erste Untersuchungsergebnisse auf einer übertragenen Telefonkonferenz der CDC.[976] Lipkin vertrat dort die Überzeugung, die Grundursache einer ME-Erkrankung sei wahrscheinlich ein infektiöses Agens, und das Mikrobiom des Darms[977] spiele möglicherweise eine Schlüsselrolle bei „ME/CFS".

Überraschenderweise wurden nur wenige Viren in den Blutproben gefunden. Diese Verlautbarung überrascht besonders deshalb, weil Lipkin nur wenige Tage zuvor bekanntgab, man habe über 60 verschiedene Arten von Viren in einer Fledermausspezies gefunden, von denen die meisten zuvor noch nie gesehen worden sind. Er extrapolierte, dass mindestens 320.000 bislang unentdeckte Viren bei Säugern existieren.[978] In diesem Zusammenhang klingt es geradezu unwahrscheinlich, dass im Blut schwerkranker Menschen mit einer Neigung zu opportunistischen Infektionen[979] aller Art kaum Viren gefunden worden sein sollen.[980] Kritiker der Lipkin-Studie wie Kristin Loomis von der „HHV-6 Foundation" und Dr. John

Chia, der Enterovirusspezialist, monieren, dass die Methode, deren Lipkin et al. sich in der Studie bedient haben, zwar dazu geeignet sei, z.B. Herpesviren in Patienten mit einer aktiven Herpesvireninfektion[981] zu entdecken, jedoch nicht dazu, schwelende, niedriggradige Infektionen aufzuspüren, wie sie bei ME-Patienten vermutet werden.[982] Dennoch: Lipkin hegte gar keinen Zweifel, dass ein infektiöses Agens bei einer ME beteiligt ist, welches das Immunsystem aktiviere. Hinweise auf ein überaktives Immunsystem seien in den Blut- und Rückenmarksflüssigkeitsproben der Erkrankten, nicht aber in den der gesunden Kontrollen festgestellt worden. Dieser Befund macht, nach Ansicht Dr. Lipkins, noch einmal deutlich, wie wichtig es ist, Anzeichen einer früheren Infektion aufzuspüren.

In 75% der Proben wurde das Anellovirus gefunden, doch Lipkin vermochte nicht zu sagen, welche Rolle und ob es überhaupt eine bei der Krankheit spiele. Diesem Virus, von dem man bislang nicht weiß, ob es überhaupt krankheitsverursachend ist,[983] könnte in Zukunft eine größere Aufmerksamkeit zuteil werden – haben Wissenschaftler der Stanford University es doch kürzlich vermehrt im Plasma Organtransplantierter gefunden.[984] Schon in früheren Studien wurde nachgewiesen, dass sich das Anellovirus im Plasma von HIV-Patienten, deren Infektion zum Vollbild einer AIDS-Erkrankung fortschreitet, stark vermehrt.[985] Die Stanford-Wissenschaftler vermuten nun, dass die Vermehrung des Anellovirus ein Indikator für ein schwaches Immunsystem ist. Es drängt sich daher die Frage auf, ob sich ein solcher Indikator möglichweise auch als Marker für den Krankheitsverlauf einer ME-Erkrankung eignen könnte.

Im Rahmen des Großprojekts nahm Dr. Mady Hornig die Zytokine unter die Lupe. Die Zytokin-Studie sollte untersuchen, ob und inwiefern abweichende Zytokin-Werte als Biomarker taugen. Die Zytokin-Analysen zeigten, dass länger Erkrankte offenbar andersartige Muster der Immundysregulation aufweisen als Patienten, deren Erkrankungsbeginn erst 3 oder noch weniger Jahre zurückliegt. Bei den noch nicht so lange Erkrankten fanden sich vermehrt Eosinophile im Blut – was auf einen allergischen Aspekt im frühen Stadium der Krankheit hinweist. Diese Entdeckungen könnten zukünftig für die Diagnosestellung und die Therapie von Bedeutung sein.

Diese Zytokin-Studie, die in gewisser Weise einen historischen Einschnitt darstellen könnte, wurde noch einmal am 19. März 2014 von Dr. José Montoya auf einem Symposium der Stanford University vorgestellt.[986] Da ihre Veröffentlichung aber noch bevorstand, wurden auf der Konferenz nicht alle Resultate preisgegeben. Montoya stellte einleitend fest, dass „ME/CFS“ die größte Herausforderung für die medizinische Forschung darstelle, das Verständnis dieser Krankheit aber dazu beitragen würde, auch andere Krankheiten besser zu verstehen. Es gäbe nur deshalb keine Entzündungsmarker für ME, weil die typischen Entzündungsmarker, wie z.B. Blutsenkungsgeschwindigkeit oder C-reaktives Protein, bei den Patienten im Normbereich lägen. Man müsse also weitere Entzündungsmarker testen. Ein zusätzlicher Grund, weshalb Entzündungsmarker schwer im Blut der Kranken zu finden seien, sei der Umstand, dass sie sich offenbar vom Blut zu den Organen bewegen. Nur in den jeweiligen Organen sei dann die Entzündung zu finden, wobei das Gehirn hauptsächlich betroffen sei, laut Dr. Montoya.

51 Zytokine wurden pro ME-Patient (insgesamt 200 Patienten) und bei den 400 Kontrollprobanden gemessen. Dass viele der Zytokine bei mild Erkrankten abfallen, während sie bei moderat und schwer Erkrankten ansteigen, war eines der verblüffenden Ergebnisse. Insbesondere das IL-17 ist bei den Schwerbetroffenen erhöht, was als Hinweis auf eine Art Autoimmunprozess gewertet werden kann. Das Zytokin Resistin hingegen ist bei den moderat Erkrankten erhöht, aber bei den Schwerkranken erniedrigt. Montoya glaubt, dass die Diskrepanz zu Ergebnissen früherer Studien darin begründet ist, dass diese den jeweiligen Schweregrad der Erkrankung nicht genügend berücksichtigt haben, weshalb die unterschiedlichen Ergebnisse sich gegenseitig aufgehoben und die Entzündungsmarker zu täuschend normalen Leveln nivelliert haben.

Grundsätzlich hält der Infektionsspezialist ME für eine schwächende, chronische systemische entzündliche Erkrankung. Er glaubt deshalb, dass entzündungshemmende Mittel, die bislang nur bei anderen entzündlichen Krankheiten zum Einsatz kommen, wie z.B. bei Lupus und Rheumatoider Arthritis, möglicherweise auch bei ME wirkungsvoll sein könnten. Doch es sei noch nicht klar, welche wirklich effektiv seien und wie man diese Medikamente einsetzen müsse. Denn etliche antiinflammatorische Medikamente reduzierten die Funktion des Immunsystems. Aber das wirklich verzwickte Problem bei ME sei, dass offenbar ein Teil des Immunsystems überaktiv ist, ein anderer jedoch geschwächt, was die Patienten so infektionsanfällig mache. Deshalb könnte es problematisch werden, die Immunfunktionen auszuschalten.

Unter José Montoyas Aufsicht wird an der Stanford University eine Studie zu den Nahrungsergänzungsmitteln namens K-PAX[987] durchgeführt, die ursprünglich für HIV/AIDS-Patienten entwickelt wurden, um die Nebenwirkungen antiretroviraler Medikamente abzumildern.[988] Offensichtlich ist Montoya bestrebt, Ansätze für eine Kombinationstherapie zu entwickeln, bei der der überaktive Teil des Immunsystems ausgeschaltet und der schwache angekurbelt wird.

Anfang 2015 veröffentlichten Mady Hornig, José Montoya und Seniorautor Ian Lipkin nun endlich unter großer Medienresonanz ihre Studie, die einen triftigen Nachweis für die immunologische Fehlfunktion bei den Patienten erbrachte.[989]

Zwar hatte Dr. Judy Mikovits, die leitende Autorin der XMRV-Studie von 2009,[990] bereits Anfang 2011 in einer Studie die Bedeutung einer vielfältigen Zytokin-Analyse für die Diagnostik und die Identifizierung von Untergruppen herausgearbeitet,[991] doch offenbar war damals die Zeit noch nicht reif für die Erkenntnis, dass ME eine entzündliche Krankheit mit immunologischen Mustern ist, die als diagnostischer Fingerabdruck für Pathogene und als Biomarker für Therapien dienen können.[992] Die aktuelle Zytokin-Studie Hornigs, Montoyas und Lipkins knüpft jedoch im Grunde unmittelbar an die Forschungsergebnisse von Mikovits an, obwohl deren Erkenntnisse nicht mal einer Erwähnung für wert befunden wurden – möglicherweise, weil sie nach der Rücknahme des XMRV-Scienceartikels zu einer persona non grata erklärt worden ist? Die Behauptung Mady Hornigs, ihre Studie liefere ***zum ersten Mal*** die Evidenz, dass es sich bei dieser Erkrankung nicht um eine psychische, sondern um eine biologische handele, ist jedenfalls blanker Unsinn.[993] Denn bereits seit mindestens 1989 beschäftigten sich Forscher mit immunologischen Anomalien bei ME/"CFS"-Patienten.[994]

Im Ergebnis zeigte sich, wie schon auf der Telefonkonferenz im September 2013 von Lipkin verkündet, dass Patienten, die erst seit kurzer Zeit erkrankt waren, eine auf bestimmte Weise veränderte Immunsignatur aufweisen, insbesondere sind bei ihnen das Interferon-gamma, TNF-alpha sowie zahlreiche weitere proinflammatorische Interleukine und pro- und antiinflammatorische Zytokine erhöht.[995]

Dies sei ein Hinweis darauf, dass das Immunsystem nach Abwehr einer Infektion nicht mehr herunterfahre, so die Forscher. Doch durch welche Viren (oder Retroviren?) diese Infektion ausgelöst würde, bleibe weiterhin im Dunkeln. Die von den Forschern entdeckte spezielle Immunsignatur trete bei den Erkrankten allerdings nur bis zu drei Jahre nach Erkrankungsbeginn zutage – anschließend brächen die Werte zusammen, weil die Abwehr von der andauernden Überaktivität des Immunsystems erschöpft sei. Die Entdeckung dieser Marker liefere eindeutig den Beleg dafür, dass die Krankheit nicht psychogen sei, sondern biomedizinische Ursachen habe, und darüber hinaus würden die Marker auch dabei helfen, die verschiedenen Krankheitsstadien zu unterscheiden, kommentierte Mady Hornig ihre Funde.

Unverständlich bleibt jedoch, wieso José Montoyas Äußerungen zu den Studienergebnissen auf dem Symposium im März 2014, dass viele der Zytokine bei mild Erkrankten abfallen, während sie bei moderat und schwer Erkrankten ansteigen, in der jetzt publizierten Studie nicht auftauchen. Stattdessen wird nun festgestellt, dass die Korrelation zwischen Krankheitsdauer und Zytokin-Veränderungen stärker sei, als die zwischen Schweregrad und Veränderungen. Warum sind die anderen Ergebnisse unter den Tisch gefallen?

- ***Was jedoch das allerwichtigste an dieser Studie ist: Es wird deutlich, dass es bereits Biomarker gibt, die ME eindeutig identifizieren können – man muss sie nur anwenden und allgemein anerkennen!***[996]

Eine andere Simmaron-Studie, den Liquor betreffend, wurde von Sonya Marshall-Gradisnik, Expertin für NK-Zellforschung, an der Griffith University in Australien durchgeführt. Während Hornig/Lipkin erforschten, ob die von ihnen im Blut ME-Erkrankter gefundene Immunsignatur auch in der Gehirn-Rückenmark-Flüssigkeit nachweisbar ist, ging Marshall-Gradisnik der Frage nach, ob sich die von ihr im Blut gefundenen Immunabnormalitäten auch im Liquor zeigen. Die Ergebnisse dieser beiden Studien geben Aufschluss über das Gehirn ME-Kranker und darüber, wo nach Biomarkern gesucht werden muss. Gradisniks Anfang 2015 veröffentlichte Studie zeigte nur für das IL-10 auffällige, nämlich deutlich reduzierte Werte in der Gehirn-Rückenmark-Flüssigkeit ihrer Probanden, die nach den Fukuda-Kriterien diagnostiziert worden waren. Diese Reduktion von Interleukin 10 könnte für eine Verstärkung der Entzündung im Zentralnervensystem sorgen, fürchten die Autoren, denn normalerweise spielt IL-10 eine antiinflammatorische Rolle im ZNS.[997] So gibt auch diese Studie wieder einen dezenten Hinweis auf die Neuroinflammation und bestätigt indirekt die Berechtigung des Namensbestandteils ***Enzephalomyelitis***.

Hornig/Lipkin identifizierten auch für die Gehirn-Rückenmark-Flüssigkeit ein einzigartiges Muster der Immunmoleküle bei ME-Patienten im Vergleich mit dem von MS-Patienten und gesunden Kontrollen, und zwar ein Muster, das die zahlreichen kognitiven Dysfunktionen und die Muskeldysfunktion der Erkrankten erklärt. Die Veränderungen der Zytokine im zentralen Nervensystem entsprachen der Veränderung der Immunsignatur, die zuvor schon im Blut der Patienten gefunden worden waren. Die Level der meisten Zytokine von den Langzeitpatienten waren abgesenkt, bis auf Eotaxin, das sowohl bei den ME- als auch bei den MS-Patienten, nicht aber bei den gesunden Kontrollen, erhöht war. Eotaxin ist ein Chemokin, das beteiligt ist bei der Mobilisierung von Eosinophilen, was erneut die allergische Komponente der Krankheit aufzeigt. *„Unsere Ergebnisse zeigen eine deutlich gestörte Immunsignatur in der Zerebrospinalflüssigkeit der Fälle, die im Einklang steht mit der Immunaktivierung im zentralen Nervensystem, und eine Verschiebung in Richtung eines allergischen oder Typ2-T-Helferzellen-Musters, das mit Autoimmunität assoziiert ist“*, schreiben die Autoren in der Zusammenfassung der Studie.[998] (Ü.d.A.) Ihre Ergebnisse machten Hoffnung auf objektive diagnostische Tests für die Krankheit und böten Aussicht auf Therapien, die das Ungleichgewicht der Zytokin-Spiegel korrigieren könnten, wie z.B. humane monoklonale Antikörper,[999] erklärten die Autoren darüber hinaus.[1000]

Weitere Simmaron-Research-Studien befassen sich z.B. mit der Definition des Krankheitsbildes (diese Studie wird vom Open Medicine Institute geleitet), mit dem Krankheitsverlauf bzw. der Langzeitprognose und mit der postinfektiösen Kardiomyopathie, die bei einigen Patienten identifiziert wurde.[1001]

Durch die Schlagzeilen XMRV betreffend,[1002] rückte ME 2009 auch in den Fokus der HIV-Forschung. Das spanische AIDS-Forschungsinstitut IrsiCaixa hat in einer kleinen Studie nach einem Marker gesucht, der ME-Patienten von Kontrollen unterscheidet. Abnormalitäten im NK-Zell-Phänotyp zusammen mit verändertem T-Zell-Phänotyp und vermehrter T-Zell-Antwort identifizierten eindeutig die Patientengruppe.[1003] Dass die HIV-Forschung sich zunehmend für ME zu interessieren beginnt, könnte die Suche nach Biomarkern, nach der Krankheitsursache und Therapiemöglichkeiten entscheidend voranbringen.[1004] Denn die HIV-Forschung verfügt bereits über ausreichende Mittel und die nötige Infrastruktur, z.B. Forschungseinrichtungen und leistungsfähige Labore.

Auch von neuen Therapieversuchen in der finanziell sehr viel besser gestützten Multiple-Sklerose-Forschung könnten die ME-Kranken möglicherweise profitieren. Die Entdeckung des MS-Forschers Professor Julian Gold, dass es kaum Fälle von MS bei mit antiretroviralen Medikamenten behandelten HIV-Kranken gibt,[1005] setzte eine Studie in Gang, die untersuchen wird, ob umgekehrt MS-Patienten eine antiretrovirale Therapie von Nutzen sein könnte.[1006] Grundlage seiner Überlegungen ist die bereits mehrfach bestätigte Hypothese, dass MS durch reaktivierte humane endogene Retroviren ausgelöst werden könnte.[1007] (Interessant wäre auch zu untersuchen, ob es unter den 21.200 HIV-Patienten, deren Daten Gold analysiert hat, auch keine oder kaum ME-Patienten gibt.)

Der belgische ME-Forscher Kenny de Meirleir hat in einer – allerdings sehr kleinen – Studie bei zwei Drittel seiner Probanden ebenfalls eine Verbindung von ME mit humanen endogenen Retroviren finden können.[1008]

Allein das Auffinden eines verlässlichen Biomarkers würde die Entwicklung einer erfolgreichen medizinischen Therapie für ME-Kranke entscheidend vorantreiben. Die aufschlussreichen Studien Alan Lights et al. zu Veränderungen der Genexpression nach moderater körperlicher Belastung könnten hierbei ebenfalls durchaus richtungsweisend werden.[1009] Die Ergebnisse von Light et al. legen nahe, dass die Veränderungen in allen Teilen der HPA-Achse offenbar die Symptome einer ME herbeiführen und aufrechterhalten.[1010] Was aber für therapeutische Konsequenzen noch viel interessanter sein könnte, ist Lights Entdeckung, dass es zwei Untergruppen von ME-Patienten zu geben scheint: bei zwei Drittel der ME-

Probanden war ein Anstieg der Genexpression bei vier Genen unter moderater körperlicher Belastung zu verzeichnen, bei einem Drittel – der Patientengruppe, die vor allem auch unter Orthostatischer Intoleranz litt – gab es keine Veränderung und bei einem der Gene sogar einen Abfall der Genexpression. Interessant wäre nun, diese Studienergebnisse mit denen der Rituximabstudie abzugleichen. Könnte die größere Patientengruppe möglicherweise mit dem 2/3 der Rituximab-Responder übereinstimmen? Die Beantwortung dieser Frage würde die Suche nach einem wirksamen Medikament für die Non-Responder vielleicht auch vorwärtsbringen.

Den Genexpressionsprofiltest von Alan und Kathleen Light hat die University of Utah bereits patentieren lassen, und schon bald wird es vermutlich ein effektives diagnostisches Instrument für Ärzte geben, um eine ME verlässlich diagnostizieren zu können.[1011]

Die umfassende Untersuchung auf immunologische Dysfunktionen von schwerkranken, bettlägerigen ME-Patienten, eine von der Forschung noch völlig vernachlässigte Patientengruppe, könnte entscheidende Hinweise auf weitere, bislang unentdeckte immunologische Pathologien geben. Das zumindest erwarten einige australische Autoimmunforscher, die kürzlich unter der Leitung von Sonya Marshall-Gradisnik zahlreiche Immunzellen bettlägeriger und moderat erkrankter Patienten sowie gesunder Kontrollen untersuchten.[1012] Man fand bei allen untersuchten Zelltypen des angeborenen wie des erworbenen Immunsystems signifikante Veränderungen, sowohl bei den moderat als auch bei den schwer Erkrankten, mit der Tendenz größerer Abweichungen bei den schwer erkrankten ME-Patienten. Da bei vielen Patienten mit einer gravierenderen Symptomatik das Immunsystem offenbar deregulierter ist als bei den moderat Erkrankten, erhoffen sich die australischen Forscher nun von der Erforschung Bettlägeriger mehr Aufschluss über die Krankheit.

Auch auf der IACFS/ME-Konferenz[1013] im März 2014 wurden aufregende neue Forschungsergebnisse vorgestellt. Die japanische Forschergruppe um Yasuhito Nakatomi und Yasuyoshi Watanabe stellte ihre Ergebnisse zur Neuroinflammation vor.[1014] Diese Studie wurde bereits in Teil I/Kapitel I/2 wegen ihrer besonderen Bedeutsamkeit für die Namensgebung der Krankheit erwähnt. Weil ausgedehnte Hirnareale der untersuchten ME-Patienten von Entzündungen betroffen waren, hat sich wieder einmal bestätigt, dass der Name Myalgische ***Enzephalomyelitis*** seine Berechtigung hat.[1015] Darüber hinaus entdeckten die Forscher, dass Entzündungsprozesse in bestimmten Gehirnarealen direkt mit den Symptomen der Patienten korrelierten. Bei Patienten mit kognitiven Problemen z.B. zeigte sich die Neuroinflammation in der Amygdala, einer Hirnregion, die an kognitiven Prozessen beteiligt ist – ein klarer Beweis für den Zusammenhang zwischen Neuroinflammation und Symptomen der ME-Patienten. Die Gesamtbeurteilung der Neuroinflammation mittels einer PET,[1016] durchgeführt nach diesem Studienprotokoll, ist nicht nur essentiell für das Verständnis der Kernpathologie der Krankheit, sondern könnte auch darüber hinaus zur Entwicklung objektiver diagnostischer Kriterien und einer antiinflammatorischen Therapie beitragen.

III Die Retrovirushypothese

Facts do not cease to exist because they are ignored.

Aldous Huxley, Complete Essays 2, 1926-29

Absence of proof, in a single multi-center study is not proof of absence.

Judy Mikovits et al., "Innate Immune Changes in the Peripheral Blood of ChronicFatigue Syndrome Patients: Risk Factors for Disease Progression and Management"

I would say it would be a retrovirus or a virus.

Dr. Philipp Lee, former Assistant Secretary of Health (HHS)

Vor allem aber auch die intensive Beschäftigung mit der Frage, ob ME denn nun ansteckend oder übertragbar ist, dürfte die Forschungsbemühungen vorantreiben. In einer im Jahre 1996 aufgezeichneten US-amerikanischen Nachrichtensendung zur Hauptsendezeit vertrat sogar der seinerzeit stellvertretende Gesundheitsminister Dr. Philipp Lee – zur Lake Tahoe Epidemie befragt – die Ansicht, dass ein Retrovirus oder ein Virus die Ursache der Erkrankung sein müsse.[1017] Auch öffentlich geäußerte Vermutungen wie die von Kenny De Meirleir, dass eine Untergruppe ME-Kranker unter gewissen Umständen ansteckend sein könnte,[1018] zeigen, dass die Diskussionen um einen bislang unbekannten Virus oder Retrovirus mit der Erkenntnis, dass es sich bei dem in Prostatakrebs und im Blut von ME-Patienten gefundenen XMRV um eine Laborkontamination handelte, längst nicht beendet sind.

Es ist dabei durchaus denkbar, dass solch ein Virus oder Retrovirus auch in gesunden Kontrollen zu finden ist und erst das Zusammentreffen mit genetischer Disposition, anderen Viren und Umweltfaktoren eine ME auslöst.

Dr. Ian Lipkin berichtete, ***85% der Untersuchungsproben von José Montoyas Patientengruppe***[1019] ***zeigten Hinweise auf Retroviren.*** Ob dieser Fund von klinischer Bedeutung sei und ob es einen Zusammenhang zur Krankheit gäbe, sei weiterhin unklar, doch gehe er davon aus, dass diese retroviralen Sequenzen in keinem Zusammenhang zu ME stünden.[1020] Eine derweise rein persönliche Einschätzung aus dem Mund eines so renommierten Wissenschaftlers wie Ian Lipkin macht hellhörig: Ist Lipkin möglicherweise nach der Pleite mit XMRV nur sehr vorsichtig geworden, was die Eventualität einer retroviralen Verursachung angeht? Ist diese unwissenschaftliche Formulierung womöglich einer Taktik bzw. politischer Berechnung geschuldet? Bangt Lipkin um Forschungsgelder? Oder spiegelt diese Formulierung seine tiefe Überzeugung – unterfüttert mit bereits gewonnenen Erkenntnissen – wider?

Zur Einführung in das Thema zunächst Allgemeines zu humanen Retroviren: Man unterscheidet zwischen infektiösen exogenen Retroviren und den endogenen Retroviren, die seit Generationen vertikal über die Keimbahn vererbt werden. Von exogenen Retroviren werden sehr viele verschiedene Spezies infiziert, besonders aber Wirbeltiere. Exogene Retroviren verursachen in ihren Wirten eine große Zahl diverser Krankheiten, darunter Tumore wie Lymphome und Sarkome, neurologische Erkrankungen und Immunschwächen. Einige dieser Erkrankungen betreffen auch landwirtschaftliche Nutztiere oder sind Ursache für eine menschliche Pandemie. So ist das humanpathogene Retrovirus HIV für die AIDS-Pandemie verantwortlich. Zu den bislang bekannten human pathogenen exogenen Retroviren (denen, die sich also von Mensch zu Mensch übertragen und ihn auch krank machen - können) gehören: das zur Gattung der Deltaviren zählende Humane-T-lymphotrope Virus 1 (HTLV-1), das Deltavirus Humanes T-lymphotropes Virus 2 (HTLV-2), das zu den Lentiviren gehörende Humane Immundefizienz-Virus Typ I (HIV-I) sowie das Lentivirus Humanes Immundefizienz-Virus Typ II (HIV-II). Das zur Gattung der Gammaretroviren gehörende Xenotropic murine leukemia virus-related virus (XMRV) ist ein Laborartefakt und nie als Humaninfektion nachgewiesen worden, wiewohl es als ***potentiell*** humanpathogen gilt. HTLV-1 jedoch z.B. ***ist*** dagegegen ein humanpathogenes Retrovirus, das bei einer kleinen Zahl der Infizierten eine T-Zell-Leukämie oder neurologische Krankheiten auslösen kann. HTLV-2 kann, wie man heute annimmt, bei einer Minderheit der Infizierten zu einem T-Zell-Lymphom und ebenfalls zu neurologischen Erkrankungen führen. Die humanen Retroviren HTLV-1 und HTLV-2 sind durch Übertragung von Affenretroviren auf den Menschen innerhalb der letzten 20.000 Jahre entstanden. Auch bei den beiden humanen Retroviren HIV-I und HIV-II wird davon ausgegangen, dass sie durch Übertragung von Affenretroviren auf den Menschen entstanden sind, allerdings wahrscheinlich erst im 20. Jahrhundert. Exogene humane Retroviren infizieren in aller Regel nur die Körperzellen. Wenn es dem exogenen Retrovirus aber gelingt, die Keimzelle zu infizieren und sein Erbgut in die Keimzelle einzuschleusen, wird es zu einem endogenen Retrovirus (HERV), das sich von Generation zu Generation über die Keimbahn vererbt. Die zahlreichen über die Keimbahn vererbten humanen endogenen Retroviren sind also durch eine viele Generationen – meist Jahrmillionen – zurückliegende Infektion der Keimbahnzellen unserer menschlichen Vorfahren mit exogenen Retroviren entstanden. Die exogenen Retroviren sind dabei durch die Replikation der Wirtszelle (Vervielfältigung des Erbinformationsträgers DNA in einer Zelle, stark gekoppelt mit der Zellteilung) mutiert, was zu ihrer allmählichen Inaktivierung führte. Diejenigen endogenen Retroviren, die nicht inaktiviert werden durch Mutationen, bleiben aktiv und können auch exogene Viruspartikel produzieren. Das menschliche Genom besteht zu etwa 8,5% aus endogenen retroviralen Sequenzen, von denen die meisten nicht infektiös sind und ihren Träger nicht krankmachen, vorausgesetzt, dass sie inaktiv sind und bleiben. In den letzten Jahren gab es jedoch Hinweise, dass reaktivierte endogene Retroviren z.B. bei der Pathogenese der Multiplen Sklerose, bei der Krebsentstehung und bei Autoimmunkrankheiten wie z.B. Lupus, Diabetes usw. eine Rolle spielen könnten.[1021]

Nun kurz zur Erinnerung, welche Gammaretroviren bereits in Zusammenhang mit der ME gebracht wurden:

Dr. Judy Mikovits, ehemals Forschungsdirektorin des Whittemore-Peterson-Instituts und leitende Autorin der XMRV-Studie von 2009,[1022] hatte keineswegs nur das „Silverman-XMRV", die Laborkontamination XMRV VP62 gefunden, sondern darüber hinaus verwandte, jedoch ***nicht kontaminierte XMRV-gag-Sequenzen und andere retrovirale Sequenzen***, die sie mittels eines Tests mit Antikörpern des Hüllproteins eines replikationsdefekten, aber höchst pathogenen Mäuseretrovirus, dem Spleen Focus-Forming Virus (SFFV) entdeckte.[1023]

Auch Shyh-Ching Lo und Harvey Alter konnten, dank der Tatsache, dass sie in ihrer Studie eben ***nicht*** das XMRV VP62 als Kontrollstandard einsetzten, bei 86,5% ihrer Proben von ME-Patienten und bei 6,8% der gesunden Konrollen ***eine Gruppe MLV-verwandter Viren*** (MLV=murine leukemia virus, Maus-Leukämie-Virus) von genetischer Vielfalt identifizieren.[1024] Diese MLV wiesen eine größere verwandtschaftliche Nähe zu polytropen endogenen Mausretroviren auf als zu XMRV. Obwohl die Forscher mit äußerster Akribie vorgegangen waren und es überhaupt keinen Anhaltspunkt für eine Laborkontamination gab und insbesondere die genetische Vielfalt auch gegen eine Kontamination sprach, zogen Lo/Alter ihre Studie schließlich zurück, u.a. mit der fadenscheinigen Begründung, dass der Inhalt ihrer Untersuchungsproben nicht ausgereicht hätte, um diese an andere Labore zu verteilen, wo man das Resultat hätte bestätigen lassen können, und dass bis auf ein einziges weiteres Labor kein anderes zu einem ähnlichen Ergebnis gekommen war.[1025] Offenbar konnten oder wollten Lo/Alter nicht dem politischen Druck standhalten, denn Wissenschaftler müssen stets darum bangen, dass ihnen auch künftig Forschungsgelder bewilligt werden.

Auch Dr. Wilfried P. Bieger berichtete davon, bei seinen ME-kranken Probanden ***MLV-Varianten*** gefunden zu haben, die allerdings wiederum dem XMRV sehr nahe kämen.[1026]

Sidney Grossberg, der wie in Teil I/Kap. I/7 schon erwähnt, bereits 1989 im Blut einer ME-Patientin ***Sequenzen des JHK-Virus***, ein der Familie der Maus-Leukämie-Viren angehöriger Typ C Retrovirus, entdeckt hatte, konnte 2013 unter dem Elektronenmikroskop wiederholt Retrovirionen[1027] und IgG-Antikörper in unkultivierten Lymphozyten der Indexpatientin nachweisen, die tatsächlich eine ***Infektion durch JHKV*** belegten.[1028]

Maureen Hanson entdeckte – wie Lo/Alter zuvor – ***MLV-ähnliche gag-Sequenzen mit infektiösem Potential*** in einer ME-Patientenkohorte aus dem Bundesstaat New York.[1029]

Ob es sich bei allen vorgenannten positiven Nachweisen um infektiöse exogene Retroviren oder bei einigen möglicherweise um eine Reaktivierung endogener Retroviren handelt, ist aber wohl nicht erschöpfend geklärt.[1030]

- ***Die Entdeckung retroviraler Sequenzen basierte in allen Untersuchungen auf Proben, die nicht durch Laborkontamination verunreinigt waren.***[1031]

- ***Um eines noch mal klarzustellen: In keiner der Studien, die einen positiven Nachweis von retroviralen Sequenzen erbrachten, wurde behauptet, diese seien die URSACHE der Erkrankung. Es wurde hingegen stets betont, dass es vollkommen unklar sei, ob und inwiefern diese retroviralen Sequenzen bei der Krankheitsgenese eine Rolle spielen.***

Doch warum konnte die Studie von Ian Lipkin et al., die ein für alle Mal abklären sollte, ob es eine Verbindung von XMRV und/oder pMLV (polytropic murine leukemia virus) mit ME gibt, keine finden?[1032] Ein entscheidender, aber nicht der einzige Grund ist, weil sie nur nach einem gattungsmäßigen pMLV und dem XMRV VP62, der Kontamination aus Robert Silvermans Labor, gefahndet hatte. Wie die anderen Negativ-Studien zuvor hatte Lipkin unter der Laterne gesucht und nur das bestätigt, was längst bekannt war: nämlich dass es sich bei XMRV VP62 um eine Laborkontamination handelt, und dass ***dieses*** Virus in der Tat nicht im Blut von Menschen zu finden ist.[1033] Doch um andere, XMRV-ähnliche bzw. Humane Gammaretroviren (HGRV) entdecken zu können, muss das Testverfahren PCR (Polymerase-Kettenreaktion) lose eingestellt sein.[1034] Und um definitiv einen Zusammenhang von XMRV und pMLVs mit ME ausschließen zu können, wie im Abschnitt „Diskussion" der Lipkin-Studie vollmundig behauptet,[1035] hätte Lymphgewebe der Studienteilnehmer untersucht werden müssen, denn MLVs findet man womöglich eher im Gewebe und nur selten im Blut.[1036] Auch aus der AIDS-Forschung ist bekannt, dass das Lymphgewebe eines der Latenzreservoire für das HI-Virus ist.[1037]

Und dass 6% der Gesamtstudienkohorte, und zwar sowohl Patienten als auch gesunde Kontrollen, mit einem SFFV-Test kreuzreagierte, wurde zwar erwähnt, ist aber im Abschnitt „Diskussion" völlig unter den Tisch gekehrt worden. Sechs Prozent: Das könnte bedeuten, fast 20 Millionen Amerikaner tragen einen Antikörper in sich, der ein Gammaretrovirus-Hüllprotein erkennt.[1038] Offenbar vermied man es bewusst, darüber zu spekulieren, was so ein Ergebnis für Konsequenzen haben könnte. Und das sieht eher nach einer politischen, als nach einer wissenschaftlichen Entscheidung aus.

Aber erstaunlicherweise feierte das Thema XMRV dann doch nur sechs Monate nachdem es so schien, als ob Lipkin et al. es mit ihrer Studie endgültig zu Grabe getragen hätten,[1039] seine Wiederauferstehung. Ausgerechnet Dr. Vinay Pathak, der zusammen mit John Coffin schon früh die Ansicht vertrat, bei dem XMRV, das in Prostatatumoren und im Blut von ME-Patienten gefunden worden war, handele es sich wohl um eine Laborkontamination,[1040] wies nun gemeinsam mit Dr. Gary Owens nach, dass Xenotransplantationsexperimente,[1041] wie sie in der Krebsforschung durchgeführt werden, die Entwicklung neuer Retroviren mit pathogenen Eigenschaften begünstigen.[1042] Anderthalb Jahre zuvor zeigten Pathak und Coffin, dass XMRV durch Xenotransplantation in einer Labormaus entstanden ist. Bei der Passage menschlicher Krebszellen in einer Nacktmaus ist XMRV aus der Rekombination zwischen zwei endogenen Mausretroviren hervorgegangen, nämlich aus den Proviren PreXMRV-1 and PreXMRV-2.[1043] Sie folgerten, dass die Verbindung von XMRV mit Krankheiten des Menschen auf Verunreinigung der Humanproben mit dem durch das Rekombinationsereignis erzeugten Virus zurückzuführen sei. Doch nun, im Jahre 2013, demonstrierten Pathak und Owens darüber hinaus, dass xenotrope MLV-Hüllproteine tatsächlich die Krebsentstehung fördern können. Bei diesen xenotropen Hüllproteinen handelt es sich um das B4rv, oder auch XMRV2 genannt, das aber nur eine etwa 93%-ige Übereinstimmung mit dem XMRV VP62, welches die Humanproben kontaminiert hatte, aufweist. B4rv (oder auch XMRV2) ist also ebenfalls ein Laborartefakt und entstand in Xenotransplantationsexperimenten mit Mäusen durch Rekombination. Menschliche Prostatakrebszellen, die durch Xenotransplantation mit B4rv (oder XMRV2) infiziert und anschließend subkutan den Nacktmäusen injiziert wurden, bildeten größere Tumore, die in hohem Maße hämorrhagisch waren und erhöhtes Metastasierungspotential besaßen. So wurde gezeigt, dass XMRV bzw. eine seiner Varianten die Krebsentstehung begünstigt.

Die Autoren beteuerten sogleich, es sei höchst unwahrscheinlich, dass XMRV1 (VP62) oder aber XMRV2 (B4rv) Menschen infiziere und pathogen sei. Doch wie beunruhigt die Wissenschaftler in aller Welt sind, enthüllt eine deutsche Studie aus dem Jahr 2014, in der man sich mit der Frage beschäftigt, mit welchen Desinfektionsmitteln sich das Risiko des Laborpersonals minimieren lasse, sich zu infizieren und wie eine unbeabsichtigte XMRV-Kontamination von Zellkulturen zu verhindern sei.[1044]

Denn XMRV überträgt sich möglicherweise durch die Luft. In einer Arbeit von Adi Gazdar et al. konnte beobachtet werden, dass XMRV-negative Zelllinien, die ***nicht*** von Xenotransplantaten stammten, MLV- bzw. XMRV-positiv wurden, nur weil sie sich im selben Labor befanden, in dem XMRV-positive Zelllinien, die Mausgewebe passiert hatten, kultiviert wurden.[1045] Die Kontamination xenotransplantierter humaner Zelllinien mit xenotropen Retroviren ist bereits seit den frühen 70er-Jahren in der wissenschaftlichen Literatur bekannt – doch die meisten

Forscher scheinen sich des potentiellen Kontaminationsrisikos nicht bewusst zu sein.[1046] Auch eine potentielle Rekombinationsgefahr ist nicht ausreichend im Bewusstsein der Forscher verankert. In der Gentherapie beispielsweise, wo mit retroviralen Vektoren[1047] gearbeitet wird, wiegt man sich ebenfalls in falscher Sicherheit, wie der HIV-Forscher Donald Mosier in einem Artikel anmahnte.[1048] Denn es gibt mehrere Möglichkeiten, wie dabei durch Rekombination neue replikationskompetente Retroviren entstehen können, z.B. durch die Rekombination von Vektor und endogener Retrovirussequenz.[1049]

2007 meldeten zwei deutsche Labore eine Kontamination ihrer Zelllinien mit dem Squirrel Monkey Retrovirus (SMRV=Totenkopfäffchen-Retrovirus).[1050] 2009 veröffentlichten deutsche Forscher eine Arbeit, die zeigte, dass ein breites Spektrum an Zelllinien mannigfaltiger Spezies mit Genfragmenten von SMRV und einem MuLV-ähnlichen kontaminiert sind. Das MuLV-ähnliche war überraschenderweise weder identisch mit MuLV noch mit XMRV, sondern zu 99% mit einem in den 80er-Jahren synthetisch entwickelten Retrovirus.[1051] Eine weitere deutsche Studie aus dem Jahr 2015 wies nach, dass von 577 gescreenten Zelllinien immerhin 19 mit MLV kontaminiert waren.[1052] Grund dafür seien wahrscheinlich die Xenotransplantation humaner Tumorzellen in immundefiziente Mäuse sowie Kreuzkontamination mit MLV durch infizierte Kulturen. Diese unbeabsichtigte Verbreitung rekombinanter Tierretroviren lässt ahnen, dass wahrscheinlich sehr viele Zelllinien, mit denen in Laboren gearbeitet wird, kontaminiert sind.

Obwohl also nachgewiesen werden konnte, dass XMRV ein Artefakt ist, ein unbeabsichtigtes, gewissermaßen künstliches Produkt von Xenotransplantationsexperimenten,[1053] muss das eben nicht zwangsläufig bedeuten, dass dieses Rekombinationsereignis unter anderen, aber vergleichbaren Bedingungen noch nie zuvor stattgefunden hat bzw. niemals mehr stattfinden wird. Die Rekombinanten müssen auch gar nicht den gleichen Genotyp wie das XMRV VP62 besitzen, denn die Wahrscheinlichkeit, ein identisches replikationsfähiges Retrovirus zu erzeugen, ist verschwindend gering. Man könnte also davon ausgehen, dass es bereits zahllose XMRV-ähnliche Viren gibt.[1054] Coffin und Pathak schufen aus den endogenen nichtinfektiösen Proviren PreXMRV-1 und PreXMRV-2 ***in nur 10 Tagen*** infektiöse replikationsfähige Retroviren nichtidentischen Genotyps – und das gibt zu denken![1055] Schon 1995 warnten John Coffin und Jonathan Stoye in einem Brief an den Herausgeber von „Nature Medicine“ vor der Gefahr einer möglichen Aktivierung endogener Retroviren durch Xenotransplantation.[1056] (In Deutschland sind übrigens Patienten, die Xenotransplantate – Transplantate aus tierischem Gewebe – erhalten haben, dauerhaft von Blutspenden ausgeschlossen!)[1057]

Ende 2014 erschien eine Arbeit, in der gezeigt wurde, dass viele Labormäusestämme (und Untergruppen von Wildmäusen) in ihrem Genom sogar noch viele vollständige, replikationskompetente retrovirale Proviren besitzen, was als Indikator für frische retrovirale Aktivität in diesen Mäusen gelten kann. Solche nicht-defekten, endogenen Mäuseleukämieviren produzieren xenotrope Retroviren, also infektiöse exogene Retroviren, die andere Spezies infizieren und krank machen können.[1058] (Wohlgemerkt, solche Labormäuse werden in der Krebsforschung eingesetzt und wurden für die Herstellung von Impfstoffen benutzt!) Dem Papier ist zu entnehmen, dass endogene Gammaretroviren von Nagern in den Genomen von Amphibien, Reptilien, Vögeln und Säugetieren gefunden wurden, was bedeutet, dass diese Gammaretroviren offenbar ein außerordentlich breites Wirtsspektrum besitzen.[1059] Wenn aber fast jede Tierart, die um uns herum lebt oder auch von uns verspeist wird, ja, deren Gewebe uns sogar injiziert wurde via Impfstoff, mit einem exogenen Gammaretrovirus infiziert sein kann – warum sollten dann ausgerechnet Menschen von diesen Infektionen verschont bleiben, insbesondere Menschen mit ganz bestimmten immunologischen Gen-Defekten, z.B. einem RNase L-Defekt? (RNase L = Ribonuklease-L-Enzym ist ein antivirales Enzym, das für die Abwehr von Viren und Retroviren sorgt.)

Und wenn man, wie Gazdar et al. nachgewiesen haben, darüber hinaus annehmen muss, dass XMRV sich durch die Luft überträgt, stellt sich umso dringlicher die Frage, warum XMRV bei Mäusen solche Verheerungen anrichtet und ausgerechnet bei Menschen, deren Immunsystem so angeschlagen ist wie bei den an opportunistischen Infektionen[1060] leidenden und überproportional häufig an Krebs erkrankenden ME-Patienten, keine anrichten soll.[1061]

Es bestehen zumindest auffällige Gemeinsamkeiten, was die pathologischen Gefäßveränderungen von XMRV-infizierten Mäusen und von den ME-Kranken betrifft.[1062] Pathak und Owens verleihen dann schließlich doch auch ihrer Sorge Ausdruck, dass weitere XMRV-ähnliche Viren existieren oder sich entwickeln könnten, deren Gensequenzen die Tumorpathogenese beeinflussen und die Fähigkeit, Menschen zu infizieren, erwerben könnten.[1063]

Doch zumindest die Tatsache, dass Xenotransplantationen unerwartet Krankheiten produzieren können, die das Resultat einer Reaktivierung endogener Retroviren sind, dürfte aber mittlerweile in Wissenschaft und Forschung hinreichend bekannt sein.[1064]

Doch mal angenommen, XMRV oder verwandte MLVs zirkulierten schon längst in der menschlichen Population: Wie könnten endogene Mausretroviren wie PreXMRV-1 and PreXMRV-2 von den Mäusen auf die menschliche Spezies übergesprungen sein, wo sie sich zu einem neuen exogenen und möglicherweise krank machenden Retrovirus rekombiniert haben könnten? Was könnte denn der Übertragungsweg gewesen sein? Der Artikel „Of Mice and Men: On the Origin of XMRV"[1065] schlägt sowohl die einstmalige Übertragung durch wildlebende Mäuse als auch die wahrscheinlichere Variante, nämlich Impfstoffe vor, die in Mäusen oder Mauszellen produziert wurden.[1066]

Letztere Möglichkeit verfolgen auch Dr. Judy Mikovits und Kent Heckenlively als Arbeitshypothese in ihrem gemeinsam verfassten hochinteressanten und aufschlussreichen Buch „Plague: One Scientist's Intrepid Search for the Truth about Human Retroviruses and Chronic Fatigue Syndrome, Autism, and Other Diseases".[1067] Dieser Übertragungsweg, so schreiben sie, könnte auch die erste dokumentierte ME-Epidemie im Jahre 1934 am L.A. County Hospital erklären, bei der 198 Mitarbeiter des medizinischen Stabs, nicht aber die in der Regel viel gefährdeteren Patienten an dieser neuen Krankheit, die als „atypische Poliomyelitis" bezeichnet wurde, erkrankten.[1068] Das Personal, insgesamt mehr als 300 Mitarbeiter des Hospitals, war zuvor, wie bereits in Teil I geschildert, gegen Poliomyelitis geimpft worden[1069] – ein medizinisches Experiment mit einem ganz neu entwickelten Vakzin,[1070] das vielfach Mausgewebe passiert hatte.[1071] Die ersten Impfexperimente wurden mit einer Kombination aus Humanserum Genesener, das zur Konservierung mit Merthiolat, einem Quecksilber-Derivat, versetzt worden war, und einem durch vielfache Mauspassagen modifizierten Virus durchgeführt.[1072] Das galt vor allem für die Gelbfieber-Impfexperimente, aber auch für Maurice Brodies Experimente.[1073] Ihm war es nämlich gelungen, auch Mäuse anfällig für das Poliomyelitisvirus zu machen, indem er sie wiederholt Röntgenstrahlen aussetzte und den Erreger serienmäßig auf sie übertrug.[1074] Durch serienmäßige Passagen in tierischem Gewebe werden humane Viren dann so abgeschwächt, dass sie ihr pathogenes Potential für jemanden, der anschließend damit geimpft wird, verlieren, aber immer noch imstande sind, eine Immunreaktion bei ihm zu provozieren.[1075]

Doch die Vermengung von Material zweier Spezies kann auch das genaue Gegenteil bewirken, nämlich ein zuvor harmloses Virus in ein krank machendes (oder gar tödliches) verwandeln, wie Owens, Pathak und Coffin mit XMRV demonstriert haben. Dieses Problems war man sich schon sehr früh bewusst. Kritische Stimmen monierten, dass derlei *„krude Vakzine"* – neben der Gefahr, dass sie nicht ausreichend abgeschwächte Lebendviren enthalten könnten – große Mengen an organspezifische, jedoch nicht artspezifische Antikörper provozierendem Antigen-Nervengewebe enthalten, das im zentralen Nervensystem des Empfängers allergische Schäden anrichten kann.[1076]

Diese Gefahr bestand sowohl bei der Verwendung von Emulsionen mit zentralem Nervengewebe infizierter Mäuse, als auch mit dem von infizierten Affen.[1077] (Mit Vakzinen, die Maurice Brodie mit Emulsion von zentralem Nervengewebe infizierter Affen hergestellt hatte, wurden etwa 10.000 amerikanische Kinder geimpft.[1078] Sechs Kinder starben, ein Dutzend war anschließend gelähmt, speziell der geimpfte Arm anstatt, wie bei Polio üblicherweise, die Beine. Doch eventuelle Spätfolgen dieser Impfungen wurden nie untersucht.)[1079] In der Rückschau gelten Brodies Vakzinexperimente schon allein deshalb als hochproblematisch, weil er seine Impfstoffe zu wenig an Tieren getestet hatte – mutmaßlich wegen der hohen Kosten, die die Haltung von Affen und Testungen mit entsprechenden Verlusten verursachten.[1080]

Doch in den 30er-Jahren des vorigen Jahrhunderts wurden medizinische Experimente an Menschen nicht per Gesetz geregelt, und die Polio-Impfunfälle wurden nicht in den Medien diskutiert.[1081] Dokumentiert ist aber, wie schon in Teil I erwähnt, dass diejenigen Hospitalmitarbeiter, die geimpft worden waren, zu den am schwersten Betroffenen dieser Epidemie zählten.[1082]

Die Hypothese, dass ein neues, humanes Retrovirus durch Rekombination oder Mutation bei Versuchen mit Impfstoffen entstanden sein könnte, ist weder neu, noch abwegig. Einige Studien haben sich bereits mit dem Risiko der Übertragung von infektiösen ***endogenen*** Retroviren durch Lebendimpfstoffe befasst, auch bezüglich der Impfung von Haustieren.[1083] Eine im September 2014 erschienene Studie will eine signifikante Korrelation zwischen dem Anstieg von Autismusfällen und der Impfung von Masern-Mumps-Röteln-, Windpocken- und Hepatitis-A-Vakzinen gefunden haben, die unter Verwendung von humanen fetalen Zelllinien produziert wurden.[1084] Ein möglicher Grund für diese Korrelation könnte die Kontamination von einigen dieser Impfstoffe mit humanen ***endogenen*** Retroviren (HERV-K) sein, die z.B. in den verwendeten fetalen Zelllinien WI-38 und MRC-5 vermehrt exprimiert sind.[1085] Die Entdeckung von HERV-K in Varivax, MMR-II und Meruvax sei die erwartete Konsequenz aus ihrer Herstellung unter Verwendung von humanen Zelllinien gewesen, schrieben Victoria et al. zu ihrer in 2010 erschienenen Studie.[1086] Humane endogene Retroviren, speziell auch HERV-K, sind assoziiert mit Krebserkrankungen wie beispielsweise Leukämie[1087] und Lymphomen,[1088] Brustkrebs,[1089] Ovarialkarzinomen[1090] und Melanomen.[1091] Eine erhöhte reverse Transkription (das Umschreiben der einzelsträngigen retroviralen RNA in eine doppelsträngige DNA-Kopie, die dann in das Genom der Wirtszelle integriert wird) humaner endogener Retroviren ist darüber hinaus mit bipolaren Störungen und Schizophrenie[1092] sowie mehreren Autoimmunerkrankungen assoziiert.[1093] Victoria entdeckte aber nicht nur humane endogene Retroviren in den untersuchten Impfstoffen, sondern darüber hinaus Partikel eines Schweinevirus, PCV1, und zwar in Rotarix, einem Lebendimpfstoff mit abgeschwächten humanen Rotaviren, der Kinder ab einem Alter von sechs Wochen vor einer Gastroenteritis mit Durchfall und Erbrechen schützen soll. Man beeilte sich zu versichern, es sei bislang nichts darüber bekannt, dass PCV1 bei Menschen zu Krankheiten führen könne, mögliche Auswirkungen, falls vorhanden, sollten jedoch sorgfältig erwogen werden. John Coffins lakonischer Kommentar zu dieser Entdeckung: *„Ob die Kontamination gesundheitsgefährdend ist oder nicht, es ist mit Sicherheit besser, sie nicht zu haben.“*[1094] (Ü.d.A.)

Auch das Salk-Polio-Vakzin und die Sabin-Polio-Schluckimpfung waren mit einem Tiervirus verseucht, dem Simian-Virus 40 (SV-40),[1095] einem Affenvirus aus der Gattung der Polyomaviren, die bekannt dafür sind, beim Menschen persistierende Infektionen auslösen zu können.[1096] Diese Impfstoffe waren mit Hilfe von Affennierenzellen produziert worden.[1097] Nach Schätzungen enthielten bis zu 30% der Impfstoffe lebende SV-40.[1098] Allein bis 1960 waren 98 Millionen Amerikaner mit dem injizierbaren Salk-Vakzin und 10.000 Amerikaner und Millionen Sowjetbürger mit dem oral verabreichten Sabin-Vakzin geimpft worden.[1099] Bis 1963 wurden die mit SV-40 verseuchten Polio-Vakzine verabreicht,[1100] seit 1957 auch in Deutschland,[1101] wo pro Jahr ca. 8% der Kleinkinder mit dem Salk-Vakzin geimpft wurden, bis 1961 etwa insgesamt 3,7% der Westdeutschen.[1102] In der Sowjetunion wurde dieser verunreinigte Impfstoff möglicherweise sogar bis in die 80er-Jahre eingesetzt.[1103] Möglicherweise waren die Impfstoffe im Westen aber auch noch wesentlich länger als bis zum Jahr 1963 verseucht, da die SV-40-Tests offenbar unzureichend waren.[1104] Im Tierversuch löste SV-40 Tumoren aus, in humanen Zellkulturen Tumorzellen.[1105] In einigen Tumoren bei Menschen, z.B. Knochen-, Hirn- und Herzkrebs, den gleichen Tumorarten wie im Tierversuch, ließ sich ebenfalls SV-40 nachweisen.[1106] Seit Jahren steht also die Frage im Raum, ob SV-40 zu dem rasanten Anstieg an Krebserkrankungen beigetragen haben könnte. Die wenigen Studien, die versuchten, eine Verbindung zwischen SV-40 und Krebserkrankungen zu be- oder wiederlegen, wiesen einen entscheidenden methodischen Mangel auf, da es sich nicht rekonstruieren lässt, welche Probanden kontaminierte und welche nicht kontaminierte Vakzine erhalten haben, so dass man eine mit SV-40 in Kontakt gekommene Patientengruppe mit einer nicht exponierten Gruppe hätte vergleichen können.[1107] Der Report des IOM (Institute of Medicine) aus dem Jahr 2002 kommt jedenfalls zu dem Schluss, dass SV-40 ein krebsverursachendes Virus ist, das nicht nur im Tierversuch und in humanen Zellkulturen, sondern möglicherweise auch unter natürlichen Bedingungen beim Menschen Krebs auslösen könnte, und dass es moderate biologische Hinweise gibt, dass mit SV-40 verseuchte Poliovakzine zu SV-40-Infektionen bei Menschen geführt haben.[1108]

Was aber, wenn SV-40 nicht nur zu Krebs, sondern (ähnlich wie das Humane Polyomavirus 1 – BK-Virus – bei Menschen mit immunsuppressiver Behandlung nach Nierentransplantation zum Verlust des Transplantates führen kann)[1109] auch zu schwelenden, niedriggradigen Infektionen mit verheerender Wirkung wie bei einer ME-Erkrankung führt, vor allem bei den Menschen mit einer Immundefizienz?[1110] Oder was, wenn SV-40 diese Immundefizienz sogar selbst verursacht? Wolfgang Deppert, ein Biologe, der sich bei seinen Forschungsarbeiten zu dem Affenvirus mit SV-40 infizierte, geht davon aus, dass das Immunsystem eines gesunden Kindes mit dem Virus fertig wird.[1111] Was passiert jedoch, wenn SV-40 auf ein kompromittiertes Immunsystem trifft? Bei durch das Simiane Immundefizienz-Virus (SIV) immunkompromittierten Affen verursacht SV-40 ausgedehnte Infektionen und fungiert als opportunistischer Erreger.[1112] Ist es also denkbar, dass SV-40 auch bei z.B. ME-Kranken, deren Immunsystem geschwächt ist, opportunistische Infektionen hervorruft?

Könnte SV-40 bei einer Untergruppe Erkrankter vielleicht sogar mitverantwortlich für den Ausbruch von ME sein? In der DDR (45%), Holland (87%), Dänemark (98%), Schweden (70%), Belgien (ca. 50%) und England (ca. 50%) wurden bis zum Jahr 1961 jährlich prozentual sehr viel mehr Kleinkinder geimpft als in Westdeutschland.[1113] In diesen Ländern hat ME/"CFS" einen sehr viel größeren Bekanntheitsgrad als in Deutschland. Daraus kann man selbstverständlich nicht auf seine Prävalenz schließen, doch es ist immerhin denkbar, dass die Krankheit in jenen Ländern auch häufiger auftritt.

Ungeklärt ist auch die Prävalenz von SV-40-Infektionen. Die Seroprävalenzraten der Allgemeinbevölkerung schwanken zwischen 2% und 20%. Bemerkenswerterweise sind nicht nur Menschen infiziert, die potentiell SV-40-kontaminierte Vakzine erhielten, sondern auch welche, die keine kontaminierten Vakzine bekommen haben. Es wären also die Übertragungswege zu klären. Studien mit Labortieren weisen auf eine Mutter-Kind-Übertragung hin, eine von vielen möglichen Infektionsrouten. Eine hohe Durchseuchungsrate von 41% bis 55% ist bei Laborangestellten nachgewiesen worden, die mit SV-40- infizierten Affen bzw.deren Gewebe in Kontakt kamen.[1114] Angesichts der Tatsache, dass bislang nur sehr wenig über die menschliche Immunantwort auf SV-40-Infektionen bekannt ist, wären solche Fragen dringend zu klären. Doch die Gesundheitspolitik und ihre Institutionen haben kein Interesse daran. Obwohl SV-40 bereits 1960 in den Impfstoffen gefunden wurde, verabreichte man sie weiter bis mindestens 1963.[1115] Dr. Adi Gazdar, ein Krebsforscher der University of Texas Southwestern Medical Center, meint, dass die Regierung bislang keine wirkliche Forschung gefördert habe. Es sei etwas, das vielleicht Millionen von Amerikanern beträfe, aber die Regierung und ihre Forschungsinstitutionen seien desinteressiert, weil sie es vielleicht gar nicht herausfinden wollten.[1116]

Der Ursprung einer massenhaften Ausbreitung des HI-Virus könnte jedenfalls durch Versuche mit Impfstoffen initiiert worden sein, wie in dem Dokumentarfilm „The Origins of AIDS" eindrucksvoll gezeigt wird.[1117] (Ohne Frage dürften sich Jahre, wenn nicht Jahrhunderte zuvor schon vereinzelt Buschwildjäger und ihre Familien infiziert haben, doch eine globale Ausbreitung erscheint auf diesem Wege eher zweifelhaft.) Denn ein weiterer experimenteller Polioimpfstoff, der in den 50er-Jahren an Afrikanern getestet wurde, war vermutlich mit SIV (Simianes Immundefizienz-Virus)[1118] aus Schimpansenzellen verseucht, die beim Überspringen der Artenbarriere zu HIV (Humanes Immundefizienz-Virus) mutierten. Heute gelten SI-Viren nachgewiesenermaßen als Ursprungsviren für die Entstehung von HI-Viren.[1119] Die These, dass der mit Hilfe von Schimpansennieren vermehrte Impfstoff ursächlich verantwortlich für die afrikanischen AIDS-Epidemien und die spätere Pandemie sein könnte, ist vehement bekämpft worden.[1120] Doch bis heute wirken die Argumente der Gegenseite nicht sehr einleuchtend, wie der Film und einer der Verfechter dieser Hypothese, Edward Hooper, überzeugend darlegen.[1121] In einem zensierten Interview mit dem Medizinhistoriker Dr. Edward Shorter ließ der renommierte Vakzin-Pionier Dr. Maurice Hilleman, der mehr als drei Dutzend Vakzine für Merck entwickelt hatte (mehr als jeder andere Vakzinentwickler jemals), ähnliche Befürchtungen anklingen wie Hooper.[1122] (Hilleman war nicht irgendein abseitiger Spinner, sondern sogar Mitglied der U.S. National Academy of Science, des Institute of Medicine, der American Academy of Arts and Sciences und der American Philosophical Society und wurde für seine wissenschaftliche Lebensleistung von der WHO ausgezeichnet.)

Impfexperimente mit Poliomyelitisvakzinen, die Maus- bzw. Schimpansengewebe passiert hatten, böten schlüssige Erklärungen für das Aufkommen neuer pathogener Viren oder auch exogener Retroviren, die verantwortlich sein könnten für diese seinerzeit unbekannten und zuvor nicht dokumentierten Krankheiten ME und AIDS, welche zunächst epidemischen, dann jedoch rasch pandemischen Charakter annahmen.

Doch das etwaige bislang unidentifizierte und eventuell mit ME in Zusammenhang stehende Retrovirus (möglicherweise ein Humanes Gammaretrovirus, vielleicht eine XMRV-oder eine MLV-Variante oder sogar unterschiedliche Gammaretroviren), das einst, wie eben dargelegt, vielleicht durch Experimente mit Impfstoffen entstanden sein und sich in der menschlichen Population verbreitet haben könnte, ist weniger potent als das HI-Virus (oder wie es manchmal auch andersherum ausgedrückt wird: besser angepasst an seinen Wirt). Gammaretroviren beispielsweise, wozu XMRV und MLV zählen, sind im Gegensatz zu den Lentiviren, zu denen das HI-Virus gehört, nicht in der Lage, ihre Kernhülle aktiv zu überwinden. Das heißt, sie können nur Zellen infizieren, die sich gerade in Teilung befinden, während Lentiviren auch ruhende Zellen infizieren können. Auf diese Weise können HI-Viren viel mehr Zellen infizieren als Gammaretroviren es vermögen. Das könnte mit ein Grund dafür sein, dass eine mögliche Infektion mit Gammaretroviren beim Menschen nicht zwangsläufig progressiv verlaufen muss. Womöglich auch deswegen verläuft eine Gammaretrovirusinfektion beim Menschen nur selten tödlich oder zumindest sehr viel seltener als es bei unbehandeltem AIDS der Fall ist. Doch diese Mutmaßungen sind rein spekulativ.

Eine Gemeinsamkeit mit dem HI-Virus könnte aber durchaus eine lange Latenzzeit sein, während der Infizierte u.U. nicht das geringste Krankheitszeichen verspüren. Ähnlich wie bei den HI-Viren, die, wie neuere Forschung belegt, offenbar trotz antiretroviraler Behandlung in Rückzugsgebieten, nämlich in den T-Gedächtnisstammzellen überdauern,[1123] ist es denkbar, dass dieses neue Retrovirus sich über Jahre oder auch lebenslang in den B- und T-Zellen des Immunsystems versteckt, ohne dem Virusträger Probleme zu bereiten. Eventuell macht es sogar nur Menschen mit einem bestimmten Immundefekt krank, wie er von Robert Suhadolnik und Kenny De Meirleir bei ME-Patienten festgestellt wurde: eine Beeinträchtigung des Ribonuklease-L-Enzyms,[1124] das normalerweise bei Aktivierung die Replikation eines Retrovirus vermindert.[1125]

Wenn nun aber – vor allem bei genetisch prädisponierten Menschen, deren antivirales Abwehrsystem defekt ist – ein Ereignis hinzukommt, das die B- und T-Zellen expandieren lässt, wird die Balance zwischen Immunantwort und Virus zerstört und die Krankheit bricht aus. Denn, wie Dr. Mikovits 2009 in einer amerikanischen TV Show erklärte, mit dem Anwachsen der B- und T-Zellen wird auch das in ihnen beherbergte Virus zur Replikation angeregt, mit der Folge, dass es das Immunsystem überwältigt und dieses nicht mehr in der Lage ist, Infektionen unter Kontrolle zu halten.[1126]

Ein solches Ereignis könnte, wie Mikovits/Heckenlively in ihrem Buch „Plague" schreiben, z.B. eine ***Impfung*** sein.[1127] Impfungen stimulieren die Produktion von B- und T-Lymphozyten, um das Immunsystem anzuregen, ausreichend Antikörper zu bilden, die in der Lage sind, ein krankmachendes Virus im Falle einer Ansteckung erfolgreich auszuschalten, so dass es nicht zum Ausbruch der Krankheit kommt.[1128] Mit dem Anstieg der B- und T-Lymphozyten vermehren sich dann allerdings auch sämtliche sich in diesen Reservoirs tummelnden Viren, was den Beginn einer Katastrophe markieren könnte, wenn sich z.B. auch Retroviren unter ihnen befinden. Genau aus diesem Grund sollten die HIV-Patienten möglichst ***vor*** einer Impfung bereits antiretroviral therapiert worden sein, denn die Aktivierung des Immunsystems durch eine Impfung könnte das Fortschreiten der HIV-Erkrankung durch die erhöhte Virus-Replikation beschleunigen.[1129]

Man könnte nun darüber diskutieren, ob der gleiche Mechanismus auch für ME-Erkrankungen gilt, denen nicht selten eine oder auch mehrere Impfungen vorausgehen.[1130]

Womöglich regt die Impfung das bislang vom Immunsystem beherrschte etwaige Retrovirus zur Replikation an, bis das Immunsystem kapituliert und die Krankheit ausbricht.

Eine Studie, in der Affen mit XMRV infiziert wurden, zeigte, dass dieses Virus schon bald nach der Infektion, die als anhaltend, chronisch und breit gestreut charakterisiert wurde, aus dem Blut verschwand und sich ins Gewebe zurückzog. Diese Latenzperiode des Virus wurde durch Verabreichung einer Impfung abrupt beendet. Denn die Immunstimulation löste prompt eine Virämie aus. Weil nun das XMRV im Blut des Virusträgers wieder auftauchte, deutete alles darauf hin, dass die Impfung das Virus zur Replikation angeregt und aktiviert hatte.[1131]

(Nur am Rande sei hier bemerkt, dass neben der Debatte über einen möglichen Zusammenhang von Impfungen und dem Ausbruch einer ME-Erkrankung auch die Debatte über einen möglichen Zusammenhang zwischen Impfungen und Autismus, eine der ME von den Immunanomalien her betrachtet so auffällig ähnliche Krankheit, mit der Diskreditierung von Andrew Wakefield längst nicht vom Tisch ist.[1132] Im August 2014 gab CDC-Whistleblower William Thompson zu, Daten unterdrückt zu haben, die das statistisch signifikant erhöhte Risiko an Autismus zu erkranken für afroamerikanische Jungen belegen, die im Alter bis zu 36 Monaten gegen MMR geimpft wurden. Brian Hooker, der die Daten der CDC reanalysierte, und Andrew Wakefield schrieben einen gemeinsamen Beschwerdebrief an die CDC, der im Netz veröffentlicht wurde.[1133])[1134]

Man könnte nun weitere Überlegungen anstellen, z.B. weshalb, wie in den Rituximab-Studien gezeigt, ausgerechnet dieses Krebsmedikament fast zwei Drittel der ME-Patienten zur Remission verholfen hat: vielleicht weil es durch die Zerstörung von B-Zellen in einem bestimmten Reifestadium auch das Rückzugsreservoir eines möglichen Retrovirus eliminiert hat?

Und man könnte darüber hinaus spekulieren, weshalb Rituximab einem Drittel der Patienten – dem Hörensagen nach überwiegend den länger und schwerer Erkrankten – eben nicht hilft, ja, in einigen Fällen die Symptomatik sogar erheblich verschlechtert hat. Das Krebsmedikament vernichtet nur einen Teil der B-Zellen, nämlich unreife oder naive Zellen (die sogenannten CD-20-Zellen) und nicht die

Gedächtnis-B-Zellen, die sich an frühere Infektionen erinnern und Antikörper produzieren. Wenn nun Rituximab infundiert wird, welches ein aus Mauszellen gewonnener monoklonaler Antikörper ist,[1135] transportiert es möglicherweise auch XMRV- oder MLV-ähnliche Sequenzen in den Organismus.[1136] Gesetzt nun den Fall, der Patient ist bereits XMRV- oder MLV-infiziert, müssten im Normalfall durch den erneuten Kontakt mit dem bereits bekannten Antigen die Gedächtnis-B-Zellen aktiviert werden und eine Immunreaktion auslösen, die den Ausbruch einer Infektion verhindert. Doch unter Umständen ist die Anzahl der Gedächtnis-B-Zellen bei diesen ME-Patienten durch einen schweren Krankheitsschub reduziert, so dass die Immunreaktion vermindert ausfällt und das Retrovirus durch die Infundierung wieder die Oberhand gewinnen kann, und zwar ***obwohl die unreifen B-Zellen vernichtet werden.*** Ein ähnlicher Mechanismus wurde bei MS-Kranken festgestellt: In den Phasen akuter Krankheitsaktivität steigen die naiven B-Zellen im Blut an, wohingegen die Zahl der Gedächtnis-B-Zellen schrumpft.[1137] Ob dieser Pathomechanismus der Multiplen Sklerose möglicherweise auch auf eine ihr so ähnliche Krankheit wie die Myalgische Enzephalomyelitis zutrifft?[1138]

Neben den bereits erwähnten Impfungen führen Mikovits/Heckenlively in ihrem Buch ein weiteres Ereignis auf, welches die Replikation der B- und T-Zellen anregen kann und damit auch das potentiell in ihnen eingebaute Retrovirus: ***das Eindringen neuer sekundärer Pathogene oder aber persistierende Viren, die reaktiviert werden.***[1139] Und tatsächlich bricht bei etwa 80% der ME-Patienten die Krankheit in Folge einer Infektion aus, wobei die Liste der auslösenden Pathogene lang ist. Die Tatsache, dass einem Krankheitsausbruch (und auch einem Rückfall!) ganz unterschiedliche Infektionen vorangehen können, erhärtet den Verdacht, dass es sich dabei nur um opportunistische Infektionen[1140] handelt.

Bei entsprechender Suszeptibilität könnten ***Toxine aller Art*** in der Krankheitsgenese ebenfalls eine Triggerfunktion einnehmen, wie Dr. Mikovits in ihrem sehenswerten Vortrag „Environmental Causes of Autism - Investigate if you dare!“ auch in Bezug auf ME/“CFS“ erläutert.[1141] Die Schadstoffempfindlichkeit, die entweder Folge einer genetischen Prädisposition oder direkte Folge der Erkrankung oder aber beides ist, ist häufig so stark ausgeprägt, dass viele ME-Patienten oft schon auf kleinste Mengen von Toxinen wie z.B. auf Formaldehyd oder Thiomersal, die in Impfstoffen enthalten sind, sensibel reagieren, während solch niedrige toxische Dosen der überwiegenden Mehrzahl der Menschen keinerlei gravierende Probleme verursachen. Doch größere Mengen an Umweltgiftstoffen und Chemikalien könnten auch bei zuvor Unempfindlichen eine veränderte Genexpression zur Folge haben.[1142] Massive toxische Belastungen würden dann allerdings vermutlich auch dazu führen, dass eine bislang friedliche Koexistenz von einem möglicherweise vorhandenen Retrovirus und Immunabwehr ins Wanken gebracht und somit die Krankheit ausgelöst wird.[1143]

Doch das Zusammenspiel der sechs Komponenten, bestehend aus hypothetischem Retrovirus, Immunstimulation durch Impfungen, Toxinen, sekundären pathogenen Erregern, persistierenden reaktivierten Viren und genetischer Prädisposition, ist bis heute noch nicht ausreichend geklärt.

Der Übertragungsweg von XMRV ist ebenfalls bislang nur unzureichend erforscht. Gazdars Studie legt eine ***Übertragung durch die Luft*** nahe.[1144] Auch die Studie der Virologin Nicole Fischer vom UKE in Hamburg, bei der XMRV-gag-Sequenzen (die nur zu 98-99% identisch waren mit dem bei Prostatakrebs gefundenen Laborartefakt XMRV aus der Zellinie VP62 und die deshalb offensichtlich also nicht auf eine XMRV VP62 Laborkontamination zurückzuführen waren) vermehrt im respiratorischen Sekret von Immunsupprimierten (fast 10%) und sogar, zu einem geringeren Prozentsatz (3,2%), bei gesunden Kontrollen gefunden wurde, kommt zu dem Ergebnis, dass XMRV mutmaßlich über die Atemwege übertragen wird.[1145]

Doch wenn tatsächlich durch die Luft übertragene Retroviren für die Entstehung einer ME mitverantwortlich sein oder sie begünstigen sollten: Weshalb hat sich dann diese Krankheit nicht noch viel schneller ausgebreitet? Weshalb gibt es weltweit doppelt so viele HIV-Infizierte wie ME-Kranke, obwohl die ME-Pandemie vermutlich ca. 20 Jahre Vorsprung vor der AIDS-Pandemie hat und HIV nur relativ schwer übertragbar,[1146] im alltäglichen zwischenmenschlichen Umgang nicht ansteckend ist und nur durch Kontakt mit Körperflüssigkeiten übertragen wird?

Zum einen ist das etwaige Retrovirus offenbar weniger aggressiv, weniger pathogen und weniger ansteckend als das HI-Virus.[1147] Zum anderen spielt hier wohl auch die zwangsweise extrem zurückgezogene Lebensweise ME-Kranker eine Rolle. Wegen ihrer massiven neurosensorischen und neurokognitiven Symptome haben sie von Beginn der Erkrankung an große Probleme, Sozialkontakte zu pflegen. Darüber hinaus scheuen ME-Kranke oftmals den Kontakt aus Angst vor opportunistischen Infektionen,[1148] die sie sich überhäufig einfangen. HIV-Infizierte hingegen sind zunächst während der Inkubationszeit von drei bis sechs Wochen beschwerdefrei. Auch nach der akuten HIV-Infektion, die häufig unerkannt bleibt, weil sie mit einer Grippe verwechselt wird, sind sie während der meist mehrjährigen Latenzphase weitgehend symptomfrei. Ihre Viruslast jedoch ist gerade in den ersten beschwerdefreien Wochen nach der Ansteckung besonders hoch, weshalb sie in dieser Zeit häufig und unwissentlich ihre Sexualpartner infizieren. Größere

Aggressivität des HI-Virus bei gleichzeitiger Beschwerdefreiheit des Virusträgers könnten womöglich die rasantere Ausbreitung von HIV-Infektionen begründen.

Ein weiterer Grund könnte womöglich in einem Phänomen begründet sein, wie es bei vielen viralen Krankheiten zu finden ist, nämlich dass der Patient nur in einem sehr frühen Stadium der Krankheit ansteckend ist und, sobald dann die ersten Symptome auftreten, aufhört, das Virus auszuscheiden.[1149]

In mancherlei Hinsicht wäre die Bestätigung der Hypothese, dass ein exogenes Retrovirus oder auch nur Retrovirionen, die immer noch pathogene Proteine exprimieren,[1150] die Entstehung einer ME begünstigen könnten (und vielleicht sogar auch noch einige andere Krankheiten), die simpelste und zugleich „eleganteste" Lösung. Diese Hypothese würde erklären, weshalb diese Krankheit erstmalig im Jahre 1934 während des epidemischen Ausbruchs im L.A. County Hospital aufgetreten ist und seinerzeit auch zum ersten Mal beschrieben wurde.[1151] Sie würde alle weiteren ***Epidemien und Cluster-Ausbrüche***, die vor allem dort ihren Anfang nahmen, wo Menschen auf engem Raum zusammengelebt und/oder –gearbeitet haben, erklären. Sie würde die offensichtliche ***horizontale Übertragbarkeit*** nachvollziehbar machen. Ebenso eine mögliche Übertragung während der Schwangerschaft oder Geburt (im Falle von endogenen Retroviren eine ***vertikale Übertragung über die Keimbahn***).[1152] Auch das gehäufte Auftreten in etlichen Familien innerhalb eines relativ kleinen Zeitfensters, das sich schwerlich allein mit einer genetischen Prädisposition für die Krankheit begründen lässt, bekäme durch ein exogenes Retrovirus, das sich durch andauernden familären Kontakt überträgt, Plausibilität. Einzelberichte von Familien mit mehreren ME-Kranken, die eine ***wiederholte gegenseitige Ansteckung*** beschreiben, und zwar immer dann, wenn es einem der Erkrankten besonders schlecht geht und seine Viruslast allenfalls besonders hoch ist, was ein Wiederaufflackern der Krankheitssymptomatik bzw. einen Rückfall aller betroffenen Familienmitglieder zur Folge hat – ein Phänomen, das bei HIV-Infizierten als ***Reinfektion*** bekannt ist –, sprächen ebenfalls für die Retrovirushypothese.

Auch das ***gute Ansprechen auf eine antiretrovirale Therapie***, wie von einigen Patienten berichtet, unterfüttert diesen Denkansatz. Vier in der AIDS-Therapie eingesetzte Medikamente konnten in vitro die Replikation von XMRV unterdrücken, wie die Studie von Ila Singh aus dem Jahr 2010 dokumentiert.[1153] Könnten nicht Einzelberichte von ME-Patienten, die mit antiretroviraler Behandlung in Remission gingen, Überlegungen anstoßen, für diese medizinisch weitgehend unversorgte Patientenpopulation breiter angelegte Studien mit diesen Therapeutika zu starten?[1154] Dr. Michael Snyderman jedenfalls, ein amerikanischer Onkologe, der an Chronischer Lymphatischer Leukämie und ME zugleich leidet, konnte dank antiretroviraler Medikamente sogar beide Krankheiten erfolgreich eindämmen.[1155]

- ***Dass solche Behandlungsexperimente nicht abwegig sind, zeigt auch die bereits erwähnte Studie Professor Julian Golds, die untersucht, ob eine antiretrovirale Therapie Multiple-Sklerose-Patienten helfen kann.***[1156]

Dieser vielversprechende Behandlungsansatz stützt also ebenfalls eine Retrovirus-infektionshypothese.[1157] Desgleichen ***die ähnlichen Zytokin- und Chemokin-dysregulationsmuster*** wie sie auch bei den Patienten auftreten, die nach einer HTLV-1-Infektion z.B. an einer Leukämie oder an einem Lymphom erkranken.[1158] Ebenso die biomedizinischen Anomalien der ME: ***Kognitive Dysfunktionen, mitochondriale Dysfunktionen, Immundysfunktionen und Autoimmunität, wie sie bei ME-Patienten zu beobachten sind, sind Anomalien, die auch durch die Mäuse-Leukämie-Viren ausgelöst werden können.***[1159] Linksventrikuläre Dysfunktion, wie sie bei ME-Patienten feststellbar ist,[1160] wird auch durch neurovirulente pMLV induziert.[1161] MLV können durch Viren, Impfungen, Stress, Entzündungen und physische Traumata reaktiviert werden – alles Ereignisse, die dem Ausbruch einer ME vorangehen können.[1162]

Und es braucht noch nicht einmal ein vollständiges, replikationsfähiges Retrovirus, um seinen Träger krank zu machen: ***denn bereits das Hüllprotein der MLV kann zu vaskulärer Leckage und aggressiven Tumoren führen***, wie Gary Owens demonstrierte,[1163] ***und zu Neurotoxizität.***[1164] ***Heute schon*** wären also demnach allein fast 20 Millionen Amerikaner gefährdet – nämlich die 6% der Gesamtstudienkohorte der Lipkin-Studie,[1165] deren Proben mit einem SFFV-Test kreuzreagierten –, eine neuroimmunologische Krankheit, Autismus oder Krebs zu bekommen. Und, wie Dr. Judy Mikovits sagt: ***„Wenn wir nichts tun, wird in zehn Jahren in einer von zwei Familien eine dieser neuroimmunologischen Krankheiten auftreten.“***[1166] (H.d.A.)

Eine der frühen Arbeitshypothesen Dr. Mikovits war u.a. die Idee, dass ein replikationsunfähiges Retrovirus eben auch keine klassische Retrovirusinfektion verursacht, wie das bei einem replikationskompetenten infektiösen exogenen Retrovirus (z.B. HIV) der Fall wäre. Stattdessen könnte – so ihre Hypothese – das nicht replikationskompetente XMRV-ähnliche Virus, das unvollständig und allenfalls schwach infektiös ist, weil es hauptsächlich nur aus dem Hüllprotein besteht, während seine anderen Gensequenzen defekt sind, eine Autoimmunreaktion des Körpers auslösen. Das würde bedeuten, dass die Proteine der Virushülle wie ein Autoantigen bei Patienten mit einer gestörten Immunantwort wirken, der großen Mehrheit der Virusträger jedoch keine Probleme bereiten – ein Krankheitsszenario ähnlich wie bei einer allergischen Reaktion.[1167]

Denkbar wäre auch, dass es sowohl Patienten mit replikationskompetenten als auch Patienten mit replikationsdefekten Retroviren gibt. Das würde möglicherweise erklären, weshalb manche Patienten diese Krankheit offensichtlich übertragen können, andere aber anscheinend nicht.

Die Beobachtung, dass der sprunghafte Anstieg von AIDS- und ME-Erkrankungen ab Anfang der 1980er-Jahre parallel erfolgte, regte Dr. Paul Cheney, den einen der beiden ärztlichen Zeugen der Lake Tahoe-Epidemie, zu einer weiteren interessanten Hypothese an. Er betrachtet die ME/“CFS“-Epidemie als eine Begleiterscheinung der AIDS-Epidemie und mutmaßt, ein Stück des HIV könnte sich an einen Herpesvirus geklebt haben, an den HHV-6 Typ A, und sich zu einer Mischung aus Retrovirus und Herpesvirus rekombiniert haben. HHV-6 hält Cheney deshalb für das geeignetste Retrovirusvehikel, weil es sich ebenso wie Retroviren in die menschliche DNA integriert. Und ebenso wie HIV infiziert HHV-6 die CD4-positiven T-Lymphozyten, also denselben Zelltyp.[1168] Ob Cheneys Hypothese möglicherweise für eine Untergruppe ME-Kranker zutrifft, vor allem auch für die ab Anfang der 80er-Jahre Erkrankten? Sie böte jedenfalls eine Erklärung für die parallel verlaufende Entwicklung der beiden Seuchen.

Was können wir nun zusammenfassend zu all diesen Arbeitshypothesen feststellen?

- ***Tier-Retroviren, die seit mehr als 80 Jahren in Kombination mit anderen lebenden Viren den Menschen geimpft wurden oder die beispielshalber mittels monoklonaler Antikörper***[1169] ***Immunkomprimierte infiziert haben***[1170] ***oder aber frisch Operierten mit Antithrombin Alfa, das unter Verwendung von gentechnisch veränderten Tieren hergestellt wird,***[1171] ***injiziert worden sein oder durch den Einsatz viraler oder retroviraler Vektoren in der Gentherapie Patienten infiziert haben könnten,***[1172] ***bieten möglicherweise zumindest teilweise eine Erklärung für den rasanten Anstieg chronischer neuroinflammatorischer Erkrankungen sowie von Autoimmunerkrankungen und Krebs.***[1173]

Nebenbei bemerkt treten diese Krankheiten auffällig gehäuft bei Familienangehörigen ME-Kranker auf und nicht nur, wie schon in der Einführung im Abschnitt „Krankheitsverlauf" erwähnt, als Begleit- oder Folgekrankheiten bei den ME-Patienten selbst.[1174]

- ***Auch der Nobelpreisträger Harald zur Hausen hat sich auf die Jagd nach Tierviren gemacht, von denen er vermutet, dass sie beim Menschen Krebs auslösen könnten. Er untersucht zur Zeit, ob es einen Zusammenhang zwischen dem Verzehr von – vor allem rohen – Rindfleisch und dem Auftreten von Darmkrebs gibt und hat bei seiner Hypothese Rinderviren in Verdacht, die beim Rind selbst allerdings nicht pathogen sind.***[1175]

Die acht Kinder aus Lyndonville im Bundesstaat New York, deren gleichzeitiger Erkrankungsbeginn eine ME-Epidemie auslöste, hatten nach dem gemeinsamen Schlittenfahren die unpasteurisierte Milch einer Ziege getrunken und sich dabei möglicherweise ein infektiöses Tiervirus eingefangen.[1176]

Auch parasitäre Zoonosen wie Giardiasis lösten Epidemien aus wie im Jahr 2004 in Norwegen, wo das Trinkwasser von Bergen mit Giardia intestinales kontaminiert war.[1177]

Und schon 1996 warnte das Institute of Medicine (IOM)[1178] vor eventuell schwerwiegenden Folgen von Xenotransplantationsexperimenten. Die Befürchtung, Infektionen würden dabei auf Menschen übertragen werden können, was wiederum zu übertragbaren Krankheiten epidemischen Charakters mit womöglich völlig unbekannten und unidentifizierbaren Erregern führen könnte, wurde als reale Bedrohung dargestellt.[1179]

Seit dieser Warnung sind bald zwei Jahrzehnte tatenlos vergangen. Und man beachte: Die Warnungen des IOM wurden bislang nicht aktualisiert, was bedeutet, dass sie ***heute noch*** Gültigkeit besitzen!

- ***Deshalb sollten wir schleunigst beginnen darüber nachzudenken, ob die Notwendigkeit und Dringlichkeit, infektiöse und nichtinfektiöse Krankheiten effektiv einzudämmen und zu bekämpfen, womöglich neue Krankheiten und weitere Probleme geschaffen haben.***[1180]

Probleme, die von offizieller Seite nur ungern oder gar nicht zur Kenntnis genommen bzw. vertuscht und verleugnet werden, um Regressansprüche und Folgekosten abzuwehren und vermutlich auch, um Massenpanik zu verhindern.

Solche Vertuschungsmanöver werden überdeutlich am Beispiel der Impfpolitik. Meldungen wie die über den Zusammenhang zwischen der MMR-Impfung und dem 3,4-fach erhöhten Risiko afro-amerikanischer Jungen, die diese Impfung im Alter unter 36 Monaten erhalten, an Autismus zu erkranken, schaffen es nicht einmal in die Mainstream-Medien.[1181]

Das gleiche gilt z.B. auch für den Zusammenhang zwischen den extrem hohen Raten der an Plötzlichem Kindstod Verstorbenen und dem straffen Impfplan der USA, der zahlreiche bereits im Säuglingsalter verabreichte Mehrfachimpfungen vorsieht.[1182] Doch statt z.B. Impfungen sicherer zu machen, bewegt sich die Impfindustrie in die genau entgegengesetzte Richtung: nämlich Vakzine billiger zu machen. Zu diesem Zweck will man Impfstoffe in Zukunft mit Hilfe von Zellen humaner Krebstumore herstellen, weil auf diese Weise die teure Zucht von Tieren überflüssig wird und die Impfstoffe noch schneller produziert werden können.[1183]

Doch welche Auswirkungen das auf die Gesundheit der Geimpften haben wird, ist bislang nicht ansatzweise erforscht. Möglicherweise werden in Zukunft via Impfung Krebszellen, genetische Mutationen und die Viren vireninduzierter Krebsarten ahnungslosen Impflingen verabreicht, während die Impfhersteller noch mehr Reibach machen können – ein Frankensteinszenario!

IV Die Schicksale mutiger Wissenschaftler

In a time of deceit telling the truth is a revolutionary act.

George Orwell

“This is a doctor! This is a PhD! She`s in here because she stole her own brain!”

Crazy Mary, Mitgefangene von Dr. Judy Mikovits

Spätestens seit den Forschungen des eingangs bereits zitierten Wissenschaftsphilosophen und Wissenschaftshistorikers Thomas S. Kuhn hat sich das Bild, das wir von der Wissenschaft haben, entscheidend verändert. Seither wissen wir, ***„daß das Haus der Wissenschaft kein Kloster ist, in dem asketische Mönche in friedlicher Eintracht an ihren Forschungen arbeiten und in regelmäßigen Abständen sich zu Kongressen versammeln, um gemeinsame Gebete zu murmeln und den Herrn zu loben."*** Wir wissen, dass die Wissenschaft vielmehr einem Parlament gleicht, ***„das von dem Krach der Kontroversen und dem Lärm der Debatten widerhallt".***[1184] (H.d.A.)

Doch dass die Wissenschaft heute offenbar mehr Ähnlichkeit mit einem ***Schlachtfeld*** als mit einem Parlament zeigt, wo nonkonformistische Wissenschaftler um ihre pure Existenz bangen müssen, ist dann doch für den wissenschaftlichen Laien immer wieder eine bestürzende Erkenntnis.

Demzufolge gibt es weltweit nicht sehr viele Wissenschaftler, die bereit sind, ihre Karriere und ihre Existenz aufs Spiel zu setzen, um eine so diskreditierte und geächtete Krankheit wie die ME zu erforschen. Unter den wenigen, die es gewagt haben, sind es noch weniger, die sich der Erforschung dieser Krankheit ***unerschrocken und kompromisslos*** widmen. Am weitesten hat sich aber ***Dr. Judy Mikovits*** hervorgewagt. Doch dass Science die XMRV-Studie, die bei 67% der ME-kranken Probanden XMRV-gag-Sequenzen in den Blutproben gefunden hatte, 2011 zurückgezogen, das Whittemore-Peterson-Institut seine Forschungsdirektorin Dr. Judy Mikovits entlassen, straf- und zivilrechtlich hat verfolgen lassen, ruinierte deren wissenschaftlichen Ruf nachhaltig. Sie wurde sogar als angeblich flüchtige Rechtsbrecherin für fünf Tage inhaftiert. Man warf ihr vor, ihre eigenen Forschungsarbeiten, gewissermaßen ihr eigenes geistiges Eigentum „gestohlen" zu haben, das auf ihren Notebooks gespeichert war.

Doch was sind die Hintergründe dieser wie eine Räuberpistole klingenden Geschichte?

Die Whittemores, eine milliardenschwere Familie aus Reno mit einer ME-kranken Tochter, die ihre weitgehende Wiederherstellung den wissenschaftlichen Erkenntnissen und Empfehlungen von Dr. Mikovits verdankt, setzten sich über deren unmissverständliche Warnung, es gebe ein Kontaminationsproblem, skrupellos hinweg und verkauften weiterhin teure XMRV-Tests, die über ein Privatlabor der Whittemores vertrieben wurden. Sie feuerten Mikovits, weil diese nicht bereit war, Zelllinien, die ausschließlich für Mikovits Forschung mit staatlichen Geldern angeschafft worden waren, mit dem privaten Labor der Whittemores zu teilen. Die Beweise für diesen Betrug an den Patienten befinden sich auf Mikovits` Notebooks – wohl einer der Gründe, weshalb die Whittemores sie des Diebstahls bezichtigten, als Mikovits ihre Notebooks nach ihrer Entlassung aus dem WPI abholen und in Sicherheit bringen ließ, nach dem ihr Laborassistent ihr berichtet hatte, ihr Büro sei durchstöbert worden. Mit diesem Schachzug sollte Mikovits offenbar mundtot gemacht und mit ihrer strafrechtlichen Verfolgung von der Veruntreuung staatlicher Forschungsgelder abgelenkt werden, die das WPI vom NIH[1185] für Forschungszwecke, nicht aber für deren kommerzielles Labor erhalten hatte.[1186] Doch im Juni 2012 ließ der Staat Nevada sämtliche vom WPI gegen Mikovits erhobenen Tatvorwürfe fallen. Wegen anhängiger Zivilverfahren hat Dr. Mikovits aber noch immer keinen Zugang zu ihren beschlagnahmten Notebooks, auf denen auch die Daten ihrer Forschungsarbeiten gespeichert sind. Die Zivilprozesse trieben Dr. Mikovits darüber hinaus in die Privatinsolvenz.[1187] (Doch Judy Mikovits setzt weiterhin all ihre Kraft dafür ein, dieser so vernachlässigten Patientenpopulation mit ihrer Forschung zu einer wirksamen Behandlung zu verhelfen und hat eine Firma zu diesem Zweck gegründet, und zwar gemeinsam mit dem Mikrobiologen Francis W. Ruscetti, der sich seit Jahrzehnten einen Namen in Immunologie, Hämatologie und Virologie gemacht hat – u.a. auch deshalb, weil er gemeinsam mit Bernie Poiesz als Erster ein humanes Retrovirus, nämlich das HTLV-1 isolierte. Auf der Homepage ihrer Firma sind aufschlussreiche Präsentationen mit neuen aufregenden Forschungsergebnissen und vielen interessanten Behandlungsvorschlägen einzusehen.)[1188] Mittlerweile sind auch sämtliche Verfahren gegen Judy Mikovits eingestellt worden, und Harvey Whittemore wurde u.a. wegen illegaler Wahlkampfspenden angeklagt und weil er das FBI und die Bundeswahlkommission belogen haben soll. Er wurde wegen drei von vier Straftaten zu zwei Jahren Gefängnis ohne Bewährung, zu weiteren zwei Jahren unter Führungsaufsicht nach seiner Entlassung, 100.000 Dollar Geldstrafe und 100 Stunden gemeinnütziger Arbeit verurteilt.[1189] Aber obwohl Judy Mikovits sich weder einer Straftat schuldig gemacht hat noch für die Laborkontamination verantwortlich war und inzwischen auch wissenschaftlich wieder rehabilitiert ist, kann sie ihre Arbeit nicht fortsetzen, da seither kein amerikanisches Institut es gewagt hat, sie einzustellen. Das ist völlig unverständlich, zumal selbst am Whittemore-Peterson-Institut, mit dem mittlerweile auch Kenny De Meirleir zusammenarbeitet, weiterhin nach einem unbekannten, ME verursachenden Virus gefahndet wird – bislang allerdings wohl ohne Ergebnis.[1190] Auch die ansonsten so aufrechte und unbestechliche Patientenorganisation „Invest in ME“ macht einen großen Bogen um Judy Mikovits, lädt sie nicht mehr zu ihren internationalen Konferenzen ein und löscht auf der Facebook-Seite der Organisation desöfteren Kommentare von Patienten, die sich für Dr. Mikovits starkmachen. Diese Art von Zensurausübung ist ganz sicher nicht zielführend. Es ist wahrscheinlich sogar ein großer Fehler, auf Mikovits` Erkenntnisse nicht zurückzugreifen, denn sie ist mutmaßlich am weitesten gekommen bei der Erforschung der Ätiologie und in der Frage, inwieweit retrovirale Infektionen eine Rolle bei ME spielen und auch in der Frage, für welche – mithilfe von Immunprofilen ermittelte – Untergruppen welche Medikamente am wirkungsvollsten sein könnten.

Ob es aber vielleicht eine Überlegung wert sein könnte, der erfahrenen Biochemikerin, Molekularbiologin und Molekularvirologin Judy Mikovits, die so viel in der Krebs- und HIV-Forschung, in der Erforschung der Epigenetik und der neuroimmunen Krankheiten geleistet hat,[1191] im auf dem Gebiet der ME-Forschung noch jungfräulichen Deutschland eine wissenschaftliche Heimat anzubieten?

Auf informeller Ebene gibt es bereits eine Zusammenarbeit mit einem unserer deutschen ME/"CFS"-Spezialisten. Doch gemeinsame Forschungsprojekte sind nur mit staatlicher Förderung machbar. Es wäre ein schweres Versäumnis, das Wissen und die Erfahrung dieser Spitzenwissenschaftlerin, die über 20 Jahre am National Cancer Institute zu Retroviren und HIV geforscht hat, ungenutzt zu lassen.

Dr. Mikovits wurde Opfer einer Machtintrige, weil sie sich nicht hat korrumpieren lassen. Für ihre aufrechte Haltung musste sie teuer bezahlen. Sie ist nicht die einzige Forscherin, die, weil sie sich zu weit vorwagte, öffentlich für ihre Arbeit diskreditiert wurde. Auch die Reputation von ***Elaine DeFreitas***, die bereits 1990 retrovirale Sequenzen im Blut ME-Kranker gefunden hatte, wurde zerstört, nachdem Forscher der CDC in einer nicht von Fachleuten überprüften Studie ihren Fund nicht replizieren konnten, weil sie, wie DeFreitas monierte, deren Proben modifiziert hatten.[1192] Ihrer mehrfach ausgesprochenen Einladung, mit den CDC-Wissenschaftlern in ihrem Wistar Institute in Philadelphia ihr Untersuchungsprotokoll zu erarbeiten, wurde nicht gefolgt.[1193] Die CDC entblödete sich jedoch nicht, DeFreitas zu fragen, ***ob sie dafür bezahlen würde***, wenn sie kämen.[1194]

Offenbar waren die CDC nicht interessiert an der Entdeckung eines möglicherweise krank machenden Retrovirus. Weitere vier Studien konnten DeFreitas` Ergebnis ebenfalls nicht replizieren. Die Gründe dafür waren u.a. die immer gleichen Fehler: Es wurden andere diagnostische Techniken benutzt anstatt der exakt gleichen Prozeduren von DeFreitas` Labor, und die Patientenkohorten stimmten auch nicht mit der von ihr gewählten überein, wie die Wisconsin Viral Research Group 2014 analysierte.[1195] (Hier zeigt sich wieder einmal, wie wichtig eine genaue klinische Krankheitsdefinition ist.) Selbige Gruppe will nun eine Art Neuauflage von DeFreitas` Forschung vornehmen und den Zusammenhang von HTLV-2 und humanen lymphotropen Herpesviren bei ME/"CFS" untersuchen.[1196]

Dass die CDC grundsätzlich kein Interesse an der Entdeckung neuer Retroviren im Zusammenhang mit Krankheiten zu haben scheint, wurde auch im Fall der jungen, hochmotivierten Retrovirenforscherin ***Sandra Panem*** deutlich, die bereits 1976 ein Retrovirus bei Systemischem Lupus Erythematodes entdeckt hatte.[1197] Sie legte mehrere Studien vor – doch niemand schenkte ihr Glauben. Panem war so frustriert, dass sie der Wissenschaft den Rücken kehrte und Investmentbankerin wurde.[1198]

Auch die wissenschaftliche Reputation von ***Mady Hornig*** war über einige Jahre hinweg bedroht. Hornig, selbst Mutter eines autistischen Sohnes, hatte im Hinblick auf die Zunahme der Prävalenz für Autismus eine Studie veröffentlicht, in der sie die z.T. verheerenden neurotoxischen Auswirkungen von einer Menge Quecksilber, wie es in Impfprogrammen für Kinder enthalten ist, auf Mäuse beschrieb, deren Immunantwort-Gene anfällig für Quecksilber-Immun-Toxizität sind.[1199] Sie wurde als Impfgegnerin diffamiert, obwohl sie sich lediglich für sichere Impfungen eingesetzt hatte. Im Mai 2013 hatte diese couragierte Forscherin noch in London auf der „Invest in ME"-Konferenz von der Entdeckung eines neuen Pathogens gesprochen,[1200] doch auf der Telefonkonferenz der CDC im September 2013 verneinte Dr. Ian Lipkin auf Nachfrage eines Zuhörers diese Entdeckung.[1201] Wurde Mady Hornig „zurückgepfiffen"? Hatte auch sie sich zu weit vorgewagt in „vermintes" Terrain?

Beunruhigend ist auch das tragische Ende des leitenden Herausgebers der Zeitschrift „Retrovirology", ***Dr. Kuan-Teh Jeang***. Dr. Jeang, Leiter der „Molecular Virology Section of the National Institute of Infection and Allergic Diseases Laboratory of Molecular Microbiology", war laut den Autoren Heckenlively/Mikovits bekannt dafür, jahrelang ein erklärter Gegner der XMRV-Forschungsarbeiten gewesen zu sein. Deshalb war es merkwürdig, dass im Oktober 2012, knapp zwei Monate nach der Lipkin-Studie,[1202] die allgemein als „Sargnagel" des XMRV angesehen wurde,[1203] eine neue Arbeit über XMRV bei ihm zur Veröffentlichung eingereicht wurde. Doch zwei Monate später, noch vor der Publikation des Artikels, nahm sich Jeang in seinem Büro das Leben. Weitere zwei Monate später wurde dann die Wiedergeburt des XMRV in der Zeitschrift „Retrovirology" eingeläutet. Jeangs Suizid gibt bis heute Rätsel auf. Doch was nicht zu übersehen ist: Die Retrovirologie scheint mehr und mehr einem „Tatort" zu gleichen, wie Heckenlively und Mikovits in ihrem Buch „Plague: One Scientist's Intrepid Search for the Truth about Human Retroviruses and Chronic Fatigue Syndrome, Autism, and Other Diseases" schreiben.[1204]

Aber auch deutsche ME-Spezialisten, von denen nicht wenige auf dem Gebiet der Umweltmedizin tätig sind, können ein Lied davon singen, welche fatalen Auswirkungen das Aussprechen unbequemer Wahrheiten, wie z.B. der, dass die Multisystemerkrankten Opfer einer rücksichtslosen Zerstörung unserer Umwelt sind, auf ihre Berufskarrieren hatte.

- ***Wer sich wie die ME-Forscher mit den Mächtigen anlegt, mit der Regierung, der Industrie, den Pharma- und Versicherungskonzernen, der erleidet nicht selten das gleiche Schicksal wie die ME-Patienten: Er wird diskriminiert, stigmatisiert, bekämpft und ins soziale und finanzielle Abseits getrieben. Was muss geschehen, damit sich das endlich ändert?***

V ME – ein Politikum

Und das Interessante ist, wir können heute noch gar nicht wissen, was eigentlich einmal für groß, für wichtig gehalten werden wird, und was für erbärmlich und lächerlich. Ist nicht die Entdeckung eines Kopernikus oder etwa eines Kolumbus zunächst als etwas Unnützes, Lächerliches erschienen, und der Unfug irgendeines Kauzes, erschien er nicht als die Wahrheit?

Anton Čechov, „Drei Schwestern"

Let`s delve in earth and blow her at the moon.

Heiner Müller, „Die Hamletmaschine"

Momentan sieht die Lage der ME-Patienten düsterer denn je aus. Von allen Seiten werden sie in die Zange genommen: Da ist auf der einen Seite die mächtige und einflussreiche „Wessely-School" mit ihren so schädlichen psychiatrischen Behandlungsempfehlungen wie der „Graded Exercise Therapy" und der „Cognitive Behaviour Therapy", die durch die PACE-Trial als angeblich nutzbringend „objektiviert" wurden, auf der anderen Seite das Bestreben des Dänen Per Finks, ME/"CFS" im ICD-11 als psychiatrische Erkrankung unter dem Sammelbegriff „Bodily Distress Disorders" zu redefinieren und auf der dritten Seite der neueste Auftrag des Gesundheitsministeriums der USA (HHS), das Institute of Medicine (IOM)[1205] eine neue Krankheitsdefinition für „ME/CFS" schreiben zu lassen.[1206] Das IOM, ein vorgeblich unabhängiges Institut, in Wirklichkeit aber verquickt mit und gesponsert von der Versicherungsindustrie,[1207] ist auch verantwortlich für die Anfang des Jahres 2013 erschienene Krankheitsdefinition des Golfkriegssyndroms, das seither den dehnbaren Namen „Chronic Multisystem Illness" (CMI) trägt und nun in erster Linie mit Antidepressiva und „CBT", aber auch „GET" behandelt werden soll.[1208] Die Behandlungsempfehlungen des IOM stempeln die erkrankten Veteranen zu psychiatrischen Fällen ab – mit weitreichenden sozialen, finanziellen und vor allem auch gesundheitlich verheerenden Konsequenzen. Die sich stetig mehrenden wissenschaftlichen Beweise, dass das Golfkriegssyndrom eine organische Krankheit ist,[1209] wurden geflissentlich ignoriert – was nicht weiter verwundert, wenn man um die Abhängigkeit des IOM zur Versicherungsindustrie weiß.

Wenn aber schon die Veteranen, Nationalhelden, die sich ums „Vaterland" verdient gemacht haben, auf diese inhumane und unwürdige Weise abgefertigt werden – wie sollte es da einer Patientengruppe wie den ME-Kranken erst ergehen, Menschen, die von Psychiatern, vom Gesundheitssystem und der Gesellschaft schon seit mehr als vierzig Jahren als faul, hysterisch, verhaltensauffällig, psychisch krank, verrückt, als Sozialschmarotzer und Simulanten diskriminiert werden? Man durfte also nicht erwarten, dass eine vom HHS in Auftrag gegebene und vom IOM kreierte Krankheitsdefinition der ME/"CFS" patientenfreundlicher ausfallen würde als die des Golfkriegssyndroms – zumal die führenden ME-Experten der Welt von der Mitarbeit an dieser Definition ausgeschlossen wurden. Das Komitee setzte sich zusammen aus zweit- und drittrangigen Experten und vielen Nicht-Experten, inklusive einer in der Psychiatrie tätigen Psychologieprofessorin. Das wäre bei jeder anderen Krankheit undenkbar. Es wurde also schon im Vorhinein deutlich, dass es bei dieser Redefinition nicht in erster Linie darum gehen sollte, diese Krankheit besser verständlich und die Kriterien für die Praxis handhabbarer als bisher zu machen, sondern vor allem darum, in Zukunft medizinische Versorgungsansprüche und finanzielle Ansprüche noch besser abwehren zu können. Über 50 ME-Experten prangerten denn auch in einem offenen Brief an die seinerzeit amtierende Gesundheitsministerin der USA Kathleen Sebelius den Expertisemangel des IOM-Komitees an und warnten davor, Steuergelder für eine unbrauchbare Redefinition zu verschwenden, welche die Wissenschaft um Jahrzehnte zurückzuwerfen drohe. Sie mahnten an, die von Experten erstellten, wissenschaftlich korrekten Kanadischen Konsenskriterien (CCC) bzw. die Internationalen Konsenskriterien (ICC) endlich anzuerkennen.[1210] Unterstützt wurden die ME-Experten in ihren Forderungen von an die 70 Patientenfürsprechern, die sich ebenfalls in einem offenen Brief an Kathleen Sibelius wandten.[1211]

Trotz dieses massiven Protests cancelte die HHS den Vertrag mit dem IOM nicht. Der "Beyond Myalgic Encephalomyelitis/Chronic Fatigue Syndrome Redefining an Illness" betitelte Report ist, wie zu erwarten war, haarsträubend ausgefallen.[1212] Die Diagnosekriterien für die in „SEID" umbenannte Krankheit sind derart reduziert und aufgeweicht, dass zur Diagnosestellung nicht einmal ein Arzt, geschweige denn ein Spezialist erforderlich ist.[1213] (Siehe dazu Teil I/Kap. II/11) Ob man die weitgefassten diagnostischen Kriterien erfüllt oder nicht, kann sich jeder medizinische Laie selbst beantworten. Schon allein deshalb wird die Prävalenzrate ins Kraut schießen. Eine psychiatrische Ausschlussdiagnostik ist ebenfalls nicht mehr erforderlich, was unweigerlich dazu führen wird, dass sich ein Haufen primär psychisch Kranker unter die Patientenpopulation mischen wird. Kein Wunder, dass Simon Wessely die neue Definition gefällt![1214] Ebenfalls kein Wunder, dass in den Medien diese neue preisgünstige Variante, die es den Ärzten erlaubt, ohne kostspielige Tests und zeitaufwendige Anamnese zu diagnostizieren, gepriesen wird.[1215] Auch für die Versicherungen ist „SEID" ein gefundenes Fressen, denn es wird schwierig für die Patienten werden, zu beweisen, dass nicht eine psychische Krankheit Grund für ihre Arbeitsunfähigkeit ist, sondern eine organische.[1216] „SEID" ist mit den dazugehörigen Diagnostikkriterien keine seriöse Diagnose, weil diese Kriterien zu vielen Krankheiten und eben auch psychischen Erkrankungen passen. Je mehr psychisch Erkrankte jedoch mit dem Label „SEID" versehen werden, desto mehr künftige „SEID"-Studien werden den Nutzen von CBT und GET für „SEID"-Patienten bestätigen – zum Schaden der an Myalgischer Enzephalomyelitis Erkrankten. Es ist wohl kein Zufall, dass am selben Tag, als das IOM seinen Report veröffentlichte, eine Review der „Cochrane Collaboration" erschien mit der Schlussfolgerung, „CFS"-Patienten profitierten generell von Exercise-Therapie und sie richte keinen Schaden bei ihnen an.[1217] Deshalb fordern ME-Patienten weltweit, dass die Myalgische Enzephalomyelitis weiterhin als eigenständige Krankheit angesehen und die Bezeichnung aus dem überwiegend auf Fatigue bezogenen IOM Report entfernt wird.[1218]

Auch die Namensgebung „SEID" (systemic exertion intolerance disease), was auf deutsch soviel heißt wie „systemische Anstrengungsunverträglichkeit" [sic!],[1219] abgekürzt dann SAU [sic!], ist ein Desaster mit weitreichenden Folgen für die Patienten. Vorgeblich um der Krankheit ihr Stigma, das der diskriminierende Name „Chronic Fatigue Syndrome" mit sich bringt, zu nehmen, setzt man nun die Patienten endgültig dem Hohn und Spott aus. Denn was sollte das Eingeständnis, an einer „systemischen Anstrengungsunverträglichkeit" zu leiden, anderes als einen Heiterkeitsausbruch beim Gegenüber hervorrufen?! Das Wort „Anstrengungsunverträglichkeit" wird medizinischen Laien und uninformierten Ärzten zwangsläufig ein Grinsen entlocken und ist unweigerlich mit der Annahme verknüpft, dass es sich hierbei um Faule handen muss, die so verrückt sind, dass sie die Chuzpe besitzen, ihre Faulheit zu einer „echten Krankheit" hochzustilisieren.

Kann man es also als Fortschritt betrachten, einen lächerlichen Namen, nämlich „CFS", der die Krankheit verharmlost und sich lediglich auf ein mögliches Symptom der Krankheit bezieht, losgeworden zu sein, im Tausch gegen einen mindestens ebenso lächerlichen und verharmlosenden Namen? Ganz sicher nicht, denn hier wurde wieder – ebenso wie bei „CFS" – ein Symptom als Krankheitsbezeichnung gewählt. COPD-Patienten (chronisch obstruktive Lungenerkrankung) würden sich zu Recht stigmatisiert fühlen, wenn ihre Krankheit als „systemische Auswurfkrankheit" bezeichnet würde. Niemand käme auf die absurde Idee, Parkinson nach seinem Kardinalsymptom „systemische Bewegungsarmutskrankheit", die Koronare Herzkrankheit „systemische Thoraxschmerzkrankheit", Primärtuberkulose als „systemische Hüstelkrankheit" oder Diabetes „systemische Durstkrankheit" zu nennen. Denn ein Symptom ist ein Symptom und keine Krankheit.

Dass das Wort „disease" (Krankheit) in der neuen Bezeichnung „SEID" auftaucht, ist reine Augenwischerei und dient allein dem Zweck, die Patientengemeinde im Irrglauben zu lassen, man meine es besonders gut mit ihr. Denn im Report ist dann ganz überwiegend von einer *„disorder"*, einer „Störung", die Rede – ein Begriff, den man vor allem mit psychiatrischen Erkrankungen assoziiert. Richtig beängstigend wird es, wenn die Autoren schreiben: *„Ein neuer Kode sollte dieser* ***Störung*** *in den International Classifications of Diseases zugeordnet werden […]"*.[1220] (Ü.d.A.) (H.d.A.) Das lässt nichts Gutes ahnen, denn dass es sich hierbei um einen Freudschen Versprecher handelt, ist kaum glaubhaft. Man muss befürchten, dass diese Wortwahl mit Bedacht getroffen wurde – gewissermaßen als Empfehlung für die Revision des ICD. Dieser Kode solle zwar nicht mit chronischer Fatigue oder Neurasthenie verknüpft werden, wie die Autoren schreiben, doch es bleiben schließlich noch genügend Möglichkeiten, einen neuen Kode in der F-Kategorie für „Psychische und Verhaltensstörungen" zu kreieren, z.B. unter den somatoformen Störungen. (Bemerkenswerterweise taucht im Report nicht die Feststellung auf, dass ME/"CFS" von vielen Psychiatern und Medizinern als psychosomatische bzw. als somatoforme Störung angesehen wird, was die Annahme erhärtet, dass man darauf hinarbeitet, es in eben dieser Kategorie zu verankern.) Ihre entlarvende Diktion lässt zumindest nicht darauf schließen, dass sie für einen Verbleib unter den neurologischen Krankheiten werben – zumal sie die zentralen neuen Gehirnstudien, die Belege für Hirnanomalien und insbesondere Neuroinflammation erbrachten, nicht ausreichend würdigten, mit der Begründung, diese Studien genügten nicht ihren Anforderungen, weil sie zu wenige Patienten oder aber keine Kontrollen mit anderen Fatigue-assoziierten Erkrankungen untersucht und stattdessen gesunde Kontrollen studiert hätten. (Die Autoren versäumten jedoch, diese Fatigue-assoziierten Krankheiten zu spezifizieren.) Aus ähnlich fragwürdigen Gründen wurden viele andere Studien auch, die biomedizinische, vor allem auch immunologische Nachweise für ME dokumentieren oder aber therapeutische Erfolge, wie z.B. die norwegische Rituximab-Studie, nur ungenügend oder gar nicht berücksichtigt, was bei einer Krankheit, die nur 5 Millionen Dollar jährlich an Forschungsgeldern zugewiesen bekommt, schlicht ein Undíng ist.

Auch das Wort *„tired“* (müde) bzw. *„tiredness“* taucht verdächtig häufig im Report auf.[1221] Vor allem aber ist *„fatigue“* wieder mit unzähligen Treffern ***das*** zentrale Wort dieser Redefinition und markiert gewissermaßen das Hauptsymptom. Doch schon das im Titel des Reports enthaltene Wort *„Illness“* macht deutlich, dass es den Autoren in Wahrheit nicht darum zu gehen scheint, hier wirklich eine organische Krankheit, eine „disease“, zu redefinieren, sondern – trotz manch gegenteiliger Beteuerungen im Text, die nichts als Lippenbekenntnisse bleiben – die kausale Hintertür zu einer Erkrankung psychogener Natur offenzulassen, mit entsprechenden psychiatrischen Behandlungsempfehlungen. (Dass die Vertreter der Wessely-School „illness“ lediglich als Verhalten oder Unwohlsein oder gesundheitliche Auswirkung betrachtet, wohingegen die Kranken erst durch eine „disease“ in der Rezeption dieser Psychiater Legitimation erfahren, wurde bereits in Teil II/Kap. III/ 6 erwähnt.)

Größte Sorge sollte auch die Tatsache bereiten, dass die Diagnosekriterien keinen Hinweis darauf enthalten, dass bei der großen Mehrheit der Patienten (etwa 80%) der Beginn der Erkrankung durch einen viralen Infekt ausgelöst wird. Auch die grippeähnlichen Symptome, die typischerweise nahezu ständige Begleiterscheinungen und Bestandteil jeder PENE sind, wurden völlig ignoriert. Offenbar sollte mit Macht der Eindruck vermieden werden, es könne sich um eine viral (oder vielleicht doch retroviral?) bedingte und infektiöse Krankheit handeln.

Auch die inflammatorischen Prozesse sollten ganz offensichtlich außen vor bleiben. Die bereits erwähnte, von Mady Hornig und Seniorautor Ian Lipkin Anfang 2015 veröffentlichte Studie, die eindeutige Biomarker in Gestalt von Zytokinen lieferte, wurde erst gut zwei Wochen nach Veröffentlichung des IOM-Reports publiziert, obwohl Lipkin fast sämtliche Ergebnisse bereits auf der CDC Telefonkonferenz im September 2013 berichtete.[1222] Da zwei seiner Mitautorinnen, Nancy Klimas und Lucinda Bateman, Mitglieder des IOM-Kommitees waren, musste der Eindruck entstehen, man habe diese Studie absichtlich zurückgehalten, damit ihre Ergebnisse nicht in den Report einfließen.

- ***Die SEID-Redefinition von „ME/CFS" ist nach der ersten „CFS"-Definition von 1988 ein weiterer dreister Versuch, die historischen Wurzeln der sehr gut definierten neurologischen Krankheit ME, die seit 1969 von der WHO als solche codiert ist, zu kappen. SEID wurde kreiert, um eine infektiöse Krankheit in Vergessenheit zu bringen und die Erkrankten und ihre legitimen Ansprüche endgültig unter dem Haufen Müder und unspezifisch Erschöpfter zu begraben.***

Bemerkenswerterweise war es ausgerechnet das IOM, das eine Redefinition erarbeiten sollte – eben das Institut, welches 1996 noch eindringlich vor den Gefahren der Xenotransplantation gewarnt hatte, dabei aber versäumte, eine Empfehlung für das Verbot dieser Experimente auszusprechen, u.a. mit der Begründung, dass klinische Studien mit Xenotransplantationen ja bereits im Gange seien.[1223] Diese frühere Fehlentscheidung mit möglicherweise verheerenden Folgen legt die Vermutung nahe, dass das IOM mit seiner Redefinition gegen etwaige Regressansprüche vorbauen wollte. Man darf auch vermuten, dass das wegen dieser früheren Fehlentscheidung unter Druck stehende Institut mit Bedacht – gewissermaßen als williger Erfüllungsgehilfe – vom amerikanischen Gesundheitsministerium beauftragt wurde, um sicherzustellen, dass dessen Redefinition explodierende Gesundheitskosten und Rentenansprüche, wie sie die epidemische Ausbreitung einer bislang unheilbaren infektösen Krankheit mit sich bringen, eindämmen wird. Auch gegenüber der Versicherungsindustrie wird sich das IOM in der Pflicht gesehen haben, wird es doch z.T. auch von ihr gesponsert. Bei all den „Rücksichten", die das IOM zu nehmen hatte, nämlich auf seine eigenen Belange und die seiner Geld- und Auftraggeber, muss der Eindruck entstehen, dass es bei dieser Redefinition in erster Linie um eine finanzielle Schadensbegrenzung – nämlich die Abwehr von Regressansprüchen – geht.

- ***So bleibt zunächst einmal nichts weiter, als an die Ärzte zu appellieren, die tagtäglich mit den Kranken und Schwerkranken in ihrer Praxis zu tun haben, sich auf den hippokratischen Eid zu besinnen, auch diesen Patienten eine***

angemessene Behandlung zukommen zu lassen und damit diesem Gesundheitssystem ihren Widerstand entgegenzusetzen. Ein passiver Widerstand der Ärzte könnte die Gesundheitspolitiker endlich zum Aufwachen zwingen.

Doch möglicherweise wird der Kampf um die Wahrheit die Myalgische Enzephalomyelitis betreffend auch auf einer ganz anderen Ebene entschieden: nämlich der juristischen. Anfang des Jahres 2014 hatte eine an ME erkrankte Patientenvertreterin, die deutsch-amerikanische Anwältin Jeannette Ketterle Burmeister, gegen die amerikanische Regierung – vertreten durch HHS und NIH – geklagt, weil die Gesundheitsbehörden gegen den Freedom of Information Act (FOIA, Informationsfreiheitsgesetz) verstoßen hatten. Ketterle Burmeister hatte vergeblich versucht, den Vertrag der HHS mit dem IOM und die damit in Zusammenhang stehenden Dokumente einzusehen, aber man enthielt ihr die angeforderten Akten vor. Das US-Bezirksgericht von Nordkalifornien entschied auf Herausgabe dieser Dokumente. Außerdem muss die Gegenseite Ketterle Burmeisters Anwaltskosten in Höhe von fast 140.000 US-Dollar bezahlen. Ein erfreulicher Etappensieg also und ein Erfolg für die Patientenpopulation weltweit, dass HHS und NIH für ihren Gesetzesbruch in die juristische Verantwortung genommen wurden.[1224]

Eine Vorreiterrolle bei Schadensersatzklagen könnten die amerikanischen Eltern autistischer Kinder spielen, deren Kinder durch eine Impfung an Autismus erkrankten. Das bundesstaatliche „Vaccine Injury Compensation Programme“, besser bekannt als „Vaccine Court“, erkannte den beiden Kindern Beträge in zweistelliger Millionenhöhe zu.[1225]

Der „United States Court of Federal Claims” sprach einem Patienten, der nach einer Hepatitis B-Impfung eine ME entwickelte, ebenfalls Schadensersatz in Millionenhöhe zu.[1226] Auch in Frankreich und Belgien wird z. T. erfolgreich auf Schadensersatz nach Hepatitis B-Impfungen mit schwerwiegenden Krankheitsfolgen, z.B. Multipler Sklerose, prozessiert; Eltern verstorbener Jugendlicher erstatteten darüber hinaus Strafanzeige.[1227] Ein italienisches Gericht entschied ebenfalls auf Entschädigung für einen Jungen, der nach einer MMR-Impfung autistisch wurde.[1228]

Zugunsten der Lyme-Borreliose-Patienten in den USA wurde Mitte 2014 sogar ein rechtlicher Präzedenzfall geschaffen: Das Gericht in New Mexico entschied, dass dem Patienten alle medizinischen Leistungen, Tests und Behandlungen von der Versicherung erstattet werden müssen, ohne Ansehen, ob diese Behandlungen als medizinisch notwendig gelten oder experimentellen Charakter haben. Der Anwalt des Patienten hat das Urteil beim U.S. Federal Court eingereicht, so dass in Kürze mit einer Klagewelle der amerikanischen Lyme-Patienten zu rechnen ist.[1229]

Bezüglich der Behandlung von ME/"CFS"-Patienten berichtete das Online-Magazin „American Banking & Market News" Ende 2013, falsche Informationen der US-Regierung könnten dazu geführt haben, dass laut bahnbrechenden neuen wissenschaftlichen Forschungserkenntnissen möglicherweise allein mehr als 100.000 New Yorker Patienten bislang falsch behandelt und geschädigt worden sein könnten.[1230] Die vom britischen National Institute of Clinical Excellence (NICE) gepriesene und von den amerikanischen Centers for Disease Control and Prevention (CDC) empfohlene „Graded Exercise Therapie" (GET) würde den Gesundheitszustand der Patienten nicht etwa verbessern, sondern könne ihn im Gegenteil sogar verschlechtern. Bedauerlicherweise habe die CDC seit langem für diese Therapie geworben und sogar auf ihrer Website Anleitung dazu angeboten.[1231]

Die Veröffentlichung des angesehenen Wirtschaftsmagazins könnte eine Prozesslawine auslösen. Die Studien, die beweisen, dass GET den ME-Patienten schadet, sind stichhaltig und zahlreich, auch wenn sie von Politik und Vertretern der Gesundheitssysteme hartnäckig ignoriert werden. Jeder Patient, der seinem Arzt, seiner Krankenkasse oder seiner Rentenversicherung die Liste dieser Studien[1232] vorlegt und dessen ungeachtet zu GET genötigt wird, kann dagegen Widerspruch einlegen. Sollte er dennoch gezwungen werden, sich einer Aktivierungstherapie zu unterziehen und dabei gesundheitlich weiteren Schaden nehmen, kann er auf Schadensersatz klagen. Und das könnte unsere Gesundheits- und Sozialsysteme auf die Dauer teurer zu stehen kommen als eine adäquate medizinische Behandlung.

Mag es derzeit auch noch so düster für die ME-Patienten in aller Welt aussehen: Tröstlich ist die Wissenschaftstheorie des Wissenschaftsphilosophen Thomas S. Kuhn, nach der sich wissenschaftliche Erkenntnisse in Sprüngen entwickeln.[1233]

Kuhn hatte bei seinen historischen Untersuchungen bemerkt, dass die Wissenschaften zum Teil ziemlichen „Mumpitz" hervorgebracht hatten und dass der Fortschritt der Wissenschaften oftmals darin bestanden habe, diesen „Mumpitz" zu widerlegen. Denn nach Kuhn kann man die Wissenschaft nicht nur als Anhäufung von Wahrheiten beschreiben, sondern muss sie leider auch als Anhäufung von „Mumpitz" erkennen. Häufig wird ein wissenschaftliches Paradigma nämlich allein aus nicht falsifizierten Hypothesen gebildet, die sich auf Hintergrundannahmen stützen, welche von den Vertretern der Hypothese für nicht begründungsbedürftig gehalten werden. Ist jedoch ein solches Paradigma erst einmal etabliert, prallen sämtliche Fakten, die es in Frage stellen, an ihm ab. Die Verfechter des Paradigmas bilden ein Kartell und wer in der Wissenschaft Karriere machen will, muss sich der herrschenden Lehre anschließen und unterordnen und ihren Begründern huldigen. Die meisten Wissenschaftler sind systemkonform und arbeiten mit Scheuklappen, die verhindern sollen, dass Fragestellungen auftauchen, die

Zweifel an der herrschenden Lehre aufkommen lassen könnten. Sie sind nur damit beschäftigt, mit ihren wissenschaftlichen Forschungen auf Biegen und Brechen das herrschende wissenschaftliche Paradigma zu bestätigen, um nicht aus dem Kartell ausgestoßen zu werden. Nonkonformisten und Kritiker sind grundsätzlich und von vornherein von diesem Kartell ausgeschlossen. Sie bleiben außen vor. Mehren sich aber die Fakten, die die jeweils herrschende Lehrmeinung angreifen, schließen sich die Kritiker der herrschenden Lehre zu einer rivalisierenden Schule zusammen – mit der Folge, dass die Vertreter des herrschenden Paradigmas sich umso fester verbünden und dieses umso vehementer verteidigen. ***Denn ein Paradigmenwechsel wäre auch mit einer Entwertung ihrer gesamten wissenschaftlichen Lebensleistung verbunden.*** (Nicht alle Forscher, die mit ihrer Forschung lebenslang einen Irrweg verfolgt haben, sind nämlich so unverfroren wie Simon Wessely, der die in 2015 erschienene Phase-II-Rituximabstudie ungeniert mit den Worten kommentierte: „Es gibt jetzt ein starkes Argument für eine größere Studie." Und weiter: „Der Glaube, dass [CFS] nur im Kopf ist, war von Anfang an da. Es ist tragisch, dass es wohl eine Studie wie diese gebraucht hat, um die Kranken ernstzunehmen." Und das sagt derselbe Wessely, der schon früh ganz genau wusste, dass es sich bei „CFS" um eine organische Krankheit handelt und der dennoch seine ganze Forschung auf die Untermauerung einer psychogenen Verursachungstheorie abgestellt und dazu passend Sprüche wie z.B. *„Ich behaupte, dass ME einfach nur eine Überzeugung ist, die Überzeugung, dass man eine Krankheit namens ME hat."* von sich gegeben hat. Doch Wesselys Talent, sich selbst, wenn es erforderlich wird, stets neu zu erfinden und Geschichtsklitterung zu betreiben, wird die ME-Historie, die vor allem auch wegen ***seiner*** Machenschaften zu einem der grausamsten Kapitel der Medizingeschichte gehört, nicht umschreiben!)[1233a]

Offenbar befinden wir uns jetzt an diesem historischen Punkt, wo die Verfechter der herrschenden Lehre wie die „Wessely-School" und Per Fink & Co, ihren „Zangenangriff" auf die ME-Patienten gestartet haben, um den Kritikern ihrer psychogenen Verursachungstheorie endgültig den Wind aus den Segeln zu nehmen. Es ist ein erbitterter Wettstreit zwischen den „Psycho-Päpsten" auf der einen Seite, die ungeachtet der Fortschritte in der biomedizinischen Forschung zäh an der herrschenden Lehrmeinung festhalten, und dem kleinen Kreis (noch) machtloser biomedizinischer Forscher auf der anderen, die immer mehr biomedizinische Anomalien aufdecken und für die organische Verursachung dieser Krankheit immer weitere Belege zusammentragen.

Der unaufhörliche Zuwachs an nicht von der Hand zu weisenden Fakten, welche die herrschende Lehrmeinung zunehmend aushöhlen und ihre Verfechter mehr und mehr in die Defensive drängen werden, wird schließlich dazu führen, dass diese ihren Einfluss verlieren. Erst dann wird der Paradigmenwechsel vollzogen sein, und erst dann werden die Kritiker der heute noch herrschenden Lehrmeinung über ihre Gegner triumphieren, wird die wissenschaftliche Revolution, als die Kuhn diesen Wechsel bezeichnete, den Sieg davongetragen haben.

Oder wie es der Soziologe und Psychoanalytiker Reimut Reiche kurz und bündig zusammenfasste: *„Die Etablierung von Wissen ist ein Akt der Macht, und dieser Akt bedarf der Entwertung oder sogar Ausschaltung des Vorgängers.“*[1234]

Und wenn die ME-Patienten, Forscher und Ärzte sich solidarisieren und politisieren und Bündnispartner mobilisieren können, die dem ***wachsenden politischen Einfluss von Pharmabranche und Versicherungen***[1235] Einhalt gebieten wollen, wird ihr gemeinsames Vorgehen den langen, zähen Kampf um den so dringend notwendigen Paradigmenwechsel abkürzen.

Es ist entsetzlich, dass Menschen, die so krank sind wie die ME-Patienten, gezwungen sind, nicht nur gegen ihre Krankheit, sondern auch gegen ein Gesundheitssystem anzukämpfen, das ihre Krankheit systematisch zu bagatellisieren, verleugnen und zu psychopatholgisieren sucht. Aber sie haben keine andere Wahl. Denn ME ist nicht nur eine grausame Krankheit – ME ist ein Politikum. Der Umgang mit den ME-Kranken ist ein Gradmesser dafür, wie es um die Humanität in unserer Gesellschaft und die Gewährung von Grundrechten bestellt ist. Die meisten ME-Kranken werden gezwungen, ein menschenunwürdiges Leben zu führen, ihr Recht auf körperliche Unversehrtheit wird durch kontraindizierte psychiatrische Behandlungen verletzt, mit den wehrlosesten Patienten werden Menschenversuche durchgeführt, sie erleben keine Gleichheit vor dem Gesetz, es ist ein eklatanter Mangel an Forschungsfreiheit zu beklagen und die Elternrechte von Eltern erkrankter Kinder und auch deren Patientenrechte werden mit Füßen getreten.

Viele ME-Patienten, vor allem die noch nicht so lange Erkrankten (und damit sind diejenigen gemeint, die weniger als ein Jahrzehnt erkrankt sind), haben verständlicherweise große Schwierigkeiten zu akzeptieren, dass es für die meisten von ihnen derzeit keine effektive Behandlung, geschweige denn eine Heilbehandlung gibt, auch wenn ihnen das von zahlreichen „Wunderheilern“ und „geheilten“ Patienten, die behaupten, an ME gelitten zu haben, versprochen wird. Das ist nur allzu nachvollziehbar, denn in einer so misslichen Lage klammert man sich an jeden Stohhalm. Doch die Suche nach individuellen Lösungen ist vermutlich leider in den meisten Fällen zum Scheitern verurteilt. Viele Patienten werden auf der Suche nach einer individuellen Lösung allenfalls eine Behandlung zur Linderung einiger ihrer Symptome finden, jedoch keine der wenigen bereits vorhandenen wirklich effektiven Behandlungen bekommen, die womöglich von dauerhaftem Nutzen sein könnten. Denn auch wenn es unterschiedliche ätiologische Faktoren geben mag, die zu der Erkrankung führen, werden nur wenige Patienten Besserung durch eine individuelle Therapie erfahren, möglicherweise nur diejenigen, die, ausgestattet mit ausreichend finanziellen Reserven, verschiedene Behandlungen durchprobieren können. Deshalb wäre es manchmal vielleicht sinnvoller, statt seine spärliche Restenergie (und Restersparnisse) ausschließlich in die Suche nach oft überteuerten, meist nutzlosen oder gar zweifelhaften Therapien zu stecken, wenigstens einen Teil der verbliebenen Kraft auf eine Lösung für die gesamte Patientengemeinde zu konzentrieren und in Projekte zu investieren, die eine (gesundheits-)politische Lösung für alle vorantreiben. (Das gilt selbstredend auch für die Glücklicheren unter den Patienten, die sich eine der effektiven Behandlungen leisten können.) Information, Aufklärung, gemeinschaftlich organisierter Protest, gezielte Unterstützung von biomedizinischen Forschungsvorhaben, Unterstützung Schwerkranker – die Liste der Möglichkeiten für die mild und moderat Erkrankten und vor allem für ihre gesunden Angehörigen und Freunde, politsch aktiv zu werden, wann immer die Kräfte ausreichen, und dadurch Veränderungen zu bewirken, ist lang. Darum zum Schluss ein berühmtes Zitat des US-amerikanischen Schriftstellers William Faulkner:

- ***"Never be afraid to raise your voice for honesty and truth and compassion against injustice and lying and greed. If people all over the world would do this, it would change the earth."***

Danksagung

für ihr Durchhaltevermögen: meinen Töchtern, deren grausame Krankheit verhindert, dass sie ihre Wärme, ihre Zugewandtheit, ihre Empathie, ihren Humor, ihre Intelligenz, ihre Geistesblitze, ihren Ideenreichtum, ihre vielfältigen Talente, ihre überbordende Kreativität, ihre Begeisterungsfähigkeit und ihre Liebe zum Leben mit der Welt teilen können und die sich unfassbar geduldig, tapfer und mutig ihrem furchtbaren Schicksal stellen

für Anregungen, Literaturbeschaffung, Kritik, Diskussionen und fachliche Beratung: dem stets Denkanstöße liefernden und auf Genauigkeit pochenden T.B.S. und der einzigartigen und hervorragenden ME-Journalistin Regina Clos, deren Website www.cfs-aktuell.de mit ihren fundierten Analysen wissenschaftlicher Publikationen wesentlich zur Aufklärung über diese Krankheit in Deutschland beiträgt

für die Lektüre: Dana Geissler, T.B.S., Regina Clos, unserem Rechtsanwalt, Rixa Gräfin von der Goltz

für die Fallbeispiele: all den betroffenen Kindern und Eltern, insbesondere Elisabeth Tscherpel

für technischen Support: Claudia Knupfer

für juristische Beratung: unserem großartigen und engagierten Rechtsanwalt

für emotionale und tatkräftige Unterstützung: Rixa Gräfin von der Goltz, Dana Geissler, Regina Stocker, Regina Clos, Doris Rosenfeld, Angelika Schmidt-Biesalski, Claudia Knupfer, Maria Schmitt, Krishna Meindl, Canem Stocker-Latour, Michael Oberwinder, Roland Platz, Harald Zittlau, Anne Edelhoff, Ulrike Voss, Kai Voss, Coco Ohrt, Eric Wegner, Anne Fatma Porst

für ihre Freundschaft: Rixa Gräfin von der Goltz, Dana Geissler, Regina Stocker, Mareike Kullak-Ublick, Regina Clos

für unsere medizinische Versorgung: unserem wunderbaren Hausarzt, dessen großer ärztlicher Kompetenz wir blind vertrauen können und dessen außergewöhnliche Anteilnahme und Zugewandtheit uns immer wieder Mut und Hoffnung gemacht und uns über viele schwere Stunden hinweggeholfen hat

Special thanks to Dr. Judith Mikovits who is one of the most amazing and inspiring scientists and a very generous, compassionate and charming person. Thank you, Judy, for visiting us, talking about science, answering our questions and supporting severely ill patients with ME all over the world. Thank you for all your good treatment recommendations and for all your knowledge you are sharing with us. Thank you for giving me the opportunity to read your inspiring book "Plague: One Scientist`s Intrepid Search for the Truth about Human Retroviruses and Chronic Fatigue Syndrome (ME/CFS), Autism, and Other Diseases" before publishing.

Blogs:

www.cfs-aktuell.de
http://x-rx.net/
http://www.x-rx.net/blog/
http://slightlyalive.blogspot.de/
http://www.mecfsforums.com/wiki/Main_Page
http://cfspatientadvocate.blogspot.de/
https://web.archive.org/web/20140401062754/http://www.cfids-cab.org/MESA/ (Archiv)
http://thoughtsaboutme.com/

Filme:

https://www.youtube.com/watch?v=k3BjkLBOODM
https://www.youtube.com/watch?v=p5RErAU_Ppc
https://www.youtube.com/watch?v=vjtoz4Ojdeo
https://www.youtube.com/watch?v=nccfwLMIr3c
https://www.youtube.com/watch?v=fxZG4QVkO2k

Foren:

http://www.cfs-treffpunkt.de/
http://www.mecfsforums.com/ (Archiv)

Spenden:

http://www.lost-voices-stiftung.org/
http://www.investinme.org/helpus.htm
http://www.me-cvsvereniging.nl/save4children

Endnoten

Abkürzungen

[1] „***Essence*** *The essence of CBT is helping the participant to change their interpretation of symptoms and associated fear, symptom focussing and avoidance. Participants are encouraged to see symptoms as temporary and reversible and not as signs of harm or evidence of fixed disease pathology. In this way it is anticipated that they will gain more control of their lives, as they, and not their symptoms, dictate what they do.*
Aim *The aim of this treatment is to change the behavioural and cognitive factors, which are assumed to be partially responsible for perpetuating the participant's symptoms and disability, and to help the participants to develop strategies for dealing with other factors, physical, emotional, social or financial, that may also be impacting on their illness.*
Theoretical Model *The model emphasises the importance of the participant's understanding of their illness and their interpretation of symptoms. For example they may interpret symptoms as a warning sign to reduce activity. Fear of symptoms and consequent avoidance of activity associated with symptoms is central. This model also acknowledges that the participant's beliefs and behaviours are influenced by available information and attitudes of families and friends and that these may also need to be addressed. The model assumes that physiological (fatigue), cognitive (fear of engaging in activity) and behavioural responses (avoidance of activity), are linked. Therefore by modifying one response it is anticipated that changes occur in the other responses. For example, increasing activity (behaviour) may gradually reduce the fear (cognitions) that activity leads to worsening of symptoms.*" Zitiert aus Burgess, Mary, Chalder, Trudie "Manual for Therapists COGNITIVE BEHAVIOUR THERAPY for CFS/ME", S. 12f, November 2004, nachzulesen auf http://www.pacetrial.org/docs/cbt-therapist-manual.pdf

[2] „IBS can be quickly diagnosed with new blood test", 20. Mai 2015 auf http://www.medicalnewstoday.com/articles/294195.php (Abruf 27.05.15)

Pimentel, Mark et al. "Development and Validation of a Biomarker for Diarrhea-Predominant Irritable Bowel Syndrome in Human Subjects", PLOSone Mai 2015, nachzulesen auf http://journals.plos.org/plosone/article?id=10.1371/journal.pone.0126438

[3] Siehe ebd.

[4] Rein, Alan "Murine Leukemia Viruses: Objects and Mechanisms", Advances in Virology Volume 2011 (2011), Article ID 403419, nachzulesen auf http://www.hindawi.com/journals/av/2011/403419/

[5] Kozak, Christine A. „Origins of the Endogenous and Infectious Laboratory Mouse Gammaretroviruses", Review, Viruses 2015, 7(1), 1-26; doi:10.3390/v7010001 Received: 11 November 2014; Accepted: 18 December 2014 / Published: 26 December 2014, nachzulesen auf http://www.mdpi.com/1999-4915/7/1/1

„Neben murinen Zellen können auch nicht-murine, einschließlich humaner Zellen, von diesen Viren infiziert werden. […] Obwohl Infektionen beim Menschen mit polytropen MLV nicht beschrieben sind, wird das von ihnen ausgehende Gefährdungspotenzial bei gentechnischen Arbeiten mit dem von amphotropen MLV als vergleichbar bewertet." Bundesamt für Verbraucherschutz und Lebensmittelsicherheit, nachzulesen auf . http://www.bvl.bund.de/SharedDocs/Downloads/06_Gentechnik/ZKBS/01_Allgemeine_Stellungnahmen_deutsch/10_Zellbiologie/RAW_264_7.pdf?__blob=publicationFile&v=2 (Abruf 12.11.14)

[6] "***medical:*** *a slight or general feeling of not being healthy or happy*", Merriam-Webster, nachzulesen auf http://www.merriam-webster.com/dictionary/malaise (Abruf 12.11.14)

[7] Kozak, Christine A. „Origins of the Endogenous and Infectious Laboratory Mouse Gammaretroviruses", Review, Viruses 2015, 7(1), 1-26; doi:10.3390/v7010001 Received: 11 November 2014; Accepted: 18 December 2014 / Published: 26 December 2014, nachzulesen auf http://www.mdpi.com/1999-4915/7/1/1

„Neben murinen Zellen können auch nicht-murine, einschließlich humaner Zellen, von diesen Viren infiziert werden. […] Obwohl Infektionen beim Menschen mit polytropen MLV nicht beschrieben sind, wird das von ihnen ausgehende Gefährdungspotenzial bei gentechnischen Arbeiten mit dem von amphotropen MLV als vergleichbar bewertet." Bundesamt für Verbraucherschutz und Lebensmittelsicherheit, nachzulesen auf . http://www.bvl.bund.de/SharedDocs/Downloads/06_Gentechnik/ZKBS/01_Allgemeine_Stellungnahmen_deutsch/10_Zellbiologie/RAW_264_7.pdf?__blob=publicationFile&v=2 (Abruf 12.11.14)

[8] ***„Monoklonale Antikörper** sind Antikörper, also immunologisch aktive Proteine, die von einer Zelllinie (Zellklon) produziert werden, die auf einen einzigen B-Lymphozyten zurückgehen, und die sich gegen ein einzelnes Epitop richten. […] In der Diagnostik und Forschung spielen monoklonale Antikörper eine große Rolle, da sie mit hoher Spezifität eine Anzahl von Molekülen binden können. […] Bei der Herstellung monoklonaler Antikörper gegen ein bestimmtes Antigen wird zunächst eine Maus mit diesem Antigen infiziert (...). Aufgrund der Immunantwort kommt es zur Bildung von B-Lymphozyten, die Antikörper bilden, welche mit dem Antigen reagieren und die sich in der Milz anreichern. Aus der entnommenen Milz (...) werden die B-Lymphozyten isoliert und mit Zellen (Plasmazellen) einer aus einem Myelom (Plasmozytom) gewonnenen Zelllinie (...) fusioniert (...), es entstehen sogenannte Hybridomzelllinien (...). Diese Hybridomzellen vereinigen Eigenschaften ihrer Ursprungszellen: vom B-Lymphozyt die Eigenschaft einen bestimmten Antikörper zu produzieren, von der Myelomzelle die Fähigkeit zu unbegrenztem Wachstum im Reagenzglas. […] Die Versuche, monoklonale Antikörper in der Therapie einzusetzen, waren zunächst nicht sehr erfolgreich. Die verwendeten Antikörper der Maus (murine Antikörper, Endung: -omab) wirken im menschlichen Organismus selbst als Antigen und können eine gegen sie gerichtete Immunantwort auslösen. Auch die für ihre erwünschte Wirkung wichtige Interaktion mit Zellen des Immunsystems des Empfängers war aufgrund der unterschiedlichen Spezies nicht optimal. Wesentliche Fortschritte wurden erst gemacht, nachdem es in den letzten Jahren gelungen ist, modifizierte, den menschlichen Antikörpern besser angepasste monoklonale Antikörper zu entwickeln. Daneben werden auch Antikörperkonjugate, wie beispielsweise Immunzytokine, für therapeutische und diagnostische Anwendungen, speziell in der Krebsimmuntherapie, eingesetzt."* Zitiert aus Wikipedia, Stichwort "Monoklonaler Antikörper", nachzulesen auf http://de.wikipedia.org/wiki/Monoklonaler_Antik%C3%B6rper (Abruf 12.11.14)

[9] *„A third possibility is that this cross-reactivity is a meaningless red herring. However, we consider this the least likely possibility given that the immune abnormalities detailed in this chapter of this specific patient population are characteristic of CFS patients in other studies with evidence of novel human retroviral infections [117-119] and who demonstrated a clinical response to the immune modulator Ampligen in a retrospective study of more than 300 patients." „Conversely, in a multi-center study of an CFS patient population which did not share the immune abnormalities described herein, and had no evidence of novel human retroviral infection, the percent of CFS patients with an antibody to SFFV Env was the same as the healthy control population of 6%, suggesting that this antibody activity is at the very least a biomarker for a subgroup of CFS patients who may be more likely to respond to antiretroviral therapies and immune modulating therapies [120]."* Zitiert aus Goetz, Deborah L. S., Mikovits, Judy A., Deckoff-Jones, Jamie and Ruscetti, Francis W. „INNATE IMMUNE CHANGES IN THE PERIPHERAL BLOOD OF CHRONIC FATIGUE SYNDROME PATIENTS: RISK FACTORS FOR DISEASE PROGRESSION AND MANAGEMENT", Chapter VI (pp. 91-130) in "Chronic Fatigue Syndrome", Nova Science Publishers, Inc. 2014, ISBN: 978-1-63321-961-8, Abstract und Volltext auf https://www.novapublishers.com/catalog/product_info.php?products_id=52282

Vorwort

[10] Frei zitiert nach Jennifer Brea, Regisseurin des Dokumentarfilms "Canary in an Coal Mine". Originalzitat: "The most prevalent and devastating disease your doctor has never heard of", nachzulesen auf http://www.huffingtonpost.com/jennifer-brea/myalgic-encephalomyelitis_b_4303725.html. (Abruf 11.11.14) Siehe auch https://www.kickstarter.com/projects/959776320/canary-in-a-coal-mine und http://www.canaryinacoalminefilm.com/

[11] *"I must say that I am disappointed in the some of the medical community that have prejudiced the disease and they lack the curiosity that a MD should possess when we deal with diseases that we do not understand."* Zitiert aus Olav Mellas

Rede zur Premiere des norwegischen Films über zwei schwerstkranke ME-Patienten ("Perveresely Dark") am 12.05.2014, zu sehen auf: https://www.youtube.com/watch?v=Yw7VIyFNH50&hl=en (Abruf 12.11.14)

Der Trailer zu dem sehenswerten Film „Perversely Dark", der Einblick in das Elend der Schwerstkranken gibt, ist hier zu sehen: http://www.syktmorkt.no/#!in-english/con6 (Abruf 12.11.14)

[12] Zu den Thesen des Ökonoms Daron Acemoglu siehe Sauga, Michael „Das Zombie-System", DER SPIEGEL, S. 76, Nr. 43 vom 20.10.2014

Teil I Die Fakten/Kapitel I Einführung /1 Something is rotten ...

[13] Zitiert aus Sontag, Susan „Krankheit als Metapher", S. 49. Fischer Taschenbuch Verlag, Frankfurt a. Main 2005, 2. Aufl.

[14] Klüger, Ruth „weiter leben", S. 277, Deutscher Taschenbuch Verlag, München 2012, 19.Aufl.

[15] Bernhardt, Thomas „Wittgensteins Neffe – Eine Freundschaft", S. 76ff, suhrkamp taschenbuch, Frankfurt a. Main 1987

[16] Bernhardt, Thomas „WittgensteinsNeffe – Eine Freundschaft", S. 78, suhrkamp taschenbuch, 1987

[17] Zitiert aus Mentzos, Stavros „Interpersonale und institutionalisierte Abwehr", S. 82, suhrkamp taschenbuch wissenschaft, Frankfurt a. Main 1988, 1. Aufl.

[18] Zitiert aus Mentzos, Stavros „Interpersonale und institutionalisierte Abwehr", S. 82, suhrkamp taschenbuch wissenschaft, Frankfurt a. Main 1988, 1. Aufl.

[19] Zitiert aus S. 85 ebd.

[20] Zitiert aus S. 85 ebd.

[21] Vgl. auch den 2013 erschienenen rückständigen Artikel von Henningsen, P. u. Martin, A. „Das chronische Erschöpfungssyndrom", Dtsch Med Wochenschr 2013; 138: 33–38

[22] Zitiert aus Sontag, Susan „Krankheit als Metapher", S. 39. Fischer Taschenbuch Verlag, Frankfurt a. Main 2005, 2. Aufl.

[23] Krech/Crutchfield, „Grundlagen der Psychologie", S. 13, Weltbild, 1987

[24] Zitiert aus Sontag, Susan „Krankheit als Metapher", S. 51. Fischer Taschenbuch Verlag, Frankfurt a. Main 2005, 2. Aufl.

Teil I Die Fakten/Kapitel I Einführung/2 Die Myalgische Enzephalomyelitis

[25] Vgl. Carruthers, Bruce M., van de Sande, Marjorie I. „Myalgische Enzephalomyelitis/Chronic Fatigue Syndrom: Klinische Falldefinition und Leitfaden für Ärzte – Ein Überblick über das Kanadische Konsensusdokument", in der Übersetzung von Regina Clos auf http://www.cfs-aktuell.de/Konsensdokument.pdf (Abruf 13.11.14)

Siehe Liste der Epidemien und Cluster "Reference index of papers published on epidemics of ME 1934-80 (collected by Dr J. Gordon Parish)" auf http://www.institutferran.org/documentos/Documentos_MERGE/ResearchPublicationsonMEepidemics.pdf (Abruf 13.11.14)

Siehe auch die Website der „National Alliance for Myalgic Encephalomyelitis", auf http://www.name-us.org/ResearchPages/ResEpidemic.htm#M.E._Epidemicshttp://www.name-us.org/ResearchPages/ResEpidemic.htm#M.E._Epidemics

[26] Siehe „Sonstige Krankheiten des Gehirns" auf http://www.dimdi.de/static/de/klassi/icd-10-gm/kodesuche/onlinefassungen/htmlgm2013/block-g90-g99.htm (Abruf 13.11.14)

[27] *"In presenting a paper on the disease at a recent meeting of the World Union for Social and Prophylactic Medicine at Mittendorf, Austria, I was interested to find that a German physician, Dr. Frisch, of Freiburg, was thoroughly familiar with the condition and was able to show photographs illustrating severe neurological damage."* Zitat aus Ramsay, Melvin „Hysteria and "Royal Free Disease"", British Medical Journal, 30. Oktober 1965, nachzulesen

auf http://www.ncbi.nlm.nih.gov/pmc/articles/PMC1847119/pdf/brmedj02600-0084b.pdf (Abruf 13.11.14)

[28] Sumner, D.W., Mane, M.B. „Further outbreak of a disease resembling poliomyelitis." Lancet 1956; 1: 764–6., nachzulesen auf http://www.thelancet.com/journals/lancet/article/PIIS0140-6736(56)91235-1/fulltext# oder http://www.sciencedirect.com/science/article/pii/S0140673656912351

[29] Siehe Liste der Ausbrüche "Reference index of papers published on epidemics of ME 1934-80 (collected by Dr J. Gordon Parish)" auf http://www.institutferran.org/documentos/Documentos_MERGE/ResearchPublicationsonMEepidemics.pdf (Abruf 25.11.14)

Siehe auch die Website der „National Alliance for Myalgic Encephalomyelitis" auf http://www.name-us.org/ResearchPages/ResEpidemic.htm#M.E._Epidemicshttp://www.name-us.org/ResearchPages/ResEpidemic.htm#M.E._Epidemics (Abruf 25.11.14)

[30] Parish, J.G. "Early outbreaks of `epidemic neuromyasthenia`", Postgrad Med J. Nov 1978; 54(637): 711–717., Page 714, nachzulesen auf http://www.ncbi.nlm.nih.gov/pmc/articles/PMC2425322/?page=4

[31] *„Das Kernig-Zeichen ist ein neurologisches Zeichen, das nach Vladimir Kernig benannt ist. Es gilt als positiv, wenn im Liegen bei passivem Anheben des gestreckten Beines das Knie schmerzbedingt aktiv gebeugt wird."* Zitat Wikipedia, Stichwort „Kernig-Zeichen" auf http://de.wikipedia.org/wiki/Kernig-Zeichen (Abruf 25.11.14)

[32] Vgl. The Medical Staff Of The Royal Free Hospital "An Outbreak of Encephalomyelitis in the Royal Free Hospital Group, London, in 1955", Br Med J. Oct 19, 1957; 2(5050): 895–904, nachzulesen auf http://www.ncbi.nlm.nih.gov/pmc/articles/PMC1962472/pdf/brmedj03125-0013.pdf

[33] McEvedy, Colin P. and Beard, A. W. „Concept of benign Myalgig Encephalomyelitis", Br Med J. Jan 3, 1970; 1(5687): 11–15., nachzulesen auf http://www.ncbi.nlm.nih.gov/pmc/articles/PMC1700895/

[34] Siehe Hooper, Malcolm „Myalgic encephalomyelitis: a review with emphasis on key findings in biomedical research", Journal of Clinical Pathology, Mai 2007, S. 466-471, nachzulesen auf http://www.ncbi.nlm.nih.gov/pmc/articles/PMC1994528/

[35] Zitiert aus Reiche, Reimut „Beschleunigung – als Epochenbegriff, als Zeitdiagnose und als Strukturgesetz des Kapitals", erschienen in „Psyche", LXV. Jahrgang, Heft 11, Nov. 2011

[36] Johnson, Hillary „Osler's Web: Inside the Labyrinth of the Chronic Fatigue Syndrome Epidemic", S. 196, Penguin Books 1997

[37] Johnson, Hillary „Osler's Web: Inside the Labyrinth of the Chronic Fatigue Syndrome Epidemic", S. 199, Penguin Books 1997. Zum Punta Gorda-Ausbruch siehe auch den Film „I Remember Me" von Kim Snyder, USA 2001

[38] Johnson, Hillary „Osler's Web: Inside the Labyrinth of the Chronic Fatigue Syndrome Epidemic", S. 199, Penguin Books 1997 Siehe zum Ausbruch in Punta Gorda auch Poskanzer, David C., Henderson, Donald A., [...] and Bond, James O. "Epidemic Neuromyasthenia — An Outbreak in Punta Gorda, Florida", N Engl J Med 1957; 257:356-364August 22, 1957DOI: 10.1056/NEJM195708222570802, nachzulesen auf http://www.nejm.org/doi/full/10.1056/NEJM195708222570802

[39] *„In addition, from an epidemiological point of view, the disease was distributed as an infectious disease would be expected to be distributed."* Zitiert aus Gilliam, A.G. „EPIDEMIOLOGICAL STUDY OF AN EPIDEMIC, DIAGNOSED AS POLIOMYELITIS, OCCURING AMOUNG THE PERSONNEL OF THE LOS ANGELES COUNTY GENERALHOSPITAL DURING THE SUMMER OF 1934", Zitat nachzulesen auf S. 69, United States Public Health Service, nachzulesen auf http://babel.hathitrust.org/cgi/pt?id=mdp.39015022082260;view=1up;seq=617 (Abruf 9.11.14) und http://hdl.handle.net/2027/mdp.39015022082260?urlappend=%3Bseq=617 (Abruf 9.11.14)

[40] Henderson, Donald A., and Shelokov, Alexis, "Epidemic Neuromyasthenia — Clinical Syndrome?", N Engl J Med 1959; 260:757-764April 9, 1959DOI: 10.1056/NEJM195904092601506, nachzulesen auf http://www.nejm.org/doi/full/10.1056/NEJM195904092601506

[41] Johnson, Hillary „Osler's Web: Inside the Labyrinth of the Chronic Fatigue Syndrome Epidemic", S. 201, Penguin Books 1997

[42] Johnson, Hillary „Osler's Web: Inside the Labyrinth of the Chronic Fatigue Syndrome Epidemic", S. 196, Penguin Books 1997

[43] *„F48.0 Neurasthenie – Definition: Im Erscheinungsbild zeigen sich beträchtliche kulturelle Unterschiede. Zwei Hauptformen überschneiden sich beträchtlich. Bei einer Form ist das Hauptcharakteristikum die Klage über vermehrte Müdigkeit nach geistigen Anstrengungen, häufig verbunden mit abnehmender Arbeitsleistung oder Effektivität bei der Bewältigung täglicher Aufgaben. Die geistige Ermüdbarkeit wird typischerweise als unangenehmes Eindringen ablenkender Assoziationen oder Erinnerungen beschrieben, als Konzentrationsschwäche und allgemein ineffektives Denken. Bei der anderen Form liegt das Schwergewicht auf Gefühlen körperlicher Schwäche und Erschöpfung nach nur geringer Anstrengung, begleitet von muskulären und anderen Schmerzen und der Unfähigkeit, sich zu entspannen. Bei beiden Formen finden sich eine ganze Reihe von anderen unangenehmen körperlichen Empfindungen wie Schwindelgefühl, Spannungskopfschmerz und allgemeine Unsicherheit. Sorge über abnehmendes geistiges und körperliches Wohlbefinden, Reizbarkeit, Freudlosigkeit, Depression und Angst sind häufig. Der Schlaf ist oft in der ersten und mittleren Phase gestört, es kann aber auch Hypersomnie im Vordergrund stehen. Inkl.: Ermüdungssyndrom. Kodierhinweis: Soll eine vorausgegangene Krankheit angegeben werden, ist eine zusätzliche Schlüsselnummer zu benutzen.* ***Exkl.:*** *Asthenie o.n.A. (R53)* ***Benigne myalgische Enzephalomyelitis [postvirales Müdigkeitssyndrom] (G93.3)*** *Burn-out-Syndrom (Z73) Psychasthenie (F48.8) Unwohlsein und Ermüdung (R53)"* (H.d.A.)

[44] *„A further distinguishing feature of the disease is the onset of behavioural changes, such as emotional lability, irritability and depression."* Zitiert aus Lindan, Rosemary „Benign Myalgic Encephalomyelitis", Can Med Assoc J. Oct 1, 1956; 75(7): 596–597. PMCID: PMC1824640, nachzulesen auf http://www.ncbi.nlm.nih.gov/pmc/articles/PMC1824640/?page=1

„Depression, tension, and emotional instability have been impressive and amoung the most incapacitating and persistent symptoms. Repeated episodes of crying without provocation, insomnia, terrifying dreams and difficulty in concentration are probably secondary phenomena.[…]Mild confusion, impaired memory for recent events, alterations in personality structure, euphoric behavior and tendencies to transpose and 'stumble over` words have frequently been observed during the more severe acute phase and during recrudescences." Zitiert aus Henderson, Donald A., and Shelokov, Alexis "Epidemic Neuromyasthenia — Clinical Syndrome?", N Engl J Med 1959; 260:757-764April 9, 1959DOI: 10.1056/NEJM195904092601506, nachzulesen auf http://www.nejm.org/doi/full/10.1056/NEJM195904092601506

[45] Siehe z.B. TOBI, MARTIN, and STRAUS, STEPHEN E. "Chronic Epstein-Barr Virus Disease: A Workshop Held by the National Institute of Allergy and Infectious Diseases." Ann Intern Med. 1985;103(6_Part_1):951-953. doi:10.7326/0003-4819-103-6-95, nachzulesen auf http://annals.org/article.aspx?articleid=700158

Siehe auch z.B. Straus SE et al. "Persisting illness and fatigue in adults with evidence of Epstein-Barr virus infection." Ann Intern Med. 1985 Jan;102(1):7-16. Abstract nachzulesen auf http://www.ncbi.nlm.nih.gov/pubmed/2578268

[46] Johnson, Hillary „Osler's Web: Inside the Labyrinth of the Chronic Fatigue Syndrome Epidemic", S. 320, Penguin Books 1997

[47] Siehe S. 316 ebd.

Siehe auch Kruesi, Markus J.; Dale, Janet; Straus, Stephen E. "Psychiatric diagnoses in patients who have chronic fatigue syndrome." Journal of Clinical Psychiatry, Vol 50(2), Feb 1989, 53-56., Abstract nachzulesen auf http://psycnet.apa.org/psycinfo/1989-29997-001

[48] Johnson, Hillary „Osler's Web: Inside the Labyrinth of the Chronic Fatigue Syndrome Epidemic", S. 317, Penguin Books 1997

[49] Siehe S. 321 ebd.

[50] *„I predict that fatigue itself will remain the subject of considerable interest but the notion of a discrete form of fatiguing illness will evaporate. We would, then, be left with Chronic Fatigue that can be distinguished as Idiopathic or Secondary to an identifiable medical or psychiatric disorder. I consider this a desireable outcome."* Zitiert aus dem Brief von

Stephen E. Straus an Keiji Fukuda, S. 1 auf http://www.cfidsreport.com/images/Straus_001.jpg, S. 2 auf http://www.cfidsreport.com/images/Straus_002.jpg (Abruf 11.01.15)

[51] Zitiert aus Reiche, Reimut „Beschleunigung – als Epochenbegriff, als Zeitdiagnose und als Strukturgesetz des Kapitals", erschienen in „Psyche", LXV. Jahrgang, Heft 11, Nov. 2011

[52] Johnson, Hillary „Osler's Web: Inside the Labyrinth of the Chronic Fatigue Syndrome Epidemic", S. 43f und 47ff, Penguin Books 1997

[53] *„He didn`t know very much[...] He* ***never*** *knew very much." „[...] this was beyond their experience."* Paul Cheney über Gary Holmes, Zitate S. 33 ebd. Siehe auch „I Remember Me", Kim Snyder, USA 2001

[54] Johnson, Hillary „Osler's Web: Inside the Labyrinth of the Chronic Fatigue Syndrome Epidemic", S. 48f u. S. 52, Penguin Books 1997

[55] „I Remember Me", Kim Snyder, USA 2001, Ü. Regina Clos u. B. Sabel

[56] Siehe ebd.

[57] Buchwald D, Cheney PR, Peterson DL, Henry B, Wormsley SB, Geiger A, Ablashi DV, Salahuddin SZ, Saxinger C, Biddle R et al. „A chronic illness characterized by fatigue, neurologic and immunologic disorders, and active human herpesvirus type 6 infection." Ann Intern Med. 1992 Jan 15;116(2):103-13. Abstract nachzulesen auf http://www.ncbi.nlm.nih.gov/pubmed/?term=1309285

[58] Holmes, Gary P. et al. „The 1988 Holmes Definition for CFS Chronic Fatigue Syndrome: A Working Case Definition", Ann Intern Med. 1988; 108:387-389, nachzulesen auf http://www.cfids-me.org/holmes1988.html (Abruf 25.11.14)

[59] Kuhn, Thomas S. „Die Struktur wissenschaftlicher Revolutionen", S. 66, suhrkamp taschenbuch wissenschaft, Frankfurt a. Main, 23. Auflg. 2012

[60] Henderson, Donald A., and Shelokov, Alexis "Epidemic Neuromyasthenia — Clinical Syndrome?", N Engl J Med 1959; 260:757-764 April 9, 1959 DOI: 10.1056/NEJM195904092601506, nachzulesen auf http://www.nejm.org/doi/full/10.1056/NEJM195904092601506 Zitiert aus Johnson, Hillary „Osler's Web: Inside the Labyrinth of the Chronic Fatigue Syndrome Epidemic", S. 201, Penguin Books 1997

[61] Johnson, Hillary „Osler's Web: Inside the Labyrinth of the Chronic Fatigue Syndrome Epidemic", S. 203, Penguin Books 1997.

Vgl. dazu auch die Studie über den häufigsten Grund langer Fehlzeiten in der Schule. Laut der britischen Studie litten 51% der Schüler mit langen Fehlzeiten an ME. Dowsett EG, Colby J. "Longterm sickness absence due to ME/CFS in UK schools: an epidemiological study with medical and educational implications." J CFS 3(2):2942, 1997, nachzulesen auf *http://www.tymestrust.org/pdfs/dowsettcolby.pdf* (Abruf 25.11.14)

[62] Siehe Wikipedia, Stichwort „Chronisches Erschöpfungssyndrom", nachzulesen auf http://de.wikipedia.org/wiki/Chronisches_Ersch%C3%B6pfungssyndrom (Abruf 25.11.14)

Siehe auch Göpelt, Schröder „Chronic Fatigue Syndrom", nachzulesen auf http://www1.uni-hamburg.de/psych-3/seminar/toennies/081210.pdf (Abruf 25.11.14)

Siehe auch http://www.lost-voices-stiftung.org/was-ist-me/lage-in-deutschland/ (Abruf 25.11.14)

[63] Siehe Wikipedia, Stichwort „Chronisches Erschöpfungssyndrom", nachzulesen auf http://de.wikipedia.org/wiki/Chronisches_Ersch%C3%B6pfungssyndrom (Abruf 25.11.14)

[64] Prävalenzrate von 0,24% laut Reyes M, [...], Reeves WC. "Prevalence and incidence of chronic fatigue syndrome in Wichita, Kansas." Arch Intern Med. 2003 Jul 14;163(13):1530-6., Abstract nachzulesen auf http://www.ncbi.nlm.nih.gov/pubmed/12860574

[65] Nacul, Luis C et al. "Prevalence of myalgic encephalomyelitis/chronic fatigue syndrome (ME/CFS) in three regions of England: a repeated cross-sectional study in primary care", BMC Medicine 2011, 9:91 doi:10.1186/1741-7015-9-91, nachzulesen auf http://www.biomedcentral.com/1741-7015/9/91

[66] Vgl. dazu Reiche, Reimut „Beschleunigung – als Epochenbegriff, als Zeitdiagnose und als Strukturgesetz des Kapitals", erschienen in „Psyche", LXV. Jahrgang, Heft 11, Nov. 2011

[67] Zitiert aus Ottomeyer, Klaus „Die Behandlung der Opfer : über unseren Umgang mit dem Trauma der Flüchtlinge und Verfolgten", S. 89, Klett-Cotta 2011

[68] Aus einem Brief des BMG an die Autorin: *„Da es Medizinern und Wissenschaftlern bis heute nicht gelungen ist, ein allgemein anerkanntes schlüssiges Erklärungskonzept für das CFS zu formulieren, sind die Behandlungsangebote für Menschen mit CFS vielgestaltig und nur zum Teil evaluiert. Das Institut für Qualität und Wirtschaftlichkeit im Gesundheitswesen (IQWIG) hat daher die Studienlage zu CFS gesichtet und darauf basierend eine Gesundheitsinformation zu diesem Thema veröffentlicht. Sie enthält Hinweise auf Behandlungsansätze, die nach der gegenwärtig verfügbaren wissenschaftlichen Evidenz die Symptome des CFS bei Erwachsenen und Kindern lindern können.[...]" Und weiter: „Die Information des IQWIG finden Sie im Internet unter http://www.gesundheitsinformation.de/sidgid6f85b7f20d7240cc097e0147e7ed12e/chronisch es-muedigkeitssyndrom-was-kann-die-symptome-bei-erwachsenen.397.de.html.*" (Diese Seite existiert nicht mehr!)

[69] Stand 25.11.2014

[70] Aus einem Brief an ein Mitglied einer Patientenorganisation: *„Die Bundesregierung kann dabei grundsätzlich gegenüber Ärzteschaft oder Krankenkassen keinen Einfluss auf die Einschätzung bestimmter Krankheitsbilder und die Rewlevanz spezieller Versorgungsnotwendigkeiten ausüben. Entsprechend kommt privaten Initiativen, die wie das Bündnis ME/CFS auf die besonderen Belange bestimmter Erkrankungen aufmerksam machen, besondere Bedeutung zu."* (Kopie liegt der Autorin vor.)

[71] DEGAM = Deutsche Gesellschaft für Allgemeinmedizin und Familienmedizin. Die von der DEGAM herausgegebenen Leitlinien instruieren Hausärzte und Allgemeinmediziner bezüglich Diagnostik und Therapie diverser Krankheitsbilder. „Ziel ist die Verbesserung der Versorgungsqualität und die Erhöhung der Nutzen-Aufwands-Relation hausärztlicher Versorgung." Zitat nachzulesen auf http://www.degam.de/leitlinien.html (Abruf 25.11.14)

[72] DEGAM-Leitlinie „Müdigkeit", S. 39, nachzulesen auf http://www.degam.de/files/Inhalte/Leitlinien-Inhalte/Dokumente/DEGAM-S3-Leitlinien/LL-02_Muedigkeit_Langfassung_2011_2.pdf (Abruf 16.11.14)

[73] Siehe DEGAM-Leitlinie „Müdigkeit", S. 38 und 43 auf http://www.degam.de/files/Inhalte/Leitlinien-Inhalte/Dokumente/DEGAM-S3-Leitlinien/LL-02_Muedigkeit_Langfassung_2011_2.pdf (Abruf 16.11.14)

„The most robust predictors of poor treatment response were membership of a support group and concurrent emotional difficulties. Although we found that support group members were more ill than non-members on admission to the study, this was controlled for in our regression analyses, and therefore cannot explain the impact that membership had on outcomes. Receipt of benefits and belief in exclusively physical causes of CFS were also predictors of poor response in some of the analyses." Zitiert aus BENTALL, RICHARD P., [...], and EDWARDS, RICHARD H. T. "Predictors of response to treatment for chronic fatigue syndrome", The British Journal of Psychiatry (2002)181: 248-252doi:10.1192/bjp.181.3.248, nachzulesen auf http://bjp.rcpsych.org/content/181/3/248.full

Siehe auch z.B. Hamilton WT, Gallagher AM, Thomas JM, White PD "The prognosis of different fatigue diagnostic labels: a longitudinal survey." Fam Pract. 2005 Aug;22(4):383-8. Epub 2005 Apr 1, nachzulesen auf http://www.ncbi.nlm.nih.gov/pubmed/15805126

Vgl. auch http://www.degam.de/files/Inhalte/Leitlinien-Inhalte/Dokumente/DEGAM-S3-Leitlinien/LL-02_Muedigkeit_Langfassung_2011_2.pdf (Abruf 16.11.14)

[74] DEGAM-Leitlinie „Müdigkeit", nachzulesen auf http://www.degam.de/files/Inhalte/Leitlinien-Inhalte/Dokumente/DEGAM-S3-Leitlinien/LL-02_Muedigkeit_Langfassung_2011_2.pdf (Abruf 16.11.14)

[75] Dipl. Soz., Leiter des Arbeitsbereichs Qualitätsförderung und Konzeptentwicklung am Institut für Allgemeinmedizin der Johann Wolfgang Goethe-Universität in Frankfurt am Main

[76] Für die Lost-Voices-Stiftung http://www.lost-voices-stiftung.org/ und das Bündnis ME/CFS http://www.buendnis-mecfs.de/ war Nicole Krüger vertreten, für den Bundesverband Chronisches Erschöpfungssyndrom Marlies Zurhorst

[77] Maes/Twisk: „Why myalgic encephalomyelitis/chronic fatigue syndrome (ME/CFS) may kill you: disorders in the inflammatory and oxidative and nitrosative stress (IO&NS) pathways may explain cardiovascular disorders in ME/CFS", Neuro Endocrinol Lett. 2009;30(6):677-93. Abstract auf http://www.ncbi.nlm.nih.gov/pubmed/20038921

[78] Zitiert aus „Die „neuen" Leitlinien Müdigkeit über „CFS" – ein Zerrbild medizinischer Wissenschaft und Verantwortung? - Kommentare und Analysen von Regina Clos und anderen", siehe S. 32f auf http://www.cfs-aktuell.de/Leitlinienkritik.pdf (Abruf 25.11.14)

[79] Siehe http://www.tv2.no/nyheter/innenriks/helsedirektoratet-vi-har-ikke-gode-nok-helsetjenester-for-mesyke-3618296.html (Abruf 25.11.14)

[80] „Det er egentlig en skandale. Pasientene har møtt en mangel på respekt rett og slett fordi vi har manglet kunnskap. Det verste er at vi heller ikke har jobbet så hardt for å få den kunnskapen, sier Solberg [...]", zitiert nach Nymo, Jarl, Nytrøen, Odd „Jeg lager kunst på de gode dagene" vom 12.05.15 auf http://www.nrk.no/kultur/ -jeg-lager-kunst-pa-de-gode-dagene-1.12357129 (Abruf 31.05.15)

[81] Siehe dazu auch den australischen Report über soziale Isolation bei ME/"CFS": Bishop, Rebecca „ME/Chronic Fatigue Syndrome and Social Isolation Survey Report", 2010, nachzulesen auf http://emerge.org.au/wp-content/uploads/2014/11/ME-CFS-social-isolation-report-2010.pdf (Abruf 2.06.15)

[82] *„**1. Erschöpfung** [...] ME/CFS „ist tatsächlich entkräftender als die meisten anderen medizinischen Probleme dieser Welt"9 entkräftender als die Folgen von Chemotherapie, der sich Krebspatienten unterziehen müssen oder als HIV im Endstadium bis etwa zwei Wochen vor dem Tod der Betroffenen."* Zitiert aus Carruthers, Bruce M., van de Sande, Marjorie I. „Myalgische Enzephalomyelitis/Chronic Fatigue Syndrom: Klinische Falldefinition und Leitfaden für Ärzte – Ein Überblick über das Kanadische Konsensusdokument", S. 4, in der Übersetzung von Regina Clos auf http://www.cfs-aktuell.de/Konsensdokument.pdf (Abruf 13.11.14)

[83] *„[...] the primary symptom of ME is post-exertional muscle fatigability, this being the cardinal symptom of ME and quite different from fatigue or tiredness."* Zitiert aus Hooper, Malcolm und Williams, Margaret "Sensationalism versus Science?" Nachzulesen auf http://www.meactionuk.org.uk/Sensationalism-versus-Science.htm (Abruf 25.11.14)

"The clinical identity of the Myalgic Encephalomyelitis syndrome rests on three distinct features, namely: A. A unique form of muscle fatiguability whereby, even after a minor degree of physical effort, 3,4,5 days or longer elapse before full muscle power is restored. B. Variability and fluctuation of both symptoms and physical findings in the course of a day. And, C. An alarming tendency to become chronic." Zitiert aus Ramsay, Melvin A. "THE CLINICAL IDENTITY OF THE MYALGIC ENCEPHALOMYELITIS SYNDROME", nachzulesen auf http://web.onetel.com/~kickback/THE%20CLINICAL%20IDENTITY%20OF%20ME.html (Abruf 29.03.15)

"ME was originally defined by Ramsay (1988a, 1988b). Although there are some variations in the versions of "his" criteria, Ramsay emphasized that a diagnosis ME should not be made if muscle fatigability and exceptionally prolonged muscle weakness and muscle pain after a minor exertion were not present in a patient (Ramsay, 1988a, 1988b). This distinctive phenomenon accounts for the first part of the name ME. Other essential features of ME relate to cerebral dysfunction, for example, impairment of memory and concentration deficits, day night reversal, and orthostatic tachycardia, and circulatory disturbances, for example, coldness of the extremities, and abnormally low body temperatures (Ramsay, 1988a, 1988b). "Fatigue" as mentioned by Ramsay and others is not fatigue in the common sense, but to a large extent related to muscle fatigability, and is not declared to be a distinctive feature. Another typical feature is the "extraordinary fluctuation of symptoms even in the course of one day" (Ramsay, 1988b)" Zitiert aus Twisk, Frank N.M. "Commentary on Jason et al. (2015): towards separate empirical case definitions of Myalgic Encephalomyelitis and chronic fatigue syndrome," Health Psychology and Behavioral Medicine, 2015

Vol. 3, No. 1, 109–110, http://dx.doi.org/10.1080/21642850.2015.102770, nachzulesen auf http://www.tandfonline.com/doi/pdf/10.1080/21642850.2015.1027705

[84] Carruthers, B M, van de Sande, M I [...], and Stevens, S „Myalgic Encephalomyelitis: International Consensus Criteria", Journal of INTERNAL MEDICINE Oct 2011, Review nachzulesen auf http://onlinelibrary.wiley.com/doi/10.1111/j.1365-2796.2011.02428.x/pdf oder auf http://www.ncbi.nlm.nih.gov/pmc/articles/PMC3427890/ und auf http://www.meassociation.org.uk/?p=7173 (Abruf 25.11.14)

[85] ***"Approximately 49% of this population met AMA guidelines for moderate to severe functional impairment."*** (H.d.A.) Zitat aus VanNess JM, Snell CR, Strayer DL, Stevens SR "Subclassifying chronic fatigue syndrome through exercise testing", Med Sci Sports Exerc 2003;35:908–913. Abstract nachzulesen auf http://www.ncbi.nlm.nih.gov/pubmed/12783037, Fulltext auf http://www.researchgate.net/publication/10728803_Subclassifying_chronic_fatigue_syndrome_through_exercise_testing

[86] ***"2.3.1 People who are severely affected "Severely ill are severely overlooked – just ignored and invisible."*** *Estimates suggest that up to 25% of people with CFS/ME are so seriously affected that they are unable to perform most basic personal tasks and are confined to bed or spend the majority of the day in bed. Such patients feel particularly alone and isolated.The severity, complexity, and longevity of the illness are poorly understood.* ***"Severely affected are particularly vulnerable from lack of medical attention, understanding, and home attention."*** Zitiert aus CMO-Report (CMO = Chief Medical Officer des Britischen Gesundheitsministeriums), Januar 2002, S. 14, nachzulesen auf http://webarchive.nationalarchives.gov.uk/20130107105354/http://www.dh.gov.uk/prod_consum_dh/groups/dh_digitalassets/@dh/@en/documents/digitalasset/dh_4064945.pdf (Abruf 25.11.14)

[87] Nacul, Luis C et al. "Prevalence of myalgic encephalomyelitis/chronic fatigue syndrome (ME/CFS) in three regions of England: a repeated cross-sectional study in primary care", BMC Medicine 2011, 9:91n doi:10.1186/1741-7015-9-91, nachzulesen auf http://www.biomedcentral.com/1741-7015/9/91

[88] Über die finanziellen und sozialen Nöte ME-Kranker siehe z.B. Bartsch, Michael „Ich habe nur noch Angst", taz vom 27.03.2014, nachzulesen auf http://www.taz.de/!135659/ (Abruf 25.11.14)

Teil I Die Fakten/Kapitel I Einführung/3 Die Geburtsstunde einer neuen Krankheit?

[89] ***"Gilliam's (...) account of the Los Angeles outbreak is of particular interest, not only because of the richness of the clinical detail but because it is the first definitive description of the illness in the literature."*** (H.d.A.) Zitat aus Acheson, E.D. "The Clinical Syndrome Variously Called Benign Myalgic Encephalomyelitis, Iceland Disease and Epidemic Neuromyasthenia", reprinted from American Journal of Medicine, Vol. 26, Issue 4, Pages 569–595, Copyright (1959), with permission from Excerpta Medica. http://www.sciencedirect.com/science/journal/00029343, nachzulesen auf http://www.meresearch.org.uk/wp-content/uploads/2012/11/Acheson_AmJMed.pdf (Abruf 26.11.14)

Siehe auch A.G. Gilliam: *"Coincidently with an epidemic of poliomyelitis in the city and county of Los Angeles, Calif., in the summer of 1934, there occurred among the employees of the Los Angeles County General Hospital an epidemic of illness diagnosed at the time as poliomyelitis. If this diagnosis may be accepted in any large proportion of the cases, the epidemic is unique in the history of poliomyelitis because of the altogether unusual symptomatology, and the extraordinarily high attack rate in an adult population. If the disease were not poliomyelitis, the epidemic is equally extraordinary in presenting a clinical and epidemiological picture,* ***which, so far as known, is without parallel****."* *"The cases among adults, comprising this institutional outbreak, rarely exhibited the disability that is classically associated with poliomyelitis, namely, paralysis of a kind that might be expected to result from destruction of anterior horn cells.* ***In a certain proportion of these cases a diagnosis of poliomyelitis would never have been considered had they not developed among persons intimately associated with an epidemic of the disease."*** (H.d.A.) Zitiert aus Gilliam, A.G. „EPIDEMIOLOGICAL STUDY OF AN EPIDEMIC, DIAGNOSED AS POLIOMYELITIS, OCCURING AMOUNG THE PERSONNEL

OF THE LOS ANGELES COUNTY GENERALHOSPITAL DURING THE SUMMER OF 1934", S. 1f, United States Public Health Service, nachzulesen auf http://babel.hathitrust.org/cgi/pt?id=mdp.39015022082260;view=1up;seq=617 (Abruf 9.11.14) und http://hdl.handle.net/2027/mdp.39015022082260?urlappend=%3Bseq=617 (Abruf 9.11.14)

Siehe auch ***„The first recorded outbreak of ENM occurred in 1934 and provides an introduction to the main clinical features of the disease."*** (H.d.A.) Zitiert aus Parish, J.G. "Early outbreaks of `epidemic neuromyasthenia`", Postgrad Med J. Nov 1978; 54(637): 711–717., S. 711, nachzulesen auf http://www.ncbi.nlm.nih.gov/pmc/articles/PMC2425322/?page=4

[90] ***„Poliomyelitis virus was recovered from 8 cases in the Los Angeles area during the summer, but not from any among the hospital employees. That the hospital outbreak was actually poliomyelitis seems rather doubtful."*** (H.d.A.) Zitiert aus Boyd, T.E. „IMMUNIZATION AGAINST POLIOMYELITIS", S. 434, Bacteriological Reviews, volume 17, National Foundation for Infantile Paralysis, Inc., New York City, nachzulesen auf http://europepmc.org/backend/ptpmcrender.fcgi?accid=PMC182568&blobtype=pdf (Abruf 26.11.14)

[91] Johnson, Hillary „Osler's Web: Inside the Labyrinth of the Chronic Fatigue Syndrome Epidemic", S. 200, Penguin Books 1997

Siehe auch ***"Irrespective of the actual mechanism of spread and of the identity of the disease, this outbreak has no parallel in the history of poliomyelitis or in other central nervous system infections. There is nothing in past experiences of this class of diseases which would have permitted anticipation of this institutional epidemic."*** (H.d.A.) Zitiert aus Gilliam, A.G. „EPIDEMIOLOGICAL STUDY OF AN EPIDEMIC, DIAGNOSED AS POLIOMYELITIS, OCCURING AMOUNG THE PERSONNEL OF THE LOS ANGELES COUNTY GENERALHOSPITAL DURING THE SUMMER OF 1934", S. 69, United States Public Health Service, nachzulesen auf http://babel.hathitrust.org/cgi/pt?id=mdp.39015022082260;view=1up;seq=617 (Abruf 9.11.14) und http://hdl.handle.net/2027/mdp.39015022082260?urlappend=%3Bseq=617 (Abruf 9.11.14)

[92] *„Die National Institutes of Health (NIH; deutsch: Nationale Gesundheitsinstitute) sind eine Behörde des Ministeriums für Gesundheitspflege und Soziale Dienste der Vereinigten Staaten [...]."* Siehe Wikipedia, Stichwort „National Institutes of Health" auf http://de.wikipedia.org/wiki/National_Institutes_of_Health (Abruf 26.11.14)

[93] *„He* [Gilliam, Anm. d. A.] *said, `These people have things we have* ***never*** *seen before with* ***any*** *described condition. It´s an unprecedented`- and these are the words that he finally used – it`s an unprecedented outbreak, unknown to medical science.`"* Polioexperte Alexis Shelokov zitiert in Johnson, Hillary „Osler's Web: Inside the Labyrinth of the Chronic Fatigue Syndrome Epidemic", S. 200, Penguin Books 1997.

Vgl. auch dazu BOWER, A. G., MEALS, R.W., BIGLER, MARY, EWING, JOHN, AND HAUSER, VERNON "Clinical Features of Poliomyelitis in Los Angeles", S.1210f, American Journal of Public Health 1934, nachzulesen auf http://ajph.aphapublications.org/doi/pdf/10.2105/AJPH.24.12.1210

[94] Siehe Wikipedia, Stichwort „Ivar Wickman" auf http://de.wikipedia.org/wiki/Ivar_Wickman (Abruf 26.11.14)

[95] Nijs J, De Becker P, De Meirleir K, Demanet C, Vincken W, Schuermans D, McGregor N „Associations between bronchial hyperresponsiveness and immune cell parameters in patients with chronic fatigue syndrome." Chest. 2003 Apr;123(4):998-1007. Abstract nachzulesen auf http://www.ncbi.nlm.nih.gov/pubmed/12684286, Volltext auf http://journal.publications.chestnet.org/article.aspx?articleid=1081486

De Meirleir, K., De Becker, P., Demanet, C., Campine, I. and Vinken,W. „Correlation Between Immunophenotyping and Bronchial Hyper-responsiveness", Human Physiology and Medicine,

Abstract nachzulesen auf der Website der Alison Hunter Memorial Foundation http://www.ahmf.org/99access/99demeirleir2.html (Abruf 10.01.15)

[96] *"The character of pain experienced varied within wide limits. It was frequently described as rheumatoid or influenzal in character – an ache in the musles or bones – but often of sufficient intensity to awaken the patient from sleep.* ***In most instances is was aggravated by exercise.*** *It was confined to no definite body area, and characteristically was variably from day to day in its distribution."* (H.d.A) *""* ***"Easy fatigue" consisted of low reserve strenght noticed after varying amounts of exertion****. The muscle groups affected were usually those originally involved in definite localized muscular weakness. Some cases, never showing definite weakness, were relatively easily fatigued. This complaint was frequently accompanied by pain and twitching or cramps in the muscles involved."* (H.d.A.) Zitiert aus Gilliam, A.G. „EPIDEMIOLOGICAL STUDY OF AN EPIDEMIC, DIAGNOSED AS POLIOMYELITIS, OCCURING AMOUNG THE PERSONNEL OF THE LOS ANGELES COUNTY GENERALHOSPITAL DURING THE SUMMER OF 1934", S. 21 u. 24, United States Public Health Service, nachzulesen auf http://babel.hathitrust.org/cgi/pt?id=mdp.39015022082260;view=1up;seq=617 (Abruf 9.11.14) und http://hdl.handle.net/2027/mdp.39015022082260?urlappend=%3Bseq=617 (Abruf 9.11.14)

[97] *„A number of cases, so returned to duty, subsequently found themselves unable to continue work and in consequence were sent off duty again. Thus, a number of cases reported off duty two or more times for disability presumably resulting from this illness. At last record, 104 (55 percent) of the cases were still absent from duty."* Zitiert aus Gilliam, A.G. „EPIDEMIOLOGICAL STUDY OF AN EPIDEMIC, DIAGNOSED AS POLIOMYELITIS, OCCURING AMOUNG THE PERSONNEL OF THE LOS ANGELES COUNTY GENERALHOSPITAL DURING THE SUMMER OF 1934", S. 32, United States Public Health Service, nachzulesen auf http://babel.hathitrust.org/cgi/pt?id=mdp.39015022082260;view=1up;seq=617 (Abruf 9.11.14) und http://hdl.handle.net/2027/mdp.39015022082260?urlappend=%3Bseq=617 (Abruf 9.11.14)

[98] *„The tendency to relapse was a constant threat, the recurrence of systemic symptoms suggesting the possibility of reinfection or activation of some focus within the body."* Zitiert aus BOWER, A. G., MEALS, R.W., BIGLER, MARY, EWING, JOHN, AND HAUSER, VERNON "Clinical Features of Poliomyelitis in Los Angeles",S. 1211, American Journal of Public Health 1934, nachzulesen auf http://ajph.aphapublications.org/doi/pdf/10.2105/AJPH.24.12.1210

[99] *„The communicability of the disease in this epidemic was high. This is indicated by its unique incidence among hospital and nursing personnel,[...]"* Zitiert aus LEAKE, JAMES P. [...]. GILLIAM, ALEXANDER G, AND CHOPE, HAROLD D. „Epidemiology of Poliomyelitis in California, 1934",S. 1206, U. S. Public Health Service, Washington, D. C, Assistant Director of Public Health, State of California, San Francisco, Calif.; nachzulesen auf http://ajph.aphapublications.org/doi/pdf/10.2105/AJPH.24.12.1204

[100] *„The incidence among County Hospital employees was 4.5 percent[...]" „[...] attack rates vary from 11.4 percent in nurses and 6.2 percent in physicians to 2.3 percent in orderlies and 1.8 percent in attendants."* Zitiert aus Gilliam, A.G. „EPIDEMIOLOGICAL STUDY OF AN EPIDEMIC, DIAGNOSED AS POLIOMYELITIS, OCCURING AMOUNG THE PERSONNEL OF THE LOS ANGELES COUNTY GENERALHOSPITAL DURING THE SUMMER OF 1934", S. 49 u. 50, United States Public Health Service, nachzulesen auf http://babel.hathitrust.org/cgi/pt?id=mdp.39015022082260;view=1up;seq=617 (Abruf 9.11.14) und http://hdl.handle.net/2027/mdp.39015022082260?urlappend=%3Bseq=617 (Abruf 9.11.14)

[101] Siehe Underhill, Rosemary A., O`gorman, Ruth "Prevalence of Chronic Fatigue Syndrome and Chronic Fatigue Within Families of CFS Patients", Journal of Chronic Fatigue Syndrome 2006, Vol. 13, No. 1, Pages 3-13, Abstract nachzulesen auf http://informahealthcare.com/doi/abs/10.1300/J092v13n01_02 (Abruf 26.11.14)

[102] Gilliam, A.G. „EPIDEMIOLOGICAL STUDY OF AN EPIDEMIC, DIAGNOSED AS POLIOMYELITIS, OCCURING AMOUNG THE PERSONNEL OF THE LOS ANGELES COUNTY GENERALHOSPITAL DURING THE SUMMER OF 1934", S. 85, United States Public Health Service, nachzulesen auf

http://babel.hathitrust.org/cgi/pt?id=mdp.39015022082260;view=1up;seq=617 (Abruf 9.11.14) und http://hdl.handle.net/2027/mdp.39015022082260?urlappend=%3Bseq=617 (Abruf 9.11.14)

[103] Vgl. ebd.

[104] Johnson, Hillary „Osler's Web: Inside the Labyrinth of the Chronic Fatigue Syndrome Epidemic", S. 200, Penguin Books 1997

[105] *„Hyde added that there had been no medical follow-up of any of the cases, which he suspected was the result of a legal settlement between the epidemic victims and the hospital. A condition of the settlement was that the victims refrain from discussing their ordeal publicly. 'The one hundred ninety-eight staff members sued the hospital and eventually settled for six million dollars in 1939, which, divided among the group, would have purchased three houses for each victim in the best section of Los Angeles. Contingent on receiving the payment was non-publicity of the epidemic."* Zitiert aus S. 200 (Fußnote) ebd.

[106] Parish, J.G. "Early outbreaks of `epidemic neuromyasthenia`", Postgrad Med J. Nov 1978; 54(637): 711–717. Page 714, nachzulesen auf http://www.ncbi.nlm.nih.gov/pmc/articles/PMC2425322/?page=4

[107] Eine Radikulopathie ist eine Reizung oder Schädigung der Nervenwurzeln. Sie kann sich in Störungen der Empfindung, Schmerzen oder Lähmungen äußern. Siehe Wikipedia, Stichwort „Radikulopathie" auf http://de.wikipedia.org/wiki/Radikulopathie (Abruf 26.11.14)

[108] WILSON, JOHN C; WALKER, PIERRE J. „ACUTE ANTERIOR POLIOMYELITISORTHOPEDIC ASPECTS OF THE CALIFORNIA EPIDEMIC OF 1934", Arch Intern Med (Chic). 1936;57(3):477-492. doi:10.1001/archinte.1936.00170070002001. Nachzulesen auf http://archinte.jamanetwork.com/article.aspx?articleid=541436

[109] Vgl. The Rockefeller Foundation „Annual Report 1934" auf http://www.rockefellerfoundation.org/uploads/files/fa216ef6-b4f7-4a03-abc5-4434542f76c9-1934.pdf (Abruf 26.11.14)

[110] *„Gilliam's report covers the entire period of the outbreak and mentions 198 cases among the hospital employees. Only brief reference is made to the prophylactic use of serum."* Zitiert aus Boyd, T.E. „IMMUNIZATION AGAINST POLIOMYELITIS", S. 435, Bacteriological Reviews, volume 17, National Foundation for Infantile Paralysis, Inc., New York City, nachzulesen auf http://europepmc.org/backend/ptpmcrender.fcgi?accid=PMC182568&blobtype=pdf (Abruf 26.11.14)

[111] *„In the laboratory of The Rockefeller Foundation no vaccination has been done with out the use of human immune serum. Up to the present, although limited in application, this is still considered to be the only entirely safe method of vaccination."* Zitiert aus The Rockefeller Foundation „Annual Report 1934", S. 34f, auf http://www.rockefellerfoundation.org/uploads/files/fa216ef6-b4f7-4a03-abc5-4434542f76c9-1934.pdf (Abruf 26.11.14)

Vgl. auch: *„While it may surprise people today, early experiments with vaccinations were often coupled with attempts to boost the immune system of an individual by use of an "immune serum". Vaccines carried the risk of overwhelming a person`s immune system, so steps were taken to increase the strenght of the immune system as a precaution."* Zitiert aus Heckenlively, Kent, Mikovits, Judy „Plague: One Scientist's Intrepid Search for the Truth about Human Retroviruses and Chronic Fatigue Syndrome, Autism, and Other Diseases", S. 65, Skyhorse Publishing 2014. Vgl. auch Sawyer WA, Kitchen SF, Lloyd W. "VACCINATION AGAINST YELLOW FEVER WITH IMMUNE SERUM AND VIRUS FIXED FOR MICE." J Exp Med. 1932 May 31;55(6):945-69. Nachzulesen auf http://www.ncbi.nlm.nih.gov/pubmed/19870044

[112] *„It was realized a number of years ago that vaccines offered a promise in the conquest of poliomyelitis. Work towards this ideal was, however, hampered by lack of knowledge how to culture the virus artificially. Nevertheless,* ***in 1934 Brodie*** *and in 1935 Kolmer both* ***prepared poliomyelitis vaccines****."* (H.d.A.) Zitiert aus Turner, R. „ACTIVE IMMUNIZATION AGAINST POLIOMYELITIS - A REVIEW", S. 835, S.A. MEDICAL JOURNAL, 3. September 1955, nachzulesen auf http://archive.samj.org.za/1955%20VOL%20XXIX%20Jul-Dec/Articles/03%20September/1.4%20IMMUNIZATION%20OF%20POLIOMYELITIS%20-%20A%20REVIEW.%20R.%20Turner.pdf

[113] *"A combination of poliomyelitis virus and specific human serum is effective for the production of active immunity."* Zitiert aus BRODIE, MAURICE, AND GOLDBLOOM, ALTON "ACTIVE IMMUNIZATION AGAINST POLIOMYELITIS IN MONKEYS", J Exp Med. May 31, 1931; 53(6): 885–893. Nachzulesen auf http://www.ncbi.nlm.nih.gov/pmc/articles/PMC2132035/

Siehe auch Brodie, M. *"Virus-serum combinations produce an appreciable immunity, providing just sufficient serum is used to protect the animal from paralysis. If there is an excess of serum, the degree of immunity is considerably reduced."* Zitiert aus BRODIE, MAURICE "ACTIVE IMMUNIZATION AGAINST POLIOMYELITIS", J Exp Med. Sep 30, 1932; 56(4): 493–505. Nachzulesen auf http://www.ncbi.nlm.nih.gov/pmc/articles/PMC2132179/pdf/493.pdf

[114] *"For the production of immunity, virus, preceded by serum administration, is probably less effective than when it is given simultaneously with, or before, the injection of serum."* Zitiert aus ebd.

[115] *„This work was aided by grants from the New York and Rockefeller Foundations […]"* Zitiert aus Brodie, Maurice "Attempts to Produce Poliomyelitis in Refractory Lab Animals." Experimental Biology and Medicine. 1 March 1935, nachzulesen auf http://ebm.sagepub.com/content/32/6/832.extract

„The vaccine is being made in the laboratories of the New York Department of Health, under the supervision of Doctor Brodie. The necessary funds are coming partly from the Warm Springs Foundation, …. The rest is being contributed by the Rockefeller Foundation and the New York Foundation." (H.d.A.) Zitiert aus „Specter of Paralysis Stalks Carolina - Science Has Weapons for the Battle With This Years Poliomyelitis Epidemics; New Vaccines Are Undergoing Their First Critical Tests", nachzulesen auf http://64.62.200.70/PERIODICAL/PDF/LiteraryDigest-1935jul20/15-16/ (Abruf 26.11.14)

[116] *„[…]; 6,100 toward the expenses of research on poliomyelitis at the Long Island College of Medicine, Brooklyn, under the direction of the Infantile Paralysis Commission;[…]"* Zitiert aus The Rockefeller Foundation „Annual Report 1934", S. 108, nachzulesen auf http://www.rockefellerfoundation.org/uploads/files/fa216ef6-b4f7-4a03-abc5-4434542f76c9-1934.pdf (Abruf 2611.14)

„This work was made possible by grants from the Rockefeller Foundation and the President's Birthday Commission for Infantile Paralysis Research." Zitat aus BRODIE, MAURICE, FISCHER, ALFRED E. AND STILLERMAN, MAXWELL „NEUTRALIZATION TESTS IN POLIOMYELITIS. SERA TAKEN DURING THE ACUTE AND CONVALESCENT STAGES OF THE DISEASE AND TESTED WITH A PASSAGE VIRUS AND A STRAIN ISOLATED DURING THE 1935 NEW YORK CITY OUTBREAK", J Clin Invest. May 1937; 16(3): 447–461. doi: 10.1172/JCI100870, nachzulesen auf http://www.ncbi.nlm.nih.gov/pmc/articles/PMC424883/

[117] „**Collection Historical Note** *From 1934 to 1937, the President's Birthday Ball Commission for Infantile Paralysis Research distributed proceeds from Franklin D. Roosevelt's birthday balls to medical researchers attempting to discover an effective immunization against poliomyelitis."* Zitat der President's Birthday Ball Commission For Infantile Paralysis Research Records, 1934-1937 Franklin D. Roosevelt Presidential Library & Museum, nachzulesen auf http://www.fdrlibrary.marist.edu/archives/collections/franklin/index.php?p=collections/findingaid&id=242&q=&rootcontentid=28002#id28002 (Abruf 26.11.14)

[118] *„At the onset of the epidemic California as a state and Los Angeles as a community appeared to be especially serum conscious, since the state and local health departments advocated its extensive use both for therapeutic and prophylactic purposes."* Zitiert aus Kessel, John F., Hoyt, Anson S., and Fisk, Roy T. "Use of Serum and the Routine and Experimental Laboratory Findings in the 1934 Poliomyelitis Epidemic", AMERICAN JOURNAL OF PUBLIC HEALTH, S. 1219, nachzulesen auf http://www.ncbi.nlm.nih.gov/pmc/articles/PMC1558945/pdf/amjphnation00923-0067.pdf

[119] *„The vaccine is being made in the laboratories of the New York Department of Health, under the supervision of Doctor Brodie. The necessary funds are coming partly from the Warm Springs Foundation, […]. The rest is being contributed by the Rockefeller Foundation and the New York Foundation."* Zitiert aus „Specter of Paralysis Stalks Carolina - Science Has Weapons for the Battle With This Years Poliomyelitis Epidemics; New Vaccines

Are Undergoing Their First Critical Tests", nachzulesen auf http://64.62.200.70/PERIODICAL/PDF/LiteraryDigest-1935jul20/15-16/ (Abruf 26.11.14)

120 *„At the end of 1935, they had realized a fifty thousand dollar increase in the principal fund for a little more than $153,650,000 in that fund. [...] But starting in 1936, a different pattern shows up. From the years 1936-1939 the trustees of the foundation invade principal and transfer $7,800,000 to the "Appropriations Account," resulting in a decrease in the value of the principal fund to a little over $146,000,000."* Zitiert aus Heckenlively, Kent, Mikovits, Judy „Plague: One Scientist's Intrepid Search for the Truth about Human Retroviruses and Chronic Fatigue Syndrome, Autism, and Other Diseases", S. 79, Skyhorse Publishing 2014

121 *„Of special interest in this connection is the group of employees who developed poliomyelitis, a certain percentage of whom received prophylactic serum."* Zitiert aus Kessel, John F., Hoyt, Anson S., and Fisk, Roy T. "Use of Serum and the Routine and Experimental Laboratory Findings in the 1934 Poliomyelitis Epidemic", AMERICAN JOURNAL OF PUBLIC HEALTH, S. 1219, nachzulesen auf http://www.ncbi.nlm.nih.gov/pmc/articles/PMC1558945/pdf/amjphnation00923-0067.pdf

122 *"At the Los Angeles County Hospital, where more than 300 nurses and physicians were vaccinated, [...]"* Zitiert aus BRODIE, MAURICE, AND PARK, WILLIAM H. "Active Immunization Against Poliomyelitis", S. 124, AMERICAN JOURNAL OF PUBLIC HEALTH Feb., 1936, nachzulesen auf http://ajph.aphapublications.org/doi/pdf/10.2105/AJPH.26.2.119

Siehe auch diese Quelle: *„Test of Vaccines - Last year, toward the end of the California epidemic, the Health Service administered doses of one of the new poliomyelitis vaccines developed in New York City by Dr. Maurice Brodie and Dr. William H. Park."* Zitiert aus „Specter of Paralysis Stalks Carolina - Science Has Weapons for the Battle With This Years Poliomyelitis Epidemics; New Vaccines Are Undergoing Their First Critical Tests", nachzulesen auf http://64.62.200.70/PERIODICAL/PDF/LiteraryDigest-1935jul20/15-16/ (Abruf 26.11.14)

123 *"Of the 198 patients. the history of prophylactic serum was unknown in 2; in the remaining 196 patients, 96 (49 percent) stated they had received no prophylactic serum and 100 patients stated they had received one or more doses. However, 15 of the latter patients received serum after the onset of illness, and 4 patients on the same day as the onset. The remaining 81 cases (41 percent) received serum as a prophylactic on 1 or more days prior to the onset of illness. The kind and amount of serum used in each patient, except in a few instances, was not known by the patients."* Zitiert aus Gilliam, A.G. „EPIDEMIOLOGICAL STUDY OF AN EPIDEMIC, DIAGNOSED AS POLIOMYELITIS, OCCURING AMOUNG THE PERSONNEL OF THE LOS ANGELES COUNTY GENERALHOSPITAL DURING THE SUMMER OF 1934", S. 89, siehe auch S. 71ff, United States Public Health Service, nachzulesen auf http://babel.hathitrust.org/cgi/pt?id=mdp.39015022082260;view=1up;seq=617 (Abruf 9.11.14) und http://hdl.handle.net/2027/mdp.39015022082260?urlappend=%3Bseq=617 (Abruf 9.11.14)

"Of the 100 who had, 15 received it after the onset of illness and 4 on the day of onset, leaving 81 who had injections one or more days before onset." Zitiert aus Boyd, T.E. „IMMUNIZATION AGAINST POLIOMYELITIS", S. 435, Bacteriological Reviews, volume 17, National Foundation for Infantile Paralysis, Inc., New York City, nachzulesen auf http://europepmc.org/backend/ptpmcrender.fcgi?accid=PMC182568&blobtype=pdf (Abruf 26.11.14)

124 *"The attack rate was considerably higher among those receiving prophylactic serum than among those who did not (14.0 compared to 9.7% in the C.D. unit, 6.8 compared to 1.7% among all employees)."* Zitiert aus Boyd, T.E. „IMMUNIZATION AGAINST POLIOMYELITIS", S. 435, Bacteriological Reviews, volume 17, National Foundation for Infantile Paralysis, Inc., New York City, nachzulesen auf http://europepmc.org/backend/ptpmcrender.fcgi?accid=PMC182568&blobtype=pdf (Abruf 26.11.14)

"In fact the percentage of those developing poliomyelitis is higher among those who received serum than among those who received not." (In diesem Bericht wurde die neue Krankheit noch mit der Poliomyelitis verwechselt. Auch in diesem vorläufigen Bericht vom September 1934 ist wohlweislich von einem Vakzin nicht die Rede.) Zitat aus Kessel, John F., Hoyt, Anson S., and Fisk, Roy T. "Use of Serum and the Routine and

Experimental Laboratory Findings in the 1934 Poliomyelitis Epidemic", S. 1219, AMERICAN JOURNAL OF PUBLIC HEALTH, nachzulesen auf http://www.ncbi.nlm.nih.gov/pmc/articles/PMC1558945/pdf/amjphnation00923-0067.pdf

125 *"Prophylactic convalescent serum apparently failed to afford any marked degree of passive immunity for, of 207 of the hospital personnel thus injected, 48, or 23 per cent contracted the disease within 3 weeks. This incidence is far above the average for the population at large. These patients were, on the average, far the sickest of any group, and remained longest in the hospital."* Zitiert aus BOWER, A. G., MEALS, R.W., BIGLER, MARY, EWING, JOHN, AND HAUSER, VERNON "Clinical Features of Poliomyelitis in Los Angeles", American Journal of Public Health 1934, S. 1211, nachzulesen auf http://ajph.aphapublications.org/doi/pdf/10.2105/AJPH.24.12.1210

126 *„[...]Gilliam told Dr. Shelokov that he had been "stymied by his superiors from telling the whole story"[...]"* Zitiert aus Hyde, Byron Marshall "The Clinical and Scientific Basis of Myalgic Encephalomyelitis/Chronic Fatigue Syndrome." S.120f, Nightingale Research Foundation. Canada 1992

127 *""In the original document he [Gilliam] said it was caused by this immunization and it was a human transfer of infectious material, so it was actually a great experiment. He had a huge fight with the head of the public health system of the United States and the fight went on for almost six months. Finally, it was agreed that he would be allowed to publish it, as long as they took out the immunization section – because if you put the immunization in, it would set back all Americans on immunizations for years and cause the death of many, many people. I think it was the theory then and it still is today. As a physician you cannot say anything negative about immunization, even if it's causing problems -- and they do.""* Dr. Byron Marshall Hyde, zitiert von Heckenlively, Kent, Mikovits, Judy in „Plague: One Scientist's Intrepid Search for the Truth about Human Retroviruses and Chronic Fatigue Syndrome, Autism, and Other Diseases", S. 72, Skyhorse Publishing 2014

128 *„Last year, toward the end of the California epidemic, the Health Service administered doses of one of the new poliomyelitis vaccines developed in New York City by Dr. Maurice Brodie and Dr. William H. Park."* Zitat aus „Specter of Paralysis Stalks Carolina - Science Has Weapons for the Battle With This Years Poliomyelitis Epidemics; New Vaccines Are Undergoing Their First Critical Tests", nachzulesen auf http://64.62.200.70/PERIODICAL/PDF/LiteraryDigest-1935jul20/15-16/ (Abruf 26.11.14)

129 *„The incidence among County Hospital employees was 4.5 percent [...]"* Zitiert aus Gilliam, A.G. „EPIDEMIOLOGICAL STUDY OF AN EPIDEMIC, DIAGNOSED AS POLIOMYELITIS, OCCURING AMOUNG THE PERSONNEL OF THE LOS ANGELES COUNTY GENERALHOSPITAL DURING THE SUMMER OF 1934", S. 49, United States Public Health Service, nachzulesen auf http://babel.hathitrust.org/cgi/pt?id=mdp.39015022082260;view=1up;seq=617 (Abruf 9.11.14) und http://hdl.handle.net/2027/mdp.39015022082260?urlappend=%3Bseq=617 (Abruf 9.11.14)

130 Shelokov, Alexis et al. „Epidemic Neuromyasthenia – An Outbreak of Poliomyelitislike Illness in Student Nurses", N Engl J Med 1957; 257:345-355, nachzulesen auf http://www.nejm.org/doi/pdf/10.1056/NEJM195708222570801

131 *""I had never **seen** anything like this, never **heard** anything like this.""* Zitiert aus Johnson, Hillary „Osler's Web: Inside the Labyrinth of the Chronic Fatigue Syndrome Epidemic", S. 199f, Penguin Books 1997

132 Shelokov, Alexis et al., „Epidemic Neuromyasthenia – An Outbreak of Poliomyelitislike Illness in Student Nurses", N Engl J Med 1957; 257:345-355, nachzulesen auf http://www.nejm.org/doi/pdf/10.1056/NEJM195708222570801

Teil I Die Fakten/Kapitel I Einführung/4 Eine Krankheit – viele Namen

133 Zu den ME-Epidemien und ihren jeweiligen Krankheitsbezeichnungen siehe "Reference index of papers published on epidemics of ME 1934-80 (collected by Dr J. Gordon Parish)", MERGE, auf http://www.institutferran.org/documentos/Documentos_MERGE/ResearchPublicationsonMEepidemics.pdf (Abruf 25.11.14)

Siehe auch „National Alliance for Myalgic Encephalomyelitis" auf http://www.name-us.org/ResearchPages/ResEpidemic.htm#M.E._Epidemics. (Abruf 25.11.14)

Siehe auch Acheson, E.D. „The Clinical Syndrome Variously Called Benign Myalgic Encephalomyelitis, Iceland Disease and Epidemic Neuromyasthenia", reprinted from American Journal of Medicine, Vol. 26, Issue 4, Pages 569–595, Copyright (1959),
with permission from Excerpta Medica. http://www.sciencedirect.com/science/journal/00029343, nachzulesen auf http://www.meresearch.org.uk/wp-content/uploads/2012/11/Acheson_AmJMed.pdf (Abruf 26.11.14)

134 *"Gilliam called the outbreak "atypical poliomyelitis" and described the symptoms as: rapid muscle weakness, vasomotor instability, clonic twitches and cramps, ataxia, severe pain (usually aggravated by exercise), neck and back stiffness, menstrual disturbance and dominant sensory involvement."* Zitiert aus Wikipedia, Stichwort „History of chronic fatigue syndrome" auf http://en.wikipedia.org/wiki/History_of_chronic_fatigue_syndrome (Abruf 26.11.14)

135 Schmerzen im Bereich des Rippenfells, siehe Wikipedia, Stichwort „Pleurodynie", nachzulesen auf http://de.wikipedia.org/wiki/Pleurodynie (Abruf 26.11.14)

136 Vgl. "Leading Article. A new clinical entity? " Lancet 1: 789, 1956. Nachzulesen auf http://www.name-us.org/DefintionsPages/DefinitionsArticles/Lancet1956.pdf (Abruf 26.11.14)

137 THE MEDICAL STAFF OF THE ROYAL FREE HOSPITAL "AN OUTBREAK OF ENCEPHALOMYELITIS IN THE ROYAL FREE HOSPITAL GROUP, LONDON, IN 1955", British Medical Journal 1957, nachzulesen auf http://www.ncbi.nlm.nih.gov/pmc/articles/PMC1962472/pdf/brmedj03125-0013.pdf

"From the patient's point of view the designation benign is also misleading, since the illness may be devastating." Zitiert aus Richardson, John "Epidemic myalgic encephalomyelitis", BRITISH MEDICAL JOURNAL 3 JUNE 1978, nachzulesen auf http://www.ncbi.nlm.nih.gov/pmc/articles/PMC1604957/pdf/brmedj00128-0006b.pdf

138 *"The third component of the diagnostic triad of myalgic encephalo- myelitis relates to cerebral activity. Impairment of memory and inability to concentrate are features in every case. Many report difficulty in saying the right word and are conscious of the fact that they continue to say the wrong one, for example 'cold' when they mean 'hot'. Others find that they start a sentence but cannot complete it, while some others have difficulty compre- hending the written or spoken word. A complaint of acute hyperacusis is not infrequent; this can be quite intolerable but alternates with periods of normal hearing or actual deafness. Vivid dreams generally in colour are reported by persons with no previous experience of such a phenomenom. Emotional lability is often a feature in a person of previous stable person- ality, while sudden bouts of uncontrollable weeping may occur. Impairment of judgement and insight in severe cases completes the 'encephalitic' component of the syndrome."* Zitiert aus Ramsay, A. Melvin "MYALGIC ENCEPHALOMYELITIS : A Baffling Syndrome With a Tragic Aftermath." Infectious Diseases Dept, Royal Free Hospital 1986, nachzulesen auf http://meactionuk.org.uk/ramsey.html (Abruf 26.03.15)

139 *„**1. Name: Myalgic encephalomyelitis**, a name that originated in the 1950s, is the most accurate and appropriate name because it reflects the underlying multi-system pathophysiology of the disease."* Zitiert aus Carruthers BM, van de Sande MI et al. "MYALGIC ENCEPHALOMYELITIS – Adult & Paediatric: International Consensus Primer for Medical Practitioners", S. ii, nachzulesen auf http://www.me-ireland.com/ICC%20primer.pdf (Abruf 26.11.14)

Siehe auch: *"[…]the cardinal clinical features show that the disorder is an encephalomyelitis;[…]"*, zitiert aus Richardson, John "Epidemic myalgic encephalomyelitis", BRITISH MEDICAL JOURNAL 3 JUNE 1978, nachzulesen auf http://www.ncbi.nlm.nih.gov/pmc/articles/PMC1604957/pdf/brmedj00128-0006b.pdf

Vgl. auch Carruthers, B M, van de Sande, M I [...], and Stevens, S „Myalgic Encephalomyelitis: International Consensus Criteria", Journal of INTERNAL MEDICINE Oct 2011, Review nachzulesen auf http://onlinelibrary.wiley.com/doi/10.1111/j.1365-2796.2011.02428.x/pdf oder auf http://www.ncbi.nlm.nih.gov/pmc/articles/PMC3427890/ und auf http://www.meassociation.org.uk/?p=7173 (Abruf 25.11.14)

140 Vgl. Hooper, Malcolm „The Terminology of ME & CFS": *"**1988** In conjunction with the University of Pittsburgh, the US NIAID held a large research workshop called "Consideration of the Design Studies of Chronic Fatigue Syndrome". There were participants from the Centres for Disease Control and from the National Institutes of Health. One of the presentations was by Dr Sandra Daugherty, who reported that MRI scans on patients demonstrated abnormalities consistent with demyelination and cerebral oedema in 57% of patients studied. (It was at this conference that it was recommended that the term "CFIDS" be used instead of the term "CFS" on the basis of the immune dysfunction that had been observed in the disorder). **1989** Detection of Viral-Related Sequences in CFS Patients using Polymerase Chain Reaction W.John Martin (Nightingale Research Foundation: 1989: 1-5 **1990** Chronic Fatigue Syndrome and the Psychiatrist SE Abbey, PE Garfinkel Canadian Journal of Psychiatry 1990:35:7:625-626 **1992** A Chronic Illness Characterised by Fatigue, Neurologic and Immunologic Disorders, and Active Human Herpesvirus Type 6 Infection D Buchwald, PR Cheney, R Gallo, AL Komaroff et al Annals of Internal Medicine 992:116:2:103 This paper states "Magnetic resonance scans of the brain showed punctate, subcortical areas of high signal intensity consistent with oedema or demyelination in 78% of patients" **1994** Detection of Intracranial Abnormalities in Patients with Chronic Fatigue Syndrome: Comparison of MR Imaging and SPECT. RB Schawrtz, BM Garada American Journal of Roentgenology 1994:162:935-941 **1995** Pathophysiology of a Central Cause of Post-Polio Fatigue Richard Bruno et al Annals of the New York Academy of Sciences 1995:753:257-275 **1997** A 56-year old woman with chronic fatigue syndrome Anthony J Komaroff JAMA 1997:278:14:1179-1184)"* Nachzulesen auf http://www.investinme.org/Article%20010-Encephalopathy%20Hooper.htm (Abruf 27.11.14)

141 Vgl. auch Dr. Abhijit Chaudhuris Vortrag am 11. Juli 2009 vor der Royal Society of Medicine über die von ihm durchgeführten Autopsien an 3 Patienten die an ME/CFS gestorben waren. Er zeigte Beweise für das Vorliegen von Entzündungen im Rückenmark resp. Spinalganglion dieser Patienten. *„He [Dr Abhijit Chaudhuri] showed slides from autopsy studies of the dorsal root ganglia, (the part of the nervous system which controls sensory messages going up to the brain) of several young ME patients who have died recently. This showed ganglionitis."* Zitiert aus Ross, Cath "'Medicine and Me : ME and CFS Hearing The Patient Voice' Conference organised by The Royal Society of Medicine, July 11th 2009", nachzulesen auf [DOC] Conference News - 25% ME Group (Abruf 27.11.14)

„Evidence from autopsies of people who have died from ME/CFS is chilling. In Sophia Mirza's case (a 32 year old woman sectioned by psychiatrists who alleged that she was suffering from a mental disorder so she was kept in a locked ward and, according to her mother's evidence, denied basic care), there was evidence of severe inflammation throughout 75% of her spinal cord. This was one of three such autopsies spoken about by Dr Abhijit Chaudhuri at the Royal Society of Medicine meeting on 11th July 2009 (…)." Zitiert aus Hooper, Malcolm „MAGICAL MEDICINE: HOW TO MAKE A DISEASE DISAPPEAR", Abschnitt "ME/CFS causes death", S. 15ff, nachzulesen auf http://www.meactionuk.org.uk/magical-medicine.pdf (Abruf 27.11.14)

142 Nakatomi Y, Mizuno K, Ishii A, Wada Y, Tanaka M, Tazawa S, Onoe K, Fukuda S, Kawabe J, Takahashi K, Kataoka Y, Shiomi S, Yamaguti K, Inaba M, Kuratsune H, Watanabe Y "Neuroinflammation in Patients with Chronic Fatigue Syndrome/Myalgic Encephalomyelitis: An 11C-(R)-PK11195 PET Study." J Nucl Med. 2014 Mar 24., Abstract nachzulesen auf http://www.ncbi.nlm.nih.gov/pubmed/24665088

143 Zeineh, Michael M., Montoya, Jose G. et al. "Right Arcuate Fasciculus Abnormality in Chronic Fatigue Syndrome", Radiology, 2014, DOI: http://dx.doi.org/10.1148/radiol.14141079, Abstract nachzulesen auf http://pubs.rsna.org/doi/abs/10.1148/radiol.14141079

Siehe auch „Study finds brain abnormalities in chronic fatigue patients", nachzulesen auf http://med.stanford.edu/news/all-news/2014/10/study-finds-brain-abnormalities-in-chronic-fatigue-patients.html (Abruf 27.11.14)

„Chronic fatigue syndrome is real, researchers say", nachzulesen auf http://edition.cnn.com/2014/10/30/health/chronic-fatigue-syndrome/index.html (Abruf 27.11.14)

„Anomalien im Gehirn von CFS-Patienten entdeckt Diagnose des Chronischen Erschöpfungssyndroms könnte künftig leichter werden", nachzulesen auf http://www.scinexx.de/wissen-aktuell-18170-2014-10-29.html (Abruf 27.11.14)
„Neuro-Forschung: Erschöpfungssyndrom zeigt sich im Gehirn", nachzulesen auf http://www.spiegel.de/wissenschaft/medizin/neuroforschung-erschoepfungssyndrom-zeigt-sich-im-gehirn-a-999990.html (27.11.14)

[144] *"CFS involves an insult to the midbrain, which suppresses levels of motor and cognitive activity, and affects multiple regulatory feedback loops to disrupt local CNS homeostasis in parts of the central autonomic network and elsewhere. The suppressed cerebral activity could contribute to the chronic fatigue and impaired cognitive function that characterize the syndrome."* Barnden, Leighton R. et al. "A brain MRI study of chronic fatigue syndrome: evidence of brainstem dysfunction and altered homeostasis", NMR in Biomedicine, Volume 24, Issue 10, pages 1302–1312, December 2011, nachzulesen auf http://onlinelibrary.wiley.com/doi/10.1002/nbm.1692/full

[145] *"The severity-dependent elevation of myelination in the internal capsule and prefrontal WM reported here, together with midbrain volume loss and midbrain neuroinflammation in CFS reported elsewhere [4, 5], suggest that these midbrain changes are associated with impaired midbrain nerve conduction."* Zitiert aus Barnden, Leighton R, Crouch, Benjamin, Kwiatek, Richard, Burnet, Richard and Del Fante, Peter "Evidence in chronic fatigue syndrome for severity-dependent upregulation of prefrontal myelination that is independent of anxiety and depression", NMR in Biomedicine, Volume 28, Issue 3, pages 404–413, March 2015, published online: 22 FEB 2015, DOI: 10.1002/nbm.3261, nachzulesen auf http://onlinelibrary.wiley.com/doi/10.1002/nbm.3261/full

[146] Peterson, D., Brenu, E.W., Gottschalk, G., Ramos, S., Nguyen, T., Staines, D., and Marshall-Gradisnik, S. "Cytokines in the Cerebrospinal Fluids of Patients with Chronic Fatigue Syndrome/Myalgic Encephalomyelitis" Mediators of Inflammation Volume 2015 (2015), Article ID 929720, 4 pages http://dx.doi.org/10.1155/2015/929720, nachzulesen auf http://www.hindawi.com/journals/mi/2015/929720/

[147] ***„8. Immunologische Manifestationen** [...], und bei Autopsien hat man virale Infektionen im Gehirn gefunden."* Zitiert aus Carruthers, Bruce M., van de Sande, Marjorie I. „Myalgische Enzephalomyelitis/Chronic Fatigue Syndrom: Klinische Falldefinition und Leitfaden für Ärzte – Ein Überblick über das Kanadische Konsensusdokument", S. 7, in der Übersetzung von Regina Clos auf http://www.cfs-aktuell.de/Konsensdokument.pdf (Abruf 13.11.14)

[148] Die überwiegend fäkal-oral übertragenen Enteroviren gehören zur Gattung der Familie Picornaviridae. Dazu zählen z.B. das Poliovirus, Coxsackie-Virus, ECHO-Virus und die Humanen Enteroviren mit ihren Subtypen Humanes Enterovirus 70 und Humanes Enterovirus 71. Es gibt mehr als 60 Serotypen. Siehe Wikipedia, Stichwort „Enterovirus" auf http://de.wikipedia.org/wiki/Enterovirus (Abruf 27.11.14)

Siehe auch "Merkblatt Enteroviren" auf http://www.nlga.niedersachsen.de/portal/live.php?navigation_id=6627&article_id=19312&_psmand=20 (Abruf 27.11.14)

[149] Mit Sequenz ist die Abfolge von Nukleinsäuren wie der Desoxyribonukleinsäure (DNA), der permanente Speicher der Erbinformation, und der Ribonukleinsäure (RNA), Zwischenspeicher der genetischen Informationen, gemeint. Nur RNA-Viren, zu denen die Enteroviren zählen, nutzen die RNA anstelle der DNA als permanentes Speichermedium. Siehe Wikipedia, Stichwort „DNA-Sequenzierung" auf http://de.wikipedia.org/wiki/DNA-Sequenzierung (Abruf 27.11.14)

Siehe auch Wikipedia, Stichwort „Ribonukleinsäure" auf http://de.wikipedia.org/wiki/Ribonukleins%C3%A4ure
Stichwort „Virus-Taxonomie" auf http://de.wikipedia.org/wiki/Virus-Taxonomie Stichwort „Nukleinsäuren" auf http://de.wikipedia.org/wiki/Nukleins%C3%A4uren (Alle Abruf 27.11.14)

[150] Siehe Hooper, Malcolm „MAGICAL MEDICINE: HOW TO MAKE A DISEASE DISAPPEAR", Abschnitt "ME/CFS causes death", S. 15ff, nachzulesen auf http://www.meactionuk.org.uk/magical-medicine.pdf (Abruf 27.11.14)

[151] Siehe Erica Verrillos Interview mit Dr. Judy Mikovits auf Prohealth, nachzulesen auf http://www.prohealth.com/library/showarticle.cfm?libid=18960 (Abruf 27.11.14)

[152] Siehe dazu auch Jason, Leonard A., Richman, Judith A. "How Science Can Stigmatize: The Case of Chronic Fatigue Syndrome", Journal of Chronic Fatigue Syndrome, Vol. 14(4),2007, Abstract nachzulesen auf http://informahealthcare.com/doi/abs/10.3109/10573320802092146 (Abruf 27.11.14)

[153] Siehe z.B. ICD-Code „F 32.- Depressive Episode" auf http://www.icd-code.de/icd/code/F32.3.html (Abruf 27.11.14) oder http://www.hilfe-gegen-depressionen.de/symptome-depressionen/chronische-mudigkeit-abgeschlagenheit-symptome-einer-depression-chronic-fatigue.php (Abruf 27.11.14)

[154] Zum Begriff der „Central Fatigue" siehe Chaudhuri, Abhijit „Fatigue in neurological disorders", Lancet 2004, nachzulesen auf http://www.thelancet.com/journals/lancet/article/PIIS0140-6736(04)15794-2/abstract

[155] Zur PEM siehe z.B. Meyer, Jacob D., Light, Alan R., [...] & Cook, Dane B. „Post-exertion malaise in chronic fatigue syndrome: symptoms and gene expression", Fatigue: Biomedicine, Health & Behavior, Volume 1, Issue 4, 2013, DOI: 10.1080/21641846.2013.838444, Abstract nachzulesen auf http://www.tandfonline.com/doi/full/10.1080/21641846.2013.838444#.UlVCjdLxqnI

[156] Twisk, Frank N.M. "The status of and future research into Myalgic Encephalomyelitis and Chronic Fatigue Syndrome: the need of accurate diagnosis, objective assessment, and acknowledging biological and clinical subgroups", Front. Physiol., 27 March 2014, doi: 10.3389/fphys.2014.00109, nachzulesen auf http://journal.frontiersin.org/Journal/10.3389/fphys.2014.00109/full

[157] Fukuda et al."The Chronic Fatigue Syndrome: A Comprehensive Approach to Its Definition and Study", Annals of Internal Medicine, Volume 121, Number 12, 1994, nachzulesen auf http://www.ncf-net.org/patents/pdf/Fukuda_Definition.pdf (Abruf 27.11.14)

[158] Carruthers, Bruce M., van de Sande, Marjorie I. „Myalgische Enzephalomyelitis/Chronic Fatigue Syndrom: Klinische Falldefinition und Leitfaden für Ärzte – Ein Überblick über das Kanadische Konsensusdokument", in der Übersetzung von Regina Clos auf http://www.cfs-aktuell.de/Konsensdokument.pdf (Abruf 13.11.14)

Carruthers, B M, van de Sande, M I [...], and Stevens, S „Myalgic Encephalomyelitis: International Consensus Criteria", Journal of INTERNAL MEDICINE Oct 2011, Review nachzulesen auf http://onlinelibrary.wiley.com/doi/10.1111/j.1365-2796.2011.02428.x/pdf oder auf http://www.ncbi.nlm.nih.gov/pmc/articles/PMC3427890/ und auf http://www.meassociation.org.uk/?p=7173 (Abruf 25.11.14)

[159] Twisk, Frank N. M. "The status of and future research into Myalgic Encephalomyelitis and Chronic Fatigue Syndrome: the need of accurate diagnosis, objective assessment, and acknowledging biological and clinical subgroups", Front. Physiol., 27 March 2014 | doi: 10.3389/fphys.2014.00109, nachzulesen auf http://journal.frontiersin.org/Journal/10.3389/fphys.2014.00109/full

[160] Siehe dazu den öffentlichen Kommentar von Jerrold Spinhirne zum CFSAC-Meeting im Dezember 2014, 9. Nov. 2014, nachzulesen auf http://www.cfstreatmentguide.com/blog/category/cfsac (Abruf 18.12.14)

[161] *„Prevalence rates of ME (Carruthers et al., 2011) remain to be investigated, but based upon (Nacul et al., 2011; Jason et al., 2012b; Maes et al., 2012a; Brenu et al., 2013)* ***it is estimated that 30–50% of the subjects meeting the CFS (Fukuda et al., 1994) criteria fulfill the more stringent criteria for ME (Carruthers et al., 2011).****"* (H.d.A.) Zitiert aus Twisk, Frank N. M. "The status of and future research into Myalgic Encephalomyelitis and Chronic Fatigue Syndrome: the need of accurate diagnosis, objective assessment, and acknowledging biological and clinical subgroups", Front. Physiol., 27 March

2014 | doi: 10.3389/fphys.2014.00109, nachzulesen auf http://journal.frontiersin.org/Journal/10.3389/fphys.2014.00109/full

162 Spinhirne, Jerrold „Why There Is an Urgent Need to Widely Distribute the Myalgic Encephalomyelitis International Consensus Primer to Doctors", December 17, 2014, nachzulesen auf http://twenty-years-and-counting.blogspot.de/2014/12/myalgic-encephalomyelitis-international.html?spref=fb (Abruf 18.12.14)

163 Siehe Jason, Leonard A., Richman, Judith A. "How Science Can Stigmatize: The Case of Chronic Fatigue Syndrome", Journal of Chronic Fatigue Syndrome, Vol. 14(4),2007, Abstract nachzulesen auf http://informahealthcare.com/doi/abs/10.3109/10573320802092146 (Abruf 27.11.14)

Teil I Die Fakten/Kapitel I Einführung/5 Ätiologie

164 Obwohl die Ursache von ME weiterhin im Dunkeln bleibt, kann man von einer Krankheit sprechen, da die WHO der ME durch ihre Einordnung unter die neurologischen Krankheiten eine eigenständige Krankheitsentität zugebilligt hat. Es wäre wissenschaftlich „überkorrekt" nur von einem „klinischen Syndrom" und nicht von einer „Krankheit" zu sprechen, denn die Ätiologie vieler Krebserkrankungen ist ebenso ungeklärt, wobei Krebs allgemein als Krankheit anerkannt ist und keineswegs als Syndrom bezeichnet wird. Dennoch äußern sich einige ME-Spezialisten in diesem Punkt sehr vorsichtig. Siehe z.B. hier:
„It is safe to say that the aetiology of ME/CFS remains uncertain and until research establishes the answer, it is best to regard it as a clinical syndrome rather than a disease." Zitat aus Speight, Nigel "Myalgic encephalomyelitis/chronic fatigue syndrome: Review of history, clinical features, and controversies", Saudi Journal of Medicine and Medical Sciences, 2013, nachzulesen auf http://www.prohealth.com/library/showarticle.cfm?libid=18154 (Abruf 27.11.14) oder http://www.sjmms.net/article.asp?issn=1658-631X;year=2013;volume=1;issue=1;spage=11;epage=13;aulast=Speight

Dr. Byron Hyde hingegen unterscheidet zwischen ME und CFS. ME sei eine klar definierte Krankheit: ***"M.E. is a clearly defined disease process. CFS by definition has always been a syndrome."*** (H.d.A.) Zitiert aus Hyde, Byron Marshall "The Nightingale Definition of Myalgic Encephalomyelitis (M.E.)", nachzulesen auf http://www.nightingale.ca/documents/Nightingale_ME_Definition_en.pdf (Abruf 27.11.14)

165 Carruthers, Bruce M., van de Sande, Marjorie I. „Myalgische Enzephalomyelitis/Chronic Fatigue Syndrom: Klinische Falldefinition und Leitfaden für Ärzte – Ein Überblick über das Kanadische Konsensusdokument", in der Übersetzung von Regina Clos auf http://www.cfs-aktuell.de/Konsensdokument.pdf (Abruf 13.11.14)

166 Siehe Carruthers, B M, van de Sande, M I [...], and Stevens, S „Myalgic Encephalomyelitis: International Consensus Criteria", Journal of INTERNAL MEDICINE Oct 2011, Review nachzulesen auf http://onlinelibrary.wiley.com/doi/10.1111/j.1365-2796.2011.02428.x/pdf oder auf http://www.ncbi.nlm.nih.gov/pmc/articles/PMC3427890/ und auf http://www.meassociation.org.uk/?p=7173 (Abruf 25.11.14)

167 Opportunistische Infektionen sind zusätzliche Infektionen, die sich bei Menschen mit Primärerkrankungen, die mit einem geschwächten Immunsystem einhergehen, ausbreiten. Siehe Wikipedia, Stichwort "Opportunistischer Erreger", nachzulesen auf http://de.wikipedia.org/wiki/Opportunistischer_Erreger (Abruf 27.11.14)

168 *"It is unclear whether these infectious agents initiated ME or are opportunistic and developed due to an impaired immune system."* Zitiert aus Carruthers BM, van de Sande MI et al. "MYALGIC ENCEPHALOMYELITIS – Adult & Paediatric: International Consensus Primer for Medical Practitioners", S. 2, nachzulesen auf http://www.me-ireland.com/ICC%20primer.pdf (Abruf 26.11.14)

169 Agmon-Levin N, Zafrir Y, Kivity S, Balofsky A, Amital H, Shoenfeld Y. „Chronic fatigue syndrome and fibromyalgia following immunization with the hepatitis B vaccine: another angle of the

'autoimmune (auto-inflammatory) syndrome induced by adjuvants' (ASIA)." Immunol Res. 2014 Nov 27. Abstract nachzulesen auf http://www.ncbi.nlm.nih.gov/pubmed/25427994

Colafrancesco S, Perricone C, Tomljenovic L, Shoenfeld Y. „Human papilloma virus vaccine and primary ovarian failure: another facet of the autoimmune/inflammatory syndrome induced by adjuvants." Am J Reprod Immunol.2013 Oct;70(4):309-16. doi: 10.1111/aji.12151. Epub 2013 Jul 31. Abstract nachzulesen auf http://www.ncbi.nlm.nih.gov/pubmed/23902317

Siehe auch Jones, Doris M. „ME and Vaccinations", First published by YOGA & HEALTH March 1997, nachzulesen auf http://www.investinme.org/InfoCentre-vaccines-popup-1.htm (Abruf 9.01.15)

Siehe auch England, Christina „Secret Papers Reveal Funding Refused to Researchers Looking Into Link Between Chronic Fatigue Syndrome and Vaccinations", October 2012, nachzulesen auf http://vactruth.com/2012/10/06/chronic-fatigue-syndrome-vaccinations/ (Abruf 9.01.15)

[170] Prof. Dr. med. Huber, Wolfgang „Zur Diagnostik und Therapie des CFS", nachzulesen auf http://www.cfs-aktuell.de/Huber.pdf (Abruf 27.11.14)

[171] *„In this group, 752 patients fulfilled the CDC criteria for CFS (Fuduka, 1994). Of those CFS patients, 34 (4.5%) have a common factor in their past medical history that immediately preceded the onset of their CFS. These patients had received a blood transfusion a few days to a week prior to developing a flu-like syndrome that later proved to be the acute onset of their CFS. Another 8 patients also received a blood transfusion but their illness only started at least two months later, so that we cannot take these patients into our calculations."* Zitiert aus K. De Meirleir, P. De. Becker, I. Campine „Blood Transfusion and Chronic Fatigue Syndrome". Presented at the Sydney February 1999 CFS Conference. Nachzulesen auf http://www.sdnl.nl/syndrome.htm#Blood oder auf http://www.mecfs-vic.org.au/sites/www.mecfs-vic.org.au/files/Article-1999deMeirleir-Blood.pdf oder auf http://www.masscfids.org/resource-library/3-research/119-can-blood-transfusions-cause-cfids-?format=pdf (Abruf 13.12.14)

Zu Schimmelpilzbelastung als Auslöser einer ME siehe „**Paradigm Change** INFORMATION ABOUT THE ROLE OF MOLD' TOXINS IN M.E. AND RELATED ILLNESSES", http://www.paradigmchange.me/ (Abruf 27.11.14)

[172] Kerr JR et al "Gene expression subtypes in patients with chronic fatigue syndrome/myalgic encephalomyelitis." J Infect Dis. 2008 Apr 15;197(8):1171-84. doi: 10.1086/533453. Abstract nachzulesen auf http://www.ncbi.nlm.nih.gov/pubmed/18462164 Volltext auf http://jid.oxfordjournals.org/content/197/8/1171.long.

Siehe auch Goertzel BN, Pennachin C, de Souza Coelho L, Gurbaxani B, Maloney EM, Jones JF "Combinations of single nucleotide polymorphisms in neuroendocrine effector and receptor genes predict chronic fatigue syndrome." Pharmacogenomics. 2006 Apr;7(3):475-83., Abstract nachzulesen auf http://www.ncbi.nlm.nih.gov/pubmed/16610957

Siehe auch Kaushik N, Fear D, Richards SCM, et al. "Gene expression in peripheral blood mononuclear cells from patients with chronic fatigue syndrome". J Clin Pathol 58:826832, 2005, nachzulesen auf http://www.ncbi.nlm.nih.gov/pmc/articles/PMC1770875/

[173] Schnakenberg, Eckart „CFS - Gibt es eine genetische Ursache?", Zusammenfasssung des Vortrags von Regina Clos, Januar 2011, nachzulesen auf http://www.cfs-aktuell.de/januar11_2.htm (Abruf 27.11.14)

[174] *„It is safe to say that the aetiology of ME/CFS remains uncertain and until research establishes the answer, it is best to regard it as a clinical syndrome rather than a disease."* Zitiert aus Speight, Nigel "Myalgic encephalomyelitis/chronic fatigue syndrome: Review of history, clinical features, and controversies", Saudi Journal of Medicine and Medical Sciences, 2013, nachzulesen auf http://www.prohealth.com/library/showarticle.cfm?libid=18154 (Abruf 27.11.14) oder

http://www.sjmms.net/article.asp?issn=1658-631X;year=2013;volume=1;issue=1;spage=11;epage=13;aulast=Speight

Doch zur nosologischen Entität gibt es auch andere wissenschaftlichen Ansichten: *"At a symposium held recently at the Royal Society of Medicine to discuss the disease and plan research there was clear agreement that myalgic encephalomyelitis is a distinct nosological entity."* Zitat aus "Epidemic myalgic encephalomyelitis", BRITISH MEDICAL JOURNAL 3 JUNE 1978, nachzulesen auf http://www.ncbi.nlm.nih.gov/pmc/articles/PMC1604957/pdf/brmedj00128-0006b.pdf

[175] *"[…], the WHO accepted it as a recognizable disease entity and placed it in the section on Neurology."* Zitat aus Speight, Nigel "Myalgic encephalomyelitis/chronic fatigue syndrome: Review of history, clinical features, and controversies", Saudi Journal of Medicine and Medical Sciences, 2013, nachzulesen auf http://www.prohealth.com/library/showarticle.cfm?libid=18154 (Abruf 27.11.14) oder http://www.sjmms.net/article.asp?issn=1658-631X;year=2013;volume=1;issue=1;spage=11;epage=13;aulast=Speight

[176] Phase-III-Studien dienen dem Nachweis von Wirksamkeit und Verträglichkeit des Prüfpräparats, der Nutzen-Risiko-Abwägung, der Erfassung von auch weniger häufigen Nebenwirkungen und der Optimierung der Dosierung. Teilnehmer von Phase-III-Studien werden stets intensiv medizinisch betreut. Klinische Studien der Phase III arbeiten stets mit einer oder mehreren Kontrollgruppen. Die Wirksamkeit des Prüfpräparates wird mit einem Standardpräparat oder bei Fehlen einer Standardtherapie mit einem Plazebo verglichen. Phase-III-Studien sind i.d.R. randomisiert, was die zufällige Zuteilung von Patienten zu den Behandlungsgruppen bedeutet. Vgl. auf http://www.uniklinikum-regensburg.de/imperia/md/content/zentren/klinische-studien-zentrum/studienphasen.pdf (Abruf 27.11.14)

[177] Siehe Fluge, Øystein, Mella, Olav et al. „Benefit from B-lymphocyte depletion using the anti-CD20 antibody rituximab in chronic fatigue syndrome. A double-blind and placebo-controlled study." PLOS ONE 2011; 6(10):e26358. http://www.plosone.org/article/info%3Adoi%2F10.1371%2Fjournal.pone.0026358.

Siehe auch den Bericht von Regina Clos zum Vortrag von Prof. Carmen Scheibenbogen auf http://www.cfs-aktuell.de/november12_1.htm (Abruf 27.11.14)

[178] *"By comparing memory B- and T-cell responses of CFS patients with healthy EBV-infected subjects, we observed a profound deficiency in EBV-specific B- and T-cell memory response in the majority of CFS patients resembling the deficiency of EBV memory responses described in autoimmune diseases [56] and chronic HIV infection [57], [58], [59]."* Zitiert aus Scheibenbogen, Carmen et al. "Deficient EBV-Specific B- and T-Cell Response in Patients with Chronic Fatigue Syndrome", PLOS ONE, January 15, 2014 DOI: 10.1371/journal.pone.0085387, nachzulesen auf http://www.plosone.org/article/info:doi/10.1371/journal.pone.0085387

[179] *„Possible etiological process: A growing body of evidence suggests that a primary cause of ME is neuropathic viruses that may infect neurological and immune cells and damage the capillaries and micro-arteries in the CNS bed causing diffuse brain injury. The initial infection may cause profound dysregulation of immune system pathways that may become chronic or cause autoimmunity even when the level of the infectious agent is reduced."* Zitiert aus Carruthers BM, van de Sande MI et al. "MYALGIC ENCEPHALOMYELITIS – Adult & Paediatric: International Consensus Primer for Medical Practitioners", S. 2, nachzulesen auf http://www.me-ireland.com/ICC%20primer.pdf (Abruf 26.11.14)

Siehe auch Broderick, Gordon, Fuite, Jim […], and Fletcher, Mary Ann „A Formal Analysis of Cytokine Networks in Chronic Fatigue Syndrome", Brain Behav Immun 2010; 24: 1209-17. [20447453], nachzulesen auf http://www.ncbi.nlm.nih.gov/pmc/articles/PMC2939140/#!po=39.4737

[180] Louveau, Antoine, Kipnis, Jonathan "Structural and functional features of central nervous system lymphatic vessels", Nature 2015, nachzulesen auf http://www.nature.com/nature/journal/vaop/ncurrent/full/nature14432.html

Siehe dazu auch "Missing link found between brain, immune system", Medical research 1. Juni 2015, nachzulesen auf http://m.medicalxpress.com/news/2015-06-link-brain-immune.html?fb_action_ids=10153398887158384&fb_action_types=og.likes&fb_source=other_multiline&action_object_map=%255B670697103031458%255D&action_type_map=%255B%2522og.likes%2522%255D&action_ref_map=%255B%255D#&ui-state=dialog (Abruf 2.06.15)

Siehe auch eine weitere Forschungsarbeit zur Entdeckung von Lymphbahnen im Gehirn: Aspelund, Aleksanteri et al. "A dural lymphatic vascular system that drains brain interstitial fluid and macromolecules", The Journal of Experimental Medicine Juin 2015, Abstract nachzulesen auf http://jem.rupress.org/content/early/2015/06/09/jem.20142290.short

Teil I Die Fakten/Kapitel I Einführung/6 Krankheitsverlauf

181 Vgl. Carruthers, Bruce M., van de Sande, Marjorie I. „Myalgische Enzephalomyelitis/Chronic Fatigue Syndrom: Klinische Falldefinition und Leitfaden für Ärzte – Ein Überblick über das Kanadische Konsensusdokument", in der Übersetzung von Regina Clos auf http://www.cfs-aktuell.de/Konsensdokument.pdf (Abruf 13.11.14)

182 *„Undue sensitivity to viral infections: Although this aspect is seldom mentioned in the literature, I have found this a classical symptom in mild or moderately affected children. A virus that sets a sibling back for 1 to 2 days may precipitate a relapse lasting weeks in an ME sufferer."* Zitat aus Speight, Nigel "Myalgic encephalomyelitis/chronic fatigue syndrome: Review of history, clinical features, and controversies", Saudi Journal of Medicine and Medical Sciences, 2013, nachzulesen auf http://www.prohealth.com/library/showarticle.cfm?libid=18154 (Abruf 27.11.14) oder http://www.sjmms.net/article.asp?issn=1658-631X;year=2013;volume=1;issue=1;spage=11;epage=13;aulast=Speight

183 *"Most patients have a distinct acute onset where flu-like or upper respiratory symptoms or other signs of an infectious process are evident.* ***The incubation period usually runs a few days to a week.*** *Instead of recovering, the patient's condition worsens, and the symptoms that identify the distinctive character of ME begin to appear as a cluster."* (H.d.A.) Zitiert aus Carruthers BM, van de Sande MI et al. "MYALGIC ENCEPHALOMYELITIS – Adult & Paediatric: International Consensus Primer for Medical Practitioners", S. 2, nachzulesen auf http://www.me-ireland.com/ICC%20primer.pdf (Abruf 26.11.14)

184 *„It therefore appears possible that the incubation period for this illness might be as short as 4 days. [...] It would, therefore, appear likely that the incubation period in some individuals might be prolonged, or that repeated exposures to infection were necessary to produce illness in these persons."* Zitiert aus Gilliam, A.G. „EPIDEMIOLOGICAL STUDY OF AN EPIDEMIC, DIAGNOSED AS POLIOMYELITIS, OCCURING AMOUNG THE PERSONNEL OF THE LOS ANGELES COUNTY GENERALHOSPITAL DURING THE SUMMER OF 1934", S. 88, United States Public Health Service, nachzulesen auf http://babel.hathitrust.org/cgi/pt?id=mdp.39015022082260;view=1up;seq=617 (Abruf 9.11.14) und http://hdl.handle.net/2027/mdp.39015022082260?urlappend=%3Bseq=617 (Abruf 9.11.14)

185 Mit einem Picker 3000 oder einem entsprechenden Gerät von gleicher Qualität.

186 Siehe Hyde, Byron Marshall "The Nightingale Definition of Myalgic Encephalomyelitis (M.E.)", nachzulesen auf http://www.nightingale.ca/documents/Nightingale_ME_Definition_en.pdf (Abruf 27.11.14)

187 Zum Risiko, an einer schweren Form von ME zu erkranken, siehe auch Pheby, Derek, Saffron, Lisa „Risk factors for severe ME/CFS", Biology and Medicine, Vol 1 (4): 50-74, 2009, nachzulesen auf http://www.biolmedonline.com

188 ***"There is a wide spectrum of severity, from mild to moderate to severe to life threatening."*** (H.d.A.) Zitat aus Speight, Nigel "Myalgic encephalomyelitis/chronic fatigue syndrome: Review of history, clinical features, and controversies", Saudi Journal of Medicine and Medical Sciences, 2013, nachzulesen auf http://www.prohealth.com/library/showarticle.cfm?libid=18154 (Abruf 27.11.14)

oder http://www.sjmms.net/article.asp?issn=1658-631X;year=2013;volume=1;issue=1;spage=11;epage=13;aulast=Speight

Siehe zu diesem Thema auch Basset, Jodi „The M.E. Ability and Severity Scale“ der Hummingbirds Foundation for M.E., 2005, nachzulesen auf http://www.hfme.org/themeabilityscale.htm (Abruf 1.12.14)

Siehe auch Cox DL, Findley LJ. “Management of chronic fatigue syndrome in an inpatient setting: presentation of an approach and perceived outcome”. Br J Occup Ther 1998; 61: 405-09. Abstract nachzulesen auf http://cirrie.buffalo.edu/database/221/

[189] Der CMO-Report (CMO = Chief Medical Officer des Britischen Gesundheitsministeriums) aus dem Jahr 2002 schätzt den Anteil der Schwerkranken auf 25%, siehe S. 14 u. S. 27f, nachzulesen auf http://webarchive.nationalarchives.gov.uk/20130107105354/http://www.dh.gov.uk/prod_consum_dh/groups/dh_digitalassets/@dh/@en/documents/digitalasset/dh_4064945.pdf (Abruf 25.11.14)

[190] Vgl. „The Findley Grading System“, nachzulesen auf http://www.leger.me.uk/health%20Professional%20Information/Doctors%20Lecture%20Introduction.pub.pdf (Abruf 25.11.14)

[191] Pheby, Derek, Saffron, Lisa “Risk factors for severe ME/CFS“, Biology and Medicine, Vol 1 (4): 50-74, 2009, nachzulesen auf http://www.biolmedonline.com

[192] *“The illness is characteristically fluctuating and unpredictable, with a tendency to remission and relapse.”* Zitat aus Speight, Nigel “Myalgic encephalomyelitis/chronic fatigue syndrome: Review of history, clinical features, and controversies”, Saudi Journal of Medicine and Medical Sciences, 2013, nachzulesen auf http://www.prohealth.com/library/showarticle.cfm?libid=18154 (Abruf 27.11.14) oder http://www.sjmms.net/article.asp?issn=1658-631X;year=2013;volume=1;issue=1;spage=11;epage=13;aulast=Speight

[193] Vgl. Carruthers, Bruce M., van de Sande, Marjorie I. „Myalgische Enzephalomyelitis/Chronic Fatigue Syndrom: Klinische Falldefinition und Leitfaden für Ärzte – Ein Überblick über das Kanadische Konsensusdokument“, in der Übersetzung von Regina Clos auf http://www.cfs-aktuell.de/Konsensdokument.pdf (Abruf 13.11.14)

[194] Vgl. auch die Studie von Maes/Twisk „Why myalgic encephalomyelitis/chronic fatigue syndrome (ME/CFS) may kill you: disorders in the inflammatory and oxidative and nitrosative stress (IO&NS) pathways may explain cardiovascular disorders in ME/CFS“. Neuro Endocrinol Lett. 2009;30(6):677-93. Abstract auf http://www.ncbi.nlm.nih.gov/pubmed/20038921

[195] Siehe Hooper, Malcolm „MAGICAL MEDICINE: HOW TO MAKE A DISEASE DISAPPEAR“, Abschnitt “ME/CFS causes death”, S. 15ff, nachzulesen auf http://www.meactionuk.org.uk/magical-medicine.pdf (Abruf 27.11.14)

Zum Tod von Brynmor John siehe auch die Blogposts von AnneLiConti auf http://theothersideofthestretcher.wordpress.com/2014/07/16/get-and-the-house-of-commons-gym-part-1-2/ und http://theothersideofthestretcher.wordpress.com/2014/07/17/get-and-the-house-of-commons-gym-part-2/ (Abruf 1.12.14)

[196] Mehr zu den dokumentierten Todesfällen siehe Hooper, Malcolm „MAGICAL MEDICINE: HOW TO MAKE A DISEASE DISAPPEAR“, Abschnitt “ME/CFS causes death”, S. 15ff, nachzulesen auf http://www.meactionuk.org.uk/magical-medicine.pdf (Abruf 27.11.14)

Siehe auch Cocchetto, Alan „Autopsy Findings from a Special PWC/ME“, 2005, nachzulesen auf http://www.ncf-net.org/forum/Autopsy.htm (Abruf 22.01.15)

Siehe auch die Memorial-Liste der amerikanischen CFIDS-Foundation auf http://www.ncf-net.org/memorial.htm (Abruf 1.12.14)

Siehe auch den Bericht der noch jungen im Sterben liegenden ME-Patientin Brooke "One More Update, July 2014, nachzulesen auf ihrem Blog http://documentingme.net/about/ (Abruf 26.01.15)

[197] Chang CM, Warren JL, Engels EA "Chronic fatigue syndrome and subsequent risk of cancer among elderly US adults." Cancer. 2012 Dec 1;118(23):5929-36. doi: 10.1002/cncr.27612. Epub 2012 May 30, nachzulesen auf http://www.ncbi.nlm.nih.gov/pmc/articles/PMC3434293/

Levine PH et al. „Does chronic fatigue syndrome predispose to non-Hodgkin's lymphoma?" Cancer Res. 1992 Oct 1;52(19 Suppl):5516s-5518s; discussion 5518s-5521s. Abstract nachzulesen auf http://www.ncbi.nlm.nih.gov/pubmed/1394166, Volltext auf auf http://cancerres.aacrjournals.org/content/52/19_Supplement/5516s.long

Siehe auch *"Genetic predisposition: increased susceptibility associated with • Gene expression modifications: neurological, hematological, metabolic, sensory, immunological disease, function/response, infection, inflammation, cardiovascular,* ***cancer****, cell death and endocrine[...]"* (H.d.A.) Zitiert aus Carruthers BM, van de Sande MI et al. "MYALGIC ENCEPHALOMYELITIS – Adult & Paediatric: International Consensus Primer for Medical Practitioners", S. 1, nachzulesen auf http://www.me-ireland.com/ICC%20primer.pdf (Abruf 26.11.14)

Vgl. auch Jason, Leonard et al. "Causes of Death Among Patients With Chronic Fatigue Syndrome", Health Care Women Int 2006:27(2):615-626, nachzulesen auf http://www.name-us.org/ResearchPages/ResearchArticlesAbstracts/JasonArticles/Jason2005Mortalityfull.pdf (Abruf 1.12.14)

Vgl. dazu auch Nijs, Jo et al. "Immunological Similarities between Cancer and Chronic Fatigue Syndrome: The Common Link to Fatigue?" Anticancer Research, nachzulesen auf http://ar.iiarjournals.org/content/29/11/4717.long

[198] Vgl. Jason, Leonard et al. "Causes of Death Among Patients With Chronic Fatigue Syndrome", Health Care Women Int 2006:27(2):615-626, nachzulesen auf http://www.name-us.org/ResearchPages/ResearchArticlesAbstracts/JasonArticles/Jason2005Mortalityfull.pdf (Abruf 1.12.14)

[199] Siehe ebd.

Vgl. auch *"In 1992, Professor Hugh Fudenberg from South Carolina (a pioneer of clinical immunology and one of the most distinguished minds in the field, being awarded The Medal of the Institut Pasteur at the age of 32 and was also a Nobel prizewinner nominee) stated that there is* ***"a greater death rate than normals in the same age range"*** *(...)."* Zitiert aus Marshall, Eileen, Williams, Margaret „INQUEST IMPLICATIONS?" 16th June 2006, nachzulesen auf http://www.meactionuk.org.uk/Inquest_Implications.htm (Abruf 1.12.14)

Teil I Die Fakten/Kapitel I Einführung/7 Prävalenz

[200] Fock, Krueger, „Chronisches Erschöpfungssyndrom – Eine Standortbestimmung", Deutsches Ärzteblatt 91, Heft 43, 28. Oktober 1994, nachzulesen auf http://www.aerzteblatt.de/pdf/91/43/a2946.pdf (Abruf 1.12.14)

Siehe auch http://dipbt.bundestag.de/dip21/btd/13/063/1306324.asc (Abruf 1.12.14)

[201] Jason LA, Richman JA, Rademaker AW, et al. "A communitybased study of Chronic Fatigue Syndrome." Arch Intern Med 159:21292137, Oct. 1999. Nachzulesen auf http://www.ncbi.nlm.nih.gov/pubmed/10527290

[202] Reyes M, Nisenbaum R, Hoaglin DC, Unger ER, Emmons C, Randall B, Stewart JA, Abbey S, Jones JF, Gantz N, Minden S, Reeves WC „Prevalence and incidence of chronic fatigue syndrome in Wichita,

Kansas". Arch Int Med 2003, 163:1530-1536. Nachzulesen auf http://www.ncbi.nlm.nih.gov/pubmed/12860574

[203] Nacul, Luis C et al. "Prevalence of myalgic encephalomyelitis/chronic fatigue syndrome (ME/CFS) in three regions of England: a repeated cross-sectional study in primary care", BMC Medicine 2011, 9:91 doi:10.1186/1741-7015-9-91, nachzulesen auf http://www.biomedcentral.com/1741-7015/9/91

[204] Zu den unterschiedlichen Krankheitsdefinitionen siehe auch Kapitel II „Krankheitsdefinitionen".

Ein Zitat aus dem Kanadischen Konsensdokument: ***„Dr. Leonard Jasons Studie verglich Patienten, die die Kanadischen Klinischen Kriterien und die Fukuda-Kriterien für ME/CFS erfüllten, mit einer Kontrollgruppe von Patienten, die an chronischer Erschöpfung infolge einer Depression litten. Patienten, die die Kanadischen Kriterien erfüllten, litten unter stärkeren Einschränkungen ihrer körperlichen Funktionsfähigkeit, unter stärkerer Erschöpfung/Schwäche, unter mehr neurokognitiven, neurologischen und kardiopulmonalen Anomalien und hatten mehr Beeinträchtigungen, die sie deutlicher von der psychiatrisch erkrankten Vergleichsgruppe unterschied als dies bei Patienten der Fall war, die Fukuda-Kriterien erfüllten."*** Zitiert aus Carruthers, Bruce M., van de Sande, Marjorie I. „Myalgische Enzephalomyelitis/Chronic Fatigue Syndrom: Klinische Falldefinition und Leitfaden für Ärzte – Ein Überblick über das Kanadische Konsensusdokument", S.3, in der Übersetzung von Regina Clos auf http://www.cfs-aktuell.de/Konsensdokument.pdf (Abruf 13.11.14)

Vgl. dazu auch Jason LA, TorresHarding SR, Jurgens A, Helgerson J "Comparing the Fukuda et al. Criteria and the Canadian Case Definition for Chronic Fatigue Syndrome". Journal of Chronic Fatigue Syndrome, Vol. 12(1):3752, 2004. Nachzulesen auf http://informahealthcare.com/doi/abs/10.1300/J092v12n01_03 (Abruf 13.11.14)

[205] Siehe http://www.lost-voices-stiftung.org/was-ist-me/lage-in-deutschland/ (Abruf 1.12.14)

[206] Ca. 80.000 HIV-Infizierte, siehe Robert Koch Institut auf http://www.rki.de/DE/Content/InfAZ/H/HIVAIDS/Epidemiologie/Daten_und_Berichte/EckdatenDeutschland.pdf?__blob=publicationFile (Abruf 1.12.14)

Ca. 122.000 MS-Kranke laut Wikipedia, Stichwort „Multiple Sklerose", nachzulesen auf http://de.wikipedia.org/wiki/Multiple_Sklerose (Abruf 1.12.14)

[207] Schulte, Daniel „ME/CFS in Deutschland - Die Versorgungssituation von Betroffenen mit Myalgischer Enzephalopathie/Chronic Fatigue Syndrom in Deutschland", Masterarbeit zur Erlangung des Grades Master of Health Administration, M.A, Download auf http://www.lost-voices-stiftung.org/informationen/informationen-f%C3%BCr-%C3%A4rzte/ (Abruf 1.12.14)

[208] Siehe ebd.

[209] Vgl. Carruthers, Bruce M., van de Sande, Marjorie I. „Myalgische Enzephalomyelitis/Chronic Fatigue Syndrom: Klinische Falldefinition und Leitfaden für Ärzte – Ein Überblick über das Kanadische Konsensusdokument", in der Übersetzung von Regina Clos auf http://www.cfs-aktuell.de/Konsensdokument.pdf (Abruf 13.11.14)

[210] Siehe das Web-Seminar von Prof. Dr. Kenny de Meirleir „ME and Hormones", Vrije Universiteit Brussel, Wetenschaap foor Patienten, ME/cvs Vereniging, http://www.youtube.com/watch?v=FY8shnNTefA (Abruf 1.12.14)

[211] Siehe CMO-Report, Januar 2002, S. 6, http://webarchive.nationalarchives.gov.uk/20130107105354/http://www.dh.gov.uk/prod_consum_dh/groups/dh_digitalassets/@dh/@en/documents/digitalasset/dh_4064945.pdf (Abruf 25.11.14)

[212] Bakken, Inger Johanne et al. „Two age peaks in the incidence of chronic fatigue syndrome/myalgic encephalomyelitis: a population-based registry study from Norway 2008–2012", BMC Medicine 2014, 12:167, nachzulesen auf http://www.biomedcentral.com/content/pdf/s12916-014-0167-5.pdf

[213] Siehe CMO-Report, Januar 2002, S. 6: http://webarchive.nationalarchives.gov.uk/20130107105354/http://www.dh.gov.uk/prod_consum_dh/groups/dh_digitalassets/@dh/@en/documents/digitalasset/dh_4064945.pdf (Abruf 25.11.14)

[214] Henderson, Donald A., and Shelokov, Alexis "Epidemic Neuromyasthenia — Clinical Syndrome?" N Engl J Med 1959; 260:757-764April 9, 1959DOI: 10.1056/NEJM195904092601506, nachzulesen auf http://www.nejm.org/doi/full/10.1056/NEJM195904092601506 Zitiert aus Johnson, Hillary „Osler's Web: Inside the Labyrinth of the Chronic Fatigue Syndrome Epidemic", S. 201, Penguin Books 1997

[215] Zitiert aus Johnson, Hillary „Osler's Web: Inside the Labyrinth of the Chronic Fatigue Syndrome Epidemic", S. 203, Penguin Books 1997

[216] Dowsett EG, Colby J. "Longterm sickness absence due to ME/CFS in UK schools: an epidemiological study with medical and educational implications." J CFS 3(2):2942, 1997, nachzulesen auf http://www.tymestrust.org/pdfs/dowsettcolby.pdf (Abruf 25.11.14)

[217] *"„We are probably dealing with a syndrome that is fairly prevalent."*" Zitiert aus Johnson, Hillary „Osler's Web: Inside the Labyrinth of the Chronic Fatigue Syndrome Epidemic", S. 207, Penguin Books 1997

Teil I Die Fakten/Kapitel I Einführung/8 Diagnose

[218] Frei zitiert nach Jennifer Brea, Regisseurin des Dokumentarfilms "Canary in an Coal Mine". Siehe „The most prevalent and devastating disease your doctor has never heard of", nachzulesen auf http://www.huffingtonpost.com/jennifer-brea/myalgic-encephalomyelitis_b_4303725.html (Abruf 11.11.14) Siehe auch https://www.kickstarter.com/projects/959776320/canary-in-a-coal-mine und http://www.canaryinacoalminefilm.com/ (Abruf 11.11.14)

[219] Wikipedia, Stichwort „Chronisches Erschöpfungssyndrom" auf http://de.wikipedia.org/wiki/Chronisches_Ersch%C3%B6pfungssyndrom#Epidemiologie (Abruf 1.12.14)

[220] Siehe Sozialgesetzbuch V, § 295 Abrechnung ärztlicher Leistungen: *„[...] Die Diagnosen nach Satz 1 Nr. 1 und 2 sind nach der Internationalen Klassifikation der Krankheiten in der jeweiligen vom Deutschen Institut für medizinische Dokumentation und Information im Auftrag des Bundesministeriums für Gesundheit und Soziale Sicherung herausgegebenen deutschen Fassung zu verschlüsseln."* Nachzulesen auf http://dejure.org/gesetze/SGB_V/295.html (Abruf 1.12.14)

Siehe auch die schriftliche Klarstellung vom 23. Januar 2004 von André l'Hours (Hauptsitz der WHO): *„Hiermit wird bestätigt, dass nach den taxonomischen Prinzipien (den Klassifikationsschemata, d.Ü.), die für die Zehnte Revision der Internationalen Statistischen Klassifikation der Krankheiten und darauf bezogener Gesundheitsprobleme (ICD-10) der Weltgesundheitsorganisation maßgeblich sind, es nicht gestattet ist, ein und dieselbe Krankheit unter mehr als einer Rubrik einzuordnen, da dies bedeuten würde, dass die einzelnen Kategorien und Unterkategorien sich nicht mehr gegenseitig ausschließen."* Nachzulesen in deutscher Übersetzung von Regina Clos auf http://www.cfs-aktuell.de/august10_2.htm (Abruf 1.12.14)
Siehe z.B. auch auf http://www.mesite.dk/ME-CFShistoryWHO.htm (Abruf 2.12.14)

[221] Zitate aus Sack, Martin „Verhaltenstherapie und behutsame Aktivierung helfen." Der Neurologe und Psychiater, 6/05, S. 16-20. Siehe auch Henningsen, Peter (Hrsg.) „Neuro-Psychosomatik: Grundlagen und Klinik neurologischer Psychosomatik", S. 278 (Sack, Martin „Erschöpfung", Kap. 6.3, S. 274ff), Schattauer Verlag, Stuttgart 2006

[222] Siehe BMG vom 23.08.2012 und vom 29.11.2012, nachzulesen auf https://www.bundesgesundheitsministerium.de/ministerium/presse/pressemitteilungen/2012-04/patientenrechtegesetz-im-bundestag.html (Abruf 1.12.14) http://www.bmg.bund.de/praevention/patientenrechte/muendiger-patient.html (Abruf 23.08.12) Siehe auch S. 2 auf http://www.bmg.bund.de/fileadmin/dateien/Publikationen/GP/2011_01_Gesundheitspolitische_Informationen.pdf und http://www.bmg.bund.de/fileadmin/dateien/Downloads/Gesetze_und_Verordnungen/Laufende_Verfahren/P/Patientenrechte/130201_Patientenrechtegesetz_im_BR-Drs_007-13.pdf und http://www.bmg.bund.de/ministerium/presse/pressemitteilungen/2013-01/patientenrechtegesetz-im-bundesrat.html (Abruf 1.12.14)

[223] Henningsen, Peter „Alter Wein in neuen Schläuchen? Erklärungsmodelle bei MCS, CFS und FMS", nachzulesen auf http://www.anb-ev.de/Publikationen/ANB_Tgg_2005_Henningsen_Erklaerungsmodelle_bei_MCS_CFS_FMS.pdf (Abruf 1.12.14)

[224] *"If the patient has a specific illness belief ('Candida', 'ME', 'chronic allergy'), do not question this, even if there is no corroborating medical evidence. Do not dispute the condition by saying 'This illness doesn't exist!'. Instead, accept the label and move on to 'How can we help you live with the symptoms/distress?' or 'How can we help you reduce your pain/disability?'. Never attempt to switch the patient from a wholly physical to a solely psychological model. This is both inappropriate and largely impossible. Once you have checked that basic investigations have been performed (such as routine biochemical/haematological screen and thyroid function tests), do not refer for more specialist opinions or tests unless some new indication, suggestive of a physical cause, comes along."* Zitiert aus "The Maudsley Handbook of Practical Psychiatrie", Abschnitt "Somatization", Chapter 8 "Special Problems". Sixth Edition, Oxord Universitiy Press 11 September 2014, herausgegeben von Gareth Owen, Simon Wessely, Robin Murray

[225] *„Various themes emerged. One is of a subcortical dysfunction analogous to the cognitive problems seen in illnesses such as Parkinson`s disease. The most impressive evidence of CNS disturbance was quoted by* ***Wessely*** *(Istitute of Psychiatry) as coming from neuroendocrinological studies, suggesting a role forhypothalamic disorder as a final common pathway for CFS."* (H.d.A.) The National Archieves "Myalgic encephalomyelitis (ME)/postviral fatigue syndrome (PFS): papers and journal articles; correspondence and enquiries with MRC replies." (Abschnitt „Psychiatry", p 2) 1988-1997 (FD 23/4553), nachzulesen auf http://discovery.nationalarchives.gov.uk/details/r/C6108937 (Abruf 10.03.15)

[226] *„Auch wenn IgM-Titer meist nicht nachweisbar sind (es ist keine Primärantwort!), zeigen zum einen IgG-Antikörper die stattgefundene Primärinfektion und damit die Voraussetzung für eine Reaktivierung an, andererseits sind hohe IgG-Titer zumindest ein Indiz für eine stattgefundene Reaktivierung."* Zitiert aus von Baehr, Volker „Labordiagnostik chronisch persistierender Virusinfektionen", nachzulesen auf http://www.cfs-forum.info/index.php?id=118 (Abruf 1.12.14)

„Elevated antibody titers can only suggest—not prove—that the virus is active. Short of a tissue biopsy, it may be impossible to find direct evidence of chronic HHV-6 infection. Therefore, physicians who suspect active virus, in a chronic case, must usually treat based on clinical judgment of the symptoms, using elevated antibodies as one of several diagnostic "clues." Infectious disease specialist Jose Montoya, MD, from Stanford University has published data from an open label trial of 61 CFS patients with elevated viral antibody titers who were treated with long term antiviral therapy (Watt 2012). Out of 61 patients treated with valganciclovir (Valcyte), 81% experienced a significant improvement in cognitive functioning and 52% were categorized as responders. Antibody titers were considered elevated if patients had HHV-6 IgG≥1:320, EBV EA ≥1:160 and EBV VCA ≥ 1:640 (Quest/Focus Diagnostics). Dr. Montoya's study also found that patients with extended treatment (6 months or more) were more likely to respond. Martin Lerner, MD, has also treated 142 CFS patients with elevated antibodies to HHV-6, EBV or CMV with antivirals, finding that 75% improved significantly and continue to improve for 2-3 years while on antiviral treatment (Lerner 2010). However, in this study, those with evidence of other co-infections were less likely to improve." Zitiert von der Website der HHV-6 Foundation, nachzulesen auf http://hhv-6foundation.org/associated-conditions/hhv-6-and-chronic-fatigue-syndrome (Abruf 1.12.14)

Siehe auch Prof. Dr. med. Wolfgang Huber in der „Ärztezeitung" vom 12.05.2009, nachzulesen auf http://www.aerztezeitung.de/medizin/krankheiten/allergien/article/545708/80-prozent-infekte-ursache-erschoepfung.html (Abruf 1.12.14)

[227] Frémont M, Metzger K, Rady H, Hulstaert J, De Meirleir K „Detection of herpesviruses and parvovirus B19 in gastric and intestinal mucosa of chronic fatigue syndrome patients." In Vivo. 2009 Mar-Apr;23(2):209-13. Abstract nachzulesen auf http://www.ncbi.nlm.nih.gov/pubmed/19414405, Volltext auf http://iv.iiarjournals.org/content/23/2/209.long

[228] Chia, John K S u. Chia, Andrew Y "Chronic fatigue syndrome is associated with chronic enterovirus infection of the stomach", J Clin Pathol 2007;0:1–6. doi: 10.1136/jcp.2007.050054, nachzulesen auf

http://www.enterovirusfoundation.org/pdfs/research/CFS-is-associated-with-CEI-of-stomach.pdf. (Abruf 1.12.14)

[229] Siehe Knops, Michael „Charakterisierung des phänotypischen und funktionellen Immunstatus bei Patienten mit Chronischem Erschöpfungssyndrom", Dissertation, Institut für Medizinische Immunologie der Charité, nachzulesen auf http://edocs.fu-berlin.de/diss/receive/FUDISS_thesis_000000093928 (Abruf 1.12.14)

[230] Siehe Scheibenbogen, Carmen et al. "Deficient EBV-Specific B- and T-Cell Response in Patients with Chronic Fatigue Syndrome", PLOS ONE, January 15, 2014 DOI: 10.1371/journal.pone.0085387, nachzulesen auf http://www.plosone.org/article/info:doi/10.1371/journal.pone.0085387

[231] Vgl. Kuklinski, Bodo „Praxisrelevanz des nitrosativen Stresses", OM & Ernährung, Sonderdruck 2008, Nr. 124, nachzulesen auf http://www.dr-kuklinski.info/publikationen/nitrosativer-stress_1.pdf (Abruf 1.12.14)

Siehe auch Kuklinski, Bodo „Hirnschrankenprotein S 100 und Fremdstoffempfindlichkeit. Erste eigene Ergebnisse." Nachzulesen auf http://www.dr-kuklinski.info/publikationen/s100_fremdstoff-empfindlichkeit.pdf (Abruf 1.12.14)

Siehe auch Dr. Strienz, Joachim „Leben mit chronischer Erschöpfung – CFS", S. 40f, Verlag Zuckschwerdt, Oktober 2009

[232] Siehe Knops, Michael „Charakterisierung des phänotypischen und funktionellen Immunstatus bei Patienten mit Chronischem Erschöpfungssyndrom", Dissertation, Institut für Medizinische Immunologie der Charité, nachzulesen auf http://edocs.fu-berlin.de/diss/receive/FUDISS_thesis_000000093928 (Abruf 1.12.14)

[233] Siehe "Immunabwehr schuld am Chronischen Erschöpfungssyndrom? Forscher finden eindeutige Belege für immunologische Fehlfunktion", scinexx 27.02.2015, nachzulesen auf http://www.scinexx.de/wissen-aktuell-18614-2015-02-27.html (Abruf 27.02.15)

Die Studie von Mady Hornig und Ian Lipkin ist nachzulesen auf Science Advances, 2015; doi: 10.1126/sciadv.1400121

[234] Zu IL-6 siehe Gurbaxani, Brian Mohan „New methods for analyzing cytokine levels in chronic diseases", The FASEB Journal. 2006;20:LB124, nachzulesen auf http://www.fasebj.org/cgi/content/meeting_abstract/20/5/LB124-a

Kommentar zu dieser Studie von Lapp, Charles W. „Bericht über die 8. Internationale IACFS Konferenz zu Chronic Fatigue Syndrom, Fibromyalgie und verwandten Erkrankungen 12.-14. Januar 2007 in Fort Lauderdale, Florida", Übersetzung von Regina Clos, nachzulesen auf http://www.cfs-aktuell.de/november07_1.htm (Abruf 1.12.14)

Zu TNF-alpha siehe Moss RB, Mercandetti A, Vojdani A. „TNF-alpha and chronic fatigue syndrome." J Clin Immunol. 1999 Sep;19(5):314-6. Abstract nachzulesen auf http://www.ncbi.nlm.nih.gov/pubmed/10535608

Zu IL-1 und TNF-alpha siehe Morris G, Berk M, Galecki P, Walder K, Maes M. „The Neuro-Immune Pathophysiology of Central and Peripheral Fatigue in Systemic Immune-Inflammatory and Neuro-Immune Diseases." Mol Neurobiol. 2015 Jan 20. http://www.ncbi.nlm.nih.gov/pubmed/25598355

Siehe auch Bieger, WP „Neuroendokrinologie der Chronischen Fatigue (CFS) Pathophysiologie, Diagnostik, Therapie", 15.5.2009, nachzulesen auf http://www.cfs-aktuell.de/Bieger%2009.pdf (Abruf 1.12.14)

Siehe auch Regina Clos Bericht von der „Tagung der Melvin Ramsay Society" (Apr. 2007) über Abhijit Chauduris Vortrag auf http://www.cfs-aktuell.de/mai07_1.htm (Abruf 1.12.14)

[235] Siehe Bieger, WP „Neuroendokrinologie der Chronischen Fatigue (CFS) Pathophysiologie, Diagnostik, Therapie“, 15.5.2009, nachzulesen auf http://www.cfs-aktuell.de/Bieger%2009.pdf (Abruf 1.12.14)

Siehe auch Morris G, Berk M, Galecki P, Walder K, Maes M. „The Neuro-Immune Pathophysiology of Central and Peripheral Fatigue in Systemic Immune-Inflammatory and Neuro-Immune Diseases.“ Mol Neurobiol. 2015 Jan 20. http://www.ncbi.nlm.nih.gov/pubmed/25598355

[236] Siehe Knops, Michael „Charakterisierung des phänotypischen und funktionellen Immunstatus bei Patienten mit Chronischem Erschöpfungssyndrom“, Dissertation, Institut für Medizinische Immunologie der Charité, nachzulesen auf http://edocs.fu-berlin.de/diss/receive/FUDISS_thesis_000000093928 (Abruf 1.12.14)

[237] Bieger, WP „Neuroendokrinologie der Chronischen Fatigue (CFS) Pathophysiologie, Diagnostik, Therapie“, 15.5.2009, nachzulesen auf http://www.cfs-aktuell.de/Bieger%2009.pdf (Abruf 1.12.14)

[238] van de Sande, Marjorie „Fortschritte in der ME/CFS-Forschung - Zusammenfassung des Vortrags von Dr. Kenny De Meirleir in Calgary, Alberta, am 2. April 2006“, September 2006, in der Übersetzung von Regina Clos nachzulesen auf http://www.cfs-aktuell.de/september06_2.htm (Abruf 17.01.15)

SUHADOLNIK, ROBERT J., DE MEIRLEIR, KENNY et al. „Biochemical Evidence for a Novel Low Molecular Weight 2-5A-Dependent RNase L in Chronic Fatigue Syndrome“, Journal of Interferon & Cytokine Research. July 1997, 17(7): 377-385. doi:10.1089/jir.1997.17.377. Nachzulesen auf http://online.liebertpub.com/doi/abs/10.1089/jir.1997.17.377

Siehe auch NIJS, JO and DE MEIRLEIR, KENNY “Impairments of the 2-5A Synthetase/RNase L Pathway in Chronic Fatigue Syndrome”, In Vivo November-December 2005 vol. 19 no. 6 1013-1021, nachzulesen auf http://iv.iiarjournals.org/content/19/6/1013.full.pdf+html

Bieger,Wilfried „XMRV bei CFS?“, nachzulesen auf http://dr-bieger.de/xmrv-bei-cfs/ (Abruf 17.01.15)

Spezialklinik Neukirchen „Chronisches Müdigkeitssyndrom (CFS)“, nachzulesen auf http://www.spezialklinik-neukirchen.de/index.php/menuumwelterkrankungen (Abruf 17.01.15)

[239] Siehe Siehe Knops, Michael „Charakterisierung des phänotypischen und funktionellen Immunstatus bei Patienten mit Chronischem Erschöpfungssyndrom“, Dissertation, Institut für Medizinische Immunologie der Charité, nachzulesen auf http://edocs.fu-berlin.de/diss/receive/FUDISS_thesis_000000093928 (Abruf 1.12.14)

[240] Ebd.

[241] Bieger, WP „Neuroendokrinologie der Chronischen Fatigue (CFS) Pathophysiologie, Diagnostik, Therapie“, 15.5.2009, nachzulesen auf http://www.cfs-aktuell.de/Bieger%2009.pdf (Abruf 1.12.14)

Siehe auch Morris G, Berk M, Galecki P, Walder K, Maes M. „The Neuro-Immune Pathophysiology of Central and Peripheral Fatigue in Systemic Immune-Inflammatory and Neuro-Immune Diseases.“ Mol Neurobiol. 2015 Jan 20. http://www.ncbi.nlm.nih.gov/pubmed/25598355

[242] Die Mitochondrien sind die „Energiekraftwerke“ der Zellen und bilden das energiereiche Adenosintriphosphat (ATP).

Zu den erworbenen mitochondrialen Dysfunktionen bei ME siehe z.B. Morris G, Berk M, Galecki P, Walder K, Maes M. „The Neuro-Immune Pathophysiology of Central and Peripheral Fatigue in Systemic Immune-Inflammatory and Neuro-Immune Diseases.“ Mol Neurobiol. 2015 Jan 20. http://www.ncbi.nlm.nih.gov/pubmed/25598355

[243] Wong, R et al. "Skeletal muscle metabolism in the chronic fatigue syndrome. In vivo assessment by 31P nuclear magnetic resonance spectroscopy." Chest. 1992 Dec;102(6):1716-22., Abstract nachzulesen auf http://www.ncbi.nlm.nih.gov/pubmed/1446478

Siehe auch Booth, Norman E, Myhill, Sarah, and McLaren-Howard, John „Mitochondrial dysfunction and the pathophysiology of Myalgic Encephalomyelitis/Chronic Fatigue Syndrome (ME/CFS)", Int J Clin Exp Med. 2012;5(3): 208–220. Nachzulesen auf http://www.ncbi.nlm.nih.gov/pmc/articles/PMC3403556/

Siehe auch Myhill, Sarah, "CFS - The Central Cause: Mitochondrial Failure", nachzulesen auf http://drmyhill.co.uk/wiki/CFS_-_The_Central_Cause:_Mitochondrial_Failure (Abruf 1.12.14)

Siehe auch Behan WM, More IA, Behan PO. „Mitochondrial abnormalities in the postviral fatigue syndrome.", Acta Neuropathol. 1991;83(1):61-5. Abstract nachzulesen auf http://www.ncbi.nlm.nih.gov/pubmed/1792865

Siehe auch Regina Clos Zusammenfassung des Vortrags von Professor Dr. med. Huber, Wolfgang „CFS, MCS, FMS – Therapie und Differentialdiagnostik", nachzulesen auf http://www.cfs-aktuell.de/januar11_6.htm (Abruf 1.12.14)

[244] Siehe Regina Clos Zusammenfassung des Vortrags von Professor Dr. med. Huber, Wolfgang „CFS, MCS, FMS – Therapie und Differentialdiagnostik", nachzulesen auf http://www.cfs-aktuell.de/januar11_6.htm (Abruf 1.12.14)

Siehe auch Höck, Anna Dorothea "Vitamin D deficiency results in chronic fatigue and multi-system symptoms", 2009, nachzulesen auf http://www.iacfsme.org/Portals/0/pdf/Attachment%20E%20Annedore%20Hoeck,%20Vitamin%20D.pdf (Abruf 1.12.14)

[245] Vgl. Carruthers, Bruce M., van de Sande, Marjorie I. „Myalgische Enzephalomyelitis/Chronic Fatigue Syndrom: Klinische Falldefinition und Leitfaden für Ärzte – Ein Überblick über das Kanadische Konsensusdokument", in der Übersetzung von Regina Clos auf http://www.cfs-aktuell.de/Konsensdokument.pdf (Abruf 13.11.14)

[246] Siehe dazu auch Badham SP, Hutchinson CV „Characterising eye movement dysfunction in myalgic encephalomyelitis/chronic fatigue syndrome." Graefes Arch Clin Exp Ophthalmol. 2013 Dec;251(12):2769-76. doi: 10.1007/s00417-013-2431-3. Nachzulesen auf http://www.ncbi.nlm.nih.gov/pubmed/23918092

Siehe auch Hutchinson CV, Badham SP „Patterns of abnormal visual attention in myalgic encephalomyelitis", Optom Vis Sci. 2013 Jun;90(6):607-14. doi: 10.1097/OPX.0b013e318294c232, nachzulesen auf http://www.ncbi.nlm.nih.gov/pubmed/23689679

Siehe auch Hutchinson CV, Maltby J, Badham SP, Jason LA. „Vision-related symptoms as a clinical feature of chronic fatigue syndrome/myalgic encephalomyelitis? Evidence from the DePaul Symptom Questionnaire." Br J Ophthalmol. 2014 Jan;98(1):144-5. doi: 10.1136/bjophthalmol-2013-304439. http://www.ncbi.nlm.nih.gov/pubmed/24187048, Abstract nachzulesen auf http://www.meresearch.org.uk/our-research/completed-studies/vision-related-symptoms/ (Abruf 29.01.15)

[247] Vermeulen, Ruud CW and Vermeulen van Eck, Ineke WG „Decreased oxygen extraction during cardiopulmonary exercise test in patients with chronic fatigue syndrome", Journal of Translationa Medicine 2014, **12**:20 doi:10.1186/1479-5876-12-20 Published: 23 January 2014, Abstract nachzulesen auf http://www.translational-medicine.com/content/12/1/20/abstract

[248] Martina JR et al. "Noninvasive continuous arterial blood pressure monitoring with Nexfin®." Anesthesiology. 2012 May;116(5):1092-103. doi: 10.1097/ALN.0b013e31824f94ed., Abstract nachzulesen auf http://www.ncbi.nlm.nih.gov/pubmed/22415387

[249] Siehe Snell, Christopher R. et al. „Two-day Exercise Test Provides Objective Evidence for Post-Exertional Malaise in ME/CFS", nachzulesen auf http://www.prohealth.com/library/showarticle.cfm?libid=18194 (Abruf 2.12.14)

[250] Siehe Snell, Christopher R., Stevens, Staci R., Davenport, Todd E., and Van Ness, J. Mark "Discriminative Validity of Metabolic and Workload Measurements to Identify Individuals With Chronic Fatigue Syndrome", published online before print 27 June 2013 doi: 10.2522/ptj.20110368, Abstract nachzulesen auf http://ptjournal.apta.org/content/early/2013/06/26/ptj.20110368.abstract

Siehe auch Keller, Betsy A, Pryor, John Luke, and Giloteaux, Ludovic "Inability of myalgic encephalomyelitis / chronic fatigue syndrome patients to reproduce VO2peak indicates functional impairment", Journal of Translational Medicine 2014, 12:104 doi:10.1186/1479-5876-12-104, Published: 23 April 2014, Abstract nachzulesen auf http://www.translational-medicine.com/content/12/1/104/abstract

[251] Siehe dazu auch das Video eines Vortrags von Prof. Christopher Snell „Ein Plädoyer für klinische Belastungstests in der Erforschung und Behandlung bei ME/CFS" auf http://www.youtube.com/watch?v=xLorphc3zFI (Abruf 2.12.14)

[252] Siehe VanNess JM, Snell CR, Stevens S "Diminished Cardiopulmonary Capacity During Post-Exertional Malaise." J Chronic Fatigue Syndr. 2008;14(2):77-85., nachzulesen auf http://www.researchgate.net/publication/249887130_Diminished_Cardiopulmonary_Capacity_During_Post-Exertional_Malaise

Teil I Die Fakten/Kapitel I Einführung/9 Ist ME ansteckend?

[253] Hardtke, J. "Iceland disease in Indiana: a case report." J. Indiana State Med Assoc 1955; 48(3):245-50. Quelle: Acheson, E.D. "The Clinical Syndrome Variously Called Benign Myalgic Encephalomyelitis, Iceland Disease and Epidemic Neuromyasthenia", reprinted from American Journal of Medicine, Vol. 26, Issue 4, Pages 569–595, Copyright (1959), with permission from Excerpta Medica. http://www.sciencedirect.com/science/journal/00029343, nachzulesen auf http://www.meresearch.org.uk/wp-content/uploads/2012/11/Acheson_AmJMed.pdf (Abruf 26.11.14)

[254] *"After giardiasis enteritis at least 5% developed clinical characteristics and functional impairment comparable to previously described post-infectious fatigue syndrome. […] Our study show that at least 5% of the patients with confirmed Giardia enteritis reported failure to recover with unexplained fatigue and accompanying symptoms that in the broad corresponded with a clinical entity described previously [9,10]. In comparison, the prevalence of CFS in a normal population ranges between 0.23% and 0.56% in different populations [29,30]. Thus, the frequency of CFS among patients with confirmed Giardia infection was at least 8 times higher than in the general population. Our findings suggest that there may be a relationship between Giardia infection and CFS."* Zitiert aus Naess, Halvor, Nyland, Morten Hausken, Trygve, Follestad, Inghild and Nyland, Harald I "Chronic fatigue syndrome after Giardia enteritis: clinical characteristics, disability and long-term sickness absence", BMC Gastroenterology 2012 12:13 doi:10.1186/1471-230X-12-13, nachzulesen auf http://www.biomedcentral.com/1471-230X/12/13

Siehe auch Wensaas, Knut-Arne "Giardiasis in Bergen. Outbreak and clinical consequences." Dissertation for the degree philosophiae doctor (PhD) at the University of Bergen, 2011, nachzulesen auf https://bora.uib.no/bitstream/handle/1956/5614/41854%20Wensaas%20main_thesis.pdf?sequence=1 (Abruf 10.11.14)

[255] Henderson, Donald A., and Shelokov, Alexis "Epidemic Neuromyasthenia — Clinical Syndrome?" N Engl J Med 1959; 260:757-764April 9, 1959DOI: 10.1056/NEJM195904092601506, nachzulesen auf http://www.nejm.org/doi/full/10.1056/NEJM195904092601506

Siehe auch Johnson, Hillary „Osler's Web: Inside the Labyrinth of the Chronic Fatigue Syndrome Epidemic", S. 201, Penguin Books 1997

[256] Johnson, Hillary „Osler's Web: Inside the Labyrinth of the Chronic Fatigue Syndrome Epidemic", S. 12ff, Penguin Books 1997

[257] „I Remember Me", Kim Snyder, USA 2001, Ü. Regina Clos u. B. Sabel

[258] Viren verändern oftmals durch viele Passagen ihr Erbgut. Dadurch werden sie abgeschwächt. Das gilt z.B. für manche Grippeviren, aber offenbar auch für z.B. SARS und Ebola. Zu SARS siehe stern „Abschwächung von SARS bei jeder Übertragung?" 15.4.03, nachzulesen auf http://www.stern.de/wissen/gesund_leben/epidemie-abschwaechung-von-sars-bei-jeder-uebertragung-506696.html (Abruf 20.11.14) oder „Milder SARS Infecting Canada", August 2003, nachzulesen auf http://www.unknowncountry.com/news/milder-sars-infecting-canada (Abruf 20.11.14).
Zu Ebola siehe m.aerzteblatt.de vom 29.08.14 auf http://m.aerzteblatt.de/news/59926.htm (Abruf 20.11.14)

[259] Dowsett EG, Colby J. "Longterm sickness absence due to ME/CFS in UK schools: an epidemiological study with medical and educational implications." J CFS 3(2):2942, 1997, nachzulesen auf http://www.tymestrust.org/pdfs/dowsettcolby.pdf (Abruf 25.11.14)

[260] Drei oder mehr Fälle in einer Schule wurden als Cluster bewertet.

[261] Siehe dazu die Liste der Cluster-Ausbrüche der „National Alliance for Myalgic Encephalomyelitis" auf http://www.name-us.org/ResearchPages/ResEpidemic.htm#M.E._Epidemicshttp://www.name-us.org/ResearchPages/ResEpidemic.htm#M.E._Epidemics (Abruf 25.11.14)

Siehe auch "Reference index of papers published on epidemics of ME 1934-80 (collected by Dr J. Gordon Parish)", MERGE, auf http://www.institutferran.org/documentos/Documentos_MERGE/ResearchPublicationsonMEepidemics.pdf (Abruf 25.11.14)

[262] Siehe Hyde, Byron "A New and Simple Definition of Myalgic Encephalomyelitis and a New Simple Definition of Chronic Fatigue Syndrome", Extracts nachzulesen auf http://www.investinme.org/Documents/PDFdocuments/Byron%20Hyde%20Little%20Red%20Book%20for%20www.investinme.org.pdf (Abruf 2.12.14)

[263] Donald A. Henderson, and Alexis Shelokov "Epidemic Neuromyasthenia — Clinical Syndrome?" N Engl J Med 1959; 260:757-764April 9, 1959DOI: 10.1056/NEJM195904092601506, nachzulesen auf http://www.nejm.org/doi/full/10.1056/NEJM195904092601506

Siehe auch Johnson, Hillary „Osler's Web: Inside the Labyrinth of the Chronic Fatigue Syndrome Epidemic", S. 201 Penguin Books 1997

[264] ***"Several epidemics support an infectious cause."*** (H.d.A.) Zitiert aus Carruthers BM, van de Sande MI et al. "MYALGIC ENCEPHALOMYELITIS – Adult & Paediatric: International Consensus Primer for Medical Practitioners", S. 1, nachzulesen auf http://www.me-ireland.com/ICC%20primer.pdf (Abruf 26.11.14)
Siehe auch: ***"Conclusions: ME/CFS shows characteristics of an infectious disease: 1. Cluster outbreaks of ME/CFS have occurred globally. 2. In sporadic cases, a febrile onset and recurrent flu-like symptoms are common. 3. Patients' immune system responses may also be found in some other infectious diseases. 4. The prevalence of ME/CFS is higher in close patient contacts than in the community although most close contacts do not develop ME/CFS. 5. Some healthy patient contacts show immune system responses similar to those seen in patients, suggesting exposure to the same antigen (a putative pathogen). Although no known***

pathogen has been shown to cause the illness, there is significant evidence that ME/CFS is an infectious disease, possibly caused by a novel pathogen." (H.d.A.) Zitat aus Underhill, Rosemary A. "Chronic Fatigue Syndrome, Myalgic Encephalomyelitis, ME/CFS: An Infectious Disease", Abstract nachzulesen auf S.45f auf http://www.iacfsme.org/DesktopModules/DigitalDownload/2014Syllabus25.pdf (Abruf 11.11.14)

Siehe auch Hyde, Byron M. et al. "The Clinical and Scientific Basis for Myalgic Encephalomyelitis/Chronic Fatigue Syndrome." Nightingale Research Foundation. 1992 p. 172-86., ISBN-10: 0969566204 ISBN-13: 978-0969566205

[265] *"In this group, 752 patients fulfilled the CDC criteria for CFS (Fuduka, 1994). Of those CFS patients, 34 (4.5%) have a common factor in their past medical history that immediately preceded the onset of their CFS. These patients had received a blood transfusion a few days to a week prior to developing a flu-like syndrome that later proved to be the acute onset of their CFS. Another 8 patients also received a blood transfusion but their illness only started at least two months later, so that we cannot take these patients into our calculations. [...] These findings point towards a transmittable cause in this subset of CFS patients in which acute onset was temporally linked to blood transfusion."* Zitiert aus K. De Meirleir, P. De. Becker, I. Campine „Blood Transfusion and Chronic Fatigue Syndrome". Presented at the Sydney February 1999 CFS Conference. Nachzulesen auf http://www.sdnl.nl/syndrome.htm#Blood oder auf http://www.mecfs-vic.org.au/sites/www.mecfs-vic.org.au/files/Article-1999deMeirleir-Blood.pdf oder auf http://www.masscfids.org/resource-library/3-research/119-can-blood-transfusions-cause-cfids-?format=pdf (Abruf 13.12.14)

[266] Albright, Frederick, Light, Kathleen, Cannon-Albright, Lisa A et al. „Evidence for a heritable predisposition to Chronic Fatigue Syndrome", BMC Neurol. 2011; 11:62, nachzulesen auf http://www.ncbi.nlm.nih.gov/pmc/articles/PMC3128000/#!po=4.54545

Siehe auch Kaushik N, Fear D, Richards SCM, et al. "Gene expression in peripheral blood mononuclear cells from patients with chronic fatigue syndrome", J Clin Pathol 58:826832, 2005, nachzulesen auf http://www.ncbi.nlm.nih.gov/pmc/articles/PMC1770875/

[267] Buchwald D et al. „A twin study of chronic fatigue." Psychosom Med. 2001 Nov-Dec;63(6):936-43. Abstract nachzulesen auf http://www.ncbi.nlm.nih.gov/pubmed/11719632

Siehe dazu auch Anthony Komaroffs Vortrag "Die neueste CFS-Forschung", April 2010 Massachusetts CFIDS/ME & FM Association, Übersetzung: Regina Clos, http://www.cfs-aktuell.de/Komaroff%20Broschuere%20ME-CFS.pdf (Abruf 2.12.14)

[268] Sullivan PF, Evengard B, Jacks A, Pedersen NL „Twin analyses of chronic fatigue in a Swedish national sample", Psychol Med 2005; 35; 1327-36, Abstract nachzulesen auf http://www.ncbi.nlm.nih.gov/pubmed/16168155

[269] Siehe Underhill, Rosemary A., O`gorman, Ruth "Prevalence of Chronic Fatigue Syndrome and Chronic Fatigue Within Families of CFS Patients", Journal of Chronic Fatigue Syndrome 2006, Vol. 13, No. 1, Pages 3-13, Abstract nachzulesen auf http://informahealthcare.com/doi/abs/10.1300/J092v13n01_02 (Abruf 26.11.14)

[270] Siehe den Artikel zur o.a. Studie "Both Genetic Relationship and Close Household Contact Possible Risk Factors for CFS", nachzulesen auf http://www.prohealth.com/library/showarticle.cfm?libid=12013 (Abruf 2.12.14)

[271] *"The greater incidence in offspring suggests that close household contact may have more influence than genetics in accounting for the occurrence of CFS in the offspring."* Zitiert aus "Both Genetic Relationship and Close Household Contact Possible Risk Factors for CFS", nachzulesen auf http://www.prohealth.com/library/showarticle.cfm?libid=12013 (Abruf 2.12.14)

[272] *„Our first investigation focused on eight affected members of the 67-member orchestra. Laboratory findings for many of the unaffected members of the orchestra were found to be similar to those for members with CFS (elevated EBV antibody titers and a low level of NK cell activity). In fact, the only laboratory finding that was significantly different in the two groups was lower NK cell activity in members with CFS. This difference occurred despite the fact that very low levels of*

NK activity were found for several of the unaffected members. NK cell activity was measured in terms of lytic units. The mean NK cell activity among members with CFS was 50.8 lytic units (LU) vs. 134.5 LU in noncases and 235 LU in laboratory controls. Results from the study of this cluster suggest that comparisons between individuals with CFS and their close contacts is difficult because unaffected individuals may show similar patterns of laboratory abnormalities compatible with perturbations of immune function. This finding suggests transmission of an infectious agent or exposure to a common source of a noninfectious causal agent that might cause similar laboratory abnormalities in symptomatic and asymptomatic individuals. These data also demonstrate that laboratory tests cannot be used to definitively diagnose CFS." Zitiert aus Grufferman, Seymour, Levine, Paul „Results of an Investigation of Three Clusters of Chronic Fatigue Syndrome." Nachzulesen auf http://www.ncf-net.org/library/cluster4.htm (Abruf 9.01.15)

[273] Gherardi, Romain K., and Authier, Francois-Jerome "Macrophagic myofasciitis: characterization and pathophysiology", Lupus. 2012 Feb; 21(2): 184–189. doi: 10.1177/0961203311429557, nachzulesen auf http://www.ncbi.nlm.nih.gov/pmc/articles/PMC3623725/

[274] Die sehr sehenswerte Reportage "De vaccinerede piger" ist mit englischen Untertiteln auf der Website „Vaccine Impact" zu sehen, http://vaccineimpact.com/2015/tv2-denmark-documentary-on-hpv-vaccine-shows-lives-of-young-women-ruined/ oder auf youtube https://www.youtube.com/watch?v=GO2i-r39hok (Abruf 28.05.15)

Siehe auch Gallagher, Paul „Thousands of teenage girls enduring dibilitating illnesses after routine school cancer vaccination", The Independet, 31. May 2015 (Abruf 1.06.15)

Siehe auch den Artikel „European Parliament Addresses the Gardasil Scandal in Europe", Vaccine Impact vom 6. Mai 2015, nachzulesen auf http://vaccineimpact.com/2015/european-parliament-addresses-the-gardasil-scandal-in-europe/ (Abruf 28. 05.15)

[275] England, Christina „Secret Papers Reveal Funding Refused to Researchers Looking Into Link Between Chronic Fatigue Syndrome and Vaccinations", October 2012, nachzulesen auf http://vactruth.com/2012/10/06/chronic-fatigue-syndrome-vaccinations/ (Abruf 9.01.15)

Siehe auch Jones, Doris M. „ME and Vaccinations". First published by YOGA & HEALTH March 1997, nachzulesen auf http://www.investinme.org/InfoCentre-vaccines-popup-1.htm (Abruf 9.01.15)

Agmon-Levin N, Zafrir Y, Kivity S, Balofsky A, Amital H, Shoenfeld Y. „Chronic fatigue syndrome and fibromyalgia following immunization with the hepatitis B vaccine: another angle of the 'autoimmune (auto-inflammatory) syndrome induced by adjuvants' (ASIA)." Immunol Res. 2014 Nov 27. Abstract nachzulesen auf http://www.ncbi.nlm.nih.gov/pubmed/25427994

Colafrancesco S, Perricone C, Tomljenovic L, Shoenfeld Y. „Human papilloma virus vaccine and primary ovarian failure: another facet of the autoimmune/inflammatory syndrome induced by adjuvants." Am J Reprod Immunol.2013 Oct;70(4):309-16. doi: 10.1111/aji.12151. Epub 2013 Jul 31. Abstract nachzulesen auf http://www.ncbi.nlm.nih.gov/pubmed/23902317

[276] BRODIE, MAURICE, AND PARK, WILLIAM H. "Active Immunization Against Poliomyelitis", S. 124, AMERICAN JOURNAL OF PUBLIC HEALTH Feb., 1936, nachzulesen auf http://ajph.aphapublications.org/doi/pdf/10.2105/AJPH.26.2.119

[277] Siehe Hyde, Byron Marshall "The Nightingale Definition of Myalgic Encephalomyelitis (M.E.)", nachzulesen auf http://www.nightingale.ca/documents/Nightingale_ME_Definition_en.pdf (Abruf 27.11.14)

"The world's leading M.E. experts, namely Ramsay, Richardson, Dowsett and Hyde, (and others) have all indicated that M.E. is caused by an enterovirus. The evidence which exists to support the concept of M.E. as an enteroviral disease is compelling (Hyde 2007, [Online]) (Hyde 2006, [Online]). An enterovirus explains the; age variation, sex variation, obvious resistance of some family members to the infection and the effect of physical activity (particularly in the early stages of the illness) in creating more long-term/severe M.E. illness in the host (Hyde & Jain 1992a, p. 40). There is also the

evidence that; M.E. epidemics very often followed polio epidemics, M.E. resembles polio at onset, serological studies have shown that communities affected by an outbreak of M.E. were effectively blocked (or immune) from the effects of a subsequent polio outbreak, evidence of enteroviral infection has been found in the brain tissue of M.E. patients at autopsy, and so on (Hyde 2007, [Online]) (Hyde 2006, [Online]) (Hyde 2003, [Online]) (Dowsett 2001a, [Online]) (Dowsett 2000, [Online]) (Dowsett 1999a, 1999b, [Online]) (Hyde 1992 p. xi) (Hyde & Jain 1992 pp. 38 - 43) (Hyde et al. 1992, pp. 25-37) (Dowsett et al. 1990, pp. 285-291) (Ramsay 1986, [Online])." Zitiert aus Basset, Jodi "What is M.E.?" The Hummingbirds` Foundation for M.E., 2004, updated 2009. Nachzulesen auf http://www.hfme.org/whatisme.htm (Abruf 2.12.14)

278 Allgemeines zu Retroviren: Man unterscheidet zwischen infektiösen exogenen Retroviren und den endogenen Retroviren, die seit Generationen vertikal über die Keimbahn vererbt werden. Von exogenen Retroviren werden sehr viele verschiedene Spezies infiziert, besonders aber Wirbeltiere. Exogene Retroviren verursachen in ihren Wirten eine große Zahl diverser Krankheiten, darunter Tumore wie Lymphome und Sarkome, neurologische Erkrankungen und Immunschwächen. Einige dieser Erkrankungen betreffen auch landwirtschaftliche Nutztiere oder sind Ursache für eine menschliche Pandemie. So ist das humanpathogene Retrovirus HIV für die AIDS-Pandemie verantwortlich. Zu den bislang bekannten humanpathogenen exogenen Retroviren (denen, die sich also von Mensch zu Mensch übertragen und ihn krank machen können) gehören: das zur Gattung der Deltaviren zählende Humane T-lymphotrope Virus 1 (HTLV-1), das Deltavirus Humanes T-lymphotropes Virus 2 (HTLV-2), das zu den Lentiviren gehörende Humane Immundefizienz-Virus Typ I (HIV-I) sowie das Lentivirus Humanes Immundefizienz-Virus Typ II (HIV-II). Das zur Gattung der Gammaretroviren gehörende Xenotropic murine leukemia virus-related virus (XMRV) ist ein Laborartefakt und nie als Humaninfektion nachgewiesen worden, wiewohl es als ***potentiell*** humanpathogen gilt. HTLV-1 z.B. ***ist*** dagegegen ein humanpathogenes Retrovirus, das bei einer kleinen Zahl der Infizierten eine T-Zell-Leukämie oder neurologische Krankheiten auslösen kann. HTLV-2 kann, wie man heute annimmt, bei einer Minderheit der Infizierten zu einem T-Zell-Lymphom und ebenfalls zu neurologischen Erkrankungen führen. Die humanen Retroviren HTLV-1 und HTLV-2 sind durch Übertragung von Affenretroviren auf den Menschen innerhalb der letzten 20.000 Jahre entstanden. Auch bei den beiden humanen Retroviren HIV-I und HIV-II wird davon ausgegangen, dass sie durch Übertragung von Affen-Retroviren auf den Menschen entstanden sind, allerdings wahrscheinlich erst im 20. Jahrhundert. Exogene humane Retroviren infizieren in aller Regel nur die Körperzellen. Wenn es dem exogenen Retrovirus aber gelingt, die Keimzelle zu infizieren und sein Erbgut in die Keimzelle einzuschleusen, wird es zu einem endogenen Retrovirus (HERV), das sich von Generation zu Generation über die Keimbahn vererbt. .Die zahlreichen über die Keimbahn vererbten humanen endogenen Retroviren sind also durch eine viele Generationen – meist Jahrmillionen - zurückliegende Infektion der Keimbahnzellen unserer menschlichen Vorfahren mit exogenen Retroviren entstanden. Die exogenen Retroviren sind dabei durch die Replikation der Wirtszelle (Vervielfältigung des Erbinformationsträgers DNA in einer Zelle, stark gekoppelt mit der Zellteilung) mutiert, was zu ihrer allmählichen Inaktivierung führte. Diejenigen endogenen Retroviren, die nicht inaktiviert werden durch Mutationen, bleiben aktiv und können auch exogene Viruspartikel produzieren. Das menschliche Genom besteht zu etwa 8,5% aus diesen endogenen retroviralen Sequenzen, von denen die meisten nicht infektiös sind und ihren Träger nicht krankmachen, vorausgesetzt, dass sie inaktiv sind und bleiben. In den letzten Jahren gab es jedoch Hinweise, dass reaktivierte endogene Retroviren z.B. bei der Pathogenese der Multiplen Sklerose, bei der Krebsentstehung und bei Autoimmunkrankheiten wie z.B. Lupus eine Rolle spielen könnten.

Zur Rolle endogener Retroviren bei der Pathogenese von MS und anderen Krankheiten siehe z.B. Susanne Dopheide, Presse- und Öffentlichkeitsarbeit des Universitätsklinikums Heinrich-Heine-Universität Düsseldorf, „Multiple Sklerose – Welche Rolle spielen endogene Retroviren", 14.02.2012, nachzulesen auf https://idw-online.de/de/news463437 (Abruf 2.12.14)

Siehe dazu auch Podbregar, Nadja „Rätsel um das „MS-Virus“ Die Rolle der HERVs bei Autoimmunerkrankungen“, 2010, nachzulesen auf http://www.scinexx.de/dossier-detail-517-12.html (Abruf 2.12.14)

Zu endogenen Retroviren und Autoimmunerkrankungen wie MS, Diabetes und Rheumatoider Arthritis siehe diese dänische Studie: Nexø, Bjørn A., Laska, Magdalena J. „Are human endogenous retroviruses triggers of autoimmune diseases? Unveiling associations of three diseases and viral loci“, Immunologic Research 2015, nachzulesen auf http://link.springer.com/article/10.1007/s12026-015-8671-z/fulltext.html

Siehe auch Hohmann, Christina „Parasiten im Genom“, Pharmazeutische Zeitung 07/2010, nachzulesen auf http://www.pharmazeutische-zeitung.de/index.php?id=32665 (Abruf 2.12.14)

Siehe auch Wikipedia, Stichwort „Endogenes Retrovirus“ auf http://de.wikipedia.org/wiki/Endogenes_Retrovirus
Wikipedia, Stichwort „Retroviren“ auf http://de.wikipedia.org/wiki/Retroviren#Durch_Retroviren_verursachte_Krankheiten,
Wikipedia, Stichwort „Humanes T-lymphotropes Virus 1“ auf http://de.wikipedia.org/wiki/Humanes_T-lymphotropes_Virus_1,
Wikipedia, Stichwort „Humanes T-lymphotropes Virus 2“ auf http://de.wikipedia.org/wiki/Humanes_T-lymphotropes_Virus_2 (Alle Abruf 2.12.14)

Zu positiven Antikörpernachweisen unbekannter humaner Retroviren siehe auch das Video mit Dr. Wilfried P. Bieger auf http://dr-bieger.de/dr-bieger-xmrv-dezember-2012/ (Abruf 2.12.14)

Siehe auch die Auszüge aus einem Radiointerview mit Dr. Judy Mikovits und den Bericht von Regina Clos „XMRV- Ende eines Alptraums oder Traums“ auf http://www.cfs-aktuell.de/XMRV%20Dezember%20Artikel.pdf (Abruf 2.12.14)
[279] Hyde, Byron M. „The Search for A Retrovirus in M.E./CFS, A Review“, Chapter 36 (S. 332) in Hyde, Byron M. (H. & A.), Levine, P. H. (H.), Goldstein, Jay A. (H. & A.), Nightingale Research Foundation (C. A.) „The Clinical and Scientific Basis for M.E./CFS“, nachzulesen auf http://www.consil.co.uk/downloads/The-Search-for-A-Retrovirus-in-ME-CFS-A-Review.pdf (Abruf 21.01.15)
[280] *„**Reverse Transkriptasen (RT)**, auch **RNA-abhängige DNA-Polymerasen**, sind Enzyme, die die Umschreibung von RNA in DNA katalysieren.“* Zitiert aus Wikipedia, Stichwort „Reverse Transkriptase“, nachzulesen auf http://de.wikipedia.org/wiki/Reverse_Transkriptase (Abruf 21.01.15)
[281] Holmes, Michael J. „A Retrovirus Aetiology for CFS?“ Chapter 33 (S. 319-324) in Hyde, Byron M. (H. & A.), Levine, P. H. (H.), Goldstein, Jay A. (H. & A.), Nightingale Research Foundation (C. A.) „The Clinical and Scientific Basis for M.E./CFS“, nachzulesen auf http://www.consil.co.uk/downloads/A-Retrovirus-Aetiology-for-CFS.pdf (Abruf 21.01.15)

Siehe auch Holmes, Michael J., Diack, Damian S., Easingwood, Richard A., Cross, John P., Carlisle, Bronwyn „Electron microscopic immunocytological profiles in chronic fatigue syndrome“, Journal of Psychiatric Research, January–February, 1997 Volume 31, Issue 1, Pages 115–122, Abstract nachzulesen auf http://www.journalofpsychiatricresearch.com/article/S0022-3956(96)00048-9/abstract
[282] Hyde, Byron M. „The Search for A Retrovirus in M.E./CFS, A Review“, Chapter 36 (S. 332f) in Hyde, Byron M. (H. & A.), Levine, P. H. (H.), Goldstein, Jay A. (H. & A.), Nightingale Research Foundation (C. A.) „The Clinical and Scientific Basis for M.E./CFS“, nachzulesen auf http://www.consil.co.uk/downloads/The-Search-for-A-Retrovirus-in-ME-CFS-A-Review.pdf (Abruf 21.01.15)

[283] Siehe „okkulte bzw. maskierte Infektion“ auf http://www.krankheiten.de/Infektionskrankheit/infektion.php (Abruf 21.01.15)

[284] *„The JHK sequence is nearly identical to the corresponding region of the Bxv-1 endogenous mouse retrovirus (GenBank accession AC115959) and distinct from XMRV.“* Zitiert aus Halligan, Brian D, Sun, Hai-Yuan, Kushnaryov, Vladimir M & Grossberg, Sidney E “Partial molecular cloning of the JHK retrovirus using gammaretrovirus consensus PCR primers”, Future Virology, May 2013, Vol. 8, No. 5, Pages 507-520 , DOI 10.2217/fvl.13.25 (doi:10.2217/fvl.13.25), nachzulesen auf http://www.futuremedicine.com/doi/abs/10.2217/fvl.13.25

[285] Grossberg, Sidney E “Characterization of the Human JHK Virus”, 1994 Council for Tobacco Research Progress Report, nachzulesen auf http://legacy.library.ucsf.edu/action/document/page?tid=aqg46d00 (Abruf 2.12.14)

Siehe dazu auch das Patent von Sidney Grossberg et al. „United States Patent: Human virus associated with Chronic Fatigue Immun Deficiency Syndrome and assay therefore“, Patentnummer 5,827,750, Oct. 27, 1998, einzusehen auf http://www.ncf-net.org/patents/pdf/GrossPat.pdf (Abruf 11.03.15)

[286] Ein Virion ist ein einzelnes infektiöses Viruspartikel, das sich im Gegensatz zu einem Virus außerhalb einer Zelle befindet.

[287] Halligan, Brian D, Sun, Hai-Yuan, Kushnaryov, Vladimir M & Grossberg, Sidney E “Partial molecular cloning of the JHK retrovirus using gammaretrovirus consensus PCR primers”, Future Virology, May 2013, Vol. 8, No. 5, Pages 507-520 , DOI 10.2217/fvl.13.25 (doi:10.2217/fvl.13.25), nachzulesen auf http://www.futuremedicine.com/doi/abs/10.2217/fvl.13.25

[288] Humanes T-lymphotropes Virus 2 (HTLV-2), frühere Bezeichnung humanes T-Zell-Leukämie-Virus Typ 2, siehe Wikipedia, Stichwort “Humanes T-lymphotropes Virus 2”, nachzulesen auf http://de.wikipedia.org/wiki/Humanes_T-lymphotropes_Virus_2 (Abruf 2.12.14)

[289] Siehe DEFREITAS, ELAINE, HILLIARD, BRENDAN, CHENEY, PAUL R., BELLS, DAVID S, KIGGUNDU, EDWARD, SANKEY, DIANE, WROBLEWSKA, ZOFIA, PALLADINO, MARIA, WOODWARD, JOHN P., AND KOPROWSKI, HILARY “Retroviral sequences related to human T-lymphotropic virus type II in patients with chronic fatigue immune dysfunction syndrome (Epstein-Barr virus syndrome/infectious mononucleosis/myalgic encephalomyelitis/polymerase chain reaction/in situ hybridization)“, Proc. Natl. Acad. Sci. USA Vol. 88, pp. 2922-2926, April 1991, Medical Sciences, nachzulesen auf http://www.ncbi.nlm.nih.gov/pmc/articles/PMC51352/ und http://www.me-ireland.com/retrovirus.pdf (Abruf 3.12.14)

Siehe dazu auch das Patent von Elaine DeFreitas und Brendan Hilliard „Methods and compositions for diagnosing and treating chronic fatigue immunodysfunction syndrome“, WO1992005760 A1, 1. März 1992, einzusehen auf https://www.google.com/patents/WO1992005760A1?cl=en&hl=de (Abruf 11.03.15)

[290] *“DeFreitas, who was a fast-rising star at the Wistar Institute in Philadelphia and had been mentored by it`s world-famous director, Hilary Koprowski, commanded about as much respect from the male retrovirologists at CDC as did the patients whose blood she was studying. In defiance of protocol, they refused to follow her methods at every turn. Ignoring her proscription against freezing blood, scientists froze ME blood samples in order to take vacations. They employed chemical reagents DeFreitas has warned against, they cast aside reagents she recommended, they regarded the ratios of particular nutrients DeFreitas used to nurture her cell cultures (and the virus) as unimportant.”* Zitiert aus Johnson, Hillary „A Disease Able to Affect the Economies of Nations“, S. XVIIf, nachzulesen als Vorwort von Heckenlively, Kent, Mikovits, Judy „Plague: One Scientist's Intrepid Search for the Truth about Human Retroviruses and Chronic Fatigue Syndrome, Autism, and Other Diseases“, Skyhorse Publishing 2014

[291] Siehe Wikipedia, Stichwort „Xenotropic murine leukemia virus-related virus“ auf http://de.wikipedia.org/wiki/Xenotropic_murine_leukemia_virus-related_virus (Abruf 5.12.14)

[292] *„Nur die Proben, die wir in Silvermans Labor geschickt haben, wurden kontaminiert, aber das waren alles Proben von Patienten. Deshalb wurden die Proben von gesunden Kontrollen nicht kontaminiert. In unserem Artikel wurde die Hypothese aufgestellt, dass wir ein Retrovirus finden würden. Wir haben 2008 Versuche gemacht, die nicht ganz der*

Plasmid-Sequenz von Silvermans XMRV entsprachen. Weil wir keine Übereinstimmung mit Silvermans XMRV finden konnten, haben wir die Parameter modifiziert. Wir haben die PCR-Reaktion verändert, um alles zu erfassen, was nicht genau übereinstimmte. Das ist es, was wir als „wobble" oder „Variation" bezeichnen. Max Pfost war derjenige, der die Variation in unseren Proben einfing. Als wir diese Bruchstücke herauszogen und sequenzierten, erhielten wir ähnliche, aber nicht genau gleiche Gegenstücke zu Silvermans XMRV. Silverman bat um 30 Proben, die wir ihm lieferten. Aber er hat die Arbeit nicht verschlüsselt durchgeführt, so dass er wusste, es handelt sich um Proben von Patienten. Unsere Arbeit war verschlüsselt, aber meine Notebooks waren der einzige Weg, über den man herausbekommen konnte, welche Probe zu welchem Patienten gehörte. Silverman lieferte seine eigenen Kontrollen. Nach drei Versuchen konnte Silverman immer noch keine vollständige Sequenz des Virus finden, nach dem wir suchten. Das bedeutete, dass das, was wir ihm geschickt hatten, schlicht nicht das Silverman-XMRV war. Er sagte im März 2009: „Lasst es mich nochmal versuchen." Wir sagten: „Nein, die Gefahr der Kontamination ist zu groß." **Aber Lombardi kultivierte das Virus und schickte dennoch Proben an Silverman, ohne mir das mitzuteilen. Das war ein Fehler. Als Silverman diese Proben – die nicht verschlüsselt waren – in seinem Labor sequenzierte, wurden sie kontaminiert. Silverman hatte jede Menge Plasmid in seinem Labor, da er all diese Sequenzierung durchgeführt hatte. Er hat uns im Juli 2011 darüber informiert, dass unsere Proben mit seinem VP62-Plasmid kontaminiert waren.** *Aber selbst wenn das, was wir gefunden hatten, nicht das Silverman-XMRV war, so gab es trotzdem einen Zusammenhang mit zwei Krankheiten – den Lymphomen bei Dan Petersons Patienten und CFS. Es hätte eine Familie von Viren sein können oder ein unterschiedlicher Strang. Es gibt beispielsweise fünf Stränge von HTLV, und nur einer davon ist pathogen. Was wir gefunden hatten, hätte einfach nur einer aus einer Familie von Retroviren sein können. Ein gutes Beispiel für dieses Dilemma ist Dr. Lipkins Forschungsarbeit. Dr. Lipkin sagt, er hat Belege für Retroviren in Montoyas Proben von ME/CFS-Patienten gefunden, aber er behauptet, dass dies wahrscheinlich nichts bedeutet, weil er sie auch in den Kontrollen gefunden hat. Aber was ist, wenn die Kontrollen einen nicht-pathogenen Strang haben? Niemand hat eine detaillierte Sequenz, die es irgendjemandem erlauben würde, eine Antwort darauf zu haben. Und nur 5% der Menschen, die mit HTLV-1 infiziert sind, werden jemals krank. Nach 40 Jahren kennen wir immer noch nicht die genauen Mechanismen, wie HTLV-1 oder HIV Krankheit verursachen und warum andere, sehr nah verwandte Stränge das nicht tun. Der Punkt ist, dass gesunde Personen weder endogene noch anderweitige Retroviren exprimieren! Natürlich gibt es da noch Lücken in unserem Wissen, aber einen Forschungsstrang nicht weiterzuverfolgen, der Millionen von Menschen helfen könnte, das ist schlicht und ergreifend schlechte Wissenschaft."* Zitiert aus Erica Verrillos Interview mit Dr. Judy Mikovits auf Prohealth, in der Übersetzung von Regina Clos auf http://www.cfs-aktuell.de/juni14_1.htm (Abruf 3.12.14), Original nachzulesen auf http://www.prohealth.com/library/showarticle.cfm?libid=18960 (Abruf 27.11.14)

293 Lombardi VC, Ruscetti FW, Das Gupta J, Pfost MA, Hagen KS, Peterson DL, Ruscetti SK, Bagni RK, Petrow-Sadowski C, Gold B, Dean M, Silverman RH, Mikovits JA "Detection of an infectious retrovirus, XMRV, in blood cells of patients with chronic fatigue syndrome", Science. 2009 Oct 23;326(5952):585-9. doi: 10.1126/science.1179052. Epub 2009 Oct 8. Nachzulesen auf http://www.ncbi.nlm.nih.gov/pubmed/19815723?dopt=Abstract

294 *„Mikovits showed that in figure 1 of the original* **Science** *paper that was prepared by Silverman of the Cleveland Clinic,* **some samples did contain the VP-62 plasmid**. *However, the original DNA samples, which were housed at the WPI were tested by Max Pfost and Francis Ruscetti* **were free of the VP-62 plasmid**. *An independ reanalysis of the same samples also showed the samples to be free of the plasmid, or other mouse contamination, the previous theory Coffin had held against XMRV. There was no"crap" – mouse or otherwise – in their argument."* Zitiert aus Heckenlively, Kent, Mikovits, Judy „Plague: One Scientist's Intrepid Search for the Truth about Human Retroviruses and Chronic Fatigue Syndrome, Autism, and Other Diseases", S. 342, siehe auch S. 341-345, Chapter Five "The Appearance of Chronic Fatigue Syndrome and Autism in the Medical Literature", Skyhorse Publishing 2014

Siehe auch Judy Mikovits Vortrag „The Exotic Biology of Xenotropic Murine Leukemia Related Virus XMRVs – Pitfalls and New Concepts", gehalten auf der Mt. Sinai Konferenz November 2013, Folien auf http://www.cfs-aktuell.de/The%20Exotic%20Biology%20of%20XMRVsfinal.pdf (Abruf 3.12.14) oder auf https://www.facebook.com/media/set/?set=a.244564049033185.1073741854.101589063330685&type=1 (Abruf 3.12.14)

Siehe auch Goetz, Deborah L. S., Mikovits, Judy A., Deckoff-Jones, Jamie and Ruscetti, Francis W. „INNATE IMMUNE CHANGES IN THE PERIPHERAL BLOOD OF CHRONIC FATIGUE SYNDROME PATIENTS: RISK FACTORS FOR DISEASE PROGRESSION AND MANAGEMENT“, Chapter VI (pp. 91-130) in “Chronic Fatigue Syndrome”, Nova Science Publishers, Inc. 2014, ISBN: 978-1-63321-961-8, Abstract und Volltext auf https://www.novapublishers.com/catalog/product_info.php?products_id=52282 (Abruf 3.12.14)

Siehe auch “Published Studies on XMRV and pMLV Findings in Human Diseases and the General Population”, nachzulesen auf http://www.aabb.org/tm/eid/Documents/xmrvtable.pdf (Abruf 3.12.14)

Zum SFFV siehe z.B. Wolff, L., Ruscetti, S. “The spleen focus-forming virus (SFFV) envelope gene, when introduced into mice in the absence of other SFFV genes, induces acute erythroleukemia”, J Virol. Jun 1988; 62(6): 2158–2163. Nachzulesen auf http://www.ncbi.nlm.nih.gov/pmc/articles/PMC253318/

Siehe auch Burdak, Susanne Christine “Charakterisierung der Promotor-Region des Fre2-Gens, einer Integrationsstelle des Friend-Mäuseleukämievirus”, S. 2f, Dissertation Justus-Liebig-Universität Gießen, nachzulesen auf http://geb.uni-giessen.de/geb/volltexte/2000/277/pdf/BurdakSusanne-2000-06-26.pdf (Abruf 3.12.14)

[295] Lo, Shyh-Ching, Pripuzova, Natalia, Li, Bingjie, Komaroff, Anthony L., Hung, Guo-Chiuan, Wang, Richard, and Alter, Harvey J. “Detection of MLV-related virus gene sequences in blood of patients with chronic fatigue syndrome and healthy blood donors”, PNAS, September 7, 2010, vol. 107 no. 36, doi: 10.1073/pnas.1006901107, Abstract nachzulesen auf http://www.pnas.org/content/early/2010/08/16/1006901107.abstract

[296] Lo, Shyh-Ching, Pripuzova, Natalia, Li, Bingjie, Komaroff, Anthony L., Hung, Guo-Chiuan, Wang, Richard and Alter, Harvey J. “Retraction for Lo et al., Detection of MLV-related virus gene sequences in blood of patients with chronic fatigue syndrome and healthy blood donors”, Proc Natl Acad Sci USA, issue 36, September 7, 2010, (107:15874–15879; first published August 23, 2010; 10.1073/pnas.1006901107), 346, doi: 10.1073/pnas.1119641109, nachzulesen auf http://www.pnas.org/content/109/1/346.full

[297] Siehe Hanson, Maureen R, Lee, Li L, Lin, Lin, Bell, David E Bell, Ruppert, David, and Bell, David S „Detection of MLV-like gag sequences in blood samples from a New York state CFS cohort“, Retrovirology. 2011; 8(Suppl 1): A234. Published online 2011 June 6. doi: 10.1186/1742-4690-8-S1-A234, nachzulesen auf http://www.ncbi.nlm.nih.gov/pmc/articles/PMC3112714/

[298] Siehe das Video mit Dr. Wilfried P. Bieger zu positiven Antikörpernachweisen unbekannter humaner Retroviren auf http://dr-bieger.de/dr-bieger-xmrv-dezember-2012/ (Abruf 6.12.14)

[299] *„We also found retroviruses in 85% of the sample pools.“* Ian Lipkin, zitiert in Fleming, Russel „Transcript: Ian Lipkin – CDC Telephone Broadcast Conference 10 September 2013“, nachzulesen auf https://docs.google.com/file/d/0B-NT-7M70igudmZVSVJUTnZVclU/edit?pli=1 (Abruf 9.12.14)

Siehe auch Johnson, Cort “Foremost Virus Hunter Finds Biomarkers, Few Viruses in Big Chronic Fatigue Syndrome Study”, nachzulesen auf http://simmaronresearch.com/2013/09/foremost-virus-hunter-finds-biomarkers-few-viruses-chronic-fatigue-syndrome/ (Abruf 8.12.14)

[300] Parish, Gordon “A Review of The Clinical Syndrome Variously Called Benign Myalgic Encephalomyelitis, Iceland Disease and Epidemic Neuromyasthenia”', Original article by ED Acheson in American Journal of Medicine, 1959. Nachzulesen auf http://www.meresearch.org.uk/information/publications/acheson-review/ (Abruf 8.12.14)

"Nevertheless, the organic basis is clear-from the finding that the putative agent can be transferred to monkeys; [...]", zitiert aus "Epidemic myalgic encephalomyelitis", BRITISH MEDICAL JOURNAL 3 JUNE 1978, nachzulesen auf http://www.ncbi.nlm.nih.gov/pmc/articles/PMC1604957/pdf/brmedj00128-0006b.pdf (ursprüngliche Studie von Pellew, R A A, and Miles, J A R, Medical Journal of Australia, 1955, 2, 480)

301 *„Die Myelinscheide (auch* ***Markscheide****; [...]) stellt eine um die Axone der Nervenzellen von Wirbeltieren gelagerte lipidreiche Schicht dar."* Zitat Wikipedia, Stichwort „Myelinscheide", nachzulesen auf http://de.wikipedia.org/wiki/Myelinscheide

302 Parish, J.G. "Early outbreaks of `epidemic neuromyasthenia`", Postgrad Med J. Nov 1978; 54(637): 711–717. Page 714, nachzulesen auf http://www.ncbi.nlm.nih.gov/pmc/articles/PMC2425322/?page=4

303 Siehe ebd. Originalstudie PAPPENHEIMER AM, BAILEY OT, CHEEVER FS, DANIELS JB. „Experimental polyradiculitis in monkeys." J Neuropathol Exp Neurol. 1951 Jan;1(1):48-62

304 *""There are in the entire diencephalon, particularly round the third ventricle numerous small haemorrhages, which extend into the adjacent parts of the mid-brain. Similar haemorrhages can be seen in the corpora mamillare. The haemorrhages are mostly around small vessels, but some are also to be seen in the free tissue. This is a significant finding and is probably the cause of death in this patient.""* Zitiert aus Wallis, A.L. "An investigation into an unusual illness seen in epidemic and sporadic form in a general practice in Cumberland in 1955 and subsequent years", S. 48f, (M.D. Thesis). Edinburgh University. (1957) Abstract auf https://www.era.lib.ed.ac.uk/handle/1842/9382 (Abruf 8.12.14), Volltext auf https://www.era.lib.ed.ac.uk/bitstream/1842/9382/1/Wallis1957_FULL.pdf (Abruf 8.12.14)

305 ***""The problem we face is that, in spite of overwhelming epidemiological and technical evidence of an infectious case, the truth is being suppressed by the government and the 'official' M.E. charities as 'too scary' for the general public.""*** (H.d.A.) Elizabeth Dowsett, zitiert aus Basset, Jodi "What is M.E.?" The Hummingbirds` Foundation for M.E. 2004, updated 2010. Nachzulesen auf http://www.hfme.org/whatismeextraextended.htm (Abruf 9.12.14)

306 Neuere Forschungsarbeiten, die noch nicht veröffentlicht wurden, kommen zu dem Ergebnis, dass zumindest eine Untergruppe ME-Kranker ansteckend sein könnte. Siehe dazu das Interview von Llewellyn King mit Prof. Kenny de Meirleir auf http://www.youtube.com/watch?v=JFSaLGR9rpY&feature=youtu.be (Abruf 9.12.14) und http://www.youtube.com/watch?v=_1chirWLnAU (Abruf 9.12.14) Das Skript der Sendung ist nachzulesen auf der Website der niederländischen Patientenvereinigung ME/cvs Vereniging http://www.me-cvsvereniging.nl/sites/default/files/Web%20seminar%201-20%20KDM.pdf (Abruf 9.12.14)

307 *"Could One Type of Infection Lead to CFS? Researchers from around the world have studied if a single type of infection might be the cause of CFS, analyzed the data, and not yet found any association between CFS and infection. Researchers are still analyzing samples from CFS patients using the latest molecular methods to search for previously unknown infections (pathogen discovery). To date, these studies suggest that no one infection or pathogen causes CFS and that the illness may be triggered by a variety of illnesses or conditions."* Nachzulesen auf der Website der CDC, http://www.cdc.gov/cfs/causes/index.html (Abruf 28.05.15)

308 *"CFS is sometimes seen in members of the same family, but that does not indicate that it's contagious. Instead, there may be a familial or genetic link."* Nachzulesen auf der Website der CDC, http://www.cdc.gov/cfs/causes/risk-groups.html (Abruf 28.05.15)

309 *"Since the etiology of CFS is unknown and since it may represent a general symptom complex due to a variety of causal factors, there is at present no CDC policy concerning donation of biologic products as blood by CFS patients. However, since ongoing research indicates an infectious agent may be involved in some cases of CFS it would seem prudent to refrain from donating blood until this issue is resolved."* Zitiert aus der Kopie eines Briefes vom 16. Januar 1992 von William Reeves, die der Autorin vorliegt

310 *"In addition, while the cause of CFS has not yet been determined, a number of researchers have postulated that it may caused by an infectious agent or agents, such as a virus. The routes of transmission of these agents are currently unknown, but, based on our knowledge of infectious diseases of the immune system, it is not impossible that one or more of these*

suggested agents might potentially be able to be transmitted by blood-to-blood contact, as occurs in blood transfusions." Zitiert aus der Kopie eines Briefes vom 16. Januar 1992 von George W. Rutherford, die der Autorin vorliegt

[311] Vgl. "Recommendation on Chronic Fatigue Syndrome and Blood Donation" auf der Website der AABB http://www.aabb.org/press/Pages/cfsrecommendation.aspx (Abruf 28.05.15)

[312] Siehe "WHITTEMORE PETERSON INSTITUTE AND CERUS ANNOUNCE INACTIVATION OF XMRV IN PLATELETS AND RED BLOOD CELLS BY THE INTERCEPT BLOOD SYSTEM", 09/07/2010, nachzulesen auf http://www.cerus.com/Investors/Press-Releases/Press-Release-Details/2010/Whittemore-Peterson-Institute-and-Cerus-Announce-Inactivation-of-XMRV-in-Platelets-and-Red-Blood-Cells-by-the-INTERCEPT-Blood/default.aspx (Abruf 28.05.15)

[313] *„He (Henderson) noted that infection might occur very early in the disease; by the times the symptoms arise, the patient could habe ceased to "excrete" the virus, a phenomenon common to many viral illnesses."* Zitiert aus Johnson, Hillary „Osler's Web: Inside the Labyrinth of the Chronic Fatigue Syndrome Epidemic", S. 199, Penguin Books 1997

[314] *„It was possible that hosts were either infectious for only a few hours, or that individual hosts varied widely in their infectivity for contacts, or that the hospital environment contained factors contributing to the communicability of the disease which were either submerged or lacking in the home."* Zitiert aus CROWLEY, NUALA, NELSON, MERRAN AND STOVIN, SYBILLE "EPIDEMIOLOGICAL ASPECTS OF AN OUTBREAK OF ENCEPHALOMYELITIS AT THE ROYAL FREE HOSPITAL, LONDON, IN THE SUMMER OF 1955", S. 106, J Hyg (Lond). Mar 1957; 55(1): 102–122. PMCID: PMC2217874, nachzulesen auf http://www.ncbi.nlm.nih.gov/pmc/articles/PMC2217874/pdf/jhyg00143-0110.pdf

Teil I Die Fakten/Kapitel I Einführung/10 Biomedizinische Anomalien

[315] Vgl. Carruthers, B M, van de Sande, M I [...], and Stevens, S „Myalgic Encephalomyelitis: International Consensus Criteria", Journal of INTERNAL MEDICINE Oct 2011, Review nachzulesen auf http://onlinelibrary.wiley.com/doi/10.1111/j.1365-2796.2011.02428.x/pdf oder auf http://www.ncbi.nlm.nih.gov/pmc/articles/PMC3427890/ und auf http://www.meassociation.org.uk/?p=7173 (Abruf 25.11.14)

Siehe auch die Liste von Studien, die biomedizinische Anomalien untersucht haben auf Paradigm Change http://www.paradigmchange.me/cfs-info/me-and-cfs-medical-abnormal/me-cfs-and-medical-abnormal.pdf (Abruf 11.12.14)

[316] Hooper, Malcolm „Fakten und Anomalien bei ME/CFS – Die biomedizinische Literatur zwischen 1955 und 2006", Übersetzung Regina Clos, http://www.cfs-aktuell.de/Aerztemappe.qxd.pdf (Abruf 11.12.14) und http://www.cfs-aktuell.de/Angehoerigenbroschuere.pdf (Abruf 11.12.14)

[317] Quellennachweise zu Professor Malcolm Hoopers Auflistung der biomedizinischen Anomalien: 24. Behan PO, et al. J Infection 1985;10:211-22, 25. De Becker P, et al. Arch Intern Med 2000;160:3270-7, 26. Van Heck GL, et al. JCFS 2002;10(1):17-35, 27. Abbot N, et al. InterAction: May 2004, 28. CDC Announce. Ref: AACFS October 2004, 29. Taylor RR. Am J of Occ Therapy 2004:58:35-43, 30. Campbell J, et al. The NZ Fam Physician 1987;14:51-4, 31. Lloyd A,et al. Med J Aus 1989;151:122-4, 32. Hassan IS, et al. Clin Immunol Immunopath 1998;87:60-7, 33. Landay AL, et al. Lancet 1991;338:707-12, 34. Dowsett EG, J Hosp Inf, 1988;11:103-15,35. Archard LC, et al. JRSM 1988;81:325-31, 36. Hobbs JR, et al. Prot Biol Fluids 1990;36:391-8 37. Cunningham L, et al. J Gen Virol 1990;71:1399-02, 38. Bakeit AM, et al BMJ 1992;304:1010-12, 39. Bowles NE, et al. J Medicine 1993;24:2:145-60, 40. Clements GB, et al. J Med Virol 1995;45:156-61, 41. Galbraith DN. J Gen Virology 1997;78:307-12, 42. Olsen GB, et al. J All Clin Immunol 1986;78:308-14, 43. Montoya J, et al. Pres 8th IACFS ResearchConf 2007, 44. Lerner M. Pres 8th IACFS Research Conf 2007, 45. Glaser R. Pres 8th IACFS Research Conf 2007, 46. Ablashi R. Pres 8th IACFS Research Conf 2007, 47. Komaroff A. Pres 8th IACFS Research Conf2007 48. Sugino T. Pres 8th IACFS Research Conf 2007,

49. Levine S. Pres 8th IACFS Research Conf 2007, 50. Murovska M. Pres 8th IACFS Research Conf 2007, 51. Suhadolnick RJ, et al. Clin Infect Dis 1994;18(Supp):S996-S104, 52. Suhadolnik RJ, et al. J Interferon & Cytokine Research 1997;17:377-85 53. DeMeirleir K et al Am J Med 2000;108:99-105, 54. Komaroff A. Pres AHMF Clinical and Science Meeting 2001, 55. Nijs J, et al. Med Hypoth 2004;62:5:759-65, 56. Englebienne P. JCFS 2003:11:2:97-109, 57. Caliguri M, et al. J Immmunol 1987;139:3306-13, 58. Eby N, et al. Pub Karger, Basel, 1989:141-5, 59. Klimas N, et al. J Clin Microbiol 1990;28:6:1403-10, 60. Patarca R. JCFS 2000;6:3-4:69-107, 61. Steinau M et al. J Mol Med 2004, 62. Maher KJ. Clin Exp Immunol 2005;142:3:505-11, 63. Fletcher M. Pres 8th IACFS Research Conf 2007, 64. Fletcher M, et al. JCFS 2000:7:3:65-75, 65. Cruess SE, et al. JCFS 2000:7:1:39-52, 66. Kaushik N, et al. J Clin Pathol 2005:58:826-32, 67. Bennet AL, et al. J Clin Immunology: 1997:17:160-6, 68. Buchwald D, et al. Ann Intern Med 1992:116:2:103-13, 69. Boe B et al. J of Psychosomatic Research 2004:56:6:633, 70. Miller BJ, et al. JCFS 1998;4(1):37-42, 71. Jones MG, et al. J Clinical Chemistry E-pub June 2005, 72. Gurbaxani B. Pres 8th IACFS Research Conf 2007, 73. Vojdani A, et al. J Int Med 1997;242:465-78, 74. Kennedy G, et al. J Clin Pathol 2004:57:8:891-3, 75. Strauss SE, et al. J Allergy Clin Immunol1988;81:791-5, 76. Conti T, et al. Allergy 1996;51:124-7, 77. Nijs J, et al. Chest 2003:123:4:998-1007, 78. Vernon SD, et al. Disease Markers 2002;18:193-9 79. Whistler T. Pres 8th IACFS Research Conf 2007, 80. Kerr J. Pres 8th IACFS Research Conf 2007, 81. Kerr J. J Clin Path 2005;8:860-3, 82. Goran A, et al. JNNP 1985;48:691-4, 83. Schwartz RB, et al. J Am Roentgen Ray Soc 1994;162:943-51, 84. Aiemionow V, et al. Clin Neuroph 2004;115:10:2372-81, 85. Saggini R, et al. J Neurol Sci 1998:154:1:18-25, 86. Paul LM. Gait Posture 2001::14(1):19-27, 87. Tiersky LA, et al. J Clin Exp, Neuro1997;19:560-8, 88. De Luca J, et al. J Neurology, Neurosurgery & Psychiatry 1997;62:151-5, 89. Campbell J. The NZ Family Physician 1987;14:51-4, 90. DeLuca J, et al. Arch Neurol 1993;50:301-4, 91. Sandman C. Biol Psych 1993;618-23, 92. Marcel B, et al. Biol Psych 1996;40:535-41, 93. Marshall PS, et al. Psychoso Med, 1997;59:58-66, 94. Rowe PC, et al. Am J Med 1998:105:(3A):15S-21S, 95. Van Ness J. Pres 8th IACFS Research Conf 2007, 96. Rowe P, et al. J Am Med Ass 2001;285:52-9, 97. Steeten DH, et al. Am J Med Sc 2000;320:1-8

98. Bou-Holaighah I, et al. J Am Med Ass 1995;274:961-7, 99. Costa DC, et al. BMJ 1992:304:1567, 100. Fischler B, et al. Neuropsychobiology1996;34:175- 83, 101. Costa DC, et al. Q J Med 1995;88:767-73, 102. Schwartz RB, et al. Am J Roentgenology 1994;163:943-95, 103. Di Giuda D, et al. Pres 4th IACFS Conf 1998, 104. Richardson J. JCFS 1998:4:3:23-38, 105. Casse R. Pres AHMF Clinical and ScienceMeeting 2001, 106. Lange G. Pres 8th IACFS Research Conf 2007, 107. Komaroff A. Ed JAMA 2000:108:2:169-71, 108. Okada T, et al BMC Neurol 2004:4:1:14, 109. Lang G, et al. J Neuro Sci 1999;171:3-7, 110. Michiels V, et al. Acta Psychiatrica Scan 2001;103,84-93, 111. Komaroff A. Am J Med 2000;108, 169-71, 112. Natelson BH, et al. J Neurol Sci 1993;120:213-17, 113. Buchwald D, et al. Ann Intern Med 1992:116:2:103-13, 114. Kaushik N, et al. J Clin Pathol 2005:58:826-832, 115. Chaudhuri A, et al. J Neuro Sci 2000;179:34-42, 116. Spence VA, et al. Am J Med 2000;108:736-39, 117. Chaudhuri A, et al. JCFS 1997;3(1):3-16, 118. Tirelli U, et al. Am J Med 1998:105:3A:54s-58s, 119. Hannenstad. Pres 8th IACFS Research Conf 2007, 120. Nestadt P. Pres 8th IACFS Research Conf 2007, 121. Quintana AM. Pres 8th IACFS Research Conf 2007, 122. Baruniuk J. Pres 8th IACFS Research Conf 2007, 123. Natelson B et al. Clin Diag Lab Immunol 2005:12:1:52-5, 124. Demitrack M, et al. J Clin Endoc & Metab 1991;73:1224-34, 125. Bakeit AM, et al BMJ 1992;304:1010-12, 126. Yamaguti K, et al. JCFS 1996;2:2/3, 127. Crofford LJ, et al. Rheum Dis Clin North America 1996;22:2;267-84, 128. Dinan TG, et al. Psychoneuroendocrinology 1997;22:4:261-67, 129. McKenzie R, et al. JAMA 1998;280: (12):1061-6, 130. De Becker, et al. Hormone and Metabolic Research 1999;31:1:18-21, 131. Maes M, et al. Neuro Endocrinol Lett:2005;26:5, 132. Peckerman A, et al. Pres 4th IACFS Conf 1998, 133. Inbar O, et al. Med Sci Sports Exer 2001;33(9):1463-70, 134. Peckerman A, et al. Am J Med Sci 2003;326:2:55-60, 135. Peckerman A, et al. Am Physiology Soc Conf 2003, 136. Spence V, et al. Biologist 2004;51(2):65-70, 137. Spence V, et al. Am J Med 2000;108:736-9, 138. Kennedy G, et al. Free Rad Biol and Med 2005;39:584-9, 139. Spence V. Pres 8th IACFS Research Conf 2007, 140. Lerner AM, et al. In Vivo 204;18:4:417-24, 141. Cheney P. Pres 8th IACFS Research Conf 2007, 142. Archer MI. JRCGP 1987;37:212-16, 143. Behan PO, et al. Crit Rev

Neurobiol1988;4:157- 78, 144. MS Riley BMJ:1990;301:953-6, 145. Russell JM, et al. BMJ 1995;311:544-5, 146. Burnett RB, et al. MJ Australia 1996:164:6:384, 147. Cordero DL, et al. Clin Auton Res1996;6:(6):329-33, 148. Richards SC, et al. Brit Soc Rheumatology 2001:382, 149. Lapp C. Am J Medicine 1997:103:83-4, 150. Kevin K, et al. Clinical Science 1999:97:603-608, 151. Paul L, et al. Euro J Neurology 1999:6:63-69, 152. Samii, et al. Neurology 1996:1410-14 153. Jammes Y, et al. J Intern Med 2005:257:3:299-310, 154. Ciccolela M. Pres 8th IACFS Research Conf 2007 155. Whistler T, et al BMC Physiology 2005:5:5, 156. Hyman H. JCFS 1998:4(1):43-52, 157. Burnett RB. Pres AHMF Clinical and Science Meeting 2001, 158. Chia J. Pres 8th IACFS Research Conf 2007, 159. Olsen B, et al. J All Clin Immunol 1986:78:308- 314 160. Butt HL. Pres AHMF Clinical and Scientific Meeting 2001, 161. Gomborone JE et al. JRCP Lond 1996:30:6:512-13, 162. Jamal GA, et al. JNNP 1985 :48:691-4, 163. Behan WMH, et al. Act Neuropathol 1991:83:61-5, 164. Vernon, SD, et al. BMC Infect Dis. 2006; 6:15, 165. Watson WS et al. JCFS 1998:4:4:3-14, 166. De Becker, P. Pres AHMF Clinical and Scientific Meeting 2001

Teil I Die Fakten/Kapitel II Krankheitsdefinitionen/1 Ramsay-Definition

[318] Morris, Gerwyn, Maes, Michael „Case definitions and diagnostic criteria for Myalgic Encephalomyelitis and Chronic fatigue Syndrome: from clinical consensus to evidence-based case definitions" Neuroendocrinology Letters Volume 34 No. 3 2013, nachzulesen auf http://www.nel.edu/archive_issues/o/34_3/NEL340313R01_Morris--Maes.pdf (Abruf 20.07.14)
[319] Die Ramsay-Definition ist nachzulesen auf
http://www.name-us.org/DefintionsPages/DefRamsay.htm (Abruf 11.12.14)

Siehe auch Ramsay, Melvin "The Clinical Features of Myalgic Encephalomyelitis", 1986, nachzulesen auf http://www.cfids-me.org/ramsay86.html (Abruf 11.12.14)

Teil I Die Fakten/Kapitel II Krankheitsdefinitionen/2 Holmes-Definition

[320] Holmes, Gary P. et al. „The 1988 Holmes Definition for CFS Chronic Fatigue Syndrome: A Working Case Definition", Ann Intern Med. 1988; 108:387-389, nachzulesen auf http://www.cfids-me.org/holmes1988.html (Abruf 25.11.14)

Teil I Die Fakten/Kapitel II Krankheitsdefinitionen/3 Ramsay/Dowsett-Definition

[321] Zur Ramsay/Dowsett-Definition siehe http://phoenixrising.me/archives/5988 (Abruf 11.12.14)

Siehe dazu auch Dowsett, E. G., Ramsay, A. M., McCartney, R. A., and Bell, E. J. "Myalgic encephalomyelitis--a persistent enteroviral infection?" Postgrad Med J. Jul 1990; 66(777): 526–530, nachzulesen auf http://www.ncbi.nlm.nih.gov/pmc/articles/PMC2429637/pdf/postmedj00163-0031.pdf

Teil I Die Fakten/Kapitel II Krankheitsdefinitionen/4 Australische Definition

[322] Lloyd AR, Hickie I, Boughton CR, Spencer O, Wakefield D "Prevalence of chronic fatigue syndrome in an Australian population." Med J Aust. 1990 Nov 5;153(9):522-8. Abstract nachzulesen auf http://www.ncbi.nlm.nih.gov/pubmed/2233474

Teil I Die Fakten/Kapitel II Krankheitsdefinitionen/5 Oxford-Definition

[323] Sharpe, M C, […], Wessely, S, White, P D et al. "A report - chronic fatigue syndrome: guidelines for research", Journal of the Royal Society of Medicine Volume 84 February 1991, nachzulesen auf http://www.ncbi.nlm.nih.gov/pmc/articles/PMC1293107/pdf/jrsocmed00127-0072.pdf

[324] *"In 1991, small group of ideologically driven psychiatrists in the UK redefined CFS as only chronic fatigue with no required neurological or immunological symptoms, the Oxford definition. [7] Even though the criteria for the disease were changed beyond all recognition from the CDC's Holmes CFS, the group of psychiatrists unethically continued to call their creation CFS. They then proceeded to conflate their new CFS, which was only chronic fatigue, with the neurological disease ME, recognized by the WHO since 1969. They soon moved to the hybrid term CFS/ME in an attempt to increase their influence over, and seize control of, the treatment of the neurological disease ME."* Zitiert aus Spinhirne, Jerrold "Public Comment", Chronic Fatigue Syndrome Advisory Committee (CFSAC) Spring 2012 Meeting Public Testimony, nachzulesen auf http://www.hhs.gov/advcomcfs/meetings/presentations/spinhirne_written_061312.pdf (Abruf 11.12.14)

[325] Brief von Prof. Simon Wessely an Dr. Mansel Aylward (Oktober 1993), nachzulesen auf https://app.box.com/s/ucpcih8n3bb7vtde9c4pe57tx5iekep1 (Abruf 25.02.15)

[326] *"There are no clinical signs characteristic of the condition, but patients should be fully examined, and the presence or absence of signs reported."* Zitat aus Sharpe, M C, […], Wessely, S, White, P D et al. "A report - chronic fatigue syndrome: guidelines for research", Journal of the Royal Society of Medicine Volume 84 February 1991, nachzulesen auf http://www.ncbi.nlm.nih.gov/pmc/articles/PMC1293107/pdf/jrsocmed00127-0072.pdf

[327] *"Certain patients should be excluded from the definition. They include: […] Patients with […] proven organic brain disease."* Zitat ebd.

[328] *„The Oxford criteria have been roundly criticised by international investigators and by patient groups for their lack of specificity and because they expressly exclude those with* ***"proven organic brain disease"*** *(which ME/CFS has been internationally shown to be in numerous brain imaging studies) whilst expressly including those with affective disorders such as anxiety and depression."* Zitat aus Hooper, Malcolm "REPORT: COMPLAINT TO THE RELEVANT EXECUTIVE EDITOR OF THE LANCET ABOUT THE PACE TRIAL ARTICLES PUBLISHED BY THE LANCET", März 2011, nachzulesen auf http://www.mecfs-vic.org.au/sites/www.mecfs-vic.org.au/files/Article-2011Hooper-Complaint.pdf (Abruf 11.12.14)

[329] Zum Ausschluss neurologischer Symptome bei den Oxford-Kriterien siehe das Statement eines der Autoren dieser Definition Prof. Anthony David: *„One of the authors of the Oxford criteria, psychiatrist Professor Anthony David, clarified the issue of whether or not the Oxford criteria exclude people with neurological disorders:* ***"British investigators have put forward an alternative, less strict, operational definition which is essentially chronic (6 months or more) …fatigue in the absence of neurological*** *signs, (with) psychiatric symptoms…as common associated features" („Postviral fatigue syndrome and psychiatry", A.S. David; BMB 1991:47:4:966-988, Abstract auf http://bmb.oxfordjournals.org/content/47/4/966.abstract)".* Zitat aus Hooper, Malcolm "REPORT: COMPLAINT TO THE RELEVANT EXECUTIVE EDITOR OF THE LANCET ABOUT THE PACE TRIAL ARTICLES PUBLISHED BY THE LANCET", März 2011, nachzulesen auf http://www.mecfs-vic.org.au/sites/www.mecfs-vic.org.au/files/Article-2011Hooper-Complaint.pdf (Abruf 11.12.14)

[330] ***"Other psychiatric disorders (including depressive illness, anxiety disorders, and hyperventilation syndrome) are not necessarily reasons for exclusion."*** (H.d.A.) Zitat aus Sharpe, M C, […], Wessely, S, White, P D et al. "A report - chronic fatigue syndrome: guidelines for research", Journal of the Royal Society of Medicine Volume 84 February 1991, nachzulesen auf http://www.ncbi.nlm.nih.gov/pmc/articles/PMC1293107/pdf/jrsocmed00127-0072.pdf

[331] Vgl. Spinhirne, Jerrold "Public Comment", Chronic Fatigue Syndrome Advisory Committee (CFSAC) Spring 2012 Meeting Public Testimony, nachzulesen auf http://www.hhs.gov/advcomcfs/meetings/presentations/spinhirne_written_061312.pdf (Abruf 11.12.14)

[332] Fukuda et al."The Chronic Fatigue Syndrome: A Comprehensive Approach to Its Definition and Study", Annals of Internal Medicine, Volume 121, Number 12, 1994, nachzulesen auf http://www.ncf-net.org/patents/pdf/Fukuda_Definition.pdf (Abruf 27.11.14)
[333] Vgl. Spinhirne, Jerrold "Public Comment", Chronic Fatigue Syndrome Advisory Committee (CFSAC) Spring 2012 Meeting Public Testimony, nachzulesen auf http://www.hhs.gov/advcomcfs/meetings/presentations/spinhirne_written_061312.pdf (Abruf 11.12.14)
[334] *„In diesem Zusammenhang haben die CDC ein neues Gremium einberufen, um die Krankheit zu definieren. Das Ergebnis davon, die Fukuda-Definition, hat ihre Kritiker, aber sie ist besser als die Oxford-Definition und ist in den meisten Studien/Artikeln verwendet worden, die eine biomedizinische – keine psychiatrische – Verursachung belegen."* Zitiert aus Schweitzer, Mary „Eine kurze Geschichte der Definition für M.E. und CFS", Übersetzung Regina Clos, nachzulesen auf http://www.cfs-aktuell.de/september12_6.htm (Abruf 11.12.14)
[335] *"The following conditions do not exclude a patient from the diagnosis of unexplained chronic fatigue. 1. Any condition defined primarily by symptoms that cannot be confirmed by diagnostic laboratory tests, including fibromyalgia, anxiety disorders, somatoform disorders, nonpsychotic or nonmelancholic depression, neurasthenia,[...]"*, zitiert aus Fukuda et al."The Chronic Fatigue Syndrome: A Comprehensive Approach to Its Definition and Study", Annals of Internal Medicine, Volume 121, Number 12, 1994, nachzulesen auf http://www.ncf-net.org/patents/pdf/Fukuda_Definition.pdf (Abruf 27.11.14)
[336] *„In any case, I commend you again on your efforts to forge an international consensus that has scientific merit* ***and is politically acceptable****."* (H.d.A.) Zitiert aus S. 2 des Briefs von Stephen E. Straus an Keiji Fukuda, S. 1 auf http://www.cfidsreport.com/images/Straus_001.jpg, S. 2 auf http://www.cfidsreport.com/images/Straus_002.jpg (Abruf 11.01.15)

Teil I Die Fakten/Kapitel II Krankheitsdefinitionen/7 London Criteria for M.E.

[337] Dowsett EG et al. "London criteria for M.E. In: Report from The National Task Force on Chronic Fatigue Syndrome (CFS), Post Viral Fatigue Syndrome (PVFS), Myalgic Encephalomyelitis (ME)". Westcare, 1994. pp. 96-98. Nachzulesen (mit Kommentaren) auf http://www.meassociation.org.uk/?p=4702 (Abruf 11.12.14) und bei Carter, Patricia „London Definition", nachzulesen auf http://www.mecfsforums.com/wiki/London_definition (Abruf 11.12.14)
[338] *"Of particular importance is to eliminate chronic fatigue primarily associated with psychological factors. If there are signs of persistent anhedonia, apathy, low self-esteem, feelings of worthlessness and guilt, the possibility: of primary depressive illness should be actively considered and, if there is any doubt whatsoever, the subject eliminated from the research study."* Zitiert aus Carter, Patricia, „London Definition", nachzulesen auf http://www.mecfsforums.com/wiki/London_definition (Abruf 11.12.14)
[339] *„Unfortunately the research community continued to focus on CFS (Fukuda definition) defined disorders and few or no 'ME' oriented studies resulted."* Zitiert aus Johnson, Cort "Defining Moments: the Myalgic Encephalomyelitis Definitions Over Time Pt I: From Symptoms To SPECT Scans", nachzulesen auf "Phoenix Rising" http://phoenixrising.me/archives/5988 (Abruf 11.12.14)

Teil I Die Fakten/Kapitel II Krankheitsdefinitionen/8 Kanadische Definition

[340] Carruthers, Bruce M., van de Sande, Marjorie I. „Myalgische Enzephalomyelitis/Chronic Fatigue Syndrom: Klinische Falldefinition und Leitfaden für Ärzte – Ein Überblick über das Kanadische Konsensusdokument", in der Übersetzung von Regina Clos auf http://www.cfs-aktuell.de/Konsensdokument.pdf (Abruf 13.11.14)
[341] Leonard A. Jason, Ph D, Leiter des Center for Community Research, DePaul University, Chicago IL, USA, Vorstandsmitglied der International Association for CFS/ME

[342] Siehe Jason, Leonard A. et al. „Comparing the Fukuda et al. Criteria and the Canadian Case Definition for Chronic Fatigue Syndrome", Journal of Chronic Fatigue Syndrome, Vol. 12(1) 2004, nachzulesen auf http://informahealthcare.com/doi/abs/10.1300/J092v12n01_03 (Abruf 13.11.14)
[343] Zitiert aus Carruthers, Bruce M., van de Sande, Marjorie I. „Myalgische Enzephalomyelitis/Chronic Fatigue Syndrom: Klinische Falldefinition und Leitfaden für Ärzte – Ein Überblick über das Kanadische Konsensusdokument", S. 3, in der Übersetzung von Regina Clos auf http://www.cfs-aktuell.de/Konsensdokument.pdf (Abruf 13.11.14)

Siehe dazu Jason, Leonard, A. et al. „Comparing the Fukuda et al. Criteria and the Canadian Case Definition for Chronic Fatigue Syndrome", Journal of Chronic Fatigue Syndrome, Vol. 12(1) 2004, nachzulesen auf http://informahealthcare.com/doi/abs/10.1300/J092v12n01_03 (Abruf 13.11.14)
[344] Siehe z.B. Vucic S, Burke D, Kiernan MC „Fatigue in multiple sclerosis: mechanisms and management", Clin Neurophysiol. 2010 Jun;121(6):809-17. doi: 10.1016/j.clinph.2009.12.013. Epub 2010 Jan 25, Abstract nachzulesen auf http://www.ncbi.nlm.nih.gov/pubmed/20100665

Siehe auch z.B. Boërio D, Lefaucheur JP, Hogrel JY, Créange A "Pathophysiology and treatment of fatigue in multiple sclerosis"., Rev Neurol (Paris). 2006 Mar;162(3):311-20, Abstract nachzulesen auf http://www.ncbi.nlm.nih.gov/pubmed/16585886
[345] *"[...], whereas incidence of symptom exacerbation by physical activity has been lower than expected (6%)."* Zitat aus Mostert S, Kesselring J "Effects of a short-term exercise training program on aerobic fitness, fatigue, health perception and activity level of subjects with multiple sclerosis", Mult Scler. 2002 Apr;8(2):161-8, nachzulesen auf http://www.ncbi.nlm.nih.gov/pubmed/11990874
[346] Vgl. Carruthers, B M, van de Sande, M I [...], and Stevens, S „Myalgic Encephalomyelitis: International Consensus Criteria", Journal of INTERNAL MEDICINE Oct 2011, Review nachzulesen auf http://onlinelibrary.wiley.com/doi/10.1111/j.1365-2796.2011.02428.x/pdf oder auf http://www.ncbi.nlm.nih.gov/pmc/articles/PMC3427890/ und auf http://www.meassociation.org.uk/?p=7173 (Abruf 25.11.14)
[347] *"a slight or general feeling of not being healthy or happy"*, (Ü.d.A.) Merriam-Webster , nachzulesen auf http://www.merriam-webster.com/dictionary/malaise (Abruf 11.12.14)
[348] Siehe dazu auch Jason LA, Sunnquist M, Brown A, Evans M, Newton JL. "Are Myalgic Encephalomyelitis and chronic fatigue syndrome different illnesses? A preliminary analysis." J Health Psychol. 2014 Feb 7. Abstract nachzulesen auf http://www.ncbi.nlm.nih.gov/pubmed/24510231

Teil I Die Fakten/Kapitel II Krankheitsdefinitionen/9 Empirische Definition

[349] Vgl. Reeves William C., Vernon, Suzanne, Heim, Christine et al. "Chronic Fatigue Syndrome – A clinically empirical approach to its definition and study", BMC Medicine 2005, 3:19 doi:10.1186/1741-7015-3-19, nachzulesen auf http://www.biomedcentral.com/1741-7015/3/19.
[350] *„So* ***of the 227 people who were brought into the hospital, only 58 had been diagnosed with CFS. And of these 58, only 6 remained after various exclusionary criteria were applied.*** *To repeat, only six of those remaining in the study had been diagnosed with CFS using the methods of the surveillance study (telephone interview with physician follow-up, using the Fukuda criteria)."* Zitiert aus Mary Schweitzers Blog und mehr dazu auf http://slightlyalive.blogspot.de/2010/02/cdc-research-on-cfs-open-deception.html (Abruf 11.12.14)
[351] *"We defined functional impairment as scores ≤ 70 on the physical function* ***or*** *≤ 50 on the role physical* ***or*** *≤ 75 on the social function* ***or*** *≤ 66 on the role emotional subscales of the SF-36."* Zitiert aus Reeves William C., Vernon, Suzanne, Heim, Christine et al. "Chronic Fatigue Syndrome – A clinically empirical approach to its definition and study", BMC Medicine 2005, 3:19 doi:10.1186/1741-7015-3-19, nachzulesen auf http://www.biomedcentral.com/1741-7015/3/19.
[352] *"Psychiatric disorders considered non-exclusionary included depression, anxiety disorders and somatoform disorders."* Zitat ebd.

[353] *"Finally, while only 13% of patients who met the 1994 case definition criteria during surveillance met those same criteria in the present study, 40% fulfilled CFS criteria of the clinically empirical definition."* Zitat ebd.
[354] *"This means that it would be possible to meet the fatigue criterion without significant fatigue; i.e. with reduced activity alone. This is inconsistent with the international study criteria for CFS,[...]"* Zitat aus White, Peter "Reviewer's report Title: Prevalence of Chronic Fatigue Syndrome in Metropolitan, Urban, and Rural Georgia", Version: 1 Date: 3 December 2006, nachzulesen auf http://www.biomedcentral.com/imedia/1083914155124266_comment.pdf

Siehe zu der Empirischen Definition auch Jason, Leonhard „Problems with the New CDC CFS Prevalence Estimates", nachzulesen auf http://www.iacfsme.org/IssueswithCDCEmpiricalCaseDefinitionandPrev/tabid/105/Default.aspx. (Abruf 11.12.14)

Teil I Die Fakten/Kapitel II Krankheitsdefinitionen/10 Nightingale Definition

[355] Siehe Hyde, Byron Marshall "The Nightingale Definition of Myalgic Encephalomyelitis (M.E.)", nachzulesen auf http://www.nightingale.ca/documents/Nightingale_ME_Definition_en.pdf (Abruf 27.11.14)
[356] Siehe Wikipedia, Stichwort „Florence Nightingale", http://de.wikipedia.org/wiki/Florence_Nightingale (Abruf 11.12.14)
[357] *„Der Wissenschaftler David Young hat in der medizinischen Fachzeitschrift British Medical Journal überzeugend argumentiert, dass Nightingale mit großer Wahrscheinlichkeit an einer besonders schweren Form chronischer Brucellose litt.[105]"* Zitiert aus Wikipedia, Stichwort „Florence Nightingale", nachzulesen auf http://de.wikipedia.org/wiki/Florence_Nightingale (Abruf 11.12.14)

Siehe dazu Young, David A. B "Florence Nightingale's fever", British Medical Journal, Ausgabe 311 (23. Dezember 1995), S. 1697–1700
[358] Siehe Hyde, Byron "The Complexities of Diagnosis", Chapter 3 in Jason, Leonard A., Fennell, Patricia A., Taylor, Renée R. "Handbook of Chronic Fatigue Syndrome", John Wiley & Sons, Inc., Nightingale Research Foundation, nachzulesen auf http://www.wicfs-me.org/Pdf%20Files/Byron%20Hyde%20-%20Complexities%20of%20Diagnosis.pdf (Abruf 11.12.14)
[359] Siehe ebd.
[360] Siehe Basset, Jodi „What is M.E.? Extra extended version", The Hummingbird`s Foundation for M.E., 2004, updated 2010, nachzulesen auf http://www.hfme.org/whatismeextraextended.htm (Abruf 11.12.14)
[361] Zur nosologischen Entität der ME siehe auch: *"At a symposium held recently at the Royal Society of Medicine to discuss the disease and plan research there was clear agreement that myalgic encephalomyelitis is a distinct nosological entity."* Zitat aus Richardson, John "Epidemic myalgic encephalomyelitis", BRITISH MEDICAL JOURNAL 3 JUNE 1978, nachzulesen auf http://www.ncbi.nlm.nih.gov/pmc/articles/PMC1604957/pdf/brmedj00128-0006b.pdf
[362] Opportunistische Infektionen sind zusätzliche Infektionen, die sich bei Menschen mit Primärerkrankungen, die mit einem geschwächten Immunsystem einhergehen, ausbreiten. Siehe Wikipedia, Stichwort "Opportunistischer Erreger", nachzulesen auf http://de.wikipedia.org/wiki/Opportunistischer_Erreger (Abruf 12.12.14)
[363] Dowsett, E. G., Ramsay, A. M., McCartney, R. A., and Bell, E. J. "Myalgic encephalomyelitis--a persistent enteroviral infection?" Postgrad Med J. Jul 1990; 66(777): 526–530, nachzulesen auf http://www.ncbi.nlm.nih.gov/pmc/articles/PMC2429637/pdf/postmedj00163-0031.pdf
[364] *"In recent years routine antibody tests on patients suffering from myalgic encephalomyelitis have shown raised titres to Cocksackie B Group viruses. It is fully established that these viruses are the aetiological agents of 'Epidemic Myalgia' or 'Bornholm's Disease' and that, together with ECHO viruses, they comprise the commonest known virus invaders of the central nervous system. This must not be taken to imply that Cocksackie viruses are the sole agents of myalgic encephalo-*

myelitis since eny generalised virus infection may be followed by a period of post-viral debility. Indeed, the particular invading microbial agent is probably not the most important factor. Recent work suggests that the key to the problem is likely to be found in the abnormal immunological response of the patient to the organism." Zitiert aus Ramsay, A. Melvin "MYALGIC ENCEPHALOMYELITIS : A Baffling Syndrome With a Tragic Aftermath." Infectious Diseases Dept, Royal Free Hospital 1986, nachzulesen auf http://meactionuk.org.uk/ramsey.html (Abruf 26.03.15)

Teil I Die Fakten/Kapitel II Krankheitsdefinitionen/11 IOM Definition

[365] IOM „Proposed Diagnostic Criteria", nachzulesen auf http://www.iom.edu/~/media/Files/Report%20Files/2015/MECFS/MECFS_ProposedDiagnosticCriteria (Abruf 13.02.15)

Der ganze Report siehe hier: IOM "Beyond Myalgic Encephaomyelitis/Chronic Fatigue Syndrome Redefining an Illness", National Academy of Sciences 2015, nachzulesen auf http://www.nap.edu/catalog/19012/beyond-myalgic-encephalomyelitischronic-fatigue-syndrome-redefining-an-illness oder auf http://books.nap.edu/openbook.php?record_id=19012&page=R1 (Abruf 26.03.15)
Kurzversion auf https://www.iom.edu/~/media/Files/Report%20Files/2015/MECFS/MECFS_ReportBrief.pdf (Abruf 10.02.15)
[366] ***„The past CFS Fukuda et al. prevalence rate in a community based sample of 0.42 increased by 2.8 times with the new SEID criteria."*** (H.d.A.) Zitiert aus Jason Leonard A., Sunnquist, Madison, Kot, Bobby, and Brown, Abigail „Unintended Consequences of not Specifying Exclusionary Illnesses for Systemic Exertion Intolerance Disease", Diagnostics 2015, nachzulesen auf http://www.mdpi.com/2075-4418/5/2/272

Siehe auch Twisk, Frank N.M. „A critical analysis of the proposal of the Institute of Medicine to replace myalgic encephalomyelitis and chronic fatigue syndrome by a new diagnostic entity called systemic exertion intolerance disease", Informa Healthcare 2015, nachzulesen auf http://informahealthcare.com/doi/abs/10.1185/03007995.2015.1045472?journalCode=cmo

Coghlan, Andy „Chronic fatigue Sydrome gets yet another name", NewScientist 10.02.15, nachzulesen auf http://www.newscientist.com/article/dn26945-chronic-fatigue-syndrome-gets-yet-another-name.html#.VN3LKeaG8le (Abruf 13.02.15)
[367] *„Auf Deutsch lässt sich der Ausdruck mit "systemische Anstrengungsunverträglichkeit" wiedergeben."* Dönges, Jan "Chronisches Erschöpfungssyndrom soll neuen Namen bekommen", Spektrum.de 11.02.15, nachzulesen auf http://www.spektrum.de/news/chronisches-erschoepfungssyndrom-soll-neuen-namen-bekommen/1331881 (Abruf 13.02.15)

Teil I Die Fakten/Kapitel III Diagnosekriterien und Symptome nach den International Consensus Criteria (ICC)/1 PENE – Zustandsverschlechterung nach Belastung

[368] Carruthers, B M, van de Sande, M I [...], and Stevens, S „Myalgic Encephalomyelitis: International Consensus Criteria", Journal of INTERNAL MEDICINE Oct 2011, Review nachzulesen auf http://onlinelibrary.wiley.com/doi/10.1111/j.1365-2796.2011.02428.x/pdf oder auf http://www.ncbi.nlm.nih.gov/pmc/articles/PMC3427890/ und auf http://www.meassociation.org.uk/?p=7173 (Abruf 25.11.14)
[369] Carruthers BM, van de Sande MI et al. "MYALGIC ENCEPHALOMYELITIS – Adult & Paediatric: International Consensus Primer for Medical Practitioners", nachzulesen auf http://www.me-ireland.com/ICC%20primer.pdf (Abruf 26.11.14)

[370] *„**Cardinal symptom**: a pathological low threshold of fatigability that is characterized by an inability to produce sufficient energy on demand. There are measurable, objective, adverse responses to normal exertion, resulting in exhaustion, extreme weakness, exacerbation of symptoms, and a prolonged recovery period."* Zitiert aus Carruthers BM, van de Sande MI et al. "MYALGIC ENCEPHALOMYELITIS – Adult & Paediatric: International Consensus Primer for Medical Practitioners", S. 1, nachzulesen auf http://www.me-ireland.com/ICC%20primer.pdf (Abruf 26.11.14)

[371] Aroll, Megan A., Attree, Elizabeth A., O'Leary, John M., & Dancey, Christine P. "The delayed fatigue effect in myalgic encephalomyelitis/chronic fatigue syndrome (ME/CFS)", Fatigue: Biomedicine, Health & Behavior Volume 2, Issue 2, 2014, DOI: 10.1080/21641846.2014.892755, Received: 7 Aug 2013. Accepted: 1 Feb 2013. Abstract nachzulesen auf http://www.tandfonline.com/doi/full/10.1080/21641846.2014.892755#.U1t28lV_sle

[372] Zitiert aus Carruthers, B M, van de Sande, M I [...], and Stevens, S „Myalgic Encephalomyelitis: International Consensus Criteria", Journal of INTERNAL MEDICINE Oct 2011, Review, S. 329 u. 331 nachzulesen auf http://onlinelibrary.wiley.com/doi/10.1111/j.1365-2796.2011.02428.x/pdf oder auf http://www.ncbi.nlm.nih.gov/pmc/articles/PMC3427890/

[373] *„Pain and fatigue are crucial bioalarm signals that instruct patients to modify what they are doing in order to protect the body and prevent further damage. Postexertional neuroimmune exhaustion is part of the body's global protection response [...]"* Zitiert aus Carruthers, B M, van de Sande, M I [...], and Stevens, S „Myalgic Encephalomyelitis: International Consensus Criteria", S. 331, Journal of INTERNAL MEDICINE Oct 2011, Review nachzulesen auf http://onlinelibrary.wiley.com/doi/10.1111/j.1365-2796.2011.02428.x/pdf oder auf http://www.ncbi.nlm.nih.gov/pmc/articles/PMC3427890/

„Im Liegen haben sie [die „CFS"-Patienten, Anm. d. A.] eine passable Herzförderleistung, aber wenn sie aufstehen, kommen sie an den Rand des Herz- und Organversagens. CFS ist deshalb ein Symptom, das den Patienten davor bewahrt, ein vollständiges Herzversagen zu erleiden. [...] Es gibt zweierlei Auswirkungen auf das Herz. Die erste Auswirkung einer mangelhaften Mikrozirkulation ist die Störungen der elektrischen Leitfähigkeit, die zu Herzrhythmusstörungen führt. Viele CFS-Patienten klagen über heftige Schläge (Herzpalpitationen), Aussetzer beim Herzschlag oder ähnliche Erscheinungen. Das ist insbesondere bei Patienten der Fall, die unter Chemikalienvergiftungen leiden, da Chemikalien direkte toxische Auswirkungen auf die Nervenzellen haben. Die zweite naheliegende Auswirkung ist eine schlechte Toleranz gegenüber körperlicher Belastung. Der Herzmuskel erschöpft sich auf die gleiche Art wie andere Muskeln auch. Auf der symptomatischen Ebene erzeugt dies dann Schmerzen in der Brust und Erschöpfung. Langfristig kann das zu Herzklappenschäden führen, denn die Muskeln, die normalerweise die Mitralklappe offenhalten, erschöpfen sich ebenfalls. Der Unterschied zwischen dieser Art der Herzinsuffizienz und der medizinisch anerkannten kongestiven Herzinsuffizienz ist, dass Patienten mit CFS sich aufgrund ihrer Erschöpfungssymptome selbst vor einem Organversagen schützen." Zitiert aus Myhill, Sarah „Die zentrale Ursache des CFS: eine Fehlfunktion der Mitochondrien", übersetzt von Regina Clos, nachzulesen auf http://www.cfs-aktuell.de/Februar%2009%201%20korr.pdf (Abruf 12.12.14)

„Es ist potentiell gefährlich für ME/CFS-Patienten, wenn man sie antreibt, ihre Herzfrequenz bis zu den altersentsprechenden Standardwerten zu steigern. Wie in der Tabelle auf Seite 4 ausgeführt, lassen Forschungsstudien darauf schließen, dass bei ME/CFS das Herz auf suboptimalem Niveau arbeitet und dass viele unter autonomen Dysfunktionen leiden. Deshalb sind sie u.U. nicht in der Lage, die normalen Standardwerte für die Herzfrequenz zu erreichen." Zitiert aus Carruthers, Bruce M., van de Sande, Marjorie I. „Myalgische Enzephalomyelitis/Chronic Fatigue Syndrom: Klinische Falldefinition und Leitfaden für Ärzte – Ein Überblick über das Kanadische Konsensusdokument", S. 14, in der Übersetzung von Regina Clos auf http://www.cfs-aktuell.de/Konsensdokument.pdf (Abruf 13.11.14)

Teil I Die Fakten/Kapitel III Diagnosekriterien und Symptome nach den International Consensus Criteria (ICC)/2 Neurologische Beeinträchtigungen

[374] *"Vivid dreams generally in colour are reported by persons with no previous experience of such a phenomenom."* Zitiert aus Ramsay, A. Melvin "MYALGIC ENCEPHALOMYELITIS : A Baffling Syndrome With a Tragic Aftermath." Infectious Diseases Dept, Royal Free Hospital 1986, nachzulesen auf http://meactionuk.org.uk/ramsey.html (Abruf 26.03.15)

[375] Zur Muskelschwäche siehe Paul, L., Wood, L., Behan, WMH and Maclaren, WM. "Demonstration of delayed recovery from fatiguing exercise in chronic fatigue syndrome", European Journal of Neurology, 1999, 6, 63-69, nachzulesen auf http://onlinelibrary.wiley.com/doi/10.1046/j.1468-1331.1999.610063.x/abstract

Siehe auch z.B. Morris G, Berk M, Galecki P, Walder K, Maes M. „The Neuro-Immune Pathophysiology of Central and Peripheral Fatigue in Systemic Immune-Inflammatory and Neuro-Immune Diseases." Mol Neurobiol. 2015 Jan 20. http://www.ncbi.nlm.nih.gov/pubmed/25598355

Siehe auch Goudsmit, Ellen „Pacing bei CFS: Eine Anleitung für Patienten", Übersetzung von Michael Sobetzko, nachzulesen auf http://www.cfs-aktuell.de/index-Dateien/Goudsmit.pdf (Abruf 5.12.14)

[376] ***„The high increase of the cardiac output relative to the increase of oxygen uptake argues against deconditioning as a cause for physical impairment in these patients."*** (H.d.A.) Zitat aus Vermeulen, Ruud CW and Vermeulen van Eck, Ineke WG „Decreased oxygen extraction during cardiopulmonary exercise test in patients with chronic fatigue syndrome", Journal of Translationa Medicine 2014, **12**:20 doi:10.1186/1479-5876-12-20 Published: 23 January 2014, Abstract nachzulesen auf http://www.translational-medicine.com/content/12/1/20/abstract

„Conclusions. Physical deconditioning does not seem a perpetuating factor in CFS." (H.d.A.) Zitiert aus Bazelmans E et al. „Is physical deconditioning a perpetuating factor in chronic fatigue syndrome ? A controlled study on maximal exercise performance and relations with fatigue, impairment and physical activity", Psychological Medicine 2001, 31, 107-114 Januari 2001, nachzulesen auf http://www.ncbi.nlm.nih.gov/pubmed/11200949.

[377] *"There is a record of muscle atrophy in 10 cases, but the* ***atrophy*** *in none of even the severe cases could be considered to be proportionate to the severity of the demonstrated weakness."* Zitiert aus Gilliam, A.G. „EPIDEMIOLOGICAL STUDY OF AN EPIDEMIC, DIAGNOSED AS POLIOMYELITIS, OCCURING AMOUNG THE PERSONNEL OF THE LOS ANGELES COUNTY GENERALHOSPITAL DURING THE SUMMER OF 1934", S. 29, United States Public Health Service, nachzulesen auf http://babel.hathitrust.org/cgi/pt?id=mdp.39015022082260;view=1up;seq=617 (Abruf 9.11.14) und http://hdl.handle.net/2027/mdp.39015022082260?urlappend=%3Bseq=617 (Abruf 9.11.14)

„[…], but at no time does any muscular wasting develop." Zitiert aus Lindan, Rosemary „Benign Myalgic Encephalomyelitis", Can Med Assoc J. Oct 1, 1956; 75(7): 596–597. PMCID: PMC1824640, nachzulesen auf http://www.ncbi.nlm.nih.gov/pmc/articles/PMC1824640/?page=1

[378] *„„As a result of impaired oxidative phosphorylation, ME/cfs patients display a significant rise in intracellular lactate levels even after minor exercise and reduced ATP synthesis in the recovery phase from exercise (…). […] All in all, the response to exercise of a person with ME/cfs is typical of a person with mitochondrial disease. The marked increase in lactate following even minimal increases in exercise is typical of individuals with defective oxidative phosphorylation and depleted levels of ATP."* Zitiert aus Morris, Gerwyn, Maes, Michael "Mitochondrial dysfunctions in Myalgic Encephalomyelitis / chronic fatigue syndrome explained by activated immuno-inflammatory, oxidative and nitrosative stress pathways", Metabolic Brain Disease September 2013, Abstract nachzulesen auf http://link.springer.com/article/10.1007%2Fs11011-013-9435-x Volltext auf http://link.springer.com/article/10.1007/s11011-013-9435-x/fulltext.html

„31P MRS of skeletal muscles in a subset of patients indicate early intracellular acidosis in the exercising muscles." Zitiert aus Chaudhuri A, Behan PO „In vivo magnetic resonance spectroscopy in chronic fatigue

syndrome." Prostaglandins Leukot Essent Fatty Acids. 2004 Sep;71(3):181-3., Abstract nachzulesen auf http://www.ncbi.nlm.nih.gov/pubmed/15253888

„*The CFS whole group exhibited significantly reduced anaerobic threshold, heart rate, VO(2) , VO(2) peak and peak work compared to controls.*" Zitiert aus Jones DE, Newton JL et al. "Loss of capacity to recover from acidosis on repeat exercise in chronic fatigue syndrome: a case-control study." Eur J Clin Invest. 2012 Feb;42(2):186-94. doi: 10.1111/j.1365-2362.2011.02567.x. Epub 2011 Jul 12., Abstract nachzulesen auf http://www.ncbi.nlm.nih.gov/pubmed/21749371

„*Eine Erschöpfung der Muskulatur tritt häufig auf. [...] Die Patienten leiden unter rascher Erschöpfung der Muskeln und mangelnder Ausdauer. [...] Häufig treten Muskelschwäche und Muskelzuckungen auf. [...] Die signifikante Beeinträchtigung des Sauerstoffverbrauchs bei ME/CFS-Patienten lässt darauf schließen, dass sie bei körperlicher Belastung auf anormale Weise auf anaerobe Stoffwechselpfade angewiesen sind.*" Zitiert aus Carruthers, Bruce M., van de Sande, Marjorie I. „Myalgische Enzephalomyelitis/Chronic Fatigue Syndrom: Klinische Falldefinition und Leitfaden für Ärzte – Ein Überblick über das Kanadische Konsensusdokument", in der Übersetzung von Regina Clos auf http://www.cfs-aktuell.de/Konsensdokument.pdf (Abruf 13.11.14)

„*Recent studies suggest that mitochondrial dysfunction might be an important cause of the underlying energy deficit in patients with ME/CFS. One line of evidence indicates that aerobic energy production is impaired. 23, 57, ,58 As a result of this impairment, the patient's exertions may exceed aerobic capacity and activate anaerobic metabolic pathways which are far less efficient at producing energy. This process results in the production of lactic acid and a disturbance of ATP/ADP metabolic cycling. 20*" Zitiert aus Friedberg, Fred et al. „Chronic Fatigue Syndrome Myalgic Encephalomyelitis – A Primer for Clinical Practioners", Herausgeber IACFS/ME, nachzulesen auf http://www.iacfsme.org/Portals/0/PDF/PrimerFinal3.pdf (Abruf 12.12.14)

[379] "*So the muscle MRI studies in a nutshell showed that people with ME/CFS accumulate large amounts of acid within their muscles and have difficulty getting rid of acid after exercise.*" Zitiert aus Ellis, Clark "An Interview With Julia Newton, Founding Member of Newly Launched CFS/ME Research Collaborative", Mai 2013, nachzulesen auf http://www.prohealth.com/library/showarticle.cfm?libid=18065 (Abruf 5.04.15)

Jones DE, Newton JL et al. "Loss of capacity to recover from acidosis on repeat exercise in chronic fatigue syndrome: a case-control study." Eur J Clin Invest. 2012 Feb;42(2):186-94. doi: 10.1111/j.1365-2362.2011.02567.x. Epub 2011 Jul 12., Abstract nachzulesen auf http://www.ncbi.nlm.nih.gov/pubmed/21749371

[380] Augustin, A.J. et al. "Physiologie für die mündliche Prüfung", S. 154, Abschn. 13.1 „Wieso ist es gerechtfertigt, auf molekolarer Ebene vom „Weichmachereffekt" von ATP bei der Muskelkontraktion zu sprechen?", Springer-Verlag Berlin Heidelberg 2000

[381] "*The third component of the diagnostic triad of myalgic encephalo- myelitis relates to cerebral activity. Impairment of memory and inability to concentrate are features in every case. Many report difficulty in saying the right word and are conscious of the fact that they continue to say the wrong one, for example 'cold' when they mean 'hot'. Others find that they start a sentence but cannot complete it, while some others have difficulty compre- hending the written or spoken word. A complaint of acute hyperacusis is not infrequent; this can be quite intolerable but alternates with periods of normal hearing or actual deafness. Vivid dreams generally in colour are reported by persons with no previous experience of such a phenomenom. Emotional lability is often a feature in a person of previous stable person- ality, while sudden bouts of uncontrollable weeping may occur. Impairment of judgement and insight in severe cases completes the 'encephalitic' component of the syndrome.*" Zitiert aus Ramsay, A. Melvin "MYALGIC ENCEPHALOMYELITIS : A Baffling Syndrome With a Tragic Aftermath." Infectious Diseases Dept, Royal Free Hospital 1986, nachzulesen auf http://meactionuk.org.uk/ramsey.html (Abruf 26.03.15)

[382] "*A second group of clinical features found in patients suffering from myalgic encephalomyelitis would seem to indicate circulatory disorder. Practically without exception they complain of coldness in the extremities and many are found to have abnormally low temperatures of 94 or 95 degrees F. In a few, these are accompanied by bouts of severe sweating even to the*

extent of waking during the night lying in a pool of water. A ghostly facial pallor is a well known phenomenom and this has often been detected by relatives some 30 minutes before the patient complains of being ill." Zitiert aus Ramsay, A. Melvin "MYALGIC ENCEPHALOMYELITIS : A Baffling Syndrome With a Tragic Aftermath." Infectious Diseases Dept, Royal Free Hospital 1986, nachzulesen auf http://meactionuk.org.uk/ramsey.html (Abruf 26.03.15)

Teil I Die Fakten/Kapitel III Diagnosekriterien und Symptome nach den International Consensus Criteria (ICC)/5 Pädiatrische Aspekte

383 *„Over recent years an increasing number of cases have presented in childhood. I have seen approximately 200 children with this condition in Durham over the last 20 years, and a further c300 from outside the area.* ***The condition appears to be increasing in frequency, and is essentially similar to that seen in adults."*** (H.d.A.) Zitiert aus Speight, Nigel "Dr. Nigel Speight – ME Handout MYALGIC ENCEPHALOMYELITIS (ME) IN CHILDHOOD", nachzulesen auf http://voicesfromtheshadowsfilm.co.uk/nigel-speight-me-handout/ (Abruf 16.12.14)

384 Siehe das Interview mit Dr. Nigel Speight auf http://www.youtube.com/watch?v=-W2BSN_Cg-g&feature=youtu.be (Abruf 16.12.14) Verschriftlicht in der Übersetzung von Regina Clos auf http://www.cfs-aktuell.de/februar14_1.htm (Abruf 16.12.14)

385 *"On occasions, families of child sufferers with more severe CFS/ME have been the subject of child protection concerns.* ***The Working Group notes that neither the fact of a child or young person having unexplained symptoms nor the exercising of selective choice about treatment or education for such a patient by the parents/carers and/or young person constitutes evidence of abuse.*** *Nonetheless, children with CFS/ME may suffer harm, and this is part of the differential diagnosis.* ***It is important to listen to the child, as well as to family members and parents/carers, to respect their experiences, and to give due weight to their views, especially the child's.*** *The young person should be given the opportunity to speak with the clinician, with or without their parents/carers."* (H.d.A.) Zitat aus CMO-Report (CMO = Chief Medical Officer des Britischen Gesundheitsministeriums), Januar 2002, S. 64, 5.2.8, nachzulesen auf http://webarchive.nationalarchives.gov.uk/20130107105354/http://www.dh.gov.uk/prod_consum_dh/groups/dh_digitalassets/@dh/@en/documents/digitalasset/dh_4064945.pdf (Abruf 25.11.14)

386 Leonard Jason, PhD, und Nicole Porter, PhD, Leiter u. Projektleiterin des Center for Community Research der DePaul University in Chicago, geben eine Prävalenzrate von 0,18% bei Kindern und Jugendlichen an, ein Studienergebnis aus dem Jahr 2006, nachzulesen in Jason, Leonhard und Porter, Nicole „CFS bei Kindern und Jugendlichen", in der Übersetzung Regina Clos nachzulesen auf http://www.cfs-aktuell.de/oktober07_2.htm (Abruf 16.12.14)

387 *„The advice that is often given to 'snap out of it' is totally misplaced and wrong."* (Ü.d.A.) A. MELVIN RAMSAY M.A., M.D., „'Epidemic neuromyasthenia' 1955-1978", Postgraduate Medical Journal (November 1978) 54, 718-721, nachzulesen auf http://pmj.bmj.com/content/54/637/718.full.pdf

388 *"While it is true that there is considerable variation in degree from one day to the next or from one time of the day to another, nevertheless in those patients whose dynamic or conscientious temperaments urge them to continue effort despite profound malaise or in those who, on the false assumption of 'neurosis', have been exhorted to 'snap out of it' and 'take plenty of excercise' the condition finally results in a state of constant exhaustion."* Zitiert aus Ramsay, A. Melvin "MYALGIC ENCEPHALOMYELITIS : A Baffling Syndrome With a Tragic Aftermath." Infectious Diseases Dept, Royal Free Hospital 1986, nachzulesen auf http://meactionuk.org.uk/ramsey.html (Abruf 26.03.15)

389 Bell, David S. „Die Behandlung des CFS bei Kindern und Jugendlichen", CFS-Forum, Fatigatio e.V. 2006, in der Übersetzung von Katrin Frey nachzulesen auf http://www.cfs-forum.info/index.php?id=128 (Abruf 16.12.14)

390 *„Most of my cases are teenagers but I have a handful of quite severe cases in the 5-10 age group. I have seen two cases where the onset appeared to be before the age of 2yrs."* Zitiert aus Speight, Nigel "Dr. Nigel Speight – ME

Handout MYALGIC ENCEPHALOMYELITIS (ME) IN CHILDHOOD", nachzulesen auf http://voicesfromtheshadowsfilm.co.uk/nigel-speight-me-handout/ (Abruf 16.12.14)

[391] *„Undue sensitivity to viral infections: Although this aspect is seldom mentioned in the literature, I have found this a classical symptom in mild or moderately affected children. A virus that sets a sibling back for 1 to 2 days may precipitate a relapse lasting weeks in an ME sufferer.“* Zitat aus Speight, Nigel "Myalgic encephalomyelitis/chronic fatigue syndrome: Review of history, clinical features, and controversies", Saudi Journal of Medicine and Medical Sciences, 2013, nachzulesen auf http://www.prohealth.com/library/showarticle.cfm?libid=18154 (Abruf 27.11.14) oder http://www.sjmms.net/article.asp?issn=1658-631X;year=2013;volume=1;issue=1;spage=11;epage=13;aulast=Speight

[392] *„Bei Kindern kann die Diagnose eines ME/CFS gestellt werden, wenn die entsprechenden Symptome länger als drei Monate anhalten.“* Zitiert aus Carruthers, Bruce M., van de Sande, Marjorie I. „Myalgische Enzephalomyelitis/Chronic Fatigue Syndrom: Klinische Falldefinition und Leitfaden für Ärzte – Ein Überblick über das Kanadische Konsensusdokument“, S. 8, in der Übersetzung von Regina Clos auf http://www.cfs-aktuell.de/Konsensdokument.pdf (Abruf 13.11.14)

[393] ***"Paediatric: Children can be very severely afflicted."*** (H.d.A.) Zitiert aus Carruthers BM, van de Sande MI et al. "MYALGIC ENCEPHALOMYELITIS – Adult & Paediatric: International Consensus Primer for Medical Practitioners", S. 1, nachzulesen auf http://www.me-ireland.com/ICC%20primer.pdf (Abruf 26.11.14)

[394] *"[...] it is true that there is considerable variation in degree from one day to the next or from one time of the day to another, [...]"* Zitiert aus Ramsay, A. Melvin "MYALGIC ENCEPHALOMYELITIS : A Baffling Syndrome With a Tragic Aftermath." Infectious Diseases Dept, Royal Free Hospital 1986, nachzulesen auf http://meactionuk.org.uk/ramsey.html (Abruf 26.03.15)

[395] Siehe Jason, Leonhard A. et al. "A Pediatric Case Definition for Myalgic Encephalomyelitis and Chronic Fatigue Syndrome", The Haworth Press 2006, doi:10.1300/J092v13n02_01, nachzulesen auf http://www.iacfsme.org/Portals/0/pdf/pediatriccasedefinitionshort.pdf (Abruf 16.12.14)

[396] Haig-Ferguson A, Tucker P, Eaton N, Hunt L, Crawley E. "Memory and attention problems in children with chronic fatigue syndrome or myalgic encephalopathy.", Arch Dis Child. 2009 Oct; 94(10):757-62. doi: 10.1136/adc.2008.143032. Epub 2008 Nov 11. Abstract nachzulesen auf http://www.ncbi.nlm.nih.gov/pubmed/19001478

[397] Hutchinson CV, Maltby J, Badham SP, Jason LA. „Vision-related symptoms as a clinical feature of chronic fatigue syndrome/myalgic encephalomyelitis? Evidence from the DePaul Symptom Questionnaire.“ Br J Ophthalmol. 2014 Jan;98(1):144-5. doi: 10.1136/bjophthalmol-2013-304439. http://www.ncbi.nlm.nih.gov/pubmed/24187048 Abstract nachzulesen auf http://www.meresearch.org.uk/our-research/completed-studies/vision-related-symptoms/ (Abruf 29.01.15)

[398] Stores G, Fry A, Crawford C. "Sleep abnormalities demonstrated by home polysomnography in teenagers with chronic fatigue syndrome." J Psychosom Res. 1998 Jul;45(1):85-91, Abstract nachzulesen auf http://www.ncbi.nlm.nih.gov/pubmed/9720858

Ohinata J, Suzuki N, Araki A, Takahashi S, Fujieda K, Tanaka H. "Actigraphic assessment of sleep disorders in children with chronic fatigue syndrome", Brain Dev. 2008 May;30(5):329-33. Epub 2007 Nov 26. Abstract nachzulesen auf http://www.ncbi.nlm.nih.gov/pubmed/18031961

Siehe zum Thema unerholsamer Schlaf und Schlafstörungen bei ME/"CFS“ auch Neu D, Mairesse O, Verbanck P, Le Bon O „Slow wave sleep in the chronically fatigued: Power spectra distribution patterns in chronic fatigue syndrome and primary insomnia.“ Clin Neurophysiol. 2015 Jan 10. pii: S1388-2457(15)00002-4. doi: 10.1016/j.clinph.2014.12.016. Abstract nachzulesen auf http://www.ncbi.nlm.nih.gov/pubmed/25620040

Jackson ML, Bruck D. „Sleep abnormalities in chronic fatigue syndrome/myalgic encephalomyelitis: a review.“ J Clin Sleep Med. 2012 Dec 15;8(6):719-28. doi: 10.5664/jcsm.2276. Abstract nachzulesen auf http://www.ncbi.nlm.nih.gov/pubmed/23243408

Shimizu T „[Neuro-psychiatric aspects of chronic fatigue syndrome].“ Nihon Rinsho. 1992 Nov;50(11):2630-4. Abstract nachzulesen auf http://www.ncbi.nlm.nih.gov/pubmed/1287239

Decker MJ, Tabassum H, Lin JM, Reeves WC „Electroencephalographic correlates of Chronic Fatigue Syndrome.“ Behav Brain Funct. 2009 Oct 6;5:43. doi: 10.1186/1744-9081-5-43. Abstract nachzulesen auf http://www.ncbi.nlm.nih.gov/pubmed/19807920

Le Bon O et al. „Ultra-slow delta power in chronic fatigue syndrome.“ Psychiatry Res.2012 Dec 30;200(2-3):742-7. doi: 10.1016/j.psychres.2012.06.027. Abstract nachzulesen auf http://www.ncbi.nlm.nih.gov/pubmed/22771174

[399] Hurum H, Sulheim D, Thaulow E, Wyller VB. “Elevated nocturnal blood pressure and heart rate in adolescent chronic fatigue syndrome.” Acta Paediatr. 2011 Feb;100(2):289-92. doi: 10.1111/j.1651-2227.2010.02073.x. Epub 2010 Nov 17., Abstract nachzulesen auf http://www.ncbi.nlm.nih.gov/pubmed/21059182

[400] ***“Some young people will be too severely affected by their illness to participate in any form of education, even at home.”*** (H.d.A.) Zitat aus CMO-Report (CMO = Chief Medical Officer des Britischen Gesundheitsministeriums), Januar 2002, Seite 64, 5.2.6, nachzulesen auf http://webarchive.nationalarchives.gov.uk/20130107105354/http://www.dh.gov.uk/prod_consum_dh/groups/dh_digitalassets/@dh/@en/documents/digitalasset/dh_4064945.pdf (Abruf 25.11.14)

[401] Dowsett EG, Colby J. “Longterm sickness absence due to ME/CFS in UK schools: an epidemiological study with medical and educational implications.” J CFS 3(2):2942, 1997, nachzulesen auf http://www.tymestrust.org/pdfs/dowsettcolby.pdf (Abruf 25.11.14)

[402] ***“Specifically, a young person with CFS/ME should never be forced to study but instead should be encouraged to set a pace that is likely to be sustainable, then have their progress regularly reviewed.”*** (H.d.A.) Zitat aus CMO-Report (CMO = Chief Medical Officer des Britischen Gesundheitsministeriums), Januar 2002, S. 64, 5.2.6, nachzulesen auf http://webarchive.nationalarchives.gov.uk/20130107105354/http://www.dh.gov.uk/prod_consum_dh/groups/dh_digitalassets/@dh/@en/documents/digitalasset/dh_4064945.pdf (Abruf 25.11.14)

[403] ***“A young person who is likely to have special needs, including home tuition, should be identified early in the diagnostic process, preferably by a GP or paediatrician.”*** (H.d.A.) Zitat aus CMO-Report (CMO = Chief Medical Officer des Britischen Gesundheitsministeriums), Januar 2002, S. 63, 5.2.6, nachzulesen auf http://webarchive.nationalarchives.gov.uk/20130107105354/http://www.dh.gov.uk/prod_consum_dh/groups/dh_digitalassets/@dh/@en/documents/digitalasset/dh_4064945.pdf (Abruf 25.11.14)

[404] Arroll, Megan A., Attree, Elizabeth A., O`Leary, John M. & Dancey, Christine P. “The delayed fatigue effect in myalgic encephalomyelitis/chronic fatigue syndrome (ME/CFS)”, Fatigue: Biomedicine, Health & Behavior Volume 2, Issue 2, 2014, DOI: 10.1080/21641846.2014.892755, Received: 7 Aug 2013. Accepted: 1 Feb 2013. Published online: 23 Apr 2014, Abstract nachzulesen auf http://www.tandfonline.com/doi/full/10.1080/21641846.2014.892755#.U1t28lV_sle

[405] *“Nearly all children who are severely affected and many who are moderately affected will require the provision of home tuition and/or distance learning.”* Zitat aus CMO-Report (CMO = Chief Medical Officer des Britischen Gesundheitsministeriums), Januar 2002, S. 63, 5.2.6, nachzulesen auf http://webarchive.nationalarchives.gov.uk/20130107105354/http://www.dh.gov.uk/prod_consum_dh/groups/dh_digitalassets/@dh/@en/documents/digitalasset/dh_4064945.pdf (Abruf 25.11.14)

[406] Siehe Wikipedia, Stichwort “Posturales orthostatisches Tachykardiesyndrom”, nachzulesen auf http://de.wikipedia.org/wiki/Posturales_orthostatisches_Tachykardiesyndrom (Abruf 16.12.14)

[407] Stewart JM, Medow MS, Messer ZR, Baugham IL, Terilli C, Ocon AJ "Postural neurocognitive and neuronal activated cerebral blood flow deficits in young chronic fatigue syndrome patients with postural tachycardia syndrome." Am J Physiol Heart Circ Physiol. 2012 Mar 1;302(5):H1185-94. doi: 10.1152/ajpheart.00994.2011. Epub 2011 Dec 16., Volltext auf http://www.ncbi.nlm.nih.gov/pmc/articles/PMC3311460/

[408] „***Health before Work*** *Paradoxically, putting education second actually achieves the best educational results in this illness. A child who is recovering is a child who can achieve educationally. Parents of children with ME typically care most about their child's physical well-being and they are right do to so, since learning can take place at any age, whereas inappropriate education actively exacerbates the illness and delays recovery.*" Zitat aus Colby, Jane „Ten Points on the Education of Children with ME", (Jane Colby: Former Head Teacher Member, National Association of Educational Inspectors, Advisers and Consultants Executive Director, The Young ME Sufferers Trust Member, Chief Medical Officer's Working Group on CFS/ME.) First published Special Children November/December 2000, Questions Publishing, nachzulesen auf http://www.tymestrust.org/pdfs/tenpoints.pdf (Abruf 16.12.14)

[409] *"Children with less severe symptoms are more likely to go into remission than adults."* Zitiert aus Carruthers BM, van de Sande MI et al "MYALGIC ENCEPHALOMYELITIS – Adult & Paediatric: International Consensus Primer for Medical Practitioners", nachzulesen auf http://www.me-ireland.com/ICC%20primer.pdf (Abruf 16.11.14)

[410] Siehe Hyde, Byron "A New and Simple Definition of Myalgic Encephalomyelitis and a New Simple Definition of Chronic Fatigue Syndrome", Extracts nachzulesen auf http://www.investinme.org/Documents/PDFdocuments/Byron%20Hyde%20Little%20Red%20Book%20for%20www.investinme.org.pdf (Abruf 2.12.14)

Siehe auch "Epidemics" auf http://lassesen.com/cfids/epidemics.htm (Abruf 5.12.14)

Siehe auch DOCKSER MARCUS, AMY "The Puzzle of Chronic Fatigue", March 5, 2011, nachzulesen auf http://online.wsj.com/news/articles/SB10001424052748704005404576176823580854478#articleTabs%3Dvideo (Abruf 5.12.14)

[411] Dowsett EG, Colby J. "Longterm sickness absence due to ME/CFS in UK schools: an epidemiological study with medical and educational implications." J CFS 3(2):2942, 1997, nachzulesen auf http://www.tymestrust.org/pdfs/dowsettcolby.pdf (Abruf 25.11.14)

[412] Drei oder mehr Fälle in einer Schule wurden als Cluster bewertet.

Teil I Die Fakten/Kapitel III Diagnosekriterien und Symptome nach den International Consensus Criteria (ICC)/7 Ausschlussdiagnostik

[413] Zu den „Kanadischen Kriterien" siehe Carruthers, Bruce M., van de Sande, Marjorie I. „Myalgische Enzephalomyelitis/Chronic Fatigue Syndrom: Klinische Falldefinition und Leitfaden für Ärzte – Ein Überblick über das Kanadische Konsensusdokument", in der Übersetzung von Regina Clos auf http://www.cfs-aktuell.de/Konsensdokument.pdf (Abruf 13.11.14)

Zu den „International Consensus Criteria" siehe Carruthers, B M, van de Sande, M I [...], and Stevens, S „Myalgic Encephalomyelitis: International Consensus Criteria", Journal of INTERNAL MEDICINE Oct 2011, Review nachzulesen auf http://onlinelibrary.wiley.com/doi/10.1111/j.1365-2796.2011.02428.x/pdf oder auf http://www.ncbi.nlm.nih.gov/pmc/articles/PMC3427890/ und auf http://www.meassociation.org.uk/?p=7173 (Abruf 25.11.14)

[414] Siehe dazu die aufschlussreiche Übersichtsarbeit von Gerwyn Morris and Michael Maes „Myalgic encephalomyelitis/chronic fatigue syndrome and encephalomyelitis disseminata/multiple sclerosis show remarkable levels of similarity in phenomenology and neuroimmune characteristics", nachzulesen auf http://www.biomedcentral.com/1741-7015/11/205

[415] Marshall-Gradisnik, Sonya et al. „Cytokine profiles of chronic fatigue syndrome and multiple sclerosis patients“, Cytokine Volume 70, Issue 1, November 2014, Pages 76, DOI: 10.1016/j.cyto.2014.07.206, Abstract nachzulesen auf http://www.sciencedirect.com/science/article/pii/S1043466614004165
[416] Siehe „MS UND ICH“ auf http://www.msundich.de/fuer-patienten/ms-wissen/symptome/beginn-der-ms/ (Abruf 16.12.14)

Siehe zur Differentialdiagnostik auch White AT, Light AR, Hughen RW, Vanhaitsma TA, Light KC. "Differences in metabolite-detecting, adrenergic, and immune gene expression after moderate exercise in patients with chronic fatigue syndrome, patients with multiple sclerosis, and healthy controls." Psychosom Med. 2012 Jan;74(1):46-54. doi: 10.1097/PSY.0b013e31824152ed. Epub 2011 Dec 30., nachzulesen auf http://www.ncbi.nlm.nih.gov/pubmed/22210239

Siehe auch die Website der Massachusetts CFIDS/ME and FM Association auf https://www.masscfids.org/diagnosis/differential-diagnoses#MS (Abruf 16.12.14)
[417] *"Differentiation of the ME syndrome from other forms of post-viral debility: In our opinion, two major errors are responsible for the present confusion surrounding the case definition, aetiology and diagnosis of ME. First, there has been a failure to distinguish the syndrome from post-viral debility following Epstein-Barr mononucleosis, influenza and other common fevers. Compared with ME, these lack the dramatic effect of exercise upon muscle function, the multisystem involvement, diurnal variability of symptoms and prolonged relapsing course. Laboratory tests can distinguish chronic mononucleosis"' and other infections which, as our results show, may occasionally co-exist with ME and, by their immunosuppressive effect, precipitate relapse. Second, there has been a failure to recognize the unique epidemiological pattern of ME, which, from earliest accounts, has lead to confusion with non-paralytic poliomyelitis."* Zitiert aus Dowsett, E. G., Ramsay, A. M., McCartney, R. A., and Bell, E. J. "Myalgic encephalomyelitis--a persistent enteroviral infection?" Postgrad Med J. Jul 1990; 66(777): 526–530, nachzulesen auf http://www.ncbi.nlm.nih.gov/pmc/articles/PMC2429637/pdf/postmedj00163-0031.pdf
[418] *"The clinical identity of the Myalgic Encephalomyelitis syndrome rests on three distinct features, namely: A. A unique form of muscle fatiguability whereby, even after a minor degree of physical effort, 3,4,5 days or longer elapse before full muscle power is restored. B. Variability and fluctuation of both symptoms and physical findings in the course of a day. And, C. An alarming tendency to become chronic."* Zitiert aus Ramsay, Melvin A. "THE CLINICAL IDENTITY OF THE MYALGIC ENCEPHALOMYELITIS SYNDROME", nachzulesen auf http://web.onetel.com/~kickback/THE%20CLINICAL%20IDENTITY%20OF%20ME.html (Abruf 29.03.15)

"ME was originally defined by Ramsay (1988a, 1988b). Although there are some variations in the versions of "his" criteria, Ramsay emphasized that a diagnosis ME should not be made if muscle fatigability and exceptionally prolonged muscle weakness and muscle pain after a minor exertion were not present in a patient (Ramsay, 1988a, 1988b). This distinctive phenomenon accounts for the first part of the name ME. Other essential features of ME relate to cerebral dysfunction, for example, impairment of memory and concentration deficits, day night reversal, and orthostatic tachycardia, and circulatory disturbances, for example, coldness of the extremities, and abnormally low body temperatures (Ramsay, 1988a, 1988b). "Fatigue" as mentioned by Ramsay and others is not fatigue in the common sense, but to a large extent related to muscle fatigability, and is not declared to be a distinctive feature. Another typical feature is the "extraordinary fluctuation of symptoms even in the course of one day" (Ramsay, 1988b)" Zitiert aus Twisk, Frank N.M. "Commentary on Jason et al. (2015): towards separate empirical case definitions of Myalgic Encephalomyelitis and chronic fatigue syndrome," Health Psychology and Behavioral Medicine, 2015 Vol. 3, No. 1, 109–110, http://dx.doi.org/10.1080/21642850.2015.102770, nachzulesen auf http://www.tandfonline.com/doi/pdf/10.1080/21642850.2015.1027705

[419] Siehe Henderson TA "Valacyclovir treatment of chronic fatigue in adolescents." Adv Mind Body Med. 2014 Winter;28(1):4-14. Abstract nachzulesen auf http://www.ncbi.nlm.nih.gov/pubmed/24445302

[420] *"The patients scored significantly worse than the controls both as to anxiety and depression based on the HADS subscores [26]. There were no sex differences between our patients as to HADS subscores.* ***This is surprising because no males reported anxiety any time prior to disease onset*** *while this was reported by 9 (21%) females. The CFS sufferers are not primarily depressed, and do not exhibit illness behaviour [40].* ***Based on the inclusion criteria which included primary-care records, the frequencies of depression and anxiety among our patients based on HADS subscores do not represent primary depression or anxiety, but reflect co-morbid illness secondary to long-standing chronic fatigue.****"* (H.d.A.) Zitiert aus Naess, Halvor, Nyland, Morten Hausken, Trygve, Follestad, Inghild and Nyland, Harald I "Chronic fatigue syndrome after Giardia enteritis: clinical characteristics, disability and long-term sickness absence", BMC Gastroenterology 2012 12:13 doi:10.1186/1471-230X-12-13, nachzulesen auf http://www.biomedcentral.com/1471-230X/12/13

[421] ***""Because of a frightening new disease that physicians cannot recognize, diagnose, or understand, and because it never seem to go away, patients become depressed. Upon visiting physicians, this depression is recognized and blamed for the entire illness. This of course is not true -- the depression is a result of the disease and does not cause the disease.""*** (H.d.A.) Erich D. Ryll, M.D., assistant clinical professor of medicine at the Division of Infections & Immunology Diseases at the University of California (Davis). Zitiert aus "INFECTIOUS VENULITIS", The National CFIDS Foundation, nachzulesen auf http://www.ncf-net.org/forum/InfVenulitis-Fall05.htm (Abruf 16.12.14)

Siehe auch Ryll, Erich D. "INFECTIOUS VENULITIS CHRONIC FATIGUE SYNDROME MYALGIC ENCEPHALOMYELITIS", 2005, nachzulesen auf http://forums.prohealth.com/forums/index.php?threads/article-dr-ryll-of-ucdavis-theory-on-cfs-link-to-polio.126239/ (Abruf 16.12.14)

[422] Vgl. Stein, Eleanor „Diagnose und Behandlung von Patienten mit ME/CFS – Klinische Leitlinien für Psychiater", Übersetzung von Regina Clos, nachzulesen auf http://www.cfs-aktuell.de/index-Dateien/Psychiater%20Leitlinien.pdf (Abruf 16.12.14)

Siehe auch Carruthers, Bruce M., van de Sande, Marjorie I. „Myalgische Enzephalomyelitis/Chronic Fatigue Syndrom: Klinische Falldefinition und Leitfaden für Ärzte – Ein Überblick über das Kanadische Konsensusdokument", in der Übersetzung von Regina Clos auf http://www.cfs-aktuell.de/Konsensdokument.pdf (Abruf 13.11.14)

Siehe auch ICD-10-GM Version 2014 auf https://www.dimdi.de/static/de/klassi/icd-10-gm/kodesuche/onlinefassungen/htmlgm2014/block-f40-f48.htm

[423] Duffy FH, McAnulty GB, McCreary MC, Cuchural GJ, Komaroff AL. "EEG spectral coherence data distinguish chronic fatigue syndrome patients from healthy controls and depressed patients--a case control study." BMC Neurol. 2011 Jul 1;11:82. doi: 10.1186/1471-2377-11-82. Abstract nachzulesen auf http://www.ncbi.nlm.nih.gov/pubmed/21722376

[424] *"Thus, although anxiety, depression and CFS may share biological similarities, on the present evidence, CFS appears to be a distinct disorder."* Zitiert aus Barnden, Leighton R, Crouch, Benjamin, Kwiatek, Richard, Burnet, Richard and Del Fante, Peter "Evidence in chronic fatigue syndrome for severity-dependent upregulation of prefrontal myelination that is independent of anxiety and depression", NMR in Biomedicine, Volume 28, Issue 3, pages 404–413, March 2015, published online: 22 FEB 2015, DOI: 10.1002/nbm.3261, nachzulesen auf http://onlinelibrary.wiley.com/doi/10.1002/nbm.3261/full

[425] Hypocortisolismus = Mangel am Hormon Cortisol, Hypercortisolismus = Überproduktion des Hormons Cortisol.

Zur Unterscheidung von ME/"CFS" und Depressionen siehe auch Lapp, Charles W. „Der Unterschied zwischen CFS und Depression", Hunter-Hopkins Medical Center in Charlotte, NC, Übersetzung von Regina Clos, nachzulesen auf http://www.cfs-aktuell.de/november06_1.htm (Abruf 16.12.14)

[426] Costa DC, Tannock C, Brostoff J "Brainstem perfusion is impaired in chronic fatigue syndrome." QJM. 1995 Nov;88(11):767-73. Abstract nachzulesen auf http://www.ncbi.nlm.nih.gov/pubmed/8542261

[427] Constant EL, Adam S, Gillain B, Lambert M, Masquelier E, Seron X "Cognitive deficits in patients with chronic fatigue syndrome compared to those with major depressive disorder and healthy controls." Clin Neurol Neurosurg. 2011 May;113(4):295-302. doi: 10.1016/j.clineuro.2010.12.002. Epub 2011 Jan 20. Abstract nachzulesen auf http://www.ncbi.nlm.nih.gov/pubmed/21255911

[428] Mathew SJ, Mao X, Keegan KA, Levine SM, Smith EL, Heier LA, Otcheretko V, Coplan JD, Shungu DC. "Ventricular cerebrospinal fluid lactate is increased in chronic fatigue syndrome compared with generalized anxiety disorder: an in vivo 3.0 T (1)H MRS imaging study." NMR Biomed. 2009 Apr;22(3):251-8. doi: 10.1002/nbm.1315., Abstract nachzulesen auf http://www.ncbi.nlm.nih.gov/pubmed/18942064

[429] Yoshiuchi K, Farkas J, Natelson BH. "Patients with chronic fatigue syndrome have reduced absolute cortical blood flow." Clin Physiol Funct Imaging. 2006 Mar;26(2):83-6. Abstract nachzulesen auf http://www.ncbi.nlm.nih.gov/pubmed/16494597

[430] *„**F48.0 Neurasthenie** Im Erscheinungsbild zeigen sich beträchtliche kulturelle Unterschiede. Zwei Hauptformen überschneiden sich beträchtlich. Bei einer Form ist das Hauptcharakteristikum die Klage über vermehrte Müdigkeit nach geistigen Anstrengungen, häufig verbunden mit abnehmender Arbeitsleistung oder Effektivität bei der Bewältigung täglicher Aufgaben. Die geistige Ermüdbarkeit wird typischerweise als unangenehmes Eindringen ablenkender Assoziationen oder Erinnerungen beschrieben, als Konzentrationsschwäche und allgemein ineffektives Denken. Bei der anderen Form liegt das Schwergewicht auf Gefühlen körperlicher Schwäche und Erschöpfung nach nur geringer Anstrengung, begleitet von muskulären und anderen Schmerzen und der Unfähigkeit, sich zu entspannen. Bei beiden Formen finden sich eine ganze Reihe von anderen unangenehmen körperlichen Empfindungen wie Schwindelgefühl, Spannungskopfschmerz und allgemeine Unsicherheit. Sorge über abnehmendes geistiges und körperliches Wohlbefinden, Reizbarkeit, Freudlosigkeit, Depression und Angst sind häufig. Der Schlaf ist oft in der ersten und mittleren Phase gestört, es kann aber auch Hypersomnie im Vordergrund stehen. Ermüdungssyndrom [Kodierhinweis:, Anm.d. A,] Soll eine vorausgegangene Krankheit angegeben werden, ist eine zusätzliche Schlüsselnummer zu benutzen. **Exkl.:** Asthenie o.n.A. (R53) **Benigne myalgische Enzephalomyelitis [postvirales Müdigkeitssyndrom] (G93.3)** Burn-out-Syndrom (Z73) Psychasthenie (F48.8) Unwohlsein und Ermüdung (R53)"* (H.d.A.) Zitiert aus ICD-10-GM Version 2014, nachzulesen auf https://www.dimdi.de/static/de/klassi/icd-10-gm/kodesuche/onlinefassungen/htmlgm2014/block-f40-f48.htm (Abruf 16.12.14)

[431] White AT, Light AR, Hughen RW, Vanhaitsma TA, Light KC. "Differences in metabolite-detecting, adrenergic, and immune gene expression after moderate exercise in patients with chronic fatigue syndrome, patients with multiple sclerosis, and healthy controls." Psychosom Med. 2012 Jan;74(1):46-54. doi: 10.1097/PSY.0b013e31824152ed. Epub 2011 Dec 30., nachzulesen auf http://www.ncbi.nlm.nih.gov/pubmed/22210239

Siehe dazu auch den Artikel zur Testentwicklung auf http://www.deseretnews.com/article/865603384/Sufferers-of-chronic-fatigue-fibromyalgia-have-hope-in-new-diagnostic-tool.html?pg=all (Abruf 16.12.14)

[432] Illies, Florian „1913 – Der Sommer des Jahrhunderts", Verlag S. Fischer, 2012

[433] Zitiert aus ebd.

[434] Cook DB, Lange G, DeLuca J, Natelson BH. "Relationship of brain MRI abnormalities and physical functional status in chronic fatigue syndrome."
Int J Neurosci. 2001 Mar;107(1-2):1-6., Abstract nachzulesen auf http://www.ncbi.nlm.nih.gov/pubmed/11328679

[435] Gesundheitspolitischer Newsletter der Kassenärztlichen Bundesvereinigung vom 22. Januar 2014, nachzulesen auf http://www.operieren.de/content/e3472/e7507/e27487/e38782/publication39991/Kompakt03v220114.pdf (Abruf 16.12.14)

[436] *„Durch das Institut für Pathologie, Bakteriologie und Serologie in Görlitz wurden alle innerhalb eines Jahres Verstorbenen der Stadt nachuntersucht. In 37 Prozent der Fälle ergab die Obduktion einen anderen Befund als die vorangegangene Leichenschau."* Zitiert aus Wikipedia, Stichwort „Fehldiagnose", nachzulesen auf http://de.wikipedia.org/wiki/Fehldiagnose (Abruf 16.12.14)

[437] Leckart, Bruce „Somatoform Disorders: The Diagnoses from Hell", The WETC Psychology Newsletter, December 2012, Vol. 1, Iss. 47, nachzulesen auf http://www.socal.firstmedicalexperts.com/index.php?option=com_content&view=article&id=343%3Awetc-vol1-no47&catid=40%3Aenewsletter&Itemid=82 (Abruf 16.12.14)

[438] Taleb, Nassim Nicholas „Der schwarze Schwan - Die Macht höchst unwahrscheinlicher Ereignisse", S.78, Deutscher Taschenbuch Verlag, München 2010, 2. Aufl.

[439] Vgl. DSM IV = „Diagnostisches und Statistisches Manual Psychischer Störungen", das Handbuch der Psychiatrie

[440] Siehe "Somatic Symptom Disorder", American Psychiatric Publishing, nachzulesen auf http://www.dsm5.org/Documents/Somatic%20Symptom%20Disorder%20Fact%20Sheet.pdf (Abruf 16.12.14)

[441] Siehe Blech, Jörg, „Wahnsinn wird normal", DER SPIEGEL, Ausgabe Nr. 4 vom 21.01.2013

Vgl. dazu auch Frances, Allen „NORMAL: Gegen die Inflation psychiatrischer Diagnosen: Der Kampf um die Definition geistiger Gesundheit", Dumont 2013

[442] Nachzulesen in deutscher Übersetzung von Regina Clos auf http://www.cfs-aktuell.de/august10_2.htm (Abruf 1.12.14)
Siehe z.B. auch auf http://www.mesite.dk/ME-CFShistoryWHO.htm (Abruf 2.12.14)

[443] *„Artikel 1 Änderung der Versorgungsmedizin-Verordnung. Die Anlage zu § 2 der Versorgungsmedizin-Verordnung vom 10. Dezember 2008 (BGBl. I S. 2412) wird wie folgt geändert: 2. Teil B wird wie folgt geändert: „… d) In Nummer 18.4 werden die Wörter „Die Fibromyalgie und ähnliche Somatisierungssyndrome (zum Beispiel CFS/MCS)" durch die Wörter „Die Fibromyalgie, das Chronische Fatigue Syndrom (CFS), die Multiple Chemical Sensitivity (MCS) und ähnliche Syndrome" ersetzt."* Nachzulesen auf „Erste Verordnung zur Änderung der Versorgungsmedizin-Verordnung Vom 1. März 2010" http://www.bmas.de/SharedDocs/Downloads/DE/PDF-Gesetze/korrekturblatt-versorgungsmedizin.pdf?__blob=publicationFile (Abruf 16.12.14)

[444] Anerkenntnisurteil siehe auf http://www.justiz.nrw.de/nrwe/ovgs/vg_muenster/j2013/3_K_2524_12_Anerkenntnisurteil_20130626.html Verwaltungsgericht Münster, 3 K 2524/12 (Abruf 16.12.14)

Siehe auch Krahn-Zembol, Wilhelm „Aktuelle Rechtsprechung und Rechtsentwicklung", Umwelt-Medizin-Gesellschaft 15 1/2002, nachzulesen auf http://www.umg-verlag.de/umwelt-medizin-gesellschaft/re_1-02.pdf (Abruf 16.12.14)

[445] Vgl. Definition der AWMF (Arbeitsgemeinschaft der Wissenschaftlichen Medizinischen Fachgesellschaften e.V.) auf http://www.awmf.org/uploads/tx_szleitlinien/051-010l_S3_Posttraumatische_Belastungsstoerung_2012-03.pdf (Abruf 16.12.14)

[446] *„[…] **b. Neuroendokrine Manifestationen:** […], **deutliche Gewichtsveränderungen - Anorexie oder anormaler Appetit**, […]"* Zitiert aus Carruthers, Bruce M., van de Sande, Marjorie I. „Myalgische Enzephalomyelitis/Chronic Fatigue Syndrom: Klinische Falldefinition und Leitfaden für Ärzte – Ein Überblick über das Kanadische Konsensusdokument", S. 2, in der Übersetzung von Regina Clos auf http://www.cfs-aktuell.de/Konsensdokument.pdf (Abruf 13.11.14)

[447] Rimes, Katharine A., Papadopoulos, Andrew S., Cleare, Anthony J., Chalder, Trudie „Cortisol output in adolescents with chronic fatigue syndrome: Pilot study on the comparison with healthy

adolescents and change after cognitive behavioural guided self-help treatment", King's College London, Institute of Psychiatry, London UK, Journal of Psychosomatic Research, Accepted: August 31, 2014; Published Online: September 09, 2014, DOI: http://dx.doi.org/10.1016/j.jpsychores.2014.08.018, Abstract nachzulesen auf http://www.jpsychores.com/article/S0022-3999(14)00320-1/abstract

[448] Vgl. z.B. diese Vorgängerstudie aus dem Jahr 2009 von Wessely et al., bei der auf eine Kontrollgruppe gleich ganz verzichtet wurde: Roberts AD, Papadopoulos AS, Wessely S, Chalder T, Cleare AJ "Salivary cortisol output before and after cognitive behavioural therapy for chronic fatigue syndrome." J Affect Disord. 2009 May;115(1-2):280-6. doi: 10.1016/j.jad.2008.09.013. Epub 2008 Oct 19. Abstract nachzulesen auf http://www.ncbi.nlm.nih.gov/pubmed/18937978

[449] *"Family history was a risk factor for severe ME/CFS. The strong association with having a mother with ME/CFS, but lack of association with having a father with the condition, is consistent with ME/CFS being associated with disturbed mitochondrial function. Being female was also a risk factor for severe disease. Early management of ME/CFS appeared also to be a major determinant of severity, with all but one of the variables in the final logistic regression model pertaining to the management of the condition in its early stages.* ***Personality type did not appear to constitute a risk factor for severe disease.*** *There was an inverse association between neuroticism and severity, but none overall between conscientiousness and severity. Mean scores for neuroticism were consistently higher among mildly ill subjects than among the severely ill, which may indicate either that severely ill people may develop a degree of stoicism that affects their responses to personality questionnaires, or that the mild category included some people whose illnesses were not ME/CFS at all, but other fatiguing conditions which may have been related to personality. There was no association overall of conscientiousness with severity, but, among the sub-domains of conscientiousness, self-efficacy and self-discipline were more marked amoung the severe cases, which may indicate that only the most motivated of severely ill people pesevered to the end of the questionnaire."* (H.d.A.) Zitiert aus Pheby, Derek, Saffron, Lisa „Risk factors for severe ME/CFS", Buckinghamshire New University, and National ME Observatory, Harnham, Salisbury, Wilts., UK, Bristol, UK., Biology and Medicine, Vol 1 (4): 50-74, 2009, nachzulesen auf http://www.meassociation.org.uk/wp-content/uploads/2013/04/Biology-and-Medicine_Published-paper_vol1_4_50-74.pdf (Abruf 16.12.14) und http://www.biolmedonline.com

"The results indicate a striking lack of statistical significant differences between the CFS sample and the Flemish control group at the level of dimensional Trait scores, number of criteria, and prevalence rates of personality disorder diagnoses. *[…] The prominent absence of any significant difference in personality disorder characteristics between the female Flemish general population and the CFS samples seems to suggest only a minor etiological role for personality pathology, as defined by the DSM-IV Axis II, within CFS."* (H.d.A.) Zitiert aus Courjaret J, "Chronic fatigue syndrome and DSM-IV personality disorders." J Psychosom Res. 2009 Jan;66(1):13-20. doi: 10.1016/j.jpsychores.2008.07.001. Epub 2008 Nov 22. Nachzulesen auf http://www.ncbi.nlm.nih.gov/pubmed/19073288

"Total perfectionism scores did not correlate with fatigue, anxiety, or depression in either group. Other-oriented MPS scores were significantly lower among CFS sufferers (p = .0019), especially women, and correlated negatively with physical fatigue levels overall (R = -0.27, p = .02). Total and socially prescribed MPS scores correlated with age for the CFS group alone (p = .05). ***Possible reasons why this study did not confirm a positive association between perfectionism and CFS are discussed.****"* (H.d.A.) Zitiert aus Blenkiron P, Edwards R, Lynch S "Associations between perfectionism, mood, and fatigue in chronic fatigue syndrome: a pilot study." J Nerv Ment Dis. 1999 Sep;187(9):566-70. Nachzulesen auf http://www.ncbi.nlm.nih.gov/pubmed/10496512

"CFS patients rated themselves as higher on neuroticism and less extroverted when ill than when they were well. Our results suggest that high scores on neuroticism and low scores on extroversion in CFS could be a reaction to chronic illness." (H.d.A.) Zitiert aus Buckley L, MacHale SM, Cavanagh JT, Sharpe M, Deary IJ, Lawrie SM "Personality dimensions in chronic fatigue syndrome and depression." J Psychosom Res. 1999 Apr;46(4):395-400, Abstract nachzulesen auf http://www.ncbi.nlm.nih.gov/pubmed/10340240

Siehe auch De Bortgjemte „Finnes det en ME-personlighet?“ Nachzulesen auf http://debortgjemte.com/2014/10/26/finnes-det-en-me-personlighet/ (Abruf 16.12.14)

"Our patients did not disclose any abnormal neuroticism." (H.d.A.) Zitiert aus Naess, Halvor, Nyland, Morten, Hausken, Trygve, Follestad, Inghild and Nyland, Harald I "Chronic fatigue syndrome after Giardia enteritis: clinical characteristics, disability and long-term sickness absence", BMC Gastroenterology 2012 **12**:13 doi:10.1186/1471-230X-12-13, nachzulesen auf http://www.biomedcentral.com/1471-230X/12/13

"Both illness groups displayed similarly elevated levels of Harm Avoidance, and lower levels of Reward Dependence as compared with healthy controls. The MS group showed a lower level of Persistence than controls and CFS subjects. ***Implications for the relationship between chronic illness and personality are discussed."*** Zitiert aus Christodoulou C, Deluca J, Johnson SK, Lange G, Gaudino EA, Natelson BH "Examination of Cloninger's basic dimensions of personality in fatiguing illness: chronic fatigue syndrome and multiple sclerosis." J Psychosom Res. 1999 Dec;47(6):597-607. Nachzulesen auf http://www.ncbi.nlm.nih.gov/pubmed/10661606

"The CFS group was significantly lower on doctors/others locus of control indicating lack of trust in medical professionals. Results indicate that CFS and MS are similar to each other while different from the healthy group on certain personality variables that likely reflect the demoralizing effects of coping with a chronic, disabling illness marked by uncertainty." (H.d.A.) Zitiert aus Johnson, Susan K., Lange, Gudrun, Tiersky, Lana, Deluca, John, and Natelson, Benjamin H. "Health-Related Personality Variables in Chronic Fatigue Syndrome and Multiple Sclerosis", 2001, Vol. 8, No. 3-4 , Pages 41-52, nachzulesen auf http://informahealthcare.com/doi/abs/10.1300/J092v08n03_05

"There was no evidence from this study of major differences between the personalities of CFS patients and RA patients. The stereotype of CFS sufferers as perfectionists with negative attitudes toward psychiatry was not supported." (H.d.A.) Zitiert aus Wood B, Wessely S. „Personality and social attitudes in chronic fatigue syndrome." J Psychosom Res. 1999 Oct;47(4):385-97. Nachzulesen auf http://www.ncbi.nlm.nih.gov/pubmed/10616232

"None of the identified factors appear suitable for the timely identification of patients at risk of developing CFS/ME within clinical practice. […] Various potential risk factors for the development of CFS/ME have been assessed but definitive evidence that appears meaningful for clinicians is lacking." (Hd.A.) Zitiert aus Hempel S, Chambers D, Bagnall AM, Forbes C. "Risk factors for chronic fatigue syndrome/myalgic encephalomyelitis: a systematic scoping review of multiple predictor studies." Psychol Med. 2008 Jul;38(7):915-26. Epub 2007 Sep 25, nachzulesen auf http://www.ncbi.nlm.nih.gov/pubmed/17892624

[450] *"A case of the chronic fatigue syndrome is defined by the presence of the following: 1) clinically evaluated, unexplained, persistent or relapsing chronic fatigue that is of new or definite onset (has not been lifelong);* ***is not the result of ongoing exertion;[…]"***, (H.d.A.) zitiert aus Fukuda et al."The Chronic Fatigue Syndrome: A Comprehensive Approach to Its Definition and Study", Annals of Internal Medicine, Volume 121, Number 12, 1994, nachzulesen auf http://www.ncf-net.org/patents/pdf/Fukuda_Definition.pdf (Abruf 27.11.14)

[451] Siehe auch Colby, Jane "False Allegations of Child Abuse in Cases of Childhood Myalgic Encephalomyelitis (ME)", (Jane Colby ist Direktorin des "Tymes Trust", der britischen Patientenorganisation für Kinder und Jugendliche und ihre Familien) nachzulesen auf http://www.argumentcritique.com/uploads/1/0/3/1/10317653/colby_j.pdf (Abruf 16.12.14)

Deutsche Übersetzung von Regina Clos auf http://www.cfs-aktuell.de/september14_1.htm (Abruf 16.12.14)

Siehe auch Wrennall, Lynne "Munchausen Syndrome by Proxy/Fabricated and Induced Illness: Does the diagnosis serve economic vested interests, rather than the interests of children?" Received: June 16, 2006; Accepted: October 3, 2006; Published Online: December 06, 2006, DOI: http://dx.doi.org/10.1016/j.mehy.2006.10.016, Abstract nachzulesen auf http://www.medical-hypotheses.com/article/S0306-9877(06)00754-7/abstract

Teil I Die Fakten/Kapitel IV Unterschiede zwischen Müttern ME-kranker Kinder und Müttern mit dem Münchhausen-by-Proxy-Syndrom/1 Einführung Münchhausen-by-Proxy-Syndrom

[452] Ayoub, Catherine et al. 2002, „Munchausen by Proxy: Presentations in Special Education", nachzulesen auf http://cmx.sagepub.com/content/7/2/149.full.pdf
[453] Kindler, Heinz ASD-Handbuch „Kindeswohlgefährdung nach § 1666 BGB und Allgemeiner Sozialer Dienst (ASD)". Deutsches Jugendinstitut 2006. ISBN 3-935701-22-5. S. 7-2, http://db.dji.de/asd/F007_Kindler_lv.pdf (Abruf 5.01.15)
[454] Interview mit Prof. Werner Kleemann, 2002, nachzulesen auf SPIEGEL ONLINE http://www.spiegel.de/sptv/special/a-186498.html (Abruf 5.01.15)

Teil I Die Fakten/Kapitel IV Unterschiede zwischen Müttern ME-kranker Kinder und Müttern mit dem Münchhausen-by-Proxy-Syndrom/2 Gemeinsamkeiten und Unterscheidungsmerkmale

[455] Zitiert aus Johnson, Hillary „Osler's Web: Inside the Labyrinth of the Chronic Fatigue Syndrome Epidemic", S. 241, Penguin Books 1997
[456] *„Ein wesentliches Charakteristika scheint eine nahezu symbiotische Beziehung zu dem Kind zu sein."* Zitiert aus Kleemann, Werner „Münchhausen Syndrome by Proxy (Münchhausen Stellvertreter Syndrom)", Rechtsmedizin Leipzig, nachzulesen auf Institut für Rechtsmedizin der Universität Leipzig, http://web.archive.org/web/20070626161652/http://rechtsmedizin.uni-leipzig.de/home/content/wissen_a_z/muenchhausen_stellvertreter/index.htm

Vgl. auch Noeker M., Keller K.M. „Münchhausen-by-proxy-Syndrom als Kindesmisshandlung", Monatsschrift Kinderheilkunde 11/2002, 150:1357–1369 DOI 10.1007/s00112-002-0608-7, nachzulesen auf http://kindesmisshandlung.de/mediapool/32/328527/data/Noeker-MSBP-MoKi-2002.pdf (Abruf 5.01.15)

Teil I Die Fakten/Kapitel IV Unterschiede zwischen Müttern ME-kranker Kinder und Müttern mit dem Münchhausen-by-Proxy-Syndrom/3 Eine kritische Analyse des MBPS

[457] Meadow R "Munchhausen syndrome by proxy. The hinterland of child abuse." Lancet. 1977 Aug 13;2(8033):343-5. doi.org/10.1016/S0140-6736(77)91497-0. Abstract nachzulesen auf http://www.ncbi.nlm.nih.gov/pubmed/69945
[458] Rennefanz, Sabine „Roy Meadow und die Mütter", „BZ" vom 05.04.2004, nachzulesen auf http://www.berliner-zeitung.de/archiv/frauen--deren-kinder-eines-ploetzlichen-todes-starben--wurden-als-moerderinnen-verurteilt--dafuer-sorgten-zweifelhafte-gutachten-eines-englischen-arztes--alle-faelle-werden-neu-aufgerollt-roy-meadow-und-die-muetter,10810590,10166066.html (Abruf 5.01.15)

[459] laut Dr. Martin Krupinski, nachzulesen bei Hofmann-Aßmus, M. „Die Mutter als Täterin“, Pharmazeutische Zeitung, Ausgabe 4/2005, nachzulesen auf http://www.pharmazeutische-zeitung.de/index.php?id=medizin1_04_2005 (Abruf 5.01.15)
[460] Plassmann, Reinhard „Der Arzt als Detektiv-Das Münchhausen-by-proxy-Syndrom“, nachzulesen auf http://www.ptz.de/fileadmin/media/pdf_19.08.05/M_nchhausen-by-proxy-Syndrom.pdf (Abruf 5.01.15)

Teil I Die Fakten/Kapitel IV Unterschiede zwischen Müttern ME-kranker Kinder und Müttern mit dem Münchhausen-by-Proxy-Syndrom/4 Sir Roy Meadow und seine Thesen

[461] Rennefanz, Sabine „Roy Meadow und die Mütter“, „BZ“ vom 05.04.2004, nachzulesen auf http://www.berliner-zeitung.de/archiv/frauen--deren-kinder-eines-ploetzlichen-todes-starben--wurden-als-moerderinnen-verurteilt--dafuer-sorgten-zweifelhafte-gutachten-eines-englischen-arztes--alle-faelle-werden-neu-aufgerollt-roy-meadow-und-die-muetter,10810590,10166066.html (Abruf 5.01.15)
[462] Schubert, Torben „Wie wahrscheinlich ist es, dass eine Mutter ihre zwei Söhne tötet?“ Fraunhofer Forschungsblog.de, 08.10.2012, nachzulesen auf http://www.forschungs-blog.de/wie-wahrscheinlich-ist-es-dass-eine-mutter-ihre-zwei-sohne-totet/

Teil I Die Fakten/Kapitel IV Unterschiede zwischen Müttern ME-kranker Kinder und Müttern mit dem Münchhausen-by-Proxy-Syndrom/6 Stimmt die Krankheitssymptomatik von MBPS und ME überein?

[463] Rosenberg, D. (1987) “Web of deceit: a literature review of Munchhausen syndrome by proxy”. Child Abuse Negl 11: 547–563, Abstract nachzulesen auf http://www.ncbi.nlm.nih.gov/pubmed/3322516, zitiert nach Noeker M., Keller K.M. „Münchhausen-by-proxy-Syndrom als Kindesmisshandlung“, Monatsschrift Kinderheilkunde 11/2002, 150:1357–1369 DOI 10.1007/s00112-002-0608-7, nachzulesen auf http://kindesmisshandlung.de/mediapool/32/328527/data/Noeker-MSBP-MoKi-2002.pdf (Abruf 5.01.15)
[464] Die hohe Prozentzahl an zerebralen Krampfanfällen, Apathie- u. Komazuständen sowie Atemstillständen, 77% der MBPS-Fälle insgesamt, bestätigen die Annahme, dass Verfechter des MBPS sich ohne sinnfällige Begründung zu Experten des Plötzlichen Kindstodes aufgeschwungen haben und dadurch die statistische Häufigkeit von MBPS aufgebauscht wurde.
[465] „Gute, böse Mutter“ von Astrid Viciano in „Die Zeit“ vom 25.06.2007, http://www.zeit.de/2007/26/M-Muenchhausensyndrom/seite-2
[466] Noeker M., Keller K.M. „Münchhausen-by-proxy-Syndrom als Kindesmisshandlung“, Monatsschrift Kinderheilkunde 11/2002, 150:1357–1369 DOI 10.1007/s00112-002-0608-7, nachzulesen auf http://kindesmisshandlung.de/mediapool/32/328527/data/Noeker-MSBP-MoKi-2002.pdf (Abruf 5.01.15)
[467] Siehe ebd.
[468] Siehe ebd.
[469] Siehe ebd.
[470] Plassmann, Reinhard „Der Arzt als Detektiv-Das Münchhausen-by-proxy-Syndrom“, nachzulesen auf http://www.ptz.de/fileadmin/media/pdf_19.08.05/M_nchhausen-by-proxy-Syndrom.pdf (Abruf 5.01.15)
[471] Noeker M., Keller K.M. „Münchhausen-by-proxy-Syndrom als Kindesmisshandlung“, Monatsschrift Kinderheilkunde 11/2002, 150:1357–1369 DOI 10.1007/s00112-002-0608-7, nachzulesen auf http://kindesmisshandlung.de/mediapool/32/328527/data/Noeker-MSBP-MoKi-2002.pdf (Abruf 5.01.15)

[472] Rosenberg, D. (1987) "Web of deceit: a literature review of Munchhausen syndrome by proxy". Child Abuse Negl 11: 547–563, Abstract nachzulesen auf http://www.ncbi.nlm.nih.gov/pubmed/3322516?dopt=Abstract, zitiert nach Noeker M., Keller K.M. „Münchhausen-by-proxy-Syndrom als Kindesmisshandlung", Monatsschrift Kinderheilkunde 11/2002, 150:1357–1369 DOI 10.1007/s00112-002-0608-7, nachzulesen auf http://kindesmisshandlung.de/mediapool/32/328527/data/Noeker-MSBP-MoKi-2002.pdf (Abruf 5.01.15)

[473] Sonnenmoser, M. „Artifizielle Störungen: Rätselhaft und gefährlich", Deutsches Ärzteblatt 9/2010, S. 417, http://www.aerzteblatt.de/archiv/78316/Artifizielle-Stoerungen-Raetselhaft-und-gefaehrlich (Abruf 5.01.15)

[474] Sheridan, MS. "The deceit continues: an updated literature review of Munchausen Syndrome by proxy." Child Abuse Negl. 2003, Abstract nachzulesen auf http://www.ncbi.nlm.nih.gov/pubmed/12686328

[475] Pasqualone GA, Fitzgerald SM. "Munchausen by proxy syndrome: the forensic challenge of recognition, diagnosis, and reporting." Crit Care Nurs Q. 1999;22(1):52-64; quiz 90-91, Abstract nachzulesen auf http://www.ncbi.nlm.nih.gov/pubmed/10646463, zitiert aus Criddle, Laura "Monsters in the Closet: Munchausen Syndrome by Proxy", CriticalCareNurse Vol 30, No. 6, DECEMBER 2010, http://www.aacn.org/WD/CETests/Media/C106.pdf (Abruf 5.01.15)

[476] McClure RJ, Davis PM, Meadow R, Sibert JR (1998) "Epidemiology of Munchhausen syndrome by proxy, non-accidential poisoning, and non-accidential suffocation". Arch Dis Child 75: 57–61, nachzulesen auf http://www.ncbi.nlm.nih.gov/pmc/articles/PMC1511685/

[477] *"Prevalence estimates of 5.5 cases per 100,000 were determined for children ages 0 to 9 and 47.9 cases per 100,000 cases for children and adolescents aged 10 to 19."* Zitat aus Jason, Leonhard A. et al. "A Pediatric Case Definition for Myalgic Encephalomyelitis and Chronic Fatigue Syndrome", The Haworth Press 2006, doi:10.1300/J092v13n02_01, nachzulesen auf http://www.iacfsme.org/Portals/0/pdf/pediatriccasedefinitionshort.pdf (Abruf 16.12.14)

Vgl. auch Lloyd, A.R., Hickie, I., Boughton, C.R., Spencer, O., & Wakefield, D. "Prevalence of chronic fatigue syndrome in an Australian population." The Medical Journal of Australia, (1990), 153, 522-528. Abstract nachzulesen auf http://www.ncbi.nlm.nih.gov/pubmed/2233474

[478] Noeker M., Keller K.M. „Münchhausen-by-proxy-Syndrom als Kindesmisshandlung", Monatsschrift Kinderheilkunde 11/2002, 150:1357–1369 DOI 10.1007/s00112-002-0608-7, nachzulesen auf http://kindesmisshandlung.de/mediapool/32/328527/data/Noeker-MSBP-MoKi-2002.pdf (Abruf 5.01.15)

Teil I Die Fakten/Kapitel IV Unterschiede zwischen Müttern ME-kranker Kinder und Müttern mit dem Münchhausen-by-Proxy-Syndrom/7 MBPS wird oft fahrlässig und inflationär diagnostiziert

[479] Zusammenfassung der Rede vom 29.10.2009 [„David Bells Rede vor dem CFS Beratungsgremium der US-Regierung (Factitious Disorder and CFS in Adolescents)"] in deutscher Übersetzung von Regina Clos auf http://www.cfs-aktuell.de/dezember09_4.htm (Abruf 5.01.15)

[480] Zitiert aus Noeker M., Keller K.M. „Münchhausen-by-proxy-Syndrom als Kindesmisshandlung", S. 1369, Monatsschrift Kinderheilkunde 11/2002, 150:1357–1369 DOI 10.1007/s00112-002-0608-7, nachzulesen auf http://kindesmisshandlung.de/mediapool/32/328527/data/Noeker-MSBP-MoKi-2002.pdf (Abruf 5.01.15)

[481] Noeker M., Keller K.M. „Münchhausen-by-proxy-Syndrom als Kindesmisshandlung", Monatsschrift Kinderheilkunde 11/2002, 150:1357–1369 DOI 10.1007/s00112-002-0608-7, nachzulesen auf http://kindesmisshandlung.de/mediapool/32/328527/data/Noeker-MSBP-MoKi-2002.pdf (Abruf 5.01.15)

[482] Kleemann, Werner „Münchhausen Syndrome by Proxy (Münchhausen Stellvertreter Syndrom)", Rechtsmedizin Leipzig, nachzulesen auf Institut für Rechtsmedizin der Universität Leipzig, http://web.archive.org/web/20070626161652/http://rechtsmedizin.uni-leipzig.de/home/content/wissen_a_z/muenchhausen_stellvertreter/index.htm (Abruf 5.01.15)
[483] Plassmann, Reinhard „Der Arzt als Detektiv-Das Münchhausen-by-proxy-Syndrom", nachzulesen auf http://www.ptz.de/fileadmin/media/pdf_19.08.05/M_nchhausen-by-proxy-Syndrom.pdf (Abruf 5.01.15)
[484] Noeker M., Keller K.M. „Münchhausen-by-proxy-Syndrom als Kindesmisshandlung", Monatsschrift Kinderheilkunde 11/2002, 150:1357–1369 DOI 10.1007/s00112-002-0608-7, nachzulesen auf http://kindesmisshandlung.de/mediapool/32/328527/data/Noeker-MSBP-MoKi-2002.pdf (Abruf 5.01.15)
[485] Viciano, Astrid „Gute, böse Mutter", „DIE ZEIT" vom 25.06.2007, nachzulesen auf http://www.zeit.de/2007/26/M-Muenchhausensyndrom/seite-2 (Abruf 5.01.15)
[486] *"It has also stimulated concerns that the children's real medical and developmental needs are neglected when their conditions are misdiagnosed as child abuse."* Zitiert aus Wrennall, Lynne "Munchausen Syndrome by Proxy/Fabricated and Induced Illness: Does the diagnosis serve economic vested interests, rather than the interests of children?", Received: June 16, 2006; Accepted: October 3, 2006; Published Online: December 06, 2006, DOI: http://dx.doi.org/10.1016/j.mehy.2006.10.016, Abstract nachzulesen auf http://www.medical-hypotheses.com/article/S0306-9877(06)00754-7/abstract

Teil I Die Fakten/Kapitel V Fallbeispiele

[487] *"The worst thing about having M.E. is not just that you are deprived of your old life and must live most of the life at home and be cared for by your parents. I think actually it's even worse when we experience not to be believed when we tell we are ill and feel it in our body."* Zitiert aus „Letter to King Harald of Norway from Martin and 58 other young people with M.E.", 5.02.15, nachzulesen auf http://fryvil.com/2015/02/05/letter-to-the-king/ (Abruf 27.02.15)
[488] Siehe Rob Wijbenga im Interview mit Dr. Nigel Speight "Wetenschap voor Patiënten (Science to patients) Seminar 28: Interview with dr. Nigel Speight", nachzulesen auf http://www.meassociation.org.uk/wp-content/uploads/Web-seminar-28-interview-with-dr.-Speight.pdf (Abruf 5.01.15) oder anzusehen als Video auf http://www.youtube.com/watch?v=XcRZo1vO53c&feature=youtu.be (Abruf 5.01.15)

Siehe auch die deutsche Übersetzung des Interviews von Regina Clos auf http://www.cfs-aktuell.de/Speight%20Transcript%20deutsch.pdf (Abruf 5.01.15)
[489] Colby, Jane "False Allegations of Child Abuse in Cases of Childhood Myalgic Encephalomyelitis (ME)". (Jane Colby ist Direktorin des "Tymes Trust", der britischen Patientenorganisation für Kinder und Jugendliche und ihre Familien.) Artikel nachzulesen auf http://www.argumentcritique.com/uploads/1/0/3/1/10317653/colby_j.pdf, in der deutschen Übersetzung von Regina Clos auf http://www.cfs-aktuell.de/september14_1.htm (Abruf 5.01.15)
[490] Name des Patienten geändert, Dokumente liegen der Autorin vor
[491] Siehe das Interview mit Dr. Nigel Speight „What Nigel thinks" auf http://www.tymestrust.org/pdfs/vision2010-3.pdf Zitat: *"The other variety I see is the case that is tolerated for a year or two, but if the child gets much worse, this seems to rattle the professionals and they don't seem to believe that ME can be so bad if they've never seen a case of severe ME before. They begin with disbelief again, having believed it up to then. And sometimes it's a matter of not having experienced what an unpredictable condition this is and how severe it can be."*
[492] Name der Patientin geändert, Dokumente liegen der Autorin vor
[493] Name der Patientin geändert, Dokumente liegen der Autorin vor
[494] Download auf http://www.in-engen-grenzen.de/
[495] Name des Arztes geändert

[496] Siehe Merlot, Julia „Vibrationstraining: Zittern, bis das Fett schmilzt", SPIEGEL ONLINE 9.11.2012, nachzulesen auf http://www.spiegel.de/gesundheit/ernaehrung/vibration-was-bringt-das-fitnesstraining-auf-der-power-plate-a-865445.html#spRedirectedFrom=www&referrrer= (Abruf 1.02.15)

[497] Zitiert aus Devereux, Georges „Angst und Methode in den Verhaltenswissenschaften", S. 25, Suhrkamp-Taschenbuch Wissenschaft, Frankfurt a. Main 1988, 2. Aufl.

[498] Zitiert aus Devereux, Georges „Angst und Methode in den Verhaltenswissenschaften", S. 25, Suhrkamp-Taschenbuch Wissenschaft, Frankfurt a. Main 1988, 2. Aufl.

[499] Siehe auch „Wenn verlorene Stimmen sprechen: Gesundheitsminister Schweitzer besucht Selbsthilfegruppe ME/CFS-Kranker", Pfalz Express, 10.05.2013, nachzulesen auf http://www.pfalz-express.de/wenn-verlorene-stimmen-sprechen-gesundheitsminister-schweitzer-besucht-selbsthilfegruppe-mecfs-kranker/ (Abruf 12.01.15)

[500] Bei einem Antiphospholipid-Syndrom kann es zu paradoxen Blutungen kommen. Siehe DocCheck Flexikon, Stichwort „Antiphospholipid-Syndrom" auf http://flexikon.doccheck.com/de/Antiphospholipid-Syndrom (Abruf 11.01.15)

Berg, D, Berg, LH, Couvaras, J & Harrison, H "Chronic Fatigue Syndrome (CFS) &/or Fibromyalgia (FM) as a Variation of Antiphospholipid Antibody Syndrome (APS): An Explanatory Model and Approach to Laboratory Diagnosis." BLOOD COAGULATION & FIBRINOLYSIS 1999,10:p 1 - 4. Nachzulesen auf http://www.ncf-net.org/library/hemex-APS-1999.htm (Abruf 12.01.15)

Vgl. auch Holtorf, Kent „Chronische Erschöpfung & Fibromyalgie sind jetzt behandelbar", übersetzt von Regina Clos, nachzulesen auf http://www.cfs-aktuell.de/januar06ii.htm (Abruf 11.01.15)

Vgl. auch Lapp, Charles W. "Protokoll der AACFS-Konferenz 2004", Abschnitt "Harrald Harrison", in der Übersetzung von Regina Clos, nachzulesen auf http://www.cfs-aktuell.de/dezember05.htm (Abruf 11.01.15)

[501] Gilderdale, Kay „One Last Goodbye", Ebury Press (12. September 2011),
Siehe dazu auch den Kommentar von Regina Clos auf http://www.cfs-aktuell.de/mai11_1.htm (Abruf 11.01.15)

[502] *"That Wessely was implicated in this judgment can be seen from paragraph 2.8 of the 1991 report, which states: "A psychiatrist called Dr Wessely informed the Proctors that 'children do not get ME' and at paragraph 4.4 the report states: "Dr Simon Wessely said 'The question of the existence of a disease called 'ME' is irrelevant to the case of Ean, as he does not have it….Ean has a primary psychological illness causing him to become mute and immobile".* " Zitat aus Marshall, Eileen and Williams, Margaret "To set the record straight about Ean Proctor from the Isle of Man", 20th July 2005, nachzulesen auf http://www.ahummingbirdsguide.com/wmarwilltstrsaep.htm (Abruf 11.01.15)

[503] Siehe Proctor, Babara „Ean's Story", Interaction, Issue 3 Autumn 1989, Alison Hunter Memorial Foundation, nachzulesen auf http://www.ahmf.org/ww-ean.html (Abruf 11.01.15)

Siehe auch Hooper, Malcolm et al. "THE MENTAL HEALTH MOVEMENT: PERSECUTION OF PATIENTS? A consideration of the role of Professor Simon Wessely and other members of the "Wessely School" in the perception of Myalgic Encephalomyelitis (ME) in the UK", December 2003, nachzulesen auf http://www.theoneclickgroup.co.uk/documents/ME-CFS_docs/The%20Mental%20Health%20Movement%20-%20Persecution%20of%20Patients.pdf (Abruf 11.01.15)

[504] Siehe Williams, Margaret „Consideration of Some Issues Relating To The Published Views of Psychiatrists of The "Wessely School" in relation to their belief about the nature, cause and treatment of myalgic encephalomyelitis (ME)", ME Research (UK), March 2000, nachzulesen auf http://www.meactionuk.org.uk/consideration.htm (Abruf 11.01.15)

[505] Nachzulesen auf Criona Wilsons Website http://sophiaandme.org.uk/sophia%20&%20m.e.%20her%20story.html (Abruf 11.01.15)
[506] Das Ergebnis der gerichtsmedizinischen Untersuchung ist nachzulesen auf http://sophiaandme.org.uk/docsindex/212.jpg (Abruf 11.01.15)
[507] Siehe Justice for Karina auf http://justiceforkarina.webs.com/ (Abruf 12.02.15)

Siehe dx revison watch „Media coverage: Karina Hansen now detained six months against her will in Hammel Neurocenter, Denmark", August 2013, nachzulesen auf http://dxrevisionwatch.com/?s=Karina+Hansen (Abruf 11.01.15)

Siehe auch Justice4KarinaHansen „One Year Later - Karina Hansen Still Confined in Mental Ward", Februar 2014, nachzulesen auf http://www.prohealth.com/library/showArticle.cfm?libid=18739&site=articles#discuss (Abruf 11.01.15)
[508] Zum BDS siehe Fink P, Schröder A "One single diagnosis, bodily distress syndrome, succeeded to capture 10 diagnostic categories of functional somatic syndromes and somatoform disorders." J Psychosom Res. 2010 May;68(5):415-26. doi: 10.1016/j.jpsychores.2010.02.004, nachzulesen auf http://www.ncbi.nlm.nih.gov/pubmed/20403500

Siehe auch Fink, Peer "Somatoform disorders – functional somatic syndromes – Bodily distress syndrome. Need for care and organisation of care in an international perspective - EACLPP Lecture", Aarhus University Hospital, The Research Clinic for Functional Disorders, nachzulesen auf http://www.eapm.eu.com/tl_files/content/Presentations/EACLPP_Per%20Fink_Somatoform%20Disorders.pdf (Abruf 11.01.15)
[509] Vgl. http://www.bt.dk/danmark/derfor-blev-24-aarige-k-fjernet-fra-sine-foraeldre (Abruf 12.01.15)
[510] Siehe den Bericht von Rebecca Hansen, Vorsitzende von ME Forenningen, Dänemark, auf http://dxrevisionwatch.com/2013/05/25/human-rights-denied-something-rotten-in-the-state-of-denmark-update-1/ (Abruf 12.01.15)
[511] Siehe den Beitrag von Rebecca Hansen auf http://blog.ufocomes.de/index.php?id=126 (Abruf 12.01.15)
[512] Karinas Schwester, die am 1. April 2013 einen kurzen Besuch abstatten durfte, berichtete, Karina habe sie offenbar nicht einmal mehr erkannt. *„Karina's sister, Janni, who is a nurse, was allowed to see Karina for a few minutes. A staff member followed Janni into the room. Janni said that Karina was extremely pale, was unable to talk, and* ***did not show signs that she recognized her sister. In Janni's opinion, Karina's condition is worse now than before she was hospitalized."*** (H.d.A.) Zitat aus „Something rotten in the state of Denmark: Karina Hansen's story", nachzulesen auf http://dxrevisionwatch.com/2013/05/11/something-rotten-in-the-state-of-denmark-karina-hansens-story/ (Abruf 12.01.15)

Siehe auch Letter from Rebecca Hansen, February 11, 2015, "Lies and Broken Laws – the case of Karina Hansen", nachzulesen auf http://justiceforkarina.webs.com/apps/blog/show/43088329-letter-from-rebecca-hansen (Abruf 12.02.15)
[513] *"You are killing me" is what severely-ill Danish ME patient, Karina Hansen, has repeatedly said to her nurses while she is being forced to receive a controversial and unproven treatment known as Graded Exercise Therapy (GET)."* Zitiert aus Hansen, Rebecca "You are killing me"– Experimental treatment forced on a severely-ill ME patient", nachzulesen auf https://www.facebook.com/JusticeForKarinaHansen/posts/534177149977080 (Abruf 12.01.15)
[514] Siehe ebd.
[515] Siehe „New Statement from Karina Hansen's Parents" auf https://www.facebook.com/JusticeForKarinaHansen/posts/601982583196536 (Abruf 12.01.15)
[516] Siehe ebd.

[517] Dieses kinderpsychiatrische Krankheitsbild wurde 1991 erstmals als „Pervasive Refusal Syndrome" beschrieben. (Siehe engl. Wikipedia, Stichwort: „Pervasive Refusal Syndrome", nachzulesen auf http://en.wikipedia.org/wiki/Pervasive_refusal_syndrome#cite_note-adc66_866-1, Abruf 12.01.15)

Die Studienlage ist als dünn zu bezeichnen, und bei einigen der wenigen beschriebenen Einzelfälle ist schon von der Fallbeschreibung her ersichtlich, dass es sich auch um an ME erkrankte Kinder handeln könnte. Bryan Lask, der als erster dieses Krankheitsbild beschrieb, weist jedoch ausdrücklich darauf hin, dass Kinder mit „CFS" sich vor allem in Hinsicht auf ihren Wunsch wieder zu gesunden von Kindern mit PAWS unterscheiden. (Lask, Bryan „Pervasive refusal syndrome", Advances in Psychiatric Treatment (2004), vol 10, 153–159, nachzulesen auf http://apt.rcpsych.org/content/10/2/153.full.pdf+html)

Eine Liste der Studien ist hier zu finden: http://www.oslo-universitetssykehus.no/fag/temasider/pervasive-refusal-syndrome-prs (Abruf 12.01.15)

[518] Zum Problem der bei ME auftretenden exzitotoxischen Hirnschädigung durch externe Stimuli und Falschbehadlung siehe "SEVERE ME - Extemporaneous Notes From IIMEC8", nachzulesen auf http://www.investinme.org/IIME-Newslet-1306-04%20Severe%20ME.htm (Abruf 13.01.15)

Siehe auch *„**Excitotoxizität** (vom lateinischen excitare = antreiben und griechischen toxikon = Gift), deutsch auch **Exzitotoxizität** genannt, ist ein Begriff aus den Neurowissenschaften. Er beschreibt das Phänomen, dass bei der Reizüberflutung so viele Neurotransmitter, insbesondere Glutamat/Kainsäure, ausgeschüttet werden, dass ein Selbstzerstörungsmechanismus der Nervenzellen ausgelöst wird. Greift dieser Prozess immer weiter um sich, können größere Hirngebiete geschädigt werden."* Zitat Wikipedia, Stichwort „Excitotoxizität, nachzulesen auf http://de.wikipedia.org/wiki/Excitotoxizit%C3%A4t (Abruf 13.01.15)

[519] Letter from Rebecca Hansen, February 11, 2015, "Lies and Broken Laws – the case of Karina Hansen", nachzulesen auf http://justiceforkarina.webs.com/apps/blog/show/43088329-letter-from-rebecca-hansen (Abruf 12.02.15)

[520] Bachmann, Ingeborg „Der Fall Franza", S. 404, „Werke", Sonderausgabe 1982, Piper

[521] Eissler, K.R. „Die Ermordung von wie vielen seiner Kinder muss ein Mensch symptomfrei ertragen können, um eine normale Konstitution zu haben", S. 265, „Psyche", 1963, 17(5), 241-291, Psychosozial-Verlag

Teil I Die Fakten/Kapitel VI Therapie/1 Kognitive Verhaltenstherapie und Graded Exercise Therapy

[522] *„**Essence** The essence of CBT is helping the participant to change their interpretation of symptoms and associated fear, symptom focussing and avoidance. Participants are encouraged to see symptoms as temporary and reversible and not as signs of harm or evidence of fixed disease pathology. In this way it is anticipated that they will gain more control of their lives, as they, and not their symptoms, dictate what they do.*
***Aim** The aim of this treatment is to change the behavioural and cognitive factors, which are assumed to be partially responsible for perpetuating the participant's symptoms and disability, and to help the participants to develop strategies for dealing with other factors, physical, emotional, social or financial, that may also be impacting on their illness.*
***Theoretical Model** The model emphasises the importance of the participant's understanding of their illness and their interpretation of symptoms. For example they may interpret symptoms as a warning sign to reduce activity. Fear of symptoms and consequent avoidance of activity associated with symptoms is central. This model also acknowledges that the participant's beliefs and behaviours are influenced by available information and attitudes of families and friends and that these may also need to be addressed. The model assumes that physiological (fatigue), cognitive (fear of engaging in activity) and behavioural responses (avoidance of activity), are linked. Therefore by modifying one response it is anticipated that changes occur in the other responses. For example, increasing activity (behaviour) may gradually reduce the fear (cognitions) that activity leads to worsening of symptoms."* Zitiert aus Burgess, Mary, Chalder, Trudie "Manual for

Therapists COGNITIVE BEHAVIOUR THERAPY for CFS/ME", S. 12f, November 2004, nachzulesen auf http://www.pacetrial.org/docs/cbt-therapist-manual.pdf

[523] *"While it is true that there is considerable variation in degree from one day to the next or from one time of the day to another, nevertheless in those patients whose dynamic or conscientious temperaments urge them to continue effort despite profound malaise or in those who, on the false assumption of 'neurosis', have been exhorted to 'snap out of it' and 'take plenty of excercise' the condition finally results in a state of constant exhaustion."* Zitiert aus Ramsay, A. Melvin "MYALGIC ENCEPHALOMYELITIS : A Baffling Syndrome With a Tragic Aftermath." Infectious Diseases Dept, Royal Free Hospital 1986, nachzulesen auf http://meactionuk.org.uk/ramsey.html (Abruf 26.03.15)

[524] Siehe z.B. Nijs J, Nees A, Paul L, De Kooning M, Ickmans K, Meeus M, Van Oosterwijck J "Altered immune response to exercise in patients with chronic fatigue syndrome/myalgic encephalomyelitis: a systematic literature review." Exerc Immunol Rev. 2014;20:94-116. Abstract nachzulesen auf http://www.ncbi.nlm.nih.gov/pubmed/24974723. Volltext auf http://www.medizin.uni-tuebingen.de/transfusionsmedizin/institut/eir/content/2014/94/article.pdf (Abruf 12.01.15)

Siehe auch die Studienliste auf http://www.cfs-aktuell.de/Studien%20zu%20GET.pdf (Abruf 12.01.15)

[525] Siehe VanNess JM, Stevens SR, Bateman L, Stiles TL, Snell CR "Postexertional malaise in women with chronic fatigue syndrome." J Womens Health (Larchmt). 2010;19:239-44, Abstract nachzulesen auf http://www.ncbi.nlm.nih.gov/pubmed/20095909

Siehe auch Snell, Christopher R., Stevens, Staci R., Davenport, Todd E. and Van Ness, J. Mark "Discriminative Validity of Metabolic and Workload Measurements to Identify Individuals With Chronic Fatigue Syndrome", Abstract nachzulesen auf http://ptjournal.apta.org/content/early/2013/06/26/ptj.20110368.abstract

[526] Siehe VanNess JM, Snell CR, Stevens S "Diminished Cardiopulmonary Capacity During Post-Exertional Malaise." J Chronic Fatigue Syndr. 2008;14(2):77-85. Nachzulesen auf http://www.researchgate.net/publication/249887130_Diminished_Cardiopulmonary_Capacity_During_Post-Exertional_Malaise

[527] Siehe Nijs J, Almond F, De Becker P, Truijen S, Paul L "Can exercise limits prevent post-exertional malaise in chronic fatigue syndrome? An uncontrolled clinical trial." Clin Rehabil. 2008 May; 22(5):426-35. doi: 10.1177/0269215507084410. Abstract nachzulesen auf http://www.ncbi.nlm.nih.gov/pubmed/18441039

[528] Siehe VanNess JM, Stevens SR, Bateman L, Stiles TL, Snell CR "Postexertional malaise in women with chronic fatigue syndrome." J Womens Health (Larchmt). 2010;19:239-44, Abstract nachzulesen auf http://www.ncbi.nlm.nih.gov/pubmed/20095909

[529] Siehe LaManca JJ, Sisto SA, DeLuca J, Johnson SK, Lange G, Pareja J, Cook S, Natelson BH. "Influence of exhaustive treadmill exercise on cognitive functioning in chronic fatigue syndrome." Am J Med. 1998 Sep 28;105(3A):59S-65S. Abstract nachzulesen auf http://www.ncbi.nlm.nih.gov/pubmed/9790484

[530] Siehe VanNess JM, Snell CR, Stevens SR, Stiles TL "Metabolic and neurocognitive responses to an exercise challenge in chronic fatigue syndrome/(CFS)", Med Sci Sports Exerc. 2007, Abstract nachzulesen auf http://www.cfs-info.com/joomla/index.php?option=com_content&task=view&id=636&Itemid=91 (Abruf 12.01.15)

[531] Siehe White AT, Light AR, Hughen RW, Bateman L, Martins TB, Hill HR, Light KC. "Severity of symptom flare after moderate exercise is linked to cytokine activity in chronic fatigue syndrome." Psychophysiology. 2010 Jul 1;47(4):615-24. doi: 10.1111/j.1469-8986.2010.00978.x. Epub 2010 Mar 4. Abstract nachzulesen auf http://www.ncbi.nlm.nih.gov/pubmed/20230500

[532] Siehe Twisk FNM, Maes M „A review on Cognitive Behavorial Therapy (CBT) and Graded Exercise Therapy (GET) in Myalgic Encephalomyelitis (ME)/Chronic Fatigue Syndrome (CFS): CBT/GET is not only ineffective and not evidence-based, but also potentially harmful for many patients with ME/CFS." Neuro Endocrinol Lett. 2009;30:284-299. Nachzulesen auf http://emerge.org.au/wp-

content/uploads/2014/09/Twisk-F.-N.-M.-and-M.-Maes-2009.-A-review-on-CBT-andGET-Neuro-Endocrinol-Lett-303-284-299.pdf (Abruf 15.06.15)

Siehe auch Cooper DM, Radom-Aizik S, Schwindt CD, Zaldivar F. "Dangerous exercise: lessons learned from dysregulated inflammatory responses to physical activity." J Appl Physiol. 2007;103:700–709. Nachzulesen auf http://jap.physiology.org/content/103/2/700.long

[533] Siehe VanNess JM, Snell CR, Stevens SR, Stiles TL "Metabolic and neurocognitive responses to an exercise challenge in chronic fatigue syndrome/(CFS)", Med Sci Sports Exerc. 2007, Abstract nachzulesen auf http://www.cfs-info.com/joomla/index.php?option=com_content&task=view&id=636&Itemid=91 (Abruf 12.01.15)

Siehe auch Vermeulen, Ruud CW and Vermeulen van Eck, Ineke WG "Decreased oxygen extraction during cardiopulmonary exercise test in patients with chronic fatigue syndrome", Journal of Translationa Medicine 2014, 12:20 doi:10.1186/1479-5876-12-20 Published: 23 January 2014, Abstract nachzulesen auf http://www.translational-medicine.com/content/12/1/20/abstract

[534] Siehe Light AR, White AT, Hughen RW, Light KC "Moderate exercise increases expression for sensory, adrenergic, and immune genes in chronic fatigue syndrome patients but not in normal subjects." J Pain. 2009;10:1099-112. Nachzulesen auf http://www.ncbi.nlm.nih.gov/pmc/articles/PMC2757484/

[535] Siehe White AT, Light AR, Hughen RW, Bateman L, Martins TB, Hill HR, Light KC. "Severity of symptom flare after moderate exercise is linked to cytokine activity in chronic fatigue syndrome." Psychophysiology. 2010 Jul 1;47(4):615-24. doi: 10.1111/j.1469-8986.2010.00978.x. Epub 2010 Mar 4. Abstract nachzulesen auf http://www.ncbi.nlm.nih.gov/pubmed/20230500

[536] Siehe Kindlon, Tom "Reporting of Harms Associated with Graded Exercise Therapy and Cognitive Behavioural Therapy in Myalgic Encephalomyelitis/Chronic Fatigue Syndrome", Bulletin of the IACFS/ME. 2011;19(2): 59-111, nachzulesen auf http://www.iacfsme.org/LinkClick.aspx?fileticket=Rd2tIJ0oHqk%3D& (Abruf 16.11.14)

Siehe z.B. auch die Untersuchung der norwegischen ME Association: Bringsli, Gunn J., Gilje, Anette and Getz Wold, Bjørn K. "THE NORWEGIAN ME ASSOCIATION NATIONAL SURVEY Abridged ENGLISH VERSION", nachzulesen auf http://me-foreningen.com/meforeningen/innhold/div/2014/05/ME-Nat-Norwegian-Survey-Abr-Eng-Ver.pdf (Abruf 16.11.14)

[537] *"Despite a short-term reduction in depression at post-treatment, the effect at long follow-up and the function improvement were not significant, with significantly high drop-out."* Zitiert aus So, Mirai, McCrone, Paul et al. "Is computerised CBT really helpful for adult depression?-A meta-analytic re-evaluation of CCBT for adult depression in terms of clinical implementation and methodological validity", BMC Psychiatry 2013, 13:113 doi:10.1186/1471-244X-13-113, nachzulesen auf http://www.biomedcentral.com/1471-244X/13/113

"On present evidence CBT is not an effective treatment strategy for prevention of relapse in bipolar disorder." Zitiert aus Lynch D, Laws KR, McKenna PJ. „Cognitive behavioural therapy for major psychiatric disorder: does it really work? A meta-analytical review of well-controlled trials." Psychol Med. 2010 Jan;40(1):9-24. doi: 10.1017/S003329170900590X. Epub 2009 May 29. Abstract nachzulesen auf http://www.ncbi.nlm.nih.gov/pubmed/19476688

"The review suggests that the specificity of CBT and IPT treatments for depression has yet to be demonstrated and details likely reasons." Zitiert aus Parker G, Fletcher K. „Treating depression with the evidence-based psychotherapies: a critique of the evidence." Acta Psychiatr Scand. 2007 May;115(5):352-9. Abstract nachzulesen auf http://www.ncbi.nlm.nih.gov/pubmed/17430412

Siehe z.B. auch Hope, Jenny "'CBT is a scam and a waste of money': Popular talking therapy is not a long-term solution, says leading psychologist", 10. November 2014, nachzulesen auf http://www.dailymail.co.uk/health/article-2828509/CBT-scam-waste-money-Popular-talking-therapy-not-long-term-solution-says-leading-psychologist.html (Abruf 16.11.14)

Siehe auch den Videobeitrag, eingestellt von Menicos Demetriou, „Does Cognitive Behavioral Therapy (CBT) really work or is it a scam?", zu sehen auf http://www.youtube.com/watch?v=Fmnw749gCp0 (Abruf 16.11.14)

Teil I Die Fakten/Kapitel VI Therapie/2 Pacing

[538] *"Managing chronic fatigue syndrome can be as complex as the illness itself.* ***There is no cure,*** *no prescription drugs have been developed specifically for CFS, and symptoms can vary a lot over time."* (H.d.A.) Zitat der CDC, nachzulesen auf http://www.cdc.gov/cfs/general/index.html (Abruf 16.11.14)

"There is no known pharmacological treatment or cure for CFS/ME." (H.d.A.) Zitat aus der britischen NICE Guideline 53, S. 18, nachzulesen auf http://www.nice.org.uk/guidance/cg53/chapter/guidance oder http://www.nice.org.uk/guidance/cg53/resources/guidance-chronic-fatigue-syndromemyalgic-encephalomyelitis-or-encephalopathy-pdf (Abruf 12.01.15)

"Currently there is no known cure." (H.d.A.) Zitiert aus Carruthers BM, van de Sande MI et al "MYALGIC ENCEPHALOMYELITIS – Adult & Paediatric: International Consensus Primer for Medical Practitioners", nachzulesen auf http://www.me-ireland.com/ICC%20primer.pdf (Abruf 16.11.14)

[539] Vgl. Goudsmit, Ellen „Pacing bei CFS: Eine Anleitung für Patienten", übersetzt von Michael Sobetzko, nachzulesen auf http://www.cfs-aktuell.de/index-Dateien/Goudsmit.pdf (Abruf 12.01.15)

[540] *„The advice that is often given to 'snap out of it' is totally misplaced and wrong. Adequate rest periods are the only way in which some degree of improvement can be assured."* Zitiert aus RAMSAY, A. MELVIN, M.A., M.D. „'Epidemic neuromyasthenia' 1955-1978", Infectious Diseases Department, Royal Free Hospital, London, Postgraduate Medical Journal (November 1978) 54, 718-721, nachzulesen auf http://pmj.bmj.com/content/54/637/718.full.pdf

[541] *"The degree of physical incapacity varies greatly, but the dominant clinical feature of profound fatigue is directly related to the length of time the patient persists in physical effort after its onset; put in another way, those patients who are given a period of enforced rest from the onset have the best prognosis."* Zitiert aus Ramsay, A. Melvin "MYALGIC ENCEPHALOMYELITIS : A Baffling Syndrome With a Tragic Aftermath." Infectious Diseases Dept, Royal Free Hospital 1986, nachzulesen auf http://meactionuk.org.uk/ramsey.html (Abruf 26.03.15)

[542] *"Those who are given complete rest from the onset do well and this was illustrated by the aforementioned three patients admitted to hospital in an unconscious state; all three recovered completely."* Zitiert aus ebd.

[543] *"A ghostly facial pallor is a well known phenomenom and this has often been detected by relatives some 30 minutes before the patient complains of being ill."* Zitiert aus ebd.

[544] Vgl. ´Bassett, Jodi "Assisting the M.E. patient in managing relapses and adrenaline surges", nachzulesen auf http://www.hfme.org/adrenalinesurgetips.htm (Abruf 12.01.15)

Teil I Die Fakten/Kapitel VI Therapie/3 Reduktion der Schadstoffbelastung

[545] Siehe Kuklinski, Bodo „Praxisrelevanz des nitrosativen Stresses", nachzulesen auf http://www.mcs-cfs-initiative.de/jhv2004_kuklinski.pdf. (Abruf 12.01.15)

Zur Rolle von Glutamat bei ME siehe auch Marco „Glutamate – one more piece in the chronic fatigue syndrome (ME/CFS) puzzle?" Nachzulesen auf http://www.cortjohnson.org/blog/2013/02/15/glutamate-one-more-piece-in-the-chronic-fatigue-syndrome-mecfs-puzzle-the-neuroinflammatory-series-pt-ii/ (Abruf 12.01.15)

[546] Zur Rolle von Kohlehydraten in der Ernährung ME-CFS-Kranker siehe Kuklinski, Bodo „Praxisrelevanz des nitrosativen Stresses", nachzulesen auf http://www.mcs-cfs-initiative.de/jhv2004_kuklinski.pdf (Abruf 12.01.15)

[547] Deckoff-Jones, Jamie "Healing in a Toxic World", Blogpost, nachzulesen auf http://www.x-rx.net/blog/2014/01/healing-in-a-toxic-world.html (Abruf 12.01.15),

Johnson, Cort „The Best Diet for Chronic Fatigue Syndrome (ME/CFS)?" Nachzulesen auf http://www.cortjohnson.org/blog/2013/03/04/the-best-diet-for-chronic-fatigue-syndrome-mecfs/ (Abruf 12.01.15)

[548] LINDEBERG, STAFFAN, MD PHD, CORDAIN, LOREN, PHD AND, EATON, S. BOYD, MD "Biological and Clinical Potential of a Palaeolithic Diet", Journal of Nutritional & Environmental Medicine (September 2003) 13(3), 149–160, nachzulesen auf http://www.direct-ms.org/pdf/EvolutionPaleolithic/Linberg%20and%20Cordain%20Potential.pdf

[549] Logan AC, Wong C. "Chronic fatigue syndrome: oxidative stress and dietary modifications." Altern Med Rev. 2001 Oct;6(5):450-9., nachzulesen auf http://www.altmedrev.com/publications/6/5/450.pdf

Siehe auch Dellwo, Adrienne „Gluten Intolerance in Fibromyalgia & Chronic Fatigue Syndrome - Is Gluten a Problem for You?" Nachzulesen auf http://chronicfatigue.about.com/od/exercisenutrition/a/Gluten-Intolerance-In-Fibromyalgia-And-Chronic-Fatigue-Syndrome.htm (Abruf 12.01.15)

[550] Fritscher-Ravens, Annette et al. "Confocal Endomicroscopy Shows Food-Associated Changes in the Intestinal Mucosa of Patients With Irritable Bowel Syndrome", Gastroenterology November 2014, Abstract nachzulesen auf http://www.gastrojournal.org/article/S0016-5085(14)00971-8/abstract

Siehe auch Müller, Thomas „Neuer Test sorgt endlich für Ruhe im Bauch", Ärzte Zeitung online 17.11.2014 auf http://www.aerztezeitung.de/medizin/krankheiten/magen_darm/default.aspx?sid=873338&cm_mmc=Newsletter-_-Newsletter-C-_-20141117-_-Magen-Darmkrankheiten (Abruf 2.06.15)

Siehe auch Galland L "The gut microbiome and the brain." J Med Food. 2014 Dec, Abstract nachzulesen auf http://www.ncbi.nlm.nih.gov/pubmed/25402818

[551] *„Mit dem Begriff* ***Malabsorption*** *(lat. Malus = schlecht, böse; absorbere = aufnehmen, aufsaugen) wird eine Verdauungsstörung bezeichnet, bei der die Aufnahme von Nährstoffen und/oder Vitaminen über den Darm in das Blutgefäßsystem beeinträchtigt ist."* Zitiert aus Pflegewiki, Stichwort „Malabsorption", nachzulesen auf http://www.pflegewiki.de/wiki/Malabsorption (Abruf 12.01.15)

[552] *„"Leaky Gut" ist ein Begriff aus dem Englischen und bedeutet übersetzt so viel wie „durchlässiger Darm". Nährstoffe, Toxine, Stoffwechselprodukte und Bakterien gelangen über die geschädigte Darmschleimhaut direkt in den Organismus und können hier Beschwerden verschiedenster Art hervorrufen."* Zitat nachzulesen auf http://leakygutsyndrom.de/ (Abruf 12.01.15)

[553] Fehlbesiedelung des Darms siehe Wikipedia, Stichwort „Darmflora", nachzulesen auf http://de.wikipedia.org/wiki/Darmflora#Fehlbesiedelung_des_Darms (Abruf 12.01.15)

[554] „Die Wirkung von Darmbakterien geht über den Verdauungstrakt hinaus", 11.06.2012, nachzulesen auf http://www.arte.tv/de/Die-Wirkung-von-Darmbakterien-geht-ueber-den-Verdauungstrakt-hinaus/6724566.html (Abruf 12.01.15)

Teil I Die Fakten/Kapitel VI Therapie/4 Supplementierung

[555] Siehe auch Prof. Dr. med. Huber, Wolfgang „Zur Diagnostik und Therapie des CFS", nachzulesen auf http://www.cfs-aktuell.de/Huber.pdf (Abruf 12.01.15)

Siehe auch Dr. Bieger, Wilfried P. „Chronic Fatigue Syndrom: Pathophysiologie, Diagnostik, Therapie", abgedruckt in „CFS-Forum", Heft 23/24-2008, Mitgliederzeitschrift des Fatigatio e.V.

Siehe auch PD Dr.med. Bieger, WP „Neuroendokrinologie der Chronischen Fatigue (CFS) Pathophysiologie, Diagnostik, Therapie", nachzulesen auf http://www.cfs-aktuell.de/Bieger%2009.pdf (Abruf 12.01.15)

Siehe auch Prof. Pall, Martin „Wie heilt man Erkrankungen mit Beteiligung des NO/ONOO-Zyklus?", nachzulesen auf http://www.martinpall.info/wp-content/uploads/2010/04/Martin-Pall-Wie-heilt-man.pdf. (Abruf 12.01.15)

Vgl. auch Friedberg, Fred et al. „Chronic Fatigue Syndrome Myalgic Encephalomyelitis – A Primer for Clinical Practioners", 2012, nachzulesen auf http://www.iacfsme.org/Portals/0/PDF/PrimerFinal3.pdf (Abruf 12.12.14)

[556] Siehe Berkovitz S et al. „Serum 25-hydroxy vitamin D levels in chronic fatigue syndrome: a retrospective survey." Int J Vitam Nutr Res. 2009 Jul; 79(4):250-4. Nachzulesen auf http://www.unboundmedicine.com/medline/citation/20209476/Serum_25_hydroxy_vitamin_D_levels_in_chronic_fatigue_syndrome:_a_retrospective_survey_

Siehe auch University of Maryland Medical Center „Vitamin D – Overview", nachzulesen auf http://umm.edu/health/medical/altmed/supplement/vitamin-d (Abruf 29.01.15)

[557] Regland B, Andersson M, Abrahamsson L, Bagby J, Dyrehag LE, Gottfries CG."Increased concentrations of homocysteine in the cerebrospinal fluid in patients with fibromyalgia and chronic fatigue syndrome". Scand J Rheumatol. 1997; 26(4):301-7. Abstract nachzulesen auf http://www.ncbi.nlm.nih.gov/pubmed/9310111

Richards, Karen Lee „The Brain Boosting and Fatigue Fighting B-12", nachzulesen auf http://www.prohealth.com/library/showarticle.cfm?libid=15118 (Abruf 12.12.14)

[558] Mikirova N, Hunninghake R. "Effect of high dose vitamin C on Epstein-Barr viral infection." Med Sci Monit. 2014 May 3;20:725-32. doi: 10.12659/MSM.890423. Abstract nachzulesen auf http://www.ncbi.nlm.nih.gov/pubmed/24793092

Siehe auch University of Maryland Medical Center „Vitamin C (Ascorbic acid) – Overview", nachzulesen auf http://umm.edu/health/medical/altmed/supplement/vitamin-c-ascorbic-acid (Abruf 29.01.15)

[559] Cox IM, Campbell MJ, Dowson D. „Red blood cell magnesium and chronic fatigue syndrome." Lancet. 1991 Mar 30;337(8744):757-60., Abstract nachzulesen auf http://www.ncbi.nlm.nih.gov/pubmed/1672392

Myhill, Sarah „Die zentrale Ursache des CFS: eine Fehlfunktion der Mitochondrien", übersetzt von Regina Clos, nachzulesen auf http://www.cfs-aktuell.de/Februar%2009%201%20korr.pdf (Abruf 12.12.14)

Myhill, Sarah „Magnesium - treating a deficiency", nachzulesen auf http://www.drmyhill.co.uk/wiki/Magnesium_-_treating_a_deficiency (Abruf 12.12.14)

University of Maryland Medical Center „Magnesium – Overview", nachzulesen auf http://umm.edu/health/medical/altmed/supplement/magnesium (Abruf 29.01.15)

Hruby, Adela, Meigs, James B., O'Donnell, Christopher J, Jacques, Paul F. and McKeown, Nicola M. „Higher magnesium intake reduces risk of impaired glucose and insulin metabolism, and progression from prediabetes to diabetes in middle-aged Americans", Diabetes Care October 2, 2013, Abstract nachzulesen auf http://care.diabetesjournals.org/content/early/2013/09/23/dc13-1397.short

Wark, Petra A, Lau, Rosa, Norat, Teresa, and Kampman, Ellen „Magnesium intake and colorectal tumor risk: a case-control study and meta-analysis" Am J Clin Nutr September 2012 ajcn.030924, Abstract nachzulesen auf http://ajcn.nutrition.org/content/early/2012/07/31/ajcn.111.030924.abstract

Dahl C et al. „Nationwide data on municipal drinking water and hip fracture: could calcium and magnesium be protective? A NOREPOS study." Bone. 2013 Nov;57(1):84-91. doi: 10.1016/j.bone.2013.06.017. Abstract nachzulesen auf http://www.ncbi.nlm.nih.gov/pubmed/23831379

Dr. Mercola „Magnesium: An Invisible Deficiency That Could Be Harming Your Health", January 19, 2015, nachzulesen auf http://articles.mercola.com/sites/articles/archive/2015/01/19/magnesium-deficiency.aspx (Abruf 29.01.15)

[560] Siehe auch Burnet, Richard B., Chatterton, Barry E., Gaffney, Robert D., Scroop Garry C. „Total Body Potassium in the Chronic Fatigue Syndrome", nachzulesen auf http://www.alfredblasi.net/documentacio/es_eng_bodypotassium.pdf

Siehe auch A.D.A.M. Medical Encyclopedia „Low potassium level", April 2013, nachzulesen auf http://www.ncbi.nlm.nih.gov/pubmedhealth/PMH0001510/

[561] Siehe Prasad AS. "Zinc: mechanisms of host defense." J Nutr. 2007 May; 137(5):1345-9. Nachzulesen auf http://www.ncbi.nlm.nih.gov/pubmed/17449604

[562] Siehe Puri BK „Long-chain polyunsaturated fatty acids and the pathophysiology of myalgic encephalomyelitis (chronic fatigue syndrome)". J Clin Pathol. 2007; 60:122-124. Nachzulesen auf http://jcp.bmjjournals.com/content/60/2/122.abstract

[563] Zu **Acetylcystein** siehe De Flora, S., Grassi, C., Carati, L. "Attenuation of influenza-like symptomatology and improvement of cell-mediated immunity with long-term N-acetylcysteine treatment", European Respiratory Journal J 1997; 10: 1535–1541 DOI: 10.1183/09031936.97.10071535, nachzulesen auf http://www.ersj.org.uk/content/10/7/1535.full.pdf

Siehe auch Flanagan RJ, Meredith TJ „Use of N-acetylcysteine in clinical toxicology." Am J Med. 1991 Sep 30;91(3C):131S-139S., Abstract nachzulesen auf http://www.ncbi.nlm.nih.gov/pubmed/1928204

Siehe auch De Flora S, Izzoti, A, Dàgostini, F, Balansky R M „ Mechanisms of *N*-acetylcysteine in the prevention of DNA damage and cancer, with special reference to smoking-related end-points" Nachzulesen auf http://carcin.oxfordjournals.org/content/22/7/999.full.pdf+html

Informationen zu **Glutathion** auf http://www.glutathion.de/ (Abruf 12.01.15)

Siehe auch Van Konynenburg, Richard A. „Die Glutathionmangel-Methylierungszyklusblockierungs-Hypothese für CFS/ME und ihre Implikationen für die Behandlung", übersetzt von Regina Clos, nachzulesen auf http://www.cfs-aktuell.de/Maerz%2009%201.pdf (Abruf 12.01.15)

Zu **Klinoptilolith-Zeolith** siehe Dr. med. Dr. med. habil. Hecht, Karl, Professor für Neurophysiologie und emeritierter Professor für experimentelle und klinische pathologische Physiologie der Humboldt-Universität (Charitè) zu Berlin „Kurzinformation zur Wirkung von Natur-Klinoptilolith-Zeolith im menschlichen Körper", nachzulesen auf http://www.rainerbartosch.de/Froximun/Studien/Kurzinformation Wirkung Klinoptilolith Prof. Hecht.pdf (Abruf 12.01.15)

[564] Die Mitochondrien sind die „Energiekraftwerke" der Zellen und bilden das energiereiche Adenosintriphosphat (ATP).

Zu den erworbenen mitochondrialen Dysfunktionen bei ME siehe z.B. Morris G, Berk M, Galecki P, Walder K, Maes M. „The Neuro-Immune Pathophysiology of Central and Peripheral Fatigue in Systemic Immune-Inflammatory and Neuro-Immune Diseases." Mol Neurobiol. 2015 Jan 20. http://www.ncbi.nlm.nih.gov/pubmed/25598355

[565] Siehe z.B. Shen W, Hao, J [...], and Liu, J „Lipoamide or lipoic acid stimulates mitochondrial biogenesis in 3T3-L1 adipocytes via the endothelial NO synthase-cGMP-protein kinase G signalling pathway." Br J Pharmacol. 2011 Mar;162(5):1213-24. doi: 10.1111/j.1476-5381.2010.01134.x. Nachzulesen auf http://www.ncbi.nlm.nih.gov/pmc/articles/PMC3051392/

Siehe auch Schreibelt, Gerty et al. "Lipoic Acid Affects Cellular Migration into the Central Nervous System and Stabilizes Blood-Brain Barrier Integrity1", The Journal of Immunology 2006 by The American Association of Immunologists, Inc, nachzulesen auf http://www.jimmunol.org/content/177/4/2630.full.pdf

Siehe auch Jariwalla RJ et al. „Restoration of blood total glutathione status and lymphocyte function following alpha-lipoic acid supplementation in patients with HIV infection." J Altern Complement Med. 2008 Mar;14(2):139-46. doi: 10.1089/acm.2006.6397. Nachzulesen auf http://www.ncbi.nlm.nih.gov/pubmed/18315507

Siehe auch Monette JS Gómez, LA[...], and Hagen, TM „(R)-α-Lipoic acid treatment restores ceramide balance in aging rat cardiac mitochondria." Pharmacol Res. 2011 Jan;63(1):23-9. doi: 10.1016/j.phrs.2010.09.007. Epub 2010 Oct 8., nachzulesen auf http://www.ncbi.nlm.nih.gov/pmc/articles/PMC3268156/

Siehe auch Bagh MB, Thakurta IG, Biswas M, Behera P, Chakrabarti S "Age-related oxidative decline of mitochondrial functions in rat brain is prevented by long term oral antioxidant supplementation." Biogerontology. 2011 Apr;12(2):119-31. doi: 10.1007/s10522-010-9301-8. Epub 2010 Sep 21. Abstract nachzulesen auf http://www.ncbi.nlm.nih.gov/pubmed/20857196

[566] *"As long as the pathogenesis of CFS is unclear, a reasonable therapeutic approach is to measure important cofactors for mitochondrial respiration (ubiquinol, NAD, L-carnitine and others) and provide individual supplements [75, 76]."* Zitiert aus Lengert, Nicor, Drossel, Barbara "In silico analysis of exercise intolerance in myalgic encephalomyelitis/chronic fatigue syndrome", Biophysical Chemestry, March 2015, Abstract nachzulesen auf http://www.ncbi.nlm.nih.gov/pubmed/25899994

Siehe auch "Effect of Ubiquinol (reduced form of Coenzyme Q10) on Chronic Fatigue Syndrome (CFS) in double-blind placebo controlled study" - Collaborative research with Osaka City University, nachzulesen auf http://www.noodls.com/view/28A1C42D9A57D9D4E1EEBA6BD04ACBD41B6BD0CF (Abruf 12.01.15)

Siehe auch z.B. Alf, Dietmar, Schmidt, Michael E and Siebrecht, Stefan C „Ubiquinol supplementation enhances peak power production in trained athletes: a double-blind, placebo controlled study", Journal of the International Society of Sports Nutrition 2013, 10:24 doi:10.1186/1550-2783-10-24, nachzulesen auf http://www.jissn.com/content/10/1/24/#ins3

Siehe auch University of Maryland Medical Center „Coenzyme Q10 – Overview", nachzulesen auf http://umm.edu/health/medical/altmed/supplement/coenzyme-q10 (Abruf 29.01.15)

[567] Zur Behandlung verschiedener Krankheitsbilder mit Taurin siehe auch http://www.wirkstofflexikon.com/data/de/Taurin.html (Abruf 12.01.15)

[568] Siehe Ahsan H, Parveen N, Khan NU, Hadi SM „Pro-oxidant, anti-oxidant and cleavage activities on DNA of curcumin and its derivatives demethoxycurcumin and bisdemethoxycurcumin." Chem Biol Interact. 1999 Jul 1;121(2):161-75. Nachzulesen auf http://www.ncbi.nlm.nih.gov/pubmed/10418962/

Siehe auch Si X, Wang Y „Dysregulation of the ubiquitin-proteasome system by curcumin suppresses coxsackievirus B3 replication." J Virol. Apr 2007; 81(7): 3142–3150. Nachzulesen auf http://www.ncbi.nlm.nih.gov/pmc/articles/PMC1866032/

Siehe auch Dutta S, Padhye S, Priyadarsini KI, Newton C „Antioxidant and antiproliferative activity of curcumin semicarbazone." Bioorg Med Chem Lett. 2005 Jun 2;15(11):2738-44.Nachzulesen auf http://www.ncbi.nlm.nih.gov/pubmed/15878268

Siehe auch Quiles JL , Mesa MD, Ramírez-Tortosa CL, Aguilera CM, Battino M, Gil A, Ramírez-Tortosa MC „Curcuma longa extract supplementation reduces oxidative stress and attenuates aortic fatty streak development in rabbits." Arterioscler Thromb Vasc Biol. 2002 Jul 1;22(7):1225-31.Nachzulesen auf http://www.ncbi.nlm.nih.gov/pubmed/12117742

[569] Siehe den Übersichtsartikel von Morris, Gerwyn und Maes, Michael „Mitochondrial dysfunctions in Myalgic Encephalomyelitis/chronic fatigue syndrome explained by activated immuno-inflammatory, oxidative and nitrosative stress pathways", Metabolic Brain Disease September 2013, Abstract nachzulesen auf http://link.springer.com/article/10.1007%2Fs11011-013-9435-x

Siehe auch den Übersichtsartikel von Filler, Kristin et al. "Association of mitochondrial dysfunction and fatigue: A review of the literature", BBA Clinical Volume 1, June 2014, Pages 12–23 nachzulesen auf http://www.sciencedirect.com/science/article/pii/S221464741400004X

Siehe auch Wong R et al. „Skeletal muscle metabolism in the chronic fatigue syndrome. In vivo assessment by 31P nuclear magnetic resonance spectroscopy." Chest. 1992 Dec;102(6):1716-22. Nachzulesen auf http://www.ncbi.nlm.nih.gov/pubmed/1446478

Siehe auch Behan WM, More IA, Behan PO „Mitochondrial abnormalities in the postviral fatigue syndrome." Acta Neuropathol. 1991;83(1):61-5. Nachzulesen auf http://www.ncbi.nlm.nih.gov/pubmed/1792865

Siehe auch Myhill, Sarah „Die zentrale Ursache des CFS: eine Fehlfunktion der Mitochondrien", übersetzt von Regina Clos, nachzulesen auf http://www.cfs-aktuell.de/Februar%2009%201%20korr.pdf (Abruf 12.12.14)

Siehe auch Myhill, Sarah, Booth, Norman E., McLaren-Howard, John "Chronic fatigue syndrome and mitochondrial dysfunction", Int J Clin Exp Med (2009) 2, 1-16, nachzulesen auf http://www.ijcem.com/files/IJCEM812001.pdf

Siehe auch Wilhelmina M, Holt, J, Kay, David H, Moonic, Pamela „In vitro Study of Muscle Aerobic Metabolism in Chronic Fatigue Syndrome", Journal of Chronic Fatigue Syndrome, Vol. 5(1) 1999, nachzulesen auf http://www.ncf-net.org/library/behan2.htm (Abruf 12.12.14)

[570] *"One effort to shorten the recovery time is to enhance the de novo synthesis rate by providing a higher concentration of D-ribose [60], which also proved to be beneficial as supplements to CFS patients [73]."* Zitiert aus Lengert, Nicor, Drossel, Barbara "In silico analysis of exercise intolerance in myalgic encephalomyelitis/chronic fatigue

syndrome", Biophysical Chemestry, March 2015, Abstract nachzulesen auf http://www.ncbi.nlm.nih.gov/pubmed/25899994

Teitelbaum JE, Johnson C, St Cyr J "The use of D-ribose in chronic fatigue syndrome and fibromyalgia: a pilot study." J Altern Complement Med 12 (9): 857–62. Abstract nachzulesen auf http://www.ncbi.nlm.nih.gov/pubmed/17109576

Siehe auch Plim W, von Arnim T, Stäblein A, Hofmann H, Zimmer HG, Erdmann E "Effects of ribose on exercise-induced ischaemia in stable coronary artery disease." Lancet. 1992 Aug 29;340(8818):507-10. Abstract nachzulesen auf http://www.ncbi.nlm.nih.gov/pubmed/1354276

Siehe auch MacCarter, D.J., Shecterle, L.M., St. Cyr, J.A. „D-Ribose Benefits COPD", The Internet Journal of Pulmonary Medicine. 2007 Volume 7 Number 2. DOI: 10.5580/1dc0, nachzulesen auf http://archive.ispub.com/journal/the-internet-journal-of-pulmonary-medicine/volume-7-number-2/d-ribose-benefits-copd.html#sthash.cFnxypfG.dpbs

571 *"As long as the pathogenesis of CFS is unclear, a reasonable therapeutic approach is to measure important cofactors for mitochondrial respiration (ubiquinol, NAD, L-carnitine and others) and provide individual supplements [75, 76]."* Zitiert aus Lengert, Nicor, Drossel, Barbara "In silico analysis of exercise intolerance in myalgic encephalomyelitis/chronic fatigue syndrome", Biophysical Chemestry, March 2015, Abstract nachzulesen auf http://www.ncbi.nlm.nih.gov/pubmed/25899994

Forsyth LM, Preuss HG, MacDowell AL, Chiazze L Jr, Birkmayer GD, Bellanti JA „Therapeutic effects of oral NADH on the symptoms of patients with chronic fatigue syndrome." Ann Allergy Asthma Immunol. 1999 Feb;82(2):185-91. Abstract nachzulesen auf http://www.ncbi.nlm.nih.gov/pubmed/10071523

572 Puri BK "The use of eicosapentaenoic acid in the treatment of chronic fatigue syndrome." Prostaglandins Leukot Essent Fatty Acids 2004 Apr; 70(4):399-401. Nachzulesen auf http://www.ncbi.nlm.nih.gov/pubmed/15041033

573 Michael-Titus, Adina, Professor of Neuroscience at Barts and The London Medical School and lead of the Neurotrauma and Neurodegeneration group in the Centre for Neuroscience and Trauma, Queen Mary, University of London. "Omega-3 Fatty Acids could prevent and treat Nerve Damage, Research suggests", 2012, nachzulesen auf http://www.qmul.ac.uk/media/news/items/smd/61746.html (Abruf 12.01.15)

574 *"As long as the pathogenesis of CFS is unclear, a reasonable therapeutic approach is to measure important cofactors for mitochondrial respiration (ubiquinol, NAD, L-carnitine and others) and provide individual supplements [75, 76]."* Zitiert aus Lengert, Nicor, Drossel, Barbara "In silico analysis of exercise intolerance in myalgic encephalomyelitis/chronic fatigue syndrome", Biophysical Chemestry, March 2015, Abstract nachzulesen auf http://www.ncbi.nlm.nih.gov/pubmed/25899994

Vermeulen RC, Scholte HR „Exploratory open label, randomized study of acetyl- and propionylcarnitine in chronic fatigue syndrome." Psychosom Med. 2004 Mar-Apr;66(2):276-82., Abstract nachzulesen auf http://www.ncbi.nlm.nih.gov/pubmed/15039515

Inazu M, Matsumiya T "Physiological functions of carnitine and carnitine transporters in the central nervous system." Nihon Shinkei Seishin Yakurigaku Zasshi. 2008 Jun;28(3):113-20. Abstract nachzulesen auf http://www.ncbi.nlm.nih.gov/pubmed/18646596

University of Maryland Medical Center „Carnitine (L-carnitine) – Overview", nachzulesen auf http://umm.edu/health/medical/altmed/supplement/carnitine-lcarnitine (Abruf 29.01.15)

[575] Kuratsune H, Watanabe Y et al. „Brain regions involved in fatigue sensation: reduced acetylcarnitine uptake into the brain." Neuroimage. 2002 Nov;17(3):1256-65., nachzulesen auf http://www.ncbi.nlm.nih.gov/pubmed/12414265

Kuratsune H „Acylcarnitine deficiency in chronic fatigue syndrome." Clin Infect Dis. 1994 Jan;18 Suppl 1:S62-7., Abstract nachzulesen auf http://www.ncbi.nlm.nih.gov/pubmed/8148455

Myhill, Sarah „Die zentrale Ursache des CFS: eine Fehlfunktion der Mitochondrien", übersetzt von Regina Clos, nachzulesen auf http://www.cfs-aktuell.de/Februar%2009%201%20korr.pdf (Abruf 12.12.14)

[576] Myhill, Sarah „Magnesium - treating a deficiency", nachzulesen auf http://www.drmyhill.co.uk/wiki/Magnesium_-_treating_a_deficiency (Abruf 12.12.14)

Cox IM, Campbell MJ, Dowson D. „Red blood cell magnesium and chronic fatigue syndrome." Lancet. 1991 Mar 30;337(8744):757-60. Abstract nachzulesen auf http://www.ncbi.nlm.nih.gov/pubmed/1672392

Myhill, Sarah „Die zentrale Ursache des CFS: eine Fehlfunktion der Mitochondrien", übersetzt von Regina Clos, nachzulesen auf http://www.cfs-aktuell.de/Februar%2009%201%20korr.pdf (Abruf 12.12.14)

[577] Shen W et al. „Lipoamide or lipoic acid stimulates mitochondrial biogenesis in 3T3-L1 adipocytes via the endothelial NO synthase-cGMP-protein kinase G signalling pathway." Br J Pharmacol. 2011 Mar;162(5):1213-24. doi: 10.1111/j.1476-5381.2010.01134.x. Nachzulesen auf http://www.ncbi.nlm.nih.gov/pmc/articles/PMC3051392/

Siehe auch Monette JS et al. „(R)-α-Lipoic acid treatment restores ceramide balance in aging rat cardiac mitochondria." Pharmacol Res. 2011 Jan;63(1):23-9. doi: 10.1016/j.phrs.2010.09.007. Epub 2010 Oct 8., nachzulesen auf http://www.ncbi.nlm.nih.gov/pmc/articles/PMC3268156/

[578] Siehe Myhill, Sarah, Booth, Norman E, and McLaren-Howard, John „Targeting mitochondrial dysfunction in the treatment of Myalgic Encephalomyelitis/Chronic Fatigue Syndrome (ME/CFS) - a clinical audit", International Journal of Clinical and Experimental Medicine, 2013, nachzulesen auf http://www.ncbi.nlm.nih.gov/pmc/articles/PMC3515971/#!po=32.3529

Siehe auch Turner MR, Talbot K „Functional vitamin B12 deficiency." Pract Neurol. 2009 Feb;9(1):37-41. doi: 10.1136/jnnp.2008.161968. Abstract nachzulesen auf http://www.ncbi.nlm.nih.gov/pubmed/19151237

University of Maryland Medical Center „Vitamin B 12 (cobalamin) – Overview", nachzulesen auf http://umm.edu/health/medical/altmed/supplement/vitamin-b12-cobalamin (Abruf 29.01.15)

[579] Siehe Badawy AA, Morgan CJ, Llewelyn MB, Albuquerque SR, Farmer A „Heterogeneity of serum tryptophan concentration and availability to the brain in patients with the chronic fatigue syndrome." J Psychopharmacol. 2005 Jul;19(4):385-91, Abstract nachzulesen auf http://www.ncbi.nlm.nih.gov/pubmed/15982993?dopt=AbstractPlus

[580] Siehe Lieberman HR, Corkin S, Spring BJ, Growdon JH, Wurtman RJ.„Mood, performance, and pain sensitivity: changes induced by food constituents." J Psychiatr Res. 1982-1983;17(2):135-45. Abstract nachzulesen auf http://www.ncbi.nlm.nih.gov/pubmed/6764930?dopt=Abstract

Siehe auch Shpeen SE Morse DR, Furst ML "The effect of tryptophan on postoperativ endodontic pain." Oral Surg Oral Med Oral Pathol. 1984 Oct;58(4):446-9. Abstract nachzulesen auf http://www.ncbi.nlm.nih.gov/pubmed?cmd=Search&term=the%20effect%20of%20l-

tryptophan%20on%20postoperative%20endodontic%20pain.&tool=fuzzy&ot=The%20effect%20of%20L-TryptopSiehehan%20on%20post-operative%20endodontic%20pain.

Siehe auch Seltzer S, Dewart D, Pollack RL, Jackson E "The effects of dietary tryptophan on chronic maxillofacial pain and experimental pain tolerance." J Psychiatr Res. 1982-1983;17(2):181-6., Abstract nachzulesen auf http://www.ncbi.nlm.nih.gov/pubmed/6764935?dopt=AbstractPlus

[581] Siehe Shaw, Kelly A, Turner, Jane, Del Mar, Chris „Tryptophan and 5-Hydroxytryptophan for depression", The Cochrane Library, Abstract nachzulesen auf http://onlinelibrary.wiley.com/doi/10.1002/14651858.CD003198/abstract;jsessionid=D545F1E4CD8E7AF7B931313921869F55.f03t01

[582] Siehe Jangid P, Malik P, Singh P, Sharma M, Gulia AK„Comparative study of efficacy of l-5-hydroxytryptophan and fluoxetine in patients presenting with first depressive episode." Asian J Psychiatr. 2013 Feb;6(1):29-34. doi: 10.1016/j.ajp.2012.05.011. Epub 2012 Jul 12. Abstract nachzulesen auf http://www.ncbi.nlm.nih.gov/pubmed/23380314

[583] Siehe auch Agency for Healthcare Research and Quality, Evidence Report/Technology Assessment "S-Adenosyl-L-Methionine for Treatment of Depression, Osteoarthritis, and Liver Disease", Summary, nachzulesen auf http://archive.ahrq.gov/clinic/epcsums/samesum.pdf (Abruf 12.01.15)

Siehe auch Goldberg, Ivan „S-adenosyl-L-methionine as an Antidepressant", Psychiatry Res 1995 Apr 28;56(3):295-7, nachzulesen auf http://www.psycom.net/depression.central.same.html

[584] University of Maryland Medical Center "Melatonin-Overview", nachzulesen auf http://www.umm.edu/altmed/articles/melatonin-000315.htm (Abruf 12.01.15)

[585] Siehe Miano S "Melatonin to prevent migraine or tension-type headache in children." Neurol Sci. 2008 Sep;29(4):285-7. doi: 10.1007/s10072-008-0983-5. Epub 2008 Sep 20., Abstract nachzulesen auf http://www.ncbi.nlm.nih.gov/pubmed/18810607

[586] Informationen laut Dr. Schmiedel, Volker, Habichtswaldklinik, nachzulesen auf http://www.ganzheits-medizin.de/dhea/ (Abruf 12.01.15)

[587] *"Early intervention and appropriate treatment strategies may lessen severity of symptoms."* Zitiert aus Carruthers BM, van de Sande MI et al. "MYALGIC ENCEPHALOMYELITIS – Adult & Paediatric: International Consensus Primer for Medical Practitioners", nachzulesen auf http://www.me-ireland.com/ICC%20primer.pdf (Abruf 26.11.14)

[588] Siehe Moreno LA, Valtueña J, Pérez-López F, González-Gross M. "Health effects related to low vitamin D concentrations: beyond bone metabolism." Ann Nutr Metab. 2011; 59(1):22-7. Nachzulesen auf https://www.ncbi.nlm.nih.gov/m/pubmed/22123633/?i=26&from=/19875748/related

Siehe auch Lappe JM, Travers-Gustafson D, Davies KM, Recker RR, Heaney RP. „Vitamin D and calcium supplementation reduces cancer risk: results of a randomized trial." Am J Clin Nutr. 2007 Jun;85(6):1586-91. Abstract nachzulesen auf http://www.ncbi.nlm.nih.gov/pubmed/17556697

Siehe auch „Vitamin D can help prevent hypertension"; MNT Article Date: 15 Jun 2013-07-08, nachzulesen auf http://www.medicalnewstoday.com/articles/262007.php (Abruf 12.01.15)

Siehe auch z.B. Dermatologie-Professor Reichart, Jörg, Mitglied der Arbeitsgruppe Vitamin D der Deutschen Gesellschaft für Ernährung, http://www.spiegel.de/gesundheit/diagnose/vitamin-d-mangel-wie-man-sich-schuetzen-kann-und-was-fuer-folgen-drohen-a-870828.html (Abruf 12.01.15)

Siehe auch Gasnier, Barbara C. H. „Einfluß einer Selen-Substitution auf den Verlauf einer Autoimmunthyreoiditis: Eine prospektiv-randomisierte klinische Studie." Dissertation, LMU München: Medizinische Fakultät, (2002), nachzulesen auf http://edoc.ub.uni-muenchen.de/751/ (Abruf 12.01.15)

Siehe auch Hagel AF „Intravenous infusion of ascorbic acid decreases serum histamine concentrations in patients with allergic and non-allergic diseases." Naunyn Schmiedebergs Arch Pharmacol. 2013 Sep;386(9):789-93. doi: 10.1007/s00210-013-0880-1. Epub 2013 May 11. Abstract nachzulesen auf http://www.ncbi.nlm.nih.gov/pubmed/23666445

Siehe auch Costantini A, Pala MI, Tundo S, Matteucci P. "High-dose thiamine improves the symptoms of fibromyalgia." BMJ Case Rep. 2013 May 20;2013. pii: bcr2013009019. doi: 10.1136/bcr-2013-009019., Abstract nachzulesen auf http://www.ncbi.nlm.nih.gov/pubmed/23696141

Siehe auch Miller JW et al. „Homocysteine, cysteine, and risk of incident colorectal cancer in the Women's Health Initiative observational cohort." Am J Clin Nutr. 2013 Apr;97(4):827-34. doi: 10.3945/ajcn.112.049932. Epub 2013 Feb 20., http://www.ncbi.nlm.nih.gov/pubmed/23426034

[589] „Verwendung von Mineralstoffen in Lebensmitteln - Toxikologische und ernährungsphysiologische Aspekte, Teil I" nachzulesen auf http://www.bfr.bund.de/cm/350/verwendung_von_vitaminen_in_lebensmitteln.pdf und „Verwendung von Mineralstoffen in Lebensmitteln - Toxikologische und ernährungsphysiologische Aspekte, Teil II" nachzulesen auf http://www.bfr.bund.de/cm/350/verwendung_von_mineralstoffen_in_lebensmitteln_bfr_wissenschaft_4_2004.pdf (Abruf 12.01.15)

Teil I Die Fakten/Kapitel VI Therapie/5 GcMAF

[590] Prof. Dr. de Meirleir, Kenny auf https://www.youtube.com/watch?v=3Kqi9xKyqFk (Abruf 12.01.15) und CFS Patient Advocate „Mt. Sinai ME/CFS conference - De Meirleir lecture" auf http://cfspatientadvocate.blogspot.de/2011/11/mt-sinai-mecfs-conference-de-meirleir.html (Abruf 12.01.15)

[591] Dr. Bieger, Wilfried P. auf http://www.youtube.com/watch?v=jKSUpv-ZUTE und http://www.youtube.com/watch?v=JydR3gJ11Xc (Abruf 12.01.15)

Teil I Die Fakten/Kapitel VI Therapie/6 Oxymatrine

[592] Chia, John K S u. Chia, Andrew Y "Chronic fatigue syndrome is associated with chronic enterovirus infection of the stomach", J Clin Pathol 2007;0:1–6. doi: 10.1136/jcp.2007.050054, nachzulesen auf http://www.enterovirusfoundation.org/pdfs/research/CFS-is-associated-with-CEI-of-stomach.pdf. (Abruf 12.01.15)

[593] Johnson, Cort „Dr. Chia Produces Herbal Immunmodulator – Oxymatrine", August 2009, nachzulesen auf http://phoenixrising.me/archives/814 (Abruf 12.01.15)

Teil I Die Fakten/Kapitel VI Therapie/7 Low Dose Naltrexone (LDN)

[594] Younger, Jarred, Parkitny, Luke, and McLain, David „The use of low-dose naltrexone (LDN) as a novel anti-inflammatory treatment for chronic pain", Clin Rheumatol. 2014; 33: 451–459. Published online Feb 15, 2014. doi: 10.1007/s10067-014-2517-2 nachzulesen auf http://www.ncbi.nlm.nih.gov/pmc/articles/PMC3962576/#!po=8.92857

[595] Pies, Josef „LDN, Niedrig dosiertes Naltrexon-eine vielversprechende Therapie bei MS, Morbus Crohn, HIV, Krebs, Autismus, CFS und anderen Autoimmun- und neurodegenerativen Erkrankungen", VAK Verlag, Kirchzarten bei Freiburg 2010

Teil I Die Fakten/Kapitel VI Therapie/8 Hydrocortison und Fludrocortison

[596] Wenn der rasche Wechsel von liegender zu stehender Position einen vorübergehenden Blutdruckabfall zur Folge hat und massive Beschwerden wie starken Schwindel, Herzklopfen, Zittern etc. verursacht, wird er als Orthostatische Hypotension bezeichnet.

Zur Medikation vgl. auch Friedberg, Fred et al. „Chronic Fatigue Syndrome Myalgic Encephalomyelitis – A Primer for Clinical Practioners", 2012, nachzulesen auf http://www.iacfsme.org/Portals/0/PDF/PrimerFinal3.pdf (Abruf 12.12.14)

Teil I Die Fakten/Kapitel VI Therapie/9 Immunglobuline

[597] Lloyd A, Hickie I, Wakefield D, Boughton C, Dwyer J. "A double-blind, placebo-controlled trial of intravenous immunoglobulin therapy in patients with chronic fatigue syndrome", AM J Med. 1990;89(5):561-568. Nachzulesen auf http://www.ncbi.nlm.nih.gov/pubmed?cmd=Search&term=Am+J+Med%5BJour%5D+AND+89%5BVolume%5D+AND+561%5Bpage%5D
[598] Kerr, J.R., Cunniffe, V.S., Kelleher, P., Bernstein, R.M., and Bruce, I.N. "Successful Intravenous Immunoglobulin Therapy in 3 Cases of Parvovirus B19–Associated Chronic Fatigue Syndrome", nachzulesen auf http://cid.oxfordjournals.org/content/36/9/e100.full.pdf
[599] Siehe das Interview mit Dr. Nigel Speight auf http://www.youtube.com/watch?v=1tWPzdmSKGE&feature=youtu.be (Abruf 16.12.14) Verschriftlicht in der deutschen Übersetzung von Regina Clos nachzulesen auf http://www.cfs-aktuell.de/februar14_1.htm (Abruf 16.12.14)
[600] Attard L et al. „Paradoxical response to intravenous immunoglobulin in a case of Parvovirus B19-associated chronic fatigue syndrome." J Clin Virol. 2015 Jan;62:54-7. doi: 10.1016/j.jcv.2014.11.021. Epub 2014 Nov 22, Abstract nachzulesen auf http://www.ncbi.nlm.nih.gov/pubmed/25542471
[601] Schmitt, Peter-Philipp „Lebenselixier vom Tropf", FAS vom 31. Aug. 2014.
Siehe auch Zinkant, Kathrin „Kein Supermittel gegen Ebola", sueddeutsche.de, 29. Aug. 2014, nachzulesen auf http://www.sueddeutsche.de/gesundheit/forschung-zu-ebola-kein-supermittel-gegen-ebola-1.2109927 (Abruf 12.01.15)
[602] *"Sixty cases were transfused. Fifty-five of them were unquestionably improved within 24 hours. Five (8.3 percent) were very much worse in a similar length of time."* Zitiert aus BOWER, G., MEALS, R.W., BIGLER, MARY, EWING, JOHN, AND HAUSER, VERNON "Clinical Features of Poliomyelitis in Los Angeles", American Journal of Public Health 1934, S. 1212, nachzulesen auf http://ajph.aphapublications.org/doi/pdf/10.2105/AJPH.24.12.1210

Teil I Die Fakten/Kapitel VI Therapie/10 Ampligen

[603] Strayer DR et al. „A controlled clinical trial with a specifically configured RNA drug, poly(I).poly(C12U), in chronic fatigue syn-drome." Clin Infect Dis. 1994 Jan; 18 Suppl 1:S88-95. Nachzulesen auf http://www.ncbi.nlm.nih.gov/pubmed/8148460 Strayer DR et al. „A double-blind, placebo-controlled, randomized, clinical trial of the TLR-3 agonist rintatolimod in severe cases of chronic fatigue syndrome." PLoS ONE 2012; 7(3):e31334. doi:10.1371/journal.pone.0031334, Nachzulesen auf http://www.plosone.org/article/info:doi%2F10.1371%2Fjournal.pone.0031334
[604] Siehe Klimas, Nancy, ME-Forscherin und Klinikerin auf http://www.news-medical.net/news/20130125/Effective-therapy-needed-for-chronic-fatigue-syndrome-patients.aspx (Abruf 12.01.15)

Teil I Die Fakten/Kapitel VI Therapie/11 Therapeutische Apherese

[605] Siehe Straube, Richard, Donate, Hans-Peter „Die Doppelmembranfiltrationsapherese als Behandlungsoption bei Erkrankungen aus der Umweltmedizin", umwelt-medizin-gesellschaft 23 1/2010, nachzulesen auf http://www.umg-verlag.de/umwelt-medizin-gesellschaft/110_sd1.pdf (Abruf 12.01.15)
Siehe auch DocCheckFlexikon, Stichwort „Plasmapherese" auf http://flexikon.doccheck.com/de/Plasmapherese (Abruf 12.01.15)
Siehe auch DocMedicus, Stichwort „Plasmapherese (Plasmaaustausch) Detoxikationsverfahren" auf http://www.gesundheits-lexikon.com/Therapie/Detoxikationsverfahren/Plasmapherese-Plasmaaustausch-.html (Abruf 12.01.15)
Siehe auch Wikipedia, Stichwort „Apherese" auf http://de.wikipedia.org/wiki/Apherese (Abruf 12.01.15)
oder Stichwort „Plasmapherese" auf http://de.wikipedia.org/wiki/Plasmapherese (Abruf 12.01.15)

Teil I Die Fakten/Kapitel VI Therapie/12 Antivirale Therapien

[606] Kogelnik AM, Loomis K, Hoegh-Petersen M, Rosso F, Hischier C, Montoya JG. "Use of valganciclovir in patients with elevated antibody titers against Human Herpesvirus-6 (HHV-6) and Epstein-Barr Virus (EBV) who were experiencing central nervous system dysfunction including long-standing fatigue." J Clin Virol. 2006 Dec;37 Suppl 1:S33-8. Abstract nachzulesen auf http://www.ncbi.nlm.nih.gov/pubmed/17276366

Siehe auch Watt T, Montoya JG et al. "Response to valganciclovir in chronic fatigue syndrome patients with human herpesvirus 6 and Epstein-Barr virus IgG antibody titers." J Med Virol. 2012 Dec;84(12):1967-74. doi: 10.1002/jmv.23411. Abstract nachzulesen auf http://www.ncbi.nlm.nih.gov/pubmed/23080504

Montoya JG et al. „Randomized clinical trial to evaluate the efficacy and safety of valganciclovir in a subset of patients with chronic fatigue syndrome." J Med Virol. 2013 Dec;85(12):2101-9. doi: 10.1002/jmv.23713. Epub 2013 Aug 19. Abstract nachzulesen auf http://www.ncbi.nlm.nih.gov/pubmed/23959519

Siehe auch Lerner, A Martin, Beqaj, Safedin, Fitzgerald, James T et al "Subset-directed antiviral treatment of 142 herpesvirus patients with chronic fatigue syndrome", Dove Press May 2010 Volume 2010:2 Pages 47—57, Abstract nachzulesen auf http://www.dovepress.com/subset-directed-antiviral-treatment-of-142-herpesvirus-patients-with-c-peer-reviewed-article-VAAT (Abruf 12.01.15)

Siehe auch Lerner AM et al. „A small, randomized, placebo-controlled trial of the use of antiviral therapy for patients with chronic fatigue syndrome." Clin Infect Dis.2001 Jun 1;32(11):1657-8., nachzulesen auf http://www.ncbi.nlm.nih.gov/pubmed/11340544

Siehe auch Lerner, A. Martin „ME/CFS Treatment Resource Guide for Practitioners", Beaumont Health System, Treatment Center for Chronic Fatigue Syndrome, nachzulesen auf http://www.treatmentcenterforcfs.com/documents/MECFSTreatmentResourceGuideforPractitioners.pdf (Abruf 12.01.15)

Siehe auch HHV-6 Foundation „Valganciclovir shows effectiveness during first randomized clinical trial for treatment of HHV-6 & EBV in CFS patients", August 2013, nachzulesen auf http://hhv-6foundation.org/news/valganciclovir-shows-effectiveness-during-first-randomized-clinical-trial-for-treatment-of-hhv-6-ebv-in-cfs-patients (Abruf 12.01.15)

Siehe auch Pantry SN „Persistent human herpesvirus-6 infection in patients with an inherited form of the virus." J Med Virol. 2013 Nov;85(11):1940-6. Nachzulesen auf http://www.ncbi.nlm.nih.gov/pubmed/23893753

Teil I Die Fakten/Kapitel VI Therapie/13 Rituximab

[607] Fluge, Øystein, Mella, Olav et al. „Benefit from B-lymphocyte depletion using the anti-CD20 antibody rituximab in chronic fatigue syndrome. A double-blind and placebo-controlled study." PLoS ONE 2011; 6(10):e26358. Nachzulesen auf http://www.plosone.org/article/info%3Adoi%2F10.1371%2Fjournal.pone.0026358

Siehe auch Fluge Ø, Risa K, Lunde S, Alme K, Rekeland IG, Sapkota D, et al. „B-Lymphocyte Depletion in Myalgic Encephalopathy/ Chronic Fatigue Syndrome. An Open-Label Phase II Study with Rituximab Maintenance Treatment." PLoS ONE 2015, nachzulesen auf http://journals.plos.org/plosone/article?id=10.1371%2Fjournal.pone.0129898

[608] Scheibenbogen, Carmen „Rituximab in der Behandlung des ME/CFS", Vortrag am 22.9.12 in Dortmund, Bericht von Regina Clos, nachzulesen auf http://www.cfs-aktuell.de/november12_1.htm (Abruf 12.01.15)

[609] Siehe den Vortrag von Dr. Baumgarten-Austrheim, Barbara, ehemals Leiterin des ME/CFS-Zentrums der Universitätsklinik Oslo, am 3.Nov.2012 im Universitätsspital Zürich auf http://verein-me-cfs.ch/2012-03-23-20-28-17/aktuell/170-rituximab-forschung-in-norwegen (Abruf 12.01.15)

[610] Siehe Scheibenbogen, Carmen „Rituximab in der Behandlung des ME/CFS", Vortrag am 22.9.12 in Dortmund, Bericht von Regina Clos, nachzulesen auf http://www.cfs-aktuell.de/november12_1.htm (Abruf 12.01.15)

Siehe auch Wikipedia, Stichwort „Plasmapherese" auf http://de.wikipedia.org/wiki/Plasmapherese (Abruf 12.01.15) oder DocCheckFlexikon, Stichwort „Plasmapherese" auf http://flexikon.doccheck.com/de/Plasmapherese (Abruf 12.01.15) oder DocMedicus, Stichwort „Plasmapherese (Plasmaaustausch) Detoxikationsverfahren" auf http://www.gesundheits-lexikon.com/Therapie/Detoxikationsverfahren/Plasmapherese-Plasmaaustausch-.html (Abruf 12.01.15)

[611] *„Die progressive multifokale Leukenzephalopathie (PML) ist eine Erkrankung des Zentralen Nervensystems (ZNS), die durch das zur Gattung der Polyomaviren gehörende JC-Virus verursacht wird. Der Name des Virus leitet sich von den Initialen des Patienten ab, bei dem es erstmals isoliert wurde.[1] Die Erkrankung kommt fast ausschließlich bei schwer abwehrgeschwächten Personen vor. Es handelt sich um eine akute, progrediente Krankheit, bei der zahlreiche funktionelle Veränderungen des Nervensystems, beispielsweise motorische und kognitive Störungen, auftreten können. […] Die Prognose ist gegenwärtig schlecht. Wenn es nicht gelingt, die Funktion des Immunsystems adäquat zu verbessern, führt die PML innerhalb von durchschnittlich 3 bis 20 Monaten zum Tod."* Zitiert aus Wikipedia, Stichwort „Progressive multifokale Leukenzephalopathie", nachzulesen auf http://de.wikipedia.org/wiki/Progressive_multifokale_Leukenzephalopathie (Abruf 12.01.15)

[612] *„Significantly, CD20 cells are targeted by the humanized monoclonal antibody Rituximab, which has shown some clinical benefit in a small trial of CFS patients in Norway [47]. It is important to note again the heterogeneity of patients with the diagnosis of CFS. Given that serious adverse events such as the development of progressive multifocal leukoencephalopathy (PML) through reactivation of the JC virus can occur with B cell depletion and immune suppressive strategies such as Rituximab, immune profiling of patient populations revealing increased numbers of the target cells could predict responders and risk/benefit. As profiling technologies are being used in CFS, it is clear that different patient cohorts with the diagnosis of CFS have patients without this increase in CD20+ B cells and thus would not be candidates for Rituximab therapy [48]."* Zitiert aus Goetz, Deborah L. S., Mikovits, Judy A., Deckoff-Jones, Jamie and Ruscetti, Francis W. „INNATE IMMUNE CHANGES IN THE PERIPHERAL BLOOD OF CHRONIC FATIGUE SYNDROME PATIENTS: RISK FACTORS FOR DISEASE PROGRESSION AND MANAGEMENT", Chapter VI (pp. 91-130) in "Chronic Fatigue Syndrome",

Nova Science Publishers, Inc. 2014, ISBN: 978-1-63321-961-8, Abstract und Volltext auf https://www.novapublishers.com/catalog/product_info.php?products_id=52282

[613] „Rituximab bei CFS?" Im Gespräch Dr. Judy Mikovits, Carlsbad, CA, USA, PD. Dr. Wilfried Bieger, München, Prof. Dr. M. Kramer, Heidelberg https://www.youtube.com/watch?v=kDOzCAp813c&feature=em-uploademail (Abruf 23.03.15)

[614] Fluge, Øystein, Mella, Olav et al. „Benefit from B-lymphocyte depletion using the anti-CD20 antibody rituximab in chronic fatigue syndrome. A double-blind and placebo-controlled study." PLoS ONE 2011; 6(10):e26358. Nachzulesen auf http://www.plosone.org/article/info%3Adoi%2F10.1371%2Fjournal.pone.0026358

Teil I Die Fakten/Kapitel VI Therapie/14 Die Behandlung Schwerkranker

[615] Der CMO-Report (CMO = Chief Medical Officer des Britischen Gesundheitsministeriums) aus dem Jahr 2002 schätzt den Anteil der Schwerkranken auf 25%, siehe S. 8 u. S. 27f, nachzulesen auf http://webarchive.nationalarchives.gov.uk/20130107105354/http://www.dh.gov.uk/prod_consum_dh/groups/dh_digitalassets/@dh/@en/documents/digitalasset/dh_4064945.pdf (Abruf 25.11.14)

[616] DEGAM = Deutsche Gesellschaft für Allgemeinmedizin und Familienmedizin. Die von der DEGAM herausgegebenen Leitlinien instruieren Hausärzte und Allgemeinmediziner bezüglich Diagnostik und Therapie diverser Krankheitsbilder. *„Ziel ist die Verbesserung der Versorgungsqualität und die Erhöhung der Nutzen-Aufwands-Relation hausärztlicher Versorgung."* Zitat nachzulesen auf http://www.degam.de/leitlinien.html (Abruf 25.11.14)

[617] Siehe die Patientenbriefe auf http://www.degam.de/files/Inhalte/Leitlinien-Inhalte/Dokumente/Patienteninformationen/Pat.info_Muedigkeit_2011.pdf (Abruf 25.11.14)

http://www.degam.de/files/Inhalte/Leitlinien-Inhalte/Dokumente/DEGAM-S3-Leitlinien/LL-02_Patientenfragebogen-Anamnese_Hinweise_fuer_den_Arzt.2011.pdf (Abruf 25.11.14)

http://www.degam.de/files/Inhalte/Leitlinien-Inhalte/Dokumente/DEGAM-S3-Leitlinien/LL-02_Patientenbrief_Schlafstoerungen.2011.pdf (Abruf 25.11.14)

http://www.degam.de/files/Inhalte/Leitlinien-Inhalte/Dokumente/DEGAM-S3-Leitlinien/Ll-02_Patientenbrief_Muedigkeit_im_Teufelskreis_der_Unterforderung.2011.pdf (Abruf 25.11.14)

http://www.degam.de/files/Inhalte/Leitlinien-Inhalte/Dokumente/DEGAM-S3-Leitlinien/LL-02_Patientenbrief_Ermuedung_durch_zu_hohe_Belastung-UEberforderung.2011.pdf (Abruf 25.11.14)

[618] Ottomeyer, Klaus „Die Behandlung der Opfer : über unseren Umgang mit dem Trauma der Flüchtlinge und Verfolgten", S. 89, Klett-Cotta, Stuttgart 2011

[619] *"In the Royal Free cases, changes in the blood picture were not necessarily correlated with clinical severity of neurological disturbance;[…]" "In many infections there is no evidence that the defence system of the host is less effective when the mechanism is silent, and it is therefore of some interest that in 14 of 20 cases silence was correlated with clinical severity."* Zitiert aus CROWLEY, NUALA, NELSON, MERRAN AND STOVIN, SYBILLE "EPIDEMIOLOGICAL ASPECTS OF AN OUTBREAK OF ENCEPHALOMYELITIS AT THE ROYAL FREE HOSPITAL, LONDON, IN THE SUMMER OF 1955", J Hyg (Lond). Mar 1957; 55(1): 102–122. PMCID: PMC2217874, nachzulesen auf http://www.ncbi.nlm.nih.gov/pmc/articles/PMC2217874/pdf/jhyg00143-0110.pdf

Zu nicht sichtbaren, aber spürbaren Entzündungsprozessen siehe auch Dr. von Baehr, Volker „silent inflammation – nicht sichtbar aber spürbar?" Nachzulesen auf http://www.inflammatio.de/fileadmin/user_upload/inflammatio/Online_Fortbildungen/2015/2015_01_28_Silent_Inflammation_nicht_sichtbar_aber_spuerbar.pdf (Abruf 27.02.15)

[620] Siehe Blogpost von Melanie Schickedanz auf http://www.huffingtonpost.de/melanie-schickedanz/brief-einer-schwer-kranken-frau-gesundheitssystem_b_5116679.html (Abruf 13.01.15)
[621] Siehe das Interview von Nicole Krüger mit Dr. Barbara Baumgarten-Austrheim auf http://www.cfs-aktuell.de/maerz10_2.htm (Abruf 13.01.15)
[622] *„Infectious venulitis (IVN)* [Dr Ryll bezeichnete ME als IVN, Anm. d. A.], *Dr. Ryll says, "Is frightening to patients because of its severity and its many, unusual features...panic is common and can be severe. Rarely, patients become psychotic and have hallucinations. But his is usually not a true psychosis -- they know it is not real. It is unlike Alzheimer's syndrome in which patients do not seem to have an awareness of their true state."* Erich D. Ryll, M.D., assistant clinical professor of medicine at the Division of Infections & Immunology Diseases at the University of California (Davis). Zitiert aus "INFECTIOUS VENULITIS", The National CFIDS Foundation, nachzulesen auf http://www.ncf-net.org/forum/InfVenulitis-Fall05.htm (Abruf 16.12.14)
[623] Siehe Wikipedia, Stichwort „Bewegungsunfähigkeit im Schlaf" auf http://de.wikipedia.org/wiki/Bewegungsunf%C3%A4higkeit_im_Schlaf (Abruf 13.01.15)
[624] *„Instead of ascribing benign myalgic encephalomyelitis to mass hysteria or psychoneurosis, may I suggest that the authors consider the possibility that all psychoneurosis is residual deficit from epidemic or sporadic cases of benign myalgic encephalomyelitis?"* Zitiert aus POSKANZER, DAVID C. „Epidemic Malaise", British MEDICAL JOURNAL 16 May 1970 http://www.ncbi.nlm.nih.gov/pmc/articles/PMC1700311/pdf/brmedj02288-0066c.pdf

„A further distinguishing feature of the disease is the onset of behavioural changes, such as emotional lability, irritability and depression." Zitiert aus Lindan, Rosemary „Benign Myalgic Encephalomyelitis", Can Med Assoc J. Oct 1, 1956; 75(7): 596–597. PMCID: PMC1824640, nachzulesen auf http://www.ncbi.nlm.nih.gov/pmc/articles/PMC1824640/?page=1

„Depression, tension, and emotional instability have been impressive and amoung the most incapacitating and persistent symptoms. Repeated episodes of crying without provocation, insomnia, terrifying dreams and difficulty in concentration are probably secondary phenomena.[...]Mild confusion, impaired memory for recent events, alterations in personality structure, euphoric behavior and tendencies to transpose and ´stumble over` words have frequently been observed during the more severe acute phase and during recrudescences." Zitiert aus Henderson, Donald A., and Shelokov, Alexis "Epidemic Neuromyasthenia — Clinical Syndrome?", N Engl J Med 1959; 260:757-764April 9, 1959DOI: 10.1056/NEJM195904092601506, nachzulesen auf http://www.nejm.org/doi/full/10.1056/NEJM195904092601506
[625] *„**Excitotoxizität** (vom lateinischen excitare = antreiben und griechischen toxikon = Gift), deutsch auch **Exzitotoxizität** genannt, ist ein Begriff aus den Neurowissenschaften. Er beschreibt das Phänomen, dass bei der Reizüberflutung so viele Neurotransmitter, insbesondere Glutamat/Kainsäure, ausgeschüttet werden, dass ein Selbstzerstörungsmechanismus der Nervenzellen ausgelöst wird. Greift dieser Prozess immer weiter um sich, können größere Hirngebiete geschädigt werden."* Zitat Wikipedia, Stichwort „Excitotoxizität, nachzulesen auf http://de.wikipedia.org/wiki/Excitotoxizit%C3%A4t (Abruf 13.01.15)
[626] "SEVERE ME - Extemporaneous Notes From IIMEC8", nachzulesen auf http://www.investinme.org/IIME-Newslet-1306-04%20Severe%20ME.htm (Abruf 13.01.15)
[627] *„He readily admits, "Because the complaints of patients ware so many and often seemingly bizarre, I often attempted to disclaim them as being real. But I learned that you patients were always right and I was always wrong. In studying this disease, one must always have an open mind. This disease teaches the physician to be humble.""* Erich D. Ryll, M.D., assistant clinical professor of medicine at the Division of Infections & Immunology Diseases at the University of California (Davis). Zitiert aus "INFECTIOUS VENULITIS", The National CFIDS Foundation, nachzulesen auf http://www.ncf-net.org/forum/InfVenulitis-Fall05.htm (Abruf 16.12.14)
[628] National Institue for Health and Care Excellence, Clinical Guideline 53, nachzulesen auf http://guidance.nice.org.uk/CG53 (Abruf 13.01.15)
[629] ***"The healthcare professional should: Acknowledge the reality and impact of the condition and the symptoms"***, (H.d.A.) Zitat aus S. 8 NICE Guideline 53, National Institue for Health and Care Excellence, nachzulesen auf http://guidance.nice.org.uk/CG53 (Abruf 13.01.15)

[630] ***"Shared decision-making between the person with CFS/ME and healthcare professionals should take place during diagnosis and all phases of care."*** (H.d.A.) Zitat S. 8 ebd.
[631] ***"Healthcare professionals should be aware that – like all people receiving care in the NHS – people with CFS/ME have the right to refuse or withdraw from any component of their care plan without this affecting other aspects of their care, or future choices about care."*** (H.d.A.) Zitat S. 8 ebd.
[632] *"To facilitate effective management of the condition, healthcare professionals should aim to establish a supportive and collaborative relationship with the person with CFS/ME and their carers.* ***Engagement with the family is particularly important for children and young people, and for people with severe CFS/ME.****"* (H.d.A.) Zitat S. 12 ebd.
[633] *"1.9 Key principles of care for people with severe CFS/ME 1.9.1 General principles of care 1.9.1.1* ***Management of severe CFS/ME is difficult and complex and healthcare professionals should recognise that specialist expertise is needed when planning and providing care for people with severe CFS/ME.*** " (H.d.A.) Zitat S.34 ebd.
[634] ***"1.9.1.2 Diagnosis, investigations, management and follow-up care for people with severe CFS/ME should be supervised or supported by a specialist in CFS/ME."*** (H.d.A.) Zitat S.34 ebd.
[635] *"1.9.1.5 Most people with CFS/ME will not need hospital admission. However, there may be circumstances when a planned admission should be considered. The decision to admit should be made with the person with CFS/ME and their family, and be based on an informed consideration of the benefits and disadvantages. For example, a planned admission may be useful if assessment of a management plan and investigations would require frequent visits to the hospital."* Zitat S. 35 ebd.
[636] *"1.9.1.3 People with severe CFS/ME may need to use community services at times. These services may include nursing, occupational therapy, dietetics, respite care, psychology and physiotherapy (…). The input of different professionals should be coordinated by a named professional."* Zitat S. 35 ebd.
[637] *"****1.6.2 Cognitive behavioural therapy, graded exercise therapy and activity management programmes Choosing and planning treatment*** *[…] 1.6.2.3 Healthcare professionals should recognise that the person with CFS/ME is in charge of the aims of the programme. The choice of the programme, its components, and progression throughout the programme should be mutually agreed and based on: * the person's age, preferences and needs * the person's skills and abilities in managing their condition, and their goals (such as improvement or treatment of deterioration of symptoms, prevention of relapse or maintenance) * the severity and complexity of symptoms * physical and cognitive functioning",* Zitat S. 25f ebd.
[638] *"1.6.2.4* ***Cognitive behavioural therapy (CBT) and/or graded exercise therapy (GET) should be offered to people with mild or moderate CFS/ME and provided to those who choose these approaches,*** *[…]",* (H.d.A.) Zitat S.26 ebd.
[639] Siehe das sehr praxistaugliche Buch von der an ME verstorbenen Emily Rose Collingridge (1981-2012) "Severe ME/CFS: A Guide to Living", zu bestellen über http://www.severeme.info/ (Abruf 13.01.15)

Siehe auch das sehr informative Buch von Greg Crowhurst "Severe ME-Featuring Justice for Karina Hansen", www.stonebird.co.uk (Abruf 13.01.15)

Siehe auch Kreyberg, Sidsel Elisabeth "Caring for seriously ill ME-patients: A small survey", Institutt for allmenn- og samfunnsmedisin, Universitetet in Oslo (from the Journal of IiME Volume 2 Issue 1), nachzulesen auf http://www.investinme.org/Article-244%20Kreyberg%20Caring%20for%20seriously%20ill%20ME-patients.htm (Abruf 13.01.15)

Siehe auch Crowhurst, Linda & Greg "A practical guide to supporting someone with Severe ME", nachzulesen auf http://www.stonebird.co.uk/A%20Practical%20Guide.pdf (Abruf 13.01.15)

[640] Siehe Carruthers BM, van de Sande MI et al. "MYALGIC ENCEPHALOMYELITIS – Adult & Paediatric: International Consensus Primer for Medical Practitioners", nachzulesen auf http://www.me-ireland.com/ICC%20primer.pdf (Abruf 26.11.14)
[641] ***"4.1 Extrapolating use of intervention strategies*** *Are intervention strategies that have been shown to be effective in mildly to moderately affected adults also effective in children and in people (adults and children) with severe CFS/ME?* ***Why this is important*** *There is limited evidence for the use or effectiveness of strategies recommended in this guideline in these two patient groups. Population data suggest that these groups constitute a significant percentage of the population with CFS/ME. Some patient experience suggests that some of these interventions may be harmful and/or not effective."* Zitat aus S. 39 NICE Guideline 53, National Institue for Health and Care Excellence, nachzulesen auf http://guidance.nice.org.uk/CG53 (Abruf 13.01.15)
[642] *"[...] considerate and compassionate care, especially as given by nurses when no other treatment is of use"*, Zitat nachzulesen auf http://en.wiktionary.org/wiki/tender_loving_care (Abruf 13.01.15)

Teil I Die Fakten/Kapitel VI Therapie/15 Die Behandlung von Kindern

[643] Siehe die Rede von Dr. Nigel Speight in Bristol auf https://www.youtube.com/watch?v=208JacsB5kM (Abruf 16.12.14) Verschriftlicht in der Übersetzung von Regina Clos auf http://www.cfs-aktuell.de/april14_1.htm (Abruf 16.12.14)

Siehe auch das Interview Nr. 33 des Vorsitzenden der niederländischen ME/CVS Vereniging Rob Wijbenga mit Dr. Nigel Speight auf http://www.youtube.com/watch?v=-W2BSN_Cg-g&list=UUPZtpMdUGvQblEJ3IfgYQ8Q&feature=c4-overview (Abruf 16.12.14)

Sämtliche Interviews verschriftlicht in der Übersetzung von Regina Clos auf http://www.cfs-aktuell.de/februar14_1.htm (Abruf 16.12.14)
[644] Rowe KS "Double-blind randomized controlled trial to assess the efficacy of intravenous gammaglobulin for the management of chronic fatigue syndrome in adolescents." J Psychiatr Res. 1997 Jan-Feb;31(1):133-47. Abstract nachzulesen auf http://www.ncbi.nlm.nih.gov/pubmed/9201655

Siehe auch Lloyd A, Hickie I, Wakefield D, Boughton C, Dwyer J "A double-blind, placebo-controlled trial of intravenous immunoglobulin therapy in patients with chronic fatigue syndrome." Am J Med. 1990 Nov;89(5):561-8., nachzulesen auf http://www.ncbi.nlm.nih.gov/pubmed/2146875

Siehe auch Kerr, J.R. et al "Successful Intravenous Immunoglobulin Therapy in 3 Cases of Parvovirus B19–Associated Chronic Fatigue Syndrome", nachzulesen auf http://cid.oxfordjournals.org/content/36/9/e100.full.pdf
[645] *"[...] considerate and compassionate care, especially as given by nurses when no other treatment is of use"* Zitat nachzulesen auf http://en.wiktionary.org/wiki/tender_loving_care (Abruf 13.01.15)
[646] Siehe das Interview Nr. 31 des Vorsitzenden der niederländischen ME/CVS Vereniging Rob Wijbenga mit Dr. Nigel Speight auf http://www.youtube.com/watch?v=XgBSZtc-NpU&list=UUPZtpMdUGvQblEJ3IfgYQ8Q (Abruf 16.12.14)

Sämtliche Interviews verschriftlicht in der Übersetzung von Regina Clos auf http://www.cfs-aktuell.de/februar14_1.htm (Abruf 16.12.14)
[647] *"While it is true that there is considerable variation in degree from one day to the next or from one time of the day to another, nevertheless in those patients whose dynamic or conscientious temperaments urge them to continue effort despite profound malaise or in those who, on the false assumption of 'neurosis', have been exhorted to 'snap out of it' and 'take plenty of excercise' the condition finally results in a state of constant exhaustion."* Zitiert aus Ramsay, A. Melvin "MYALGIC ENCEPHALOMYELITIS : A Baffling Syndrome With a Tragic Aftermath." Infectious Diseases Dept, Royal Free Hospital 1986, nachzulesen auf http://meactionuk.org.uk/ramsey.html (Abruf 26.03.15)

[648] Siehe das Interview Nr. 33 des Vorsitzenden der niederländischen ME/CVS Vereniging Rob Wijbenga mit Dr. Nigel Speight auf http://www.youtube.com/watch?v=1tWPzdmSKGE&feature=youtu.be (Abruf 16.12.14) Sämtliche Interviews verschriftlicht in der Übersetzung von Regina Clos auf http://www.cfs-aktuell.de/februar14_1.htm (Abruf 16.12.14)

Siehe dazu auch den Chat, in dem Dr. Speight die Fragen von Eltern und Patienten beantwortet, Verschriftlichung und Übersetzung von Regina Clos auf http://www.cfs-aktuell.de/maerz14_1.htm (Abruf 16.12.14)
[649] *"A ghostly facial pallor is a well known phenomenom and this has often been detected by relatives some 30 minutes before the patient complains of being ill."* Zitiert aus Ramsay, A. Melvin "MYALGIC ENCEPHALOMYELITIS : A Baffling Syndrome With a Tragic Aftermath." Infectious Diseases Dept, Royal Free Hospital 1986, nachzulesen auf http://meactionuk.org.uk/ramsey.html (Abruf 26.03.15)
[650] ***"Engagement with the family is particularly important for children and young people, and for people with severe CFS/ME."*** (H.d.A.) Zitat aus S. 12 NICE Guideline 53, National Institue for Health and Care Excellence, nachzulesen auf http://guidance.nice.org.uk/CG53 (Abruf 13.01.15)
[651] Siehe dazu z.B. den Film „Voices from the Shadows", siehe http://voicesfromtheshadowsfilm.co.uk/ (Abruf 13.01.15) Trailer auf http://vimeo.com/24683179 (Abruf 13.01.15)

Siehe auch Colby, Jane "False Allegations of Child Abuse in Cases of Childhood Myalgic Encephalomyelitis (ME)". (Jane Colby ist Direktorin des "Tymes Trust", der britischen Patientenorganisation für Kinder und Jugendliche und ihre Familien.) Artikel nachzulesen auf http://www.argumentcritique.com/uploads/1/0/3/1/10317653/colby_j.pdf (Abruf 13.01.15) Deutsche Übersetzung von Regina Clos auf http://www.cfs-aktuell.de/september14_1.htm (Abruf 13.01.15)
[652] Nijs J et al. "Altered immune response to exercise in patients with chronic fatigue syndrome/myalgic encephalomyelitis: a systematic literature review." Exerc Immunol Rev. 2014;20:94-116., Abstract nachzulesen auf http://www.ncbi.nlm.nih.gov/pubmed/24974723 Volltext auf http://www.medizin.uni-tuebingen.de/transfusionsmedizin/institut/eir/content/2014/94/article.pdf (Abruf 13.01.15)
[653] Siehe z.B. Bleijenberg, Gijs Ph.D.; Knoop, Hans Ph.D. "Chronic Disabling Fatigue in Adolescents", Am J Psychiatry 2013;170:459-461. doi:10.1176/appi.ajp.2013.13010130, nachzulesen auf http://ajp.psychiatryonline.org/article.aspx?articleid=1683304

Siehe auch Werker CL, Nijhof SL, van de Putte EM „Clinical Practice: Chronic fatigue syndrome." Eur J Pediatr. 2013 Oct;172(10):1293-8. doi: 10.1007/s00431-013-2058-8. Epub 2013 Jun 12. Abstract nachzulesen auf http://www.ncbi.nlm.nih.gov/pubmed/23756916

Siehe auch Knoop, Hans, [...] Bleijenberg, Gijs "Efficacy of Cognitive Behavioral Therapy for Adolescents With Chronic Fatigue Syndrome: Long-term Follow-up of a Randomized, Controlled Trial", PEDIATRICS Vol. 121 No. 3 March 1, 2008 pp. e619 -e625 (doi: 10.1542/peds.2007-1488), nachzulesen auf http://pediatrics.aappublications.org/content/121/3/e619.full.html
[654] Dieses kinderpsychiatrische Krankheitsbild wurde 1991 erstmals als „Pervasive Refusal Syndrome" beschrieben. (Siehe engl. Wikipedia, Stichwort: „Pervasive Refusal Syndrome", nachzulesen auf http://en.wikipedia.org/wiki/Pervasive_refusal_syndrome#cite_note-adc66_866-1, Abruf 12.01.15)

Die Studienlage ist als dünn zu bezeichnen, und bei einigen der wenigen beschriebenen Einzelfälle ist schon von der Fallbeschreibung her ersichtlich, dass es sich auch um an ME erkrankte Kinder handeln könnte. Bryan Lask, der als erster dieses Krankheitsbild beschrieb, weist jedoch ausdrücklich darauf hin, dass Kinder mit „CFS" sich vor allem in Hinsicht auf ihren Wunsch wieder zu gesunden von Kindern mit PAWS unterscheiden. (Lask, Bryan „Pervasive refusal syndrome", Advances in Psychiatric Treatment (2004), vol 10, 153–159, nachzulesen auf http://apt.rcpsych.org/content/10/2/153.full.pdf+html)

Eine Liste der Studien ist hier zu finden: http://www.oslo-universitetssykehus.no/fag/temasider/pervasive-refusal-syndrome-prs (Abruf 12.01.15)

[655] Schelling, Philip; Gaibler, Tonja „Aufklärungspflicht und Einwilligungsfähigkeit: Regeln für diffizile Konstellationen", Dtsch Arztebl 2012; 109(10): A-476 / B-410 / C-406, nachzulesen auf http://www.aerzteblatt.de/archiv/123624/Aufklaerungspflicht-und-Einwilligungsfaehigkeit-Regeln-fuer-diffizile-Konstellationen (Abruf 13.01.15)

Siehe auch Wölk, Florian „Der minderjährige Patient in der ärztlichen Behandlung – Bedingungen für die Wahrnehmung des Selbstbestimmungsrechts von Minderjährigen bei medizinischen Eingriffen", nachzulesen auf http://www.heimes-mueller.de/1697_Microsoft_Word_-_Der_minderjaehrige_Patient_-_Aufsatz-2001_txt__DRW_doc.pdf (Abruf 13.01.15)

[656] § 40 Allgemeine Voraussetzungen der klinischen Prüfung, nachzulesen auf http://www.gesetze-im-internet.de/amg_1976/__40.html (Abruf 13.01.15)

Teil II Die Hintergründe/Kapitel I ME-kranke Kinder in Deutschland

[657] Siehe das Interview Nr. 32 des Vorsitzenden der niederländischen ME/CVS Vereniging Rob Wijbenga mit Dr. Nigel Speight auf http://www.youtube.com/watch?v=-W2BSN_Cg-g&list=UUPZtpMdUGvQblEJ3IfgYQ8Q&feature=c4-overview (Abruf 16.12.14) Sämtliche Interviews verschriftlicht in der Übersetzung von Regina Clos auf http://www.cfs-aktuell.de/februar14_1.htm (Abruf 16.12.14)

[658] *„Myalgic encephalomyelitis has not uncommonly been mistaken for school phobia, anorexia nervosa, neglect, child abuse, Munchausen syndrome by proxy (fabricated or induced illness) or pervasive refusal syndrome."* (Ü.d.A.) Zitiert aus Colby, Jane „Special problems of children with myalgic encephalomyelitis/chronic fatigue syndrome and the enteroviral link", Journal of Clinical Pathology, 2007, Feb;60;2;125–128. Nachzulesen auf http://www.ncbi.nlm.nih.gov/pmc/articles/PMC1860612/

[659] Siehe Colby, Jane "False Allegations of Child Abuse in Cases of Childhood Myalgic Encephalomyelitis (ME)", nachzulesen auf http://www.argumentcritique.com/uploads/1/0/3/1/10317653/colby_j.pdf (Abruf 13.01.15) Deutsche Übersetzung von Regina Clos auf http://www.cfs-aktuell.de/september14_1.htm (Abruf 13.01.15)

[660] Schelling, Philip; Gaibler, Tonja „Aufklärungspflicht und Einwilligungsfähigkeit: Regeln für diffizile Konstellationen", Dtsch Arztebl 2012; 109(10): A-476 / B-410 / C-406, nachzulesen auf http://www.aerzteblatt.de/archiv/123624/Aufklaerungspflicht-und-Einwilligungsfaehigkeit-Regeln-fuer-diffizile-Konstellationen (Abruf 13.01.15)

[661] Siehe auch Colby, Jane "False Allegations of Child Abuse in Cases of Childhood Myalgic Encephalomyelitis (ME)", nachzulesen auf http://www.argumentcritique.com/uploads/1/0/3/1/10317653/colby_j.pdf (Abruf 13.01.15) Deutsche Übersetzung von Regina Clos auf http://www.cfs-aktuell.de/september14_1.htm (Abruf 13.01.15)

[662] Bericht von Bagnall, Gurli „Who will protect the Children", nachzulesen auf http://www.meactionuk.org.uk/WHO_WILL_PROTECT_THE_CHILDREN.htm (Abruf 13.01.15)

[663] Dieses kinderpsychiatrische Krankheitsbild wurde 1991 erstmals als „Pervasive Refusal Syndrome" beschrieben. (Siehe engl. Wikipedia, Stichwort: „Pervasive Refusal Syndrome", nachzulesen auf http://en.wikipedia.org/wiki/Pervasive_refusal_syndrome#cite_note-adc66_866-1, Abruf 12.01.15)

Die Studienlage ist als dünn zu bezeichnen, und bei einigen der wenigen beschriebenen Einzelfälle ist schon von der Fallbeschreibung her ersichtlich, dass es sich auch um an ME erkrankte Kinder handeln könnte. Bryan Lask, der als erster dieses Krankheitsbild beschrieb, weist jedoch ausdrücklich darauf hin, dass Kinder mit „CFS" sich vor allem in Hinsicht auf ihren Wunsch wieder zu gesunden von Kindern mit PAWS unterscheiden. (Lask, Bryan „Pervasive refusal syndrome", Advances in Psychiatric Treatment (2004), vol 10, 153–159, nachzulesen auf http://apt.rcpsych.org/content/10/2/153.full.pdf+html)

Eine Liste der Studien ist hier zu finden: http://www.oslo-universitetssykehus.no/fag/temasider/pervasive-refusal-syndrome-prs (Abruf 12.01.15)

664 2007 berichtete Dr. Nigel Speight, bereits in mehr als 20 solcher Verfahren involviert gewesen zu sein, die allesamt einen guten Ausgang für die Familie nahmen bis auf einen Fall. Dokumentiert von Invest in ME, Konferenz in London 2007, http://www.imet.ie/imet_website/snippets/04th_october_2011_snippets.html (Abruf 13.01.15)

665 Siehe Rede von Dr. Nigel Speight in Bristol auf https://www.youtube.com/watch?v=208JacsB5kM (Abruf 16.12.14) Verschriftlichung und Übersetzung von Regina Clos auf http://www.cfs-aktuell.de/april14_1.htm (Abruf 16.12.14)

666 Zitiert aus der deutschen Übersetzung von Regina Clos von Jane Colby`s Artikel "False Allegations of Child Abuse in Cases of Childhood Myalgic Encephalomyelitis (ME)", nachzulesen auf http://www.argumentcritique.com/uploads/1/0/3/1/10317653/colby_j.pdf (Abruf 16.12.14), in der deutschen Übersetzung von Regina Clos auf http://www.cfs-aktuell.de/september14_1.htm (Abruf 16.12.14)

667 „What Nigel thinks", Interview von Jane Colby mit Dr. Nigel Speight, Vision 3/2010, S. 5-7, nachzulesen auf: http://www.tymestrust.org/pdfs/vision2010-3.pdf (Abruf 16.12.14)

668 *"The other variety I see is the case that is tolerated for a year or two, but if the child gets much worse, this seems to rattle the professionals and they don't seem to believe that ME can be so bad if they've never seen a case of severe ME before. They begin with disbelief again, having believed it up to then. And sometimes it's a matterof not having experienced what an unpredictable condition this is and how severe it can be."* Zitiert aus ebd.

669 *„It's weird - the professional can't tolerate the illness when the young person and the family are actually doing their best to tolerate it."* Zitiert aus ebd.

670 Siehe Speight, Nigel „Dublin Lectures by Dr. Nigel Speight & Dr. Vance Spence", Irish M.E. Trust, nachzulesen auf http://www.imet.ie/imet_website/snippets/04th_october_2011_snippets.html (Abruf 16.12.14)

671 Vor allem Psychiater und Psychologen haben dafür gesorgt, dass psychische Krankheiten in unserer Gesellschaft zum Synonym für Simulantentum geworden und psychische und Verhaltensauffälligkeiten stigmatisiert sind. Siehe Kapitel „Psychologie als Waffe" und Kapitel „Psychologie als Verlegenheitsdiagnose?"

672 Siehe Sozialgesetzbuch V, § 295 Abrechnung ärztlicher Leistungen: „Die Diagnosen nach Satz 1 Nr. 1 und 2 sind nach der Internationalen Klassifikation der Krankheiten in der jeweiligen vom Deutschen Institut für medizinische Dokumentation und Information im Auftrag des Bundesministeriums für Gesundheit und Soziale Sicherung herausgegebenen deutschen Fassung zu verschlüsseln." Nachzulesen auf http://www.gesetze-im-internet.de/sgb_5/__295.html (Abruf 13.01.15)

673 DEGAM = Deutsche Gesellschaft für Allgemeinmedizin und Familienmedizin. Die von der DEGAM herausgegebenen Leitlinien instruieren Hausärzte und Allgemeinmediziner bezüglich Diagnostik und Therapie diverser Krankheitsbilder. *„Ziel ist die Verbesserung der Versorgungsqualität und die Erhöhung der Nutzen-Aufwands-Relation hausärztlicher Versorgung."* Zitat nachzulesen auf http://www.degam.de/leitlinien.html (Abruf 25.11.14)

Siehe auch die Leitlinienkritiken von Hanna Seidel und von Regina Clos: http://www.buendnis-mecfs.de/aktivit%C3%A4ten/%C3%BCberarbeitung-der-leitlinie-m%C3%BCdigkeit-teil-3/ (Abruf 25.11.14)

Teil II Die Hintergründe/Kapitel II Psychologie als Waffe

674 Arbeits- und Sozialverhalten

675 Siehe z.B. Jokusch, Tibor „MERKBLATT Gewährung öffentlicher Leistungen wegen gesundheitlicher Einschränkungen", nachzulesen auf http://www.sa-bi-ne.de/resources/merkbl_leist_wg_ges_einschr$5B1$5D.pdf (Abruf 13.01.15)

676 Textbausteine für Patientenverfügungen und Betreuungsvorsorge vom BMJ auf http://www.bmjv.de/DE/Themen/Gesellschaft/Patientenverfuegung/patientenverfuegung_node.html (Abruf 13.01.15)

677 Patientenverfügung zum Schutz vor psychiatrischem Zwang und Entmündigung: http://www.patverfue.de/ (Abruf 13.01.15)

Teil II Die Hintergründe/Kapitel III Psychologie als Verlegenheitsdiagnose?/1 Hypothesen statt Fakten

678 2011 machten Wissenschaftler des Max-Planck-Instituts für Neurobiologie Darmbakterien als Auslöser für MS verantwortlich. Sie mutmaßen, Veränderungen des Immunsystems und nicht etwa Störungen im Nervensystem könnten bei entsprechender genetischer Veranlagung zur Erkrankung führen. http://www.dmsg.de/multiple-sklerose-news/index.php?w3pid=news&kategorie=forschung&anr=2482 (Abruf 13.01.15)

679 z.B. Dr. Ruediger Dahlke, Lise Bourbeau, Volker Fintelmann etc.

Zur Psychiatrisisierung neurologischer Krankheiten wie Multipler Sklerose oder Parkinson siehe auch z.B. WENCY LEUNG „Psychogenic illness: What happens when the mind causes real pain?" The Globe and Mail, published Monday, Mar. 04 2013, nachzulesen auf http://www.theglobeandmail.com/life/health-and-fitness/health/psychogenic-illness-what-happens-when-the-mind-causes-real-pain/article9265237/ (Abruf 13.01.15)

680 Zitiert aus Reiche, Reimut „Beschleunigung – als Epochenbegriff, als Zeitdiagnose und als Strukturgesetz des Kapitals", erschienen in „Psyche", LXV. Jahrgang, Heft 11, Nov. 2011

681 *"Specialist liaison psychiatry and health psychology services have an important part to play. Arguably, however, they represent a transitional phase in the move toward a psychologically sophisticated health care system in which psychological assessment and intervention are fully (re)integrated into medical care as it was 100 years ago."* Zitiert aus Rief, Winfried, Sharpe, Michael „Somatoform disorders - new approaches to classification, conceptualization and treatment", Journal of Psychosomatic Research (Volume 56 Issue 4 (April 2004) P. 387–390), nachzulesen auf http://www.jpsychores.com/article/S0022-3999(03)00621-4/abstract, Volltext auf http://forums.prohealth.com/forums/index.php?threads/cfs-to-be-re-classified.99072/ (Abruf 13.01.15)

Teil II Die Hintergründe/Kapitel III Psychologie als Verlegenheitsdiagnose?/2 Die Klassifikation im ICD

682 Dokument einzusehen auf http://www.csn-deutschland.de/dimdi_icd-schreiben.pdf (Abruf 18.12.14)

683 Nachzulesen in deutscher Übersetzung von Regina Clos auf
http://www.cfs-aktuell.de/august10_2.htm (Abruf 1.12.14)
Siehe z.B. auch auf http://www.mesite.dk/ME-CFShistoryWHO.htm (Abruf 2.12.14)

684 Nachzulesen in deutscher Übersetzung von Regina Clos auf
http://www.cfs-aktuell.de/august10_2.htm (Abruf 1.12.14)
Siehe z.B. auch auf http://www.mesite.dk/ME-CFShistoryWHO.htm (Abruf 2.12.14)

Teil II Die Hintergründe/Kapitel III Psychologie als Verlegenheitsdiagnose?/3 Warum das Regelwerk des ICD verletzt wird

685 Zitiert aus Sontag, Susan „Krankheit als Metapher", S. 49 u. S. 53f. Fischer Taschenbuch Verlag, Frankfurt a. Main 2005, 2. Aufl.
686 Zitat S. 54 ebd.
687 Oberstes Beschlussgremium der gemeinsamen Selbstverwaltung der Ärzte, Zahnärzte, Psychotherapeuten, Krankenhäuser und Krankenkassen in Deutschland
688 Siehe Studienliste Website Regina Clos: www.cfs-aktuell.de/februar12_7.htm (Abruf 13.01.15)
689 *„Nach Ausschöpfung aller rehabilitativen Optionen wird sich bei CFS- bzw. MCS- / IEIBetroffenen eine Frühberentung im Einzelfall möglicherweise nicht vermeiden lassen."* Zitat „Leitlinien für die sozialmedizinische Beurteilung von Menschen mit psychischen Störungen", Band 68, Dezember 2006, Deutsche Rentenversicherung, nachzulesen auf http://www.umweltbedingt-erkrankte.de/downloads/empfehlung_psychische_stoerungen.pdf (Abruf 16.11.14)

Teil II Die Hintergründe/Kapitel III Psychologie als Verlegenheitsdiagnose?/4 Das biopsychosoziale Krankheitsmodell

690 Psychologielexikon http://www.psychology48.com/deu/d/biopsychosoziales-krankheitsmodell/biopsychosoziales-krankheitsmodell.htm (Abruf 13.01.15)
691 Friebe, Richard „Arzt ohne Grenzen - Nestor der Psychosomatik: Thure von Uexküll stirbt im Alter von sechsundneunzig Jahren", FAZ, Feuilleton 8.10.2004, nachzulesen z. B. auf http://www.int-med.de/uexkuell/041008%20faz.pdf (Abruf 13.01.15)
692 Vgl. Schweickhardt, Axel, Fritzsche, Kurt, Wirsching, Michael „Psychosomatische Medizin und Psychotherapie" (Springer-Lehrbuch), Heidelberg 2005, ISBN 3540218777, S. 5: ***„Psychosomatik bedeutet, dass Körper und Seele zwei untrennbar miteinander verbundene Aspekte des Menschen sind, die nur aus methodischen Gründen oder zum besseren Verständnis unterschieden werden. Dies bedingt keine „lineare" Kausalität in dem Sinne, dass psychische Störungen körperliche Krankheiten verursachen."*** (H.d.A.)
693 Leiter der Forschungseinheit für Verhaltensmedizin, Gesundheitspsychologie und Empirische Psychosomatik
694 Egger, Josef W. „Das biopsychosoziale Krankheitsmodell – Grundzüge eines wissenschaftlich begründeten ganzheitlichen Verständnisses von Krankheit", „Psychologische Medizin", 16. Jahrgang 2005 Nr. 2, http://www.bpsmed.net/_data/doc/literature/1Egger_bpsMod05.pdf (Abruf 13.01.15)
695 Siehe ebd.
696 Siehe ebd.
697 Zitiert aus ebd.
698 Siehe ebd.
699 Vgl. ebd.
700 Vgl. Mentzos, Stavros „Interpersonale und institutionalisierte Abwehr", S. 85, suhrkamp taschenbuch wissenschaft, Frankfurt a. Main 1988, 1. Aufl.
701 Übersetzung Regina Clos.
Eine Zusammenstellung der „Wessely-School"-Zitate von Margaret Williams ist unter dem Titel „Quotable Quotes About ME/CFS" zu lesen auf http://www.meactionuk.org.uk/Quotable_Quotes_Updated.pdf (Abruf 13.01.15)

Teil II Die Hintergründe/Kapitel III Psychologie als Verlegenheitsdiagnose?/5 Der Etikettenschwindel

702 *"The possibility that abnormalities of immune function play a role in the pathogenesis of CFS has attracted considerable attention. [...] Such abnormalities should not deflect the clinicians from the biopsychosocial approch endorsed* *below and should not focus attention towards a search for an 'organic' cause."* Zitat aus Wessely, Simon , David, Anthony, White, Peter et al. "Chronic Fatigue Syndrome. Report of a Joint Working Group of the Royal Colleges of Physicians, Psychiatrists and General Practitioners", Chapter 6.2 und 6.4, October 1996, nachzulesen auf Joint Royal Colleges'Report- The One Click Group https://www.google.de/url?sa=t&rct=j&q=&esrc=s&source=web&cd=2&cad=rja&uact=8&ved=0CCoQFjAB&url=http%3A%2F%2Fwww.theoneclickgroup.co.uk%2Fdocuments%2FME-CFS_docs%2FRoyal%2520Colleges%2520Report-CFS.doc&ei=GZW2U5P6A8fd4QTti4DABQ&usg=AFQjCNH8liSc030LuN96_U4woanPtDQCTQ&bvm=bv.70138588,d.bGE (Abruf 13.01.15)

Eine Zusammenstellung der „Wessely-School"-Zitate von Margaret Williams ist unter dem Titel „Quotable Quotes About ME/CFS" zu lesen auf http://www.meactionuk.org.uk/Quotable_Quotes_Updated.pdf (Abruf 13.01.15)

Teil II Die Hintergründe/Kapitel III Psychologie als Verlegenheitsdiagnose?/6 Die Vorteile einer Umetikettierung

[703] Brief von Prof. Simon Wessely an Dr. Mansel Aylward (Oktober 1993), nachzulesen auf https://app.box.com/s/ucpcih8n3bb7vtde9c4pe57tx5iekep1 (Abruf 25.02.15)

[704] *„Various themes emerged. One is of a subcortical dysfunction analogous to the cognitive problems seen in illnesses such as Parkinson's disease. The most impressive evidence of CNS disturbance was quoted by* ***Wessely*** *(Istitute of Psychiatry) as coming from neuroendocrinological studies, suggesting a role forhypothalamic disorder as a final common pathway for CFS."* (H.d.A.) The National Archieves "Myalgic encephalomyelitis (ME)/postviral fatigue syndrome (PFS): papers and journal articles; correspondence and enquiries with MRC replies." (Abschnitt „Psychiatry", p 2) 1988-1997 (FD 23/4553), nachzulesen auf http://discovery.nationalarchives.gov.uk/details/r/C6108937 (Abruf 10.03.15)

[705] Zum BDS siehe Fink P, Schröder A "One single diagnosis, bodily distress syndrome, succeeded to capture 10 diagnostic categories of functional somatic syndromes and somatoform disorders." J Psychosom Res. 2010 May;68(5):415-26. doi: 10.1016/j.jpsychores.2010.02.004, nachzulesen auf http://www.ncbi.nlm.nih.gov/pubmed/20403500

Siehe auch Fink, Per "Somatoform disorders – functional somatic syndromes – Bodily distress syndrome. Need for care and organisation of care in an international perspective - EACLPP Lecture", Aarhus University Hospital, The Research Clinic for Functional Disorders, nachzulesen auf http://www.eapm.eu.com/tl_files/content/Presentations/EACLPP_Per%20Fink_Somatoform%20Disorders.pdf (Abruf 11.01.15)

[706] Ovenden, Pauline „Zur Geschichte der Royal Free Disease - Ein persönlicher Bericht über den ME-Ausbruch am Royal Free Hospital", in der Übersetzung von Regina Clos, nachzulesen auf http://www.cfs-aktuell.de/juni12_2.htm (Abruf 13.01.15), Originalbericht nachzulesen auf http://web.archive.org/web/20080905133549/http:/www.eastwinme.ik.com/news/630188684.ikml (Abruf 13.01.15)

[707] Siehe Hooper, Malcolm „Myalgic encephalomyelitis: a review with emphasis on key findings in biomedical research", Journal of Clinical Pathology, Mai 2007, S. 466-471, nachzulesen auf http://www.ncbi.nlm.nih.gov/pmc/articles/PMC1994528/

[708] McEvedy, Colin P. and Beard, A.W. „Concept of benign Myalgic Encephalomyelitis", Br Med J. Jan 3, 1970; 1(5687): 11–15., nachzulesen auf http://www.ncbi.nlm.nih.gov/pmc/articles/PMC1700895/

[709] *„It was an easy PhD, why not."* Zitiert aus Hyde, Byron MD „A new and simple definition of Myalgic Encephalomyelitis and a new simple definition of Chronic Fatigue Syndrome & A Brief History of Myalgic Encephalomyelitis and an Irreverent History of Chronic Fatigue Syndrome As presented at the London Conference of May 12, 2006", nachzulesen auf http://www.imet.ie/imet_documents/BYRON_HYDE_little_red_book.pdf (Abruf 2.12.14)

[710] Compston, N.D., Dimsdale, H.E., Ramsay, A.M., Richardson A.T. et al. „Epidemic Malaise", Br Med J. Jan 7, 1970, nachzulesen auf http://www.ncbi.nlm.nih.gov/pmc/articles/PMC1699022/pdf/brmedj02273-0072b.pdf

[711] Vgl. The medical staff of the Royal Free Hospital "AN OUTBREAK OF ENCEPHALOMYELITIS IN THE ROYAL FREE HOSPITAL GROUP, LONDON, IN 1955 BY THE MEDICAL STAFF OF THE ROYAL FREE HOSPITAL", British Medical Journal 1957, nachzulesen auf http://www.ncbi.nlm.nih.gov/pmc/articles/PMC1962472/pdf/brmedj03125-0013.pdf

Siehe auch Ovenden, Pauline „Zur Geschichte der Royal Free Disease - Ein persönlicher Bericht über den ME-Ausbruch am Royal Free Hospital", in der Übersetzung von Regina Clos, nachzulesen auf http://www.cfs-aktuell.de/juni12_2.htm (Abruf 13.01.15), Originalbericht nachzulesen auf http://web.archive.org/web/20080905133549/http:/www.eastwinme.ik.com/news/630188684.ikml (Abruf 13.01.15)

Siehe auch Ramsay, A. Melvin „Postviral Fatigue Syndrome - The saga of Royal Free disease", 1986, Gower Medical Publishing, London

[712] *„However in August the previous year, patients had made an unwelcome discovery. Professor Wessely's department was attempting to persuade WHO to reclassify CFS/ME as a psychiatric condition. Typically, this was done in clandestine fashion, without public announcement or consultation with patients groups - who found out only after the fact. Dr. Wessely was not easy to stop. It took more than two years of patients' lobbying at the DSS and WHO, for the reclassification attempt to be abandoned. If Professor Wessely intended a new entente cordiale between patients and psychiatrists, as he had announced, he chose a strange way to promote it. His WHO initiative, coming soon after proposed reconciliation, was seen as a betrayal reinforcing existing distrust."* Zitiert aus Hooper, Malcolm & Reid, Horace „Inadequacy of the York (2005) – Systematic Review of the CFS/ME Medical Evidence Base", Kommentar nachzulesen auf http://www.meactionuk.org.uk/FINAL_on_NICE_for_Gibson.html (Abruf 13.01.15)

[713] Prävalenzrate laut Neeck, Gunther „Fibromyalgie Diagnostik, Pathogenese und aktuelle Therapie", Hessisches Ärzteblatt 1/2002, nachzulesen auf http://www.laekh.de/upload/Hess._Aerzteblatt/2002/2002_01/2002_01_12.pdf (Abruf 13.01.15)

[714] Rief, Winfried, Sharpe, Michael „Somatoform disorders - new approaches to classification, conceptualization and treatment", Journal of Psychosomatic Research (Volume 56 Issue 4 (April 2004) P. 387–390), nachzulesen auf http://www.jpsychores.com/article/S0022-3999(03)00621-4/abstract, Volltext auf http://forums.prohealth.com/forums/index.php?threads/cfs-to-be-re-classified.99072/ (Abruf 13.01.15)

[715] ***"[...], one might predict that the abolition of somatoform disorders would threaten both medicine and psychiatry."*** (H.d.A.) Zitiert aus ebd.

[716] ***"Far from being unimportant, somatoform disorders are an essential keystone to maintaining the integrity of both medicine and psychiatry."*** (H.d.A.) Zitiert aus ebd.

[717] Vgl. Williams, Margaret "Arise, Sir Simon", nachzulesen auf http://www.investinme.org/Article-396%20Arise%20Sir%20Simon.htm (Abruf 13.01.15), in der Übersetzung von Regina Clos auf http://www.cfs-aktuell.de/januar13_4.htm (Abruf 13.01.15)

Vgl. auch Rutherford, Jonathan „New Labour and the end of welfare", S. 45 Compass, 25.4.2007, nachzulesen auf http://www.midmoors.co.uk/Unum/unum_in_uk.pdf (Abruf 13.01.15)

[718] *"Hence, it can be argued that the existing disease focussed approach to illness practiced by modern Western medicine can only survive as long as the large numbers of patients whose somatic symptoms are not "explained" by disease are conveniently removed."* Zitiert aus Rief, Winfried, Sharpe, Michael „Somatoform disorders - new approaches to classification, conceptualization and treatment", Journal of Psychosomatic Research (Volume 56 Issue 4 (April 2004) P. 387–390), nachzulesen auf http://www.jpsychores.com/article/S0022-3999(03)00621-4/abstract, Volltext auf

http://forums.prohealth.com/forums/index.php?threads/cfs-to-be-re-classified.99072/ (Abruf 13.01.15)

[719] *„If the chronic fatigue syndrome did not exist, our current medical and social care systems might force us to invent it."* Zitiert aus der Übersetzung von Regina Clos „Zitate von Simon Wessely und Michael Sharpe - Auszüge aus Quotable Quotes about ME/CFS von Margaret Williams", nachzulesen auf http://www.cfs-aktuell.de/februar12_2.htm. (Abruf 13.01.15)

Originalzitat aus Wessely S "Chronic fatigue: Symptom and Syndrome", Annals of Internal Medicine 2001:134: 9S:838-843, Abstract nachzulesen auf http://www.researchgate.net/publication/11991809_Chronic_fatigue_symptom_and_syndrome, Zitat nachzulesen auf Wessely Speaks on ME.doc - The One Click Group https://www.google.de/url?sa=t&rct=j&q=&esrc=s&source=web&cd=4&cad=rja&uact=8&ved=0CDkQFjAD&url=http%3A%2F%2Fwww.theoneclickgroup.co.uk%2Fdocuments%2FME-CFS_docs%2FWessely%2520Speaks%2520on%2520ME.doc&ei=fHm0U5iZHoWjPdeMgcgJ&usg=AFQjCNFbwast9NTmwsyOGxXXi6AfltIpZw&bvm=bv.70138588,d.ZWU (Abruf 13.01.15)

Eine Zusammenstellung der „Wessely-School"-Zitate von Margaret Williams ist unter dem Titel „Quotable Quotes About ME/CFS" zu lesen auf http://www.meactionuk.org.uk/Quotable_Quotes_Updated.pdf (Abruf 13.01.15)

[720] Rief, Winfried, Sharpe, Michael „Somatoform disorders - new approaches to classification, conceptualization and treatment", Journal of Psychosomatic Research (Volume 56 Issue 4 (April 2004) P. 387–390), nachzulesen auf http://www.jpsychores.com/article/S0022-3999(03)00621-4/abstract, Volltext auf http://forums.prohealth.com/forums/index.php?threads/cfs-to-be-re-classified.99072/ (Abruf 13.01.15)

[721] *„Ein Würzburger Forscherteam hat nun erstmals Beweise gefunden, die die Schmerzen erklären: "Wir haben bei Patienten mit einem Fibromyalgie-Syndrom deutliche Zeichen für eine Schädigung der kleinen Nervenfasern nachgewiesen", sagte Neurologin Claudia Sommer von der Uniklinik Würzburg. Die Studie wurde in der Fachzeitschrift "Brain" veröffentlicht."* Zitiert am 14.03.2013 aus http://www.welt.de/gesundheit/article114443962/Forscher-finden-kaputte-Nerven-bei-Fibromyalgie.html (Abruf 13.01.15)

Siehe Sommer, Claudia et al. "Small fibre pathology in patients with fibromyalgia syndrome", Brain, DOI: http://dx.doi.org/10.1093/brain/awt053. First published online: 9 March 2013, Volltext nachzulesen , auf http://brain.oxfordjournals.org/content/early/2013/03/09/brain.awt053.

Am gleichen Tag erscheint in der Ärztezeitung der „Gegen-Artikel" über eine Studie von Psychosomatikern und Rheumatologen (Wolfe, Frederick et al. „Fibromyalgia Prevalence, Somatic Symptom Reporting, and the Dimensionality of Polysymptomatic Distress: Results From a Survey of the General Population", Arthritis Care & Research, Volume 65, Issue 5, pages 777–785, May 2013, Article first published online: 23 APR 2013, DOI: 10.1002/acr.21931, Abstract nachzulesen auf http://onlinelibrary.wiley.com/doi/10.1002/acr.21931/abstract) Zitat: *„Die Vorstellung, dass man quasi mit einer scharfen Trennlinie Kranke von Nicht-Kranken abgrenzen könne, ließe sich nun nicht mehr aufrechterhalten, resümieren Wolfe und Kollegen: "Unsere Studie stützt die Hypothese, dass es sich bei der Fibromyalgie um eine Spektrumstörung handelt."* Nachzulesen auf http://www.aerztezeitung.de/medizin/krankheiten/schmerz/article/834465/fibromyalgie-krankheit-scharfe-grenzen.html (Abruf 13.01.15)

[722] ***„Specialist liaison psychiatry and health psychology services have an important part to play."*** (H.d.A.) Zitat aus Rief, Winfried, Sharpe, Michael „Somatoform disorders - new approaches to classification, conceptualization and treatment", Journal of Psychosomatic Research (Volume 56 Issue 4 (April 2004) P. 387–390), nachzulesen auf http://www.jpsychores.com/article/S0022-3999(03)00621-

4/abstract Volltext auf http://forums.prohealth.com/forums/index.php?threads/cfs-to-be-re-classified.99072/ (Abruf 13.01.15)

[723] *"At least 20% of doctor visits are for somatic symptoms that are not explained by conventionally defined disease (see also Fink, this issue)."* Zitat aus Rief, Winfried, Sharpe, Michael „Somatoform disorders - new approaches to classification, conceptualization and treatment", Journal of Psychosomatic Research (Volume 56 Issue 4 (April 2004) P. 387–390), nachzulesen auf http://www.jpsychores.com/article/S0022-3999(03)00621-4/abstract, Volltext auf http://forums.prohealth.com/forums/index.php?threads/cfs-to-be-re-classified.99072/ (Abruf 13.01.15)

[724] *„Wichtig für die Praxis der biopsychosozialen Medizin ist auch die Einsicht, dass man nicht Experte sein muss auf allen Systemebenen des Modells. Es ist gar nicht zumutbar, dass der Therapeut sowohl Experte in den Aspekten der hard core medicine einer beliebigen Störung als auch psychologischer Experte für die intrapsychischen und individuellen Lebenswelt-bezogenen Aspekten des kranken Menschen oder gar darüber hinaus auch noch Fachmann für die öko-sozialen Korrelate einer Erkrankung ist."* Zitat aus Egger, Josef W. „Das biopsychosoziale Krankheitsmodell in der Praxis", 2008, nachzulesen auf http://www.dgvt-fortbildung.de/interaktive-fortbildung/archiv-der-fachartikel/archiv/egger-jw-2008-das-biopsychosoziale-krankheitsmodell-in-der-praxis/ (Abruf 13.01.15)

[725] *"„A change in classification would save the industry millions of dollars.""* Zitat aus Williams, Margaret „Wessely, Woodstock and Warfare?" 9.08.2007, nachzulesen auf http://www.meactionuk.org.uk/Wessely_Woodstock_and_Warfare.htm (Abruf 13.01.15)

[726] Deutsches Ärzteblatt, Oktober 2011, http://www.aerzteblatt.de/nachrichten/47760 (Abruf 13.01.15)

[727] Prof. Scheibenbogen, Carmen „Rituximab in der Behandlung des ME/CFS", Vortrag am 22.9.12 in Dortmund, Bericht von Regina Clos, nachzulesen auf http://www.cfs-aktuell.de/november12_1.htm (Abruf 13.01.15)

[728] Siehe „Managing claims for chronic fatigue the active way", nachzulesen auf http://www.swissre.com/clients/newsletters/Managing_claims_for_chronic_fatigue_the_active_way.html (Abruf 13.01.15)

[729] Centers for Disease Control and Prevention

[730] Siehe Lin, Jin-Mann S et. al „The economic impact of chronic fatigue syndrome in Georgia: direct and indirect costs", Cost Eff Resour Alloc. 2011; 9: 1. Published online 2011 January 21. doi: 10.1186/1478-7547-9-1, nachzulesen auf http://www.ncbi.nlm.nih.gov/pmc/articles/PMC3033815/

[731] Siehe Prof. Komaroff, Anthony L. „Die neueste CFS-Forschung", Vortrag April 2010 bei der Massachusetts CFIDS/ME & FM Association, in der Übersetzung von Regina Clos nachzulesen auf http://www.cfs-aktuell.de/Komaroff%20cfs%20aktuell.pdf (Abruf 13.01.15)

[732] Siehe Jason, Leonard A, Benton, Mary C, [...], and Torres-Harding, Susan "The Economic impact of ME/CFS: Individual and societal costs", Dyn Med. 2008 Apr 8;7:6. doi: 10.1186/1476-5918-7-6., nachzulesen auf http://www.ncbi.nlm.nih.gov/pmc/articles/PMC2324078/

[733] *"Those who cannot be fitted into a scheme of objective bodily illness yet refuse to be placed into and accept the stigma of mental illness remain the undeserving sick of our society and our health service."* (Zitiert aus der Übersetzung von Regina Clos „Zitate von Simon Wessely und Michael Sharpe - Auszüge aus Quotable Quotes about ME/CFS von Margaret Williams", nachzulesen auf http://www.cfs-aktuell.de/februar12_2.htm, Abruf 13.01.15) Originalzitat aus Sharpe, Michael "ME. What do we know (real physical illness or all in the mind?", Lecture given in October 1999 by Michael Sharpe, hosted by the University of Strathclyde, nachzulesen auf http://www.meactionuk.org.uk/ME_-_What_do_we_Know_-_October_1999_-_310805.htm (Abruf 13.01.15).

Eine Zusammenstellung der „Wessely-School"-Zitate von Margaret Williams ist unter dem Titel „Quotable Quotes About ME/CFS" zu lesen auf http://www.meactionuk.org.uk/Quotable_Quotes_Updated.pdf (Abruf 13.01.15)

734 Zitat Bundesministerium für Familie, Senioren, Frauen und Jugend „Einmischen Mitmischen – Informationsbroschüre für behinderte Mädchen und Frauen", S. 145, nachzulesen auf http://www.bmfsfj.de/RedaktionBMFSFJ/Broschuerenstelle/Pdf-Anlagen/PRM-24897-Text-Broschure-Einmischen.Mitm,property=pdf,bereich=,rwb=true.pdf (Abruf 15.01.15)

735 Zitiert aus der Übersetzung von Regina Clos „Zitate von Simon Wessely und Michael Sharpe - Auszüge aus Quotable Quotes about ME/CFS von Margaret Williams", nachzulesen auf http://www.cfs-aktuell.de/februar12_2.htm (Abruf 13.01.15) *"Attribution of unexplained symptoms to a "virus", as happens in most patients with the label of ME, may preserve self-esteem and protect against the stigma of psychiatric disorder."* Originalzitat aus Howard, LM, Wessely, S "Psychiatry in the allergy clinic: the nature and management of patients with non-allergic symptoms.", Clinical and experimental Allergy 1995:25:503-514. Nachzulesen auf "Wessely Speaks on ME.doc - The One Click Group", https://www.google.de/url?sa=t&rct=j&q=&esrc=s&source=web&cd=4&cad=rja&uact=8&ved=0CDkQFjAD&url=http%3A%2F%2Fwww.theoneclickgroup.co.uk%2Fdocuments%2FME-CFS_docs%2FWessely%2520Speaks%2520on%2520ME.doc&ei=fHm0U5iZHoWjPdeMgcgJ&usg=AFQjCNFbwast9NTmwsyOGxXXi6AfItIpZw&bvm=bv.70138588,d.ZWU (Abruf 15.01.15)

Eine Zusammenstellung der „Wessely-School"-Zitate von Margaret Williams ist unter dem Titel „Quotable Quotes About ME/CFS" zu lesen auf http://www.meactionuk.org.uk/Quotable_Quotes_Updated.pdf (Abruf 15.01.15)

736 Zitiert aus der Übersetzung von Regina Clos „Zitate von Simon Wessely und Michael Sharpe - Auszüge aus Quotable Quotes about ME/CFS von Margaret Williams", nachzulesen auf http://www.cfs-aktuell.de/februar12_2.htm. (Abruf 15.01.15) *„Patients with inexplicable physical symptoms are usually strongly resistant to any psychological interpretation (and) are generally viewed as an unavoidable, untreatable and unattractive burden."* Originalzitat aus Wilkie, Alcuin, Wessely, Simon "Patients with medically unexplained symptoms", British Journal of Hospital Medicine: 1994:51:8:421-427. Abstract nachzulesen auf http://www.ncbi.nlm.nih.gov/pubmed/8081582

Eine Zusammenstellung der „Wessely-School"-Zitate von Margaret Williams ist unter dem Titel „Quotable Quotes About ME/CFS" zu lesen auf http://www.meactionuk.org.uk/Quotable_Quotes_Updated.pdf (Abruf 15.01.15)

737 Zitiert aus der Übersetzung von Regina Clos „Zitate von Simon Wessely und Michael Sharpe - Auszüge aus Quotable Quotes about ME/CFS von Margaret Williams", nachzulesen auf http://www.cfs-aktuell.de/februar12_2.htm. (Abruf 15.01.15) *„Patients at the severe end of the spectrum exert a disproportionately large and avoidable financial burden on the health and social services."* Originalzitat aus Wilkie, Alcuin, Wessely, Simon "Patients with medically unexplained symptoms", British Journal of Hospital Medicine: 1994:51:8:421-427, Abstract nachzulesen auf http://www.ncbi.nlm.nih.gov/pubmed/8081582

738 Zitiert aus der Übersetzung von Regina Clos „Zitate von Simon Wessely und Michael Sharpe - Auszüge aus Quotable Quotes about ME/CFS von Margaret Williams", nachzulesen auf http://www.cfs-aktuell.de/februar12_2.htm. (Abruf 15.01.15) *„Somatisation sufferers consume vast amounts of health resources for little benefit."* Originalzitat aus Howard, LM, Wessely, S "Psychiatry in the allergy clinic: the nature and management of patients with non-allergic symptoms". Clinical and experimental Allergy 1995:25:503-514, Zitat nachzulesen auf "Wessely Speaks on ME.doc - The One Click Group", https://www.google.de/url?sa=t&rct=j&q=&esrc=s&source=web&cd=4&cad=rja&uact=8&ved=0CDkQFjAD&url=http%3A%2F%2Fwww.theoneclickgroup.co.uk%2Fdocuments%2FME-CFS_docs%2FWessely%2520Speaks%2520on%2520ME.doc&ei=fHm0U5iZHoWjPdeMgcgJ&usg=AFQjCNFbwast9NTmwsyOGxXXi6AfItIpZw&bvm=bv.70138588,d.ZWU (Abruf 15.01.15)

[739] Zitiert aus der Übersetzung von Regina Clos „Zitate von Simon Wessely und Michael Sharpe - Auszüge aus Quotable Quotes about ME/CFS von Margaret Williams", nachzulesen auf http://www.cfs-aktuell.de/februar12_2.htm (Abruf 15.01.15) *„Purchasers and Health Care providers with hard pressed budgets are understandably reluctant to spend money on patients who are not going to die and for whom there is controversy about the 'reality' of their condition (and who) are in this sense undeserving of treatment."* Originalzitat aus Sharpe, Michael "ME. What do we know (real physical illness or all in the mind?)", Lecture given in October 1999 by Michael Sharpe, hosted by the University of Strathclyde, nachzulesen auf http://www.meactionuk.org.uk/ME - What do we Know - October 1999 - 310805.htm (Abruf 15.01.15).

Eine Zusammenstellung der „Wessely-School"-Zitate von Margaret Williams ist unter dem Titel „Quotable Quotes About ME/CFS" zu lesen auf http://www.meactionuk.org.uk/Quotable_Quotes_Updated.pdf (Abruf 15.01.15)

[740] Wessely-Zitat aus der Übersetzung von Regina Clos "Nicht die Krankheit, sondern die Kranken bekämpfen - Medienkampagne von Simon Wessely gegen Patienten mit ME/CFS", nachzulesen auf http://www.cfs-aktuell.de/september11_2.htm (Abruf 15.01.15)
"In 1991, he [Simon Wessely, Anm. D. A.] cited medical comments made between 1880 and 1908 on patients with neurasthenia, with the clear implication that such descriptions apply equally well to today's ME patients: "always ailing, seldom ill; a useless, noxious element of society; purely mental cases; laziness, weakness of mind and supersensitiveness characterises them all; the terror of the busy physician"." Zitat aus dem Leserbrief vom 25.08.2011 von Professor Malcolm Hooper an den „Observer", nachzulesen auf http://www.meactionuk.org.uk/Response-to-Observer-article.htm (Abruf 15.01.15)

(BMB 1991:47:4:919-941) Originalzitat *„Clark143 called neurasthenics, 'always ailing, seldom ill'—whilst the 'wealthy neurasthenic will be a useless, frivolous, noxious element of society'.144 Charles Beevor145 joined Clifford Allbutt in reminding doctors that, 'on no account should the patient's symptoms be laughed at', but it was to little avail. At the Johns Hopkins Hospital 'the neurasthenic patient is treated by physicians ... with ridicule or a contemptuous summing up of his case in the phrase "there is nothing the matter, he is only nervous".'146 In the USA Jelliffe, then a neurologist but later a famous psychoanalyst, described them as 'purely mental cases. Laziness, indifference, weakness of mind and supersensitiveness characterise them all. They are ... ill because of lack of moral courage'.147 Even those sympathetic to neurasthenics could not avoid a note of irritation and condescension. Patients were 'the terror of the busy physician',19 'occupied by their symptoms beyond reason',11 going from physician to physician,14'20 where they 'write down their sensations in long memoranda which they hasten to read and to explain'.11"* Zitiert aus Wessely, S „History of postviral fatigue syndrome", S.935, British Medical Bulletin Volume 47, Issue 4 Pp. 919-941, Abstract nachzulesen auf http://bmb.oxfordjournals.org/content/47/4/919.abstract, Volltext auf http://www.simonwessely.com/Downloads/Publications/CFS/20.pdf (Abruf 15.01.15)

Teil II Die Hintergründe/Kapitel III Psychologie als Verlegenheitsdiagnose?/8 Die „Wessely-School" und das deutsche Gesundheitswesen

[741] Siehe u.a. Rief, Winfried, Sharpe, Michael „Somatoform disorders - new approaches to classification, conceptualization and treatment", Journal of Psychosomatic Research (Volume 56 Issue 4 (April 2004) P. 387–390), nachzulesen auf http://www.jpsychores.com/article/S0022-3999(03)00621-4/abstract, Volltext auf http://forums.prohealth.com/forums/index.php?threads/cfs-to-be-re-classified.99072/ (Abruf 13.01.15)

Siehe auch z.B. Creed F, Henningsen P, Fink P "Medically unexplained symptoms, somatisation and bodily distress" Cambridge: Cambridge University Press, 2011.

[742] https://www.iqwig.de/ (Abruf 15.01.15)

[743] *„Aufträge darf das IQWiG ausschließlich vom Gemeinsamen Bundesausschuss (G-BA) oder vom Bundesministerium für Gesundheit (BMG) annehmen. [...] Die Ergebnisse der Aufträge des G-BA werden als*

Berichte, Rapid Reports (Schnellberichte), Dossierbewertungen oder Potenzialbewertungen veröffentlicht." Zitat nachzulesen auf https://www.iqwig.de/de/ueber-uns/aufgaben-und-ziele/auftraggeber-und-finanzierung.2951.html (Abruf 15.01.15)

„*Das IQWiG erstellt: Ausführliche Berichte und Rapid Reports zur Nutzenbewertung oder zur Bewertung von Kosten-Nutzen-Verhältnissen.*" Zitat nachzulesen auf https://www.iqwig.de/de/methoden/ergebnisse.3016.html (Abruf 15.01.15)

„*Gesundheitsinformationen: Allgemein verständliche Informationen für Bürgerinnen und Bürger, die informierte Entscheidungen zur eigenen Gesundheit erleichtern sollen. Diese Informationen finden Sie auf der Website, www.gesundheitsinformation.de.*" Zitat nachzulesen auf https://www.iqwig.de/de/methoden/ergebnisse.3016.html (Abruf 15.01.15)

744 Und weiter: „*[...] Die Information des IQWIG finden Sie im Internet unter http://www.gesundheitsinformation.de/sidgid6f85b7f20d7240cc097e0147e7ed12e/chronisch es-muedigkeitssyndrom-was-kann-die-symptome-bei-erwachsenen.397.de.html.*" Zitiert aus einem Brief des BMG vom 13.07.12 an die Autorin. (Der im Brief genannte Link ist nicht mehr abrufbar, weil die Informationen zum „Chronischen Müdigkeitssyndrom" auf der Website ersatzlos gelöscht wurden!)

745 Zitat aus www.gesundheitsinformation.de (Abruf 20.07.12) (http://www.gesundheitsinformation.de /sidgid6f85b7f20d7240cc097e0147e7ed12e/chronisch es-muedigkeitssyndrom-was-kann-die-symptome-bei-erwachsenen.397.de.html (Dieser Link ist nicht mehr abrufbar, weil die Informationen zum „Chronischen Müdigkeitssyndrom" auf der Website ersatzlos gelöscht wurden!)

746 Zitat aus ebd. (Abruf 20.07.12)

747 Zitat aus ebd. (Abruf 20.07.12)

748 Siehe „Kapitel XXI Faktoren, die den Gesundheitszustand beeinflussen und zur Inanspruchnahme des Gesundheitswesens führen (Z00-Z99)", nachzulesen auf http://www.dimdi.de/static/de/klassi/icd-10-gm/kodesuche/onlinefassungen/htmlgm2014/block-z70-z76.htm#Z73 (Abruf 16.01.15)

749 Siehe http://www.gesundheitsinformation.de/was-ist-ein-burnout-syndrom.2125.de.html?part=symptome-5i (Abruf 15.01.15)

750 Zitiert aus der Übersetzung von Regina Clos „Zitate von Simon Wessely und Michael Sharpe - Auszüge aus Quotable Quotes about ME/CFS von Margaret Williams", nachzulesen auf http://www.cfs-aktuell.de/februar12_2.htm. (Abruf 15.01.15) *"The vehemence with which many patients insist that their illness is medical rather than psychiatric has become one of the hallmarks of the condition."* Originalzitat aus Sharpe, Michael "ME. What do we know (real physical illness or all in the mind?)" Lecture given in October 1999 by Michael Sharpe, hosted by the University of Strathclyde, Zitat nachzulesen im Vortrag auf http://www.meactionuk.org.uk/ME - What do we Know - October 1999 - 310805.htm (Abruf 15.01.15)

751 Zitiert aus der Übersetzung von Regina Clos „Zitate von Simon Wessely und Michael Sharpe - Auszüge aus Quotable Quotes about ME/CFS von Margaret Williams", nachzulesen auf http://www.cfs-aktuell.de/februar12_2.htm (Abruf 15.01.15) *"I will argue that ME is simply a belief, the belief that one has an illness called ME."* Originalzitat aus Wessely, Simon "Microbes, Mental Illness, The Media and ME: The Construction of Disease." 9th Eliot Slater Memorial Lecture, Institute of Psychiatry, London, 12th May 1994, Zitat nachzulesen im Vortrag auf Page 01 http://www.meactionuk.org.uk/wessely_speech_120594.htm (Abruf 15.01.15)

752 "Reid S, Chalder T, Cleare A, Hotopf M, Wessely S. Chronic fatigue syndrome. Clinical Evidence 2007; 12: 1101", Zitat aus www.gesundheitsinformation.de (Abruf 20.07.12) (http://www.gesundheitsinformation.de /sidgid6f85b7f20d7240cc097e0147e7ed12e/chronisch es-muedigkeitssyndrom-was-kann-die-symptome-bei-erwachsenen.397.de.html, dieser Link ist nicht mehr abrufbar, weil die Informationen zum „Chronischen Müdigkeitssyndrom" auf der Website ersatzlos gelöscht wurden!)

[753] Bagnall, Anne-Marie, Hempel, Susanne, Chambers, Duncan, Orton, Vickie, Forbes, Carol „The treatment and management of Chronic fatigue syndrome (CFS)/myalgic encephalomyelitis (ME) in adults and children", CRD-Report 22, Centre for Reviews and Dissemination, University of York, February 2007, nachzulesen auf http://www.york.ac.uk/inst/crd/CRD_Reports/crdreport35.pdf (Abruf 15.01.15)

[754] Stand 2015

[755] Autoren der Studien sind (CBT) **Sharpe M**, Hawton K, Simkin S, Surawy C, Hackmann A, Klimes I, et al. "Cognitive behaviour therapy for the chronic fatigue syndrome: a randomized controlled trial." BMJ 1996;312:22-6. Autoren der Deale Studie (CBT) Deale A, Chalder T, Marks I, **Wessely S**. "Cognitive behavior therapy for chronic fatigue syndrome: a randomized controlled trial." Am J Psychiatry 1997;154:408-14. Autoren der Deale Follow-Up Studie: Deale A, Husain K, Chalder T, **Wessely S**. "Long-term outcome of cognitive behavior therapy versus relaxation therapy for chronic fatigue syndrome: a 5-year follow-up study". Am J Psychiatry 2001;158:2038-42. Fulcher Studie mit (GET) Fulcher KY, **White PD**. "Randomised controlled trial of graded exercise in patients with the chronic fatigue syndrome." BMJ 1997;314:1647-52. 2 Cox Studien am King`s College London, (Vize Dekan: Prof. **Wessely**): **Cox DL**. "Chronic fatigue syndrome: An evaluation of an occupational therapy inpatient intervention." Br J Occup Ther 2002;65:461-68. **Cox DL**. "An evaluation of an occupational therapy inpatient intervention for chronic fatigue Syndrome» [Ph.D]. London: King's College London, 1999. Wearden Studie (GET) **Wearden AJ**, Morriss RK, Mullis R, Strickland PL, Pearson DJ, Appleby L, et al. "Randomised, double-blind, placebo-controlled treatment trial of fluoxetine and graded exercise for chronic fatigue syndrome." Br J Psychiatry 1998;172:485-92.)

[756] *"What is the "Wessely School"? [...] Other leading members include psychiatrists* ***Michael Sharpe*** *(formerly of Oxford and now at Edinburgh, where* ***Alan Carson*** *now collaborates with him);* ***Peter White*** *(of St Bartholomew's Hospital, London);* ***Anthony David, Anthony Cleare, Stephen Reid*** *and* ***Matthew Hotopf*** *of The IOP and KCH and* ***Richard Mayou, Keith Hawton*** *and* ***Christopher Bass*** *of Oxford.* ***Trudie Chalder****, a former Registered Mental Nurse, works with Wessely and her name often appears on their publications and in funding applications. Other supporters include* ***Elena Garralda****, Professor of Child and Adolescent Psychiatry at St Mary's, London;* ***Tony Pelosi*** *of Glasgow;* ***Stephen Lawrie*** *of Edinburgh;* ***Alison Weardon*** *and* ***Leonie Ridsdale****, Senior Lecturer in General Practice at Guy's, King's and St Thomas', London."* (H.d.A.) zitiert aus Hooper, Malcolm "The Mental Health Movement: Persecution of Patients? A consideration of the role of Professor Simon Wessely and other members of the "Wessely School" in the perception of Myalgic Encephalomyelitis (ME) in the UK", Dec 2003, nachzulesen auf http://www.theoneclickgroup.co.uk/documents/ME-CFS_docs/The%20Mental%20Health%20Movement%20-%20Persecution%20of%20Patients.pdf (Abruf 15.01.15) oder auf http://www.meactionuk.org.uk/SELECT_CTTEE_FINAL_VERSION.htm (Abruf 15.01.15)

Teil II Die Hintergründe/Kapitel III Psychologie als Verlegenheitsdiagnose?/9 Wie kommen solche Studienergebnisse zustande?

[757] ***"Einige Symptome der Fukuda-Kriterien überlappen mit Depression, wohingegen die Kanadischen Konsenskriterien ME-Patienten von denen, die depressiv sind, unterscheiden und Patienten identifizieren, die körperlich geschwächter sind und größere körperliche und kognitive Funktionsbeeinträchtigungen haben."*** (H.d.A., Ü.d.A.) Originalzitat: *"Some symptoms of the Fukuda criteria overlap with depression whereas the Canadian Consensus Criteria differentiate ME patients from those who are depressed and identify patients who are more physically debilitated and have greater physical and cognitive functional impairments."* Zitiert aus Carruthers, B M, van de Sande, M I [...], and Stevens, S „Myalgic Encephalomyelitis: International Consensus Criteria", S. 328, Journal of INTERNAL MEDICINE Oct 2011, Review nachzulesen auf http://onlinelibrary.wiley.com/doi/10.1111/j.1365-2796.2011.02428.x/pdf oder auf http://www.ncbi.nlm.nih.gov/pmc/articles/PMC3427890/ und auf http://www.meassociation.org.uk/?p=7173 (Abruf 25.11.14)

[758] *"The clinical identity of the Myalgic Encephalomyelitis syndrome rests on three distinct features, namely: A. A unique form of muscle fatiguability whereby, even after a minor degree of physical effort, 3,4,5 days or longer elapse before full muscle power is restored. B. Variability and fluctuation of both symptoms and physical findings in the course of a day. And, C. An alarming tendency to become chronic."* Zitiert aus Ramsay, Melvin A. "THE CLINICAL IDENTITY OF THE MYALGIC ENCEPHALOMYELITIS SYNDROME", nachzulesen auf http://web.onetel.com/~kickback/THE%20CLINICAL%20IDENTITY%20OF%20ME.html (Abruf 29.03.15)

"ME was originally defined by Ramsay (1988a, 1988b). Although there are some variations in the versions of "his" criteria, Ramsay emphasized that a diagnosis ME should not be made if muscle fatigability and exceptionally prolonged muscle weakness and muscle pain after a minor exertion were not present in a patient (Ramsay, 1988a, 1988b). This distinctive phenomenon accounts for the first part of the name ME. Other essential features of ME relate to cerebral dysfunction, for example, impairment of memory and concentration deficits, day night reversal, and orthostatic tachycardia, and circulatory disturbances, for example, coldness of the extremities, and abnormally low body temperatures (Ramsay, 1988a, 1988b). "Fatigue" as mentioned by Ramsay and others is not fatigue in the common sense, but to a large extent related to muscle fatigability, and is not declared to be a distinctive feature. Another typical feature is the "extraordinary fluctuation of symptoms even in the course of one day" (Ramsay, 1988b)" Zitiert aus Twisk, Frank N.M. "Commentary on Jason et al. (2015): towards separate empirical case definitions of Myalgic Encephalomyelitis and chronic fatigue syndrome," Health Psychology and Behavioral Medicine, 2015 Vol. 3, No. 1, 109–110, http://dx.doi.org/10.1080/21642850.2015.102770, nachzulesen auf http://www.tandfonline.com/doi/pdf/10.1080/21642850.2015.1027705

[759] Vgl. Stein, Eleanor „Leitlinien für Psychiater", nachzulesen in der Übersetzung von Regina Clos auf http://www.cfs-aktuell.de/index-Dateien/Psychiater%20Leitlinien.pdf (Abruf 15.01.15)

[760] Siehe dazu auch Abschnitt II „Krankheitsdefinitionen".

Vgl. Jason, Leonard „Zur Problematik der neuen Prävalenzschätzungen der CDC zu CFS". Übersetzt von Regina Clos auf http://www.cfs-aktuell.de/Jason%20Kritik.pdf. (Abruf 15.01.15)

Die von dem amerikanischen Epidemiologen Dr. William Reeves im Jahre 2005 „operationalisierten" Fukuda-Kriterien, die sogenannte „empirische" Definition des „CFS" ("Chronic Fatigue Syndrome – A clinically empirical approach to its definition and study", BMC Medicine 2005, 3:19 doi:10.1186/1741-7015-3-19, nachzulesen auf http://www.biomedcentral.com/1741-7015/3/19.) schließt sogar Menschen ein, die in der Lage sind, Marathon zu laufen. Eine gemeindebasierte epidemiologische Studie von Reeves et al. schätzt die Prävalenzrate auf 2,54%, Simon Wessely et al. sogar auf 2,6%, wohingegen Reyes et al. nur auf 0,24% und Leonard Jason et al. auf 0,42% kommen. Sogar „Wessely-School"-Anhänger Peter White kritisiert die „empirische" Definition, wenn er schreibt, ***„„ […] dass es möglich wäre, das Erschöpfungskriterium zu erfüllen ohne bedeutende Erschöpfung, d.h. nur mit verminderter Aktivität alleine. Das ist nicht vereinbar mit den internationalen Studienkriterien für CFS.""*** (H.d.A.) Zitiert aus Jason, Leonard „Zur Problematik der neuen Prävalenzschätzungen der CDC zu CFS", übersetzt von Regina Clos auf http://www.cfs-aktuell.de/Jason%20Kritik.pdf. (Abruf 15.01.15)

[761] Professor Malcolm Hooper schreibt in einem Background Briefing für das House of Commons Select Health Committee: ***"[…]Wessely is well-known for using the terms "fatigue"; "chronic fatigue"; "CFS" and "ME" interchangeably, even though they may represent totally different patient populations."*** (H.d.A.) Zitat aus Hooper, Malcolm "The Mental Health Movement: Persecution of Patients? A consideration of the role of Professor Simon Wessely and other members of the "Wessely School" in the perception of Myalgic Encephalomyelitis (ME) in the UK", Dec 2003. Nachzulesen auf http://www.theoneclickgroup.co.uk/documents/ME-CFS_docs/The%20Mental%20Health%20Movement%20-%20Persecution%20of%20Patients.pdf (Abruf 15.01.15) oder http://www.meactionuk.org.uk/SELECT_CTTEE_FINAL_VERSION.htm (Abruf 15.01.15)

762 DEGAM = Deutsche Gesellschaft für Allgemeinmedizin und Familienmedizin. Die von der DEGAM herausgegebenen Leitlinien instruieren Hausärzte und Allgemeinmediziner bezüglich Diagnostik und Therapie diverser Krankheitsbilder. *„Ziel ist die Verbesserung der Versorgungsqualität und die Erhöhung der Nutzen-Aufwands-Relation hausärztlicher Versorgung."* Zitat nachzulesen auf http://leitlinien.degam.de/uploads/media/DEGAM_LL_Muedigkeit_Langfassung_2011_2.pdf (Abruf 25.11.14)

763 Für die Lost-Voices-Stiftung http://www.lost-voices-stiftung.org/ und das Bündnis ME/CFS http://www.buendnis-mecfs.de/ war Nicole Krüger vertreten, für den Bundesverband Chronisches Erschöpfungssyndrom Marlies Zurhorst

764 Dipl. Soz., Leiter des Arbeitsbereichs Qualitätsförderung und Konzeptentwicklung am Institut für Allgemeinmedizin der Johann Wolfgang Goethe-Universität in Frankfurt am Main, http://www.allgemeinmedizin.uni-frankfurt.de/team/mit_beyer.html (Abruf 15.01.15)

765 Zitiert aus Clos, Regina „Kommentar zum Bezug des Artikels zu den Leitlinien Müdigkeit", Februar 2012, nachzulesen auf http://www.cfs-aktuell.de/februar12_4.htm (Abruf 15.01.15)

766 Evidenzbasierte Medizin ist einer seiner Schwerpunkte, siehe http://www.allgemeinmedizin.uni-frankfurt.de/team/mit_beyer.html (Abruf 15.01.15)

767 **PACE = P**acing, graded **A**ctivity and **C**ognitive behaviour therapy: a randomised **E**valuation

768 White, Peter et al. "Comparison of adaptive pacing therapy, cognitive behaviour therapy, graded exercise therapy, and specialist medical care for chronic fatigue syndrome (PACE): a randomised trial", The Lancet: 10.1016/S0140-6736(11)60096-2, Volltext auf http://www.thelancet.com/journals/lancet/article/PIIS0140-6736(11)60096-2/fulltext oder http://www.thelancet.com/journals/lancet/article/PIIS0140-6736(11)60096-2/fulltext

769 ***„Conflicts of interest PDW has done voluntary and paid consultancy work for the UK Departments of Health and Work and Pensions and Swiss Re (a reinsurance company). DLC has received royalties from Wiley. JB was***
on the guideline development group of the National Institute for Health and Clinical Excellence guidelines for chronic fatigue syndrome and myalgic encephalomyelitis and has undertaken paid work for the insurance industry. GM has received royalties from Karnac. TC has done consultancy work for insurance companies and has received royalties from Sheldon Press and Constable and Robinson. MB has received royalties from Constable and Robinson. MS has done voluntary and paid consultancy work for government and for legal and insurance companies, and has received royalties from Oxford University Press." (H.d.A.) Zitat ebd.

770 *"By letter dated 17th March 2011, the DWP Central Freedom of Information Team (re)confirmed that the PACE Trial was the only clinical trial funded by the DWP […]"* Zitat aus Hooper, Malcolm "REPORT: COMPLAINT TO THE RELEVANT EXECUTIVE EDITOR OF THE LANCET ABOUT THE PACE TRIAL ARTICLES PUBLISHED BY THE LANCET", März 2011, nachzulesen auf http://www.mecfs-vic.org.au/sites/www.mecfs-vic.org.au/files/Article-2011Hooper-Complaint.pdf (Abruf 11.12.14)

771 *„The PACE trial was funded by the UK Medical Research Council (MRC G0200434), the Department of Health for England, the UK* ***Department for Work and Pensions****, and the Chief Scientist Offi ce of the Scottish Government Health Directorates."* (H.d.A.) Zitat aus White, Peter et al. "Comparison of adaptive pacing therapy, cognitive behaviour therapy, graded exercise therapy, and specialist medical care for chronic fatigue syndrome (PACE): a randomised trial", The Lancet: 10.1016/S0140-6736(11)60096-2, nachzulesen auf http://www.thelancet.com/journals/lancet/article/PIIS0140-6736(11)60096-2/fulltext oder http://www.thelancet.com/journals/lancet/article/PIIS0140-6736(11)60096-2/fulltext

772 *„22. You must be open and honest with participants and members of the research team, including non-medical staff, when sharing information about a research project. You must answer questions honestly and as fully as possible."* Zitat nachzulesen auf http://www.gmc-uk.org/guidance/ethical_guidance/6005.asp

„10. You must make sure that decisions at all stages of research, especially for recruitment, are free from discrimination[2] and respect participants' equality and diversity. You should take all reasonable steps to make sure that

people eligible to participate in a project are given equal access to take part and the opportunity to benefit from the research. Where appropriate, you should use patient and public involvement groups at all stages of the project to help make sure that the research is well designed and conducted." Zitat nachzulesen auf http://www.gmc-uk.org/guidance/ethical_guidance/6003.asp

„*67 You must act with honesty and integrity when designing, organising or carrying out research, and follow national research governance guidelines and our guidance.*" Zitat nachzulesen auf http://www.gmc-uk.org/guidance/good_medical_practice/20462.asp, alle Zitate aus "Good practice in research and Consent to research", General Medical Council, nachzulesen auf http://www.gmc-uk.org/guidance/index.asp (Abruf 15.01.15)

[773] Siehe auch die Videos von Graham McPhee (https://www.facebook.com/pages/ME-Analysis/290904064336076) zur PACE Trial, Übersetzung Regina Clos, Synchronisation Dana Geissler, Roland Platz, Sprecher: Dana Geissler und Thomas Wenke (Abruf 16.01.15):
Video 1 http://youtu.be/oL8EbOzfgLk, Video 2 http://youtu.be/lmrE3sXwmAQ,
Video 3 http://youtu.be/DOvxDOIvWM4, Video 4: http://youtu.be/ivkXkPsD-6A

[774] *"We selected participants in accordance with Oxford criteria for chronic fatigue syndrome."* Zitiert aus White, Peter et al. "Comparison of adaptive pacing therapy, cognitive behaviour therapy, graded exercise therapy, and specialist medical care for chronic fatigue syndrome (PACE): a randomised trial", The Lancet: 10.1016/S0140-6736(11)60096-2, nachzulesen auf http://www.thelancet.com/journals/lancet/article/PIIS0140-6736(11)60096-2/fulltext oder http://www.thelancet.com/journals/lancet/article/PIIS0140-6736(11)60096-2/fulltext

Siehe auch das Statement „Response to PACE Trials" von „Invest in ME" an "The Lancet" auf http://www.investinme.org/IIME%20Statement%202011-03-01.htm (Abruf 16.01.15)

[775] *"In their letter, Peter White et al state: „The PACE trial paper refers to chronic fatigue syndrome (CFS) which is operationally defined; it does not purport to be studying CFS/ME." The sentence continues by stating that the PACE Trial studied: „CFS defined simply as a principal complaint of fatigue that is disabling, having lasted six months, with no alternative medical explanation (Oxford criteria).""* Zitat aus Hooper, Malcolm "Initial response by Professor Malcolm Hooper to an undated letter sent by Professor Peter White to Dr Richard Horton, Editor-in-Chief of The Lancet 18th May 2011", nachzulesen auf http://www.meactionuk.org.uk/Hoopers-initial-response-to-PDW-letter.htm. (Abruf 16.01.15)

[776] *„The choice of the Oxford criteria is noteworthy, given that one of the Principal Investigators himself (Professor Sharpe) stated in 1997 that the Oxford criteria* ***"have been superseded by international consensus"*** *(Chronic fatigue syndrome and occupational health. A Mountstephen and M Sharpe. Occup Med 1997:47:4:217-227).* ***"It is highly unusual to use criteria in a clinical trial that have been superseded."*** Zitat aus Hooper, Malcolm "REPORT: COMPLAINT TO THE RELEVANT EXECUTIVE EDITOR OF THE LANCET ABOUT THE PACE TRIAL ARTICLES PUBLISHED BY THE LANCET", März 2011, nachzulesen auf http://www.mecfs-vic.org.au/sites/www.mecfs-vic.org.au/files/Article-2011Hooper-Complaint.pdf (Abruf 11.12.14)

[777] *"Furthermore, the Chief Principal Investigator himself (Peter White) has previously acknowledged that the Oxford criteria "allow co-morbid mood disorders" and warned that his own data "suggest that the Oxford criteria should be used with caution" when attempting to distinguish between ME/CFS and mood disorders (Lancet 2001:358:9297:1946-1953). Six years earlier, White stated: "…the complaint of post-exertional physical fatigue may help to differentiate post-viral fatigue states from psychiatric disorders…This study provides evidence that previous definitions have been over-inclusive, and that the post-viral fatigue syndrome is probably not a misclassified psychiatric disorder…This is the first clinical evidence to suggest that a postviral fatigue syndrome is a discrete, valid and reliable condition. This supports the differentiation found with endocrine measures in the chronic fatigue syndrome"(Psychological Medicine 1995:25(5):917-924). Professor White is also on record in 1995 stating: "The Oxford criteria are more widely defined…(and) allow the inclusion of affective illnesses….There are marked discrepancies between the empirical syndrome and descriptions of myalgic encephalomyelitis….These descriptions included physical symptoms which are not found in our syndrome, such as …*

dysequilibrium, hot flushes and myalgia….These discrepancies may be because myalgic encephalomyelitis is a different illness" (Psychol Med 1995:25(5):907-916). " Zitiert aus ebd.

778 Siehe ebd.

Vgl. auch den Abschnitt „Conflicts of Interest" der PACE Trial: ***„Conflicts of interest PDW has done voluntary and paid consultancy work for the UK Departments of Health and Work and Pensions and Swiss Re (a reinsurance company)."*** (H.d.A.)

779 Zum Ausschluss neurologischer Symptome bei den Oxford-Kriterien siehe das Statement eines der Autoren dieser Definition, Prof. Anthony David: *„One of the authors of the Oxford criteria, psychiatrist Professor Anthony David, clarified the issue of whether or not the Oxford criteria exclude people with neurological disorders:* ***"British investigators have put forward an alternative, less strict, operational definition which is essentially chronic (6 months or more) …fatigue in the absence of neurological signs, (with) psychiatric symptoms…as common associated features"*** *(„Postviral fatigue syndrome and psychiatry", A.S. David; BMB 1991:47:4:966-988, Abstract auf http://bmb.oxfordjournals.org/content/47/4/966.abstract)."* Zitat aus Hooper, Malcolm "REPORT: COMPLAINT TO THE RELEVANT EXECUTIVE EDITOR OF THE LANCET ABOUT THE PACE TRIAL ARTICLES PUBLISHED BY THE LANCET", März 2011, nachzulesen auf http://www.mecfs-vic.org.au/sites/www.mecfs-vic.org.au/files/Article-2011Hooper-Complaint.pdf (Abruf 11.12.14)

780 *"Our trial had limitations. We excluded patients unable to attend hospital."* Zitiert aus White, Peter et al. "Comparison of adaptive pacing therapy, cognitive behaviour therapy, graded exercise therapy, and specialist medical care for chronic fatigue syndrome (PACE): a randomised trial", The Lancet: 10.1016/S0140-6736(11)60096-2, nachzulesen auf http://www.thelancet.com/journals/lancet/article/PIIS0140-6736(11)60096-2/fulltext oder http://www.thelancet.com/journals/lancet/article/PIIS0140-6736(11)60096-2/fulltext

781 *"Methods Study design and participants […]* ***11 months after the trial began, this requirement was changed from a score of 60 to a score of 65 to increase recruitment."*** (H.d.A.) Zitiert aus ebd.

782 *"Measures Primary outcome measures – Primary efficacy measures […] We will count a score of 75 (out of a maximum of 100) or more,* or *a 50% increase from baseline in SF-36 sub-scale score as a positive outcome."* Zitat aus White, Peter D, Sharpe, Michael C, Chalder, Trudie, DeCesare, Julia C, Walwyn, Rebecca and the PACE trial group "Protocol for the PACE trial: A randomised controlled trial of adaptive pacing, cognitive behaviour therapy, and graded exercise as supplements to standardised specialist medical care versus standardised specialist medical care alone for patients with the chronic fatigue syndrome/myalgic encephalomyelitis or encephalopathy", BMC Neurology, 2007, doi:10.1186/1471-2377-7-6, nachzulesen auf http://www.biomedcentral.com/1471-2377/7/6 oder auf http://www.ncbi.nlm.nih.gov/pmc/articles/PMC2147058/

783 *""Recovery" will be defined by meeting all four of the following criteria: (i) a Chalder Fatigue Questionnaire score of 3 or less [27], (ii) SF-36 physical Function score of 85 or above [47,48], (iii) a CGI score of 1 [45], and (iv) the participant no longer meets Oxford criteria for CFS [2], CDC criteria for CFS [1] or the London criteria for ME."* Zitat aus ebd.

784 *"**Statistical analysis** We calculated sample sizes assuming 60% response to CBT at 52 weeks, 50% response to GET, […]"*, zitiert aus White, Peter et al. "Comparison of adaptive pacing therapy, cognitive behaviour therapy, graded exercise therapy, and specialist medical care for chronic fatigue syndrome (PACE): a randomised trial", The Lancet: 10.1016/S0140-6736(11)60096-2, nachzulesen auf http://www.thelancet.com/journals/lancet/article/PIIS0140-6736(11)60096-2/fulltext oder http://www.thelancet.com/journals/lancet/article/PIIS0140-6736(11)60096-2/fulltext

785 *"**Statistical analysis** […] In another post-hoc analysis, we compared the proportions of participants who had scores of both primary outcomes within* **the normal range** *at 52 weeks.* **This range was defined** *as less than the mean plus 1 SD scores of adult attendees to UK general practice of 14·2 (+4·6) for fatigue (score of 18 or less) and equal to or above the mean minus 1 SD scores of the UK working age population of 84 (−24)* ***for physical function (score of 60 or more)****."* (H.d.A.) Zitat aus ebd.

[786] Siehe dazu auch das Schaubild von Graham McPhee auf http://meetup.org.uk/newtome/Resources/recoverysummarysheetD.pdf (Abruf 1.06.15)

[787] ***"Eligibility assessment and consent for assessment – visit 1** […]9. The RN will also fit the actometer [18] to the patient with an appropriate explanation and ask them to wear it until return on visit 2 or for one week (whichever is soonest)."* Zitiert aus White, Peter D, Sharpe, Michael C, Chalder, Trudie, DeCesare, Julia C, Walwyn, Rebecca and the PACE trial group "Protocol for the PACE trial: A randomised controlled trial of adaptive pacing, cognitive behaviour therapy, and graded exercise as supplements to standardised specialist medical care versus standardised specialist medical care alone for patients with the chronic fatigue syndrome/myalgic encephalomyelitis or encephalopathy", BMC Neurology, 2007, doi:10.1186/1471-2377-7-6, nachzulesen auf http://www.biomedcentral.com/1471-2377/7/6 oder auf http://www.ncbi.nlm.nih.gov/pmc/articles/PMC2147058/

Siehe dazu auch Clos, Regina „Die PACE-Studie – Analyse 2. Teil", Februar 2013, nachzulesen auf http://www.cfs-aktuell.de/februar13_1.htm (Abruf 16.01.15) und Clos, Regina „Die PACE-Studie- ein großangelegter wissenschaftlicher Betrug", Januar 2013, nachzulesen auf http://www.cfs-aktuell.de/januar13_3.htm (Abruf 16.01.15)

[788] *"The PACE findings can be generalised to patients who also meet alternative diagnostic criteria for chronic fatigue syndrome and myalgic encephalomyelitis* ***but only if fatigue is their main symptom****."* (H.d.A.) Zitiert aus White, Peter et al. "Comparison of adaptive pacing therapy, cognitive behaviour therapy, graded exercise therapy, and specialist medical care for chronic fatigue syndrome (PACE): a randomised trial", The Lancet: 10.1016/S0140-6736(11)60096-2, nachzulesen auf http://www.thelancet.com/journals/lancet/article/PIIS0140-6736(11)60096-2/fulltext oder http://www.thelancet.com/journals/lancet/article/PIIS0140-6736(11)60096-2/fulltext

[789] *"The clinical identity of the Myalgic Encephalomyelitis syndrome rests on three distinct features, namely: A. A unique form of muscle fatiguability whereby, even after a minor degree of physical effort, 3,4,5 days or longer elapse before full muscle power is restored. B. Variability and fluctuation of both symptoms and physical findings in the course of a day. And, C. An alarming tendency to become chronic."* Zitiert aus Ramsay, Melvin A. "THE CLINICAL IDENTITY OF THE MYALGIC ENCEPHALOMYELITIS SYNDROME", nachzulesen auf http://web.onetel.com/~kickback/THE%20CLINICAL%20IDENTITY%20OF%20ME.html (Abruf 29.03.15)

"ME was originally defined by Ramsay (1988a, 1988b). Although there are some variations in the versions of "his" criteria, Ramsay emphasized that a diagnosis ME should not be made if muscle fatigability and exceptionally prolonged muscle weakness and muscle pain after a minor exertion were not present in a patient (Ramsay, 1988a, 1988b). This distinctive phenomenon accounts for the first part of the name ME. Other essential features of ME relate to cerebral dysfunction, for example, impairment of memory and concentration deficits, day night reversal, and orthostatic tachycardia, and circulatory disturbances, for example, coldness of the extremities, and abnormally low body temperatures (Ramsay, 1988a, 1988b). "Fatigue" as mentioned by Ramsay and others is not fatigue in the common sense, but to a large extent related to muscle fatigability, and is not declared to be a distinctive feature. Another typical feature is the "extraordinary fluctuation of symptoms even in the course of one day" (Ramsay, 1988b)" Zitiert aus Twisk, Frank N.M. "Commentary on Jason et al. (2015): towards separate empirical case definitions of Myalgic Encephalomyelitis and chronic fatigue syndrome," Health Psychology and Behavioral Medicine, 2015 Vol. 3, No. 1, 109–110, http://dx.doi.org/10.1080/21642850.2015.102770, nachzulesen auf http://www.tandfonline.com/doi/pdf/10.1080/21642850.2015.1027705

[790] *"Our finding that studied treatments were only moderately effective also suggests research into more effective treatments is needed."* Zitiert aus White, Peter et al. "Comparison of adaptive pacing therapy, cognitive behaviour therapy, graded exercise therapy, and specialist medical care for chronic fatigue syndrome (PACE): a randomised trial", The Lancet: 10.1016/S0140-6736(11)60096-2, nachzulesen auf http://www.thelancet.com/journals/lancet/article/PIIS0140-6736(11)60096-2/fulltext oder http://www.thelancet.com/journals/lancet/article/PIIS0140-6736(11)60096-2/fulltext

[791] Siehe Table 6 in ebd. Nachzulesen auf http://www.thelancet.com/journals/lancet/article/PIIS0140673611600962/table?tableid=tbl6&tableidtype=table_id&sectionType=red

[792] Vgl. Casanova C et al. "The 6-min walk distance in healthy subjects: reference standards from seven countries." Eur Respir J. 2011 Jan;37(1):150-6. doi: 10.1183/09031936.00194909. Epub 2010 Jun 4. Abstract nachzulesen auf http://www.ncbi.nlm.nih.gov/pubmed/20525717

Vgl. auch Camarri, Bernadine, Eastwood, Peter R., Cecins, Nola M., Thompson, Philip J., Jenkins, Sue "Six minute walk distance in healthy subjects aged 55–75 years", Respiratory Medicine, Volume 100, Issue 4, Pages 658–665, April 2006, nachzulesen auf http://www.resmedjournal.com/article/S0954-6111(05)00326-4/abstract

[793] Siehe Seoane, Leonardo, Alex, Sheny, […], and Arcement, Lee M. "Utility of the 6-Minute Walk Test Following Lung Transplantation", The Ochsner Journal, 2010 Winter, nachzulesen auf http://www.ncbi.nlm.nih.gov/pmc/articles/PMC3096221/.

Siehe auch Lipkin, D P, Scriven, A J, Crake, T, and Poole-Wilson, P A "Six minute walking test for assessing exercise capacity in chronic heart failure." Br Med J (Clin Res Ed). Mar 8, 1986; 292(6521): 653–655. Nachzulesen auf http://www.ncbi.nlm.nih.gov/pmc/articles/PMC1339640/?page=3

[794] White, Peter et al. "Comparison of adaptive pacing therapy, cognitive behaviour therapy, graded exercise therapy, and specialist medical care for chronic fatigue syndrome (PACE): a randomised trial", The Lancet: 10.1016/S0140-6736(11)60096-2, nachzulesen auf Table 3 auf http://www.thelancet.com/journals/lancet/article/PIIS0140673611600962/table?tableid=tbl3&tableidtype=table_id&sectionType=red

[795] *"We suggest that these findings show that either CBT or GET, when added to SMC, is an effective treatment for chronic fatigue syndrome, and that the size of this effect is moderate."* Zitiert aus ebd.

[796] Siehe DEGAM-Patientenbrief, z.B. auf http://www.degam.de/files/Inhalte/Leitlinien-Inhalte/Dokumente/DEGAM-S3-Leitlinien/LL-02_Patientenbrief_Muedigkeit_im_Teufelskreis_der_Unterforderung.2011.pdf (Abruf 16.11.14)

Auch die britische NICE Guideline 53 rät von nicht überwachtem, unstrukturiertem Training dringend ab: *„The following strategies should not be offered to people with CFS/ME: Advice to undertake unsupervised, or unstructured, vigorous exercise (such as simply 'go to the gym' or 'exercise more') because this may worsen symptoms"*, S. 23/1.4.6.2, nachzulesen auf http://www.nice.org.uk/guidance/cg53/resources/guidance-chronic-fatigue-syndromemyalgic-encephalomyelitis-or-encephalopathy-pdf (Abruf 16.01.15)

[797] *"Consequently, if these treatments are delivered as described, by similarly qualified and trained clinicians, patients need not be concerned about safety."* Zitiert aus White, Peter et al. "Comparison of adaptive pacing therapy, cognitive behaviour therapy, graded exercise therapy, and specialist medical care for chronic fatigue syndrome (PACE): a randomised trial", The Lancet: 10.1016/S0140-6736(11)60096-2, nachzulesen auf http://www.thelancet.com/journals/lancet/article/PIIS0140-6736(11)60096-2/fulltext oder http://www.thelancet.com/journals/lancet/article/PIIS0140-6736(11)60096-2/fulltext

[798] *"The effectiveness of behavioural treatments does not imply that the condition is psychological in nature."* Zitiert aus ebd.

[799] *"No more than 30% of participants were within normal ranges for both outcomes […]* ", zitiert aus ebd.

[800] Siehe http://www.ukrituximabtrial.org/ (Abruf 16.01.15)

[801] *„I think I can only describe Dr White's presentation as out of place. He presented a single slide of outcomes in the PACE study and claimed that it showed clearly that two treatments worked. He then spent the rest of his talk saying how unreasonable it was that patients did not gratefully accept this conclusion, indicating that this was an attack on science (if I remember rightly). I have not scrutinised the PACE trial in detail but my understanding is that it was an unblinded trial and that, indeed, for such treatments it could only be unblinded. What Dr White seemed not to understand is that a simple reason for not accepting the conclusion is that an unblinded trial in a situation where endpoints are subjective is valueless."* Zitat nachzulesen auf

http://forums.phoenixrising.me/index.php?threads/science-at-the-uk-cmrc-conference-1-2-sept-2014.32344/page-7 (Abruf 16.01.15)
802 Chalder, Trudie, Goldsmith, Kimberley A, White, Peter D, Sharpe, Michael, Pickles, Andrew R „Rehabilitative therapies for chronic fatigue syndrome: a secondary mediation analysis of the PACE trial", The Lancet, p. online: 13 January 2015 DOI: http://dx.doi.org/10.1016/S2215-0366(14)00069-8, Abstract nachzulesen auf http://www.thelancet.com/journals/lanpsy/article/PIIS2215-0366(14)00069-8/abstract
803 „Prof. VanNess on recent press reports - Recent media headlines would have us believe that "fear of exercise" hinders our treatment." 17 JANUARY 2015, http://sallyjustme.blogspot.de/2015/01/dr-vanness-on-recent-press-reports.html

„Dr William Weir rejects "exercise phobia" in ME!" 18 JANUARY 2015, http://sallyjustme.blogspot.co.uk/2015/01/dr-william-weir.html

„Dr. Byron Hyde`s reaction as a reply to the Lancet Psychology re M.E. report re M.E. and exercise compliments of M.E. patient advocate Michael Evison"auf Anne LiContis Blog The Other Side Of The Stretcher, "Follow The Money", nachzulesen auf https://theothersideofthestretcher.wordpress.com/2015/01/22/follow-the-money/ (Abruf 23.01.15)

Edwards, Jonathan CW „Re: Tackling fears about exercise is important for ME treatment", 18 January 2015, http://www.bmj.com/content/350/bmj.h227/rr-9

Kindlon, Tom P „Objective measures found a lack of improvement for CBT & GET in the PACE Trial: subjective improvements may simply represent response biases or placebo effects in this non-blinded trial", 18 January 2015, http://www.bmj.com/content/350/bmj.h227/rr-10

"INVEST IN ME RESPONSE to BBC ARTICLE "Exercise can help with ME, scientists say"", January 2015, http://www.investinme.org/IIME-Newslet-1501-02.htm

SWIFT, PENNY „US Neuroscientist Says Exercise is a Noxious Stimulus That Worsens Symptoms of ME/CFS", The Argus Report, http://theargusreport.com/us-neuroscientist-says-exercise-is-a-noxious-stimulus-that-worsens-symptoms-of-mecfs/

SWIFT, PENNY „ME/CFS Research UK Slams Lancet Psychiatry Report Advocating Exercise for Chronic Fatigue Syndrome Sufferers", http://theargusreport.com/mecfs-research-uk-slams-lancet-psychiatry-report-advocating-exercise-for-chronic-fatigue-syndrome-sufferers/ (Alle Abruf 22.01.15)
804 *„CONCLUSION: The data suggest that CFS patients without a comorbid psychiatric disorder do not have an exercise phobia."* Zitiert aus Gallagher AM, Coldrick AR, Hedge B, Weir WR, White PD „Is the chronic fatigue syndrome an exercise phobia? A case control study." J Psychosom Res. 2005 Apr;58(4):367-73. Abstract nachzulesen auf http://www.ncbi.nlm.nih.gov/pubmed/15992572, Volltext auf http://www.theoneclickgroup.co.uk/documents/ME-CFS_docs/Exercise%20Phobia,%20White%20&%20Weir.pdf (Abruf 22.01.15)
805 *„The PACE trial opened to recruitment in March 2005."* Zitat aus White, Peter D, Sharpe, Michael C, Chalder, Trudie, DeCesare, Julia C, Walwyn, Rebecca and the PACE trial group "Protocol for the PACE trial: A randomised controlled trial of adaptive pacing, cognitive behaviour therapy, and graded exercise as supplements to standardised specialist medical care versus standardised specialist medical care alone for patients with the chronic fatigue syndrome/myalgic encephalomyelitis or encephalopathy", BMC Neurology, 2007, doi:10.1186/1471-2377-7-6, nachzulesen auf http://www.biomedcentral.com/1471-2377/7/6 oder auf http://www.ncbi.nlm.nih.gov/pmc/articles/PMC2147058/

[806] Rappoport, Jon „Psychiatric police state: notes from the underground“, January 22, 2015, nachzulesen auf https://jonrappoport.wordpress.com/2015/01/22/psychiatric-police-state-notes-from-the-underground/ (Abruf 23.01.15)
[807] healthfinder.gov „Therapists Must Ease Patients' Fear When Treating Chronic Fatigue Syndrome: Study - Many with condition are afraid exercise will make the condition worse.“ Nachzulesen auf http://healthfinder.gov/News/Article/695460/therapists-must-ease-patients-fear-when-treating-chronic-fatigue-syndrome-study (Abruf 22.01.15)
[808] Übersetzung Regina Clos. Originalzitat: *„How ironic it is that the Department of Health and the UK National Blood Services permanently prohibit people with ME/CFS from donating blood - their reasoning being that ME/CFS is a relapsing condition and this was to protect the health of patients. Yet now the message to the healthcare professionals from the PACE trials is that graded excercise and cognitive behaviour therapy are helpful - thus forcing vulnerable and physically ill people to risk further damage to their health.“* Zitiert aus „Initial Statement on the PACE Trials“, Februar 2011, nachzulesen auf http://www.investinme.org/IIME%20Statement%202011-02-01.htm. (Abruf 16.01.15)

Siehe auch Clos, Regina „PACE Trials* - Britische Studie zu Verhaltenstherapie und Aktivierung bei "CFS" verschlingt 5 Millionen Pfund“, April 2011, nachzulesen auf http://www.cfs-aktuell.de/april11_4.htm (Abruf 16.11.14)

Teil II Die Hintergründe/Kapitel III Psychologie als Verlegenheitsdiagnose?/10 Noch einmal: Welche Vorteile bringt die Psychopathologisierung dieser organischen Krankheit?

[809] *“Swiss Re's UK Life & Health Claims team arranged a web-based discussion group with Professor Peter White to describe recent UK-based research into treatments for Chronic Fatigue Syndrome (CFS) in the PACE trial.”* Siehe „Managing claims for chronic fatigue the active way“ auf http://www.swissre.com/clients/newsletters/Managing_claims_for_chronic_fatigue_the_active_way.html (Abruf 16.11.14)
[810] *„25 (16%) of 153 participants in the APT group were within normal ranges for both primary outcomes at 52 weeks, compared with 44 (30%) of 148 participants for CBT, 43 (28%) of 154 participants for GET, and 22 (15%) of 152 participants for SMC.“* Zitiert aus White, Peter et al. “Comparison of adaptive pacing therapy, cognitive behaviour therapy, graded exercise therapy, and specialist medical care for chronic fatigue syndrome (PACE): a randomised trial”, The Lancet: 10.1016/S0140-6736(11)60096-2, nachzulesen auf http://www.thelancet.com/journals/lancet/article/PIIS0140-6736(11)60096-2/fulltext oder http://www.thelancet.com/journals/lancet/article/PIIS0140-6736(11)60096-2/fulltext
[811] Swiss Re zählte offensichtlich diejenigen Patienten mit, die sich zwar verbessert hatten, aber unter dem „normalen Niveau“ lagen, das mit 60 Punkten ohnehin weit unter dem von Genesung angesiedelt war. (Zum Vergleich der Durchschnittswert Gesunder: 95 +)
[812] *„60% made a clinically significant improvement in fatigue and physical disability, […] ”* Zitiert aus „Managing claims for chronic fatigue the active way“ auf http://www.swissre.com/clients/newsletters/Managing_claims_for_chronic_fatigue_the_active_way.html (Abruf 16.11.14)
[813] „Müdigkeit DEGAM-Leitlinie Nr. 2“, nachzulesen auf http://www.degam.de/files/Inhalte/Leitlinien-Inhalte/Dokumente/DEGAM-S3-Leitlinien/LL-02_Muedigkeit_Langfassung_2011_2.pdf (Abruf 16.11.14)
[814] Siehe http://www.degam.de/files/Inhalte/Leitlinien-Inhalte/Dokumente/Patienteninformationen/Pat.info_Muedigkeit_2011.pdf (Abruf 16.11.14)
[815] Siehe http://www.degam.de/files/Inhalte/Leitlinien-Inhalte/Dokumente/DEGAM-S3-Leitlinien/LL-02_Patientenfragebogen-Anamnese_Hinweise_fuer_den_Arzt.2011.pdf (Abruf 16.11.14)
[816] Siehe http://www.degam.de/files/Inhalte/Leitlinien-Inhalte/Dokumente/DEGAM-S3-Leitlinien/LL-02_Patientenbrief_Schlafstoerungen.2011.pdf (Abruf 16.11.14)

[817] Siehe http://www.degam.de/files/Inhalte/Leitlinien-Inhalte/Dokumente/DEGAM-S3-Leitlinien/Ll-02_Patientenbrief_Muedigkeit_im_Teufelskreis_der_Unterforderung.2011.pdf (Abruf 16.11.14)

[818] Siehe http://www.degam.de/files/Inhalte/Leitlinien-Inhalte/Dokumente/DEGAM-S3-Leitlinien/LL-02_Patientenbrief_Ermuedung_durch_zu_hohe_Belastung-UEberforderung.2011.pdf (Abruf 16.11.14)

[819] *"1.4.6.2 The following strategies should not be offered to people with CFS/ME: Advice to undertake unsupervised, or unstructured, vigorous exercise (such as simply 'go to the gym' or 'exercise more') because this may worsen symptoms."* Zitiert aus "NICE clinical guideline 53", National Institute for Health and Clinical Excellence "Chronic fatigue syndrome/myalgic encephalomyelitis (or encephalopathy) - Chronic fatigue syndrome/myalgic encephalomyelitis (or encephalopathy): diagnosis and management of CFS/ME in adults and children", S. 23, nachzulesen auf http://www.nice.org.uk/guidance/CG53 (Abruf 16.11.14)

[820] ***„Abwendbar gefährliche Verläufe – spezifische Probleme*** *[...] Auf biologische Ursachen fixierte Diagnostik (»Tumorsuche«) führt zu unnötiger Belastung des Patienten und/oder Somatisierung einer Befindlichkeitsstörung."* ***„Häufige Fehler und Trugschlüsse*** *Pathologische Laborwerte werden vorschnell als ausreichende Erklärung akzeptiert. Zuerst werden körperliche Ursachen ausgeschlossen und erst danach der psychosoziale Bereich bearbeitet - bis dahin kann eine somatische Fixierung erfolgt sein. Bei bekannten chronischen Erkrankungen wird Müdigkeit vorschnell auf den Krankheitsprozess selbst bezogen. Scheinassoziationen und selbsterfüllende Prophezeiungen (siehe Langfassung S. 42/43)."* Zitiert aus „DEGAM Leitlinie Müdigkeit 2 Kurzversion", nachzulesen auf http://www.degam.de/files/Inhalte/Leitlinien-Inhalte/Dokumente/DEGAM-S3-Leitlinien/LL-02_Muedigkeit_Kurzversion_2011_2.pdf (Abruf 16.11.14)

[821] Zitiert aus „Müdigkeit DEGAM-Leitlinie Nr. 2", S. 32f, nachzulesen auf http://www.degam.de/files/Inhalte/Leitlinien-Inhalte/Dokumente/DEGAM-S3-Leitlinien/LL-02_Muedigkeit_Langfassung_2011_2.pdf (Abruf 16.11.14)

[822] Siehe „Die „neuen" Leitlinien Müdigkeit über „CFS" – ein Zerrbild medizinischer Wissenschaft und Verantwortung? Kommentare und Analysen von Regina Clos und anderen", Februar 2012, auf http://www.cfs-aktuell.de/februar12_1.htm (Abruf 16.11.14)

[823] Siehe Reimers, Heidi, Ratschko, Karl-Werner „Die Medizinische Fachangestellte - Abrechnen leicht gemacht!" S.48, Schlütersche Verlagsgesellschaft mbH & Co. KG, Hannover 2006

[824] Das Originaldokument war einzusehen (auf http://arnold-hilgers.com/wp/quack-quack/der-artikel-%E2%80%9Edie-unfasbare-schwache%E2%80%9C-war-wohl-ein-redaktioneller-betriebsunfall/), die Seite ist jedoch mittlerweile blockiert von Virenschutzprogrammen. Abschrift siehe z.B. S. 1 „Petition gegen Falschbegutachtungen" der Initiative gegen Falschbegutachtung und Psychiatrisierung von Umweltkranken, 1.10.2013, nachzulesen auf http://www.dpsb.de/wp-content/uploads/2013/12/PETITION_01.10.20131.pdf (Abruf 16.11.14) Siehe auch den Forum-Beitrag auf http://www.spiegel.de/forum/wissenschaft/chronisches-erschoepfungssyndrom-erkrankte-will-studie-per-crowdfunding-finanzieren-thread-86714-4.html (Abruf 16.11.14)

[825] § 9 Abs. 1 Satz 2 SGB VI, nachzulesen auf http://dejure.org/gesetze/SGB_VI/9.html (Abruf 16.01.15)

[826] *„Die Mitwirkungspflicht besteht für jeden Versicherten, der eine Leistung beantragt oder erhält. Hierzu gehört zum Beispiel die Mithilfe bei der Aufklärung der Versicherungszeiten oder die Kooperation bei einer Rehabilitation."* Zitiert aus Menüpunkt „Services", Unterpunkte „Kontakt und Beratung", „Lexikon", Stichwort „Mitwirkungspflicht" auf http://www.deutsche-rentenversicherung.de/Allgemein/de/Inhalt/5_Services/01_kontakt_und_beratung/02_beratung/07_lexikon/Functions/Lexikon.html?lv2=243492&lv3=237394 (Abruf 16.11.14)

[827] „Leitlinien für die sozialmedizinische Beurteilung von Menschen mit psychischen Störungen" Band 68 (2006) der DRV, nachzulesen auf http://www.umweltbedingt-erkrankte.de/downloads/empfehlung_psychische_stoerungen.pdf (Abruf 16.11.14)

[828] Kapitel 3.6.7: ***„Auch beim "Chronic Fatigue-Syndrom", dessen klinisches Bild sich in vielen Bereichen mit dem der "Multiple Chemical Sensitivity" überschneidet, wird in der Fachliteratur auf die Ähnlichkeit mit dem unter "Neurasthenie" operationalisierten***

Krankheitsbild (ICD-10: F48.0) verwiesen.“ (H.d.A.) Zitiert aus „Leitlinien für die sozialmedizinische Beurteilung von Menschen mit psychischen Störungen“ Band 68 (2006) der DRV, nachzulesen auf http://www.umweltbedingt-erkrankte.de/downloads/empfehlung_psychische_stoerungen.pdf (Abruf 16.11.14)

Fast wortgenau in die Leitlinie 2012 übernommen: *„**Chronic Fatigue-Syndrom (CFS)** Das klinische Bild des CFS überschneidet sich in vielen Bereichen mit dem der Multiple Chemical Sensitivity und in der Fachliteratur wird insbesondere auf die Ähnlichkeit mit dem unter Neurasthenie operationalisierten Krankheitsbild (F48.0, siehe 8.4.1.7) verwiesen.“*, S. 120, zitiert aus „Leitlinien für die sozialmedizinische Begutachtung“ („Sozialmedizinische Beurteilung bei psychischen und Verhaltensstörungen“), August 2012, siehe Kapitel 8.4.1.6 bis einschl. 8.4.1.8 auf http://www.deutsche-rentenversicherung.de/cae/servlet/contentblob/208330/publicationFile/49884/leitlinien_rehabeduerftigkeit_psychische_stoerungen_pdf.pdf (Abruf 16.11.14)

829 Siehe S. 1 der „Leitlinien für die sozialmedizinische Beurteilung von Menschen mit psychischen Störungen“ Band 68 (2006) der DRV auf http://www.umweltbedingt-erkrankte.de/downloads/empfehlung_psychische_stoerungen.pdf (Abruf 16.11.14)

830 Weiteres Zitat aus der DRV Leitlinie von 2006: ***„Auch die 10. Revision der von der Weltgesundheitsorganisation (WHO) herausgegebenen „Internationalen statistischen Klassifikation der Krankheiten und verwandter Gesundheitsprobleme“ (ICD-10) geht bei CFS bzw. MCS/IEI nicht von eigenständigen Krankheitsentitäten aus, zumal toxologisch und immunologisch keine die Symptomatik erklärenden Befunde ermittelt werden können.“*** (H.d.A.) Zitiert aus ebd.

831 Siehe S. 116 der „Leitlinien für die sozialmedizinische Begutachtung“ („Sozialmedizinische Beurteilung bei psychischen und Verhaltensstörungen“), August 2012, nachzulesen auf http://www.deutsche-rentenversicherung.de/cae/servlet/contentblob/208330/publicationFile/49884/leitlinien_rehabeduerftigkeit_psychische_stoerungen_pdf.pdf (Abruf 16.11.14)

832 Siehe S. 121 ebd.

833 *“[…], the WHO accepted it as a recognizable disease entity and placed it in the section on Neurology.”* Zitat aus Speight, Nigel “Myalgic encephalomyelitis/chronic fatigue syndrome: Review of history, clinical features, and controversies”, Saudi Journal of Medicine and Medical Sciences, 2013, nachzulesen auf http://www.prohealth.com/library/showarticle.cfm?libid=18154 (Abruf 27.11.14) oder http://www.sjmms.net/article.asp?issn=1658-631X;year=2013;volume=1;issue=1;spage=11;epage=13;aulast=Speight

834 „Leitlinien für die sozialmedizinische Begutachtung“ („Sozialmedizinische Beurteilung bei psychischen und Verhaltensstörungen“), S. 137, August 2012, nachzulesen auf http://www.deutsche-rentenversicherung.de/cae/servlet/contentblob/208330/publicationFile/49884/leitlinien_rehabeduerftigkeit_psychische_stoerungen_pdf.pdf (Abruf 16.11.14)

835 S. 137f, ebd.

836 Siehe Wikipedia, Stichwort „Psychosomatik“, http://de.wikipedia.org/wiki/Psychosomatik (Abruf 16.11.14)

837 *“A final point specific to claims assessment, and a question we're often asked, is whether CFS would fall within a mental health exclusion, if one applies to a policy. The answer to this lies within the precise exclusion wording. If the policy refers to functional somatic syndromes in addition to mental health, then CFS may fall within the exclusion. If the policy doesn't refer to functional somatic syndromes as well as mental health then it would be difficult to apply.* ***The point made is that a diagnosis of Myalgic Encephalomyelitis or ME (a term often used colloquially instead of CFS) is considered a neurological condition according to the arrangement of the International Classification of Diseases (ICD) diagnostic codes whereas CFS can alternatively be defined as neurasthenia which is in the mental health chapter of ICD10.***” (H.d.A.) Siehe „Managing claims for chronic fatigue the active way“ auf

http://www.swissre.com/clients/newsletters/Managing_claims_for_chronic_fatigue_the_active_way.html (Abruf 16.11.14)

838 *„**Mitwirkungspflicht** Die Mitwirkungspflicht besteht für jeden Versicherten, der eine Leistung beantragt oder erhält. Hierzu gehört zum Beispiel die Mithilfe bei der Aufklärung der Versicherungszeiten oder die Kooperation bei einer Rehabilitation.“* Zitiert aus Menüpunkt „Services“, Unterpunkte „Kontakt und Beratung“, „Lexikon“, Stichwort „Mitwirkungspflicht“ auf http://www.deutsche-rentenversicherung.de/Allgemein/de/Inhalt/5_Services/01_kontakt_und_beratung/02_beratung/07_lexikon/Functions/Lexikon.html?lv2=243492&lv3=237394 (Abruf 16.11.14)

839 Siehe http://www.sozialhilfe24.de/hartz-iv-4-alg-ii-2/1-ein-euro-job.html (Abruf 16.11.14)

840 Vgl. SGB (Sozialgesetzbuch) VI Gesetzliche Rentenversicherung § 13 Leistungsumfang Absatz 2 Nr. 1, nachzulesen auf http://dejure.org/gesetze/SGB_VI/13.html (Abruf 16.01.15)

841 Siehe S. 60 der „Leitlinien für die sozialmedizinische Begutachtung“ („Sozialmedizinische Beurteilung bei psychischen und Verhaltensstörungen“), August 2012, nachzulesen auf http://www.deutsche-rentenversicherung.de/cae/servlet/contentblob/208330/publicationFile/49884/leitlinien_rehabeduerftigkeit_psychische_stoerungen_pdf.pdf (Abruf 16.11.14)

842 Siehe SGB IX § 9 Wunsch- und Wahlrecht der Leistungsberechtigten Absatz 4, nachzulesen auf http://www.gesetze-im-internet.de/sgb_9/__9.html (Abruf 16.01.15)

843 Siehe S. 60 der „Leitlinien für die sozialmedizinische Begutachtung“ („Sozialmedizinische Beurteilung bei psychischen und Verhaltensstörungen“), August 2012, nachzulesen auf http://www.deutsche-rentenversicherung.de/cae/servlet/contentblob/208330/publicationFile/49884/leitlinien_rehabeduerftigkeit_psychische_stoerungen_pdf.pdf (Abruf 16.11.14)

Teil II Die Hintergründe/Kapitel III Psychologie als Verlegenheitsdiagnose?/11 Verbindungen der „Wessely-School“ und Per Fink zu Versicherungen, Arbeits- und Rentenministerium, Pharmaindustrie und Militär

844 Aussage der Versicherung: ***“If you agree to see (Dr) Michael Sharpe, we will agree to be bound by his opinion”***, (H.d.A.) zitiert aus Williams, Margaret “Psychiatrists Paid by Outside Interests - Extracts from “CORPORATE COLLUSION?” Nachzulesen auf http://www.sophiaandme.org.uk/collusion.html (Abruf 16.11.14)

845 ***“[...], advising that those with ME/CFS seeking payment of benefit under their policies “should not qualify for such payments” [Sharpe] ”***, zitiert aus ebd.

846 ***“Conflicts of interest** [...] PDW has done voluntary and paid consultancy work for the UK Departments of Health and Work and Pensions and Swiss Re (a reinsurance company).”* White, Peter et al. “Comparison of adaptive pacing therapy, cognitive behaviour therapy, graded exercise therapy, and specialist medical care for chronic fatigue syndrome (PACE): a randomised trial”, The Lancet: 10.1016/S0140-6736(11)60096-2, nachzulesen auf http://www.thelancet.com/journals/lancet/article/PIIS0140-6736(11)60096-2/fulltext oder http://www.thelancet.com/journals/lancet/article/PIIS0140-6736(11)60096-2/fulltext

847 Siehe http://www.unum.com/

848 Marshall, Eileen, Williams, Margaret “UNUM Provident, Dr Mike Sharpe and Cognitive Behavioural Therapy: information which the MRC might wish to consider”, 12. April 2003, nachzulesen auf http://www.meactionuk.org.uk/UNUMProvident_Sharpe_and_CBT.htm (Abruf 16.11.14)

849 Zitiert aus ebd.

850 *„UNUM stands to lose millions if we do not move quickly to address this increasing problem.“* Zitiert aus ebd.

851 *„Simulation und Krankheitsbetrug“*, Ü. d. A.

852 nebst zahlreichen Akademikern und Experten

853 damals noch UnumProvident

[854] Siehe Rutherford, Jonathan „New Labour and the end of welfare“, S. 44 Compass, 25.4.2007, nachzulesen auf http://www.midmoors.co.uk/Unum/unum_in_uk.pdf (Abruf 16.01.15)
[855] Siehe ebd.
[856] Waddell, Gordon, Aylward, Mansel „The Scientific and Conceptual Basis of Incapacitiy Benefits”, TSO 2005, http://www.tsoshop.co.uk/bookstore.asp?FO=1279028&DI=607598 (Abruf 16.01.15)
[857] Siehe Rutherford, Jonathan „New Labour and the end of welfare“, S. 45, Compass, 25.4.2007, nachzulesen auf http://www.midmoors.co.uk/Unum/unum_in_uk.pdf (Abruf 13.01.15)
[858] *"This matters, because the monograph provides the unacknowledged intellectual framework for the 2006 Welfare Reform Bill. And the methodology used by Waddell and Aylward is the same one that informs the work of UnumProvident."* Zitiert aus Rutherford, Jonathan „New Labour and the end of welfare“, S. 45, Compass, 25.4.2007, nachzulesen auf http://www.midmoors.co.uk/Unum/unum_in_uk.pdf (Abruf 13.01.15)
[859] *"The solution is not to cure the sick, but to transform the culture of welfare and tackle the 'personal and social/occupational factors [that] aggravate and perpetuate incapacity'. Adopting this model will lead to a 'fundamental transformation in the way society deals with sickness and disabilities' (p123). The goal and outcome of treatment is work: 'work itself is therapeutic, aids recovery and is the best form of rehabilitation'. [...] (p17)."* Zitiert aus S. 46 ebd.
[860] Siehe Marshall, Eileen, Williams, Margaret "UNUM Provident, Dr Mike Sharpe and Cognitive Behavioural Therapy: information which the MRC might wish to consider", 12. April 2003, nachzulesen auf http://www.meactionuk.org.uk/UNUMProvident_Sharpe_and_CBT.htm (Abruf 16.11.14)

Siehe auch_Goldacre, Ben, Holford, Patrick, McKeith, Gillian "Quack – Appendix 12 –Professor Simon Wessely“, nachzulesen auf http://quackbengoldacre.wordpress.com/professorsimonwessely/ (Abruf 16.01.15)
[861] *"It is the DWP's known intention to remove as many people as possible from state benefits, and to this end ME/CFS (or CFS/ME) is a specifically targeted disorder."* Zitat aus Hooper, Malcolm "REPORT: COMPLAINT TO THE RELEVANT EXECUTIVE EDITOR OF THE LANCET ABOUT THE PACE TRIAL ARTICLES PUBLISHED BY THE LANCET", März 2011, nachzulesen auf http://www.mecfs-vic.org.au/sites/www.mecfs-vic.org.au/files/Article-2011Hooper-Complaint.pdf (Abruf 11.12.14)
[862] Siehe ebd.
[863] Williams, Margaret „Wessely, Woodstock and Warfare?" 9.08.2007, nachzulesen auf http://www.meactionuk.org.uk/Wessely_Woodstock_and_Warfare.htm (Abruf 13.01.15)
[864] NICE = National Institute of Health and Clinical Excellence, finanziert vom und rechenschaftspflichtig gegenüber dem britischen Gesundheitsministerium.

Die NICE-Guideline ist zwar im Wesentlichen dominiert von den Behauptungen der „Wessely-School“, doch haben auch kritische Stellungnahmen der Patientenorganisationen Eingang in sie gefunden, wie Margaret Williams in ihren „Comments on the NICE Guideline on `CFS/ME`“ im August 2007 schreibt, nachzulesen auf http://www.meactionuk.org.uk/Comments_on_the_NICE_Guidelines.htm (Abruf 16.01.15)

Im Gegensatz zu der NICE-Guideline 53 ist die deutsche DEGAM-Leitlinie „Müdigkeit“ **ausschließlich** von Empfehlungen der „Wessely-School“ geprägt.

Inhaltlich weitestgehend unterscheidet sich die DEGAM-Leitlinie von der sehr viel differenzierten „National Guideline“ des U.S. Department of Health and Human Services. Vgl. dazu http://guideline.gov/content.aspx?id=38316 (Abruf 16.01.15)
[865] *„[...] "as the cold grip of psychiatry"[...]"*, zitiert aus Hooper, Malcolm, Williams, Margaret "Defiance of Science", nachzulesen auf http://www.meactionuk.org.uk/Defiance_of_Science.htm (Abruf 16.01.15)

Siehe auch „The UK Rituximab Trial for ME", Statement by Professor Malcolm Hooper and Margaret Williams, August 2013, nachzulesen auf http://networkedblogs.com/NLq77 (Abruf 16.01.15)

866 Goldacre, Ben, Holford, Patrick, McKeith, Gillian "Quack – Appendix 12 –Professor Simon Wessely", nachzulesen auf http://quackbengoldacre.wordpress.com/professorsimonwessely/ (Abruf 16.01.15)

867 Siehe ebd.

868 *"In its [HealthWatch, Anm. D. A.] literature, one of its clearly-stated aims is to oppose* ***"diagnoses that are misleading or false, or that may encourage unnecessary treatment for non-existent diseases"*** [Zitat HealthWatch, Anm. D. A.], *and Wessely assiduously teaches that ME is an non-existent disease."* Zitat aus Hooper, Malcolm, Marshall, Eileen, Williams, Margaret "Corporate Collusion", September 2007, nachzulesen auf http://www.meactionuk.org.uk/Corporate_Collusion_2.htm (Abruf 16.01.15) und auf http://www.hfme.org/wmarshallandwilliams.htm (Abruf 16.01.15)

869 Goldacre, Ben, Holford, Patrick, McKeith, Gillian "Quack – Appendix 12 –Professor Simon Wessely", nachzulesen auf http://quackbengoldacre.wordpress.com/professorsimonwessely/ (Abruf 16.01.15)

870 Siehe ebd.

871 Siehe Unwin, Catherine, David, Anthony, Wessely, Simon et al "Health of UK servicemen who served in Persian Gulf War", Lancet 16 January 1999:353:169-178 , Abstract nachzulesen auf http://www.thelancet.com/journals/lancet/article/PIIS0140-6736(98)11338-7/fulltext#article_upsell

872 *"He said: "Gulf War Syndrome is a misnomer," he said. "Rather it's an illness or health effect.""* Zitiert aus "Military health expert knighted", BBC News, 29. December 2012, nachzulesen auf http://www.bbc.co.uk/news/health-20850694 (Abruf 16.01.15)

873 *"• Disease: objective, medically diagnosed, pathology • Impairment: significant, demonstrable, deviation or loss of structure or function* • ***Illness: subjective feeling of being unwell (internal)*** • *Sickness: social status accorded to the ill person by society (external)"*, (H.d.A.) zitiert aus Aylward, Mansel "REALISING THE HEALTH BENEFITS OF WORK A POSITION STATEMENT", nachzulesen auf http://www.racp.edu.au/page/racp-faculties/australasian-faculty-of-occupational-and-environmental-medicine/realising-the-health-benefits-of-work/may-2010-video-presentation-professor-sir-mansel-aylward/ (Abruf 16.01.15)

Siehe auch *"Illness is a behaviour - 'all the things people say and do that express and communicate their feelings of being unwell`* [eingefügtes Zitat aus Waddell, Aylward „The Scientific and Conceptual Basis of Incapacitiy Benefits", TOS 2005, Anm. D.A.]*' (p39)."* Zitat aus Rutherford, Jonathan „New Labour and the end of welfare", S. 45, Compass, 25.4.2007, nachzulesen auf http://www.midmoors.co.uk/Unum/unum_in_uk.pdf (Abruf 13.01.15) und bei Williams, Margaret "Arise, Sir Simon", nachzulesen auf http://www.investinme.org/Article-396%20Arise%20Sir%20Simon.htm (Abruf 13.01.15), in der Übersetzung von Regina Clos auf http://www.cfs-aktuell.de/januar13_4.htm (Abruf 13.01.15)

874 Siehe Unwin, Catherine, David, Anthony, Wessely, Simon et al "Health of UK servicemen who served in Persian Gulf War", Lancet 16 January 1999:353:169-178 , Abstract nachzulesen auf http://www.thelancet.com/journals/lancet/article/PIIS0140-6736(98)11338-7/fulltext#article_upsell

Siehe auch Williams, Margaret "Arise, Sir Simon", nachzulesen auf http://www.investinme.org/Article-396%20Arise%20Sir%20Simon.htm (Abruf 13.01.15), in der Übersetzung von Regina Clos auf http://www.cfs-aktuell.de/januar13_4.htm (Abruf 13.01.15)

875 Golomb, Beatrice A. "A Review of the Scientific Literature As It Pertains to Gulf War Illnesses Volume 2: Pyridostigmine Bromide", 1999, siehe http://www.rand.org/pubs/monograph_reports/MR1018z2.html (Abruf 16.01.15)

Siehe auch Hilborne, Lee H., Golomb, Beatrice A. „A Review of the Scientific Literature as it Pertains to Gulf War Illnesses Volume 1: Infectious Diseases", 2000, siehe auf http://www.rand.org/pubs/monograph_reports/MR1018z1.html (Abruf 16.01.15)

Siehe auch Charatan, Fred "Nerve gas antidote a possible cause of Gulf war illness", BMJ 1999, 319(7218): 1154. Nachzulesen auf http://www.ncbi.nlm.nih.gov/pmc/articles/PMC1116950/

Siehe auch Golomb, Beatrice A. et al. "Gulf War Illness and the Health of Gulf War Veterans Scientific Findings and Recommendations", Research Advisory Committee on Gulf War Veterans' Illnesses, nachzulesen auf http://www.va.gov/RAC-GWVI/docs/Committee_Documents/GWIandHealthofGWVeterans_RAC-GWVIReport_2008.pdf (Abruf 16.01.15)

[876] Williams, Margaret "Arise, Sir Simon", nachzulesen auf http://www.investinme.org/Article-396%20Arise%20Sir%20Simon.htm (Abruf 13.01.15), zitiert aus der Übersetzung von Regina Clos auf http://www.cfs-aktuell.de/januar13_4.htm (Abruf 13.01.15)

Siehe dazu auch Golomb, Beatrice A. et al. "Gulf War Illness and the Health of Gulf War Veterans Scientific Findings and Recommendations" Research Advisory Committee on Gulf War Veterans' Illnesses, nachzulesen auf http://www.va.gov/RAC-GWVI/docs/Committee_Documents/GWIandHealthofGWVeterans_RAC-GWVIReport_2008.pdf (Abruf 16.01.15)

[877] Golomb, Beatrice A. et al. "Gulf War Illness and the Health of Gulf War Veterans Scientific Findings and Recommendations", Research Advisory Committee on Gulf War Veterans' Illnesses, nachzulesen auf http://www.va.gov/RAC-GWVI/docs/Committee_Documents/GWIandHealthofGWVeterans_RAC-GWVIReport_2008.pdf (Abruf 16.01.15)

Williams, Margaret "Arise, Sir Simon", nachzulesen auf http://www.investinme.org/Article-396%20Arise%20Sir%20Simon.htm (Abruf 13.01.15), zitiert aus der Übersetzung von Regina Clos auf http://www.cfs-aktuell.de/januar13_4.htm (Abruf 13.01.15)

[878] *""I now go to Iraq and Afghanistan, where I feel safer," he says."* Simon Wessely, zitiert nach Godlee, Fiona "Ending the stalemate over CFS/ME", British Medical Journal, BMJ2011; 342:d3956 doi: 10.1136/bmj.d3956, nachzulesen auf http://www.meassociation.org.uk/?p=6711 (Abruf 16.01.15)

[879] Direktor der Abteilung Epidemiologie und Präventivmedizin der University of Texas South Western Medical Centre Dallas

[880] Zitat übersetzt von Regina Clos auf http://www.cfs-aktuell.de/august11_1.htm. (Abruf 16.01.15) Originalzitat: *„"The most important example of the unproductive use of a nonspecific case definition concocted was the series of studies from the Kings College London group.""* Zitiert aus Hooper, Malcolm, Williams, Margaret "Wessely's Way: Rhetoric or Reason?" 2008, siehe http://www.meactionuk.org.uk/Wesselys_Way.htm. (Abruf 16.01.15)

Siehe auch Hooper, Malcolm "The Mental Health Movement: Persecution of Patients? A consideration of the role of Professor Simon Wessely and other members of the "Wessely School" in the perception of Myalgic Encephalomyelitis (ME) in the UK", Dec 2003, nachzulesen auf http://www.theoneclickgroup.co.uk/documents/ME-CFS_docs/The%20Mental%20Health%20Movement%20-%20Persecution%20of%20Patients.pdf (Abruf 15.01.15) oder auf http://www.meactionuk.org.uk/SELECT_CTTEE_FINAL_VERSION.htm, (Abruf 15.01.15)

[881] Siehe Website auf http://www.tryg.com/en/about-tryg/index.html und http://www.trygfonden.dk/Projekter/Funktionelle-lidelser.
Siehe auch Wikipedia, Stichwort „Tryg" auf http://en.wikipedia.org/wiki/Tryg (Alle Abruf 16.01.15)

[882] Siehe. http://issuu.com/lundbeckfonden/docs/lf2013uk-report?e=2685121/7552383#search (Abruf 16.01.15)

[883] Siehe Wikipedia, Stichwort „Lundbeck" auf http://de.wikipedia.org/wiki/Lundbeck (Abruf 16.01.15)

[884] „Annual Report 08" auf http://wayback.archive.org/web/20100115002819/http://lundbeck.com/investor/Financials/Reports/Files/UK_versions/Q4_2008_UK.pdf (Abruf 16.01.15)

[885] Siehe „Lundbeck Foundation – 2013 Annual Report" auf http://issuu.com/lundbeckfonden/docs/lf2013uk-report?e=2685121/7552383#search (Abruf 16.01.15)

[886] *„BEHANDLING TIL UFORKLARLIGE LIDELSER - Formålet med projektet er at finde effektive behandlingsmetoder til folk, som lider af såkaldt muliti-organ Bodily Distress Syndrome (BDS) og samtidig undersøge, om BDS er en stabil diagnose. Målet er at hjælpe de mange mennesker, som har stærke fysiske smerter, uden lægen kan forklare og behandle lidelserne. BDS er en fælles betegnelse for funktionelle lidelser, hvor patienter oplever en række fysiske symptomer, som ikke kan forklares medicinsk, og som typisk får "ikke-autoriserede" diagnoser som irritabel tyktarm, udbrændthed, fibromyalgi, kronisk træthedssyndrom og lignende. På tværs af diagnoserne er der imidlertid en ensartethed og stabilitet i symptombilledet, som gør det muligt at give gruppen en fælles diagnose. Det er den diagnose, som projektet nu vil afprøve ved at se, om en skræddersyet behandling med psykofarmaka og psykoterapi virker ens på alle patienterne. I studiet indgår 240 patienter, og det har på sigt stort potentiale til at favne og hjælpe svært belastede patienter på tværs af de gamle, forskelligrettede diagnoser. Donationsprojekt: Aarhus Universitetshospital, læge, ph.d.-studerende Johanne Liv Agger TrygFonden har støttet projektet med* ***3.155.480 kr.****"* (H.d.A.) Nachzulesen auf http://www.trygfonden.dk/Projekter#ps%5BProjectText%5D=&ps%5BSecurity%5D=&ps%5BHealth%5D=8&ps%5BWelfare%5D=&ps%5BType%5D=&ps%5BScience%5D=&ps%5BAreas%5D=&ps%5BYear%5D=&ps%5BTab%5D=search-app&ps%5BSlideOpen%5D=0&ps%5BSort%5D=ProjectName&ps%5BPamount%5D=10&ps%5BPstart%5D=10&ps%5BScrollPos%5D= (Abruf 16.01.15)

[887] *„TERAPI TIL FUNKTIONELLE LIDELSER - TrygFonden har givet støtte til et forskningsprojekt, som i et lodtrækningsforsøg undersøger, hvordan terapi virker for patienter med funktionelle lidelser. Projektet har potentiale til at få direkte praktisk betydning for behandling af patienterne. Funktionelle lidelser dækker over en række forskellige kroniske sygdomme, som lægerne ikke kan forklare medicinsk, og som trods forskelligheder har et ensartet sygdomsbillede. Personer med funktionelle lidelser må typisk gennem en lang række undersøgelser og behandlinger uden noget brugbart udkomme til stor frustration for den enkelte patient. Forskningsprojektet kigger på, hvordan to anerkendte terapiformer, kognitiv adfærdsterapi og Mindfulness-Based Stress Reduction, kan anvendes til behandling af funktionelle lidelser. Effekten måles primært på patienternes fysiske helbred, men vil også se på forbruget af sundhedsydelser, psykiatriske symptomer, livsstilsfaktorer m.v. Projektet bygger videre på et tidligere lodtrækningsforsøg, som ligeledes delvist var finansieret af TrygFonden. Donationsprojekt: Aarhus Universitetshospital, afdelingslæge, ph.d.-studerende Lone Overby Fjorback TrygFonden har støttet projektet med* ***700.000 kr.****"* (H.d.A.) Nachzulesen auf http://www.trygfonden.dk/Projekter#ps%5BProjectText%5D=&ps%5BSecurity%5D=&ps%5BHealth%5D=8&ps%5BWelfare%5D=&ps%5BType%5D=&ps%5BScience%5D=&ps%5BAreas%5D=&ps%5BYear%5D=&ps%5BTab%5D=search-app&ps%5BSlideOpen%5D=0&ps%5BSort%5D=ProjectName&ps%5BPamount%5D=10&ps%5BPstart%5D=90&ps%5BScrollPos%5D= (Abruf 16.01.15)

[888] *„VIDENDELING OM FUNKTIONELLE LIDELSER - Med støtte fra TrygFonden kan forskere fra Aarhus Universitetshospital undersøge, hvordan man bedst formidler og deler viden om funktionelle lidelser. En funktionel lidelse kan ikke forklares med traditionelle biomedicinske diagnoser, og omkring 300.000 danskere lever med en sådan lidelse. Igennem de seneste 30 år er der blevet forsket intensivt i årsager, opsporing og behandling af funktionelle lidelser, og der er opnået en betydelig indsigt på området. Desværre er denne viden på nuværende tidspunkt ikke i tilstrækkelig grad tilgængelig for de relevante læger, sagsbehandlere, politikere m.fl. Tidligere er der med succes gennemført et projekt for at udvikle undervisnings- og informationsmaterialer, kurser og undervisningskoncepter, og det er disse erfaringer, som dette projekt ønsker at bringe videre. Der skal bl.a. udvikles bøger til børn og forældre med funktionelle lidelser, der skal udarbejdes et system til formidling af viden og tilbud til kommuner, og der skal udvikles informationsmaterialer og kurser til læger inden for området. Målet er, at optimere videndeling om funktionelle lidelser til både patienter og de professionelle med bedre behandling til følge. Donationsprojekt: Aarhus Universitetshospital,*

speciallæge i almen medicin Lene Toscano TrygFonden har støttet projektet med ***3.336.458 kr.*** *"* (H.d.A.) Nachzulesen auf http://www.trygfonden.dk/Projekter#ps%5BProjectText%5D=&ps%5BSecurity%5D=&ps%5BHealth%5D=8&ps%5BWelfare%5D=&ps%5BType%5D=&ps%5BScience%5D=&ps%5BAreas%5D=&ps%5BYear%5D=&ps%5BTab%5D=search-app&ps%5BSlideOpen%5D=0&ps%5BSort%5D=ProjectName&ps%5BPamount%5D=10&ps%5BPstart%5D=100&ps%5BScrollPos%5D= (Abruf 16.01.15)

889 „*PATIENTER MED FUNKTIONELLE LIDELSER - Donationen fra TrygFonden gør det muligt for forskere fra Aarhus Universitetshospital at undersøge, hvorvidt der er en sammenhæng mellem en negativ sygdomsopfattelse hos patienter med funktionelle lidelser, deres sygdomsforløb samt udbytte af den psykologiske behandling. Projektet tager afsæt i data indsamlet i forbindelse med et lodtrækningsforsøg, hvor patienter med svære funktionelle lidelser modtog psykologisk behandling i form af kognitiv adfærdsterapi i grupper. Formålet er at få en bedre forståelse for årsagsmekanismerne bag sygdommenes udvikling. Det vil dels kunne bidrage til at videreudvikle evidensbaseret behandling, dels kunne hjælpe til at udvikle effektive forebyggelsesinitiativer ved funktionelle lidelser. TrygFonden har støttet projektet med* ***357000 kr.*** *"* (H.d.A.) Nachzulesen auf http://www.trygfonden.dk/Projekter#ps%5BProjectText%5D=&ps%5BSecurity%5D=&ps%5BHealth%5D=8&ps%5BWelfare%5D=&ps%5BType%5D=&ps%5BScience%5D=&ps%5BAreas%5D=&ps%5BYear%5D=&ps%5BTab%5D=search-app&ps%5BSlideOpen%5D=0&ps%5BSort%5D=ProjectName&ps%5BPamount%5D=10&ps%5BPstart%5D=70&ps%5BScrollPos%5D= (Abruf 16.01.15)

890 „*FUNKTIONELLE LIDELSER: MINDFULNESSBEHANDLING - Med donationen fra TrygFonden kan forskere fra Forskningsklinikken for Funktionelle Lidelser på Aarhus Universitetshospital arbejde for at implementere mindfulness-behandling til patienter med funktionelle lidelser i hele landet. Tidligere forskningsprojekter har vist positive resultater ved mindfulness-behandling, som bl.a. kan nedsætte patientens symptomer og fastholde patientens kontakt til arbejdsmarkedet. Projektet er opdelt i tre delprojekter: 1) Udvik-ling og udgivelse af en lærebog om mindfulness-behandling. 2) Udvikling af mindfulness-uddannelse i samarbejde med Center for Mindfulness, University of Massachusetts Medical School. 3) Udvikling af informationsmateriale og afholdelse af kurser. Det overordnede formål er at forbedre behandlingsforløbet for patienter med funktionelle lidelser. TrygFonden har støttet projektet med* ***2.400.000 kr.*** *"* (H.d.A.) Nachzulesen auf http://www.trygfonden.dk/Projekter#ps%5BProjectText%5D=&ps%5BSecurity%5D=&ps%5BHealth%5D=8&ps%5BWelfare%5D=&ps%5BType%5D=&ps%5BScience%5D=&ps%5BAreas%5D=&ps%5BYear%5D=&ps%5BTab%5D=search-app&ps%5BSlideOpen%5D=0&ps%5BSort%5D=ProjectName&ps%5BPamount%5D=10&ps%5BPstart%5D=20&ps%5BScrollPos%5D= (Abruf 16.01.15)

891 „Tryg Foundation supports research in functional disorders - Medical, Project Manager Anna Budtz-Lilly from Aarhus University have received 968.544 kr. TrygFonden to conduct studies of functional symptoms." Dagens Medicin, nachzulesen auf https://translate.googleusercontent.com/translate_c?act=url&depth=1&hl=en&ie=UTF8&prev=_t&rurl=translate.google.com&sl=da&tl=en&u=http://www.dagensmedicin.dk/karriere/navne/anna-budtz-lilly/&usg=ALkJrhiizE4kP_d96QY5oXmxjCglcjRdRQ (Abruf 16.01.15)

892 „*Funktionel sygdomsepidemiologi. Afgrænsning, forekomst, årsag og prognose. DanFunD projektet. Multicenterstudie med deltagelse af: Forskningscenter for Forebyggelse og Sundhed, Glostrup Universitetshospital,* ***Forskningsklinikken for Funktionelle Lidelser (FFL), Aarhus Universitetshospital****, Mental Health Centre Copenhagen. Hovedansvarlig på FFL:* ***Fink P., professor, ph.d., dr.med.*** *"* (H.d.A.) Forskningsklinikken for Funktionelle Lidelser, ÅRSBERETNING (Geschäftsbericht) 2013, nachzulesen auf http://funktionellelidelser.dk/uploads/media/AArsberetning_2013.pdf (Abruf 16.01.15)

Siehe dazu Aagaard, Nick „300,000 have unexplained pain", DR News
April 2011, nachzulesen auf

https://translate.googleusercontent.com/translate_c?act=url&depth=1&hl=en&ie=UTF8&prev=_t&rurl=translate.google.com&sl=da&tl=en&u=http://www.dr.dk/Nyheder/Indland/2011/04/06/063840.htm&usg=ALkJrhiTnHXwgbA5oZFati8cKjelLjWsuA (Abruf 16.01.15)

[893] Siehe „Udviklings Forum om Funktionelle Lidelser – Frames" auf https://translate.googleusercontent.com/translate_c?act=url&depth=1&hl=en&ie=UTF8&prev=_t&rurl=translate.google.com&sl=da&tl=en&u=http://www.uffu.dk/da/om-forum/rammer/&usg=ALkJrhi12JiQ_L8gxa2f-WMTEy2-iHIEMA (Abruf 16.01.15)

Siehe auch „Perennial strategic research and development effort for people with functional disorders" (page 3) auf https://translate.googleusercontent.com/translate_c?act=url&depth=1&hl=en&ie=UTF8&prev=_t&rurl=translate.google.com&sl=da&tl=en&u=http://www.uffu.dk/media/upload/knowledge_base/TrygFonden_handlingsplan_2009_-_funktionelle_lidelser.pdf&usg=ALkJrhg9MAEpdB_fqmKldiCFLAhNigbKUw (Abruf 16.01.15)

[894] Siehe auch das Video mit Per Fink auf http://www.youtube.com/watch?v=vpCd9ZGAEY8 (Abruf 16.01.15)

Teil II Die Hintergründe/ Kapitel III Psychologie als Verlegenheitsdiagnose?/12 Das bio-psycho-soziale Modell – ein Krankheitsmodell für Gesunde!

[895] Taleb, Nassim Nicholas „Der schwarze Schwan - Die Macht höchst unwahrscheinlicher Ereignisse", S. 61f, Deutscher Taschenbuch Verlag, München 2010, 2. Aufl.

[896] Zitiert aus Sontag, Susan „Krankheit als Metapher", S. 9. Fischer Taschenbuch Verlag, Frankfurt a. Main 2005, 2. Aufl.

[897] Siehe ebd.

[898] Zitiert aus der Übersetzung von Regina Clos „Zitate von Simon Wessely und Michael Sharpe - Auszüge aus Quotable Quotes about ME/CFS von Margaret Williams", Februar 2012, nachzulesen auf http://www.cfs-aktuell.de/februar12_2.htm. (Abruf 13.01.15) *"Many patients receive financial benefits and payment which may be contingent upon their remaining unwell. Gradual recovery may therefore pose a threat of financial loss."* Originalzitat aus Sharpe, M., Chalder, T., Wessely, S. et al "Chronic fatigue Syndrome: A practical Guide to Assessment and Management", General Hospital Psychiatry 1997: 19:3:185-199,

Teil II Die Hintergründe/Kapitel III Psychologie als Verlegenheitsdiagnose?/13 Wenn Psychologie als Instrumentarium zur Legitimierung von Gewalt und Überwältigung missbraucht wird

[899] „Die Gesamtzahl der Opfer wird auf bis zu 250.000 geschätzt." Bundesvereinigung Lebenshilfe, siehe http://50-jahre.lebenshilfe.de/50_jahre_lebenshilfe/1950er/50_2.php?listLink=1 (Abruf 16.01.15)

[900] Vgl. Infotext auf http://www.cfs-aktuell.de/Patienteninfo%20Marburg.pdf (Abruf 16.01.15)

[901] Zitiert aus Clos, Regina „Eine neue Marburger Studie - tatsächlich über "CFS"?" September 2012, nachzulesen auf http://www.cfs-aktuell.de/september12_5.htm#[1] (Abruf 16.01.15)

[902] Siehe Abschnitt II „Krankheitsdefinitionen". Siehe auch Carruthers, Bruce M., van de Sande, Marjorie I. „Myalgische Enzephalomyelitis/Chronic Fatigue Syndrom: Klinische Falldefinition und Leitfaden für Ärzte – Ein Überblick über das Kanadische Konsensusdokument", in der Übersetzung von Regina Clos auf http://www.cfs-aktuell.de/Konsensdokument.pdf (Abruf 13.11.14)

[903] Siehe Abschnitt II „Krankheitsdefinitionen".

Siehe auch Reeves William C. et al. "Chronic Fatigue Syndrome – A clinically empirical approach to its definition and study", BMC Medicine 2005, 3:19 doi:10.1186/1741-7015-3-19, nachzulesen auf http://www.biomedcentral.com/1741-7015/3/19.

Siehe auch Reeves, William C. et al. „Prevalence of chronic fatigue syndrome in metropolitan, urban and rural Georgia", Population Health Metrics 2007, 5:5 doi:10.1186/1478-7954-5-5, nachzulesen auf http://www.pophealthmetrics.com/content/5/1/5

904 Siehe Abschnitt II "Krankheitsdefinitionen".

Siehe auch Jason, Leonhard "Problems with the New CDC CFS Prevalence Estimates", nachzulesen auf http://www.iacfsme.org/IssueswithCDCEmpiricalCaseDefinitionandPrev/tabid/105/Default.aspx (Abruf 16.01.15)

905 Vgl. Infotext auf http://www.cfs-aktuell.de/Patienteninfo%20Marburg.pdf (Abruf 16.01.15)

906 Beispiel für einen der Fragebögen zu „CFS" von Urs Nater „Fragebogen zur Erfassung funktioneller somatischer Syndrome", anzusehen auf http://www.karger.de/ProdukteDB/Katalogteile/issn/_1016_6262/Anhang%20Frage-%20und%20Diagnostikerbogen.pdf (Abruf 16.01.15)

907 Vgl. Infotext auf http://www.cfs-aktuell.de/Patienteninfo%20Marburg.pdf (Abruf 16.01.15)

908 Siehe Kongressprogramm, S. 99-100, nachzulesen auf http://contextualpsychology.org/files/Kongressfuehrer_2012_web_1.pdf (Abruf 16.01.15)

909 Heim, Christine; Nater, Urs M.;. Maloney, Elizabeth; Boneva, Roumiana; Jones, James F.; Reeves, William C. "Childhood Trauma and Risk for Chronic Fatigue Syndrom – Association with neuroendocrine dysfunction", Arch Gen Psychiatry. 2009;66(1):72-80. doi:10.1001/archgenpsychiatry.2008.508., Volltext auf http://archpsyc.jamanetwork.com/article.aspx?articleid=482949

910 *„Individuals with CFS reported significantly higher levels of childhood trauma and psychopathological symptoms than control subjects. Exposure to childhood trauma was associated with a 6-fold increased risk of CFS. Sexual abuse, emotional abuse and emotional neglect were most effective in discriminating CFS cases from controls."* Zitiert aus ebd.

911 ***"Papers are now appearing in the literature using this empirical case definition of CFS, and many have received considerable media attention. For example, Heim et al. (2006) recently used this new empiric case definition and the Wichita study to explore the influence of early adverse experience on risk for developing CFS. The authors concluded that childhood trauma is an important risk factor for CFS. In fact, among those with CFS, 62.8% had some type of early abuse. This is in contrast to findings reported by Taylor and Jason (2002) who found prevalence rates of sexual and physical abuse history among individuals with CFS were comparable with those found in individuals with other conditions involving chronic fatigue, including medically based conditions. Relative to those with CFS who report such history, most individuals with CFS did not report histories of interpersonal abuse."*** (H.d.A.) Zitiert aus Jason, Leonhard "Problems with the New CDC CFS Prevalence Estimates", nachzulesen auf http://www.iacfsme.org/IssueswithCDCEmpiricalCaseDefinitionandPrev/tabid/105/Default.aspx (Abruf 16.01.15)

Siehe auch Taylor, R.R. & Jason, L.A. "Chronic fatigue, abuse-related traumatization, and psychiatric disorders in a community-based sample." Social Science & Medicine, 2002, 55, 247-256, Abstract nchzulesen auf http://www.ncbi.nlm.nih.gov/pubmed/12144139

912 ***„Relative to those with CFS who report such history, most individuals with CFS did not report histories of interpersonal abuse."*** (H.d.A.)Zitiert aus Jason, Leonhard "Problems with the New CDC CFS Prevalence Estimates", nachzulesen auf http://www.iacfsme.org/IssueswithCDCEmpiricalCaseDefinitionandPrev/tabid/105/Default.aspx (Abruf 16.01.15)

Siehe zum Thema eines fehlenden Zusammenhangs von Viktimisierung in der Kindheit und Ausbildung einer Schmerzsymptomatik im Erwachsenenalter auch Raphael KG, Widom CS, Lange G

"Childhood victimization and pain in adulthood: a prospective investigation." Pain. 2001 May;92(1-2):283-93. Abstract nachzulesen auf http://www.ncbi.nlm.nih.gov/pubmed/11323150

[913] Viner, Russell, Hotopf, Matthew "Childhood predictors of self reported chronic fatigue syndrome/myalgic encephalomyelitis in adults: national birth cohort study", BMJ 2004; 329 doi: http://dx.doi.org/10.1136/bmj.38258.507928.55 (Published 21 October 2004), BMJ 2004;329:941, nachzulesen auf http://www.bmj.com/content/329/7472/941

[914] "*We assessed childhood adverse experience using the Short Form of the Childhood Trauma Questionnaire (CTQ). [...] The CTQ is a self-report questionnaire that measures 5 categories of childhood trauma experience, including emotional, physical, and sexual abuse as well as emotional and physical neglect.*" Zitiert aus Heim, Christine; Nater, Urs M.;. Reeves, William C. et al. "Childhood Trauma and Risk for Chronic Fatigue Syndrom – Association with neuroendocrine dysfunction", Arch Gen Psychiatry. 2009;66(1):72-80. doi:10.1001/archgenpsychiatry.2008.508. Volltext auf http://archpsyc.jamanetwork.com/article.aspx?articleid=482949

[915] Beratungsstellenmitarbeiterinnen sogar bis zu 31%, siehe Bange, Dirk „Sexueller Missbrauch an Mädchen und Jungen - Zahlen, Daten und Fakten", nachzulesen auf http://www.praevention-bildung.dbk.de/fileadmin/redaktion/praevention/microsite/Downloads/2010-11-12_Bange.pdf (Abruf 16.01.15)

[916] Beratungsstellenmitarbeiter 14%, siehe ebd.

[917] Siehe Studienflyer auf http://www.uni-marburg.de/fb04/team-nater/pdf/infoliberg.pdf (Abruf 16.01.15)

[918] Studienflyer auf http://www.uni-marburg.de/fb04/team-nater/pdf/studieninformation-reizdarm.pdf (Abruf 16.01.15)

[919] Studienflyer auf https://www.uni-marburg.de/fb04/team-nater/pdf/studieninformation-ema.pdf (Abruf 16.01.15)

[920] Siehe z.B. Sommer, Claudia et al. „Small fibre pathology in patients with fibromyalgia syndrome", Brain (2013)doi: 10.1093/brain/awt053 First published online: March 9, 2013, nachzulesen auf http://brain.oxfordjournals.org/content/early/2013/03/09/brain.awt053

Siehe auch z.B. Rice, FL et al. „Excessive peptidergic sensory innervation of cutaneous arteriole-venule shunts (AVS) in the palmar glabrous skin of fibromyalgia patients: implications for widespread deep tissue pain and fatigue." Pain Med. 2013 Jun;14(6):895-915. doi: 10.1111/pme.12139. Epub 2013 May 20. Nachzulesen auf http://www.ncbi.nlm.nih.gov/pubmed/23691965

Siehe auch „Fibromyalgia Is Not All In Your Head, New Research Confirms Researchers discover a rational biological source of pain in the skin of patients with fibromyalgia", nachzulesen auf http://www.intidyn.com/Newsroom/article-0009.html (Abruf 16.01.15)

[921] Siehe „Somatoforme Störungen: keine eingebildete Krankheit, multiple Ursachen" auf http://www.psychologie-aktuell.com/news/aktuelle-news-psychologie/news-lesen/article/2014/02/10/1392014548-somatoforme-stoerungen-keine-eingebildete-krankheit-multiple-ursachen.html (Abruf 16.01.15)

[922] Zitiert nach Studienflyer auf http://www.fibromyalgie-fms.de/pdfs/studieninformation-fibro.pdf (Abruf 16.01.15)

Siehe auch die Werbung im „Fibromyalgie-Nachrichteblättche" auf http://www.fm-selbsthilfe-rmk.info/resources/FM-Nachrichtebl$C3$A4ttche+03.2014.pdf (Abruf 16.01.15)

[923] Zitiert aus Devereux, Georges „Angst und Methode in den Verhaltenswissenschaften", S. 27, Suhrkamp-Taschenbuch Wissenschaft, Frankfurt a. Main 1988, 2. Aufl.

[924] Zitiert aus S. 27 ebd.

[925] Zitiert aus S. 27 ebd.

[926] Heim, Christine, Nater, Urs M.;. Reeves, William C. et al. "Childhood Trauma and Risk for Chronic Fatigue Syndrom – Association with neuroendocrine dysfunction", Arch Gen Psychiatry.

2009;66(1):72-80. doi:10.1001/archgenpsychiatry.2008.508. Volltext auf http://archpsyc.jamanetwork.com/article.aspx?articleid=482949

927 Die psychiatrische „Diagnostik" erfolgte ganz überwiegend mittels spezieller Fragebögen, die die Selbsteinschätzung der Probanden abfragen: *"ASSESSMENT OF PSYCHOPATHOLOGY Lifetime and current DSM-IV Axis I psychiatric disorders were assessed with the Structured Clinical Interview for DSM-IV.23 Depression severity was assessed using the Self-Rating Depression Scale.29 [...]. Anxiety was assessed using the State Anxiety Inventory.30 [...]. The Davidson PTSD Scale 31 was used to measure frequency and severity of PTSD symptoms in 3 clusters: intrusion, avoidance, and hyperarousal. A total score of 40 or higher indicates clinically relevant PTSD. Subjects rated this scale in relation to their most stressful or traumatic life event. Subjects who could not report any major stressful or traumatic life event did not complete the PTSD scale." "ASSESSMENT OF EARLY ADVERSE EXPERIENCE We assessed childhood adverse experience using the Short Form of the Childhood Trauma Questionnaire (CTQ).27 The CTQ is a self-report questionnaire that measures 5 categories of childhood trauma experience, including emotional, physical, and sexual abuse as well as emotional and physical neglect. [...]"* Zitiert aus Heim, Christine; Nater, Urs M; Reeves, William C. et al. "Childhood Trauma and Risk for Chronic Fatigue Syndrom – Association with neuroendocrine dysfunction", Arch Gen Psychiatry. 2009;66(1):72-80. doi:10.1001/archgenpsychiatry.2008.508., Volltext auf http://archpsyc.jamanetwork.com/article.aspx?articleid=482949

928 Devereux, Georges „Angst und Methode in den Verhaltenswissenschaften", S. 27f, Suhrkamp-Taschenbuch Wissenschaft, Frankfurt a. Main 1988, 2. Aufl.

Teil II Die Hintergründe/Kapitel III Psychologie als Verlegenheitsdiagnose?/14 Die fatale Tendenz zur Psychopathologisierung

929 Primo Levi, jüdischer Chemiker und Schriftsteller, ehemaliger KZ-Häftling und Holocaust-Überlebender, hat den Chemieingenieur von Auschwitz Dr. Pannwitz in seinem Buch „Ist das ein Mensch? Erinnerungen an Auschwitz" (Deutscher Taschenbuch Verlag, München 1992) beschrieben. Als Levi von ihm begutachtet wurde, sah Pannwitz ihn an, als blicke er auf einen Fisch im Aquarium. In seinem Blick waren diese Worte zu lesen: *„Dieses Dingsda vor mir gehört einer Spezies an, die auszurotten selbstverständlich zweckmäßig ist. In diesem besonderen Fall gilt es, festzustellen, ob nicht ein verwertbarer Faktor in ihm vorhanden ist."* Zitat S. 128

930 Zitiert aus Taleb, Nassim Nicholas „Der schwarze Schwan - Die Macht höchst unwahrscheinlicher Ereignisse", S.78, Deutscher Taschenbuch Verlag, München 2010, 2. Aufl.

931 Louveau, Antoine, Kipnis, Jonathan "Structural and functional features of central nervous system lymphatic vessels", Nature 2015, nachzulesen auf http://www.nature.com/nature/journal/vaop/ncurrent/full/nature14432.html

Siehe dazu auch "Missing link found between brain, immune system", Medical research 1. Juni 2015, nachzulesen auf http://m.medicalxpress.com/news/2015-06-link-brain-immune.html?fb_action_ids=10153398887158384&fb_action_types=og.likes&fb_source=other_multiline&action_object_map=%255B670697103031458%255D&action_type_map=%255B%2522og.likes%2522%255D&action_ref_map=%255B%255D#&ui-state=dialog (Abruf 2.06.15)

932 Kuhn, Thomas S. „Die Struktur wissenschaftlicher Revolutionen", S. 66, suhrkamp taschenbuch wissenschaft, Frankfurt a. Main, 23. Auflg. 2012

933 Der Vortrag ist zu sehen ab ca. Min. 5:20 auf http://www.youtube.com/watch?v=m9gZ5s1MPsg&feature=plcp (Abruf 13.11.14)

934 Prof. Nix spielt hier auf die Entdeckung des XMRV (xenotropic murine leukemia virus-related virus) in Blutzellen von ME-Patienten an. (Originalstudie von Lombardi VC, Ruscetti FW, Das Gupta J, Pfost MA, Hagen KS, Peterson DL, Ruscetti SK, Bagni RK, Petrow-Sadowski C, Gold B, Dean M, Silverman RH, Mikovits JA "Detection of an infectious retrovirus, XMRV, in blood cells of patients with chronic fatigue syndrome", Science. 2009 Oct 23;326(5952):585-9. doi: 10.1126/science.1179052. Epub 2009 Oct 8. Nachzulesen auf http://www.ncbi.nlm.nih.gov/pubmed/19815723?dopt=Abstract Diese Studie

musste im Dezember 2011 zurückgezogen werden, da XMRV kein humanes Gammaretrovirus ist, sondern ein Laborartefakt, das wegen eines Fehlers von Robert Silverman die Untersuchungsproben der ME-Kranken kontaminiert hatte.) Doch die Rituximab-Studie der norwegischen Onkologen Fluge und Mella hatte rein gar nichts mit der Entdeckung von XMRV zu tun. Die Norweger entdeckten per Zufall bei der Behandlung einer an B-Zell-Lymphom **und** ME leidenden Patientin, dass sich nicht nur der Krebs, sondern auch die ME-Symptomatik erfolgreich mit Rituximab eliminieren ließ. Diese Entdeckung gab den Anstoß für die Rituximab-Studien. (Siehe Fluge, Øystein, Mella, Olav et al. „Benefit from B-lymphocyte depletion using the anti-CD20 antibody rituximab in chronic fatigue syndrome. A double-blind and placebo-controlled study." PLoS ONE 2011; 6(10):e26358. Nachzulesen auf http://www.plosone.org/article/info%3Adoi%2F10.1371%2Fjournal.pone.0026358)

[935] Ausgabe 8/2012, nachzulesen auf http://www.mg-mainz.de/Material/Presse-Artikel-2012/2012-05-09_Burn_out_Aerzteblatt_RLP.pdf (Abruf 23.01.15)

[936] XMRV = xenotropic murine leukemia virus-related virus. Originalstudie von Lombardi VC, Ruscetti FW, Das Gupta J, Pfost MA, Hagen KS, Peterson DL, Ruscetti SK, Bagni RK, Petrow-Sadowski C, Gold B, Dean M, Silverman RH, Mikovits JA "Detection of an infectious retrovirus, XMRV, in blood cells of patients with chronic fatigue syndrome", Science. 2009 Oct 23;326(5952):585-9. doi: 10.1126/science.1179052. Epub 2009 Oct 8. Nachzulesen auf http://www.ncbi.nlm.nih.gov/pubmed/19815723?dopt=Abstract.

[937] Zitiert aus Reiche, Reimut „Beschleunigung – als Epochenbegriff, als Zeitdiagnose und als Strukturgesetz des Kapitals", erschienen in „Psyche", LXV. Jahrgang, Heft 11, Nov. 2011

[938] Siehe Wikipedia, Stichwort „Gert Postel", nachzulesen auf http://de.wikipedia.org/wiki/Gert_Postel (Abruf 23.01.15)

[939] Originalzitat mit Fehlern. Eine Kopie des Original-Dokuments liegt der Autorin vor.

[940] Eine Kopie des Originaldokuments liegt der Autorin vor.

[941] Konversionsneurose (oder auch dissoziative Störung) ist der Sammelbegriff für psychisch bedingte motorische und sensorische Funktionsstörungen ohne organische Krankheitsanzeichen. Dabei erscheint es dem Unbewussten nicht möglich, sich einem unerträglichen Konflikt zu stellen und ihm adäquat zu begegnen, weshalb er vom Ich-Bewusstsein ferngehalten werden muss, und von der Psyche in den Körper verschoben wird. Dieser Vorgang der Verschiebung ist ein Abwehrmechanismus. Die Konversion übernimmt dabei die Rolle einer Schutzfunktion, die wegen der körperlichen Leiden, die dadurch ausgelöst werden, pathogen ist. Insofern, als es sich hierbei um einen unbewussten Vorgang handelt, ist die Rede von einer konversionsneurotischen **Haltung**, die einzunehmen jedoch ein bewusster Vorgang wäre, eine Falschinterpretation dieser Diagnose. Siehe Wikipedia, Stichwort „Konversionsstörung"auf http://de.wikipedia.org/wiki/Konversionsst%C3%B6rung (Abruf 23.01.15)

Siehe auch wissen.de, Stichwort „Konversionsneurose" auf http://www.wissen.de/lexikon/konversionsneurose (Abruf 23.01.15)

[942] Siehe Klinikum Kassel Pädiatrische Psychosomatik und Psychotherapie auf http://www.klinikum-kassel.de/index.php?parent=6120 (Abruf 23.01.15)

[943] Siehe Institut und Poliklinik für Psychosomatische Medizin und Psychotherapie „Patienteninformation" auf http://www.uke.de/kliniken/psychosomatik/index_1674.php?id=8_0_0&as_link=http%3A//www.uke.de/kliniken/psychosomatik/index_1674.php&id_link=-1_-1_-1&as_breadcrumb=%3Ca%20href%3D%22/index.php%22%3E%7C%20Home%3C/a%3E%20%3E%20%3Ca%20href%3D%22/zentren/index.php%22%3EZentren%3C/a%3E%20%3E%20%3Ca%20href%3D%22/zentren/innere-medizin/index.php%22%3EZentrum%20f%FCr%20Innere%20Medizin%3C/a%3E%20%3E%20%20%20Institut%20und%20Poliklinik%20f%26uuml%3Br%20Psychosomatik%20und%20Psychotherapie (Abruf 23.01.15)

[944] Siehe „Kapitel V Psychische und Verhaltensstörungen (F00-F99)“, ICD-10-GM Version 2014, nachzulesen auf http://www.dimdi.de/static/de/klassi/icd-10-gm/kodesuche/onlinefassungen/htmlgm2014/index.htm#V (Abruf 23.01.15)

[945] DSM = „Diagnostisches und Statistisches Manual Psychischer Störungen“, das Handbuch der Psychiatrie

[946] Siehe Blech, Jörg „Wahnsinn wird normal“, DER SPIEGEL, Ausgabe Nr. 4 vom 21.01.2013

[947] Vgl. dazu auch Frances, Allen „NORMAL: Gegen die Inflation psychiatrischer Diagnosen: Der Kampf um die Definition geistiger Gesundheit“, Dumont 2013

[948] In dem Artikel „The biopsychosocial model and scientific fraud“ (“Das biopsychosoziale Modell und wissenschaftlicher Betrug”, Ü.d.A.) wird diese Furcht bestätigt. ***„Ich sehe die Psychiatrie von überall her unter Beschuss. Einige Leute sehen eine große Zukunft für uns. Ich teile diese Ansicht nicht. Ich glaube, es gibt ein ernsthaftes Risiko, dass die Psychiatrie, wie wir sie kennen, in weniger als 15 Jahren nicht mehr existiert. Der Grund ist schlicht ein Mangel an auch nur irgendeiner Annäherung an einen angemessenen intellektuellen Rahmen für unsere Bemühungen.“*** (H.d.A., Ü. d. A.) Zitiert aus Hooper, Malcolm “Myalgic encephalomyelitis: a review with emphasis on key findings in biomedical research”, J Clin Pathol v.60(5); May 2007, nachzulesen auf http://www.ncbi.nlm.nih.gov/pmc/articles/PMC1994528/ Originalzitat *“I see psychiatry under attack from all quarters. Some people see a great future for us. I don't share that view. I believe there is a serious risk that psychiatry, as we know it, will no longer exist in as little as fifteen years. The reason is simply a lack of anything approximating an adequate intellectual framework for our efforts.”* Zitat von McLaren N in Harari E “Review Whose evidence? Lessons from the philosophy of science and the epistemology of medicine.” Aust N Z ”The biopsychosocial model and scientific fraud.” J Psychiatry 2001. 35724–730.730., nachzulesen bei pubmed auf http://www.ncbi.nlm.nih.gov/pubmed/11990882

[949] Eissler, K.R. „Die Ermordung von wie vielen seiner Kinder muss ein Mensch symptomfrei ertragen können, um eine normale Konstitution zu haben“, S. 271, „Psyche“, 1963, 17(5), 241-291, Psychosozial-Verlag

[950] Schizophrenia Working Group of the Psychiatric Genomics Consortium, “Biological insights from 108 schizophrenia-associated genetic loci“, Nature 511, 21–427, (24 July 2014),doi:10.1038/nature13595 Received 06 March 2014, Accepted 18 June 2014, Published online 22 July 2014, nachzulesen auf http://www.nature.com/nature/journal/v511/n7510/full/nature13595.html

[951] Hucklenbroich, Christina „Die Kartierung der Schizophrenie“, FAZ vom 23. Juli 2014, „Natur und Wissenschaft“

[952] von Matt, Peter „Diese magnetische Anziehungskraft“, FAZ vom 29.Aug. 2014, „Feuilleton“

[953] Siehe Raphael KG, Widom CS, Lange G “Childhood victimization and pain in adulthood: a prospective investigation.“ Pain. 2001 May;92(1-2):283-93. Abstract nachzulesen auf http://www.ncbi.nlm.nih.gov/pubmed/11323150

[954] *“[…], this study demonstrated the different opinions that various groups hold regarding the nature of CFS/ME. CFS/ME is yet another condition that illustrates the importance of adopting the biopsychosocial model in our way of thinking; body and mind are indivisible and one can intimately affect the other.23 The origin of CFS/ME may be complex; however, the stepping stone to progress and consensus may lie in replacing the concept of mind–body dualism with a more monistic view.”* Zitiert aus White, Peter, Hossenbaccus, Zahra “Views on the nature of chronic fatigue syndrome: content analysis”, JRSM Open, January 2013 vol. 4 no., doi:10.1258/shorts.2012.012051, nachzulesen auf http://shr.sagepub.com/content/4/1/4.full.

[955] Crawley, Esther, Parker, Phil et al. „Assessing the feasibility and acceptability of comparing the Lightning Process with specialist medical care for Chronic Fatigue Syndrome or Myalgic Encephalopathy (CFS/ME) - pilot Randomised Controlled Trial.“ „SMILE“-Studienprotokoll von 2010 nachzulesen auf http://www.bristol.ac.uk/media-library/sites/ccah/migrated/documents/smprotv6final.pdf (Abruf 23.01.15)

Siehe dazu auch den Kommentar auf INVEST IN ME auf http://www.investinme.org/Article-501%20Childrens%20Study.htm (Abruf 23.01.15)

[956] http://www.lightningprocess.com/live-a-life-you-love/ (Abruf 23.01.15)
[957] Zum „Lightning Process“ siehe http://www.skepdic.com/lightningprocess.html (Abruf 23.01.15) und http://www.investinme.org/IIME%20Newsletter%20Mar%2010.htm#Lightning_Process_-_The_Falsehood_of_Magical_Medicine (Abruf 23.01.15) und http://www.investinme.org/IiME%20BACME%20Statement.htm. (Abruf 23.01.15)

Siehe auch die Berichte von Patienen “Dr. Crawley's failure to adequately assess risk associated with the intervention and failure to disclose risks to SMILE study participants – patient reports of the Lightning Process”, nachzulesen auf http://frownatsmile.files.wordpress.com/2011/07/7-smile-risks-patient-evidence.pdf (Abruf 23.01.15)

Siehe auch den norwegischen Film „Make Me well“ von Paal Winsents, Trailer zu sehen auf http://www.youtube.com/watch?v=1IqusBLDmps (Abruf 23.01.15)
[958] Zur UK CFS/ME Research Collaborative siehe z.B. http://www.ncl.ac.uk/press.office/press.release/item/you-and-me-working-together-to-discover-biological-causes-of-cfs-me#.UcGYmuf0G1c (Abruf 23.01.15) oder http://www.meresearch.org.uk//?s=research+collaborative&x=0&y=0 (Abruf 23.01.15)
[959] Siehe University of Bristol „£1.2 million for Chronic Fatigue Syndrome research“, Presseerklärung 16.09.13, nachzulesen auf http://www.bris.ac.uk/news/2013/9741.html (Abruf 23.01.15)
[960] Siehe dazu auch INVEST IN ME „The RIGHT Stuff“, September 2013, nachzulesen auf http://www.investinme.org/IIME-Newslet-1309-05%20The%20Right%20Stuff.htm#2 (Abruf 23.01.15)
[961] Siehe dazu den Kommentar „STATEMENT ON NEW RESEARCH COLLABORATIVE“ auf http://www.tymestrust.org/txt/alert201305meawarenessday.txt (Abruf 23.01.15) und den Kommentar „Tale of Two Collaboratives“ auf http://www.investinme.org/IIME-Newslet-1304-01.htm (Abruf 23.01.15)

Siehe auch die Homepage http://www.tymestrust.org/ und http://investinme.org/

Teil II Die Hintergründe/Kapitel III Psychologie als Verlegenheitsdiagnose?/15 Die Tücken der Empirie

[962] Taleb, Nassim Nicholas „Der schwarze Schwan - Die Macht höchst unwahrscheinlicher Ereignisse“, S.1, Deutscher Taschenbuch Verlag, München 2010, 2. Aufl.
[963] Zitiert aus Devereux, Georges „Angst und Methode in den Verhaltenswissenschaften“, S. 20, Suhrkamp-Taschenbuch Wissenschaft, Frankfurt a. Main 1988, 2. Aufl.
[964] Zitiert aus S. 25 ebd.
[965] Nachzulesen in Molcho, Samy „Körpersprache“, Mosaik-Verlag o. Goldmann-Verlag

Teil III Die Forschung/Kapitel I Die Forschungssituation in Deutschland

[966] Siehe Sozialgesetzbuch V, § 295 Abrechnung ärztlicher Leistungen: ***„[...] Die Diagnosen nach Satz 1 Nr. 1 und 2 sind nach der Internationalen Klassifikation der Krankheiten in der jeweiligen vom Deutschen Institut für medizinische Dokumentation und Information im Auftrag des Bundesministeriums für Gesundheit und Soziale Sicherung herausgegebenen deutschen Fassung zu verschlüsseln.“*** (H.d.A.) (Abruf 23.01.15)
[967] Scheibenbogen, Carmen et al. “Investigation of humoral immune response towards persisting Epstein-Barr virus infections in multiple sclerosis and chronic fatigue syndrome using peptide microarrays (TECH1P.868)”, The Journal of Immunology May 1, 2014, Abstract nachzulesen auf http://m.jimmunol.org/content/192/1_Supplement/69.36.short

[968] XMRV = xenotropic murine leukemia virus-related virus. Originalstudie von Lombardi VC, Ruscetti FW, Das Gupta J, Pfost MA, Hagen KS, Peterson DL, Ruscetti SK, Bagni RK, Petrow-Sadowski C, Gold B, Dean M, Silverman RH, Mikovits JA "Detection of an infectious retrovirus, XMRV, in blood cells of patients with chronic fatigue syndrome", Science. 2009 Oct 23;326(5952):585-9. doi: 10.1126/science.1179052. Epub 2009 Oct 8. Nachzulesen auf http://www.ncbi.nlm.nih.gov/pubmed/19815723?dopt=Abstract Diese Studie musste im Dezember 2011 zurückgezogen werden, da XMRV kein humanes Gammaretrovirus ist, sondern ein Laborartefakt, das wegen eines Fehlers von Robert Silverman die Untersuchungsproben der ME-Kranken kontaminiert hatte.

Teil III Die Forschung/Kapitel II Die internationale Forschung

[969] Siehe „Das ME/CFS-Center an der Universitätsklinik Oslo", Zusammenfassung des Vortrags von Dr. Barbara Baumgarten-Austrheim von Regina Clos auf http://www.cfs-aktuell.de/januar11_4.htm (Abruf 23.01.15)

Siehe auch „Barbara Baumgarten berichtet über ihr ME/CFS-Zentrum an der Osloer Uniklinik", Interview von Nicole Krüger mit Frau Dr. Barbara Baumgarten-Austrheim, nachzulesen auf http://www.cfs-aktuell.de/maerz10_2.htm (Abruf 23.01.15)

[970] Zur Cyclophosphamid-Studie siehe auch http://www.meassociation.org.uk/2015/02/second-anti-cancer-drug-now-being-investigated-in-norway-for-treatment-of-mecfs-10-february-2015/ (Abruf 30.05.15)

Siehe auch die Studienbeschreibung "Cyclophosphamide in Myalgic Encephalopathy/Chronic Fatigue Syndrome (ME/CFS) (CycloME)" auf https://clinicaltrials.gov/ct2/show/NCT02444091?term=cyclophosphamide+chronic+fatigue+syndrome&rank=1 (Abruf 12.06.15)

[971] Siehe das Video zum Thema Forschungsgelder für ME von Graham McPhee: http://youtu.be/v4LskHNLKHI, Übersetzung Regina Clos, Synchronisation Dana Geissler, Roland Platz, Sprecher: Thomas Wenke (Abruf 23.01.15)

[972] Siehe NIH Categorical Spending "Estimates of Funding for Various Research, Condition, and Disease Categories (RCDC)", Table Published: March 7, 2014, nachzulesen auf http://report.nih.gov/categorical_spending.aspx (Abruf 23.01.15)

[973] Open Medicine Institute auf http://openmedicineinstitute.org/ (Abruf 23.01.15)

[974] Siehe Clos, Regina "Die OMI-MERIT-Initiative – wegweisend auf dem Gebiet des ME/CFS", Januar 2013, nachzulesen auf http://www.cfs-aktuell.de/januar13_1.htm#Die_ (Abruf 23.01.15)

[975] Cairns, Christopher „Invest in ME conference 2013", Blog CFS Patient Advocate, Juni 2013, nachzulesen auf http://cfspatientadvocate.blogspot.de/2013/06/invest-in-me-conference-2013.html (Abruf 23.01.15)

[976] Fleming, Russel „Transcript: Ian Lipkin – CDC Telephone Broadcast Conference 10 September 2013", nachzulesen auf https://docs.google.com/file/d/0B-NT-7M70igudmZVSVJUTnZVclU/edit?pli=1 (Abruf 9.12.14)

Siehe auch Johnson, Cort "Foremost Virus Hunter Finds Biomarkers, Few Viruses in Big Chronic Fatigue Syndrome Study", nachzulesen auf http://simmaronresearch.com/2013/09/foremost-virus-hunter-finds-biomarkers-few-viruses-chronic-fatigue-syndrome/ (Abruf 8.12.14)

[977] Das Mikrobiom des Darms ist die Gesamtheit der den menschlichen Darm besiedelnden Mikroorganismen, siehe auch Wikipedia, Stichwort „Mikrobiom", nachzulesen auf http://de.wikipedia.org/wiki/Mikrobiom (Abruf 23.01.15)

[978] Morelle, Rebecca „Mammals harbour 'at least 320,000 new viruses'", Science reporter, BBC World Service 3 Sept. 2013, nachzulesen auf http://www.bbc.co.uk/news/science-environment-23932400 (Abruf 23.01.15)

[979] Zusätzliche Infektionen, die sich bei Menschen mit Primärerkrankungen, die mit einem geschwächten Immunsystem einhergehen, ausbreiten. Siehe Wikipedia, Stichwort "Opportunistischer Erreger", nachzulesen auf http://de.wikipedia.org/wiki/Opportunistischer_Erreger (Abruf 23.01.15)

[980] Siehe dazu auch den Blogpost der erkrankten Ärztin Jamie Deckoff-Jones, X Rx Blog auf http://www.x-rx.net/blog/2013/09/bats-in-the-belfry.html (Abruf 23.01.15)

[981] Zu nicht sichtbaren, aber spürbaren Entzündungsprozessen siehe auch Dr. von Baehr, Volker „silent inflammation – nicht sichtbar aber spürbar?" Nachzulesen auf http://www.inflammatio.de/fileadmin/user_upload/inflammatio/Online_Fortbildungen/2015/2015_01_28_Silent_Inflammation_nicht_sichtbar_aber_spuerbar.pdf (Abruf 27.02.15)

[982] Siehe Johnson, Cort "Could the Epstein-Barr Virus – Autoimmunity Hypothesis Help Explain Chronic Fatigue Syndrome?" Nachzulesen auf http://simmaronresearch.com/2014/05/epstein-barr-virus-autoimmunity-hypothesis-fit-chronic-fatigue-syndrome/ (Abruf 23.01.15)

[983] Siehe Davidson I, Shulman LM „Unraveling the puzzle of human anellovirus infections by comparison with avian infections with the chicken anemia virus." Virus Res. 2008 Oct;137(1):1-15. doi: 10.1016/j.virusres.2008.06.014. Epub 2008 Aug 9., nachzulesen auf http://www.ncbi.nlm.nih.gov/pubmed/18656506

[984] Siehe Abate, Tom "STANFORD SCIENTISTS THINK MYSTERIOUS VIRUS COULD BE A SIGNAL OF A WEAK IMMUNE SYSTEM", nachzulesen auf http://engineering.stanford.edu/news/stanford-scientists-think-mysterious-virus-could-be-signal-weak-immune-system (Abruf 23.01.15)

[985] Siehe Li, Linlin, Deng, Xutao, Martin, Jeffrey, Deeks, Steven, and Delwart, Eric "Plasma virome of HIV infected subjects from the US and Uganda: higher levels of anelloviruses in AIDS patients", Blood Systems Research Institute, San Francisco, CA, nachzulesen auf http://ari.ucsf.edu/science/posters_2013/li_plasma.pdf
(Abruf 23.01.15)

[986] Siehe dazu auch die Videos des Symposiums „2014 STANFORD MYALGIC ENCEPHALOMYELITIS/CHRONIC FATIGUE SYNDROME SYMPOSIUM" auf http://med.stanford.edu/chronicfatiguesyndrome/2014SymposiumVideo.html (Abruf 23.01.15)

[987] http://www.kpaxpharm.com/vitaminsandsupplements/immunesystemboosters (Abruf 23.01.15)

[988] Siehe Halstead, Richard "Mill Valley company develops treatment for mysterious chronic fatigue syndrome", Marin Independent Journal, nachzulesen auf http://www.marinij.com/marinnews/ci_25395316/mill-valley-company-develops-treatment-mysterious-chronic-fatigue (Abruf 23.01.15) oder siehe http://thesynergytrial.org/ (Abruf 23.01.15)

[989] Hornig, Mady, Montoya, José G., Klimas, Nancy G., Levine, Susan, Felsenstein, Donna, Bateman, Lucinda, Peterson, Daniel L., Gottschalk, C. Gunnar, Schultz, Andrew F., Che, Xiaoyu, Eddy, Meredith L., Komaroff, Anthony L., Lipkin, W. Ian "Distinct plasma immune signatures in ME/CFS are present early in the course of illness", Science Advances 01 Feb 2015: Vol. 1 no. 1 e1400121 DOI: 10.1126/sciadv.1400121, nachzulesen auf http://advances.sciencemag.org/content/1/1/e1400121

[990] XMRV = xenotropic murine leukemia virus-related virus. Originalstudie von Lombardi VC, Ruscetti FW, Das Gupta J, Pfost MA, Hagen KS, Peterson DL, Ruscetti SK, Bagni RK, Petrow-Sadowski C, Gold B, Dean M, Silverman RH, Mikovits JA "Detection of an infectious retrovirus, XMRV, in blood cells of patients with chronic fatigue syndrome", Science. 2009 Oct 23;326(5952):585-9. doi: 10.1126/science.1179052. Epub 2009 Oct 8. Nachzulesen auf http://www.ncbi.nlm.nih.gov/pubmed/19815723?dopt=Abstract

[991] Mikovits, Judy A. et al. „Xenotropic Murine Leukemia Virus-related Virus-associated Chronic Fatigue Syndrome Reveals a Distinct Inflammatory Signature", In Vivo May-June 2011vol. 25 no. 3 307-314, nachzulesen auf http://iv.iiarjournals.org/content/25/3/307.long

[992] Siehe auch Dr. Judy Mikovits Vortrag „The Exotic Biology of Xenotropic Murine Leukemia Related Virus XMRVs – Pitfalls and New Concepts", gehalten auf der Mt. Sinai Konferenz November 2013, Folien nachzulesen auf http://www.cfs-aktuell.de/The%20Exotic%20Biology%20of%20XMRVsfinal.pdf (Abruf 23.01.15)
[993] Columbia University Mailman School of Public Health „Scientists Discover Robust Evidence That Chronic Fatigue Syndrome Is a Biological Illness", 27.02.2015 http://www.mailman.columbia.edu/news/scientists-discover-robust-evidence-chronic-fatigue-syndrome-biological-illness (Abruf 9.03.15)
Zu Hornigs Behauptung siehe das Video auf der gleichen Seite ab Minute 1:04
[994] Lloyd AR1, Wakefield D, Boughton CR, Dwyer JM. "Immunological abnormalities in the chronic fatigue syndrome." Med J Aust. 1989 Aug 7;151(3):122-4. Abstract nachzulesen auf http://www.ncbi.nlm.nih.gov/pubmed/2787888
[995] Siehe dazu auch Tucker, Mirjam E. „Von wegen psychosomatisch: Auffällige Zytokine als Biomarker des Chronischen Erschöpfungssyndroms", Medscape Deutschland 20.03.2015, nachzulesen auf http://www.medscapemedizin.de/artikelansicht/4903440_2 (Abruf 25.03.15)
[996] Hornig, Mady, Montoya, José G., Klimas, Nancy G., Levine, Susan, Felsenstein, Donna, Bateman, Lucinda, Peterson, Daniel L., Gottschalk, C. Gunnar, Schultz, Andrew F., Che, Xiaoyu, Eddy, Meredith L., Komaroff, Anthony L., Lipkin, W. Ian "Distinct plasma immune signatures in ME/CFS are present early in the course of illness", Science Advances 01 Feb 2015: Vol. 1 no. 1 e1400121 DOI: 10.1126/sciadv.1400121, nachzulesen auf http://advances.sciencemag.org/content/1/1/e1400121

The Microbe Discovery Project „Drs Lipkin, Hornig and colleagues discover robust evidence that chronic fatigue syndrome is a biological illness", February 27, 2015, nachzulesen auf http://www.microbediscovery.org/blog/2015/02/27/drs-lipkin-hornig-colleagues-discover-robust-evidence-chronic-fatigue-syndrome-biological-illness/

"Immunabwehr schuld am Chronischen Erschöpfungssyndrom? Forscher finden eindeutige Belege für immunologische Fehlfunktion", scinexx 27.02.2015, nachzulesen auf http://www.scinexx.de/wissen-aktuell-18614-2015-02-27.html (Abruf 27.02.15)
[997] Peterson, D., Brenu, E.W., Gottschalk, G., Ramos, S., Nguyen, T., Staines, D., and Marshall-Gradisnik, S. "Cytokines in the Cerebrospinal Fluids of Patients with Chronic Fatigue Syndrome/Myalgic Encephalomyelitis" Mediators of Inflammation Volume 2015 (2015), Article ID 929720, 4 pages http://dx.doi.org/10.1155/2015/929720, nachzulesen auf http://www.hindawi.com/journals/mi/2015/929720/
[998] *"Our results indicate a markedly disturbed immune signature in the cerebrospinal fluid of cases that is consistent with immune activation in the central nervous system, and a shift toward an allergic or T helper type-2 pattern associated with autoimmunity."* Zitiert aus Hornig, M, Lipkin, W I et al. "Cytokine network analysis of cerebrospinal fluid in myalgic encephalomyelitis/chronic fatigue syndrome", Molecular Psychiatry, (31 March 2015), doi:10.1038/mp.2015.29, Abstract nachzulesen auf http://www.nature.com/mp/journal/vaop/ncurrent/full/mp201529a.html
[999] Siehe z.B. Neye, Holger „Ximab, Zumab und Umab als Arzneimittel", Pharmazeutische Zeitung online, Ausgabe 43/2006, nachzulesen auf http://www.pharmazeutische-zeitung.de/index.php?id=2131 (Abruf 31.03.15)
[1000] "Scientists find clues into cognitive dysfunction in chronic fatigue syndrome", Medical Press March 31, 2015, nachzulesen auf http://medicalxpress.com/news/2015-03-scientists-clues-cognitive-dysfunction-chronic.html (Abruf 31.03.15)
[1001] Siehe Johnson, Cort "Simmaron Research Mobilizes Unique Assets to Push ME/CFS Field Forward: A Look Back at the First Year", nachzulesen auf http://simmaronresearch.com/2013/04/simmaron-rising-taking-stock-of-the-newest-mecfs-research-foundation/ (Abruf 23.01.15)

[1002] XMRV=xenotropic murine leukemia virus-related virus, Originalstudie von Lombardi VC, Ruscetti FW, Das Gupta J, Pfost MA, Hagen KS, Peterson DL, Ruscetti SK, Bagni RK, Petrow-Sadowski C, Gold B, Dean M, Silverman RH, Mikovits JA "Detection of an infectious retrovirus, XMRV, in blood cells of patients with chronic fatigue syndrome", Science. 2009 Oct 23;326(5952):585-9. doi: 10.1126/science.1179052. Epub 2009 Oct 8. Nachzulesen auf http://www.ncbi.nlm.nih.gov/pubmed/19815723?dopt=Abstract.

[1003] Siehe Curriu, M., Blanco, J. et al."Screening NK-, B- and T-cell phenotype and function in patients suffering from Chronic Fatigue Syndrome", J Transl Med. 2013; 11: 68, nachzulesen auf http://www.ncbi.nlm.nih.gov/pmc/articles/PMC3614537/

[1004] Siehe das Interview von Joel (Snowathlete) mit Dr. Blanco „Spanish HIV-Experts Give Aid to ME/CFS", nachzulesen auf http://phoenixrising.me/archives/16499?utm_source=feedburner&utm_medium=twitter&utm_campaign=Feed%3A%20aboutmecfs%20(Bringing%20the%20Heat%3A%20An%20ME%2FCFS%20(Chronic%20Fatigue%20Syndrome)%20Blog%20From%20Phoenix%20Rising) (Abruf 23.01.15)

[1005]: Gold, Julian, Goldacre, Raph, Maruszak, Hubert, Giovannoni, Gavin, Yeates, David, Goldacre, Michael „HIV and lower risk of multiple sclerosis: beginning to unravel a mystery using a record-linked database study", J Neurol Neurosurg Psychiatry, doi:10.1136/jnnp-2014-307932, nachzulesen auf http://jnnp.bmj.com/content/early/2014/07/16/jnnp-2014-307932.full#xref-ref-20-1

[1006] Siehe DMSG „Kann eine HIV-Therapie vor Multiple Sklerose schützen?" 2014, nachzulesen auf http://www.dmsg.de/multiple-sklerose-news/index.php?w3pid=news&kategorie=forschung&anr=4961 (Abruf 23.01.15)

Studie siehe "Raltegravir (Isentress) Pilot Study in Relapsing Multiple Sclerosis (INSPIRE)" auf http://clinicaltrials.gov/show/NCT01767701 (Abruf 23.01.15)

[1007] Siehe u.a. Perron, Hervé et al. "The DNA Copy Number of Human Endogenous Retrovirus-W (MSRV-Type) Is Increased in Multiple Sclerosis Patients and Is Influenced by Gender and Disease Severity", PLoS One. 2013; 8(1): e53623. Published online 2013 January 7. doi: 10.1371/journal.pone.0053623, nachzulesen auf http://www.ncbi.nlm.nih.gov/pmc/articles/PMC3538585/

[1008] Siehe De Meirleir KL, Khaiboullina SF, Frémont M, Hulstaert J, Rizvanov AA, Palotás A, Lombardi VC et al. "Plasmacytoid dendritic cells in the duodenum of individuals diagnosed with myalgic encephalomyelitis are uniquely immunoreactive to antibodies to human endogenous retroviral proteins." In Vivo. 2013 Mar-Apr;27(2):177-87., nachzulesen auf http://www.ncbi.nlm.nih.gov/pubmed/23422476

[1009] Light, A.R., Bateman, L., Jo, D., Hughen, R. W., VanHaitsma, T.A. and Light, K.C. "Gene expression alterations at baseline and following moderate exercise in patients with Chronic Fatigue Syndrome, and Fibromyalgia Syndrome", Journal of internal medicine Jan 2012, nachzulesen auf http://www.ncbi.nlm.nih.gov/pmc/articles/PMC3175315/

Light, Alan R., White, Andrea T. [...], and Light, Kathleen C. "Moderate exercise increases expression for sensory, adrenergic and immune genes in chronic fatigue syndrome patients, but not in normal subjects", J Pain Oct 2009. Nachzulesen auf http://www.ncbi.nlm.nih.gov/pmc/articles/PMC2757484/

[1010] Eine der biomedizinischen Anomalien der ME, das endokrine System betreffend, ist die Beeinträchtigung in der Aktivierung der Hypothalamus-Hypophysen-Nebennierenrinden-Achse (HPA-Achse).

[1011] Siehe Leonard, Wendy "Sufferers of chronic fatigue, fibromyalgia have hope in new diagnostic tool". Deseret News, Published: Fri, May 16, nachzulesen auf http://m.deseretnews.com/article/865603384/Sufferers-of-chronic-fatigue-fibromyalgia-have-hope-in-new-diagnostic-tool.html?pg=1 (Abruf 23.01.15)

[1012] Marshall-Gradisnik, Sonya, Staines, Don et al. „Analysis of the Relationship between Immune Dysfunction and Symptom Severity in Patients with Chronic Fatigue Syndrome/Myalgic Encephalomyelitis (CFS/ME)", J Clin Cell Immunol 2014, 5:1, Volltext auf http://omicsonline.org/open-access/analysis-relationship-immune-dysfunction-symptom-severity-patients-chronic-fatigue-2155-9899.1000190.php?aid=22894
[1013] IACFS/ME=International Association for Chronic FatigueSyndrome/Myalgic Encephalomyelitis, Konferenzprogramm und Abstracts siehe http://www.iacfsme.org/DesktopModules/DigitalDownload/2014Syllabus25.pdf (Abruf 23.01.15)
[1014] Watanabe, Y et al. "Neuroinflammation in Patients with Chronic Fatigue Syndrome/Myalgic Encephalomyelitis: An 11C-(R)-PK11195 PET Study." J Nucl Med. 2014 Mar 24. Abstract nachzulesen auf http://www.ncbi.nlm.nih.gov/pubmed/24665088
[1015] Vgl. auch diese Studie aus 2014, die auf Entzündungen im Gehirn hinweist: Zeineh, Michael M., Montoya, Jose G. et al. "Right Arcuate Fasciculus Abnormality in Chronic Fatigue Syndrome", Radiology, 2014, DOI: http://dx.doi.org/10.1148/radiol.14141079, Abstract nachzulesen auf http://pubs.rsna.org/doi/abs/10.1148/radiol.14141079
[1016] PET=Positronen- Emissions-Tomographie

Teil III Die Forschung/Kapitel III Die Retrovirushypothese

[1017] „I would say it would be a retrovirus or a virus." https://vimeo.com/13048135, (Min. 11:42) (Abruf 27.05.15)
[1018] Siehe das Videointerview mit Kenny de Meirleir (Min. 5:33) auf http://www.youtube.com/watch?v=_1chirWLnAU (Abruf 23.01.15)
[1019] Es handelt sich um von Professor José Montoya zur Verfügung gestellte Untersuchungsproben ME/"CFS"-Kranker, http://chronicfatigue.stanford.edu/
[1020] *„We also found retroviruses in 85% of the sample pools."* Zitiert aus Fleming, Russel „Transcript: Ian Lipkin – CDC Telephone Broadcast Conference 10 September 2013", nachzulesen auf https://docs.google.com/file/d/0B-NT-7M70igudmZVSVJUTnZVclU/edit?pli=1 (Abruf 9.12.14)

Siehe auch Johnson, Cort "Foremost Virus Hunter Finds Biomarkers, Few Viruses in Big Chronic Fatigue Syndrome Study", nachzulesen auf http://simmaronresearch.com/2013/09/foremost-virus-hunter-finds-biomarkers-few-viruses-chronic-fatigue-syndrome/ (Abruf 8.12.14)
[1021] Zur Rolle endogener Retroviren bei der Pathogenese von MS und anderen Krankheiten siehe z.B. Dopheide, Susanne „Multiple Sklerose – Welche Rolle spielen endogene Retroviren", Presse- und Öffentlichkeitsarbeit des Universitätsklinikums Heinrich-Heine-Universität Düsseldorf, nachzulesen auf https://idw-online.de/de/news463437 (Abruf 23.01.15)

Siehe dazu auch Podbrega, Nadja „Rätsel um das „MS-Virus" - Die Rolle der HERVs bei Autoimmunerkrankungen", nachzulesen auf http://www.scinexx.de/dossier-detail-517-12.html (Abruf 23.01.15)

Zu endogenen Retroviren und Autoimmunerkrankungen wie MS, Diabetes und Rheumatoider Arthritis siehe diese dänische Studie: Nexø, Bjørn A., Laska, Magdalena J. „Are human endogenous retroviruses triggers of autoimmune diseases? Unveiling associations of three diseases and viral loci", Immunologic Research 2015, nachzulesen auf http://link.springer.com/article/10.1007/s12026-015-8671-z/fulltext.html

Siehe auch Hohmann, Christina „Parasiten im Genom", Pharmazeutische Zeitung, nachzulesen auf http://www.pharmazeutische-zeitung.de/index.php?id=32665 (Abruf 23.01.15)

Siehe auch Wikipedia, Stichwort „Endogenes Retrovirus" auf http://de.wikipedia.org/wiki/Endogenes_Retrovirus (Abruf 23.01.15)

Vgl. auch Wikipedia, Stichwort „Retroviren" auf http://de.wikipedia.org/wiki/Retroviren#Durch_Retroviren_verursachte_Krankheiten, (Abruf 23.01.15)
Wikipedia, Stichwort „Humanes T-lymphotropes Virus 1" auf http://de.wikipedia.org/wiki/Humanes_T-lymphotropes_Virus_1 (Abruf 23.01.15)
Wikipedia, Stichwort „Humanes T-lymphotropes Virus 2" auf http://de.wikipedia.org/wiki/Humanes_T-lymphotropes_Virus_2 (Abruf 23.01.15)

Zu positiven Antikörpernachweisen unbekannter humaner Retroviren siehe auch das Video mit Dr. Wilfried P. Bieger auf http://dr-bieger.de/dr-bieger-xmrv-dezember-2012/ (Abruf 23.01.15)

Siehe auch die Auszüge aus einem Radiointerview mit Dr. Judy Mikovits und den Bericht von Regina Clos „XMRV- Ende eines Alptraums oder Traums" auf http://www.cfs-aktuell.de/XMRV%20Dezember%20Artikel.pdf (Abruf 23.01.15)

1022 Lombardi VC, Ruscetti FW, Das Gupta J, Pfost MA, Hagen KS, Peterson DL, Ruscetti SK, Bagni RK, Petrow-Sadowski C, Gold B, Dean M, Silverman RH, Mikovits JA "Detection of an infectious retrovirus, XMRV, in blood cells of patients with chronic fatigue syndrome", Science. 2009 Oct 23;326(5952):585-9. doi: 10.1126/science.1179052. Epub 2009 Oct 8. Nachzulesen auf http://www.ncbi.nlm.nih.gov/pubmed/19815723?dopt=Abstract

1023 *„Mikovits showed that in figure 1 of the original* ***Science*** *paper that was prepared by Silverman of the Cleveland Clinic,* ***some samples did contain the VP-62 plasmid****. However, the original DNA samples, which were housed at the WPI were tested by Max Pfost and Francis Ruscetti* ***were free of the VP-62 plasmid****. An independ reanalysis of the same samples also showed the samples to be free of the plasmid, or other mouse contamination, the previous theory Coffin had held against XMRV. There was no"crap" – mouse or otherwise – in their argument."* Zitiert aus Heckenlively, Kent, Mikovits, Judy „Plague: One Scientist's Intrepid Search for the Truth about Human Retroviruses and Chronic Fatigue Syndrome, Autism, and Other Diseases", S. 342, siehe auch S. 341-345, Chapter Five "The Appearance of Chronic Fatigue Syndrome and Autism in the Medical Literature", Skyhorse Publishing 2014

Siehe Judy Mikovits Vortrag „The Exotic Biology of Xenotropic Murine Leukemia Related Virus XMRVs – Pitfalls and New Concepts", gehalten auf der Mt. Sinai Konferenz November 2013, Folien nachzulesen auf http://www.cfs-aktuell.de/The%20Exotic%20Biology%20of%20XMRVsfinal.pdf (Abruf 23.01.15)

Siehe auch "Published Studies on XMRV and pMLV Findings in Human Diseases and the General Population", nachzulesen auf http://www.aabb.org/tm/eid/Documents/xmrvtable.pdf#search=Published%20Studies%20on%20XMRV%20and%20pMLV%20Findings%20in%20Human%20Diseases%20and%20the%20General%20Population (Abruf 23.01.15)

Zum SFFV siehe z.B. Wolff, L., Ruscetti, S. "The spleen focus-forming virus (SFFV) envelope gene, when introduced into mice in the absence of other SFFV genes, induces acute erythroleukemia", J Virol. Jun 1988; 62(6): 2158–2163., nachzulesen auf http://www.ncbi.nlm.nih.gov/pmc/articles/PMC253318/

Siehe auch Burdak, Susanne Christine "Charakterisierung der Promotor-Region des Fre2-Gens, einer Integrationsstelle des Friend-Mäuseleukämievirus", Dissertation Gießen 1999, nachzulesen auf http://geb.uni-giessen.de/geb/volltexte/2000/277/pdf/BurdakSusanne-2000-06-26.pdf (Abruf 23.01.15)

[1024] Lo, Shyh-Ching, Pripuzova, Natalia, Li, Bingjie, Komaroff, Anthony L., Hung, Guo-Chiuan, Wang, Richard, and Alter, Harvey J. "Detection of MLV-related virus gene sequences in blood of patients with chronic fatigue syndrome and healthy blood donors", PNAS, September 7, 2010, vol. 107 no. 36, doi: 10.1073/pnas.1006901107, Abstract nachzulesen auf http://www.pnas.org/content/early/2010/08/16/1006901107.abstract

[1025] Lo, Shyh-Ching, Pripuzova, Natalia, Li, Bingjie, Komaroff, Anthony L., Hung, Guo-Chiuan, Wang, Richard and Alter, Harvey J. "Retraction for Lo et al., Detection of MLV-related virus gene sequences in blood of patients with chronic fatigue syndrome and healthy blood donors", Proc Natl Acad Sci USA, issue 36, September 7, 2010, (107:15874–15879; first published August 23, 2010; 10.1073/pnas.1006901107), 346, doi: 10.1073/pnas.1119641109, nachzulesen auf http://www.pnas.org/content/109/1/346.full

[1026] Siehe das Video mit Dr. Wilfried P. Bieger zu positiven Antikörpernachweisen unbekannter humaner Retroviren auf http://dr-bieger.de/dr-bieger-xmrv-dezember-2012/ (Abruf 6.12.14)

[1027] Ein Virion ist ein einzelnes infektiöses Viruspartikel, das sich im Gegensatz zu einem Virus außerhalb einer Zelle befindet.

[1028] Halligan, Brian D, Sun, Hai-Yuan, Kushnaryov, Vladimir M & Grossberg, Sidney E "Partial molecular cloning of the JHK retrovirus using gammaretrovirus consensus PCR primers", Future Virology, May 2013, Vol. 8, No. 5, Pages 507-520 , DOI 10.2217/fvl.13.25 (doi:10.2217/fvl.13.25), nachzulesen auf http://www.futuremedicine.com/doi/abs/10.2217/fvl.13.25

[1029] Siehe Hanson, Maureen R, Bell, David S et al „„Detection of MLV-like gag sequences in blood samples from a New York state CFS cohort", Retrovirology. 2011; 8(Suppl 1): A234. Published online 2011 June 6. doi: 10.1186/1742-4690-8-S1-A234, nachzulesen auf http://www.ncbi.nlm.nih.gov/pmc/articles/PMC3112714/

[1030] Unlängst wiesen Wissenschaftler um den Zellbiologen Prof. Dr. Patrick Küry (Neurologische Klinik des Universitätsklinikums Düsseldorf) nach, dass reaktivierte humane endogene Retroviren (HERV) die Selbstheilungskräfte des Zentralen Nervensystems stören und den Krankheitsverlauf und die Regeneraion bei Multipler Sklerose beeinflussen. Siehe Küry, P. et al „HERV-W envelope protein inhibits oligodendroglial precursor cell differentiation." Ann Neurol. 2013 Jul 8. doi: 10.1002/ana.23970. Abstract nachzulesen auf http://www.ncbi.nlm.nih.gov/pubmed/23836485

[1031] Siehe dazu auch den Bericht von Regina Clos und Auszüge aus einem Radiointerview mit Judy Mikovits „XMRV – Ende eines Alptraums oder eines Traums?" Nachzulesen auf http://www.cfs-aktuell.de/XMRV%20Dezember%20Artikel.pdf (Abruf 2.12.14)

[1032] Siehe Alter, Harvey J., Mikovits, Judy A., Switzer, William M., Ruscetti, Francis W., Lo, Shyh-Ching, Klimas, Nancy, Komaroff, Anthony L., Montoya, Jose G., Bateman, Lucinda, Levine, Susan Levine, Peterson, Daniel, Levin, Bruce, Hanson, Maureen R. Hanson, Genfi, Afia, Bhat, Meera, Zheng, HaoQiang Zheng, Wang, Richard, Li, Bingjie, Hung, Guo-Chiuan, Lee, Li Ling, Sameroff, Stephen, Heneine, Walid, Coffin, John, Hornig, Mady and Lipkin, W. Ian „A Multicenter Blinded Analysis Indicates No Association between Chronic Fatigue Syndrome/Myalgic Encephalomyelitis and either Xenotropic Murine Leukemia Virus-Related Virus or Polytropic Murine Leukemia Virus", mBio. 2012 Sep-Oct; 3(5): e00266-12. Published online 2012 September 18. doi: 10.1128/mBio.00266-12, nachzulesen auf http://www.ncbi.nlm.nih.gov/pmc/articles/PMC3448165/, Volltext auf http://mbio.asm.org/content/3/5/e00266-12.full

[1033] Zum „Streetlight Effect" wissenschaftlicher Studien siehe Freedman, David H. "Why Scientific Studies Are So Often Wrong: The Streetlight Effect - Researchers tend to look for answers where the looking is good, rather than where the answers are likely to be hiding." Nachzulesen auf Discover 2010 http://discovermagazine.com/2010/jul-aug/29-why-scientific-studies-often-wrong-streetlight-effect#.UuqzrrT0ees (Abruf 23.01.15)

[1034] Siehe den Kommentar von Regina Clos „"Wieviele haben wir erzeugt, John? Wieviele XMRVs gibt es da draußen?" Frage von Judy Mikovits an John Coffin bei der ME/CFS-Tagung in Ottawa im

September 2011", Februar 2014, nachzulesen auf http://www.cfs-aktuell.de/februar14_2.htm (Abruf 23.01.15)

[1035] *"Our results definitively indicate that there is no relationship between CFS/ME and infection with either XMRV or pMLV."* Zitiert aus Lipkin, W. Ian et al. „A Multicenter Blinded Analysis Indicates No Association between Chronic Fatigue Syndrome/Myalgic Encephalomyelitis and either Xenotropic Murine Leukemia Virus-Related Virus or Polytropic Murine Leukemia Virus", mBio. 2012 Sep-Oct; 3(5): e00266-12. Published online 2012 September 18. doi: 10.1128/mBio.00266-12, nachzulesen auf http://www.ncbi.nlm.nih.gov/pmc/articles/PMC3448165/, Volltext auf http://mbio.asm.org/content/3/5/e00266-12.full

[1036] *„Weiterhin könne es sein, dass das Blut, auf das man sich in der Bestimmung des Virus stützt, nicht das Hauptreservoir für das Virus sei, sondern andere Gewebe oder Organe."* Zitiert aus Clos, Regina „Das Xenotrope Mäuseleukämie-verwandte Virus (XMRV) bei Krebs des Menschen und dem Chronic Fatigue Syndrom (CFS): Ist eine Familie humaner Gamma-Retroviren daran beteiligt?" Zusammenfassung des Vortrags von Dr. Judy Mikovits, Fatigatio-Fachtagung vom 24.-25. September 2010, Artikel des Monats Januar 2011 Teil 5, nachzulesen auf http://www.cfs-aktuell.de/januar11_5.htm (Abruf 28.01.15)

[1037] *"Latent reservoirs of HIV are located throughout the body, including the brain,* ***lymphoid tissue****, bone marrow, and the genital tract. These reservoirs persist, even in the presence of Highly Active Antiretroviral Therapy (HAART), today's standard of care. While HAART is able to deplete the reservoir, it does so very slowly. Mathematical models have shown that most patients would have to be on HAART for 60-80 years before their HIV reservoirs are depleted."* (H.d.A.) Zitiert aus AIDS Research Alliance auf http://aidsresearch.org/cure-research/eradicating-hiv-reservoirs, (Abruf 9.11.14)

[1038] Siehe Erica Verrillos Interview mit Dr. Judy Mikovits auf Prohealth, nachzulesen auf http://www.prohealth.com/library/showarticle.cfm?libid=18960 (Abruf 27.11.14)

[1039] Siehe Alter, Harvey J., Mikovits, Judy A., Switzer, William M., Ruscetti, Francis W., Lo, Shyh-Ching, Klimas, Nancy, Komaroff, Anthony L., Montoya, Jose G., Bateman, Lucinda, Levine, Susan Levine, Peterson, Daniel, Levin, Bruce, Hanson, Maureen R. Hanson, Genfi, Afia, Bhat, Meera, Zheng, HaoQiang Zheng, Wang, Richard, Li, Bingjie, Hung, Guo-Chiuan, Lee, Li Ling, Sameroff, Stephen, Heneine, Walid, Coffin, John, Hornig, Mady and Lipkin, W. Ian „A Multicenter Blinded Analysis Indicates No Association between Chronic Fatigue Syndrome/Myalgic Encephalomyelitis and either Xenotropic Murine Leukemia Virus-Related Virus or Polytropic Murine Leukemia Virus", mBio. 2012 Sep-Oct; 3(5): e00266-12. Published online 2012 September 18. doi: 10.1128/mBio.00266-12, nachzulesen auf http://www.ncbi.nlm.nih.gov/pmc/articles/PMC3448165/, Volltext auf http://mbio.asm.org/content/3/5/e00266-12.full

[1040] Siehe Paprotka T, Delviks-Frankenberry KA, Cingöz O, Martinez A, Kung HJ, Tepper CG, Hu WS, Fivash MJ Jr, Coffin JM, Pathak VK. „Recombinant origin of the retrovirus XMRV." Science. 2011 Jul 1;333(6038):97-101. doi: 10.1126/science.1205292. Epub 2011 May 31. Abstract nachzulesen auf http://www.ncbi.nlm.nih.gov/pubmed/21628392

Siehe auch Lee, Deanna, Das Gupta, Jaydip, Gaughan, Christina, Steffen, Imke, Tang, Ning, Luk, Ka-Cheung, Qiu, Xiaoxing, Urisman, Anatoly, Fischer, Nicole, Molinaro, Ross, Broz, Miranda, Schochetman, Gerald, Klein, Eric A., Ganem, Don, DeRisi, Joseph L., Simmons, Graham, Hackett Jr, John, Silverman, Robert H., Chiu, Charles Y. „In-Depth Investigation of Archival and Prospectively Collected Samples Reveals No Evidence for XMRV Infection in Prostate Cancer", September 18, 2012 DOI: 10.1371/journal.pone.0044954, nachzulesen auf http://www.plosone.org/article/comments/info%3Adoi%2F10.1371%2Fjournal.pone.0044954;jsessionid=F730514BB481C961CE115FC47E9F9745

Siehe auch Heckenlively, Kent, Mikovits, Judy „Plague: One Scientist's Intrepid Search for the Truth about Human Retroviruses and Chronic Fatigue Syndrome, Autism, and Other Diseases", Verlag Skyhorse Publishing 2014

[1041] *„Bei einer* ***Xenotransplantation*** *(griechisch ξένος, xénos: Fremder) handelt es sich um die Übertragung von lebens- und funktionstüchtigen Zellen oder Zellverbänden (einschließlich ganzer Organe oder Körperteile) zwischen verschiedenen Spezies."* Zitat Wikipedia, Stichwort „Xenotransplantation", http://de.wikipedia.org/wiki/Xenotransplantation (Abruf 23.01.15)

[1042] Siehe Murgai M, Thomas J, Cherepanova O, Delviks-Frankenberry K, Deeble P, Pathak VK, Rekosh D, Owens G. "Xenotropic MLV envelope proteins induce tumor cells to secrete factors that promote the formation of immature blood vessels." Retrovirology. 2013 Mar 27;10:34. doi: 10.1186/1742-4690-10-34. Nachzulesen auf http://www.ncbi.nlm.nih.gov/pmc/articles/PMC3681559/

[1043] Siehe Paprotka T, Delviks-Frankenberry KA, Cingöz O, Martinez A, Kung HJ, Tepper CG, Hu WS, Fivash MJ Jr, Coffin JM, Pathak VK. „Recombinant origin of the retrovirus XMRV." Science. 2011 Jul 1;333(6038):97-101. doi: 10.1126/science.1205292. Epub 2011 May 31. Abstract nachzulesen auf http://www.ncbi.nlm.nih.gov/pubmed/21628392

Siehe auch Cingöz O, Paprotka T, Delviks-Frankenberry KA, Wildt S, Hu WS, Pathak VK, Coffin JM „Characterization, mapping, and distribution of the two XMRV parental proviruses." J Virol. 2012 Jan;86(1):328-38. doi: 10.1128/JVI.06022-11. Epub 2011 Oct 26. Abstract nachzulesen auf http://www.ncbi.nlm.nih.gov/pubmed/22031947

[1044] Siehe Palesch D, Khalid M, Stürzel CM, Münch J "How can Xenotropic murine leukemia virus-related virus (XMRV) contamination be prevented? Susceptibility of XMRV to alcohol-based disinfectants and its environmental stability." Appl Environ Microbiol. 2014 Feb 14. Abstract nachzulesen auf http://0-www.ncbi.nlm.nih.gov.elis.tmu.edu.tw/pubmed/24532072

[1045] Gazdar, Adi F et al."Frequent detection of infectious xenotropic murine leukemia virus (XMLV) in human cultures established from mouse xenografts", Cancer Biol Ther. 2011 October 1; 12(7): 617–628. Published online 2011 October 1. doi: 10.4161/cbt.12.7.15955, nachzulesen auf http://www.ncbi.nlm.nih.gov/pmc/articles/PMC3218386/

[1046] *"Although most researchers appear to be unaware of the potential contamination threat (Zhang et al., 2011), the infection of xenografted human cell lines with xenotropic retroviruses is well-established in the literature, dating back to the early 1970s (Takeuchi et al. 2008; Sfanos et al., 2011)."* Zitiert aus Hempel HA· Burns KH, De Marzo AM, Sfanos KS. "Infection of Xenotransplanted Human Cell Lines by Murine Retroviruses: A Lesson Brought Back to Light by XMRV", Front Oncol. 2013 Jun 17;3:156. doi: 10.3389/fonc.2013.00156. eCollection 2013, Volltext nachzulesen auf http://www.ncbi.nlm.nih.gov/pmc/articles/PMC3683812/

[1047] Virale oder retrovirale Vektoren sind Viruspartikel, die gezielt verändert wurden, um genetische Informationen in Zielzellen zu transportieren, wo sie das defekte Genmaterial der pathologisch veränderten Zelle ersetzen sollen. Siehe dazu auch Wikipedia, Stichwort „Virale Vektoren" auf http://de.wikipedia.org/wiki/Viraler_Vektor#Retroviren (Abruf 25.03.15)

[1048] *"Continued vigilance when using retroviral vectors is essential to prevent generation of RCR with potential pathogenic potential. The widespread availability of retrovirus vectors for laboratory use and the generation of "safer" vectors appears to have resulted in a sense of false security, particularly among first-time users of vectors."* Zitiert aus Moisier, Donald E. „Introduction for „Safety Considerations for Retroviral Vectors: A Short Review"", Applied Biosafety, 9 (2) pp. 68-75 © ABSA 2004, nachzulesen auf http://www.absa.org/abj/abj/040902mosier.pdf

[1049] *"Recombination between vector and packaging sequences, between vector and endogenous retrovirus sequences, or between vector and exogenous retroviruses may generate new replication competent retroviruses (RCR)."* Zitiert aus ebd., S. 71

[1050] Siehe Wikipedia, Stichwort "Squirrel Monkey Retrovirus" auf http://de.wikipedia.org/wiki/Squirrel_Monkey_Retrovirus (Abruf 1.06.15)

[1051] Stang, Alexander, Grunwald, Thomas et al. "Unintended spread of a biosafety level 2 recombinant retrovirus", Retrovirology. 2009; 6:86. Nachzulesen auf http://www.ncbi.nlm.nih.gov/pmc/articles/PMC2760500/?tool=pubmed

[1052] Uphoff CC, Lange S, Denkmann SA, Garritsen HSP, Drexler HG "Prevalence and Characterization of Murine Leukemia Virus Contamination in Human Cell Lines." PLoS ONE 2015 10(4): e0125622. Nachzulesen auf http://journals.plos.org/plosone/article?id=10.1371%2Fjournal.pone.0125622

[1053] Zu den Risiken von Xenotransplantationsexperimenten siehe auch Ho, Mae-Wan, Cummins, Joe „Xenotransplantation: How Bad Science and Big Business Put the World at Risk from Viral Pandemics", Institute of Science in Society http://www.i-sis.org/, , nachzulesen auf http://online.sfsu.edu/rone/GEessays/xenotransplantrisk.html Abruf 9.11.14

[1054] Bei einem Meeting ausgewählter HIV/AIDS- und Krebsforscher am National Institute of Health in Bethesda, zu dem Dr. Stuart Le Grice und Dr. John Coffin eingeladen hatten, um die Bedrohung durch das neu entdeckte Retrovirus XMRV zu diskutieren, wurde Frank Ruscetti, der als Erster gemeinsam mit Bernie Poiesz ein humanes Retrovirus (HTLV-1) isoliert hatte, Zeuge folgender Bemerkung von John Coffin: *„"Oh, my god, you mean all those sequences we saw in the 1980s were real?""* Zitiert aus Heckenlively, Kent, Mikovits, Judy „Plague: One Scientist's Intrepid Search for the Truth about Human Retroviruses and Chronic Fatigue Syndrome, Autism, and Other Diseases", S. 130, Skyhorse Publishing 2014

[1055] Delviks-Frankenberry K, Paprotka T, Cingöz O, Wildt S, Hu WS, Coffin JM, Pathak VK "Generation of multiple replication-competent retroviruses through recombination between PreXMRV-1 and PreXMRV-2." J Virol. 2013 Nov;87(21):11525-37. doi: 10.1128/JVI.01787-13. Epub 2013 Aug 21. Abstract nachzulesen auf http://www.ncbi.nlm.nih.gov/pubmed/23966380

[1056] Stoye, Jonathan P. & Coffin, John M. "The dangers of xenotransplantation", Nature Medicine 1, 1100 (1995) doi:10.1038/nm1195-1100a, Abstract nachzulesen auf http://www.nature.com/nm/journal/v1/n11/pdf/nm1195-1100a.pdf

[1057] Siehe Wikipedia Stichwort „Ausschlusskriterien bei der Blutspende" auf http://de.wikipedia.org/wiki/Ausschlusskriterien_bei_der_Blutspende (Abruf 28.05.15)

[1058] *„The mouse gammaretroviruses associated with leukemogenesis are found in the classical inbred mouse strains and in house mouse subspecies as infectious exogenous viruses (XRVs) and as endogenous retroviruses (ERVs) inserted into their host genomes. There are three major mouse leukemia virus (MuLV) subgroups in laboratory mice: ecotropic, xenotropic, and polytropic. These MuLV subgroups differ in host range, pathogenicity, receptor usage and subspecies of origin. The MuLV ERVs are recent acquisitions in the mouse genome as demonstrated by the presence of many full-length nondefective MuLV ERVs that produce XRVs, the segregation of these MuLV subgroups into different house mouse subspecies, and by the positional polymorphism of these loci among inbred strains and individual wild mice. While some ecotropic and xenotropic ERVs can produce XRVs directly, others, especially the pathogenic polytropic ERVs, do so only after recombinations that can involve all three ERV subgroups."* Zitiert aus Kozak, Christine A. „Origins of the Endogenous and Infectious Laboratory Mouse Gammaretroviruses", Review, Viruses 2015, 7(1), 1-26; doi:10.3390/v7010001 Received: 11 November 2014; Accepted: 18 December 2014 / Published: 26 December 2014, nachzulesen auf http://www.mdpi.com/1999-4915/7/1/1

[1059] *„MuLV-infected house mouse species have a global distribution [47], and mice are recognized pathogen reservoirs and disease vectors [191]. It is therefore not surprising that rodent-related gammaretroviral ERVs have been found in the genomes of amphibians, reptiles, birds and mammals, and that trans-species transmission of rodent retroviruses has been a common occurrence in mammalian evolution [192,193]. Successful interspecies transmissions can produce disease in new hosts that are unprepared to resist unfamiliar and potentially pathogenic agents [194]."* Zitiert aus ebd.

[1060] Opportunistische Infektionen sind zusätzliche Infektionen, die sich bei Menschen mit Primärerkrankungen, die mit einem geschwächten Immunsystem einhergehen, ausbreiten. Siehe Wikipedia, Stichwort "Opportunistischer Erreger", nachzulesen auf http://de.wikipedia.org/wiki/Opportunistischer_Erreger (Abruf 23.01.15)

[1061] *"The mouse leukemia related viruses and the diseases they might cause among the human population were not quite dead. Vasculitis in mice could be caused by XMRV or B4RV but somehow – despite this fairly damning finding – they concluded that vacultits in humans could not be?"* Zitiert aus Heckenlively, Kent, Mikovits, Judy „Plague: One Scientist's Intrepid Search for the Truth about Human Retroviruses and Chronic Fatigue Syndrome, Autism, and Other Diseases", S. 375, Skyhorse Publishing 2014

[1062] Siehe Murgai M, Thomas J, Cherepanova O, Delviks-Frankenberry K, Deeble P, Pathak VK, Rekosh D, Owens G "Xenotropic MLV envelope proteins induce tumor cells to secrete factors that promote the formation of immature blood vessels." Retrovirology. 2013 Mar 27;10:34. doi: 10.1186/1742-4690-10-34. Nachzulesen auf http://www.ncbi.nlm.nih.gov/pmc/articles/PMC3681559/

Siehe dazu auch Dr. Judy Mikovits Vortrag „The Exotic Biology of Xenotropic Murine Leukemia Related Virus XMRVs – Pitfalls and New Concepts", gehalten auf der Mt. Sinai Konferenz November 2013, Folien nachzulesen auf http://www.cfs-aktuell.de/The%20Exotic%20Biology%20of%20XMRVsfinal.pdf (Abruf 9.11.14)
[1063] *"Although it is extremely unlikely that XMRV or B4rv have, or could infect humans [6-9,32], results herein raise the possibility that additional XMRV-like viruses may exist, or could evolve, that contain gene sequences that impact tumor pathogenesis, and of greatest concern might also acquire the ability to infect humans."* Zitat aus Murgai M, Thomas J, Cherepanova O, Delviks-Frankenberry K, Deeble P, Pathak VK, Rekosh D, Owens G. "Xenotropic MLV envelope proteins induce tumor cells to secrete factors that promote the formation of immature blood vessels." Retrovirology 2013 Mar 27;10:34. doi: 10.1186/1742-4690-10-34. Nachzulesen auf http://www.ncbi.nlm.nih.gov/pmc/articles/PMC3681559/
[1064] *„Thus, xenografting may produce unexpected pathologies resulting from ERV activation."* Zitiert aus Kozak, Christine A. „Origins of the Endogenous and Infectious Laboratory Mouse Gammaretroviruses", Review, Viruses 2015, 7(1), 1-26; doi:10.3390/v7010001 Received: 11 November 2014; Accepted: 18 December 2014 / Published: 26 December 2014, nachzulesen auf http://www.mdpi.com/1999-4915/7/1/1
[1065] *"One of the most widely distributed biological products that frequently involved mice or mouse tissue, at least up to recent years, are vaccines, especially vaccines against viruses. Some, for instance vaccines against rabies virus (Plotkin and Wiktor, 1978), yellow fever (YF) virus (Frierson, 2010), and Japanese encephalitis (JE) virus (Inactivated Japanese Encephalitis Virus Vaccine, 1993), consisted of viruses that were cultured on mouse brains. Such vaccines were in use from 1931 (YF vaccine) until now (JE vaccine, licensed in Japan since 1954). For rabies virus, early vaccines were mainly of goat or sheep nerve tissue origin. In addition, suckling mouse brain-derived rabies virus vaccines were used in South America and France (Plotkin and Wiktor, 1978)."* Zitiert aus van der Kuyl, Antoinette Cornelia, Cornelissen, Marion, and Berkhout, Ben „Of Mice and Men: On the Origin of XMRV", S. 5, Front Microbiol. 2010; 1: 147. Published online 2011 January 17. doi: 10.3389/fmicb.2010.00147, nachzulesen auf http://www.ncbi.nlm.nih.gov/pmc/articles/PMC3109487/
[1066] *"It is possible that XMRV particles were present in virus stocks cultured in mice or mouse cells for vaccine production, and that the virus was transferred to the human population by vaccination."* Zitiert aus S. 6 ebd.
[1067] Heckenlively, Kent, Mikovits, Judy „Plague: One Scientist's Intrepid Search for the Truth about Human Retroviruses and Chronic Fatigue Syndrome, Autism, and Other Diseases", siehe S. 59-81, Chapter Five "The Appearance of Chronic Fatigue Syndrome and Autism in the Medical Literature", Skyhorse Publishing 2014
[1068] Siehe S. 78 ebd.
[1069] Gilliam, A.G. „EPIDEMIOLOGICAL STUDY OF AN EPIDEMIC, DIAGNOSED AS POLIOMYELITIS, OCCURING AMOUNG THE PERSONNEL OF THE LOS ANGELES COUNTY GENERALHOSPITAL DURING THE SUMMER OF 1934", United States Public Health Service, nachzulesen auf http://babel.hathitrust.org/cgi/pt?id=mdp.39015022082260;view=1up;seq=617 (Abruf 9.11.14) und http://hdl.handle.net/2027/mdp.39015022082260?urlappend=%3Bseq=617 (Abruf 9.11.14)

Vgl. auch dazu BOWER, A. G., MEALS, R.W., BIGLER, MARY, EWING, JOHN, AND HAUSER, VERNON "Clinical Features of Poliomyelitis in Los Angeles", American Journal of Public Health 1934, nachzulesen auf http://ajph.aphapublications.org/doi/pdf/10.2105/AJPH.24.12.1210

[1070] Siehe BRODIE, MAURICE, AND PARK, WILLIAM H. "Active Immunization Against Poliomyelitis", AMERICAN JOURNAL OF PUBLIC HEALTH Feb., 1936, S. 124, nachzulesen auf http://ajph.aphapublications.org/doi/pdf/10.2105/AJPH.26.2.119

[1071] *"The passage material was a mixture of 1 part of active virus and 4 parts of a suspension of mouse brain and brain stem. The material from the 24th and 45th passages injected into a series of mice in multiple inoculations, produced no effect in the mice nor did the virus in either of these passages survive for a longer time than in the preliminary experiment, when it was demonstrated in the mouse brain, 3 but not 5 days after intracerebral injection."* Zitiert aus Brodie, Maurice "Attempts to Produce Poliomyelitis in Refractory Lab Animals." Experimental Biology and Medicine. 1 March 1935, http://ebm.sagepub.com/content/32/6/832.extract

Vgl. auch Enders, John F., Robbins, Frederick C., and Weller, Thomas H. "The Cultivation of the Poliomyelitis Viruses in Tissue Culture." Nobel Prize Lecture, December 11, 1954, nachzulesen auf http://www.nobelprize.org/nobel_prizes/medicine/laureates/1954/enders-robbins-weller-lecture.pdf (Abruf 23.01.15)

[1072] *„In the early studies of vaccination, human immune serum and a modified virus from mice were used."* Siehe The Rockefeller Foundation „Annual Report 1936", S. 80, nachzulesen auf http://www.rockefellerfoundation.org/uploads/files/d52b902d-7909-4d7e-b04f-5a25cda250cf-1936.pdf (Abruf 23.01.15)

„Vaccination against yellow fever by the injection of human immune serum and living yellow fever virus fixed for mice was begun in 1931." Siehe The Rockefeller Foundation „Annual Report 1933", S. 39, nachzulesen auf http://www.rockefellerfoundation.org/uploads/files/285b1974-f84e-4729-b776-241ec062861f-1933.pdf (Abruf 23.01.15)

Zum Merthiolat siehe Kessel, John F., Hoyt, Anson S., and Fisk, Roy T. "Use of Serum and the Routine and Experimental Laboratory Findings in the 1934 Poliomyelitis Epidemic", AMERICAN JOURNAL OF PUBLIC HEALTH, S. 1216, 1220, 1221, , nachzulesen auf http://www.ncbi.nlm.nih.gov/pmc/articles/PMC1558945/?page=2 und der ganze Bericht auf http://www.ncbi.nlm.nih.gov/pmc/articles/PMC1558945/pdf/amjphnation00923-0067.pdf

[1073] *„It appears that the mouse is the best of the refractory animals for use in this work, since the virus survived in its brain for from **3** to **5** days." „From these experiments, it appears that of all the ordinary laboratory animals,* ***the mouse should be the best in attempting to produce poliomyelitis****, for the virus survives in its brain for a longer time than in that of the guinea pig, rabbit, or rat."* (H.d.A.) Zitate aus Brodie, Maurice "Attempts to Produce Poliomyelitis in Refractory Lab Animals." Experimental Biology and Medicine. 1 March 1935, http://ebm.sagepub.com/content/32/6/832.extract

[1074] *„We were able to render mice susceptible to the virus of poliomyelitis by subjecting them to repeated x-ray exposures and to transfer the infectious agent serially to normal mice. The fact that we were transferring the virus of poliomyelitis was borne out by specific neutralization of the mouse passage virus by serums containing poliomyelitis antibody, by the production of typical poliomyelitis in monkeys who were injected with infectious mouse brains, and by the immunization of monkeys with the mouse virus. However, after a number of passages the virus is lost in mice and has to be reestablished."* Zitat aus BRODIE, MAURICE, AND PARK, WILLIAM H. „ACTIVE IMMUNIZATION AGAINST POLIOMYELITIS", Journal of the American Medical Association 105 no. 14 (Oct. 5, 1935): 1089-1093, nachzulesen auf http://ccat.sas.upenn.edu/goldenage/wonder/Archive/Science/wd_brodie&park.htm

[1075] *„The next step was to stabilize the virus, so that scientists would have available a substance which was uniform in its reactions and capable of producing the desired effects with certainty.* ***After many passages through mice, the virus becomes highly virulent for these animals, and the incubation period becomes short and constant. At the same time the virus loses its power to kill rhesus monkeys, although it does continue to produce fever in these animals; in other words it assumes the character of what is known as a fixed virus.****"* (H.d.A.) Siehe The Rockefeller Foundation „Annual Report 1931", S. 39, nachzulesen auf http://www.rockefellerfoundation.org/uploads/files/f890b3eb-b0ad-48c2-8fe8-3fb0b9405188-1931.pdf (Abruf 23.01.15)

1076 *„Quite apart from the possibility of. their containing live virus, such crude vaccines contain large amounts of antigenic nervous tissues which, by provoking antibodies which may be organ-specific but not species-specific, may cause allergic damage to the central nervous systems of the subjects, similarly to the neuroparalytic accidents which still complicate rabies vaccination."* Zitat aus Turner, R. „ACTIVE IMMUNIZATION AGAINST POLIOMYELITIS - A REVIEW", S.A. Medical Journal 1955, S. 835, nachzulesen auf http://archive.samj.org.za/1955%20VOL%20XXIX%20Jul-Dec/Articles/03%20September/1.4%20IMMUNIZATION%20OF%20POLIOMYELITIS%20-%20A%20REVIEW.%20R.%20Turner.pdf (Abruf 23.01.15)

1077 Siehe ebd.

1078 Brodie, Maurice „Pathological and Immunological Studies in Poliomyelitis And Their Significance in Therapy and Treatment", American Journal of Public Health, 1938, nachzulesen auf http://ajph.aphapublications.org/doi/pdf/10.2105/AJPH.28.6.746

Siehe auch „Specter of Paralysis Stalks Carolina - Science Has Weapons for the Battle With This Years Poliomyelitis Epidemics; New Vaccines Are Undergoing Their First Critical Tests", nachzulesen auf http://64.62.200.70/PERIODICAL/PDF/LiteraryDigest-1935jul20/15-16/ (Abruf 26.11.14)

1079 Solomon, Lawrence "Don't Rush To Hand Out the Ebola Vaccine", Oktober 2014, nachzulesen auf http://www.huffingtonpost.ca/lawrence-solomon/ebola-vaccine-_b_6021954.html (Abruf 9.11.14)

1080 *„Both Brodie's and Kolmer's vaccines were problematic." „Neither Brodie nor Kolmer made extensive tests on animals before turning to human experimentation, probably because of the high cost of testing the vaccine in monkeys."* Zitiert aus Löwy, Ilana „Book Review: Sydney A Halpern. Lesser harms: the morality of risk in medical research." University of Chicago Press. 2004, pp. xii, 233, nachzulesen auf http://www.ncbi.nlm.nih.gov/pmc/articles/PMC1472109/

1081 *„In the 1930s, human experimentation was not regulated by the law, and the accidents of anti-polio vaccination were not discussed in the media."* Zitat aus ebd.

1082 BOWER, A. G., MEALS, R.W., BIGLER, MARY, EWING, JOHN, AND HAUSER, VERNON "Clinical Features of Poliomyelitis in Los Angeles", American Journal of Public Health 1934, nachzulesen auf http://ajph.aphapublications.org/doi/pdf/10.2105/AJPH.24.12.1210

1083 Siehe Dewannieux M, Ribet D, Heidmann T. "Risks linked to endogenous retroviruses for vaccine production: a general overview." Biologicals. 2010 May;38(3):366-70. doi: 10.1016/j.biologicals.2010.01.006. Epub 2010 Mar 23., Abstract nachzulesen auf http://www.ncbi.nlm.nih.gov/pubmed/20335054

Siehe auch Miyazawa, Takayuki et al. "Isolation of an Infectious Endogenous Retrovirus in a Proportion of Live Attenuated Vaccines for Pets", Journal of Virology April 2010 vol. 84 no. 73690-3694, nachzulesen auf http://jvi.asm.org/content/84/7/3690.full

Siehe auch Miyazawa T. "Endogenous retroviruses as potential hazards for vaccines." Biologicals. 2010 May;38(3):371-6. doi: 10.1016/j.biologicals.2010.03.003. Epub 2010 Apr 8. Abstract nachzulesen auf http://www.ncbi.nlm.nih.gov/pubmed/20378372

Höre auch Vincent Racaniellos Podcast „This Week in Virology" auf http://www.twiv.tv/2013/12/29/twiv-265-this-year-in-virology/, ab Minute 26 bis 34 auf http://ec.libsyn.com/p/9/5/2/95277a56c135950a/TWiV265.mp3?d13a76d516d9dec20c3d276ce028ed5089ab1ce3dae902ea1d01c1803fd2c95bba10&c_id=6597130 (Abruf 10.11.14) Verschriftlichung von Regina Clos: *"They traced it back to the 30s to the Bronx Zoo. They isolated a plasmodium that was used for a couple of decades as a model for malaria until better models came along. But apparently at some point along the way the plasmodium became contaminated with or maybe was originally contaminated with this Reticular Endopheliosis virus and was cultured in labs that were also in the business of making vaccines for the fowl pox. So the vaccines became contaminated and became contaminated in a really weird way .... since this is a retrovirus and can integrate there is proviral DNA that integrated into the fowl pox DNA (...and also in a Herpes virus) and as these vaccines were introduced into the wild so was the Reticular endopheliosis virus. So this is an example of an inadvertant human mediated introduction of a virus into the wild."*

[1084] Deisher, Theresa A., Doan, Ngoc V., Omayie, Angelica, Koyama, Kumiko, Bwabye, Sarah „Impact of environmental factors on the prevalence of autistic disorders after 1979", Journal of Public Health and Epidemiology, Vol. 6(9), pp. 271-284, September 2014, nachzulesen auf http://www.ms.academicjournals.org/article/article1409245960_Deisher%20et%20al.pdf

Siehe dazu auch den Artikel "New Study in Journal of Public Health and Epidemiology Correlates Autism Disorder Increase and Human Fetal DNA, Retroviral Agents in Vaccines" auf http://www.standardnewswire.com/news/965249574.html (Abruf 9.11.14)

[1085] Victoria, Joseph G., Wang, Chunlin, [...], and Delwart, Eric L. "Viral Nucleic Acids in Live-Attenuated Vaccines: Detection of Minority Variants and an Adventitious Virus", Journal of Virology, Juni 2010, nachzulesen auf http://www.ncbi.nlm.nih.gov/pmc/articles/PMC2876658/#!po=2.50000

Vgl. die Impfstoffe auf dieser Tabelle http://jvi.asm.org/content/84/12/6033/T2.expansion.html

Zu WI-38 siehe auch „Wundersames Wachstum - Der amerikanische Mikrobiologe Hayflick fand den idealen Nährboden zur Herstellung von Impfstoffen: menschliche Zellen." DER SPIEGEL vom 6.03.1972, nachzulesen auf http://www.spiegel.de/spiegel/print/d-43019243.html (Abruf 10.11.14)

[1086] *„The detection of human endogenous retrovirus K (HERVK) in Varivax, MMR-II, and Meruvax was the expected consequence of their manufacture using human cell lines."* Zitiert aus Victoria, Joseph G., Wang, Chunlin, [...], and Delwart, Eric L. "Viral Nucleic Acids in Live-Attenuated Vaccines: Detection of Minority Variants and an Adventitious Virus", S.6, Journal of Virology, Juni 2010, nachzulesen auf http://www.ncbi.nlm.nih.gov/pmc/articles/PMC2876658/#!po=2.50000

Vgl. die Impfstoffe auf dieser Tabelle http://jvi.asm.org/content/84/12/6033/T2.expansion.html

[1087] Januszkiewicz-Lewandowska D, Nowicka K, Rembowska J, Fichna M, Żurawek M, Derwich K, Nowak J. "Env gene expression of human endogenous retrovirus-k and human endogenous retrovirus-w in childhood acute leukemia cells." Acta Haematol. 2013;129(4):232-7. doi: 10.1159/000345407. Epub 2013 Jan 11. Abstract nachzulesen auf http://www.ncbi.nlm.nih.gov/pubmed/23328642

Siehe auch Iwabuchi H, Kakihara T, Kobayashi T, Imai C, Tanaka A, Uchiyama M, Fukuda T „A gene homologous to human endogenous retrovirus overexpressed in childhood acute lymphoblastic leukemia." Leuk Lymphoma. 2004 Nov;45(11):2303-6. Abstract nachzulesen auf http://www.ncbi.nlm.nih.gov/pubmed/15512821

Siehe auch Depil S Roche C, Dussart P, Prin L "Expression of a human endogenous retrovirus, HERV-K, in the blood cells of leukemia patients." Leukemia. 2002 Feb;16(2):254-9. Abstract nachzulesen auf http://www.ncbi.nlm.nih.gov/pubmed/11840292

[1088] Contreras-Galindo, Rafael, Kaplan, Mark H., [...], and Markovitz, David M. "Human Endogenous Retrovirus K (HML-2) Elements in the Plasma of People with Lymphoma and Breast Cancer", J. Virol. Oct. 2008, nachzulesen auf
http://www.ncbi.nlm.nih.gov/pmc/articles/PMC2546968/#!po=3.84615

[1089] Wang-Johanning F.et al. „Expression of human endogenous retrovirus k envelope transcripts in human breast cancer." Clin Cancer Res. 2001 Jun;7(6):1553-60. Abstract nachzulesen auf http://www.ncbi.nlm.nih.gov/pubmed/11410490

[1090] Siehe z.B. „Untersuchungen zur Tumorinduktion durch endogene und exogene Retroviren", Robert Koch Institut, nachzulesen auf http://www.rki.de/DE/Content/Institut/OrgEinheiten/Abt1/FG18/Tumorinduktion_Retroviren.html (Abruf 10.11.14)

[1091] Stengel S Fiebig U, Kurth R, Denner J "Regulation of human endogenous retrovirus-K expression in melanomas by CpG methylation." Genes Chromosomes Cancer. 2010 May;49(5):401-11. doi: 10.1002/gcc.20751. Abstract nachzulesen auf http://www.ncbi.nlm.nih.gov/pubmed/20095041

Siehe auch Büscher, Kristina „Expression und biologische Funktion von humanen endogenen Retroviren (HERVs), insbesondere von HERV-K", Dissertation, Humboldt-Universität Berlin 2006, nachzulesen auf http://edoc.rki.de/documents/dissertationen/buescher-kristina-2006-09-01/PDF/buescher.pdf (Abruf 10.11.14)

[1092] Frank O, Giehl M, Zheng C, Hehlmann R, Leib-Mösch C, Seifarth W "Human endogenous retrovirus expression profiles in samples from brains of patients with schizophrenia and bipolar disorders." J Virol. 2005 Sep;79(17):10890-901, nachzulesen auf http://www.ncbi.nlm.nih.gov/pmc/articles/PMC1193590/

Siehe auch Yolken, R.H, Karlsson, H, Yee, F, Johnston-Wilson, N.L, Torrey, E.F „Endogenous retroviruses and schizophrenia", Brain Research Reviews, Volume 31, Issues 2–3, March 2000, Pages 193–199, DOI: 10.1016/S0165-0173(99)00037-5, nachzulesen auf http://www.sciencedirect.com/science/article/pii/S0165017399000375

[1093] Siehe z.B de la Hera, Belén et al. "Role of the Human Endogenous Retrovirus HERV-K18 in Autoimmune Disease Susceptibility: Study in the Spanish Population and Meta-Analysis", PLOS ONE Published: April 25, 2013, DOI: 10.1371/journal.pone.0062090, nachzulesen auf http://www.plosone.org/article/info%3Adoi%2F10.1371%2Fjournal.pone.0062090

Siehe zu endogenen Retroviren und Autoimmunerkrankungen wie MS, Diabetes und Rheumatoider Arthritis auch diese dänische Studie: Nexø, Bjørn A., Laska, Magdalena J. „Are human endogenous retroviruses triggers of autoimmune diseases? Unveiling associations of three diseases and viral loci", Immunologic Research 2015, nachzulesen auf http://link.springer.com/article/10.1007/s12026-015-8671-z/fulltext.html

Siehe auch den Artikel „Endogenes Retrovirus K 18 Env: Risikofaktor für Multiple Sklerose?" auf http://www.dmsg.de/multiple-sklerose-news/index.php?kategorie=forschung&anr=1671 (Abruf 10.11.14)

Siehe auch Freimanis G et al. "A role for human endogenous retrovirus-K (HML-2) in rheumatoid arthritis: investigating mechanisms of pathogenesis." Clin Exp Immunol. 2010 Jun;160(3):340-7. doi: 10.1111/j.1365-2249.2010.04110.x. Epub 2010 Mar 16., Abstract nachzulesen auf http://www.ncbi.nlm.nih.gov/pubmed/20345981

Siehe auch Krzysztalowska-Wawrzyniak M. et al. "The distribution of human endogenous retrovirus K-113 in health and autoimmune diseases in Poland." Rheumatology (Oxford). 2011 Jul;50(7):1310-4. doi: 10.1093/rheumatology/ker022. Epub 2011 Feb 22., Abstract nachzulesen auf http://www.ncbi.nlm.nih.gov/pubmed/21343167

Siehe auch Molès JP, Tesniere A, Guilhou JJ. "A new endogenous retroviral sequence is expressed in skin of patients with psoriasis." Br J Dermatol. 2005 Jul;153(1):83-9, Abstract nachzulesen auf http://www.ncbi.nlm.nih.gov/pubmed/16029331

Siehe auch Dr. med. Ruprecht, Klemens „Zur möglichen Rolle humaner endogener Retroviren in der Pathogenese der Multiplen Sklerose", Habilitationsschrift, Charité 2011, nachzulesen auf http://www.diss.fu-berlin.de/diss/receive/FUDISS_thesis_000000034462 (Abruf 10.11.14)

[1094] *"Whether the contamination is harmful or not, it's certainly better not to have it."* Zitiert aus McCullough, Marie „After test brouhaha, FDA backs vaccine use", May 15, 2010, nachzulesen auf http://articles.philly.com/2010-05-15/news/25217179_1_pig-virus-vaccine-expert-fda (Abruf 10.11.14)

[1095] Siehe Wikipedia, Stichwort Simian-Virus 40, nachzulesen auf http://de.wikipedia.org/wiki/Simian-Virus_40 (Abruf 3.12.14)

Siehe auch Bundesamt für Verbraucherschutz und Lebensmittelsicherheit „Allgemeine Stellungnahme der ZKBS zu häufig durchgeführten gentechnischen Arbeiten mit den zugrunde liegenden Kriterien der Vergleichbarkeit: Gentechnische Arbeiten mit SV40 als Spenderorganismus", Az.: 6790-10-34, August 1995, nachzulesen auf http://www.bvl.bund.de/SharedDocs/Downloads/06_Gentechnik/ZKBS/01_Allgemeine_Stellungnahmen_deutsch/11_Stellungnahmen_Vergleichbarkeit/SV_40.pdf?__blob=publicationFile&v=2 (Abruf 3.12.14)

[1096] *„Die Familie* ***Polyomaviridae*** *umfasst unbehüllte DNA-Viren, die […] beim Menschen zu persistierenden Infektionen führen."* Zitiert aus Wikipedia, Stichwort „Polyomaviridae", nachzulesen auf http://de.wikipedia.org/wiki/Polyomaviridae (Abruf 3.12.14)

[1097] Koch, Klaus „Die schwere Hypothek eines Impfstoffs", Berliner Zeitung 3.03.1999, nachzulesen auf http://www.berliner-zeitung.de/archiv/ob-das-affenvirus-sv40-krebs-verursacht--ist-noch-unklar--fest-steht--dass-millionen-menschen-durch-eine-polio-vakzine-damit-infiziert-wurden-die-schwere-hypothek-eines-impfstoffs,10810590,9603062.html (Abruf 3.12.14)

[1098] *„It was estimated that 10% to 30% of the vaccines contained live SV40."* Zitiert aus Horwin, Michael E. „Simian Virus 40 (SV40): A Cancer Causing Monkey Virus from FDA-Approved Vaccines", originally published in the Albany Law Journal of Science & Technology, Volume 13, Number 3, 2003, nachzulesen auf http://www.sv40foundation.org/cpv-link.html (Abruf 3.12.14)

[1099] *„By 1960, the Salk injectable polio vaccine (IPV) had been administered to about 98 million American children and adults, and Sabin's OPV had been administered to about 10,000 Americans and millions in the USSR where the clinical trials had been conducted.[27]"* Zitiert aus Horwin, Michael E. „Simian Virus 40 (SV40): A Cancer Causing Monkey Virus from FDA-Approved Vaccines", originally published in the Albany Law Journal of Science & Technology, Volume 13, Number 3, 2003, nachzulesen auf http://www.sv40foundation.org/cpv-link.html (Abruf 3.12.14)

[1100] *„The tainted vaccines continued to be administered until 1963 when they were all used and replaced by allegedly SV40-free vaccines as required by the new federal regulations promulgated in 1961.[31]"* Zitiert aus ebd.

Siehe dazu auch das Interview des Medizinhistorikers Dr. Edward Shorter mit dem Vakzin-Pionier Dr. Maurice Hilleman, https://www.youtube.com/watch?v=13QiSV_lrDQ (Abruf 27.05.15)

[1101] „POLIO-IMPFUNG Aus dem Schnapsglas", DER SPIEGEL 30/1961, nachzulesen auf http://www.spiegel.de/spiegel/print/d-43365110.html (Abruf 3.12.14)

[1102] „POLIO-IMPFUNGEN Aktion Brunhilde", DER SPIEGEL 8/1962, nachzulesen auf http://www.spiegel.de/spiegel/print/d-45139099.html (Abruf 3.12.14)

[1103] Siehe SPIEGEL online „Krebsrisiko: Polio-Impfstoff über Jahrzehnte verseucht", 8.07.2004, nachzulesen auf http://www.spiegel.de/wissenschaft/mensch/krebsrisiko-polio-impfstoff-ueber-jahrzehnte-verseucht-a-307721.html (Abruf 3.12.14)

[1104] *„By 1965, it was well established in the scientific literature that there were several problems with the SV40 tests mandated by the Code of Federal Regulations. First, the fourteen-day SV40 tests were not long enough to detect the virus.[57] In fact, numerous experiments by leading virologists (all non-governmental scientists) found that it took from two to five weeks for the detection of low doses of SV40.[58] Second, there were more sophisticated microbiological tools available that could detect SV40 with greater accuracy.[59] These tests were all widely used and accepted virological techniques. Third, there were several more sophisticated measures available to eliminate SV40 from cultures used to make the poliovirus vaccine.[60] Nonetheless, despite the mounting scientific evidence that the SV40 tests were crude and unreliable, the regulations were not changed and oral polio vaccine manufacturers did not voluntarily adopt any technical* *improvements to ensure that SV40 was detected and eliminated from their products."* Zitiert aus Horwin, Michael E. „Simian Virus 40 (SV40): A Cancer Causing Monkey Virus from FDA-Approved Vaccines", originally published in the Albany Law Journal of Science & Technology, Volume 13, Number 3, 2003, nachzulesen auf http://www.sv40foundation.org/cpv-link.html (Abruf 3.12.14)

1105 *„The polyomavirus simian virus 40 (SV40) is a known oncogenic DNA virus which induces primary brain and bone cancers, malignant mesothelioma, and lymphomas in laboratory animals."* Zitiert aus Vilchez, Regis A. and Butel, Janet S. „Emergent Human Pathogen Simian Virus 40 and Its Role in Cancer", Clin Microbiol Rev. Jul 2004; 17(3): 495–508. doi: 10.1128/CMR.17.3.495-508.2004, nachzulesen auf http://www.ncbi.nlm.nih.gov/pmc/articles/PMC452549/

„Over the last forty years since its discovery, SV40 had become one of the most widely studied and best understood viruses in microbiology.[73] It was routinely used to create human cancers in the laboratory in order to test cancer therapies.[74] In addition, it is now known how this virus caused cancer on a molecular level. After careful study documented in peer reviewed publications, leaders in SV40 research announced that SV40 was a class 2A human carcinogen.[75]" Zitiert aus Horwin, Michael E. „Simian Virus 40 (SV40): A Cancer Causing Monkey Virus from FDA-Approved Vaccines", originally published in the Albany Law Journal of Science & Technology, Volume 13, Number 3, 2003, nachzulesen auf http://www.sv40foundation.org/cpv-link.html (Abruf 3.12.14)

1106 Koch, Klaus „Die schwere Hypothek eines Impfstoffs", Berliner Zeitung 3.03.1999, nachzulesen auf http://www.berliner-zeitung.de/archiv/ob-das-affenvirus-sv40-krebs-verursacht--ist-noch-unklar--fest-steht--dass-millionen-menschen-durch-eine-polio-vakzine-damit-infiziert-wurden-die-schwere-hypothek-eines-impfstoffs,10810590,9603062.html (Abruf 3.12.14)

1107 *„After SV40 was originally detected in the Salk and Sabin vaccines that had been administered to millions of children around the world, the scientific community held its breath and wondered if these children would be stricken with cancer.[61] Indeed, the pediatric cancer rate continued to climb through the 1960's, 70's, 80's and 90's.[62] But, the few epidemiological studies that looked for a direct link between SV40 and human cancer provided inconsistent conclusions. Some reports found that there was an increased risk of cancer from SV40 exposure[63] and others found that there was no risk.[64] Each of these studies suffered from major flaws including the fact that no one knew who actually received the SV40-contaminated vaccines and who did not, so it was impossible to compare an SV40-exposed group with a non-exposed group.[65]"* Zitiert aus Horwin, Michael E. „Simian Virus 40 (SV40): A Cancer Causing Monkey Virus from FDA-Approved Vaccines", originally published in the Albany Law Journal of Science & Technology, Volume 13, Number 3, 2003, nachzulesen auf http://www.sv40foundation.org/cpv-link.html (Abruf 3.12.14)

„A known confounding factor in the observational study by Engels et al.(1) is that the actual number of people infected with live SV40 through the use of contaminated poliovirus vaccines in Denmark or other countries is not known(2–,4). It is also recognized that not all vaccine lots were contaminated with SV40, that formalin inactivation may have reduced the titer of live SV40 in the vaccine lots that were contaminated, and that successful infection rates by live SV40 are unknown(2–,4). For example, only 19% of newborn children and 15% of infants aged 3–6 months at the time of receiving a known contaminated oral poliovirus vaccine excreted infectious SV40 in their stools for up to 5 weeks after vaccination(4), indicating an established infection. Therefore, an inability to identify the population actually infected with SV40 in Denmark through the use of contaminated poliovirus vaccines precludes a meaningful calculation of cancer incidence in relation to exposure to those vaccines. Furthermore, there is ample evidence that some individuals acquire SV40 infection from sources other than poliovirus vaccines(2,,5), indicating that the individuals in the unexposed group identified by Engels et al.(1) may also have been infected with SV40." Zitiert aus Vilchez, Regis A., Arrington, Amy S. and Butel, Janet S. „Re: Cancer Incidence in Denmark Following Exposure to Poliovirus Vaccine Contaminated With Simian Virus 40", JNCI J Natl Cancer Inst Volume 95, Issue 16, Pp. 1249, nachzulesen auf http://jnci.oxfordjournals.org/content/95/16/1249.long

1108 *„In July 2002, the National Academy of Science Institute of Medicine (IOM) Immunization Safety Committee convened a study into SV40 and cancer which culminated in a report published in October 2002. According to the IOM report "SV40 Contamination of Polio Vaccine and Cancer": The committee concludes that the biological evidence is strong that SV40 is a transforming [i.e., cancer-causing] virus, . . . that the biological evidence is of moderate strength that*

SV40 exposure could lead to cancer in humans under natural conditions, [and] that the biological evidence is of moderate strength that SV40 exposure from the polio vaccine is related to SV40 infection in humans.[83]" Zitiert aus Horwin, Michael E. „Simian Virus 40 (SV40): A Cancer Causing Monkey Virus from FDA-Approved Vaccines", originally published in the Albany Law Journal of Science & Technology, Volume 13, Number 3, 2003, nachzulesen auf http://www.sv40foundation.org/cpv-link.html (Abruf 3.12.14)

1109 Wikipedia, Stichwort „Polyomaviridae", nachzulesen auf http://de.wikipedia.org/wiki/Polyomaviridae (Abruf 3.12.14)

1110 *„Mounting evidence indicates that SV40 is a human pathogen, and current molecular biology, pathology, and clinical data, taken together, show that SV40 is significantly associated with and may be functionally important in the development of some human malignancies. Now, prospective studies are needed to determine the prevalence of SV40 infections in different human populations and to assess how the virus is transmitted from person to person."* Zitiert aus Vilchez, Regis A. and Butel, Janet S. „Emergent Human Pathogen Simian Virus 40 and Its Role in Cancer", Clin Microbiol Rev. Jul 2004; 17(3): 495–508. doi: 10.1128/CMR.17.3.495-508.2004, nachzulesen auf http://www.ncbi.nlm.nih.gov/pmc/articles/PMC452549/

1111 Koch, Klaus „Die schwere Hypothek eines Impfstoffs", Berliner Zeitung 3.03.1999, nachzulesen auf http://www.berliner-zeitung.de/archiv/ob-das-affenvirus-sv40-krebs-verursacht--ist-noch-unklar--fest-steht--dass-millionen-menschen-durch-eine-polio-vakzine-damit-infiziert-wurden-die-schwere-hypothek-eines-impfstoffs,10810590,9603062.html (Abruf 3.12.14)

1112 *„SV40 infections in healthy monkeys appear to be asymptomatic (100), but SV40 causes widespread infections among monkeys that are immunocompromised due to simian immunodeficiency virus infection (47, 58, 81); SV40 sequences and infectious virus were detected in brain, kidney, spleen, and peripheral blood mononuclear cells (PBMCs). These results demonstrate that SV40 can be an opportunistic pathogen in immunosuppressed hosts and that the virus may spread within the host by hematogenous routes."* Zitiert aus Vilchez, Regis A. and Butel, Janet S. „Emergent Human Pathogen Simian Virus 40 and Its Role in Cancer", Clin Microbiol Rev. Jul 2004; 17(3): 495–508. doi: 10.1128/CMR.17.3.495-508.2004, nachzulesen auf http://www.ncbi.nlm.nih.gov/pmc/articles/PMC452549/

1113 Prozentzahlen siehe „POLIO-IMPFUNGEN Aktion Brunhilde", DER SPIEGEL 8/1962, nachzulesen auf http://www.spiegel.de/spiegel/print/d-45139099.html (Abruf 3.12.14)

Siehe auch Lindner, Ulrike „Gesundheitspolitik in der Nachkriegszeit – Großbritannien und die Bundesrepublik Deutschland im Vergleich", S. 253, Oldenbourg Wissenschaftsverlag, München 2004

1114 *„Although the prevalence of SV40 infections in humans is not known, studies conducted over the last three decades indicate that SV40 infections are occurring in child and adult populations today. These included individuals who received potentially SV40-contaminated vaccines, as well as in persons born after 1963 who could not have been exposed to those vaccines. […] SV40 seroprevalence rates in the general populations of the United States and other countries have ranged from 2 to 20% (…). […]These data suggest that SV40 is being transmitted in the human population today, probably at a relatively low prevalence rate. However, conclusions about seroprevalence rates should be viewed with caution, as very little is known about the human immune response to SV40 infections. Although the mode of transmission of SV40 among humans is unknown, we speculate that different routes may be involved. Studies with laboratory animals indicate that maternal-infant transmission is one possible route of SV40 spread (91). This may represent a pathway for SV40 infections in humans (of unknown frequency), as there are reports of the detection and expression of SV40 T-ag and the presence of viral DNA in cases of primary brain cancers in infants and young children (…). Also, evidence indicates that zoonotic transmission of SV40 should be a consideration in certain populations. Indeed, laboratory workers in contact with SV40-infected monkeys and/or tissues from those animals had a prevalence of antibodies to SV40 in the range of 41 to 55%, suggesting an increased risk for viral infection among this group of workers (…)."* Zitiert aus Vilchez, Regis A. and Butel, Janet S. „Emergent Human Pathogen Simian Virus 40 and Its Role in Cancer", Clin Microbiol Rev. Jul 2004; 17(3): 495–508. doi: 10.1128/CMR.17.3.495-508.2004, nachzulesen auf http://www.ncbi.nlm.nih.gov/pmc/articles/PMC452549/

1115 *„Obwohl das offenbar aus Rhesusaffen stammende Virus schon 1960 in den Impfstoffen entdeckt wurde, stellte man erst drei Jahre später die Produktion um."* Zitiert aus Koch, Klaus „Die schwere Hypothek eines Impfstoffs", Berliner Zeitung 3.03.1999, nachzulesen auf http://www.berliner-zeitung.de/archiv/ob-das-affenvirussv40-krebs-verursacht--ist-noch-unklar--fest-steht--dass-millionen-menschen-durch-eine-polio-vakzine-damit-infiziert-wurden-die-schwere-hypothek-eines-impfstoffs,10810590,9603062.html (Abruf 3.12.14)

1116 „*"The government has not sponsored any real research. Here's something possibly affecting millions of Americans, and they're indifferent," Dr. Adi Gazdar, a University of Texas Southwestern Medical Center cancer researcher, said. "Maybe they don't want to find out."*" Zitiert aus Heyes, J. D. „The true story of SV40, the cancer-causing virus hidden in polio vaccines"; Natural News June 29, 2011, nachzulesen auf http://www.naturalnews.com/032854_SV40_polio_vaccines.html# (Abruf 24.01.15)

1117 „Der Ursprung von AIDS", (MFP/Galafilm documentary, "The Origins of AIDS", NDR 2005) zu sehen auf http://www.youtube.com/watch?v=M9-LgYKWn8Q (Abruf 10.11.14)

Siehe auch Martin, Brian „Polio vaccines and the origin of AIDS: some key writings", nachzulesen auf http://www.uow.edu.au/~bmartin/dissent/documents/AIDS/ (Abruf 10.11.14)

1118 Wikipedia, Stichwort „Simianes Immundefizienz-Virus", Zitat: „Das Simiane Immundefizienz-Virus (SIV, engl. simian immunodeficiency virus, simian = *Affen*-, affenartig) ist ein *Retrovirus* und gilt als Ursprungsvirus für das menschliche Immunschwächevirus *HIV*." Nachzulesen auf http://de.wikipedia.org/wiki/Simianes_Immundefizienz-Virus (Abruf 24.01.15)

1119 Siehe Blech, Jörg „Die Saat der Seuche", DER SPIEGEL 50/1999 , nachzulesen auf http://www.spiegel.de/spiegel/print/d-15239681.html (Abruf 10.11.14)

1120 Siehe Worobey, Michael, Hahn, Beatrice et al. „Contaminated polio vaccine theory refuted", Nature, 2004; 428; 820, nachzulesen auf http://www.uow.edu.au/~bmartin/dissent/documents/AIDS/Worobey04.pdf (Abruf 10.11.14)

1121 Siehe Hooper, Edward "Contaminated polio vaccine theory *not* refuted", April 2004, nachzulesen auf http://www.uow.edu.au/~bmartin/dissent/documents/AIDS/Hooper04/Hooper04refute.html (Abruf 10.11.14)

1122 Interview des Medizinhistorikers Dr. Edward Shorter mit dem Vakzin-Pionier Dr. Maurice Hilleman, https://www.youtube.com/watch?v=13QiSV_lrDQ (Abruf 27.05.15)

1123 Siehe Buzon, Maria J, Lichterfeld, Mathias et al. "HIV-1 persistence in $CD4^+$T cells with stem cell–like properties", Nature Medicine 20, 139–142 (2014) doi:10.1038/nm.3445, nachzulesen auf http://www.nature.com/nm/journal/v20/n2/full/nm.3445.html

Siehe auch „Reservoir gefunden: HI-Viren überleben in T-Gedächtniszellen", Deutsches Ärzteblatt vom 13. Januar 2014, nachzulesen auf http://www.aerzteblatt.de/nachrichten/57188 (Abruf 10.11.14)

1124 Engl. Wikipedia, Stichwort "Ribonuclease-L", nachzulesen auf http://en.wikipedia.org/wiki/Ribonuclease_L (Abruf 24.01.15)

1125 SUHADOLNIK, ROBERT J., CHENEY, PAUL R., PETERSON, DANIEL L.; DE MEIRLEIR, KENNY et al. „Biochemical Evidence for a Novel Low Molecular Weight 2-5A-Dependent RNase L in Chronic Fatigue Syndrome", Journal of Interferon & Cytokine Research. July 1997, 17(7): 377-385. doi:10.1089/jir.1997.17.377., nachzulesen auf http://online.liebertpub.com/doi/abs/10.1089/jir.1997.17.377

Siehe auch NIJS, JO and DE MEIRLEIR, KENNY "Impairments of the 2-5A Synthetase/RNase L Pathway in Chronic Fatigue Syndrome", In Vivo November-December 2005 vol. 19 no. 6 1013-1021, nachzulesen auf http://iv.iiarjournals.org/content/19/6/1013.full.pdf+html

Siehe auch De Meirleir, Kenny "Chronic Fatigue Syndrome", nachzulesen auf http://www.biologischmedischcentrumbmc.nl/CFS_De_Meirleir.pdf (Abruf 10.11.14)

1126 "*"There`s always the hypothesis that my child was fine, then they got sick, and then they got autism. Interestingly, on that note, if I might speculate a little bit ... This may explain why vaccines lead to autism in some children because these viruses live and divide and grow in the lymphocytes, the immune response cells, the B and T cells. So when you give a vaccine, you send your B and T cells in your immune cells into overdrive. That`s its job. Well, if you`re harbouring one virus, and you replicate it a whole bunch, you`ve now broken the balance beween the immune response and the virus. So* *you could have had the underlying virus and then amplified it withthat vaccine and then set off the disease, such that your immune system could no longer cotrol other infections and created an immune deficiency.""* Zitiert aus Heckenlively, Kent, Mikovits, Judy_„Plague: One Scientist's Intrepid Search for the Truth about Human Retroviruses and Chronic Fatigue Syndrome, Autism, and Other Diseases", (Prologue) XXXIf, Skyhorse Publishing 2014

1127 *„The intended effect of a vaccination is to expand the B and T cells of a person`s immune system to fight the weakened or killed virus, thus creating antibodies that can protect a person in the event of an actual infection. But in the case of a child who had the retrovirus in their B and T cells, the very immune activation that was supposed to confer immunity for one virus would end up causing this newly discovered retrovirus to replicate. There was also the very real possibility that as a child`s immune system developed, it would control the retrovirus on its own, and the developmental or neurological problems might never occur. The vaccine* ***could*** *be the trigger that tipped the child into immune and neurological problems, but there were other issues."* Zitiert aus Heckenlively, Kent, Mikovits, Judy „Plague: One Scientist's Intrepid Search for the Truth about Human Retroviruses and Chronic Fatigue Syndrome, Autism, and Other Diseases", S. 176f, Skyhorse Publishing 2014

1128 Siehe dazu z.B. Lossau, Norbert „Was Impfungen mit dem Immunsystem anstellen", nachzulesen auf http://www.welt.de/gesundheit/article125835602/Was-Impfungen-mit-dem-Immunsystem-anstellen.html (Abruf 10.11.14)

1129 *"These observations suggest that activation of the immune system through vaccinations could accelerate the progression of HIV disease through enhanced HIV replication." "If feasible, it is preferable to have patients on antiretroviral therapy (ART) prior to receipt of vaccination, as that may help blunt or eliminate vaccine-associated viremia and potentially improve immune response to vaccination."* Zitate aus Hecht, Frederick M., Luetkemeyer, Annie "Safety of Vaccinations – Effect of Vaccines on HIV Disease Progression", HIV InSite, University of California, nachzulesen auf http://hivinsite.ucsf.edu/InSite?page=kb-03-01-08#S3.1X (Abruf 10.11.14)

1130 Agmon-Levin N, Zafrir Y, Kivity S, Balofsky A, Amital H, Shoenfeld Y. „Chronic fatigue syndrome and fibromyalgia following immunization with the hepatitis B vaccine: another angle of the 'autoimmune (auto-inflammatory) syndrome induced by adjuvants' (ASIA)." Immunol Res. 2014 Nov 27. Abstract nachzulesen auf http://www.ncbi.nlm.nih.gov/pubmed/25427994

Colafrancesco S, Perricone C, Tomljenovic L, Shoenfeld Y. „Human papilloma virus vaccine and primary ovarian failure: another facet of the autoimmune/inflammatory syndrome induced by adjuvants." Am J Reprod Immunol.2013 Oct;70(4):309-16. doi: 10.1111/aji.12151. Epub 2013 Jul 31. Abstract nachzulesen auf http://www.ncbi.nlm.nih.gov/pubmed/23902317 Siehe auch Jones, Doris M. „ME and Vaccinations". First published by YOGA & HEALTH March 1997, nachzulesen auf http://www.investinme.org/InfoCentre-vaccines-popup-1.htm (Abruf 9.01.15)

1131 Siehe Onlamoon N, Das Gupta J, Sharma P, Rogers K, Suppiah S, Rhea J, Molinaro RJ, Gaughan C, Dong B, Klein EA, Qiu X, Devare S, Schochetman G, Hackett J Jr, Silverman RH, Villinger F "Infection, viral dissemination, and antibody responses of rhesus macaques exposed to the human gammaretrovirus XMRV." J Virol. 2011 May;85(9):4547-57. doi: 10.1128/JVI.02411-10. Epub 2011 Feb 16., nachzulesen auf http://www.ncbi.nlm.nih.gov/pmc/articles/PMC3126245/

1132 *"As a result, the findings of the present study provide a biological mechanism for how low levels of mercury may contribute to ASD pathogenesis."* Zitiert aus Theoharides TC. et al. "Mercury induces inflammatory mediator release from human mast cells." J Neuroinflammation. 2010 Mar 11; doi: 10.1186/1742-2094-7-20. Nachzulesen auf http://www.ncbi.nlm.nih.gov/pubmed/20222982

1133 Brief an die CDC von Hooker und Wakefield: "Re: Alleged Research Misconduct – falsification by omission of material results in the publication of: "Age at First Measles-Mumps-Rubella Vaccination in Children With Autism and School-Matched Control Subjects: A Population-Based Study in Metropolitan Atlanta. 2004;113:259-266 [The Paper; Exhibit 1]", nachzulesen auf http://www.rescuepost.com/files/ori-complaint_rev_1.pdf (Abruf 10.11.14)

Siehe dazu auch Heckenlively, Kent "The Hooker/Wakefield/Moody Complaint - "The Hammer Falls!"" auf http://www.ageofautism.com/2014/10/the-wakefield-complaint-the-hammer-falls.html#more (Abruf 10.11.14)

1134 *„I regret that my coauthors and I omitted statistically significant information in our 2004 article published in the journal Pediatrics. The omitted data suggested that African American males who received the MMR vaccine before age 36 months were at increased risk for autism. Decisions were made regarding which findings to report after the data were collected, and I believe that the final study protocol was not followed.“* William Thompsons Erklärung ist nachzulesen auf http://www.morganverkamp.com/august-27-2014-press-release-statement-of-william-w-thompson-ph-d-regarding-the-2004-article-examining-the-possibility-of-a-relationship-between-mmr-vaccine-and-autism/ (Abruf 10.11.14)

IOM-Präsentation der CDC-Studie 2004 von DeStefano, Boyle, Thompson et al. nachzulesen auf http://iom.edu/~/media/Files/Activity%20Files/PublicHealth/ImmunizationSafety/DeStefanoslides.pdf (Abruf 10.11.14)

Reanalyse der CDC-Daten: Hooker, Brian S „Measles-mumps-rubella vaccination timing and autism among young african american boys: a reanalysis of CDC data“, Translational Neurodegeneration 2014, **3**:16 doi:10.1186/2047-9158-3-16, nachzulesen auf http://www.translationalneurodegeneration.com/content/3/1/16 (Abruf 10.11.14)

Siehe dazu auch den Bericht auf CNN http://ireport.cnn.com/docs/DOC-1164794 (Abruf 10.11.14)

Siehe auch http://healthimpactnews.com/?s=CDC+whistleblower (Abruf 10.11.14) http://jonrappoport.wordpress.com/2014/09/10/cdc-whistleblower-this-is-the-real-smoking-gun/ (Abruf 10.11.14)
http://www.naturalnews.com/046535_mmr_vaccines_autism_cdc_whistleblower.html (Abruf 10.11.14)
http://www.naturalnews.com/046597_CDC_whistleblower_secret_letter_Julie_Gerberding.html#ixzz3BqebYyht (Abruf 10.11.14) http://www.huffingtonpost.ca/lawrence-solomon/merck-whistleblowers_b_5881914.html (Abruf 10.11.14) http://www.greenmedinfo.com/blog/us-congressman-compares-corruption-cdcs-vaccine-safety-studies-secs-handling (Abruf 10.11.14)
http://www.x-rx.net/blog/2014/09/the-fox-guarding-the-henhouse.html (Abruf 10.11.14)

Siehe auch Ratajczak, Helen V. "Theoretical aspects of autism: Causes—A review", Journal of Immunotoxicology, 2011; 8(1): 68–79, nachzulesen auf http://www.hisunim.com/images/documents/scientific_literature/theoretical-aspects-of-autism-causes-a-review1.pdf (Abruf 10.11.14)

Siehe auch z.B. Gallagher CM, Goodman MS. „Hepatitis B vaccination of male neonates and autism diagnosis, NHIS 1997-2002.“ J Toxicol Environ Health A. 2010;73(24):1665-77. doi: 10.1080/15287394.2010.519317. Abstract nachzulesen auf http://www.ncbi.nlm.nih.gov/pubmed/21058170

1135 Wikipedia, Stichwort "Monoklonaler Antikörper“, nachzulesen auf http://de.wikipedia.org/wiki/Monoklonaler_Antik%C3%B6rper (Abruf 24.01.15)

1136 Zu dem Risiko der Herstellung monoklonaler Antikörper: ***"There are other mouse-derived biological products that may be at a higher risk of carrying MLV, such as monoclonal antibodies (mAbs) that are used in humans for the treatment of cancer, inflammatory, and autoimmune diseases. Indeed, mouse hybridomas that have been shown to be contaminated with endogenous xenotropic MLVs […]"***, (H.d.A.) zitiert aus Switzer, William M. et al. "No Evidence of Murine Leukemia Virus-Related Viruses in Live Attenuated Human Vaccines", PLOS

ONE Published: December 22, 2011 DOI: 10.1371/journal.pone.0029223, nachzulesen auf http://www.plosone.org/article/info:doi/10.1371/journal.pone.0029223

*"**Monoclonal antibodies generated in mice could possibly be polluted by XMRV and related viruses.** Platinum Taq polymerase from Invitrogen Corporation, prepared using mouse monoclonal antibodies, is known to be frequently contaminated with mouse DNA, which can generate false-positive PCR amplifications in combination with X-MLV or XMRV primers (Erlwein et al., 2010a). It is less likely that monoclonal antibodies from mice are a major source of XMRV in the human population as they are in use only recently, but they could provide a future supply of mouse-derived viruses. Although monoclonals are treated with detergents before use in patients, virus inactivation may not be complete, especially as protein function should be conserved. And if retroviral particles containing RNA genomes are copurified with the antibody proteins, the absence of mouse DNA may give a false impression of safety."* (H.d.A.) Zitiert aus van der Kuyl, Antoinette Cornelia, Cornelissen, Marion, and Berkhout, Ben „Of Mice and Men: On the Origin of XMRV", S. 6, Front Microbiol. 2010; 1: 147. Published online 2011 January 17. doi: 10.3389/fmicb.2010.00147, nachzulesen auf http://www.ncbi.nlm.nih.gov/pmc/articles/PMC3109487/

Siehe auch Shepherd, A:J, Wilson, N.J, Smith, K.T "Characterisation of endogenous retrovirus in rodent cell lines used for production of biologicals", Biologicals Dec 2003, http://dx.doi.org/10.1016/S1045-1056(03)00065-4, Abstract nachzulesen auf http://www.sciencedirect.com/science/article/pii/S1045105603000654?via=ihub

1137 Siehe den Artikel der Deutsche Multiple Sklerose Gesellschaft DMSG „Immunzellen auf Abwegen - Aktive Multiple Sklerose führt zu einer Umverteilung von B-Zellen in Blut und Liquor", nachzulesen auf http://www.dmsg.de/multiple-sklerose-news/index.php?w3pid=news&kategorie=forschung&anr=2527 (Abruf 10.11.14)

Siehe dazu auch die Studie Haas J et al. „B cells undergo unique compartmentalized redistribution in multiple sclerosis." J Autoimmun. 2011 Dec;37(4):289-99. doi: 10.1016/j.jaut.2011.08.003. Epub 2011 Sep 15. Abstract nachzulesen auf http://www.ncbi.nlm.nih.gov/pubmed/21924866

1138 Zu den Gemeinsamkeiten der beiden Krankheiten siehe die aufschlussreiche Übersichtsarbeit von Gerwyn Morris and Michael Maes „Myalgic encephalomyelitis/chronic fatigue syndrome and encephalomyelitis disseminata/multiple sclerosis show remarkable levels of similarity in phenomenology and neuroimmune characteristics", nachzulesen auf http://www.biomedcentral.com/1741-7015/11/205

1139 *„Secondary pathogens in ME/CFS, or their reactivation after a period of dormancy, might also be enough to spur the replication of B and T cells as the vaccines did with children, leading the production of more B and T cell-embedded XMRV and then overwhelming the immune system."* Zitiert aus Heckenlively, Kent, Mikovits, Judy „Plague: One Scientist's Intrepid Search for the Truth about Human Retroviruses and Chronic Fatigue Syndrome, Autism, and Other Diseases", S. 187, Skyhorse Publishing 2014

1140 Opportunistische Infektionen sind zusätzliche Infektionen, die sich bei Menschen mit Primärerkrankungen, die mit einem geschwächten Immunsystem einhergehen, ausbreiten. Siehe Wikipedia, Stichwort "Opportunistischer Erreger", nachzulesen auf http://de.wikipedia.org/wiki/Opportunistischer_Erreger (Abruf 3.12.14)

1141 Siehe Dr. Judy Mikovits Vortrag „Environmental Causes of Autism - Investigate if you dare!" (AutismOne Conference 2014) auf http://www.autismone.org/content/environmental-causes-autism-investigate-if-you-dare-dr-judy-mikovits (Abruf 3.12.14)

1142 Z.B. zu Organophosphaten und ME/"CFS" siehe auch Kerr JR et al "Gene expression subtypes in patients with chronic fatigue syndrome/myalgic encephalomyelitis." J Infect Dis. 2008 Apr 15;197(8):1171-84. doi: 10.1086/533453. Abstract nachzulesen auf http://www.ncbi.nlm.nih.gov/pubmed/18462164 Volltext auf http://jid.oxfordjournals.org/content/197/8/1171.long

[1143] *„In such an environment of abnormal gene expression as the result of a chemical exposure, was it beyond imagination that a previously suppressed retrovirus might cause havoc? A chemical exposure, followed by changes in gene expression, could lead to the increased ability of a previously suppressed retrovirus to do harm."* Zitiert aus Heckenlively, Kent, Mikovits, Judy „Plague: One Scientist's Intrepid Search for the Truth about Human Retroviruses and Chronic Fatigue Syndrome, Autism, and Other Diseases", S. 262, Skyhorse Publishing 2014.
Siehe dazu auch Dr. Judy Mikovits Vortrag „Environmental Causes of Autism - Investigate if you dare!" AutismOne Conference 2014, zu sehen auf http://www.autismone.org/content/environmental-causes-autism-investigate-if-you-dare-dr-judy-mikovits (Abruf 3.12.14)

[1144] Gazdar, Adi F et al."Frequent detection of infectious xenotropic murine leukemia virus (XMLV) in human cultures established from mouse xenografts", Cancer Biol Ther. 2011 October 1; 12(7): 617–628. Published online 2011 October 1. doi: 10.4161/cbt.12.7.15955, nachzulesen auf http://www.ncbi.nlm.nih.gov/pmc/articles/PMC3218386/

[1145] *„Our findings indicate that XMRV or virus-infected cells might be carried in and transmitted by the respiratory tract."* Zitat aus Fischer, Nicole, Schulz, Claudia, Stieler, Kristin, Hohn, Oliver, Lange, Christoph, Drosten, Christian and Aepfelbacher, Martin „Xenotropic Murine Leukemia Virus–related Gammaretrovirus in Respiratory Tract", Emerging Infectious Diseases, Volume 16, Number 6—June 2010, nachzulesen auf http://wwwnc.cdc.gov/eid/article/16/6/10-0066_article.htm (Abruf 10.11.14)

[1146] Das geschätzte Übertragungsrisiko liegt bei allen Übertragungswegen unter 1%, mit Ausnahme von Bluttransfusionen (90%). Siehe dazu Wikipedia, Stichwort „HIV" auf http://de.wikipedia.org/wiki/HIV (Abruf 24.01.15)

[1147] *"Everyone wanted to make this virus like HIV, but it's not like HIV. It's not crippling the immune system so badly that people are dying quickly. And it's not a large visible cell component that is being crippled, like the CD4 T cell."* Dr. Judy Mikovits im Interview von Erica Verillo, nachzulesen auf http://www.prohealth.com/library/showarticle.cfm?libid=18960 (Abruf 10.11.14) In der Übersetzung von Regina Clos auf http://www.cfs-aktuell.de/juni14_1.htm (Abruf 3.12.14)

[1148] Zusätzliche Infektionen, die sich bei Menschen mit Primärerkrankungen, die mit einem geschwächten Immunsystem einhergehen, ausbreiten. Siehe Wikipedia, Stichwort "Opportunistischer Erreger", nachzulesen auf http://de.wikipedia.org/wiki/Opportunistischer_Erreger (Abruf 3.12.14)

[1149] *„He (Henderson) noted that infection might occur very early in the disease; by the times the symptoms arise, the patient could habe ceased to "excrete" the virus, a phenomenon common to many viral illnesses."* Zitiert aus Johnson, Hillary „Osler's Web: Inside the Labyrinth of the Chronic Fatigue Syndrome Epidemic", S. 199, Penguin Books, 1996

[1150] Heckenlively, Kent, Mikovits, Judy „Plague: One Scientist's Intrepid Search for the Truth about Human Retroviruses and Chronic Fatigue Syndrome, Autism, and Other Diseases", S. 338f, Skyhorse Publishing 2014

[1151] *"Gilliam's (...) account of the Los Angeles outbreak is of particular interest, not only because of the richness of the clinical detail but because it is the first definitive description of the illness in the literature."* Zitat aus Acheson, E.D. "The Clinical Syndrome Variously Called Benign Myalgic Encephalomyelitis, Iceland Disease and Epidemic Neuromyasthenia", reprinted from American Journal of Medicine, Vol. 26, Issue 4, Pages 569–595, Copyright (1959), with permission from Excerpta Medica. http://www.sciencedirect.com/science/journal/00029343, nachzulesen auf http://www.meresearch.org.uk/wp-content/uploads/2012/11/Acheson_AmJMed.pdf (Abruf 26.11.14)

[1152] Vgl. *"Endocrinologist and gynecologist R.C.W. Vermeulen, MD, PhD, of the CFS Research Center in Amsterdam, notes, 'We still have no definitive idea of the risks involved in pregnancy for women with CFS. The suggestion that it's okay to be pregnant is not yet substantiated by science." He concludes, "I will not tell my CFS patients to postpone pregnancy. But I must tell them that we don't know enough about the dangers."* Zitat aus Young, Pamela "Reproductive Issues", CFIDS Association of America, nachzulesen auf http://sacfs.asn.au/download/reproductive.pdf (Abruf 10.11.14)

Zu ME und Schwangerschaft siehe auch Underhill, Rosemary "Pregnancy in Women with Chronic Fatigue Syndrome (ME/CFS)", New Jersey Chronic Fatigue Syndrome Association Inc, nachzulesen auf http://njcfsa.org/factsheetpregn2009.pdf (Abruf 10.11.14)

1153 Singh, Ila R., Gorzynski, John E., Drobysheva, Daria, Bassit, Leda, Schinazi, Raymond F. "Raltegravir Is a Potent Inhibitor of XMRV, a Virus Implicated in Prostate Cancer and Chronic Fatigue Syndrome." PLoS One. 5, Nr. 4, S. e9948, doi:10.1371/journal.pone.0009948, nachzulesen auf http://www.plosone.org/article/info%3Adoi%2F10.1371%2Fjournal.pone.0009948

Mbemba G „Biochemical properties of the xenotropic murine leukemia virus-related virus integrase." Biochimie. 2014 Dec;107 Pt B:300-9. doi: 10.1016/j.biochi.2014.09.019. Epub 2014 Sep 26., Abstract nachzulesen auf http://www.ncbi.nlm.nih.gov/pubmed/25260582

Paprotka T, Venkatachari NJ, Chaipan C, Burdick R, Delviks-Frankenberry KA, Hu WS, Pathak VK. „Inhibition of xenotropic murine leukemia virus-related virus by APOBEC3 proteins and antiviral drugs." Journal of Virology. 2010 Jun; 84(11):5719-29. PubMed PMID: 20335265, nachzulesen auf http://www.ncbi.nlm.nih.gov/pubmed/20335265

Smith RA, Gottlieb GS, Miller AD. „Susceptibility of the human retrovirus XMRV to antiretroviral inhibitors." Retrovirology. 2010 Aug 31; 7(1):70. PubMed PMID: 20807431, nachzulesen auf http://www.ncbi.nlm.nih.gov/pubmed/20807431

Sakuma R, Sakuma T, Ohmine S, Silverman RH, Ikeda Y. „Xenotropic murine leukemia virus-related virus is susceptible to AZT." Virology. 2010 Feb 5; 397(1):1-6. PubMed PMID: 19959199, nachzulesen auf http://www.ncbi.nlm.nih.gov/pubmed/19959199

Siehe auch Carter, Patricia „Antiretroviral Therapy" auf mecfsforums.com, http://www.mecfsforums.com/wiki/Antiretroviral_Therapy (Abruf 9.01.15)

1154 Siehe den Blog der amerikanischen Ärztin Jamie Deckoff-Jones auf http://www.x-rx.net/blog/about-me (Abruf 10.11.14)

Siehe auch http://cfidsresearch.blogspot.de/2011/01/new-antiretroviral-findings-to-be.html Abruf 10.11.14)

Siehe auch Cort Johnson`s Interview mit Andrea Whittemore-Goad, die unter Viread in Remission kam, nachzulesen auf http://www.cortjohnson.org/blog/2014/03/16/persist-without-exception-interview-andrea-whittemore/ (Abruf 10.11.14)

1155 Siehe Dr. Michael Snyderman`s „Ein-Mann"-Studie" „Eighteen Month Experience with Antiretrovirals in a Patient with CFS and Chronic Lymphocytic Leukemia", nachzulesen auf http://www.x-rx.net/blog/2011/12/update-from-michael-snyderman-md.html (Abruf 10.11.14)

1156 Siehe DMSG „Kann eine HIV-Therapie vor Multiple Sklerose schützen?" Nachzulesen auf http://www.dmsg.de/multiple-sklerose-news/index.php?w3pid=news&kategorie=forschung&anr=4961 (Abruf 10.11.14)

Studie siehe "Raltegravir (Isentress) Pilot Study in Relapsing Multiple Sclerosis (INSPIRE)" auf http://clinicaltrials.gov/show/NCT01767701 (Abruf 10.11.14)

1157 Siehe dazu auch Dr. Judy Mikovits Vortrag „Environmental Causes of Autism - Investigate if you dare!" AutismOne Conference 2014, zu sehen auf http://www.autismone.org/content/environmental-causes-autism-investigate-if-you-dare-dr-judy-mikovits (Abruf 3.12.14)

1158 Siehe ebd.

1159 Siehe z.B. Kustova Y, Sei Y, Goping G, Basile AS "Gliosis in the LP-BM5 murine leukemia virus-infected mouse: an animal model of retrovirus-induced dementia." Brain Research [1996, 742(1-2):271-

282], Abstract nachzulesen auf http://europepmc.org/abstract/MED/9117405/reload=0;jsessionid=uHFeRYu2KFZkSY6ihyOY.20 oder auf http://www.sciencedirect.com/science/article/pii/S0006899396010141

Siehe auch Lee B, Tumu P, Paul IA. "Effects of LP-BM5 murine leukemia virus infection on errors and response time in a two-choice serial reaction time task in C57BL/6 mice." Brain Res. 2002 Sep 6;948(1-2):1-7. Abstract nachzulesen auf http://www.ncbi.nlm.nih.gov/pubmed/12383949

Siehe auch Suzumura, Akio, Sawada, Makoto, Makino, Masahiko and Takayanagi, Tetsuya „Propentofylline inhibits production of TNFa and infection of LP-BM5 murine leukemia virus in glial cells", Journal of NeuroVirology (1998) 4, 553 ± 559, nachzulesen auf http://jneurovirol.com/pdf/4(5)/553-559.pdf

Siehe auch ARAGHI-NIKNAM, M., LIANG, B., ZHANG, Z., ARDESTANI, S. K. & WATSON, R. R. "Modulation of immune dysfunction during murine leukaemia retrovirus infection of old mice by dehyroepiandrosterone sulphate (DHEAS)", Immunology 1997 90 344±349, nachzulesen auf http://onlinelibrary.wiley.com/doi/10.1111/j.1365-2567.1997.00344.x/pdf

Siehe auch Liang, B, Jiang S, Zhang Z, Inserra P, Lee J, Solkoff D,Watson, RR. "Anti-inflammatory effects of theophylline: modulation of immune functions during murine leukemia virusinfection." Immunopharmacol Immunotoxicol. 2001 Aug;23(3):307-19. Nachzulesen auf http://www.ncbi.nlm.nih.gov/pubmed/11694023

1160 *"Findings of 'small heart' with small left ventricular chamber and poor cardiac performance in patient subsets [109, 110] support previous reports of cardiac and left ventricular dysfunction [13, 111, 112], which predispose to orthostatic intolerance [14, 113]."* Zitiert aus Carruthers, B M, van de Sande, M I [...], and Stevens, S „Myalgic Encephalomyelitis: International Consensus Criteria", S. 332, Journal of INTERNAL MEDICINE Oct 2011, Review nachzulesen auf http://onlinelibrary.wiley.com/doi/10.1111/j.1365-2796.2011.02428.x/pdf oder auf http://www.ncbi.nlm.nih.gov/pmc/articles/PMC3427890/ und auf http://www.meassociation.org.uk/?p=7173 (Abruf 25.11.14)

Siehe auch Hollingsworth, K. G., Hodgson, T., MacGowan, G. A., Blamire, A. M. and Newton, J. L. "Impaired cardiac function in chronic fatigue syndrome measured using magnetic resonance cardiac tagging", Journal of Internal Medicine, Volume 271, Issue 3, pages 264–270, March 2012, Abstract nachzulesen auf http://onlinelibrary.wiley.com/doi/10.1111/j.1365-2796.2011.02429.x/abstract

1161 Khaleduzzaman, Mohammed, Peterson, Karin E. et al. "Infection of Cardiomyocytes and Induction of Left Ventricle Dysfunction by Neurovirulent Polytropic Murine Retrovirus", J. Virol. November 2007 vol. 81no. 22 12307-12315, nachzulesen auf http://jvi.asm.org/content/81/22/12307.full

1162 Siehe dazu auch den Artikel „The Magical Retroviruses: Now you see them, now you don`t", ME-Advocacy, nachzulesen in deutscher Übersetzung von Regina Clos auf http://www.cfs-aktuell.de/oktober12_2.htm (Abruf 9.10.14)

1163 Siehe Owens, G. et al. "Xenotropic MLV envelope proteins induce tumor cells to secrete factors that promote the formation of immature blood vessels." Retrovirology. 2013 Mar 27;10:34. doi: 10.1186/1742-4690-10-34. Nachzulesen auf http://www.ncbi.nlm.nih.gov/pmc/articles/PMC3681559/

Siehe dazu auch Erica Verillos Interview mit Dr. Judy Mikovits, nachzulesen auf http://www.prohealth.com/library/showarticle.cfm?libid=18960 (Abruf 10.11.14) In der Übersetzung von Regina Clos auf http://www.cfs-aktuell.de/juni14_1.htm (Abruf 10.11.14)

1164 Siehe dazu auch Dr. Judy Mikovits Vortrag „Environmental Causes of Autism - Investigate if you dare!" AutismOne Conference 2014, zu sehen auf http://www.autismone.org/content/environmental-causes-autism-investigate-if-you-dare-dr-judy-mikovits (Abruf 3.12.14)

[1165] Siehe Alter, Harvey J., Mikovits, Judy A., Switzer, William M., Ruscetti, Francis W., Lo, Shyh-Ching, Klimas, Nancy, Komaroff, Anthony L., Montoya, Jose G., Bateman, Lucinda, Levine, Susan Levine, Peterson, Daniel, Levin, Bruce, Hanson, Maureen R. Hanson, Genfi, Afia, Bhat, Meera, Zheng, HaoQiang Zheng, Wang, Richard, Li, Bingjie, Hung, Guo-Chiuan, Lee, Li Ling, Sameroff, Stephen, Heneine, Walid, Coffin, John, Hornig, Mady and Lipkin, W. Ian „A Multicenter Blinded Analysis Indicates No Association between Chronic Fatigue Syndrome/Myalgic Encephalomyelitis and either Xenotropic Murine Leukemia Virus-Related Virus or Polytropic Murine Leukemia Virus“, mBio. 2012 Sep-Oct; 3(5): e00266-12. Published online 2012 September 18. doi: 10.1128/mBio.00266-12, nachzulesen auf http://www.ncbi.nlm.nih.gov/pmc/articles/PMC3448165/, Volltext auf http://mbio.asm.org/content/3/5/e00266-12.full

[1166] *"If we do nothing, in another decade one in two families will have one of these neuroimmune diseases."* Judy Mikovits im Interview von Erica Verillo, nachzulesen auf http://www.prohealth.com/library/showarticle.cfm?libid=18960 (Abruf 10.11.14) In der Übersetzung von Regina Clos auf http://www.cfs-aktuell.de/juni14_1.htm (Abruf 10.11.14)

[1167] Heckenlively, Kent, Mikovits, Judy „Plague: One Scientist's Intrepid Search for the Truth about Human Retroviruses and Chronic Fatigue Syndrome, Autism, and Other Diseases", S. 338f, Skyhorse Publishing 2014

[1168] *„Cheney felt it was likely that ME/CFS was an epi-phenomenon of the AIDS epidemic. He considered HHV-6, type A, a likely causative candidate, but also thought HHV-6A may have recombined to some degree with the HIV retrovirus. Both HHV-6A and HIV could readily infect the same type of cell. […] „It could be a piece of HIV stuck in a herpesvirus, making it a cross between a retrovirus and a herpesvirus. The most likely virus for that would be HHV-6, since it integrates into the human DNA, just like retroviruses do. So we could have a cross of some kind."“* Zitiert aus Heckenlively, Kent, Mikovits, Judy „Plague: One Scientist's Intrepid Search for the Truth about Human Retroviruses and Chronic Fatigue Syndrome, Autism, and Other Diseases", S. 50, Skyhorse Publishing 2014

[1169] Wikipedia, Stichwort "Monoklonaler Antikörper“,nachzulesen auf http://de.wikipedia.org/wiki/Monoklonaler_Antik%C3%B6rper (Abruf 3.12.14)

[1170] *"Monoclonal antibodies generated in mice could possibly be polluted by XMRV and related viruses. Platinum Taq polymerase from Invitrogen Corporation, prepared using mouse monoclonal antibodies, is known to be frequently contaminated with mouse DNA, which can generate false-positive PCR amplifications in combination with X-MLV or XMRV primers (Erlwein et al., 2010a). It is less likely that monoclonal antibodies from mice are a major source of XMRV in the human population as they are in use only recently, but they could provide a future supply of mouse-derived viruses. Although monoclonals are treated with detergents before use in patients, virus inactivation may not be complete, especially as protein function should be conserved. And if retroviral particles containing RNA genomes are copurified with the antibody proteins, the absence of mouse DNA may give a false impression of safety."* Zitiert aus van der Kuyl, Antoinette Cornelia, Cornelissen, Marion, and Berkhout, Ben „Of Mice and Men: On the Origin of XMRV", S. 6", Front Microbiol. 2010; 1: 147. Published online 2011 January 17. doi: 10.3389/fmicb.2010.00147, nachzulesen auf http://www.ncbi.nlm.nih.gov/pmc/articles/PMC3109487/

[1171] Wikipedia, Stichwort „Antithrombin III“, nachzulesen auf http://de.wikipedia.org/wiki/Antithrombin_III (Abruf 3.12.14)

[1172] *"Continued vigilance when using retroviral vectors is essential to prevent generation of RCR with potential pathogenic potential. The widespread availability of retrovirus vectors for laboratory use and the generation of "safer" vectors appears to have resulted in a sense of false security, particularly among first-time users of vectors."* Zitiert aus Moisier, Donald E. „Introduction for „Safety Considerations for Retroviral Vectors: A Short Review"", Applied Biosafety, 9 (2) pp. 68-75 © ABSA 2004, nachzulesen auf http://www.absa.org/abj/abj/040902mosier.pdf

[1173] *„However, it is clear that closely related viruses cause a variety of major diseases, including cancer, in many other mammals. Further study may reveal XMRV as a cause of more than one well-known "old" disease, with potentially important implications for diagnosis, prevention, and therapy."* Zitat aus Coffin, John M. and Stoye, Jonathan P. „A New Virus for Old Diseases?“ Science. Oct 23, 2009; 326(5952): 530. Published online Oct 8, 2009.

doi: 10.1126/science.1181349, nachzulesen auf http://www.ncbi.nlm.nih.gov/pmc/articles/PMC2818280/

Siehe zum Thema Tierretroviren auch den Blog der amerikanischen Ärztin und ME-Patientin Jamie Deckoff-Jones auf http://www.x-rx.net/blog/2014/01/recovery-in-neverland.html, (Abruf 10.11.14), deutsche Übersetzung von Regina Clos auf http://www.cfs-aktuell.de/februar14_3.htm (Abruf 10.11.14).

Siehe dazu auch Erica Verillos Interview mit Dr. Judy Mikovits, nachzulesen auf http://www.prohealth.com/library/showarticle.cfm?libid=18960 (Abruf 10.11.14), in der Übersetzung von Regina Clos auf http://www.cfs-aktuell.de/juni14_1.htm (Abruf 10.11.14)

[1174] Siehe zum Beispiel Levine, PH, Whiteside TL, Friberg D, Bryant J, Colclough G, Herberman RB "Dysfunction of natural killer activity in a family with chronic fatigue syndrome." Clin Immunol Immunopathol. 1998 Jul;88(1):96-104. Abstract nachzulesen auf http://www.ncbi.nlm.nih.gov/pubmed/9683556

[1175] „Warum die Inder so selten Darmkrebs haben". Ein Gespräch von Wolfgang Däuble mit Harald zur Hausen, FAZ April 2014, Natur und Wissenschaft, nachzulesen auf http://www.faz.net/frankfurter-allgemeine-zeitung/nobelpreistraeger-zur-hausen-warum-haben-inder-so-selten-darmkrebs-12904246.html (Abruf 10.11.14)

[1176] Siehe dazu Dockser Marcus, Amy „The Puzzle of Chronic Fatigue", THE WALL STREET JOURNAL, Updated March 5, 2011 12:01 a.m. ET, nachzulesen auf http://online.wsj.com/news/articles/SB10001424052748704005404576176823580854478 (Abruf 10.11.14)

[1177] Naess, Halvor, Nyland, Morten Hausken, Trygve, Follestad, Inghild and Nyland, Harald I "Chronic fatigue syndrome after Giardia enteritis: clinical characteristics, disability and long-term sickness absence", BMC Gastroenterology 2012 12:13 doi:10.1186/1471-230X-12-13, nachzulesen auf http://www.biomedcentral.com/1471-230X/12/13

Siehe auch Wensaas, Knut-Arne "Giardiasis in Bergen. Outbreak and clinical consequences." Dissertation for the degree philosophiae doctor (PhD) at the University of Bergen, 2011, nachzulesen auf https://bora.uib.no/bitstream/handle/1956/5614/41854%20Wensaas%20main_thesis.pdf?sequence=1 (Abruf 10.11.14)

[1178] http://www.iom.edu/

[1179] "Xenotransplantation Science, Ethics, and Public Policy", Committee on Xenograft Transplantation: Ethical Issues and Public Policy, Division of Health Sciences, Policy Division of Health Care Services INSTITUTE OF MEDICINE, NATIONAL ACADEMY PRESS, Washington, D.C., 1996, nachzulesen auf http://www.nap.edu/openbook.php?record_id=5365&page=R1 (Abruf 10.11.14)

[1180] Siehe dazu auch Erica Verillos Interview mit Dr. Judy Mikovits, nachzulesen auf http://www.prohealth.com/library/showarticle.cfm?libid=18960 (Abruf 10.11.14) In der Übersetzung von Regina Clos auf http://www.cfs-aktuell.de/juni14_1.htm (Abruf 10.11.14)

[1181] *„I regret that my coauthors and I omitted statistically significant information in our 2004 article published in the journal Pediatrics. The omitted data suggested that African American males who received the MMR vaccine before age 36 months were at increased risk for autism. Decisions were made regarding which findings to report after the data were collected, and I believe that the final study protocol was not followed."* William Thompsons Erklärung ist nachzulesen auf http://www.morganverkamp.com/august-27-2014-press-release-statement-of-william-w-thompson-ph-d-regarding-the-2004-article-examining-the-possibility-of-a-relationship-between-mmr-vaccine-and-autism/ (Abruf 10.11.14)

Reanalyse der CDC-Daten: Hooker, Brian S „Measles-mumps-rubella vaccination timing and autism among young african american boys: a reanalysis of CDC data", Translational Neurodegeneration 2014, **3**:16 doi:10.1186/2047-9158-3-16, nachzulesen auf http://www.translationalneurodegeneration.com/content/3/1/16 (Abruf 10.11.14)

[1182] Miller, Neil Z. „131 Ways for an Infant to Die: Vaccines and Sudden Death", Natural News October 30, 2013, nachzulesen auf http://www.naturalnews.com/042727_infants_sudden_death_vaccines.html

Miller, Neil Z, Goldman, Gary S „Infant mortality rates regressed against number of vaccine doses routinely given: Is there a biochemical or synergistic toxicity?" Hum Exp Toxicol September 2011 vol. 30 no. 9 1420-1428, doi: 10.1177/0960327111407644, Abstract nachzulesen auf http://het.sagepub.com/content/30/9/1420

Matturri L, Del Corno G, Lavezzi AM „Sudden infant death following hexavalent vaccination: a neuropathologic study." Curr Med Chem. 2014 Mar;21(7):941-6. Abstract nachzulesen auf http://www.ncbi.nlm.nih.gov/pubmed/24083600

Agergaard J, Nante E, Poulstrup G, Nielsen J, Flanagan KL, Østergaard L, Benn CS, Aaby P „Diphtheria-tetanus-pertussis vaccine administered simultaneously with measles vaccine is associated with increased morbidity and poor growth in girls. A randomised trial from Guinea-Bissau." Vaccine. 2011 Jan 10;29(3):487-500. doi: 10.1016/j.vaccine.2010.10.071. Abstract nachzulesen auf http://www.ncbi.nlm.nih.gov/pubmed/21093496

Zinka B, Rauch E, Buettner A, Ruëff F, Penning R. „Unexplained cases of sudden infant death shortly after hexavalent vaccination." Vaccine. 2006 Jul 26;24(31-32):5779-80. http://www.ncbi.nlm.nih.gov/pubmed/15908063

Moro PL et al. „Adverse Events following Haemophilus influenzae Type b Vaccines in the Vaccine Adverse Event Reporting System, 1990-2013." J Pediatr. 2015 Jan 15. pii: S0022-3476(14)01163-9. doi: 10.1016/j.jpeds.2014.12.014. Abstract nachzulesen auf http://www.ncbi.nlm.nih.gov/pubmed/25598306

Walker, A M, Jick, H, Perera, D R, Thompson, R S, and Knauss. T A „Diphtheria-tetanus-pertussis immunization and sudden infant death syndrome." Am J Public Health. 1987 August; 77(8): 945–951. PMCID: PMC1647245, Abstract nachzulesen auf http://www.ncbi.nlm.nih.gov/pmc/articles/PMC1647245/

Ottaviani G , Lavezzi AM, Matturri L. „Sudden infant death syndrome (SIDS) shortly after hexavalent vaccination: another pathology in suspected SIDS?" Virchows Arch. 2006 Jan;448(1):100-4. Epub 2005 Oct 18. Abstract nachzulesen auf http://www.ncbi.nlm.nih.gov/pubmed/16231176

Malloy MH, MacDorman M. „Changes in the classification of sudden unexpected infant deaths: United States, 1992-2001." Pediatrics. 2005 May;115(5):1247-53. Abstract nachzulesen auf http://www.ncbi.nlm.nih.gov/pubmed/15867031

[1183] „FDA Meeting. Human Tumors for Vaccine Manufacture", nachzulesen auf http://de.scribd.com/doc/246682536/FDA-Meeting-Human-Tumors-for-Vaccine-Manufacture (Abruf 24.01.15)

Lunoe, Sandy „Vaccines Will be Made from Human Cancer Tumors", November 30 2014, nachzulesen auf http://vactruth.com/2014/11/30/vaccines-made-from-cancer-tumors/ (Abruf 24.01.15)

Siehe zum Thema Impfungen auch z.B. Dr. Mercola „Documentary "Shots in the Dark" Delves into Catastrophic Vaccine Reactions", January 24, 2015, nachzulesen auf http://articles.mercola.com/sites/articles/archive/2015/01/24/catastrophic-vaccine-reactions.aspx (Abruf 24.01.15)

Teil III Die Forschung/Kapitel IV Die Schicksale mutiger Wissenschaftler

1184 Zitiert aus Schwanitz, Dietrich „Bildung – Alles, was man wissen muss", S.465, Goldmann Verlag, München 2002

1185 Das NIH, National Institutes of Health, dem U.S.Department of Health and Human Services angeschlossen, ist eines der weltweit führenden medizinischen Forschungszentren.

1186 Informationen bzgl. der Veruntreuung von Forschungsmitteln von Dennis Jones, Dr. Judy Mikovits Anwalt, siehe Bellisle, Martha „Fired Whittemore Peterson Institute scientist claims Gammick, judge had bias", Apr. 23, 2012, nachzulesen auf nachzulesen auf http://www.rgj.com/article/20120423/NEWS/304230038/Fired-Whittemore-Peterson-Institute-researcher-claims-justice-system-flawed?nclick_check=1 (Abruf 10.11.14, paywall)

1187 Siehe zu diesen Vorfällen auch Baker, Clark „Prosecutors Dismiss Charges Against Judy Mikovits PhD", The Office of Medical & Scientific Justice (OMSJ) June 15, 2012, nachzulesen auf http://www.omsj.org/corruption/prosecutors-dismiss-charges-against-judy-mikovits-phd (Abruf 11.11.14)

Schwartz, Casey „How Research into Chronic Fatigue Syndrome Turned into an Ugly Fight", The Daily Beast 07.23.12, nachzulesen auf http://www.thedailybeast.com/articles/2012/07/23/how-research-into-chronic-fatigue-syndrome-turned-into-an-ugly-fight.html (Abruf 11.11.14)

1188 Siehe http://www.marconsultinginc.com/home.html

1189 Siehe „United States Court of Appeals,Ninth Circuit. UNITED STATES of America, Plaintiff–Appellee, v. F. Harvey WHITTEMORE, Defendant–Appellant. No. 13–10515. Decided: January 26, 2015", nachzulesen auf http://caselaw.findlaw.com/us-9th-circuit/1690434.html (Abruf 28.01.15)

Siehe auch Bellisle, Martha „Update: Harvey Whittemore gets 2 years in prison; appeal promised", Las Vegas Review-Journal Sep. 30, 2013, nachzulesen auf http://www.rgj.com/article/20130930/NEWS/130930013/Live-updates-from-Harvey-Whittemore-sentencing&ldquo?nclick_check=1 (Abruf 11.11.14)

Bellisle, Martha „Harvey Whittemore guilty on 3 felony charges of excessive campaign contributions to Harry Reid; mistrial on 4th charge", Las Vegas Review-Journal May 29, 2013, nachzulesen auf http://www.rgj.com/article/20130529/NEWS/130529001/Harvey-Whittemore-guilty-3-felony-charges-excessive-campaign-contributions-Harry-Reid-mistrial-4th-charge?nclick_check=1 (Abruf 11.11.14)

GERMAN, JEFF „PROSECUTORS: WHITTEMORE KEPT CAMPAIGN FUNDING PLEDGE TO REID BY BREAKING LAW", Las Vegas Review-Journal May MAY 16, 2013, NACHZULESEN AUF http://m.reviewjournal.com/news/crime-courts/prosecutors-whittemore-kept-campaign-funding-pledge-reid-breaking-law (Abruf 11.11.14)

Siehe auch GRIFFITH, MARTIN „Harvey Whittemore bid to stay out of prison denied", The Washington Times August 2, 2014, nachzulesen auf http://www.washingtontimes.com/news/2014/aug/2/whittemores-appeal-to-stay-out-of-prison-denied/ (Abruf 11.11.14)

[1190] Vgl. http://www.wpinstitute.org/pdf/WPI_RO1Grant.pdf (Abruf 11.11.14)

[1191] Zu Dr. Judy Mikovits beruflicher Vita siehe Erica Verrillos Interview mit Judy Mikovits auf Prohealth, nachzulesen auf http://www.prohealth.com/library/showarticle.cfm?libid=18960 (Abruf 27.11.14)

[1192] *"Following the Wistar findings, researchers at the US Centres for Disease Control (CDC) allegedly attempted to replicate De Freitas' work but failed to do so; this was suggested to be because certain scientists appeared eager to discount any possibility of a retroviral association with CFIDS. De Freitas defended her work and insisted that the CDC investigators had modified her assays, with the result that her work could not be replicated by the CDC. It is known that attempts to replicate De Freitas' work differed substantially from her own work in a number of ways, including the clinical definition of patients studied; uniform failure to use a "hot start" procedure with the PCR assay to maximise the efficiency of the PCR reaction, and the use of experimental conditions for the PCR assay that differed significantly from those used by De Freitas et al (Co-Cure RES: 6th March 2002)."* Zitiert aus Hooper, Malcolm „ME/CFS (WHO ICD-10 G93.3) BIOMEDICAL EVIDENCE SUMMARIES", February 2010, nachzulesen auf http://www.stonebird.co.uk/hooper.html (Abruf 11.11.14)

Siehe auch Johnson, Hillary „Osler's Web: Inside the Labyrinth of the Chronic Fatigue Syndrome Epidemic", S. 495f, Penguin Books 1997. Siehe dazu auch DOCKSER MARCUS, AMY „The Puzzle of Chronic Fatigue", THE WALL STREET JOURNAL, Updated March 5, 2011 12:01 a.m. ET, nachzulesen auf http://online.wsj.com/news/articles/SB10001424052748704005404576176823580854478 (Abruf 11.11.14)

[1193] *"Eventually, DeFreitas urged the agency to send a scientist to her lab in Philadelphia to work side by side with her. Wistar director Koprowski offered the institute`s luxurious corporate apartment to CDC scientists as lodging. Citing a lack of money to pay the round-trip airfare of a scientist from Atlanta, CDC administrators refused both invitations. That`s how much the US government either didn`t care or didn`t want to know what DeFreitas has found in victims of this rapidly spreading disease."* Zitiert aus Johnson, Hillary „A Disease Able to Affect the Economies of Nations", S. XVIII, nachzulesen als Vorwort von Heckenlively, Kent, Mikovits, Judy_„Plague: One Scientist's Intrepid Search for the Truth about Human Retroviruses and Chronic Fatigue Syndrome, Autism, and Other Diseases", Skyhorse Publishing 2014

[1194] Siehe Johnson, Hillary „Osler's Web: Inside the Labyrinth of the Chronic Fatigue Syndrome Epidemic", S. 495f Penguin Books 1997

[1195] *"DeFreitas, who was a fast-rising star at the Wistar Institute in Philadelphia and had been mentored by it`s world-famous director, Hilary Koprowski, commanded about as much respect from the male retrovirologists at CDC as did the patients whose blood she was studying. In defiance of protocol, they refused to follow her methods at every turn. Ignoring her proscription against freezing blood, scientists froze ME blood samples in order to take vacations. They employed chemical reagents DeFreitas has warned against, they cast aside reagents she recommended, they regarded the ratios of particular nutrients DeFreitas used to nurture her cell cultures (and the virus) as unimportant."* Zitiert aus Johnson, Hillary „A Disease Able to Affect the Economies of Nations", S. XVIIf, nachzulesen als Vorwort von Heckenlively, Kent, Mikovits, Judy_„Plague: One Scientist's Intrepid Search for the Truth about Human Retroviruses and Chronic Fatigue Syndrome, Autism, and Other Diseases", Skyhorse Publishing 2014

[1196] Knox, Konstance K. and Carrigan, Donald R. „Relationships Between Human T-Lymphotropic Virus Type II (HTLV-2) and Human Lymphotropic Herpesviruses
in Chronic Fatigue Syndrome", Project funded by The National CFIDS Foundation, Inc.; Needham, Massachusetts, nachzulesen auf http://www.wisconsinlab.com/cfs-htlv2-project.html (Abruf 11.11.14)

[1197] Siehe Panem, Sandra, Ordóñez, Nelson G., Kirstein, Werner H., Katz, Adrian I., and Spargo, Benjamin H. „C-Type Virus Expression in Systemic Lupus Erythematosus", N Engl J Med 1976; 295:470-475 DOI: 10.1056/NEJM197608262950903, Abstract nachzulesen auf http://www.nejm.org/doi/full/10.1056/NEJM197608262950903

[1198] Siehe Johnson, Hillary „Osler's Web: Inside the Labyrinth of the Chronic Fatigue Syndrome Epidemic", S. 682f Penguin Books 1997

[1199] Siehe Hornig M, Chian D, Lipkin WI. "Neurotoxic effects of postnatal thimerosal are mouse strain dependent." Mol Psychiatry. 2004 Sep;9(9):833-45. Abstract nachzulesen auf http://www.ncbi.nlm.nih.gov/pubmed/15184908

[1200] Cairns, Christopher „Invest in ME conference 2013", June 4, 2013, nachzulesen auf http://cfspatientadvocate.blogspot.de/2013/06/invest-in-me-conference-2013.html (Abruf 11.11.14)

[1201] *"1. „ At the recent Invest in ME conference it was quoted by a colleague of yours that they have identified several promising pathogen candidates – including a novel pathogen – but that the work was early. Could you update us on this work and let us know when it might be published?" Dr Lipkin: „[…], we do not have a yet a novel pathogen nor do we have a pathogen candidate in which I would have any confidence.""* Zitiert aus Fleming, Russel „Transcript: Ian Lipkin – CDC Telephone Broadcast Conference 10 September 2013", nachzulesen auf https://docs.google.com/file/d/0B-NT-7M70igudmZVSVJUTnZVclU/edit?pli=1 (Abruf 9.12.14)

[1202] Siehe Alter, Harvey J., Mikovits, Judy A., Switzer, William M., Ruscetti, Francis W., Lo, Shyh-Ching, Klimas, Nancy, Komaroff, Anthony L., Montoya, Jose G., Bateman, Lucinda, Levine, Susan Levine, Peterson, Daniel, Levin, Bruce, Hanson, Maureen R. Hanson, Genfi, Afia, Bhat, Meera, Zheng, HaoQiang Zheng, Wang, Richard, Li, Bingjie, Hung, Guo-Chiuan, Lee, Li Ling, Sameroff, Stephen, Heneine, Walid, Coffin, John, Hornig, Mady and Lipkin, W. Ian „A Multicenter Blinded Analysis Indicates No Association between Chronic Fatigue Syndrome/Myalgic Encephalomyelitis and either Xenotropic Murine Leukemia Virus-Related Virus or Polytropic Murine Leukemia Virus", mBio. 2012 Sep-Oct; 3(5): e00266-12. Published online 2012 September 18. doi: 10.1128/mBio.00266-12, nachzulesen auf http://www.ncbi.nlm.nih.gov/pmc/articles/PMC3448165/, Volltext auf http://mbio.asm.org/content/3/5/e00266-12.full

[1203] Siehe Callaway, Ewen „The scientist who put the nail in XMRV's coffin - W. Ian Lipkin tells Nature about his efforts to validate the link between retroviruses and chronic fatigue syndrome." nature.com 2012, nachzulesen auf http://www.nature.com/news/the-scientist-who-put-the-nail-in-xmrv-s-coffin-1.11444 (Abruf 11.11.14)

[1204] Heckenlively, Kent, Mikovits, Judy „Plague: One Scientist's Intrepid Search for the Truth about Human Retroviruses and Chronic Fatigue Syndrome, Autism, and Other Diseases", S. 373f, Skyhorse Publishing 2014

[1205] http://www.iom.edu/

[1206] Zu den Hintergründen siehe auch Clos, Regina „Widerstand und weitere Hintergrundinformationen zum IOM-Vertrag", Oktober 2013, nachzulesen auf
http://www.cfs-aktuell.de/oktober13_2.htm (Abruf 11.11.14)

[1207] *„Zitat von Hip vom 11. Oktober 2013, :"Es hat tatsächlich nur 10 Minuten Internetrecherche bedurft, um die schändliche Verbindung zwischen dem Institute of Medicine (IOM) und der Versicherungsindustrie aufzuspüren - einer Industrie, die immer versucht, ME/CFS als "nur psychisch bedingte" Erkrankung umzudefinieren, um kostenintensive Zahlungen für Berufsunfähigkeit an sehr kranke ME/CFS-Patienten zu vermeiden. Diese schändliche Verbindung kommt daher in Gestalt eines Mr. Leonard D. Schaeffer, Gründungsvorsitzender und CEO von WellPoint, einem Krankenversicherungsunternehmen, das, ja, Ihr vermutet richtig, Berufsunfähigkeitsversicherungen anbietet. Leonard D. Schaeffer ist auch ein Mitglied des Institute of Medicine (IOM). Siehe hier. Das ist noch nicht alles, das IOM erhielt ein Geschenk von 2 Millionen Dollar um den Leonard D. Schaeffer Fund zu gründen und eine gut dotierte Position eines Executive Officer im IOM zu schaffen. Siehe hier. Mit anderen Worten, durch diese 2-Millionen-Spende kontrolliert Mr. Schaeffer den Executive Officer, den leitenden Direktor des IOM. Der gegenwärtige "Leonard D. Schaeffer Executive Officer" des IOM ist Mr. Clyde J. Behney, den Ihr auf dieser Seite der IOM-Website sehen könnt. Auf diese Weise ist Leonard D. Schaeffer der Strippenzieher bei diesem und jedem zukünftigen Executive Officer des IOM. Auf diese Weise ist das IOM maßgeblich von der Versicherungsindustrie kontrolliert.""* Zitiert aus Clos, Regina „Widerstand und weitere Hintergrundinformationen zum IOM-Vertrag", Oktober 2013, Übersetzung des Originalposts von Hip bei Phoenix Rising von Regina Clos, nachzulesen auf http://www.cfs-aktuell.de/oktober13_2.htm#Die_direkte_Verbindung_zwischen_der_Versicherungsindustrie_und_dem_IOM: (Abruf 11.11.14)

Siehe auch „Leonard Schaeffer", Forbes, nachzulesen auf http://www.forbes.com/profile/leonard-schaeffer/ (Abruf 11.11.14) und „Leadership and Staff", IOM, nachzulesen auf http://www.iom.edu/About-IOM/Leadership-Staff.aspx (Abruf 11.11.14)

1208 Siehe "Gulf War and Health Volume 9 Treatment for Chronic Multisymptom Illness", Institute of Medicine, nachzulesen auf http://www.iom.edu/~/media/Files/Report%20Files/2013/Gulf-War-and-Health9/GulfWarandHealthVol9_RB.pdf (Abruf 11.11.14)

1209 Siehe Baraniuk, James N. et al. „Increased Brain White Matter Axial Diffusivity Associated with Fatigue, Pain and Hyperalgesia in Gulf War Illness", PLOS ONE Published: March 20, 2013 DOI: 10.1371/journal.pone.0058493, nachzulesen auf http://www.plosone.org/article/info%3Adoi%2F10.1371%2Fjournal.pone.0058493

Siehe auch „FIRST PHYSICAL EVIDENCE OF GULF WAR ILLNESS DISCOVERED IN VETERANS' BRAINS", GEORGETOWN UNIVERSITY MÄRZ 2013, http://www.georgetown.edu/news/physical-evidence-of-gulf-war-illness.html (Abruf 11.11.14)

Siehe auch „GEORGETOWN RESEARCHERS DISCOVER TWO FORMS OF GULF WAR ILLNESS", GEORGETOWN UNIVERSITY JUNI 2013, nachzulesen auf http://www.georgetown.edu/news/new-findings-in-gulf-war-illness-study-at-georgetown.html (Abruf 11.11.14)

Siehe auch „Georgetown University to Study Post-Exertional Malaise", nachzulesen auf http://www.prohealth.com/library/showarticle.cfm?libid=18539 (Abruf 11.11.14)

1210 Siehe "An Open Letter to the Honorable Kathleen Sebelius, U.S. Secretary of Health and Human Services", nachzulesen auf https://dl.dropboxusercontent.com/u/89158245/Case%20Definition%20Letter%20Sept%2023%202013.pdf (Abruf 11.11.14)

1211 Weitere Informationen zum Thema siehe Jeannette Ketterle Burmeisters Blog "Thoughts About M.E." auf http://thoughtsaboutme.com/

1212 IOM "Beyond Myalgic Encephaomyelitis/Chronic Fatigue Syndrome Redefining an Illness", National Academy of Sciences 2015, nachzulesen auf http://books.nap.edu/openbook.php?record_id=19012&page=R1 (Abruf 10.02.15) Kurzversion auf https://www.iom.edu/~/media/Files/Report%20Files/2015/MECFS/MECFS_ReportBrief.pdf (Abruf 10.02.15)

1213 IOM „Proposed Diagnostic Criteria", nachzulesen auf http://www.iom.edu/~/media/Files/Report%20Files/2015/MECFS/MECFS_ProposedDiagnosticCriteria (Abruf 13.02.15)

1214 Coghlan, Andy „Chronic fatigue Sydrome gets yet another name", NewScientist 10.02.15, nachzulesen auf http://www.newscientist.com/article/dn26945-chronic-fatigue-syndrome-gets-yet-another-name.html#.VN3LKeaG8le (Abruf 13.02.15)

1215 *"This definition is much simpler than some previous ones for chronic fatigue syndrome and myalgic encephalomyelitis. And it doesn't require doctors to run a bunch of expensive and time-consuming tests to rule out other causes for the patient's symptoms before making the diagnosis."* Zitiert aus Tucker, Miriam E. „Panel Says Chronic Fatigue Syndrome Is A Disease And Renames it", npr 11.02.15, nachzulesen auf http://www.npr.org/blogs/health/2015/02/11/385465667/panel-says-chronic-fatigue-syndrome-is-a-disease-and-renames-it (Abruf 13.02.15)

1216 Siehe dazu Ketterle Burmeister, Jeannette „IOM`s Redefinition of ME: Farewell LTD Benefits, Hello Diluted Research Cohorts", 15. Febr. 2015, nachzulesen auf http://thoughtsaboutme.com/2015/02/15/ioms-redefinition-of-me-farewell-ltd-benefits-hello-diluted-research-cohorts/ (Abruf 16.02.15)

[1217] Larun, Lillebeth, Brurberg, Kjetil G., Odgaard-Jensen, Jan, Price, Jonathan R. „Exerise therapie for chronic fatigue syndrome", Cochrane Library 10 February 2015, nachzulesen auf http://onlinelibrary.wiley.com/enhanced/doi/10.1002/14651858.CD003200.pub3

Siehe dazu auch The Lancet „What`s in a name? Systemic exertion intolerance disease", The Lancet 21 Febr. 2015, vol. 385, no. 9969, p 663, nachzulesen auf http://www.thelancet.com/journals/lancet/article/PIIS0140-6736%2815%2960270-7/fulltext?rss=yes

[1218] Siehe dazu den Kommentar von Jerrold Spinhirne „Myalgic Encephalomyelitis Must Be Removed from the Proposed New Overly Inclusive Diagnstic Category "Systemic Exertion Intolerance Disease", nachzulesen auf https://drive.google.com/file/d/0B4uD-VyWmIw2MW15MTJKZWpvQTA/view?pli=1 (Abruf 27.02.15)

[1219] *„Auf Deutsch lässt sich der Ausdruck mit "systemische Anstrengungsunverträglichkeit" wiedergeben."* Dönges, Jan "Chronisches Erschöpfungssyndrom soll neuen Namen bekommen", Spektrum.de 11.02.15, nachzulesen auf http://www.spektrum.de/news/chronisches-erschoepfungssyndrom-soll-neuen-namen-bekommen/1331881 (Abruf 13.02.15)

[1220] ***„A new code should be assigned to this disorder in the International Classifications of Diseases** […]"*, zitiert aus IOM "Beyond Myalgic Encephaomyelitis/Chronic Fatigue Syndrome Redefining an Illness", p. 222, National Academy of Sciences 2015, nachzulesen auf http://books.nap.edu/openbook.php?record_id=19012&page=R1 (Abruf 10.02.15)

[1221] Vgl. Auch IOM "Myalgic Encephalomyelitis/Chronic Fatigue Syndrome (ME/CFS) Key Facts", nachzulesen auf https://www.iom.edu/~/media/Files/Report%20Files/2015/MECFS/MECFS_KeyFacts.pdf (Abruf 10.02.15)

[1222] Vgl. Fleming, Russel „Transcript: Ian Lipkin – CDC Telephone Broadcast Conference 10 September 2013", nachzulesen auf https://docs.google.com/file/d/0B-NT-7M70igudmZVSVJUTnZVclU/edit?pli=1 (Abruf 9.12.14) und Hornig, Mady, Montoya, José G., Klimas, Nancy G., Levine, Susan, Felsenstein, Donna, Bateman, Lucinda, Peterson, Daniel L., Gottschalk, C. Gunnar, Schultz, Andrew F., Che, Xiaoyu, Eddy, Meredith L., Komaroff, Anthony L., Lipkin, W. Ian "Distinct plasma immune signatures in ME/CFS are present early in the course of illness", Science Advances 01 Feb 2015: Vol. 1 no. 1 e1400121 DOI: 10.1126/sciadv.1400121, nachzulesen auf http://advances.sciencemag.org/content/1/1/e1400121

[1223] *"The progress of basic science in the field of xenotransplantation has been rapid, and clinical trials of specific applications of xenotransplantation are under way. Xenotransplantation may also be valuable for the treatment of human diseases. However, it is well recognized that infectious agents can be transmitted from animals to humans and that organisms benign in one species can be fatal when introduced into other species. Further, it is known that the pathogenicity of infectious organisms can change under a variety of conditions and that the effects of infection by some organisms, such as the human immunodeficiency virus, are delayed for years or even decades. Because xenotransplants involve the direct insertion of potentially infected cells, tissues, or organs into humans, there is every reason to believe that the potential for transmission of infectious agents (some of which may not even now be recognized) from animals to human transplant recipients is real. If established in the recipient, the potential for transmission to caregivers, family, and the population at large must be considered a real threat.* ***The committee concludes that, although the degree of risk cannot be quantified, it is unequivocally greater than zero.****"* Zitiert aus "Xenotransplantation Science, Ethics, and Public Policy", Committee on Xenograft Transplantation: Ethical Issues and Public Policy, Division of Health Sciences, Policy Division of Health Care Services. INSTITUTE OF MEDICINE, NATIONAL ACADEMY PRESS, Washington, D.C., 1996, nachzulesen auf http://www.nap.edu/openbook.php?record_id=5365&page=92 (Abruf 11.11.14)

[1224] Ketterle Burmeister, Jeannette "US District Court: HHS/NIH Violated Federal Law in Response to FOIA Request for IOM Documents", nachzulesen auf dem Blog "Thoughts about M.E.", http://thoughtsaboutme.com/2014/09/03/us-district-court-hhsnih-violated-federal-law-in-response-to-foia-request-for-iom-documents/ (Abruf 11.11.14)

Siehe auch Ketterle Burmeister, Jeannette „Federal Court awards $139,147 in Attorneys' Fees Against HHS and NIH in IOM FOIA Case", nachzulesen auf dem Blog "Thoughts about M.E.", http://thoughtsaboutme.com/2014/11/07/federal-court-awards-139147-in-attorneys-fees-against-hhs-and-nih-in-iom-foia-case/ (Abruf 11.11.14)

1225 Kirby, David "Vaccine Court Awards Millions to Two Children With Autism", 2013, nachzulesen auf http://www.huffingtonpost.com/david-kirby/post2468343_b_2468343.html (Abruf 11.11.14)

1226 Siehe Stokowski-Bisanti, Jeannie "Federal US Court rules Hepatitis B vaccine caused Chronic Fatigue Syndrome", 2013, nachzulesen auf http://www.examiner.com/article/federal-us-court-rules-hepatitis-b-vaccine-caused-chronic-fatigue-syndrome (Abruf 11.11.14)

Siehe auch "Hepatitis B vaccine caused chronic fatigue syndrome – US Court", 2013, nachzulesen auf http://therefusers.com/refusers-newsroom/hepatitis-b-vaccine-caused-chronic-fatigue-syndrome-us-court/#.U4288nJ_slc (Abruf 11.11.14)

1227 Siehe http://www.groma.ch/Hep-B-Impfung-Gerichtsurteile.256.0.html (Abruf 11.11.14)

1228 Siehe das Urteil auf http://www.rescuepost.com/files/vaccine-italia-decision.pdf (Abruf 26.01.15)

Siehe auch Holland, Mary „U.S. Media Blackout: Italian Courts Rule Vaccines Cause Autism", January 26, 2015, nachzulesen auf http://vaccineimpact.com/2015/u-s-media-blackout-italian-courts-rule-vaccines-cause-autism/ (Abruf 26.01.15)

Siehe auch http://www.suedtirolnews.it/d/artikel/2014/03/24/trani-verursachen-impfungen-autismus.html#.U43SI3J_slc (Abruf 11.11,14)

1229 GLIBOWSKI VS. US OFFICE OF PERSONNEL MGMT., 09-CV-1039MCA (US DISTRICT COURT, DISTRICT OF NEW MEXICO), nachzulesen auf http://www.gordonmedical.com/unravelling-complex-chronic-illness/legal-precedent-set-for-coverage-of-lyme-disease-treatment/#comments (Abruf 11.11.14)

1230 Siehe "Press Release: INCORRECT GOVERNMENT INFORMATION COULD BE HURTING CHRONIC FATIGUE SYDROME PATIENTS, NEW RESEARCH FINDS", American Banking & Market News, nachzulesen auf http://btckstorage.blob.core.windows.net/site10626/incorrect-government-information-could-be-hurting-chronic-fatigue-sydrome-patients-new-research-finds.pdf (Abruf 11.11.14) oder auf http://lightningreleases.com/incorrect-government-information-could-be-hurting-chronic-fatigue-sydrome-patients-new-research-finds/ (Abruf 11.11.14)

1231 Siehe "CFS Toolkit - Graded Exercise Therapy", CDC, nachzulesen auf http://www.cdc.gov/cfs/toolkit/get.html (Abruf 11.11.14)

1232 Studienliste siehe www.cfs-aktuell.de/februar12_7.htm (Abruf 11.11.14)

1233 Schwanitz, Dietrich „Bildung – Alles, was man wissen muss", S. 464f, Goldmann Verlag, München 2002

1233a Coghlan, Andy „Antibody wipeout found to relieve chronic fatigue syndrome", New Scientist 01 July 2015, auf http://www.newscientist.com/article/dn27813-antibody-wipeout-found-to-relieve-chronic-fatigue-syndrome.html#.VZRdFfntmkq

1234 Zitiert aus Reiche, Reimut „Beschleunigung – als Epochenbegriff, als Zeitdiagnose und als Strukturgesetz des Kapitals", erschienen in „Psyche", LXV. Jahrgang, Heft 11, Nov. 2011

1235 Vgl. die Thesen des Ökonoms Daron Acemoglu, dargelegt in Sauga, Michael „Das Zombie-System", DER SPIEGEL, S. 76, Nr. 43 vom 20.10.2014

Notizen: